钢结构与组合结构

徐占发　主编

人民交通出版社

内 容 提 要

本书根据《钢结构设计规范》(GB 50017—2003)和《钢结构工程质量验收规范》(GB 502005—2001)等国家标准、规范及高等教育土建专业《钢结构》、《组合结构》的教学要求编写而成。内容包括:绪论,钢结构的材料,钢结构的连接,轴心受力构件,受弯构件,拉弯和压弯构件,钢屋盖结构设计,钢平台结构设计,多层与高层建筑钢结构设计,大跨空间钢结构设计,门式刚架设计,钢与混凝土组合结构,钢结构的加工制作,钢结构安装工程,建筑钢结构工程实例及附录。并附有大量例题、实例及复习思考题。

本书兼有教材和工具书的特点,可作为高等教育各类院校土建专业的教材和从业人员的培训教材及自学参考书和实际应用的工具书。

图书在版编目(CIP)数据

钢结构与组合结构/徐占发主编.—北京:人民交通出版社,2008.3

ISBN 978-7-114-06884-3

Ⅰ.钢… Ⅱ.徐… Ⅲ.钢结构:组合结构-结构设计 Ⅳ.TU391.04

中国版本图书馆 CIP 数据核字(2007)第 162816 号

书　　名:钢结构与组合结构
著 作 者:徐占发
责任编辑:钱悦良
出版发行:人民交通出版社
地　　址:(100011)北京市朝阳区安定门外外馆斜街 3 号
网　　址:http://www.ccpress.com.cn
销售电话:(010)85285838,85285995
总 经 销:北京中交盛世书刊有限公司
经　　销:各地新华书店
印　　刷:北京交通印务实业公司
开　　本:787×1092　1/16
印　　张:50.5
字　　数:1283 千
版　　次:2008 年 3 月第 1 版
印　　次:2008 年 3 月第 1 次印刷
书　　号:ISBN 978-7-114-06884-3
印　　数:0001—3000 册
定　　价:69.00 元

前　　言

本书根据我国现行的《钢结构设计规范》(GB 50017—2003)、《钢结构工程质量验收规范》(GB 502005—2001)等新颁布的国家标准、规范及工程实践经验和国内外研究成果,并吸取有关图书资料的有益内容,同时根据高等教育土建专业《钢结构》、《组合结构》和《钢结构施工》等课程的教学要求编写而成。

钢结构不同于其他结构形式之处是其原理、设计、加工、制作、安装和维护使用之间的联系特别紧密,因此,书中内容的综合性和完整性具有特殊的意义和必要性。为此,本书内容力求做到完整、全面、详细、系统和综合,力求使钢结构工程所需资料便于查找和使用,并在学习中能取得全面而系统的知识,使之兼备工具书和教材的功能。书中除对常用的钢结构作简明的介绍外,对特殊的钢结构也有适当的反映;既介绍了钢结构,又给出了组合结构;既有理论叙述,又有工程实例;既有设计原理,又有制作安装。本书主要内容包括:绪论,钢结构的材料,钢结构的连接,轴心受力构件,受弯构件,拉弯和压弯构件,钢屋盖结构设计,钢平台结构设计,多层与高层建筑钢结构设计,大跨空间钢结构设计,门式刚架设计,钢与混凝土组合结构,钢结构的加工制作,钢结构安装工程,钢结构的涂装工程,钢结构的连接与紧固技术,建筑钢结构工程实例及附录等。

本书编排有序,详简适中,简明扼要,浅显实用,深入浅出,便于自学和使用。可作为大专院校土建专业的教材和从业人员的培训教材与自学参考书,也可作为钢结构设计、制作安装、维修防护实际应用的工具书。

参加本书编写的人员有:徐占发、施行、李文胜、吴金驰、郑晓明、郑文成、张艳霞、张凤红、王文仲、王瑞华、许大江、孙震、马怀忠、朱为军、李照广、阎慧清、温双义等。徐占发、施行任主编,李文胜、吴金驰、郑文成任副主编。

本书在编写过程中参考并引用了已公开发表的文献资料和相关教材与书籍的部分内容并得到许多专家和朋友的帮助,值此深表谢意。

由于编者水平有限,时间紧促,书中存在的缺点和不妥之处,恳请读者批评指正。

编　者

目　录

第1章 绪 论

钢结构是用钢板、型钢等轧成的钢材或通过冷加工成形的薄壁型钢,通过焊接、铆接或螺栓连接等方式制造的结构,它是建筑结构的一种主要形式。其基本构件有拉杆、压杆、梁、柱及桁架等。钢结构在土木工程中有着悠久的历史和广泛的应用,并有广阔的发展前景。

1.1 钢结构的特点和应用

1.1.1 钢结构的特点

钢结构与钢筋混凝土结构、砌体结构和木结构相比有以下特点:

(1)钢材的材质均匀,质量稳定,可靠性好;实际受力情况与力学计算结果比较符合。

(2)钢材的强度高、塑性和韧性好,抗冲击和抗振动能力强;因而,钢结构自重轻,如普通钢屋架的重量仅为相同跨度和荷载的钢筋混凝土屋架重量的1/4~1/3。

(3)工业化程度高,便于运输、安装和拆迁,因而,具有加工精度高,制造周期短,生产效率高和建造速度快的特点。

(4)密封性强,耐热性较好,可用于建造压力容器和大直径输送管道,长期经受150℃以内环境,钢材不会有质的变化。

(5)耐腐蚀性和耐火性差,钢材在潮湿和有侵蚀性介质的环境中易锈蚀,应采取除锈、刷漆、镀锌等防锈措施,并需定期检修,故维修费用高;当温度超过200℃时,材质变软,强度降低,当超过150℃时钢结构需采用防火和隔热措施。

(6)钢材在低温和其他特殊条件下,可能发生脆性断裂。

1.1.2 钢结构的应用范围

目前,钢结构常用于大跨、超高、过重、振动、密闭、高耸、空间和轻型的工程结构中,其应用范围大致如下:

(1)重型厂房结构。设有起重量较大的中级和重级工作制桥式起重机的车间,如炼钢车间、轧钢车间、铸钢车间、水压机车间、船体车间、热加工车间等重型车间的承重骨架和桥式起重机梁。

(2)大跨度结构。要求大空间的公共建筑和工业建筑,多需采用重量轻、强度高的大跨度钢结构,如飞机制造厂的装配车间、飞机库、体育馆、大会堂、剧场、展览馆等,多采用钢网架、拱架、悬索以及框架等结构体系。

(3)高层和超高层建筑。高层和超高层建筑多采用钢框架结构体系,以加快建设速度,提高抗震性能。

(4)高耸构筑物。主要是承受风荷载的高耸塔桅结构,如高压输电线塔架、石油化工排气塔架、电视塔、环境气象监测塔、无线电桅杆等多采用塔桅钢结构。

(5)容器、贮罐、管道。大型油库、气罐、囤仓、料斗和大直径煤气管、输油管等多采用板壳钢结构，以保证在压力作用下耐久与不渗漏。

(6)可拆装和搬迁的结构。如流动式展览馆、装配式活动房屋等多用螺栓和扣件连接的轻钢结构。

(7)其他构筑物。如高炉、热风炉、锅炉的骨架，大跨度铁路和公路桥梁、水工闸门、起重桅杆、运输通廊、管道支架和海洋采油平台等，一般多采用钢结构。

1.2 钢结构的类型和组成

1.2.1 常用钢结构的类型与组成

常用钢结构的类型与组成如下：

(1)梁式结构。梁常用于房屋的屋盖和楼盖以及车间的工作平台，桥梁与桥式起重机桥架。一般可按主次梁、平行或成对等方式布置梁格。

(2)桁架式结构。钢屋架结构多用平面桁架组成。桁架仅受节点荷载，各杆件基本承受轴向拉力和压力，材料可充分利用。钢网架属于空间桁架，近年来得到广泛应用。

(3)框架式结构。框架多用于单层厂房与大跨度房屋结构，也常用作多层和高层房屋的承重骨架。平面框架应设置侧向支撑体系、系杆和檩条以保证其稳定和刚度。梁、柱刚接的刚架，其刚度可有明显提高。

(4)拱式结构。大跨度房屋的承重骨架，通常用平行放置的实腹式或格构式的拱及支撑系统、系杆和檩条等侧向联系组成。拱可做成无铰拱、两铰拱和三铰拱。拱截面一般承受较大的轴向压力，而弯矩和剪力较小。

(5)索式结构。多用于桥梁和大跨屋盖结构。它属于无刚度的轴心受拉构件，材料利用充分，受力性能良好。

1.2.2 钢结构的构件与连接

钢结构的基本构件有：受弯构件，轴向受力构件，拉弯和压弯构件等。钢结构的连接具有重要地位。连接方式可有焊接、铆接和螺栓连接等。

1.3 钢结构的设计原理与方法

钢结构设计的目的是在现有的技术基础上用最少的人力、物力消耗获得能够完成全部功能要求的足够可靠的结构。

1.3.1 结构的功能要求

(1)安全性。结构应能承受在正常施工和正常使用时可能出现的各种作用，不致破坏；在偶然事件发生时及发生后，能保持必要的整体稳定。

(2)适用性。结构在正常使用时具有良好的工作性能。

(3)耐久性。结构在正常维护条件下，能在预定的使用年限内具有足够的耐久性。

安全性、适用性和耐久性统称为结构的可靠性。结构的可靠性与经济性之间存在着矛盾，科学的设计方法应使结构既经济又可靠。

1.3.2 结构功能的极限状态

显然，结构能够满足某种功能要求，并能良好地工作时，称为结构“可靠”或“有效”；反之，则称为“不可靠”或“失效”。区分结构工作状态可靠或失效的标志是“极限状态”。结构功能的极限状态可分为两类。

(1)承载能力极限状态　当结构或构件达到最大承载能力、疲劳破坏或不适于继续承载的变形时，即为承载能力极限状态。

(2)正常使用极限状态　当结构或构件达到正常使用或耐久性的某项限值的状态，结构超过该状态时将不能正常工作。

设计中，通常先按承载能力极限状态来设计结构或构件，再按正常使用极限状态来校核。

1.3.3 结构的功能函数

如图 1-1a)所示，结构的工作状态可用结构抗力 R 和作用效应 S 的关系式来描述。这种表达式称为结构的功能函数，以 Z 表示如下。

$$Z = R - S = f(S,R) \tag{1-1}$$

式中：R——结构抗力；

S——荷载效应。

结构功能函数表达式可用来判别结构的工作状态。

当 $Z>0$ 时，结构处于可靠状态；

当 $Z=0$ 时，结构处于极限状态；

当 $Z<0$ 时，结构处于失效状态。

1.3.4 结构极限状态方程

结构处于极限状态时的功能函数表达式，$Z=f(R,S)=0$，称为结构极限状态方程。

结构设计必须满足结构功能要求，即结构不应超过极限状态，要求满足：$S \leqslant R$。

1.3.5 建筑结构的可靠度

1. 结构设计问题的不确定性

结构功能函数表达式中，R 和 S 均为随机变量，即具有不确定性；显然，$Z=R-S$ 也是随机变量。

结构设计计算要求，R、S、Z 应为确定的量值。概率论和数理统计学表明：对这类随机现象的一次观测或试验，其结果是分散的，但是大量的重复观测或试验，则其结果会呈现统计的规律性，反映这种分布主要特征的数学解析式表达的分布曲线为正态分布曲线，如图 1-1b)所示。其主要特征是：中间高，两边低，以平均值为中心，频数或频率大体呈对称分布。

2. 结构的可靠度

显然，结构的可靠性只能用概率来度量。度量结构可靠性的概率称为结构可靠度，具体定义为：结构在规定的时间内，在规定的条件下，完成预定功能的概率，即结构处于可靠状态的概率，称为结构可靠度，一般用 P_s 表示，失效概率则用 P_f 表示，两者为互补的，即：

$$P_s + P_f = 1 \quad 或 \quad P_f = 1 - P_s \tag{1-2}$$

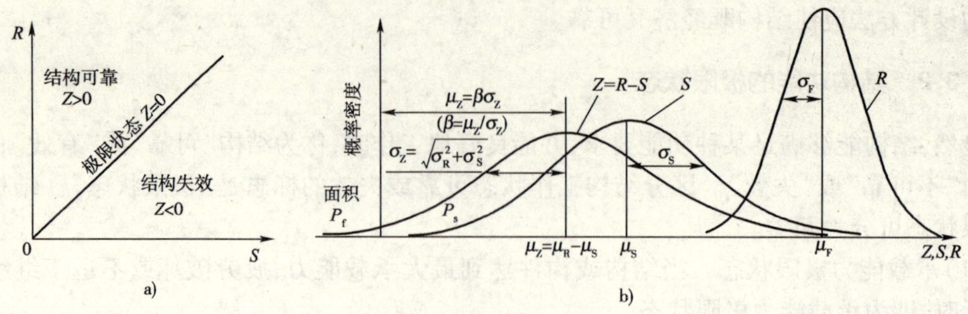

图 1-1 建筑结构设计原理

a）结构工作状态判别图；b）结构可靠概率与可靠指标的关系

由 Z 的正态分布图（图 1-1b）可知，失效概率为 $Z<0$ 时分布曲线的尾部面积，用阴影标出，若 Z 值的平均值为 μ_Z，标准差为 σ_Z，则 μ_Z 到坐标原点的距离可用 σ_Z 来度量，即取：

$$\mu_Z=\beta\sigma_Z \quad 或 \quad \beta=\frac{\mu_Z}{\sigma_Z}=\frac{\mu_R-\mu_S}{\sqrt{\sigma_R^2+\sigma_S^2}} \tag{1-3}$$

又知，β 与 P_f 之间存在着对应关系，β 同 P_f 一样，可以作为衡量结构可靠性的一个指标，β 被称为结构的可靠指标。为避免计算复杂，"建筑结构设计统一标准"采用 β 代替 P_f 来度量结构的可靠性。"统一标准"规定的作为设计依据的可靠指标 $[\beta]$，称为目标可靠指标。由于 S、R 均为随机变量，一般只能做到绝大多数情况下 $S\leqslant R$，并使失效概率低到人们可以接受的程度，"统一标准"根据结构构件破坏类型及安全等级规定了 $[\beta]$ 取值，如表 1-1 所示。

建筑结构安全等级是根据建筑结构破坏后果的严重程度划分的，如表 1-2 所示。

结构构件承载能力极限状态设计时的 $[\beta]$ 值 表 1-1

安全等级 / 破坏类型	一级		二级		三级	
	β	P_f	β	P_f	β	P_f
延性破坏	3.7	1.08×10^{-4}	3.2	6.87×10^{-4}	2.7	3.47×10^{-3}
脆性破坏	4.2	1.33×10^{-5}	3.7	1.08×10^{-4}	3.2	6.87×10^{-4}

建筑结构安全等级 表 1-2

安全等级或设计使用年限	破坏后果	建筑物类型	结构重要性系数 γ_0
一级或≥100 年	很严重	重要的建筑物	1.1
二级或 =50 年	严重	一般的建筑物	1.0
三级或≤5 年	不严重	次要的建筑物	0.9

对于正常使用极限状态，$[\beta]$ 应根据结构构件特点和工作经验确定。

在结构构件设计时，应满足：

$$\beta\geqslant[\beta] \tag{1-4}$$

该法就是以概率为理论基础，以各种功能要求的极限状态作为设计依据的概率极限状态设计法。该法基本概念合理，可以给出结构可靠度的定量概念，但计算过程复杂，还不能普遍用于实际工程。所以，"统一标准"采用以基本变量标准值和分项系数形式表达的极限状态实用设计表达式。

1.3.6 实用设计表达式

钢结构有两种设计方法：容许应力设计法和概率极限状态设计法。

1. 容许应力设计法

容许应力设计法是一种传统的设计方法。其设计准则是，结构构件按标准荷载计算的应力 σ 应不超过设计规范规定的容许应力$[\sigma]$，其设计表达式为

$$\sigma = S_k / a_k \leqslant [\sigma] = f_y / K \tag{1-5}$$

式中：S_k——各种荷载标准值引起的内力的总和；

a_k——构件截面几何参数，包括截面面积、截面系数 W 等；

f_y——钢材屈服强度标准值；

K——安全系数，主要根据统计分析和工程经验确定。

容许应力法简单方便，目前有很多国家采用，我国铁路和公路桥梁规范也曾采用此法。建筑钢结构中对一些不能按极限平衡状态或弹塑性理论分析的结构，如结构构件或连接的疲劳强度计算，《钢结构设计规范》规定仍按容许应力法计算。

2. 概率极限状态设计法

《钢结构设计规范》（GB 50017—2003）规定，钢结构的计算（除疲劳计算外），采用以概率理论为基础的极限状态设计方法，用分项系数的设计表达式进行计算。

钢结构按承载能力极限状态设计时，采用应力计算表达式：

$$\gamma_0 \left(\sigma_{Gd} + \sigma_{Q1d} + \sum_{i=2}^{n} \psi_{ci} \sigma_{Qid} \right) \leqslant f_d \tag{1-6}$$

式中：γ_0——结构重要性系数，对安全等级为一、二、三级或设计使用年限分别为 100 年及以上、50 年、50 年及以下的结构构件，分别取为 1.1、1.0、0.9，如表 1-2 所示；

σ_{Gd}——永久荷载设计值在结构构件截面或连接中产生的应力；

σ_{Q1d}——第一个可变荷载的设计值在结构构件的截面或连接中产生的应力；

ψ_{ci}——第 i 个可变荷载的组合值系数，当风荷载与其他可变荷载组合时可采用 0.6；

σ_{Qid}——第 i 个可变荷载设计值在结构构件的截面或连接中产生的应力；

f_d——结构构件或连接的强度设计值，见表 1-8、表 1-9 及表 3-1、表 3-10 所示。

对于一般排架或框架结构，由于引起结构构件或连接的最大效应的可变荷载很难确定，可采用如下简化计算公式：

$$\gamma_0 \left(\sigma_{Gd} + \psi_c \sum_{i=1}^{n} \sigma_{Qid} \right) \leqslant f \tag{1-7}$$

式中：ψ_c——组合值系数，当风载和其他活载组合时，取 0.85；

其他符号意义同前。

对于正常使用极限状态，结构或构件按荷载的短期效应组合，其设计表达式为

$$v = v_{Gk} + v_{Q1k} + \sum_{i=2}^{n} \psi_{ci} v_{Qik} \leqslant [v] \tag{1-8}$$

式中：v——结构或构件中产生的变形值；

v_{Gk}——永久荷载标准值在结构或构件中产生的变形值；

v_{Q1k}——第一个可变荷载标准值在结构或构件中产生的变形值，该值大于其他任意第 i 个可变荷载标准值产生的变形值；

v_{Qik}——第 i 个可变荷载标准值在结构或构件中产生的变形值；

$[v]$——结构或构件的容许变形值，按《钢结构设计规范》规定采用或如表 1-11 及表 1-12 所示。

1.3.7 钢结构设计的基本要求

钢结构设计要执行有关规范规定,应做到技术先进、经济合理、安全实用和确保质量,力求达到建筑与结构的完善统一。因此,在钢结构设计中要注意以下要求:

(1)采用合理的结构体系。

(2)尽可能实现模数化、标准化和工厂化制造。

(3)采用优质钢材。

(4)采用先进可靠的连接方法。

(5)采用计算机辅助设计。

钢结构设计应遵循合理的设计程序,确定正确的结构设计方案。结构设计程序大体为:①调查研究、收集资料;②确定结构方案;③进行结构布置;④进行结构内力分析,确定危险截面的内力;⑤进行各类构件的截面及连接的设计计算;⑥绘制施工图样;⑦施工图概算。

1.4 钢结构的设计指标

1.4.1 钢结构上的作用

结构上的作用,是指引起结构外加变形、裂缝和内力的原因。直接作用通称荷载;间接作用,如地基变形、混凝土收缩、温度变化和地震等则不能称荷载。

结构上的荷载可分为三大类:永久荷载,又称恒载;可变荷载,又称活载;偶然荷载,又称特殊荷载,如龙卷风、爆炸、撞击等。

对荷载的取值,在结构设计时,应根据不同的设计要求采用不同的荷载代表值。

1. 荷载标准值

荷载标准值是指在结构的使用期间,在正常情况下出现的最大值,它是荷载的基本代表值通常要求具有95%的保证率。各类荷载标准值的取值,《荷载规范》规定:

(1)永久荷载标准值。对于变异性不大的自重荷载可按构件的设计尺寸或单位体积(或面积)的自重荷载平均值取值;对于变异性较大的自重荷载,当对结构不利时,取上限,反之取下限。常用材料的构件的自重荷载见表1-3,或见《荷载规范》(GB 50009—2001)附录A。

常用材料和构件自重 表1-3

名称	自重	单位	备注
石灰砂浆、混合砂浆	17	$kN\cdot m^{-3}$	
石灰炉渣	10~12		
石灰锯末	3.4		石灰:锯末=1:3(质量比)
水泥砂浆	20		
素混凝土	22~24		振捣或不振捣
加气混凝土	5.5~7.5		单块
钢筋混凝土	24~25		
膨胀珍珠岩粉料	0.8~2.5		干、松散,热导率0.045~0.065
水泥珍珠岩制品	3.5~4		强度0.4~0.8MPa

续上表

名　称	自　重	单　位	备　注
			热导率 0.05 ~ 0.07W/℃ · m
膨胀蛭石	0.8 ~ 2		热导率 0.045 ~ 0.06W/℃ · m
沥青蛭石制品	3.5 ~ 4.5		热导率 0.07 ~ 0.09W/℃ · m
水泥蛭石制品	4 ~ 6		热导率 0.8 ~ 0.12W/℃ · m
浆砌普通砖	18		
浆砌机砖	19		
灰砂砖	18		砂: 白灰 = 92: 8
混凝土空心小砌块	11.8		$390 \times 190 \times 190mm^3$
钢	78.5		78.5
铝合金	28.0		28.0
水泥粉刷墙面	0.36	$kN \cdot m^{-2}$	20mm 厚,水泥粗砂
水磨石墙面	0.55		25mm 厚,包括打底
水刷石墙面	0.50		25mm 厚,包括打底
水屋架	0.07 + 0.007 × 跨度		按屋面水平投影面积计算,跨度以米计
钢屋架	0.12 + 0.011 × 跨度		无天窗,包括支撑,按屋面水平投影面积计算,跨度以米计
木框玻璃窗	0.2 ~ 0.3		
钢框玻璃窗	0.4 ~ 0.45		
黏土平瓦屋面	0.55		按实际面积计算(下同)
水泥平瓦屋面	0.5 ~ 0.55		
冷摊瓦屋面	0.5		
油毡防水层	0.35 ~ 0.40		八层作法,三毡四油上铺小石子
麻刀灰板条顶棚	0.45		吊木在内,平均灰厚 20mm
砂子灰板条顶棚	0.55		吊木在内,平均灰厚 25mm
水磨石地面	0.65		10mm 面层,20mm 水泥砂浆打底

(2)可变荷载标准值。《荷载规范》给出了各种可变荷载标准值的取值,可直接查用。楼面均布活荷载标准值及其相关的系数见表 1-4,屋面均布活荷载标准值及其相关系数见表 1-5。

考虑到作用在楼面上的活荷载不可能同时满布在所有楼面并达到最大值,故在确定梁、墙、柱和基础的荷载标准值时,应将楼面活荷载标准值予以折减,表 1-6 为活荷载标准值的折减系数,表 1-7 为活荷载按楼层数的折减系数。

(3)可变荷载准永久值。可变荷载准永久值是指在规定的期限内经常达到或超过的荷载值,它对结构的影响在性质上仅次于永久荷载,如室内的家具和固定设备的荷重等。

民用建筑楼面均布活荷载值及其组合值、频遇值和永久值系数　　表 1-4

项次	类　别	标准值 ($kN \cdot m^{-2}$)	组合值系数 ψ_c	频遇值系数 ψ_f	准永久值系数 ψ_q
1	(1)住宅、宿舍、旅馆、办公楼、医院、病房、托儿所、幼儿园	2.0	0.7	0.5	0.4
	(2)教室、试验室、阅览室、会议室、医院门诊室			0.6	0.5
2	食堂、办公楼中的一般资料档案室	2.5	0.7	0.6	0.5
3	(1)礼堂、医院、影院、有固定座位的看台	3.0	0.7	0.5	0.3
	(2)公共洗衣房	3.0	0.7	0.6	0.3
4	(1)商店、展览厅、车站、港口、机场大厅及其旅客等候室	3.5	0.7	0.6	0.5
	(2)无固定座位的看台	3.5	0.7	0.5	0.3
5	(1)健身房、演出舞台	4.0	0.7	0.6	0.5
	(2)舞厅	4.0	0.7	0.6	0.3
6	(1)书库、档案室、贮藏室	5.0	0.9	0.9	0.8
	(2)密集柜书库	12.0			
7	通风机房、电梯机房	7.0	0.9	0.9	0.8
8	汽车通道及停车库：				
	(1)单向板楼盖(板跨不小于 2m)				
	客车	4.0	0.7	0.7	0.6
	消防车	35.0	0.7	0.7	0.6
	(2)双向板楼盖和无梁楼盖(柱网尺寸不小于 6m ×65m)				
	客车	2.5	0.7	0.7	0.6
	消防车	20.0	0.7	0.7	0.6
9	厨房(1)一般的	2.0	0.7	0.6	0.5
	(2)餐厅	4.0	0.7	0.7	0.7
10	浴室、厕所、盥洗室：				
	(1)第 1 项中的民用建筑	2.0	0.7	0.5	0.4
	(2)其他民用建筑	2.5	0.7	0.5	0.5
11	走廊、门厅、楼梯：				
	(1)宿舍、旅馆、医院病房、托儿所、幼儿园、住宅	2.0	0.7	0.5	0.4
	(2)办公楼、教室、餐厅、医院门诊部	2.5	0.7	0.6	0.5
	(3)消防疏散楼梯，其他民用建筑	3.5	0.7	0.5	0.3
12	阳台：				
	(1)一般情况	2.5	0.7	0.6	0.5
	(2)当人群有可能密集时	2.5			

注：①本表所给各项活荷载适用于一般使用条件，当使用荷载大或情况特殊时，应按实际情况采用。

②第 6 项书库活荷载中，当书架高度大于 2m 时，书库活荷载尚应按每米书架高度不小于 2.5kN/m² 确定。

③第 8 项中的客车活荷载只适用于停放载人少于 9 人的客车；消防车活荷载是适用于满载时总荷载为 300kN 的大型车辆；当不符合本表的要求时，应将车轮的局部荷载按结构效应的等效原则，换算等效均布荷载。

④第 11 项楼梯活荷载，对预制楼梯踏步平板，尚应按 1.5kN 集中荷载验算。

⑤本表各项荷载不包括隔墙自重荷载和二次装修荷载。对固定隔墙的自重应按恒荷载考虑，当隔墙位置可灵活自由布置时，非固定隔墙的自重荷载应取每延米长墙荷载(kN/m)的 1/3 作为楼面活荷载的附加值(kN/m²)计入，附加值不小于 1.0kN/m²。

屋面均布活荷载 表 1-5

项 次	类 别	标准值($kN \cdot m^{-2}$)	组合值系数 ψ_c	频遇值系数 ψ_f	准永久值系数 ψ_q
1	不上人的屋面	0.5	0.7	0.5	0
2	上人的屋面	2.0	0.7	0.5	0.4
3	屋顶花园	3.0	0.7	0.6	0.5

注:①不上人的屋面,当施工荷载较大时,应按实际情况采用;对不同结构应按有关设计规范的规定,将标准值做 $0.2kN/m^2$ 的增减。

②上人的屋面,当兼作其他用途时,应按相应楼面活荷载采用。

③对于因屋面排水不畅、堵塞等引起的积水荷载,应采取构造措施加以防止;必要时,应按积水的可能深度确定屋面活荷载。

④屋顶花园活荷载不包括花圃土石等材料自重。

设计楼面梁、墙、柱及基础时,楼面活荷载标准值的折减系数 表 1-6

<table>
<tr><th colspan="3">房屋类别</th><th>折减系数</th></tr>
<tr><td rowspan="6">设计楼面梁时</td><td colspan="2">表 1-4 中的第 1 项,当从属面积超过 25m²</td><td rowspan="2">0.9</td></tr>
<tr><td colspan="2">表 1-4 中的第 1(2)~7 项,当从属面积超过 50m² 时</td></tr>
<tr><td rowspan="3">表 1-4 中的第 8 项</td><td>单向板楼盖的次梁和槽形板的纵肋</td><td>0.8</td></tr>
<tr><td>单向板楼盖的主梁</td><td>0.6</td></tr>
<tr><td>双向板楼盖的梁</td><td>0.8</td></tr>
<tr><td colspan="2">表 1-4 中的第 9~12 项</td><td>按所属房屋类别相同的折减系数采用</td></tr>
<tr><td rowspan="5">设计墙、柱和基础时</td><td colspan="2">表 1-4 中的第 1(1)项</td><td>按表 1-7 规定采用</td></tr>
<tr><td colspan="2">表 1-4 中的第 1(2)~7 项</td><td>按设计楼面梁时的折减系数采用</td></tr>
<tr><td rowspan="2">表 1-4 中的第 8 项</td><td>单向板楼盖</td><td>0.5</td></tr>
<tr><td>双向板楼盖和无梁楼盖</td><td>0.8</td></tr>
<tr><td colspan="2">表 1-4 中的第 9~12 项</td><td>按所属房屋类别相同的折减系数采用</td></tr>
</table>

活荷载按楼层数的折减系数 表 1-7

墙、柱、基础计算截面以上的层数	1	2~3	4~5	6~8	9~20	>20
计算截面以上各楼层活荷载总和的折减系数	1.00 (0.90)①	0.85	0.70	0.65	0.60	0.55

注:①当楼面梁的从属面积超过 $25m^2$ 时,采用括号内的系数。

可变荷载准永久值可记为 $\psi_q Q_k$,Q_k 为某种可变荷载标准值,ψ_q 为折减系数,称为可变荷载准永久值系数,它可表示为

$$\psi_q = \frac{\text{荷载准永久值}}{\text{荷载标准值}} \leqslant 1 \tag{1-9}$$

ψ_q 可在《荷载规范》中查到或见表 1-4 及表 1-5,其他根据工程经验判断确定。

(4)可变荷载组合值。当结构承受两种或两种以上可变荷载时,应采用组合值作为可变荷载代表值,多种可变荷载同时达到预计最大值的概率显然比一种可变荷载达到预计最大值的概率要低一些,设计中,采用引入组合系数对可变荷载标准值折减的办法予以考虑。

可变荷载组合值可记为 $\psi_c Q_k$,ψ_c 为折减系数,称为荷载组合值系数,它可表示为

$$\psi_c = \frac{\text{荷载组合值}}{\text{荷载标准值}} \leqslant 1 \tag{1-10}$$

ψ_c 可查《荷载规范》或见表 1-4 及表 1-5，其他情况根据工程经验判断确定。

(5) 可变荷载频遇值。该值是指在结构上时而出现的较大荷载值。对可变荷载，在设计基准期 T 内，具有较短的总持续时间 T_x ($T_x/T \leqslant 0.1$) 或较少的发生次数 η_x 的特性，从而使结构的破坏性减缓。该值的取值为 $\psi_f Q_k$，ψ_f 为可变荷载频遇值系数，按表 1-4 及表 1-5 取用。

2. 荷载分项系数及荷载设计值

荷载标准值是指结构在正常使用情况下可能出现的最大荷载值，一般用于正常使用极限状态或长期效应组合设计时，在偶然情况下或在非常情况下，仍然有超过荷载标准值的可能。荷载分项系数就是考虑荷载超过标准值的可能性，用以调整对结构计算可能造成的可靠度的严重差异，一般用于承载能力极限状态设计时。

(1) 对永久荷载分项系数 γ_G，当其效应对结构不利时，若由可变荷载效应控制的组合，取 1.2；对由永久荷载效应控制的组合，取 1.35。当其效应对结构有利时，一般取 1.0；对结构的倾覆、滑移或漂浮验算，取 0.9。

(2) 对可变荷载的分项系数 γ_Q，民用建筑楼面均布活荷载，取 $\gamma_Q = 1.4$，当活荷载值大于等于 $4\text{kN} \cdot \text{m}^{-2}$ 时，取 $\gamma_Q = 1.3$。

荷载设计值，其值大体相当于结构在非正常使用情况下荷载的最大值，比荷载标准值具有更大的可靠度。荷载设计值等于荷载标准值与荷载分项系数的乘积，即 $G = \gamma_G G_k$，或 $Q = \gamma_Q G_k$。

1.4.2 钢材强度标准值

材料强度标准值是结构设计时采用的材料强度的基本代表值，根据《设计统一标准》规定，取材料强度实测值总体中，具有 95% 以上的保证率为材料强度的标准值。这意味着材料强度标准值是一个可能出现偏低强度的强度指标，即有 5% 的风险存在。

热轧钢的强度标准值取冶金部部颁屈服强度废品限值，即其保证率为 97.73%，所谓部颁屈服强度废品限值是指冶金部为避免质量过低的钢材出厂，规定在每 60t 钢材或每炉钢材中抽取两个试件，每个试件的屈服强度应不低于规定的废品限值，否则认为是废品。

1.4.3 钢材强度设计值

1. 材料的分项系数 γ_f

在承载能力极限状态设计中，为了充分考虑材料的离散性和施工中不可避免的偏差带来的不利影响，使实际的可靠指标 β 值与规定的目标可靠指标 $[\beta]$ 在总体上误差最小，对全套分项系数经过优化找出最佳匹配取值，钢结构构件抗力分项系数，对 Q235 (3 号钢)、Q345 钢，取 $\gamma_f = 1.087$；对于 Q390 钢、15MnVq 钢，取 $\gamma_f = 1.111$。

2. 钢材强度设计值

材料的强度设计值 f 为强度标准值除以分项系数，强度设计值可以保证构件达到所要求的承载能力极限的可靠程度。可由下式表达：

$$f = f_k / \gamma_f \tag{1-11}$$

(1) 构件和连接的钢材强度设计值　由于厚度大的钢材在轧制过程中压延的次数比薄钢材少，因此其晶粒不如薄钢材细密，力学性能有差别，所以钢材需按尺寸分类。钢材的强度设计值应根据钢材的厚度或直径不同分别取值，如表 1-8 所示。

钢材强度设计值(N/mm²)　　表 1-8

钢材		抗拉、抗压和抗弯	抗剪	端面承压(刨平顶紧)
钢号	厚度或直径(mm)	f	f_v	f_{ce}
Q235 钢	≤16	215	125	325
	>16~40	205	120	325
	>40~60	200	115	325
	>60~100	190	110	325
Q345(16Mn 钢 16Mnq 钢)	≤16	310	180	400
	>16~35	295	170	400
	>35~50	265	155	400
	>50~100	250	145	400
Q390(15MnV 钢、15MnVq 钢)	≤16	350	205	415
	>16~35	335	190	415
	>35~50	315	180	415
	>50~100	295	170	415
Q420 钢	≤16	380	220	440
	>16~35	360	210	440
	>35~50	340	195	440
	>50~100	325	185	440

注:表中厚度系指计算点的钢材厚度,对轴心受力构件系指截面中较厚板件的厚度。

钢铸件的强度设计值应按表 1-9 采用。

钢铸件强度设计值(N/mm²)　　表 1-9

钢号	抗拉、抗压和抗弯 f	抗剪 f_v	端面承压(刨平顶紧) f_{ce}
ZG 200—400	155	90	260
ZG 230—450	180	105	290
ZG 270—500	210	120	320
ZG 310—570	240	140	370

混凝土的强度设计值和弹性模量见表 1-10。

混凝土强度设计值和弹性模量　　表 1-10

混凝土强度等级			C15	C20	C25	C30	C35	C40	C45	C50	C55	C60	C65	C70	C75	C80
混凝土强度设计值($N·mm^{-2}$)	轴心抗压	f_c	7.2	9.6	11.9	14.3	16.7	19.1	21.2	23.1	25.3	27.5	29.7	31.8	33.8	35.9
	抗拉	f_t	0.91	1.10	1.27	1.43	1.57	1.71	1.80	1.89	1.96	2.09	2.14	2.14	2.18	2.22
弹性模量 E_c($\times 10^4 N·mm^{-2}$)			2.20	2.55	2.80	3.00	3.15	3.25	3.35	3.45	3.55	3.60	3.65	3.70	3.75	3.80

(2)强度设计值的折减系数　上述钢材和连接强度设计值是在结构处于正常工作情况下求得的,对处于不利情况下的结构构件和连接,其强度设计值应予适当折减,即在计算下列情况时,将强度设计值应乘以相应折减系数。

①单面连接的单角钢,按轴心受力计算强度和连接,取 0.85。按轴心受压计算稳定性时,对等边角钢,取 $0.6+0.0015\lambda$,但不大于 1.0;对短边相连的不等边角钢,取 $0.5+0.0025\lambda$,但不大于 1.0;对长边相连的不等边角钢,取 0.7。λ 为长细比,对中间无联系的单角钢压杆,应按最小回转半径计算,当 $\lambda<20$ 时,取 $\lambda=20$。

②施工条件较差的高空安装焊缝和铆钉连接取 0.90。

③沉头和半沉头铆钉连接取 0.80。

当以上几种情况同时存在时,其折减系数应连乘。

1.4.4 钢结构变形的规定

(1)计算钢结构变形时,可不考虑螺栓孔或铆钉孔引起的截面削弱。

(2)受弯构件的挠度不应超过表 1-11 中所列的容许值。

(3)多层框架结构在风荷载作用下的顶点水平位移与总高度之比值不宜大于 1/500,层间相对位移与层高之比值不宜大于 1/400,见表 1-12a)。

(4)在设有重级工作制桥式起重机的厂房中,跨间每侧桥式起重机梁或桥式起重机桁架的制动结构,由一台最大桥式起重机横向水平荷载所产生的挠度不宜超过制动结构跨度的 1/2200。

(5)设有重级工作制桥式起重机的厂房柱和设有中、重级工作制桥式起重机的露天栈桥柱,在桥式起重机梁或桥式起重机桁架的顶面标高 n 处,由一台最大桥式起重机水平荷载所产生的计算变形值,不应超过表 1-12b)所列的容许值。

受弯构件的挠度容许值 表 1-11

序 号	构 件 类 别	挠度容许值	
		$[v_T]$	$[v_Q]$
1	起重机梁和起重机桁架(按自重和起重量最大的一台起重机计算挠度) (1)手动起重机和单梁起重机(含悬挂起重机) (2)轻级工作制桥式起重机 (3)中级工作制桥式起重机 (4)重级工和制桥式起重机	 $l/500$ $l/800$ $l/1000$ $l/1200$	
2	手动或电动葫芦的轨道梁	$l/400$	
3	有重轨(重量等于或大于 38kg/m)轨道的工作平台梁 有轻轨(重量等于或小于 24kg/m)轨道的工作平台梁	$l/600$ $l/400$	
4	楼(屋)盖梁或桁架,工作平台梁(第 3 项除外)和平台板 (1)主梁或桁架(包括设有悬挂设备的梁和桁架) (2)抹灰顶棚的次梁 (3)除(1)、(2)款外的其他梁(包括楼梯梁) (4)屋盖檩条 支承无积灰的瓦楞铁和石棉瓦屋面者 支承压型金属板、有积灰的瓦楞铁和石棉瓦等屋面者 支承其他屋面材料者 (5)平台板	 $l/400$ $l/250$ $l/250$ $l/150$ $l/200$ $l/200$ $l/150$	 $l/500$ $l/350$ $l/300$

续上表

序 号	构 件 类 别	挠度容许值	
		$[v_T]$	$[v_Q]$
5	墙架构件(风荷载不考虑阵风系数) (1)支柱 (2)抗风桁架(作为连续支柱的支承时) (3)砌体墙的横梁(水平方向) (4)支承压型金属板、瓦楞铁和石棉瓦墙面的横梁(水平方向) (5)带有玻璃窗的横梁(竖直和水平方向)	 $l/200$	 $l/400$ $l/1000$ $l/300$ $l/200$ $l/200$

注:①l 为受弯构件的跨度(对悬臂梁和伸臂梁为悬伸长度的 2 倍)。

②$[v_T]$为全部荷载标准值产生的挠度(如有起拱应减去拱度)的容许值;

$[v_Q]$为可变荷载标准值产生的挠度的容许值。

框架结构水平位移容许值 表 1-12a)

序 号	位移的种类	位移的容许值
1	无桥式起重机的单层框架的柱顶位移	$H/150$
2	有桥式起重机的单层框架的柱顶位移	$H/300$
3	多层框架的柱顶位移	$H/500$
4	多层框架的层间相对位移	$h/400$

注:①表中 H 为自基础顶面至柱顶的总高度;h 为层高。

②对室内装修要求较高的民用建筑多层框架结构,层间相对位移宜适当减小。无墙壁的多层框架结构,层间相对位移可适当放宽。

③对轻型框架结构的柱顶水平位移和层间位移均可适当放宽。

厂房柱水平位移(计算值)的容许值 表 1-12b)

项 次	位移的种类	按平面结构图形计算	按空间结构图形计算
1	厂房柱的横向变形	$H_c/1250$	$H_z/2000$
2	露天栈桥柱的横向位移	$H_c/2500$	—
3	厂房和露天栈桥柱的纵向位移	$H_c/4000$	—

注:①H_z 为基础顶面至吊车梁或吊车桁架顶面的高度。

②计算厂房或露天栈桥柱的纵向位移时,可假定起重机的纵向水平制动力分配在温度区段内所有柱间支撑或纵向框架上。

③在设有 A8 级起重机的厂房中,厂房柱的水平位移容许值宜减小 10%。

④在设有 A6 级起重机的厂房柱的纵向位移宜符合表中的要求。

1.5 钢结构建筑的现状和发展

1.5.1 钢结构的发展现状

1. 钢结构的发展现状

我国在春秋时期已开始人工炼铁，冶炼技术已达到相当高的水平，比外国早1800多年。在公元前1200多年秦代用铁建造桥墩，公元前60～70年间，成功地用熟铁建造铁链桥。以后，相继建造了兰津铁链悬桥（汉明帝时期）、云南沅江桥（400多年前）、贵州盘江桥（300多年前）及四川泸定大渡河桥（1696年）。另外，我国古代还建造了大量铁塔，如广州光孝寺东铁塔（967年五代南汉）及西铁塔（963年）、湖北当阳玉泉寺铁塔（1061年，宋代）、山东济宁寺铁塔和镇江甘露寺铁塔等。

我国古代钢铁结构虽卓有成就，但近代在半封建半殖民地的历史条件下发展缓慢，虽有少量钢桥及建筑结构，但多为外国人承建的工程。新中国成立后，特别是近年来钢结构应用广泛且发展迅速，如1957年建成的武汉长江大桥，1968年建成的南京长江大桥，1993年建成的九江长江大桥，1991年建成的上海南浦大桥。在工业建筑方面，几个大型钢铁联合企业的厂房主体结构、大型工业厂房的主要车间的主体结构，如1977年建成的上海锅炉厂的重型容器车间，1996年建成的首都大型客车检修库屋盖钢网架结构。在公共建筑方面，采用大型平板网架、悬索结构等，如1975年建成的上海体育馆比赛馆网架结构；1962年建成的北京工人体育馆圆形双层辐射式悬索结构，首都体育馆大跨度网架结构；210m高的上海电视塔、325m高的北京环境气象塔；上海、北京、深圳等地兴建的高层钢结构建筑，如北京的国贸中心、京广中心大厦、上海国贸中心大厦、深圳发展中心大厦、深圳地王商业大厦，上海浦东新区的金茂大厦是目前我国最高的钢结构建筑（高365m）。

目前，世界最高的建筑是1974年建成的美国芝加哥的西尔斯（Sears）大厦（110层，高443m）；跨度最大的钢桥是1981年建成的英国亨伯（Humber）吊桥（主跨长1410m），日本明石海峡吊桥（中央跨长1990m）；1974年波兰华沙建成的一座长波用桅杆，高645m；前苏联1973年建成的基辅电视塔是自立式钢塔，高392m；1975年，美新奥尔良超级穹顶，直径207m；20世纪80年代初新加坡章宜机场飞机库跨度218m为世界最大跨度钢结构。

2. 钢结构建筑工程实例

（1）我国古代钢结构建筑　中国是最早用钢铁建造结构物的国家之一。

①古代纪念性建筑：广州光孝寺西铁塔，建于963年，五代南汉，现存3层；广州光孝寺东铁塔，建于967年，五代南汉，共7层，高6.35m；湖北当阳玉泉寺铁塔，建于1061年，宋代，13层，高17.9m，逐层浇注，榫槽连为整体。

②铁链桥建筑：云南澜沧江霁虹桥，建于1465～1487年，明成化，总长113.4m，宽3.7m，底部承重铁链16根（现存14根），栏杆铁链左右各1根；四川泸定大渡河泸定桥，建于1706年，清康熙45年，净跨100m，宽2.7m，共有铁链13根，每根重约1.6t。

（2）现代钢桥建筑　武汉长江大桥，1957年；1993年建成的江西九江长江大桥，铁路公路两用双层桥，正桥全长1808.6m，用柔性拱加劲，钢材为15MnVNq；1968年建成的南京长江大桥，两用双层桥，正桥长1576m，钢梁共10孔，其中有9孔为3m×160m三跨连续桁架，采用16Mnq钢；1991年建成的上海南浦大桥，总长8346m，主桥为双塔双索面斜拉桥，全长846m，桥面采用钢梁与钢筋混凝土板结合的组合梁结构，中跨跨长423m，桥塔高150m，为折线H形钢筋混凝土结构，每座桥塔两侧各以22对钢索连接主梁，索面呈扇形。

（3）工业建筑　上海锅炉厂重型容器车间，主跨36m，厂房高度为40m，双层桥式起重机的上层为2台起重量为400/80t的起重机，1977年建成。

广州白云机场大型客机检修库，1988年建成采用高低整体式折线形网架结构，跨度为80m，设有多支点悬挂起重机；北京首都机场大型客机检修库屋盖采用双跨150m钢网架结构。

(4)公共建筑　北京工人体育馆,1962 年建成。采用圆形双层辐射式悬索结构,直径 94m,中央钢环直径 16m,高 11m,上下两层各有 144 束钢索,是目前中国跨度最大的悬索结构。

上海体育馆比赛馆屋盖,采用直径为 110m 的三向网架,支承于 36 根柱上,网架杆件采用直径为 48 ~ 159mm 的圆钢管,焊接球节点直径多为 400mm 的球体,是目前跨度最大的房屋。

北京京广大厦,地上 53 层,地下 3 层,总高 208m,为框架—剪切力墙结构体系,是目前最高的钢结构房屋之一,1989 年建成。

1989 年建成的大庆电视塔,260m 高,塔身为六边形空间桁架结构,底宽 60m,顶宽 8m,在标高 147 ~ 168m 间设 4 层塔楼,主要采用 Q235 钢焊接和高强螺栓连接。

1977 年建成的北京环境气象塔,高 325m,有 5 层纤绳的桅杆结构,杆身为三角形,边宽 2.7m,是我国目前最高的钢构筑物。上海卢浦大桥,主跨跨径达 500m,2004 年 5 月完工,为“世界第 1 拱桥”。

图 1-2 ~ 图 1-22 所示为几种典型钢结构建筑物的实例。

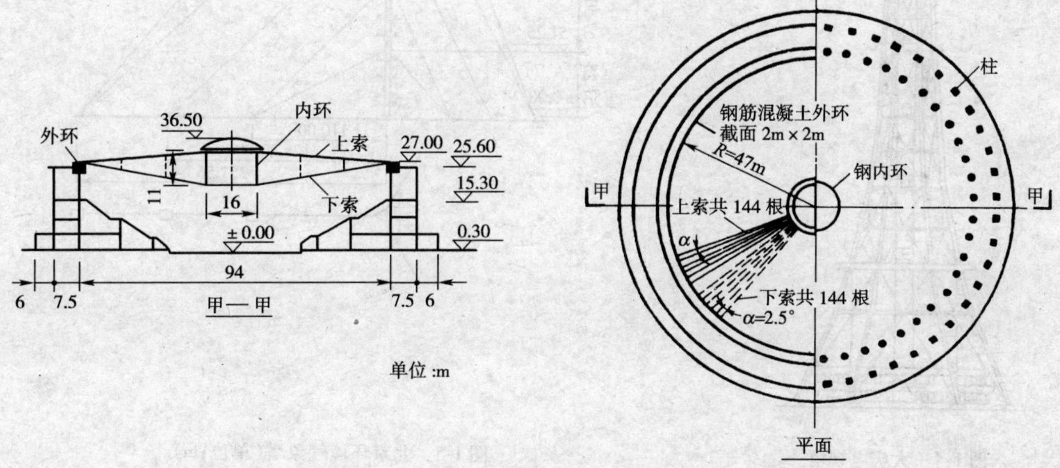

图 1-2　北京工人体育馆

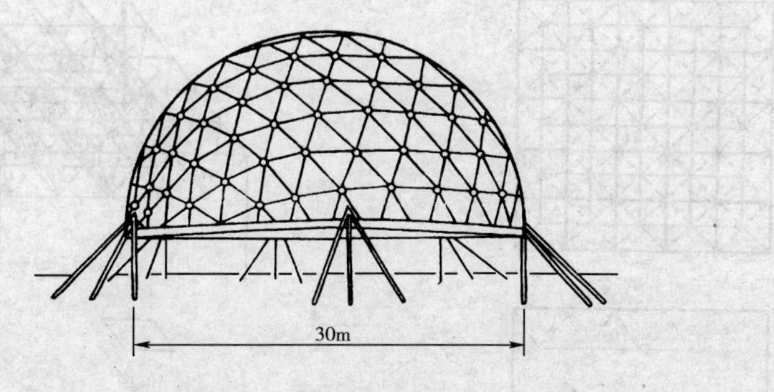

图 1-3　空间网壳圆屋顶

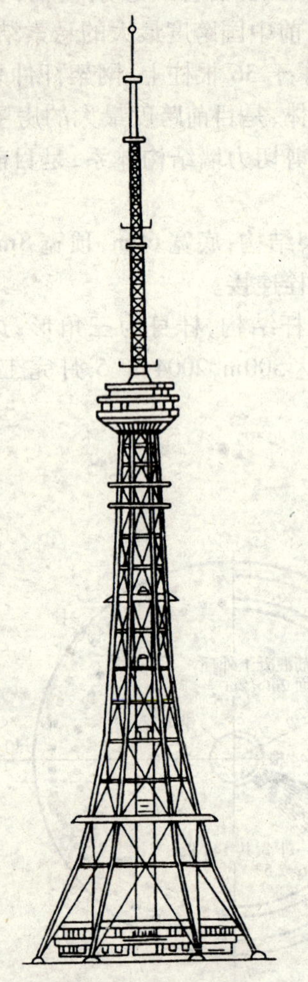

图 1-4　大庆电视塔

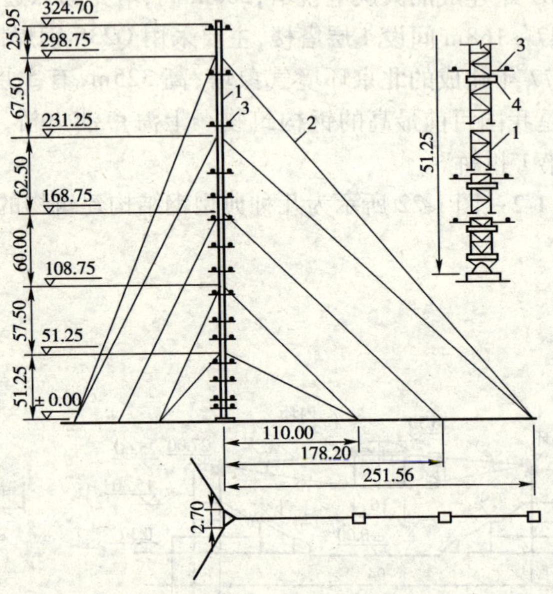

图 1-5　北京环境气象塔(单位:m)

1-杆身;2-纤绳;3-观察臂;4-工作平台

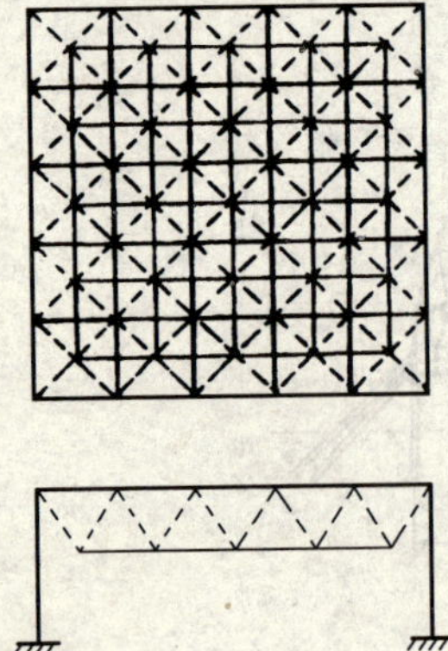

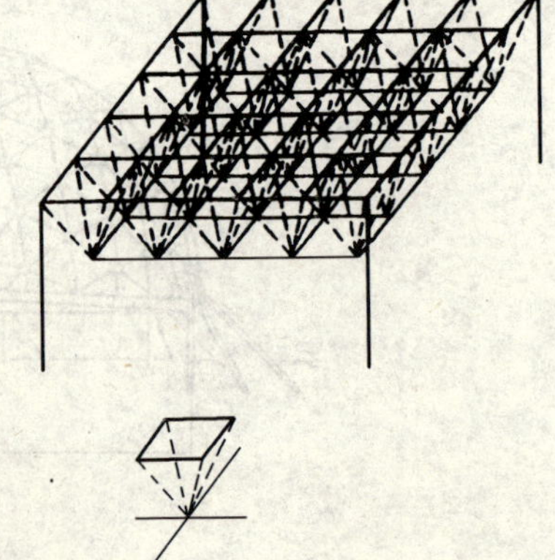

图 1-6　平板网架屋盖

——上弦杆;——下弦杆;----腹杆

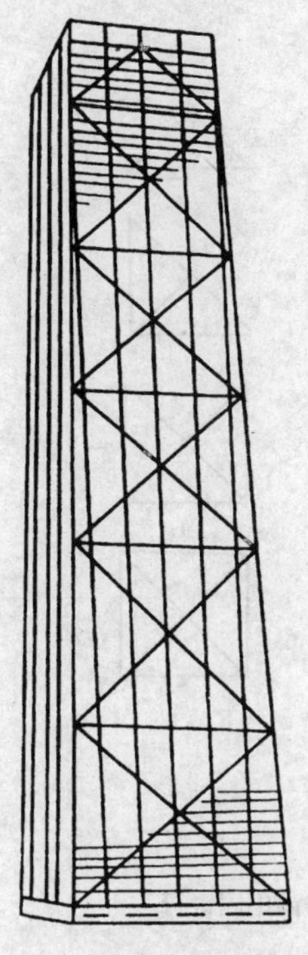

图 1-7　钢支撑筒结构

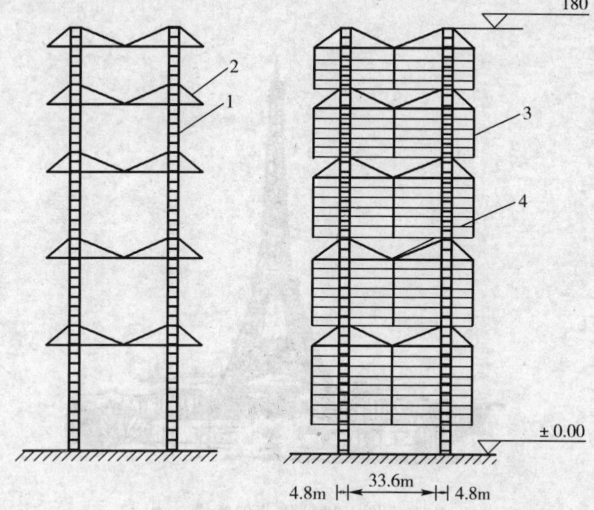

图 1-8　悬挂结构体系示意图
1-立柱;2-伸臂桁架;3-吊杆;4-楼层

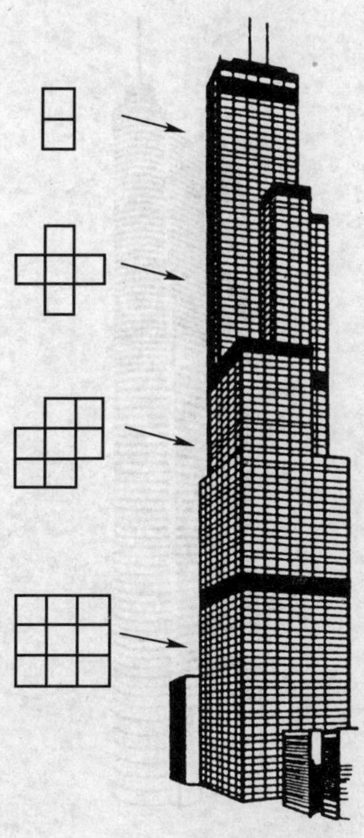

图 1-9　美国芝加哥西尔斯大厦

图 1-10　香港汇丰银行

图 1-11　埃菲尔铁塔

图 1-12　香港中国银行

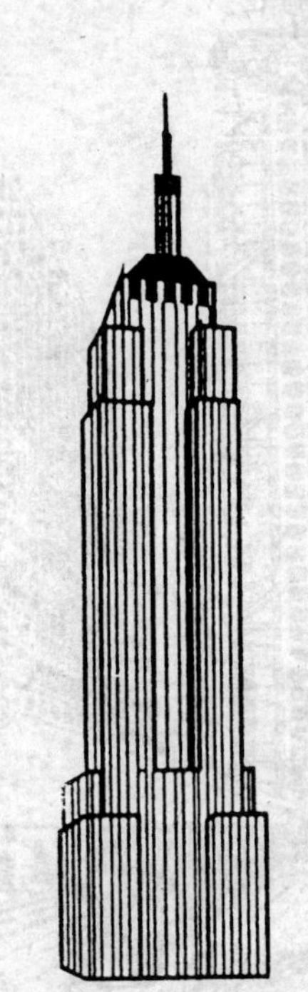

图 1-13　纽约帝国大厦

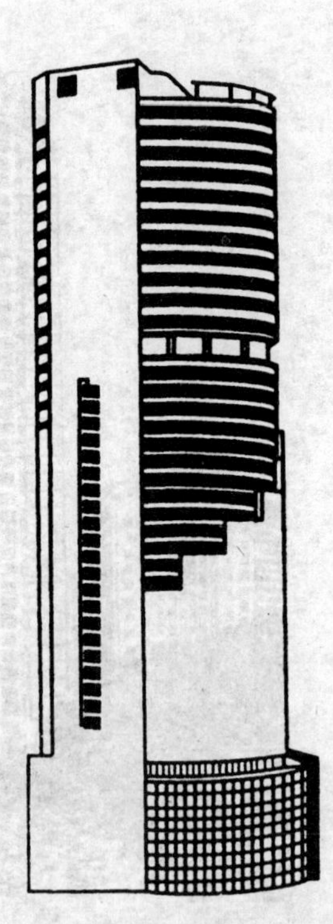

图 1-14　深圳发展中心大厦

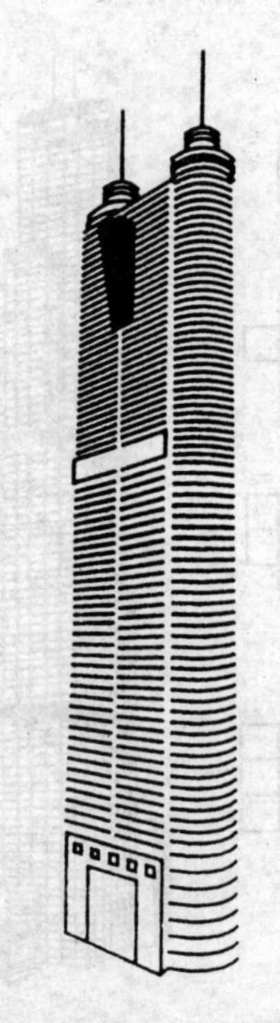

图 1-15　深圳地王大厦

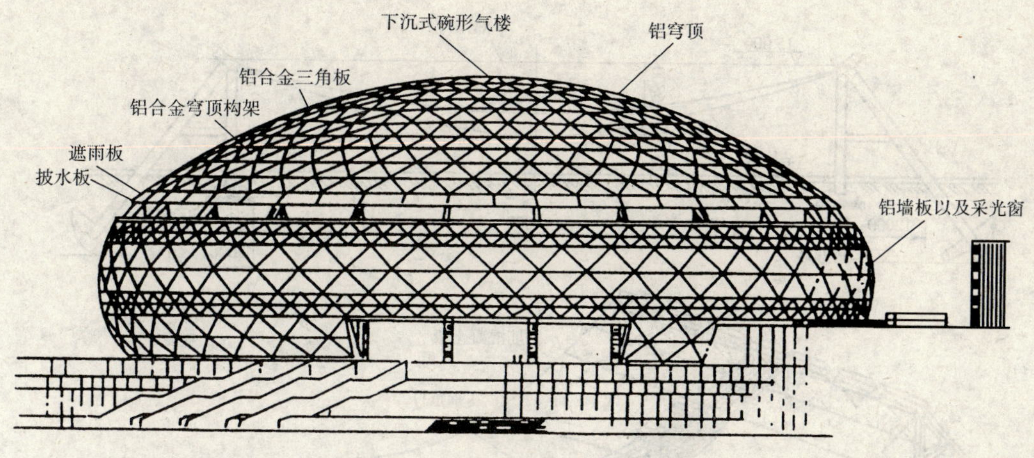

图 1-16　上海国际体操中心主体育馆

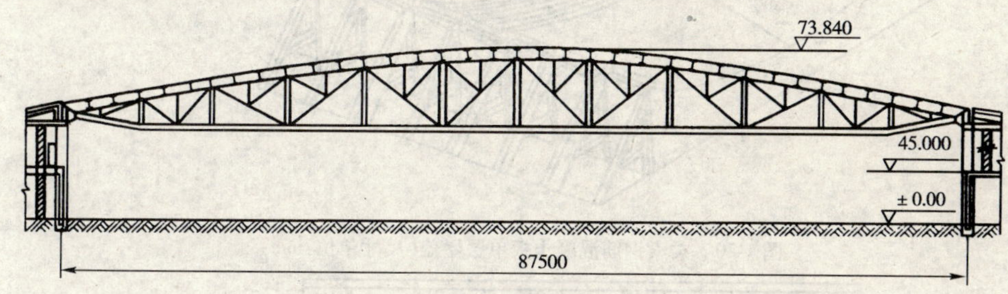

图 1-17　飞机库梁式屋盖结构(尺寸单位:mm)

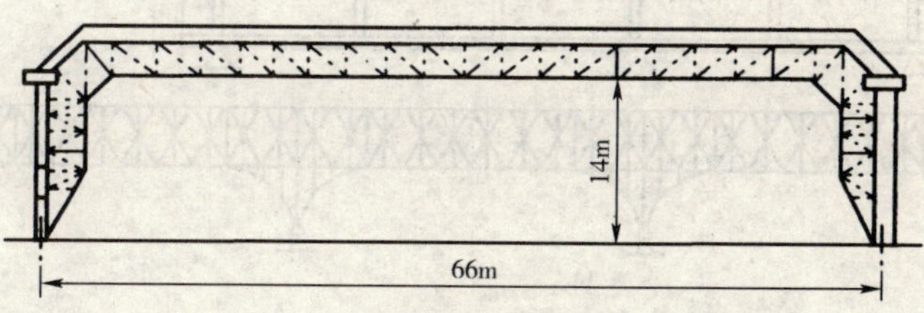

图 1-18　用铝合金建造的飞机库框架屋盖结构

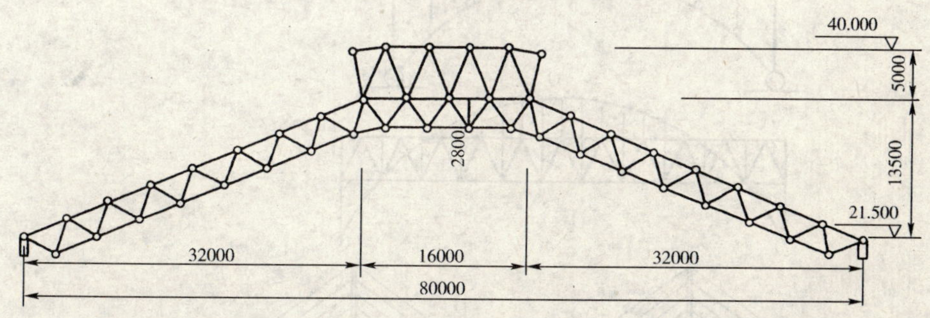

图 1-19　郑州碧波园娱乐中心空间拱形屋盖结构(建筑平面 80m×80m)(尺寸单位:mm)

1.5.2　钢结构的发展方向

钢结构是一种具有较大优势的结构形式,近 10 年来,随着我国经济建设的迅速发展,钢产量的大幅度增加,1996 年我国钢产量已跃居世界第一,超过 1 亿吨,钢材的开发、计算的改进、新的结构体系的应用取得很大进展,预计钢结构在我国会迅猛发展。

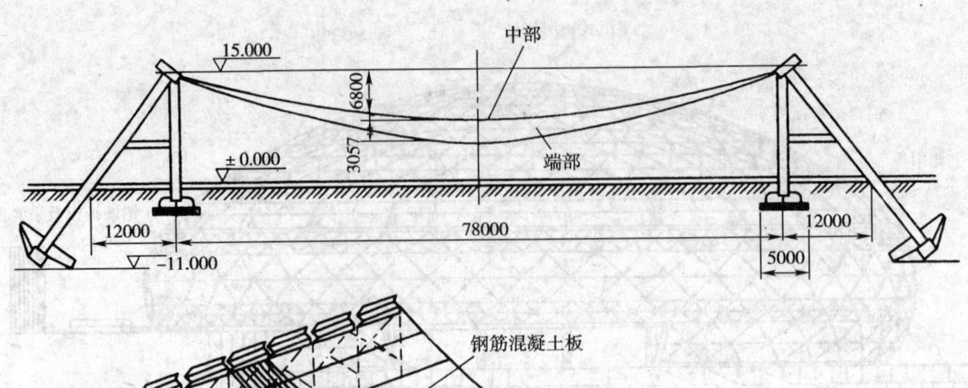

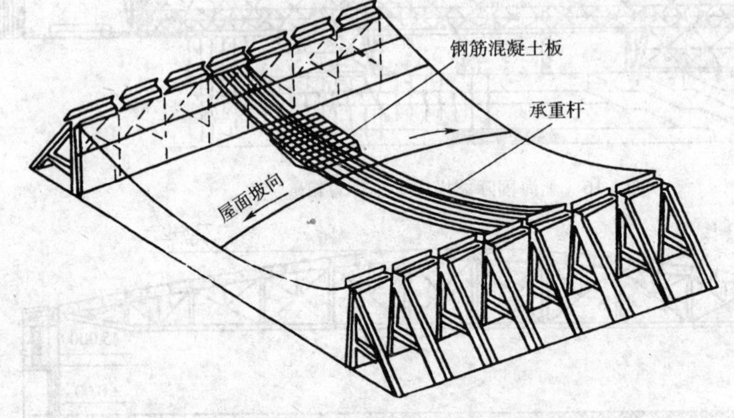

图 1-20　柔索钢筋混凝土板单层屋盖(尺寸单位:mm)

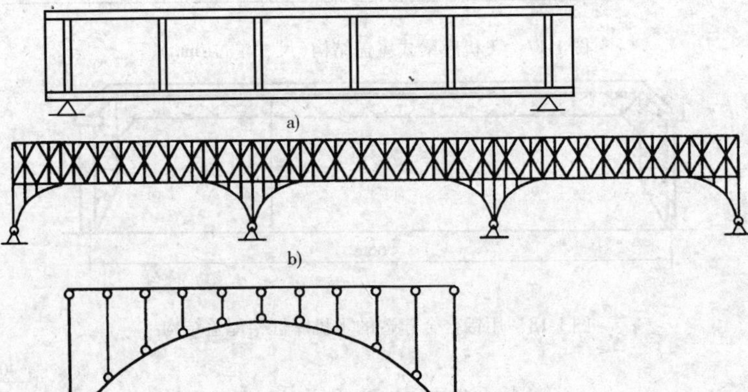

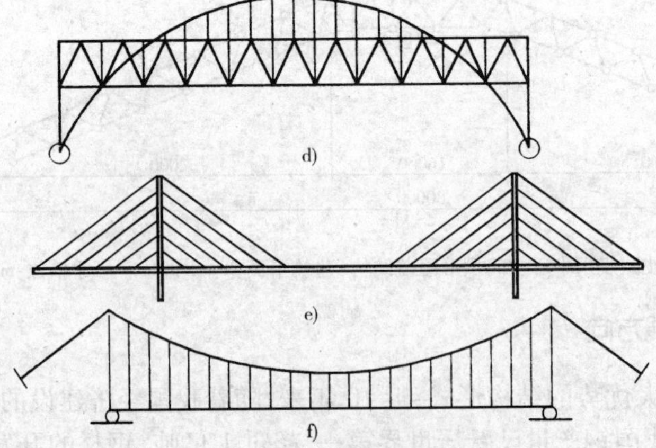

图 1-21　桥梁的主要结构形式

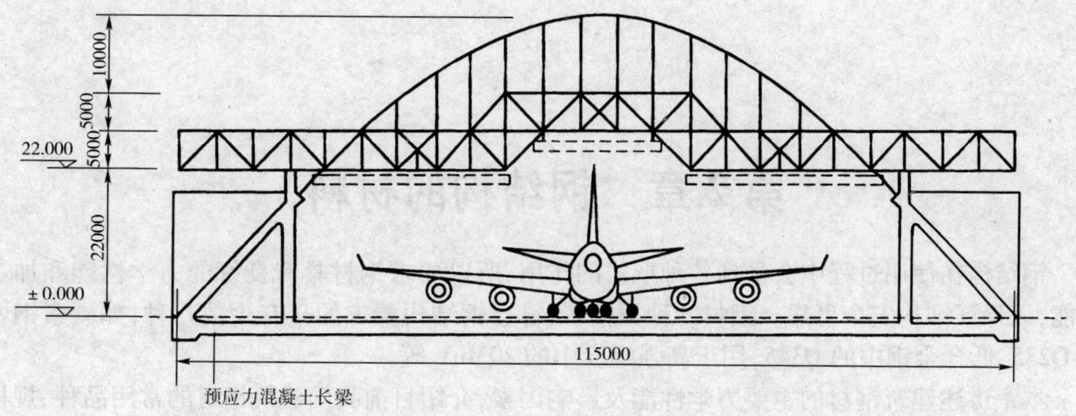

图1-22　海南美兰机场机库网架与拉杆拱架结构(尺寸单位:mm)

钢结构的发展方向主要有以下几方面。

(1)高强度钢材的研制开发和应用　采用高强度优质钢材或其他轻金属,有利于用较少的材料制作高效钢结构和建造特大跨度结构、超高层建筑和高耸结构。

(2)采用新的结构体系、空间结构或悬挂结构体系　高强度钢材和新结构形式的应用是提高钢结构效益的重要因素,因而要加强结构形式的革新和应用。新的结构型式有薄壁型钢结构、悬索结构、悬挂结构、网架结构和预应力钢结构等,这些结构型式应在轻型房屋、大跨屋盖结构和高层建筑中加以应用。

(3)开发钢材产品,应用新型构件　应用新型钢材产品是钢结构发展的重要方向。这些新产品包括H型钢、压型钢板、彩色镀锌钢板等。钢和混凝土组合构件是一种经济合理的组合结构,应广泛采用。目前,压型钢板与混凝土组合板、钢—混凝土组合梁、钢管混凝土柱等形式正推广应用。

(4)应用新的计算技术与测试技术　先进的计算和测试技术,对正确合理的结构设计,和对结构实际工作状态的测定有重要意义,对研究改进结构的计算方法和结构理论是重要的手段,故应予以加强。

复习思考题

1-1 钢结构的特点、应用范围、钢结构的类型与组成是什么?

1-2 钢结构的设计方法有哪些?其表达式如何?钢结构的设计要求是什么?

1-3 试举出我国古今著名的钢结构建筑。

1-4 钢结构的功能要求是什么?有哪两种极限状态?

1-5 什么是结构的可靠性?结构的可靠度是什么含义?

1-6 钢结构上的作用有哪些?

1-7 钢结构设计的主要技术指标有哪些?

1-8 试举出几幢著名的钢结构建筑。

第2章　钢结构的材料

钢结构在使用过程中会受到各种形式的作用，所以要求钢材具有良好的力学性能和加工性能，以保证结构安全可靠。钢材的种类很多，符合钢结构要求的只有少数几种，如碳素钢中的Q235，低合金钢中的Q345，用于高强螺栓中的20MnV等。

本章讲述建筑钢材的主要力学性能及影响因素，介绍目前我国建筑钢材的常用品种、规格及性能指标，说明如何正确的选用和管理建筑钢材。

2.1　钢材的主要力学性能

钢材的力学性能通常指钢厂供应钢材时，所提供的强度、伸长率、冷弯和冲击韧性等各种性能。这些性能指标是钢结构设计的重要依据，它们主要靠试验来测定，如拉伸试验、冷弯试验和冲击试验等。

2.1.1　钢材在单向均匀拉力作用下的性能

钢材的拉伸试验是用规定形式和尺寸的标准试件，在常温20℃±5℃的条件下，按规定的加载速度在拉力试验机上进行，用$x-y$函数记录仪记录试件的应力—应变曲线，曲线的纵坐标为应力σ，$\sigma=F/A$，横坐标为应变ε，$\varepsilon=\Delta l/l$。图2-1所示为Q235钢的典型应力—应变曲线。下面介绍该曲线表明的5个工作阶段的典型特征。

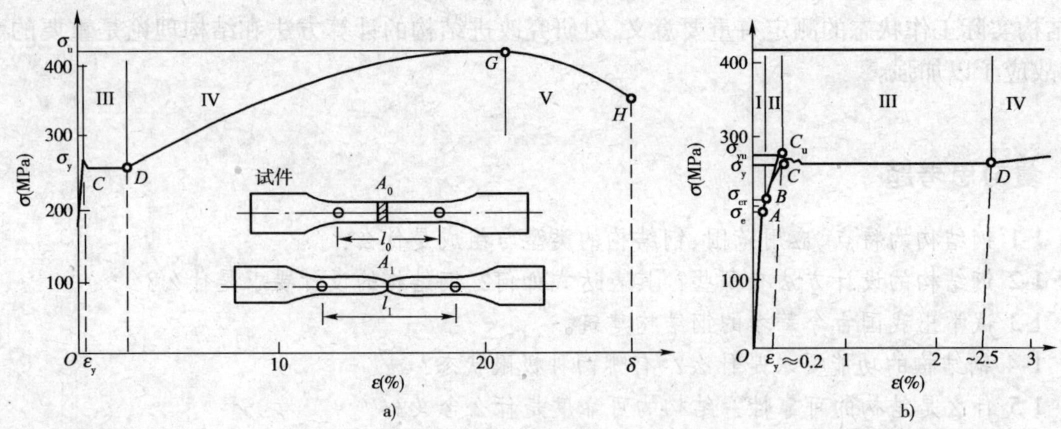

图2-1　Q235碳素结构钢静力拉伸曲线

a)全图；b)局部

I-弹性阶段；II-弹塑性阶段；III-屈服阶段；IV-强化阶段；V-缩颈阶段

（1）弹性阶段　图2-1中OB段，应力与应变呈线性关系，$\sigma=E\varepsilon$；该段称弹性阶段，B点的应力σ_e称为比例极限，亦称弹性极限；E为该直线段的斜率，为钢材的弹性模量，$E=2.06\times10^5$MPa。该阶段卸荷后，钢材的变形可恢复，称为弹性变形。

（2）弹塑性阶段　图2-1中BC段，应力与应变呈曲线关系，表明应变的增长比应力快，切线模量(曲线上任一点的切线斜率)随应变增加而降低。钢材的变形包括卸荷后可恢复的弹性变形和不可恢复的塑性变形两部分。

(3)屈服阶段　图2-1中 CD 段,当应力越过 C 点后,钢材呈屈服状态,应力不增大,应变却持续增长,故曲线为一屈服平台,变形模量为零,表明钢材受力进入屈服阶段。曲线上 C_u 点的应力 σ_{yu} 称为上屈服点,该点处于不稳定状态,C 点的应力 σ_y 称为下屈服点,为一较稳定的数值,故通常以 σ_y 作为钢材的屈服点,$\sigma_y = F_y/A_0$,F_y 为屈服荷载。此时若卸荷,则留有残余应变 ε_y,约为0.2%;对没有明显屈服点的钢材,规定取对应于残余应变 $\varepsilon_y = 0.2\%$ 的应力 $\sigma_{0.2}$(或 σ_y)作为该钢材的屈服点,常称为条件屈服点或屈服点应力。对于钢材厚度或直径不大于16mm的Q235钢,其 σ_y 为235MPa。屈服阶段的应变幅度为0.2%~2.5%,即 CD 段称为流幅。

(4)强化阶段　图中 DG 段,钢材经屈服阶段的较大塑性变形,内部晶粒结构重新排列后,恢复重新承载的能力,曲线呈上升趋势,在 G 点达到最大应力值,该点应力 σ_u 称为钢材的极限拉应力,$\sigma_u = F_u/A_0$,F_u 为试件的最大拉力。对于Q235钢,$\sigma_u = 375 \sim 460$MPa。

(5)缩颈阶段　图中 GH 段,当试件应力达到 σ_u 时,在最薄弱的截面处,急剧收缩变细,称缩颈现象,试件伸长量 Δl 迅速增长,荷载下降,试件拉断。下降段 GH 称为缩颈阶段。试件拉断时的残余应变称为伸长率 δ,对于Q235钢,$\delta \geqslant 26\%$。

以上5个阶段是低碳钢单向拉伸试验 $\sigma-\varepsilon$ 曲线的典型特征,说明低碳钢具有理想的弹塑性性能。高强度钢材单向拉伸试验的 $\sigma-\varepsilon$ 曲线则无明显的屈服阶段。

在工程中,钢材的破坏形式有两种:一种为塑性破坏;另一种则为脆性破坏。

塑性破坏也称延性破坏,是指构件在破坏前有较大的塑性变形,吸收较大的能量,从发生变形到最后破坏要持续较长的时间,易于发现和补救,即给人以警告。钢材塑性破坏时,断口呈纤维状,色泽发暗。前述低碳钢在常温下单向均匀拉伸作用时的破坏,属于典型的塑性破坏。

脆性破坏是指构件在破坏前变形很小,没有预兆,突然发生,断口平直呈有光泽的晶粒状。脆性破坏比塑性破坏造成的危害和损失要大得多,故应采取适当措施,避免发生。

2.1.2　钢材的强度

钢材的拉伸试验所得的屈服点 f_y、抗拉强度 f_u 和伸长率 δ 是钢结构设计中对钢材力学性能要求的三项重要指标。

钢结构设计中常把屈服点 f_y 定为构件应力可以达到的限值,即把钢材应力达到屈服强度 f_y 作为承载能力极限状态的标志。这是因为当 $\sigma > f_y$ 时,钢材暂时失去继续承载的能力并伴随产生很大的不适于继续受力或使用的变形。

钢材的抗拉强度 f_u 是钢材抗破坏能力的极限。抗拉强度 f_u 是钢材塑性变形很大且即将破坏时的强度,此时已无安全储备,只能作为衡量钢材强度的一个指标。

钢材的屈服点与抗拉强度之比 f_y/f_u 称屈强比,它是表明设计强度储备的一项重要指标,f_y/f_u 愈大,强度储备愈小,结构不够安全;反之,f_y/f_u 愈小,强度储备愈大,结构愈安全,但强度利用率低且不经济。因此,设计中要选定适当的屈强比。

2.1.3　钢材的塑性

钢材的伸长率 δ 是反映钢材塑性的指标,以试件拉断后标距长度的伸长量 $(l_1 - l_0)$ 与原标

距长度 l_0 比值百分数表达，即

$$\delta = \frac{l_1 - l_0}{l_0} \times 100\%$$

式中：l_0——原标距长度；

l_1——试件拉断后标距部分的长度。

伸长率愈大，则塑性愈好；需要指出，试件标距长度 l_0 与试件截面直径 d_0 之比对伸长率有较大影响，l_0/d_0 愈大，则 δ 愈小。标准试件一般取 $l_0/d_0 = 5$。

横截面的收缩率 ψ 是钢材塑性性能的另一指标，ψ 是指试件横截面面积缩小值（$A_0 - A_1$）与原截面面积 A_0 比值的百分数，即

$$\psi = \frac{A_0 - A_1}{A_0} \times 100\%$$

ψ 值愈大，钢材塑性性能愈好。

应当指出，图 2-1 中，σ-ε 曲线的 σ 为按原截面计算的名义应力，即 $\sigma = F/A_0$，在拉伸过程中，试件截面逐渐缩小，则实际应力 $\sigma' = F/A_1$ 与名义应力 σ 之比将逐渐增大，在缩颈阶段可增大 10 倍以上。A_1 为实际截面面积。

2.1.4 钢材的冷弯性能

钢材的冷弯性能是衡量钢材在常温下弯曲加工产生塑性变形时，对产生裂纹的抵抗能力的一项指标。图 2-2 是冷弯试验示意图。标准试件厚度为 t，放置在冷弯机辊轴上，用弯心直径为 d 的冲头对试件中部加压，当试件弯曲一定角度 α（一般 $\alpha = 180°$）时，检查弯曲部分外侧，如无裂纹、分层现象，则认为钢材冷弯试验性能合格。

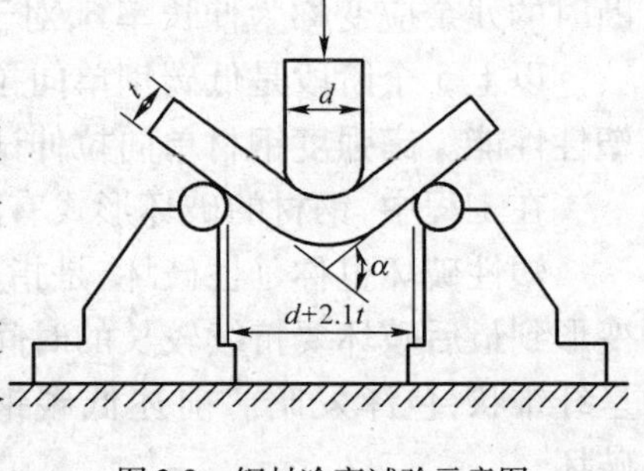

图 2-2 钢材冷弯试验示意图

冷弯试验是检查钢材是否适合冷加工能力和显示钢材内部缺陷状况的指标，也是考察钢材在复杂应力状态（弯曲、挤压和剪切等）下发展塑性变形能力的一项指标。

2.1.5 冲击韧度

钢材的冲击韧度是衡量钢材在冲击荷载作用下抵抗脆性断裂的能力的一项力学性能指标。钢材的冲击韧度通常采用在材料试验机上对标准试件进行冲击荷载试验来测定。常用的标准试件的形式有梅氏（Mesnaqer）U 形缺口试件和夏比（Charpy）V 形缺口试件两种。U 形缺口试件的冲击韧度用冲击荷载下试件断裂所吸收或消耗的冲击功 A_k 除以缺口处横截面面积的量值 a_k 表达，其单位为 $J \cdot mm^{-2}$（$N \cdot m \cdot mm^{-2}$）或 $N \cdot mm \cdot mm^{-2}$。V 形缺口试件的冲击韧度用试件断裂时所吸收的功 A_{KV} 表示，其单位为 J。V 形缺口试件对冲击尤为敏感，更能反映结构对裂纹性缺陷的影响。我国规定钢材的冲击韧度按 V 形试件冲击功 A_{KV} 确定。如图 2-3 所示，试件长度 × 宽度 × 高度为 55mm × 10mm × 10mm，中间开 2mm 深小槽，V 形试件角度为 45°，$R_1 = 0.25$mm；U 形试件 $R_2 = 1$mm。

对于碳素结构钢（国家标准 GB 700—1988），Q235—A 级钢不做冲击试验；Q235—B、C、D 级钢，分别要求 20℃、0℃、-20℃的冲击功 $A_{KV} \geq 27$J。

实际钢结构还常常承受冲击或振动荷载，为保证结构安全，要求钢材的冲击韧度好。

钢材的冲击韧度与钢材的质量、缺口形状、加载速度、试件厚度有关，特别与温度的影响关系密切。一般顺纵向轧制切取的试件较横向切取的试件冲击韧度高，温度为负值时冲击韧度将急剧降低。

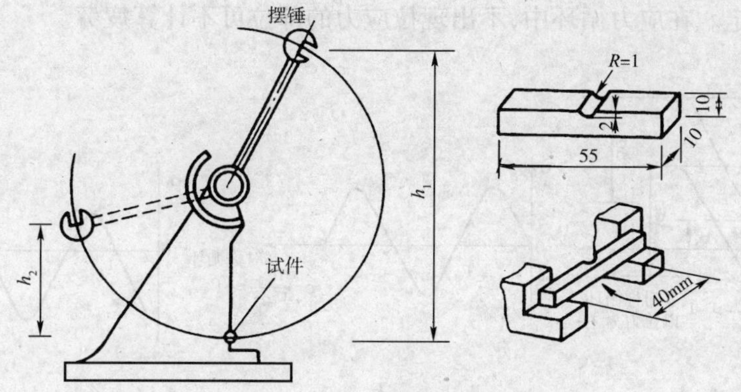

图 2-3　钢材冲击韧性试验示意图(尺寸单位:mm)

2.1.6　焊接性能

钢材的焊接性能是指钢材在一定的焊接工艺条件下，获得性能良好的焊接接头的性能。焊接过程中要求焊缝及焊缝附近金属不产生热裂纹或冷却收缩裂纹；在使用过程中焊缝处的冲击韧度和热影响区内塑性良好，不低于母材的力学性能。我国《钢结构设计规范》所规定的几种建筑钢材均有良好的焊接性能。

2.2　钢材的疲劳

2.2.1　疲劳强度

钢材在连续反复的动力荷载作用下，裂纹生成、扩展以致脆性断裂的现象称为钢材的疲劳或疲劳破坏。疲劳破坏时，截面上的应力低于钢材的抗拉强度甚至低于屈服强度，破坏前没有先兆，呈脆性断裂特征。钢材在规定的作用重复次数和作用变化幅度下所能承受的最大动态应力称为疲劳强度。实用上通常取应力循环次数 $n=5\times10^4$ 次时相应的疲劳强度作为钢材的耐久疲劳强度，或称钢材的疲劳强度极限，亦即应力循环无穷多次试件不致发生疲劳破坏的循环应力 σ_{max} 的极限值，记作 σ_e^f。σ_e^f 可由 $\sigma-n$ 疲劳曲线查得(图 2-4)。

影响疲劳强度的主要因素是应力集中，试验表明：截面几何形状突变处应力集中最严重；作用的应力幅和应力循环的次数 n 一般与钢材的静力强度无关。应力幅可用应力比 $\rho=\sigma_{min}/\sigma_{max}$ 和 σ_{max} 表示，也可用 $\Delta\sigma=\sigma_{max}-\sigma_{min}$ 和 σ_{max} 表示。应力循环次数 n 是指在连续重复荷载下应力由最大到最小的循环次数。在不同的应力幅作用下，各类构件和连接产生疲劳破坏的应力循环次数不同，应力幅愈大，循环次数愈少，反之则愈多。当应力幅小于一定数值时，即使应力无限多次循环(一般取 $n=5\times10^4$ 次)，也不致产生疲劳破坏，故称为耐久疲劳强度。

2.2.2　疲劳计算

《钢结构设计规范》规定，承受直接动力荷载重复作用的钢构件，如桥式起重机梁、桥式起重机桁架、工作平台梁及其连接，当应力变化的循环次数 $n \geqslant 5 \times 10^4$ 时，应对应力循环中出现拉应力的部位进行疲劳计算，疲劳计算中采用荷载标准值，动力荷载标准值也不应乘动力系数。疲劳计算应采用容许应力幅法，应力按弹性状态计算，容许应力幅按构件和连接类别以及应力循环次数确定。在应力循环中，不出现拉应力的部位可不计算疲劳。

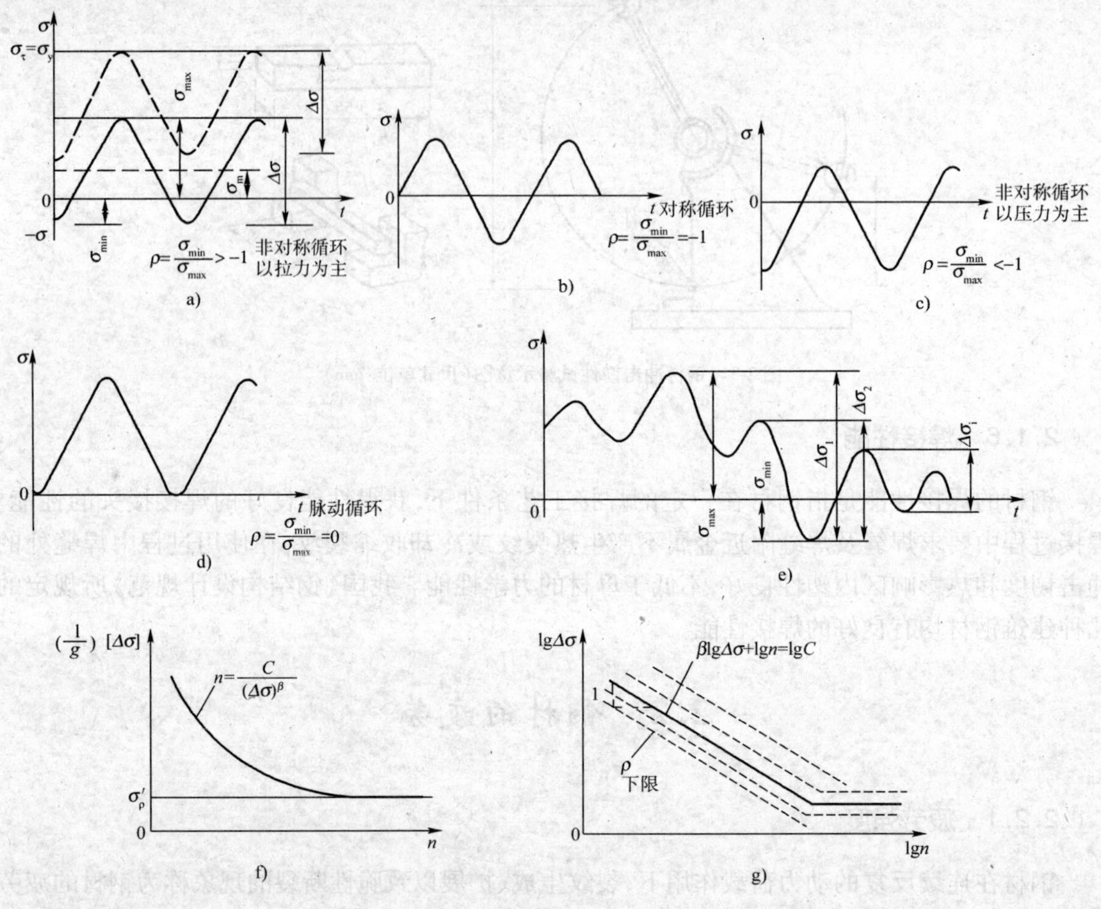

图 2-4 $\sigma-t$ 曲线及 $\Delta\sigma-n$ 曲线

a)、c) 非对称循环；b)、d) 对称循环；e) 变幅应力；f) $\Delta\sigma-n$ 曲线；g) $\lg\Delta\sigma-\lg n$ 曲线

(1)常幅疲劳计算　对于全部应力循环内的应力幅均相同的常幅疲劳，可按下式计算：

$$\Delta\sigma \leqslant [\Delta\sigma] \tag{2-1}$$

式中：$\Delta\sigma$——对焊接部位为应力幅，$\Delta\sigma=\sigma_{max}-\sigma_{min}$，对非焊接部位为计算应力幅，$\Delta\sigma=\sigma_{max}-0.7\sigma_{min}$；

σ_{max}——计算部位每次应力循环中的最大拉应力，取正值；

σ_{min}——计算部位每次应力循环中的最小拉应力(取正值)或压应力(取负值)；

$[\Delta\sigma]$——常幅疲劳的容许应力幅(N/mm^2)，$[\Delta\sigma]=(C/n)^{1/\beta}$，见图 2-4f)；

n——应力循环次数；

C、β——参数，根据《钢结构设计规范》附录 E 中的构件和连接类别采用或按表 2-1 采用。

(2)变幅疲劳计算　对应力循环内的应力幅随机变化的变幅疲劳，若能预测结构在使用寿命期间各种荷载的频率分布、应力幅水平以及频次分布总和所构成的设计应力谱，则可将其折算为等效常幅疲劳，按下式计算：

$$\Delta\sigma_e \leqslant [\Delta\sigma]$$

式中：$\Delta\sigma_e$——变幅疲劳的等效应力幅，按下式计算

$$\Delta\sigma_e = \left[\frac{\sum n_i(\Delta\sigma_i)^\beta}{\sum n_i}\right]^{1/\beta} \tag{2-2}$$

$\sum n_i$——以应力循环次数表示的结构预期使用寿命；

$[\Delta\sigma]$——常幅疲劳允许应力，见图 2-4f)；

n_i——预期寿命内应力幅水平达到 $\Delta\sigma_i$ 的应力循环次数。

疲劳计算参数 C、β 值和 $[\Delta\sigma]_{2\times10^6}$（$N/mm^2$）值

表 2-1

构件和连接类别	1	2	3	4	5	6	7	8
C	1940×10^{12}	861×10^{12}	3.26×10^{12}	2.18×10^{12}	1.47×10^{12}	0.96×10^{12}	0.65×10^{12}	0.41×10^{12}
β	4	4	3	3	3	3	3	3
$[\Delta\sigma]_{2\times10^6}$	176	144	118	103	90	78	69	59

（3）重级工作制起重机梁和重级、中级工作制起重机梁的疲劳可作为常幅疲劳计算，其算式为

$$\alpha_f \cdot \Delta\sigma \leqslant [\Delta\sigma]_{2\times10^6}$$

式中：$[\Delta\sigma]_{2\times10^6}$——$n$ 为 2×10^6 次的容许应力幅，见表 2-1；

α_f——欠载效应的等效系数，重级硬钩、重级软钩和中级工作制起重机分别为 1.0、0.8 和 0.5。

2.3 影响钢材性能的主要因素与钢材防护

2.3.1 化学成分的影响

钢的基本元素是铁（Fe），普通碳素钢中 $w(\mathrm{Fe})=99\%$，其余为碳（C）、硅（Si）、锰（Mn）；有害元素尚有硫（S）、磷（P）、氧（O）、氮（N）等。合金钢中还需掺入一定数量的铬、镍、铜、钒、钛、铌等元素以改善钢的力学性能。

碳是形成钢材强度的重要成分，钢结构所用钢材中 $w(\mathrm{C})\leqslant0.2\%$。

锰元素可提高钢材的强度，改善钢材的冷脆倾向，但却降低焊接性能，应控制其含量；低合金在钢中含量为 1.2% ~1.6%（质量分数）。

硅是强脱氧剂，可使钢材粒度变细，提高强度且不影响其他性能。在普通碳素钢中 $w(\mathrm{Si})=0.12\%\sim0.3\%$，在低合金钢中 $w(\mathrm{Si})=0.2\%\sim0.6\%$。

钒可提高钢材的强度和抗锈蚀能力，而不显著降低其塑性。

硫是有害杂质，能生成易于熔化的硫化铁，在温度达 800 ~ 1000℃时，使钢材出现裂纹，称为热脆，还会降低钢材的冲击韧度，影响钢材的疲劳性能与抗锈蚀性能，故对硫的质量分数应严格控制在 0.05% 以内。

磷也是有害杂质，在低温下会使普通碳素钢变脆，称为冷脆；高温时则使钢的塑性降低，故质量分数应限制在 0.045% 以内。

氧和氮也是有害元素，氧能使钢热脆，氮能使钢冷脆，故对其含量应严加控制。

2.3.2 冶炼、浇注和轧制过程的影响

我国目前结构用钢主要是由平炉和氧气转炉冶炼而成的，侧吹转炉钢质量较差，不宜作承重结构用钢。钢因冶炼后浇注工艺过程和脱氧程度的不同而分为沸腾钢、镇静钢和半镇静钢。沸腾钢因钢锭模中钢液内的氧、氮和一氧化碳等气体大量逸出，而呈剧烈的沸腾状得名。该钢种有杂质聚集的“偏析”现象和非金属夹杂物的存在，质量不如镇静钢，但工艺简单、价格便宜，且能满足一般承重钢结构的要求，故应用较多。镇静钢则是由于冶炼过程中加入适量硅、锰脱氧剂，在钢液铸锭前进行彻底脱氧，不再在钢模中发生沸腾现象而得名，该种钢质量、性能较沸腾钢好，但工艺复杂、价格较高。半镇静钢介于两者之间。如果钢材轧制后经过适当程度的热处理，如调质等，则可显著提高钢材强度并保证良好的塑性和韧性。

2.3.3 残余应力的影响

热轧型钢在冷却过程中，在截面尖角、边缘及薄细部位率先冷却，其他部位渐次冷却，先冷却部位约束阻止后冷却部位的自由收缩，产生复杂的热轧残余应力分布。不同形状和尺寸规格的型钢残余应力分布不同。

钢材经过气割或焊接后，由于不均匀的加热和冷却，也将引起残余应力。

残余应力是一种自相平衡的应力，在钢材截面切割后将有一定改变，特别是退火处理后可部分乃至全部消除。结构受荷后，残余应力与荷载作用下的应力相叠加，将使构件某些部位提前屈服，降低构件的刚度和稳定性以及抗冲击断裂和抗疲劳破坏的能力。

2.3.4 应力集中的影响

由于钢结构的钢材存在孔洞、槽口、凹角裂纹、厚度变化、形状变化及内部缺陷等构造缺陷，钢材中的应力在缺陷区域的某些部位将出现局部高峰应力，而其他部位出现应力降低，这种在较小区域内应力突然增高的现象称为应力集中。应力集中的高低取决于构件截面改变的急剧程度，如槽孔尖端处的应力集中较圆孔边的应力集中大得多。在静力荷载作用下，随着塑性发展，不均匀应力趋于均匀，因而不影响截面极限承载力，设计时可不予考虑。但在动力荷载作用下，加上残余应力影响，应力集中往往是造成构件脆性破坏的主要原因之一。因此，设计时应避免截面突变，采取圆滑过渡。

2.3.5 温度影响

钢材的内部晶体组织对温度很敏感，温度升高与降低都会使钢材性能发生变化。

温度在100℃以上时，钢材总的趋势是强度降低，塑性增大；达250℃左右时，钢材的抗拉强度 f_u 略有提高，塑性和冲击韧度降低，钢材呈脆性破坏特征，这种现象称为“蓝脆”。在此区域加工易产生裂纹；温度以250～350℃时，钢材强度开始显著下降，产生徐变现象；当温度超过400℃时，钢材强度和弹性模量都急剧降低；达600℃时，其承载能力几乎丧尽。

钢材的温度由常温下降，特别是在负温度范围内，其强度虽略有提高，但其塑性和韧性降低，而脆性增加。《钢结构设计规范》要求，钢材在低温（－20～0℃）时，应具有冲击韧性合格的保证。

2.3.6 钢材的冷作硬化和时效硬化

在冷加工过程中,钢材将产生很大的塑性变形甚至断裂,当重新加荷时将使屈服点提高,但塑性和韧性会降低,这种现象称为冷作硬化或应变硬化。时效硬化是指钢材仅随时间增长而变脆的现象。冷作硬化的钢材,同时伴生着时效硬化,故称为应变时效硬化。人们利用钢材应变时效硬化的特性,采用人工方法加速其硬化过程的工艺称为人工时效。对人工时效后的钢材做冲击韧度试验,称为应变时效后的冲击韧度,它能检验钢材抗脆性破坏的能力,有时可作为钢材性能要求的保证项目。在一般钢结构中,不允许利用硬化所提高的强度,有时尚应考虑其不利影响。

2.3.7 钢材的防护

(1)钢材脆性断裂的预防　选用韧性好的钢材;避免截面剧变,减少应力集中;合理的制造安装,减少裂纹缺陷和焊接残余应力。

(2)钢结构的防火保护　常用措施有:在钢构件表面粘贴预制绝热板,喷涂蛭石或石棉水泥防火层,采用型钢混凝土组合结构等。

(3)钢结构防腐蚀措施　钢结构在潮湿或腐蚀介质条件下表面会锈蚀。钢材的防腐防锈的主要措施有:将除锈后的钢件涂红丹1~2层,再刷罩面油漆;将金属构件和安装螺栓除锈后在镀锌槽内镀锌,再拼装成结构;阳极保护法,对水下或地下钢结构常采用阳极保护。目前,涂料防腐是最普通最常用的方法。

此外,在构造设计时应采取妥善处理措施。

2.4 钢材的种类、规格与选用

2.4.1 钢材的种类

钢材的种类或称钢种,按用途可分为结构钢、工具钢和特殊用途钢等;按化学成分可分为碳素钢和合金钢,碳素钢按含碳量又分为低碳钢($w(C) \leq 0.25\%$)、中碳钢($0.25\% < w(C) \leq 0.6\%$)、高碳钢($w(C) > 0.6\%$)以及熟铁($w(C) \leq 0.06\%$)、生铁或铸铁($w(C) \geq 2\%$)。合金钢可分为低合金钢(合金元素锰、硅等的质量分数小于5%)、中合金钢和高合金钢(合金元素质量分数大于10%);按冶炼方法可分为平炉钢、氧气转炉钢、碱性转炉钢和电炉钢等;按浇注方法分为沸腾钢、半镇静钢、镇静钢和特殊镇静钢;按硫、磷含量和质量控制可分为高级优质钢($w(S) \leq 0.035\%$,$w(P) \leq 0.03\%$,并有良好的力学性能),优质钢($w(S) \leq 0.045\%$,$w(P) \leq 0.04\%$,并有较好的力学性能)和普通钢($w(S) \leq 0.05\%$,$w(P) \leq 0.045\%$)等。

钢结构中常用的钢是碳素结构钢和低合金结构钢以及特殊结构钢。

1. 碳素结构钢

《碳素结构钢》(GB/T 700—1988)将专用于结构的普通碳素钢共分为Q195、Q215、Q235、Q255、Q275五种。Q是屈服点的汉语拼音首位字母,数字代表钢材厚度(直径)小于等于16mm时的屈服点下限值(MPa)。数字较低的钢材,碳的质量分数和强度较低而塑性、韧性、焊接性较好。钢结构主要用Q235钢,其碳的质量分数为0.12%~0.22%,强度、塑性和焊接性等均适中。

Q235钢共分A、B、C、D四个质量等级,依次由差至好;A、B级钢按脱氧方法可分为沸腾钢(F)、半镇静钢(b)和镇静钢(Z);C级钢为镇静钢(Z);D级为特殊镇静钢(TZ);Z和TZ在牌号中省略不写。碳素结构钢牌号的全部表示方法为Q×××后附加质量等级和脱氧方法符号,如Q235—AF、Q235—C等。

碳素结构钢交货时,应有化学成分和力学性能的合格保证书。化学成分要求碳、锰、硅硫、磷含量符合相应等级的规定,A级钢的碳、锰含量可不作为交货条件。力学性能要求为屈服点f_y、抗拉强度f_u、伸长率δ_5和冷弯试验合格,A级钢冷弯试验只在需方要求时才提供;B、C、D级钢另外分别要求20℃、0℃、-20℃的V形缺口试件冲击功A_{KV}合格。

各级钢材(A、B、C、D)要求的f_y、f_u、δ_5值相同,当厚度大于16mm时,则随厚度增加而略有降低。

2.低合金结构钢

《低合金高强度结构钢》(GB/T1591—1994)将低合金高强度结构钢按屈服点数值分为5个牌号:Q295、Q345、Q390、Q420、Q460。《钢结构设计规范》推荐的钢种为Q345(16Mn)、Q390(15MnV)。

低合金结构钢交货时应有化学成分和f_y、f_u、δ_5和冷弯等力学性能合格保证书,当需要时,还应提出20℃、0℃、-20℃或-40℃冲击韧度合格的附加交货条件。

低合金结构钢是在冶炼碳素结构钢时加一种或几种适量的合金元素而炼成的钢种,可提高强度、冲击韧度、耐腐蚀性又不太降低塑性。Q345(16Mn)钢和Q390(15MnV)钢是建筑结构中常用的两种低合金结构钢,其屈服点比Q235钢分别提高47%和66%并具有良好的塑性和冲击韧度,特别是低温冲击韧性,在受力大的结构中可较Q235钢节省钢材15%~25%。

3.专用结构钢

特殊用途的专用结构钢是在碳素结构钢或低合金结构钢的基础上冶炼而成,其有害元素含量低、晶粒细、组织致密、力学性能的附加保证项目较多,因而质量更高、检验更严密。一般用于桥梁、船舶、压力容器和锅炉等特殊用途的钢结构中。专用钢的牌号表示方法是在相应钢号后加上专业用途的汉语拼音字母或汉字,如q(桥)、c(船)、R(容)、G(锅)等。例如Q235c、16Mnq、15MnVq等。16Mnq和15MnVq钢也常用于重型桥式起重机梁结构中。

钢结构连接中,铆钉、高强度螺栓、焊条用钢等,也是属于专用结构钢。

4.Z向钢和耐候钢

Z向钢是在某一级结构钢(母级钢)的基础上,经过特殊冶炼、处理的钢材。Z向钢在厚度方向有较好的延展性,有良好的抗层状撕裂能力,适用于高层建筑和大跨度钢结构的厚钢板结构中。我国生产的Z向钢板的标记为在母级钢牌号后面加上Z向钢板等级标记,如Z15、Z25、Z35等,Z后数字为截面收缩率ψ(%)的指标。

耐候钢是在低碳钢或低合金钢中加入铜、铬、镍等合金元素冶炼制成的一种耐大气腐蚀的钢材。在大气作用下,表面自动生成一种致密的防腐薄膜,起到抗腐蚀作用。这种钢材适用于露天的钢结构。所以应在降低成本后,逐步推广到有抗腐要求的钢结构,焊接工艺以及普通钢结构中去。耐候钢质量要求应符合现行国家标准《焊接结构用耐候钢》(GB/T 4172)的规定。

2.4.2 钢材的规格

钢结构采用的钢材主要为热轧成型的钢板和型钢,以及冷弯成型的薄壁型钢(图2-5)。

由工厂生产供应的钢板和型钢等有成套的截面形式和一定的尺寸间隔,称为钢材规格。

1.热轧钢板

厚钢板,厚度为 4.5 ~ 60mm,宽度为 600 ~ 3000mm,长度为 4 ~ 12m;薄钢板,厚度为 0.35 ~4mm,宽度为 500 ~ 1500mm,长度为 0.5 ~ 4m;扁钢板,厚度为 4 ~ 60mm,宽度为 12 ~ 200mm,长度为 3 ~9m;花纹钢板,厚度为 2.5 ~8mm,宽度为 600 ~1800mm,长度为 0.6 ~12m。

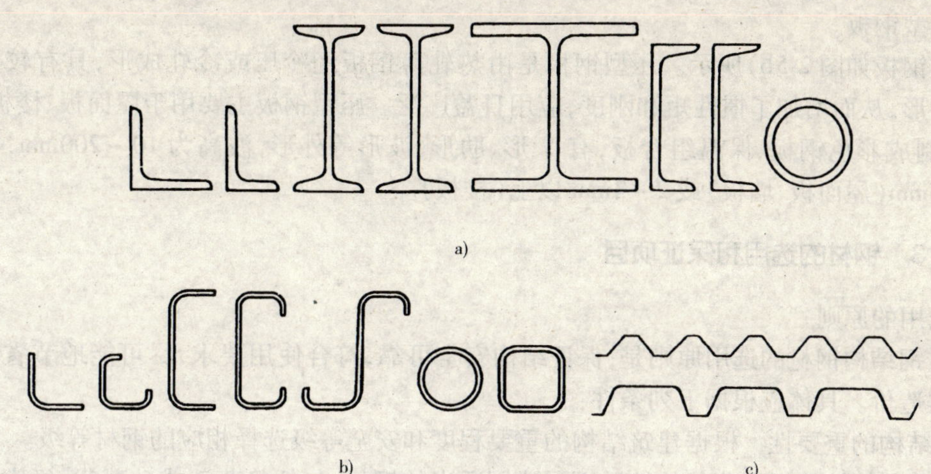

a)

b) c)

图 2-5 钢材的规格

a)常用热轧型钢;b)冷弯薄壁型钢;c)压型钢板

2. 热轧型钢

常用的热轧型钢为角钢、工字钢和槽钢,如图 2-5a)所示。附录 D 中给出了各种型钢规格和截面特性。

角钢分等边和不等边两种,以边宽和厚度来表示。如⌊100 ×10 为肢宽 100mm、肢厚 10mm 的等肢角钢,⌊100 ×80 ×8 为长肢宽 100mm、短肢宽为 80mm、肢厚为 8mm 的不等肢角钢。角钢的长度一般为 3 ~ 19m。角钢的规格有⌊20 ×20 ×3 ~ ⌊200 ×200 ×24;⌊25 ×16 × 3 ~⌊200 ×125 ×18。

工字钢可分为普通、轻型和宽翼缘工字钢三种,用符号“I”后加号数表示,号数代表截面高度的 cm 数,如 I16,代表高度为 16cm 的工字钢。20 号以上的工字钢,按腹板厚度,同一号数又分为 a、b、c 三种规格,a 类腹板最薄,最经济,如 I32a 为高度为 32cm,腹板厚度为 a 类的工字钢。腹板厚度愈薄,重量愈轻,截面惯性矩相对较大。我国目前生产的普通工字钢有 I10c ~ I63c。轻型工字钢的翼缘宽而薄,截面惯性矩和回转半径较大,对构件抗弯强度和整体稳定较为有利。我国生产的轻型工字钢有 QI10b ~ QI70b,Q 表示轻型。宽翼缘工字钢也称 H 形钢,整体稳定和截面抗弯刚度均有较大增加。HK 表示宽翼缘 H 形钢,HZ 表示窄翼缘 H 形钢。

槽钢可分为普通和轻型两种,用在“[”后标明截面高度的 cm 数及钢号数表示,如[36a 表示高度为 36cm 而腹板厚度属 a 类的槽钢,我国生产的槽钢有[5c ~[40c(普通)和 Q[5c ~Q[40c(轻型)。同一型号中又可分为 a、b、c 三种规格。

钢管有热轧无缝钢管和由钢板卷焊成的焊接钢管。钢管截面对称,外形圆滑,受力性能良好。规格用外径 ×壁厚(mm)表示,如无缝钢管 ϕ89 ×5。我国目前生产的无缝钢管规格为外径 32 ~630mm,壁厚 2.5 ~75mm。

3. 冷弯薄壁型钢

冷弯薄壁型钢如图 2-5b)所示。薄壁型钢是用 1.5 ~5mm 厚的薄钢板经模压或弯曲成形,截面形式和尺寸可按工程要求合理设计,通常有角钢、卷边角钢、槽钢、卷边槽钢、卷边 Z 形钢、圆钢管、方钢管等,其规格用薄壁型钢符号 B 和高、宽、卷边的外皮尺寸乘壁厚(mm)表示,如 B⌊50×3、B[140×60×20×3 等。薄壁型钢受力性能好、节省钢材,但对锈蚀敏感,受压板件可能会由于局部失稳而退出工作。

4. 压型钢板

压型钢板如图 2-5b)所示。压型钢板是由热轧薄钢板经冷压或冷轧成形,具有较大宽度及曲折外形,从而增加了惯性矩和刚度,应用日益广泛。压型钢板主要用于屋面板、楼板、墙板等,尚可制成彩色钢板、保温组合板,有 V 形、肋形、波形等外形,波高为 10~200mm,板厚为 0.4~1.6mm(屋面板、墙板)或 2~3mm 以上(楼板)。

2.4.3 钢材的选用和保证项目

1. 选用的原则

承重钢结构钢材的选用原则是,保证结构安全可靠,符合使用要求,尽可能地节省钢材和降低工程造价。具体应根据下列条件:

(1)结构的重要性 根据建筑结构的重要程度和安全等级选择相应的钢材等级。

(2)荷载特性 根据荷载的性质不同选用适当的钢材,包括静荷载或动荷载;经常作用还是偶然作用;满载还是不满载等情况。同时提出必要的质量保证项目。

(3)连接方式 焊接连接时要求所用钢材的碳、硫、磷及其他有害化学元素的含量应较低,塑性和韧度指标要高,焊接性要好。对非焊接连接的结构可适当降低。

(4)结构的工作环境温度 对低温环境下工作的结构尤其焊接结构,应选用有良好抗低温脆断性能的镇静钢。

(5)钢材厚度 厚度大的钢材性能较差,应采用质量好的钢材。

2. 钢结构对钢材的要求

作为钢结构的钢材必须具备下列性能:

(1)较高的强度 f_y 较高,可减小构件截面,减轻自重,抗拉强度 f_u 高,可增加结构构件的安全保障。

(2)足够的变形能力 塑性好,可调整局部高峰应力,减少脆性破坏的危险性;韧度好,可减少动力荷载作用下脆性破坏的危险程度。

(3)良好的加工性能 适合冷、热加工,且具有良好的焊接性能。

此外,根据结构的工作条件不同采用相适应的钢材。

3. 钢材的选用和保证项目

(1)建筑结构钢材的选用 钢材的选用是指确定钢材牌号,包括钢种、冶炼方法、脱氧方法、质量等级等,以及提出钢材应有的力学性能和化学成分的保证项目。选用时应考虑下列情况并可依工程实际情况参照表 2-2 选用。

①一般结构多选用碳素结构钢 Q235—F;大跨度或荷载大,尤其是低温工作环境,以及承受较大动力荷载的结构,宜采用强度高、冲击韧度好的低合金钢 Q345 或 Q390 钢。若动力荷载很大时可选用 16Mnq 或 15MnVq 钢。

②平炉钢和氧气转炉钢两者质量相当,订货和设计时不加区别,由钢厂决定。

③钢材出厂最少应具有 f_y、f_u、δ_5 三项力学性能和硫、磷含量两项化学成分的合格保证;焊接结构还应有碳含量的合格保证。

④对于较大跨度的桁架、柱、托架等构件,承受直接动力荷载的桥式起重机梁、储罐等钢材

还要有冷弯试验的合格保证。

⑤对于重级工作制桥式起重机和起重量大于 50t 的中级工作制桥式起重机的桥式起重机梁或类似构件，应具有常温（20℃）冲击韧度的合格保证。冬季计算温度较低时，还要根据温度环境要求有 0℃、-20℃、-40℃的低温冲击韧度的合格保证。

（2）结构钢材的实际供应与选用

①普通碳素钢钢材的选用和保证项目如下：

Q235—AF 为非焊接一般结构用钢，保证项目应考虑 f_y、f_u、δ_5 的最基本要求。

Q235—BF 为静荷载或非直接动荷载下常用焊接钢结构用钢，应考虑 f_y、f_u、δ_5 及冷弯试验等保证项目，且厚度小于等于 25mm；当厚度大于 25mm 时，宜采用 Q235—B 或 Q235—Bb。

Q235—BZ 为常温动荷载下焊接钢结构用钢，除上述保证项目外，尚应增加 20℃时冲击韧度项目。

Q235—CZ、Q235—DZ，为低温动载下焊接钢结构用钢，保证项目应增加 0℃、-20℃的冲击韧度条件。

钢材选用建议表　　　　表 2-2

承载情况	项次	结构类型及构件名称	计算温度	焊接结构			非焊接结构		
				按旧的钢材标准		按现行钢材国家标准	按旧的钢材标准		按现行钢材国家标准
				采用钢号	保证项目	采用钢号	采用钢号	保证项目	采用钢号
直接承受动荷载	1	重级工作制桥式起重机梁、桥式起重机桁架或类似钢构件	$t>0$℃ 0℃≥t>-20℃	A3、AY3、16Mn、15MnV	5 6	Q235B Q345B(16Mn) Q390B(15MnV)	A3F、AY3F、16Mn、15MnV	5	Q235BF Q345B(16Mn) Q390B(15MnV)
	2		≤-20℃	A3、AY3、16Mn、16Mnq、15MnV、15MnVq	6	Q235C Q345D(16Mn) 16Mnq Q390D(15MnV)、15MnVq	A3、AY3、16Mn、16MnV	6	Q235C Q345D(16Mn) Q390D(15MnV)
	3	轻、中级工作制桥式起重机桁架；起重量≥50t 的中级工作制桥式起重机梁或类似钢构件	>0℃ 0℃≥t>-20℃	A3F、AY3F、16Mn	5 6	Q235BF Q345B(16Mn)	A3F、AY3F	4	Q235AF 并保证冷弯试验合格
	4		≤-20℃	A3、AY3、16Mn	6	Q235C Q345D(16Mn)	A3F、AY3F 16Mn	4	Q235AF 并保证冷弯试验合格 Q345A(16Mn)
	5	轻级工作制及起重量小于 50t 的中级工作制桥式起重机梁或单轨桥式起重机梁或类似钢构件	>-20℃	A3F、AY3F	4	Q235BF	A3F、AY3F	4	Q235AF 并保证冷弯试验合格
	6		≤-20℃	A3、AY3、16Mn	5	Q235B Q345B(16Mn)			

续上表

<table>
<tr><th rowspan="3">承载情况</th><th rowspan="3">项次</th><th rowspan="3">结构类型
及
构件名称</th><th rowspan="3">计算温度</th><th colspan="3">焊接结构</th><th colspan="3">非焊接结构</th></tr>
<tr><th colspan="2">按旧的钢材标准</th><th>按现行钢材国家标准</th><th colspan="2">按旧的钢材标准</th><th>按现行钢材国家标准</th></tr>
<tr><th>采用钢号</th><th>保证项目</th><th>采用钢号</th><th>采用钢号</th><th>保证项目</th><th>采用钢号</th></tr>
<tr><td rowspan="4">承受静荷载或间接承受动荷载</td><td>7</td><td rowspan="2">设有不小于5t锻锤或相当的振动设备或重型厂房的屋架、托架和柱子；$L \geq 24$m的托架；$L \geq 42$m的屋架、带运输桁架、平炉及转炉工作平台结构、储仓构架或类似钢构件</td><td>>-30℃</td><td>A3F、AY3F</td><td>4</td><td>Q235BF</td><td rowspan="2">A3F、AY3F</td><td rowspan="2">4</td><td rowspan="2">Q235AF并保证冷弯试验合格</td></tr>
<tr><td>8</td><td>≤-30℃</td><td>A3、AY3、16Mn</td><td>4</td><td>Q235B
Q345B(16Mn)</td></tr>
<tr><td>9</td><td rowspan="2">除7、8项以外的屋架、托架、柱、天窗架、挡风架、窗挡、檩条、支架、支撑、墙架、操作平台或类似钢构件</td><td>>-30℃</td><td>A3F、AY3F</td><td>3</td><td>Q235BF</td><td rowspan="2">A3F、AY3F</td><td rowspan="2">3</td><td rowspan="2">Q235AF</td></tr>
<tr><td>10</td><td>≤-30℃</td><td>A3、AY3、16Mn</td><td>3</td><td>Q235B
Q345A(16Mn)</td></tr>
<tr><td>非承重</td><td>11</td><td>由构造决定的构件，支撑检修和通道平台结构，梯子、栏杆及类似不受力构件</td><td>—</td><td>A3F、AY3F</td><td>2</td><td>Q235BF</td><td>A3F、AY3F</td><td>2</td><td>Q235AF</td></tr>
</table>

注：①保证项目中，6项保证为保证f_u、δ、f_y冷弯试验合格、常温冲击韧度、负温（3号钢为-20℃，其他为-40℃）冲击韧度；5项为保证前5项，4、3、2项分别保证前4、3、2项。

②对化学成分的保证项目：焊接结构要求C、S、P含量合格，非焊接结构要求S、P含量合格。

③项次2中，对于冶金工厂的夹钳或刚性料耙起重机的焊接起重机梁，宜采用16Mnq或15MnVq钢，或Q345D（16Mn）或Q390（15MnV）。

④承重的焊接结构，当板厚大于25mm时，宜用Q235B或Q235Bb代替Q235BF。

②低合金钢的选用和保证项目如下述：选用低合金结构钢可用Q345或Q390 Q420，必要时可用16Mnq或15MnVq钢，这些均为镇静钢或特殊镇静钢。其保证项目实际供应时已包括f_y、f_u、δ_5、冷弯四项力学性能和碳、硫、磷含量三项化学成分。根据使用温度、环境、可提出常温冲击韧度（20℃）或低温冲击韧度（0℃、-20℃、-40℃）的附加交货条件。

4. 钢材的技术标准

国家标准中规定了各种钢号钢材的技术标准(包括力学性能和化学成分的各项指标)作为钢材出厂合格与否的标准限值。每批钢材作规定数量的各种试验,达不到限值标准即为整批不合格。这些标准限值有时称为废品极限值。如国家标准规定厚度小于16mm的Q235、Q345、Q390、Q420钢的屈服强度(屈服点)的最低限值f_y为235、345、390、420N/mm^2。《钢结构设计规范》(GB 50017—2003)规定,上述f_y作为设计时钢材屈服强度标准值,简称为屈服强度。另外,规范还规定设计时对各种钢材统一采用下列物理性能:弹性模量$E=206\times10^3$ N/mm^2,切变模量$G=79\times10^3$ N/mm^2,体积质量$\rho=7850\text{kg}\cdot\text{m}^{-3}$,线膨胀系数$\alpha_L=12\times10^{-6}$/℃,泊松比$\nu=0.3$。

复习思考题

2-1 Q235钢的应力—应变曲线图可以分为哪5个阶段,它与钢结构计算有哪些联系?

2-2 什么叫塑性破坏和脆性破坏?它对钢结构设计有何影响?

2-3 什么叫屈强比?它对结构设计有何意义?

2-4 什么叫疲劳和疲劳强度?钢材的疲劳破坏与脆性断裂有何不同?什么情况下要进行疲劳验算?

2-5 影响钢材性能的主要因素有哪些?

2-6 应力集中是怎样产生的,有什么危害?设计中应如何防止?

2-7 钢材品种、规格有哪些?对设计有何作用?

2-8 选用钢材应遵循哪些原则?

2-9 钢结构对钢材有哪些要求?

2-10 选用钢材应考虑哪些具体情况?有哪些保证项目?

2-11 简述钢材的技术标准。

第3章　钢结构的连接

3.1　钢结构的连接方法

钢结构是由几种基本构件(如梁、柱、桁架等)通过连接而组成的整体结构。设计时所采用的连接方法是否合理,施工时所完成的连接质量的好坏,都直接影响钢结构的工程造价、工作性能及使用寿命。由此可见,连接在钢结构工程中占有很重要的地位。

钢结构的连接方法有三种(图3-1),即焊接连接、螺栓连接和铆钉连接。在同一个钢结构的设计方案中,所采用的连接方法可能有一种或几种;好的连接方案应当符合安全可靠、节约钢材、施工方便、构造简单、造价低廉的原则。下面我们分别介绍以下三种钢结构连接方法的特点及合理应用范围。

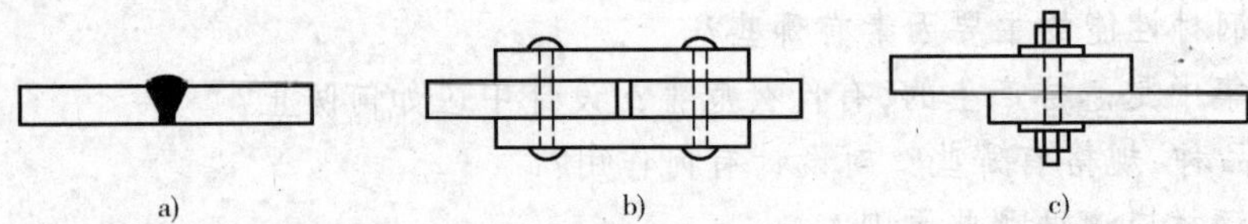

图3-1　钢结构连接方法

a)焊接连接;b)铆钉连接;c)螺栓连接

3.1.1　焊接连接

焊接连接是目前钢结构最主要的连接方法。其工作原理是利用电弧产生的热量使焊条和构件的施焊部位熔化,再经过冷却凝结成焊缝,使焊件相连成为一体。它的优点是:施工方便、构造简单、节约钢材,连接的密封性能好、刚度大、构件间可实现直接焊接,通过采用自动化作业,还可提高焊接质量和施工效率。它的缺点是:由于施焊时的高温作用,形成焊缝附近的热影响区,使钢材的金相组织和力学性能发生变化,材质变脆。另外,由于构件受到的高温和冷却作用是不均匀的,使其产生焊接残余变形,使钢结构的抗疲劳强度降低,发生脆性破坏的可能性增大。

除少数直接承受动力荷载的结构连接(如重级工作制的吊车梁和柱的连接、桁架式吊车梁的节点连接等)不宜采用焊接连接外,焊接连接可普遍用于工业与民用建筑的钢结构中。

3.1.2　铆钉连接

铆钉连接目前不常采用,在这里只作简单介绍。铆钉连接是用一端有半圆形铆头的铆钉,加热到900～1000℃后,迅速插入到需连接构件的预制铆孔中,用铆钉枪或压铆机将钉端打成或压成铆钉头。并要求铆合后的钉杆应充满钉孔。当钉杆冷缩后,连接件被铆钉压紧形成牢固的连接。它的优点是:连接质量易于直观检查,传力可靠,连接部位的塑性、韧性较好,对构件的金属材质的要求低。它的缺点是:制造费时费工,浪费钢材,铆合时噪声大,劳动条件差,对技工的技术水平要求高。目前除了在一些重型和直接承受动力荷载的结构中偶有应用外，铆钉连接已经被焊接连接和螺栓连接所取代。

3.1.3 螺栓连接

螺栓连接是应用很广泛的一种连接方法。它分为普通螺栓连接和高强度螺栓连接两种。普通螺栓是用Q235钢制成，用普通扳手拧紧；高强度螺栓是用高强度钢材经热处理后制成，安装时用指针式扭力扳手，将螺栓拧紧到使其内部产生规定的预拉力值，把被连接构件强力夹紧。

螺栓连接的优点是：安装方便、工艺简单、所需设备简单易得，施工效率和质量容易得到保证，并可方便拆装。它的缺点是：由于需要在构件上制孔，所以对构件截面有削弱；在实现连接时一般需要配有连接件，使得钢材用量增加，构造较繁杂，工作量也有增加。

螺栓连接的应用范围是：普通螺栓连接一般用于需要拆装的连接中，在承受拉力的连接和不太重要的连接中也有广泛的应用。高强度螺栓由于具有连接紧密，受力良好，耐疲劳，便于养护及在动力荷载作用下不易松动等优点，因而被广泛地应用在桥梁、大跨度的工业厂房及民用建筑中。

3.2 焊接连接

3.2.1 焊接方法和焊接形式

焊接方法有电弧焊、电阻焊和气焊等。钢结构中常采用电弧焊进行连接，所以我们重点讲述电弧焊的工作原理。

1. 电弧焊

电弧焊是焊接连接中最常见的一种方式，它又可分为手工电弧焊和自动或半自动埋弧焊等。

手工电弧焊的工作原理如图3-2所示。它是由电焊机、导线、焊钳、焊条及焊件组成的电路。打火引弧后，在涂有焊药的焊条端与焊件间产生电弧使焊条熔化，滴落在被电弧形成的焊件熔池中，并与焊件熔化部分结成焊缝。焊药形成的熔渣和气体覆盖在焊缝上面，防止空气中的氧、氮等有害气体与高温的液体金属接触形成脆性易裂的化合物。焊缝金属冷却后就与焊件熔成一体。

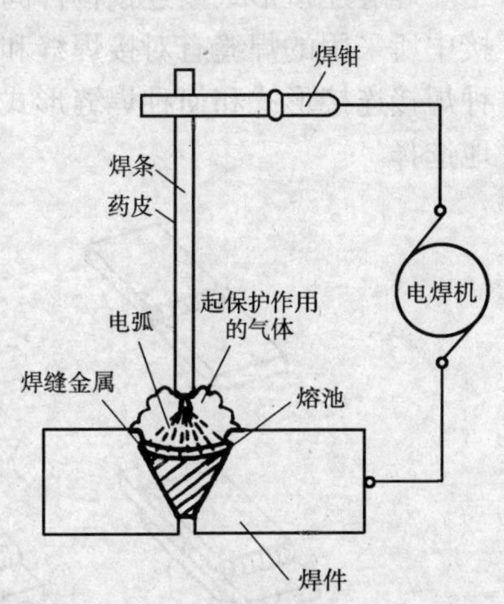

图3-2 手工电弧焊工作原理

手工电弧焊常用的焊条按焊条芯金属成分的不同分为碳素钢焊条和低合金钢焊条两种，常用牌号有E43型、E50型和E55型。焊条型号的选择应与焊件的金属材质相适应，一般情况下，Q235钢选用E43型焊条，Q345钢选用E50型焊条，Q390钢选用E55型焊条。如果被连接的两个焊件材质不相同时，应选用与低强度钢材相适应的焊条。焊条牌号所表述的意义是：字母E表示焊条，两位数字表示焊条熔敷金属的最小抗拉强度值（单位是kgf/mm^2）。例如：E43表示焊条的熔敷金属的最小抗拉强度为$430N/mm^2$（相当于$43kgf/mm^2$），这个强度值实际上也是焊缝金属的强度值。

手工电弧焊的优点是：所需设备简单，适应性强，操作灵活。在对短焊缝及曲折焊缝进行焊接时，或在施工现场进行焊接时，常采用手工焊，所以它是钢结构中最常用的焊接方法。

手工电弧焊的主要缺点是：生产效率低，劳动条件差、对操作者的技术水平要求高，所完成的焊缝质量变异性大，如果不经过特殊的检查和处理，焊缝质量得不到保证。

自动或半自动埋弧焊的工作原理如图 3-3 所示。主要设备是自动电焊机，它可以沿轨道按预选速度移动。通电后，在电弧的作用下使埋于焊剂下的焊丝及焊剂熔化。熔化后的焊剂浮在熔化的金属表面上形成保护层，使熔化金属不与外界空气接触，有时还可通过焊剂向焊缝提供必要的合金元素，以改善焊缝质量。自动埋弧焊的焊机是自行的，半自动埋弧焊的焊机是人工移动，但它们的工作原理相同，都是随着焊机移动，颗粒状的焊剂不断地由漏斗流下埋住电弧，同时焊丝也自动地边熔化边下降，所以称为埋弧焊。

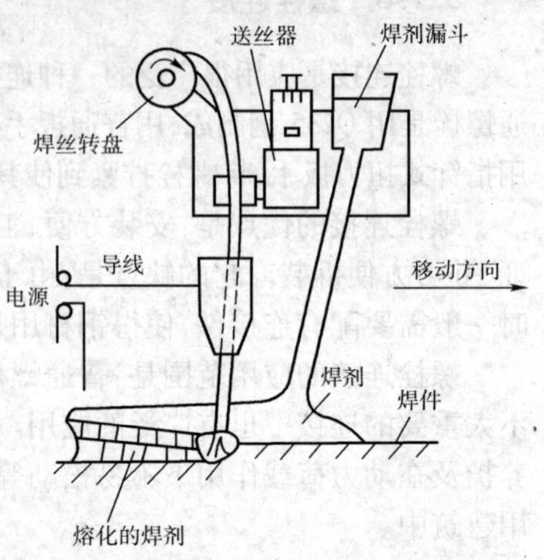

图 3-3　自动或半自动埋弧焊工作原理

自动埋弧焊的焊缝质量均匀、塑性好、冲击韧度高，焊缝缺陷较易控制。由于焊接质量好，特别适用于焊大而直的焊缝。半自动埋弧焊的焊缝质量介于自动埋弧焊和手工电弧焊之间，由于是人工移动焊机，因而可焊曲线或不规则焊缝。同手工电弧焊相比，自动或半自动埋弧焊还具有劳动条件好，生产效率高，生产成本低等优点。

在进行焊接连接时，无论采用何种电弧焊方式，其所选焊条、焊丝及焊剂均应与焊件金属材质相适应，并且还应符合国家标准中的有关规定，必要时可查阅有关资料。

2. 焊接形式

焊缝连接形式按连接构件间的相对位置分为对接、搭接、T 形连接和角接四种。在这些连接中所采用的焊缝有对接焊缝和角焊缝两种，基本形式如图 3-4 所示。在实际应用中，采用何种焊接连接形式和何种焊缝形式，应根据受力情况、制造成本、加工能力及材料情况进行合理地选择。

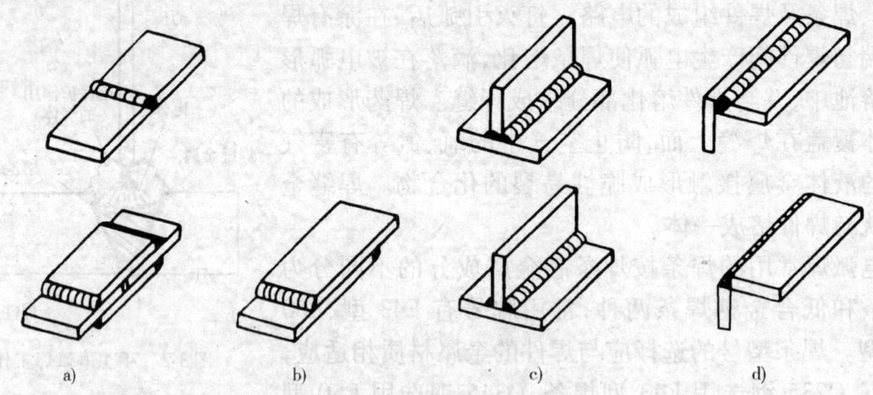

图 3-4　焊缝连接的形式

a) 对接接头；b) 搭接接头；c) T 形接头；d) 角接接头

按作用力方向与焊缝之间的关系，对接焊缝可分为正焊缝和对接斜焊缝；角焊缝可分为垂直于作用力方向的端焊缝和平行于作用力方向的侧焊缝及倾斜于作用力方向的斜焊缝，如图 3-5 所示。

对接焊缝的特点是：用料经济，传力平顺均匀，不产生明显的应力集中，静力强度和疲劳强度都很高。但由于焊件边缘一般需作坡口加工、下料尺寸必须精确，所以在制造时费工费时。角焊缝的特点是：允许下料和装配尺寸有误差，制造省工。但用料浪费不经济，传力曲折、应力集中现象较严重，静力强度和疲劳强度均较低。

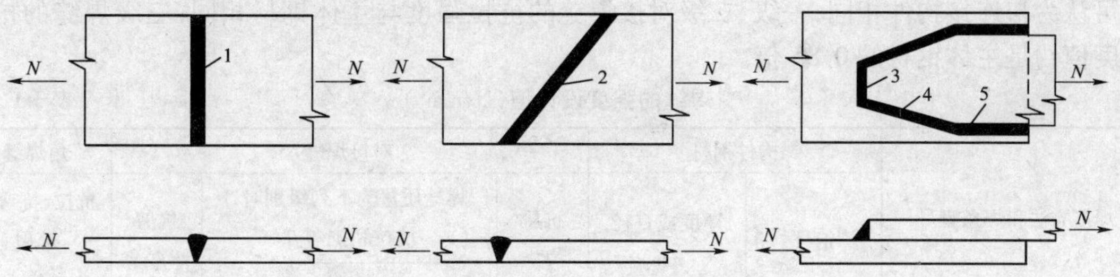

图 3-5　焊缝形式

1-对接正焊缝；2-对接斜焊缝；3-角焊缝中的端焊缝；4-角焊缝中的斜焊缝；5-角焊缝中的侧焊缝

根据施焊时操作者所持焊条与焊件间的相对位置，焊缝又可分为平焊、立焊、横焊和仰焊四种方位，如图 3-6 所示。平焊又称为俯焊，施焊方便，焊接质量最易保证；立焊和横焊施焊比平焊困难，焊接质量和生产效率均较差；仰焊的施焊条件最差，焊缝质量最差，故设计和制造时应尽量避免。

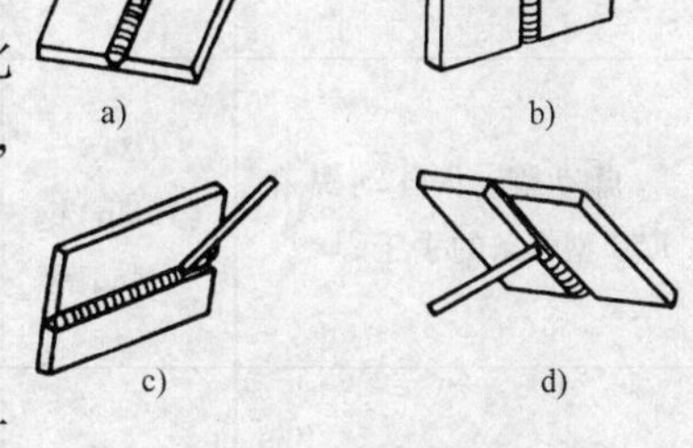

图 3-6　焊缝方位

a）平焊；b）立焊；c）横焊；d）仰焊

3.2.2　焊缝级别和焊缝强度

为保证焊接的质量，所有焊缝都要经过检验。《钢结构工程施工质量验收规范》（GB 50205—2001）（下简称《规范》）规定，钢结构的焊缝质量分三级，第三级的质量检验只要求对焊缝外观和几何尺寸进行检验；对焊缝进行第一级和第二级质量检验时，除了进行外观检验外，还应再做焊缝内部无损探伤检验，检验结果应符合《规范》对一级或二级焊缝所规定的标准。能通过一、二、三级检验标准的焊缝分别称为一级、二级、三级焊缝。一般情况下，三级焊缝的强度就可满足钢结构的设计要求，但对于承受动力荷载的重要结构或要求焊缝金属强度等于被焊金属强度的对接焊缝，就要求采用二级以上焊缝。

焊缝缺陷是影响焊缝质量的主要因素。最常见的焊缝缺陷有裂纹、焊瘤、烧穿、弧坑、气孔、夹渣、咬边、未熔合、未焊透及焊缝成形不良等，如图 3-7 所示。焊接时应尽量避免出现上述缺陷。

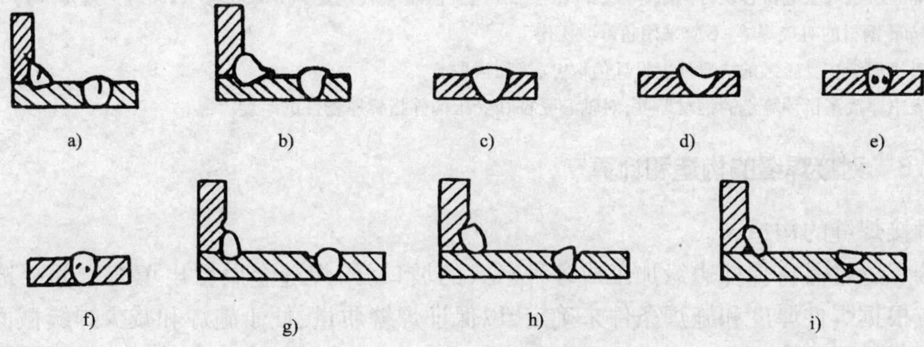

图 3-7　焊缝的缺陷

a）裂纹；b）焊瘤；c）烧穿；d）弧坑；e）气孔；f）夹渣；g）咬边；h）未熔合；i）未焊透

焊缝的强度设计值是以焊缝的单位有效面积上所能承受多少牛顿力来表示的,其单位为 N/mm^2,表 3-1 所示为焊缝的强度设计值。通过与对应的钢材强度设计值相比较我们不难发现,对接焊缝的抗压和抗剪强度均与主体钢材相同,所以当对接焊缝没有拉应力作用时,其强度可认为与连接构件相同;一级、二级对接焊缝的抗拉强度与主体钢材相同,三级焊缝的抗拉强度值约是主体钢材的 0.85 倍。

焊缝的强度设计值(N/mm^2) 表 3-1

焊接方法和焊条型号	构件钢材		对接焊缝				角焊缝
	钢号	厚度或直径(mm)	抗压 f_c^w	焊缝质量为下列级别时,抗拉和抗弯 f_t^w		抗剪 f_v^w	抗拉、抗弯和抗剪 f_f^w
				一级、二级	三级		
自动焊、半自动焊和E43 型焊条的手工焊	Q235 钢	≤16	215	215	185	125	160
		>16~40	205	205	175	120	160
		>40~60	200	200	170	115	160
		>60~100	190	190	160	110	160
自动焊,半自动焊和E50 型焊条的手工焊	Q345(16Mn)钢 16Mnq 钢	≤16	310	310	265	180	200
		>16~35	295	295	250	170	200
		>35~50	265	265	225	155	200
		>50~100	250	250	210	145	200
自动焊,半自动焊和E55 型焊条的手工焊	Q390(15MnV)钢 15MnVq 钢	≤16	350	350	300	205	220
		>16~35	335	335	285	190	220
		>35~50	315	315	270	180	220
		>50~100	295	295	250	170	220
自动焊、半自动焊	Q420 钢	≤16	380	380	320	220	220
		>16~35	360	360	305	210	220
		>35~50	340	340	290	195	200
		>50~100	325	325	275	185	200

注:①自动焊和半自动焊所采用的焊丝和焊剂,应保证其熔敷金属的力学性能不低于现行国家标准《埋弧焊用碳素钢焊丝和焊剂》(GB/T 5293)和《低合金钢焊埋弧焊用焊剂》(GB/T 12470)中相关的规定。

②焊缝质量等级应符合现行国家标准《钢结构工程施工质量验收规定》(GB 50205—2001)的规定。其中厚度小于 8mm 钢材的对接焊缝,不应采用超声波探伤。

③对接焊缝在受压区的抗弯强度设计值取 f_c^w,受拉区取 f_t^w。

④表中厚度系指计算点的钢材厚度,对轴心受拉和受压构件指标厚物件的厚度。

3.2.3 对接焊缝的构造和计算

1. 对接焊缝的构造

对接焊缝常需将焊件边缘加工成各种形式的坡口,给焊缝金属留出填充空间。选择坡口形式时应根据焊件厚度和施焊条件来确定,以保证焊缝质量、便于施焊和减少焊缝截面面积为原则。常用的坡口形式有 I 形(不开坡口)、单边 V 形、V 形、U 形、K 形、X 形等,如图 3-8 所示。为保证熔化金属不流出焊缝,在各种坡口中都有一段高度为 p 的钝边;为把焊缝焊透留有间隙 b,这样坡口、钝边、间隙组成一个施焊空间。合理的对接焊缝构造应是既能保证焊缝质量，又要节约焊条、减少工时、避免浪费。例如：当 p 取大了，b 取小了或坡口角度 α 取小了，都会使焊缝焊不透；如果 α、b 取值过大，p 值过小，又会使焊缝的填充空间太大，造成焊条和工时的浪费。

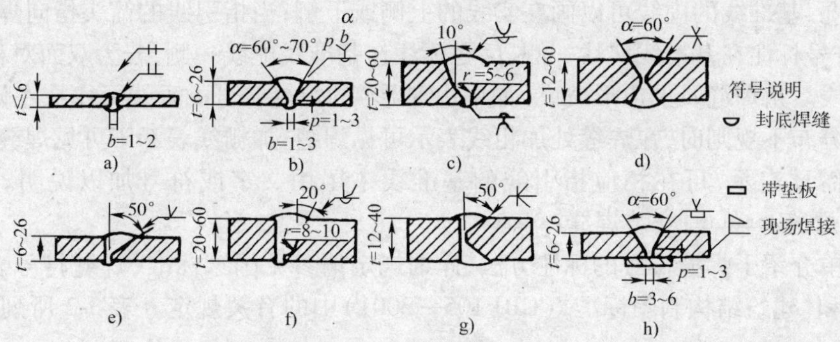

图 3-8　对接焊缝的坡口形式(尺寸单位:mm,适用于手工焊)

a)I 形;b)V 形;c)U 形;d)X 形;e)单面 V 形;f)单面 U 形(或 J 形);g)K 形;h)加垫板 V 形

一般情况下选择坡口形式时应遵循下列原则。

当焊件厚度很小(手工焊 $t \leqslant 10$mm)时，可选用 I 形坡口；当 $t > 10$mm 时，需开坡口；当焊件厚度 t 在 10 ~ 20mm 范围内时，可选用斜坡口的单边 V 形坡口或 V 形坡口；当 $t > 20$mm 时，一般选 U 形坡口；如果焊件有翻转条件，可选 K 形和 X 形坡口。

在下料加工焊件的过程中，可能有时尺寸误差过大，或受装配条件的限制，造成焊缝的间隙 b 过大。为阻止熔化金属流淌并保证焊缝能焊透，需在坡口下方预设垫板，如图 3-8h）所示。如果 V 形坡口和 U 形坡口不加垫板焊接，为将焊缝焊透，应对焊缝根部采取清根补焊措施。

在焊件的宽度或厚度有变化的对接连接中，为了减少应力集中，应从构件一侧或两侧作成坡度不大于 1∶2.5 的斜坡过渡（当需要进行疲劳计算时，坡度应不大于 1∶4）。如果板厚相差不大于 4mm 时，可以不做斜坡而用焊缝找坡，如图 3-9 所示。

对接焊缝的起弧和落弧处，常因不能焊透而出现弧坑等缺陷，造成焊缝两端可能出现裂纹和应力集中现象。为避免上述缺陷的出现常采用引弧板，使焊缝的起弧和落弧均在引弧板内进行，如图 3-10 所示。

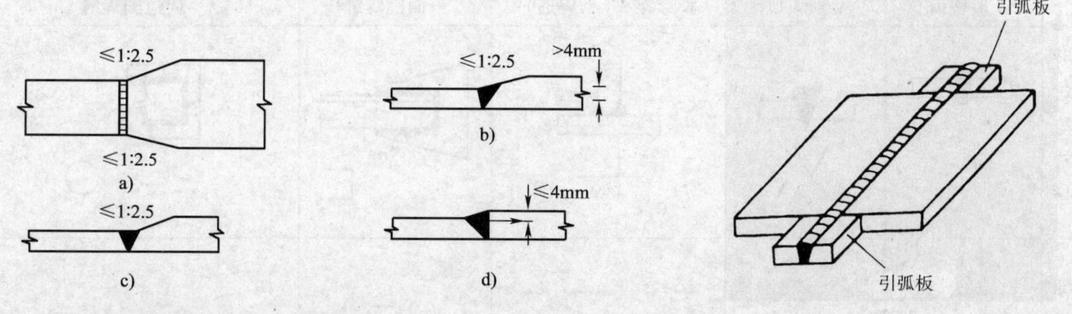

图 3-9　变截面对接方法

a)钢板宽度不同;b)、c)钢板厚度不同;d)不做斜坡

图 3-10　引弧板示意图

在钢结构施工图上，一般要用焊缝符号表示焊缝的构造形式、尺寸及其他一些辅助要求。焊缝符号由基本符号（图形符号）、辅助符号、引出线和焊缝尺寸符号组成。基本符号、辅助符号及焊缝尺寸数字用粗实线绘制，引出线用细线绘制，由指引线和两条基准线（一条为实线、

一条为虚线）两部分组成。基本符号表示焊缝横截面的基本形式。如角焊缝用◺表示，I 形坡口对接焊缝用 ‖ 表示，V 形坡口的对接焊缝用 V 表示等。辅助符号表示对焊缝的辅助要求，如，[表示三面围焊缝，▷表示安装焊缝等，标注引出线时，应将指引线的箭头指向相关焊缝处，根据具体情况，基准线的虚线可以画在实线的上侧或下侧；当指引线的箭头指向焊缝所在的一面时，基本符号标注在基准线实线一侧，反之标注在基准线虚线一侧，若为双面对称焊缝，则基准线不加虚线。角焊缝及单边形坡口（如单边 V 形）的焊缝符号的垂线一律在左侧，斜线在右侧。当焊缝分布不规则时，在焊缝处加粗线表示可见焊缝，加栅线表示不可见焊缝。如果有特殊焊接方法需要表示，可在相应指引线的基准线末尾用文字或符号加以说明。正面焊缝：▥▥▥；背面焊缝：⊔⊔⊔⊔；安装焊缝：××× ×××。

以上简单介绍了焊缝符号的标注方法，详细规定请参见国家标准《焊缝符号表示法》（GB 324—1988）和《建筑结构制图标准》（GBJ 105—2001）中的有关规定。表 3-2 所列为部分常用焊缝符号。

焊 缝 符 号　　表 3-2

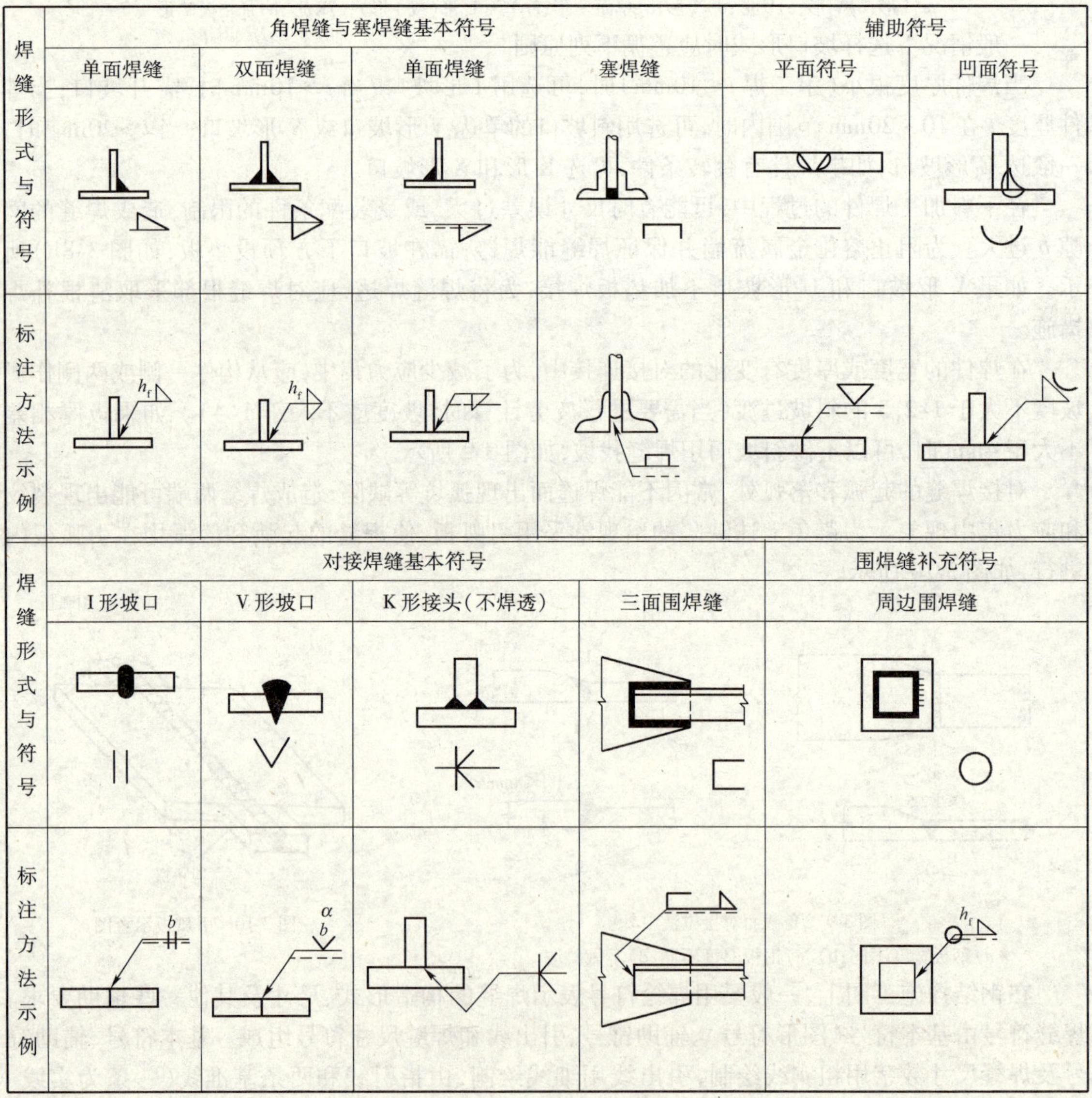

	角焊缝与塞焊缝基本符号				辅助符号	
	单面焊缝	双面焊缝	单面焊缝	塞焊缝	平面符号	凹面符号
焊缝形式与符号						
标注方法示例	h_f	h_f				

	对接焊缝基本符号			围焊缝补充符号	
	I 形坡口	V 形坡口	K 形接头（不焊透）	三面围焊缝	周边围焊缝
焊缝形式与符号					
标注方法示例	b	α b			h_f

2. 对接焊缝的计算

对接焊缝可以看做是连接构件截面的组成部分，因此当构件受力时，对接焊缝内部的应力分布情况基本上与连接构件内部的应力分布情况相同。这样我们可以将有关构件的强度计算公式用于相应的对接焊缝的强度计算中。对于较重要构件上的焊缝，如果经检验已经达到一、二级焊缝的质量标准，我们可以认为它与构件等强度，一般可不做强度验算。

(1)受垂直于焊缝的轴心力作用的计算　如图 3-11a)所示，对接焊缝受垂直于焊缝长度方向的轴心力作用情况，其强度计算应按式(3-1)进行。

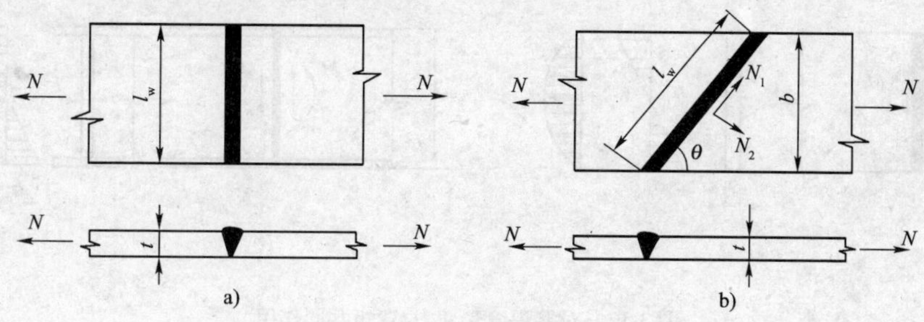

图 3-11　轴心力作用下对接焊缝连接

$$\sigma = \frac{N}{l_w t} \leqslant f_t^w (\text{或} f_c^w) \tag{3-1}$$

式中：N——轴心拉力或压力设计值；

l_w——焊缝计算长度，当采用了引弧板施焊时，取焊缝的实际长度，否则每条焊缝取实际长度减去 2tmm；

t——在对接连接中取连接件的较小厚度，不考虑焊缝的余高，在 T 形接头中为腹板的厚度；

f_t^w、f_c^w——对接焊缝的抗拉、抗压强度设计值，按表 3-1 选用。

如果经过验算发现直焊缝强度不够，可考虑将直焊缝移到拉应力较小($\sigma \leqslant f_t^w$)的位置，或将直焊缝改为斜焊缝，如图 3-11b)所示。当斜焊缝与作用力间的夹角 $\theta \leqslant 56°$，即 $\tan\theta \leqslant 1.5$ 时，则强度能满足要求不必再作计算。如果上述措施均无法实现时，就必须考虑提高焊缝的质量等级，如将三级焊缝改为二级以上焊缝。

(2)剪切力、弯矩共同作用时对接焊缝的计算　如图 3-12a)所示是对接焊缝受弯矩和剪切力共同作用的情况，由于焊缝截面是矩形(构件截面为矩形)，正应力与切应力图形分别为三角形与抛物线形，最大正应力 σ_{max} 与最大切应力 τ_{max} 不在同一点上，所以要分别验算。

$$\sigma_{max} = \frac{M}{W_w} = \frac{6M}{l_w^2 \cdot t} \leqslant f_t^w \tag{3-2}$$

$$\tau_{max} = \frac{VS_w}{I_w t} = \frac{3V}{2l_w t} \leqslant f_v^w \tag{3-3}$$

式中：M——计算截面的弯矩；

W_w——焊缝截面的截面模量；

V——计算截面上与焊缝方向平行的剪力；

S_w——计算截面在计算剪应力处以上部分对中性轴的面积矩；

I_w——焊缝计算截面对中性轴的惯性矩；

f_v^w——对接焊缝的抗剪强度设计值，按表 3-1 选用。

如图 3-12b）所示是工字形及箱形、T 形等截面梁的接头，验算此对接焊缝的强度时，除应按式（3-2）、式（3-3）验算最大正应力和最大切应力外，还需对同时受到较大正应力和较大剪应力作用的腹板与翼缘的交接点，用下式验算折算应力：

$$\sqrt{\sigma_1^2 + 3\tau_1^2} \leqslant 1.1 f_t^w \tag{3-4}$$

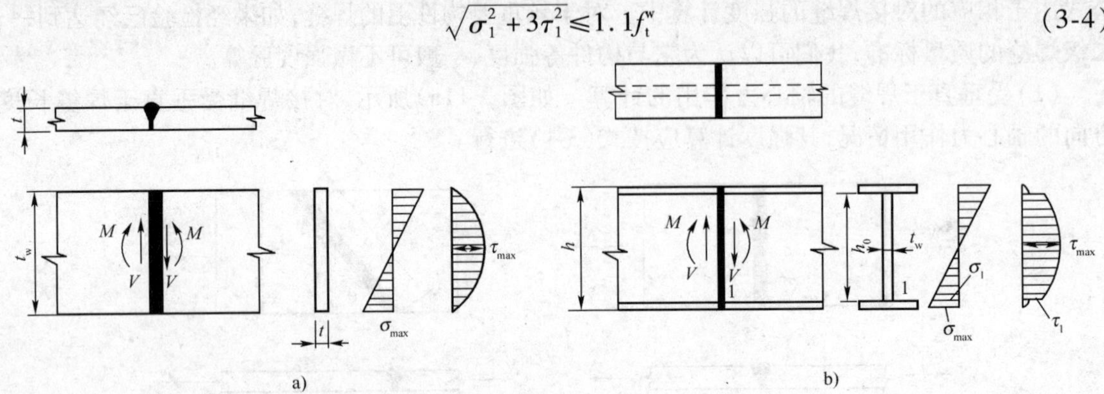

图 3-12　对接焊缝受切力、弯矩共同作用

式中：σ_1——验算点处的正应力，按 $\sigma_1 = \sigma_{max}\dfrac{h_0}{h}$计算；

τ_1——验算点处的剪应力，按 $\tau_1 = \dfrac{VS_{w1}}{I_w t_w}$计算；

S_{w1}——工字形截面受拉翼缘对中性轴的面积矩；

t_w——工字形截面的腹板厚度；

1.1——考虑到最大折算应力只发生在焊缝的局部，因此《钢结构设计规范》规定将焊缝强度设计值 f_t^w 提高 10%。

例 3.1　如图 3-13 所示，钢板为 600mm × 12mm 对接连接。承受轴向拉力设计值 N 为 1400kN，钢材为 Q235，焊条为 E43 型，手工焊，施焊时不设引弧板，试合理设计该对接焊缝。

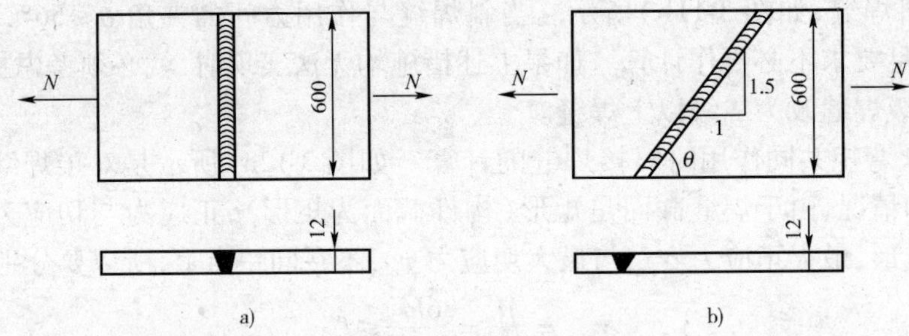

图 3-13　例 3.1 图

解　（1）钢板的最大抗拉承载力 N_{max}

由表 1-8 查得 Q235 钢的强度设计值为 $f = 215\text{N/mm}^2$。

$$N_{max} = A \cdot f = 600 \times 12 \times 215\text{N} = 1548000\text{N} = 1548\text{kN}$$

$$N_{max} = 1548\text{kN} > 1400\text{kN}$$

（2）采用直焊缝连接

由表 3-1 查得 $f_t^w = 185\text{N/mm}^2$

焊缝中的正应力为：

$$\sigma=\frac{N}{l_{w}\cdot t}=\frac{1400\times10^{3}}{(600-10)\times12}\text{N/mm}^{2}=197.7\text{N/mm}^{2}>f_{t}^{w}=185\text{N/mm}^{2}$$

按三级直焊缝设计此焊缝时，强度不能满足受力要求，故采用斜焊缝设计，如图3-13b)所示，斜度 $\tan\theta=1.5/1$，故不需再进行验算。

例3.2 试验算图3-14所示柱与牛腿的对接焊缝连接强度，已知 $F=250\text{kN}$，偏心距 $e=250\text{mm}$，钢材为Q235，焊条为E43型，手工焊，焊缝质量为三级，施焊时加引弧板。

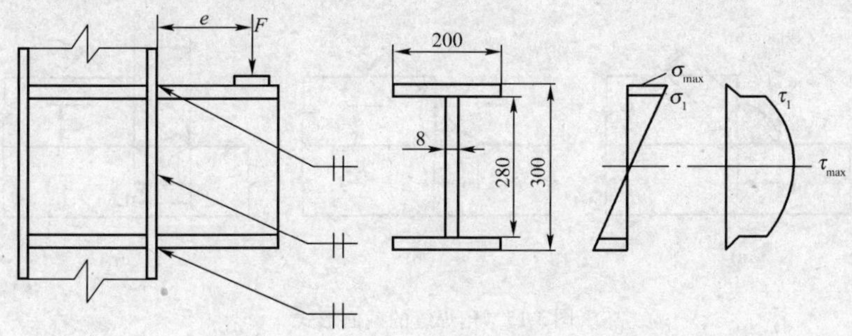

图3-14 例3.2图

解 由表3-1查得 $f_{t}^{w}=185\text{MPa}$，$f_{v}^{w}=125\text{MPa}$ 对接焊缝的截面和牛腿的截面相同，焊缝所承受的剪切力为 $V=F=250\text{kN}$，弯矩 $M=Fe=250\times250\text{kN}\cdot\text{mm}=62500\text{kN}\cdot\text{mm}=625\times10^{5}$ $\text{N}\cdot\text{mm}$。

(1)对接焊缝截面的几何特征值计算

$$I_{w}=\frac{1}{12}\times8\times280^{3}+2\times10\times200\times145^{2}\text{mm}^{4}=98.7\times10^{6}\text{mm}^{4}$$

$$W_{w}=\frac{98.7\times10^{6}}{150}\text{mm}^{3}=658\times10^{3}\text{mm}^{3}$$

$$S_{w}=10\times200\times145+8\times140\times70\text{mm}^{3}=368\times10^{3}\text{mm}^{3}$$

$$S_{w_1}=10\times200\times145\text{mm}^{3}=290\times10^{3}\text{mm}^{3}$$

(2)对接焊缝强度验算

$$\sigma_{max}=\frac{M}{W_{w}}=\frac{625\times10^{5}}{6.58\times10^{5}}\text{N/mm}^{2}=95\text{N/mm}^{2}<f_{t}^{w}=185\text{N/mm}^{2}$$

$$\tau_{max}=\frac{VS_{w}}{I_{w}t}=\frac{2.5\times10^{5}\times3.68\times10^{5}}{9.87\times10^{7}\times8}\text{N/mm}^{2}=117\text{N/mm}^{2}<f_{v}^{w}=125\text{N/mm}^{2}$$

$$\sigma_{1}=\sigma_{max}\frac{h_{1}}{h}=95\times\frac{28}{30}\text{N/mm}^{2}=88.7\text{N/mm}^{2}$$

$$\tau_{1}=\frac{VS_{w_1}}{I_{w}t}=\frac{2.5\times10^{5}\times2.9\times10^{5}}{9.87\times10^{7}\times8}\text{N/mm}^{2}=91.8\text{N/mm}^{2}$$

$$\sqrt{\sigma_{1}^{2}+3\tau_{1}^{2}}=\sqrt{88.7^{2}+3\times91.8^{2}}\text{N/mm}^{2}=182.1\text{N/mm}^{2}<1.1f_{t}^{w}=203.5\text{N/mm}^{2}$$

经验算，牛腿与钢柱的对接焊缝强度满足要求。

3.2.4 角焊缝的构造和计算

1.角焊缝的构造要求

(1)角焊缝的分类与形式　角焊缝按其受力方向和位置可分为垂直于作用力方向的正面

角焊缝和平行于作用力方向的侧面角焊缝，如图 3-23 所示。

角焊缝的截面形式按两焊脚边的夹角又可分为直角角焊缝夹角为 90°，(图 3-15) 和斜角角焊缝(图 3-16)。通常采用直角角焊缝。直角角焊缝按其截面形式不同可分普通形(凸形)、平坦形、凹面形三种，如图 3-15 所示。由于普通形焊缝表面不需要特殊处理，成形简单，因而在钢结构连接中经常选用；但其力线弯折，应力集中严重，故不适合用于承受动力荷载的结构中。

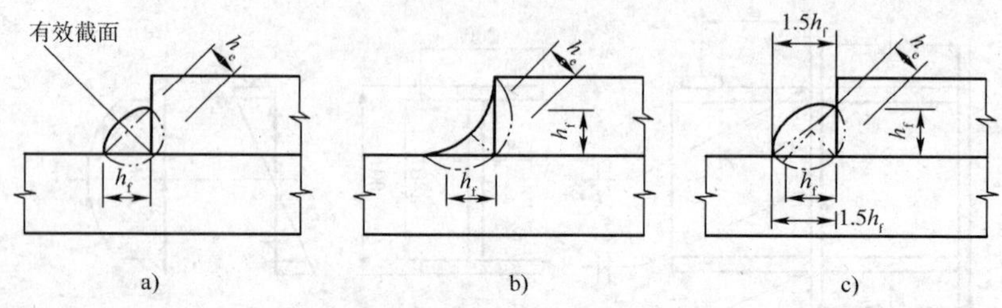

图 3-15　角焊缝的截面形式

a) 普通形；b) 凹面形；c) 平坦形

斜角角焊缝一般只有在钢管结构中得到应用。与斜角角焊缝相比，直角角焊缝由于受力性能较好，施工方便，应用比较广泛，因此，我们主要对直角角焊缝的构造、工作性能和计算方法作详细的论述，其他如需要可查找相关资料。

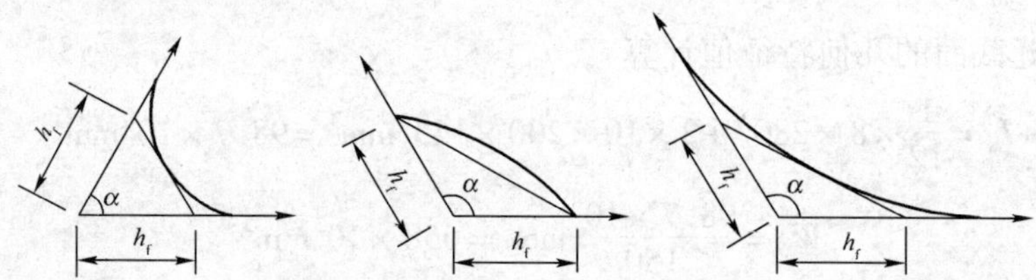

图 3-16　斜角角焊缝示意图

直角角焊缝在受力时，其内部应力分布复杂，破坏机理也较复杂；但实际破坏一般都发生在 45°角截面处。所以我们对直角角焊缝进行强度计算时，就验算该截面的强度，并称其为直角角焊缝的有效截面或计算截面。有效截面的厚度称为焊缝的有效厚度 h_e，如图 3-15a) 所示。

普通形直角角焊缝截面的两个直角边长 h_f 称为焊脚尺寸，不计凸出部分的焊缝余高，普通形直角焊缝的有效厚度 $h_e = 0.7h_f$；凹面形直角焊缝和平坦形直角焊缝的 h_f 和 h_e 按图 3-15b)、c) 所示采用。

(2) 角焊缝最小和最大焊脚尺寸的限制　为了保证焊缝的焊接质量，角焊缝应采用适宜的焊脚尺寸。如果焊脚尺寸过小，不但会使焊缝缺陷过多，还会因焊缝冷却过快产生收缩裂纹，造成焊缝承载能力下降。焊脚尺寸过大，会使焊件产生较大的焊接残余应力和残余变形；较薄的焊件容易被烧穿，贴边焊时还可能产生咬边现象。所以《钢结构设计规范》对角焊缝的焊脚尺寸提出下列要求：

①最小焊脚尺寸

$$h_{f\min} = 1.5\sqrt{t_{\max}} \tag{3-5}$$

式中：$t_{\max}$——接头中较厚焊件的厚度(mm)，因自动焊的热量集中，对焊件产生的熔深较大，$h_{f\min}$ 可减小 1mm；T 形连接的单面角焊缝可靠性差，$h_{f\min}$ 应增加 1mm；当焊件厚度

$t \leqslant 4$mm 时，h_{fmin}应与焊件厚度相同；上式 h_{fmin}的计算结果取毫米的整数。

②最大焊脚尺寸

对于 T 形连接角焊缝

$$h_{fmax} \leqslant 1.2 t_{min} \tag{3-6}$$

式中：t_{min}——接头中较薄焊件厚度（mm）。

当贴着钢板边缘进行焊接时，h_{fmax}还应满足下列要求：当焊件边缘厚度 $t \leqslant 6$mm 时，取 $h_{fmax} \leqslant t$；当焊件边缘厚度 $t > 6$mm 时，取 $h_{fmax} = t - (1 \sim 2)$mm。

合理的焊脚尺寸 h_f 是：$h_{fmin} \leqslant h_f \leqslant h_{fmax}$。

例 3.3 试确定图 3-17 所示贴边焊的合理焊脚尺寸。

解 （1）在图 3-17a）中

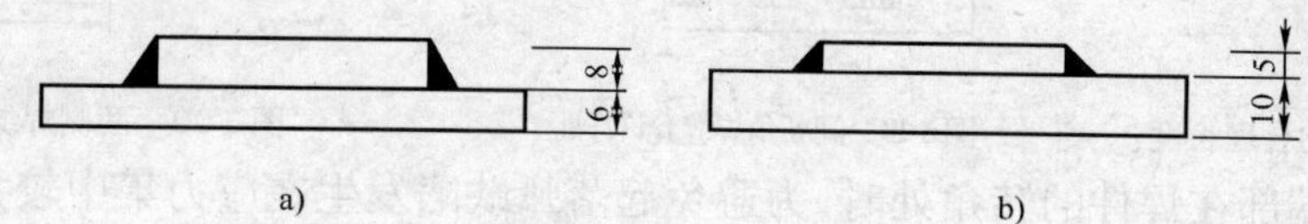

图 3-17 例 3.3 图

$$1.5\sqrt{t_{max}} = 1.5\sqrt{8}\text{mm} = 4.2\text{mm}，取\ h_{fmin} = 5\text{mm}$$

$$1.2 t_{min} = 1.2 \times 6\text{mm} = 7.2\text{mm}，取\ h_{fmax} = 7\text{mm}$$

因是贴边焊：$h_{fmax} = t - 2\text{mm} = 8 - 2\text{mm} = 6\text{mm}$

所以取 $h_f = 6$mm 合理。

（2）在图 3-17b）中

$$1.5\sqrt{t_{max}} = 1.5\sqrt{10}\text{mm} = 4.7\text{mm}，取\ h_{fmin} = 5\text{mm}$$

$$1.2 t_{min} = 1.2 \times 5 = 6\text{mm}，取\ h_{fmax} = 6\text{mm}$$

因是贴边焊且 $t = 5\text{mm} < 6\text{mm}$，取 $h_{fmax} = 5$mm

所以取焊脚尺寸 $h_f = 5$mm 合理。

（3）角焊缝的最大和最小长度限制　实验证明，侧焊缝的长度与它的焊脚厚度之比越大，角焊缝中的应力分布就越不均匀，两端应力大，中间应力小。造成焊缝两端产生严重的应力集中，甚至局部最大应力可能导致焊缝发生破坏。这对承受动力荷载的构件是十分不利的。因此《规范》规定：

侧面角焊缝的最大计算长度 $l_{w,max}$不宜大于 $60h_f$，当焊缝长度大于上述限制数值时，超出部分在计算中不予考虑。若内力沿侧焊缝全长分布时则不受此限制，例如工字形截面梁的翼缘与腹板的角焊缝连接。

如果角焊缝的焊脚厚度大而长度较小，焊件的局部加热严重，再加上焊缝集中在一段很短的距离上，则焊件的应力集中会较严重。另外，频繁地起弧、落弧也会使弧坑相距太近，造成焊缝中存有过多的缺陷，导致焊缝的承载力下降。因此规定角焊缝最小计算长度 $l_{w,min}$不得小于 $8h_f$ 且不得小于 40mm。

合理的焊缝设计长度，应符合 $l_{w,min} \leqslant l_w \leqslant l_{w,max}$。

（4）角焊缝的其他一些构造要求　在图 3-18 所示的搭接连接中，为避免接头处产生过大的焊接应力，搭接长度应不小于焊件较小厚度的 5 倍且不小于 25mm。且不能只用一条正面焊缝传递力。

在不太重要的角焊缝连接中，也允许用间断角焊缝，但间断角焊缝之间的净距应满足下列要求：在受拉构件中应小于 $30t$，在受压构件中应小于 $15t$。如图 3-19 所示。

当板件的端部仅用两侧面角焊缝连接时，为避免应力不均，应使焊缝长度 l_w 大于两侧焊缝之间的距离 b；同时为减小板件的拱曲变形，连接中的较薄焊件厚度 $t < 12$mm 时，应取 $b < 12\delta$ 且不大于 200mm；当较薄焊件厚度 $t \geq 12$mm 时，应取 $b < 16t$。由于传力要求使得 b 值超出此规定时，可加端焊缝，如图 3-20 所示。

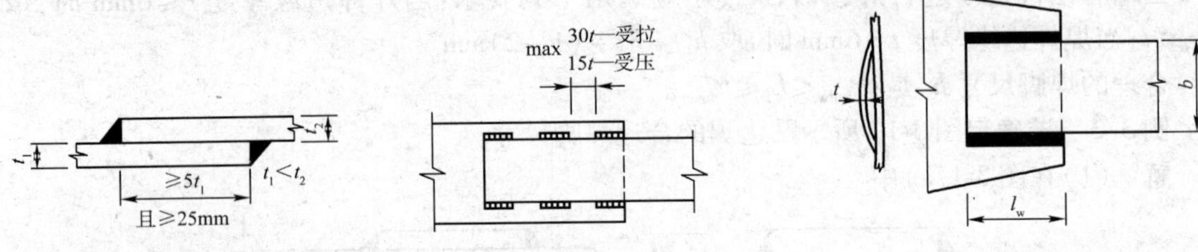

图 3-18　搭接接头的合理长度　　图 3-19　间断角焊缝允许净距　　图 3-20　两侧焊缝连接构造要求

当角焊缝的端部在焊件的转角处时，为避免起落弧缺陷发生在应力集中较大的转角处，应将焊缝连续施焊绕过转角长度 $2h_f$，并计入焊缝的有效长度内，如图 3-21 所示。

2. 角焊缝的计算

(1)直角角焊缝的应力分析　前面我们已经介绍过，角焊缝受力后，在外部和内部各种因素的影响下，其真实应力状态十分复杂，且端焊缝与侧焊缝的工作性能差异较大，要精确计算角焊缝的强度很困难。因此我们一般都通过实验来确定角焊缝的设计强度，并通过观察实际破坏情况，分析实验结果，提出一些合理的假设来简化角焊缝强度的计算过程。如图 3-22 所示，我们假定角焊缝的破坏截面均在最小截面即 45°角截面 AD 处，此截面也就是我们在前面所说的焊缝有效截面或计算截面。不计焊缝余高 ED，直角角焊缝的有效厚度 $h_e = 0.7h_f$。

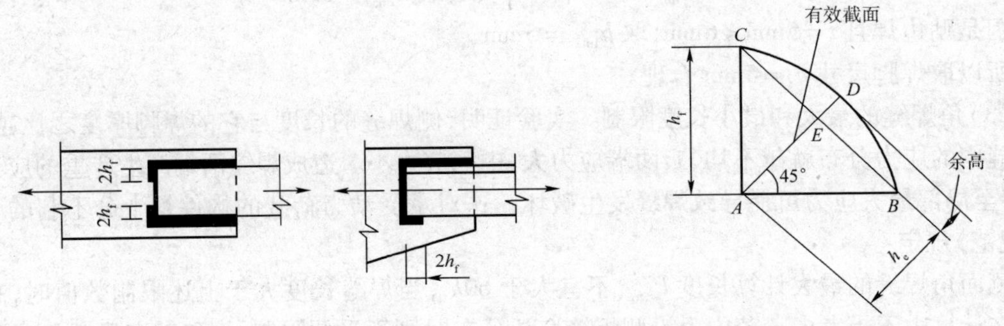

图 3-21　绕角焊构造要求　　图 3-22　角焊缝有效截面

如图 3-23b)、e)所示，侧焊缝在剪切力 V 作用下，有效截面上产生平行于焊缝轴线的剪应力 τ_f，τ_f 沿焊缝长度方向分布是不均匀的，两端大中间小；随着焊缝两端出现塑性变形，τ_f 趋于均匀。实际计算时我们就假定 τ_f 沿焊缝长度方向分布均匀。由于侧焊缝受剪，而焊缝材料的剪切弹性模量小($G = 70 \times 10^3$N/mm^2)，因此侧焊缝的刚度小，易变形、塑性好。

如图 3-23c)、d)所示，端焊缝在轴心拉力 N 作用下，有效截面上产生平行于轴心拉力 N 的应力 σ_f，σ_f 沿焊缝长度方向分布也不均匀，一般是中间大两端小。计算时我们也假定 σ_f 是均匀分布的。为研究方便，我们把 σ_f 分解成垂直于有效截面的 $\sigma_\perp$ 和垂直于焊缝长度方向的剪应力 $\tau_\perp$，由此可见，端焊缝不但受剪应力而且还受正应力作用，其弹性模量较大($E = 147 \times 10$N/mm^2)，因此端焊缝的强度高，刚度大，常呈脆性破坏。实验结果也证明：角焊缝的强度和受力方向有关，侧焊缝的强度最低，端焊缝的强度最高，斜焊缝的强度则在二者之间。

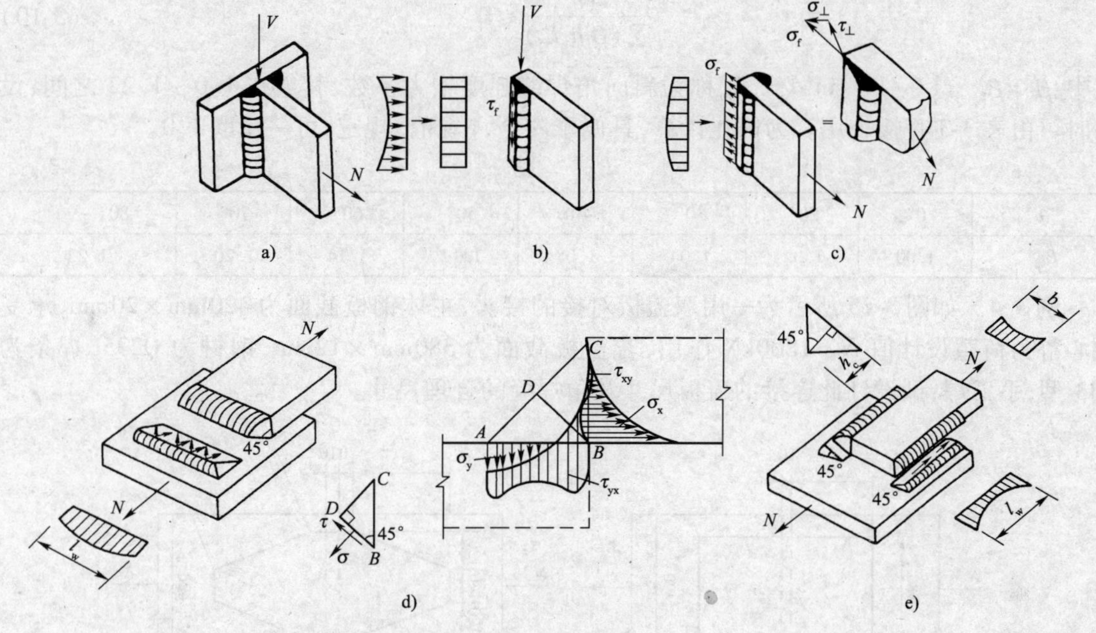

图 3-23　角焊缝受力分析

(2)角焊缝受轴心力作用时的计算　当作用力通过焊缝或焊缝群形心时，我们称其为轴心力，根据角焊缝的受力分析和假定可得角焊缝在轴心力作用下的强度计算公式：

①作用力平行于焊缝长度方向的角焊缝，如图 3-23b)所示

$$\tau_f = \frac{V}{h_e \sum l_w} \leqslant f_f^w \tag{3-7}$$

②作用力垂直于焊缝长度方向的角焊缝，如图 3-23c)所示

$$\sigma_f = \frac{N}{h_e \sum l_w} \leqslant f_f^w \cdot \beta_f \tag{3-8}$$

③两个方向力 V、N 综合作用下的角焊缝，如图 3-23a)所示

$$\sqrt{\left(\frac{\sigma_f}{\beta_f}\right)^2 + \tau_f^2} \leqslant f_f^w \tag{3-9}$$

式中：τ_f——按焊缝有效截面计算，平行于焊缝长度方向的剪应力；

σ_f——按焊缝有效截面计算，垂直于焊缝长度方向的正应力；

β_f——端焊缝的强度设计值提高系数，对承受静力或间接承受动力荷载的结构 β_f 取 1.22；对直接承受动荷载结构 β_f 取 1.0；

l_w——一条焊缝的计算长度；

$h_e \sum l_w$——受力角焊缝的有效截面之和；

f_f^w——角焊缝的强度设计值，按表 3-1 选用。

④受轴心力作用的焊缝群

一般的焊缝群组成比较复杂，如图 3-24 所示的菱形盖板接头，由端焊缝、侧焊缝、斜焊缝共同组成，这样的焊缝也叫围焊缝。在轴心力 N 作用下可假定破

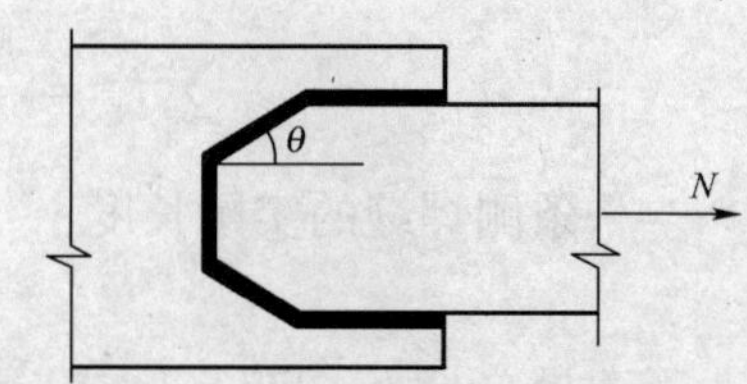

图 3-24　围焊缝受力计算

坏时各部分角焊缝均同时达到极限强度，则焊缝群在轴心力 N 作用下的强度计算公式为：

$$\frac{N}{\sum(\beta_f h_e l_w)} \leqslant f_f^w \tag{3-10}$$

式中：$\beta_f = \beta_{f\theta} = 1/\sqrt{1-\sin^2\theta/3}$，$\beta_{f\theta}$ 称为斜向角焊缝强度增大系数，其值在 1.0～1.22 之间；设计时可由表 3-3 直接查用。为简化计算，具偏于安全，《规范》规定，可一律取 1.0。

$\beta_{f\theta}$ 值 表 3-3

θ	0°	20°	30°	40°	50°	60°	70°	80°～90°
$\beta_{f\theta}$	1.00	1.02	1.04	1.08	1.12	1.14	1.20	1.22

例 3.4 如图 3-25 所示为一用双盖板对接的接头，主体钢板截面为 420mm×20mm，承受轴心静力荷载设计值 N = 1800kN 作用，若盖板截面为 380mm×12mm，钢材为 Q235，焊条为 E43 型，手工焊，试设计此连接的盖板尺寸及角焊缝的合理尺寸。

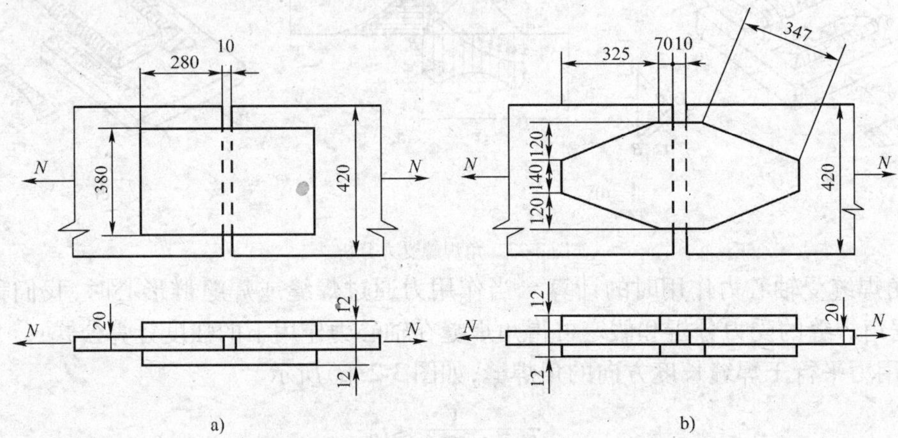

图 3-25 例 3.4 图（尺寸单位：mm）

解 （1）根据主体钢板和盖板厚度确定合理焊脚尺寸

$$h_{fmax} = 1.2t_{min} = 1.2 \times 12 = 14.4\text{mm}$$

贴边焊 $h_{fmax} = t_{min} - 2 = 12 - 2 = 10\text{mm}$

$h_{fmin} = 1.5\sqrt{t_{max}} = 1.5\sqrt{20} = 6.7\text{mm}$ 故取 $h_f = 8\text{mm}$

查表 3-1 得 $f_f^w = 160\text{N/mm}^2$

（2）设计方案一

采用矩形盖板，三面围焊连接，则：

端焊缝长 $l'_w = 380$，能承受的轴心力为：

$$N' = 2 \times 1.22 \times h_e l'_w f_f^w = 2 \times 1.22 \times 0.7 \times 8 \times 380 \times 160 = 830771\text{N}$$

需要的侧焊缝总的计算长度：

$$\sum l_w = \frac{N - N'}{h_e f_f^w} = \frac{1800000 - 830771}{0.7 \times 8 \times 160} = 1082\text{ mm}$$

一条侧焊缝的实际长度：

$$l_w = 1082/4 + 5 = 276\text{mm}$$

盖板总长 $L = 276 \times 2 + 10 = 562\text{mm}$，取 $L = 570\text{mm}$，这里的 10mm 是钢板间的空隙。具体布置如图 3-25a）所示。

(3)设计方案二

如图 3-25b)所示,为减少矩形盖板四角焊缝的应力集中,可将盖板设计成菱形盖板,这时取端焊缝 $l_{w1}=140\text{mm}$ 侧焊缝 $l_{w2}=70\text{mm}$,斜焊缝 $l_{w3}=347\text{mm}$ 组成围焊缝,则各部分焊缝所分担的力为:

端焊缝 $$N_1=2\times0.7\times8\times140\times1.22\times160=306074\text{N}$$

侧焊缝 $$N_2=4\times0.7\times8\times70\times1.0\times160=250880\text{N}$$

斜焊缝 $$\theta=\arctan\left(\frac{120}{325}\right)=20.3°$$

$$\beta_{f\theta}=1/\sqrt{1-\sin^2\theta/3}=1.02$$

$$N_3=4\times0.7\times8\times347\times1.02\times160=1268521\text{N}$$

$$N_1+N_2+N_3=1825475\text{N}>1800000\text{N}$$

需要盖板总长度 $=2\times(70+325)+10=800\text{mm}$,与方案一比较长 230mm,这是由于端焊缝减少的原因。

(4)角钢连接的角焊缝计算

在屋盖体系和桁架体系中,经常有角钢和节点板用角焊缝相连来传递轴心力的情况,如图 3-26 所示。为了使角焊缝轴心受力,应使连接中各组成角焊缝传递的合力作用线与角钢杆件的轴线相重合。

①采用两条侧焊缝相连时,如图 3-26a)所示

当用两条侧焊缝连接截面不对称的角钢时,虽然轴心力通过截面形心,但由于截面形心到角钢肢背和肢尖的距离不等,肢背焊缝和肢尖焊缝所分担的轴力也不等。设 N_1、N_2 分别为肢背焊缝和肢尖焊缝所分担的轴力,由平衡条件 $\sum M=0$ 得:

$$N_1=e_2N/(e_1+e_2)=K_1N \tag{3-11}$$

$$N_2=e_1N/(e_1+e_2)=K_2N \tag{3-12}$$

式中:K_1、K_2——角钢肢背焊缝和肢尖焊缝的轴力分配系数,按表 3-4 选用。

②采用三面围焊缝连接时,如图 3-26b)所示

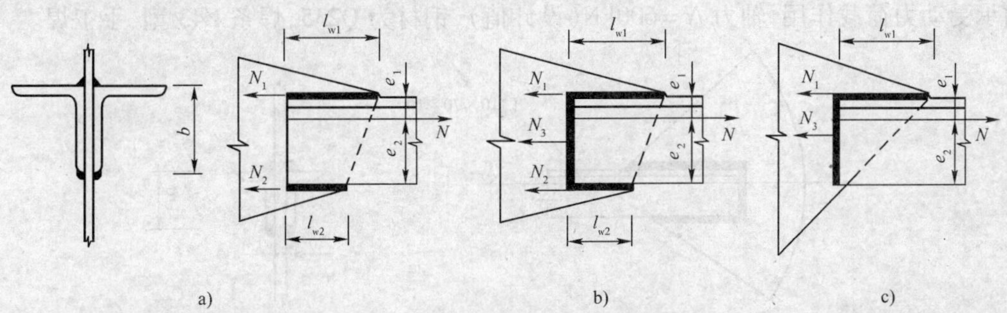

图 3-26 角钢与节点板的角焊缝连接

a)两侧焊缝连接;b)三面围焊;c)L 形围焊

先选定端焊缝的焊脚尺寸 h_f,再计算出其所能分担的轴力 N_3。

$$N_3=2\times0.7h_fb\beta_f f_f^w \tag{3-13}$$

由平衡条件 $\sum M=0$ 得:

$$N_1=K_1N-\frac{N_3}{2} \tag{3-14}$$

角钢角焊缝的轴力分配系数 表 3-4

角 钢 类 型	连 接 情 况	分 配 系 数	
		角钢肢背 K_1	角钢肢尖 K_2
等边		0.70	0.30
不等边(短肢相连)		0.75	0.25
不等边(长肢相连)		0.65	0.35

$$N_2 = K_2 N - \frac{N_3}{2} \tag{3-15}$$

③采用 L 形围焊缝连接时,如图 3-26c)所示。

采用 L 形围焊缝连接时,由于角钢肢尖无焊缝,$N_2 = 0$。则由式(3-15)得 $N_3 = 2K_2 N$。由平衡条件得:

$$N_1 = N - N_3 = (1 - 2K_2) \quad N \tag{3-16}$$

利用上述各式求得 N_1,N_2 后,可先根据构造要求确定肢背和肢尖焊缝的焊脚尺寸 h_{f1} 和 h_{f2},再分别计算角钢肢背和肢尖焊缝所需要的计算长度:

$$\sum l_{w1} = N_1 / 0.7 h_{f1} f_f^w \tag{3-17}$$

$$\sum l_{w2} = N_2 / 0.7 h_{f2} f_f^w \tag{3-18}$$

为了使节点布置紧凑,缩短肢背焊缝的长度,经常取肢背焊缝的焊脚 h_{f1} 大于肢尖焊缝的焊脚 h_{f2}。

例 3.5 试设计如图 3-27 所示双角钢和节点板间的连接角焊缝,角钢为 2L 110×70×10,结构承受动力荷载作用,轴力 $N = 600$kN(设计值),钢材为 Q235,焊条 E43 型,手工焊。

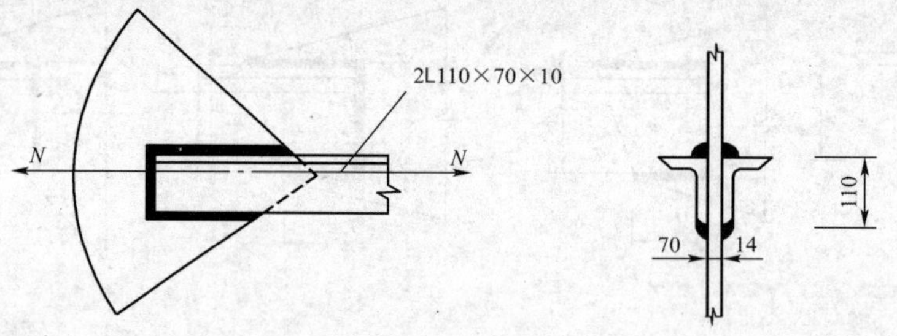

图 3-27 例 3.5 图

解 (1)根据构造要求肢背的合理焊脚尺寸为:7mm ≤ h_{f1} ≤ 12mm,肢尖的合理焊脚尺寸为 7mm ≤ h_{f2} ≤ 9mm。

查表 3-1 得 $f_f^w = 160\text{N/mm}^2$

查表 3-1 得 $K_1 = 0.65$、$K_2 = 0.35$

(2)方案一 采用两条侧焊缝连接,且肢背焊缝的焊脚选 $h_{f1} = 12$mm,肢尖焊缝的焊脚选 $h_{f2} = 8$mm。

$$N_1 = K_1 N = 0.65 \times 600000 = 390000\text{N}$$

$$N_2 = K_2 N = 0.35 \times 600000 = 210000\text{N}$$

肢背和肢尖焊缝所需总的计算长度为：

$$\sum l_{w1} = \frac{N_1}{0.7 h_{f1} f_f^w} = \frac{390000}{0.7 \times 12 \times 160} = 290\text{mm}$$

$$\sum l_{w2} = \frac{N_2}{0.7 h_{f2} f_f^w} = \frac{210000}{0.7 \times 8 \times 160} = 234\text{mm}$$

每支角钢所需肢背和肢尖焊缝的实际长度：

$$l_{w1} = \frac{\sum l_{w1}}{2} + 10 = 155\text{mm}$$

$$l_{w2} = \frac{\sum l_{w2}}{2} + 10 = 127\text{mm}$$

(3)方案二　采用三面围焊缝连接，所有焊缝的焊脚都用8mm。由于结构承受动力荷载，不考虑端焊缝的强度提高，则端焊缝所分担的轴向力为：

$$N_3 = 2 \times 0.7 h_f b B_f f_f^w = 2 \times 0.7 \times 8 \times 110 \times 1.0 \times 160 = 197120\text{N}$$

根据式(3-14)、式(3-15)

$$N_1 = K_1 N - \frac{N_3}{2} = 0.65 \times 600000 - \frac{197120}{2} = 291440\text{N}$$

$$N_2 = K_2 N - \frac{N_3}{2} = 0.35 \times 600000 - \frac{197120}{2} = 111440\text{N}$$

肢背和肢尖焊缝所需总的计算长度为：

$$l_{w1} = \frac{\sum l_{w1}}{2} + 5 = 168\text{mm}$$

$$l_{w2} = \frac{\sum l_{w2}}{2} + 5 = 67\text{mm}$$

(4)角焊缝在轴力、剪切力、弯矩共同作用下的计算　如图3-28所示的T形连接，其角焊缝承受轴力N、剪力V、弯矩M的共同作用。

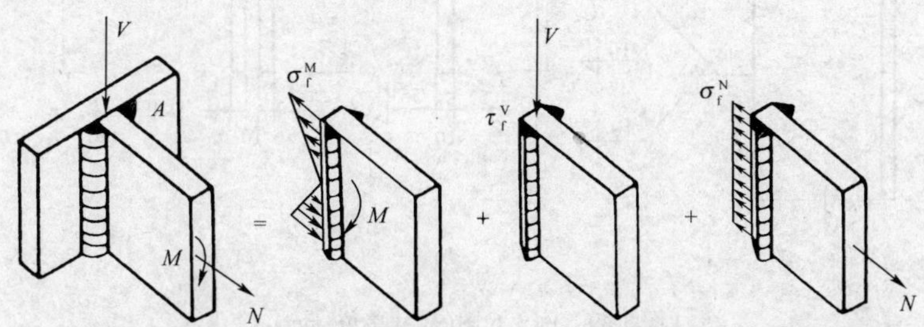

图3-28　轴力、剪力、弯矩共同作用下的角焊缝

在轴力N单独作用下产生垂直于焊缝长度方向的应力为：

$$\sigma_f^N = \frac{N}{A_w} = \frac{N}{2 h_e l_w} \tag{3-19}$$

在剪力V单独作用下产生平行于焊缝长度方向的应力为：

$$\tau_f^V = \frac{V}{A_w} = \frac{V}{2h_e l_w} \tag{3-20}$$

式中:A_w——角焊缝的有效截面面积。

在弯矩 M 单独作用下产生垂直于焊缝长度方向的应力为:

$$\sigma_f^M = \frac{M}{W_w} = \frac{6M}{2h_e l_w^2} \tag{3-21}$$

式中:W_w——角焊缝的有效截面抵抗矩。

在角焊缝有效截面的上端点处 σ_f^M 最大,并且与 σ_f^N 同向,故该端点处折算应力最大,最危险。将该端点(A 点)的 $\sigma_f = \sigma_f^N + \sigma_f^M$,$\tau_f = \tau_f^N$ 代入式(3-9)得:

$$\sqrt{\left(\frac{\sigma_f^N + \sigma_f^M}{\beta_f}\right)^2 + \tau_f^2} \leqslant f_f^w \tag{3-22}$$

例 3.6 如图 3-29 所示柱与牛腿连接中采用角焊缝,焊脚尺寸 $h_f = 10$mm,已知 T 形牛腿的截面尺寸为:翼缘宽度 $b = 120$mm,厚度 $t = 12$mm;腹板高度 $h_0 = 200$mm,厚度 $t_w = 10$mm。距焊缝所在截面 $e = 150$mm 处作用有一竖向静力荷载设计值 $F = 180$kN,钢材为 Q390(15MnV),焊条用 E55 型,手工焊,试验算焊缝的强度。

解 将 F 力向焊缝截面简化后,角焊缝受剪切力

$$V = F = 180\text{kN}, M = Fe = 180 \times 150 = 27000\text{kN} \cdot \text{mm}$$

查表 3-1 得 $f_f^w = 220\text{N/mm}^2$

(1)计算焊缝有效截面的几何特征值

水平角焊缝的有效截面面积 A_{w1} 为:

$$A_{w1} = 0.7 \times 10 \times (120 - 10) + 2 \times 0.7 \times 10 \times (55 - 7 - 5) = 1372\text{mm}^2$$

两条竖向角焊缝的有效截面面积 A_{w2} 为:

$$A_{w2} = 2 \times 0.7 \times 10 \times (200 - 5) = 2730\text{mm}^2$$

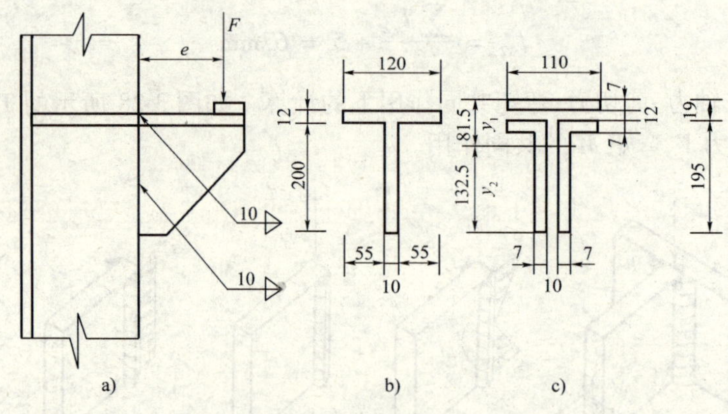

图 3-29 例 3.6 图(尺寸单位:mm)

焊缝总的有效截面面积 A_w 为:

$$A_w = A_{w1} + A_{w2} = 1372 + 2730 = 4102\text{mm}^2$$

有效截面形心到焊缝上边缘的距离 y_1 为:

$$y_1 = \frac{1}{4102}(2370 \times 116.5 + 2 \times 43 \times 7 \times 22.5 + 110 \times 7 \times 3.5) = 81.5\text{mm}$$

焊缝有效截面对形心轴的惯性矩

$$I_w = \frac{1}{12} \times 2 \times 7 \times 195^3 + 2730 \times (116.5 - 81.5)^2 + 602 \times (81.5 - 7 - 12 - 3.5)^2 + 770 \times (81.5 - 3.5)^2 = 1877.5 \times 10^4 \text{mm}^4$$

(2)计算相关应力,验算焊缝强度

假定弯矩 M 由全部焊缝有效截面承担,则在 M 单独作用下引起水平方向的应力按直线分布,其最大值产生在焊缝有效截面的最下端。

$$\sigma_f = \frac{My_2}{I_w} = \frac{27 \times 10^6 \times (214 - 81.5)}{1877.5 \times 10^4} = 190.1 \text{N/mm}^2$$

T 形截面的翼缘部分很薄,竖向抗剪刚度低,所以在计算时,假定剪切力 V 全部由腹板上的竖直焊缝平均承受。

则在 V 单独作用下,引起平行于竖直焊缝有效截面的剪应力 τ_f 为:

$$\tau_f = \frac{V}{A_{w2}} = \frac{18 \times 10^4}{2730} = 65.9 \text{N/mm}^2$$

故危险点处的折算应力为:

$$\sqrt{\left(\frac{\sigma_f}{1.22}\right)^2 + \tau_f^2} = \sqrt{\left(\frac{190.1}{1.22}\right)^2 + 65.9^2} = 169.2 \text{N/mm}^2 < f_f^w = 220 \text{N/mm}^2$$

经验算,此牛腿连接的焊缝强度足够。

(3)角焊缝在轴力、剪力、扭矩共同作用下的计算

如图 3-30a)所示为三面围焊角焊缝受偏心力 F 和轴力 N 共同作用的情况。将偏心力向围焊缝有效截面形心 O 简化,发现角焊缝实际是受到轴力 N,剪力 V 及扭矩 $T = Fe$ 的共同作用。在扭矩 T 单独作用时,一般按下面的假设来分析计算,即假定连接构件为刚体,且绕焊缝有效截面形心 O 产生转动趋势;此时焊缝是弹性的,扭转后焊缝各部分发生了不均匀的变形,其上也就产生不均匀的应力。焊缝上各点剪应力的方向均垂直于该点与形心 O 的连线,大小则与该点到形心 O 的距离 r 成正比。这样焊缝群的有效截面上 A、B 两点处的切应力最大,数值相等。按 A 点应力计算:

$$\tau_A^T = \frac{Tr}{I_p} = \frac{Tr}{I_x + I_y} \tag{3-23}$$

$$I_p = I_x + I_y$$

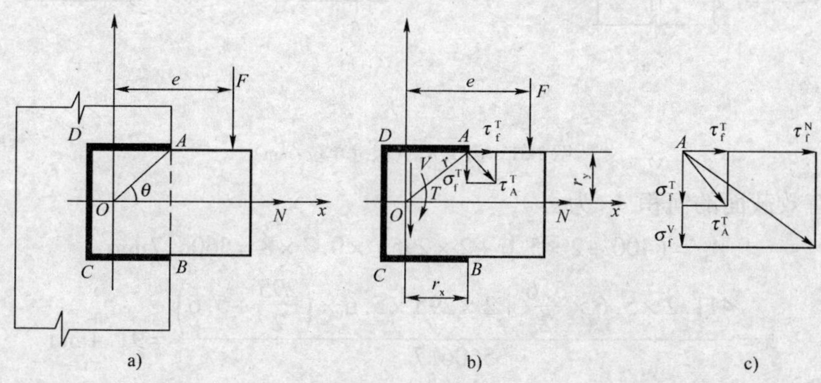

图 3-30 在轴力、剪切力、扭矩共同作用时三面围焊角焊缝

式中：I_p——角焊缝有效截面对其形心的极惯性矩；I_x、I_y 分别为角焊缝有效截面对形心主惯性轴 x、y 的惯性矩。

为便于分析计算，把 τ_A^T 分解成垂直于焊缝方向的应力分量 σ_f^T 和平行于焊缝方向的应力分量 τ_f^T 则：

$$\sigma_f^T = \tau_A^T \cos\theta = \frac{Tr}{I_p} \cdot \frac{r_x}{r} = \frac{Tr_x}{I_p} \tag{3-24}$$

$$\tau_f^T = \tau_A^T \sin\theta = \frac{Tr}{I_p} \cdot \frac{r_y}{r} = \frac{Tr_y}{I_p} \tag{3-25}$$

在剪切力 V 单独作用时，剪力 V 通过焊缝群有效截面形心 O，引起有效截面上的竖向应力是均匀分布的，对危险点 A 点来说是垂直于焊缝长度方向的 σ_f^V。则：

$$\sigma_f^V = V / \sum h_e l_w \tag{3-26}$$

同理，在轴力 N 单独作用时，引起焊缝有效截面上的水平应力也是均布的。对危险点 A 点来说是平行于焊缝长度方向的 τ_f^N，则：

$$\tau_f^N = N / \sum h_e l_w \tag{3-27}$$

如果 A 点的折算应力满足式(3-9)所示的强度条件，则围缝焊不被破坏，即：

$$\sqrt{\left(\frac{\sigma_f^T + \sigma_f^V}{1.22}\right)^2 + (\tau_f^T + \tau_f^N)^2} \leqslant f_f^w \tag{3-28}$$

例 3.7 试验算图 3-31 所示的支托板与柱搭接连接的角焊缝强度，已知静力荷载设计值 $N = 50\text{kN}$，$F = 150\text{kN}$，钢材为 Q235，焊条 E43 型，手工焊，焊脚为 8mm。

解 由表 3-1 查得 $f_f^w = 160\text{N/mm}^2$

(1)确定焊缝有效截面形心 O，计算焊缝有效截面几何特征值

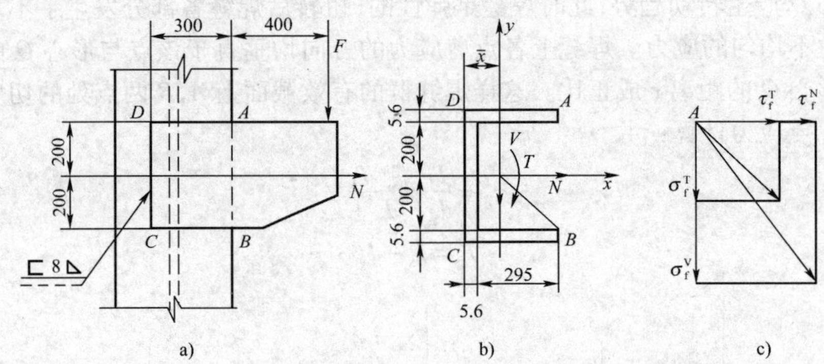

图 3-31 例 3.7 图(尺寸单位：mm)

焊缝的有效截面的面积 A_w 为：

$$A_w = (400 + 2 \times 5.6 + 2 \times 295) \times 0.7 \times 8 = 5606.7\text{mm}^2$$

$$\bar{x} = \frac{411.2 \times 5.6 \times \frac{5.6}{2} + 2 \times 295 \times 5.6 \times \left(\frac{295}{2} + 5.6\right)}{5606.7} = 91.4\text{mm}$$

$$I_x = \frac{1}{12} \times 5.6 \times 411.2^3 + 295 \times 5.6 \times \left(200 + \frac{5.6}{2}\right)^2 \times 2 = 168.3 \times 10^6\text{mm}^4$$

$$I_y = 2 \times \left[\frac{1}{12} \times 5.6 \times 295^3 + 5.6 \times 295 \times \left(\frac{295}{2} + 5.6 - 91.4\right)^2\right]$$

$$+ 5.6 \times 411.2 \times \left(91.4 - \frac{5.6}{2}\right)^2 = 363.5 \times 10^5 \text{mm}^4$$

$$I_p = I_x + I_y = 204.7 \times 10^6 \text{mm}^4$$

(2)焊缝所受荷载的设计值

将偏心剪力移到焊缝有效截面的形心 O 处,竖向剪力 $V = F = 150\text{kN}$

扭矩 $T = Fe = 150 \times (400 + 300 - 91.4) = 91290\text{kN} \cdot \text{mm}$

轴力 $N = 50\text{kN}$

(3)焊缝强度验算

$$\sigma_f^V = \frac{V}{A_w} = \frac{150000}{5606.7} = 26.8\text{N/mm}^2$$

$$\tau_f^N = \frac{N}{A_w} = \frac{50000}{5606.7} = 8.9\text{N/mm}^2$$

$$\tau_f^T = \frac{Tr_y}{I_p} = \frac{912.9 \times 10^5 \times (200 + 5.6)}{204.7 \times 10^6} = 91.7\text{N/mm}^2$$

$$\sigma_f^T = \frac{Tr_x}{I_p} = \frac{912.9 \times 10^5 \times (295 + 5.6 - 91.4)}{204.7 \times 10^6} = 93.3\text{N/mm}^2$$

$$\sqrt{\left(\frac{\sigma_f^V + \sigma_f^T}{\beta_f}\right)^2 + (\tau_f^N + \tau_f^T)^2} = \sqrt{\left(\frac{26.8 + 91.7}{1.22}\right)^2 + (8.9 + 91.7)^2} = 139.8\text{N/mm}^2 < f_f^w = 160\text{N/mm}^2$$

经验算,该围焊缝连接强度满足要求。

3.2.5 焊接残余应力和残余变形

钢材在焊接和冷却的过程中,其局部形成一个分布很不均匀的温度场,由于膨胀和收缩的程度和速度的不同,温度场内各部分钢材的变形相互制约,产生了不可逆转的塑性变形,导致焊件在完全冷却后,其上仍然存在着残余应力和残余变形,这样的残余应力和残余变形就称为焊接残余应力和焊接残余变形。

焊接残余应力和焊接残余变形将影响结构的受力和使用,并且是形成各种焊接裂纹的主要因素,所以应在焊接制造和设计钢结构时加以控制。

1. 焊接残余应力的性质、分类及对钢结构的影响

焊接残余应力有沿焊缝长度方向的纵向焊接残余应力,垂直于焊缝方向的横向焊接残余应力和沿厚度方向的焊接残余应力。

纵向焊接残余应力产生的原因比较复杂,下面结合图 3-32 来简单描述一下。当两块钢板被平面焊接时,钢板焊缝一侧受热升温,将沿焊缝方向纵向伸长;但受到钢板两侧未加热区域的限制,伸长量被压缩,却不产生应力的所谓热塑变形。随着焊缝金属由熔融状态冷却到室温,焊缝将要纵向收缩,由于热塑变形不可逆转,焊缝的实际收缩量要大于其实际伸长量;所以焊缝金属将被纵向受拉,其内部产生纵向拉应力,而焊缝周围的主体金属由于受到焊缝的收缩压迫,其内部将产生压应力。这一组自相平衡的内应力就是构件的纵向焊接残余应力,其分布如图 3-32b)所示。

横向焊接残余应力产生的原因是:冷却后焊缝纵向收缩,使焊缝两侧钢板趋于形成反方向的弯曲变形,如图 3-32a)中虚线所示。但实际上两块钢板已经连成一体,不能分开,于是两块

钢板的焊缝中部将产生横向拉应力,而焊缝两端将产生横向压应力,如图 3-32c)所示。另外,施焊时是按一定顺序进行的,先焊好的焊缝冷却凝固后将阻碍后焊焊缝在横向自由膨胀,使其产生横向的塑性压缩变形。当后焊焊缝冷却收缩时,受到已凝固的焊缝限制而产生横向拉应力,同时在先焊焊缝内产生横向压应力,如图 3-32d)所示。焊缝的横向焊接残余应力就是上述两种原因产生应力的合成结果,如图 3-32e)所示。它也是一组自相平衡的内应力,由横向焊接残余应力成因可见,其分布状态、大小与施焊顺序及方向有关。

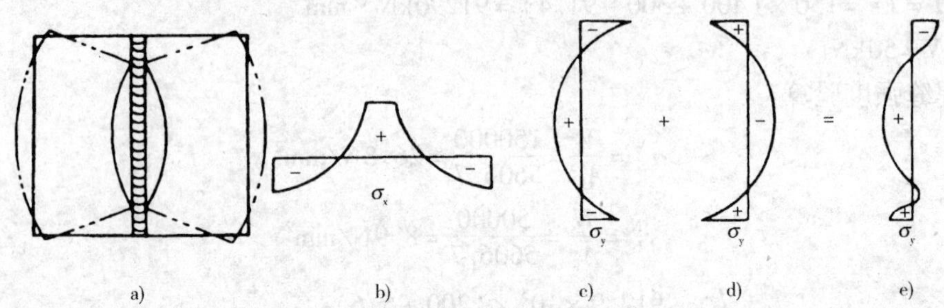

图 3-32 焊接残余应力分析示意图

厚度方向的焊接残余应力产生的原因是:当对较厚焊件进行施焊时,焊缝需要多层施焊,而外层焊缝因散热较快先冷却凝固,这样必然对内层后凝固的焊缝收缩产生限制,使焊缝产生沿厚度方向的残余应力。

综上所述,可见焊接残余应力的成因和分布是非常复杂的。但由于焊接残余应力是自相平衡的,它对钢结构的影响主要是降低结构的刚度和稳定性,对结构的静力强度无影响。由于焊缝中常有两向或三向残余应力场,会使钢材的塑性变形不能发展,材质变脆,这也就是焊缝对裂纹敏感的原因。

2. 焊接残余变形的产生及对钢结构的影响

由于施焊的过程中,焊缝将在纵向和横向收缩,使得构件产生焊接残余变形。焊接残余变形包括纵向收缩、横向收缩、角变形、波浪变形和扭曲变形等,如图 3-33 所示。

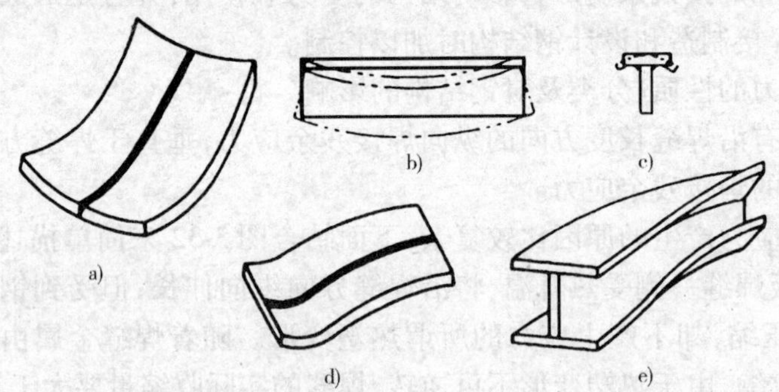

图 3-33 焊接残余变形

a)纵向收缩和横向收缩;b)弯曲变形;c)角变形;d)波浪变形;e)扭曲变形

焊接残余变形会使构件发生尺寸误差,造成结构在安装时发生困难,严重的可改变构件的受力性能,恶化构件的工作状态。所以《钢结构工程施工质量验收规范》中对焊接残余变形提出严格的限制,不允许超过规定值。

3. 消除和减少焊接残余应力和焊接残余变形，保证焊接质量的措施

(1)合理地设计焊缝

①焊缝尺寸要适宜，应尽量采用细长焊缝，不用粗短焊缝。

②焊缝不宜过分集中，以防止焊接变形因受到严重的约束而产生过大的残余应力，如图3-34a)所示。

③焊缝应尽可能布置在结构的对称位置上，以减小焊接残余变形。

④应尽量避免三向焊缝相交。因在相交处有可能形成三向同号拉应力场，使材料变脆开裂。为防止三向焊缝相交，应采取使次要焊缝中断而主要焊缝连续通过的构造，如图3-34b)所示，梁的加劲肋切去一条，以便让翼缘与腹板的连接焊缝通过。当钢板采用对接焊缝拼接时，纵横两方向可以采用十字交叉或T形交叉焊缝，但两个T形交叉点的间距 $a \geq 200$mm，如图3-34c)、d)所示。

⑤要注意施焊方便，保证施焊时所要求的最小施焊空间。如图3-34e)所示；尽量避免采用仰焊焊位。

⑥当拉力垂直于受力板面时，要考虑板材有分层破坏的可能，应采用适宜的传力连接构造，如图3-34f)所示。

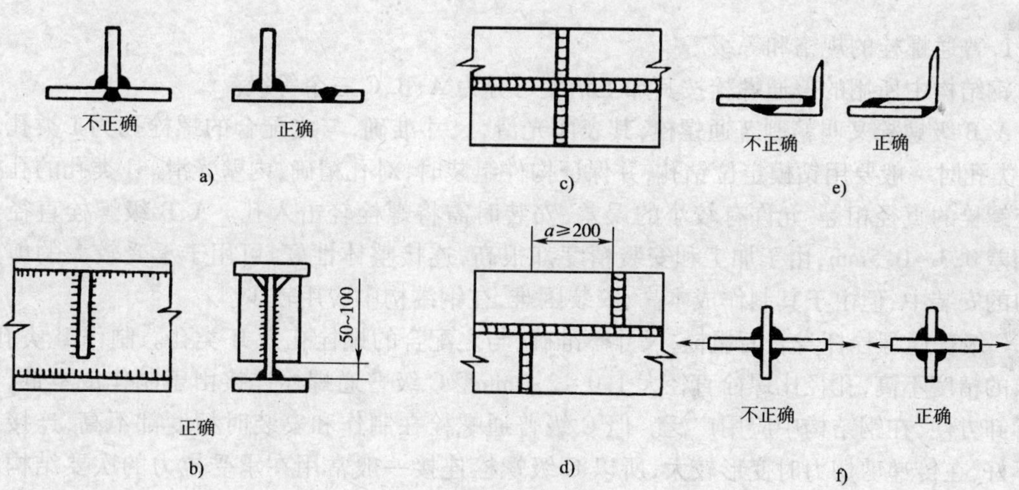

图3-34　焊接连接的构造设计

(2)采用正确的制造方法及合理的工艺措施

①采用合理的施焊顺序，对于长焊缝，实行分段退焊法跳焊，如图3-35a)所示；对于厚的焊缝，可采用分层施焊，如图3-35b)所示。

②在条件允许时(如焊件尺寸较小)，在焊接前可将焊件加热到200～300℃，以减小焊接应力。

③锤击法，即用铁锤轻轻敲击焊缝，可减小焊缝中部的拉伸变形，达到减少焊缝厚度方向焊接残余应力的目的。

④反变形法，即施焊前使构件有一个和焊接变形相反的变形，使焊接后产生的残余变形与之抵消，如图3-36所示。

⑤用冷校或热校的方法校正残余变形，即当构件的焊接残余变形超过《规范》规定的限值时，可用锤击或校直机顶压等方法来校正；或对需校正的焊件的适当部位加热到600℃左右，

使这些区域的材料达到热塑状态，再利用这部分材料的冷缩变形来校正原来的残余变形。

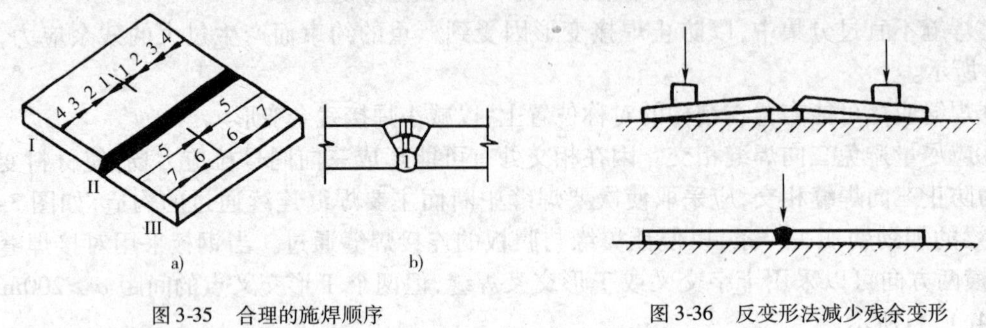

图 3-35　合理的施焊顺序　　图 3-36　反变形法减少残余变形

3.3　普通螺栓连接

3.3.1　普通螺栓连接的构造

1. 普通螺栓的规格和等级

钢结构中所用的普通螺栓按其加工精度可分为 A、B、C 三个等级。

A、B 级螺栓又叫精制普通螺栓，其表面光滑，尺寸准确，与之配合的螺栓孔为 I 类孔。制作 I 类孔时一般要用钻模定位钻孔，并保证构件组装时，对孔精确，内壁光滑。I 类孔的孔径与安装螺栓的直径相等，允许有较小的误差，安装时需将螺栓轻击入孔。A、B 级螺栓直径与孔径相差 0.3 ~ 0.5mm，由于加工和安装精度都很高，连接整体性好，可用于承受较大的剪力和拉力的安装中；但由于其制作成本高，安装困难，在钢结构中应用较少。

C 级普通螺栓杆身表面粗糙，尺寸不准确，与之配合的螺栓孔为 II 类孔。制作 II 类孔时，要求的精度不高，孔径比螺栓直径大 1.0 ~ 2.0mm。C 级普通螺栓连接由于制作成本低，安装及拆卸方便，在钢结构中应用广泛。但 C 级普通螺栓在制作和安装时精度都不高，连接整体性不好，在传递剪切力时变形较大，所以 C 级螺栓连接一般常用在承受拉力的次要结构和安装时的临时连接中。

C 级普通螺栓一般用 Q235BF 钢制成。螺栓的性能等级为 4.6 级、4.8 级、5.6 级和 8.8 级。4、5、8 表示螺栓材质的最低抗拉强度 f_n 为 400N/mm^2、500N/mm^2、800N/mm^2，小数点后面的“6”、“8”表示螺栓材质的屈服强度与抗拉强度的比值为 0.6、0.8。A、B 级普通螺栓材料性能属于 8.8 级，一般用 4、5 号钢和 35 号钢制成。8.8 级的含义同上述。

普通螺栓的代号用大写字母 M 和螺栓的公称直径毫米数来表示。常用的型号一般有 M16、M20、M24 等。为了制造方便，避免误用，同一钢结构中的同类型螺栓应尽量采用同一型号的螺栓和孔径，必要时可增到 2 ~ 3 种。

钢结构施工图上的螺栓和孔的制图符号见表 3-5。

2. 螺栓的排列和构造要求

螺栓的排列方法有并列和错列两种，如图 3-37 所示。并列布置紧凑、简单，所需连接盖板尺寸小，但栓孔对截面削弱较多；错列可减少栓孔对截面的削弱，但布置松散、复杂，所需连接盖板尺寸大。

螺栓及孔的制图符号　　表 3-5

序号	名称	图例	序号	名称	图例
1	永久螺栓		4	圆形螺栓孔	
2	安装螺栓				
3	高强度螺栓		5	长圆形螺栓孔	

说明：1. 细"＋"线表示定位线；2. 必须标注螺栓直径及孔径。

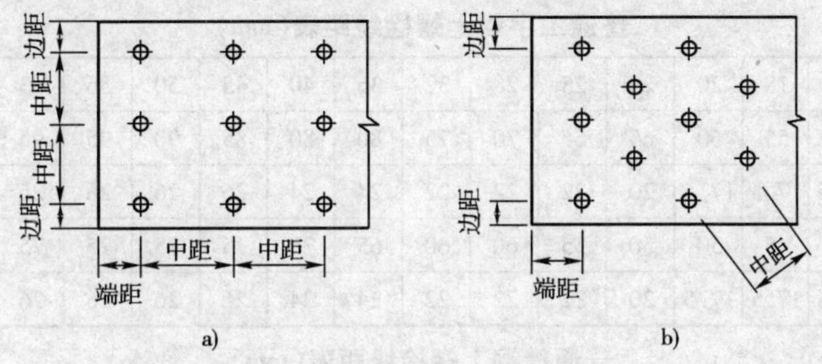

图 3-37　螺栓的排列方法

a）并列；b）错列

螺栓在构件上的排列应同时满足受力、构造、施工三方面的要求：即受力时板件不能被拉断或剪断；构造上应使连接板件接触紧密，防止潮气侵入板间造成锈蚀；施工时应保证有足够的操作空间，便于安装。为满足上述条件，并根据连接板件边缘的加工情况及构件的受力方向，《钢结构设计规范》规定螺栓中心间距及边距的最大、最小值应满足表 3-6 中的要求。

当螺栓在角钢、工字钢和槽钢上排列时，除应满足表 3-6 中的要求外，还应满足表 3-7、表 3-8、表 3-9 中的构造要求。

另外，为了保证螺栓连接的可靠性，《钢结构设计规范》规定：除组合构件的缀条端部连接可采用一个螺栓连接外，其余连接的一侧所用永久性螺栓的数目不少于两个。

螺栓的最大、最小容许距离　　表 3-6

名　称	位置和方向			最大容许距离（取两者较小值）	最小容许的距离
中心间距	任意方向	外排		$8d_0$ 或 $12t$	$3d_0$
		构件受压力		$12d_0$ 或 $18t$	
		构件受拉力		$12d_0$ 或 $24t$	
中心至构件边缘距离	顺内力方向			$4d_0$ 或 $8t$	$2d_0$
	垂直内力方向	切割边			$1.5d_0$
		轧制边	高强度螺栓		
			其他螺栓或铆钉		$1.2d_0$

注：①d_0 为螺栓或铆钉的孔径，t 为外层较薄板件的厚度。

②钢板边缘与刚性构件（如角钢、槽钢等）相连的螺栓或铆钉的最大间距，可按中间排的数值采用。

角钢上螺栓或铆钉线距表(mm) 表 3-7

单行排列	b	45	50	56	63	70	75	80	90	100	110	125
	e	25	30	30	35	40	45	45	50	55	60	70
	$d_{0\max}$	13.5	15.5	17.5	20	22	22	24	24	24	26	26
双行错列	b	125	140	160	180	200	双行并列	b	160	180	200	
	e_1	55	60	70	70	80		e_1	60	70	80	
	e_2	90	100	120	140	160		e_2	130	140	160	
	$d_{0\max}$	24	24	26	26	26		$d_{0\max}$	24	24	26	

普通工字钢上螺栓线距表(mm) 表 3-8

型号		12	14	16	18	20	22	25	28	32	36	40	45	50	56	63
翼缘	a	40	40	50	55	60	65	65	70	75	80	80	85	90	95	95
	$d_{0\max}$	11.5	13.5	15.5	17.5	17.5	20	22	22	22	24	24	26	26	26	26
腹板	$c_{\min}$	40	45	45	45	50	50	55	60	60	65	70	75	75	75	75
	$d_{0\max}$	11.5	13.5	15.5	17.5	17.5	20	22	22	22	24	24	26	26	26	26

普通槽钢上螺栓线距表(mm) 表 3-9

型号		12	14	16	18	20	22	25	28	32	36	40
翼缘	a	30	35	35	40	40	45	45	45	50	56	60
	$d_{0\max}$	17.5	17.5	20	22	22	22	22	24	24	26	26
腹板	$c_{\min}$	40	45	50	50	55	55	55	60	65	70	75
	$d_{0\max}$	13.5	17.5	20	22	22	22	22	24	24	26	26

3.普通螺栓的受力性能和破坏形式

普通螺栓连接按螺栓的传力方式可分为抗剪螺栓连接、抗拉螺栓连接及同时抗剪和抗拉螺栓连接。抗剪螺栓是通过螺栓杆的抗剪和螺栓杆对孔前壁的承压来传递垂直于螺栓杆方向的剪力,如图 3-38 所示;而抗拉螺栓则是通过螺栓杆来承受沿螺栓杆方向的拉力,如图 3-39a)所示。

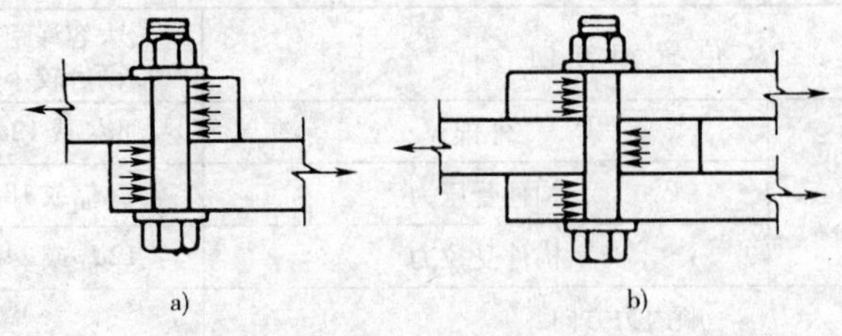

图 3-38 抗剪螺栓

a)单剪;b)双剪

(1)抗拉螺栓的受力性能、破坏形式和承载力 如图 3-39a)所示的抗拉螺栓连接中,外力有使连接构件相互分开的趋势,而使螺栓受拉,螺栓所表现出的破坏形式是沿螺栓根部被拉断。

一个抗拉螺栓的承载力设计值为：

$$N_t^b = \frac{1}{4}\pi d_e^2 f_t^b = A_e f_t^b \tag{3-29}$$

式中：d_e、A_e——分别为普通螺栓在螺纹处的有效直径和有效面积，按附表 5-2 选用；

f_t^b——螺栓抗拉强度设计值，按表 3-10 选用。

如图 3-39b）所示，T 形连接中的抗拉螺栓内将产生“杠杆力”，这种“杠杆力”将附加于螺栓拉力中，而使螺栓实际受力由 $N/2$ 增加到 $N/2+N_Q$。“杠杆力”N_Q 的大小与螺栓和 T 形连接的刚度有关，刚度大时，N_Q 值较小。由于具体数值很难得出，故把螺栓的抗拉强度设计值 f_t^b 降低到螺栓钢材抗拉强度设计值 f 的 0.8 倍来考虑 N_Q 的不利影响。在构造上也可在 T 形连接中设置加劲肋，以增加连接的刚度，减少“杠杆力”，如图 3-39a）所示。

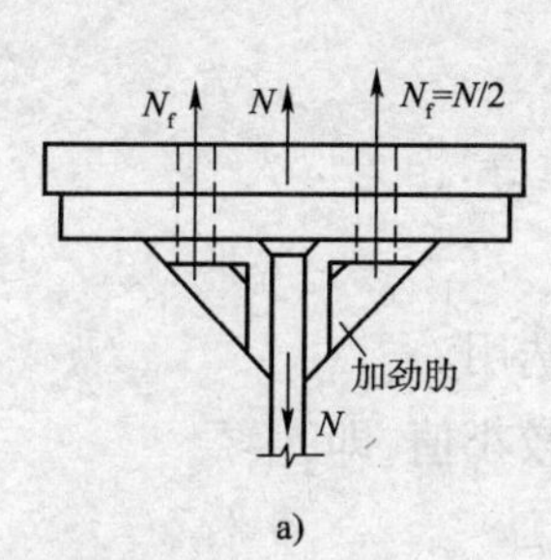

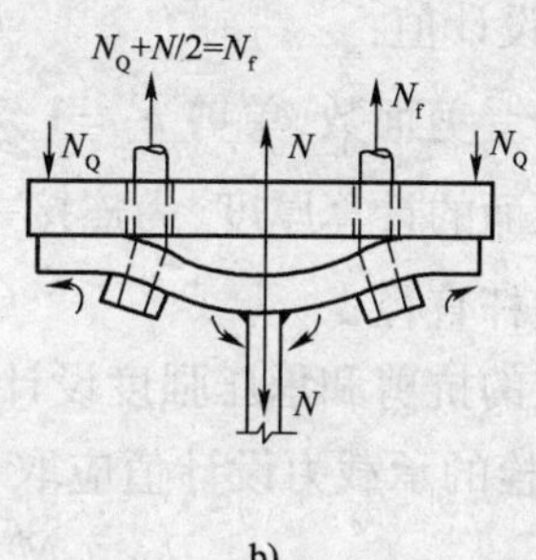

图 3-39　抗拉螺栓

（2）抗剪螺栓的受力性能、破坏形式和承载力　如图 3-38 所示的普通抗剪螺栓连接中，螺栓被拧紧后将对连接构件产生一定的正压力，当剪力较小时，可由连接构件间的摩擦力来传递，构件间无滑移，此时连接处于弹性工作阶段。当剪切力加大到使连接件间的摩擦力被克服时，连接构件间将产生滑移，直到螺栓孔壁与螺栓杆的一侧接触为止，连接达到滑移阶段。当剪力继续增大时，螺栓杆受剪而螺栓孔前壁受挤压，连接进入弹塑性工作阶段。普通抗剪螺栓是以螺栓最后被剪断或孔壁被挤压破坏为承载力极限状态。

普通抗剪螺栓连接的破坏形式有 5 种：

①螺栓被剪断。发生在螺栓直径较细而连接板件较厚的情况下，如图 3-40a）所示。

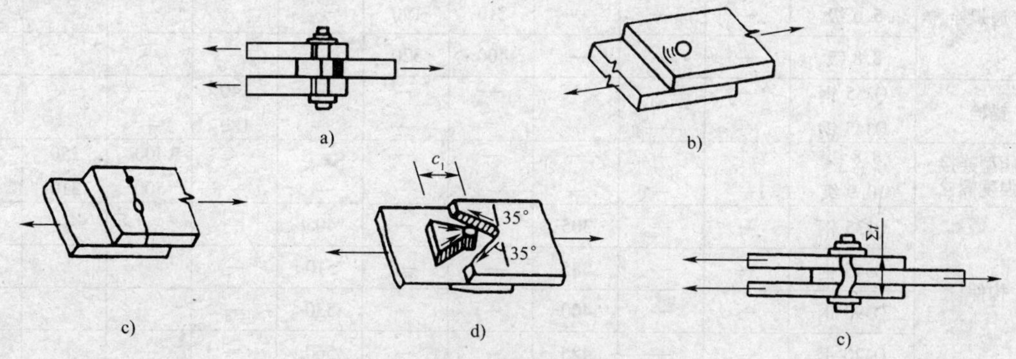

图 3-40　受剪螺栓连接的破坏形式

a）螺栓被剪断；b）板件被挤压破坏；c）板件被拉断；d）板件被剪断；e）螺栓被压弯

②板件被挤压破坏。发生在螺栓直径较粗而连接板件较薄的情况下，如图 3-40b）所示。

③板件被拉断。发生在螺栓孔间距过小，板件开孔过多的情况下，如图 3-40c）所示。

④板件被剪断。发生在螺栓孔距板端的距离过小的情况下,如图 3-40d)所示。

⑤螺栓被压弯。发生在螺栓杆细长,连接板件总厚度较大的情况下,如图 3-40e)所示。

如果螺栓的排列满足表 3-6 中的构造要求时,可避免出现板件被剪断现象,当被连接构件的总厚度小于 5 倍螺栓直径时,螺栓杆不会发生弯曲破坏。由于挤压是相互的,所以我们通过控制螺栓的抗挤压强度来防止构件的孔壁被挤压破坏。通过控制螺栓的抗剪强度和连接构件净截面强度来防止螺栓被剪断和构件板件被拉断现象的发生。

计算受剪螺栓的承载力时,一般假定栓杆内的剪应力沿受剪面均匀分布,孔前壁所承受的压应力在螺栓杆直径投影面内是均匀分布的,则一个受剪螺栓的承载力设计值为:

受剪承载力设计值:
$$N_v^b = n_v \frac{\pi d^2}{4} f_v^b \tag{3-30}$$

承压承载力设计值:
$$N_c^b = d \sum t f_c^b \tag{3-31}$$

式中:n_v——螺栓受剪面数,单剪 $n_v = 1$,双剪 $n_v = 2$;

$\sum t$——承压面的计算厚度,为连接一侧较小的总厚度;

d——螺栓杆直径;

f_v^b、f_c^b——螺栓的抗剪和承压强度设计值,按表 3-10 选用。

单个受剪螺栓的承载力设计值应取 N_v^b 和 N_c^b 中的较小值,即:

$$N_{min}^b = \min(N_v^b, N_c^b) \tag{3-32}$$

轴心受力单角钢构件用螺栓单面连接时,考虑到不对称截面单面连接的不利影响,应将螺栓承载力设计值乘 0.85;钢板搭接或用单面拼接板的连接及两构件借助其他中间板件相连接时,其螺栓承载力设计值乘 0.9(摩擦型高强度螺栓连接除外)。

有关螺栓的各种强度设计值见表 3-10。

螺栓连接的强度设计值(N/mm²)　　表 3-10

螺栓的性能等级、锚栓和构件钢材的牌号		普通螺栓						锚栓	承压型连接高强度螺栓		
		C 级螺栓			A 级、B 级螺栓						
		抗拉 f_t^b	抗剪 f_v^b	承压 f_c^b	抗拉 f_t^b	抗剪 (f_t^b)	承压 f_c^b	抗拉 f_t^a	抗拉 f_t^a	抗剪 f_v^b	承压 f_c^b
普通螺栓	4.6、4.8 级	170	140	—	—	—	—	—	—	—	—
	5.6 级	—	—	—	210	190	—	—	—	—	—
	8.8 级	—	—	—	400	320	—	—	—	—	—
锚栓	Q235 钢	—	—	—	—	—	—	140	—	—	—
	Q345 钢	—	—	—	—	—	—	180	—	—	—
承压型连接高强度螺栓	8.8 级	—	—	—	—	—	—	—	400	250	—
	10.9 级	—	—	—	—	—	—	—	500	310	—
构件	Q235 钢	—	—	305	—	—	405	—	—	—	470
	Q345 钢	—	—	385	—	—	510	—	—		590
	Q390 钢	—	—	400	—	—	530	—	—		615
	Q420 钢	—	—	425	—	—	560	—	—		655

注:①A 级螺栓用于 $d \leq 24$mm 和 $l \leq 10d$ 或 $l \leq 150$mm(按较小值)的螺栓;B 级螺栓用于 $d > 24$mm 或 $l > 10d$ 或 $l > 150$mm(按较小值)的螺栓。d 为公称直径,l 为螺杆公称长度。

②A 级、B 级螺栓孔的精度和表面粗糙度,C 级螺栓孔的允许偏差和孔壁表面粗糙度均应符合现行国家标准《钢结构工程施工质量验收规范》(GB 50205—2001)的规定。

3.3.2 普通螺栓连接的计算

1. 抗剪螺栓连接的计算

(1)抗剪螺栓群在轴心力作用下的计算

①确定螺栓数目。当轴心力 N 通过螺栓群形心使螺栓受剪时，假定所有螺栓受力相等，则连接一侧所需螺栓数目为：

$$n = N/N_{\min}^{b} \tag{3-33}$$

式中：N——作用于螺栓群的轴心力设计值；

$N_{\min}^{b}$——一个螺栓的最小承载力设计值，取 N_{v}^{b} 和 N_{v}^{b} 中较小者。

螺栓群在实际受轴心力作用的初始阶段时，各个螺栓受力是不相等的，在作用力方向上螺栓群边缘受力最大，中间螺栓受力最小；但当最大受力螺栓发生塑性变形后，各螺栓的受力重新分配而趋于一致。所以推导式(3-33)时假定所有螺栓受力相等是正确的。若螺栓群沿作用力方向布置的长度过大时，两端部螺栓可能会因受力过大首先破坏。所以《规范》规定：当构件在节点处或接头一侧的螺栓沿受力方向的连接长度 $l_1 > 15d_0$ 时，螺栓承载力设计值应乘折减系数 β 来降低。

$$\beta = 1.1 - l_1/150d_0 \quad 且取 \beta \geqslant 0.7 \tag{3-34}$$

式中：d_0——螺栓孔直径。

式(3-34)同样适用于高强度螺栓连接。

②构件净截面强度验算。在螺栓连接中，由于螺栓孔对构件截面有削弱，需验算净截面强度：

$$\sigma = \frac{N}{A_n} \leqslant f \tag{3-35}$$

式中：A_n——危险截面的净截面面积；

N——危险截面上的轴心力设计值；

f——钢材的强度设计值，按表 1-8 选用。

计算构件危险截面的净截面面积 A_n 时，应根据具体情况，区别对待。

如图 3-41a)所示，当螺栓群为并列布置时，被连接构件最外排螺栓所在的 I-I 截面处受力较大、净截面也较小故为危险截面，图 3-41b)所示为各部承力情况，板件在 I-I 截面处承受全部力 N，I-I 和 II-II 之间除去螺栓传给拼板 1/3N 后只承受 2/3N 力。此时连接构件的净截面面积计算公式为：

$$A_n = A - n_1 d_0 t \tag{3-36}$$

式中：A——构件毛截面面积，$A = bt$；

t——构件厚度；

n_1——接头最外侧第一排螺栓的数目；

d_0——螺栓孔直径。

当连接盖板的总厚度小于连接构件的厚度时，还应验算连接盖板的净截面强度。连接盖板在接头内侧第一排螺栓所在的 III-III 截面处受力较大、净截面也较小故为危险截面，连接盖板的净截面面积

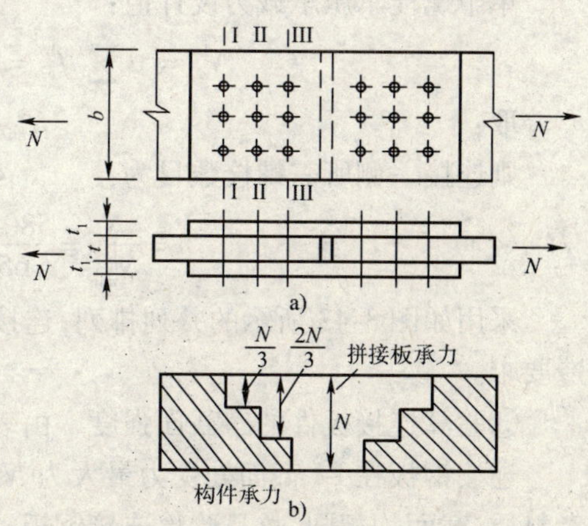

图 3-41 螺栓并列板件净截面计算

计算公式为：

$$A_n = 2(A_1 - t_1 n_n d_0) \tag{3-37}$$

式中：A_1——一块拼接盖板的毛截面面积，$A_1 = tb$；

t_1——一块拼接盖板的厚度；

n_n——接头内侧第一排的螺栓数目；

b——被连接构件和连接盖板的宽度。

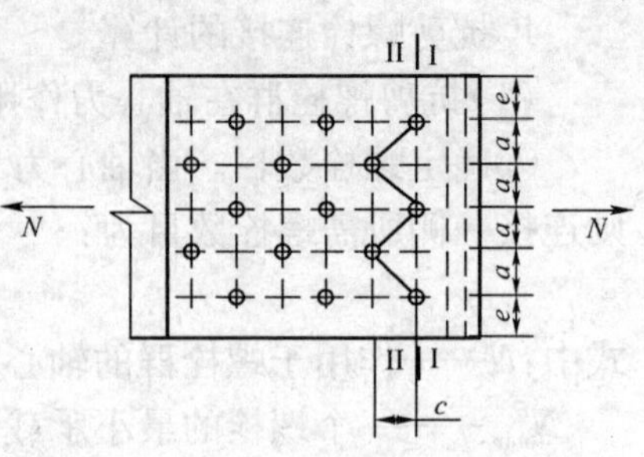

图 3-42　螺栓错列板件净截面计算

如图 3-42 所示，当螺栓错列布置时，被连接构件除可能沿最外排螺栓孔所在 I-I 截面破坏外，当 c 值较小时，还可能沿第一排和第二排螺栓孔间呈锯齿形 II-II 截面破坏。I-I 截面的净截面计算公式与式(3-36)相同；II-II 截面的净截面计算公式为：

$$A_n = 2e + (n_2 - 1)\sqrt{a^2 + c^2} - n_2 d_0 \tag{3-38}$$

式中：e——螺栓孔到构件边缘的距离(边距)；

a、c——分别为螺栓孔的行距和列距；

n_2——截面 II-II 上的螺栓数目，即第一排和第二排螺栓数目之和。

与并列布置相似，当需要验算连接盖板的净截面强度时，取接头内侧第一排和第二排来验算。

例 3.8　截面为 12mm×300mm 的钢板，采用双盖板和 M18，C 级普通螺栓连接，螺栓孔径 19.5mm，钢材 Q235，承受轴心拉力设计值 $N = 580\text{kN}$，试设计此连接的接头。

解　①确定连接盖板截面

采用双盖板拼接，盖板截面尺寸选 6mm×300mm，与被连接钢板截面面积相等，钢材采用 Q235。

②确定连接一侧所需螺栓数目及对螺栓合理布置

由表 3-10 查得 $f_v^b = 130\text{N/mm}^2$，$f_c^b = 305\text{N/mm}^2$

单个螺栓受剪承载力设计值：

$$N_v^b = n_v \frac{\pi d^2}{4} f_c^b = 2 \times \frac{3.14 \times 18^2}{4} \times 130\text{N} = 66128\text{N}$$

单个螺栓承压承载力设计值：

$$N_c^b = d \sum t f_c^b = 18 \times 12 \times 305\text{N} = 65880\text{N}$$

取：

$$N_{min}^b = N_v^b = 65880\text{N}$$

则连接一侧所需螺栓数目为：

$$n = \frac{N}{N_{min}^b} = \frac{580 \times 10^3}{65880} \text{个} = 8.8 \text{个，取 9 个}$$

采用如图 3-43 所示的并列排列，连接盖板尺寸为 2—6×300×490，其布置符合表 3-6 构造要求。

③验算连接板件的净截面强度　由表 1-8 查得 $f = 215\text{N/mm}^2$。

连接钢板在 I-I 截面处受力最大为 N，连接盖板则在 II-II 截面处受力最大也为 N，但因两者材质、截面均相同，故只验算连接钢板。其净截面面积 A_n 为：

$$A_n = A - n_1 d_0 t = 300 \times 12 - 3 \times 19.5 \times 12 = 2898\text{mm}^2$$

$$\sigma = \frac{N}{A_n} = \frac{580 \times 10^3}{2898} = 200\mathrm{N/mm^2} < f = 215\mathrm{N/mm^2}$$

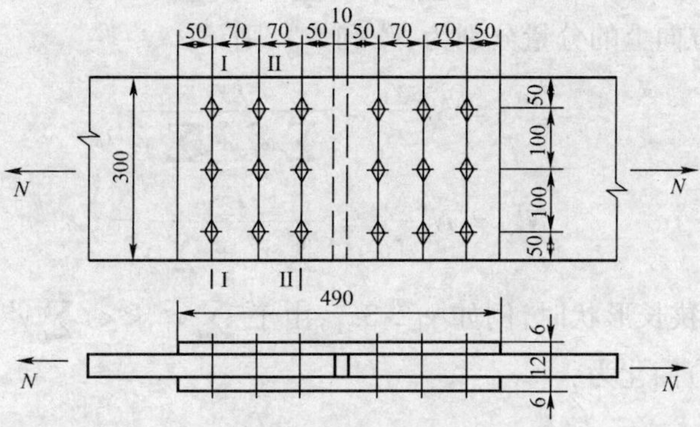

图 3-43　例 3.8 图

经验算连接钢板净截面强度满足受力要求。

(2)抗剪螺栓群在扭矩和轴心力共同作用下的计算　如图 3-44 所示的柱与支托板的螺栓连接,受轴心力 N 及偏心力 F 的共同作用,将 F 向螺栓群形心 O 简化,产生扭矩 $T = Fe$ 及剪力 $V = F$。假定支托板为刚体,螺栓为弹性体,则 T、V、N 均使螺栓受剪。

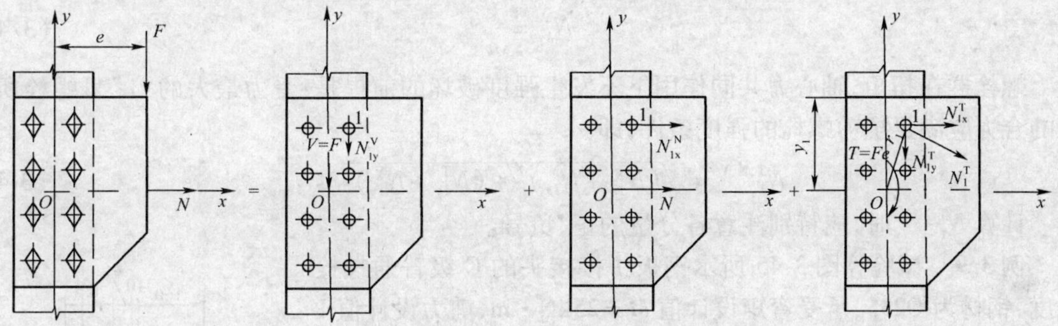

图 3-44　抗剪螺栓群受扭矩和轴心力共同作用

在扭矩 T 单独作用时,假定各螺栓均绕螺栓群形心 O 旋转,各螺栓所受剪力方向与其和形心 O 的连线垂直,大小与该连线的距离成正比。

设各螺栓到螺栓群形心 O 的距离为 $r_1, r_2, r_3, \cdots, r_n$,各螺栓的坐标分别为$(x_1, y_1)$,$(x_2, y_2)$,$(x_3, y_3)$,$\cdots$,$(x_n, y_n)$。所受剪力分别为 $N_1^T, N_2^T, N_3^T, \cdots, N_n^T$,则由平衡条件和假定条件可得:

$$T = N_1^T r_1 + N_2^T r_2 + N_3^T r_3 + \cdots N_n^T r_n \tag{3-39}$$

$$\frac{N_1^T}{r_1} = \frac{N_2^T}{r_2} = \frac{N_3^T}{r_3} = \cdots \frac{N_n^T}{r_n} \tag{3-40}$$

整理得:

$$N_2^T = \frac{r_2}{r_1} N_1^T, N_3^T = \frac{r_3}{r_1} N_1^T, \cdots, N_n^T = \frac{r_n}{r_1} N_1^T \tag{3-41}$$

将式(3-41)代入式(3-39)得:

$$T = \frac{N_1^T}{r_1}(r_1^2 + r_2^2 + r_3^2 + \cdots r_n^2) = \frac{N_1^T}{r_1} \sum r_i^2 \tag{3-42}$$

图 3-44 中"1"号螺栓的 r_1 最大,故 N_1^T 最大,其值为:

$$N_1^{\mathrm{T}} = \frac{Tr_1}{\sum r_i^2} = \frac{Tr_1}{\sum x_i^2 + \sum y_i^2} \tag{3-43}$$

设 N_1^{T} 在 x、y 轴方向上的分量分别为 N_{1x}^{T} 和 N_{1y}^{T}，则：

$$N_{1x}^{\mathrm{T}} = N_1^{\mathrm{T}} \frac{y_1}{r_1} = \frac{Ty_1}{\sum x_i^2 + \sum y_i^2} \tag{3-44}$$

$$N_{1y}^{\mathrm{T}} = N_1^{\mathrm{T}} \frac{x_1}{r_1} = \frac{Tx_1}{\sum x_i^2 + \sum y_i^2} \tag{3-45}$$

当螺栓群布置成狭长形状时，例如 $y_1 > 3x_1$，由于 $\sum x_i^2 << \sum y_i^2$，则可近似地认为 $\sum x_i^2 = 0$，则可将式(3-44)简化为：

$$N_1^{\mathrm{T}} \approx N_{1x}^{\mathrm{T}} = \frac{Ty_1}{\sum y_i^2} \tag{3-46}$$

由于轴心力 N 和剪力 V 均通过螺栓群形心 O，所以可认为每个螺栓受力相等，则“1”号螺栓中由 N、V 产生的剪力分别为：

$$N_{1x}^{\mathrm{N}} = \frac{N}{n} \tag{3-47}$$

$$N_{1y}^{\mathrm{V}} = \frac{V}{n} \tag{3-48}$$

螺栓群在扭矩、轴心力共同作用下不发生强度破坏的前提是：受力最大的“1”号螺栓所承受的合力应满足抗剪螺栓的强度条件，即：

$$N_1^{\mathrm{T、N、V}} = \sqrt{(N_{1x}^{\mathrm{T}} + N_{1x}^{\mathrm{N}})^2 + (N_{1y}^{\mathrm{T}} + N_{1y}^{\mathrm{V}})^2} \leqslant N_{\min}^{\mathrm{b}} \tag{3-49}$$

计算 $N_1^{\mathrm{T、N、V}}$ 时，应特别注意各分量的正、负号。

例 3.9 试验算图 3-45 所示钢板拼接接头的 C 级普通螺栓强度，钢材为 Q235，承受弯矩设计值 $M = 25\mathrm{kN \cdot m}$，剪力设计值 $V = 300\mathrm{kN}$，螺栓为 M20。

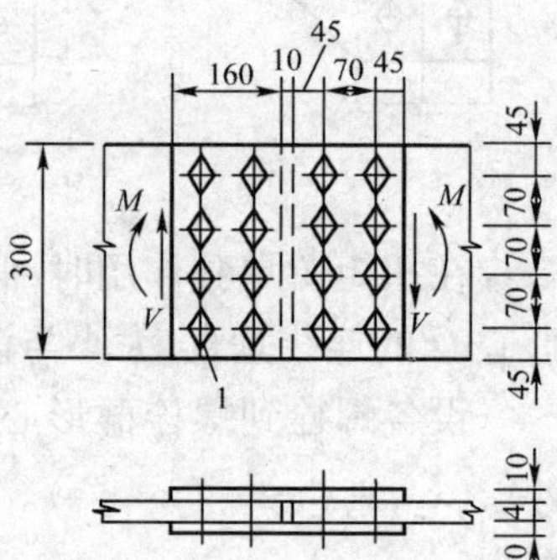

图 3-45 例 3.9 图(尺寸单位：mm)

解 经分析，在 M 作用下，螺栓群受剪。

(1)计算单个螺栓的承载力

由表 3-10 查得 $f_v^b = 130\mathrm{N/mm^2}$，$f_c^b = 305\mathrm{N/mm^2}$

$$N_v^b = n_v \frac{\pi d^2}{4} f_v^b = 2 \times \frac{3.14 \times 20^2}{4} \times 130 = 81640\mathrm{N} = 81.64\mathrm{kN}$$

$$N_c^b = d \sum t \cdot f_c^b = 20 \times 14 \times 305 = 85400\mathrm{N} = 85.4\mathrm{kN}$$

故 $$N_{\min}^b = N_v^b = 81.64\mathrm{kN}$$

(2)螺栓强度验算

在 M、V 共同作用下，“1”号螺栓最不利。

且 $x_1 = 35\mathrm{mm}$，$y_1 = 105\mathrm{mm}$。

$$\sum x_i^2 + \sum y_i^2 = 8 \times 35^2 + 4 \times 35^2 + 4 \times (35 + 70)^2 = 58800\mathrm{mm}^2$$

则： $$N_{1x}^{\mathrm{M}} = \frac{My_1}{\sum x_i^2 + \sum y_i^2} = \frac{25000 \times 105}{58800} = 44.6\mathrm{kN}$$

$$N_{1y}^{M} = \frac{Mx_1}{\sum x_i^2 + \sum y_i^2} = \frac{25000 \times 35}{58800} = 14.9\text{kN}$$

$$N_{1y}^{V} = \frac{V}{n} = \frac{300}{8} = 37.5\text{kN}$$

"1"号螺栓在 M、V 共同作用下的剪力为：

$$N_1^{M、V} = \sqrt{(N_{1x}^{M})^2 + (N_{1y}^{M} + N_{1y}^{V})^2} = \sqrt{(44.6)^2 + (14.9 + 37.5)^2}$$

$$= 68.8\text{kN} < N_{min}^{b} = 81.64\text{kN}$$

经验算连接强度满足要求。

2. 抗拉螺栓连接的计算

(1)抗拉螺栓群在轴心力作用下的计算　抗拉螺栓群在轴心力作用下的强度计算比较简单，可假定各个螺栓受力相等，则在轴心力设计值 N 的作用下所需要的螺栓数目为：

$$n = N/N_t^b \tag{3-50}$$

式中：N——轴心拉力设计值；

N_t^b——单个螺栓的抗拉承载力设计值，按式(3-29)计算。

(2)抗拉螺栓群在弯矩作用下的计算　在图 3-46 所示的连接中，螺栓群在弯矩 M 的作用下，有绕着某一转动轴转动的趋势。一般我们假定转动轴位于弯矩指向的最下一排螺栓轴线处，并假定由弯矩 M 引起的各个螺栓中拉力的大小，与该螺栓轴线到转动轴的距离成正比，因此，最上排的螺栓所受拉力最大。设各排螺栓中的拉力为 $N_1^M, N_2^M, N_3^M, \cdots, N_n^M$，各排螺栓的轴线到转动轴的距离分别为 $y_1, y_2, y_3, \cdots, y_n$，螺栓群中有 m 列螺栓。

则由平衡条件可得：

$$\frac{M}{m} = N_1^M y_1 + N_2^M y_2 + N_3^M y_3 + \cdots + N_n^M y_n \tag{3-51}$$

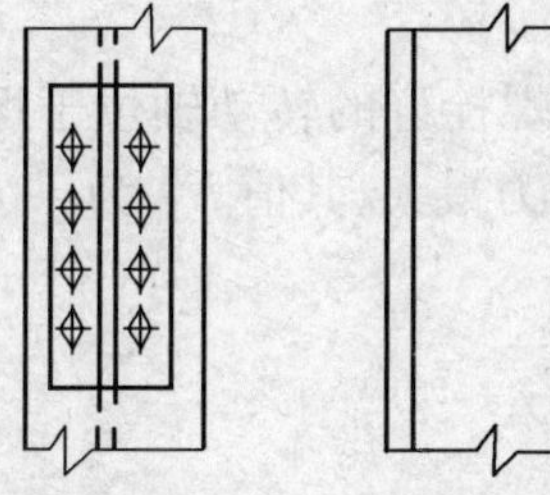

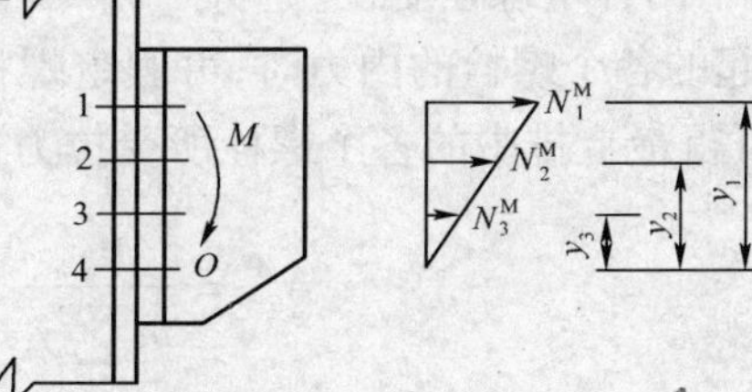

图 3-46　抗拉螺栓群受弯矩作用

由假定条件得：

$$\frac{N_1^M}{y_1} = \frac{N_2^M}{y_2} = \frac{N_3^M}{y_3} = \cdots = \frac{N_n^M}{y_n} \tag{3-52}$$

由式(3-52)可得：

$$N_2^M = \frac{N_1^M y_2}{y_1}, N_3^M = \frac{N_1^M y_3}{y_1}, \cdots, N_n^M = \frac{N_1^M y_n}{y_1} \tag{3-53}$$

将式(3-53)代入式(3-51)整理得：

$$N_1^M = \frac{My_1}{m\sum y_i^2} \tag{3-54}$$

则抗拉螺栓群在弯矩作用下的强度条件是：

$$N_1^M = \frac{My_1}{m\sum y_i^2} \leqslant N_t^b \tag{3-55}$$

式中：M——弯矩设计值；

y_1、y_i——最外排螺栓（"1"号）和第 i 排螺栓到转动轴 O 的距离；

$\sum y_i^2$——螺栓群中各排螺栓到转动轴力臂的平方和；

m——螺栓的纵向列数。

（3）抗拉螺栓群在偏心拉力作用下的计算　如图 3-47 所示，螺栓群受偏心拉力 F 作用，此时对螺栓进行强度校核，要根据两种情况区别对待。

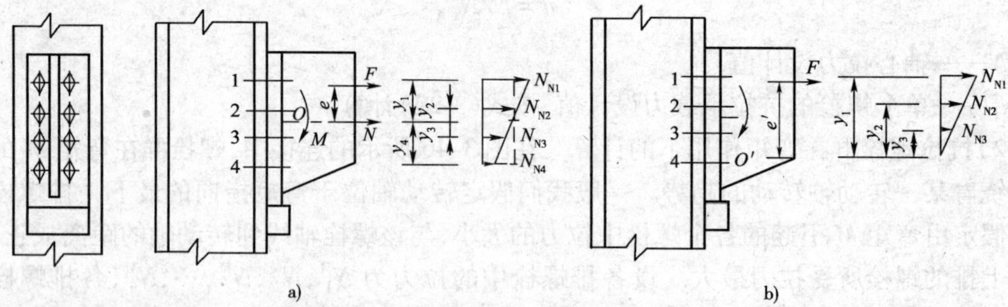

图 3-47　抗拉螺栓群受偏心拉力作用

a）小偏心；b）大偏心

①当偏心距 e 较小时。此时可将偏心拉力 F 向螺栓群形心 O 处简化，如图 3-47a）所示。螺栓群受弯矩 $M=Fe$ 和轴心拉力 $N=F$ 的共同作用，由于弯矩 M 较小，螺栓群以承受轴心拉力 N 为主，使螺栓群中的各个螺栓受拉。

在计算由 M 引起的各个螺栓的内力时，可假定螺栓群的转动轴位于螺栓群形心轴 O 处。这样根据式（3-54）可得最上排中的各个螺栓所受拉力最大，其值 N_1^M 为：

$$N_1^M = \frac{My_1}{m\sum y_i^2} \tag{3-56}$$

在轴心拉力 N 的作用下，各个螺栓所受拉力均等。

$$N_1^N = \frac{N}{n} \tag{3-57}$$

当 M、N 共同作用下，螺栓群中最上排螺栓所受拉力最大，其所承受的最大拉力 $N_{max}^{M、N}$ 应满足抗拉螺栓的强度条件，即：

$$N_{max} = N_{max}^{M、N} = \frac{N}{n} + \frac{My_1}{m\sum y_i^2} \leqslant N_t^b \tag{3-58}$$

螺栓群中受拉力最小的螺栓位于弯矩所指的最下排，其所承受的最小拉力 $N_{max}^{M、N}$ 应符合螺栓群受力的实际情况，即：

$$N_{min} = N_{min}^{M、N} = \frac{N}{n} - \frac{My_1}{m\sum y_i^2} \geqslant 0 \tag{3-59}$$

式中：M——弯矩设计值；

N——轴心力设计值；

n——螺栓群中的螺栓数目；

y_1——螺栓群中最上排螺栓到螺栓群形心轴 O 的距离；

y_i——螺栓群中第 i 排螺栓到螺栓群形心轴 O 的距离；

m——螺栓的纵向列数。

式(3-59)是假定螺栓群的转动轴位于其形心轴 O 处成立的先决条件。

②当偏心距 e 较大时，在这种情况下，如果还假定螺栓群的转动轴位于螺栓群的形心轴 O 处，由于弯矩 $M = Fe$ 数值较大，所计算出的最小受力螺栓的工作内力将可能是负值：

$$N_{min} = \frac{N}{n} - \frac{My_1}{m\sum y_i^2} < 0$$

即螺栓群中弯矩指向一侧最下排螺栓中产生了压力，这显然与实际不相符合。故当按上述算法得出的 $N_{min} < 0$ 时，应将螺栓群的转动轴假定在弯矩指向一侧最下排螺栓的轴心连线 O'处，如图 3-47b)所示，则：

$$N_{max} = \frac{Fe'y'_1}{m\sum y'^2_i} \leqslant N_t^b \tag{3-60}$$

式中：F——偏心拉力设计值；

e'——偏心拉力到转动轴 O'的距离；

y'_1——螺栓群中最上排螺栓到转动轴 O'的距离；

y'_i——螺栓群中第 i 排螺栓到转动轴 O'的距离；

m——螺栓的纵向列数。

3. 同时抗剪和抗拉普通螺栓连接的计算

实际工程中，有时需要普通螺栓同时承受剪力和拉力，如图 3-48 所示。在这种情况下，螺栓内部的实际应力分布复杂，很难从理论上将其较精确地得出。故对同时承受剪力和拉力的普通螺栓连接的强度可按下列公式进行校核。

$$\sqrt{\left(\frac{V'}{N_u^b}\right)^2 + \left(\frac{N_t}{N_t^b}\right)^2} \leqslant 1 \tag{3-61}$$

且

$$V' \leqslant N_c^b \tag{3-62}$$

式中：V'——螺栓群中各个螺栓的平均剪力；

N_t——螺栓群中危险螺栓所承受的最大拉力；

N_u^b——单个螺栓的抗剪承载力设计值；

N_t^b——单个螺栓的抗拉承载力设计值；

N_c^b——单个螺栓的承压承载力设计值。

式(3-61)是根据螺栓实际的破坏试验数据,并把 V'_v/N_v^b 和 N_t/N_t^b 的分析结果近似地用一圆曲线表示的经验公式,如图 3-49 所示。

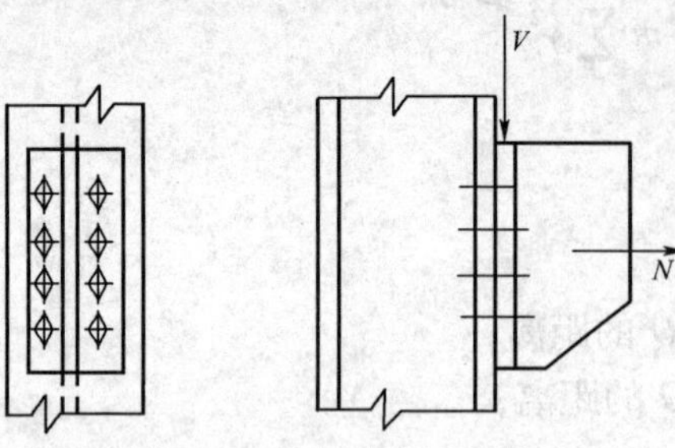

图 3-48　普通螺栓同时承受拉力和剪切力

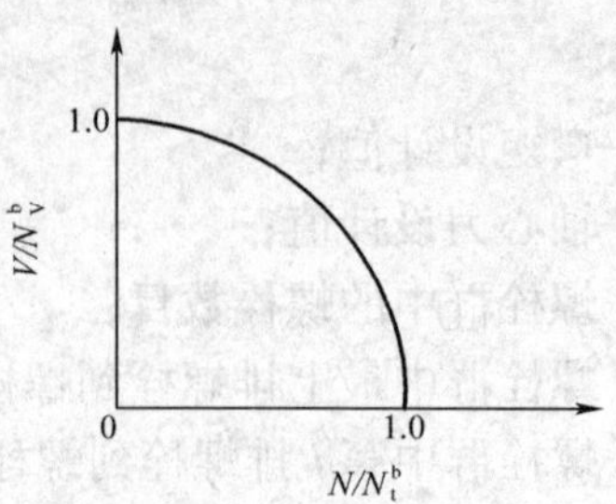

图 3-49　同时承受拉力和剪切力的相关曲线

式(3-62)是考虑到当被连接构件厚度过薄,螺栓有可能承压破坏。

例 3.10　如图 3-50 所示的牛腿用 M18C 级普通螺栓连接于钢柱上。钢材为 Q235,承受静力荷载。试求:(1)牛腿下支托板承受剪力时,该连接所能承受的最大荷载设计值 F;(2)当牛腿下不设支托板时,该连接所能承受的最大荷载设计值(螺栓孔径选 20)。

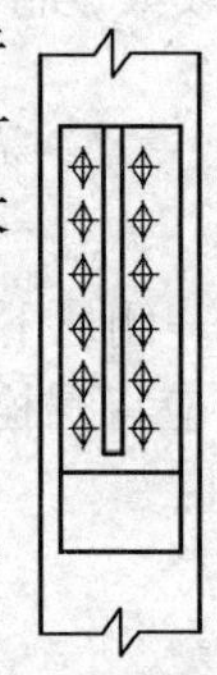

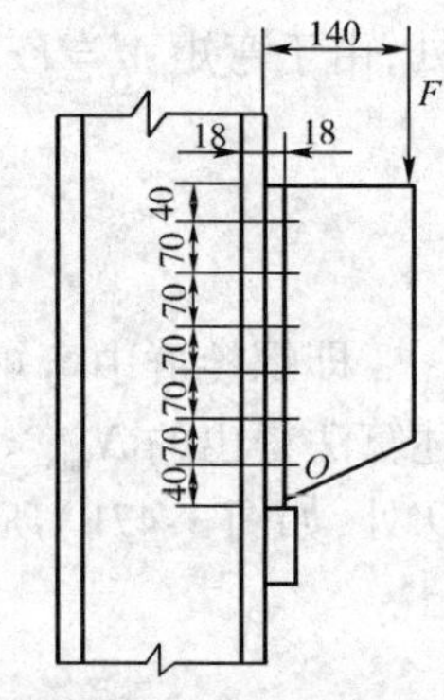

图 3-50　例 3.10 图(尺寸单位:mm)

解　将偏心力 F 向连接平面简化,得:

$$V_v = F, M = Fe = 140F$$

由表 3-10 查得 $f_v^b = 130\text{N/mm}^2$, $f_t^b = 170\text{N/mm}^2$, $f_c^b = 305\text{N/mm}^2$。

由于螺栓群沿剪力方向的长度 $l_0 > 15d_0$,故:

$$\beta = 1.1 - \frac{l_0}{150d_0} = 1.1 - \frac{350}{150 \times 20} = 0.98$$

单个螺栓的抗剪承载力设计值为:

$$N_v^b = \beta n_v \frac{\pi d^2}{4} f_u^b = 0.98 \times 1 \times \frac{3.14 \times 18^2}{4} \times 130 = 32403\text{N}$$

单个螺栓的抗拉承载力设计值为:

查附表 5-2 得 M18 螺栓 $A_e = 192.5\text{mm}^2$。

$$N_t^b = A_a f_t^b = 192.5 \times 170 = 32725\text{N}$$

单个螺栓的抗挤压承载力设计值为:

$$N_c^b = \beta d \sum t f_c^b = 0.98 \times 18 \times 18 \times 305 = 96844\text{N}$$

(1)在支托板承受剪力 V 的情况下,螺栓只承受由弯矩 M 引起的拉力。则由式(3-54)可得:

$$N_{max}^M = \frac{My_1}{m\sum y_i^2} = \frac{140F \times 350}{2 \times (70^2 + 140^2 + 210^2 + 280^2 + 350^2)} = \frac{F}{11} \leqslant N_t^b$$

$$F \leqslant 359975\text{N} \approx 360\text{kN}$$

当设支托板时，此连接能承受的偏心剪切力设计值为360kN。

(2)在不设支托板的情况下，螺栓同时承受剪切力和由弯矩引起的拉力，连接强度条件应满足式(3-61)、式(3-62)。

单个螺栓所承受的平均剪力 $V' = \frac{F}{12}$

单个螺栓所承受的最大拉力 $N_{\text{tmax}} = \frac{F}{11}$

$$\sqrt{\left(\frac{V'_{\text{v}}}{N_{\text{v}}^{\text{b}}}\right)^2 + \left(\frac{N_{\text{t}}}{N_{\text{t}}^{\text{b}}}\right)^2} = \sqrt{\left(\frac{F/12}{32403}\right)^2 + \left(\frac{F/11}{32725}\right)^2} \leqslant 1$$

$$F \leqslant 264061\text{N} \approx 264\text{kN}$$

且　$V' = \frac{F}{12} = \frac{264000}{12} = 22000\text{N} < N_{\text{c}}^{\text{b}} = 98820\text{N}$。

不设支托板时，连接所能承受的偏心剪力设计值为264kN。

3.4　高强度螺栓连接

3.4.1　概述

高强度螺栓连接是在20世纪60年代迅速发展和应用的螺栓连接新形式。它的特点是依靠螺栓杆内很大的拧紧预拉力将连接构件夹紧，使其板层间产生强大的摩擦力来传递荷载。所以高强度螺栓连接的整体性和刚度均较好。

高强度螺栓连接的优点是：它除保持普通螺栓连接的施工简便，可拆换的优点外，还具有受力性能好，工作安全可靠、变形小、耐疲劳和计算简单的优点；对制孔要求也较低，一般采用Ⅱ类孔，孔径比螺栓直径大于1.5～2mm(摩擦型)或1～1.5mm(承压型)，构造要求与普通螺栓连接基本相同。

高强度螺栓连接的缺点是：工程造价较高，对其制造材料及安装工具有特殊要求；有时为增加板间摩擦力，需对连接的各接触面进行特殊处理；在保管和运输高强度螺栓时，为避免划伤螺栓，需采用特殊包装，费用较高。

高强度螺栓连接按其设计和传力要求的不同可分为摩擦型和承压型两种：

摩擦型，这种连接只靠连接板件间的强大摩擦力来传递剪力，并以摩擦力将被克服，板件间有相对滑动趋势为连接的承载力极限状态。

承压型，这种连接靠连接板件间的强大摩擦力和螺栓杆抗剪来共同传递剪力，以螺栓杆被剪断或栓孔被压坏为连接的承载力极限状态。

目前在工业和民用建筑钢结构中，高强度螺栓连接应用十分广泛。由于摩擦型高强度螺栓连接的变形小，强度储备大，主要应用于直接承受动力荷载的重要钢结构连接中；而承压型高强度螺栓连接所需螺栓数目少，但变形大，强度储备小，万一被破坏后果严重，所以它主要用于承受静力或间接承受动力荷载的钢结构连接中。

1. 高强度螺栓的材质及性能等级

由于高强度螺栓在工作时其内部有很大的预拉力，所以高强度螺栓采用高强度的钢材经热处理后制成。目前我国使用的高强度螺栓的性能等级为 8.8 级和 10.9 级。8.8 级的高强度螺栓杆、螺母及垫圈均是由优质碳素结构钢制成;10.9 级的高强度螺栓杆和螺母由合金结构钢制成,垫圈由优质碳素结构钢制成。

2. 高强度螺栓的预拉力及建立预拉力的方法

为增大高强度螺栓连接中的板间摩擦力,提高连接质量,在保证螺栓在拧紧过程中不会屈服或断裂的前提下,高强度螺栓中的预拉力值应尽量大些。因此《钢结构设计规范》中规定预拉力设计值按下式确定:

$$P=\frac{0.9\times0.9\times0.9f_yA_e}{1.2}=0.675f_yA_e,\text{取 }P=0.608f_yA_e \tag{3-63}$$

式中:f_y——高强度螺栓经热处理后的假定屈服点强度;

A_e——螺栓在螺纹处的有效截面面积。

式(3-63)中的前两个 0.9 系数是分别考虑到材料的不均匀性和为补偿螺栓紧固后有一定松弛引起的预拉力损失;第 3 个 0.9 是由于抗拉强度以螺栓为准,偏小,为安全起见引入的附加安全系数;系数 1.2 是考虑到螺栓在拧紧时扭矩切应力造成的不利影响。由式(3-63)计算得出高强度螺栓常用型号的预拉力设计值见表 3-11。表 3-11 中的数据是按 5kN 为模数取整数得到的。

预拉力 *P* 值(kN)　　表 3-11

螺栓的性能等级	螺栓公称直径(mm)					
	M16	M20	M22	M24	M27	M30
8.8 级	80	125	150	170	230	280
10.9 级	100	155	190	225	290	355

在高强度螺栓中建立预拉力的方法一般有扭矩法、转角法和扭断扭剪型高强度螺栓尾部法三种。

(1)扭矩法　利用可直接显示或控制扭矩的特制扭矩扳手,在根据事先测定的扭矩和螺栓预拉力的相应关系对螺栓施加扭矩,直到规定值为止。这种方法在螺栓中建立的预拉力相对准确。扭矩 $\tau=KdP$,K 为系数,由试验测定,d 为螺栓直径,P 为预拉力。

(2)转角法　先用普通扳手将螺母初拧到拧不动为止,再用电动扳手终拧螺母 1/2 ~ 2/3 圈,使螺栓杆产生适当的变形,并在内部形成预定的预拉力值。这种方法操作简单,但不精确。

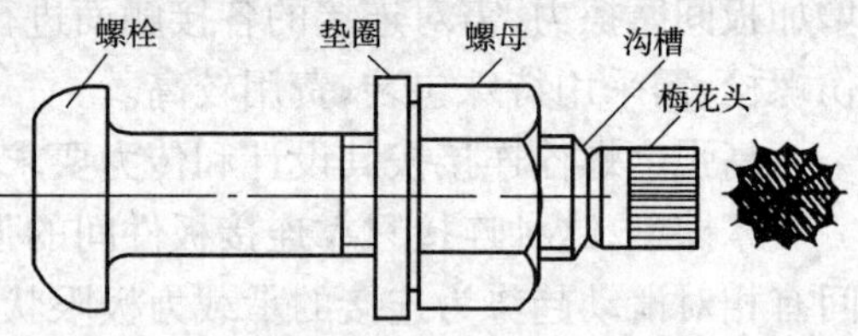

图 3-51　扭剪型高强度螺栓

(3)扭剪法也称扭断扭剪型高强度螺栓尾部法

当连接采用扭剪型高强度螺栓(图 3-51)时,利用特制机动扳手的内外套,将螺栓尾部的梅花卡头和螺母套住并相对旋转,当梅花卡头在沟槽处被扭断时,螺栓内部即产生了规定的预拉力值。

3. 高强度螺栓连接构件接触面的处理和抗滑移系数

在使用高强度螺栓连接时,为保证构件接触面之间在螺栓的预拉力作用下,产生强大的摩擦力,一般需对接触面做特殊处理,以便使其表面清洁粗糙,达到提高抗滑移系数 μ 的目的。常用的处理方法及相应产生的抗滑移系数见表 3-12。为避免 μ 值降低,应严禁在摩擦面涂红丹并采取防潮措施和雨天施工。

摩擦面的抗滑移系数 μ 　　表 3-12

连接处构件接触面的处理方法	构件钢号		
	Q235 钢	Q345 钢、Q390 钢	Q420 钢
喷砂(丸)	0.45	0.50	0.50
喷砂(丸)后涂无机富锌漆	0.35	0.40	0.40
喷砂(丸)后生赤锈	0.45	0.50	0.5
钢丝刷清除浮锈或未经处理的干净轧制表面	0.30	0.35	0.4

3.4.2 摩擦型高强度螺栓连接的计算

1. 摩擦型高强度螺栓连接在剪力作用下的计算　摩擦型高强度螺栓承受剪切力时的计算方法与普通螺栓连接承受剪切力时的计算方法相同,只是每个摩擦型高强度螺栓的抗剪承载力设计值应按式(3-64)计算:

$$N_v^b = 0.9 n_f \mu P \tag{3-64}$$

式中:n_f——传力摩擦面数;

μ——摩擦面的抗滑移系数,按表 3-12 选用;

P——每个高强度螺栓的预拉力,按表 3-11 选用。

实际上每个摩擦型高强度螺栓在被连接板间产生的最大摩擦力阻力为 $n_f \mu P$,考虑到连接中各个螺栓受力不一定均匀相等的不利因素,故将其乘 0.9 降低后作为摩擦型高强度螺栓的抗剪承载力设计值,则传递剪切力 V 所需螺栓数目为:

$$n = V/N_v^b \tag{3-65}$$

当对摩擦型高强度连接的构件作净截面强度验算时,应注意接触面间的摩擦力是均匀地分布于螺栓孔四周的。根据试验证明,每个螺栓孔前和孔后所传递的内力均是一个螺栓所能传递内力的一半,如图 3-52 所示。这样当危险截面,如 I-I 截面上的螺栓数为 n_1,连接一侧的螺栓数为 n 时,I-I 截面上的工作内力应为:

$$N' = N - 0.5 n_1 (N/n) \tag{3-66}$$

净截面强度计算公式为:

$$\sigma = \frac{N'}{A_n} = \left(1 - 0.5\frac{n_1}{n}\right)\frac{N}{A_n} \leqslant f \tag{3-67}$$

式中:A_n——构件在危险截面处的净截面面积;

f——构件材料的抗拉强度设计值。

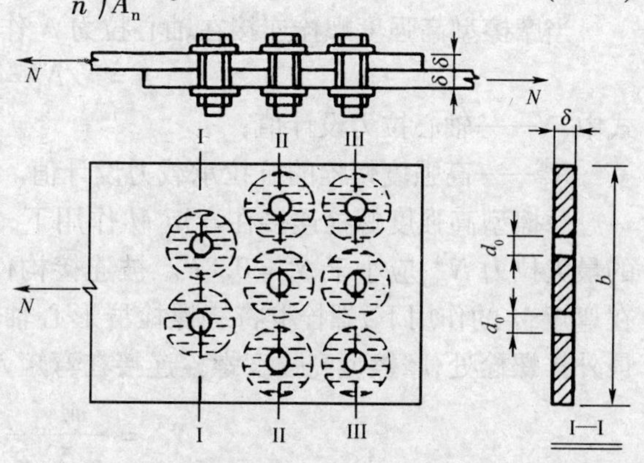

图 3-52　高强度螺栓连接构件净截面

例 3.11　设计用摩擦型高强度螺栓连接的双盖板接头,钢板截面为 320mm×16mm,盖板采用 320mm×8mm,钢材为 Q345(16Mn),采用 10.9 级 M20 高强度螺栓,孔径 22mm,连接的接触面采用喷砂后生赤锈处理。承受的轴心拉力设计值 $N = 1200$kN。

解　(1)单个螺栓的抗剪承载力设计值

由表 3-11 查得 10.9 级 M20 高强度螺栓

的预拉力 $P=155\text{kN}$，

由表 3-12 查得此连接接触面的抗滑移系数 $\mu=0.55$

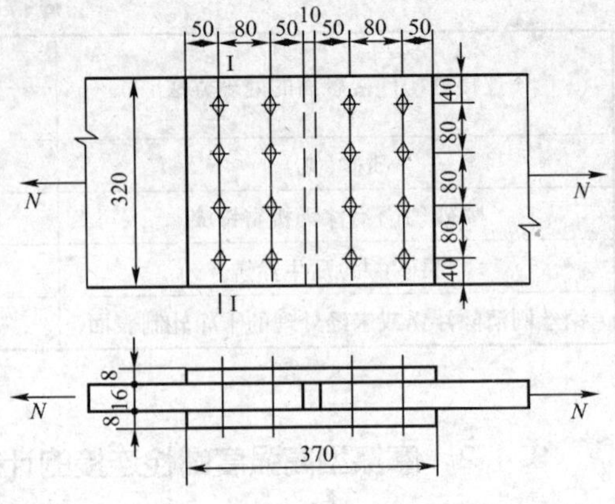

图 3-53　例 3.11 图(尺寸单位:mm)

则摩擦型高强度螺栓的抗剪承载力设计值为:

$N_v^b=0.9n_f\mu P=0.9\times2\times0.55\times155=153.5\text{kN}$

(2)计算连接一侧所需螺栓数目

$n=\dfrac{N}{N_v^b}=\dfrac{1200}{153.5}=7.8$ 个　取 $n=8$ 个

(3)合理布置螺栓并验算连接构件净截面强度

取盖板 2—370mm × 320mm，按图 3-53 布置螺栓，满足构造要求。验算构件在 I-I 截面处的净截面强度。

由表 1-8 查得构件材料抗拉强度

$$f=315\text{N/mm}^2$$

$$N'=N\left(1-0.5\frac{n_1}{n}\right)=1200\left(1-0.5\frac{4}{8}\right)=900\text{kN}$$

$$\sigma=\frac{N'}{A_n}=\frac{900000}{16(320-4\times22)}=242.5\text{N/mm}^2<f=315\text{N/mm}^2$$

满足强度要求。

2. 摩擦型高强度螺栓连接在拉力作用下的计算

高强度螺栓在没有承受拉力作用前，其内部就已经有强大的预拉力 P，并与构件板层间的正压力平衡。经试验证实，当作用在高强度螺栓上的外拉力 N_t 比预拉力 P 小时，外拉力 N_t 使螺栓产生的伸长量，与构件板层间由于被放松产生的压缩恢复量相等，螺栓所承受的外拉力，基本上被构件板层间压力的减小所抵消，故对螺栓的预拉力的影响不大；但当外拉力 N_t 比预拉力 P 大时，由于构件板层间被完全放松，螺栓的内力将会与外拉力 N_t 相等。

为保证构件板层间有一定的压力，《钢结构设计规范》规定，一个摩擦型高强度螺栓的抗拉承载力设计值 N_t^b 为:

$$N_t^b=0.8P \tag{3-68}$$

式中:P——高强度螺栓的预拉力。

当摩擦型高强度螺栓连接在轴心拉力 N 作用时，连接一侧所需的螺栓数目为:

$$n=N/N_t^b=N/(0.8P) \tag{3-69}$$

式中:N——轴心拉力设计值;

N_t^b——高强度螺栓的抗拉承载力设计值。

摩擦型高强度螺栓连接在弯矩 M 作用下，由于强度条件的要求，螺栓群中的螺栓所受到的最大拉力 N_{max}^M 应小于 $N_t^b=0.8P$。被连接构件的接触面间仍保持紧密的接触。所以可认为在弯矩 M 的作用下，螺栓群将绕螺栓群形心轴转动，则受拉力最大的螺栓位于距形心较远的最外排螺栓处，摩擦型高强度螺栓连接在弯矩 M 作用下的强度条件为:

$$N_t^M=\frac{My_1}{m\sum y_i^2}\leqslant N_t^b=0.8P \tag{3-70}$$

式中:M——弯矩设计值;

y_1——最外排螺栓到螺栓群形心轴的距离；

y_i——第 i 排螺栓到螺栓群形心轴的距离；

m——螺栓纵向列数；

N_t^b——摩擦型高强度螺栓的抗拉承载力设计值，$N_t^b = 0.8P$。

例 3.12 试设计如图 3-54 所示牛腿与柱的高强度螺栓连接。已知牛腿承受竖向荷载的设计值 $F = 400\text{kN}$，偏心距为 150mm，构件用 Q235 钢制成。

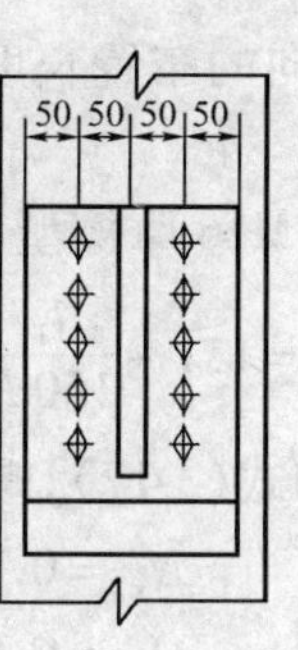

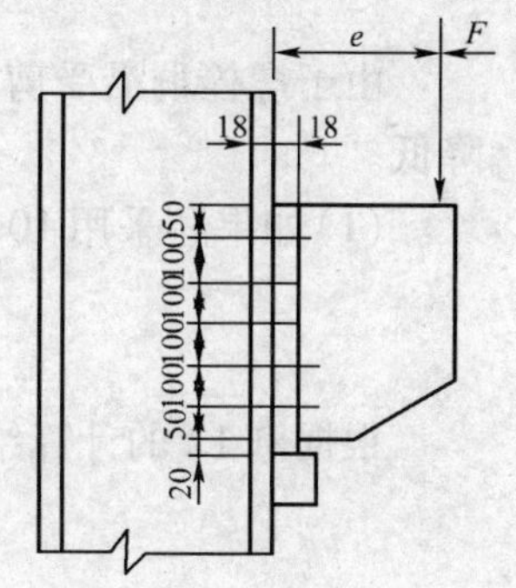

图 3-54 例 3.12 图(尺寸单位:mm)

解 (1)将偏心力 F 向连接面简化。

剪力 $V = F = 400\text{kN}$

弯矩 $M = Fe = 6 \times 10^4 \text{kN} \cdot \text{mm}$

(2)根据设计经验，选用牛腿竖向剪力由支托板承受(将端板刨平顶紧)，螺栓只承受由弯矩 M 引起的拉力的设计方案。初选 2 列 ×5 个螺栓，布置成如图 3-54 所示，则最外排螺栓所承受的最大拉力 N_{max}^M 为：

$$N_{max}^M = \frac{My_1}{m\sum y_i^2} = \frac{6 \times 10^4 \times 200}{2 \times 2 \times (100^2 + 200^2)} = 60\text{kN}$$

选 10.9 级 M16 高强度螺栓，则由表 3-11 得预拉力 $P = 100\text{kN}$，一个螺栓抗拉承载力设计值为：

$$N_t^b = 0.8P = 0.8 \times 100 = 80\text{kN}$$

由于 $N_{max}^M = 60\text{kN} < N_t^b = 80\text{kN}$

故采用 2 列 ×5 个 10.9 级 M16 螺栓连接时，强度满足受力要求。

3. 摩擦型高强度在剪力和拉力共同作用下的计算

如图 3-54 所示在牛腿与钢柱的连接中，当牛腿下面不设支托板时，连接螺栓将同时受到剪力和拉力的作用。

对于摩擦型高强度螺栓来说，当有外拉力 N_t 作用于其上时，由螺栓预拉力引起的板件间的正压力将减小，即由 P 减小到 $P - N_t$，相应地板件间的抗滑移系数也会减小。为应用方便，实际计算中假定抗滑移系数 μ 值不变，而将 N_t 增大 1.25 倍来考虑补偿。故同时承受拉力 N_t 与剪力 V 作用的摩擦型高强度螺栓的抗剪承载力设计值 N_v^b 为：

$$N_v^b = 0.9n_f\mu(P - 1.25N_t) \tag{3-71}$$

式中：N_t——螺栓群中的螺栓所承受的最大拉力；

n_f——连接的传力摩擦面数；

μ——摩擦面的抗滑移系数。

摩擦型高强度螺栓连接在剪力和拉力共同作用下的强度条件是：

$$N_v \leqslant N_v^b = 0.9n_f\mu(P - 1.25N_t) \tag{3-72}$$

$$N_t \leqslant N_t^b = 0.8P \tag{3-73}$$

例 3.13 在例 12 的设计方案中，其他构造条件不变，只取消牛腿下面的支托板，且构件接触面采用喷砂处理，此时还采用 10.9 级 M16 摩擦型高强度螺栓连接是否合理？如果不合理，采用 10.9 级 M22 螺栓(摩擦型)连接是否合理？当采用 M16 螺栓时孔径为 20mm，采用

M22 时孔径为 24mm。

解 当取消支托板时，螺栓同时承受剪力 $V = F = 400\text{kN}$ 及弯矩 $M = Fe = 6 \times 10^4\text{kN} \cdot \text{mm}$ 的作用，则一个螺栓所承受的剪力为：

$$V' = \frac{V}{n} = \frac{400}{10} = 40\text{kN}$$

由于螺栓群沿受剪力方向的布置长度 $L_1 > 15d_0$，所以螺栓的抗剪承载力设计值将乘以 β 降低。

(1)如果还采用 10.9 级 M16 摩擦型高强度螺栓连接，则：

$$\beta = 1.1 - \frac{l_1}{150d_0} = 1.1 - \frac{400}{150 \times 20} = 0.967$$

根据例 12 的计算结果和式(3-17)，螺栓的抗剪承载力设计值 N_v^b 为：

$$\begin{aligned} N_v^b &= 0.9\beta n_f\mu(P - 1.25N_t) \\ &= 0.9 \times 0.967 \times 1 \times 0.45(100 - 1.25 \times 60) = 9.79\text{kN} \end{aligned}$$

由于：

$$V' = 40\text{kN} > N_v^b = 9.79\text{kN}$$

故采用 10.9 级 M16 摩擦型高强度螺栓连接时抗剪强度不够。

(2)当采用 10.9 级 M22 摩擦型高强度螺栓连接时

$$\beta = 1.1 - \frac{l_1}{150d_0} = 1.1 - \frac{400}{150 \times 24} = 0.989$$

由表 3-11 查得预拉力 $P = 900\text{kN}$，则螺栓抗剪承载力设计值为：

$$\begin{aligned} N_v^b &= 0.9\beta n_f\mu(P - 1.25N_t) \\ &= 0.9 \times 0.989 \times 1 \times 0.45(190 - 1.25 \times 60) = 46.1\text{kN} \end{aligned}$$

$$V = 40\text{kN} < N_v^b = 46.6\text{kN}$$

采用 10.9 级 M22 螺栓连接强度能够满足设计要求。

请读者想一想，此处是否还需要验算连接的抗拉强度。

3.4.3 承压型高强度螺栓的计算

1. 承压型高强度螺栓连接在剪力作用下的计算

承压型高强度螺栓连接在剪力作用下的破坏形式与普通螺栓受剪时相同，其抗剪承载力设计值和抗挤压承载力设计值的计算方法也与普通螺栓相同，即：

$$N_v^b = n_v \frac{\pi d^2}{4} f_v^b \tag{3-74}$$

$$N_c^b = d \sum t f_c^b \tag{3-75}$$

式中：n_v——剪切面数；

d——螺栓杆直径，如果剪切面位于螺纹处，则应采用螺栓有效直径 d_e；

f_v^b——承压型高强度螺栓抗剪强度设计值，按表 3-10 选用；

f_c^b——承压型高强度螺栓抗挤压强度设计值，按表 3-10 选用。

为防止承压型高强度螺栓连接在标准荷载值作用下产生滑动，同时给连接一定的强度储备，《钢结构设计规范》规定：承压型高强度螺栓抗剪承载力设计值不能高于该螺栓按摩擦型螺栓计算所得的抗剪承载力设计值的 1.3 倍，即承压型高强度螺栓抗剪承载力设计值的控制条件为：

$$N_c^b \leqslant 1.3 \times 0.9 n_f \mu P = 1.17 n_f \mu P \tag{3-76}$$

2. 承压型高强度螺栓连接在拉力作用下的计算

承压型高强度螺栓连接在拉力作用下的抗拉承载力设计值的计算、强度条件形式与摩擦型高强度螺栓连接的相应计算方法完全一样，即

$$N_t^b = 0.8P \tag{3-77}$$

$$N_t \leqslant N_t^b = 0.8P \tag{3-78}$$

3. 承压型高强度螺栓连接在剪力和拉力共同作用下的计算

承压型高强度螺栓连接在剪力和拉力共同作用时，应满足 V'/N_v^b 和 N_t/N_t^b 的相关式及承压要求，即：

$$\sqrt{\left(\frac{V'}{N_v^b}\right)^2 + \left(\frac{N_t}{N_t^b}\right)^2} \leqslant 1 \tag{3-79}$$

$$V' \leqslant N_c^b / 1.2 \tag{3-80}$$

式中：V'——螺栓群中一个高强度螺栓承受的剪力设计值；

N_t——螺栓群中危险螺栓所承受的最大拉力设计值；

N_v^b、N_t^b、N_c^b——承压型高强度螺栓的抗剪、抗拉、抗挤压承载力设计值。

在式(3-80)的承压条件中，将抗挤压承载力设计值 N_c^b 除以 1.2 是考虑到：由于高强度螺栓对连接构件板层有很大的正压力，使板层中板件的孔前部处于三向同号压应力状态，该板件的局部抗挤压强度被提高，所以承压型高强度螺栓的抗挤压强度设计值规定较高。当施加外拉力后，会使板件间的压力减小，这将使同时承受剪力和拉力作用的螺栓抗挤压承载力下降，故当承压型高强度螺栓有外拉力作用时，其抗挤压承载力设计值将适当降低。

例 3.14　试按承压型高强度螺栓连接来设计例 3.12 中牛腿与柱的连接，连接接触面采用喷砂处理。

解　根据设计经验，初选 2 列 5 个 10.9 级 M20 承压型高强度螺栓，排列构造设计与例 12 中的相同，孔径为 22。

计算螺栓的承载力设计值：

由于螺栓群沿剪切力方向的布置长度 $l_1 > 15d_0$

则：

$$\beta = 1.1 - \frac{l_1}{150d_0} = 1.1 - \frac{400}{150 \times 22} = 0.979$$

由表 3-10 查得：$f_v^b = 310\text{N/mm}^2$，$f_c^b = 465\text{N/mm}^2$；

由表 3-11 查得：10.9 级 M20 高强度螺栓的预拉力 $P = 155\text{kN}$；

由表 3-12 查得构件接触面抗滑移系数 $\mu = 0.45$。

则

$$N_v^b = n_v \frac{\pi d^2}{4} f_v^b = 1 \times \frac{3.14 \times 20^2}{4} \times 310 = 97.3\text{kN}$$

控制条件

$$1.17 n_f \mu P = 1.17 \times 1 \times 0.45 \times 155 = 81.6\text{kN}$$

故

$$N_v^b = 0.979 \times 81.6 = 79.9\text{kN}$$

$$N_t^b = 0.8P = 0.8 \times 155 = 124\text{kN}$$

$$N_c^b = \beta d \sum t f_c^b / 1.2 = 0.979 \times 20 \times 18 \times 465 / 1.2 = 136.6\text{kN}$$

由例 3.12 计算结果得：

$$V' = 40\text{kN} < N_v^b$$

$$N_t = 60\text{kN} < N_t^b$$

且：

$$\sqrt{\left(\frac{V'}{N_v^b}\right)^2 + \left(\frac{N}{N_v^b}\right)^2} = \sqrt{\left(\frac{40}{79.9}\right)^2 + \left(\frac{60}{124}\right)^2} = 0.696 < 1$$

$$V'_v = 40\text{kN} < N_c^b = 136.6\text{kN}$$

经验算选 10.9 级 M20 承压型高强度螺栓连接，用 2 列 ×5 个构造排列，强度足够。

3.5 钢结构构件连接工程施工

钢结构构件的连接工程是钢结构加工制作和安装中极其重要的内容和质量保证项目，应引起高度重视。

3.5.1 焊接工程的工艺要求

1. 对接头区钢材的要求

(1) 待焊处表面处理要求

应用钢丝刷、砂轮等工具彻底清除待焊处表面的氧化皮、锈、油污。

(2) 母材坡口边缘夹层处理

①焊接坡口边缘上钢材的夹层缺陷长度超过 25mm 时，应探查其深度，如深度不大于 6mm，应铲或刨除缺陷；如深度大于 6mm，应刨除后焊接填满；缺陷深度大于 25mm 时，应用超声测定其尺寸，当其面积（$a \times d$）或聚集缺陷的总面积不超过被切割钢材总面积（$B \times L$）的 4% 时为合格，见图 3-55；否则该板不宜使用。

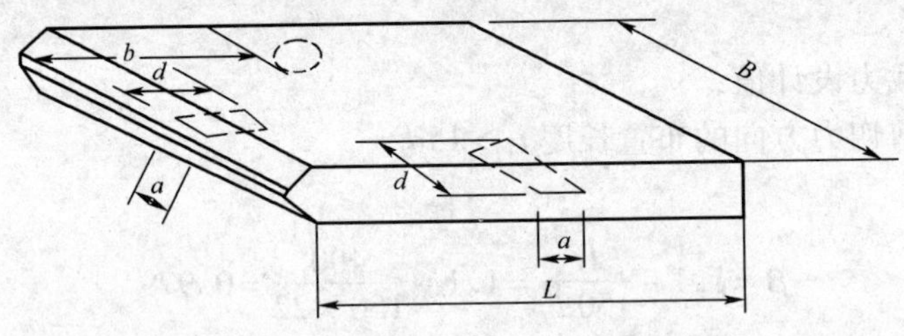

图 3-55 分层缺陷示意

②如板材内部的夹层缺陷尺寸不超过上述之规定，位置离母材坡口表面距离（b）不小于 25mm 时不需要修理；如该距离小于 25mm 时，则应进行修补。

2. 焊接坡口的加工要求

焊接坡口可用火焰切割或机械加工。火焰切割时，切面上不得有裂纹，并不宜有大于 1.0mm的缺棱。当缺棱为 1 ~ 3mm 时，应修磨平整；当缺棱超过 3mm 时则应用直径不超过 3.2mm的低氢型焊条补焊，并修磨平整。

用机械加工坡口时，加工表面不应有台阶。

3. 焊接接头组装精度要求

施焊前，焊工应检查焊接部位的组装质量，如不符合要求，应割磨补焊修整合格后方能施焊。药皮焊条手工电弧焊、熔化极气体保护焊和埋弧焊连接组装允许偏差值应符合相关的规定。搭接与T形角接接头间隙允许公差为1mm。管材T、Y、K形接头组装间隙允许公差为1.5mm。

坡口间隙超过公差规定时，可在坡口单侧或两侧堆焊、修磨后使其符合要求，但如坡口间隙超过较薄板厚度2倍，或大于20mm时，不应用堆焊方法增加构件长度和减小间隙。

搭接及角接接头间隙超出允许值时，在施焊时应比设计要求增加焊脚尺寸。但角接接头间隙超过5mm时应事先在板端堆焊或在间隙内堆焊填补并修磨平整后施焊。禁止用在过大的间隙中堵塞焊条头、铁块等物，仅在表面覆盖焊缝的做法。

4. 引弧板和引出板的规定

T形、十字形接头、角接接头和对接接头主焊缝两端，必须配置引弧板和引出板，而不应在焊缝以外的母材上打火、引弧。引弧、引出板材质和坡口形式应与被焊工件相同，禁止随意用其他铁块充当引弧、引出板。

药皮焊条手工电弧焊和半自动气体保护焊焊缝引出长度应大于25mm。其引弧板和引出板厚度应不小于6mm，宽度应大于50mm，长度应大于30mm，宜为构件板厚的1.5倍。

自动焊焊缝引出长度应大于80mm。其引弧板和引出板厚度应不小于10mm，宽度应大于80mm，长度应大于100mm，宜为构件板厚的2倍。

焊接完成后，应用气割切除引弧和引出板并修磨平整，不得用锤击落。

5. 最小和最大焊缝尺寸

(1)为避免焊接热输入过小而使接头热影响区硬、脆的最小焊缝尺寸

角焊缝的最小计算长度应为其焊脚尺寸的8倍，且不小于40mm；角焊缝的最小焊脚尺寸参见表3-13，采用埋弧自动焊时，该值可减小1mm；角焊缝较薄板厚（腹板）不小于25mm时，宜采用局部开坡口的角对接焊缝，并不宜将厚板焊接到较薄板上；断续角焊缝焊段的最小长度应不小于最小计算长度。

(2)为避免接头母材热影响区过热脆化的最大焊缝尺寸

角焊缝的焊脚尺寸不宜大于较薄焊件厚度的1.2倍；搭接角焊缝为防止板边缘熔蹋，焊脚尺寸应比板厚小1～2mm；单道角焊缝和多道角焊缝的根部焊道的最大焊脚尺寸：平焊位置为10mm；横焊或仰焊位置为8mm；立焊位置为12mm；坡口对接焊缝中根部焊道的最大厚度为6mm。坡口对接焊缝和角焊缝的后续焊层的最大厚度：平焊位置为4mm；立焊、横焊或仰焊位置为5mm。

单层焊角焊缝的最小尺寸(mm)　表3-13

母材厚度 δ	角焊缝的最小焊脚尺寸
≤4	3
6、8	4
10、12、14	5
16、18	6
20～25	7

注：采用低氢焊接材料时，δ取较薄件厚度；采用非低氢焊接材料而未进行预热时，δ取较厚件厚度。

6. 全焊透时清根要求

要求全熔透的焊缝不加垫板时，不论单面坡口还是双面坡口，均应在第一道焊缝的反面清根。用碳弧气刨方法清根后，刨槽表面不应残留夹炭或夹渣，必要时，宜用角向砂轮打磨干净，方可继续施焊。

7. 定位焊

定位焊必须由持焊工合格证的工人施焊。使用焊材应与正式施焊用的材料相当。定位焊缝厚度不宜超过设计焊缝厚度的2/3,定位焊缝长度宜大于40mm,间距宜为500～600mm,并应填满弧坑。定位焊预热温度应高于正式施焊温度。如发现定位焊缝上有气孔或裂纹,必须清除干净后重焊。

8. 厚板多层焊

厚板多层焊应连续施焊,每一层焊道焊完后应及时清理焊渣及表面飞溅物,在检查时如发现影响焊接质量的缺陷,应清除后再焊。在连续焊接过程中应检测焊接区母材温度,使层间最低温度与预热温度保持一致,层间最高温度符合工艺指导书要求。遇有不测情况而不得不中断施焊时,应采取适当的后热、保温措施,再焊时应重新预热并根据节点及板厚情况适当提高预热温度。

9. 焊前预热与焊后消氢处理

(1)焊前预热

①对于不同的钢材、板厚、节点形式、拘束度、扩散氢含量、焊接热输入条件下焊前预热温度的要求,应符合技术规范的规定。对于屈服强度等级超过345MPa的钢材,其预热、层间温度应按钢厂提供的指导参数,或由施工企业通过焊接性试验和焊接工艺评定加以确定。

②对焊前预热及层间温度的检测和控制,工厂焊接时宜用电加热板、大号气焊、割枪或专用喷枪加热;工地安装焊接宜用火焰加热器加热。测温器具宜采用表面测温仪。

③预热时的加热区域应在焊接坡口两侧,宽度各为焊件施焊处厚度的2倍以上,且不小于100mm。测温时间应在火焰加热器移开以后,测温点应在离电弧经过前的焊接点处各方向至少75mm处,必要时应在焊件反面测温。

(2)焊后消氢处理

①焊后消氢处理应在焊缝完成后立即进行。

②消氢热处理加热温度应达到200～250℃,在此温度下保温时间依据构件板厚而定,应为每25mm板厚0.5h,且不小于1h,然后使之缓慢冷却至常温。

③消氢热处理的加热方法及测温方法与预热相同。

④调质钢的预热温度、层间温度控制范围应按钢厂提供的指导性参数进行,并应优先采用控制扩散氢含量的方法来防止延迟裂纹产生。

⑤对于屈服强度等级高于345MPa的钢材,应通过焊接性试验确定焊后消氢处理的要求和相应的加热条件。

10. 焊接作业区环境要求

(1)作业区环境温度在0℃以上时

①焊接作业区风速超过下列规定时,应设防风棚或采取其他防风措施:手工电弧焊8m/s;气体保护及自保护焊2m/s。制作车间内焊接作业区有穿堂风或鼓风机时,也应设挡风设施。

②焊接作业区的相对湿度不得大于90%。

③当焊件表面潮湿或有冰雪覆盖时,应采取加热去潮湿措施。

(2)低温作业环境时

焊接作业区环境温度低于0℃时,常温时不需预热的构件也应对焊接区各方向两倍板厚且不小于100mm范围内加热到20℃以上后方可施焊。常温时须预热的构件则应根据构件焊接节点类型、板厚、拘束度、钢材的碳当量、强度级别、冲击韧性等级、焊接方法和焊接材料熔敷金属扩散氢含量及焊接热输入等各种因素,综合考虑后由焊接责任工程师制订出比常温下焊接预热温度更高和加热范围更宽的作业方案,并经认可后方可实施。作业方案并应考虑焊工操作技能的发挥不受环境低温的影响,同时对构件采取适当和充分的保温措施。

3.5.2 普通螺栓连接施工

钢结构普通螺栓连接即将普通螺栓、螺母、垫圈机械地和连接件连接在一起形成的一种连接形式。荷载是通过螺栓杆受剪、连接板孔壁承压来传递的,连接螺栓和连接板孔壁之间有间隙,接头受力后会产生较大的滑移变形。一般受力较大的结构或承受动荷载的结构,当采用普通螺栓连接时,螺栓应采用精制螺栓以减少接头的变形量。精制螺栓连接加工费用高,施工难度大,工程上已极少使用,逐渐被高强度螺栓连接所替代。

1. 普通螺栓种类和规格

螺栓按照性能等级分 3.6、4.6、4.8、5.6、5.8、6.8、8.8、9.8、10.9、12.9 等十个等级,其中 8.8 级以上的螺栓材质为低碳合金钢和中碳钢经热处理,通称高强度螺栓,8.8 级以下(不含)通称普通螺栓。

螺栓性能等级标号由两部分数字组成,分别表示螺栓的公称抗拉强度和材质的屈强比。例如性能等级 4.6 级的螺栓其含意为:第一部分数字("4")表示螺栓材质公称抗拉强度(N/mm^2)的 1/100;第二部分数字("6")表示螺栓材质屈强比的 10 倍;两部分数字的乘积($4\times6=24$)为螺栓材质的公称屈服点(N/mm^2)的 1/10。

普通螺栓按照形式可分为六角头螺栓、双头螺栓、沉头螺栓等;按制作精度可分为 A、B、C 三个等级,A、B 级为精制螺栓,C 级为粗制螺栓。钢结构用连接螺栓,除特殊注明外,一般为普通粗制 C 级螺栓。

普通螺栓的通用规格为 M8、M10、M12、M16、M20、M24、M30、M36、M42、M48、M56 和 M64 等。

2. 普通螺栓连接施工

(1)一般要求

普通螺栓作为永久性连接螺栓时,应符合下列要求:

①为增大承压面积,螺栓头和螺母下面应放置平垫圈;

②螺栓头下面放置垫圈不得多于 2 个,螺母下放置垫圈不应多于 1 个;

③对设计要求防松动的螺栓,应采用有防松装置的螺母或弹簧垫圈或用人工方法采取防松措施;

④对工字钢、槽钢类型钢应尽量使用斜垫圈,使螺母和螺栓头部的支承面垂直于螺杆;

⑤螺杆规格选择、连接形式、螺栓的布置、螺栓孔尺寸符合设计要求及有关规定。

(2)螺栓的紧固及检验

普通螺栓连接对螺栓紧固力没有具体要求。以施工人员紧固螺栓时的手感及连接接头的外形控制为准,即施工人员使用普通扳手靠自己的力量拧紧螺母即可,能保证被连接面密贴,无明显的间隙。为了保证连接接头中各螺栓受力均匀,螺栓的紧固次序宜从中间对称向两侧进行;对大型接头宜采用复拧方式,即两次紧固。

普通螺栓连接螺栓紧固检验比较简单,一般采用锤击法,即用 3kg 小锤,一手扶螺栓(或螺母)头,另一手用锤敲击,如螺栓头(螺母)不偏移、不颤动、不转动,锤声比较干脆,说明螺栓紧固质量良好。否则需重新紧固。永久性普通螺栓紧固应牢固、可靠、外露丝扣不应少于 2 扣。检查数量,按连接点数抽查 10%,且不应少于 3 个。

3.5.3 高强度螺栓连接施工

高强度螺栓连接已经发展成为与焊接并举的钢结构主要连接形式之一。因具有受力性能好，耐疲劳，抗震性能好，连接刚度高，施工简便等特点，成为钢结构安装的主要手段之一。安装时，先对构件连接端及连接板表面经特殊处理，形成粗糙面，随后对高强度螺栓施加预拉力，使紧固部位产生很大的摩擦力。

1. 高强度螺栓连接副

高强度螺栓从外形上可分为大六角头高强度螺栓和扭剪型高强度螺栓两种类型，见图3-56。按性能等级分为8.8级、10.9级、12.9级，目前我国使用的大六角头高强度螺栓有8.8级和10.9级两种，扭剪型高强度螺栓只有10.9级一种。

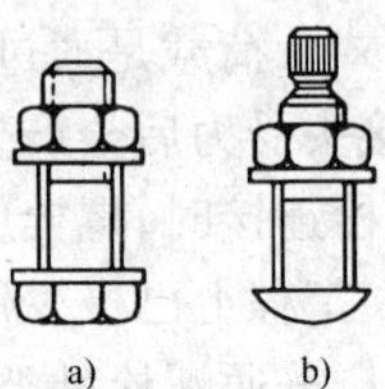

图3-56 高强度螺栓构造
a）大六角高强度螺栓；b）扭剪型高强度螺栓

高强度螺栓连接副是一整套的含义，包括一个螺栓、一个螺母和一至两个垫圈。高强度大六角头螺栓连接副包括一个螺栓、一个螺母和两个垫圈（螺头和螺母两侧各一个垫圈）；扭剪型高强度螺栓连接副包括一个螺栓、一个螺母和一个垫圈。高强度螺栓连接副应在同批内配套使用。

2. 高强度螺栓连接施工

（1）一般规定

高强度螺栓连接施工时，应符合下列要求：

①高强度螺栓连接副应有质量保证书，由制造厂按批配套供货；

②高强度螺栓连接施工前，应对连接副和连接件进行检查和复验，合格后再进行施工；

③高强度螺栓连接安装时，在每个节点上应穿入的临时螺栓和冲钉数量，由安装时可能承担的荷载计算确定，并应符合下列规定：a）不得少于安装总数的1/3；b）不得少于两个临时螺栓；c）冲钉穿入数量不宜多于临时螺栓的30%；

④不得用高强度螺栓兼做临时螺栓，以防损伤螺纹；

⑤高强度螺栓的安装应能自由穿入，严禁强行穿入，如不能自由穿入时，应用铰刀进行修整，修整后的孔径应小于1.2倍螺栓直径；

⑥高强度螺栓的安装应在结构构件中心位置调整后进行，其穿入方向应以施工方便为准，并力求一致，安装时注意垫圈的正反面；

⑦高强度螺栓孔应采取钻孔成形的方法，孔边应无飞边和毛刺，螺栓孔径应符合设计要求，孔径允许偏差见表3-14；

高强度螺栓连接构件制孔允许偏差 表3-14

名称		直径及允许偏差（mm）						
螺栓	直径	12	16	20	22	24	27	30
	允许偏差	±0.43		±0.52			±0.84	
螺栓孔	直径	13.5	17.5	22	(24)	26	(30)	33
	允许偏差	+0.43 0		+0.52 0		+0.84 0		
圆度（最大和最小直径之差）		1.00		1.50				
中心线倾斜度		应不大于板厚的3%，且单层板不得大于2.0mm，多层板叠组合不得大于3.0mm						

⑧高强度螺栓连接构件螺栓孔的孔距及边距应符合表3-15要求，还应考虑专用施工机具的可操作空间；

高强度螺栓的孔距和边距值表 表3-15

名称	位置和方向		最大值(取两者的较小值)	最小值
中心间距	外排		$8d_0$ 或 $12t$	$3d_0$
	中间排	构件受压力	$12d_0$ 或 $18t$	
		构件受拉力	$16d_0$ 或 $24t$	
中心至构件	顺内力方向		$4d_0$ 或 $8t$	$2d_0$
边缘的距离	垂直内力方向	切割边		$1.5d_0$
		轧制边		$1.5d_0$

注：①d_0 为高强度螺栓的孔径；t 为外层较薄板件的厚度；

②钢板边缘与刚性构件(如角钢、槽钢等)相连的高强度螺栓的最大间距，可按中间排数值采用。

⑨高强度螺栓连接构件的孔距允许偏差符合表3-16的规定。

高强度螺栓连接构件的孔距允许偏差 表3-16

项次	项　目		螺栓孔距(mm)			
			<500	500~1200	1200~3000	>3000
1	同一组内任意两孔间	允许	±1.0	±1.2	—	—
2	相邻两组的端孔间	偏差	±1.2	±1.5	±2.0	±3.0

注：孔的分组规定：

①在节点中连接板与一根杆件相连的所有连接孔划为一组；

②接头处的孔：通用接头，半个拼接板上的孔为一组；阶梯接头，两接头之间的孔为一组；

③在两相邻节点或接头间的连接孔为一组，但不包括(1)、(2)所指的孔；

④受弯构件翼缘上，每1m长度内的孔为一组。

(2)大六角头高强度螺栓连接施工

大六角头高强度螺栓连接施工一般采用的紧固方法有扭矩法和转角法。

扭矩法施工时，一般先用普通扳手进行初拧，初拧扭矩可取为施工扭矩的50%左右，目的是使连接件密贴。在实际操作中，可以让一个操作工使用普通扳手拧紧即可。然后使用扭矩扳手，按施工扭矩值进行终拧。对于较大的连接接点，可以按初拧、复拧及终拧的次序进行，复拧扭矩等于初拧扭矩。一般拧紧的顺序从中间向两边或四周进行。初拧和终拧的螺栓均应做不同的标记，避免漏拧、超拧发生，且便于检查。此法在我国应用广泛。

转角法是用控制螺栓应变即控制螺母的转角来获得规定的预拉力，因不需专用扳手，故简单有效。终拧角度可预先测定。高强度螺栓转角法施工分初拧和终拧两步(必要时可增加复拧)，初拧的目的是为消除板缝影响，给终拧创造一个大体一致的基础。初拧扭矩一般取终拧扭矩的50%为宜，原则是以板缝密贴为准。如图3-57所示，转角法施工工艺顺序如下：

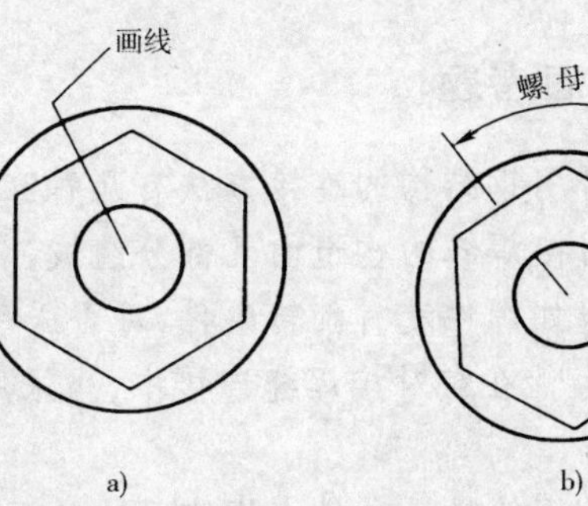

图3-57　转角施工方法

①初拧：按规定的初拧扭矩值，从节点或栓群中心向四周拧紧螺栓，并用小锤敲击检查，防止漏拧。

②画线:初拧后对螺栓逐个进行画线。

③终拧:用扳手使螺母再旋转一个额定角度,并画线。

④检查:检查终拧角度是否达到规定的角度。

⑤标记:对已终拧的螺栓作出明显的标记,以防漏拧或重拧。

(3)扭剪型高强度螺栓连接施工

扭剪型高强度螺栓施工相对于大六角头高强度螺栓连接施工简单得多。它是采用专用的电动扳手进行终拧,梅花头拧掉则终拧结束。

扭剪型高强度螺栓的拧紧可分为初拧、终拧,对于大型节点分为初拧、复拧、终拧。初拧采用手动扳手或专用定矩电动扳手,初拧值为预拉力标准值的50%左右。复拧扭矩等于初拧扭矩值。初拧或复拧后的高强度螺栓应用颜色在螺母上涂上标记。然后用专用电动扳手进行终拧,直至拧掉螺栓尾部梅花头,读出预拉力值,见图3-58。

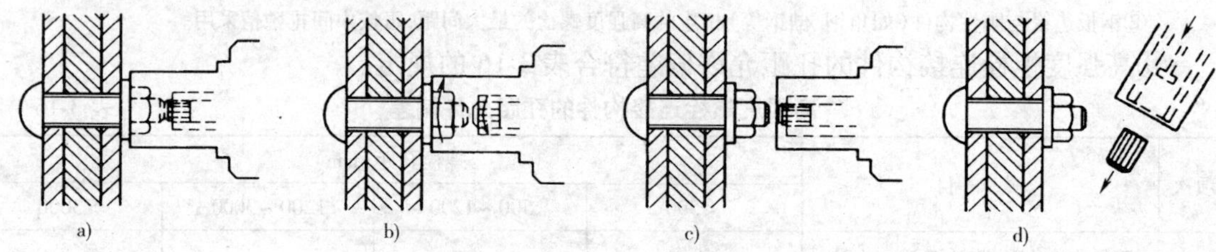

图3-58　扭剪型高强度螺栓连接副终拧示意

3.高强度螺栓连接副的施工质量检查与验收

高强度螺栓施工质量应有下列原始检查验收记录:高强度螺栓连接副复验数据、抗滑移系数试验数据、初拧扭矩、终拧扭矩、扭矩扳手检查数据和施工质量检查验收记录等。

对大六角头高强度螺栓应进行如下检查:

(1)用小锤(0.3kg)敲击法对高强度螺栓进行检查,以防漏拧。

(2)终拧完成1h后,48h内应进行终拧扭矩检查。按节点数抽查10%,且不应少于10个;每个被抽查节点按螺栓数抽查10%,且不应少于2个。检查时在螺尾端头和螺母相对位置画线,然后将螺母退回60°左右,再用扭矩扳手重新拧紧,使两线重合,测得此时的扭矩值与施工扭矩值的偏差在10%以内为合格。

对扭剪型高强度螺栓连接副终拧后检查以目测尾部梅花头拧掉为合格。对于因构造原因不能在终拧中拧掉梅花头的螺栓数不应大于该节点螺栓数的5%。并应按大六角头高强度螺栓规定进行终拧扭矩检查。

复习思考题

3-1 常用钢结构的连接方法有几种?它们的特点是什么?

3-2 对接焊缝的构造由几部分组成,各部分的作用是什么?什么样的构造合理?

3-3 假如焊件没有翻转条件,可否采用K形或X形坡口?

3-4 为什么在对接焊缝连接中,当采用的斜焊缝与作用力间的夹角小于56°时,其强度不需要验算?

3-5 角焊缝最大和最小焊脚尺寸的限制是什么?

3-6 焊接残余应力和焊接残余变形对钢结构有哪些影响?

3-7 普通螺栓连接和高强度螺栓连接有哪些相同点和不同点？

3-8 螺栓性能等级中的“4.8”、“8.8”、“10.9”各表示的是什么意思？

3-9 螺栓的排列方法有几种？它们的优缺点各是什么？

3-10 受剪螺栓有几种可能的破坏形式？如何防止发生破坏？

3-11 摩擦型和承压型高强度螺栓连接有什么不同点？

3-12 设计 380mm×12mm 钢板的对接焊缝拼接。钢板承受轴心拉力，其中恒载和活载标准值引起的轴心拉力值分别为 500kN 和 300kN，相应的荷载分项系数为 1.2 和 1.4。已知钢材为 Q235，采用 E43 型焊条，手工电弧焊，焊缝质量为三级，施焊时未用引弧板。

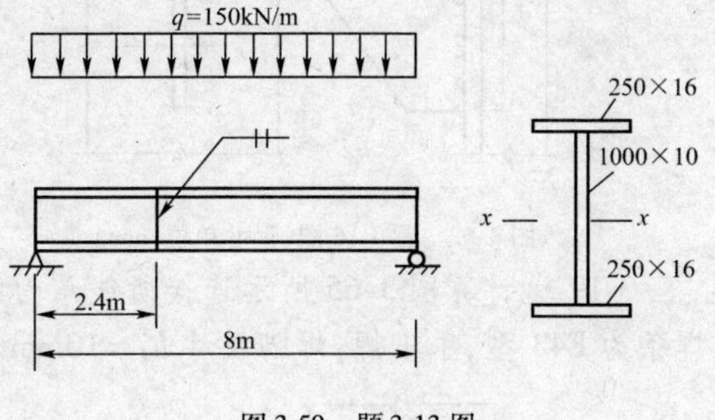

图 3-59 题 3-13 图

3-13 某 8m 跨度简支梁的截面和荷载（含梁自重在内的设计值）如图 3-59 所示，在距支座 2.4m处有翼缘和腹板的拼接连接，试设计其拼接的对接焊缝。已知钢材为 Q235，采用 E43 型焊条，手工焊，焊缝质量为三级，施焊时采用引弧板。

3-14 钢拉杆与柱的连接如图 3-60 所示，拉力 $F=480$kN（设计值，间接动力荷载），钢材为 Q235—AF，焊条用 E43 型。试设计角焊缝 a 所需的焊脚尺寸 h_f。(a) $d_1=160$mm，$d_2=180$mm，(b) $d_1=d_2=170$mm。

3-15 试设计如图 3-61 所示双角钢和节点板间的角焊缝连接。钢材为 Q235，焊条 E43 型，手工焊，轴心拉力 $N=320$kN（静力荷载）。(a) 采用侧焊缝，要求分别按肢背和肢尖采用相同焊脚和不同焊脚两种方案计算；(b) 采用三面围焊缝。

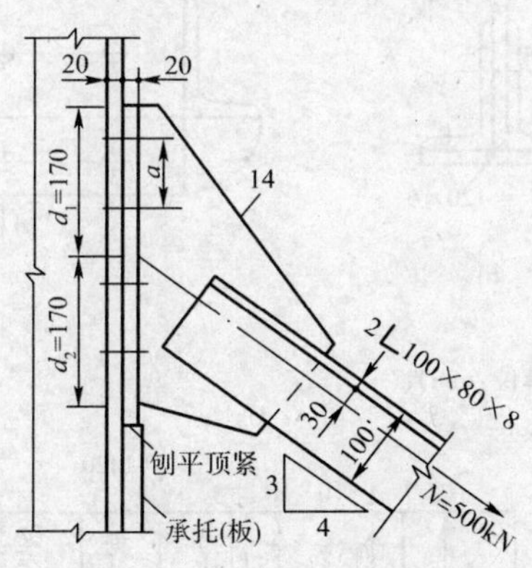

图 3-60 题 3-14 图（尺寸单位：mm）

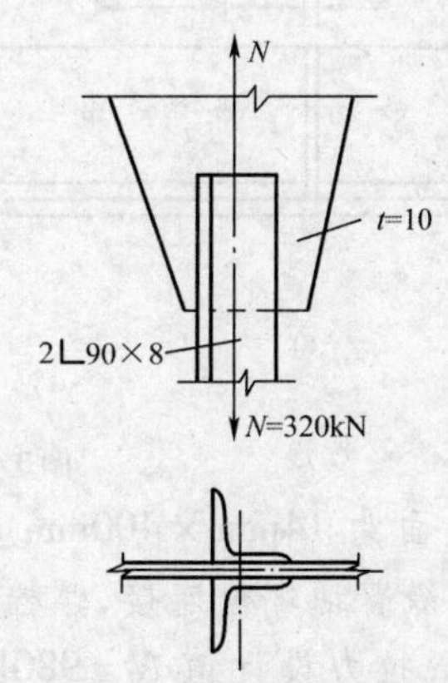

图 3-61 题 3-15 图

3-16 试设计如图 3-62 所示牛腿与柱的连接角焊缝。已知钢材为 Q235—A、F（AY3F），焊条用 E43 型；牛腿荷载设计值 $F=250$kN：(a) 静力荷载；(b) 直接动力荷载。

3-17 如图 3-63 所示牛腿板，钢板为 Q235，焊条 E43 型，手工焊，焊脚 $h_f=9$mm，承受静力荷载设计值 $F=80$kN，试验算该连接的角焊缝是否安全？

3-18 单槽钢牛腿与柱的焊接如图 3-64 所示，两条水平焊缝采用 $h_f=9$mm，一条竖向焊缝采用 $h_f=7$mm。构件钢材为 Q235—AF（A3F），焊条 E43 型。试根据焊缝强度确定该牛腿所能承受的最大静力荷载设计值 F。

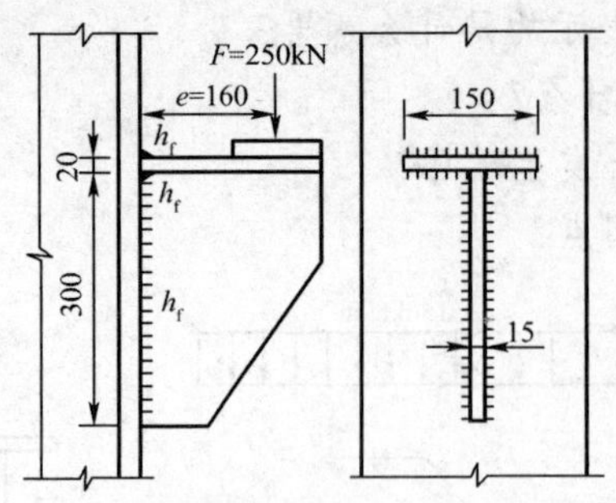

图 3-62　题 3-16 图(尺寸单位:mm)

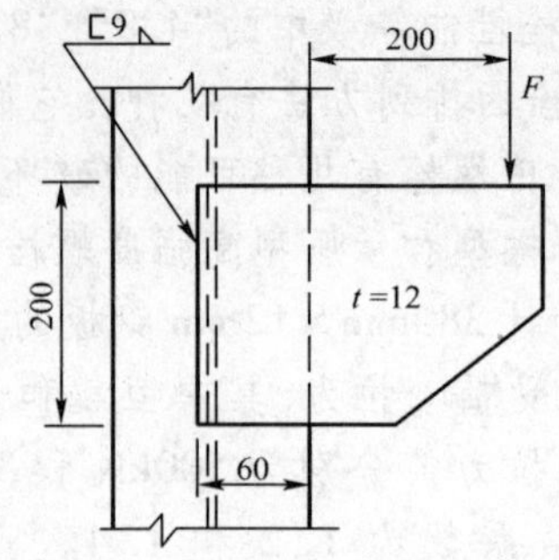

图 3-63　题 3-17 图(尺寸单位:mm)

3-19 试计算图 3-65 所示连接所能承受的最大荷载设计值 F(静力荷载)。钢材为 Q235,焊条为 E43 型,手工焊,焊脚尺寸 $h_f = 10$mm。焊缝端部绕角焊 $2h_f$。

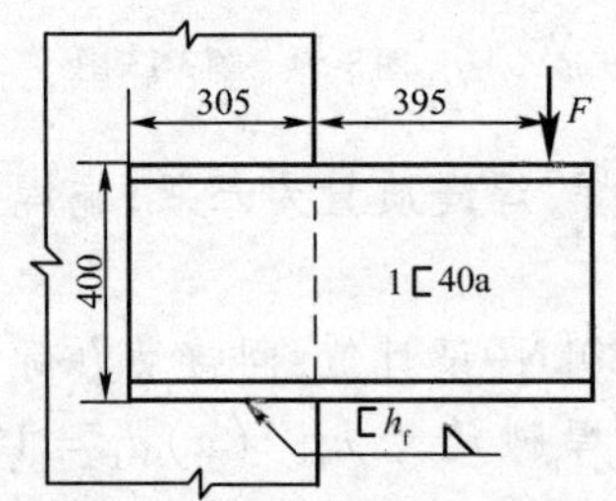

图 3-64　题 3-18 图(尺寸单位:mm)

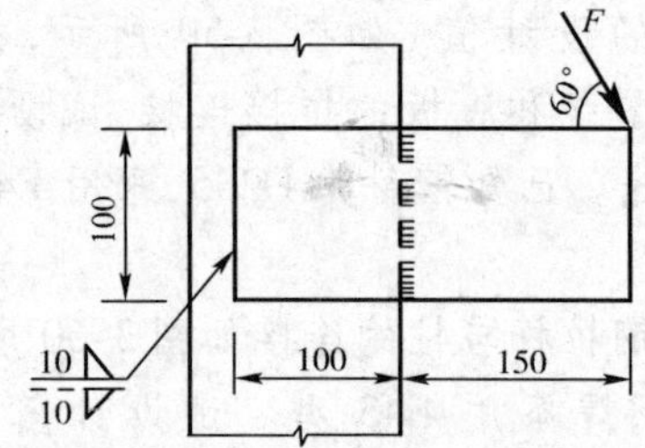

图 3-65　题 3-19 图(尺寸单位·mm)

3-20 如图 3-66 所示螺栓连接节点,承受拉力设计值 $N = 200$kN,钢材为 Q235,螺栓为 M20C 级,孔径 $d_0 = 21.5$mm,试验算节点是否安全?

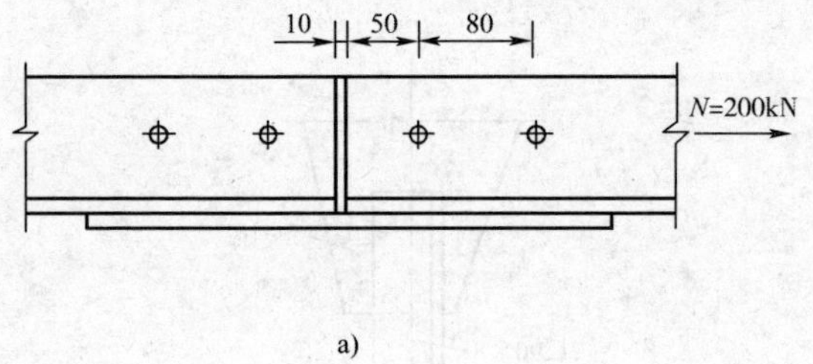

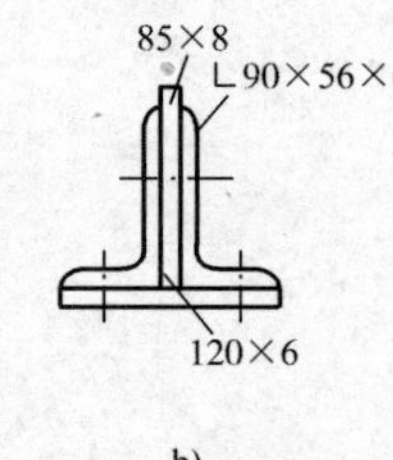

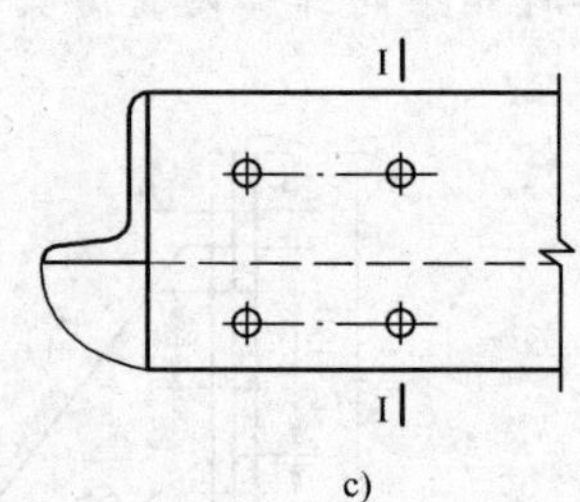

图 3-66　题 3-20 图(尺寸单位:mm)

3-21 两截面为 14mm × 400mm 的钢板,采用双盖板和 C 级普通螺栓连接,螺栓 M20,钢材 Q235,承受轴心拉力设计值 $N = 980$kN,连接构造如图 3-67 所示。试校核此连接是否安全?

3-22 试验算如图 3-68 所示节点是否满足要求。尺寸如图所示。采用 M20C 级螺栓,孔径 $d_0 = 21.5$mm。钢材为 Q235,一块支托板上的作用荷载设计值 $F = 135$kN。

3-23 如图 3-69 所示为一牛腿受斜向拉力设计值 $F = 110$kN 作用,该连接采用 M20C 级螺

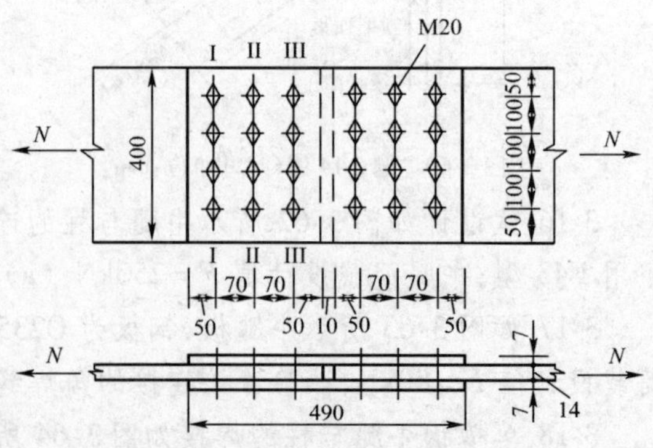

图 3-67　题 3-20 图(尺寸单位:mm)

栓，钢材为 Q235，试验算此连接的强度。

3-24 设计用高强度螺栓拼接的双盖板接头，钢板截面为 360mm × 18mm，盖板采用两块 360mm × 10mm，钢材为 Q345，采用 8.8 级的 M22 高强度螺栓，孔径 $d_0 = 24\text{mm}$，连接的接触面采用喷砂处理，承受的轴心拉力 $N = 1500\text{kN}$。要求分别按摩擦型和承压型两种高强度螺栓类型来设计。

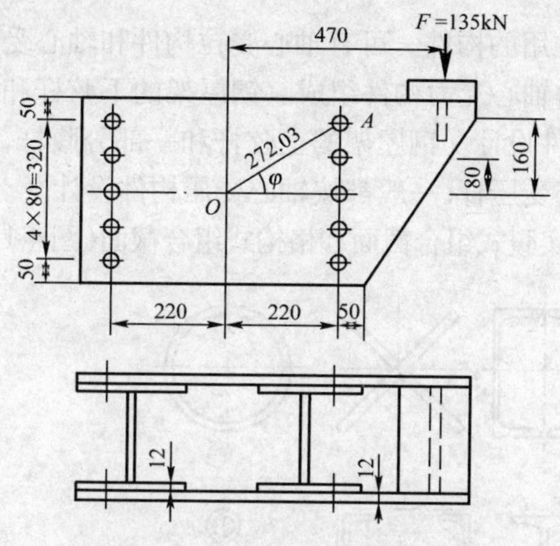

图 3-68 题 3-22 图（尺寸单位：mm）

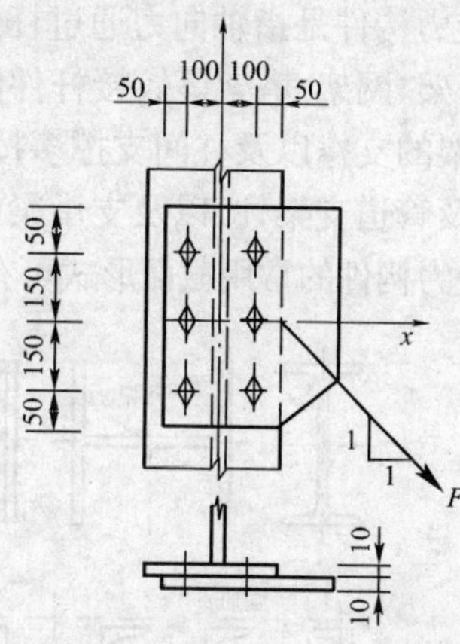

图 3-69 题 3-23 图（尺寸单位：mm）

3-25 如图 3-70 所示的牛腿，承受荷载设计值 $F = 220\text{kN}$，通过连接角钢和 10.9 级 M22 摩擦型高强度螺栓与钢柱相连。构件钢材为 Q235，接触面喷砂后涂无机富锌漆。试验算连接强度是否满足设计要求。

3-26 试设计如图 3-71 所示采用双盖板的对接连接。轴心拉力 $N = 800\text{kN}$，钢材为 Q235，采用 8.8 级 M20 承压型高强度螺栓连接。接触面喷砂后涂无机富锌漆。

3-27 简述对接头区钢材的要求。

3-28 简述焊接工程中，坡口加工、接头组装精度、焊接工艺的其他项目的具体要求。

3-29 普通螺栓有哪些种类及规格？

3-30 普通螺栓连接施工有哪些要求？

3-31 什么是高强度螺栓连接副？

3-32 高强度螺栓连接施工有哪些具体规定？

3-33 高强度螺栓连接副质量检查与验收有哪些规定？

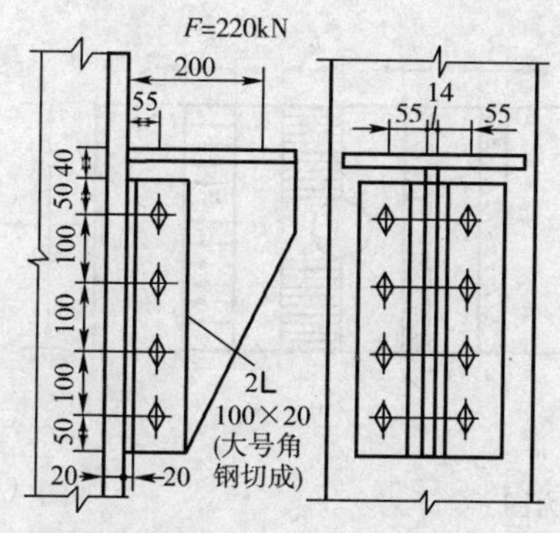

图 3-70 题 3-25 图（尺寸单位：mm）

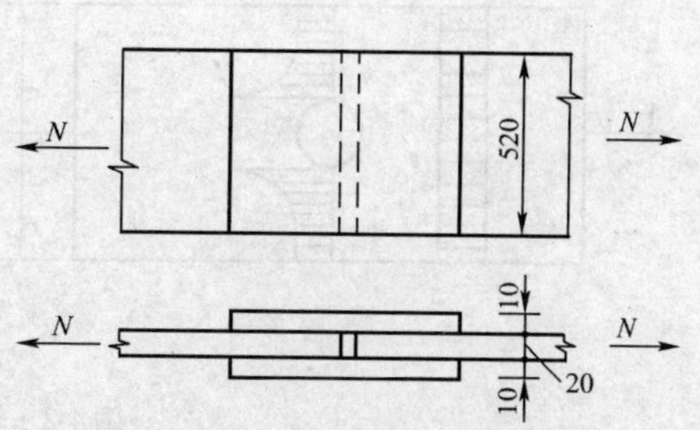

图 3-71 题 3-26 图（尺寸单位：mm）

第4章　轴心受力构件

轴心受力构件是指轴向力通过杆件截面形心作用的构件。可有轴心受拉构件和轴心受压构件两类。桁架、网架、塔架等铰接杆件体系结构多由轴心受力构件组成。钢屋架的下弦杆和一部分腹杆,屋架的支撑以及柱间支撑多按轴心受拉构件设计。钢屋架的上弦杆和一部分腹杆,工作平台、栈桥及管道支架柱,以及支承梁或桁架的轴心受压杆,一般都按轴心受压构件设计。

轴心受力构件的常用截面形式可有:型钢截面、实腹式组合截面和格构式组合截面(图4-1)。

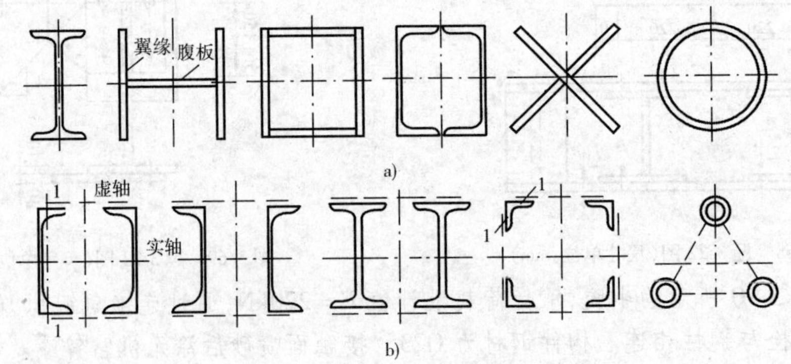

图4-1　轴心受力构件截面形式

a)实腹式截面;b)格构式截面

轴心受力构件的应用广泛。设计时应满足强度、刚度、整体稳定性和局部稳定性的要求;构件应力求构造简单、施工方便;结构应省钢,造价低廉。

4.1　轴心受力构件的强度

轴心受力构件在轴心力设计值 N 作用下,在截面内引起均匀的拉应力或压应力,承载力极限状态取全截面达到钢材屈服强度 f_y,钢材强度设计值为 $f=f_y/\gamma_f$,当截面有孔洞削弱时应取净截面积 A_n(图4-2),则轴心受力构件截面强度计算公式为

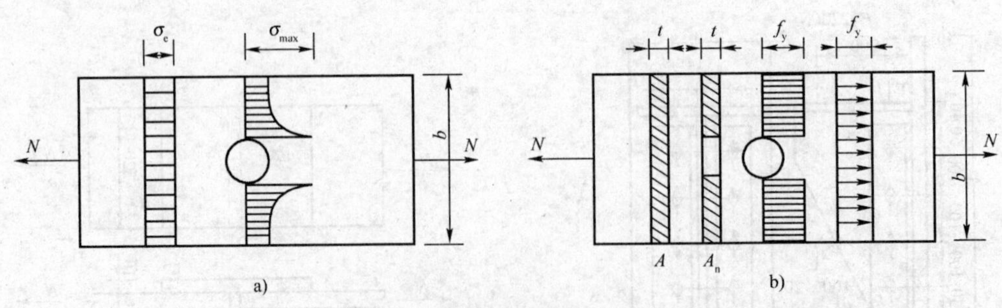

图4-2　轴心受力构件应力图

a)弹性应力状态;b)塑性应力状态

$$\sigma = N/A_n \leqslant f \tag{4-1}$$

单角钢杆件或单圆钢拉杆两端与节点板采用单面连接时因有构造偏心,为简化计算可按轴心受力构件计算,考虑偏心产生的不利影响,计算时将构件或连接的强度设计值乘以0.85的折减系数。f 取值见表1-8。

4.2 轴心受力构件的刚度

轴心受力构件应有足够的刚度要求,以免构件在制造、运输和安装过程中产生过大变形;在使用期间,因构件过于细长,在风荷载或动力荷载作用下引起不必要的振动或晃动;甚至在构件自重作用下,也会因刚度不足而发生弯曲变形。根据长期的工程实践经验,要使轴心受力构件具有足够的刚度,只需控制构件的计算长细比在允许长细比限值之内即可满足要求。《钢结构设计规范》规定应满足下式:

$$\lambda = l_0 / i \leqslant [\lambda] \tag{4-2}$$

式中:λ——构件最不利方向的长细比,一般取两主轴方向长细比的较大值;

l_0——相应方向的构件计算长度,详见各类构件取值规定;

i——构件截面的回转半径:

$$i = \sqrt{I/A}$$

I、A——构件截面惯性矩和截面面积;

$[\lambda]$——受拉或受压构件的容许长细比见《钢结构设计规范》或按表4-1及表4-2采用,其值因构件受力性质、构件类别和荷载性质不同而异。

受压构件的容许长细比 表4-1

序号	构件名称	容许长细比
1	柱、桁架和天窗架构件	150
	柱的缀条、起重机梁或起重机桁架以下的柱间支撑	
2	支撑(起重机梁或起重机桁架以下的柱间支撑除外)	200
	用以减少受压构件长细比的杆件	

注:①桁架(包括空间桁架)的受压腹杆,当其内力等于或小于承载能力的50%时,容许长细比可取为200。

②计算单角钢受压构件长细比时,应采用角钢最小回转半径;计算交叉杆平面外 λ 时,可取肢边平行轴 i。

③跨度≥60m的桁架,受压弦杆和端压杆容许长细比值宜取100,其他受压腹杆可取150(静载或间接动载)或120(直接动载)。

④由容许长细比控制截面的构件,在计算长细比时,可不考虑扭转效应。

设计钢构件截面时,应当尽量用较薄的板材有较大的轮廓,以便在相同截面面积的情况下加大截面惯性矩和回转半径,可使构件有较强的刚度和整体稳定性;同时,设计中也应尽量使两主轴方向的长细比 λ_x 和 λ_y 接近,遵循等稳定原则。

例4.1 一屋架下弦杆,拉力设计值为 $N=650\text{kN}$,杆长为3000mm,由两个不等边角钢短肢拼为」L形截面(图4-3),采用Q235钢,试选择该下弦杆角钢规格。

受拉构件的容许长细比　　表 4-2

序号	构件名称	承受静力荷载或间接动力荷载的结构		直接承受动力荷载的结构
		一般建筑结构	有重级工作制起重机的厂房	
1	桁架的杆件	350	250	250
2	起重机梁或起重机桁架以下的柱间支撑	300	200	—
3	其他拉杆、支撑、系杆等（张紧圆钢除外）	400	350	—

注：①承受静力荷载的结构中，可仅计算受拉构件在竖向平面内的长细比。

②在直接或间接承受动力荷载的结构中，计算单角钢受拉构件的长细比时，应采用角钢的最小回转半径；在计算单角钢交叉受拉杆件平面外的长细比时，应采用与角钢肢边平行轴的回转半径。

③中、重级工作制桥式起重机桁架下弦杆的长细比不宜超过200。

④在设有夹钳或刚性料耙桥式起重机的厂房中，支撑（除项次2之外）的长细比不宜超过300。

⑤受拉构件在永久荷载与风荷载组合作用下受压时，其长细比不宜超过250。

⑥跨度≥60m的桁架，其受拉弦杆和腹杆的长细比不宜超过300（承受静力荷载或间接动力荷载）或250（直接承受动力荷载）。

解　已知 $N=650000\text{N}$，Q235 钢，$f=215\text{MPa}$，下弦杆所需的净截面面积为：

$$A_n = N/f = 650\times10^3/215\text{mm}^2 = 3023\text{mm}^2$$

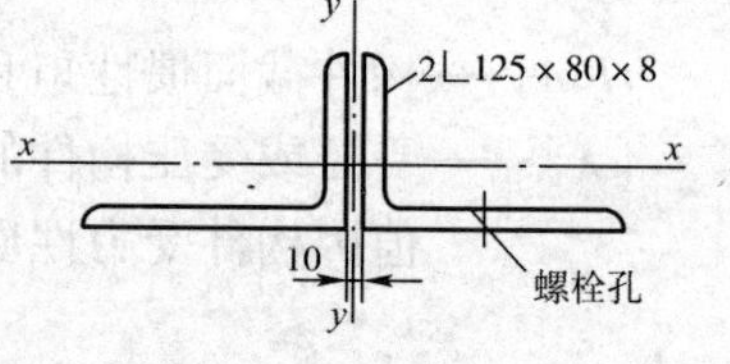

图 4-3　例 4.1 图

查附表 D-2　选用 2∟125×80×8　$A_n = 3200\text{mm}^2$

$$i_x = 22.8\text{mm}$$

验算　$\sigma = N/A_n = 650\times10^3/(3.2\times10^3) = 203.13\text{N/mm}^2 < f = 215\text{N/mm}^2$

该屋架承受静力荷载，只需验算竖向平面内的长细比：

$$\lambda_x = l_{0x}/i_x = 3000/22.8 = 131.6 < [\lambda] = 350$$

竖向平面内的长细比满足要求。

4.3　实腹式轴心受压构件的整体稳定性

当轴向压力不超过某一限值时，轴心受压构件仅产生压缩变形；但当轴向压力达到某一限值时，构件将突然发生不可恢复的屈曲变形，并丧失了继续承载的能力。这种现象称为轴心受压构件丧失了整体稳定性，简称压杆失稳，该限值称为临界荷载值，记作 N_{cr}。这类整体失稳也称为第一类稳定性问题。

在轴向压力作用下，轴心受力构件的侧向弯曲变形随轴向力增加呈非线性急剧增长，当荷载达到某一限值 N_{cr} 时，构件丧失继续承载的能力，这类整体失稳称为第二类稳定性问题。

4.3.1 轴心受压构件稳定的计算

当构件截面无削弱或削弱较小时，构件通常在达到强度极限前即丧失整体稳定。因此，首先应使轴心受压构件满足整体稳定的设计要求。轴心受压构件稳定的计算公式为

$$N/(A\varphi) \leqslant f \tag{4-3}$$

式中：N——轴心压力设计值；

A——构件的毛截面面积；

f——钢材的抗压强度设计值；

φ——轴心受压构件稳定系数：

$$\varphi = \frac{N_u}{A\sigma_y} = \frac{\sigma_u}{\sigma_y} \tag{4-4}$$

N_u——实际轴心压杆极限承载力，由理想轴心压杆的欧拉临界力 N_{cr}，考虑实际结构构件截面中存在的残余应力、实际杆件的初弯曲、荷载作用点的初偏心（图 4-4）等缺陷的不利影响引起的稳定承载力降低后的实际极限承载力，$N_u < N_{cr}$；

σ_u——实际轴心压杆的极限应力，与 N_u 相应的平均应力，$\sigma_u = N_u/A < \sigma_{cr}$。

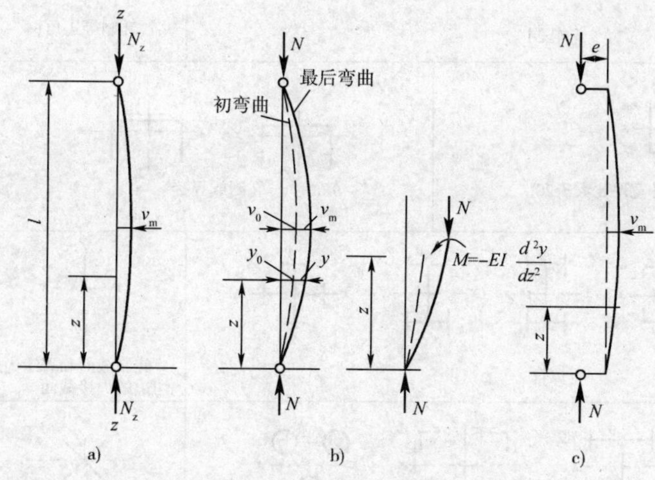

图 4-4 铰接柱的初弯曲、初偏心影响

a）最初的直压杆欧拉荷载；b）有初弯曲的压杆；c）有偏心荷载的压杆

4.3.2 轴心受压构件稳定系数 φ

实际轴心受压构件稳定极限承载力应考虑初弯曲、初偏心、残余应力和材质不均等综合影响，且影响程度还因截面形状、尺寸和屈曲方向而不同。因此，柱子的 $\varphi—\overline{\lambda}$ 曲线分布呈离散状。根据我国常见的柱截面形式和尺寸，不同的加工条件及相应的残余应力的图式，得出 96 条柱子曲线，《钢结构设计规范》根据经济合理和便于计算的原则，把承载能力相近的截面归纳为 a、b、c、d 四类，取每类曲线的平均值作为代表曲线供设计时取用，四类柱子的 $\varphi—\overline{\lambda}$ 曲线如图 4-5 所示。新的《钢结构设计规范》（GB 50017—2003）将轴心受压构件的截面分为 4 类，如表 4-3a）和表 4-3b）所示。

轴心受压构件的截面分类(板厚 $t<40$mm) 表 4-3a)

截 面 形 式	对 x 轴	对 y 轴
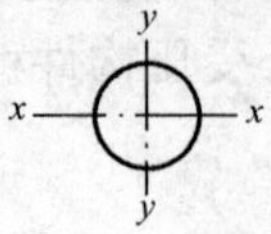 轧制	a 类	a 类
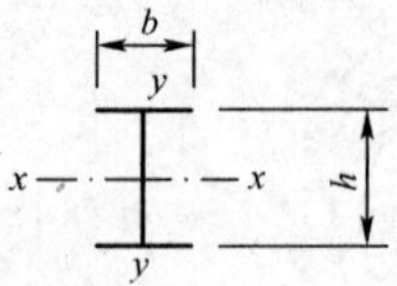 轧制 $b/h\leq0.8$	a 类	b 类
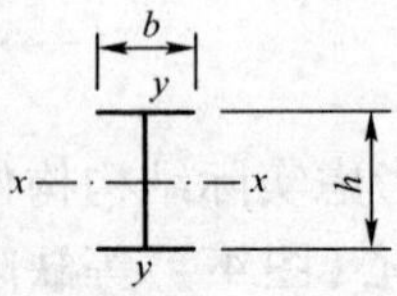 轧制 $b/h>0.8$；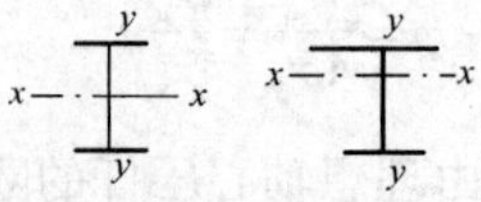 焊接翼缘为焰切边；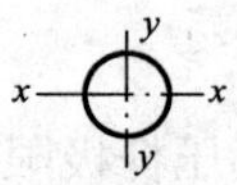 焊接 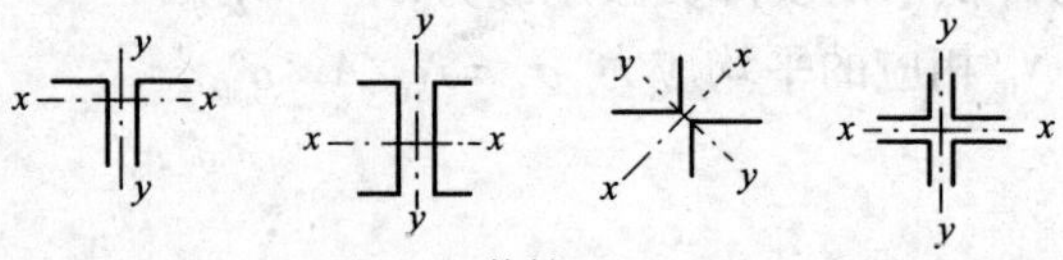 轧制；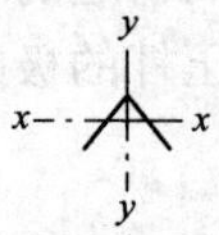 轧制等边角钢 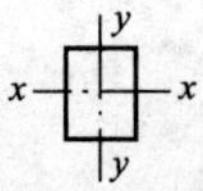 轧制、焊接(板件宽厚比大于20)；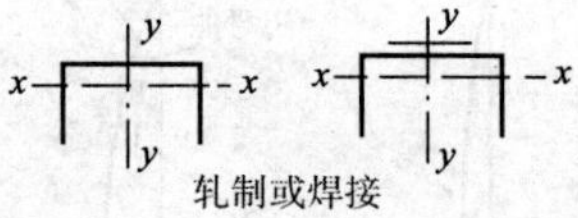 轧制或焊接 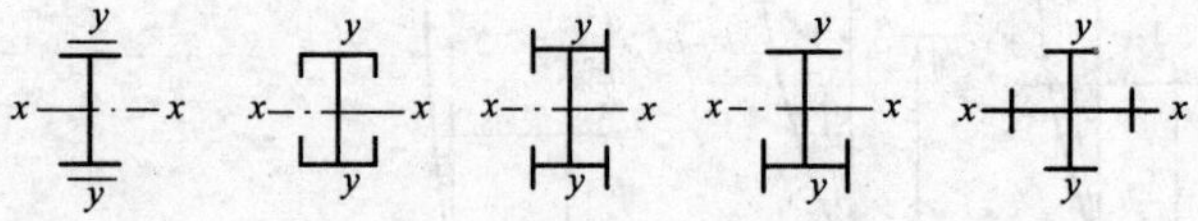 焊接；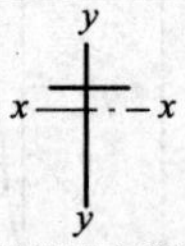 轧制截面和翼缘为焰切边的焊接截面 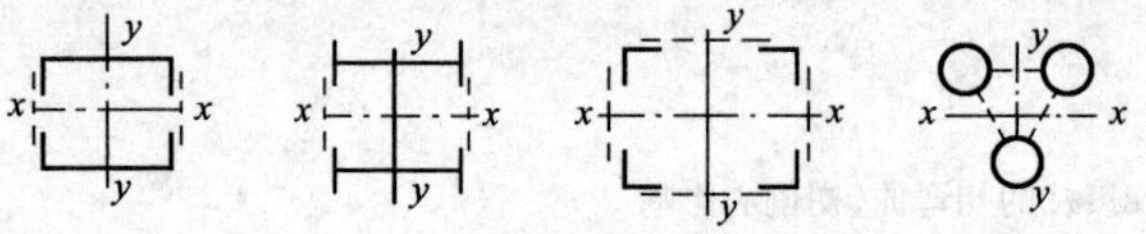 格构式；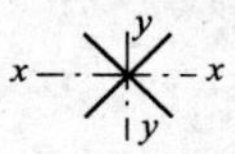 焊接板件边缘焰切	b 类	b 类
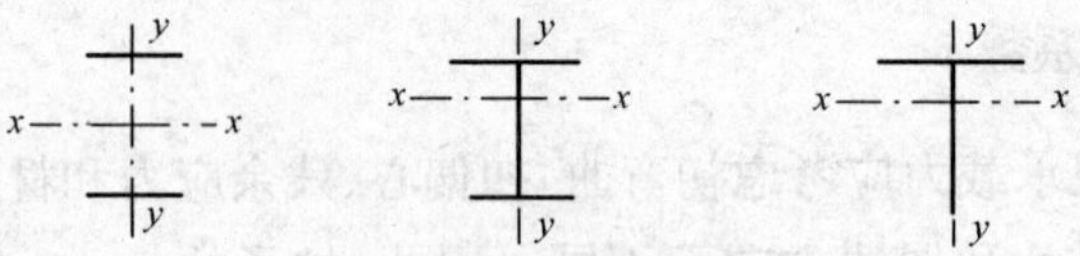 焊接翼缘为轧制或剪切边	b 类	c 类
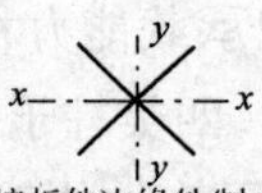 焊接板件边缘轧制或剪切；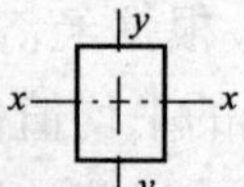 焊接板件宽厚比≤20	c 类	c 类

轴心受压构件的截面分类(板厚 $t \geqslant 40$mm) 表 4-3b)

截面形式		对 x 轴	对 y 轴
轧制I形或H形截面	$t<80$mm	b 类	c 类
	$t \geqslant 80$mm	c 类	d 类
焊接I形截面	翼缘为焰切边	b 类	b 类
	翼缘为轧制或剪切边	c 类	d 类
焊接箱形截面	板件宽厚比 >20	b 类	b 类
	板件宽厚比 ≤20	c 类	c 类

注:当槽形截面用于格构式构件的分肢,计算分肢对垂直腹板轴的稳定性时,应按 b 类截面考虑。

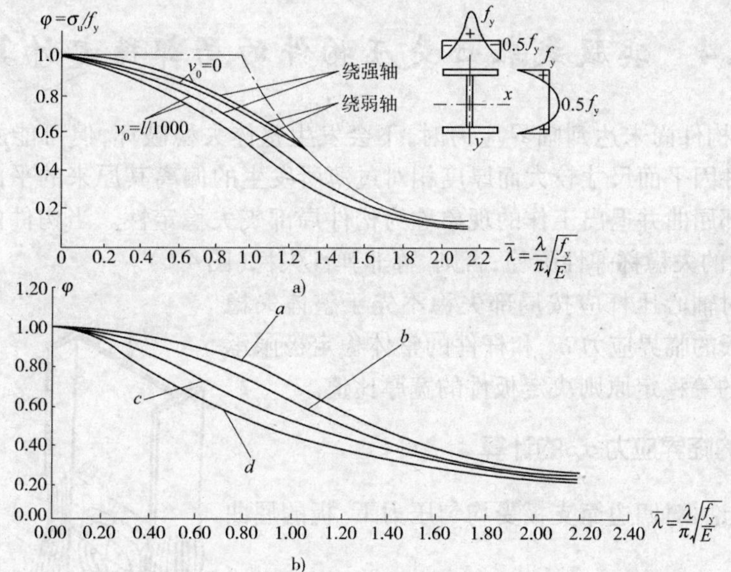

图 4-5 轴心受压构件稳定系数

a) I 形截面柱 φ—$\overline{\lambda}$ 曲线;b) 轴心受压构件 φ—$\overline{\lambda}$ 曲线

上述曲线可用下列计算公式来表达:

当 $\overline{\lambda} \leqslant 0.215$ 时,

$$\varphi = 1 - \alpha_1 \overline{\lambda}^2 \tag{4-5}$$

当 $\overline{\lambda} > 0.215$ 时,

$$\varphi = \frac{1}{2\overline{\lambda}^2}\left[(\alpha_2 + \alpha_3\overline{\lambda} + \overline{\lambda}^2) - \sqrt{(\alpha_2 + \alpha_3\overline{\lambda} + \overline{\lambda}^2)^2 - 4\overline{\lambda}^2}\right] \tag{4-6}$$

式中: $\overline{\lambda}$——相对长细比,$\overline{\lambda} = \dfrac{\lambda}{\pi}\sqrt{\dfrac{f_y}{E}}$;

λ——杆件的长细比,$\lambda = \dfrac{l_0}{i}$,双轴及单轴对称截面 λ 的计算参见《钢结构设计规范》5.1.2;

l_0——杆件的计算长度,$l_0=\mu l$;

l——杆件的实际长度;

μ——轴心受压构件的计算长度系数,见附录 B;

E——钢材的弹性模量;

α_1、α_2、α_3——系数,根据截面分类,查表 4-4 采用。

系数 α_1、α_2、α_3　　表 4-4

截面类别		α_1	α_2	α_3
a 类		0.41	0.986	0.152
b 类		0.65	0.965	0.300
c 类	$\bar{\lambda}\leqslant 1.05$	0.73	0.906	0.595
	$\bar{\lambda}>1.05$		1.216	0.302
d 类	$\bar{\lambda}\leqslant 1.05$	1.35	0.868	0.915
	$\bar{\lambda}>1.05$		1.375	0.432

为了便于应用,《钢结构设计规范》根据上述表达式按 Q235 钢、Q345 钢、Q390 钢和 Q420 分别制定出 a、b、c、d 四类截面轴心受压构件稳定系数表,详见附表 A-1 ~ A-4。

4.4 实腹式轴心受压构件的局部稳定计算

当轴心受压构件尚未达到临界应力时,不会发生整体失稳破坏,但可能发生板件局部屈曲,即受压的板件因平面尺寸较大而厚度相对过薄所发生的偏离其原来的平面位置的波形凸曲,这种板件局部屈曲并退出工作的现象称为构件局部丧失稳定性。当构件内任意一点应力 $\sigma\leqslant\sigma_y$,时而发生的失稳称弹性失稳;否则,称非弹性失稳(图 4-6)。

设计要求:对轴心压杆应按局部失稳不先于整体失稳的原则,即采用板的临界应力 σ_{cr} 和杆件的整体稳定极限承载应力 σ_u 相等的等稳定原则决定板件的宽厚比值。

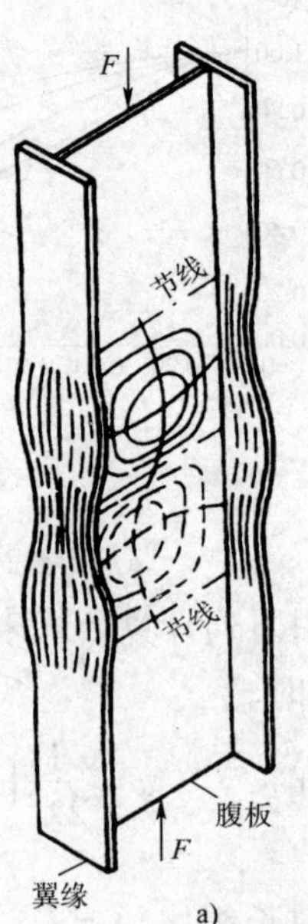

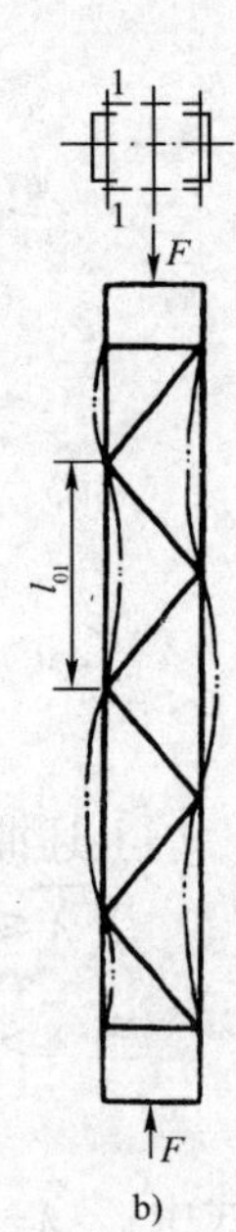

图 4-6　轴心受压构件局部失稳现象
a)实腹式;b)格构式

4.4.1 板的临界应力 σ_{cr} 的计算

根据弹性理论,对四边简支板受均匀压力下,板的屈曲应力 σ_{cr} 为

$$\sigma_{cr}=\frac{N_{cr}}{t}=\chi\beta\sqrt{\eta}\frac{\pi^2 E}{12(1-v^2)}\left(\frac{t}{b}\right)^2 \tag{4-7}$$

式中:β——薄板稳定性系数,与板的形状、支承条件和受力状况有关:

$$\beta=(mb/a+a/mb)^2;$$

a、b——四边简支板的长边和短边长度;

m——临界时的半波数;

χ——支承边弹性嵌固系数,$\chi\geqslant 1$;

$\sqrt{\eta}$——弹性模量折减系数,$\eta=E_t/E$;

E_t——相应于 σ_{cr} 值的切线模量;

t——板的厚度;

v——钢材的泊松比。

4.4.2 板件宽厚比限值

根据等稳定准则，对弹塑性工作的一般轴心压杆，为保证板件在丧失整体稳定之前不会丧失局部稳定，板件应满足下式要求：

$$\sigma_{\mathrm{cr}} = \chi\beta\sqrt{\eta}\frac{\pi^2 E}{12(1-v^2)}\left(\frac{t}{b}\right)^2 \geqslant \varphi f_{\mathrm{y}} \tag{4-8}$$

式中：φ——杆件整体稳定系数；

f_{y}——钢材的屈服强度。

上述公式表明要满足板件局部稳定要求，只需根据不同的截面形状和部位的支承条件等限制其宽厚比(b/t)，即可保证板件不致造成局部失稳，《钢结构设计规范》具体规定如下。

(1)翼缘板自由外伸宽度 b_1 与其厚度 t 之比的限值　I 形与 T 形的翼缘板和 T 形的腹板为三边简支一边自由板，且腹板对翼缘嵌固作用较小，故取 $\beta\approx 0.425$，$\chi = 1.0$，又 φ、φf_{y}、η 均为构件最大长细比 λ 的函数，经近似处理后可得下式：

$$b_1/t \leqslant (10 + 0.1\lambda)\sqrt{235/f_{\mathrm{y}}} \tag{4-9}$$

式中：λ——构件长细比，取两方向较大值，当 $\lambda < 30$，取 $\lambda = 30$；当 $\lambda > 100$ 时，取 $\lambda = 100$；

b_1——翼缘板自由外伸宽度，对焊接构件，取腹板边至翼缘板(肢)边缘的距离；对轧制构件，取内圆弧起点至翼缘板(肢)边缘的距离；

$\sqrt{235/f_{\mathrm{y}}}$——不同钢号的换算系数。

T 形腹板 h_0/t_{w} 的限制与 b_1/t 限制相同。

(2)I 形截面的腹板计算高度 h_0 与其厚度 t_{w} 之比的限值　I 形截面腹板为四边支承板，且较厚翼缘对其有嵌固作用，故 $\beta\approx 4$，$\chi = 1.3$，代入式(4-8)可得 I 形截面高厚比限值公式为

$$h_0/t_{\mathrm{w}} \leqslant (25 + 0.5\lambda)\sqrt{235/f_{\mathrm{y}}} \tag{4-10}$$

(3)箱形截面的翼缘的宽厚比和腹板的高厚比限值　箱形截面的翼缘和腹板均为四边简支板，箱形截面的板件厚度，通常较大，板件之间多为单侧焊缝连接，嵌固程度较低，故一般取 $\beta = 4$，$\chi = 1$，为便于设计和偏于安全，可按下式计算：

$$h_0/t_{\mathrm{w}} \leqslant 40\sqrt{235/f_{\mathrm{y}}} \tag{4-11a}$$

(4)T 形截面受压构件

板件自由腹板计算

$$b_1/t \leqslant 15\sqrt{235/f_{\mathrm{y}}}\,(\alpha_0 \leqslant 1.0) \tag{4-11b}$$

$$b_0/t \leqslant 18\sqrt{235/f_{\mathrm{y}}}\,(\alpha_0 > 1.0) \tag{4-11c}$$

式中：h_0——箱形截面腹板计算高度；

t_{w}——箱形截面腹板厚度；

b_1——箱形截面受压翼缘自由外伸宽度；

b_0——箱形截面受压翼缘两腹板间宽度；

t——箱形截面受压翼缘板的厚度。

$$\alpha_0 = (\sigma_{\max} - \sigma_{\min})/\sigma_{\max}$$

I 形、T 形、箱形截面板件宽厚比限值如图 4-7 所示。

受压构件的局部稳定的其他规定，详见《钢结构设计规范》5.4 节。

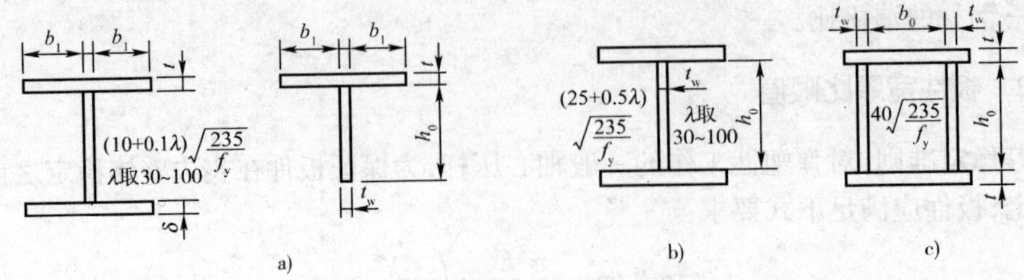

图 4-7 板件的宽厚比限值

4.5 实腹式轴心受压构件的截面设计

4.5.1 截面设计原则

实腹式轴心受压构件的截面设计应遵循下述原则：

(1)保证构件有足够的稳定性和刚度 为此，截面面积的分布应尽量远离中和轴，以增加截面的惯性矩和回转半径。采用双轴对称的型钢截面或实腹式组合截面较为经济合理。

(2)等稳定性原则 其一，应使杆件在两个主轴方向的稳定承载能力相近，为此，尽可能使两个主轴方向的长细比或稳定系数相等，即 $\lambda_x=\lambda_y$，或 $\varphi_x=\varphi_y$；其二，应使板件局部失稳不得早于整体失稳，即 $\sigma_{cr}\leqslant\sigma_u$。

(3)力求制造省工、连接简便 如采用适于自动焊的I字形截面，以开敞式截面为宜，多用价格便宜的型钢等。

4.5.2 截面选择方法

在确定了钢材的型号、轴心压力设计值 N、计算长度 l_{0x} 和 l_{0y}，以及截面形式以后，设计截面尺寸，其计算步骤如下：

(1)先假定构件的长细比 λ_c 对计算长度为 5～6m 的压杆，当 $N<1500\text{kN}$ 时，假定 $\lambda=80\sim100$；当 $N=3000\sim3500\text{kN}$ 时，假定 $\lambda=60\sim70$。根据 λ 及钢号和截面类别查得 φ 值，并算得回转半径 $i_x=l_{0x}/\lambda$，$i_y=l_{0y}/\lambda$。

(2)按照整体稳定承载能力的要求，计算所需的截面面积：$A=N/\varphi f$，并初步确定截面尺寸为：

$h=i_x/\alpha_1$，$b=i_y/\alpha_2$，对I形柱 $\alpha_1=0.43$，$\alpha_2=0.24$，若 $b<h$，取 $b=h$。

估算板件的平均厚度 t_a，$t_a=A/3b$，并按下式调整截面尺寸：

$$\frac{b_1}{t}\leqslant(1.0+0.1\lambda)\sqrt{\frac{235}{f_y}}$$

$$\frac{h_0}{t_w}\leqslant(25+0.5\lambda)\sqrt{\frac{235}{f_y}}$$

$$2bt+t_wh_0\geqslant A$$

调整截面尺寸时应遵循设计原则、结合钢材规格及尺寸模数等因素反复试算确定。对I形截面，h_0 和 b 宜取 10mm 的倍数，t 和 t_w 宜取 2mm 的倍数，且 t_w 宜取较小值，但不宜小于 6mm。

(3)验算截面的强度。

首先精确计算所选截面的几何参数：

$$A = 2bt + h_0 t_w; \qquad i_x = \sqrt{I_x/A}, \qquad i_y = \sqrt{I_y/A};$$

$$I_x = 2bt \times \left(\frac{h_0 + t}{2}\right)^2 + \frac{t_w h_0^3}{12} + 2\frac{bt^3}{12}, \qquad I_y = \frac{h_0 t_w^3}{12} + 2 \times \frac{tb^3}{12};$$

$$\lambda_x = \mu_x l_x / i_x, \lambda_y = \mu_y l_y / i_y。$$

按下式验算截面强度：$\sigma = \dfrac{N}{A_n} \leqslant f$

(4)验算整体稳定性。

取 λ_{max}，由 λ_{max}、f_y、截面型式查附表 A-1 等，确定 φ 值后按下式验算：$\sigma_u = N/\varphi A \leqslant f$

(5)刚度验算，按下式验算：

$$\lambda_{max} \leqslant [\lambda]$$

(6)局部稳定性核算。

I 形及 T 形截面按式(4-9)和式(4-10)；箱形截面按式(4-11)。

4.5.3 构造规定

实腹柱的构造规定见图 4-8。

(1)当实腹式轴心受压柱腹板宽厚比 $h_0/t_w > 80\sqrt{\dfrac{235}{f_y}}$ 时，应设腹板成对横向加劲肋，以防扭转变形失稳破坏，横向加劲肋间距小于等于 $3h_0$；其外伸宽度 $b_s \geqslant \dfrac{h_0}{30} + 40\text{mm}$，厚度小于等于 $b_s/15$。

(2)大型实腹式构件应在承受较大横向力处和每个运输单元的两端设置横隔，构件较长时还应设置中间横隔，间距不宜超过构件截面较大宽度的 9 倍和 8m。

(3)I 形和箱形截面受压构件的腹板，其高厚比不满足局部稳定公式计算要求时，可用纵向加劲肋加强，或在计算构件的强度和稳定性时，腹板的截面仅考虑计算高度边缘范围内两侧宽度各为 $20t_w\sqrt{235/f_y}$ 的部分，但计算构件稳定系数时，仍用全部截面。

用纵向加劲肋加强的腹板，其在受压较大翼缘与纵向加劲肋之间的高厚比应符合局部稳定的要求。纵向加劲肋宜在腹板两侧成对配置，其一侧外伸宽度不应小于 $10t_w$，厚度不应小于 $0.75t_w$。

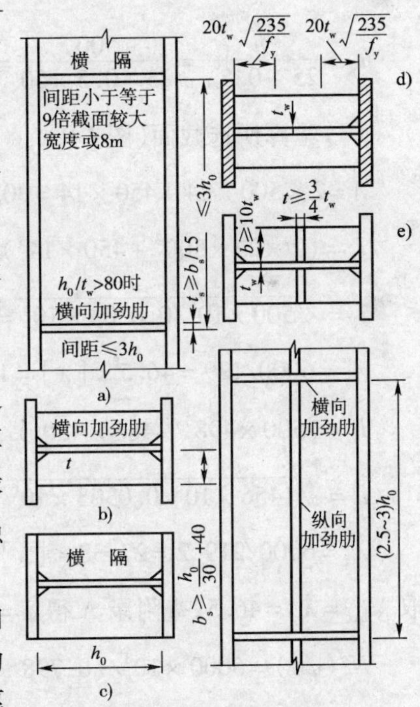

图 4-8 实腹柱的构造规定

例 4.2 某车间工作平台柱为一实腹式轴心受压柱，柱两端铰接，柱高 6m，Q235 钢。焊条 E43，自动焊，翼缘边焰切。轴心压力设计值为 5000kN。设计该工作平台柱截面。

解 两端铰接柱，$l_{0x} = l_{0y} = l = 6\text{m}$，Q235 钢，$f = 215\text{MPa}$，$N = 5000\text{kN}$。

(1)初选截面尺寸

截面形式采用三块钢板焊接的 I 形截面，翼缘边焰切，φ_x 按 b 类截面，φ_y 按 c 类截面，假设 $\lambda = 70$，$\varphi = 0.751$。

$$A = N/(\varphi f) = 5000 \times 10^3/(0.751 \times 215) = 30970\text{mm}^2$$

$$i_x = i_y = l_0 \lambda = 6000/70 = 86\text{mm}$$

$$h = i_x/\alpha_1 = 86/0.43 = 200\text{mm}, b = 86/0.24 = 358.3\text{mm}$$

按构造取： $b = h = 360\text{mm}$

平均厚度为： $t_a = A/(3 \times b) = 30970/(3 \times 360) = 28.7\text{mm}$。

t_a 过厚，应重选截面。

（2）重选截面尺寸

设 $h = b = 500\text{mm}$

$$i_x = 0.43h = 215\text{mm}, \lambda_x = 6000/215 = 27.9$$

$$i_y = 0.24b = 0.24 \times 500 = 120\text{mm}, \lambda_y = 6000/120 = 50$$

取 $\lambda_{max} = \lambda_y = 50$，查附录 A 得 $\varphi = 0.775$

$$A = 5000 \times 10^3/(0.775 \times 215) = 30008\text{mm}^2$$

$$t_a = A/(3 \times b) = 30008/(3 \times 500) = 20\text{mm}$$

按局部稳定要求，并考虑平均厚度，则：

$$t = \frac{b}{10 + 0.1\lambda} = \frac{500}{10 + 0.1 \times 50} = 33.3\text{mm}, \text{取 } t = 24\text{mm}$$

$$t_w = \frac{h}{25 + 0.5\lambda} = \frac{500}{25 + 0.5 \times 50} = 10\text{mm}, \text{取 } t_w = 14\text{mm}$$

（3）验算所选截面（图 4-9）

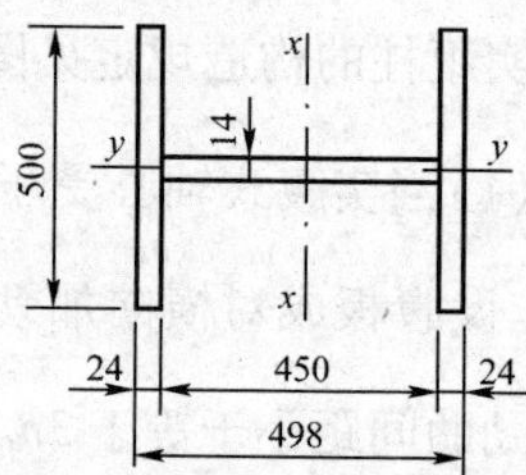

图 4-9 例 4.2 图（尺寸单位：mm）

$$A = 2 \times 500 \times 24 + 450 \times 14 = 30300\text{mm}^2$$

$$I_y = (2 \times 24 \times 500^3 + 450 \times 14^3)/12 = 500 \times 10^6\text{mm}^4$$

$$i_y = \sqrt{500 \times 10^6/0.0303 \times 10^6} = 128.5\text{mm}$$

$$\lambda_y = 6000/129 = 46.5 < [\lambda] = 150$$

$$I_x = (500 \times 498^3 - 486 \times 450^3)/12 = 1455.5 \times 10^6\text{mm}^4$$

$$i_x = \sqrt{1456 \times 10^6/0.0303 \times 10^6} = 219.2\text{mm}$$

$$\lambda_x = 6000/219.2 = 27.38 < [\lambda] = 150$$

取 $\lambda_{max} = \lambda_y = 46.5$，查附录 A 得 $\varphi = 0.798$，c 类，板厚为 24mm，$f = 200\text{MPa}$。

$$N/(\varphi A) = 5000 \times 10^3/(0.798 \times 30300)$$

$$= 206.8\text{N/mm}^2 > f = 200\text{N/mm}^2$$

$$\frac{206.8 - 200}{200} \times 100\% = 3.4\% < 5\%\text{，尚可。}$$

局部稳定验算：

翼缘部分 $b_1/t = 243/24 = 10.13 < 10 + 0.1 \times 46.5 = 14.65, 14.65 \times \sqrt{235/225} = 14.97$

腹板 $h_0/t_w = 450/14 = 32.1 < 25 + 0.5 \times 46.5 = 48.25$

满足局部尺寸限制要求。

构造要求：$h_0/t_w=450/14=32.1<80$，可不设横向加劲肋。焊缝最小高度 $h_{fmin}=1.5\sqrt{t_{max}}-1=1.5\sqrt{24}-1=6.3$mm，取 $h_f=7$mm，自动焊。

例 4.3 一两端铰接 I 形截面轴心受压柱，柱高 10m，拟采用以下两种截面尺寸（图 4-10），翼缘为轧制边，用 Q235 钢材。试计算两种截面柱所承受的轴心压力设计值，并验算局部稳定，最后进行分析比较。

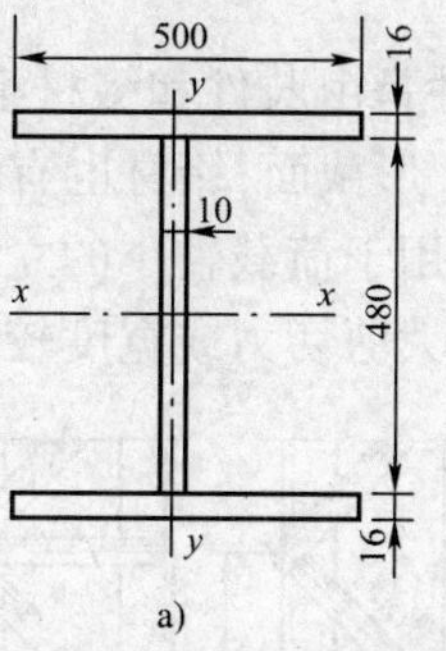

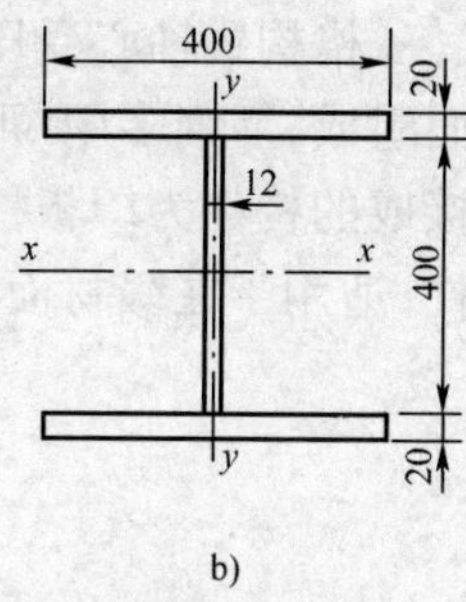

图 4-10 例 4.3 图（尺寸单位：mm）

解 1）第一种截面的承载力及局部稳定验算

（1）承载力计算

$l_{0x}=l_{0y}=l=10$m，$f=215\text{N/mm}^2$，翼缘为轧制，按 b 类截面计算 φ_x，按 c 类截面计算 φ_y。

$$A=2\times16\times500+480\times10\text{mm}^2=20800\text{mm}^2$$

$$I_y=(2\times16\times500^3+480\times10^3)/12=333.4\times10^6\text{mm}^4$$

$$i_y=\sqrt{I_y/A}=\sqrt{333.4\times10^6/20800}=126.6\text{mm}$$

$$I_x=1076224000\text{mm}^4,\ i_x=\sqrt{1076224000/20800}=227.5\text{mm}$$

$$\lambda_x=10000/227.5=43.96$$

$\lambda_x=l_{0y}/i_y=10000/126.6=78.99>\lambda_x=43.96$，由绕 y 轴控制。

故取 $\lambda_{max}=\lambda_y=78.99$，查附录 A 得 $\varphi=0.585$

$$N_u=A\varphi f=20800\times0.585\times215=2616\text{kN}$$

（2）局部稳定验算

翼缘 $b_1/t=245/16=15.3<10+0.1\times78.99=17.9$

腹板 $h_0/t_w=480/10=48<25+0.5\times78.99=64$

均满足局部稳定要求

2）第二种截面的承载力及局部稳定验算

（1）承载力计算

$$A=(2\times20\times400+400\times12)=20800\text{mm}^2$$

$$I_y=(2\times20\times400^3+400\times12^3)/12=213.4\times10^6\text{mm}^4$$

$$i_y=\sqrt{213.4\times10^6/20800}=101.3\text{mm}$$

$$\lambda_y=l_{0y}/i_y=10000/101.3=98.7,\text{取 }\lambda_{max}=\lambda_y=98.7>\lambda_x=51.99;$$

按 c 类查附录 A 得 $\varphi=0.4685$，因翼缘板厚 20mm，属第 2 组，$f=200\text{N/mm}^2$，$f_y=225\text{N/mm}^2$

$$N_u=A\varphi f=20800\times0.4685\times200=1948960\text{N}=1949\text{kN}$$

（2）局部稳定验算

翼缘 $b_1/t=194/20=9.70<10+0.1\times98.7=19.9$，$19.9\times\sqrt{235/225}=20.34$

腹板 $h_0/t_w=400/12=33.3<25+0.5\times98.7=74.4$

均满足要求。

比较：当截面面积相同时，板越厚，承载能力越低。因而，宜选择薄而长的截面尺寸。

4.6 格构式轴心受压构件

格构式轴心受压构件是由肢件和缀材组成的。肢件一般用对放的轧制型钢或焊接组合截面组成,型钢多用[形和I形截面;缀材也有两种:一种是缀板,一种是缀条。用缀板将肢件连接成的构件为缀板柱,适用于荷载较小的立柱;用缀条,常用角钢把肢件连接成的构件为缀条柱,适用于在缀材面有较大剪切力或宽度较大的格构柱。格构式构件如图4-11所示。

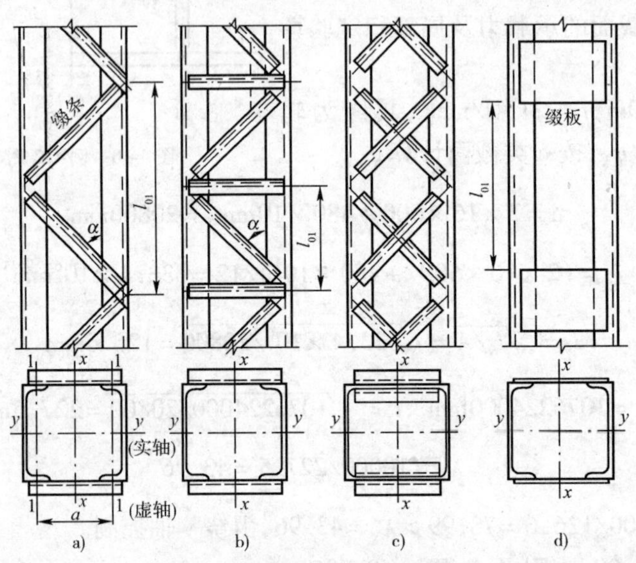

图4-11　格构柱及其截面形式

缀材的作用在于保证被连接的两个肢件能形成整体柱,共同承受和传递外荷载。贯穿于两个肢件截面的轴 y—y 称为实轴;与肢件截面相平行的轴 x—x 称为虚轴。整个构件绕实轴的受力情况与实腹柱相同,而绕虚轴的受力情况则较实腹柱要弱,因而计算方法有一定差别。

格构柱的截面比较宽敞,用于高大的柱时经济效果良好,但构造较实腹柱复杂,制造也较费工时。缀条常用单角钢,其与构件轴线成 $\alpha=40°\sim60°$ 夹角斜放,有时增设横缀条,垂直柱轴线放置。缀板用钢板制造,按等距离垂直构件轴线放置,板厚不小于 $a/40$,且不小于6mm,缀板的宽度不应小于 $2a/3$,a 为两肢件轴线之间的距离。在缀板柱中,同一截面处缀板,或型钢横杆的线刚度之和不得小于柱较大分肢线刚度的6倍。缀条一般用单角钢制作,每一角钢的尺寸不应小于40mm×5mm。

a 值是由绕实轴的稳定承载力与绕虚轴的稳定承载力相等的条件确定的。

格构式轴心受压构件的设计和实腹式轴心受压构件相似,主要有强度、刚度、整体稳定和局部稳定四个方面,其中最重要的是整体稳定。与实腹式轴心受压构件不同处,主要有格构式构件绕虚轴方向的整体稳定、分肢稳定以及缀材的设计。

4.6.1　格构式轴心受压构件的整体稳定承载能力

1. 对实轴的整体稳定承载力计算

格构式轴心受压构件对实轴的工作由两个并列的实腹式杆件承担,其计算由对实轴的长细比 λ_x 查 φ 值,按 $N\leqslant\varphi fA$ 公式验算。

2. 对虚轴的整体稳定承载力计算

由于格构式分肢间缀材联系刚度较弱，绕虚轴方向，除弯曲变形外，还将产生相当大的剪切变形，从而失稳临界应力将较原始失稳临界应力降低，其长细比将比原始长细比 λ_x 增大。增大后的长细比记作 λ_{0x}，称为换算长细比。用 λ_{0x} 取代 λ_x 后，格构式轴心受压构件的整体稳定承载力计算公式即可套用实腹式轴心受压构件的整体稳定承载力计算公式(4-3)。在计算中，只需用 λ_{0x} 按 b 类截面查取 φ 值即可。

对双肢组合构件，换算长细比应按下式计算：

当缀件为缀板时
$$\lambda_{0x}=\sqrt{\lambda_x^2+\lambda_1^2} \tag{4-12}$$

当缀件为缀条时
$$\lambda_{0x}=\sqrt{\lambda_x^2+24\frac{A}{A_{1x}}} \tag{4-13}$$

式中：λ_x——整个构件对 x 轴的长细比；

λ_1——分肢对最小刚度轴 1-1 的长细比，$\lambda_1=l_{01}/i_1$；

l_{01}——计算长度取，焊接时为相邻两缀板的净距离，螺栓连接时为相邻两缀板边缘螺栓的距离；

i_1——分肢对 1-1 轴的回转半径；

A_{1x}——构件截面中垂直于 x 轴的各斜缀条毛截面面积之和；

A——构件的毛截面面积。

由三肢或四肢组合的格构式构件的换算长细比，详见《钢结构设计规范》

4.6.2 格构式轴心受压构件的分肢稳定性验算

格构式轴心受压构件的分肢失稳现象，如图 4-5b）所示。

构件分肢稳定的计算把构件各分肢在缀材联系点间的杆段作为一个单独的轴心受压构件考虑，计算其对较弱轴 1-1 轴方向的稳定性。设计要求，分肢失稳的临界应力应大于整个构件失稳的临界应力，《钢结构设计规范》采用控制分肢 λ_1 不大于构件 λ_{max} 的规定实现。考虑到制造装配偏差、初始弯曲等缺陷的影响，具体规定如下：

缀条构件：$\lambda_1 \leqslant 0.7\lambda_{max}$；

缀板构件：$\lambda_1 \leqslant 0.5\lambda_{max}$，且不宜大于 40，当 $\lambda_{max}<50$ 时，取 $\lambda_{max}=50$。

4.6.3 格构式轴心受压构件的缀材设计

1. 格构式轴心受压构件缀件截面剪力

在轴心压力作用下，理想的轴心受压构件的截面上不会产生剪力，但实际构件将发生侧向弯曲变形，同时产生附加弯矩 M 和剪力 V。按照格构式构件截面边缘纤维屈服准则，当达设计承载力 $N_u=\varphi fA$ 和相应中点弯矩亦达最大时，则中点截面边缘纤维压应力 σ_{max} 达到屈服强度 f_y；两端剪力最大，$N_{vmax}=Af\varphi$

当 $\lambda \geqslant 65$ 时，$\varphi=(77\sim107)\sqrt{235/f_y}$

当 $\lambda=20\sim65$ 时，$\varphi=(240\sim107)\sqrt{235/f_y}$

《钢结构设计规范》取偏低值 $\varphi=85\sqrt{235/f_y}$，则得实用公式

$$N = \frac{Af}{85}\sqrt{\frac{f_y}{235}} \tag{4-14}$$

为设计方便，认为剪力 V 值沿构件全长不变，其方向或正或负，并由各缀件面共同承受，对双肢构件，每个缀件面承受的剪力 $V_1 = V/2$。

2. 缀条计算

缀条式格构构件可作为一个竖放的由分肢为弦杆，缀条为腹杆的平行弦桁架体系。该铰接桁架承受正向或反向的剪力，缀条为轴心受压构件，斜缀条的内力（图 4-12）为：

$$N_1 = V_1/\sin \tag{4-15}$$

式中：V_1——一个缀条面分配到的剪力，

$$V_1 = V/2$$

α——斜缀条与构件轴线间夹角，

$$\alpha = 40° \sim 70°$$

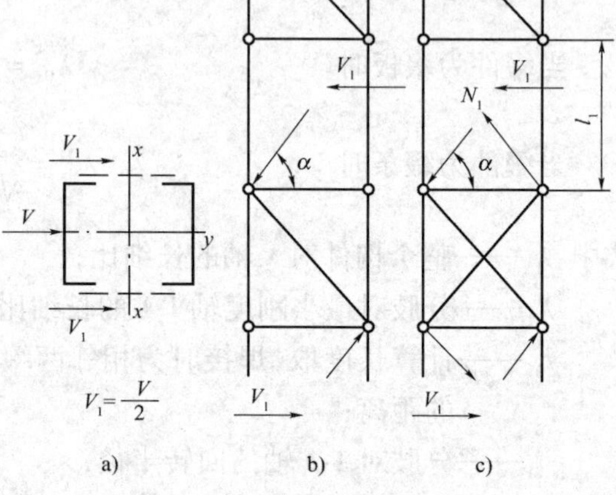

图 4-12 缀条的内力

缀条一般采用单面连接的单角钢，考虑偏心不利影响，《钢结构设计规范》规定将钢材的强度设计值乘以相应的折减系数：

当按轴心受力计算缀条连接强度时，取 0.85；

当按轴心受压计算稳定性时：

对等边角钢取 $0.6 + 0.0015\lambda$，但不大于 1.0；

对短边相连的不等边角钢取 $0.5 + 0.0025\lambda$，但不大于 1.0；

对长边相连的不等边角钢取 0.70；

λ 为长细比，对中间无连系的单角钢压杆，应按最小回转半径计算，当 $\lambda < 20$ 时，取 $\lambda = 20$。

缀条不应采用小于∟45 ×45 ×4 或∟56 ×36 ×4 的角钢。

3. 缀板计算

缀板式格构构件可作为由两个分肢和缀板组成的单跨多层刚架体系，承受总剪力 V。假定该单跨多层刚架受力后产生弯曲变形时，反弯点均分布在各缀板及缀板间各分肢的中点，反弯点处弯矩为零，仅有剪力，在缀板中点处的内力（图 4-13），由隔离体平衡可求得：

$$V = \frac{V_1 l_1}{a} \tag{4-16}$$

$$M = \frac{V_1 l_1}{2} \tag{4-17}$$

式中：l_1——相邻两缀板轴线间的距离；

a——分肢轴线间的距离。

缀板强度计算包括缀板内力最大截面，即缀板与肢件连接处的强度计算和缀板与分肢连接的板端角焊缝计算。由于角焊缝强度设计值低于钢板的强度设计值，故一般只需计算角焊缝强度。

缀板的刚度计算,《钢结构设计规范》由限制缀板尺寸的办法满足。《钢结构设计规范》规定,在同一截面处缀板的线刚度之和不得小于分肢线刚度的 6 倍;缀板宽度应不小于 $2a/3$,厚度应不小于 $a/40$,且大于等于 6mm。

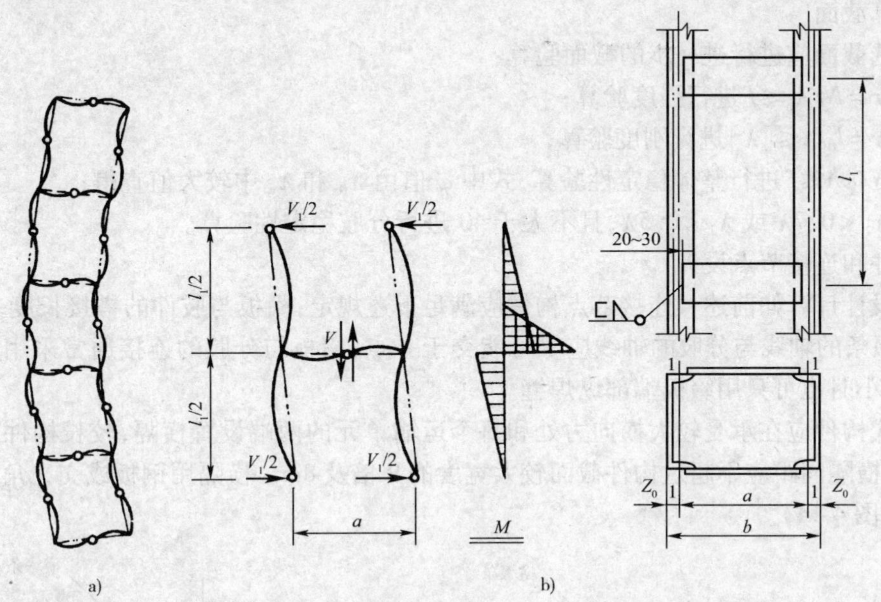

图 4-13 缀板的内力

4.6.4 格构式轴心受压构件的设计步骤

1. 确定构件截面形式

根据使用要求、材料供应、轴心压力大小和计算长度等条件确定构件截面形式和钢材型号。一般中、小型柱采用缀板柱,大型柱采用缀条柱。

2. 确定截面尺寸

首先,按实轴稳定要求试选分肢截面尺寸:假设构件实轴的长细比 λ_y,一般在 $\lambda_y=60\sim100$ 范围选用,根据 λ_y、钢号和截面类别,查得 φ_y 值,由式 $A=N/\varphi_y f$ 确定所需的截面面积;

其次,按式 $i_y=l_{0y}/\lambda_y$,求得所需的绕实轴的惯性半径 i_y,并按式 $b=i_y/\alpha_2$ 求得所需的截面宽度 b 的近似值。

由 A 和 i_y,或 A 和 b 初选分肢型钢规格或截面尺寸。多由型钢表选用槽钢或 I 形钢。

3. 按对虚轴等稳定性要求确定分肢间距

按所选分肢截面计算 λ_y,然后,按等稳定性要求 $\lambda_{0x}\leqslant\lambda_y$,求所需的 λ_x 最大值:

缀条式构件 $$\lambda_x\leqslant\sqrt{\lambda_y^2-27A/A_{1x}} \tag{4-18}$$

缀板式构件 $$\lambda_x\leqslant\sqrt{\lambda_y^2-\lambda_1^2} \tag{4-19}$$

由所需的 λ_x,求得所需的虚轴回转半径 i_x:

$$i_x=l_{0x}/\lambda_x,$$

由所需的 i_x 求得所需的分肢间距 b:

$$b=i_x/\alpha_2,$$

一般取 b 为 10mm 的倍数,且分肢翼缘间的空隙应大于等于 100~150mm,以便进行构件表面油漆。

在计算 λ_x 的公式中,可先假定 $A_{1x}=2\times0.05A$ 选定斜缀条的角钢型号;假定 $\lambda_1<0.5\lambda_y$,且不大于 40 后,代入公式计算 λ_x。

4. 验算截面

对初选截面应进行进一步的截面验算:

按式 $\sigma=N/A_n\leqslant f$ 进行强度验算;

按式 $\lambda=l_0/i\leqslant[\lambda]$ 进行刚度验算;

按式 $N/\varphi A\leqslant f$ 进行整体稳定性验算,式中 φ 值由 λ_{0x} 和 λ_y 中较大值查得;

按式 $\lambda_1<0.7\lambda$ 或 $\lambda_1<0.5\lambda$,且不大于 40 进行分肢稳定性验算。

5. 缀件和连接节点设计

缀件设计计算如前述。连接节点构件应满足下述规定:缀板与肢件的搭接长度一般取 20 ~30mm;缀条的轴线与分肢的轴线应尽可能交于一点;缀板与分肢的连接通常采用三面围焊缝,当内力小时也可只用缀板端部纵焊缝。

格构式构件应在承受较大横向力处和每个运输单元的两端设置横隔,较长构件还应设置中间横隔,横隔间距应不超过构件截面较大宽度的 9 倍及 8m。横隔用钢板或交叉角钢配合横缀条焊成(图 4-14)。

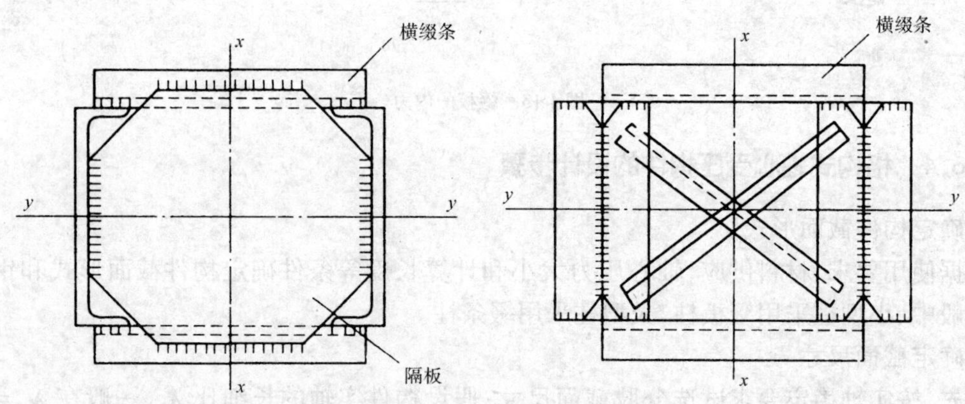

图 4-14 格构柱的横隔

例 4.4 一钢平台支柱承受轴心压力设计值为 $N=1450\text{kN}$,柱两端铰接,柱高 6m,$l_{0x}=l_{0y}=6\text{m}$,Q235 钢,焊条为 E43,自动焊,试设计该工作平台柱,按缀条柱和缀板柱设计后进行技术经济分析(图 4-15)。

解 1)缀板柱方案

(1)试选两分肢截面 按对实轴稳定计算,设 $\lambda_y=70$,属 b 类截面,$\varphi_y=0.751$

$$A_r=N/\varphi_y f=1450\times10^3/0.751\times215=8980.27\text{mm}^2=89.8\text{cm}^2$$

$$i_{yr}=l_{0x}/\lambda_y=600/70=8.57\text{cm}$$

查型钢表,试选 2[28b,$A=2\times45.62=91.24\text{cm}^2$,$\lambda_y=10.6\text{cm}$,$i_y=600/10.6=56.6$,查附录 A 得 $\varphi=0.825$。

柱自重:$2\times35.8\times9.81=702.6\text{N/m}$,全长 $702.6\times6=4216\text{N}$,考虑缀件等取 10kN,则 $N=1460\text{kN}$

$$N/\varphi A=1460\times10^3/(0.825\times9124)=194\text{N/mm}^2<f=215\text{N/mm}^2$$

(2)确定两肢间距　按对虚轴稳定计算。根据等稳定性原则：

$$\lambda_{0x}=\sqrt{\lambda_x^2+\lambda_1^2}=\lambda_y=56.6$$

$$\lambda_1\leqslant 0.5\times 56.6=28.3$$

取 $\lambda_1=28$；$\lambda_x=\sqrt{\lambda_y^2-\lambda_1^2}=\sqrt{56.6^2-28^2}=49.2$

$i_x=l_{0x}/\lambda_x=600/49.2=12.2\text{cm}$，$b=i_x/\alpha_2=12.2/0.44=27.7\text{cm}$，取 $b=28\text{cm}$。

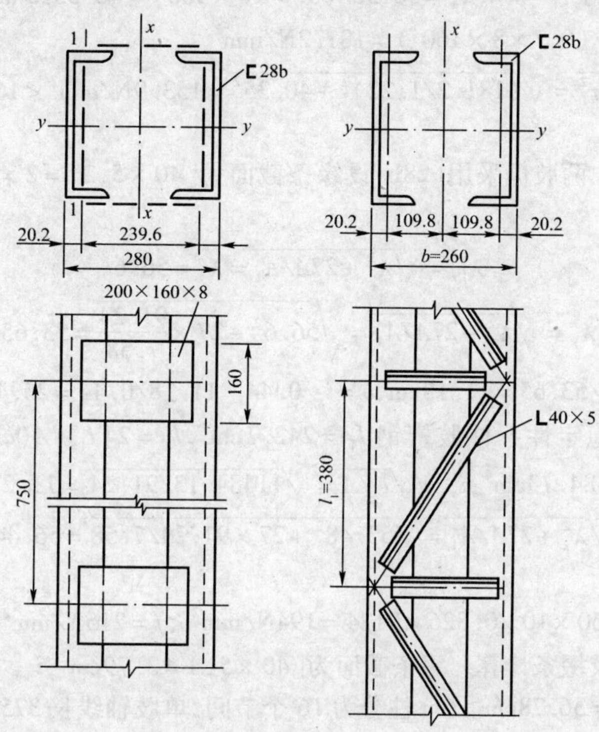

图 4-15　例 4.4 图(尺寸单位：mm)

(3)验算绕虚轴的稳定性　整个截面对虚轴的惯性矩 I_x 为：

$$I_x=2[I_1+A(a/2)^2]=2\times(242.1+45.62\times 11.98^2)=13573\text{cm}^4$$

$$i_x=\sqrt{I_x/A}=\sqrt{13573/2\times 45.62}=12.2\text{cm}$$

$$\lambda_x=l_{0x}/i_x=600/12.2=49.2$$

$$\lambda_{0x}=\sqrt{\lambda_x^2+\lambda_1^2}=\sqrt{29.2^2+28^2}=56.6$$

查表得：　$\varphi_x=0.825$

$N/\varphi_x A=1460\times 10^3/(0.825\times 9124)=194\text{N/mm}^2<f=215\text{N/mm}^2$，满足要求。

(4)缀板计算　肢件对自身轴 I-I 的惯性半径 $i=2.3\text{cm}$，缀板净距 $l_0=\lambda_1$。$i_1=28\times 2.3=64.4\text{cm}$ 取 65cm，缀板尺寸：$d\geqslant 2a/3=2\times 23.96/3=15.97\text{cm}$，取 $d=16\text{cm}$，$t=a/40=23.96/40=0.6\text{cm}$，取 $t=8\text{cm}$，则缀板尺寸为 160×200×8，缀板中距 $l_1=l_0+d=65+16=71\text{cm}$，柱高 6m，设置 7 块缀板，中距取 75cm。

柱分肢线刚度 $I_1/l=242/75=3.22$

两缀板线刚度之和$(2\times 0.8\times 16^3/12)/23.96=22.794$

两缀板线刚度之和/柱分肢线刚度 $=22.794/3.22=7.08>6.0$，缀板刚度足够。

(5)缀板与柱肢连接焊缝计算　柱身承受的横向剪力：

$V=\frac{Af}{85}\sqrt{\frac{f_y}{235}}=\frac{9124\times215}{85}\sqrt{\frac{235}{235}}=23078.4\text{N}=23.1\text{kN}$

缀板受力 $V=\frac{V_1 l_1}{a}=\frac{23.1}{2}\times\frac{75}{23.96}=36.15\text{kN}$；$M=T\frac{a}{2}=36.15\times11.98=433.077\text{kN}\cdot\text{cm}$

缀板端与柱肢连接，角焊缝 $l_w=160\text{mm}$，两端转角焊接，采用 $h_f=8\text{mm}$。焊缝承受 V 引起的沿焊缝方向的剪应力 $\tau_f=V/h_e l_w=36150/(0.7\times8\times160)=40.35\text{N/mm}^2$

$\sigma_{fx}=6\times4330000/(0.7\times8\times160^2)=181.2\text{N/mm}^2$

$\sqrt{(\sigma_{fx}/1.22)^2+\tau_f^2}=\sqrt{(181.2/1.22)^2+40.35^2}=153.9\text{N/mm}^2<160\text{N/mm}^2$

2）缀条柱方案

（1）决定肢间距　两肢仍采用[28b，设缘条截面为∟40×5，$A_1=2\times3.79=7.58\text{cm}^2$，利用等稳定条件：

$$\lambda_{0x}=\sqrt{\lambda_y^2+27A/A_1}=\lambda_y=56.6$$

$$\lambda_x=\sqrt{\lambda_y^2-27A/A_1}=\sqrt{56.6^2-27\times\frac{91.24}{7.58}}=53.65$$

$i_x=l_{0x}/\lambda_x=600/53.65=11.18\text{cm}$，$b=i_x/0.44=11.18/0.44=25.4\text{cm}$，取 $b=26\text{cm}$

（2）验算沿虚轴稳定性　柱肢槽钢 $I_1=242.1\text{cm}^4$，$I_x=2[I_1+A(a/2)^2]=2\times(242.1+45.62\times10.98^2)=11484.13\text{cm}^4$；$i_x=\sqrt{I_x/A}=\sqrt{11484.13/91.24}=11.27\text{cm}$，$\lambda_x=l_{0x}/i_x=600/11.27=53.48$，$\lambda_{0x}=\sqrt{\lambda_x^2+27A/A_1}=\sqrt{53.48^2+27\times91.24/7.58}=56.44<150$，按 b 类查附录 A 得 $\varphi_x=0.826$

$$N/\varphi_x A=1460\times10^3/0.826\times9124=194\text{N/mm}^2<f=215\text{N/mm}^2\text{，满足要求。}$$

（3）单肢长细比及缀条计算　缀条截面为∟40×5，$A=3.79\text{cm}^2$，$i_{min}=0.78\text{cm}$，计算长度 $l_b=b/\cos\alpha=26/0.707=36.78\text{cm}$。6m 柱分为 16 个节间，单肢轴线长 375mm，$\lambda_1=l_1/i_1=37.5/2.30=16.30<0.7\lambda_{min}$，取缀条轴线 $l_b=40$ 计算：$\lambda_1=l_b/i_1=40/0.78=51.28$。b 类单角线，$\varphi=0.850$，单角钢强度折减系数：

$$\psi=0.6+0.0015\times51.28=0.6792$$

柱身承受横向剪力为：

$$V=\frac{Af}{85}\sqrt{\frac{f_y}{235}}=\frac{9124}{85}\times215=23078.4\text{N}=23.1\text{kN},\ V_1=\frac{V}{2}=\frac{23.1}{2}=11.55\text{kN}$$

缀条受力，取缀条与柱轴线夹角为 $\alpha=45°$。

$$N_1=V_1/\cos\alpha=11.55/0.707=16.34\text{kN}$$

$\sigma=N_1/(\psi\varphi A)=16340/(0.6792\times0.85\times379)=74.92\text{N/mm}^2<f=215\text{N/mm}^2$，满足要求。

缀条与柱肢连接焊缝计算：

取 $h_f=4\text{mm}$

肢背焊缝长度为：$l_w=\frac{K_1N_1}{0.75h_f\times0.85\times160}=\frac{0.7\times16340}{0.7\times4\times0.85\times160}=30\text{mm}$

取 $l_w=30+10=40\text{mm}$

肢尖焊缝长度为：$l_w=\frac{K_2N_1}{0.75h_f\times0.85\times160}=\frac{0.3\times16340}{0.7\times4\times0.85\times160}=12.87\text{mm}$

取 $l_w=15+10=25\text{mm}$

4.7 柱头和柱脚

柱的上端与梁的连接部分称为柱头，柱的下端与基础的连接部分称为柱脚。柱头的作用是承受和传递梁及其以上结构的荷载；柱脚的作用是承受柱身的荷载并将其传递给基础。

梁与柱的连接形式和柱脚与基础的连接形式可分为铰接和刚接两种。一般轴心受压柱多采用铰接，框架柱则常用刚接形式。

柱头和柱脚的设计要求是：具有足够的刚度和强度；结构合理、传力明确；构造简单、便于施工；性能可靠、节省钢材。

4.7.1 梁与柱的连接

梁与柱的连接可将梁支于柱顶也可支于侧面，两种方式均可为铰接或刚接。

1. 梁与柱铰接

(1)梁支承于柱顶的构造形式　柱顶设置一厚度大于等于 16mm 的钢顶板，顶板与柱焊接，并用加劲肋加强。当柱为实腹柱时，应将梁端支承加劲肋对准柱的翼缘，以使梁的支座反力直接传给柱的翼缘。两相邻梁间应留 10～20mm 安装空隙，经调整定位后，用连接板和构造螺栓固定。该种连接形式传力明确，构造简单，缺点是当相邻梁支座反力不等时，柱将为偏心受压。为保证柱为轴心受压，可采用梁端设突缘支承加劲板的构造措施。

突缘支承加劲板底部应刨平并应在轴线附近与柱顶板顶紧。为提高柱顶的抗弯刚度，应加设一块垫板，并在轴线处增设加劲肋。两梁间应留 10mm 空隙，安装时尚应嵌入填板并用构造螺栓固定。格构式柱顶应设置缀板，分肢之间顶板下面应设置加劲肋。

梁铰接支承于柱顶的构造如图 4-16 所示。

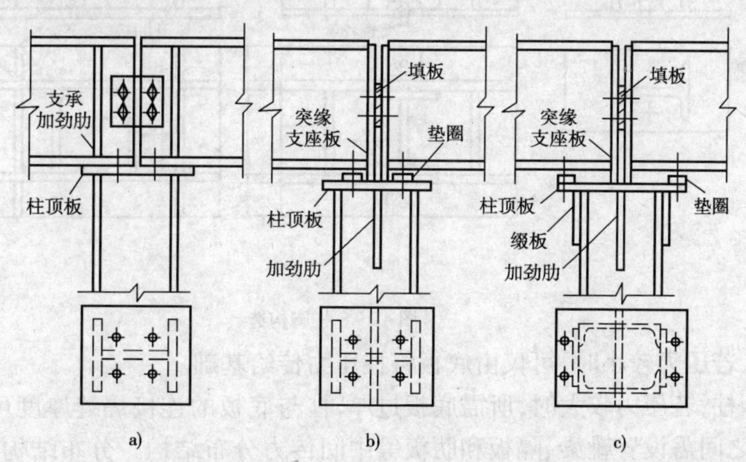

图 4-16　梁铰接于柱顶的构造

(2)梁支承于柱顶侧面的构造形式　在柱的翼缘或腹板外侧焊接一厚钢板承托，梁的突缘加劲板与承托的接触面应刨平顶紧，保证有效传递梁端反力。承托与柱用三面角焊缝连接，考虑支座反力偏心的不利影响，焊缝计算应按 1.25 倍支座反力考虑。为便于安装，梁端与柱板之间应留 5mm 空隙，并嵌入填板用构造螺栓固定(图 4-17)。

2. 梁与柱刚接

梁与柱的刚接均应支承于柱侧(图 4-18)。刚接构造要求传递梁端反力和梁端弯矩。梁端反力由承托传递;梁端弯矩可分解为上(下)翼缘的拉(压)力和下(上)翼缘的压(拉)力。该拉力和压力由连接梁的上、下翼缘与柱翼缘的焊缝或高强度螺栓传递。柱在梁上、下翼缘部位应设置腹板的水平加劲肋,其应与梁翼缘等厚,以避免柱翼缘外弯曲或腹板局部失稳。

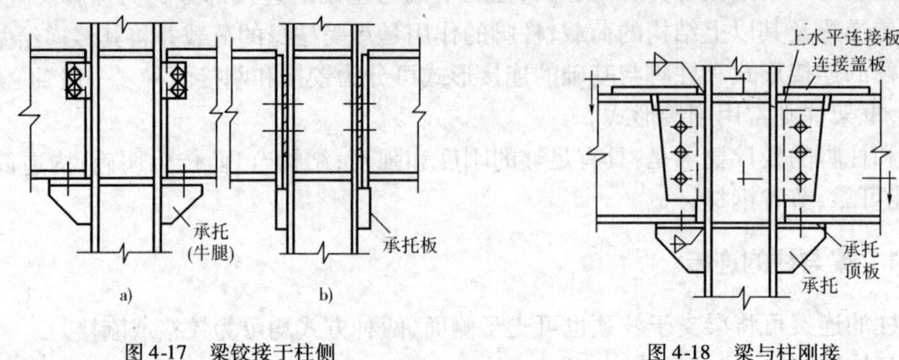

图 4-17　梁铰接于柱侧　　　　图 4-18　梁与柱刚接

4.7.2　柱脚

1. 铰接柱脚

轴心受压柱的柱脚多为铰接平板式柱脚,一般由底板、靴梁、隔板和肋板等组成。底板由锚栓固定于混凝土基础上(图 4-19)。

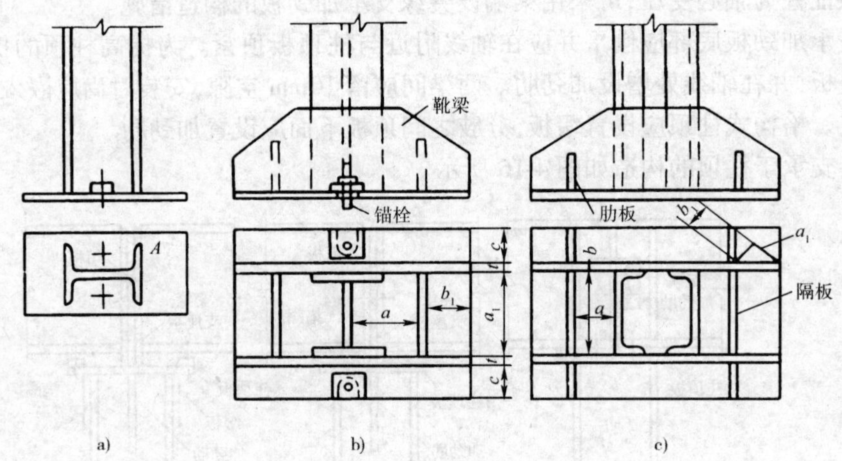

图 4-19　柱脚构造

小型柱,若压力较小时,可仅由底板将柱压力传给基础。

大、中型柱,若压力较大时,所需底板过厚,柱与底板的连接焊缝厚度可能超过限值,故在柱身与底板之间需设置靴梁、隔板和肋板等中间传力分布结构。分布结构的作用是增加柱身与底板连接焊缝的长度,将底板分隔为若干较小区格,达到减小底板弯矩,从而减小底板厚度的目的。

靴梁是沿柱脚长方向设于柱两侧的钢板,由竖向焊缝与柱翼缘相连接,由水平焊缝与底板相连;隔板是竖向布置在靴梁内侧的钢板,用来侧向支承靴梁并减小底板区格;肋板是竖向布置在靴梁外侧并垂直于靴梁设置的加劲肋板。

柱脚用锚栓固定在基础上,轴心受压柱的锚栓只用来固定柱的位置,不必计算,一般取直径为 20～25mm,底板锚栓孔的直径取 1.5～2.0 倍的锚栓直径。当上部结构安装完毕后,将螺母、垫板焊牢固定，再用混凝土将柱脚完全包住，柱脚一般置于室内地面以下，以免占据室内空间。

整个柱脚是一个承受底板均匀向上反力的肋形梁格体系，计算时可作适当简化。具体计算方法如下：

(1)底板计算　底板尺寸确定时，假定底板反力均匀分布，则底板的面积为：

$$A = BL \geqslant N/f_c + A_0 \tag{4-20}$$

式中：B、L——底板的宽度和长度；

A_0——螺栓孔面积；

f_c——基础混凝土的轴心抗压强度设计值。

底板一般为长方形，也可做成正方形。B、L 可按构造确定：

$$B = b_0 + 2t_b + 2c, \qquad L = A/B$$

式中：b_0——柱宽；

t_b——靴梁厚度，通常取 10～16mm；

c——底板悬臂长度，一般取(3.5～4.5)d；

d——螺栓直径，无螺栓时取 $c = 20 \sim 60$mm。应使 $L/B \leqslant 2$。

底板厚度的确定由底板在基础均匀反力 p 作用下产生的弯矩决定。底板在 p 作用下，柱端靴梁、隔板和肋板等可作为底板的支承，于是底板形成各种类型的区格板，各区格板单位宽度的最大弯矩为

四边支承板
$$M = \alpha p a^2 \tag{4-21a}$$

三边支承板
$$M = \beta p a_1^2 \tag{4-21b}$$

二邻边支承板
$$M = \gamma p a_2^2 \tag{4-21c}$$

一边支承板
$$M = \frac{1}{2} p c^2 \tag{4-21d}$$

二对边支承板
$$M = \frac{1}{8} p a^2 \tag{4-21e}$$

式中：a——四边支承板的短边长度及二对边支承板的板跨；

a_1——三边支承板自由边长度；

a_2——二邻边支承板短边长度；

p——作用于底板单位面积上的均匀压力，$p = N/(BL - A_0) \leqslant f_c$；

α、β、γ——弯矩系数，由表 4-5 查得。

矩形板最大弯矩系数　　表 4-5

四边简支板	b/a	1.0	1.1	1.2	1.3	1.4	1.5	1.6	1.7	1.8	1.9	2.0	3.0	≥4.0
	α	0.048	0.055	0.063	0.069	0.075	0.081	0.086	0.091	0.095	0.099	0.101	0.119	0.125
三边简支一边自由板	b_1/a_1	0.3	0.4	0.5	0.6	0.7	0.8	0.9	1.0	1.1	1.2	1.3	≥1.4	
	β	0.026	0.042	0.058	0.072	0.085	0.092	0.104	0.111	0.117	0.121	0.123	0.125	
二邻边支承	b_2/a_2	1.0	1.2	1.4	1.6	1.8	2.0	2.2	2.4	2.6	2.8	3.0		
	γ	0.120	0.144	0.165	0.185	0.203	0.220	0.234	0.246	0.256	0.266	0.273		

注：①由 α、β 求得最大弯矩分别在短边方向正中，自由边中点处。

②两邻边支承区格，可按三边支承区格计算，取 a_1 为对角线长度，b_1 为内角顶点至对角线的距离。

③当双向板两方向边长相差较大，超出表列范围时，可按单向板计算。

底板厚度计算可按下式：

$$t = \sqrt{6M_{max}/f} \tag{4-22}$$

式中：t——底板计算厚度，一般取 20～40mm，不得小于 14mm；

M_{max}——各区格板计算弯矩中最大值。

(2) 靴梁计算　靴梁可近似地作为支承在柱身的双悬壁简支梁计算。靴梁所受的底板反力为 $q_b = pB/2$，或为 $q_b = N/2L$。强度计算公式为

$$\sigma = 6M_{max}/t_b h_b^2 \leqslant f \tag{4-23}$$

$$\tau = 1.5V_{max}/t_b h_b \leqslant f_v \tag{4-24}$$

靴梁与柱身间竖焊缝一般为四条，传递全部柱身轴向压力 N，则焊缝计算公式为

$$h_f l_w \geqslant N/(4 \times 0.7 f_f^w) \tag{4-25}$$

且
$$l_w \leqslant 60h_f, h_b \geqslant l_w + 10$$

靴梁与底板间水平焊缝，认为传递全部柱身轴向压力 N，则焊缝计算公式为

$$h_f \geqslant N/(0.7\beta_f f_f^w \sum l_w) \tag{4-26}$$

且
$$h_f \geqslant 1.5\sqrt{t}, t\ \text{为底板厚度}$$

(3) 隔板计算　隔板作为底板的支承边，承受由底板传来的均布荷载 $q_d = pbd$，隔板两端支承于靴梁，作为简支梁考虑，则端部竖向焊缝为

$$h_f \geqslant q_d l_d/(0.7\beta_f f_f^w l_w) \tag{4-27}$$

且
$$h_f \geqslant 1.5\sqrt{t}, t\ \text{为底板厚度}$$

隔板强度计算按下式

$$\sigma = 6M_{max}/t_d h_d^2 \leqslant f \tag{4-28}$$

$$\tau = 1.5V_{max}/t_d h'_d \leqslant f_v \tag{4-29}$$

式中：h_d——隔板实际高度；

h'_d——端部切角后高度。

隔板应具有一定刚度，其厚度≥1/50 长度。

(4) 肋板计算　肋板可按承受均布荷载 $q_c = pbc$ 的悬臂梁计算。其端部竖向焊缝应满足

$$\tau_f = \sqrt{\left(\frac{1}{\beta_f} \cdot \frac{6M_{max}}{2 \times 0.7h_f l_w^2}\right)^2 + \left(\frac{V_{max}}{2 \times 0.7h_f l_w}\right)^2} \leqslant f_f^2 \tag{4-30}$$

且
$$l_w \leqslant 60h_f$$

肋板与底板间的连接焊缝应满足

$$h_f \geqslant q_c l_c/(2 \times 0.7\beta_f f_f^w l_w) \tag{4-31}$$

且
$$h_f \geqslant 1.5\sqrt{t}$$

肋板强度按端部切角后的高度 h'_c 计算：

$$\sigma = 6M_{max}/t_c h'^2_c \leqslant f \tag{4-32}$$

$$\tau = 1.5V_{max}/t_c h'_c \leqslant f_v \tag{4-33}$$

2. 刚接柱脚

刚接柱脚除承受轴力外，同时承受弯矩和剪力。刚性柱脚采用靴梁和整块底板组成的箱形结构。锚栓从底板外缘穿过并固定在靴梁两侧由肋板和水平盖板组成的支座上。大型格构式柱，多采用分离式柱脚，各分肢柱脚均为一个轴心受压铰接柱脚(图 4-20)。

刚接柱脚的剪力由底板与基础表面的摩擦力或抗剪键传递，不应用柱脚锚栓承受剪力。

底板尺寸为 BL，B 为底板宽度，按构造确定，L 为底板长度，f_c 为混凝土轴心抗压设计值，按下式确定：

$$\sigma_{max}=\frac{N}{BL}+\frac{6M}{BL^2}\leqslant f_c \tag{4-34}$$

底板厚度计算按铰接柱脚底板厚度计算方法，只需将底板下压应力斜线分布图形求出后计算各区格弯矩后取最大弯矩值代入即可。

靴梁、隔板和肋板的计算方法均可采用与铰接柱脚类似的方法。但应考虑弯矩作用下的最大内力 N_1，$N_1=N/2+M/h$，h 为柱截面高。

锚栓的计算应选取 M_{max} 相应 N 的内力组合，假定底板拉应力的合力全部由锚栓传递，其拉力设计值 N_t 为

$$N_t=(M-Na)/x \tag{4-35}$$

式中：a——底板压应力合力作用点至轴心压力 N 的距离，$a=L/2-c/3$；

x——底板压应力合力作用点至锚栓的距离，$x=d-c/3$；

d——锚栓至底板最大压应力处的距离；

c——压应力分布长度：

$$c=\frac{p_{max}}{p_{max}+|p_{min}|}L$$

根据 N_t 计算锚栓所需的净截面面积，选择锚栓的规格、数量和埋置深度。

例 4.5 一工作平台轴心受压柱，两端铰接，柱高 6m，截面为焊接 I 形，翼缘轧制，采用 Q235 钢，E43 型焊条，自动焊，混凝土用 C20 级，承受轴心压力设计值为 3600kN，试设计该柱柱脚。

解 (1)设计资料(图 4-21)

混凝土 C20 级，$f_c=9.6\text{N/mm}^2$，锚栓直径 $d_a=20\sim40\text{mm}$，取 $d=20\text{mm}$，锚栓孔直径为$(2\sim2.5)d_a$，取 40mm，$A_0=2\times(25\times40+\pi\times20^2/2)=3260\text{mm}^2$；靴梁厚度取 15mm，$c=3d=3\times20\text{mm}=60\text{mm}$；底板面积 $A=N/f_c+A_0=3600\times10^3/9.6+3260=378260\text{mm}^2$，底板宽度 $B=b+2t_b+2c=500+2\times16+2\times60=650\text{mm}$，底板长度 $L=A/B=378260/650=582\text{mm}$，采用 $BL=650\times800=520000\text{mm}^2$。

基础对底板的均匀反力 p 为

$$p=N/(BL-A_0)\leqslant f_c$$

$$N/(BL-A_0)=3600\times10^3/(650\times800-3260)=6.97\text{N/mm}^2<f_c=9.6\text{N/mm}^2$$

(2)确定底板厚度

区格①为四边支承板：$b/a=460/245=1.878$，$\alpha=0.0988$，$M=\alpha pa^2=0.0988\times6.97\times245^2=41355\text{N}\cdot\text{mm/mm}$；

区格②为三边支承板：$b_1/a_1=154/500=0.308$，$\beta=0.0274$，$N=\beta pa_1^2=0.0274\times6.97\times500^2=47745\text{N}\cdot\text{mm/mm}$；

区格③为悬臂板：$M=pc^2/2=6.97\times60^2/2=12550\text{N}\cdot\text{mm/mm}$；

取各区格中最大弯矩值 $M_{max}=47750\text{N}\cdot\text{mm/mm}$，$f=200\text{N/mm}^2$，$\gamma_x=1.2$，底板厚为

$$t=\sqrt{6M_{max}/(\gamma_x f)}=\sqrt{6\times47750/(1.2\times200)}=34.6\text{mm}，取\ t=36\text{mm}。$$

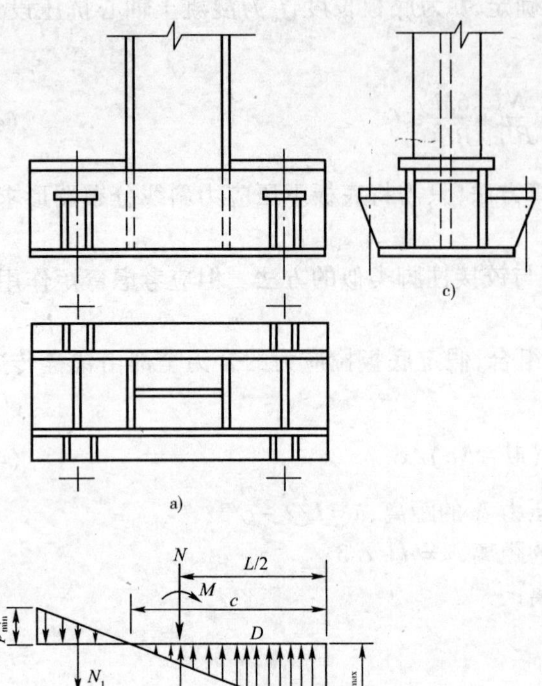

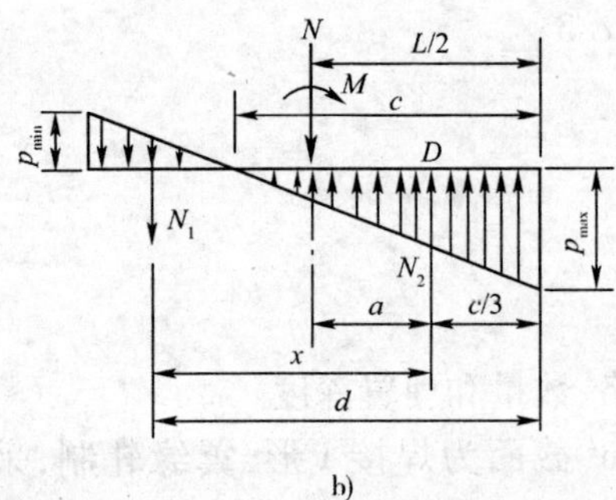

图 4-20　刚接柱脚

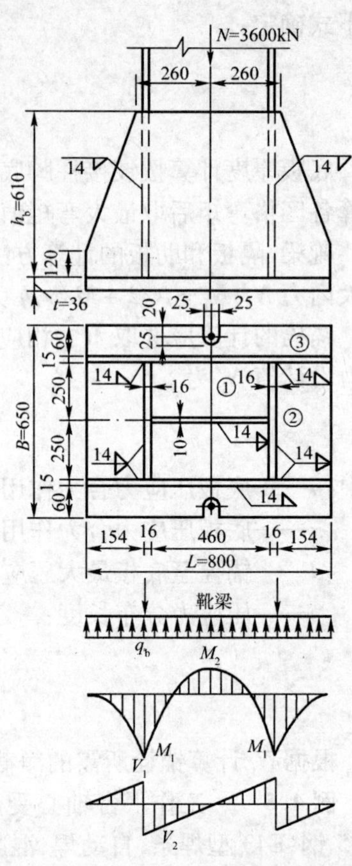

图 4-21　例 4.5 图(尺寸单位:mm)

(3)靴梁与柱身间竖向焊缝计算

$h_f l_w = N/(4\times0.7f_f^w) = 3600\times10^3/(4\times0.7\times160) = 8040\text{mm}^2$,构造要求:

$h_f > 1.5\sqrt{t} = 1.5\times\sqrt{16} = 6\text{mm}$,取 $h_f = 10\text{mm}$,$l_w = 8040/10 = 804\text{mm}$,据 $l_w \leqslant 60h_w$ 修改,取 $h_f = 14\text{mm}$,$l_w = 600\text{mm}$

靴梁高 $h_b = l_w + 10 = 600 + 10 = 610\text{mm}$

(4)靴梁与底板连接焊缝计算

$$\sum l_w = 2\times(800-10) + 4\times(154-5) = 2176\text{mm}$$

$$h_f = N/(0.7\beta_f f_f^w \sum l_w) = 3600\times10^3/(0.7\times1.22\times160\times2176)$$

$$= 12.1\text{mm},取\ h_f = 14\text{mm}$$

$$h_f \geqslant 1.5\sqrt{t} = 1.5\times\sqrt{36} = 9\text{mm},满足要求$$

柱端靴梁与底板连接焊缝取 $h_f = 14\text{mm}$。

(5)靴梁强度计算

靴梁截面尺寸采用 $t_b h_b = 15\times610\text{mm}^2$

$$q_b = N/(2L) = 3600\times10^3/(2\times800) = 2250\text{N/mm}$$

$$M_1 = q_b l_1^2/2 = 2250\times162^2/2 = 29.5\times10^6\text{N}\cdot\text{mm}$$

$$M_2 = q_b l_2^2/8 - M_1 = 2250 \times 468^2/8 - 29.5 \times 10^6 = 32.1 \times 10^6 \text{N} \cdot \text{mm}$$

取
$$M_{max} = M_2 = 32.1 \times 10^6 \text{N} \cdot \text{mm}$$

$$V_1 = q_b l_1 = 2250 \times 162 = 364.5 \times 10^3 \text{N}$$

$$V_2 = q_b l_2/2 = 2250 \times 468/2 = 526.5 \times 10^3 \text{N}$$

取
$$V_{max} = V_2 = 526.5 \times 10^3 \text{N}$$

$$\sigma_{max} = 6M_{max}/(\gamma_x t_b h_b^2)$$
$$= 6 \times 32.1 \times 10^6/(1.2 \times 15 \times 610^2) = 28.8 < f = 215 \text{N/mm}^2$$

$$\tau_{max} = 1.5V_{max}/(t_b h_b)$$
$$= 1.5 \times 526.5 \times 10^3/(15 \times 610) = 86.3 < f_v = 125 \text{N/mm}^2$$

满足要求。

复习思考题

4-1 轴心受力构件的强度验算中截面面积取净截面而刚度验算取毛截面的理由是什么?

4-2 简述轴心受压构件整体失稳的形式及其物理意义。

4-3 简述轴心受压构件稳定系数 φ 的物理意义。φ 值如何确定?

4-4 简述轴心受压实腹构件局部失稳的原因。如何防止局部失稳现象的发生?

4-5 取用较粗大的缀材能否提高格构式轴心受压柱的整体稳定承载能力?

4-6 试说明提高两端铰接柱整体稳定性的措施。

4-7 试分析轴心受压构件,I 形截面、箱形截面、T 形截面中哪些截面的翼缘和腹板的宽厚比限值与长细比 λ 有关。

4-8 柱头和柱脚的作用是什么?有哪些连接形式?

4-9 简述柱头和柱脚的构造及其传力途径。

4-10 如何验算柱头和柱脚的承载能力?

4-11 计算一屋架下弦杆所能承受的最大拉力 N,下弦截面为 2∟100mm×10mm,如图 4-22 所示,有两个安装螺栓,螺栓孔径为 21.5mm,钢材为 Q235。

4-12 两个轴心受压柱,如图 4-23 所示,截面面积相等,两端铰接,柱高 10m,翼缘为轧制边,钢材为 Q235,试计算这两个柱的承载能力,并验算局部稳定,作出分析比较说明。

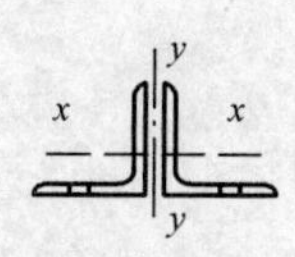

图 4-22　题 4-11 图

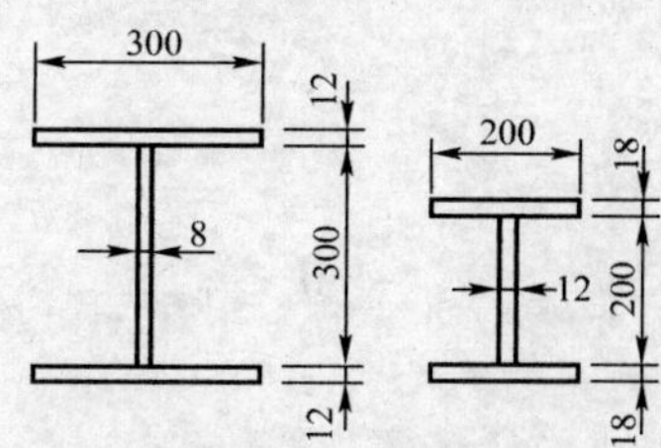

图 4-23　题 4-12 图(尺寸单位:mm)

4-13 设计某工作平台轴心受压柱的截面尺寸,柱高 6m,两端铰接,截面为焊接工字形,翼缘为轧制边,柱的轴心压力设计值为 5000kN,钢材为 Q235,焊条为 E43 型,采用自动焊。

4-14 设计一工作平台的格构式轴心受压柱,柱身由两个工字钢组成(实轴、虚轴均按 b 类截面),采用初选单角钢∟50mm×5mm 缀条。钢材为 Q235,焊条用 E43 型;柱高 9.5m,两端铰接。由平台传给柱身压力设计值为2400kN，柱重初估为1.2×25kN，试设计该柱截面，布置与设计缀条和连接，并绘构造图。

4-15 将习题14设计成为缀板式格构柱。

4-16 试设计题14的柱脚，基础为C20级混凝土。

第5章 受弯构件

钢梁是一种应用广泛的承受横向荷载而弯曲工作的受弯构件。最常见的钢梁有楼盖梁、工作平台梁、墙架梁、檩条和起重机梁等,临时性结构也常用型钢梁。钢梁按加工制作方式分为型钢梁和组合梁;型钢梁又可分为热轧型钢梁和冷弯薄壁型钢梁两种。

钢梁常用的截面形式如图5-1所示。热轧型钢梁加工简单,成本较低,应优先选用;冷弯薄壁型钢梁较为经济,但防锈能力差,多用于跨度小、荷载小、环境干燥的场合。组合梁由钢板或型钢连接而成,常用三块钢板焊接成工字形和四块钢板焊接成箱形截面,后者具有较好的抗扭刚度。组合钢梁截面合理,但加工量大,多用于截面高度受到限制的情况。

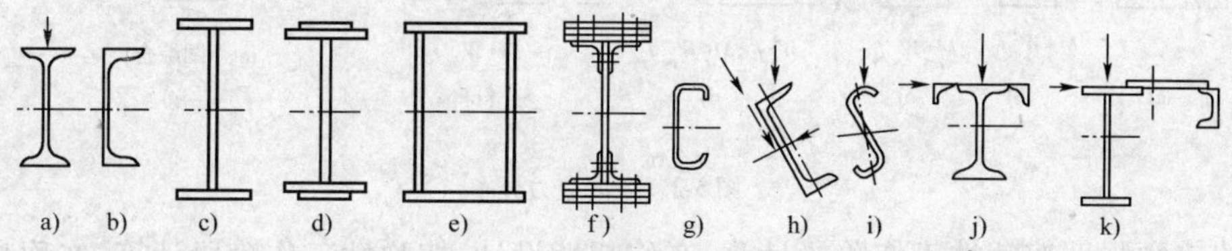

图5-1 梁的截面形式

a)、b)型钢梁;c)、d)、e)组合梁;f)铆接组合梁;g)、h)、i)薄壁型钢檩条;j)、k)起重机梁

钢梁根据弯曲变形的不同,还分为单向弯曲梁和双向弯曲梁。采用不同材料进行组合的组合梁如钢—混凝土组合梁,可收到很好的经济效果,正引起人们的重视。

由多个梁组成的结构体系称为梁格。梁格可分为由同一种梁排列组成的简单梁格、由主次梁组成的普通梁格和复杂梁格。梁格中主次梁的连接方式可有上下叠接、等高连接、低位连接和高位连接等多种形式。梁格按支承情况可分为简支梁、连续梁和多跨静定梁,设计时应根据不同的条件和要求选用。

钢梁的设计要求,与钢柱相同。梁必须具有足够的强度、刚度和稳定性。

5.1 梁的强度计算

梁的强度计算包括梁净截面、考虑塑性发展的抗弯强度和抗剪强度、局部承压强度及几种应力引起的折算应力计算。

5.1.1 梁的抗弯强度计算

1.梁在弯矩作用下截面上正应力发展的三个阶段

(1)弹性工作阶段 弯矩较小时,梁截面应力为直线分布,最外边缘正应力 σ 不超过屈服点 f_y,其弹性极限弯矩为:$M_e = W_n \cdot f_y$,W_n 为净截面弹性抵抗矩图5-2b、c)。

(2)弹塑性工作阶段 弯矩继续增加,截面边缘区域出现塑性变形,但中间部分仍保持弹性工作状态(图5-2d)。

(3)塑性工作阶段 弯矩再继续增加,截面塑性变形向深处发展,直至弹性核心消失,截面全部进入塑性状态,形成塑性铰区(图 5-2e)。梁变形很大,截面已不能承受更大弯矩。此时,弯曲应力为两个矩形分布,塑性极限弯矩为

$$M_p = W_{pn} f_y$$

式中:W_{pn}——梁的净截面塑性抵抗矩,$W_{pn} = S_{n1} + S_{n2}$;

S_{n1}、S_{n2}——上、下半净截面对塑性中和轴的面积矩。

显然,梁的 M_p/M_e 仅与 W_{pn}/W_n 有关,令:

$$\gamma_F = W_{pn}/W_n \tag{5-1}$$

式中:γ_F——钢梁截面形状系数,对矩形截面,$\gamma_F = 1.5$;对工形截面,$\gamma_F = 1.1 \sim 1.2$。

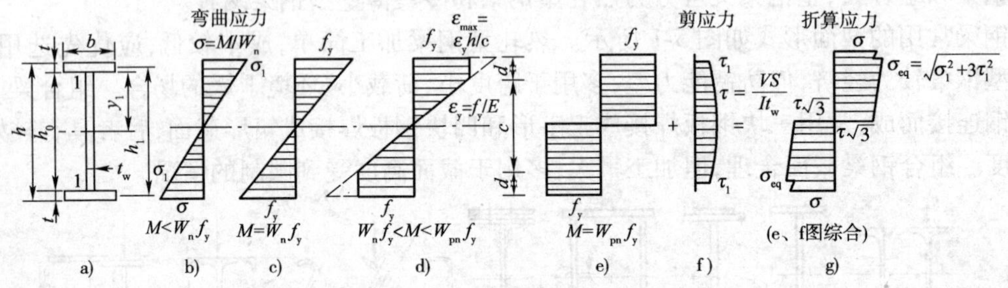

图 5-2 梁的应力分布

梁的抗弯强度按塑性工作阶段计算,亦称塑性设计;按弹性工作阶段计算,亦称弹性设计。可见,前者比后者更能充分发挥材料的作用,经济效益较高。考虑到塑性变形过大将引起梁的挠度过大,刚度降低,整体稳定和局部稳定降低,腹板局压应力不足,《钢结构设计规范》规定,对直接承受动力荷载的梁,不考虑截面塑性工作,仅按弹性设计;对承受静力荷载或间接承受动力荷载的梁只考虑部分截面塑性工作,塑性发展深度不超过 0.15 倍的截面高度,对两个主轴分别用截面塑性发展系数 γ_x 和 γ_y 控制,称为弹塑性设计。

2. 梁的抗弯强度计算公式

在主平面内受弯的实腹梁,其抗弯强度计算按下式:

对承受静力荷载或间接承受动力荷载的单向弯曲梁为

$$M_x/(\gamma_x W_{nx}) \leqslant f \tag{5-2}$$

对双向弯曲梁为

$$M_x/(\gamma_x W_{nx}) + M_y/(\gamma_y W_{ny}) \leqslant f \tag{5-3}$$

式中:M_x、M_y——绕 x 轴和 y 轴的弯矩(对工形截面,x 轴为强轴,y 轴为弱轴)

W_{nx}、W_{ny}——对 x 轴和 y 轴的净截面抵抗矩;

γ_x、γ_y——截面塑性发展系数,对工形截面,$\gamma_x = 1.05$,$\gamma_y = 1.20$;对箱形截面,$\gamma_x = \gamma_y = 1.05$;对其他截面可按表 5-1 采用;

f——钢材的抗弯强度设计值。

当梁受压翼缘的自由外伸宽度与其厚度之比大于 $13\sqrt{235/f_y}$,但不超过 $15\sqrt{235/f_y}$ 时,应取 $\gamma_x = 1.0$。f_y 为钢材的屈服强度:对 Q235 钢,取 $f_y = 235\text{N/mm}^2$;对 Q345 钢取 $f_y = 345\text{N/mm}^2$;对 Q390 钢,取 $f_y = 390\text{N/mm}^2$,以免塑性发展局部失稳。

对需要计算疲劳的梁,仍按上式计算,但取 $\gamma_x = \gamma_y = 1.0$,即为弹性设计。

截面塑性发展系数 γ_x、γ_y 表5-1

	①	②	③	④	⑤	⑥	⑦	⑧
截面形式		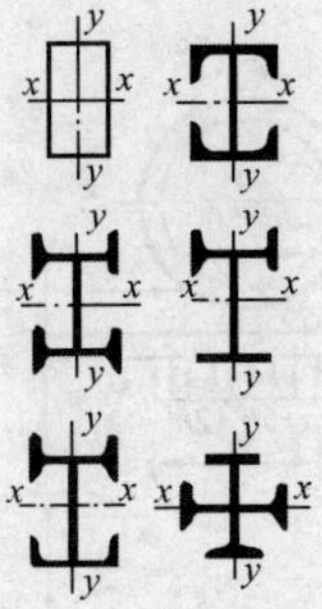	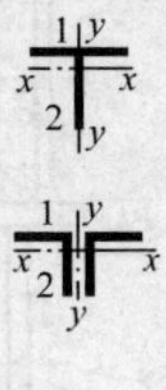	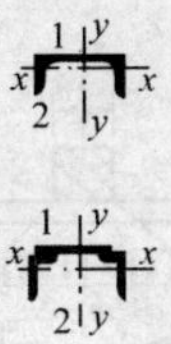		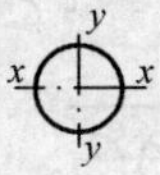	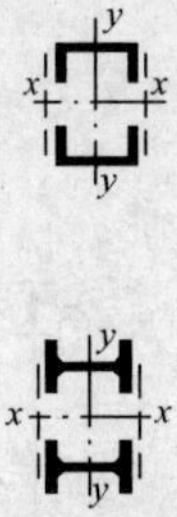	
γ_x	1.05	1.05	$\gamma_{x1}=1.05$ $\gamma_{x2}=1.2$	$\gamma_{x1}=1.05$ $\gamma_{x2}=1.2$	1.2	1.15	1.0	1.0
γ_y	1.2	1.05	1.2	1.05	1.2	1.15	1.05	1.0

5.1.2 梁的抗剪强度计算

在主平面内受弯的实腹梁，其抗剪强度应按下式计算：

$$\tau=\frac{VS}{It_w}\leqslant f_v \tag{5-4}$$

式中：V——计算截面沿腹板平面作用的剪力；

S——计算剪应力处以上毛截面对中和轴的面积矩；

I——毛截面惯性矩；

t_w——腹板厚度；

f_v——钢材抗剪强度设计值。

型钢梁因腹板较厚，一般均能满足抗剪强度要求，如最大剪力处截面无削弱可不必计算。

5.1.3 梁的局部承压强度计算

当梁的翼缘受有沿腹板平面作用的集中荷载，且该荷载处又未设置支承加劲肋，一般认为集中荷载从作用处以45°角扩散，均匀分布于腹板边缘局部范围内（图5-3），腹板计算高度上边缘局部承压强度应按下式计算：

$$\sigma_c=\frac{\psi F}{t_w l_z}\leqslant f \tag{5-5}$$

式中：F——集中荷载，对动力荷载应考虑动力系数；

ψ——集中荷载增大系数，对重级工作制起重机梁，$\psi=1.35$；对其他梁 $\psi=1.0$；

l_z——集中荷载在腹板计算高度上边缘的假定分布长度：

$$l_z=a+5h_y+h_R \tag{5-6}$$

a——集中荷载沿梁跨度方向的支承长度，对钢轨上轮压可取为50mm；

h_y——自梁顶面至腹板计算高度 h_0 上边缘的距离；

h_0——腹板的计算高度，对轧制型钢梁为腹板与上、下翼缘相接处两内弧起点间的距离，对焊接组合梁为腹板高度；对铆接或高强度螺栓连接组合梁，为上、下翼缘与腹板连接的铆钉或高强度螺栓线间最近距离；

h_R——轨道的高度，对梁顶无轨道的梁，$h_R = 0$。

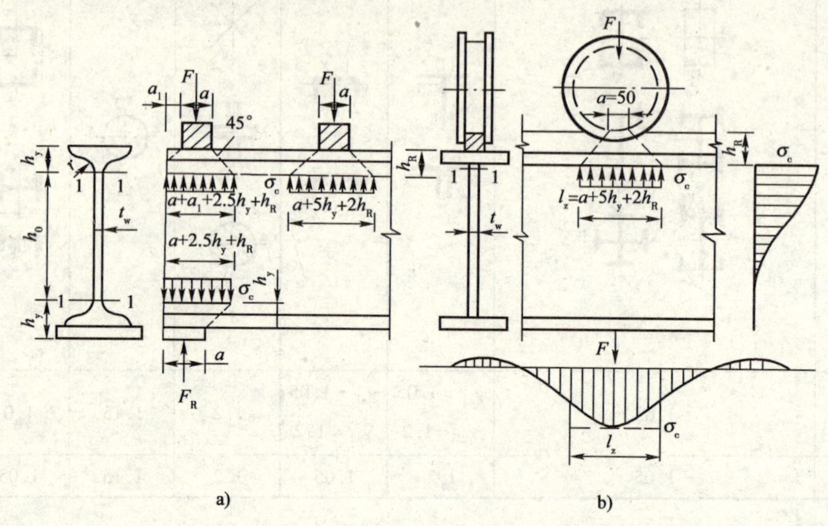

图 5-3 局部承压腹板边缘压应力分布

a）固定集中荷载作用在无支承加劲肋处；b）移动集中荷载作用在无支承加劲肋处

在梁的支座处，当不设置支承加劲肋时，也应按上式计算腹板计算高度下边缘的局部承压强度，但取 $\psi = 1.0$；支座反力的假定分布长度应根据支座具体尺寸，可按式（5-6）计算。

5.1.4 梁的折算应力计算

在组合梁的腹板计算高度边缘处，若同时受有较大的正应力、剪应力和局部压应力，或同时受有较大的正应力和剪应力，如连续梁支座处或梁的翼缘截面改变处，其折算应力应按下式计算（图 5-2g）：

$$\sigma_{eq} = \sqrt{\sigma^2 + \sigma_c^2 - \sigma\sigma_c + 3\tau^2} \leqslant \beta_1 f \tag{5-7}$$

式中：σ、τ、σ_c——腹板计算高度边缘同一点上同时产生的正应力、剪应力和局部压应力，τ 和 σ_c 应按式（5-4）和式（5-5）计算，σ 应按下式计算：

$$\sigma = \frac{M_1}{I_n} y_1 \tag{5-8}$$

σ 和 σ_c 以拉应力为正值，压应力为负值；

I_n——梁净截面惯性矩；

y_1——所计算点至梁中和轴的距离；

β_1——计算折算应力的强度设计值增大系数，考虑到计算折算应力的最大值仅发生在梁的局部范围，对梁的不利影响不大，故采用提高钢材强度设计值的办法予以考虑，当 σ 与 σ_c 异号时，取 $\beta_1 = 1.2$，当 σ 与 σ_c 同号或 $\sigma_c = 0$ 时，取 $\beta_1 = 1.1$。

5.2 梁的刚度计算

为保证梁的正常使用要求，梁应有足够的刚度，梁的刚度可用梁的最大挠度来衡量，《钢结构设计规范》根据长期使用经验规定了梁的最大挠度的允许值，其表达式为：

$$v \leqslant [v]$$

或

$$v/l \leqslant [v/l] \tag{5-9}$$

式中：l——梁的跨度，悬臂梁取2倍跨长；

v——梁的最大挠度，按荷载标准值计算，截面按毛截面考虑；

v/l——梁的相对挠度，对受均布荷载等截面简支梁为

$$v/l = \frac{5}{384}\frac{q_k l^3}{EI} = \frac{5M_k l}{48EI} \leqslant [v/l]$$

对均布荷载变截面简支梁为

$$v/l = \frac{5q_k l^3}{384EI}\eta = \frac{5M_k l}{48EI}\eta \leqslant [v/l]$$

$$\eta = 1 + 3.2(I/I' - 1)\alpha^3(4 - 3\alpha) \approx 1.05$$

式中：q_k——均布荷载标准值；

$[v/l]$——容许相对挠度，按《钢结构设计规范》规定采用，或按表1-11采用。

经验算不能满足刚度要求时，应调整截面尺寸，其中以增加截面高度最为有效。

5.3 梁的整体稳定

梁在横向荷载作用下，在最大刚度平面内产生弯曲变形，截面上翼缘受压，下翼缘受拉，当弯矩 M 达到某一限值 M_{cr} 时，梁在微小的横向扰力作用下受压上翼缘突然发生侧向弯曲，由于受拉下翼缘阻止（通过腹板），而使钢梁发生不可恢复的弯扭屈曲，使钢梁丧失承载能力（图5-4）。这种因弯矩超过临界弯矩发生侧向弯扭屈曲而丧失承载能力的现象称为钢梁丧失整体稳定。当 $M_{max} \leqslant M_{cr}$，或任意应力 $\sigma \leqslant f_y$ 时，称为弹性失稳；否则称非弹性失稳。

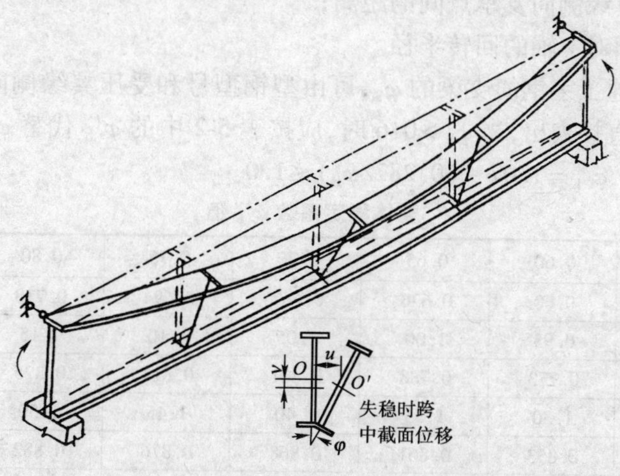

图5-4 梁丧失整体稳定的变形示意图

5.3.1 梁的整体稳定计算

梁在丧失整体稳定时的荷载称临界荷载或临界力，梁受压翼缘相应的最大应力叫临界应力。临界应力 σ_{cr} 与钢材屈服强度 f_y 之比称为梁的整体稳定性系数，即 $\varphi_b=\sigma_{cr}/f_y$；梁丧失整体稳定的破坏可能先于强度破坏，即 $\sigma_{cr}/f_y<1$，为了保证梁的安全工作，防止突然失稳破坏，必须验算梁的整体稳定。梁的最大刚度平面受弯及在两个主平面受弯时，整体稳定计算公式分别为

$$\sigma=\frac{M_x}{\varphi_b W_x}\leqslant f$$

及

$$\frac{M_x}{\varphi_b W_x}+\frac{M_y}{r_y W_y}\leqslant f \tag{5-10}$$

式中：M_x、M_y——绕梁截面强轴作用的最大弯矩和绕弱轴作用的最大弯矩；

W_x、W_y——按受压纤维确定的对 x 轴和 y 轴毛截面抵抗矩；

r_y——相对 y 轴的塑性发展系数；

φ_b——梁的整体稳定性系数，$\varphi_b=\sigma_{cr}/f_y$，详见《钢结构设计规范》附录 B。

5.3.2 梁的整体稳定系数 φ_b

理论分析表明，影响梁整体稳定承载力的因素很多，主要有：梁的侧向抗弯刚度 EI_y，梁的跨度或受压翼缘侧向自由长度，荷载的种类和荷载的作用位置以及梁的支座约束和梁的截面形式等。综合考虑上述因素后，《钢结构设计规范》制定了梁的整体稳定系数 φ_b 的实用计算公式和有关表格，载于附录 A 中供查用，或如下所述。

(1)对于均匀弯曲的双轴对称工字形截面受弯构件，当 $\lambda_y\leqslant 120\sqrt{135/f_y}$ 时，其整体稳定系数 φ_b 可按下列近似公式计算：

$$\varphi_b=1.07-\frac{\lambda_y^2}{44000}\cdot\frac{f_y}{235} \tag{5-11}$$

式中：λ_y——梁在侧向支承点间对截面弱轴 y—y 的长细比，$\lambda_y=l_1/i_y$；

l_1——梁受压翼缘侧向支承点间的距离；

i_y——梁毛截面对 y 轴的回转半径。

(2)对于轧制普通工字钢简支梁的 φ_b，可由型钢型号和受压翼缘侧向支承点的间距等参数按表 5-2 和表 5-3 直接查出，当 $\varphi_b>0.6$ 时，应按表 5-2 中的 φ'_b 代替 φ_b，φ'_b 为考虑塑性影响时梁整体稳定系数，$\varphi'_b=1.07-(0.282/\varphi_b)\leqslant 1.0$。

整体稳定系数 φ'_b 值 表 5-2

φ_b	0.60	0.65	0.70	0.75	0.80	0.85	0.90
φ'_b	0.60	0.636	0.667	0.694	0.718	0.738	0.757
φ_b	0.95	1.00	1.05	1.10	1.15	1.20	1.25
φ'_b	0.773	0.788	0.801	0.814	0.825	0.835	0.844
φ_b	1.30	1.35	1.40	1.45	1.50	1.60	1.80
φ'_b	0.853	0.861	0.868	0.876	0.882	0.894	0.913
φ_b	2.00	2.25	2.50	3.00	3.50	≥4.00	
φ'_b	0.929	0.945	0.957	0.976	0.989	1.000	

(3)轧制槽钢简支梁的 φ_b 不论荷载类型和作用位置均按下式计算：

$$\varphi_b = (570bt/l_1h) \times 235/f_y \tag{5-12}$$

式中：h、b、t——槽钢截面的高度、宽度和翼缘的平均厚度。

轧制普通工字钢简支梁的 φ_b 值 表 5-3

序号	荷载情况			工字钢型号	自由长度 l_1(m)								
					2	3	4	5	6	7	8	9	10
1	跨中无侧向支承点的梁	集中荷载作用于	上翼缘	10~20	2.00	1.30	0.99	0.80	0.68	0.58	0.53	0.48	0.43
				22~32	2.40	1.48	1.09	0.86	0.72	0.62	0.54	0.49	0.45
				36~63	2.80	1.60	1.07	0.83	0.68	0.56	0.50	0.45	0.40
2			下翼缘	10~20	3.10	1.95	1.34	1.01	0.82	0.69	0.63	0.57	0.52
				22~40	5.50	2.80	1.84	1.37	1.07	0.86	0.73	0.64	0.56
				45~63	7.30	3.60	2.30	1.62	1.20	0.96	0.80	0.69	0.60
3	跨中无侧向支承点的梁	均布荷载作用于	上翼缘	10~20	1.70	1.12	0.84	0.68	0.57	0.50	0.45	0.41	0.37
				22~40	2.10	1.30	0.93	0.73	0.60	0.51	0.45	0.40	0.36
				45~63	2.60	1.45	0.97	0.73	0.59	0.50	0.44	0.38	0.35
4			下翼缘	10~20	2.50	1.55	1.08	0.83	0.68	0.56	0.52	0.47	0.42
				22~40	4.00	2.20	1.45	1.10	0.85	0.70	0.60	0.52	0.46
				45~63	5.60	2.80	1.80	1.25	0.95	0.78	0.65	0.55	0.49
5	跨中有侧向支承点的梁(不考虑荷载作用点在截面高度上的位置)			10~20	2.20	1.39	1.01	0.79	0.66	0.57	0.52	0.47	0.42
				22~40	3.00	1.80	1.24	0.96	0.76	0.65	0.56	0.49	0.43
				45~63	4.00	2.20	1.38	1.01	0.80	0.66	0.56	0.49	0.43

注：①表中项次 1,2 的集中荷载是指一个或少数几个集中荷载位于跨中央附近的情况，对其他情况的集中荷载应按项次 3,4 内数值采用。

②荷载作用于上翼缘，系指作用点在翼缘表面，方向指向截面形心；作用于下翼缘，则背向截面形心。

③表中的 φ_b 适用于 Q235 钢。对其他钢号，表中数值应乘以 $235/f_y$。

5.3.3 保证梁整体稳定性的构造措施

提高钢梁整体稳定性的最有效措施是加大受压翼缘宽度 b_1 和增加受压翼缘的侧向支承点，以减小其侧向自由长度 l_1。钢梁一般在端部支座处对受压翼缘均给予侧向支承，次梁、支撑体系、焊接面板也可提供侧向支承。为此，《钢结构设计规范》规定，符合下列情况之一时，可不计算梁的整体稳定性：

(1)有铺板(各种钢筋混凝土板和钢板)密铺在梁的受压翼缘上并与其牢固相连、能阻止梁受压翼缘的侧向位移时。

(2)等截面 H 形或工字形截面简支梁受压翼缘的自由长度 l_1 与其宽度 b_1 之比不超过表

5-4 所规定的数值时。

H 形、工形截面简支梁不需计算整体稳定性的最大 l_1/b_1 值 表 5-4

钢　号	跨中无侧向支承点的梁		跨中有侧向支承点的梁，无论荷载作用于何处
	荷载作用在上翼缘	荷载作用在下翼缘	
Q325 钢	13.0	20.0	16.0
Q345 钢	10.5	16.5	13.0
Q390 钢	10	15.5	12.5
Q420	9.5	15.0	12.0

注：①其他钢号的梁不需计算整体稳定性的最大 l_1/b_1 值，应取 Q235 钢的数值乘以 $\sqrt{235/f_y}$。

②梁的支座处，应采取构造措施以防止梁端截面的扭转。

③对跨中无侧向支承点的梁，l_1 为其跨度；对有侧向支承点的梁，l_1 为支承点间距离。

5.4 梁的局部稳定

在钢梁的设计中，为了节省材料和提高承载能力，总是力求采用高而薄的腹板以增加截面的惯性矩和抵抗矩；采用宽而薄的翼缘以提高梁的整体稳定性；但是当腹板的高厚比或翼缘的宽厚比过大，可能出现腹板或翼缘未达到强度破坏和整体失稳之前，即产生局部波浪形的鼓曲而退出工作的现象，这种现象就叫做板件丧失稳定性或称局部失稳（图 5-5）。

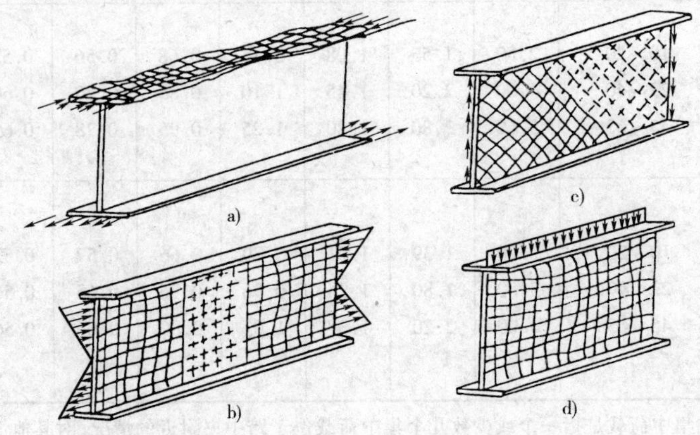

图 5-5　梁的局部失稳现象

a）翼缘的失稳；b）腹板在正应力作用下的失稳；c）腹板在剪应力作用下的失稳；d）腹板在轮压下的失稳

尽管梁的腹板或翼缘局部失稳，尚未达到梁整体丧失承载能力，但由于对称截面转化为非对称截面而产生扭转，部分截面退出工作，而使梁的承载力降低。因而，需要采取防止梁局部失稳的措施。

5.4.1 保证梁局部稳定的措施

保证梁局部稳定的主要措施有：

1. 受压翼缘局部稳定

（1）I 形截面梁受压翼缘自由外伸宽度 b_1 与其厚度 t 之比，应符合下式要求：

$$b_1/t \leqslant 13\sqrt{235/f_y} \tag{5-13}$$

(2)箱形截面受压翼缘板与腹板间无支承，宽度 b_0 与其厚度 t 之比，应满足：

$$b_0/t \leqslant 40\sqrt{235/f_y} \tag{5-14}$$

2. 设置腹板加劲肋，以保证腹板局部稳定性加劲肋的布置如图 5-6 所示。

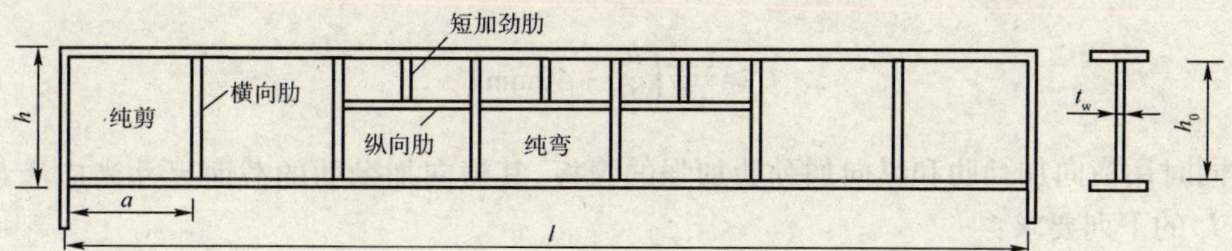

图 5-6　加劲肋的布置

(1)当 $h_0/t_w \leqslant 80\sqrt{235/f_y}$ 时，对有局部压应力（$\sigma_c \neq 0$）的梁，宜按构造配置横向加劲肋；但对无局部压应力（$\sigma_c = 0$）的梁可不配置加劲肋。

(2)当 $80\sqrt{235/f_y} < h_0/t_w \leqslant 170\sqrt{235/f_y}$ 时，应配置横向加劲肋，并按照《钢结构设计规范》第 4.3.3 条计算。

(3)当 $h_0/t_w > 17\sqrt{235/f_y}$（受压翼缘扭转受到约束，如连接刚性铺板、制动板或焊有钢轨时）或 $h_0/t_w > 150\sqrt{235/f_y}$（受压翼缘扭转未受到约束）或按计算需要时，应在弯曲应力较大区格的受压区增加配置纵向加劲肋。局部压应力很大的梁，应在受压区配置矩形加劲肋，并按《钢结构设计规范》第 4.3.3 条的规定进行计算。

(4)梁的支座处和上翼缘受较大固定集中荷载处，宜设置支承加劲肋，并应满足稳定性的计算要求。

(5)任何情况下，h_0/t_w 均不应超过 $250\sqrt{235/f_y}$。

3. 加劲肋的作用

加劲肋有如下作用：

(1)在集中荷载较大处设置的支承加劲肋的作用是将集中荷载逐步均匀地传递到腹板上。

(2)横向加劲肋主要作用是抵抗因切应力引起的腹板局部失稳；横向加劲肋不应布置在腹板屈曲的两波峰或波谷之间。

(3)纵向加劲肋主要作用是抵抗因弯曲正应力导致的腹板局部失稳。

(4)短加劲肋可提高纵向、横向加劲肋的作用，当有较大移动集中荷载时具有减小局部轮压导致的腹板局部失稳的作用。

4. 加劲肋的构造要求

(1)加劲肋的布置要求　加劲肋宜在腹板两侧成对配置，除支承加劲肋和重级工作制起重机梁加劲肋外也可单独配置；横向加劲肋的间距 a 应满足下列要求：$0.5h_0 \leqslant a \leqslant 2.0h_0$，对无局部压应力的梁，当 $h_0/t_w \leqslant 100$ 时，可采用 $2.5h_0$；纵向加劲肋至腹板计算高度受压边缘距离应在 $h_c/2.5 \sim h_c/2$ 范围内。

(2)加劲肋的刚度要求　对成对配置在腹板两侧的横向加劲肋，截面外伸宽度 b_s 和厚度 t_s 应符合下列要求：

$$b_s \geqslant (h_0/30) + 40\text{mm}$$

$$t_s \geqslant b_s/15$$

对一侧配置的腹板横向加劲肋应符合：

$$b_s \geqslant 1.2\left(\frac{h_0}{30}+40\text{mm}\right)$$

$$t_s \geqslant \frac{1.2}{15}\left(\frac{h_0}{30}+40\text{mm}\right)$$

对同时用横向加劲肋和纵向加劲肋加强的腹板，其横向加劲肋的截面尺寸尚应满足截面惯性矩 I_z 的下列要求：

$$I_z \geqslant 3h_0 t_w^3$$

其纵向加劲肋的截面惯性矩 I_y 应符合下式要求：

当 $a/h_0 \leqslant 0.85$ 时，$I_y \geqslant 0.5h_0 t_w^3$；

当 $a/h_0 > 0.85$ 时，$I_y \geqslant (2.5-0.45a/h_0)(a/h_0)^2 h_0 t_w^3$。

(3)短加劲肋的最小间距 $a=0.75h_1$；短加劲肋的外伸宽度 b'_s 应取横向加劲肋外伸宽度 b_s 的 0.7～1.0 倍，厚度取 $t'_w \geqslant b'_s/15$。

(4)用型钢做成的加劲肋，其截面惯性矩不得小于上述相应钢板加劲肋的惯性矩。截面惯性矩的计算，当成对配置时按梁腹板中心线为轴线计算；当一侧配置时，按腹板边缘为轴线计算。

5.4.2 普通钢板梁仅有横向加劲肋时间距 a 的简化计算公式

当普通钢板梁仅有横向加劲肋时间距 a 的简化计算公式如下：

(1)当 $\frac{h_0}{t_w}\sqrt{\eta\tau} \leqslant 1200$ 时，a 按构造要求确定。

(2)当 $1200 < \frac{h_0}{t_w}\sqrt{\eta\tau} \leqslant 1500$ 时，取 $a \leqslant 500h_0 \Big/ \left(\frac{h_0}{t_w}\sqrt{\eta\tau}-1000\right)$

(3)当 $\frac{h_0}{t_w}\sqrt{\eta\tau} > 1500$ 时，取 $a \leqslant 1000h_0 \Big/ \left(\frac{h_0}{t_w}\sqrt{\eta\tau}-500\right)$

式中：τ——所考虑梁段内最大剪力产生的腹板平均剪应力（N/mm^2），$\tau = V/(h_0 t_w)$；

t_w、h_0——腹板的厚度和计算高度；

η——考虑 σ 影响的增大系数，按 $\eta = 1\Big/\sqrt{1-\left[\frac{\sigma}{715}\left(\frac{h_0}{100t_w}\right)^2\right]^2}$ 计算或按表 5-5 采用；

σ——与 τ 同一截面的腹板计算高度边缘的弯曲压应力（N/mm^2），$\sigma = My_1/I$；

I——梁毛截面惯性矩；

y_1——腹板计算高度受压边缘至中和轴的距离。

系　数　η　　　　表 5-5

$\sigma(h_0/100t_w)^2$	0	100	140	180	200	220	240	260	280	300	320	340	360	380
η	100	1.01	1.02	1.03	1.04	1.05	1.06	1.07	1.09	1.10	1.12	1.14	1.16	1.18
$\sigma(h_0/100t_w)^2$	400	420	440	460	480	500	520	540	560	580	600	620	640	
η	1.21	1.24	1.27	1.31	1.35	1.40	1.46	1.53	1.61	1.71	1.84	2.01	2.24	

5.4.3 纵向加劲肋至腹板计算高度受压边缘的距离 h_1 的确定

对无局部压应力($\sigma_c=0$)的梁，当其腹板同时用横向和纵向加劲肋加强时，h_1 应在 $h_0/5 \sim h_0/4$ 范围内设置，并应符合下式要求：

$$h_1 \leqslant 1120 t_w/\sqrt{\sigma} \tag{5-15}$$

式中：σ——所考虑区段内最大弯矩处腹板计算高度边缘的弯曲压应力(N/mm²)：

$\sigma = M_{max}y_1/I$

当确定横向加劲肋间距 a 时，应以 h_2 代替 h_0，并取 $\eta=1.0$。

5.4.4 支承加劲肋的计算

支承加劲肋是指承受集中荷载或支座反力的横向加劲肋(图 5-7)。集中荷载或反力通过翼缘与支承加劲肋刨平顶紧面或焊缝传给支承加劲肋；有时也直接传给支承加劲肋，梁端支承加劲肋可分两种方式将荷载传给柱头，详见柱头构造所述。支承加劲肋的工作状态如一短柱，故应按承受梁支座反力或固定集中荷载的轴心受压构件计算其在腹板平面外的稳定性。

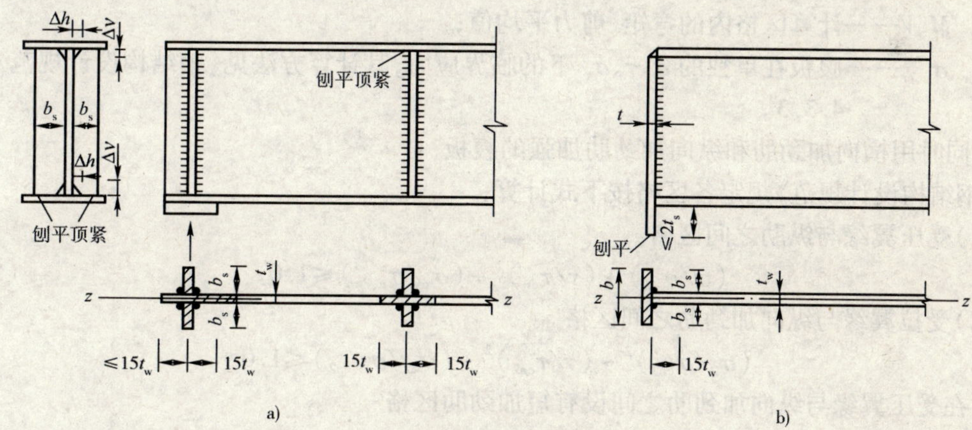

图 5-7 支承加劲肋

a)平板支座；b)突缘支座

(1)端部承压应力计算 支承加劲肋若为刨平顶紧面传力的突缘支座板时，应计算其端面承压应力，可按下式计算：

$$\sigma_{ce} = F/A_{ce} \leqslant f_{ce} \tag{5-16}$$

式中：F——全部集中荷载或支座压力；

A_{ce}——端面承压面积，取接触净面积，$A_{ce}=2(b_s+t_w/2)t_s$；

f_{ce}——钢材端面承压强度设计值，一般取 $1.5f$。

(2)在腹板平面外的整体稳定计算 支承加劲肋在集中荷载或支座反力 F 作用下，应按轴心受压构件验算其在腹板平面外的整体稳定，按下式计算：

$$F/\varphi A_{se} \leqslant f \tag{5-17}$$

式中：A_{se}——包括加劲肋和加劲肋两侧 $15t_w\sqrt{235/f_y}$ 范围内的腹板面积在内计算面积，$A_{se} = 2b_st_s + t_st_w + (1\sim2)\times15t_w^2\sqrt{235/f_y}$，端部突缘式加劲肢取 1，其余取 2；

φ——轴心压杆稳定系数，由 $\lambda = h_0/i_z$，按 b 类或 c 类(端部突缘式加劲肋)截面查附

表22；

i_z——绕腹板水平轴的回转半径，$i_z=\sqrt{I_z/A_{se}}$。

(3)支承加劲肋与腹板的连接焊缝计算　该连接焊缝一般用角焊缝，并按传递全部集中荷载或支座反力计算，假定应力沿焊缝全长均匀分布，实用焊脚尺寸应满足构造要求并应略有富余，如下式：

$$\tau_f=F/(\sum 0.7h_f l_w)\leqslant f_f^w$$

$$h_f\geqslant F/(2.8l_w f_f^w)$$

取　$l_w=(h_0-2\times\text{切角高}-10\text{mm})$，及 $h_{fmin}\leqslant h_f\leqslant f_{fmax}$

5.4.5　当设有加劲肋时腹板局部稳定计算

1.仅用横向加劲肋加强的腹板

《钢结构设计规范》规定应满足下列稳定公式的要求：

$$\sqrt{(\sigma/\sigma_{cr})^2+(\sigma_c/\sigma_{c,cr})+(\tau/\tau_{cr})^2}\leqslant 1 \tag{5-18}$$

式中：σ、σ_c、τ——验算板段的边缘应力，$\sigma=My_1/I_x$，$\tau=V/(h_w t_w)$，$\sigma_c=4F/(t_w l_z)\leqslant f$；

M、V——计算区格内的弯矩、剪力平均值；

σ_{cr}、τ_{cr}、$\sigma_{c,cr}$——腹板在单独的 σ、τ、σ_c 下的临界应力，其计算方法见《钢结构设计规范》4.3.3。

2.同时用横向加劲肋和纵向加劲肋加强的腹板

《钢结构设计规范》规定各区格按下式计算：

(1)受压翼缘与纵肋之间区格

$$(\sigma/\sigma_{cn})+(\tau/\tau_{cn})^2+(\sigma_c/\sigma_{c,cn})\leqslant 1.0 \tag{5-19}$$

(2)受拉翼缘与纵向加劲肋之间区格

$$(\sigma_2/\sigma_{cn2})^2+(\tau/\tau_{cn2})^2+(\sigma_{c2}/\sigma_{c,cn2})\leqslant 1.0$$

3.在受压翼缘与纵向加劲肋之间设有短加劲肋区格

稳定性按式(5-19)计算。

5.4.6　组合梁腹板考虑屈曲后强度计算

(1)腹板仅配置支承加劲肋而考虑屈曲后强度的工字形截面焊接组合梁，应按《钢结构设计规范》4.4.1验算。

(2)当仅配置支承加劲肋不能满足要求时，应在两侧成对配置中间横向加劲肋，并按《钢结构设计规范》4.4.2要求进行计算。

5.5　梁的拼接与连接

5.5.1　梁的拼接

梁的拼接是板件在梁段之间的相互连接。梁的拼接可有工厂拼接和工地拼接两种类型。

1.工厂拼接

由于现有钢材规格受到限制，必须将翼缘或腹板在车间里拼宽或接长的工艺方式称为工厂拼接。工厂拼接应注意以下几点:翼缘和腹板的拼接位置宜错开;避免交叉焊缝,故应避开加劲肋和次梁连接位置,距离大于等于 $10t_w$ 为宜;尽可能用直缝对接,不得已时用斜缝或加拼接板;拼接部位应选在受力较小处,并与材料规格协调。

2. 工地拼接

当运输或安装条件受到限制,将构件在车间分几段制作后运到工地现场拼接的工艺方式称为工地拼接(图 5-8)。工地拼接应注意以下几点:翼缘和腹板应尽量在同处断开,以利运输;便于工地安装施工;尽可能在受力较小处拼接;注意施焊顺序,减小焊接残余应力,宜将翼缘焊缝留一段到工地施焊;翼缘拼接边缘从上面做成 V 形坡口,以便在平焊位置施焊。

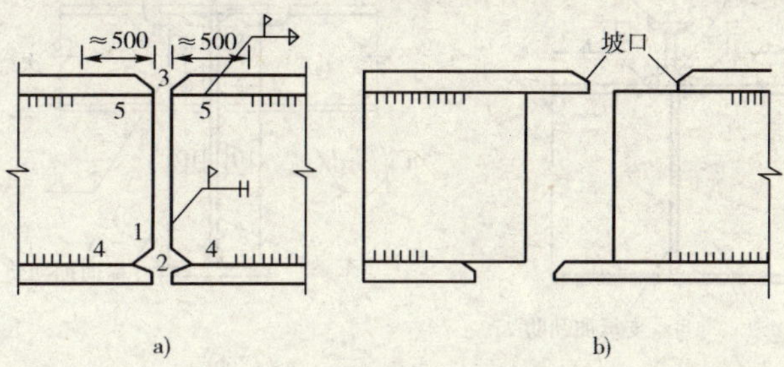

图 5-8 焊接梁的工地拼接(尺寸单位:mm)

在工地施焊条件较差、焊缝质量难以保证时,对较重要的或受动力荷载的大型组合梁,宜采用高强度螺栓连接(图 5-9)。翼缘拼接板和每侧的高强度螺栓通常均由等强度条件确定,即拼接板的截面面积不小于翼缘板的净截面面积,高强度螺栓应能承受按翼缘板净截面面积计算的轴向力 N_1,$N_1 = A_{1n}f$。

腹板拼接板及每侧的高强度螺栓,承受梁拼接截面的全部剪力 V 及按刚度分配到腹板的弯矩 M_w(图 5-10),$M_w = MI_w/I$。

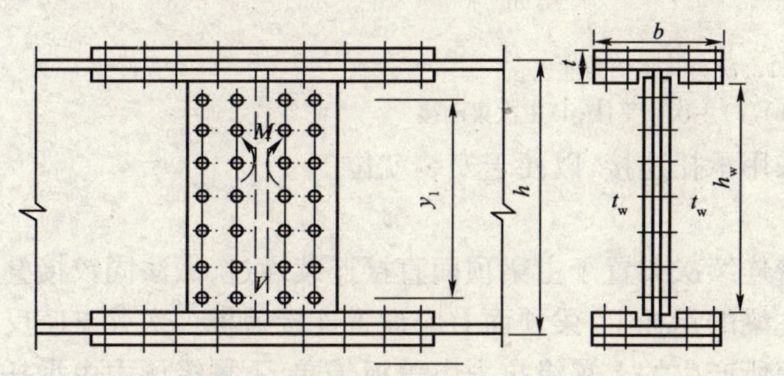

图 5-9 梁的高强度螺栓工地拼接

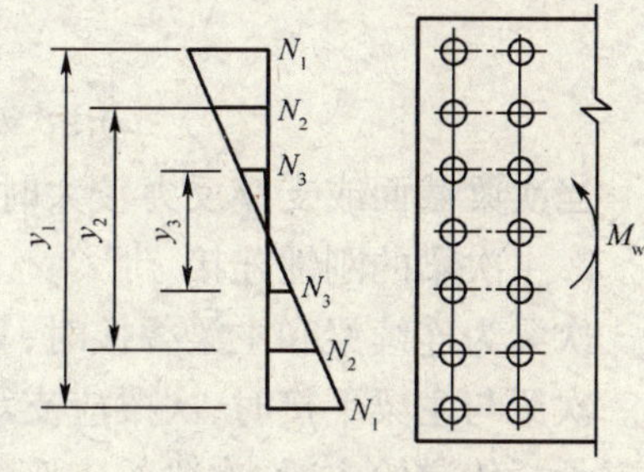

图 5-10 腹板拼接的弯矩

翼缘的接板及螺栓承受的轴力为

$$N = M_w/(h_w + t) = MI_w/(h_w + t)I$$

$$I = I_f + I_w$$

式中:I_f、I_w——翼缘和腹板的对中和轴惯性矩;

b、t——翼缘宽度和厚度;

h_w、t_w——腹板的高度和厚度。

5.5.2 主次梁的连接

主、次梁的连接有铰接和刚接两种。

1. 主次梁的铰接连接

主梁和次梁的连接可做成叠接或平接两种铰接方式(图 5-11)。叠接是将次梁直接搁置在主梁上面,用螺栓或焊缝相连,这种连接方式构造简单,便于施工,但所占结构高度较大。平接是次梁从侧面与主梁相连,次梁与主梁可为等高,或略高于或略低于主梁顶面。为便于与主梁加劲肋相连,次梁上、下翼缘应切割一段。这种连接构造简单、安装方便且降低结构高度,但焊接连接时工作量较大;考虑偏心影响,计算所需的焊缝或螺栓数量时,宜将支座反力增加 20% ~30%。

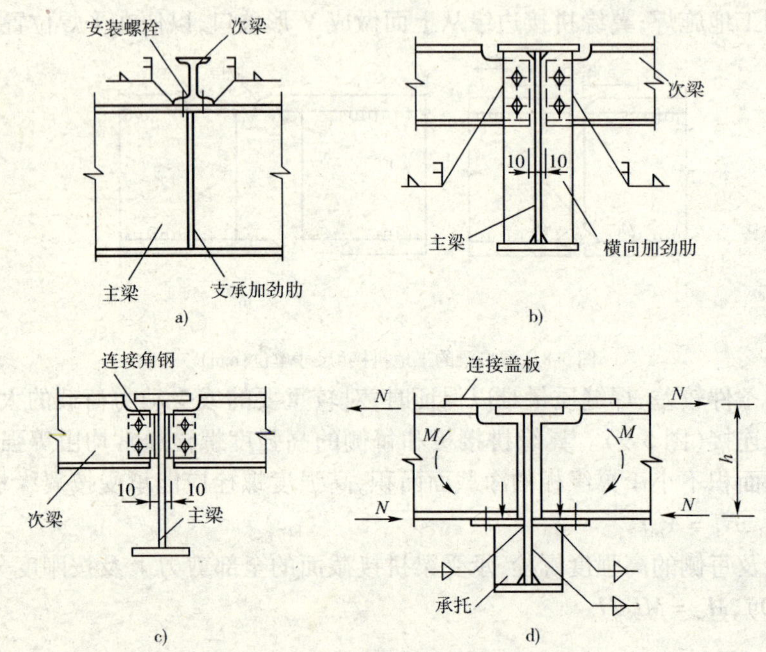

图 5-11 次梁与主梁的连接

a) 主次梁叠接;b)、c) 主次梁平接;d) 主次梁刚接

当次梁截面或支座反力较大时,应采用承托连接,以便于安装就位。

2. 主次梁的刚性连接

次梁为连续梁和主梁叠接时,只需将连续次梁置于主梁顶面直接连续通过,做法同铰接叠接。次梁与主梁平接时,次梁应支承于主梁的承托上,梁顶面上应设置连接盖板。次梁支座反力靠承托传递给主梁,次梁的支座负弯矩所产生的上翼缘拉力由盖板传递,下翼缘压力由承托水平顶板传递,并按此水平力 N 计算连接盖板的截面及次梁的连接焊缝和承托顶板与主梁腹板的连接焊缝。水平力 $N = M/h$,h 为次梁高度。盖板和主梁上翼缘间连接焊缝因不受力,按构造要求施焊。为了避免仰焊,上层板件应比下层板件稍窄。

5.5.3 梁的支座

梁的支座可有墩座、钢筋混凝土柱或钢柱。梁上荷载通过支座传递给下部支承结构。梁与钢柱的连接已于钢柱柱头构造中做过介绍。下面介绍梁与墩座或钢筋混凝土柱的连接形式。

常用支座有平板支座、弧形支座和滚轴支座三种形式(图 5-12)。

平板支座不能自由转动,一般用于 $l < 20$m 的梁中;弧形支座与梁的支承面成弧形曲面,受

力较均匀且能自由转动,常用于 $l=20\sim40\text{m}$ 的梁中;滚轴支座由上、下支承板、中间枢轴和滚轴组成。枢轴可自由转动形成理想铰,滚轴可自由移动,以消除由于梁弯曲变形和温度变化引起的附加应力,适用于 $l>40\text{m}$ 的梁中。梁的一端使用滚轴支座时,梁另一端需采用平板支座或弧形支座。

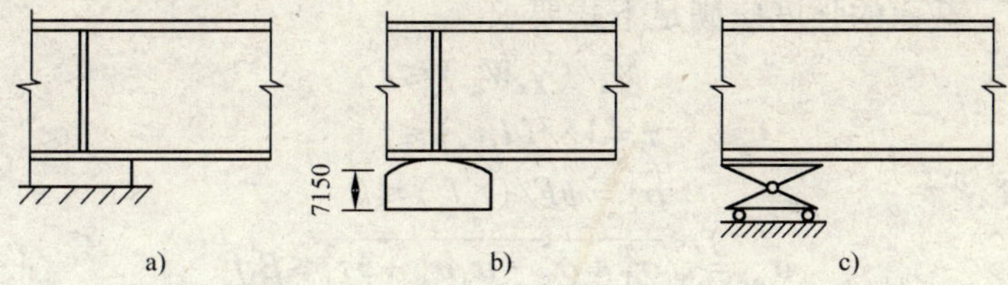

图 5-12 梁的支座

a)平板支座;b)弧形支座;c)滚轴支座

支座支承板的面积和厚度可按下式计算:

$$A=lb=R/f \tag{5-20}$$

$$t\geqslant\sqrt{6M/f} \tag{5-21}$$

式中:R——支座反力;

l、b——支承板的长度和宽度,取 1∶1 ~1∶1.5;

f——支承结构的承压设计值;

M——支承板单位宽度上所受的弯矩。

滚轴支座圆柱形枢轴承压应力,当接触面中心角 $\theta\geqslant90°$时,按下式计算:

$$\sigma=2R/dl\leqslant f \tag{5-22}$$

式中:R——支座反力;

d——枢轴直径;

l——枢轴纵向接触面长度。

滚轴与平板自由接触的承压应力按下式计算:

$$\sigma=2.5R/(nd_1l)\leqslant f \tag{5-23}$$

式中:n——滚轴数目;

d_1——滚轴直径;

l——滚轴与平板的接触长度。

5.6 型钢梁的设计

型钢梁截面应满足强度、刚度、整体稳定和局部稳定要求。

5.6.1 单向弯曲型钢梁

1. 确定设计条件

根据建筑使用或工艺条件确定荷载、跨度和支承情况,以及选择钢材品种。

2. 计算梁的内力

包括最大弯矩 M_{max} 和最大剪力 V_{max}。

3. 初选截面

按下式计算梁所需的净截面抵抗矩；$W_{nx} \geqslant M_{max}/(\gamma_x f)$，$\gamma_x$ 值根据不同截面查表 5-1 选用。按 W_{nx} 值查型钢表，选择相近的型钢号数，尽量选用 a 类。

4. 截面验算

所选截面应进行下列验算：

(1)强度验算。截面的强度应满足下式要求。

抗弯强度： $M_x/(\gamma_x W_{nz}) \leqslant f$

抗剪强度： $\tau = VS/(I_x t_w) \leqslant f_v$

局部承压强度： $\sigma_c = \psi F/(t_w l_z) \leqslant f$

折算应力： $\sigma_{eq} = \sqrt{\sigma_1^2 + \sigma_c^2 - \sigma_1\sigma_c + 3\tau_1^2} \leqslant \beta_1 f$

热轧型钢的腹板较厚，若截面无削弱和无较大固定集中荷载时，可不验算抗剪强度、局部承压强度、折算应力和局部稳定。

(2)刚度验算。型钢梁的刚度应满足下式要求：$v \leqslant [v]$ 或 $v/l \leqslant [v/l]$

(3)整体稳定验算。当型钢梁无保证整体稳定的可靠措施时，应按下式验算整体稳定性：

$$M_x/(\varphi_b W_x) \leqslant f$$

5.6.2 双向弯曲型钢梁

垂直于坡屋面的檩条，截面沿两主轴方向受弯；墙梁则承受墙体竖向重力和墙面传来的水平风荷载，因而墙梁截面也沿两主轴方向受弯，两者均为双向弯曲型钢梁。双向弯曲斜放檩条的受力分析如图 5-13 所示。

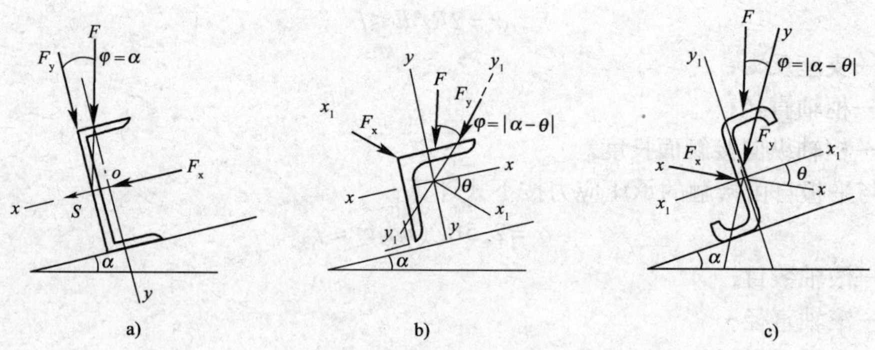

图 5-13 双向弯矩斜放檩条的受力分析

1. 确定双向弯曲型钢梁的截面形式

型钢檩条常用槽钢或角钢与檩托短角钢用 C 级粗制螺栓或焊缝连接而成，或用 Z 形冷弯薄壁型钢和角钢檩托连接而成。

2. 荷载和内力计算

竖向荷载 q 可分解为两主轴方向的分力：$q_y = q\cos\varphi$ 和 $q_x = q\sin\varphi$。

弯矩分别为：

$$M_{xmax} = q_y l_x^2/8 \quad (5\text{-}24)$$

$$M_{ymax} = q_x l_y^2/8 \quad (5\text{-}25)$$

若沿弱轴 x—x 方向设置钢拉条时可减少 l_y 的计算长度，当跨中设一根钢拉条时，$l_y = l/2$。

剪力分别为：

$$V_{xmax} = q_y l_x/2 \quad (5\text{-}26)$$

$$V_{ymax} = q_x l_y/2 \quad (5\text{-}27)$$

3. 初选截面

根据 M_{xmax}，M_{ymax}，γ_x，γ_y，按下式初选截面：

$$\begin{aligned}\sigma &= M_{xmax}/\gamma_x W_{nx} + M_{ymax}/\gamma_y W_{ny} \\ &= \frac{M_{xmax}}{\gamma_x W_{nx}}\left(1 + \frac{\gamma_x}{\gamma_y} \cdot \frac{W_{nx}}{W_{ny}} \cdot \frac{M_{ymax}}{M_{xmax}}\right) \\ &= \frac{M_{xmax}}{\gamma_x W_{nx}}(1 + \alpha \cdot \cot\varphi) \leqslant f \end{aligned} \tag{5-28}$$

式中：$\alpha = \frac{\gamma_x}{\gamma_y} \cdot \frac{W_{nx}}{W_{ny}}$，$\cot\varphi = \frac{M_{ymax}}{M_{xmax}}$，对工形型钢，$\alpha = 7 \sim 15$，常取 $\alpha = 9$；[形型钢，$\alpha = 3 \sim 11$，常取 $\alpha = 7$。

由上式可得 $W_{nx} \geqslant \frac{M_{xmax}}{\gamma_x f}(1 + \alpha\cot\varphi)$，由 W_{nx} 查型钢表可初选截面。

4. 截面验算

(1) 强度验算　按式 $\frac{M_{xmax}}{\gamma_x W_{nx}} + \frac{M_{ymax}}{\gamma_y W_{ny}} \leqslant f$ 验算，W_{nx}、W_{ny} 为截面同一个角点的对 x 轴和 y 轴的抵抗矩，两方向在该角点为同号应力的叠加。

(2) 刚度验算　先分别求得梁某一截面 v_x 和 v_y，再合成为 $v_{max} = \sqrt{v_x^2 + v_y^2}$，并要求满足：$v_{max} \leqslant [v_{max}]$ 或 $v_{max}/l \leqslant [v/l]$。

(3) 稳定性验算　一般可不做稳定性计算，如需要时，按下式计算：$M_{xmax}/(\varphi_b W_x) + M_{ymax}/(\gamma_x W_y) \leqslant f$。

5.7 组合钢梁的设计

5.7.1 工字形组合梁的截面选择

组合梁一般均按已知设计条件（基本同型钢梁）估算梁的基本尺寸：梁高度 h、腹板厚度 t_w、翼缘宽度 b 和翼缘厚度 t。

1. 梁的截面高度 h

由三个高度综合考虑确定。

(1) 建筑容许最大高度 h_{max}。梁的高度不能超过建筑设计或工艺设备需要的净空所允许的限值，即 $h \leqslant h_{max}$。

(2) 刚度条件要求的最小高度 h_{min}。刚度条件是指在正常使用时梁的挠度不得超过规定的容许值。梁的挠度与截面高度有关，由梁的最大容许挠度 $[v]$，可求出相应的梁的容许最小高度 h_{min}。对于均布荷载简支梁，取平均分项系数为 1.3，并使 $\sigma_{max} = M/W_x = \gamma f$，以充分利用钢材强度，考虑截面塑性发展时，$\gamma = 1.05$，则可得下式：

$$h_{min}/l = \sigma_{min}/1.285 \times 10^6 [v/l] = f/1.25 \times 10^6 [v/l]$$

对于常用的承受均布荷载的简支梁可按不同的钢号和容许挠度 $[v/l]$ 由表 5-6 确定 h_{min}/l 值。

(3) 经济高度 h_e。最经济的截面高度应使梁翼缘和腹板的总用钢量为最小。根据抗弯刚度的要求，当梁截面系数 W_x 一定时，腹板高度 h_w 大，则腹板用钢量大而翼缘用钢量小；反之，则结果相反。

相对容许挠度的 h_{min}/l 值 表 5-6

[v/l]		1/750	1/600	1/500	1/400	1/350	1/300	1/250	1/200	1/150
$\frac{h_{min}}{l}$	Q235 钢	1/8	1/10	1/12	1/15	1/17	1/20	1/24	1/30	1/40
	Q345 钢	1/5.4	1/0.8	1/8.2	1/10.2	1/11.7	1/13.6	1/16.3	1/20.4	1/27.2
	Q390 钢	1/4.9	1/6.1	1/7.3	1/9.2	1/10.5	1/12.2	1/14.7	1/18.4	1/24.5
	Q420 钢	1/4.5	1/5.6	1/6.7	1/8.4	1/9.6	1/11.2	1/13.5	1/16.9	1/22.5

注:①本表可近似用于跨中有集中荷载作用的简支梁。

②对于活荷载较大的梁,非简支梁以及不考虑塑性发展的梁,h_{min} 可按比例减小;对半跨内截面变化一次的梁,h_{min} 应增加 4% ~5%。

梁单位长度用钢量为翼缘和腹板用钢量之和,其用钢量的分析可取几何尺寸或面积的比较来研究。梁的总截面面积 A 为

$$A = 1.2A_w + 2A_1 = 1.2h_0t_w + 2(W_x/h_0 - 0.16h_0t_w)$$
$$= 2W_x/h_w + 0.88h_wt_w \tag{5-29}$$

式中:A_w——腹板截面积,$A_w = h_wt_w$;

1.2——系数,考虑腹板加劲肋增加 20% 后的截面积系数;

W_x——梁所需的截面系数,$W_x = M_x/\gamma_xf$;

A_1——一个翼缘的截面面积,当近似取 $h \approx h_1 \approx h_w$ 时,则

$$A_1 = \frac{W_xh - t_wh_w^3/6}{h_1^2} \approx \frac{W_x}{h_w} - 0.16h_wt_w$$

根据腹板局部稳定要求,腹板厚度 t_w 可取用下列经验公式计算:$t_w = 7 + 0.003h_w$,或 $t_w = \sqrt{h_w}/3.5$,代入式(5-29)则有:

$$A = 2W_x/h_w + 0.88h_w(\sqrt{h_w}/3.5) = 2W_x/h_w + 0.25h_w^{1.5} \tag{5-30}$$

当 M_x 已知时,W_x 为常数,为求经济高度 h_e 应按 $dA/dh_w = d(2W_x/h_w + 0.25h_w^{1.5})/dh_w = 0$ 求极值,则有:

$$-2W_x/h_w^2 + 0.375h_w^{0.5} = 0$$

$$h_e \approx h_w = 1.95W_x^{0.4}$$

为简化计算取

$$h_e = 7\sqrt[3]{W_x} - 300\text{mm} \tag{5-31}$$

实际梁高应满足上述三方面的要求:

$$h_{min} \leqslant h \leqslant h_{max}\text{,且 } h \approx h_e$$

2. 腹板高度 h_w 与腹板厚度 t_w 的确定

梁高度 h 确定后,适当考虑翼缘厚度,即可确定腹板高度 h_w,h_w 略小于 h 的数值,并取 h_w 为 50mm 倍数。

腹板厚度 t_w 的确定应综合考虑梁的抗剪强度、构造要求和经济合理三方面的因素

(1)抗剪要求的最小厚度为

$$\tau_{max} \geqslant 1.2V_{max}/(h_w/t_w) \leqslant f_v \quad \text{或} \quad t_w \geqslant 1.5V_{max}/(h_wf_v)$$

(2)局部稳定及构造要求厚度为

$t_w = 7\text{mm} + 0.003h_w$,或 $t_w = \sqrt{h_w}/3.5$,且应符合钢板规格,通常为 6 ~ 22mm,取 2mm 的倍数。

(3)经济厚度为

$$t_w = \sqrt{h_w}/11$$

3.翼缘宽度 b 和厚度 t 的确定

当 h、h_w、t_w 确定后，可按下式确定 b 与 t：

$b=(1/6\sim1/3)h$，且不宜小于 180mm，以利于整体稳定要求；根据抗弯强度要求按下式 $A_1=bt\approx W_1/h_w-0.16h_wt_w$，代入 b 值后可求得 t 值，取 t 值为 2mm 倍数。

根据局部稳定要求，尚应满足：

$t\geqslant(b-t_w)/(30\sqrt{235/f_y})$，当考虑截面部分发展塑性时，$t\geqslant(b-t_w)/(26\sqrt{235/f_y})$。

根据构造要求：$b\geqslant180$mm（一般梁），$b\geqslant300$mm（吊车梁）；对变截面梁，最大弯矩处的 b 应适当加宽。

翼缘宽度尚应超出腹板加劲肋的外侧，即 $b\geqslant90\text{mm}+0.07h_w$。

5.7.2 组合梁的截面验算

(1)精确计算选定截面的几何参数 A_1、I_x、W_x、S、S_1 等。

(2)强度验算。按下式进行强度验算：

$$\frac{M_{max}}{\gamma_x W_x}\leqslant f;$$

(3)刚度验算。应满足下式要求：

$$v/l=\frac{M_k l}{48EI_x}\leqslant[v/l]$$

(4)整体稳定验算。应满足下式要求：

$$M_{max}/(\varphi_b W_x)\leqslant f$$

(5)翼缘焊缝计算。梁弯曲变形后，翼缘与腹板的连接焊缝中产生水平剪应力，根据剪应力互等定理，该水平剪应力 τ_1 可通过计算截面在该点的竖向剪应力求得，即

$$\tau_1=VS_1/(I_x t_w)$$

梁沿单位长度的剪力 V_h 为

$$V_h=\tau_1 t_w=VS_1/I_x \tag{5-32}$$

式中：V——计算截面的剪力，可取梁最大剪力；

I_x——梁对中和轴毛截面的惯性矩；

S_1——翼缘对梁中和轴的毛截面面积矩。

翼缘焊缝的计算：水平剪力 V_h 由该剪力所在的单位长度内的两条水平焊缝承担，即：

$$\tau_f=V_hS_1/I_x\leqslant2\times0.7h_f f_f^w$$

则有

$$h_f\geqslant V_hS_1/(1.4f_f^w I_x) \tag{5-33}$$

若 h_f 很小时，取 $h_f=6$mm。

(6)组合梁局部稳定计算。采取保证受压翼缘局部稳定的措施，验算外伸宽度 b_1 与厚度 t 之比，其值为满足下式：

$$b_1/t\leqslant15\sqrt{235/f_y}$$

或

$$b_1/t\leqslant13\sqrt{235/f_y}\text{（考虑截面部分发展塑性时）} \tag{5-34}$$

加强腹板：可采用设加劲肋的方法加强腹板局部稳定，一般仅在组合梁支座处和上翼缘有

较大固定集中荷载处设置支承加劲肋。

5.7.3 组合梁截面沿长度的改变

简支梁的弯矩通常为两端小中间大,若梁的截面也随之改变,则可节约钢材。梁的截面改变应与加工制造综合考虑经济效果。一般适用于较大跨度的梁,只宜改变一次截面,改变翼缘宽度较简便,一般在离两端支座 $l/6$ 处较为经济,宽板两边以 1:4的坡度与窄板直缝对接。多层翼缘板的梁,也可用切断外层板的方法改变梁的截面。

为了降低梁的空间高度,可采用在简支梁支座附近减少腹板高度,保持翼缘截面不变的办法。梁端高度应满足抗剪强度要求,且不宜小于跨中高度的1/2。

梁改变截面处应进行强度验算,包括折算应力验算。梁的刚度可近似按等截面梁进行计算。对于翼缘截面改变的简支梁,可近似按下式计算:

$$v/l = \frac{M_k l}{10EI_x}\left(1 + \frac{3}{25} \cdot \frac{I_x - I_1}{I_x}\right) \leqslant [v/l] \quad (5\text{-}35)$$

式中:M_k——荷载标准值作用下的梁的最大弯矩;

I_x——梁跨中毛截面惯性矩;

I_1——梁端部毛截面惯性矩。

例 5.1 一钢结构工作平台,梁格布置如图 5-14 所示。次梁简支于主梁上,主、次梁等高相连,平台面标高 5.5m,平台下要求净空高度 3.5m。主梁跨度为 12m,间距为 5.5m,跨内布置 5 根次梁,即次梁跨度为5.5m,间距为2m。次梁拟选用 I 字形钢,钢材采用 Q345。楼面荷载设计值 $(g+q) = 28\text{kN/m}^2$,为静载。主梁采用 I 形组合梁,改变截面一次。焊条为 E43 系列,手工焊,试设计该梁格的主、次梁。

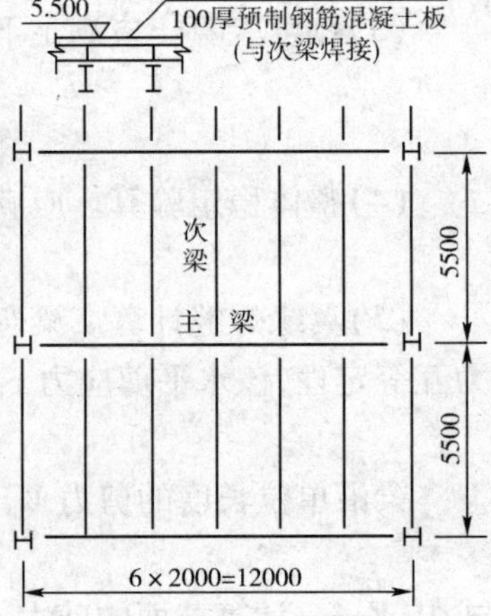

图 5-14 梁格布置

(尺寸单位:mm)

解 1)次梁设计

次梁采用轧制 I 字形钢,且采用密铺钢筋混凝土预制板焊于次梁和跨中无支点两种方案并分析比较后选定次梁方案。

(1)选用热轧 I 字形钢。次梁简支于主梁,采用 Q345 钢 $f = 315\text{N/mm}^2$,次梁间距 $a = 2.0\text{m}$,平台板传到次梁的均布荷载 $(g+q)a = 28 \times 2 = 56\text{kN/m}$,次梁跨度 $l_0 = 5.5\text{m}$,最大弯矩为

$$M_{max} = \frac{1}{8}(g+q)al_0^2 = \frac{1}{8} \times 56 \times 5.5^2 = 211.75\text{kN} \cdot \text{m}$$

$$W_{nx} = M_{max}/\gamma_x f = 211.75 \times 10^6/(1.05 \times 315)$$
$$= 640212\text{mm}^3 = 640\text{cm}^3$$

选用 I 形型钢为 I32a,自重荷载 $g_1 = 516\text{N/m}$,$W_x = 692\text{cm}^3$,$I_x = 11080\text{cm}^4$,则

$$M_{max} = \frac{1}{8}[(g+q)a + g_1\gamma_c]l_0^2$$
$$= \frac{1}{8}(28 \times 2 + 0.516 \times 1.2) \times 5.5^2$$
$$= 214\text{kN} \cdot \text{m}$$

①强度验算(工形型钢抗剪强度可不必验算):

$$\sigma=\frac{M_{\max}}{\gamma_x W_{nx}}=\frac{214\times10^6}{1.05\times692\times10^3}=295\text{N/mm}^2<f=315\text{N/mm}^2$$

②刚度验算：

$$(g_k+q_k)=28\times2/1.3+0.516=43.593\text{kN/m}$$
$$=43.60\text{N/mm}$$

$$v_{\max}=\frac{5}{384}\times\frac{(g_k+q_k)l_0^4}{EI_x}=\frac{5}{384}\times\frac{43.6\times5500^4}{206\times10^3\times1108\times10^4}$$

$$=22.76\text{mm}\approx[v]\frac{l_0}{250}=\frac{5500}{250}=22\text{mm}\quad 相差3.4\%，尚可。$$

满足刚度要求。

③支座局部受压验算：

$$F=\frac{1}{2}\times(2\times28+0.516\times1.2)\times5.5=155.7\text{kN}$$

所选工字形钢截面几何特性：半径 $r_0=11.5\text{mm}$，$t=15\text{mm}$，$t_w=9.5\text{mm}$，次梁支承长度 $a=100\text{mm}$，则 $h_y=r_0+t=11.5+15=26.5\text{mm}$，$l_z=a+h_y=100+26.5=126.5\text{mm}$

$$\sigma_c=\frac{\psi F}{t_w l_z}=\frac{1.0\times155.7\times10^3}{9.5\times126.5}=129.5\text{N/mm}^2<f=315\text{N/mm}^2$$

由于 σ_c 和 τ 均较小，且支座处 $\sigma=0$，故支座处折算应力不予验算。若采用钢筋混凝土板密铺于次梁，且焊牢时，可不必计算整体稳定性。若无侧向支点时，应验算次梁的整体稳定性，但对型钢梁局部稳定可不必验算。

(2)无侧向支承点方案。所选Ⅰ字形钢型号为I32a，在22～40范围内，自由长度 $l_1=5.5\text{m}$，由表5-3查得 $\varphi_b=0.67$，对于Q345钢，有

$$\varphi_b=\frac{0.67\times2.35}{345}=0.456<0.6$$

$$W_{nx}=M_{\max}/(\varphi_b f)=214\times10^6/(0.456\times315)=1489836\text{mm}^3$$

选用工形型钢为I45b，自重荷载874N/m，$W_x=1500\text{cm}^3$，$I_x=33760\text{cm}^4$

考虑自重荷载：$M_{\max}=\frac{1}{8}\times(2\times28+0.874\times1.2)\times5.5^2=215.72\text{kN}\cdot\text{m}$

验算整体稳定性：

$$\frac{M_x}{\varphi_b W_x}=\frac{215.72\times10^6}{0.456\times1500\times10^3}=315.37\text{N/mm}^2\approx f=315\text{N/mm}^2$$

满足要求。

(3)比较。无侧向支点较有侧支点增加用钢量为 $\left(\frac{874-516}{874}\right)\times100\%=41\%$，故采用次梁为I32a，并用钢筋混凝土板密铺且与上翼缘焊牢。

2)主梁设计

(1)荷载与内力计算。主梁承受次梁传来的集中荷载为

$$F_Q+F_G=(2\times28+0.516\times1.2)\times5.5=311.4\text{kN}$$

$$F_{RA}=F_{RB}=5\times(F_Q+F_G)/2=5\times311.41/2=778.53\text{kN}$$

$$M_{max}=778.53\times(2\times3)-311.41\times(4+2)=2802.72\text{kN}\cdot\text{m}$$

$$V_{max}=778.53\text{kN}$$

(2)截面选择。

①腹板高度 h_w：

$$W_x=M_{max}/(\gamma_x f)=2802.72\times10^6/(1.05\times215)=12.415\times10^6\text{mm}^3$$

经济高度 $h_e=2W_x^{\frac{2}{5}}=2\times(12.415\times10^6)^{\frac{2}{5}}=1376\text{mm}$

或 $h_e=7\sqrt[3]{W_x}-300=7\times\sqrt[3]{12.415\times10^6}-300=1321\text{mm}$

刚度要求 $[v/l]=1/400$

$$h_{min}\geqslant\frac{\sigma_x l_0}{12.85\times10^5}\cdot\left[\frac{l_0}{v}\right]=\frac{215\times12\times10^3}{12.85\times10^5}\times400=803\text{mm}$$

取腹板高度 $h_w=1300\text{mm}$，梁高 $h=1340\text{mm}$

②腹板厚度 t_w：

$$t_w\geqslant1.2\frac{V_{max}}{h_0 f_v}=1.2\times\frac{778.53\times10^3}{1300\times125}=5.75\text{mm}$$

及 $t_w=\sqrt{h_w}/3.5=10.30\text{mm}$

取 $t_w=10\text{mm}$。

③翼缘宽度 b：

所需翼缘面积 $A_t=\frac{W_x}{h_0}-\frac{1}{6}t_w h_w=\frac{12.415\times10^6}{1300}-\frac{1}{6}\times10\times1300$

$=7383\text{mm}^2$

构造要求 $b=\left(\frac{1}{3}\sim\frac{1}{5}\right)h=\left(\frac{1}{3}\sim\frac{1}{5}\right)\times1340=446.7\sim268\text{mm}$

取 $b=400\text{mm}$，$t=20\text{mm}$，$A_t=400\times20=8000\text{mm}^2>7383\text{mm}^2$

外伸宽度与厚度比按弹塑性设计，$b_1/t=195/20=9.75<13\sqrt{235/f_y}=13\sqrt{235/215}=13.28$。

所选截面如图 5-15 所示。

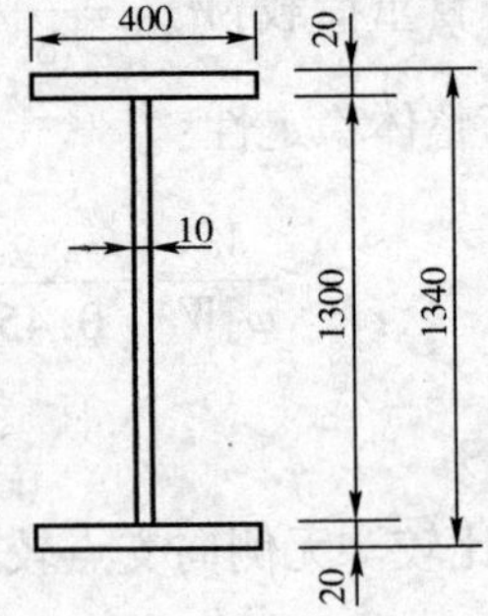

图 5-15 例 5.1 图(尺寸单位:mm)

(3)截面强度验算。

①内力计算：

梁截面面积

$A=1300\times10+2\times400\times20=29000\text{mm}^2=0.029\text{m}^2$

梁自重荷载

$g_1=\gamma_s A=76.98\times0.029=2.232\text{kN/m}$

剪力设计值

$$V_{max}=\frac{1}{2}(5\times311.41+1.2\times2.232\times12)=794.6\text{kN}$$

弯矩设计值

$$M_{max}=\left(2802.72+\frac{1}{8}\times1.2\times2.232\times12\right)^2=2851\text{kN}\cdot\text{m}$$

②截面特征：

$$I_x = \frac{1}{12} \times 1 \times 130^3 + 2 \times 40 \times 2 \times 66^2 = 880043\text{cm}^4$$

$$W_x = 2I_x/h = 2 \times 880043/134 = 13135\text{cm}^3$$

③抗弯强度验算：

$$\frac{M_x}{\gamma_x W_x} = \frac{2851 \times 10^6}{1.05 \times 13135 \times 10^3} = 206.72\text{N/mm}^2 < f = 215\text{N/mm}^2$$,差3.36%,尚可。

④整体稳定性验算：

$$l_1/b = 2000/400 = 5 < [l_1/b] = 16$$

(4)截面改变处强度验算　截面改变处取距梁端为 $x = l/b = 12000/6 = 2000\text{mm}$

①内力计算：

$$M_1 = 794.6 \times 2 - 1.2 \times 2.232 \times 2^2/2 = 1584\text{kN}\cdot\text{m}$$

$$V_1 = 794.6 - 1.2 \times 2.232 \times 2 = 789.24\text{kN}$$

②几何特征：

$$W_1 = M_1/(\gamma_x f) = 1584 \times 10^6/(1.05 \times 200) = 7920 \times 10^3\text{mm}^3$$

$$A_1 = \frac{W_1 \frac{h}{2} - I_w}{(h_t/2)^2 \times 2} = \frac{670 \times 7920 \times 10^3 - \frac{1}{12} \times 10 \times 1300^3}{660^2 \times 2}$$

$$= 3.989 \times 10^3\text{mm}^2$$

$$b_1 t_1 = 200 \times 20 = 4000\text{mm}^2 > 3989\text{mm}^2$$

$$I_1 = \frac{1 \times 130^3}{12} + 2 \times 20 \times 2 \times 66^2 = 531563\text{cm}^4$$

$$W_{1x} = \frac{2 \times I_1}{h} = 2 \times 531563/134 = 7934\text{cm}^3$$

③抗弯强度验算：

$$\sigma_1 = \frac{M_1}{\gamma_x W_{1x}} = \frac{1584 \times 10^6}{1.00 \times 7934 \times 10^3} = 200\text{N/mm}^2 < f = 215\text{N/mm}^2$$

$$\sigma'_1 = \sigma_1 \frac{h_w}{h} = 200 \times \frac{1300}{1340} = 194.0\text{N/mm}^2$$

$$S_1 = 20 \times 200 \times 660 = 2640 \times 10^3\text{mm}^3$$

$$\tau_1 = \frac{V_1 S_1}{I_1 t_w} = \frac{789.24 \times 10^3 \times 2640 \times 10^3}{531563 \times 10^4 \times 10} = 3920\text{N/mm}^2$$

④折算应力验算：

$$\sqrt{\sigma'^2_1 + 3\tau_1^2} = \sqrt{194.0^2 + 3 \times 39.2^2} = 205.2\text{N/mm}^2 < 1.1 \times 200\text{N/mm}^2 = 220\text{N/mm}^2$$

⑤抗剪强度验算：

$$S = S_1 + S_w = 2640 \times 10^3 + 650 \times 10 \times 325 = 4752.5 \times 10^3\text{mm}^3$$

$$\tau = \frac{V_{max} S}{I_1 t_w} = \frac{794.6 \times 10^3 \times 4752.5 \times 10^3}{531563 \times 10^4 \times 10} = 71.0\text{N/mm}^2 < f_v = 115\text{N/mm}^2$$

⑥整体稳定性验算：

$l_1/b_1 = 2000/200 = 10 < 16$,不需验算。

⑦刚度验算：

荷载标准值产生的弯矩为

$$M_k = \left(2 \times \frac{28}{1.3} + 0.516\right) \times 5.5 \times \left(\frac{5.0}{2} - 1\right) \times 6 + \frac{1}{8} \times 2.232 \times 12^2$$

$$= 2198\text{kN} \cdot \text{m}$$

$$v/l = \frac{M_k l}{10EI_x}\left(1 + \frac{3}{25} \cdot \frac{I_x - I_1}{I_x}\right)$$

$$= \frac{2198 \times 10^6 \times 12 \times 10^3}{10 \times 206 \times 10^3 \times 880043 \times 10^4} \times \left[1 + \frac{3 \times (880043 - 531563) \times 10^4}{25 \times 880043 \times 10^4}\right]$$

$$= \frac{1}{678.3}(1 + 0.04752) = \frac{1}{656} < \frac{1}{400}(\text{满足要求})$$

(5)翼缘与腹板的连接焊缝。

$$h_f \geqslant \frac{V_1 S_1}{1.4 I_1 f_f^w} = \frac{789.24 \times 2640 \times 10^3}{1.4 \times 531563 \times 10^4 \times 160} = 1.75\text{mm}$$

且 $h_f \geqslant 1.5\sqrt{20} = 6.7\text{mm}$，取 $h_f = 8\text{mm} < 1.2t_w = 1.2 \times 10 = 12\text{mm}$

(6)腹板加劲肋和端部支承加劲肋的设置。

①腹板加劲肋设计：

梁截面尺寸为：腹板 1300mm×10mm；翼缘板为 400mm×20mm（跨中，2 块），变截面处为 200mm×20mm（2 块）。

$$h_w/t_w = 1300/10 = 130 > 80\sqrt{235/f_y} = 80 < 170\sqrt{235/f_y} = 170$$

故需设横向加劲肋。

间距 a 的计算：

支座处 $\tau'_1 = \frac{V_{max}}{h_w t_w} = \frac{794.6 \times 10^3}{1300 \times 10} = 61.12\text{N/mm}^2$，$\sigma = 0$，查表 5-5 得 $\eta = 1.0$。

$$h_w/t_w \times \sqrt{\eta\tau_1} = 1300/10 \times \sqrt{1.0 \times 61.12} = 1016 < 1200 \text{ 满足要求}$$

变截面处

$$\tau'_1 = \frac{V_1}{h_w t_w} = \frac{789.24 \times 10^3}{1300 \times 10} = 60.71\text{N/mm}^2, \sigma_1 = 194\text{N/mm}^2$$

$\sigma'_1(h_w/100t_w)^2 = 194 \times (130/100 \times 1)^2 = 328\text{N/mm}^2$，查表 5-5 得 $\eta = 1.13$

$\frac{h_w}{t_w}\sqrt{\eta\tau'_1} = \frac{1300}{10}\sqrt{1.13 \times 60.71} = 1077 < 1200$

上述部位均按构造设置横向加劲肋，取

$$a = 2000\text{mm} < 2h_w = 2 \times 1300 = 2600\text{mm}$$

②横向加劲肋的截面尺寸（图 5-16）：

因(F_Q+F_G)较小,可按刚度条件选择截面尺寸。

$$b_s=h_w/30+40=1300/30+40=83.3\text{mm}$$

$$t_s=b_s/15=83.3/15=5.56\text{mm}$$

取　$b_s\times t_s=85\text{mm}\times 6\text{mm}$,并切角。

③端部支承加劲肋设计采用突缘加劲板,尺寸为 $170\text{mm}\times 16\text{mm}^2$(见图 5-16)。

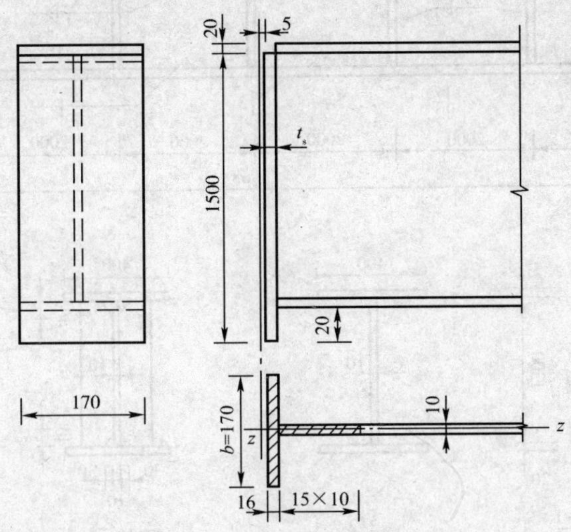

图 5-16　支承加劲肋(尺寸单位:mm)

a)腹板平面外的整体稳定性:

$$I_z=\frac{1}{12}t_sb^3=\frac{1}{12}\times 16\times 170^3=655\times 10^4\text{mm}^4$$

$$A=bt_s+150\times 10=170\times 16+150\times 10=4220\text{mm}^2$$

$$i_z=\sqrt{I_z/A}=\sqrt{655\times 10^4/4220}=39.4\text{mm}$$

$\lambda=h_w/i_z=1300/39.4=32.99$,查表得 $\varphi=0.885$,c 类。

$V/\varphi A=794.6\times 10^3/(0.885\times 4220)=212.76\text{N/mm}^2<f=215\text{N/mm}^2$

b)端面承压强度验算:

$\sigma_{ce}=V/A_{ce}=794.6\times 10^3/170\times 16=292.13\text{N/mm}^2<f_{ce}$

$=320\text{N/mm}^2$

c)支承加劲肋与腹板的连接焊缝计算:

$$h_f=\frac{V}{2\times 1.7l_xf_f^w}=\frac{794.6\times 10^3}{2\times 0.7\times 1290\times 160}=2.75\text{mm}$$

取　$$h_f=6\text{mm}\geqslant 1.5\sqrt{t}=1.5\times\sqrt{16}=6\text{mm}$$

横向加劲肋焊缝按构造确定,取 $h_f=1.5\sqrt{t}=1.5\sqrt{10}\approx 5\text{mm}$

3)主梁施工图

施工图如图 5-17 所示。

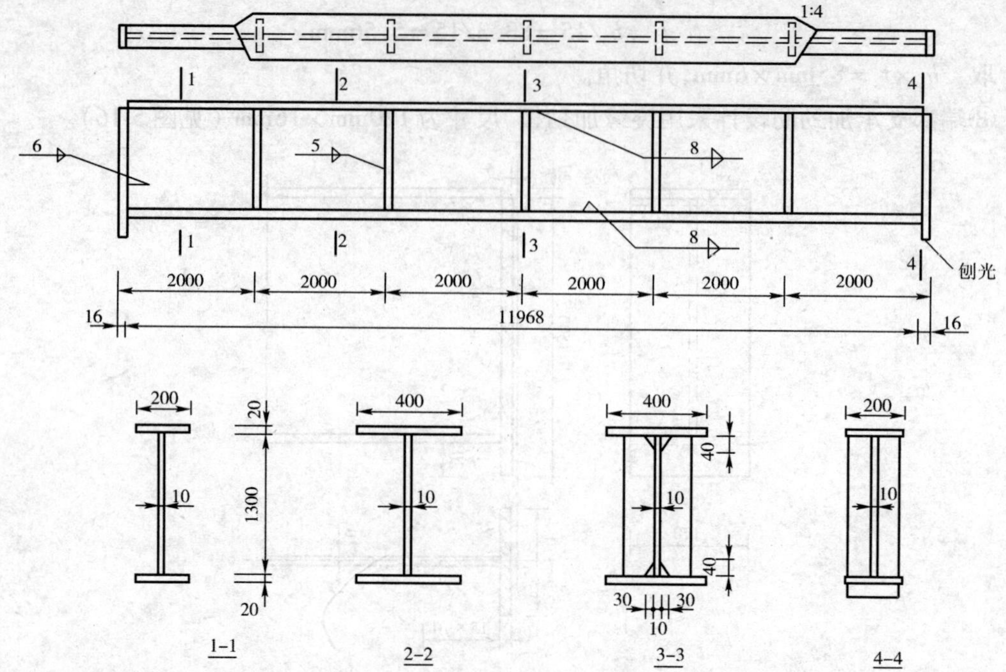

图 5-17　工字形组合梁施工图(尺寸单位:mm)

复习思考题

5-1 梁在弯矩作用下,截面上正应力发展的三个阶段是什么?

5-2 截面塑性设计的适用范围是什么?截面塑性发展系数的意义及取值是什么?

5-3 简述梁的局部承压强度验算的意义及方法。

5-4 梁丧失整体稳定指的什么?整体稳定性系数 φ_b 的意义是什么?影响梁整体稳定的因素有哪些?φ_b 值怎么取用?

5-5 保证梁局部稳定的措施有哪些?

5-6 什么是加劲肋?如何设置加劲肋?

5-7 梁的拼接有几种类型?

5-8 梁的连接有哪几种形式?梁的支座有几种形式?各有何特点?

5-9 简述型钢梁与组合梁的设计要点。

5-10 一平台梁格的布置如图 5-18 所示。预制钢筋混凝土平台板 100mm 厚(板与次梁焊牢)和豆石混凝土面层 30mm 厚,共重 $1.2\times3.22\text{kN/m}^2$,静力活荷载为 $1.3\times30\text{kN/m}^2$。次梁用热轧工字钢,与主梁等高连接,钢材为 Q345,焊条用 E50 型。试选择次梁截面。

5-11 简支焊接钢梁的尺寸如图 5-19 所示,荷载和梁自重均为静力荷载设计值,钢材为 Q235。梁侧向支撑能保证其整体稳定,集中荷载由支承加劲肋传递,容许挠度为 $l_0/400$。

试验算此梁截面的强度和挠度是否满足设计要求,并请注明验算截面和验算点位置。

5-12 一焊接组合工字梁如图 5-20 示。钢材为 Q235 钢,跨间无侧向支撑,跨中上翼缘作用一集中荷载设计值300kN。试验算该梁整体稳定性，若不满足要求时，请按下列修改后的情况验算梁的整体稳定，并对验算结果分析比较。梁的自重可不予考虑。

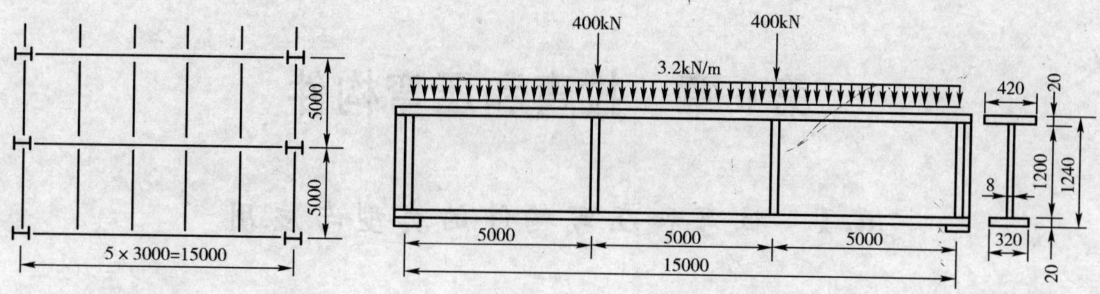

图5-18　题5-10图(尺寸单位:mm)

图5-19　题5-11图(尺寸单位:mm)

(1)改用 Q345 钢。

(2)改用加强受压翼缘截面，保持原截面面积不变，将上翼缘加宽为 $b_1=34\text{cm}$，下翼缘缩窄为 $b_2=26\text{cm}$。

(3)采取构造措施将集中荷载作用点移至下翼缘。

5-13 设计题 5-10(图 5-18)的中间主梁(焊接工字截面，Q345 钢，E50 型焊条)，包括截面选择和沿梁长改变、截面校核、焊缝，一般和支承加劲肋等设计内容，并画构造图，翼缘板可按第 2 组钢材设计。

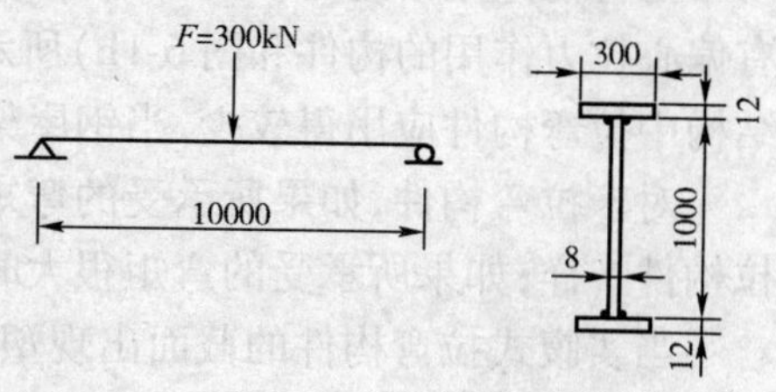

图5-20　题5-12图(尺寸单位:mm)

5-14 工作平台简支梁跨度 12m，其上铺放预制钢筋混凝土面板，承受均布荷载设计值 153kN/m(包括梁自重荷载)。已知钢材为 Q235 钢，梁截面腹板为 1300mm×8mm，上下翼缘各为 420mm×20mm。试按《钢结构设计规范》简化公式设计加劲肋的布置和尺寸。可按均匀和不均匀布置两种方案设计。

5-15 按题 5-14 所得加劲肋不均匀布置间距，用稳定相关公式计算各腹板区格的局部稳定是否满足要求。

第 6 章　拉弯和压弯构件

6.1　拉弯和压弯构件的类型与应用

6.1.1　拉弯构件

拉弯构件是指同时承受轴心拉力和弯矩的构件，也称为偏心受拉构件。图 6-1a）所示为有偏心拉力作用的构件和图 6-1b）所示有横向荷载作用的轴心受拉构件都是拉弯构件。在钢结构中拉弯构件应用得较少，当钢屋架下弦杆节点之间有横向荷载时属于拉弯构件。

对于拉弯构件，如果所承受的弯矩不大，主要受轴心拉力时，它的截面形式和一般轴心受拉构件一样；如果所承受的弯矩很大时，应采用弯矩作用平面内高度较大的截面。

当实腹式拉弯构件的截面出现塑性铰时为承载力极限状态；而格构式构件或者冷弯薄壁型钢的拉弯构件则以截面边缘达到屈服强度视为承载力极限状态。对于轴心拉力较小而弯矩很大的拉弯构件，也可能发生和梁类似的弯扭失稳的破坏。在拉弯构件受压部分的板件也存在局部屈曲的可能性。

6.1.2　压弯构件

压弯构件是指同时承受轴心压力和弯矩的构件，也称为偏心受压构件。图 6-2a）所示有偏心压力作用的构件，图 6-2b）所示有横向荷载作用的轴心受压构件以及图 6-2c）所示在构件端部有弯矩作用的受压构件，都属于压弯构件。

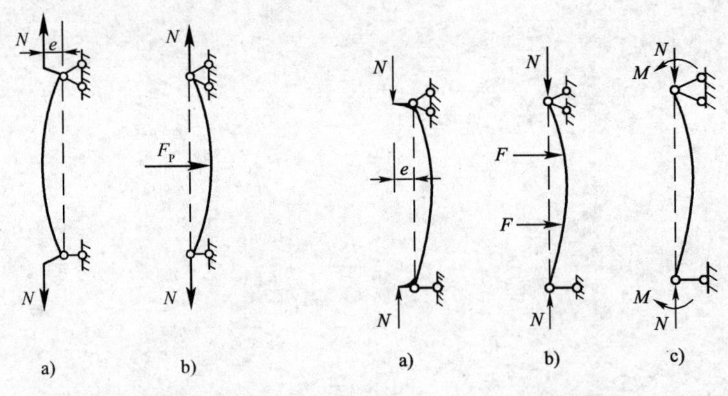

图 6-1　拉弯构件　　　图 6-2　压弯构件

在钢结构中压弯构件的应用十分广泛，例如单层厂房的边柱，多层或高层房屋的框架柱，承受不对称荷载的海洋平台的立柱，以及屋架中的上弦杆当节点之间有荷载作用时都是压弯构件。

对于压弯构件，如果承受的弯矩很小，主要受轴心压力时，其截面形式和一般轴心受压构件相同；如果承受的正负弯矩绝对值相差较大时，可采用如图 6-3 所示的单轴对称截面，并使受压较大一侧的截面大一些。压弯构件的单轴对称截面有实腹式和格构式两种。

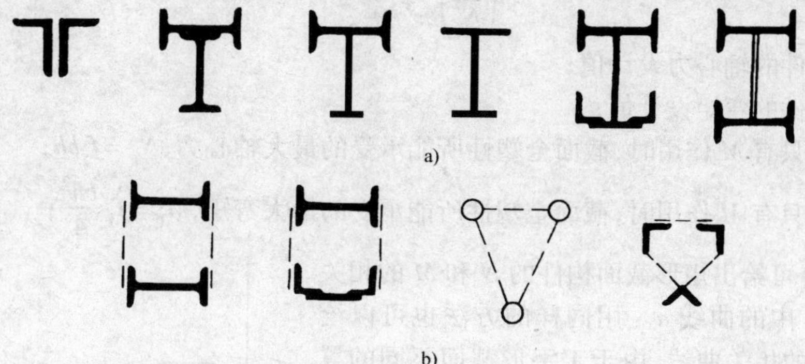

图 6-3　压弯构件单轴对称截面

a）实腹式；b）格构式

6.2　拉弯和压弯构件的强度与刚度

6.2.1　拉弯和压弯构件的强度

承受静力荷载作用的实腹式拉弯和压弯构件，是以截面出现塑性铰时为强度极限状态。下面以矩形截面压弯构件为例来说明其强度计算。图 6-4 所示为一承受轴心压力 N 和弯矩 M 共同作用的矩形截面构件。当荷载较小时，截面边缘纤维的压应力小于钢材的屈服强度，整个截面处于弹性状态，如图 6-4a）所示；随着荷载逐渐增加，截面受压区开始发生塑性变形，如图 6-4b）所示；接着截面受拉纤维的拉应力也达到屈服强度，使部分受拉区材料进入塑性状态，如图 6-4c）所示；最后整个截面进入塑性状态形成塑性铰，如图 6-4d）所示。

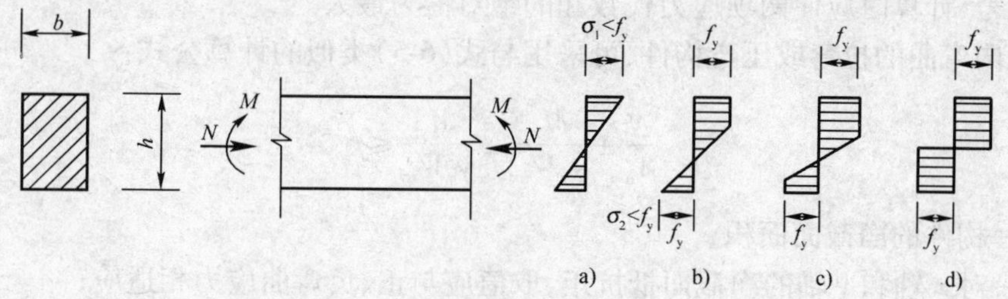

图 6-4　压弯构件截面的受力状态

图 6-5 是构件截面出现塑性铰时截面的应力分布图，将应力图形分解为 b）和 c）两个部分，则根据力的平衡条件可以得到轴心压力 N 和弯矩 M 的相关关系。

$$N = f_y b\eta h = N_p \eta \tag{6-1}$$

$$M = f_y b\,\frac{h-\eta h}{2}\cdot\frac{h+\eta h}{2}$$

$$= f_y\,\frac{bh^2}{4}(1-\eta^2) = M_p(1-\eta^2) \tag{6-2}$$

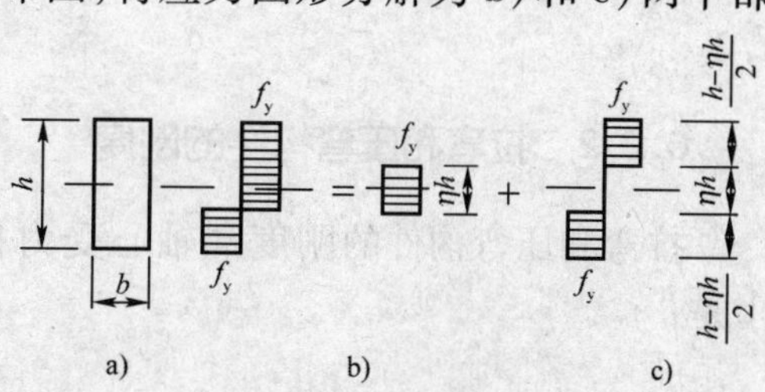

图 6-5　截面出现塑性铰时的应力分布

从式(6-1)、式(6-2)两式中消去 η，就可以得到

轴力 N 和弯矩 M 的相关公式：

$$\left(\frac{N}{N_p}\right)^2+\frac{M}{M_p}=1 \tag{6-3}$$

式中：N——构件的轴心力设计值；

M——构件的弯矩设计值；

N_p——当只有 M 作用时，截面全塑性所能承受的最大轴心力；$N_p=f_y bh$；

M_p——当只有 M 作用时，截面全塑性所能承受的最大弯矩，$M_p=f_y\frac{bh^2}{4}$；

按式(6-3)可给出矩形截面构件的 N 和 M 的相关曲线，如图 6-6 中的曲线 a。用同样的方法也可以绘出工字形截面的相关曲线，由于工字形截面不同的翼缘和腹板尺寸，N 和 M 的相关曲线会在一定范围内变动，图 6-6 中阴影区 b、c 分别为工字形截面对强轴和弱轴的相关曲线区。

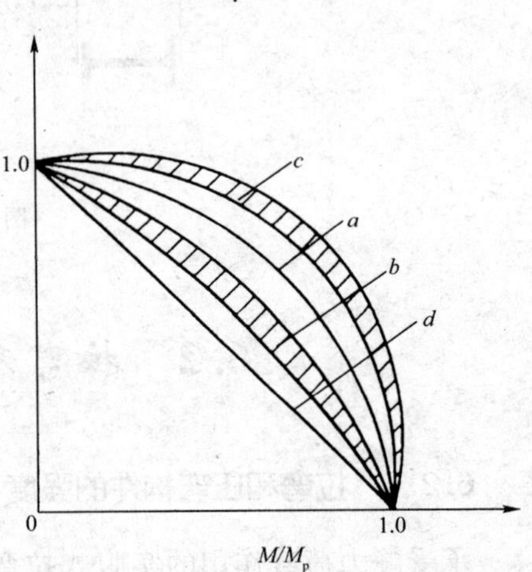

图 6-6 拉弯和压弯构件强度计算相关曲线

为了计算简便且偏于安全，《钢结构设计规范》采用直线 d 来代替其他相关曲线，其表达式为：

$$\frac{N}{N_p}+\frac{M}{M_p}=1 \tag{6-4}$$

同时考虑限制截面塑性发展，用 $N_p=A_n f_y$，$M_p=\gamma W_n f_y$ 代入式(6-4)，可得到压弯构件的强度计算公式：

$$\frac{N}{A_n}\pm\frac{M}{\gamma W_n}\leqslant f \tag{6-5}$$

式(6-5)也用于拉弯构件的强度计算，同时也适用于单轴对称截面，在式中弯曲正应力一项带有正负号，计算时应使两项应力代数和的绝对值为最大。

对于双向弯曲的拉弯或压弯构件，可采用与式(6-5)类似的计算公式：

$$\frac{N}{A_n}\pm\frac{M_x}{\gamma_x W_{nx}}\pm\frac{M_y}{\gamma_y W_{ny}}\leqslant f \tag{6-6}$$

式中：A_n——构件的净截面面积；

W_{nx}、W_{ny}——对 x 轴和 y 轴的净截面抵抗矩，取值应与正、负弯曲应力相适应；

γ_x、γ_y——构件截面塑性发展系数，根据不同截面按表 5-1 选取。

对于直接承受动力荷载作用的实腹式拉弯或压弯构件，不考虑塑性发展，取 $\gamma_x=\gamma_y=1.0$。

6.2.2 拉弯和压弯构件的刚度

拉弯和压弯构件的刚度同轴心受力构件一样，是以它的长细比来控制的。对刚度的要求是：

$$\lambda_{max}\leqslant[\lambda] \tag{6-7}$$

式中：λ_{max}——构件最不利方向的长细比最大值，一般为两主轴方向长细比的较大值；

$[\lambda]$——构件的容许长细比,按表4-1或表4-2选用。

当弯矩为主,轴心力较小,或有其他要求时,也须对拉弯或压弯构件进行挠度验算。

例6.1 图6-7所示为I40a工字钢构件,承受轴心拉力设计值 $N=500\text{kN}$,构件长6m,两端铰接,在跨中1/3处作用着集中荷载 $F=80\text{kN}$,钢材为Q235,$[\lambda]=350$,试验算构件的强度和刚度。

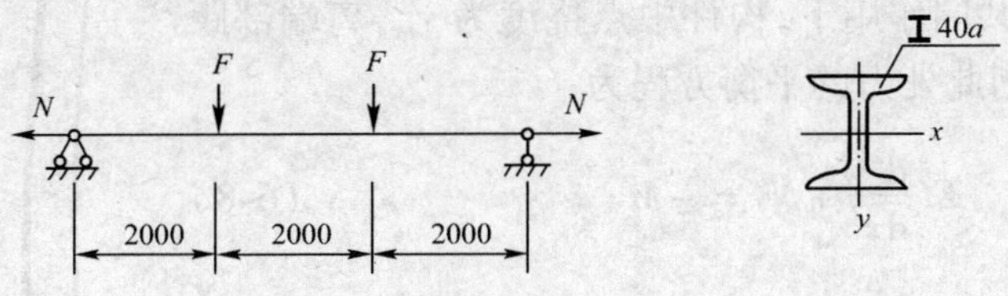

图6-7 例6.1图(尺寸单位:mm)

解 由I 40a查附录D-3得:

$$A_n=86.07\text{cm}^2;W_x=1085.7\text{cm}^3;i_x=15.88\text{cm};i_y=2.77\text{cm}。$$

(1)构件的最大弯矩

$$M_x=Fa=80\times2=160\text{kN}\cdot\text{m}$$

(2)强度验算

查得 $\gamma_x=1.05,f=215\text{N/mm}^2$

$$\frac{N}{A_n}+\frac{M_x}{\gamma_x W_x}=\frac{500\times10^3}{86.07\times10^2}+\frac{160\times10^6}{1.05\times1085.7\times10^3}$$

$$=58.1+140.4=198.5\text{MPa}<f=215\text{MPa}(满足要求)$$

(3)刚度验算

$$\lambda_{0x}=\frac{L_{0x}}{i_x}=\frac{6000}{15.88\times10}=37.8$$

$$\lambda_{0y}=\frac{L_{0y}}{i_y}=\frac{6000}{2.77\times10}=216.6$$

$$\lambda_{max}=216.6<[\lambda]=350(满足要求)$$

6.3 实腹式压弯构件的整体稳定

实腹式压弯构件的承载力通常是由整体稳定性来决定的,而导致压弯构件的整体失稳的因素很复杂,一般在偏心荷载作用下,构件绕抗弯刚度大的强轴弯曲,可能在弯矩作用的平面内发生弯曲失稳破坏,如图6-8a)所示,也可能在弯矩作用平面外发生弯扭失稳破坏,如图6-8b)所示。

6.3.1 弯矩作用平面内的稳定性

压弯构件在弯矩作用平面内失稳,可分为弹性整体失稳和考虑截面塑性发展时的稳定性计算两类。

1. 压弯构件弹性整体稳定计算

《钢结构设计规范》中压弯构件稳定性是以压弯构件弹性工作状态截面受压边缘纤维屈服时的 N 和 M 的相关公式为基础进行计算的。

如图 6-9 所示两端作用有相同弯矩的等截面压弯构件，在轴心力 N 和弯矩 M 共同作用下，构件中点挠度为 y_m，离端部距离为 x 的挠度为 y，则此处力的平衡方程为：

$$EI\frac{d^2y}{dx^2}+Ny=-M \tag{6-8}$$

构件中点的挠度为：

$$y_m=\frac{M}{N_{cr}}\left[\sec\left(\frac{\pi}{2}\sqrt{\frac{N}{N_{cr}}}\right)-1\right] \tag{6-9}$$

式中：$\sec\left(\frac{\pi}{2}\sqrt{\frac{N}{N_{cr}}}\right)\approx\frac{1+0.25F/N_{cr}}{1-N/N_{cr}}\approx\frac{1}{1-N/N_{cr}}$

则构件中央截面处的最大弯矩为：

$$M_{max}=M+Ny_m=\frac{M}{1-\frac{N}{N_{cr}}} \tag{6-10}$$

式中：N_{cr}——欧拉临界力，$N_{cr}=\frac{\pi^2EI}{l^2}$。

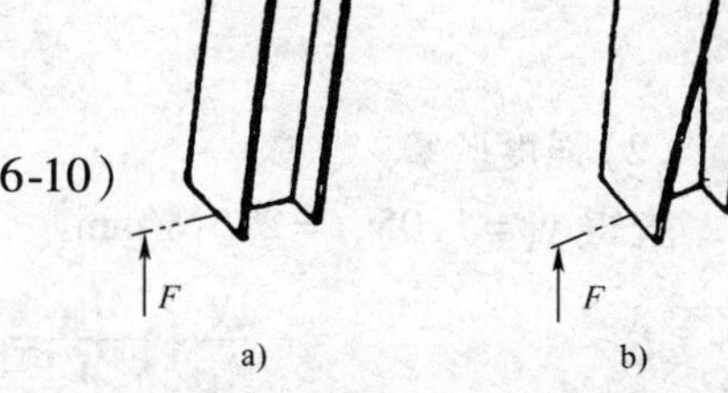

图 6-8 压弯构件整体失稳形态

a）平面内弯曲失稳；b）平面外弯扭失稳

此式可写成 $\alpha=M_{max}/M=\frac{1}{1-\frac{N}{N_{cr}}}$，$\alpha$ 即为弯矩放大系数。对于其他形式荷载作用的压弯构件，也可用同样的方法确定其最大弯矩。表 6-1 为几种常见的压弯构件最大弯矩计算结果。

表中 β_m 称为等效弯矩系数（$\beta_m=M_{max}/\alpha M$ 或 $M_{max}/\alpha M_2$），利用这一系数可以将其他各种荷载作用的弯矩分布形式转化为两端作用相同弯矩的压弯构件。这样对于这些构件仍可用式(6-10)进行计算。

对于弹性压弯构件，如果以截面边缘纤维的应力开始屈服，作为压弯构件在弯矩作用平面内稳定承载能力的计算准则，那么考虑构件的缺陷，并将缺陷的影响等效成压力的偏心距 e_0，则截面最大应力应满足下列条件：

$$\sigma=\frac{N}{A}+\frac{\beta_mM+Ne_0}{W_x\left(1-\frac{N}{N_{cr}}\right)}=f_y \tag{6-11}$$

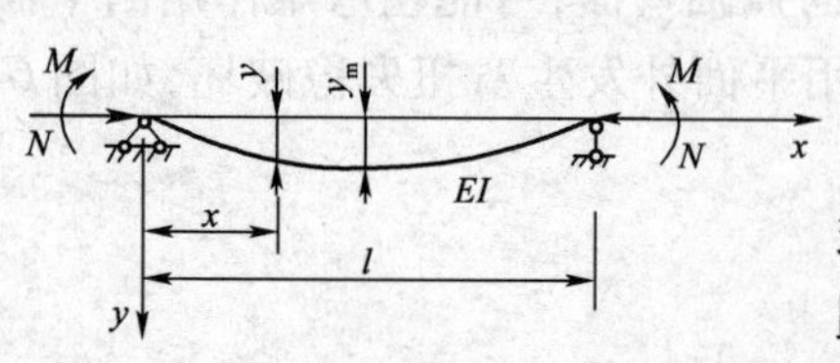

图 6-9 等端弯矩作用的压弯构件

式中，e_0 为考虑构件初偏心和初弯曲等缺陷的等效偏心距。当 $M=0$ 时，压弯构件就变为初偏心距为 e_0 的轴心受压构件，其承载力为：

$$N=N_x=Af_y\varphi_x=N_p\varphi_x$$

压弯构件的最大弯矩与等效弯矩系数　　表 6-1

荷载作用简图	M_{max}的理论值	M_{max}的近似值	等效弯矩系数β_m
N M — M N	$(1+0.25N/N_{cr})\alpha M$	αM	1.0
q；N N；$M=ql^2/8$	$(1+0.03N/N_{cr})\alpha M$	αM	1.0
N F_Q N；$M=F_Ql/4$	$(1-0.18N/N_{cr})\alpha M$	$(1-0.2N/N_{cr})\alpha M$	$1-0.2N/N_{cr}$
N M_2 M_1；$\lvert M_1\rvert > \lvert M_2\rvert$	$\alpha M_2\sqrt{0.3+0.4\dfrac{M_1}{M_2}+0.3\left(\dfrac{M_1}{M_2}\right)^2}$	$(0.65+0.35M_1/M_2)\alpha M_2$	$0.65+0.35M_1/M_2$ 但不小于 0.4

由式(6-11)可得：

$$e_0=\frac{(A\gamma_f-N_x)(N_{cr}-N_x)}{N_xN_{cr}}\cdot\frac{W_x}{A}\tag{6-12}$$

将式(6-12)代入式(6-11)得：

$$\sigma=\frac{N}{\varphi_xA}+\frac{\beta_mM}{W_x\left(1-\varphi_x\dfrac{N}{N_{cr}}\right)}=f_y\tag{6-13}$$

式(6-13)为压弯构件弹性稳定的计算公式，它可用于计算冷弯薄壁型钢压弯构件或格构式压弯构件在弯矩作用平面内的整体稳定。

2. 压弯构件整体稳定的实用计算公式

对于实腹式压弯构件，需考虑塑性变形发展，所以应对式(6-13)进行修改。《钢结构设计规范》中考虑了 $l/1\ 000$ 的初弯曲和实测残余应力，采用数值计算方法和电算算出近 200 多压弯构件的承载力曲线。在此基础上对 11 种常用截面形式理论计算的结果进行分析比较，将上式中轴心压杆的稳定系数 φ_x 用常数 0.8 代替，并引入截面塑性发展系数 γ_x。从而得到实腹式压弯构件在弯矩作用平面内整体稳定的实用计算公式：

$$\frac{N}{\varphi_xA}+\frac{\beta_{mx}M_x}{\gamma_xW_{1x}\left(1-0.8\dfrac{N}{N'_{Ex}}\right)}\leqslant f\tag{6-14}$$

式中：N——压弯构件的轴心压力设计值；

M_x——压弯构件的最大弯矩设计值；

φ_x——在弯矩作用平面内，不计弯矩作用时，轴心受压构件的稳定系数；

N'_{Ex}——欧拉临界力，$N_{Ex}'=\dfrac{\pi^2EI}{l_0^2x}=\dfrac{\pi^2EA}{\lambda_x^2}$，构件轴心受压时，对弱轴（$x$ 轴）的弯曲屈曲临

界力；

A——截面毛截面面积；

W_{1x}——弯矩作用平面内较大受压纤维的毛截面抵抗矩；

γ_x——截面塑性发展系数，按表5-1选取；

β_{mx}——等效弯矩系数，按《钢结构设计规范》中的下列规定采用。

（1）弯矩作用平面内有侧移的框架柱以及悬臂构件，$\beta_{mx}=1.0$；

（2）无侧移框架柱和两端有支承的构件；

①无横向荷载作用时，$\beta_{mx}=0.65+0.35\dfrac{M_2}{M_1}$，但不得小于0.4，$M_1$ 和 M_2 为端弯矩，使构件产生同向曲率（无反弯点）时取同号，使构件产生反向曲率（有反弯点）时取异号，$|M_1|\geqslant|M_2|$；

②有端弯矩和横向荷载同时作用时，使构件产生同向曲率时，$\beta_{mx}=1.0$；使构件产生反向曲率时，$\beta_{mx}=0.85$；

③无端弯矩但有横向荷载作用时，当跨度中点有一个横向集中荷载作用时，$\beta_{mx}=1-0.2\dfrac{N}{N'_{Ex}}$；其他荷载情况，$\beta_{mx}=1.0$。

对于单轴对称截面（如T形等）的压弯构件，当弯矩绕非对称轴作用，并且使较大翼缘受压时，可能在较小翼缘一侧因受拉区塑性发展过大而导致构件破坏。对于这类构件，除应按式（6－14）进行弯矩作用平面内稳定计算外，还应按下式计算：

$$\left|\frac{N}{A}-\frac{\beta_{mx}M_x}{\gamma_x W_{2x}\left(1-1.25\dfrac{N}{N'_{Ex}}\right)}\right|\leqslant f \tag{6-15}$$

式中：W_{2x}——对较小翼缘的毛截面抵抗矩。

例6.2 某压弯构件采用热轧工字钢I10制作，两端铰接，长度6m，在构件三分点处各有一侧向支承以保证不发生弯扭屈曲。钢材采用Q235，验算如图6-10a）、b）两种受力情况构件

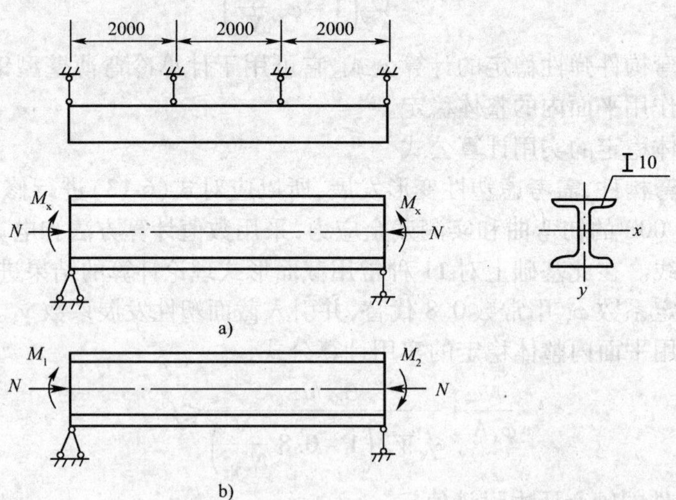

图6-10 例6.2图（尺寸单位：mm）

在弯矩作用平面内的整体稳定。构件除承受轴心压力 $N=16$kN 外，作用的其他外力为：（a）在构件两端同时作用着大小相等、方向相反的弯矩 $M_x=8$kN·m。（b）在构件两端同时作用着大

小不相等的方向相同的弯矩 $M_1=15\text{kN}\cdot\text{m}, M_2=10\text{kN}\cdot\text{m}$。

解 由 I10 查附表 D－3 可得：

$$A=14.3\text{cm}^2, \frac{b}{h}=\frac{68}{10}=0.68<0.8$$

$$W_x=49.0\text{cm}^3, i_x=4.14\text{cm},$$

$$f=215\text{N/mm}^2$$

(1)情况(a)：$M_1=M_2=8\text{kN}\cdot\text{m}$

所以 $\beta_m=0.65+0.35\dfrac{M_2}{M_1}=1.0$

由 $\lambda_x=l_{0x}/i_x=\dfrac{6\,000}{4.14\times10}=144.9$

查附表 A-2 得：$\phi_x=0.361$

$$N'_{Ex}=\frac{\pi^2EA}{\lambda_x^2}=\frac{\pi^2\times206\times10^3\times14.3\times10^2}{144.9^2}=138.5\text{kN}$$

由表 5-1 得：$\gamma_x=1.05$

$$\frac{N}{\phi_xA}+\frac{\beta_{mx}\cdot M_x}{\gamma_x\cdot W_x(1-0.8N/N'_{Ex})}$$

$$=\frac{16\times10^3}{0.361\times14.3\times10^2}+\frac{1.0\times8\times10^6}{1.05\times49\times10^3\left(1-0.8\dfrac{16\times10^3}{138.5\times10^3}\right)}$$

$=202.3\text{N/mm}^2<f=215\text{N/mm}^2$，满足要求。

(2)情况(b)：$M_1=15\text{kN}\cdot\text{m}; M_2=10\text{kN}\cdot\text{m}$

$$\therefore \beta_{mx}=0.65+0.35\frac{M_2}{M_1}=0.65+0.35\left(\frac{-10}{15}\right)=0.42$$

$$\frac{N}{\phi_xA}+\frac{\beta_{mx}M_x}{\gamma_xW_{1x}(1-0.8N/N'_{Ex})}$$

$$=\frac{16\times10^3}{0.361\times14.3\times10^2}+\frac{0.42\times15\times10^6}{1.05\times49\times10^3\left(1-0.8\times\dfrac{16\times10^3}{138.5\times10^3}\right)}$$

$=166\text{N/mm}^2<f=215\text{N/mm}^2$，满足要求。

6.3.2 变矩作用平面外的稳定性

当实腹式压弯构件的抗扭刚度和弯矩作用平面外的抗弯刚度都不大，并且侧向又没有足够支承以阻止其产生侧向位移和扭转时，构件有可能向弯矩作用平面外侧向弯曲扭屈而破坏。

1. 压弯构件的弹性弯曲扭屈临界力

图 6-11 所示为两端铰接并在端部作用着轴心压力 N 和弯矩 M 的工字形截面压弯构件。由于其破坏形式与梁的弯曲扭屈类似，所以根据梁的扭矩平衡方程并考虑轴心压力的影响，经简化得构件的临界力计算公式：

$$(N_{Ey}-N_{cr})(N_w-N_{cr})-M^2/i_0^2=0$$

式中：N_{Ey}——构件轴心受压时，对弱轴(y 轴)的弯曲屈曲临界力；

$$N_{Ey}=\frac{\pi^2EI_y}{l_{0y}^2}$$

N_w——构件绕纵轴的扭转屈曲临界力

$$N_w = \left(\frac{\pi^2 EI_W}{l_w^2} + GI_t\right)/i_0^2$$

l_y、l_w——构件的侧向弯曲自由长度和扭转自由长度；

i_0——截面对弯心（形心）的极回转半径，$i_0^2 = \frac{I_x + I_y}{A}$；

G——钢材剪切模量；

I_t——梁的毛截面抗扭惯性矩。

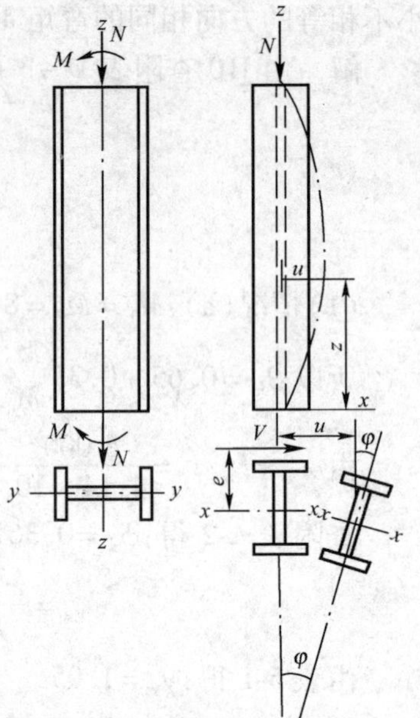

图 6-11 弯矩作用平面外的弯扭屈曲

2. 压弯构件的弯矩作用平面外的实用计算公式

以上确定压弯构件弹性弯曲扭屈临界力的方法没有考虑构件内存在的残余应力和非弹性变形，难于直接用于设计计算。

经理论推导和简化，可得压弯构件在弯矩作用平面外的实用的稳定计算公式：

$$\frac{N}{\phi_y A} + \eta\frac{\beta_{tx} M_x}{\phi_b W_{1x}} \leqslant f \tag{6-16}$$

式中：ϕ_y——弯矩作用平面外的轴心受压构件的稳定系数；

η——截面影响系数，闭口 $\eta = 0.7$，其他截面 $\eta = 1.0$；

ϕ_b——均匀弯曲的受弯构件整体稳定系数，按以下近似公式计算：

（1）工字形截面

双轴对称时

$$\phi_b = 1.07 - \frac{\lambda_y^2}{44000}\cdot\frac{f_y}{235} \leqslant 1 \tag{6-17}$$

单轴对称时

$$\phi_b = 1.07 - \frac{W_{1x}}{(2\alpha_b + 0.1)Ah}\cdot\frac{\lambda_y^2}{44000}\cdot\frac{f_y}{235} \leqslant 1 \tag{6-18}$$

式中：$\alpha_b = \frac{I_1}{I_1 + I_2}$，$I_1$ 和 I_2 分别为受压翼缘和受拉翼缘对 y 轴的惯性矩。

（2）T 形截面（弯矩作用在对称轴平面，绕 x 轴）

①弯矩使翼缘受压时：

双角钢 T 形截面

$$\phi_b = 1 - 0.0017\lambda_y\sqrt{\frac{f_y}{235}} \tag{6-19}$$

两板组合 T 形截面

$$\phi_b = 1 - 0.022\lambda_y\sqrt{\frac{f_y}{235}} \tag{6-20}$$

②弯矩使翼缘受拉时且腹板宽厚比不大于 $18\sqrt{f_y/235}$ 时，

$$\phi_b = 1 - 0.005\lambda_y\sqrt{f_y/235} \tag{6-21}$$

③箱形截面可取 $\phi_b = 1.4$。

M_x——压弯构件的最大弯矩设计值；

β_{tx}——等效弯矩系数，应按下列规定采用：

a）在弯矩作用平面外有支承的构件，应根据两相邻支承点间构件段内的荷载和内力情况确定。

所考虑构件段无横向荷载作用时：$\beta_{tx}=0.65+0.35\dfrac{M_2}{M_1}$。但不得小于0.4，$M_1$ 和 M_2 是在弯矩作用平面内的端弯矩，使构件段产生同向曲率时取同号，产生反向曲率时取异号，$|M_1|\geqslant|M_2|$。

所考虑构件段内有端弯矩和横向荷载同时作用时，使构件段产生同向曲率时，$\beta_{tx}=1.0$；使构件段产生反向曲率时，$\beta_{tx}=0.85$；

所考虑构件段内无端弯矩但有横向荷载作用时：$\beta_{tx}=1.0$

b）悬臂构件，$\beta_{tx}=1.0$。

式（6-17）对于单轴对称压弯构件，也可采用，这时多数是偏于安全的。

例6.3 如图6-12所示的压弯构件，两端铰接，构件长6m，在构件的中点有一个侧向支承，承受轴向压力 $N=40\text{kN}$，在构件中央作用一横向集中荷载 $N=20\text{kN}$，构件截面为Ⅰ20a，钢材为Q235，试验算构件的整体稳定性。

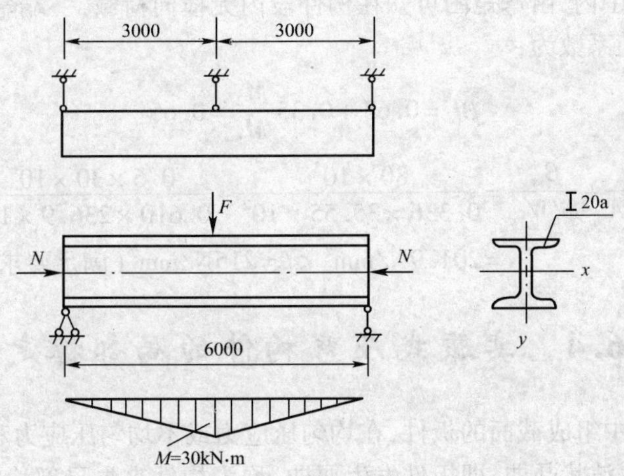

图6-12 例6.3图（尺寸单位：mm）

解 查附录D得I20a的截面特性：

$$A=35.55\text{cm}^2,\ \frac{b}{h}=\frac{100}{200}<0.8$$

$$W_{1x}=236.9\text{cm}^3,\ i_x=8.16\text{cm}$$

$$i_y=2.11\text{cm}$$

（1）弯矩作用平面内整体稳定计算

$$M_x=\frac{1}{4}Fl=\frac{1}{4}\times20\times6=30\text{kN}\cdot\text{m}$$

$$\lambda_x=\frac{l_{0x}}{i_x}=\frac{6000}{8.16\times10}=73.5$$

查附录A得：$\phi_x=0.819$

$$N_{Ex}=\frac{\pi^2EA}{\lambda_x^2}=\frac{\pi^2\times206\times10^3\times35.55\times10^2}{73.5^2}$$

$$=1337925\text{N}$$

查表得：$\gamma_x=1.05$，$f=215\text{MPa}$

$$\beta_{mx}=1-0.2N_N/N'_{Ex}=1-0.2\times80\times10^3/1337925=0.988$$

$$\frac{N}{\phi_x A}+\frac{\beta_{mx}M_x}{\gamma_x W_{1x}(1-0.8N/N'_{Ex})}$$

$$=\frac{80\times10^3}{0.819\times35.55\times10^2}+\frac{0.988\times30\times10^6}{1.05\times236.9\times10^3\left(1-0.8\times\dfrac{80\times10^3}{1337925}\right)}$$

$$=152.6\text{N/mm}^2<f=215\text{N/mm}^2\text{（满足要求）}$$

（2）弯矩作用平面外整体稳定计算

$$\lambda_y=\frac{l_{0y}}{i_y}=\frac{3000}{2.11\times10}=142.2$$

查附录 A 得：$\phi_y=0.336$

$$\phi_b=1.07-\frac{\lambda_y^2}{44000}\cdot\frac{f_y}{235}=1.07-\frac{142.2^2}{44000}\times\frac{235}{235}=0.610$$

在侧向支承点范围内，由弯矩图可知在构件段内无横向荷载，一端弯矩为 30kN · m，另一端弯矩为零，等效弯矩系数为：

$$\beta_{tx}=0.65+0.35\frac{M_2}{M_1}=0.65$$

$$\frac{N}{\phi_y A}+\frac{\beta_{tx}}{\phi_b W_{1x}}=\frac{80\times10^3}{0.336\times35.55\times10^2}+\frac{0.6\times30\times10^6}{0.610\times236.9\times10^3}$$

$$=201.9\text{N/mm}^2<f=215\text{N/mm}^2\text{（满足要求）}$$

6.4 实腹式压弯构件的局部稳定

实腹式压弯构件中组成截面的板件，在均匀压应力或不均匀压应力和剪应力作用下，可能偏离其平面位置，发生波状凸曲，即板件发生屈曲，称为构件丧失局部稳定。压弯构件的局部稳定性常采用限制板件宽（高）厚比的办法来加以保证。

6.4.1 受压翼缘板的局部稳定

压弯构件的受压翼缘受力状况与受弯构件的受压翼缘基本相同，故其翼宽厚比的规定和受弯构件的规定相同。

（1）工字形截面压弯构件受压翼缘自由外伸宽度 b_1 与其厚度 t 之比应满足：

按弹性计算时

$$\frac{b_1}{t}\leqslant15\sqrt{\frac{235}{f_y}}\tag{6-22}$$

当考虑截面部分塑性发展时

$$\frac{b_1}{t}\leqslant13\sqrt{\frac{235}{f_y}}\tag{6-23}$$

（2）T 形截面压弯构件对受压翼缘外伸宽度的规定同式（6-22）。

（3）箱形截面压弯构件受压翼缘在两腹板之间的宽度 b_0 与其厚度 t 之比应满足：

$$\frac{b_0}{t}\leqslant40\sqrt{\frac{235}{f_y}}\tag{6-24}$$

6.4.2 腹板的局部稳定

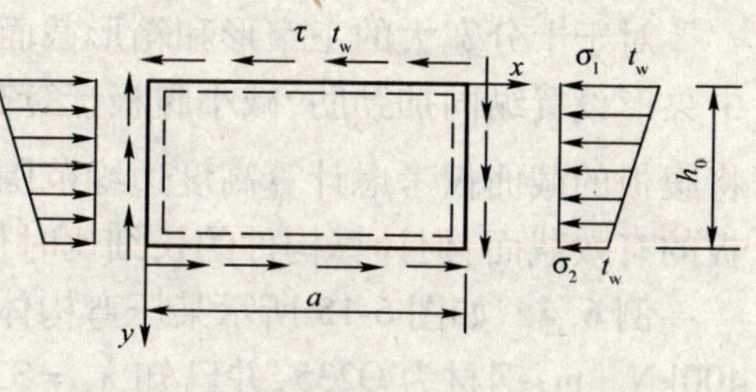

图 6-13 压弯构件腹板弹性状态受力情况

压弯构件腹板同时承受不均匀的压应力和剪应力，它的受力情况与四边简支、两对边承受非均匀压应力、四边受切应力作用的板(图 6-13)相似，根据发生弹性屈曲临界条件的相关公式，可推导出在压应力和平均切应力共同作用下腹板弹性屈曲时的临界压应力为：

$$\sigma_{cr} = k_e \frac{\pi^2 E}{12(1-\gamma^2)}\left(\frac{t_w}{h_0}\right) \tag{6-25}$$

通常情况下，压弯构件在截面受压较大的一侧会发生不同程度的塑性变形。因此，腹板的屈曲应力应按塑性屈曲理论确定。用塑性屈曲系数 k_p 代替弹性屈曲系数 k_e 可得腹板塑性屈曲临界压应力为：

$$\sigma_{er} = k_p \frac{\pi^2 E}{12(1-\gamma^2)}\left(\frac{t_w}{h_0}\right)^2 \tag{6-26}$$

塑性屈曲系数 k_p 值与腹板切应力和正应力的比值 τ/σ_1，正应力梯度 α_0、腹板最大受压边缘的割线模量 E_s 有关。E_s 的大小取决于截面的塑性发展深度。为了简化计算，《钢结构设计规范》中假定塑性发展深度不超过 $0.25h_0$，将式(6-26)进行适当修正后归纳出保证压弯构件腹板局部稳定的高厚比限制条件。

(1)工字形截面

当 $0 \leqslant \alpha_0 \leqslant 1.6$ 时

$$\frac{h_0}{t_w} \leqslant (16\alpha_0 + 0.5\lambda + 25)\sqrt{\frac{235}{f_y}} \tag{6-27}$$

当 $1.6 < \alpha_0 \leqslant 2.0$ 时

$$\frac{h_0}{t_w} \leqslant (48\alpha_0 + 0.5\lambda - 26.2)\sqrt{\frac{235}{f_y}} \tag{6-28}$$

式中：α_0——腹板上、下边缘最大压应力 σ_{max} 和最小压应力 σ_{min} 应力梯度，$\alpha_0 = \dfrac{\sigma_{max} - \sigma_{min}}{\sigma_{max}}$；

λ——构件在弯矩作用平面内的长细比，当 $\lambda < 30$ 时，取 $\lambda = 30$；当 $\lambda > 100$ 时，取 $\lambda = 100$。

(2)T 形截面

当 $\alpha_0 \leqslant 1.0$ 时
$$\frac{h_0}{t_w} \leqslant 15\sqrt{\frac{235}{f_y}} \tag{6-29}$$

当 $\alpha_0 > 1.0$ 时
$$\frac{h_0}{t_w} \leqslant 18\sqrt{\frac{235}{f_y}} \tag{6-30}$$

(3)箱形截面

箱形截面压弯构件腹板受力情况与工字形截面基本相同，但是在箱形截面中腹板仅用单侧焊缝与翼缘连接，嵌固程度不如工字形截面的腹板，故高厚比限值应予折减。要求腹板高厚比 h_0/t_w 不得大于式(6-27)或者式(6-28)右边乘以 0.8 后的值，并且当此值小于 $40\sqrt{235/f_y}$ 时应取 $40\sqrt{235/f_y}$。

对于十分宽大的工字形和箱形截面受压构件，当腹板高厚比超过上述规定时，可以在腹板中央形设置纵向加劲肋，减小腹板计算高度，提高其稳定性；或在计算构件的强度和稳定性时将腹板的截面仅考虑计算高度边缘范围内两侧宽度各为 $20t_w\sqrt{235/f_y}$（图6-14）的部分作为腹板的有效截面，但计算构件的长细比时仍按整个截面考虑。

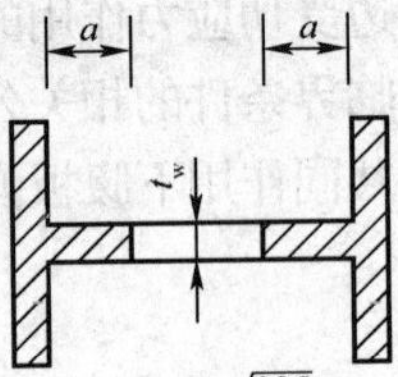

$a=20t_w\sqrt{\frac{235}{f_y}}$

图6-14 腹板的有效截面

例6.4 如图6-15所示某压弯构体，承受轴向压力 $N=800\text{kN}$，弯矩 $M=400\text{kN}\cdot\text{m}$；钢材为Q235，并已知 $\lambda_x=33.3$，$A=151\text{cm}^2$，$I_x=133296\text{cm}^4$，试验算此构件的局部稳定。

解 （1）腹板的高厚比

腹板上下边缘应力为：

$$\sigma_{max}=\frac{N}{A}+\frac{My_1}{I_x}=\frac{800\times10^3}{151\times10^2}+\frac{400\times10^6\times380}{133296\times10^4}$$

$$=167\text{N/mm}^2$$

$$\sigma_{min}=\frac{N}{A}-\frac{My_2}{I_x}=-61\text{N/mm}^2$$

应力梯度

$$\alpha_0=\frac{\sigma_{max}-\sigma_{min}}{\sigma_{max}}=\frac{167-(-61)}{167}=1.365<1.6$$

$$\frac{h_0}{t_w}=\frac{760}{12}=63.6<16\alpha_0+0.5\lambda_x+25$$

$$=16\times1.365+0.5\times33.3+25$$

$$=63.5\text{（满足要求）}$$

（2）翼缘宽厚比

$$\frac{b_1}{t}=\frac{119}{12}=9.92<15\sqrt{\frac{235}{f_y}}=15\text{（满足要求）}$$

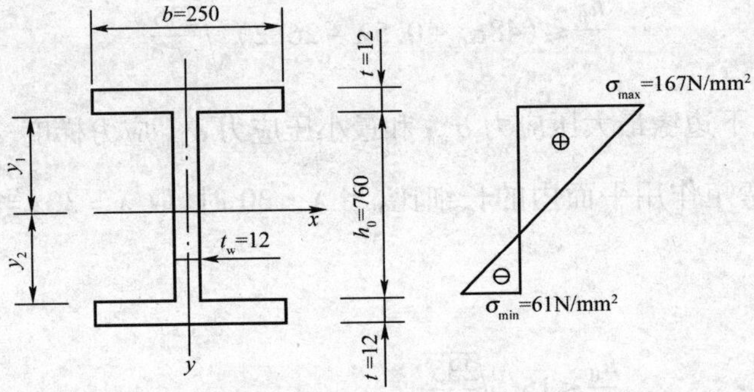

图6-15 例6.4图（尺寸单位：mm）

6.5 压弯构件的计算长度

在钢结构中，压弯构件的计算长度和轴心受压构件一样，根据构件端部的约束条件按弹性稳定理论确定的。对于端部约束条件比较简单的压弯构件，可利用轴心受压构件计算长度系数 μ 的表格进行计算。对于框架柱，端部约束条件比较复杂，无法直接确定。框架可分为有侧移框加工和无侧移框架两种形式。无侧移框架指框架中设有支撑架、剪力墙、电梯井等支撑结构，且其抗侧移刚度等于或大于框架本身抗侧移刚度的5倍者。有侧移框架指框架中未设支撑结构，或其抗侧移刚度小于框架本身抗侧移刚度5倍者。无侧移框架失稳时，其承载能力比相同尺寸和连接条件的有侧移框架大得很多。所以，确定框架柱的计算长度时，首先要区分框架失稳时有无侧移。在框架平面内的计算长度需通过框架整体稳定分析确定，在框架平面外的计算长度则主要根据支承点布置决定。

6.5.1 在框架平面内柱的计算长度

1. 单层框架等截面柱

单层框架柱的计算长度通常根据弹性稳定理论分析，先作如下假定：(1)框架只承受作用于框架柱节点上的竖向荷载，而忽略横梁上荷载和水平荷载产生端弯矩的影响；(2)整个框架是同时丧失稳定的；(3)失稳时横梁两端转角相等。

经分析可将单层框架等截面柱的计算长度系数μ求得，由表6-2给出。柱的计算长度$H_0 = \mu H$。μ值的大小取决于梁对柱的约束程度。对于单层单跨等截面框架，发生无侧移失稳时，横梁两端的转角θ大小相等方向相反，变形呈左右对称形式，见图6-17a)，柱的计算长度系数取决于横梁线刚度I_0/l与柱的线刚度I/H的比值K_0，$K_0 = I_0H/Il$。如柱与基础刚接，当$K_0 > 20$时，可以为横梁的惯性矩为无限大，柱的计算长度与两端固定的独立柱相同，即$\mu = 0.5$，见图6-16b)。当横梁与柱铰接时，可认为K_0为零，则$\mu = 0.7$，见图6-16c)。

单层框架等截面柱的计算长度系数μ 表6-2

框架类型	柱与基础连接方式	相交于柱上端的横梁线刚度之和与柱线刚度的比值K_1														
		0	0.05	0.1	0.2	0.3	0.4	0.5	1	2	3	4	5	10	20	∞
无侧移	铰接	1.000	0.990	0.981	0.964	0.949	0.935	0.922	0.875	0.820	0.791	0.773	0.760	0.732	0.716	0.699
	刚接	0.699	0.694	0.689	0.679	0.671	0.663	0.656	0.626	0.590	0.568	0.555	0.546	0.524	0.512	0.500
有侧移	铰接	∞	6.02	4.46	3.42	3.01	2.78	2.64	2.33	2.17	2.11	2.08	2.07	2.03	2.02	2.00
	刚接	2.00	1.80	1.67	1.50	1.40	1.33	1.28	1.16	1.08	1.06	1.04	1.03	1.02	1.01	1.00

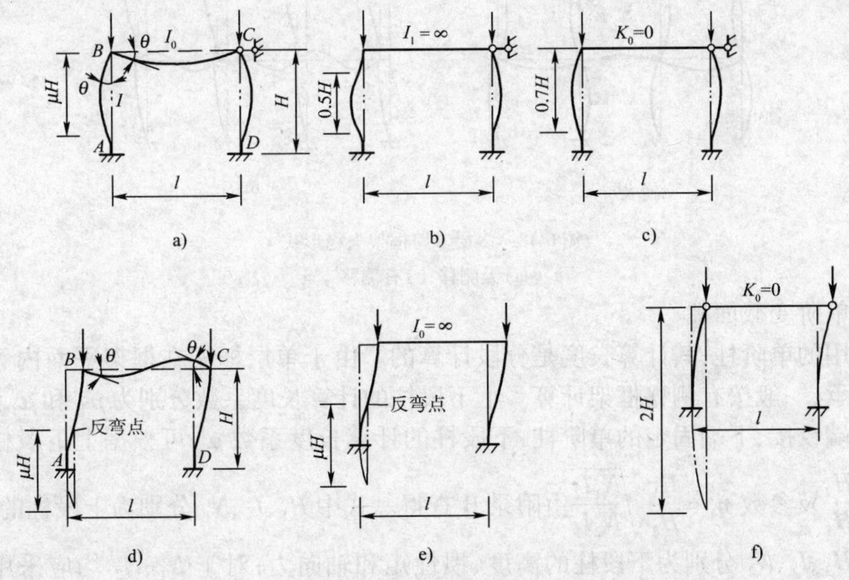

图6-16 单层单跨框架失稳形式

当发生有侧移失稳时，横梁两端的转角 θ 大小相等方向相同，变形是反对称的，见图 6-16d)。如柱与基础刚接，当 $K>20$ 时，可认为横梁的惯性矩无限大，$\mu=1.0$，见图 6-16e)，当横梁与柱铰接时，可认为 K_0 为零，则 $\mu=2.0$，见图 6-16f)。

对于单层多跨等截面框架，可认为各柱是同时失稳的。当发生无侧移失稳时，假定横梁两端转角 θ 相等，方向相反，见图 6-17a)，当发生有侧移失稳时，假定横梁两端的转角 θ 相等方向相同，见图 6-17b)。但柱的计算长度系数 μ 取决于与柱相邻的两根横梁的线刚度之和 $I_1/l_1+I_2/l_2$ 与柱的线刚度 I/H 的比值 K_1，$K_1=(I_1/l_1+I_2/l_2)/(I/H)$。

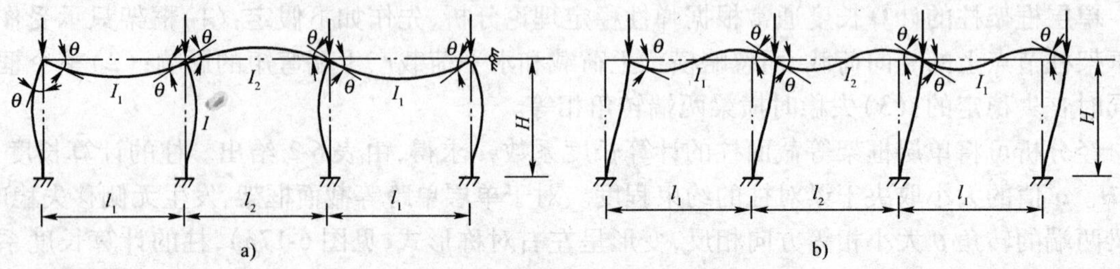

图 6-17 单层多跨框架失稳形式

a) 无侧移；b) 有侧移

2. 多层多跨框架等截面柱

对于多层多跨框架，其失稳形式也分为无侧移和有侧移两种情况，见图 6-18。确定计算长度的基本假定与单层框架基本相同，计算长度系数 μ 见附录 B。μ 值要由该柱上端与下端节点处的梁、柱线刚度之比确定，表中 K_1 为相交于柱上端的横梁线刚度之和与柱线刚度之和的比值；K_2 为相交于柱下端的横梁线刚度之和与柱线刚度之和的比值。

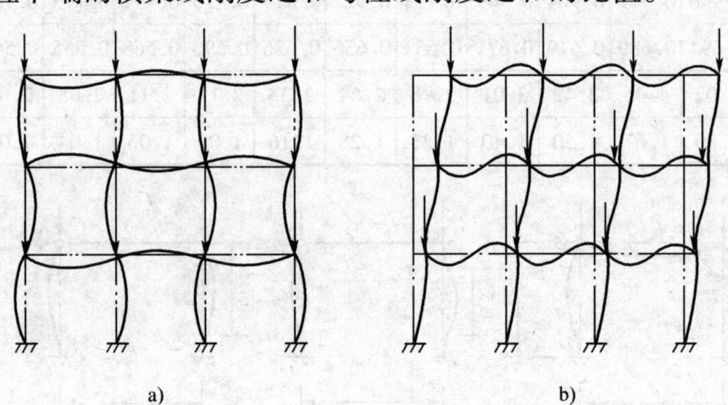

图 6-18 多层多跨框架失稳形式

a) 无侧移；b) 有侧移

3. 单层单阶变截面柱

对于常用的单阶柱，其计算长度是分段计算的。由于单层框架在框架平面内无法设置的防侧移的支承，一般按有侧移框架计算。上下段柱的计算长度系数分别为 μ_1 和 μ_2。

对于上端铰接、下端固定的单阶柱，下段柱的计算长度系数 μ_2 可根据上下段柱的线刚度之比 $K_1=\frac{I_1H_2}{I_2H_1}$ 及参数 $\eta_1=\frac{H_1}{H_2}\sqrt{\frac{N_1I_2}{N_2I_1}}$ 由附录 B 查得。式中 H_1、I_1、N_1 分别为上段柱的高度、惯性矩、轴心力；H_2、I_2、N_2 分别为下段柱的高度、惯性矩和轴向力；对于 N_1、N_2 均应采用该柱段可能承受的最大轴心压力。上段柱的计算长率系数 $\mu_1=\mu_2/\eta_1$。对上端刚接、下端固定的单阶柱，下段柱计算长度系数 μ_2 可根据 K_1 及 η_1 由附录 B 查得。上段柱的计算长度系数仍为 $\mu_1=$

μ_2/η_1。

单层厂房阶形柱主要承受吊车荷载，一个柱达到最大荷载时，同一框架的其他柱一般并不同时达到最大荷载。荷载大的柱要屈曲时必须受到相邻荷载小的柱的约束作用，使其临界荷载增大，计算长度减小。同时，厂房沿纵向常设置纵向水平支撑、大型屋面板等，使厂房的整体稳定性提高。因此，《钢结构设计规范》规定应对其计算长度不同程度予以折减。折减采用折减系数乘以柱的计算长度系数 μ。单层厂房阶形柱计算长度的折减系数见表 6-3。

单层厂房阶形柱计算长度的折减系数 表 6-3

<table>
<tr><th rowspan="2">单跨或多跨</th><th colspan="3">厂 房 类 型</th><th rowspan="2">折减系数</th></tr>
<tr><th>纵向温度区段内一个柱列的柱子数</th><th>屋面情况</th><th>厂房两侧是否有通长的屋盖纵向水平支撑</th></tr>
<tr><td rowspan="4">单跨</td><td>≤6 个</td><td>—</td><td>—</td><td rowspan="2">0.9</td></tr>
<tr><td rowspan="3">>6 个</td><td rowspan="2">非大型钢筋混凝土屋面板的屋面</td><td>无纵向水平支撑</td></tr>
<tr><td>有纵向水平支撑</td><td rowspan="2">0.8</td></tr>
<tr><td>大型钢筋混凝土屋面板的屋面</td><td>—</td></tr>
<tr><td rowspan="3">多跨</td><td rowspan="3">—</td><td rowspan="2">非大型钢筋混凝土屋面板的屋面</td><td>无纵向水平支撑</td><td rowspan="3">0.7</td></tr>
<tr><td>有纵向水平支撑</td></tr>
<tr><td>大型钢筋混凝土屋面板的屋面</td><td>—</td></tr>
</table>

注：有横梁的露天结构，其折减系数可采用 0.9。

6.5.2 在框架平面外柱的计算长度

框架柱在平面外的计算长度是由平面外支承点间的距离决定的。因为柱在平面外失稳时，支承点可以看作变形曲线的反弯点。这样，柱在平面外的计算长度就等于侧向支承点之间的距离。

图 6-19 所示为单层框架柱，在平面外的计算长度上下段分别为 H_1 和 H_2，如图 6-19a）所示；无侧向支承点时则为 H，如图 6-19b）所示。对于多层框架柱，在平面外无侧向支承点，故计算长度为该柱的全长。

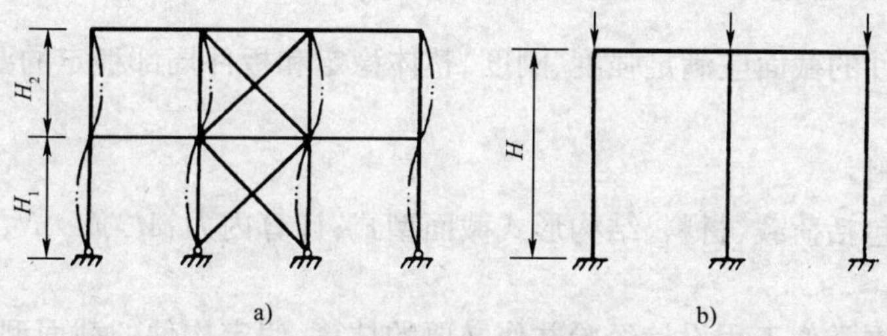

图 6-19 框架柱在平面外的计算长度

例 6.5 图 6-20 所示为双跨等截面柱框架，柱与基础铰接。试确定边柱与中柱在框架平面内的计算长度。

已知：$I_0 = 229100\text{cm}^4, I_1 = 288000\text{cm}^4, I_2 = 62500\text{cm}^4$。

解 （1）边柱

$$K_0 = \frac{I_0 H}{I_1 l} = \frac{229100 \times 8}{28800 \times 12} = 5.3$$

柱的上端与横梁刚接，下端与柱铰接，按有侧移框架查表6-2得：

$$\mu_1 = 2.068$$

$$H_{01} = \mu_1 H = 2.068 \times 8\text{m} = 16.5\text{m}$$

(2)中柱

$$K_1 = \frac{2I_0 H}{I_2 l} = \frac{2 \times 229100 \times 8}{62500 \times 12} = 4.9$$

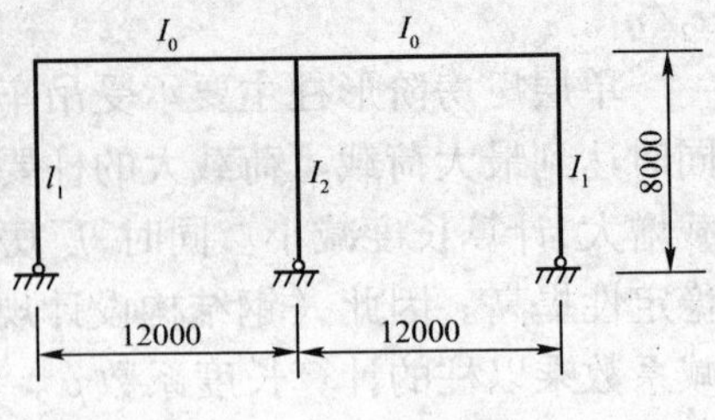

图6-20　例6.5图(尺寸单位:mm)

查表6-2得：

$$\mu_2 = 2.0765$$

$$H_{02} = \mu_2 H = 2.0765 \times 8\text{m} = 16.6\text{m}$$

6.6　实腹式压弯构件的截面设计

6.6.1　截面设计原则

实腹式压弯构件在截面设计时首先要根据压弯构件受力的大小、使用要求和构造要求，选择适当的截面形式。当弯矩较小或可能出现正负弯矩但其绝对值相差较小时，可采用对称截面；当正负弯矩绝对值相差较大时，应采用不对称翼缘的截面，使截面的一侧翼缘加大。在满足局部稳定、使用要求和构造要求的同时，截面应尽量做成轮廓尺寸稍大而板件稍薄，使截面的面积分布尽量远离截面轴线。这样，相同的截面面积能得到较大的惯性矩和回转半径，充分发挥钢材的有效性从而节省钢材。应根据弯矩的大小，使截面高度适当大于截面宽度，减少弯曲应力；尽量使弯矩作用平面内和平面外的整体稳定性接近。

总之，选择截面是比较复杂的问题，应参考已有工程实例，根据经验确定。

截面初步选择后，应进行验算，如验算不满足要求，再进行适当修改，重新计算，经反复修改可选择出合理的截面。

6.6.2　实腹式压弯构件截面设计步骤

实腹式压弯构件的截面应满足强度、刚度、整体稳定和板件局部稳定的要求。大体可按下述步骤进行设计。

1. 确定原始资料

原始设计资料包括荷载、材料、结构形式截面型式；计算内力：M_x、M_y、N、V_{max}、l_{0x}、l_{0y}等。

2. 试选截面

初估截面可根据类似工程设计经验并作必要的估算，假定构件的截面型式、组成和具体尺寸。假设截面应尽量做成肢宽板薄，截面高度略大于宽度；弯矩作用平面内和平面外的整体稳定性相近，板件的局部稳定满足构造和使用要求。

3. 验算截面

对试选截面应作如下验算。

(1)强度验算　按下式计算：

单向偏心时：$N/A_n \pm M/(\gamma W_n) \leqslant f$

双向偏心时：$N/A_n \pm M_x/(\gamma_x W_{nx}) \pm M_y/(\gamma_x W_{ny}) \leqslant f$

(2)刚度验算　按下式计算：

$$\lambda_{max} \leqslant [\lambda]$$

(3)整体稳定性验算　按下述方法验算。

对弯矩作用平面内按下式：

$$N/(\varphi_x A)+\beta_{mx}M_x/[\gamma_x W_{1x}(1-0.8N/N'_{Ex})] \leqslant f$$

对单轴对称截面尚应满足：

$$|N/A|-\beta_{mx}M_x/[\gamma_x W_{2x}(1-1.25N/N'_{Ex})] \leqslant f$$

对弯矩作用平面外按下式：

$$N/(\varphi_y A)+\beta_{1x}M_x/(\varphi_b W_{1x}) \leqslant f$$

(4)局部稳定性验算　按下式方法验算。

对I形、T形和箱形截面受压翼缘按下式：

$$b_1/t \leqslant 15\sqrt{235/f_y}$$

对箱形截面尚应满足：

$$b_0/t \leqslant 140\sqrt{235/f_y}$$

对I形截面腹板按：

当 $0 \leqslant \alpha_0 \leqslant 1.6$ 时，$h_0/t_w \leqslant (16\alpha_0+0.5\lambda+25)\sqrt{235/f_y}$

当 $1.6 \leqslant \alpha_0 \leqslant 2.0$ 时，$h_0/t_w \leqslant (48\alpha_0+0.5\lambda-26.2)\sqrt{235/f_y}$

对箱形截面腹板按上两式计算结果乘以0.8且不小于 $40\sqrt{235/f_y}$。

对T形截面按：

当 $\alpha_0 \leqslant 1.0$ 时，$h_0/t_w \leqslant 15\sqrt{235/f_y}$

当 $\alpha_0 > 1.0$ 时，$h_0/t_w \leqslant 18\sqrt{235/f_y}$

以上各公式的符号意义同前述，有关系数详见前述。

例6.6　如图6-21所示的工字形截面压弯构件，两端铰接，采用钢材为Q235。构件两端作用偏心压力 $F=1200\text{kN}$，两端作用力的偏心距都是 $e=375\text{mm}$，构件长度为12m，在构件长三点处各有一侧向支承，构件截面尺寸如图中所示，翼缘板为火焰切割边。构件容许长细比 $[\lambda]=150$。试验算截面是否满足要求。

解　(1)截面几何特性计算

$$A=30\times2\times2+50\times1.2=180\text{cm}^2$$

$$I_x=\frac{1}{12}\times1.2\times50^3+30\times2\times\left(\frac{50+2}{2}\right)^2\times2=93620\text{cm}^4$$

$$I_y=\frac{1}{12}\times2\times30^3\times2=9000\text{cm}^4$$

$$i_x=\sqrt{\frac{I_x}{A}}=\sqrt{\frac{93620}{180}}=22.8\text{cm}$$

$$i_y=\sqrt{\frac{I_y}{A}}=\sqrt{\frac{9000}{180}}=7.07\text{cm}$$

$$W_{1x}=\frac{2I_x}{A}=\frac{2\times93620}{54}=3467.4\text{cm}^3$$

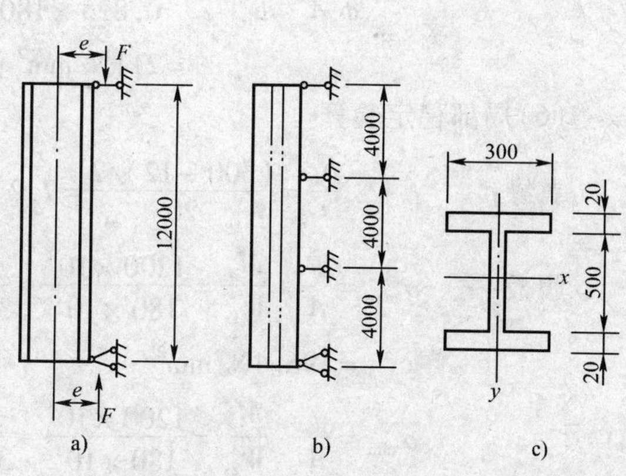

图6-21　例6.6图(尺寸单位：mm)

$$\lambda_x=\frac{l_{0x}}{i_x}=\frac{1200}{22.8}=52.6$$

$$\lambda_y=\frac{l_{0y}}{i_y}=\frac{400}{7.07}=56.6$$

对 x 轴、y 轴截面都属 b 类，再由附表 A-2 查得：

$$\phi_x=0.844 \qquad \phi_y=0.825$$

（2）强度计算

$$M_x=Fe=1200\times 0.375=450\text{kN}\cdot\text{m}$$

查表得 $\gamma_x=1.05$，$f=215\text{N/mm}^2$，$N=F=1200\text{kN}$

$$\frac{N}{A_n}+\frac{M_x}{\gamma_x W_{1x}}=\frac{1200\times 10^3}{180\times 10^2}+\frac{450\times 10^6}{1.05\times 3467.4\times 10^3}$$

$$=190.3\text{N/mm}^2<f=215\text{N/mm}^2\text{（满足要求）}$$

（3）刚度验算

$$\lambda_{max}=\lambda_y=56.6<[\lambda]=150\text{（满足要求）}$$

（4）弯矩作用平面内整体稳定计算

$$\beta_{mx}=0.65+0.35\frac{M_2}{M_1}=0.65+0.35=1.0$$

$$N'_{Ex}=\frac{\pi^2 EA}{\lambda_x^2}=\frac{\pi^2\times 206\times 10^3\times 180\times 10^2}{52.6^2}=132182\text{kN}$$

$$\frac{N}{\phi_x A}+\frac{\beta_{mx}\cdot M_x}{\gamma_{1x}\cdot W_{1x}\left(1-0.8\frac{N}{N'_{Ex}}\right)}=\frac{1200\times 10^3}{0.844\times 180\times 10^2}+\frac{1.0\times 450\times 10^6}{1.05\times 3467.4\times 10^3\times\left(1-0.8\frac{1200\times 10^3}{13218.2\times 10^3}\right)}$$

$$=212.3\text{N/mm}^2<f=215\text{N/mm}^2\text{（满足要求）}$$

（5）弯矩作用平面外整体稳定计算

$$\beta_{tx}=0.65+0.35\frac{M_2}{M_1}=0.65+0.35=1.0$$

$$\phi_0=1.07-\frac{\lambda_y^2}{44000}\cdot\frac{f_y}{235}=1.07-\frac{56.6^2}{44000}\times\frac{235}{235}=0.997$$

$$\frac{N}{\phi_y A}+\frac{\beta_{tx}M_x}{\phi_b W_{1x}}=\frac{1200\times 10^3}{0.825\times 180\times 10^2}+\frac{1\times 450\times 10^6}{0.997\times 3467.4\times 10^3}$$

$$=211\text{N/mm}^2<f=215\text{N/mm}^2\text{（满足要求）}$$

（6）局部稳定验算

翼缘：$\dfrac{b_1}{t}=\dfrac{(300-12)/2}{20}=7.2<13\sqrt{\dfrac{235}{f_y}}=13$（满足要求）

腹板：
$$\sigma_{max}=\frac{F}{A}+\frac{M_x}{W_{1x}}=\frac{1200\times 10^3}{180\times 10^2}+\frac{450\times 10^6}{3467.4\times 10^3}$$

$$=196.4\text{N/mm}^2$$

$$\sigma_{min}=\frac{t}{A}-\frac{M_x}{W_{2x}}=\frac{1200\times 10^3}{180\times 10^2}-\frac{450\times 10^6}{3467.4\times 10^3}$$

$$=-63.1\text{N/mm}^2$$

$$\alpha_0 = \frac{\sigma_{max} - \sigma_{min}}{\sigma_{max}} = \frac{196.4 + 63.1}{196.4} = 1.32 < 1.6$$

$$\frac{h_0}{t_w} = \frac{500}{12} = 41.7 < (1620 + 0.5\lambda + 25)\sqrt{\frac{235}{f_y}}$$

$$= (16 \times 1.32 + 0.5 \times 56.6 + 25) \times 1$$

$$= 74.4(\text{满足要求})$$

经以上验算该构件截面设计安全。

6.7　格构式压弯构件

格构式压弯构件常用于厂房的框架柱和高大的独立支柱。由于格构式截面的材料集中在远离形心的分肢,使截面惯性矩增大,从而可以节约材料,提高截面的抗弯刚度和稳定性。常用的格构式压弯构件的截面形式如图6-22所示。可根据弯矩作用的大小和方向,选用双轴对称和单轴对称的截面。因为构件在弯矩作用平面内的宽度较大,所以,构件肢件之间的连接经常采用缀条,而很少采用缀板。缀材的设计方法和构造要求与格构式轴心受压构件基本相同。

6.7.1　格构式压弯构件的整体稳定性

格构式压弯构件当弯矩绕实轴作用和绕虚轴作用时,其受力性能不同,故在整体稳定计算时,应采用不同的公式。

1. 弯矩作用平面内的稳定性

(1)弯矩绕实轴作用　对于弯矩绕实轴作用的格构式压弯构件,在弯矩作用平面内的稳定计算与实腹式压弯构件相同,可采用式(6-9)计算。

(2)弯矩绕虚轴作用　对于弯矩绕虚轴作用的格构式压弯构件,在弯矩作用平面内的稳定计算采用按截面边缘纤维开始屈服的弹性理论确定的计算公式为:

$$\frac{N}{\phi_x A} + \frac{\beta_{mx} \cdot M_x}{W_{1x}\left(1 - \phi_x \frac{N}{N'_{Ex}}\right)} \leqslant f \tag{6-31}$$

式中:ϕ_x、N'_{Ex}——均应按虚轴换算长细比 λ_{0x} 确定;

W_{1x}——对 x 轴的毛截面抵抗矩,$W_{1x} = I_x / y_0$;

I_x——对 x 轴的毛截面惯性矩;

y_0——由 x 轴到压力较大分肢轴线的距离,或者到压力较大分肢腹板边缘的距离,取二者中较大者(图6-22)。

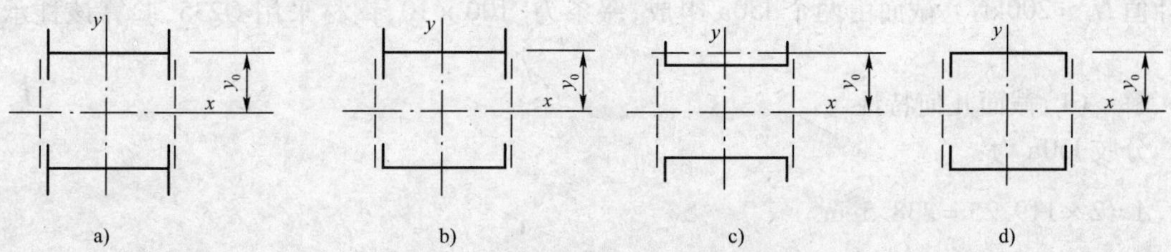

图6-22　格构式压弯构件的截面形式

2. 弯矩作用平面外的稳定性

（1）弯矩绕实轴作用　对于弯矩绕实轴作用的格构式压弯构件，在弯矩作用平面外的稳定计算仍然可采用与实腹式压弯构件相同的公式（6-12），但式中 ϕ_y 应按虚轴换算长细比 λ_{0x} 查表确定，λ_{0x} 的计算同格构式轴心受压构件。并应取 $\phi_b = 1.0$，因为一般情况下截面在弯矩作用平面内的刚度较大。

（2）弯矩绕虚轴作用　对于弯矩绕虚轴作用的格构式压弯构件，要保证构件在弯矩作用平面外的整体稳定，主要是要求两个分肢在弯矩作用平面外都要保持稳定，也就是可用验算每个分肢的稳定来代替验算整个构件在弯矩作用平面外的整体稳定。

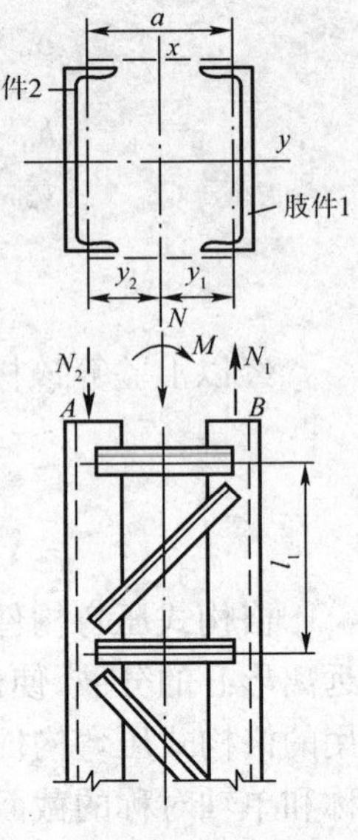

图 6-23　格构式压弯构件单肢计算简图

6.7.2　格构式压弯构件单肢的稳定性

格构式压弯构件的每个分肢在弯矩作用平面内和平面外都应保持稳定。对于弯矩绕虚轴作用的双肢缀条式压弯构件，可把分肢视为桁架的弦杆来计算每个分肢的轴心压力（图 6-23），并按轴心受压构件计算每个分肢的稳定性。每个分肢的轴心压力可按下式确定。

分肢 1：

$$N_1 = \frac{M_x}{a} + \frac{N y_2}{a} \tag{6-32}$$

分肢 2：

$$N_2 = N - N_1 \tag{6-33}$$

计算分肢稳定时，分肢在弯矩作用平面的计算长度取相邻缀条节点间的距离；在弯矩用平面外的计算长度取整个构件侧向支承点间的距离。

6.7.3　缀材的计算和构造要求

格构式压弯构件的缀材计算时，应取构件的实际剪力和按 $V = \frac{Af}{85}\sqrt{\frac{f_y}{235}}$ 式计算得到的剪力取两者中的较大值。计算方法与格构式轴心受压构件缀材的计算相同。

格构式压弯构件和格构式轴心受压构件一样，为了提高构件的整体刚度，保证构件截面的形状不变，在受有较大的水平力处和在运输单元的端部设置横隔，横隔的间距不得大于柱截面较大宽度的 9 倍和不得大于 8m。横隔可用钢板或角钢做成。

例 6.7　某格构式压弯柱长度为 10m，柱子上端自由，下端固定，其截面和缀条布置如图 6-24 所示。柱子承受轴向压力设计值 $N = 1500$kN，绕 x 轴弯矩设计值 $M_x = 1000$kN · m，剪力设计值 $N_v = 200$kN。截面由两个 I50a 组成，缀条为∟100 × 10，钢材采用 Q235，验算该柱承载力。

解　（1）截面几何特性

分肢 I50a 为：

$A = 2 \times 119.25 = 238.5\text{cm}^2$

$I_{x1} = 1121.5\text{cm}^4$

$i_{x1} = 3.07\text{cm}$

$I_{y1}=4647\text{cm}^4$

$i_{y1}=19.74\text{cm}$

缀条∟100×10 为：

$A_{x1}=19.26\text{cm}^2$

$y_1=y_2=\frac{80}{2}\text{cm}=40\text{cm}$

$I_x=2\times(1121.5+119.25\times40^2)=383843\text{cm}^4$

$i_x=\sqrt{\frac{I_x}{A}}=\sqrt{\frac{383843}{238.5}}=40.12\text{cm}$

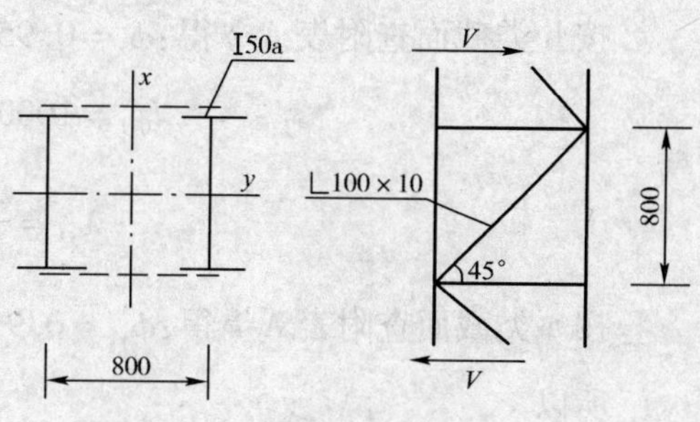

图 6-24 例 6.7 图(尺寸单位:mm)

(2)弯矩作用平面内整体稳定验算

$$l_{0x}=2\times10000=20000\text{cm}$$

$$\lambda_x=\frac{l_{0x}}{i_x}=\frac{2000}{40.12}=49.85$$

换算长细比：

$$\lambda_{0x}=\sqrt{\lambda_x^2+27\frac{A}{A_{1x}}}=\sqrt{49.85^2+27\times\frac{238.5}{2\times19.26}}=51.5$$

按 b 类查附录 A 得：$\phi_x=0.849$

$$W_{1x}=\frac{I_x}{y_1}=\frac{383843}{40}=9596\text{cm}^3$$

$$N'_{Ex}=\frac{\pi^2EA}{\lambda_{0x}^2}=\frac{\pi^2\times206\times10^3\times2385\times10^2}{51.5^2}=18282.7\text{kN}$$

悬臂构件的等效弯矩系数 $\beta_{mx}=1.0$

$$\frac{N}{\phi\cdot A}+\frac{\beta_{mx}\cdot M_x}{W_{1x}\left(1-\phi_x\frac{N}{N'_{Ex}}\right)}=\frac{1500\times10^3}{0.849\times238.5\times10^2}+\frac{1\times1000\times10^5}{9596\times10^3\left(1-0.849\times\frac{1500}{18282.7}\right)}$$

$$=186.1\text{N/mm}^2<f=215\text{N/mm}^2\text{(满足要求)}$$

(3)单肢稳定性验算

$$N_1=\frac{M_x}{a}+\frac{Ny_2}{a}=\frac{1000}{0.8}+\frac{1500\times0.4}{0.8}=2000\text{kN}$$

$$N_2=N-N_1=1500-2000=-500\text{kN}\text{(拉力)}$$

$$l_{0x1}=80\text{cm}\qquad i_{x1}=3.07\text{cm}$$

$$\lambda_{x1}=\frac{l_{0x1}}{i_{x1}}=\frac{80}{3.07}=26.06$$

按 b 类截面查附表 A-2 得：$\phi_x = 0.95$

$$l_{0y1} = 10000\text{cm} \qquad i_{y1} = 19.74\text{cm}$$

$$\lambda_{y1} = \frac{l_{0y1}}{i_{y1}} = \frac{1000}{19.74} = 50.66$$

按 a 类截面查附表 A-1 得：$\phi_{y1} = 0.913$

所以 $$\phi_{\min} = 0.913$$

$$\frac{N}{\phi_{\min}A} = \frac{2000 \times 10^3}{0.913 \times 119.25 \times 10^2} = 183.7\text{N/mm}^2 < f = 215\text{N/mm}^2\text{（满足要求）}$$

(4) 缀条截面验算

计算剪力 $$V = \frac{Af}{85}\sqrt{\frac{f_y}{235}} = \frac{238.5 \times 10^2 \times 215}{85} = 60326\text{N} = 60.326\text{kN}$$

实际剪力 $V = 200\text{kN}$。缀条长度为 80cm，$\alpha = 45°$

$$N_t = \frac{N}{n \cdot \cos\alpha} = \frac{200 \times 10^3}{2 \times \cos 45°} = 141.4\text{kN}$$

$$l_1 = \frac{80}{\cos 45°} = 113.15\text{cm}$$

用单肢角钢∟100×10 查型钢表可知，$A_{x1} = 19.26\text{cm}^2$，$i_{\min} = 1.96\text{cm}$，$l_2 = l_1 = 113.15\text{cm}$

$$\lambda = \frac{l_2}{i_{\min}} = \frac{113.15}{1.96} = 57.7 < [\lambda] = 150$$

按 b 类截面查附表 A-2 得：$\phi = 0.817$

单角钢单面连接的设计强度折减系数为：

$$\psi = 0.6 + 0.0015\lambda = 0.6 + 0.0015 \times 57.7 = 0.687$$

验算缀条稳定：

$$\frac{N}{\phi A} = \frac{141.4 \times 10^3}{0.817 \times 19.26 \times 10^2} = 89.9\text{m}^2 < \psi f$$

$$= 0.687 \times 215 = 147.7\text{N/mm}^2\text{（满足要求）}$$

6.8 压弯构件的柱头和柱脚

6.8.1 压弯构件的柱头

压弯构件柱头的主要作用是使柱子能与上部构件可靠地连接并将其内力传给柱身，所以要求构造简单，传力明确。图 6-26a) 所示为实腹式工字形压弯构件弯矩绕强轴作用的柱头构造，柱头由顶板和肋板组成。柱顶轴向力 N 可由顶板通过焊缝①传给肋板，再由焊缝②传给柱身。图 6-25b) 所示为格构式压弯构件的柱头构造。柱头由顶板、隔板和缀板组成。柱顶轴

向力 N 可由焊缝①传给隔板，由焊缝②传给缀板，缀板再通过焊缝③和④将内力传给柱身。

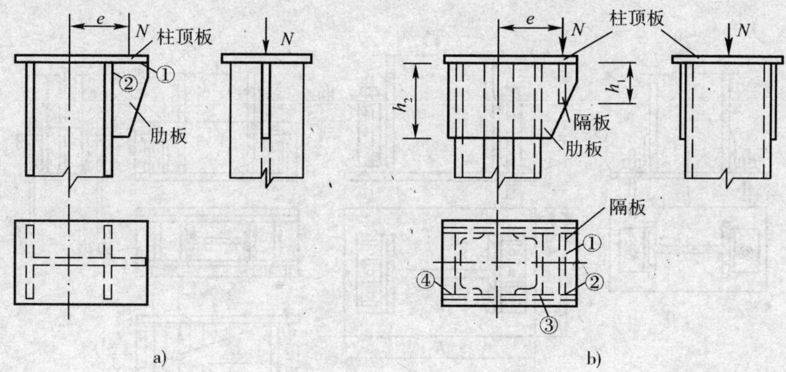

图 6-25　压弯构件柱头构造

框架柱与梁的连接可分为柔性连接和刚性连接，柔性连接一般采用高强度螺栓连接；而刚性连接是焊缝连接。框架柱与梁的柔性连接只能承受很小的弯矩，而在无支撑框架中要求梁与柱的连接节点具有较强的抗弯刚度，故一般采用刚性连接。

图 6-26a)、b)为梁腹板与柱翼缘通过竖向连接板(或角钢)用焊缝和高强度螺栓相连的柔性连接，主要是传递剪力。这种连接安装简便，在有支撑框架中可采用。图 6-26c)为多层框架梁柱的全焊接刚性连接。梁翼缘与柱翼缘采用坡口焊接，焊缝承受由弯矩产生的拉力和压力，梁腹板与柱翼缘采用角焊缝连接，以传递剪切力。图 6-26d)为框架梁柱采用高强度螺栓和焊缝的混合连接方式。

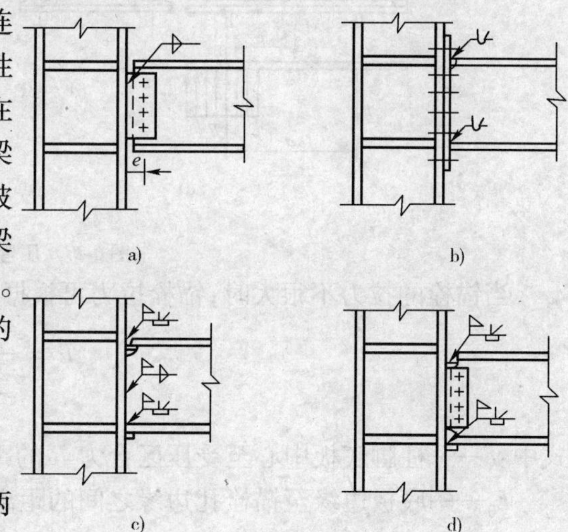

图 6-26　框架梁柱连接构造

6.8.2　压弯构件的柱脚

压弯构件的柱脚有铰接柱脚和刚接柱脚两种类型。铰接柱脚的构造要求和计算方法与轴心受压基本相同；刚接柱脚需要同时传递轴力 N、剪力 V 和弯矩 M，故构造上应保证传力明确，制作和安装方便。

对于承受轴力和弯矩都较小，并且底板与基础之间只存在压应力的压弯构件，可采用如图 6-27a)和 b)的构造方案。图 6-27b)中底板的宽度 B 应根据构造要求确定，其中悬臂宽度 C 不宜超过 2 ~ 3cm，底板长度则由底板下基础的压应力不超过混凝土抗压强度设计值的要求来确定。

$$\sigma_{\max} = \frac{N}{BL} + \frac{6M}{BL^2} \leqslant f_c \tag{6-34}$$

式中：f_c——混凝土抗压强度设计值。

对于承受轴力和弯矩都比较大的压弯构件，为了使柱子传至基础的力分布均匀和加强底板的抗弯能力，可采用图 6-27c)、d)带靴梁的构造方案。

由于底板和基础之间不能承受拉应力，如果最小应力 $\sigma_{\min}$ 出现负值即为拉应力时，应在它们之间设置固定锚栓来承担拉力。并且固定锚栓应具有足够的刚度来保证柱脚嵌固于基础。

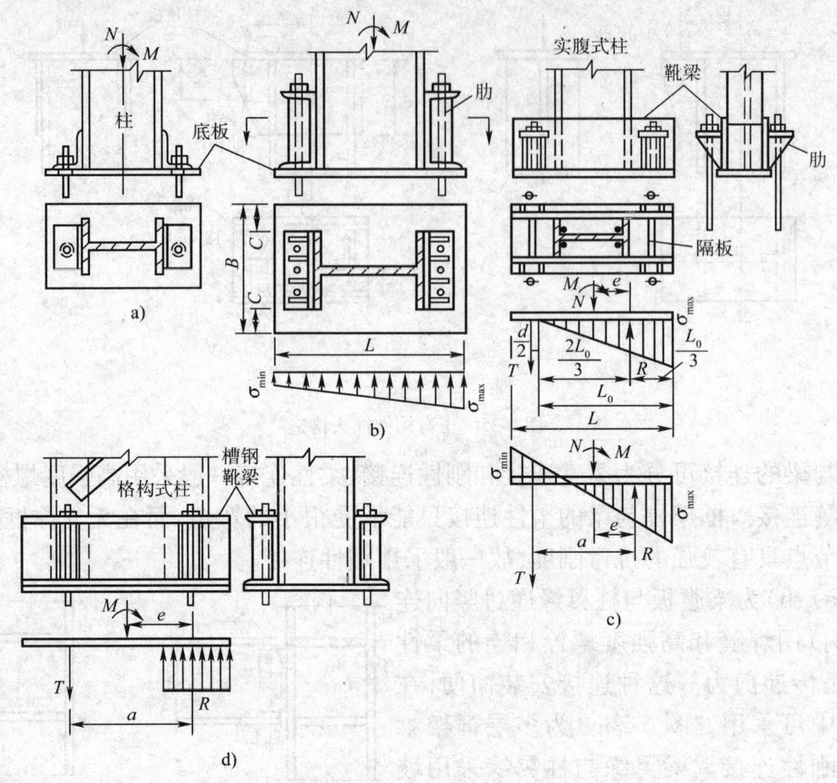

图 6-27 压弯构件整体式柱脚

当锚栓的拉力不很大时,锚栓拉力可根据图 6-27c)所示的应力分布图确定:

$$T = \frac{M - Ne}{\frac{2L_0}{3} + \frac{d}{2}} \tag{6-35}$$

式中:e——柱脚底板中心至受压区合力 R 的距离;

L_0——底板边缘至锚栓孔边缘之间的距离;

d——锚栓孔的直径。

锚栓的拉力还可以按基础为弹性工作的近似计算法确定:

$$T = \frac{M - Ne}{x} \tag{6-36}$$

当锚栓拉力很大,所需锚栓直径大于 60mm 时,可以根据图 6-27d)中所示应力分布图,像计算钢筋混凝土压弯构件中的钢筋一样确定其直径。

底板厚度的确定和轴心受压构件的柱脚底板类似,但在计算各区格底板的弯矩时,可以偏于安全地取该区格的最大压应力来计算。

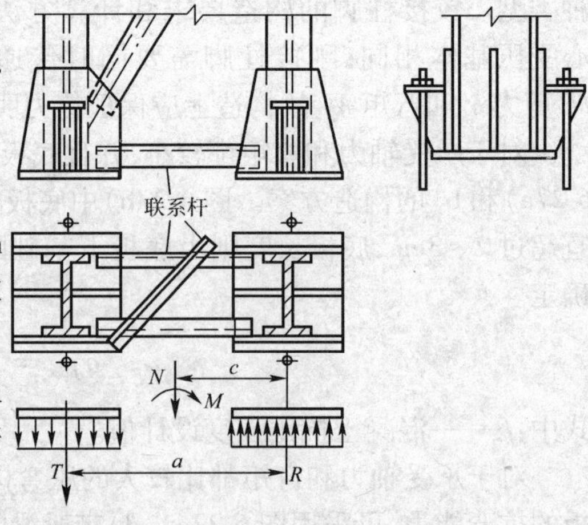

图 6-28 分离式柱脚

对于肢间距离很大的格构式柱,可采用如图 6-28 所示的分离式柱脚。其中每个柱脚都是根据分肢可能产生的最大压力按轴心受压构件柱脚设计，而锚栓的直径则根据分肢可能产生的最大拉力确定。

复习思考题

6-1 拉弯构件和压弯构件是以哪种极限状态为依据进行强度计算的？

6-2 试分析压弯构件在弯矩作用平面内整体稳定计算公式中各符号的意义。

6-3 实腹式压弯构件截面设计的一般步骤有哪些？

6-4 试述单层和多层框架柱计算长度的决定因素。

6-5 试分析压弯构件与轴心受压构件的柱头、柱脚有何异同？

6-6 验算图 6-29 所示拉弯构件的强度和刚度，构件承受轴心拉力设计值 $N=100\text{kN}$，横向集中荷载设计值 $F=8\text{kN}$，均为静力荷载，构件的截面为 2∟100×10。钢材为 Q235，$[\lambda]=350$。

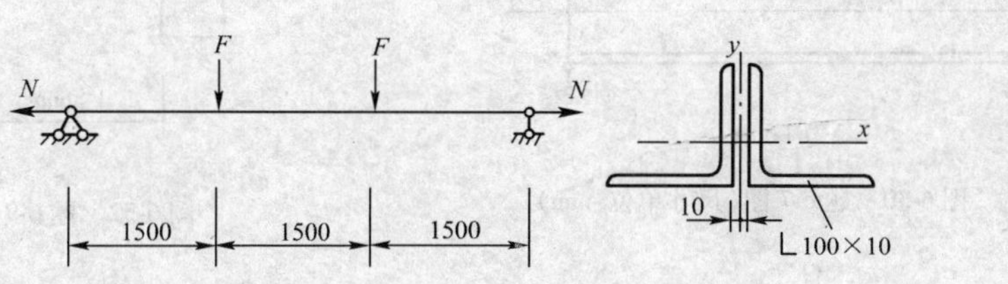

图 6-29　题 6-6 图(尺寸单位:mm)

6-7 图 6-30 所示为一由 I16 制作的压弯构件，两端铰接，长度 4m，在构件的中点有一个侧向支承，钢材为 Q235，验算图中 a)、b) 两种受力情况构件在弯矩作用平面内的整体稳定。构件除承受轴心压力 $N=20\text{kN}$ 外，作用的其他外力为：a) 在构件两端同时作用着大小相等、方向相反的弯矩 $M_x=28\text{kN}$。b) 在跨中作用一横向荷载 $F=25\text{kN}$。

6-8 如图 6-31 所示的两端铰接的压弯构件，构件长 3m，采用 I20a，钢材为 Q235。构件承受轴向压力设计值 $N=80\text{kN}$，弯矩设计值 $M=40\text{kN}\cdot\text{m}$。试验算构件在弯矩作用平面外的整体稳定性。

6-9 试确定图 6-32 所示双跨等截面框架边柱和中柱在框架平面内的计算长度。柱与基础刚接，按有侧移失稳形式计算。

6-10 图 6-33 所示为一工字形截面压弯构件，两端铰接，承受轴向压力设计值 $N=1000\text{kN}$，跨中集中横向荷载设计值 $F=150\text{kN}$。构件长度 9m，弯矩作用平面外方向有侧向支撑，其间距为 3m。构件截面尺寸如图中所示，钢材为 Q235。翼缘板为火焰切割边。构件容许长细比 $[\lambda]=150$。试对该构件截面进行验算。

6-11 图 6-34 所示为一格构式压弯构件，长度为 6m，上端自由，下端固定，构件承受轴心压力设计值 $N=500\text{kN}$。剪力设计值 $V=150\text{kN}$，弯矩绕 x 轴作用呈三角形分布，上端弯矩为零，下端弯矩设计值 $M_x=200\text{kN}\cdot\text{m}$，构件截面及缀条布置如图中所示，截面由两个 I25a 组成，缀条为∟50×5。构件侧向上、下端为铰接支座，钢材 Q235。试对该压弯柱进行验算。

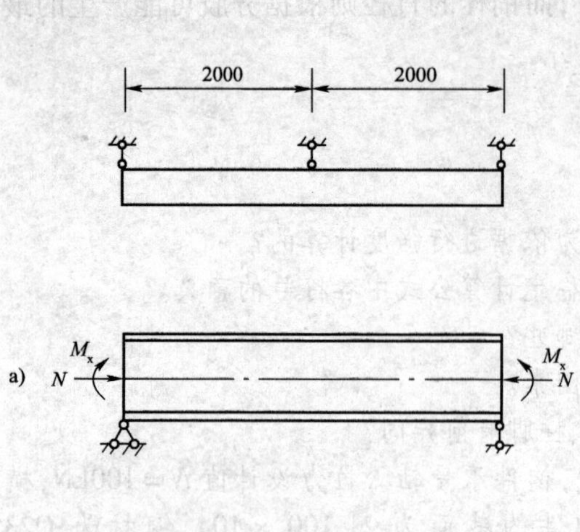

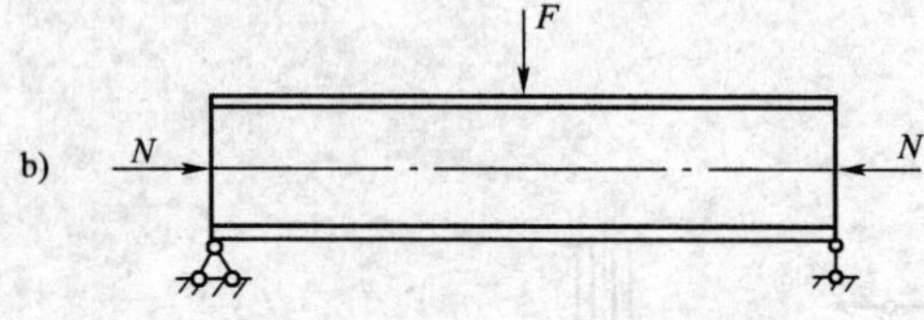

图6-30　题6-7图(尺寸单位:mm)

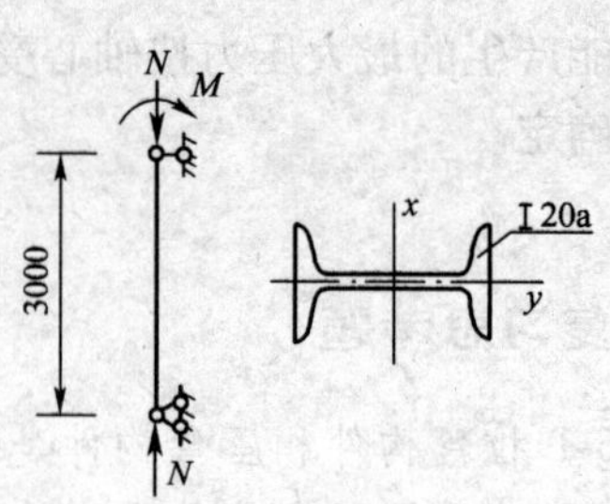

图6-31　题6-8图(尺寸单位:mm)

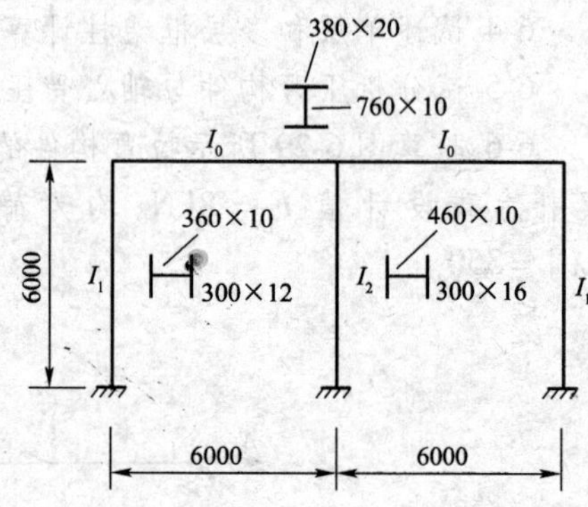

图6-32　题6-9图(尺寸单位:mm)

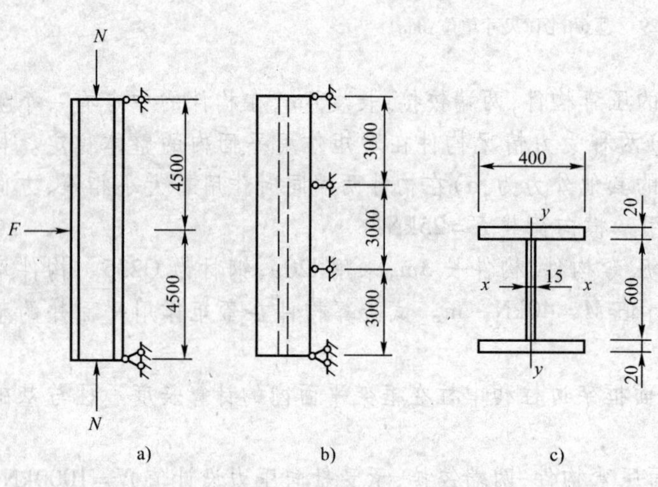

图6-33　题6-10图(尺寸单位:mm)

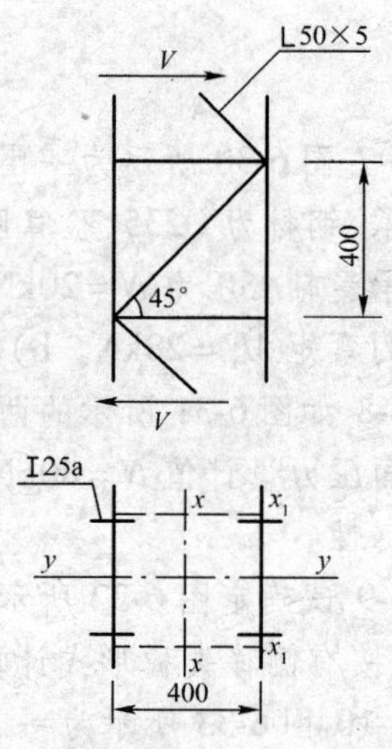

图6-34　题6-11图(尺寸单位:mm)

第7章　钢屋盖结构设计

钢屋盖结构由屋面、屋架和支撑三部分组成。钢屋盖结构可分为两类：一类为有檩屋盖，是指在屋架上放置檩条，檩条上再铺设石棉瓦，瓦楞铁皮、钢丝网水泥槽形板、压型钢板等轻型屋面材料(图7-1a)；另一类称无檩屋盖，是指在屋架上直接放置钢筋混凝土大型屋面板，屋面荷载由大型屋面板直接传给屋架(图7-1b)。

有檩屋盖重量轻、用料省、运输安装方便，但构件数量多、构造复杂、吊装次数多，屋盖横向刚度较差。有檩屋盖的屋架间距为檩条跨度，屋架经济间距为4～6m。无檩屋盖，构件数量少、安装简便、施工速度快，易于铺设保暖层，且屋盖横向刚度大、整体性好，但由于自重大使下部结构用料增多，且对抗震不到。无檩屋盖方案的屋架间距为大型屋面板的跨度，一般为6m，或6m的倍数。屋架的跨度和间距需结合柱网布置确定。当柱距较大时，可采用在柱间设置托梁和中间屋架，或采用格构式檩条的布置方案，如图7-1b)所示。

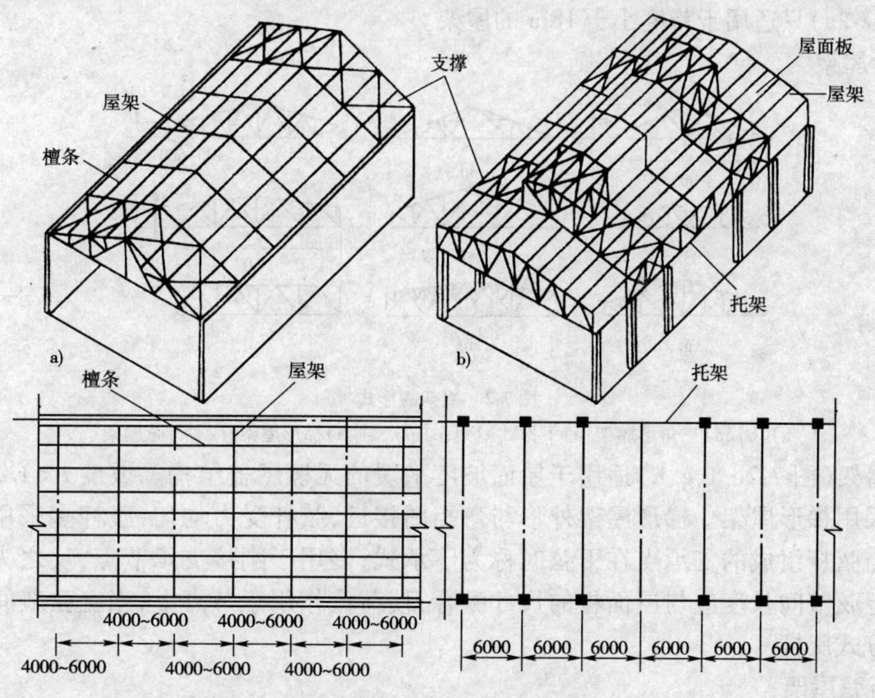

图7-1　屋盖结构组成与柱网布置(尺寸单位:mm)

屋盖结构设计，通常包括屋盖结构布置、屋架形式的选择，支撑布置，屋盖荷载计算，屋架各杆内力计算，屋架杆件截面选择，檩条、拉条和撑杆的计算，节点设计以及绘制施工图。

7.1　钢屋架的形式和尺寸

屋架是由各种直杆相互连接组成的一种平面桁架；在横向节点荷载作用下，各杆件产生轴心压力或轴心拉力，因而杆件截面应力分布均匀，材料利用充分，具有用钢量小、自重轻、刚度大、便于加工成形和应用广泛的特点。屋架按外形可分为三角形屋架、梯形屋架及平行弦屋架三种形式(图7-2)。屋架的选型应符合以下原则：第一，满足使用要求，主要是排水坡度、建筑净空、天窗、天棚以及悬挂吊车的需要。第二，受力合理。应使屋架的外形与弯矩图相近，杆件受力均匀；短杆受压、长杆受拉；荷载布置在节点上，以减少弦杆局部弯矩，屋架中部有足够高度，以满足刚度要求。第三，便于施工。屋架的杆件和节点宜减少数量和品种、构造简单、尺寸划一、夹角在30°~60°之间。跨度和高度避免超宽、超高。设计时应全面分析、具体处理，从而确定具体的合理形式。

7.1.1 屋架的形式

1. 三角形屋架

三角形屋架(图7-2a、b、d)适用于屋面坡度较陡的有檩屋盖结构。坡度 $i=1/2\sim1/6$；上、下弦交角小，端节点构造复杂；外形与弯矩图差别大，受力不均匀，横向刚度低，只适用于中、小跨度轻屋面结构。

三角形屋架的腹杆布置可有芬克式、单斜式、人字式三种。芬克式屋架(图7-2b)受力合理、便于运输，多被采用；单斜式屋架(图7-2d)只适用于下弦设置天棚的屋架，较少采用；人字式屋架(图7-2a)只适用于跨度小于18m的屋架。

2. 梯形屋架

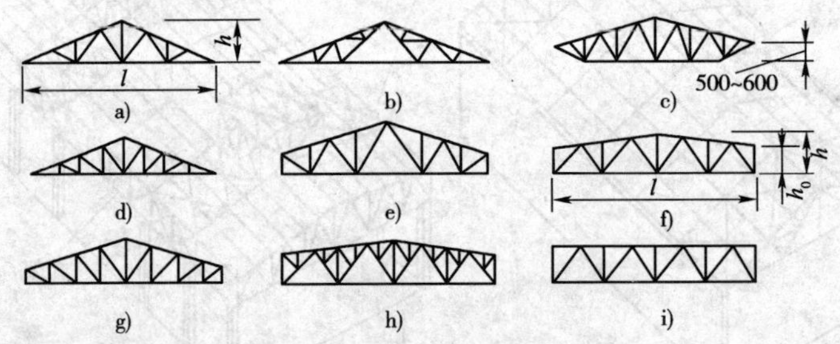

图7-2 屋架的形式

a)、b)、d)三角形屋架；c)下撑式屋架；e)、f)、g)、h)梯形屋架；i)平行弦屋架

梯形屋架(图7-2e、f、g、h)适用于屋面坡度平缓的无檩屋盖结构。坡度 $i<1/3$，且跨度较大时多采用梯形屋架。梯形屋架外形与弯矩图接近，弦杆受力均匀；腹杆多采用人字式，当端斜杆与弦杆组成的支承点在下弦时称为下承式，多用于刚接支承节点，反之为上承式。梯形屋架上弦节间长度应与屋面板的尺寸配合，使荷载作用于节点上，当上弦节间太长时，应采用再分式腹杆。

3. 平行弦屋架

当屋架的上、下弦杆相平行时，称为平行弦屋架(图7-2i)。多用于单坡屋盖和双坡屋盖，或用作托架、支撑体系。腹杆多为人字形或交叉式。平行弦屋架的同类杆件长度一致、节点类型少、符合工业化制造要求，有较好的效果。

7.1.2 屋架的主要尺寸

屋架的主要尺寸是指屋架的跨度和高度，对梯形屋架尚有端部高度。

1. 屋架的跨度

屋架的跨度应根据生产工艺和建筑使用要求确定，同时应考虑结构布置的经济合理。通常为18m、21m、24m、27m、30m、36m等，以3m为模数。对简支于柱顶的钢屋架，屋架的计算跨度 l_0 为屋架两端支座反力的距离。屋架的标志跨度 l 为柱网横向轴线间的距离。标志跨度应与大型屋面板的宽度（1.5～3.0m）相一致。

根据房屋定位轴线及支座构造的不同，屋架的计算跨度的取值尚有下述情况；当支座为一般钢筋混凝土柱且柱网为封闭结合时，计算跨度为 $l_0=l-(300\sim400)$ mm；当柱网采用非封闭结合时，计算跨度为 $l_0=l$，如图7-3所示。

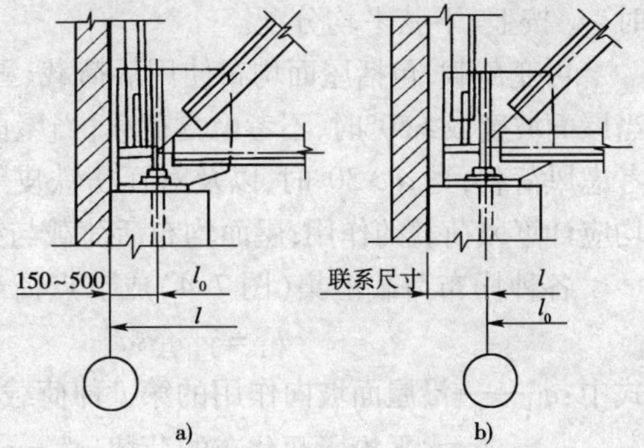

图7-3 屋架的计算跨度

2. 屋架的高度

屋架的高度取决于建筑要求、屋面坡度、运输界限、刚度条件和经济高度等因素。

屋架的最大高度不能超过运输界限，最小高度应满足屋架容许挠度 $[v]=l/500$ 的要求。

三角形屋架的高度 h，当坡度 $i=1/2\sim1/3$ 时，$h=(1/4\sim1/6)l$；平行弦屋架和梯形屋架的中部高度主要由经济高度决定，一般为 $h=(1/6\sim1/10)l$；梯形屋架的端部高度 h_0，当屋架与柱刚接时，取 $h_0=(1/10\sim1/16)l$；当屋架与柱铰接时，取 $h_0\geqslant l/18$；陡坡梯形屋架的端部高度，一般取 $h_0=0.5\sim1.0$m；平均梯形屋架取 $h_0=1.8\sim2.1$m，当跨度较小时取下限，屋架跨度越大，h_0 取值越大。

设计屋架尺寸时，首先根据屋架形式和工程经验确定端部尺寸 h_0；然后，根据屋面材料和屋面坡度确定屋架跨中高度；最后综合考虑各种因素，确定屋架的高度。

当屋架的外形和主要尺寸（跨度、高度）确定后，桁架各杆的几何尺寸即可根据三角函数或投影关系求得。一般常用桁架的各杆件的几何长度可查阅有关设计手册或图集。

7.2 屋架杆件的内力计算

7.2.1 计算假定

屋架杆件内力计算采用下列假定：

(1)各杆件的轴线均居于同一平面内且相交于节点中心；

(2)各节点均视为铰接，忽略实际节点产生的次应力；

(3)荷载均作用于桁架平面内的节点上，因此各种只受轴向力作用。对作用于节间处的荷载需按比例分配到相近的左、右节点上，但计算上弦杆时，应考虑局部弯曲影响。

7.2.2 节点荷载计算

1. 屋架上的荷载

作用于屋架上的荷载可有：

永久荷载，包括屋面材料、檩条、屋架、天窗架、支撑以及天棚等结构自重。

屋架和支撑自重可按下列经验公式估算：

$$g_k=\beta l \tag{7-1}$$

式中：g_k——屋架和支撑的自重荷载（kN/m^2），按水平投影面积计算；

β——系数，当屋面荷载 $F_k \leqslant 1kN/m^2$ 时，$\beta = 0.01$；当 $F_k = 1 \sim 2.5kN/m^2$ 时，$\beta = 0.012$；当 $F_k > 2.5kN/m^2$ 时，$\beta = 0.12/l + 0.011$；

l——屋架的跨度（m）。

当屋架仅作用有上弦节点荷载时，将 g_k 全部合并为上弦节点荷载；当屋架尚有下弦荷载时，g_k 按上、下弦平均分配。

可变荷载，包括屋面均布使用活荷载、雪荷载、风荷载、积灰荷载以及悬挂吊车和重物等项。当屋面坡度 $\alpha \geqslant 50°$时，不考虑雪荷载；当屋面坡度 $\alpha \leqslant 30°$时，除瓦楞铁等轻型屋面外，一般可不考虑风荷载；当 $\alpha > 30°$时，以及对瓦楞铁皮等轻型屋面、开敞式房屋和风荷载大于 $490N/m^2$ 时，均应计算风荷载的作用；屋面均布活荷载与雪荷载不同时考虑，取两者之中较大值。

各种均布荷载汇集（图 7-4）成节点荷载的计算式为：

$$F_i = \gamma_{si} q_{ki} s a \tag{7-2}$$

式中：q_{ki}——沿屋面坡向作用的第 i 种荷载标准值。对于沿水平投影面分布的荷载，$q_{ki}^h = q_{ki}/\cos\alpha$（kN/m）；

α——屋面坡度，可取上弦杆与下弦杆的夹角（°）；

s——屋架的间距（m）；

a——屋架弦杆节间水平长度（m）；

γ_{si}——第 i 种荷载分项系数。

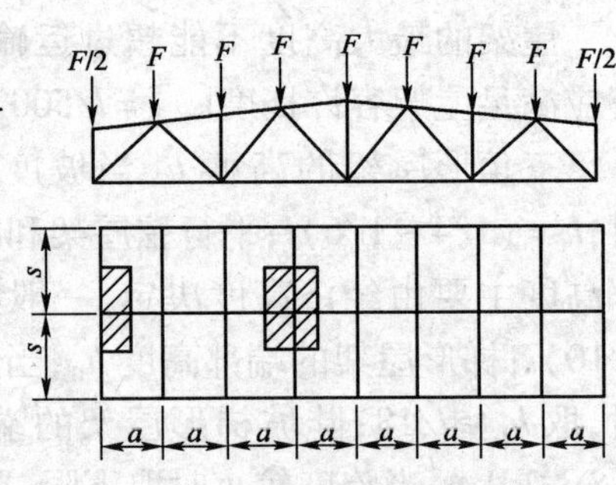

图 7-4　节点荷载汇集简图

2. 荷载的组合

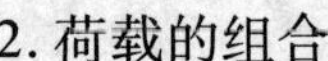

屋面均布活荷载、屋面积灰荷载、雪荷载等可变荷载。应按全跨和半跨均匀分布两种情况考虑，因为荷载作用于半跨时对桁架的中间斜腹杆的内力可能产生不利影响。

桁架内力应根据使用和施工过程中可能遇到的同时作用的最不利荷载组合情况进行计算。不利荷载组合一般考虑下列三种情况。

（1）全跨永久荷载＋全跨可变荷载。

（2）全跨永久荷载＋半跨可变荷载。

（3）全跨屋架、支撑和天窗自重荷载＋半跨屋面板自重荷载＋半跨屋面活荷载。

7.2.3　屋架杆件内力计算方法

1. 节点荷载作用下的杆件内力计算

节点荷载作用下，铰接桁架杆件的内力计算可采用图解法或数解法（节点法或截面法）、有限元位移计算法等。所有杆件均受轴心力作用。常用桁架的杆件内力系数可查阅《建筑结构静力计算手册》。

2. 有节间荷载作用时杆件内力计算

当有集中荷载或均布荷载作用于上弦节间时，将使上弦杆节点和跨中节间产生局部弯矩。由于上弦节点板对杆件的约束作用，可减少节间弯矩，屋架上弦杆应视为弹性支座上的连续梁，为简化计算，可采用下列近似法。

对无天窗架的屋架，端节间的跨中正弯矩和节点负弯矩均取 $0.8M_0$；其他节间正弯矩和节点负弯矩均取 $0.6M_0$；M_0 为跨度等于节间长度的相应节间的简支梁最大弯矩值。

对有天窗架的屋架，所有节间的节点和节间弯矩均取 $0.8M_0$，如图 7-5 所示。

设计钢屋架时，应尽量避免节间荷载布置，以免因节间荷载作用产生的弯矩所引起的截面增大。

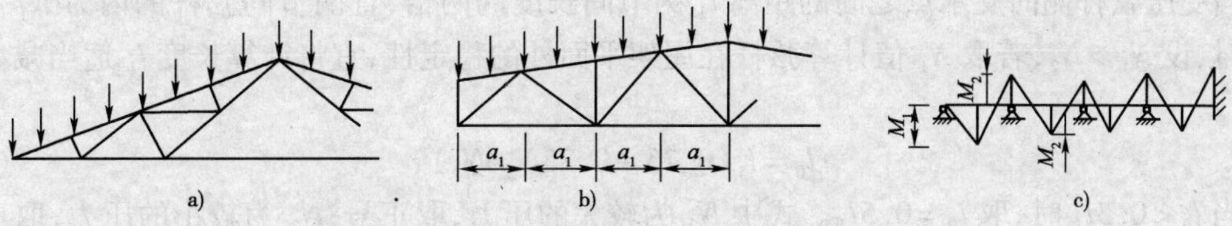

图 7-5　上弦杆局部弯矩计算简图

在计算其他各杆内力时，应将节间荷载化为两个集中荷载作用于两相邻节点上，可按简支梁支座反力分配或按节点所属荷载范围划分的方法取值。然后，按铰接桁架计算各杆轴心力。

7.3　屋架杆件的截面设计

屋架杆件截面设计是在经过屋架选型、确定钢号、荷载计算、内力计算后，决定节点板厚度和尺寸、杆件的计算长度确定、最后可按轴心受力构件，或拉弯、压弯杆件进行截面选择。

7.3.1　屋架杆件的计算长度

屋架杆件在轴力作用下可能发生桁架平面内的纵向弯曲，也可能发生桁架平面外的纵向弯曲或斜平面的弯曲，如图 7-6 所示。

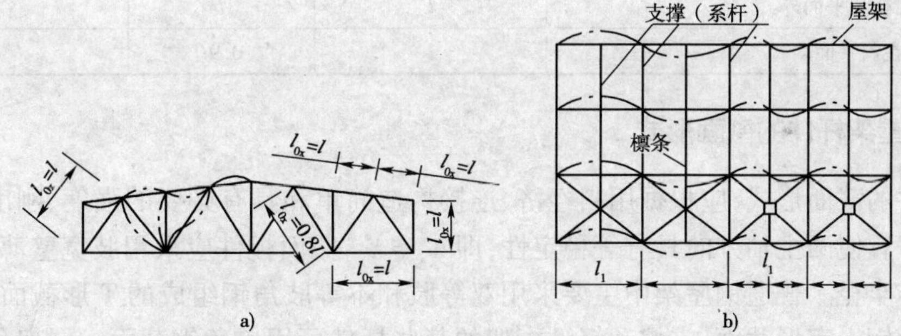

图 7-6　屋架杆件计算长度

a）平面内失稳；b）平面外失稳

1. 在屋架平面内的计算长度

考虑节点本身具有一定刚度，杆件两端属弹性嵌固，当某一杆件的弯曲变形将受到其他杆件的约束作用，其中以受拉杆为甚，杆件的计算长度将有一定程度的减小。对本身线刚度较大，而两端节点嵌固程度较低的杆件，如弦杆、支座斜杆和支座竖杆，可按两端铰接的杆件考虑，取 $l_{0x}=l$；对两端或一端嵌固程度较大的杆件，如中间腹杆取 $l_{0x}=0.8l$。

2. 在屋架平面外的计算长度

弦杆在桁架平面外的计算长度 l_{0y}，应取侧向支承点之间的距离 l_1，即 $l_{0y}=l_1$。在有檩屋盖中，取横向支撑点间距离或取与支撑连接的檩条及系杆之间的距离；在无檩屋盖中，当屋面板与屋架三点焊接连接时，可取两块屋面板的宽度，但不大于 3.0m；在天窗范围内取与横向支撑连接的系杆间距离。对下弦杆的计算长度应视有无纵向水平支撑确定，一般取纵向水平支撑节点与系杆或系杆与系杆间的距离。弦杆对腹杆在屋架平面外的约束作用很小，故可作为铰支承；腹杆在屋架平面外的计算长度可取其几何长度，即 $l_{0y}=l$。

当受压弦杆侧向支承点之间的距离 l_1 为节间长度的两倍，且两节间弦杆的内力 N_1 和 N_2 不等时，设 $N_1>N_2$，若取 N_1 值计算弦杆在屋架平面外的稳定性，宜将计算长度 l_1 适当减小，可取为：

$$l_0=l_1(0.75+0.25N_2/N_1) \tag{7-3}$$

当 $l_0<0.5l_1$ 时，取 $l_0=0.5l_1$。式中 N_1 为较大的压力，取正号；N_2 为较小的压力，取正号；N_2 为拉力时，取负号。

3. 在斜平面内的计算长度

单面连接的单角钢腹杆及双角钢组成的十字形截面腹杆，因截面的两主轴均不在屋架平面内，当杆件绕最小主轴失稳时，发生在斜平面内，情形介于屋架平面内和屋架平面外的两者之间，杆件两端的节点具有弱于平面内的嵌固作用；因此，可取腹杆斜平面内的计算长度 $l_0=0.9l$。

桁架弦杆和单系腹杆的计算长度见表 7-1。

桁架弦杆和单系腹杆的计算长度 l_0 表 7-1

序 号	弯曲方向	弦杆	腹 杆		
			支座斜杆和竖杆	其他腹杆	
				有节点板	无节点板
1	在桁架平面内	l	l	$0.8l$	l
2	在桁架平面外	l_1	l	l	l
3	在斜平面内	—	l	$0.9l$	l

7.3.2 屋架杆件的截面形式

屋架杆件的截面形式，应根据用料经济、连接构造简单和具有必要的强度、刚度等要求确定。屋架各杆宜使两主轴方向具有等稳定性，即 $\lambda_x \approx \lambda_y$，截面板件应采用肢宽壁薄的形式，即有较大的回转半径。普通钢屋架中主要采用双等肢和不等肢角钢组成的 T 形截面；个别截面采用双等肢角钢十字形截面；支撑和轻型桁架的某些杆件可用单角钢截面。屋架角钢组合杆件形式、近似回转半径比值及各种截面形式具体应用分述如下：

(1)上弦杆　上弦杆可采用双不等肢角钢短边相并的 T 形截面，宽大的翼缘有利放置檩条或屋面板；较大的侧向刚度也有利于运输和吊装的稳定要求。在一般支撑布置下，$l_{0y}=2l_{0x}$；为满足 $\lambda_x=\lambda_y$，应使 $i_y=2i_x$。当有节间荷载时，为提高杆件截面平面内抗弯能力，宜采用双等肢角钢或长边相并的两不等肢角钢 T 形截面。

(2)下弦杆　下弦杆多采用双等肢角钢或两不等肢角钢短肢相并 T 形截面，以提高侧向刚度，利于运输、吊装的刚度要求，且便于与支撑侧面连接。下弦杆截面主要由强度条件决定，尚应满足容许长细比要求。

(3)端斜腹杆　端斜腹杆可采用两不等肢角钢长边相并的 T 形截面。其计算长度 $l_{0y}=l_{0x}=l$，$i_y/i_x=0.9$。当杆件短，或内力小时可采用双等肢角钢 T 形截面。

(4)其他腹杆　其他腹杆均宜采用双等肢角钢 T 形截面；竖杆可采用双等肢十字形截面，以利于与垂直支撑连接和防止吊装时连接面错位。

7.3.3 节点板和垫板

1. 垫板

当采用双肢角钢T形或十字形组合截面时,为保证两个角钢整体受力,在两角钢间每隔一定距离应放置垫板,或称填板。十字形截面填板应纵横交替放置。填板宽度一般取50~80mm,长度,对T形截面应比角钢肢宽大20~30mm;对十字形应从角钢肢尖缩进10~15mm,以便于施焊。角钢与填板常用5mm侧焊缝或围焊缝连接。填板的厚度同节点板。填板间距l_d,对压杆取$l_d \leq 40i$,对拉杆取$l_d \leq 80i$,对T形截面i为一个角钢对平行于填板的自身形心轴的回转半径;对十字形截面,i为一个角钢的最小回转半径。填板数在压杆的两个侧向固定点间不宜少于两块(图7-7)。

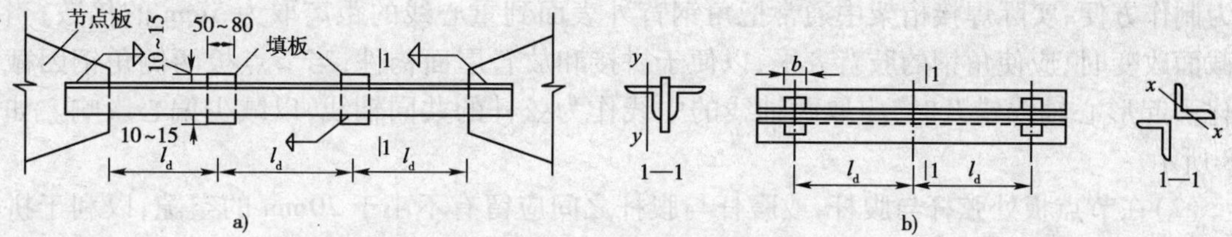

图7-7 屋架杆件中的垫板(尺寸单位:mm)

a)T形截面杆;b)十字形截面杆

2. 节点板

普通钢屋架双角钢截面的杆件,在节点处以节点板连接。节点板中的应力十分复杂,通常不作计算,根据工程经验确定其厚度,金属架节点板厚度取统一值。普通钢屋架节点板厚度可按表7-2选用。

屋架节点板厚度选用参考值 表7-2

梯形屋架腹杆最大内力或三角形屋架弦杆最大内力N_{max}(kN)	Q235钢	<150	160~259	260~409	410~559	560~759	760~950
	Q345钢	≤200	210~300	310~450	460~800	610~600	810~1000
中间节点板厚度t(mm)		6	8	10	12	14	16
支座节点板厚度t(mm)		8	10	12	14	16	18

7.3.4 屋架杆件的截面选择

1. 截面选择的一般要求

截面选择时应遵循下列要求:应优先选用肢宽壁薄的角钢,角钢规格不宜小于∟45×4或∟56×36×4,有螺栓孔的角钢尚应满足角钢上螺栓的最小容许线距的要求;桁架的弦杆一般采用等截面,若采用变截面宜在节点处改变宽度而保持厚度不变,一般只改变一次;同一屋架的角钢规格应尽量统一,不宜超过6~9种,边宽相同的角钢厚度相差至少2mm,以便识别

2. 截面计算

轴心受拉杆件应按强度条件计算杆件需要的净截面面积:$A_n = N/f$;

轴心受压杆件应按整体稳定性条件计算杆件需要的毛截面面积:$A = N/(\phi f)$;

压弯或拉弯杆件,当上弦杆或下弦杆受有节间荷载时,杆件同时承受轴心力和局部弯矩作用,应按压弯或拉弯构件计算,通常采用试算法初估截面,然后再验算其强度和刚度,对压弯构件尚应验算弯矩作用平面内和平面外的稳定性。

内力很小或按构造设置的杆件，可按容许长细比选择构件的截面。首先计算截面所需的回转半径，$i_x = l_{0x}/[\lambda]$，$i_y = l_{0y}/[\lambda]$，或 $i_{min} = l_0/[\lambda]$，再根据所需的 i_x、i_y、i_{min}，查角钢规格表选择角钢，确定截面。

7.3.5 屋架的节点设计

屋架的各杆件汇交于若干交点并由节点板焊接为节点，各杆件的内力、连续杆件两侧的内力差以及节点荷载通过焊缝传递给节点板并得以调节平衡。节点设计应做到构造合理、连接可靠、制造简便、节约钢材。

1. 节点设计的要求

(1) 杆件的重心线，原则上应与桁架计算简图中的几何轴线重合，以避免杆件偏心受力，但为制作方便，实际焊接桁架中通常把角钢背外表面到重心线的距离取为 5mm 的倍数；当弦杆截面改变时，应使角钢的肢背齐平，以便于拼接和放置屋面构件；当节点板两侧角钢因截面变化引起形心轴线错开时，应取两轴线的中线作为弦杆的共同轴线，以减少偏心影响。如图 7-8 所示。

(2) 在节点板处弦杆与腹杆，或腹杆与腹杆之间应留有不小于 20mm 的空隙，以利于拼接和施焊，且避免因焊缝过于密集而导致节点板钢材变脆。

(3) 角钢端部的切割一般应与轴线垂直，为了减小节点板尺寸，可将其一肢斜切；但不得采用将一肢完全切割的斜切。如图 7-9 所示。

(4) 节点板的形状应力求简单规整，尽量减小切割边数，宜用矩形、有两个直角的梯形或平行四边形。节点板不许有凹角，以防产生严重的应力集中。节点板边缘与杆件轴线间的夹角 α 不宜小于 15°，且节点板的外形应尽量使连接焊缝中心受力。节点板应伸出上弦杆角钢肢背 10 ~ 15mm，以利施焊；也可将节点板缩进弦杆角钢肢背 5 ~ 10mm，称为塞焊缝连接。

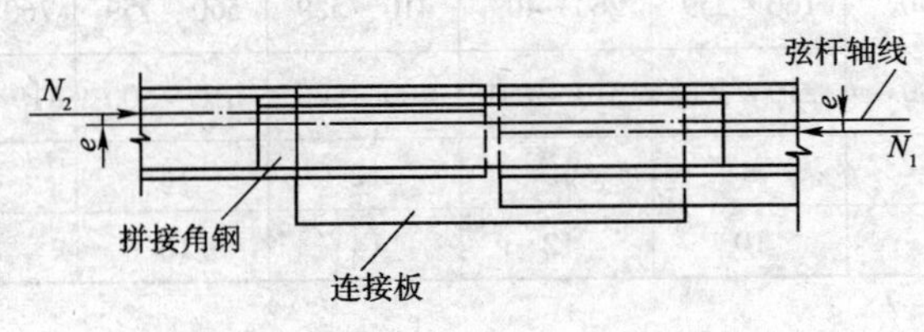

图 7-8　弦杆截面改变时的轴线位置

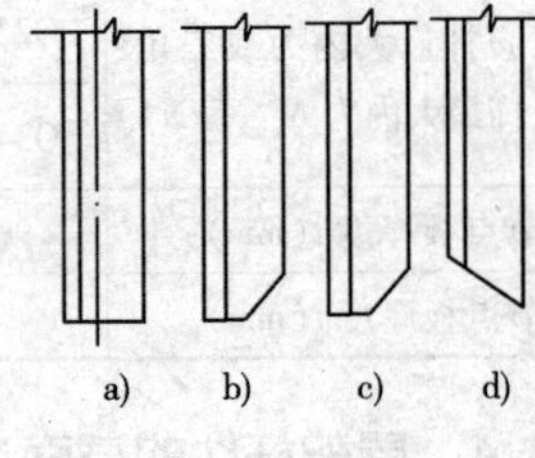

图 7-9　角钢的截断

2. 节点的构造和计算

节点设计首先应按各杆件的截面形式确定节点的构造形式，根据腹板内力确定连接焊缝的焊脚尺寸和焊缝长度，然后按所需的焊缝长度和杆件之间的空隙，适当考虑制造装配误差，确定节点板的合理形状和尺寸。最后验算弦杆和节点板的连接焊烽。桁架杆件与节点板间的连接，通常采用角焊缝连接形式，对角钢杆件一般采用角钢背和角钢尖部位的侧焊缝连接；必要时也可采用三面围焊缝或∟形围焊缝连接。节点板的尺寸应能保证所需角焊缝的布置要求。下面分别说明各类节点的构造和计算方法。

(1) 一般节点　一般节点系指无集中荷载和无弦杆拼接的用角焊缝连接的节点。如屋架下弦中间节点(图 7-10)，各杆件通过角焊缝将内力 N_3、N_4、N_5 和 $\Delta N = N_1 - N_2$ 传给节点板，并互相平衡。

一般节点的设计可先按比例尺画出各杆件在节点处的轴线；然后，按定位尺寸画出各杆件角钢轮廓线；根据杆件间净距 $c=20\text{mm}$ 的要求确定杆端到交点的距离 e 值。

节点板夹在各杆两角钢之间，下边伸出肢背 10 ~15mm，用直角角焊缝与下弦杆焊接，因下弦杆内力差 $\Delta N=N_1-N_2$ 很小，计算所需焊缝长度较短，故一般按构造要求将焊缝沿节点板全长满焊即可。腹杆与节点板连接焊缝长度，可先假定较小的焊脚尺寸 h_f：肢尖处小于肢厚；肢背处可等于肢厚。再计算出一个角钢肢背焊缝长度 l_{w1} 和肢尖焊缝长度 l_{w2}：

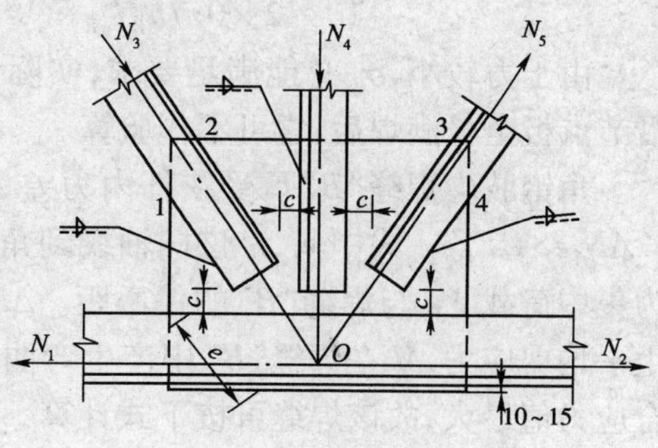

图 7-10　下弦中间节点

$$l_{w1} \geqslant K_1 N_i (1.4 h_f f_f^w) \tag{7-4a}$$

$$l_{w2} \geqslant K_2 N_i (1.4 h_f f_f^w) \tag{7-4b}$$

式中：N_i——第 i 根腹杆的轴心力设计值；

h_f——角焊缝的焊脚尺寸；

K_1、K_2——角钢肢背与肢尖的焊缝内分分配系数，见表 3-4。

各杆需要的焊缝长度确定后，便可画出节点板的轮廓线，并量出它的尺寸。

(2)有集中荷载的节点　有集中荷载的上弦节点，可有两种情况：无檩屋盖的屋架上弦节点和有檩屋盖的屋架上弦节点。

①无檀屋架的上弦节点(图 7-11)。无檀屋架上弦杆一般坡度较小，节点承受大型屋面板传来的集中荷载 F_Q 和弦杆的内力差 ΔN 的作用，用 F_Q 与 ΔN 接近垂直作用，因一般情况下，焊缝长且偏心小，故 F_Q 的偏心影响可忽略。节点板伸出弦杆角钢肢背 10 ~ 15mm，此时，弦杆每一角钢的角钢肢背和角钢肢尖所需要的焊缝长度可按下式验算：

肢背焊缝长度　$$l_{w1} \geqslant \sqrt{(K_1\Delta N)^2+(F_Q/2)^2}/(2\times0.7h_{f1}f_f^w) \tag{7-5a}$$

肢尖焊缝长度　$$l_{w2} \geqslant \sqrt{(K_2\Delta N)^2+(F_Q/2)^2}/(2\times0.7h_{f2}f_f^w) \tag{7-5b}$$

式中符号意义同前。

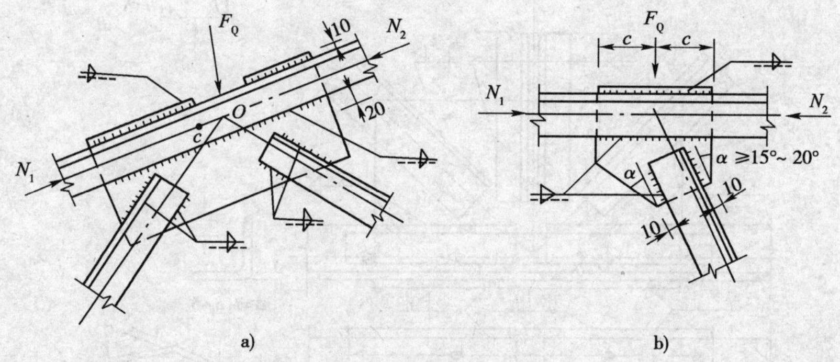

图 7-11　无檩屋架上弦节点

a)双斜杆节点；b)单斜杆节点

②有檩屋架的上弦节点(图 7-12)。有檩屋架的上弦杆一般坡度较大，节点板与弦杆焊缝受有内力差 ΔN，集中荷载 F_Q，且受有偏心弯矩 $M=\Delta Ne_1+F_Qe_2$；为放置檩条，常将节点板缩进弦杆角钢肢背内约 $0.6t$，t 为节点板厚度，这种塞焊缝"A"不易施焊，质量难于保证。弦杆角钢肢尖处仍采用一般侧面角焊缝。焊缝的计算可采用以下近似方法：

塞焊缝可视为两条焊脚尺寸为 $h_{f1}=t/2$ 的角焊缝，且令其仅均匀地承受力 F_Q 的作用，可按下式计算：

$$\sigma_{f1}=\frac{F_Q}{2\times0.7h_{f1}l_{w1}}\leqslant f_f^w \tag{7-6}$$

由于力较小，σ_{f1}总能满足要求，实际设计中，将塞焊缝沿节点板全长满焊后，常可不作验算。

角钢肢尖焊缝“B”承受弦杆内力差ΔN和偏心弯矩$M=\Delta N_1e_1+F_Qe_2$，式中e_1为弦杆轴线到角钢肢尖的距离；e_2为集中荷载F_Q与焊缝“B”的偏心距。ΔN在焊缝“B”中产生平均剪应力，M在焊缝“B”中产生弯曲应力，焊缝两端综合应力值最大，故该焊缝可按下式计算：

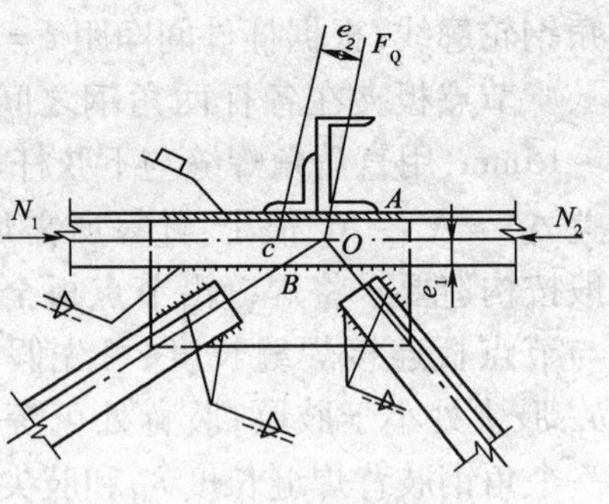

图 7-12　有檩屋架上弦节点

$$\sqrt{\left(\frac{\Delta N}{2\times0.7h_{f2}l_{w2}}\right)^2+\left(\frac{6M}{\beta_f\times2\times0.7h_{f2}l_{w2}}\right)^2}\leqslant f_f^w \tag{7-7}$$

（3）弦杆的拼接节点（图 7-13）　屋架弦杆的拼接有工厂拼接和工地拼接两种。工厂拼接节点是在角钢长度不足或截面改变时而设置的杆件接头，接头应设在内力较小的节间，并使接头处保持相同的强度和刚度。工地拼接节点是在屋架分段制造和运输时的安装接头，通常设在节点处。

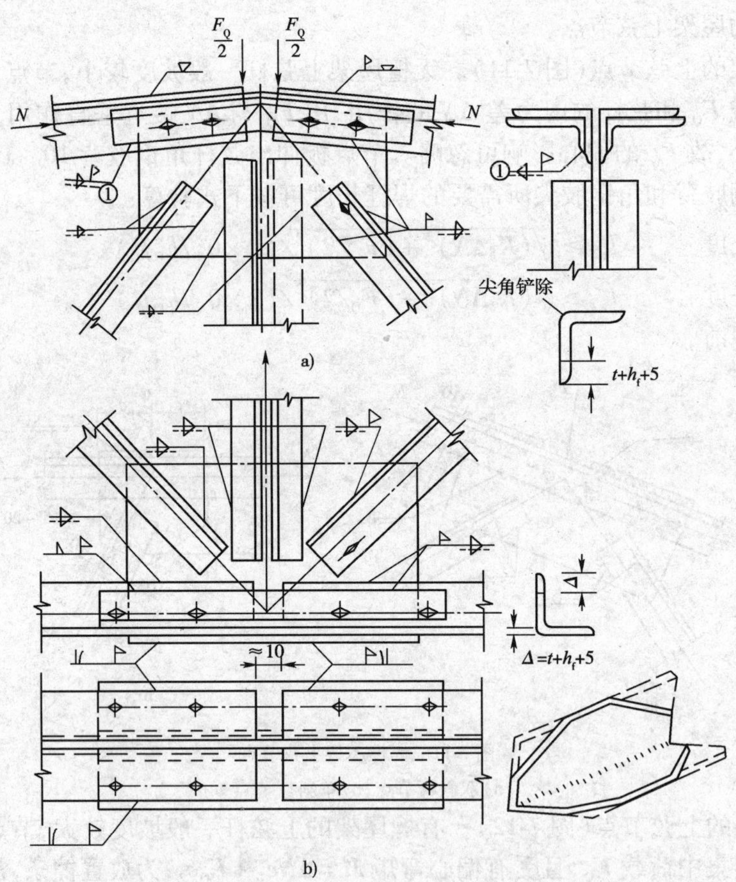

图 7-13　屋架弦杆拼接节点

a）脊节点；b）下弦中央节点

弦杆的拼接一般用连接角钢。拼接时，通过安装螺栓定位和夹紧所连接的弦杆，然后再施焊。连接角钢，为便于施焊须铲去角钢肢背棱角，并采用与被连接件相同的截面，连接角钢的竖肢应切去宽度为 $\Delta = t + h_f + 5\text{mm}$，$t$ 为连接角钢的厚度，h_f 为拼接角焊缝厚度，5mm 为裕量。割棱切肢引起的截面削弱不宜超过原截面的15%，并由节点板和填板补偿。

钢屋架一般在工厂制成两半，运到工地拼接后再予以安装就位。工厂制造时节点板和中央竖杆属于左半桁架，焊缝在车间施焊；节点板与右方杆件的焊缝为工地施焊，亦称为安装焊缝。拼接角钢为独立零件，左、右两半屋架工地拼接后，再将拼接角钢与左右两半榀屋架的弦杆角钢焊接。为便于安装就位，节点板与右方腹杆间应设一个安装螺栓连接；拼接角钢应与左、右弦杆间至少设2个安装螺栓固定夹紧。屋脊节点处的拼接角钢，一般应采用热弯成型，当屋面坡度较大时，可将竖肢切口后冷弯成型，切口处采用对焊连接。拼接角钢的长度可按所需连接焊缝的长度确定。

①弦杆与连接角钢连接焊缝的计算。弦杆与连接角钢的连接焊缝的计算按等强度原则，取两侧弦杆内力的较小值，或者偏于安全地取弦杆截面的承载能力 $N = fA$，并假定该内力平均分配于拼接角钢肢尖的四条焊缝上，则弦杆拼接焊缝一侧的每条焊缝所需长度为：

$$l_w = \frac{N}{4 \times 0.7 h_f f_f^w} + 10\text{mm} \tag{7-8}$$

②下弦杆与节点板间连接焊缝的计算。节点板与每侧下弦杆角钢间的焊缝计算，内力较大一侧弦杆与节点板的连接，按节点两侧弦杆内力差 $\Delta N = N_1 - N_2$ 计算；当两侧弦杆内力相等，即 $\Delta N = 0$ 时，按两弦杆较大内力的15%，即 $0.15F_{max}$ 计算：

$$\tau_f = \frac{K\Delta N}{2 \times 0.7 h_f l_w} \leqslant f_f^w \tag{7-9a}$$

或

$$\tau_f = \frac{K \times 0.15 N_{max}}{2 \times 0.7 h_f l_w} \leqslant f_f^w \tag{7-9b}$$

式中：K——角钢背或角钢尖内力分配系数 K_1 或 K_2，由查表3-4确定。

内力较小一侧弦杆与节点板连接焊缝不受力，应按构造满焊。

③上弦杆与节点板间连接焊缝的计算。由于上弦杆截面由稳定计算确定，拼接角钢的削弱并不影响它的承载能力。

对一般上弦拼接节点，上弦杆与节点板间的连接焊缝可根据集中力 F_Q 计算；对于脊节点处，则需承受拼头两侧弦杆的竖向分力及节点荷载 F_Q 的合力，节点处上弦杆与节点板间的连接焊缝共有8条焊缝，每条焊缝的长度可按下式计算：

$$l_w = \frac{F_Q - 2N\sin\alpha}{8 \times 0.7 h_f f_f^w} + 10\text{mm} \tag{7-10}$$

式中：α——上弦杆的水平夹角；

F_Q——节点集中荷载。

由屋脊节点上内力平衡条件可知，$F_Q - 2N\sin\alpha = N_D$，N_D 为竖杆中内力，故式(7-10)的内力计算更为简便。

上弦杆有水平分力，应由拼接角钢传递。

连接角钢的长度应为 $l = 2l_w + 10\text{mm}$，10mm 为空隙尺寸。考虑到拼接节点刚度要求，l 尚不小于400～600mm。如果连接角钢截面的削弱超过受拉下弦截面的15%，宜采用比受拉弦杆厚一级的连接角钢，以免增加节点板的负担。

(4)支座节点(图7-14)　支座节点包括节点板、加劲肋、支座底板和锚栓等部件。加劲肋设在支座节点中心处，用来加强支座底板刚度，减小底板弯矩，均匀传递支座反力并增强支座节点板的侧向刚度；支座底板的作用是增加支座节点与混凝土柱顶的接触面积，把节点板和加

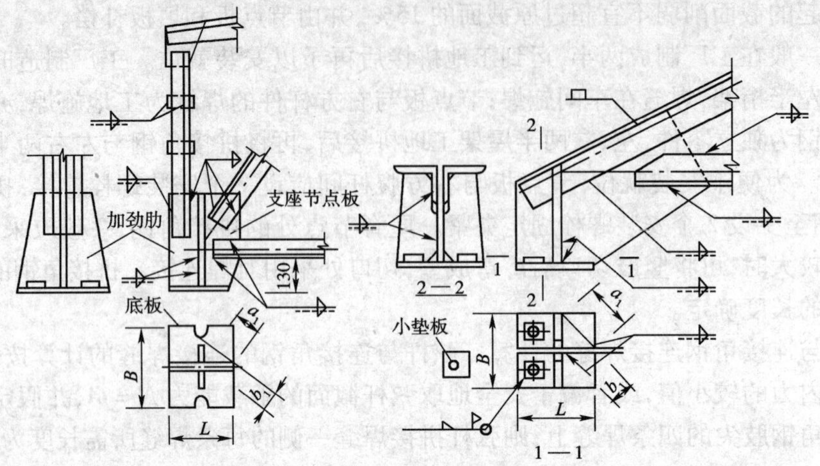

图 7-14　屋架支座节点

劲肋传来的支座反力均匀地传递到柱顶上；锚栓应预埋于柱顶，一般取直径 $d=20\sim25$mm，为了安装时便于调整屋架支座位置，底板上的锚栓孔直径取锚栓直径的 2.0 ~ 2.5 倍，并开成开口的椭圆豁孔，垫板厚度与底板相同，孔径稍大于锚栓直径，屋架安装就位，并经调整正确后，将垫板与底板焊牢。

节点板及与其垂直焊接的加劲肋均焊于底板上，并将底板分隔为四个相同的两邻边支承的区格。

支座节点的传力路线是：屋架杆件的内力通过连接焊缝传给节点板，然后经节点板和加劲肋又传经底板，底板最后传经柱子。因此，支座节点的计算应包括底板计算、加劲肋及其焊缝计算和底板焊缝计算。

支座底板所需净面积为：

$$A_n = R/f_c \tag{7-11}$$

式中：R——屋架支座反力；

f_c——混凝土的抗压强度设计值；

A_n——底板所需净截面积，当锚栓孔实际面积为 ΔA 时，则底板所需的毛截面积为 $A=A_n+\Delta A$。

考虑到开锚栓孔的构造需要，底板的短边尺寸不得小于 200mm。

底板的厚度 t 按下式计算：

$$t \geqslant \sqrt{6M/f} \tag{7-12}$$

式中：M——两边为直角支承板时，单位板宽的最大弯矩为 $M=\beta q a_1^2$；

q——底板单位板宽承受的计算线荷载；

a_1——自由边长度，见图 7-14；

β——系数，查表 4-5。

底板不宜过薄，一般不小于 16mm。

支承加劲肋的计算；加劲肋的厚度可取与节点板相同，高度对梯形屋架由节点板尺寸决定，对三角形屋架支座节点加劲肋，应紧靠上弦杆角钢水平肢并焊接。

加劲肋可视为支承于节点板的悬臂梁,每个加劲肋近似按承受 1/4 支座反力考虑,偏心距可近似取支承加劲肋下端 $b/2$ 宽度,则每条加劲肋与节点板的连接焊缝承受的剪力为 $V=R/4$,弯矩为 $M=\frac{R}{4}\cdot\frac{b}{2}=Rb/8$,按角焊缝强度条件验算,为下式:

$$\sqrt{\left(\frac{6M}{\beta_{\mathrm{f}}\times 2\times 0.7h_{\mathrm{f}}l_{\mathrm{w}}^{2}}\right)^{2}+\left(\frac{V}{2\times 0.7h_{\mathrm{f}}l_{\mathrm{w}}}\right)^{2}}\leqslant f_{\mathrm{f}}^{\mathrm{w}} \tag{7-13}$$

加劲肋的强度验算按悬臂梁,内力为 M、V。

节点板、加劲肋和底板连接的水平焊缝按全部支承反力 R 计算,总焊缝长度应满足下列强度条件:

$$\sigma_{\mathrm{f}}=\frac{R}{\beta_{\mathrm{f}}\times 0.7h_{\mathrm{f}}\sum l_{\mathrm{w}}}\leqslant f_{\mathrm{f}}^{\mathrm{w}} \tag{7-14}$$

式中:$\sum l_{\mathrm{w}}$——水平焊缝总长度,应考虑加劲肋切角及每条焊缝从实际长度中减去 10mm。

屋架和钢柱的连接多采用刚接形式,其构造如图 7-3 所示,刚接连接除传递屋架的支座反力 R 外,还传递弯矩 M,其计算方法可参考梁与柱的刚性连接计算。

7.3.6 钢屋架的施工图

屋架的施工图是钢屋架加工制作和安装的主要依据,必须绘制正确、详尽清楚。一般按运输单元绘制。当屋架对称时,可仅绘制半榀屋架。

1. 施工图的主要内容

图样的主要图面应绘制屋架的正面详图,上、下弦的平面图,必要的侧视图和零件图。在图样的左上角绘一整榀屋架的简图,它的左半跨注明屋架几何尺寸,右半跨注明杆件的内力设计值。在图样的右上角绘制材料表。在屋架施工图的简图中应注明屋架的起拱。跨度较大,如梯形屋架跨度 $L\geqslant 24$m,三角形屋架 $L\geqslant 15$m 时,由于挠度较大,为防止影响结构使用和外观,制造时一般按屋架跨中采用 $f=l/500$ 起拱。起拱在屋架正面详图中不必表示,但材料表中杆件长度要按起拱后的数值考虑。

施工图中应注明各零件的型号和尺寸,包括加工尺寸、定位尺寸、安装尺寸和孔洞位置。加工尺寸是下料、加工的依据,包括杆件和零件的长度、宽度、切割要求和孔洞位置等;定位尺寸是杆件或零件对屋架几何轴线的相应位置,如角钢肢背到轴线的距离,角钢端部至轴线交汇点的距离,交汇点至节点板边缘的距离,以及其他零件在图样上的位置,螺栓孔位置要符合型钢线距表和螺栓排列的最大、最小容许距离的要求;安装尺寸主要指屋架和其他构件连接的相互关系,如连接支撑的螺栓孔的位置要和支撑构件配合,屋架支座处锚栓孔要和柱的定位尺寸线配合等内容。对制造和安装的其他要求包括零件切斜角、孔洞直径和焊缝尺寸等都应注明,有些构造焊缝,可不必标注,只在文字说明中统一说明。节点板尺寸和杆件端部至轴线交汇点的距离,用比例尺量得。

在施工图中,各杆件和零件要详细编号,编号的次序按主次、上下、左右顺序逐一进行。完全相同的零件用同一编号。如果组成杆件的两角钢的型号和尺寸相同,仅因孔洞位置或斜切角等原因而成左右对称时,亦采用同一编号,不过要在材料表中注明正、反字样,以示区别。有些屋架仅在少数部位构造略有不同,如连接支撑屋架和不连接支撑屋架,仅在螺栓孔上有区别,可在图中螺栓孔处注明所属屋架的编号,可做到一图多用。

施工图材料表应包括各零件的截面、长度、数量(正、反)和质量。材料表主要用于配料和计算用钢指标,以及配备起重运输设备。不规则的节点板重量可按长宽确定面积,不必扣除斜切边,以简化计算,焊缝重量可按屋架总重的3%估计。

施工图中的文字说明,应包括用图形不能表达以及为了简化图面而易于用文字集中说明的内容,如采用的钢号、保证项目、焊条型号、焊接方法、未注明的焊缝尺寸,螺栓直径,螺孔直径以及防锈处理、运输、安装和制造的要求等内容。

2. 施工图的绘制方法

绘制施工图时,首先应根据图样内容布置和规划好图面,选好比例:轴线一般用1:20或1:30的比例尺,杆件截面和节点板尺寸用1:10或1:15的比例尺,重要节点大样,比例尺还应加大,以便清楚地表达节点细部尺寸。

绘制施工图可按下述步骤进行:按适当比例先画出各杆件的轴线;其次,画出杆件的轮廓线,使杆件截面重心线与屋架杆件几何轴线相重合,一般取角钢肢背到轴线的距离为5mm的倍数;杆件两端角钢与角钢之间留出15~20mm的间隙;然后,根据计算所需的焊缝长度,绘出节点板的尺寸,节点板伸出弦杆角钢肢背10~15mm。上弦节点板若采用塞焊缝时应缩入角钢肢背深度$t/2\sim t$,t为节点板厚度。绘制钢板或角钢肢的厚度时,应以两条线表示清楚,可不按比例。零件间的连接焊缝应注明焊脚尺寸和焊缝长度,焊缝标注方法应按规定进行。

7.4 钢屋架的支撑

简支于柱顶的钢屋架仅用大型屋面板或檩条连系起来是一种不稳定的几何可变体系,在荷载作用下或在安装过程中,屋架可能向侧向倾倒,屋架上弦侧向支承点间距过大,也容易侧向失稳破坏,为使屋架形成稳定的空间结构体系,则须在相邻两屋架之间设置上弦横向支撑、下弦横向支撑和垂直支撑,其余屋架则由檩条、大型屋面板和系杆在纵向相连接,从而构成稳定的几何不变体系,如图7-15所示。

7.4.1 屋盖支撑的类型和布置

屋盖支撑的主要作用是:承受屋盖在安装和使用过程中可能出现的纵向水平力,如山墙的水平风力、悬挂吊车的纵向水平制动力、安装时可能产生的垂直于屋架平面的水平力,以及纵向地震作用等;作为屋架弦杆的侧向支承点,减少上弦杆在屋架平面外的计算长度,以提高上弦杆的稳定性;防止受拉下弦杆因某些动力设备运转时产生过大的水平振幅;保证屋架安装质量和安全施工;保证屋盖结构的空间整体性能是屋盖支撑最为重要的性能。

支撑的布置及类型如图7-16所示。

1. 上弦横向水平支撑

上弦横向水平支撑一般设置在房屋两端或横向温度伸缩缝区段两端的第一或第二个柱间,一般设在第一个柱间,有时为考虑与天窗架支撑配合,可以设在第二个柱间内,横向支撑的间距不宜大于60m,所以,当温度区段较长时,在区段中间尚应增设支撑。大型屋面板本应起横向支撑作用,但因工地施焊条件不能保证焊缝质量,故认为只起系杆作用,檩条也作系杆考虑。

2. 下弦横向水平支撑

下弦横向水平支撑一般和上弦横向水平支撑对应地布置在同一柱间距内,以形成稳定空

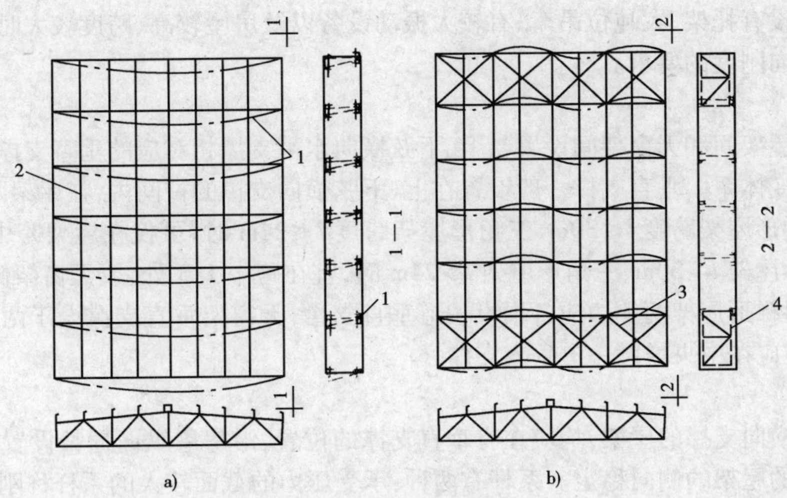

图 7-15　屋盖支撑作用示意图

a）无支撑时；b）有支撑时

1-屋架；2-檩条；3-横向支撑；4-纵向支撑

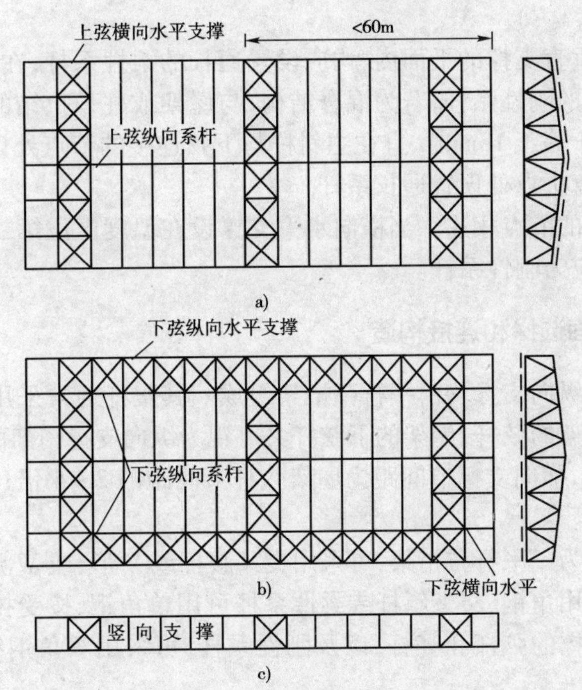

图 7-16　屋盖支撑布置示意图

a）上弦横向水平支撑及上弦纵向系杆平面布置；b）下弦横向和纵向水平支撑平面布置；c）屋架竖向支撑剖面图

间体系。它的主要作用是作为山墙抗风柱的上支点，以承受由山墙传来的纵向风荷载。如设在第二柱间时，第一柱间内应设置刚性水平系杆，以传递抗风柱水平风荷载到下弦横向支撑节点上。

3. 下弦纵向水平支撑

下弦纵向水平支撑一般沿纵向设置在屋架下弦两端节间内，和下弦横向水平支撑形成封闭体系，用以加强房屋的整体刚度，将局部荷载分散至相邻桁架，如吊车横向制动力。纵向水平支撑一般在设有托架、大吨位吊车、有较大振动设备以及房屋较高、跨度较大时采用，以满足侧向稳定和侧向刚度的要求。

4. 垂直支撑

在相邻两屋架间和天窗架间设置与上、下弦横向水平支撑相对应的垂直支撑，以确保屋盖结构为几何不变体系。垂直支撑一般设置在上、下弦横向支撑的柱间内，在屋架两端及跨中的竖直面内；当梯形屋架跨度 $l \leqslant 30$m、三角形屋架跨度 $l \leqslant 24$m 时，可仅在屋架跨中设置一道垂直支撑；当梯形屋架 $l > 30$m、三角形屋架 $l > 24$m 时，宜在跨中 1/3 处，或天窗架侧柱处设置两道垂直支撑；对梯形屋架两侧边应各增设一道垂直支撑；天窗架垂直支撑设于两侧，当宽度大于等于 12m，还应在中央增设一道垂直支撑。

5. 系杆

对未设置横向支撑的屋架，均应在有垂直支撑的位置，沿房屋纵向通长设置系杆，以保证不设横向支撑的屋架的侧向稳定。系杆有两种：承受压力的截面较大的系杆称刚性系杆，多由双角钢组成；只承受拉力的截面较小的系杆称为柔性系杆，多由单角钢组成。

上弦系杆：对有檩体系，檩条可兼作柔性系杆；对无檩体系，大型屋面板可兼作系杆，仅需在屋脊及屋架两端设置刚性系杆，当无天窗时，应在设置垂直支撑的位置设置通长的柔性系杆。

下弦系杆：在设置垂直支撑的平面内，均应设置通长的柔性系杆；在梯形屋架及三角形屋架的支座处应设置通长的刚性系杆，若为混合结构，与屋架或柱顶拉结的圈梁可代替该系杆；芬克式屋架，当跨度大于等于 18m 时，宜在主斜杆与下弦连接的节点处设置水平柔性系杆；有弯折下弦的屋架，宜在弯折点处设置通长系杆。

系杆应与横向支撑的节点相连。当横向水平支撑设在温度区段第二柱间时，第一柱间的所有系杆，包括檩条均应为刚性系杆。

7.4.2 支撑的截面选择和连接构造

屋架的横向支撑和纵向支撑均由平行弦桁架组成。其腹杆通常采用十字交叉斜杆；屋架的弦杆兼为横向支撑桁架的弦杆；屋架的下弦杆又可视为纵向支撑桁架的竖杆；斜杆和弦杆的交角宜在 30° ~60°之间，横向支撑节间距为屋架弦杆节间距的 2 ~4 倍；纵向水平支撑的宽度取屋架下弦端节间宽度。

屋盖垂直支撑也视为一平行弦桁架，可采用交叉腹杆或 V 形、或 W 形腹杆。

支撑和系杆一般采用角钢、交叉斜杆或柔性系杆可用单角钢，按受拉设计；纵向支撑的弦杆、非交叉斜杆、垂直支撑的弦杆和竖杆，以及刚性系杆，可采用双角钢组成 T 形或十字形截面，按受压设计。

屋盖支撑的受力很小，一般不必计算。截面选择可根据构造要求和容许长细比确定。通常，凡十字交叉斜杆，按单角钢受拉设计，取容许长细比为 400，重级工作制吊车厂房时，取容许长细比为 350；两角钢组成的 T 形截面受压杆件，取容许长细比为 200；十字形或 T 形截面受压刚性系杆，取容许长细比为 200；单角钢受拉柔性系杆，取容许长细比为 400。

当支撑桁架跨度较大、且承受较大的墙面风荷载，或垂直支撑兼作檩条，或纵向水平支撑视为柱的弹性支承时，支撑杆件除应满足容许长细比要求外，尚应按桁架计算内力，选择截面。交叉斜腹杆支撑桁架系超静定体系，在节点荷载作用下，可作为单斜杆桁架体系分析，当荷载反向时，两组杆件的受力情况将交替。

角钢支撑通常采用节点板用 M16 ~ M20 普通螺栓与屋架或天窗架连接，每杆两端不得少于两个螺栓。重级工作制吊车或有较大动力设备的房屋，屋架下弦支撑和系杆宜采用高强度螺栓连接，亦可采用双螺母等防止螺栓松动的措施。

7.4.3 檩条、拉条和撑杆

有檩体系屋盖中檩条设置在屋架上弦节点处或沿屋架上弦等距设置，檩条间距由屋面基层材料的规格和容许跨度以及屋架上弦节间长度等因素决定。檩条的截面形式常用槽钢、角钢和 S 形薄壁型钢，角钢檩条适用于跨度和荷载较小的情况：槽钢檩条制造和装运简便，应用普遍，但用钢量较大；S 形薄壁型钢檩条省钢，宜优先采用，但应注意防锈。

檩条应与屋架上的檩托可靠连接，檩托是焊接在屋架上的短角钢制成，檩条与檩托一般用普通螺栓连接，槽钢檩条的槽口宜朝向屋脊以利于安装；角钢和 S 形薄壁型钢檩条的肢尖均应朝向屋脊。

拉条是设置在檩条之间的钢拉杆，拉条可作为檩条的侧向支承点，用以减少檩条平行屋面方向的跨度，防止侧向变形和扭屈。拉杆的设置数量 n，取决于檩条的跨度 l，当 $l=4\sim6$m 时，宜取 $n=1.0$；当 $l>6$m 时，宜取 $n=2$。对有天窗屋盖，尚应在天窗侧边两檩条间设置斜拉条和刚性撑杆；对采用 S 形薄壁型钢檩条的屋盖，需在檐口处增设斜拉条和撑杆；当无天窗时，与拉条相连接的两脊檩应在连接处互相联系。总之，应使拉条与其连接杆件形成一几何不变的稳定体系。拉条可采用 $\phi8\sim\phi12$ 圆钢，撑杆应采用角钢按容许长细比为 200 选用截面。拉条的位置应靠近檩条的上翼缘约 30 ~ 40mm，并用腹板两侧的螺母固定在檩条上；撑杆则用普通螺栓和焊在檩条上的角钢固定(图 7-17)。

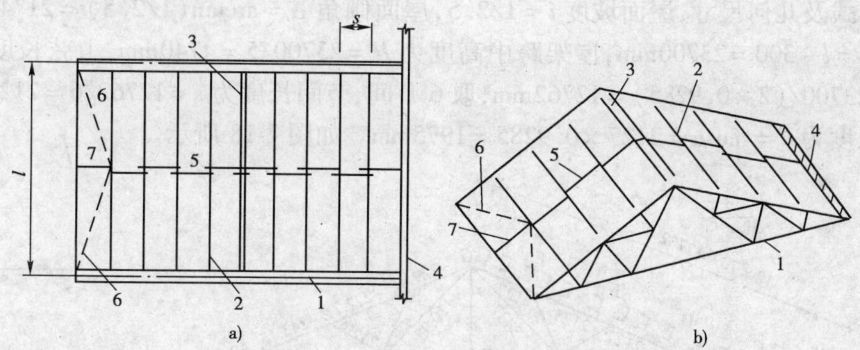

图 7-17 屋盖的檩条、拉条和撑杆的布置与构造

1-屋架；2-檩条；3-屋脊；4-圈梁；5-直拉条；6-斜拉条；7-撑杆

在屋面荷载 q 作用下，檩条截面分别受到 q_x 和 q_y 沿两主轴方向的分力作用，即檩条截面在两个主平面内产生双向弯曲和扭转，由于屋面和拉条的约束作用，可不考虑扭矩的影响，也不作整体稳定性验算。在檩条的强度计算中抗剪强度和局部承压强度一般也不必验算。檩条的抗弯强度计算应按双向弯曲梁考虑；其计算已如前述，即按下式计算：

$$\frac{M_x}{\gamma_x W_{nx}}+\frac{M_y}{\gamma_y W_{ny}}\leqslant f \tag{7-15}$$

符号意义同前。

为保证屋面平整，檩条应有足够的刚度。檩条的刚度计算，一般只考虑垂直屋面方向的最大挠度 v 不超过容许挠度值$[v]$，对单跨简支槽钢檩条：

$$v=\frac{5}{384}\cdot\frac{q_{yk}l^4}{EI_x}\leqslant[v] \tag{7-16}$$

对单跨简支S形薄壁型钢檩条，近似为：

$$v=\frac{5}{384}\cdot\frac{q_k\cos\alpha l^4}{EI_{x1}}\leqslant[v] \tag{7-17}$$

式中：I_{x1}——截面对垂直于腹板的 x_1 轴的惯性矩；

$[v]$——容许挠度，查表1-11；

α——屋面坡度。

7.5 普通钢屋架设计例题

7.5.1 设计资料

北京地区一单跨厂房屋盖，跨度24m，长度114m，柱距6m。屋架采用24m芬克式三角形钢屋架，屋架简支在钢筋混凝土柱上，上柱截面为 $400\times400\text{mm}^2$，混凝土强度等级为C20级，柱网采用封闭轴线。厂房内设有一台起重量为 $Q=30\text{t}$ 的中级工作制桥式起重机。钢材为Q235钢，并具有机械性能四项，抗拉强度、伸长率、屈服点、180°冷弯试验和碳、硫、磷含量的保证；焊条采用E43型，手工焊。

屋面采用波形石棉水泥瓦，自重为 0.2kN/m^2，木丝板保温层，自重为 0.24kN/m^2，檩条采用槽钢。屋面均布活荷载为 0.3kN/m^2；基本雪荷载为 0.30kN/m^2。

屋架形式及几何尺寸，屋面坡度 $i=1/2.5$，屋面倾角 $\alpha=\arctan(1/2.5)=21°48'$，屋架计算跨度为 $l_0=l-300=23700\text{mm}$，屋架跨中高度为 $H=23700/5=4740\text{mm}$，上弦长度为 $L=l_0/(2\cos\alpha)=23700/(2\times0.9285)=12762\text{mm}$，取6节间，节间长度为 $s=12762/6=2127\text{mm}$，节间水平投影长度为 $a=s\cos\alpha=2127\times0.9285=1975\text{mm}$。如图7-18所示。

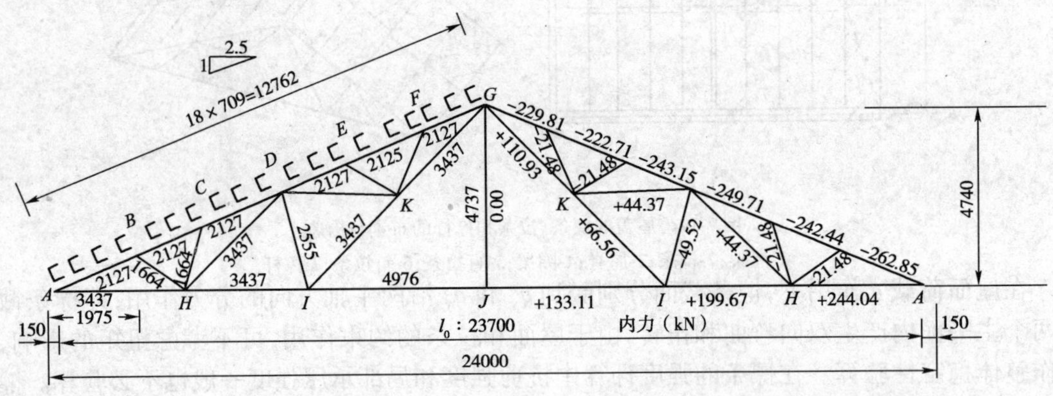

图7-18 屋架几何尺寸及内力（尺寸单位：mm；荷载单位：kN）

7.5.2 支撑布置

根据厂房长度为120m（>60m），跨度 $l=24\text{m}$ 和有桥式吊车的情况，在厂房两端第二柱间和厂房中部设置三道上弦横向水平支撑、下弦横向水平支撑及垂直支撑；并在上弦及下弦各设三道系杆。上弦因有檩条亦可不设系杆。如图7-19所示。

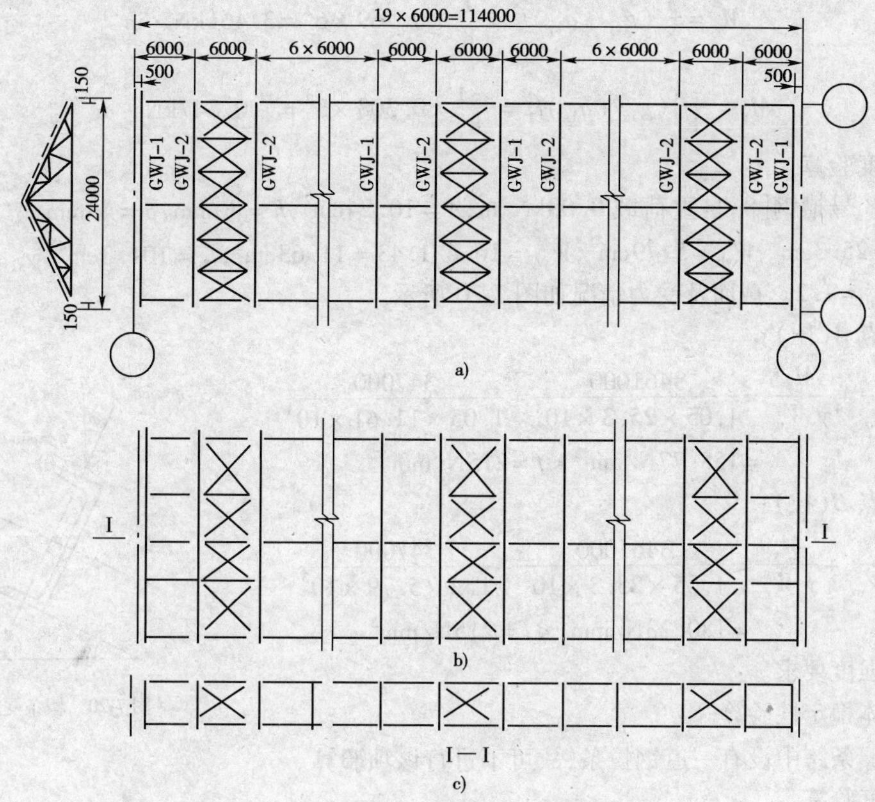

图 7-19　屋盖支撑布置(尺寸单位:mm)

a)上弦支撑系统;b)下弦支撑系统;c)竖向支撑系统

7.5.3　檩条设计

1. 檩条布置

檩条采用槽钢檩条,每节间放两根,檩距为 2127/3 = 709mm,檩条跨中设一根拉条。

2. 荷载计算

屋面坡度 $\alpha = 21°48' < 25°$,雪荷载按不均匀分布最不利情况考虑,取 $S_k = 1.25 \times 0.3 = 0.375\text{kN/m}^2$。雪荷载与活荷载不同时考虑,取较大值,按雪荷载计算。

中波石棉瓦重力		$0.2 \times 0.709 = 0.14\text{kN/m}$
木丝板重力		$0.24 \times 0.709 = 0.17\text{kN/m}$
檩条和拉条重力		$= 0.10\text{kN/m}$
合计		$g_{k1} = 0.41\text{kN/m}$
雪荷载重力		$q_{k1} = 0.375 \times 0.709 \times \cos\alpha = 0.24\text{kN/m}$

檩条均布荷载设计值

$$g_1 + q_1 = 1.2 \times 0.41 + 1.4 \times 0.24 = 0.828\text{kN/m}$$

$$g_{1x} + q_{1x} = (g_1 + q_1)\sin\alpha = 0.828 \times 0.3714 = 0.308\text{kN/m}$$

$$g_{1y} + q_{1y} = (g_1 + q_1)\cos\alpha = 0.828 \times 0.9285 = 0.769\text{kN/m}$$

3. 内力计算

$$M_x = \frac{1}{8}(g_{1y} + q_{1y})l^2 = \frac{1}{8} \times 0.769 \times 6^2 = 3.461\text{kN} \cdot \text{m}$$

$$M_y = \frac{-1}{8}(g_{1x} + q_{1x})l_1^2 = \frac{-1}{8} \times 0.308 \times 3^2 = -0.347\text{kN} \cdot \text{m}$$

4. 强度验算

试选 8 号槽钢[8，自重荷载 0.08kN/m，$A = 10.24\text{cm}^2$，$h = 80\text{mm}$，$b = 43\text{mm}$，$t_w = 5\text{mm}$，$t = 8\text{mm}$，$W_x = 25.3\text{cm}^3$，$W_{yB} = 5.79\text{cm}^3$，$W_{yA} = 16.6/1.43 = 11.63\text{cm}^3$，$I_x = 101.3\text{cm}^4$，$\gamma_{x1} = 1.05$，$\gamma_{xA} = 1.05$，$\gamma_{yB} = 1.2$。截面及受力情况如图 7-20 所示。

验算点 A（压）：

$$\frac{M_x}{\gamma_x W_{nx}} + \frac{M_y}{\gamma_y W_{ny}} = \frac{3461000}{1.05 \times 25.3 \times 10^3} + \frac{347000}{1.05 \times 11.61 \times 10^3}$$

$$= 158.77\text{N/mm}^2 < f = 215\text{N/mm}^2$$

验算点 B（拉）：

$$\frac{M_x}{\gamma_x W_{nx}} + \frac{M_y}{\gamma_y W_{ny}} = \frac{3461000}{1.05 \times 25.3 \times 10^3} + \frac{347000}{1.2 \times 5.79 \times 10^3}$$

$$= 180.23\text{N/mm}^2 < f = 215\text{N/mm}^2$$

满足强度要求。

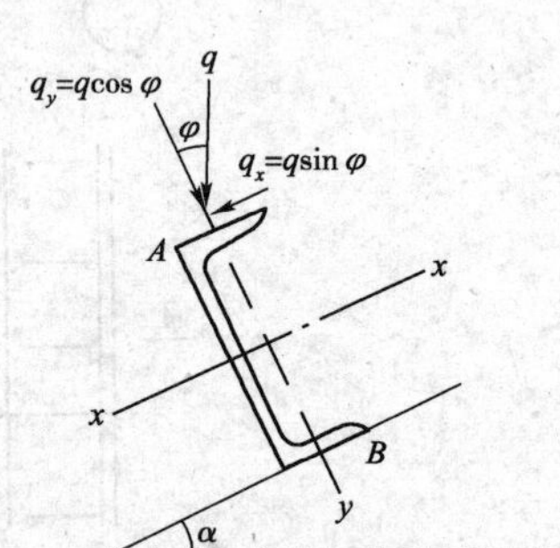

图 7-20　檩条受力分析

5. 整体稳定性验算

因在檩条跨中设有一道钢拉条，故可不进行该项验算。

6. 刚度验算

验算与屋面垂直平面的相对挠度，按短期荷载效应组合进行。

荷载标准值　　$g_{k1} + q_{k1} = 0.41 + 0.24 = 0.65\text{kN/m}$

$$g_{k1y} + q_{k1y} = (g_{k1} + q_{k1})\cos\alpha = 0.65 \times 0.9285 = 0.604\text{kN/m}$$

$$f/l = \frac{5}{384} \cdot \frac{(g_{k1y} + q_{k1y})l^4}{EI_x l} = \frac{5}{384} \times \frac{0.604 \times 6000^3}{2.06 \times 10^5 \times 101.3 \times 10^4} = \frac{1}{123} > [f/l] = \frac{1}{150}$$

檩条刚度不满足要求。选用[10，$I_x = 198\text{cm}^4$

$$f/l = \frac{5}{384} \cdot \frac{(g_{k1y} + q_{k1y})l^3}{EI_x} = \frac{5}{384} \times \frac{0.604 \times 6000^3}{2.06 \times 10^5 \times 198 \times 10^4} = \frac{1}{240} < [f/l] = \frac{1}{150}$$

满足刚度要求。

[10 槽钢强度和刚度均满足要求。

7.5.4　屋架设计

1. 荷载计算

因檩条沿节间布置，先将檩条作为屋架集中荷载计算，再按经验公式计算屋架和支撑自重，最后折算为屋架上弦节点荷载。

因为屋面坡度较小，风荷载为吸力，可不考虑风荷载和积灰荷载影响。

檩条作用在屋架上弦的集中力为：

$$F_Q = 2 \times (g_1 + q_1) \times l/2 = 2 \times 0.828 \times 6/2 = 4.968\text{kN}$$

屋架和支撑自重荷载，按轻屋盖估算：

$$g_2 = \beta l = 0.01 \times 23.7 = 0.237\text{kN/m}^2$$

节点荷载设计值为：

$$F = 3F_Q + 6g_2 a = 3 \times 4.968 + 0.237 \times 1.975 \times 6 = 17.748\text{kN}$$

2. 屋架杆件内力计算

芬克式三角形屋架在半跨雪荷载作用下，腹杆内力不变号，故只需按全跨雪荷载和全跨永久荷载组合计算屋架杆件内力。根据《建筑结构静力计算手册》，十二节间芬克式屋架，$n = l/h = 5$，先查得杆件内力系数，再乘以节点荷载 $F = 17.748\text{kN}$，即可得出杆件内力（图 7-18）。最不利内力组合设计值，见表 7-3。

上弦杆局部弯矩计算。按两跨连续梁计算，如图 7-21 所示。

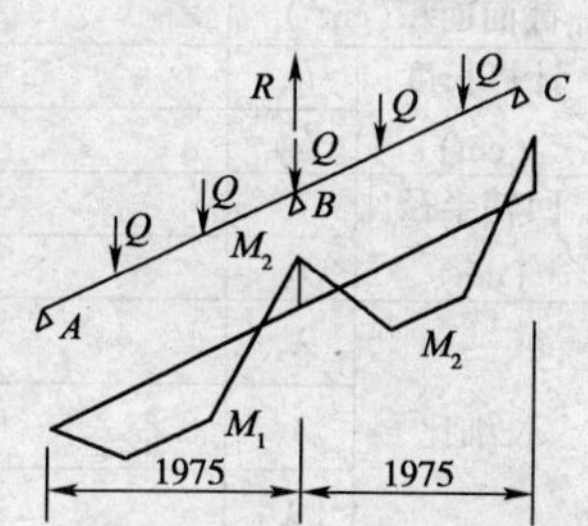

图 7-21　节点荷载上弦杆局部弯矩图（尺寸单位：mm）

$$M_0 = F_Q l/3 = 4.968 \times 1.975/3 = 3.271\text{kN}\cdot\text{m}$$

端节间：$M_1 = 0.8M_0 = 0.8 \times 3.271 = 2.617\text{kN}\cdot\text{m}$

中间节间及节点：$M_2 = \pm 0.6M_0 = \pm 0.6 \times 3.271 = \pm 1.963\text{kN}\cdot\text{m}$

3. 杆件截面选择

先将各杆件内力设计值、几何长度、计算长度列入表 7-4 内，分别计算各杆件需要的截面及填板，然后，填入表中。

按弦杆最大内力 −262.85kN，由表 7-4 选出中间节点板厚度为 10mm，支座节点板厚度为 12mm。

(1) 上弦杆　上弦杆内力计有：$N_{AB} = -262.85\text{kN}$，$N_{BC} = -242.44\text{kN}$，$M_1 = 2.617\text{kN}\cdot\text{m}$，$M_2 = -1.963\text{kN}\cdot\text{m}$；故该杆应按压弯杆计算。

试选 2∟100×7 组成的 T 形截面（见桁架计算表图示）：$A = 2 \times 13.8\text{cm}^2 = 27.6\text{cm}^2$，$i_x = 3.09\text{cm}$，$i_y = 4.46\text{cm}$，$W_{1x} = 2 \times 48.6\text{cm}^3 = 97.2\text{cm}^3$，$W_{2x} = 2 \times 18.1\text{cm}^3 = 36.2\text{cm}^3$，$Z_0 = 2.71\text{cm}$；$\gamma_{x1} = 1.05$，$\gamma_{x2} = 1.20$。

屋架杆件内力组合设计值　　表 7-3

杆件		内力系数	内力设计值(kN) ($F = 17.748$kN)	备注
上弦杆	AB	−14.81	−262.85	负为压杆
	BC	−13.66	−242.44	
	CD	−14.07	−249.71	
	DE	−13.70	−243.15	
	EF	−12.55	−222.74	
	FG	−12.95	−229.84	
下弦杆	AH	+13.75	+244.04	正为拉杆
	HI	+11.25	+199.67	
	IJ	+7.50	+133.11	
腹杆	DI	−2.79	−49.52	符号同上
	DH、CH	−1.21	−21.48	
	EK、FK	−1.21	−21.48	
	HD、DK	+2.50	+44.37	
	IK	+3.75	+66.56	
	KG	+6.25	+110.93	
	GJ	0.00	0.00	

①强度验算。截面强度验算由负弯矩控制。

桁架杆件计算 表7-4

杆件		上弦杆						下弦杆			
名称	编号	*AB*	*BC*	*CD*	*DE*	*EF*	*FG*	*AH*	*HI*	*IJ*	*DI*
计算内力(kN)		−262.85	−242.4	−249.7	−243.5	−222.7	−229.8	+244.04	+199.67	+133.11	−49.52
几何长度(mm)		2127						3437		4976	2555
截面形式规格		2L 100×7						2L 75×50×5			2L 50×4
截面面积(cm^2)		27.6						12.24			7.8
计算长度(cm)	l_{0x}	212.7						497.6			204.4
	l_{0y}	417						1185			255.5
回转半径(cm)	i_x	3.09						1.44			1.54
	i_y	4.46						3.76			2.43
长细比	λ_x	68.8						346			132.7
	λ_y	93.5						315			105
	[λ]	150						350			150
ϕ_{min}		0.598						—			0.375
$N/\phi A$(压弯)		205.35						—			169.3
N/A_n		140.4						199.38			—
f(N/mm^2)		215						215			215
填板		1—80×10×120						2—80×10×70			2—60×10×70
端部焊缝(h_f-l_w)	肢背							6—150			4—50
	肢尖							4—80			4—50

杆件		腹杆								
		BH	*CH*	*EK*	*FK*	*HD*	*DK*	*IK*	*GK*	*GJ*
计算内力(kN)		−21.48	−21.48	−21.48	−21.48	+44.37	+44.37	+66.45	+110.93	0.00
几何长度(mm)		1664				3437		3437		4740
截面形式规格		2L 50×4				2L 50×4		2L 45×4		2L 56×4
截面面积(cm^2)		7.8				7.8		6.98		8.78 4.39
计算长度(cm)	l_{0x}	133.1				309.3		343.7		l_0=426.6
	i_{0y}	166.4				343.7		687.4		
回转半径(cm)	i_x	1.54				1.54		1.38		
	i_y	2.43				2.43		2.24		2.18 1.11
长细比	λ_x	86.43				200.86		249		
	λ_y	68.48				141.44		306		196 384
	[λ]	150				350		350		200 400
ϕ_{min}		0.644								
$N/\phi A$		47.76								
N/A_n						56.88		198.8		
f(N/mm^2)		215				215		215		
填板		1—60×10×70				2—60×10×70		2—80×10×65		2—80×10×100
端部焊缝(h_f-l_w)	肢背	4—50				5—80		5—80		4—50
	肢尖	4—50				4—50		4—50		4—50

$$\frac{N}{A_n}+\frac{M_x}{\gamma_x W_{nx}}=\frac{262.85\times10^3}{27.6\times10^2}+\frac{1.963\times10^6}{1.2\times36.2\times10^3}=140.4\text{N/mm}^2<f=215\text{N/mm}^2$$

②弯矩作用平面内的稳定性验算。

$\lambda_x=l_{0x}/i_x=212.7/3.09=68.8<150$，按 b 类截面查附录 A，$\varphi_x=0.758$

$N'_{Ex}=\pi^2EA/\lambda_x^2=\pi^2\times206\times10^3\times27.6\times10^2/(68.8^2\times10^3)=1185.5\text{kN}$

按有端弯矩和横向荷载同时作用使弦杆产生反向曲率，故取等效弯矩系数为 $\beta_{mx}=0.85$ 采用正弯矩验算：

$$\frac{N}{\varphi_x A}+\frac{\beta_{mx}M_x}{\gamma_{x1}W_{1x}(1-0.8N/N_{Ex}')}=\frac{262.85\times10^3}{0.758\times27.6\times10^2}+\frac{0.85\times2.617\times10^6}{1.05\times97.2\times10^3(1-0.8\times262.85\times10^3/1185.5\times10^3)}=152.123\text{N/mm}^2<f=215\text{N/mm}^2$$

补充验算：

$$\left|\frac{N}{A}-\frac{\beta_{mx}M_x}{\gamma_{x2}W_{2x}(1-1.25N/N_{Ex}')}\right|=\left|\frac{262.85\times10^3}{27.6\times10^2}-\frac{0.85\times2.617\times10^6}{1.2\times36.2\times10^3(1-1.25\times262.85\times10^3/1185.5\times10^3)}\right|=24.410\text{N/mm}^2<f=215\text{N/mm}^2$$

③弯矩作用平面外的稳定性验算。由负弯矩控制：

$l_{0y}=l_1(0.75+0.25N_2/N_1)=2\times212.7(0.75+0.25\times242.44/262.85)=417.142\text{cm}$

$\lambda_y=l_{0y}/i_y=417.142/4.46=93.53<150$，查附表 1，$\varphi_y=0.598$，$\varphi_b=1$（弯矩使翼缘受拉）。

在计算长度范围内弯矩和曲率多次改变向号，为偏于安全，取 $\beta_{tx}=0.85$。

$$\frac{N}{\varphi_y A}+\frac{\beta_{tx}M_x}{\varphi_b W_{1x}}=\frac{262.85\times10^3}{0.598\times27.6\times10^2}+\frac{0.85\times1.963\times10^6}{1\times36.2\times10^3}=205.35\text{N/mm}^2<f=215\text{N/mm}^2$$

④上弦填板的设置。一个角钢对于平行于填板的自身形心轴的回转半径 $i_x=3.09\text{cm}$，$40i_x=40\times3.09=123.6\text{cm}$。

上弦为压杆，节间长度为 212.7cm，每节间设一块填板，则间距为：212.7/2 = 106.35cm < 123.6cm。

填板尺寸为 $80\times10\times120\text{mm}^3$。

（2）下弦杆　下弦杆均为拉杆，整个下弦采用等截面，按最大内力 $N_{AH}=+244.04\text{kN}$ 计算。屋架平面内计算长度按最大节间 IJ，即 $l_{0x}=497.6\text{cm}$；屋架平面外计算长度因跨中有一道系杆，故 $l_{0y}=1185\text{cm}$。

下弦杆所需截面积为

$$A_n=N/f=244.04\times10^3/215=1135\text{mm}^2=11.35\text{cm}^2$$

选用 2∟75×50×5，$A=2\times6.12\text{cm}=12.24\text{cm}^2$，采用短肢相并，$i_x=1.44\text{cm}$，$i_y=3.76\text{cm}$。

强度验算：

$$N_{AH}/A=244.04\times10^3/12.24\times10^2=199.38\text{N/mm}^2<f=215\text{N/mm}^2$$

刚度验算：

$$\lambda_x=l_{0x}/i_x=497.6/1.44=346<350$$

$$\lambda_y=l_{0y}/i_y=1185/3.76=315<350$$

下弦填板设置：一个角钢对于平行于填板的自身形心轴的回转半径 $i=2.39\text{cm}$，拉杆按 $80i=80\times2.39=191.2\text{cm}$

AH、HI 节间各设一块填板：343.7/2 = 171.35cm < 191.2cm。

IJ 节间设两块填板:$497.2/3=165.75\text{cm}<191.2\text{cm}$。

填板尺寸为 $80\times10\times70\text{mm}^3$。

(3)中间竖腹杆 JG　中间竖腹杆,$N=0$,$l=474\text{cm}$。对连接垂直支撑的屋架,采用2∟56×4 组成的十字形截面,$i_{0x}=2.18\text{cm}$,单个角钢∟56,$i_{\min}=1.11\text{cm}$,按支撑压杆验算容许长细比。

$$l_0=0.9\times l=0.9\times474=426.6\text{cm}$$

$$\lambda=l_0/i_{\min}=426.6/2.18=196<[\lambda]=200$$

填板设置按压杆考虑:$80i_{\min}=80\times1.11=88.8\text{cm}$,设置 4 块,$474/5=94.8\text{cm}>88.8\text{cm}$,填板尺寸为:$80\times10\times100\text{mm}^3$。

(4)主斜腹杆 IK、KG　主斜腹杆 IK、KG 两杆采用相同截面,$l_{0x}=343.7\text{cm}$,$l_{0y}=2\times343.7=687.4\text{cm}$,内力设计值为 $N=+110.93\text{kN}$。

所需净截面面积 $A_n=N/f=110.93\times10^3/215=515.95\text{mm}^2=5.16\text{cm}^2$,选用2∟45×4。

$$A=2\times3.49=6.98\text{cm}^2,i_x=1.38\text{cm},i_y=2.24\text{cm}$$

考虑桁架分为两小榀运输时,主斜腹杆需用螺栓在工地拼装,安装螺栓直径取 16mm,螺孔直径 17.5mm,则实际 $A_n=6.98-2\times1.75\times0.4=5.58\text{cm}^2$。

强度验算:$N/A_n=110.93\times10^3/5.58\times10^2=198.8\text{N/mm}^2<f=215\text{N/mm}^2$

容许长细比验算:

$$\lambda_x=l_{0x}/i_x=343.7/1.38=249<350$$

$$\lambda_y=l_{0y}/i_y=687.4/2.24=306<350$$

填板设置按 $80i_1=80\times1.38=110.4\text{cm}$,$IK$、$KG$ 各设置二块,$343.7/3=114.57\text{cm}\approx110.4\text{cm}$。填板尺寸为 $80\times10\times65\text{mm}^3$。

(5)腹杆 DI

$$N_{DN}=-49.52\text{kN}\qquad l_{0x}=0.8l=0.8\times255.5=204.4\text{cm},l_{0y}=l=255.5\text{cm}$$

选用2∟50×4,$A=2\times3.9=7.8\text{cm}^2$,$i_x=1.54\text{cm}$,$i_y=2.43\text{cm}$。

或选用2∟45×4,$A=2\times3.486=6.972\text{cm}^2$,$i_x=i_1=1.38\text{cm}$,$i_y=2.24\text{cm}$

若按2∟45×4:$\lambda_x=204.4/1.38=148.1<150$

$$\lambda_y=255.5/2.24=114.1<150$$

按 b 类截面查附录 A 得知 $\phi_x=0.310$

$$N/\phi_x A=49.52\times10^3/(0.31\times6.972\times10^2)=229.1\text{N/mm}^2<f=215\text{N/mm}^2$$

或按2∟50×4:

$$\lambda_x=204.4/1.54=132.7<[\lambda]=150,\text{查附表得 }\phi_x=0.375$$

$$\lambda_y=255.5/2.43=105<[\lambda]=150$$

$$N/\phi_x A=49.52\times10^3/(0.375\times7.8\times10^2)=169.3\text{N/mm}^2<f=215\text{N/mm}^2$$

故腹杆 DI 截面选用2∟50×4。

填板按 $40i_1=40\times1.54=61.6\text{cm}$,应设 3 块垫板,因腹杆受力不大,且两端焊于节点板上,为减小焊缝起见,采用 3 块填板。填板尺寸为 $60\times10\times70\text{mm}^3$。

(6)腹杆 BH、CH、EK、FK　4 根杆均为压杆,受力及长度均小于 DI 杆,故可均按 DI 杆选用2∟50×4,只采用 2 块填板。

(7)腹杆 HD、DK　两者均为拉杆。$N=+44.37\text{kN}$,$l=343.7\text{cm}$,仍选用2∟50×4,验算如下:

$$N/A=44.37\times10^3/7.8\times10^2=56.88\text{N/mm}^2<f=215\text{N/mm}^2$$

$$\lambda_x = l_{0x}/i_x = 0.8 \times l/i_x = 0.8 \times 343.7/1.54 = 178.55 < 350$$

填板设置。按 $80i = 80 \times 1.54 = 123.2$cm，各设两块，则：$343.7/3 = 114.6\text{cm} < 123.2\text{cm}$，满足要求。

桁架杆件计算列表，见表 7-4。

4. 节点设计

(1)下弦中间节点 I(图 7-22)

下弦中间节点用作拼接节点。由于屋架跨度为 24m，超过运输界限，故将其分为两榀小屋架。于下弦中间节点 I 处设置工地拼接节点。

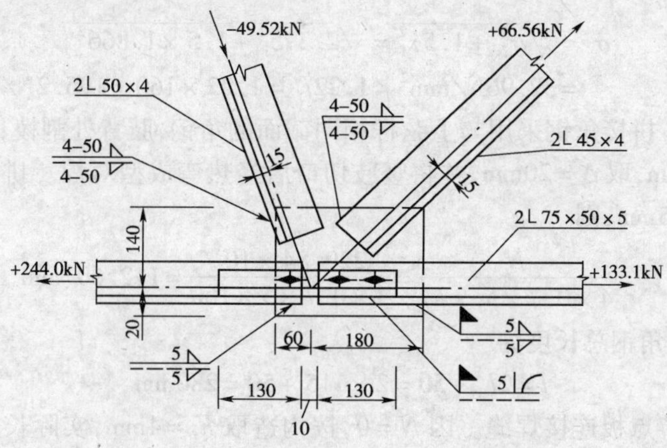

图 7-22 下弦中间节点 I 构造(尺寸单位：mm)

拼接角钢设计。拼接角钢采用与下弦杆相同截面，2∟75×50×5，肢背处割棱，竖肢切去 $\Delta = 5 + 5 + 5 = 15\text{mm}$($\Delta = t + h_f +$ 余度)。

拼接点一侧每条焊缝长度计算：

拉杆拼接焊缝按等强设计，则

$$N = Af = 12.24 \times 10^2 \times 215 = 263000\text{N}，取 h_f = 5\text{mm}$$

$$l_w = 263000/(4 \times 0.7 \times 0.5 \times 160 \times 10^2) + 1 = 12.7\text{cm}，取 13\text{cm}$$

拼接角钢长度 $l = 2 \times 13.0 + 1 = 270\text{mm}$，取 270mm。

下弦杆与节点板焊缝计算：下弦杆轴拉力通过节点板和拼接角钢两种连接件传递，节点板认为仅承受内力 $\Delta N = 15\% N_{AH} = +15\% \times 244.04 = +36.6\text{kN}$，节点板连接焊缝受力甚小，故节点板可按构造确定。

(2)脊节点 KG 斜腹杆与节点板的连接焊缝，取肢背和肢尖的焊腿尺寸为 $h_{f1} = 5\text{mm}$，$h_{f2} = 4\text{mm}$，则所需的焊缝长度为：

肢背 $$l_{w1} = \frac{0.7 \times 110.93 \times 10^3}{2 \times 0.7 \times 5 \times 160} + 10 = 79.33\text{mm} \quad 取 80\text{mm}$$

肢尖 $$l_{w2} = \frac{0.3 \times 110.93 \times 10^3}{2 \times 0.7 \times 4 \times 160} + 10 = 47.14\text{mm} \quad 取 50\text{mm}$$

弦杆肢背与节点板的连接焊缝，采用塞焊缝，假定脊节点处檩条传来的力为 $F/3 = 17.748/3 = 5.916\text{kN}$，此力甚小，且节点板甚长，可满焊，不必计算。

上弦肢尖与节点板连接焊缝，承担两侧弦杆内力差或 $15\% N_{max}$ 中较大值及其产生的弯矩。本例中活荷载在全部荷载中所占比例甚小，故由半跨雪载与全部恒载在脊节点两侧上弦杆所产生的内力差甚小，可取 $15\% N_{max} = 0.15 \times 229.84 = -34.48\text{kN}$。

$$M = 34.48 \times e = 34.48 \times (10.0 - 3.0) = 241.36\text{kN} \cdot \text{cm}$$

按绘制的节点图可知

$$l_w = \frac{33}{\cos 21°48'} - 3 = 32.54\text{cm}, 取 33\text{cm}, h_f = 4\text{mm}$$

$$\tau_f = \frac{34.48}{2 \times 0.7 \times 0.4 \times 33} = 1.866\text{kN/cm}^2$$

$$\sigma_{fy} = \frac{241.36 \times 6}{2 \times 0.7 \times 0.4 \times 33^2} = 2.375\text{kN/cm}^2$$

$$\sigma = \sqrt{\sigma_{fy}^2 + 1.5\tau_f^2} = \sqrt{2.375^2 + 1.5 \times 1.866^2}$$

$$= 32.96\text{N/mm}^2 < 1.22f_f^w = 1.22 \times 160 = 195.2\text{N/mm}^2$$

拼接角钢设计。拼接角钢采用与上弦杆相同截面的角钢，肢背处割棱，垂直肢去 $\Delta = t + h_f + 5 = 7 + 5 + 5 = 17\text{mm}$，取 $\Delta = 20\text{mm}$，并将竖肢切口后经热弯成型对焊。拼接角钢与上弦杆连接焊缝长度，设 $h_f = 5\text{mm}$，则

$$l_w = \frac{N}{4 \times 0.7 \times h_f \times h_f^w} = \frac{229.84 \times 10^3}{4 \times 0.7 \times 5 \times 160} = 112.607\text{mm}$$

取 115mm，拼接角钢总长度为

$$l = 2l_w + 50 = 2 \times 115 + 50 = 280\text{mm}$$

中间竖肢杆与节点板连接焊缝。因 $N - 0$，按构造取 $h_f = 4\text{mm}$，实际长度根据绘制施工图确定为 $l_w = 90\text{mm}$。脊节点构造如图 7-23 示。

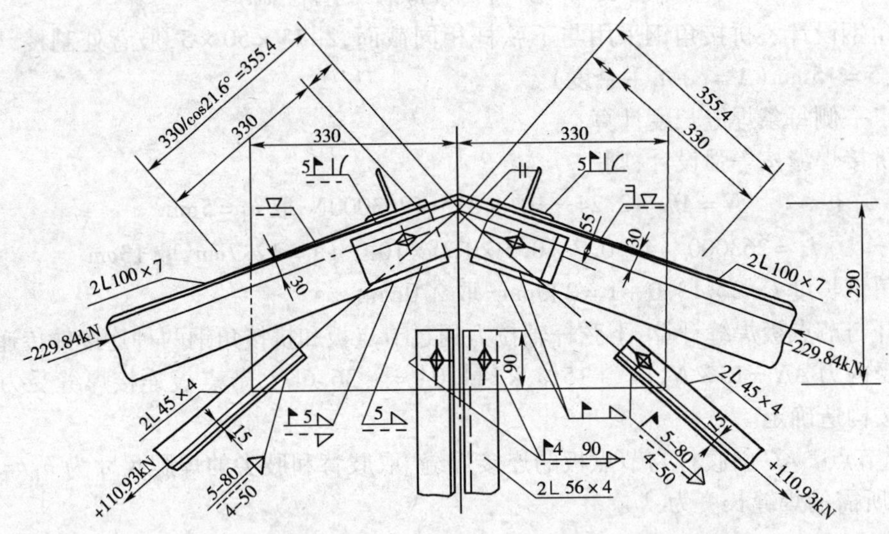

图 7-23 脊节点构造（尺寸单位：mm）

(3) 上弦节点 D 腹杆 DI 与节点板焊缝 $N = -49.52\text{kN}$，取 $h_f = 5\text{mm}$，则焊缝长度为：

肢背 $$l_w = \frac{0.7 \times 49.52 \times 10^3}{2 \times 0.7 \times 0.4 \times 160 \times 10^2} + 1 = 4.87\text{cm}, 取 5\text{cm}$$

取肢尖焊缝 $$l_w = 50\text{mm}$$

其余两腹杆内力均小于 DI 杆，故按构造决定肢背 $h_f = 5\text{cm}$，肢尖 $h_f = 4\text{cm}$。

上弦杆与节点板焊缝。节点板尺寸如图 7-24 所示。节点板缩入深度为 6mm，肢背塞焊缝按承受集中荷载 F_Q 进行计算。$h_{f1} = t/2 = 10/2 = 5\text{cm}$，则：

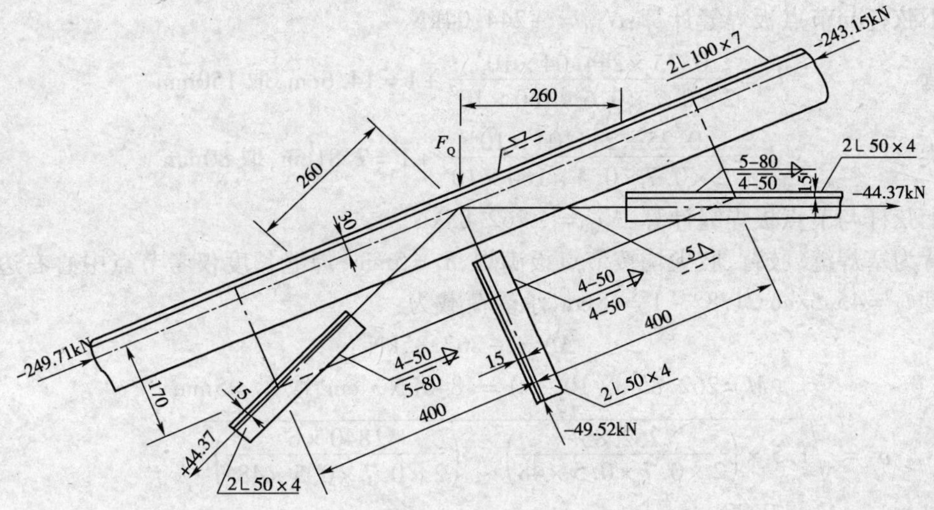

图 7-24　上弦节点 D 构造(尺寸单位:mm)

$$
\begin{aligned}
\sigma_f &= F_Q/\beta_f(2\times0.7h_{f1}l_{w1}) \\
&= 4.968\times10^3/1.22\times(2\times0.7\times5\times790) \\
&= 0.74\text{N/mm}^2 < 160\text{N/mm}^2
\end{aligned}
$$

肢尖焊缝承受弦杆的内力差 $\Delta N = 249.71 - 243.15 = 6.56$kN,偏心距 $e = 100 - 30 = 70$mm,内力较小,且节点板较长,故可按构造布置焊缝,即肢尖满焊,不必计算。

(4)支座节点 A　屋架支承于 400mm×400mm 钢筋混凝土柱上,支座混凝土垫块强度等级为 C20 级,$f_c = 9.6\text{N/mm}^2$。支座构造如图 7-25 所示。为便于施焊,取底板至下弦中心线距离为 160mm,下弦截面为 2∟75×50×5,上弦截面为 2∟100×7。

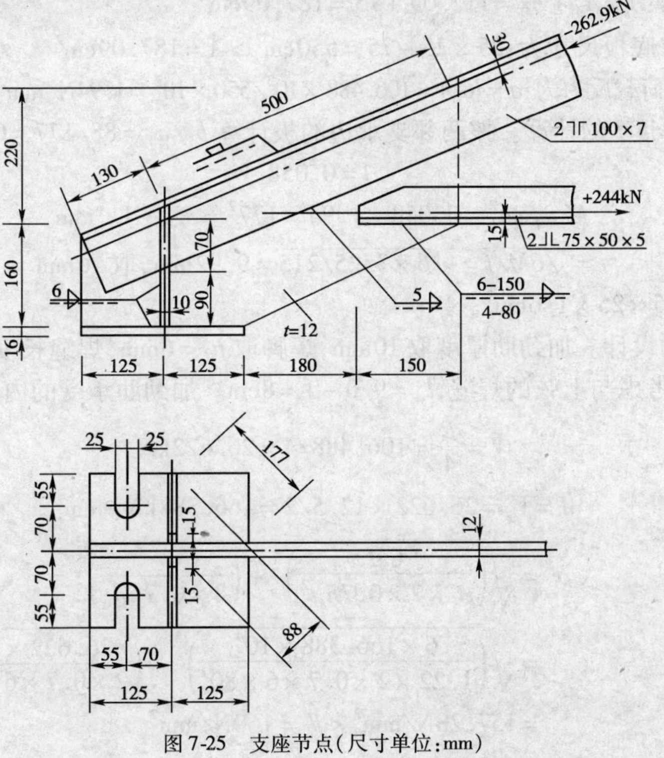

图 7-25　支座节点(尺寸单位:mm)

①下弦杆与节点板焊缝计算：$N_{AH} = +244.04\text{kN}$

肢背 $$l_w = \frac{0.75 \times 244.04 \times 10^3}{2 \times 0.7 \times 0.6 \times 160 \times 10^2} + 1 = 14.6\text{cm}，取 150\text{mm}$$

肢尖 $$l_w = \frac{0.25 \times 244.04 \times 10^3}{2 \times 0.7 \times 0.4 \times 160 \times 10^2} + 1 = 7.81\text{cm}，取 80\text{mm}$$

②上弦杆与节点板焊缝计算：$N_{AB} = -262.85\text{kN}$。

肢背为塞焊缝，肢背、肢尖均按节点板满焊，$h_f = 5\text{mm}$，焊缝长度仅考节点中心右边板长的焊缝长度 $l_w = 45.5/\cos 21.8° - 1 = 48\text{cm}$，承受荷载为：

$$\Delta N = -262.85\text{kN}$$

$$M = 262.85 \times (10 - 3) = 1840\text{kN} \cdot \text{cm}，取 h_f = 5\text{mm}$$

$$\sigma = \sqrt{1.5 \times \left(\frac{262.85}{2 \times 0.7 \times 0.5 \times 48}\right)^2 + \left(\frac{1840 \times 6}{2 \times 0.7 \times 0.5 \times 48^2}\right)^2}$$
$$= 11.77\text{kN/cm}^2$$
$$= 117.7\text{N/mm}^2 < 1.22 f_f^w = 1.22 \times 160 = 195.2\text{N/mm}^2$$

③支座底板计算。支座反力：$R = 6F = 6 \times 17.748 = 106.488\text{kN}$

支座底板需要的受压净面积：

$$A_n = R/f_c = 106.488 \times 10^3 / 9.6 = 11209\text{mm}^2$$

锚栓直径采用 $d = 24\text{mm}$，并用 U 形开口，开孔面积：

$$A_0 = 2\left(\frac{1}{2} \times \frac{\pi d^2}{4} + 5 \times 5.5\right)$$
$$= 2 \times \left(\frac{1}{2} \times \frac{\pi \times 5^2}{4} + 5 \times 5.5\right) = 74.63\text{cm}^2 \approx 75\text{cm}^2$$

则所需面积为：$A = A_n + A_0 = 112.09 + 75 = 187.09\text{cm}^2$

根据构造要求底板尺寸为：$25 \times 25 - 75 = 550\text{cm}^2 > A = 187.09\text{cm}^2$

底板所受均布荷载反力为：$q = R/A = 106.488 \times 10^3 / 550 \times 10^2 = 1.94\text{N/mm}^2 < f_c = 9.6\text{N/mm}^2$。

④所需底板厚度 t 的计算。按两邻支承边的板计算 $b_1/a_1 = 88/177 = 0.5$，查表 4-5 得

$$\beta = 0.058$$

$$M = \beta q a_1^2 = 0.058 \times 1.94 \times 177^2 = 3525\text{N} \cdot \text{mm}$$

$$t = \sqrt{6M/f} = \sqrt{6 \times 3525/215} = 9.92\text{mm}，取 16\text{mm}$$

底板尺寸为 $25 \times 25 \times 1.6\text{cm}^3$。

⑤支座加劲肋设计。加劲肋厚度取 10mm，焊脚取 $h_f = 6\text{mm}$，焊缝长度仅考虑与支座节点板焊接的焊缝，不考虑与上弦的焊缝，$l_w = 9.0 - 1 = 8\text{cm}$。加劲肋承受的内力为：

$$V = \frac{R}{4} = 106.488/4 = 26.622\text{kN}$$

$$M = V_e = 26.622 \times 12.5/2 = 166.388\text{kN} \cdot \text{cm}$$

$$\sigma = \sqrt{\left(\frac{6M}{\beta_f \times 2 \times 0.7 h_f l_w^2}\right)^2 + \left(\frac{V}{2 \times 0.7 h_f l_w}\right)^2}$$
$$= \sqrt{\left(\frac{6 \times 166.388 \times 10^4}{1.22 \times 2 \times 0.7 \times 6 \times 80^2}\right)^2 + \left(\frac{26.622 \times 10^3}{2 \times 0.7 \times 6 \times 80}\right)^2}$$
$$= 157.28\text{N/mm}^2 < f_f^w = 160\text{N/mm}^2$$

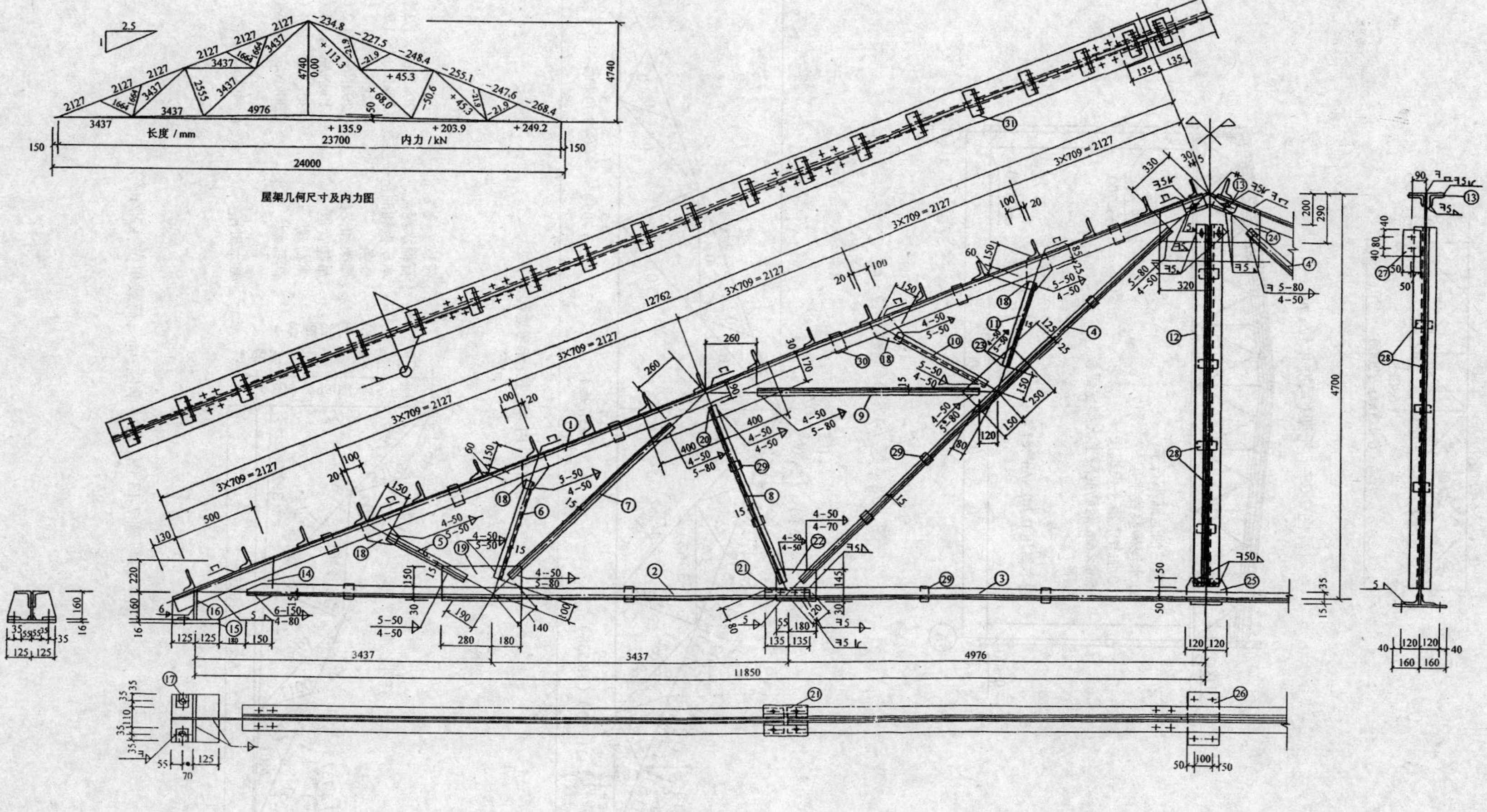

图 7-26　施工图(尺寸单位:mm)

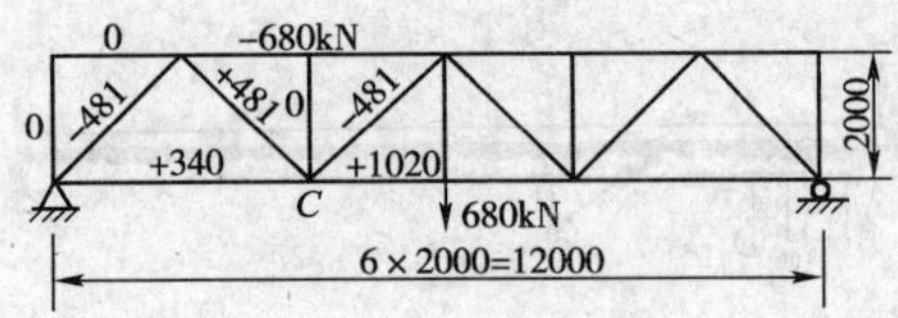

图 7-27 托架(尺寸单位:mm)

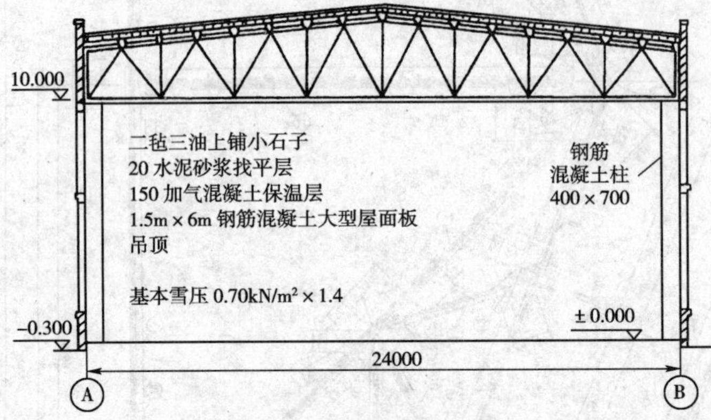

图 7-28 题 7-12 图(高程单位:m)

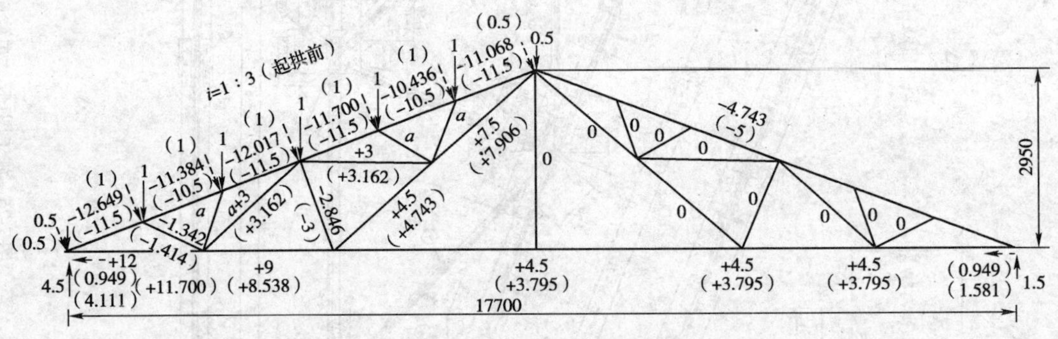

a)

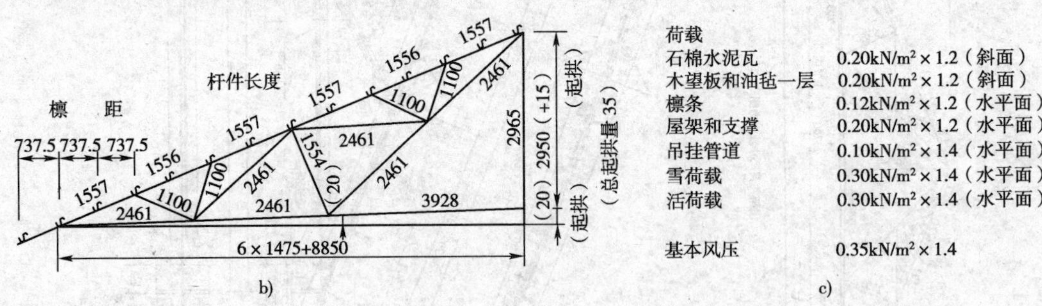

b)

荷载	
石棉水泥瓦	0.20kN/m²×1.2(斜面)
木望板和油毡一层	0.20kN/m²×1.2(斜面)
檩条	0.12kN/m²×1.2(水平面)
屋架和支撑	0.20kN/m²×1.2(水平面)
吊挂管道	0.10kN/m²×1.4(水平面)
雪荷载	0.30kN/m²×1.4(水平面)
活荷载	0.30kN/m²×1.4(水平面)
基本风压	0.35kN/m²×1.4

c)

图 7-29 题 7-13 图(尺寸单位:mm;荷载单位:kN/m²)

⑥节点板、加劲肋与底板的连接焊缝计算。取加劲肋切口宽度为15mm，取 $h_f=6\text{mm}$，6条焊缝的总计算长度为

$$\sum l_w = 2\times250 + 2\times(250-12-2\times15) - 6\times10 = 856\text{mm}$$

$$\sigma_f = R/(\beta_f\times0.7h_f\sum l_w) = 106.488\times10^3/(1.22\times0.7\times6\times856)$$

$$=24.3\text{N/mm}^2 < 160\text{N/mm}^2$$

其余节点计算从略，构造详见施工图（图7-26）。

复习思考题

7-1 常用钢屋架的形式及其适用范围是什么？

7-2 桁架最不利荷载组合有哪几种情况？

7-3 屋架中在什么情况下哪些杆件会产生变号内力？

7-4 刚性系杆和柔性系杆有何区别？

7-5 试说明哪些杆件在屋架平面内和平面外计算长细比的长度不等于几何长度。

7-6 试说明上下弦杆截面采用两短肢拼接成T形和两长肢拼接成T形截面的条件。

7-7 节点计算主要应先计算什么内容？

7-8 上弦节点有集中荷载作用时，其构造及受力情况应如何考虑？

7-9 屋架支撑的类型及其作用是什么？

7-10 一12m跨度托架，两端支承在钢筋混凝土柱上，跨中承受屋架集中荷载设计值为680kN（托架自重已折算入内），杆件内力设计值已注在图上。托架上下弦杆在托架平面外的计算长度均为6m，杆件均用双角钢T形截面，节点板厚度10mm，采用钢材为Q235—A·F。试选择下列杆件的截面：上弦杆、下弦杆和支座斜杆（图7-27）。

7-11 试计算题7-10（图7-27）托架节点 C 处各杆件所需的角焊缝尺寸，并画出节点图和注明尺寸。已知下弦杆截面为⅃L 125×10，节点 C 处3根腹杆的截面为⅂Γ 75×8、⅂Γ 50×5、⅂Γ 100×8（依次从左至右），焊条用E43型。

7-12 一单层厂房，平面尺寸为24m×54m，地区基本雪压为0.70kN·m^{-2}，分项系数为1.4；基本风压为0.45kN·m^{-2}，分项系数为1.4；冬季室外计算温度为−20℃，不考虑地震设防。试设计该24m跨度钢屋架并画施工图，采用1号图纸，比例尺：轴线为1/20，细部为1/10（图7-28）。

7-13 某房屋采用Q235—A·F钢角钢和小角钢的芬克式屋架，如图7-29所示。屋架间距6m，水平檩条间距为0.7375m，荷载如图7-29c）所示。

试设计此屋架并画图，采用1号图纸，主要比例尺：轴线1/20，细部1/10。

第8章 钢平台结构设计

8.1 概 述

1. 钢平台结构的组成和应用

(1)钢平台结构的组成 建筑平台与楼盖钢结构主要由铺板、次梁与主梁等组成。铺板或楼板搁置在次梁上，次梁搭放在主梁上，主梁则与柱相连接或直接支承于承重墙体上。荷载的传递途径为：铺板→次梁→主梁→柱（墙）→基础→地基。

铺板与次梁、次梁与主梁、主梁与柱、柱与基础的连接为焊接连接，也可用螺栓连接，可以形成刚节点或铰节点，为了减少平台用钢量，一般设计成铰接，形成便于安装的单体构件，铺板则可设计成局部整体构件。为了保证平台结构的整体稳定，应布置柱间支撑，并与梁、柱及铺板组成稳定的结构体系。

(2)建筑平台钢结构的应用 钢平台的应用广泛，主要用于工业生产中的设备支承平台、走道平台、检修平台、操作平台、海上采油平台、桥梁、水工闸门及起重机等平台结构。立体车库和民用建筑中的楼盖应用也日益增多。

钢结构工作平台的组成如图8-1所示。

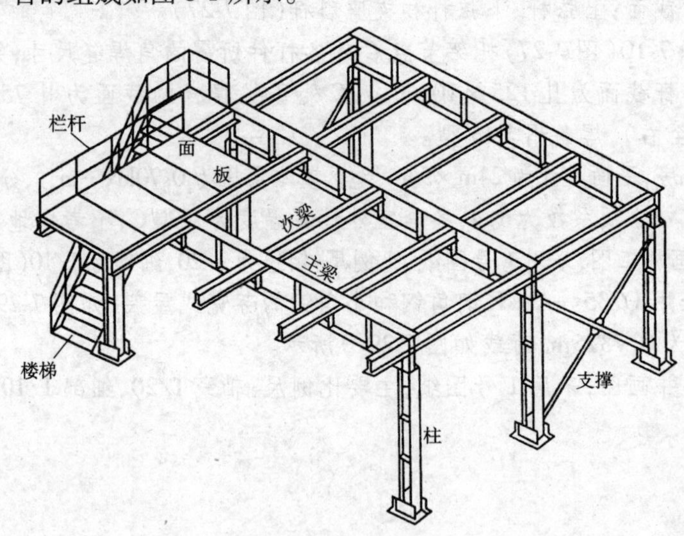

图8-1 钢结构平台的组成

2. 梁格布置形式

梁格是由次梁与主梁按不同方式排列而成的平面结构体系。梁格的布置可分为三种典型的排列形式：

(1)简单梁格 只有主梁，适用于主梁跨度较小或铺板长度较大的情况，如图8-2a)所示。梁多采用型钢梁，缺点是耗钢量较大。

(2)普通梁格　普通梁格的布置是在主梁上设置次梁，次梁上铺设铺板的布置形式。它适用于大多数梁格尺寸的情况，应用最广泛，如图 8-2b)所示。

(3)复式梁格　复式梁格是指在主梁间设置纵向次梁，纵向次梁间再设置横向次梁，横向次梁上铺设铺板的梁格布置形式，如图 8-2c)所示。该种梁格构造复杂，荷载传递层次多，多用于主梁跨度大和荷载重大的情况。

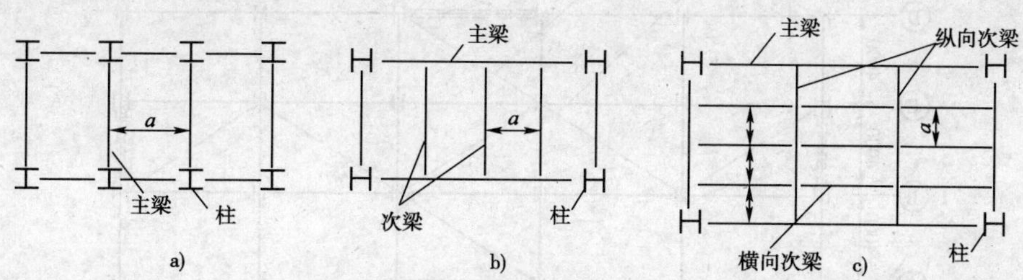

图 8-2　梁格布置

a)简单梁格；b)普通梁格；c)复式梁格

梁格布置方案的选择，主要依据柱网尺寸和总体用钢量最小的原则，一般情况下，普通梁格和复式梁格两种布置形式较经济。

3. 主、次梁的连接

对普通梁格和复式梁格布置，次梁多做成连续梁，搁置在主梁上，构成主次梁的叠接连接。有时由于结构高度的限制，也可做成次梁上翼缘与主梁平接连接。

4. 柱和柱间支撑

平台结构由柱和柱间支撑作为竖向承重构件和侧向支撑构件。主梁一般简支于柱顶，也可支于承重墙体上。当平台面积较大时，可设中柱，主梁可做成连续梁，可取得较好的经济效益和较大的建筑使用空间。

当主梁与柱铰接时，必须布置纵向和横向柱间支撑，以承受水平荷载，保证结构的整体稳定。

平台柱多为轴心受压柱，柱脚为铰接，梁、柱节点也多为铰接连接。平台柱可为实腹柱，也可选用格构柱，可根据技术经济分析选用。柱间支撑通常布置成交叉体系，用角钢或槽钢制作，按拉杆计算。

柱网布置如图 8-3 所示，支撑形式如图 8-4 所示。

5. 钢平台结构设计内容

钢平台结构设计内容如下。

(1)平台柱的柱网布置。平台柱的柱网布置首先要满足工艺使用要求，要考虑平台下的通行和设备布置；柱列和柱距应均匀相等；结构用钢量最省。

(2)平台梁格布置。平台梁格应从三种方案：简单梁格、普通梁格和复式梁格中进行分析比较，确定一种合理的形式。

(3)平台铺板设计。

(4)平台梁的设计。首先进行次梁的设计，然后进行主梁的设计。梁可选用型钢梁或组合梁。梁的拼接，主、次梁的连接，梁的支座形式的确定是平台梁设计的重要内容。

(5)平台柱和柱间支撑的设计。平台柱可采用实腹柱和格构柱两种形式，应经技术经济分析后确定。柱间支撑的设置是保证结构稳定的重要构造措施。柱头和柱脚的设计是平台柱设计的重要内容。

(6)楼梯和栏杆的设计。楼梯和栏杆虽然是平台结构的次要构件,但对平台的使用和安全有重要影响,应认真对待。

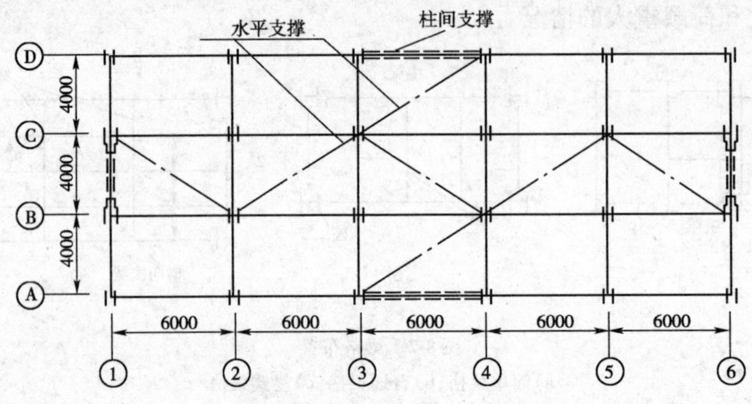

图 8-3 平台柱的柱网布置(尺寸单位:mm)

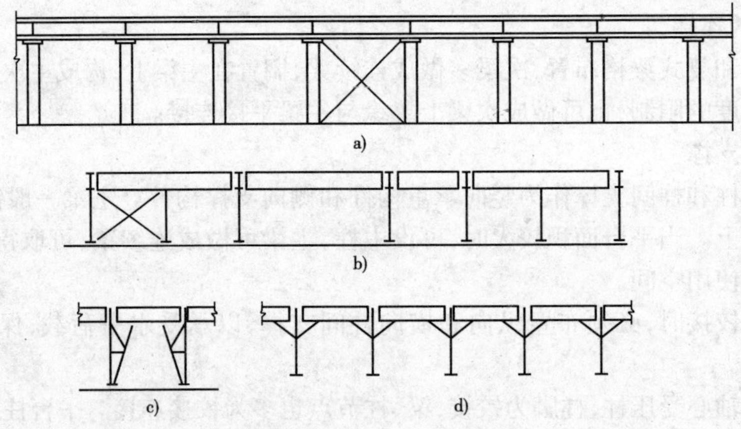

图 8-4 平台柱间支撑的布置

a)交叉型(中部);b)交叉型(端部);c)门架型;d)角隅型

8.2 平台铺板设计

1. 平台铺板构造

平台铺板按生产工艺要求可分为固定式和可拆式两种;按构造要求可分为轻型钢铺板、混凝土预制板、压型钢板与混凝土组合楼板等,如图 8-5 所示。

(1)轻型钢铺板。轻型钢铺板是平台结构常用的铺板形式。通常有花纹钢板、防滑带肋钢板和冲泡钢板;室外平台有时可考虑蓖条式铺板和网格板,以减少积灰和节约钢材。

轻型钢板应与梁牢固连接,以增强平台的整体稳定性。

(2)预制混凝土板。采用预制钢筋混凝土板或预制预应力混凝土板,支承于已焊有栓钉

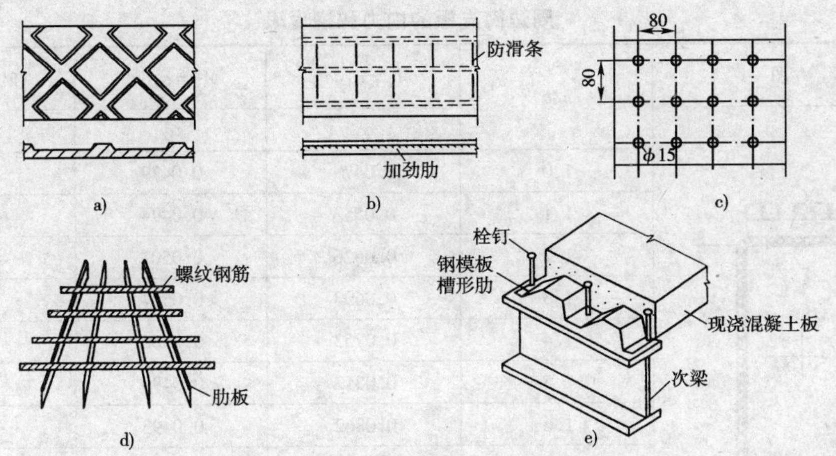

图 8-5　平台铺板的构造(尺寸单位:mm)

a)花纹钢板;b)平钢板带肋;c)平钢板加工冲泡;d)蓖条式;e)组合楼板

连接件的钢梁上,用细石混凝土浇灌槽口与板件缝隙。这种楼板刚度大,承载能力强,使用方便,整体性好,可用于旅馆及公寓等建筑和大型平台结构。

(3)压型钢板与混凝土组合板。这种组合板适用于受荷较大的重型平台,也是目前多、高层建筑钢结构楼盖中采用最多的一种形式。这种组合板在 12.2 节中已经介绍。

2. 平台铺板计算

(1)平台铺板的荷载计算。轻型铺板的行走和检修荷载一般取 2.0kN/m²;普通操作平台的使用荷载,可取 4.0~8.0kN/m²。

重型操作平台的使用荷载,可取大于等于 100kN/m²。

平台铺板一般按承受均布荷载计算。

(2)无肋铺板计算。铺板可按仅承受弯矩的单向受弯构件计算,并按下列公式计算。

$$M=\frac{1}{8}ql_0^2 \tag{8-1}$$

$$\sigma=\frac{6M}{t^2}\leqslant f \tag{8-2}$$

$$v=q_k l_0^4/(6.4Et^3)\leqslant[v] \tag{8-3}$$

式中:q——板单位宽度上的均布荷载(含自重)的设计值;

q_k——板单位宽度上的均布荷载(含自重)的标准值;

l_0、t——铺板的计算跨度和厚度;

$[v]$——铺板的容许挠度,一般为 $l_0/150$;

E——铺板材料弹性模量;

f——铺板材料强度设计值。

(3)有肋铺板计算。有肋铺板可按周边简支板计算。均布荷载作用下的内力和挠度可按表 8-1 计算。

铺板的强度和挠度验算,则可按公式(8-2)和公式(8-3)计算。

加劲肋的计算可按折算荷载作用下的简支梁验算,折算荷载 q_1 可按下式计算:

周边简支板的内力和挠度表 表 8-1

简图	b/a	$M_x=\alpha_1 qa^2$	$M_y=\alpha_2 qa^2$	$W_{max}=\beta\frac{q_k a^4}{Et^3}$
		α_1	α_2	β
	1.0	0.0479	0.0479	0.0433
	1.1	0.0553	0.0494	0.0530
	1.2	0.0626	0.0501	0.0616
	1.3	0.0693	0.0504	0.0697
	1.4	0.0753	0.0506	0.0770
	1.5	0.0812	0.0499	0.0843
	1.6	0.0862	0.0493	0.0906
	1.7	0.0908	0.0486	0.0964
	1.8	0.0948	0.0479	0.1017
	1.9	0.0985	0.0471	0.1064
	2.0	0.10107	0.0464	0.1106
	>2.0	0.1250	0.0375	0.1422

注：q 为荷载设计值；q_k 为荷载标准值。

$$q_1=ql_1 \tag{8-4}$$

式中：q——铺板上的均布荷载（含自重）设计值；

l_1——加劲肋间距。

加劲肋计算时，可按 T 形截面计算，翼缘计算宽度可考虑铺板 $30t$ 宽度参加工作。

加劲肋的挠度不宜大于 $l_0/250$。t 为板厚，l_0 为计算跨度。

当铺板加劲肋的间距大于两倍铺板跨距，或仅按构造设置加劲肋时，可按无肋铺板计算。

8.3 平台梁设计

1. 一般设计要求

(1)平台梁宜采用轧制 I 字形钢、槽钢、窄翼缘 H 形钢或焊接 I 字形钢。

(2)为防止扭转，可采用钢筋混凝土或组合楼板等刚性楼面，也可在横梁间设置侧边支撑以保证侧向稳定。

(3)平台梁应进行强度、稳定和刚度的验算。

2. 型钢梁设计

(1)平台结构的次梁多采用型钢梁。双轴对称 I 字形钢梁应优先选用；槽钢梁在弯矩平面外不对称，多用于平台边梁。型钢梁加工简单，安装方便应尽量采用。

(2)型钢梁的截面选择。

①首先按支承条件确定梁的类型：简支梁或连续梁。

②计算荷载。计算次梁荷载，包括板传来的荷载和次梁自重；对主梁荷载包括次梁传来的集中荷载和主梁的自重。主梁均布荷载可简化成集中荷载。

③梁的内力计算。简支梁的内力计算比较简单，在均布荷载作用下的弯矩，当梁上有 $n-1$ 个集中荷载 F 时，可按下式计算。

$$M_{max} = k_M F l_0 \tag{8-5}$$

式中：k_M——最大弯矩计算系数，按表 8-2 采用；

F——集中荷载设计值，包括次梁传来荷载及主梁自重；

l_0——梁的计算跨度。

单跨简支梁的计算系数 表 8-2

多跨连续梁跨数 n	2	3	4	5	6	7	8	9
k_M	0.25	0.33	0.50	0.60	0.75	0.86	0.98	1.11
K_W	1/48	1/28	1/20	1/16	1/13	1/11	1/10	1/9

对连续梁的内力计算，可用结构力学的方法进行。由于支座负弯矩的卸荷作用，跨中弯矩和挠度均减小，为了计算简便，也可偏于安全地取受力最大的单跨进行计算。

④净截面抵抗矩 W_{nx} 的计算。根据初选型钢材料确定抗弯强度设计值 f，按下式计算 W_{nx} 值。

$$W_{nx} = M_{max}/(\gamma_x f) \tag{8-6}$$

式中：M_{max}——梁的弯矩最大设计值；

γ_x——梁的塑性发展系数。

⑤选择型钢的型号。根据所需的 W_{nx} 值，从型钢规格表中选择型钢的型号。

⑥对所选的型钢梁截面进行强度、刚度和整体稳定验算。

(3)梁的变形控制。梁的变形应加以控制，确保满足受弯构件的容许挠度要求，即

$$v_{max} \leqslant [v] \tag{8-7}$$

$$v_{max} = K_W \frac{F_k l_0^3}{EI} \tag{8-8}$$

式中：F_k——集中荷载标准值；

K_W——最大挠度计算系数，可按表 8-2 取值；

$[v]$——梁的容许挠度值。

型钢梁的设计方法详见 5.6 节。

3. 组合梁设计

平台结构的组合梁，一般采用三块钢板拼焊成 I 字形截面，多用于主梁，梁截面可以采用对称或不对称的，对称截面居多。

组合梁截面设计包括两部分内容，一是初选截面尺寸，即估算梁的高度、腹板厚度和翼缘尺寸；二是对初选截面进行强度、稳定和刚度验算。

组合钢梁的设计方法详见 12.3 节。

8.4 平台柱和柱间支撑设计

平台柱按构造可分为实腹柱和格构柱。实腹柱构造简单，制作省工，与梁连接方便，但较费钢材。格构柱由两肢加上联系两肢的缀板或缀条组成。调整肢间距离可增加惯性矩，增强刚度和稳定性，并节约钢材。平台柱一般设计成轴心受压柱。

1. 实腹柱的设计

(1)实腹柱的截面形式有 I 字形、管形、箱形等。比较理想的截面形式是 H 型钢，钢板焊成的 I 字形截面组合灵活、面积分布合理、制作简单，便于采用自动焊接，且较型钢截面省料。

钢管截面抗扭刚度大,两个方向的回转半径相等,缺点是连接困难,两端需密封,以防潮气侵入而锈蚀。

(2)实腹柱截面选择的步骤,强度、刚度和稳定验算的方法详见4.1~4.5节。

(3)实腹柱截面经验算不满足要求时,可以采用纵向加劲肋加强,也可加厚腹板,增加腹板局部稳定。为防止腹板在施工和运输中发生变形,可采用横向加劲肋加强。大型实腹柱的端部应设置横隔,横隔间距不得大于截面较大宽度的9倍或8m。

2. 格构柱设计

平台结构承受较大荷载时,可采用格构柱。轴心受压格构柱一般采用双轴对称截面。常用的截面形式是两根槽钢或I字形钢作为肢件,有时也可用四个角钢或三个圆管作为肢件。缀条式格构柱常用角钢作为缀条,布置成三角形体系;缀板式格构柱常采用钢板作为缀板。

平台柱承受主梁传来的轴向力,按轴心受压构件计算。

格构柱的截面选择和强度、刚度和稳定性验算详见4.6节。

3. 柱头和柱脚设计

平台柱上部承受梁格传来的荷载,下端则把荷载传递给基础,为有效地实现这一目的,除柱本身应设计合理可靠外,尚应设计合理的柱头和柱脚。

平台柱的柱头和柱脚的构造和计算方法详见4.7节。

8.5 楼梯与栏杆设计

平台结构的竖向交通通常采用楼梯或爬梯。常用的钢楼梯形式有直梯、斜梯和旋转楼梯。

1. 钢直梯

直梯多用于不经常使用或场地受限制的平台,净宽度为500mm,高度不超过8m,当超过8m时,应在中部设休息平台。直梯侧边应设护栏,护栏距地面2m,上端连于平台扶手。直梯边梁截面不小于∟50×5,踏棍可采用不小于$\phi18$的圆钢,间距300mm,如图8-6所示。

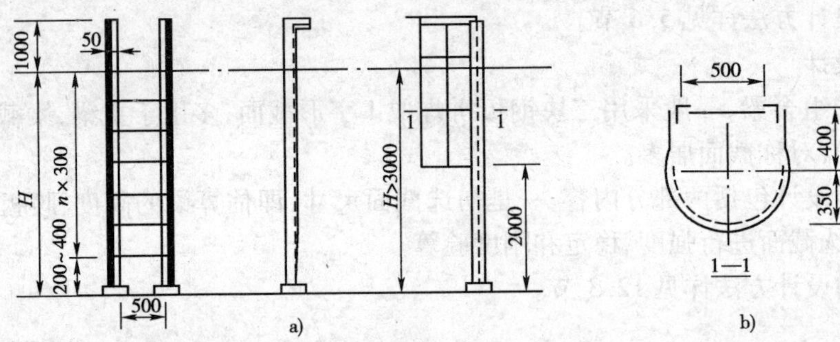

图8-6 直梯的构造(尺寸单位:mm)

2. 钢斜梯和旋转楼梯

钢斜梯应用最多。斜梯的倾角一般为45°~60°,以45°为宜。楼梯宽度不宜小于700mm,高度一般为4m,超过5m应设休息平台。踏步板采用厚度不小于4mm的花纹钢板或经过防滑处理的平钢板,踏步层间距为200~250mm,楼梯扶手用钢管或圆钢制作,扶手高度不小于900mm。如图8-7所示。

旋转楼梯的构造和斜梯类似,一般用于空间受限制的平台。

3. 栏杆

平台上设置的栏杆可采用钢管、圆钢或角钢做成。如图 8-8a）所示。栏杆的高度一般为 1000 ~ 1200mm。栏杆扶手和立柱选用外径为 $\phi33.5 \sim \phi45.0$ 的钢管或∟50 ×4 的角钢制作。立柱间距不大于 1m，采用不低于 Q235 钢制成。固定栏杆按在扶手处承受 0.5kN/m 的水平荷载设计。

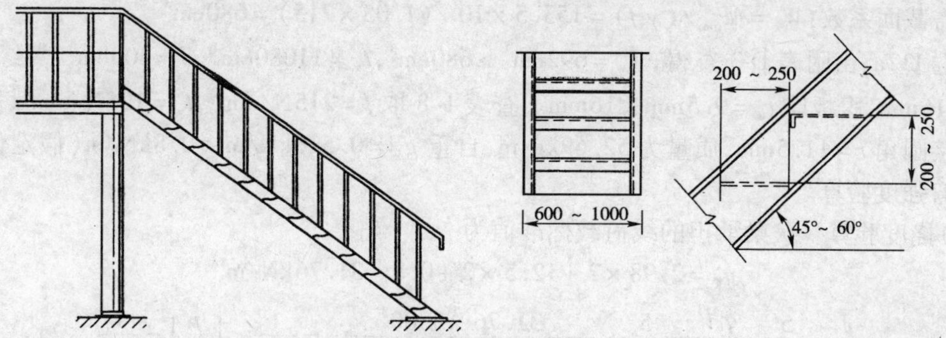

图 8-7　斜楼梯构造（尺寸单位：mm）

平台上的活动栏杆如图 8-8b）所示。

平台结构中的楼梯和栏杆设计直接影响人员的安全，栏杆和楼梯与平台的连接应采用焊接，连接要可靠，踏步要牢固。

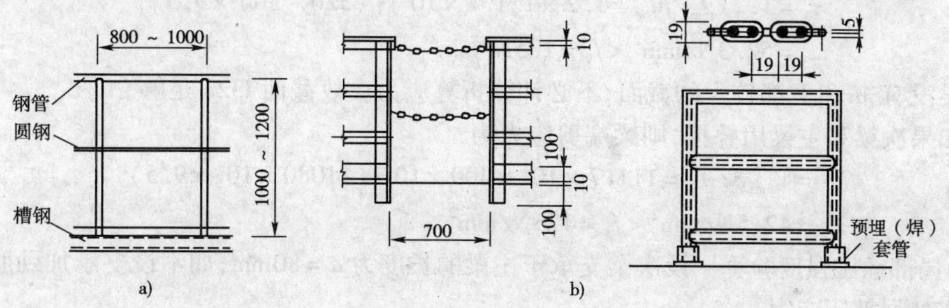

图 8-8　栏杆构造（尺寸单位：mm）

a）固定栏杆；b）活动栏杆

8.6　例　　题

例 8.1　某一标高为 5.5m 的工作平台梁格布置如图 8-9 所示。平台为预制钢筋混凝土板，厚度 100mm，上铺 20mm 厚素豆石混凝土。平台承受的工作静活载标准值为 $12.5kN/m^2$，钢材采用 Q235 的热轧普通工字钢。试选择次梁截面。

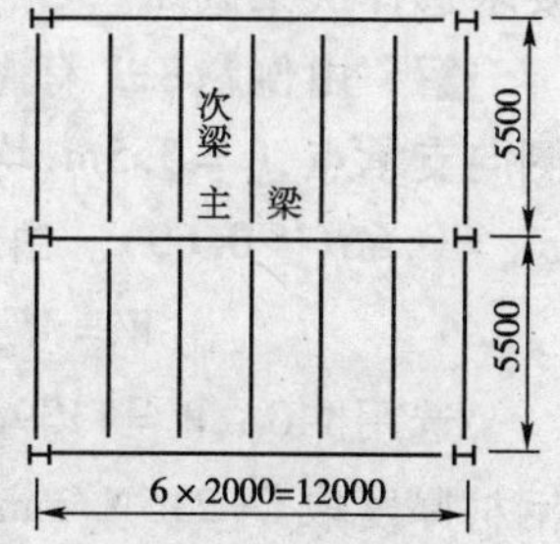

图 8-9　例 8.1 图

（尺寸单位：mm）

解　次梁上有面板焊接牢固，不必计算整体稳定；型钢梁不必计算局部稳定，故只需考虑强度和刚度。

（1）荷载计算　钢筋混凝土、素豆石混凝土的重度分别为 $25kN/m^3$ 和 $24kN/m^3$，平台板传来恒载标准值为：

$$25 \times 0.1 + 24 \times 0.02 = 2.98kN/m^2$$

次梁承受 2m 宽度范围内的平台荷载，设次梁自重为 0.8kN/m，则次梁承担的线荷载设计值为：

$$q = 2.98 \times 2 \times 1.2 + 12.5 \times 2 \times 1.3 + 0.8 \times 1.2 = 40.6kN/m$$

(2)截面选择及强度验算　次梁与主梁按铰接设计,次梁内力为

$$M_{max}=ql^2/8=40.6\times(5.5)^2/8=153.5\text{kN}\cdot\text{m}$$

$$V_{max}=ql/2=40.6\times5.5/2=111.7\text{kN}$$

所需截面系数:$W_x=M_{max}/(\gamma_x f)=153.5\times10^6/(1.05\times215)=680\text{cm}^3$

初选 I32a,由附表 D-3 查得,$W_x=692\text{cm}^3>680\text{cm}^3$,$I_x=11080\text{cm}^4$,$S=400\text{cm}^3$,翼缘厚 $t=15\text{mm}<16\text{mm}$,腹板厚 $t_w=9.5\text{mm}<16\text{mm}$。查表 1-8 取 $f=215\text{N/mm}^2$,$f_v=125\text{N/mm}^2$,腹板与翼缘交接圆角 $r=11.5\text{mm}$,质量为 52.69kg/m,自重 $g_1=0.516\text{kN/m}<0.8\text{kN/m}$(假定值),可不做抗弯强度验算。

(3)挠度验算　次梁承担的线荷载标准值为

$$q_k=2.98\times2+12.5\times2+0.8=31.76\text{kN/m}$$

$$\frac{v}{l}=\frac{5}{384}\cdot\frac{q_k l^3}{EI}=\frac{5}{384}\times\frac{31.76\times5500^3}{206\times10^3\times11080\times10^4}=\frac{1}{332}<\left[\frac{v}{l}\right]=\frac{1}{250}$$

(4)抗剪强度验算

①设次梁与主梁用等高连接,连接处次梁上部切肢 50mm,假设端部剪力由腹板承受,可近似地假定最大剪应力为腹板平均剪应力的 1.2 倍,即

$$\tau=1.2V_{max}/ht_w=1.2\times111.7\times10^3/[(320-50)\times9.5]$$

$$=52.3\text{N/mm}^2<f_v=125\text{N/mm}^2$$

本梁没有 M 和 V 都较大的截面,不必计算折算应力。故截面 I32a 足够。

②如果次梁和主梁用叠接,则梁端剪应力为

$$\tau=V_{max}S/It_w=111.7\times10^3\times400\times10^3/(11080\times10^4\times9.5)$$

$$=42.5\text{N/mm}^2<f_v=125\text{N/mm}^2$$

(5)局部承压强度验算　设次梁支承于主梁的长度为 $a=80\text{mm}$,如不设支承加劲肋,则应计算支座处局部压应力:

$$h_y=t+r=15+11.5=26.5\text{mm},\ l_z=a+5h_y=80+5\times26.5=212.5\text{mm}$$

$$\sigma_c=\psi V_{max}/t_w l_z=1.0\times111.7\times10^3/(9.5\times212.5)=55.3\text{N/mm}^2<f=215\text{N/mm}^2$$

支座处同时有 σ_c 和 τ 但都不大,而弯曲应力 $\sigma=0$,故按 σ_c 和 τ_1 的折算应力不再计算。截面 I32a 足够。

例 8.2　次梁的尺寸和荷载同例 8.1,但部分梁上无密铺焊牢的刚性面板,试按整体稳定要求选择次梁截面。

解　由例题 8.1 有 $M_{max}=153.5\text{kN}\cdot\text{m}$(次梁自重仍按原假定值)。原选 I32a,现按跨中无侧向支承点,$l_1=5.5\text{m}$,均布荷载作用在上翼缘,假定工字钢型号为 I22 ~ I40,则由表 5-2 查得 $\varphi'_b=0.66(>0.60)$。由式(5-11)得 $\varphi'_b=0.632$,故所需截面抵抗矩为:

$$W=M_{max}/(\varphi_b' f)=153.5\times10^6/(0.632\times215)=1129.7\text{cm}^3$$

选用 I40b,$W=1139\text{cm}^3>1129.7\text{cm}^3$(I40b 的腹板厚度 $t_w=12.5\text{mm}<16\text{mm}$)故按第 1 组钢材厚度取 $f=215\text{N/mm}^2$。用钢量为 73.84kg/m,比例 8.1 中的用钢量 52.69kg/m 增加 40%。

例 8.3　某普通钢屋架单跨简支檩条,跨度为 6m,檩条坡向间距为 0.798m,跨中设一道拉条。屋面水平投影面上,屋面材料自重标准值和屋面可变荷载标准值分别为 0.5kN/m^2 和 0.45kN/m^2,屋面坡度 $i=1/2.5$。材料用 Q235,檩条容许挠度 $[v]=l/150$,采用热轧普通槽钢檩条,试选用其截面。

解 参照已有资料，初选[10 热轧普通槽钢，查附表 D-4 得自重标准值为 0.098kN/m，$W_x = 39.7\text{cm}^3$，$W_y = 7.8\text{cm}^3$，$I_x = 198.3\text{cm}^4$。

屋面倾角（图 8-10）为 $$\alpha = \arctan\left(\frac{1}{2.5}\right) = 21.8°$$

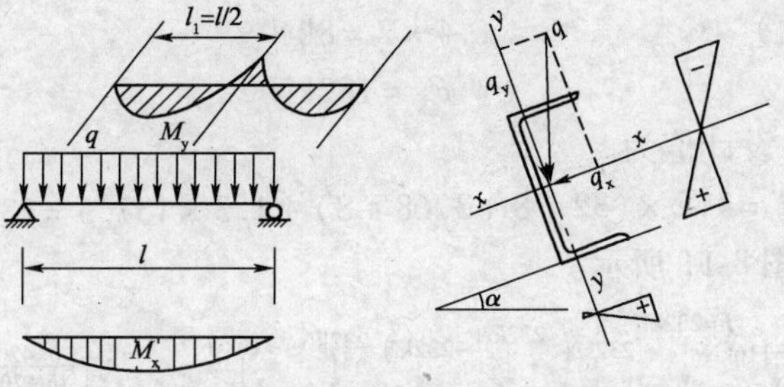

图 8-10 例 8.3 图

屋面自重 $$q_{Gk} = 0.5 \times 0.798\cos\alpha = 0.370\text{kN/m}$$

可变荷载 $$q_{Qk} = 0.45 \times 0.798\cos\alpha = 0.333\text{kN/m}$$

$$q = 1.2(0.370 + 0.098) + 1.4 \times 0.333 = 1.03\text{kN/m}$$

$$q_x = q\sin\alpha = 1.03\sin21.8° = 0.383\text{kN/m}$$

$$q_y = q\cos\alpha = 1.03\cos21.8° = 0.956\text{kN/m}$$

则由 q_y 和 q_x 引起的弯矩 M_x 和 M_y 分别为

$$M_x = q_y l^2/8 = 0.956 \times 6^2/8 = 4.3\text{kN} \cdot \text{m}（正弯矩）$$

$$M_y = q_x l_1^2/8 = 0.383 \times 3^2/8 = 0.43\text{kN} \cdot \text{m}（负弯矩）$$

因设置拉条，可不计算整体稳定。

（1）抗弯强度　由于跨中截面 M_x、M_y 都很大，故该截面上的 a 点应力最大，为拉应力。

$$\sigma_a = \frac{M_x}{\gamma_x W_{nx}} + \frac{M_y}{\gamma_y W_{ny}} = \frac{4.30 \times 10^6}{1.05 \times 39.7 \times 10^3} + \frac{0.43 \times 10^6}{1.20 \times 7.8 \times 10^3}$$

$$= 149.1\text{N/mm}^2 < f = 215\text{N/mm}^2$$

（2）刚度验算　屋面线荷载的标准值为

$$q_k = 0.37\text{kN/m} + 0.098\text{kN/m} + 0.333\text{kN/m} = 0.801\text{kN/m}$$

檩条在垂直于屋面方向的最大挠度为

$$v = \frac{5 \times 0.801\cos21.8° \times (6 \times 10^3)^4}{384 \times 2.06 \times 10^5 \times 198 \times 10^4} = 30.8\text{mm}$$

$$< [v] = \frac{1}{150}l = \frac{6000}{150} = 40\text{mm}$$

故采用[10 槽钢檩条满足要求。

例 8.4　试设计例题 8.1（图 8-9）中的主梁，采用改变翼缘宽度一次的焊接工字形截面梁，钢材为 Q235 钢，焊条用 E43 型。主次梁等高连接，平台面标高 5.5m（室内地坪算起），平台下要求净空高度 3.5m。

解　1）荷载和内力计算

次梁跨度 5.5m，截面 I32a，由附表 D-3 知，其质量为 52.7kg/m，考虑构造系数 1.3，自重取 0.67kN/m；平台板传来恒载标准值为 2.98kN/m²，主梁自重（估计值）为 4kN/m。主梁承受次梁传来的集中荷载（静力荷载），并将主梁自重折算计入，总计为：

标准值：

平台板恒荷载　　　　　　$2.98 \times 5.5 \times 2 = 32.78\text{kN}$

平台活荷载　　　　　　$12.5 \times 2 \times 5.5 = 137.5\text{kN}$

次梁自重(I32a)　　　　　$0.67 \times 5.5 = 3.68\text{kN}$

主梁自重(估计值)　　　　$4 \times 2 = 8\text{kN}$

合计　　　　　　　　　$F_k = 182\text{kN}$

考虑分项系数后，设计值为

$$F = 1.2 \times (32.78 + 3.68 + 8) + 1.3 \times 137.5 = 232\text{kN}$$

弯矩和内力图如图 8-11 所示。

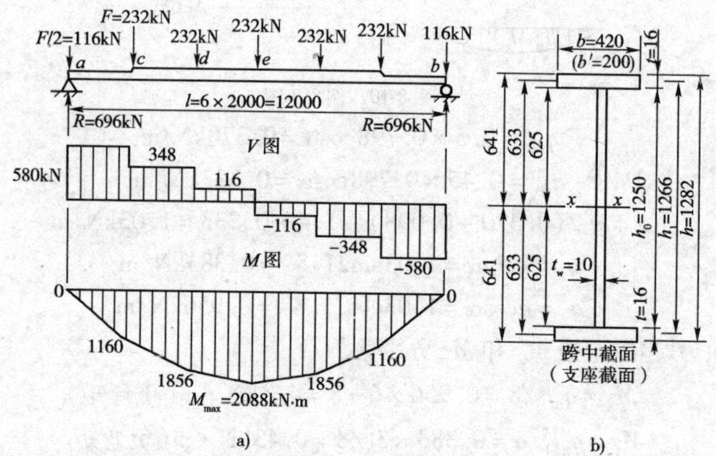

图 8-11　例 8-4 图(尺寸单位：mm)

$$M_{max} = 232 \times \left(2 + 4 + \frac{6}{2}\right) = 2088\text{kN} \cdot \text{m}$$

$$R = 232 \times 3 = 696\text{kN}, V_{max} = 116 - 696 = -580\text{kN}$$

2)截面选择

(1)梁高 h(腹板高度 h_0)

①建筑容许最大梁高 h_{max}。平台面高程为 5.5m，平台下要求净空高度 3.5m，平台面板和屋面厚 120mm(图 8-9)考虑制造和安装误差留 100mm，梁挠度和梁下可能突出物和空隙留 250mm，得：

$$h_{max} = 5500 - 3500 - 120 - 100 - 250 = 1530\text{mm}$$

②刚度要求最小梁高 h_{min}。主梁容许挠度$[v/l] = 1/400$，Q235 钢(翼缘厚度 $t > 16\text{mm}$)$f = 200\text{N/mm}^2$；按式(5-44)，考虑变截面影响增加 5%，得

$$h_{min} = \frac{1.05}{1.25 \times 10^6} \frac{f}{[v/l]} l = \frac{1.05}{1.25 \times 10^6} \times 200 \times 400 \times 12000 = 823\text{mm}$$

③经济梁高。

$$W_T = M/\alpha f = 2088 \times 10^6 / (1.05 \times 200) = 9.94 \times 10^6 \text{mm}^3$$

$$h_e = 7\sqrt[3]{W_T} - 300 = 7\sqrt[3]{9.94 \times 10^6} - 300 = 1205\text{mm}$$

采用腹板高 $h_0 = 1250\text{mm}$

(2)腹板厚度 t_w

①经验厚度

$$t_w = \sqrt{h_0}/3.5 = \sqrt{1250}/3.5 = 10.1\text{mm}$$

②抗剪要求最小厚度

$$t_{wmin} \approx 1.2V_{max}/h_0 f_v = 1.2 \times 580 \times 10^3/(1250 \times 125) = 4.45\text{mm}$$

采用腹板厚度 $t_w = 10\text{mm}$。

(3)翼缘尺寸

$$bt = W_T/h_0 - h_0 t_w/6 = 9.94 \times 10^6/1250 - 1250 \times 10/6 = 5869\text{mm}^2$$

通常翼缘宽度 $b = (1/6 \sim 1/2.5)h_0 = 242 \sim 580\text{mm}$。不必计算整体稳定的要求为:受压上翼缘自由长度(次梁间距)$l_1 = 2000\text{mm}$,跨中有侧向支撑点,要求 $b \geqslant l_1/16 = 125\text{mm}$。构造及放置面板要求 $b \geqslant 180\text{mm}$,放置加劲肋要求 $b \geqslant 90 + 0.07h_0 = 177.5\text{mm}$。翼缘局部稳定要求 $b \geqslant 26t$,综合以上要求,采用 $bt = 420 \times 16 = 6720\text{mm}^2 > 5869\text{mm}^2$,梁截面如图 8-11b 所示。

3)中央截面验算

$$I_x = [bh^3 - (b - t_w)h_0^3]/12 = (420 \times 1282^3 - 410 \times 1250^3)/12 = 7 \times 10^9\text{mm}^4$$

$$W_x = I_x/(h/2) = 10.92 \times 10^6\text{mm}^3$$

$$S_1 = bt/(h_1/2) = 4.25 \times 10^6\text{mm}^3$$

(1)中央截面抗弯强度验算

$$\sigma = M_{max}/(\gamma_x W_x) = 2088 \times 10^6/(1.05 \times 10.92 \times 10^6) = 114\text{N/mm}^2 < f = 200\text{N/mm}^2$$

(2)中央截面折算应力(腹板端部)计算

$$\sigma_1 = M_{max}(h_0/2)/I_x = 2088 \times 10^6 \times 625/(7 \times 10^9) = 186.4\text{N/mm}^2$$

$$\tau_1 = VS_1/(I_x t_w) = 116 \times 10^3 \times 4.25 \times 10^6/(7 \times 10^9 \times 10) = 7.04\text{N/mm}^2$$

$$\sigma_{1eq} = \sqrt{\sigma_1^2 + 3\tau_1^2} = \sqrt{186.4^2 + 3 \times 7.04^2} = 186.7\text{N/mm}^2$$

中段梁自重校核:梁截面 $A = 2 \times 420 \times 16 + 1250 \times 10 = 25940\text{mm}^2$,折合质量 203.78kg/m,重力 2kN/m。考虑构造系数 1.3,梁自重为 2.6kN/m < 4kN/m(前面估算值)。

梁的整体稳定不必计算。剪应力、折算应力和挠度在变截面设计后进行。

4)变截面设计

(1)变截面位置和端部截面尺寸

梁在左右半跨内各改变截面一次,即缩小上下翼缘的宽度。经济变截面点为离支座 $x = l/6 = 2.0\text{m}$,该处 $M' = 1160\text{kN} \cdot \text{m}$,$V' = 580\text{kN}$(图 8-11)变截面后所需翼缘宽度:

$$W'_x = M'/(\gamma_x f) = 1160 \times 10^6/(1.05 \times 200) = 5.524 \times 10^6\text{mm}^3$$

$$b't = (W'_x h - t_w h_0^3/6)/h_1^2 = (5.524 \times 10^6 \times 1282 - 10 \times 1250^3/6)/1266^2 = 2387\text{mm}^2$$

厚度 $t = 16\text{mm}$ 不变,采用 $b' = 200\text{mm}$ 仍能满足翼缘尺寸所列各项要求。减小后的端部截面如图 8-11(括号内数字)所示。

(2)变截面后强度验算

$$I'_x = [b'h^3 - (b' - t_w)h_0^3]/12 = (200 \times 1282^3 - 190 \times 1250^3)/12 = 4.192 \times 10^9\text{mm}^4$$

$$W'_x = I'_x/(h/2) = 4.192 \times 10^9/641 = 6.519 \times 10^6\text{mm}^3$$

$$S'_1 = b't(h_1/2) = 200 \times 16 \times 633 = 2.02 \times 10^6\text{mm}^3$$

$$S' = S'_1 + t_w h_0^2/8 = 2.02 \times 10^6 + 10 \times 1250^2/8 = 3.973 \times 10^6\text{mm}^3$$

①变截面处抗弯强度验算

$$\sigma' = M'/(\gamma_x W'_x) = 1160 \times 10^6/(1.05 \times 6.519 \times 10^6) = 169.5\text{N/mm}^2 < f = 200\text{N/mm}^2$$

②变截面处折算应力(腹板端部)验算

$$\sigma'_1 = M'(h_0/2)I'_x = 1160\times10^6\times625/(4.192\times10^9) = 173\text{N/mm}^2$$

$$\tau'_1 = V'S'_1/(I'_x t_w) = 580\times10^3\times2.02\times10^6/(4.192\times10^9\times10) = 27.9\text{N/mm}^2$$

$$\sigma'_{1eq} = \sqrt{\sigma_1'^2 + 3\tau_1'^2} = \sqrt{173^2 + 3\times27.9^2} = 179.6\text{N/mm}^2 < 1.1f$$
$$= 1.1\times215 = 236.5\text{N/mm}^2$$

③支座处最大剪应力验算

$$\tau'_{max} = V_{max}S'/(I'_x t_w) = 580\times10^3\times3.973\times10^6/(4.192\times10^9\times10)$$
$$= 54.97\text{N/mm}^2 < f_v = 125\text{N/mm}^2$$

(3)最大挠度验算

跨度中点挠度按式(5-12)计算,跨中有5个等间距($l_1 = 2\text{m}$)相等集中荷载 $F_k = 182\text{kN}$,近似折算成均布荷载 $q_k = F_k/l_1 = 182/2 = 91\text{kN/m}$;变截面位置 $\alpha = a/l = 2/12 = 1/6$。最大相对挠度为

$$\frac{v}{l} = \frac{5}{384}\frac{q_k l^3}{EI_x}\left[1 + 3.2\left(\frac{I_x}{I'_x} - 1\right)\alpha^3(4 - 3\alpha)\right]$$

$$= \frac{5}{384}\times\frac{91\times12000^3}{206\times10^3\times7\times10^9}\left[1 + 3.2\times\left(\frac{7\times10^9}{4.192\times10^9} - 1\right)\times\left(\frac{1}{6}\right)^3\times\left(4 - 3\times\frac{1}{6}\right)\right]$$

$$= \frac{1}{704}\times1.0347 = \frac{1}{680} < \left[\frac{v}{l}\right] = \frac{1}{400}$$

5)翼缘焊缝计算

(1)支座处

$$h'_f = \frac{1}{1.4f_f^w}\frac{V_{max}S'_1}{I'_x} = \frac{1}{1.4\times160}\times\frac{580\times10^3\times2.02\times10^6}{4.192\times10^9} = 1.25\text{mm}$$

(2)变截面处(稍偏跨中)

$$h_f = \frac{1}{1.4f_f^w}\frac{V_{max}S_1}{I_x} = \frac{1}{1.4\times160}\times\frac{348\times10^3\times4.25\times10^6}{7\times10^9} = 0.94\text{mm}$$

按构造 $h_{fmin} = 1.5\sqrt{t_{max}} = 1.5\sqrt{16} = 6\text{mm}$;现采用 $h_f = 8\text{mm}$

6)主梁构造图(图8-12)

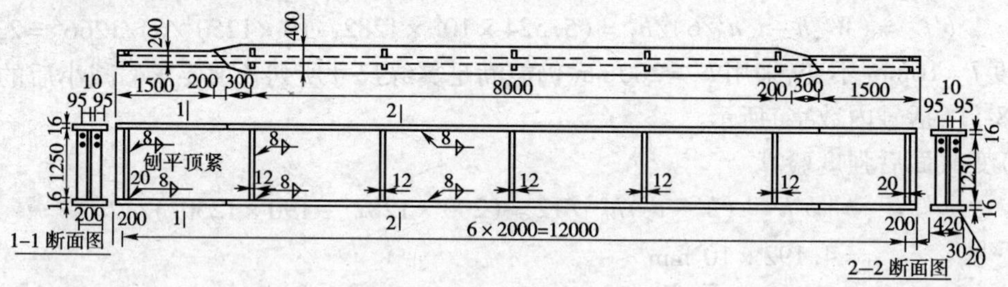

图8-12 例8.4主梁构造图(尺寸单位:mm)

复习思考题

8-1 平台钢结构主要由哪几部分组成,其受力和结构特点是什么?

8-2 平台梁格布置有哪几种形式？梁有哪几种类型？

8-3 试述组合梁的设计步骤。

8-4 何谓梁的最大高度 h_{max}、梁的经济高度 h_s、梁的最小高度 h_{min}？应如何确定梁的高度？

8-5 平台钢结构次梁和主梁的连接主要有哪几种形式，其特点是什么？

8-6 简述实腹柱的截面形式及特点，其设计步骤是什么？

8-7 简述格构柱的截面形式及特点，其设计步骤是什么？

8-8 平台钢结构常见的柱头构造形式有哪些？其特点是什么？

8-9 平台钢结构常见的柱脚构造形式有哪些？如何进行设计？

8-10 一钢结构平台次梁为两端简支型钢梁，截面形式为工字钢，按下列已知条件选择截面，并进行强度、刚度及整体稳定验算。已知：简支梁跨度 $l=5\text{m}$，梁上作用均布荷载，其中永久荷载为3kN/m，分项系数1.2，活荷载为10kN/m，分项系数为1.3。材料为Q235，允许挠度为 $l/250$。

8-11 一钢结构平台主梁为两端简支组合工字形截面梁，荷载形式如图8-13所示，梁材料选用Q345，$l=18\text{m}$，均布荷载设计值 $q=10\text{kN/m}$，集中荷载设计值 $F=350\text{kN}$，梁上有4个侧向支承点在集中荷载作用下，梁允许挠度为 $l/400$。设计梁截面，并进行梁强度、刚度、整体稳定、局部稳定验算。

8-12 一钢结构平台的梁格布置如图8-14所示。铺板为预制钢筋混凝土板，焊接于次梁上。平台永久荷载（包括铺板重量）为 6kN/m^2，分项系数为1.2，活荷载为 18kN/m^2，分项系数为1.3。钢材为Q235，用E43焊条，手工焊。要求：

(1)选择次梁截面；

(2)选择主梁（焊接组合梁）截面，设计梁沿长度的改变，计算翼缘焊缝，设计加劲肋。

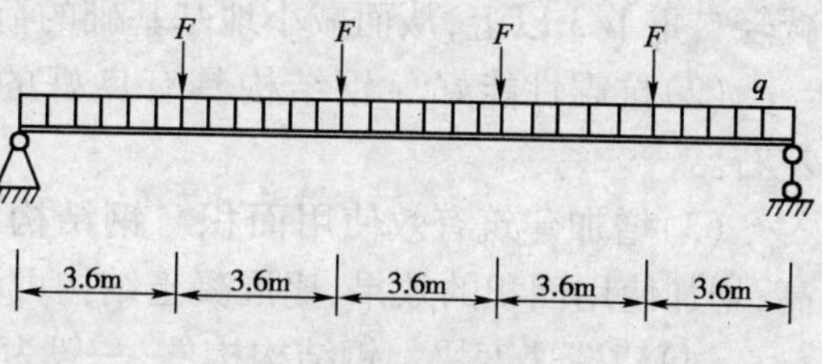

图8-13 题8-11图

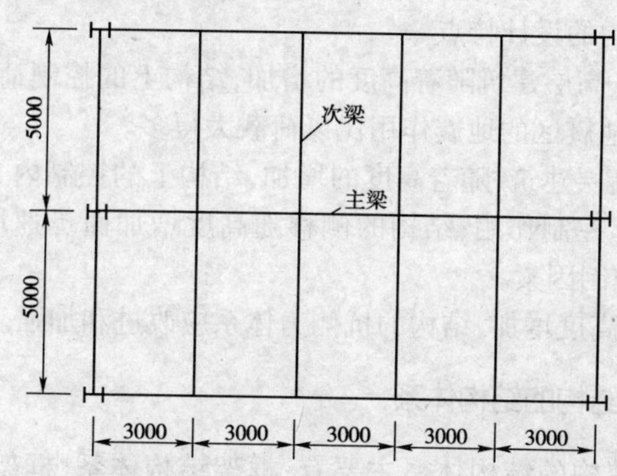

图8-14 题8-12图（尺寸单位：mm）

第9章　多层与高层建筑钢结构设计

9.1　概　　述

多、高层建筑钢结构已有200多年的发展历史。钢结构在多、高层建筑中应用广泛，在全世界已建成的高层建筑中，77层以上的建筑全部采用钢结构；34层以上的建筑中，85%采用钢结构。世界上最高的建筑均为钢结构。我国现代多、高层建筑钢结构近年来得到迅速发展。

9.1.1　多、高层建筑钢结构的特点

1. 多、高层建筑钢结构的特点

(1)自重轻　钢材材质均匀，强度高，因而结构构件截面小、自重轻，比钢筋混凝土结构可减轻自重1/3以上，从而减小地基基础的荷载和运输、吊装的费用。

(2)抗震性能好　钢结构具有良好的延性和韧性，一般情况下，地震作用可减少40%左右。

(3)增加建筑有效使用面积　钢结构构件截面小，可减结构占用空间面积，达到降低层高，增加使用面积的效果，比混凝土结构可增加建筑使用面积3%～4%。

(4)建造速度快　钢结构构件，一般为工厂制作，现场安装，实施立体交叉作业，加快施工进度，比一般建设工期可缩短约1/4～1/3。

(5)防火性能差　钢构件表面应做专门的防火涂料防护层。

2. 多、高层建筑钢结构的设计特点

(1)荷载的特点　多、高层建筑随着高度的增加，结构上的控制荷载由竖向荷载变为水平荷载；地震区的地震作用比风荷载大得多。

(2)内力特点　多、高层建筑，随着高度的增加，结构上的控制内力，由轴力起控制作用到弯矩起控制作用；结构的侧移随高度增加而迅速增加，故结构侧移成为重要的控制因素。

(3)结构特点　随着高度增加，结构的抗侧力体系应改进和加强。

9.1.2　高层建筑钢结构的结构体系

常用的高层建筑钢结构的结构体系主要有：框架结构体系、框架—剪力墙结构体系、框架—支撑结构体系、框架—核心筒结构体系及筒体体系。

1. 框架结构体系

纯框架结构一般适用于层数≤30的高层钢结构(图9-1)。

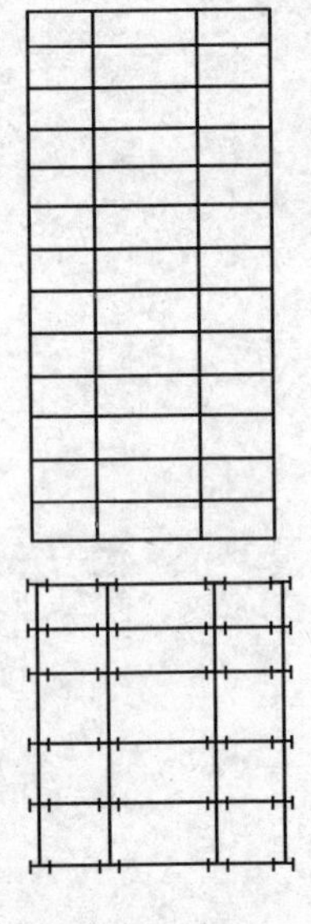

图9-1　框架结构

框架结构的平面布置灵活，可为建筑提供较大的室内空间，且结构各部分刚度比较均匀。框架结构有较大延性，自振周期较长，因而对地震作用不敏感，抗震性能好。但框架结构的侧向刚度小，由于侧向位移大，易引起非结构构件的破

坏。地震区的框架结构不宜超过8层。

2. 框架—剪力墙结构体系

在框架结构中布置一定数量的剪力墙可以组成框架—剪力墙结构体系,图9-2这种结构以剪力墙作为抗侧力结构,既具有框架结构平面布置灵活、使用方便的特点,又有较大的刚度,可用于40~60层的高层钢结构。

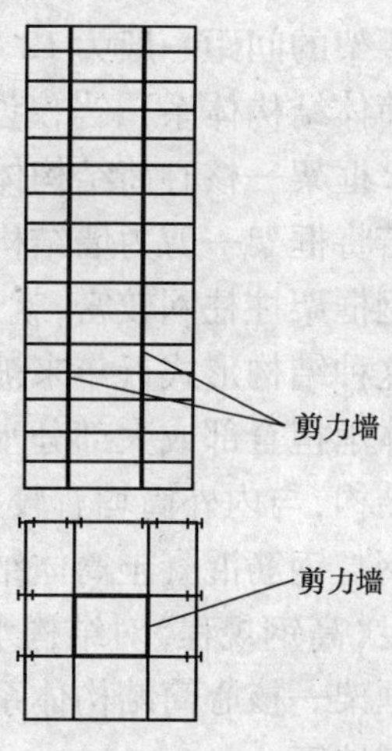

图9-2　框架—剪力墙结构

剪力墙按其材料和结构的形式可分为钢筋混凝土剪力墙、钢筋混凝土带缝剪力墙和钢板剪力墙等。

钢筋混凝土剪力墙刚度较大,地震时易发生应力集中,导致墙体产生斜向大裂缝而脆性破坏。为避免这种现象,可采用带缝剪力墙,即在钢筋混凝土墙体中按一定间距设置竖缝(图9-3)。这样墙体成了许多并列的壁柱,在风载和小震下处于弹性阶段,可确保结构的使用功能。在强震时进入塑性阶段,能吸收大量地震能量,而各壁柱继续保持其承载能力,以防止建筑物倒塌。

钢板剪力墙是以钢板做成剪力墙结构,钢板厚约8~10mm,与钢框架组合,起到刚性构件的作用。在水平刚度相同的条件下,框架—钢板剪力墙结构的耗钢量比纯框架结构要省。

3. 框架—支撑结构体系

框架—支撑结构体系由沿竖向或横向布置的支撑桁架结构和框架构成,是高层建筑钢结构中应用最多的一种结构体系,一般适用于40~60层的高层建筑。它的特点是框架与支撑系统协同工作,竖向支撑桁架起剪力墙的作用,承担大部分水平剪力。罕遇地震中若支撑系统破坏,尚可通过内力重分布由框架承担水平力,即所谓两道抗震设防。

支撑应沿房屋的两个方向布置,狭长形截面的建筑也可布置在短边。设计时可根据建筑物高度及水平力作用情况调整支撑的数量、刚度及形式。

支撑一般沿同一竖向柱距内连续布置(图9-4a)。这种布置方式层间刚度变化较均匀,适合地震区。当不考虑抗震时,若立面布置需要,亦可交错布置(图9-4b)。在高度较大的建筑中,若支撑桁架的高宽比太大,为增加支撑桁架的宽度,亦可布置在几个跨间(图9-4c)。

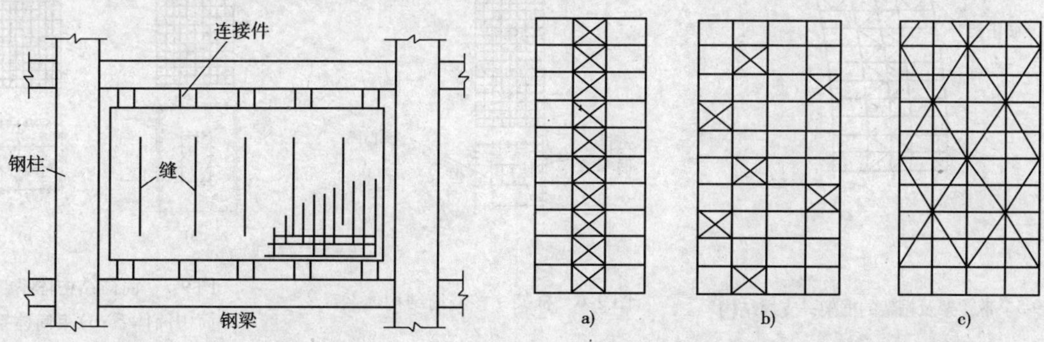

图9-3　钢筋混凝土带缝剪力墙

图9-4　竖向支撑的布置
a)连续布置;b)交错布置;c)多跨布置

当竖向支撑桁架设置在建筑中部时,外围柱一般不参加抵抗水平力。同时,若竖向支撑的高宽比过大,在水平力作用下,支撑顶部将产生很大的水平变位。此时可在建筑的顶层设置帽桁架(图9-5),必要时还可在中间某层设置腰桁架。帽桁架和腰桁架使外围柱与核心抗剪结构共同工作，可有效减小结构的侧向变位，刚度也有很大提高。

腰架的间距一般为 12 ~ 15 层，腰架越密整个结构的筒体作用越强（这种结构通常被称为部分筒体结构体系），当仅设一道腰架时，最佳位置是在离建筑顶端 0.455H 高度处。

4. 框架—核心筒结构体系

若将框架—剪力墙结构体系中的剪力墙结构设置于内筒的四周形成封闭的核心筒体，而外围钢框架柱柱网较密，就形成了框架—核心筒体系（图 9-6）。

这种结构形式近年来被大量采用，中心筒体既可采用钢结构亦可采用钢筋混凝土结构，核心筒体承担全部或大部分水平力及扭转力。楼面多采用钢梁、压型钢板与现浇混凝土组成的组合结构，与内外筒均有较好的连接，水平荷载将通过刚性楼面传递到核心筒。

钢与钢筋混凝土筒体结构的水平刚度取决于核心筒的高宽比。核心筒的高宽比太大将很难满足《高钢规程》对结构水平位移的限制值。

框架—核心筒结构体系由于内筒平面尺寸较小，侧向刚度有限，因而对抗震不利，不宜用于强震地区。

5. 筒体结构体系

筒体结构是超高层建筑中受力性能较好的结构体系，适用于 90 层左右的高层钢结构建筑。筒体结构由内外两个筒体，即筒中筒体系（图 9-7a）或多个筒体结构，即束筒体系（图 9-7b）组合而成，共同抵抗水平力，具有很好的空间整体作用。

筒体结构亦可设置帽架与腰架加强筒体间的连接，以增强结构的整体性。

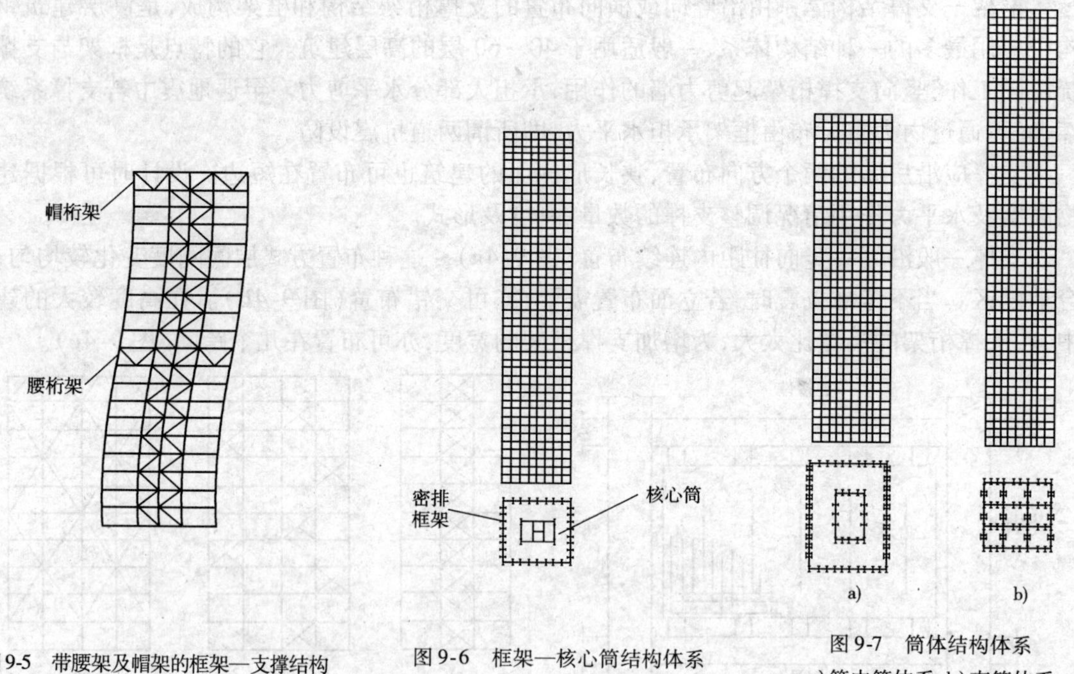

图 9-5 带腰架及帽架的框架—支撑结构

图 9-6 框架—核心筒结构体系

图 9-7 筒体结构体系
a）筒中筒体系；b）束筒体系

9.1.3 多、高层建筑钢结构的布置

多、高层建筑在确定结构形式和结构体系后，即可进行结构布置。结构布置应配合建筑设计进行，满足建筑功能要求，并且应尽力做到受力合理、施工方便、造价经济。

1. 高层建筑总体布置的要求

高层建筑结构的总体布置要求，应做到以下几点。

（1）满足建筑使用要求　建筑的开间、进深、层高、层数及使用功能应得到保证，做到适用性。

（2）满足抗震设计原则　应做到“小震不裂、中震可修、大震不倒”的可靠性原则。

（3）努力做到有利于建筑工程设计和施工的要求　力求减少开间、进深，尽量统一柱网和层高尺寸，重复使用标准层，减少转换层，减少构件的种类和规格，以达到经济合理性的要求。

2. 高层建筑结构布置的原则

高层建筑结构布置应遵循以下原则：

（1）结构平面形状和立面体型应尽可能简单、规则，使各部分刚度均匀对称，减少结构产生扭转的可能性。塔式楼平面的有利形式为○、Y、#、△；板式楼的平面形式为□字形，长宽比和突出部位宜满足图 9-8 及表 9-1 限值，使建筑的刚度中心和质量中心接近，如图 9-9 所示。

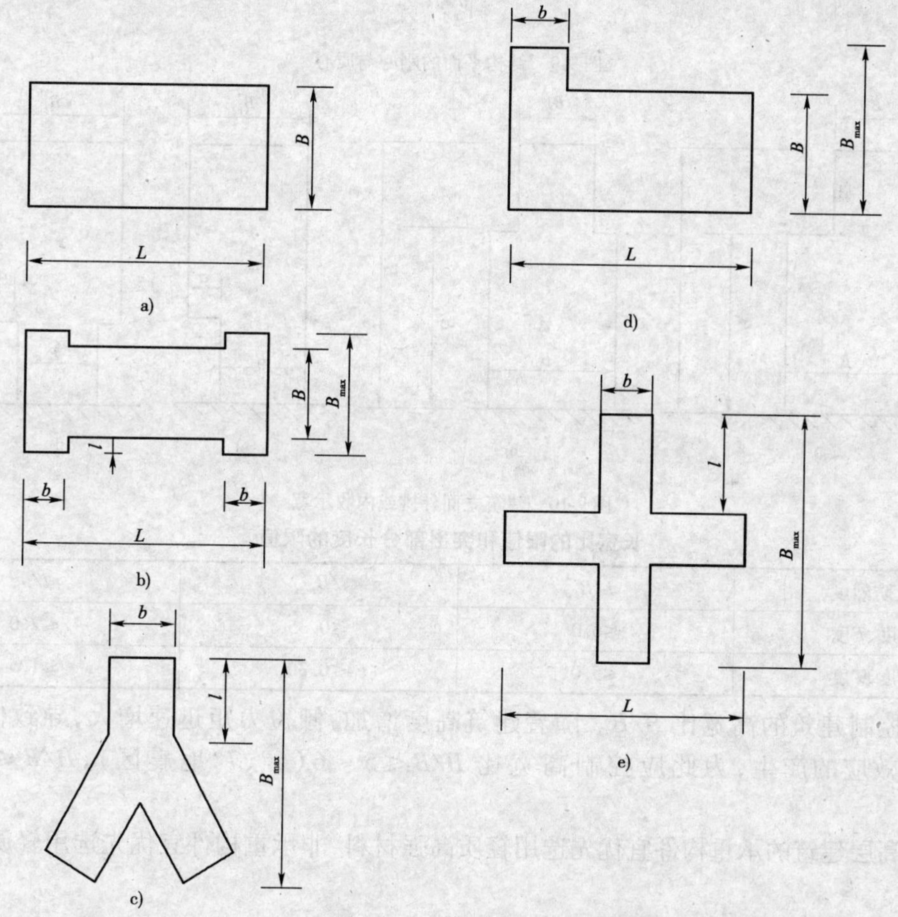

图 9-8　有突出部分的建筑平面

（2）房屋建筑的竖向结构布置，应力求刚度均匀连续，避免错层、夹层、截面明显减小或突然取消，各层刚度中心尽量同位，如图 9-10 所示。

当立面收进后的尺寸 B_1 与建筑宽度 B 的比值 $B_1/B \geq 0.75$，且楼层刚度不小于上层刚度的 70%，或连续三层刚度逐渐降低，且不小于降低前刚度的 50% 时，认为竖向结构布置较规则。

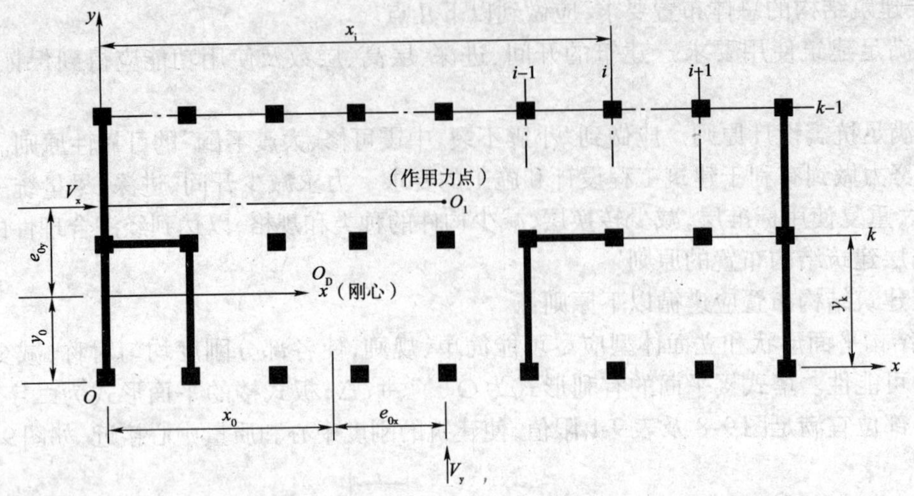

图 9-9　结构平面的刚心与质心

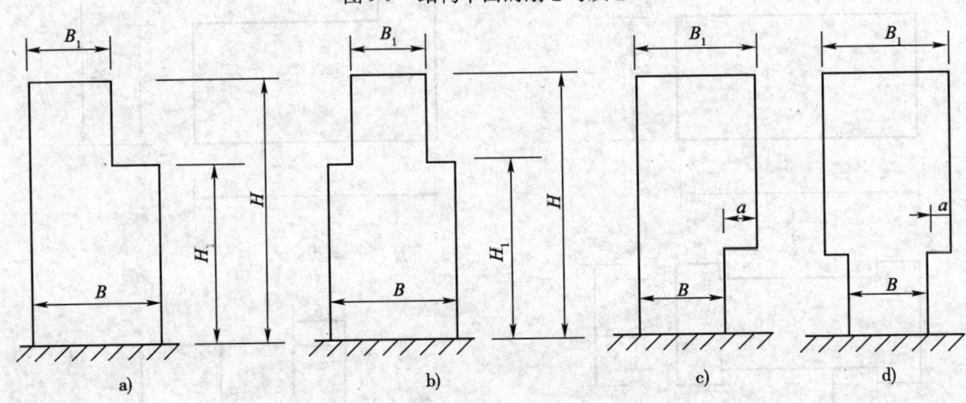

图 9-10　建筑立面外挑或内收示意

长宽比的限值和突出部分长度的限值　　表 9-1

设防烈度	L/B	l/B_{max}	l/b
6 度、7 度	≤6.0	≤0.35	≤2.0
8 度、9 度	≤5.0	≤0.30	≤1.5

(3)控制建筑的高宽比 H/B。随着建筑高度增加，倾覆力矩迅速增大，导致侧移增加和 $P—\Delta$ 效应的产生，为此应控制高宽比 $H/B \leqslant 5 \sim 6$（6°、7°地震区），$H/B \leqslant 4$（8°地震区）。

(4)高层建筑的承重构件宜优先选用轻质高强材料，非承重构件宜优先选用轻质材料，以减轻自重。

(5)防震缝、温度缝和沉降缝的设置。

①防震缝的设置。对平面复杂，结构不对称或刚度、高度、重量相差悬殊的建筑，在其薄弱部位应设置防震缝，将建筑划分为若干简单、规整的独立抗震单元；同时，要加强各部分的连接，加强建筑的整体性。抗震缝处为防止两侧各独立单元的碰撞应有一定宽度的缝隙。

②沉降缝的设置。当上部结构质量相差悬殊，高度差别很大或土质相不均匀时，可能引起地基不均匀沉降，造成上部结构开裂，为避免结构的破坏，可设置沉降缝。

当有下列情况时，可考虑不设沉降缝：

当压缩性较小的土层不深时，利用天然地基，做成整体基础，可不设置沉降缝；

当地基土质较好或压缩层可在较短时间内完成沉降时，可做成整体基础，设置后浇带，即在高、低层相交处分开，完成沉降后再浇注混凝土形成整体。

当裙房面积不大时，可以从主体结构箱形基础上悬挑出基础梁作为裙房基础。

③温度伸缩缝的设置。建筑物的总长应控制在最大伸缩缝间距内。塔楼可不设缝。当建筑物的总长超过限制时，应设缝分割为若干区段。当采取下列措施时，可以不设温度伸缩缝：

在受力较小部位设置后浇带；在屋顶上采用有效的保温隔热措施；在温度应力较大处或敏感部位增加构造钢筋；最小配筋率 $\rho_{s,min}=0.30\%$。

9.2 多、高层建筑钢结构的设计方法

9.2.1 结构设计的原则规定

(1)多层和高层建筑钢结构的分析，分弹性设计和塑性设计两类。弹性设计是把结构工作状态仅局限在理想弹性范围内进行内力和变形分析；塑性设计是指考虑结构在弹—塑性工作状态时的结构分析。前者用于一般有抗震设防要求的结构；后者用于罕遇地震作用下的结构分析。

(2)多层和高层建筑钢结构的分析方法，从结构的几何关系考虑可分为一阶理论和二阶理论两种。一阶理论是指结构受力后，在考虑内力和外力平衡时，忽略结构变形对几何关系的影响；二阶理论则将结构变形对其几何关系的影响考虑在力的平衡方程中。多层与高层建筑钢结构一般应按二阶理论进行结构分析。

(3)多、高层建筑钢结构楼盖，通常采用钢与混凝土组合楼盖，并假定楼盖在自身平面内为绝对刚性。设计中应采取加设板梁抗剪件，或非刚性楼面加现浇混凝土叠合层等措施加以保证。

(4)多、高层建筑钢结构计算模型的选择，一般可采用平面抗侧力结构空间协调计算模型；对筒体结构或无法划分为平面抗侧力单元的不规则或复杂的结构，应采用空间结构计算模型。

(5)多、高层建筑钢结构的结构分析的手段，一般应借助电子计算机完成，但在初步设计阶段，可参考有关资料和计算手册用手算方法进行。这些手算近似计算方法，常用的有分层法、D 值法、空间协调工作分析、等效角柱法和等效截面法等。

(6)多、高层建筑钢结构的内力和位移分析时，应考虑梁、柱的弯曲变形、柱的轴向变形和梁、柱的剪切变形，梁的轴向变形视具体情况确定。

9.2.2 多、高层钢结构分析方法

1. 一阶分析法

一阶分析法，也称矩阵位移法，即用矩阵位移法求解框架的内力和位移。以节点位移为基本参数，首先写出杆单元(梁或柱)的单元刚度矩阵 $[k]^e$，经过转置考虑整体坐标，集合成整体刚度矩阵 $[k]$，随后写出满足变形和受力条件的平衡方程：$\{F\}=[k]\{\Delta\}$，再引入支承条件，解

出节点位移,求出杆端内力。用矩阵位移法求解平面框架或空间框架的梁、柱内力可用计算机完成,也可用近似方法手算完成。

使用机算或手算求出框架梁柱的内力和变形,再用本书前述有关章节的计算公式确定梁、柱的截面。

2. 二阶分析法

(1)二阶理论的概念　一竖向悬臂杆,在其顶端作用一竖向力 P 和水平剪切力 V_o,如图9-11a)所示。

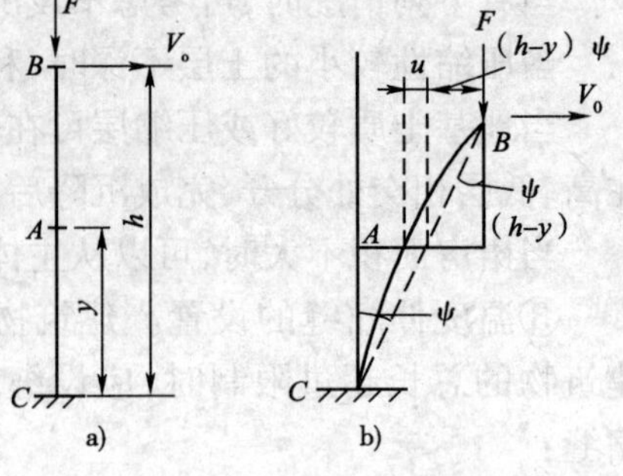

图 9-11　悬臂杆受力分析

按一阶理论分析,截面 A 的弯矩为:

$$M_A^{\mathrm{I}} = V_o(h-y) \tag{9-1}$$

按二阶理论分析,杆件变形后,如图 9-11b)所示。

$$\begin{aligned} M_A^{\mathrm{II}} &= V_o(h-y) + P[(h-y)\psi + u] \\ &= V_o(h-y) + P(h-y)\psi + Pu \end{aligned} \tag{9-2}$$

$P-\Delta$效应　梁－柱效应

一阶理论　二阶效应

二阶理论

忽略梁—柱效应,则可得二阶理论近似值为

$$M_A^{\mathrm{II}} = (V_o + P\psi)(h-y) \tag{9-3}$$

令 $P\psi = V_1$,则 $V = (V_o + V_1)$,可得

$$M_A^{\mathrm{II}} = V(h-y) \tag{9-4}$$

二阶理论可近似按一阶理论计算。当较大轴力和较小侧移刚度时,二阶效应甚至会超过一阶内力。

(2)有支撑框架的分析　框架支撑刚度较大时,可忽略层间侧移,设计柱时,仅按一阶弯矩和轴力计算;设计支撑杆件必须考虑 $P—\Delta$ 效应,按式(9-3)计算。

(3)无支撑框架分析　多层与高层建筑钢结构无支撑框架的分析方法比较复杂,常用的分析方法有:以柱的计算长度概念为基础的弹性设计,考虑 $P—\Delta$ 效应的弹性设计,按二阶理论分析等方法,可参考有关文献详细了解。

9.2.3　多、高层钢框架结构的设计内容和步骤

1. 准备设计资料

(1)工程性质及建筑物安全等级。

(2)荷载和作用。

①恒荷载标准值及其分布。

②活荷载标准值及其分布。

③基本风压及地面粗糙度类型。

④地震设防烈度。

⑤环境温度变化状况。

⑥基本雪荷载。

(3)地质条件。

2. 确定结构平面布置

3. 确定支撑体系的布置

4. 确定框架梁、柱截面形式并初估截面尺寸

(1)框架梁的截面尺寸　估算梁的截面高度应考虑建筑高度、刚度条件和经济条件。确定梁的翼缘、腹板尺寸应考虑局部稳定、经济条件和连接构造等因素。

(2)框架柱的截面尺寸　柱的截面尺寸可由一根柱所承受的轴力乘以1.2倍,按轴心受压估算所需柱截面尺寸。

5. 框架梁、柱线刚度计算及梁、柱计算长度的确定

6. 荷载计算

(1)恒荷载。

(2)活荷载。

(3)风荷载。

(4)地震作用。

(5)温度作用。

(6)施工荷载。

注意:对楼层数较多、竖向荷载较大的结构,应考虑竖向构件在竖向静载作用下发生弹性压缩变形对结构所产生的不利作用。

7. 风荷载作用下的水平侧移验算

结构在风荷载作用下,顶点质心位置的侧移不宜超过建筑高度的1/500,各楼层质心位置的层间侧移不宜超过楼层高度的1/400。

8. 荷载作用下的框架内力分析(可采用任一适用的结构力学方法)

(1)恒载作用下的框架内力分析(建议采用弯矩分配法)

$$恒载设计值 = 1.2 \times 恒载标准值$$

(2)活荷载作用下的框架内力分析(建议采用分层法)

$$活荷载设计值 = 1.4 \times 活荷载标准值$$

为便于内力组合,可将活荷载分跨布置进行计算。因非上人屋面活荷载一般较小,可不考虑活荷载的最不利布置,将活荷载在屋面满跨布置。

(3)风荷载作用下的框架内力(建议采用D值法)

$$风荷载设计值 = 1.4 \times 风荷载标准值$$

对非对称框架,应分别计算左风和右风作用下的结构内力。

(4)地震作用下的框架内力(建议采用底部剪力法)

9. 荷载组合和内力组合

(1)考虑四种基本荷载组合:

①恒荷载 + 活荷载

②恒荷载 + 风荷载

③恒荷载 + 0.85(活荷载 + 风荷载)

④恒荷载 $+ 0.5 \times \dfrac{1.2}{1.4} \times$ 活荷载 ±1.3 地震荷载

必要时尚应考虑温度作用参与组合。

(2)横梁内力组合(考虑活荷载的最不利布置)。

(3)柱内力组合　由于活荷载作用下的内力用分层法计算,因此,在计算组合柱弯矩时,只考虑在柱相邻层布置活荷载;在计算组合柱轴力时,则考虑在该柱以上各层布置活荷载。

10.构件及连接设计

(1)框架梁、柱设计。

(2)节点设计。

(3)柱脚设计。

①铰接柱脚。

②刚接柱脚。

9.3　构件长细比和板件宽厚比限值

9.3.1　构件长细比限值

框架柱是高层建筑钢结构的主要抗侧力竖向构件,地震时不应出现整体失稳破坏,因此应限制框架柱的长细比,设防烈度高、层数多的建筑,柱长细比的限值应严一些。不超过12层的钢框架柱的长细比,6~8度时不应大于$120\sqrt{235/f_{ay}}$,9度时不应大于$100\sqrt{235/f_{ay}}$;超过12层的钢框架柱的长细比,6、7、8、9度时分别不应大于$120\sqrt{235/f_{ay}}$、$80\sqrt{235/f_{ay}}$、$60\sqrt{235/f_{ay}}$和$60\sqrt{235/f_{ay}}$。

中心支撑框架的支撑斜杆是轴心受力构件,支撑斜杆的滞回耗能取决于其受压性能,斜杆的长细比大,容易压屈,滞回耗能能力差。表9-2列出了中心支撑框架支撑斜杆的长细比限值。

偏心支撑框架的支撑斜杆的长细比不应大于$120\sqrt{235/f_{ay}}$。

钢结构中心支撑杆件长细比限值　　表9-2

类　型		6度、7度	8度	9度
不超过12层	按压杆设计	150	120	120
	按拉杆设计	200	150	150
超过12层		120	90	60

9.3.2　板件宽厚比限值

按强柱弱梁抗震设计的钢框架,塑性铰出现在梁端,部分柱端也会出塑性铰,梁端屈服程度比柱端严重,梁端塑性转动能力应高于柱端。为了保证梁柱出现塑性铰后板件的局部稳定,梁柱板件的宽厚比应符合一定的要求。

当中心支撑斜杆的翼缘和腹板由矩形板组成时,在轴向压力作用下,有可能在斜杆丧失整体稳定或强度破坏前,翼缘或腹板先出现局部屈曲,导致斜杆丧失承载能力。为了保证在斜杆发生整体屈曲前,其板件不发生局部屈曲,应限制其宽厚比。

消能梁段是偏心支撑钢框架中屈服耗能的唯一构件。为了防止消能梁段以及与消能梁段同一跨内梁的板件局部屈曲，充分发挥消能梁段的滞回耗能能力，其板件宽厚比的限制应严一些。

偏心支撑框架支撑斜杆的板件宽厚比不应超过国家标准《钢结构设计规范》规定的轴心受压构件在弹性设计时的宽厚比限值。

板件宽厚比限值的数值见《抗震规范》。

9.4 构件连接

房屋建筑钢结构构件连接主要包括：梁柱连接，支撑与梁柱连接，梁、柱、支撑拼接和柱脚。本节主要介绍抗震设计的连接和拼接。

连接破坏是钢结构地震破坏的常见形式之一。1994 年 1 月美国北岭地震后，调查了 1000 多栋钢结构房屋建筑，有 100 多栋建筑的梁柱连接破坏，其中 80% 以上破坏发生在梁的下翼缘连接。1995 年 1 月日本阪神地震后的调查发现，部分钢结构也出现了梁柱连接破坏的震害，破坏位置主要在扇形切角工艺孔端部。北岭地震及阪神地震后，美、日、欧洲国家等进行了大量的连接节点实验研究。我国《抗震规范》吸取了震害教训和国内外的研究成果，结合我国国情，提出了抗震钢结构的连接方法。

9.4.1 连接方式与连接设计的原则

构件连接方式有焊接、高强度螺栓连接和栓焊混合连接。焊接的传力充分，不会滑移，延性好，但为保证焊缝质量，要求对焊缝进行探伤检查，此外，焊接有残余应力。高强度螺栓施工较方便，但全部采用高强螺栓连接的接头尺寸较大，钢材消耗多，价格较高，大震时螺栓连接可能会滑移。高层建筑钢结构中，栓焊混合连接比较普遍，通常翼缘用焊接。腹板用螺栓连接，栓焊混合连接施工比较方便。

房屋建筑钢结构的构件连接，应遵循强连接弱构件的原则，即构件破坏先于连接破坏。

抗震设防的房屋建筑钢结构构件的连接计算，包括小震作用下按内力设计值的弹性计算，以及为实现强连接弱构件的极限承载力验算。弹性设计方法可按照《钢结构设计规范》的规定执行，节点板件、连接螺栓及连接焊缝的强度，应除以承载力抗震调整系数 γ_{ER}。

9.4.2 梁柱连接与梁、柱拼接

1. 梁柱连接与极限承载力要求

钢框架一般采用柱贯通型，较少采用梁贯通型。抗震设计时，钢框架和钢支撑框架的梁柱连接应为刚接。工程中常用的方法有两种：①梁与柱直接连接；②在柱上焊接悬臂短梁，梁与悬臂短梁拼接(图 9-11)。后一种连接方法对构件制作要求较高。

梁与柱直接连接时，梁翼缘与柱翼缘之间采用全熔透坡口焊缝，梁腹板可采用摩擦型高强度螺栓通过连接板与柱连接，或采用角焊缝通过连接板与柱连接。

梁与柱采用柱带悬臂短梁连接时，悬臂短梁与柱的连接在工厂完成，短梁翼缘与柱的连接采用全熔透坡口焊缝连接，腹板采用角焊缝连接。悬臂短梁与梁的拼接在工地完成。

梁柱连接的极限受弯承载力，由翼缘全熔透焊缝提供；极限受剪承载力，由腹板连接提供。

梁柱连接的极限受弯承载力应不小于梁的全塑性受弯承载力的 1.2 倍；梁柱连接的极限受剪承载力应不小于梁跨中作用集中荷载时梁端达全塑性受弯承载力对应的梁端剪切力的

1.3 倍,且不小于梁腹板的屈服受剪承载力。系数 1.2 和 1.3 是考虑梁钢材的实际屈服强度可能高于标准值。

2. 梁、柱拼接与极限承载力要求

柱上悬臂短梁与梁的拼接在工地完成。梁的接接位置,应在内力较小的截面处,且在梁端塑性较区段以外。翼缘采用全熔透坡口焊缝连接,腹板可采用摩擦型高强度螺栓连接(图 9-12a),或翼缘和腹板均采用高强度螺栓连接(图 9-12b)。梁拼接的极限受弯承载力应不小于梁的全塑性受弯承载力的 1.2 倍。梁拼接的极限受剪承载力应不小于梁腹板的屈服受剪承载力。

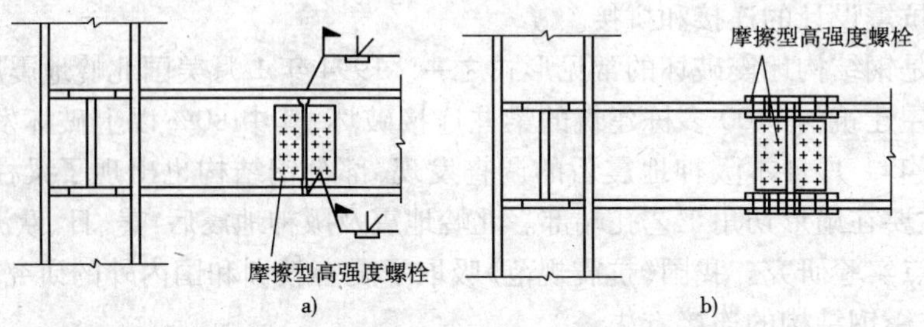

图 9-12　梁柱采用柱带悬臂短梁的连接

a) 腹板采用高强度螺栓连接;b) 翼缘和腹板均采用高强度螺栓连接

框架柱的拼接位置,宜在框架梁上方 1.3m 附近,以方便现场施工。框架柱的拼接采用全熔透焊缝。柱拼接的极限受弯承载力应不小于柱考虑轴力时的全截面受弯承载力的 1.2 倍。柱的轴力不大时,其全截面受弯承载力取其截面全塑性受弯承载力;轴力较大时,小于全截面全塑性受弯承载力。柱拼接的极限受剪承载力应不小于柱腹板的屈服受剪承载力。

梁拼接和柱拼接的极限受弯承载力,由翼缘全熔透焊缝提供;极限受剪承载力的腹板连接提供。

梁柱连接、梁拼接和柱拼接的弹性设计时,最不利组合的弯矩设计值,应由翼缘连接和腹板连接共同承担,按梁翼缘和腹板的刚度比分配;最不利组合的剪切力设计值,应由腹板连接承担。弹性设计方法可按照《钢结构设计规范》的规定执行。抗震设计时,节点板件,连接螺栓及连接焊缝的强度,应除以承载力抗震调整系数 γ_{RE}。

3. 梁柱连接抗震构造

梁与工字形截面柱的翼缘或箱形截面柱直接连接时,应符合下列抗震构造要求;梁翼缘与柱翼缘之间采用全熔透坡口焊缝,8 度乙类建筑和 9 度时,应检验 V 形切口的冲击韧度,其恰帕冲击韧度在 -20℃时不低于 27J;柱在梁翼缘对应位置设置横向加劲肋,加劲肋的厚度不小于梁翼缘的厚度,6 度抗震设防时,可以通过计算适当减小加劲肋的厚度,但不小于梁翼缘厚度的一半;梁腹板采用摩擦型高强度螺栓通过连接板与柱连接。腹板角部设置扇形切角,其端部与梁翼缘的全熔透焊缝应避开,当梁翼缘的塑性截面模量小于梁全截面塑性模量的 70% 时,梁腹板与柱的连接螺栓不得少于两列,当计算仅需一列时,仍应布置两列,且此时螺栓总数不得少于计算值的 1.5 倍。

图 9-13 所示为梁与柱直接连接的典型构造图,与梁上翼缘连接处(详图 A),梁腹板做成半径 10 ~ 15mm 的圆弧,扇形切角的半径为 35mm,圆弧端部与梁翼缘的全熔透焊缝隔开 10mm,下翼缘焊接衬板的反面与柱翼缘或壁板相连处,采用角焊缝,角焊缝沿衬板全长焊接,焊脚尺寸为 6mm。

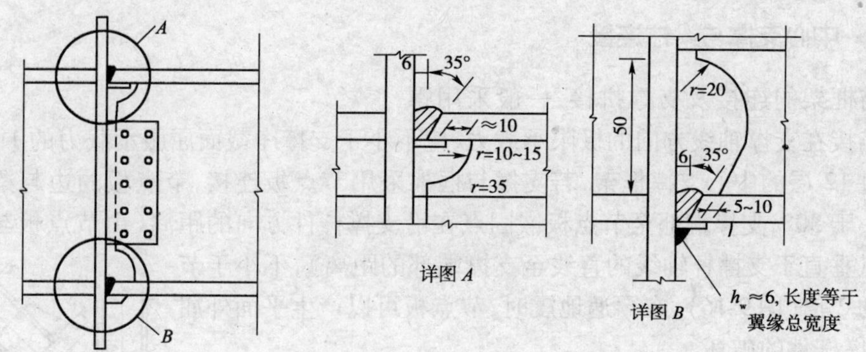

图 9-13　梁与柱直接连接的典型构造图

图 9-14 所示为一些改进后的梁与柱连接的构造，包括将梁端塑性铰向外移的犬骨式连接和梁端翼缘加盖板的连接等。

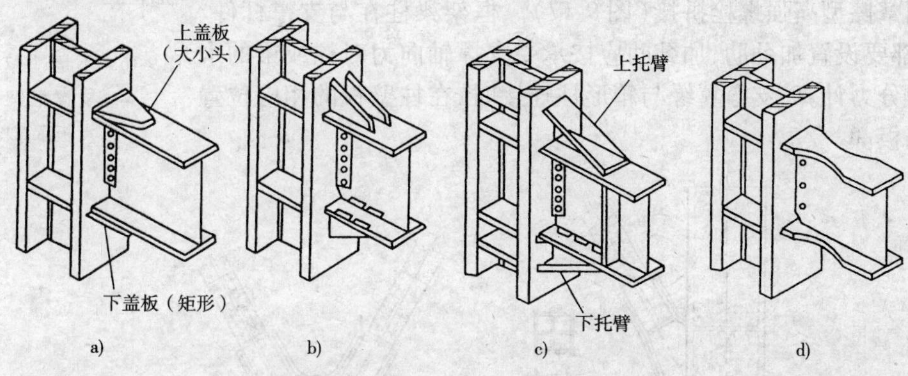

图 9-14　改进后的梁与柱连接的构造图

a）盖板；b）竖肋；c）托臂；d）犬骨式

梁与工字形柱腹板刚接时，应在梁翼缘的对应位置设置柱的横向加劲肋，在梁高范围内设置柱的竖向连接板。梁与柱直接连接时，柱横向加劲肋宜伸出柱外约 100mm，以免加劲肋在与柱翼缘的连接处因板件宽度突变而破裂，梁翼缘与柱横向加劲肋用全熔透焊缝连接，以免地震作用下框架往复变形而破坏，腹板与柱连接板用高强度螺栓连接（图 9-15a）。当采用悬臂短梁时，短梁与柱全部焊接（图 9-15b）。

梁与柱刚性连接时，柱在梁翼缘上，下各 500mm 的节点范围内，柱翼缘与柱腹板间或箱形柱的壁板间的连接焊缝，应采用坡口全熔透焊缝。柱拼接接头上、下各 100mm 范围内，工字形截面柱翼缘与腹板间及箱形截面柱角部壁板间的焊缝，应采用全熔透焊缝。

箱形截面柱与梁翼缘对应位置设置的隔板，采用全熔透对接焊缝与柱壁板连接；工字形截面柱的横向加劲肋，与柱翼缘采用全熔透对接焊缝连接，与腹板可采用角焊缝连接。

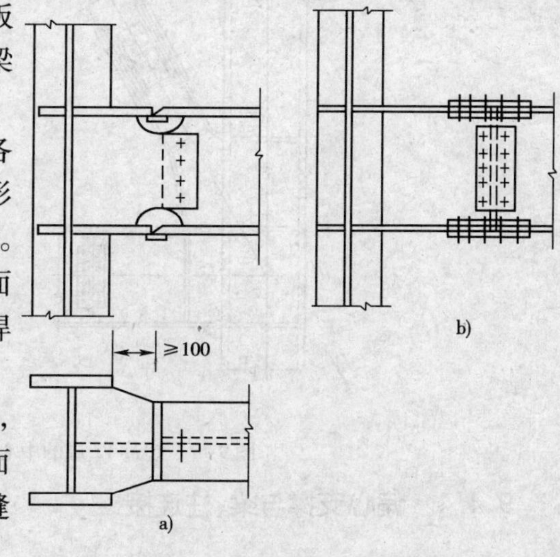

图 9-15　梁与工字形柱腹板连接

9.4.3 中心支撑与梁柱连接

支撑与框架的连接及支撑拼接，一般采用螺栓连接。连接在支撑轴线方向的极限承载力，应不小于支撑净截面屈服承载力的 1.2 倍。

不超过 12 层的中心支撑框架，若支撑与框架采用节点板连接，节点板的边与梁柱的夹角分别不应小于 30°，支撑端部至节点板嵌固点在沿支撑杆件方向的距离（由节点板与框架构件焊缝的起点垂直于支撑杆轴线的直线至支撑端部的距离），不小于节点板厚度的 2 倍（图 9-16），在罕遇地震时，节点板可以产生平面外屈曲，减轻支撑杆件的破坏。

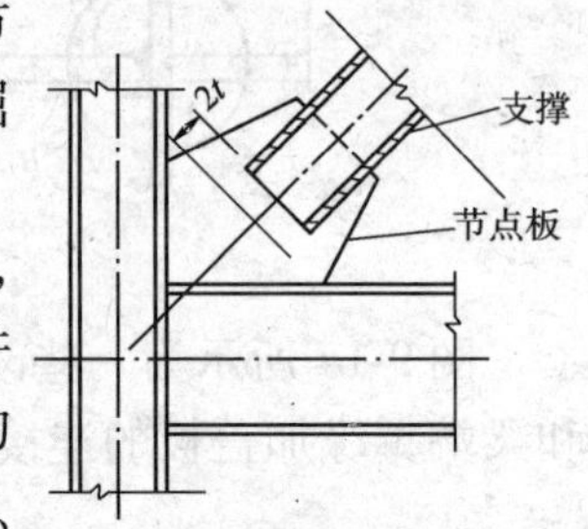

图 9-16　不超过 12 层的中心支撑框架的支撑节点板示意图

超过 12 层的中心支撑框架，支撑杆件宜采用轧制 H 型钢制作，两端与钢框架采用刚接连接。为安装方便，支撑两端用一段短杆件在工厂与框架焊接，支撑杆件的中间部分在工地与焊接在框架上的短杆件用摩擦型高强螺栓拼接（图 9-17）。框架梁柱在与支撑杆件、连接处，都要设置加劲肋，加劲肋应按承受支撑轴向力对柱或梁的水平或竖向分力计算；支撑翼缘与箱形柱连接时，在柱壁板的相应位置应设置隔板。

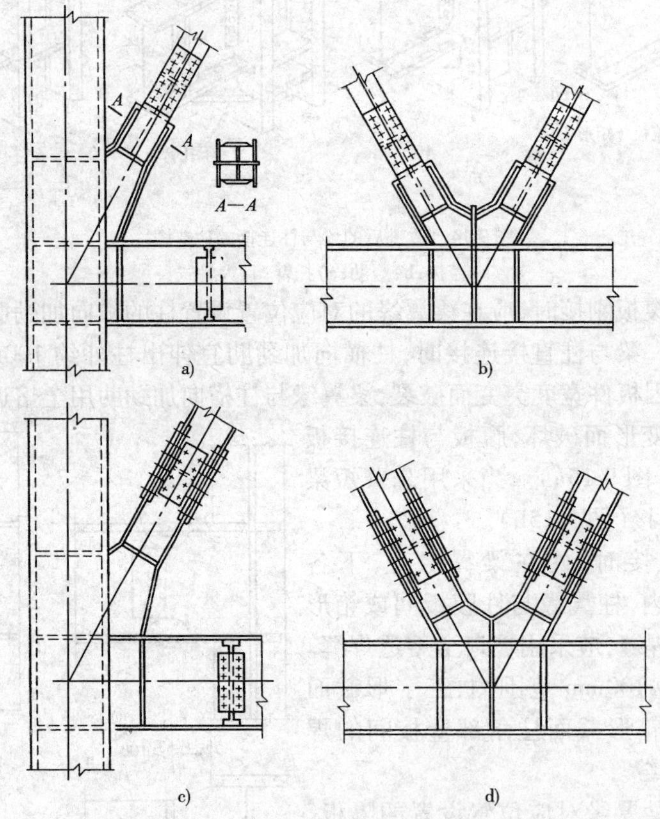

图 9-17　超过 12 层的中心支撑框架的支撑与框架的连接

9.4.4 偏心支撑与梁、柱连接

图 9-18 所示为支撑与消能梁段连接的构造图。连接及消能梁段的构造要满足下列要求：

（1）腹板不能贴焊补强板，因为补强板不能进入塑性变形。

（2）腹板开洞会影响梁段的塑性变形能力，因此，腹板不得开洞。

（3）消能梁段与支撑杆件连接处，应在梁段腹板两侧配置加劲肋，加劲肋的高度为梁段腹板高度。一侧加劲肋的宽度不小于$(b_f/2-t_w)$，b_f为梁段翼缘宽度t_w为腹板厚度，加劲肋的厚度不小于$0.75t_w$和10mm的较大值。

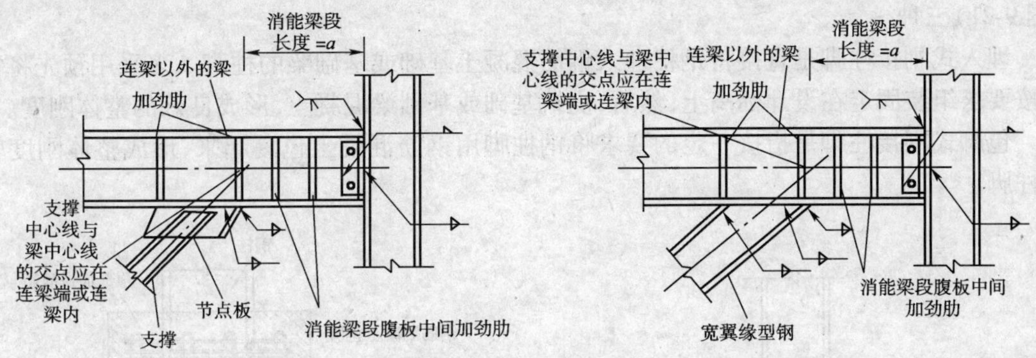

图9-18　消能梁段的构造图

（4）消能梁段的腹板应按梁段的长度设置加劲肋，短梁段的加劲肋间距小一些，以防止短梁段腹板过早的局部失稳，弯曲型长梁段腹板的加劲肋间距可大一些，根据这一原则，梁段腹板的中间加劲肋设置要求为：当$a \leqslant 1.6M_{lp}/V_l$时，加劲肋间距不大于$30t_w-h/5$，$h$为梁段的截面高度；当$2.6M_{lp}/V_l<a<5M_{lp}/V_l$时，在距消能梁段端部$1.5b_f$处设置加劲肋，且中间加劲肋间距不大于$52t_w-h/5$；当$1.6M_{lp}/V_l<a<2.6M_{lp}/V_l$时，中间加劲肋的间距取上述二者的线性插值；当$a>5M_{lp}/V_l$时，可不配置中间加劲肋；中间加劲肋应与消能梁段的腹板等高，当梁段截面高度不大于640mm时，可设置单侧加劲肋，当梁段段面高度大于640mm时，应在两侧设置加劲肋，每一侧加劲肋的宽度不小于$b_f/2-t_w$，厚度不小于t_w和10mm的较大值。

（5）偏心支撑杆件的中心线与梁的中心线的交点，一般在消能梁段的端部，也允许在消能梁段内，不应在消能梁段外。

（6）消能梁段翼缘与柱之间应采用坡口全熔透焊缝连接，消能梁段腹板与柱之间应采用角焊缝连接，角焊缝的承载能力不得小于消能梁段腹板的轴向承载力、受剪承载力和受弯承载力。

（7）消能梁段与柱的腹板连接时，消能梁段翼缘与连接板间应采用坡口全熔透焊缝，消能梁段腹板与柱之间应采用角焊缝；角焊缝的承载力不得小于梁段腹板的轴向承载力、受剪承载力和受弯承载力。

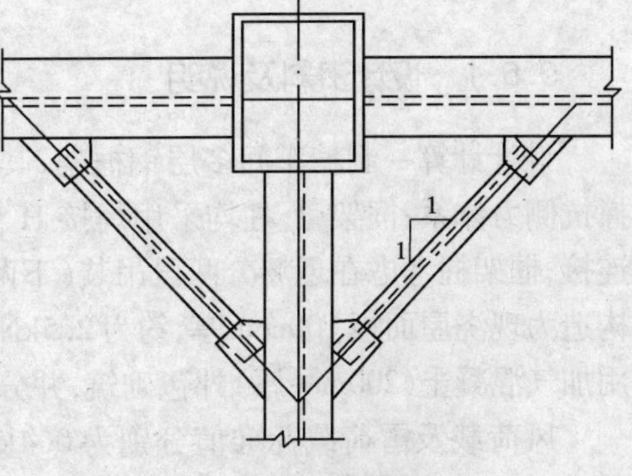

图9-19　梁翼缘的侧向支撑

9.4.5　侧向支撑

为了使梁端形成塑性铰后梁翼缘保持稳定，在梁塑性铰端部截面处，其上、下翼缘应设置侧向支撑（图9-19），支撑构件的长细比，按《钢结构设计规范》关于塑性设计的有关规定确定。

采用V形支撑或人字形支撑的中心支撑框架，梁在其与支撑杆件相交处应设置侧向支撑。该支撑点与梁端支撑点的侧向长细比(λ_y)及支承力,应符合《钢结构设计规范》关于塑性设计的有关规定。

9.4.6 刚接柱脚

刚接柱脚按其构造形式可分为露出式柱脚(图 6-27)、埋入式柱脚(图 9-20)和包脚式柱脚(图 9-21)三种。

埋入式刚接柱脚是直接将钢柱埋入钢筋混凝土基础或基础梁的柱脚。多采用预先将钢柱脚按要求组装固定在设计标高上,然后,浇筑基础或基础梁混凝土,形成良好的整体刚度。

包脚式刚接柱脚是指按一定的要求将钢柱脚用钢筋混凝土包裹起来,形成整体刚度较强的柱脚。

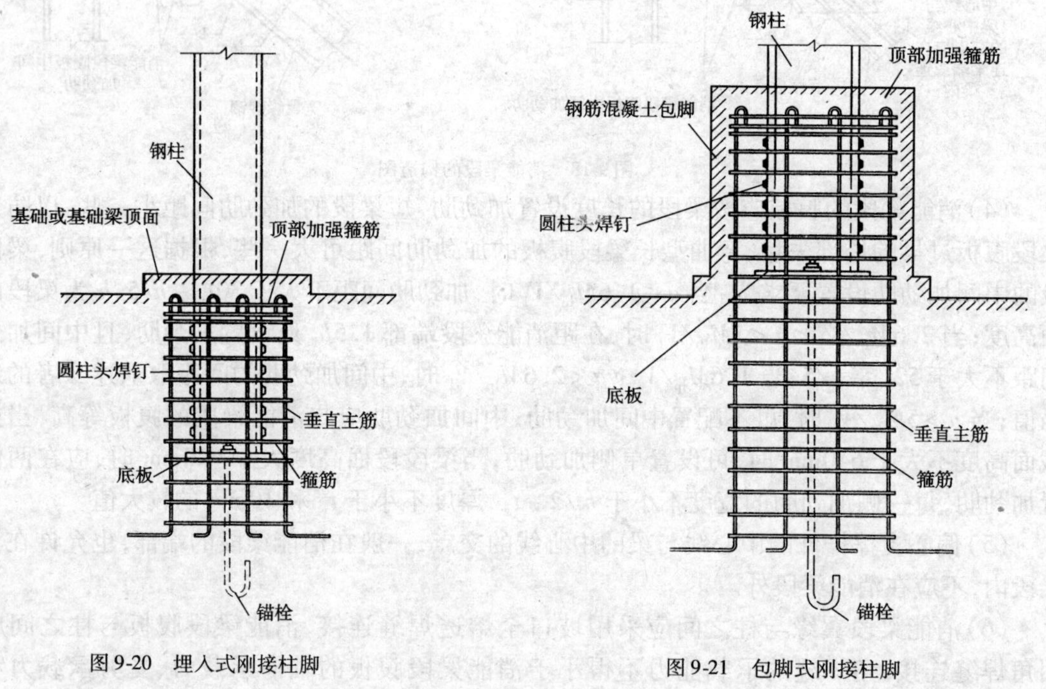

图 9-20 埋入式刚接柱脚　　图 9-21 包脚式刚接柱脚

9.5 多层钢结构设计实例

9.5.1 设计资料及说明

设计计算一制糖车间多层钢框架,其平面及剖面如图 9-22 所示。其横向为框架,纵向为支撑抗侧力体系;框架梁、柱均采用焊接 H 型钢截面,材质均为 Q235 钢;梁、柱节点采用现场焊接连接;框架柱考虑在现场分两段吊装(下两层一段、上三层一段),因而中柱上段变一次截面;层面构造为现浇屋面板 100mm 厚,约为 2.5kN/m^2,楼面构造为现浇板 120mm 厚,约 3kN/m^2。外墙采用加气混凝土(200mm 厚)外包砌筑,并分别由各层墙梁支托。

风荷载及雪荷载标准值分别为 0.4kN/m^2,各层楼盖上活荷载标准值均为 5kN/m^2,屋面活荷载标准值为 0.7kN/m^2。

抗震设防烈度为 8 度,$\alpha_{max}=0.16$,并按 II 类场地土及设计地震分组第一组考虑,阻尼比取0.035。

9.5.2 横向刚架计算

由于每行的刚架布置相同,故可按间距为5m的平面刚架计算。多层框架计算示意图见图9-22。

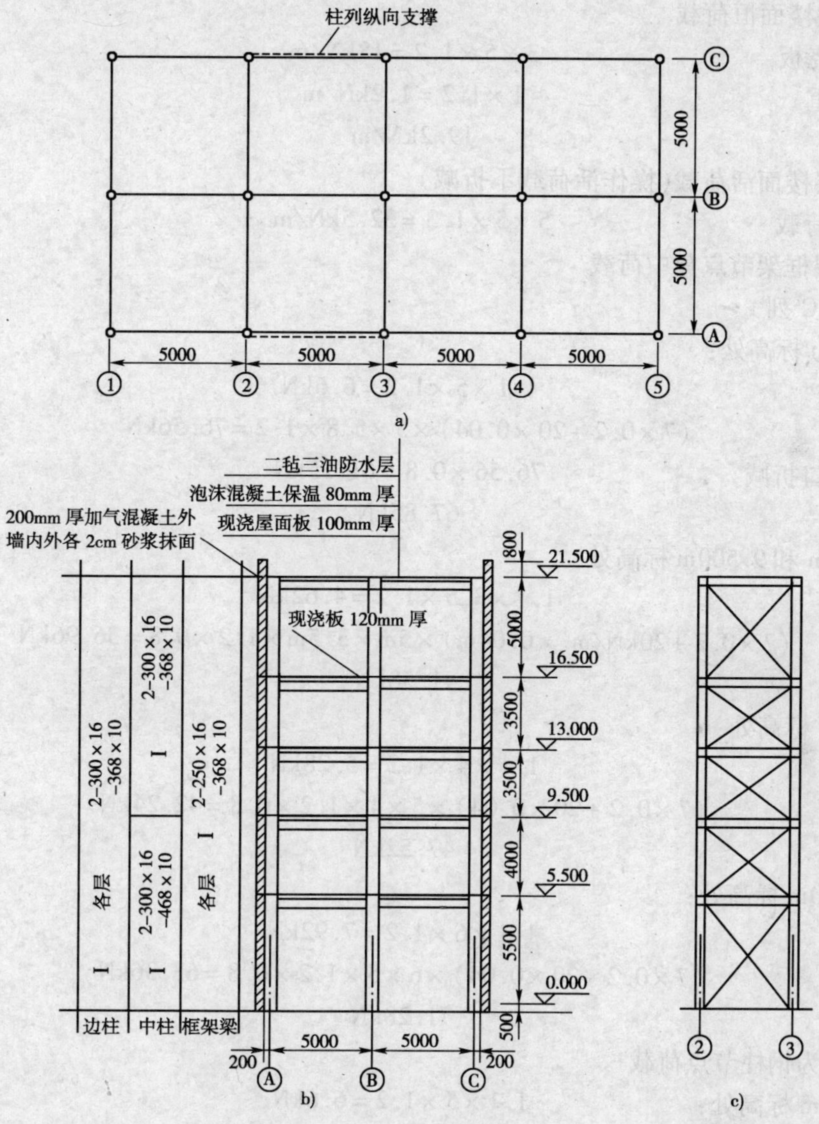

图9-22 多层框架示意图

a)平面图;b)剖面图;c)柱间支撑布置图

1. 荷载计算

(1)屋面恒荷载

二毡三油防水层 $0.35\times5\times1.2=2.1\text{kN/m}$

泡沫混凝土保温层 $6\times0.08\times5\times1.2=2.88\text{kN/m}$

现浇屋面板 $2.5\times5\times1.2=15\text{kN/m}$

钢梁自重 $1\times1.2=1.2\text{kN/m}$

合计 21.18kN/m

(2)屋面活荷载

屋面雪荷载 $0.4\times5\times1.4=2.8$kN/m

屋面活荷载 $0.7\times5\times1.4=4.9$kN/m

活荷载与雪荷载不同时考虑,取两者较大值。本例取活荷载值计算,即4.9kN/m。

(3)各层楼面恒荷载

楼面现浇板 $3\times5\times1.2=18$kN/m

钢梁自重 $1\times1.2=1.2$kN/m

合计 19.2kN/m

(4)各层楼面活荷载(操作活荷载不折减)

楼面活荷载 $5\times5\times1.3=32.5$kN/m

(5)各层框架节点集中荷载

①A列、C列

16.500m标高处:

钢柱 $1.1\times5\times1.2=6.6$kN

外墙 $(7\times0.2+20\times0.04)\times5\times5.8\times1.2=76.56$kN

考虑窗口折减 $76.56\times0.8=61.25$kN

合计 67.85kN

13.000m和9.500m标高处:

钢柱 $1.1\times3.5\times1.2=4.62$kN

外墙 $(7\times0.2+20\text{kN/m}^3\times0.04\text{m})\times5\text{m}\times3.5\text{m}\times1.2\times0.8=36.96$kN

合计 41.58kN

5.500m标高处:

钢柱 $1.1\times4\times1.2=5.28$kN

外墙 $(7\times0.2+20\times0.04)\times5\times4\times1.2\times0.8=42.24$kN

合计 47.52kN

-0.500m标高处:

钢柱 $1.1\times6\times1.2=7.92$kN

外墙 $(7\times0.2+20\times0.04)\times6\times5\times1.2\times0.8=63.36$kN

合计 71.28kN

②B列为钢柱节点荷载

16.500m标高处: $1.1\times5\times1.2=6.6$kN

13.000m和9.500m标高处: $1.1\times3.5\times1.2=4.62$kN

5.500m标高处: $1.15\times4\times1.2=5.52$kN

-0.500m标高处: $1.15\times6\times1.2=8.28$kN

(6)风荷载

基本风压0.4kN/m²,按统一高度 $21.5\times\frac{2}{3}=14.5$m计,取B类场地,$\mu_z=1.14$。由于 $h<30$m,且 $B/h=10/20.5>1/5$,故 β_z 取1.0。

迎风面 $q_1=(0.4\times1.14\times0.8)\times5\times1.4=2.55$kN/m

背风面　　　　　　$q_2=(0.4\times1.14\times0.5)\times5\times1.4=1.6\text{kN/m}$

计算按左风和右风分别考虑,各项荷载计算简图如图 9-23 所示。

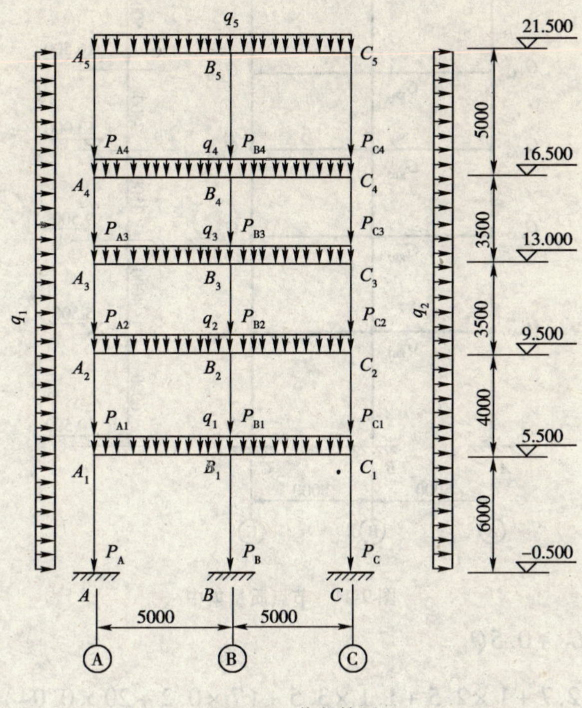

图 9-23　荷载简图

框架节点集中荷载:

$P_{A4}=P_{C4}=67.85\text{kN}$　　　　$P_{B4}=6.6\text{kN}$

$P_{A3}=P_{C3}=41.58\text{kN}$　　　　$P_{B3}=4.62\text{kN}$

$P_{A2}=P_{C2}=41.58\text{kN}$　　　　$P_{B2}=4.62\text{kN}$

$P_{A1}=P_{C1}=47.52\text{kN}$　　　　$P_{B1}=5.52\text{kN}$

$P_A=P_C=71.28\text{kN}$　　　　$P_B=8.28\text{kN}$

$P_{5d}=21.18\text{kN/m}$　　　　$q_{5L}=4.9\text{kN/m}$

$q_{4d}=q_{3d}=q_{2d}=q_{1d}=19.2\text{kN/m}$　　　　$q_{4L}=q_{3L}=q_{2L}=q_{1L}=32.5\text{kN/m}$

(7)计算地震作用时横向刚架节点的集中质量(图 9-24)

①A 列、C 列

$$G_{EA5}=G_{EC5}=G_k+0.5Q_s$$

$$=(0.35+6\times0.08+2.5)\times5\times2.7+1\times2.5+1.1\times2.5+(7\times0.2+20\times0.04)\times5\times3.3\times0.8+0.4\times5\times2.7\times0.5$$

$$=81.95\text{kN}$$

$$G_{EA4}=G_{EC4}=G_k+0.5Q_L$$

$$=3\times5\times2.7+1\times2.5+1.1\times\frac{5+3.5}{2}+(7\times0.2+20\times0.04)\times5\times\frac{5+3.5}{2}\times0.8+5\times5\times2.7\times0.5$$

$$=118.83\text{kN}$$

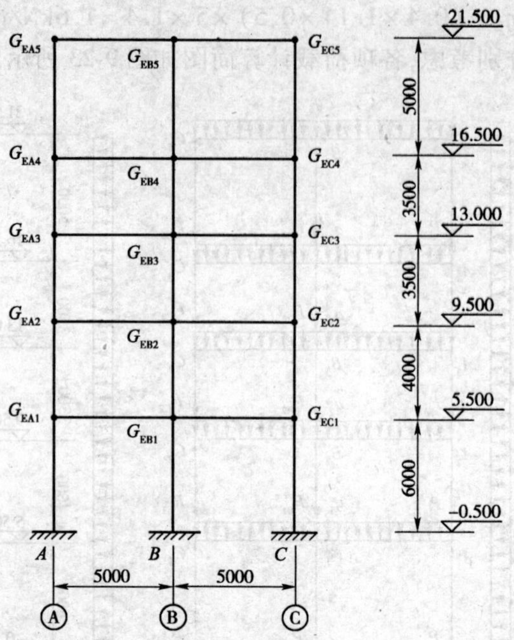

图 9-24　节点质量集中

$$G_{EA3} = G_{EC3} = G_k + 0.5Q_L$$

$$= 3 \times 5 \times 2.7 + 1 \times 2.5 + 1.1 \times 3.5 + (7 \times 0.2 + 20 \times 0.04) \times 5 \times 3.5 \times 0.8 + 5 \times 5 \times 2.7 \times 0.5$$

$$= 111.4\text{kN}$$

$$G_{EA2} = G_{EC2} = G_k + 0.5Q_L$$

$$= 3 \times 5 \times 2.7 + 1 \times 2.5 + 1.1 \times \frac{4 + 3.5}{2} + (7 \times 0.2 + 20 \times 0.04) \times 5 \times \frac{4 + 3.5}{2} \times 0.8 + 5 \times 5 \times 2.7 \times 0.5$$

$$= 113.88\text{kN}$$

$$G_{EA1} = G_{EC1} = G_k + 0.5Q_L$$

$$= 3 \times 5 \times 2.7 + 1 \times 2.5 + 1.1 \times \frac{6 + 4}{2} + (7 \times 0.2 + 20 \times 0.04) \times 5 \times \frac{6 + 4}{2} \times 0.8 + 5 \times 5 \times 2.7 \times 0.5$$

$$= 126.25\text{kN}$$

②B 列

$$G_{EB5} = G_k + 0.5Q_s$$

$$= (0.35 + 6 \times 0.08 + 2.5) \times 5 \times 5 + 1 \times 5 + 1.1 \times 2.5 + 0.4 \times 5 \times 5 \times 0.5$$

$$= 96\text{kN}$$

$$G_{EB4} = G_k + 0.5Q_L$$

$$= 3 \times 5 \times 5 + 1 \times 5 + 1.1 \times \frac{5 + 3.5}{2} + 5 \times 5 \times 5 \times 0.5$$

$$= 117.18\text{kN}$$

$$G_{EB3} = G_k + 0.5Q_L$$
$$= 3 \times 5 \times 5 + 1 \times 5 + 1.1 \times 3.5 + 5 \times 5 \times 5 \times 0.5$$
$$= 116.35\text{kN}$$
$$G_{EB2} = G_k + 0.5Q_L$$
$$= 3 \times 5 \times 5 + 1 \times 5 + 1.1 \times \frac{4 + 3.5}{2} + 5 \times 5 \times 5 \times 0.5$$
$$= 116.63\text{kN}$$
$$G_{EB1} = G_k + 0.5Q_L$$
$$= 3 \times 5 \times 5 + 1 \times 5 + 1.1 \times \frac{6 + 4}{2} + 5 \times 5 \times 5 \times 0.5$$
$$= 118\text{kN}$$

2.内力计算及组合

内力计算及组合分别按荷载基本组合及地震作用组合计算。内力分析采用中国建筑科学研究院研制开发的结构设计软件 PKPM,计算模型采用平面框架模型。

荷载基本组合的内力计算及组合,应考虑荷载为恒载,除地震作用外的活荷载及风荷载。由机算所得的各荷载作用的内力图分别示于图 9-25 ~ 图 9-28。图中杆件内力正负号按照软件 PKPM 规定,即弯矩、剪力、轴力的符号遵循右手规则,弯矩 M 以逆时针方向为正,剪力 V 以和 y 轴同方向为正,轴力 N 以和 x 轴同方向为正,弯矩、剪力、轴力单位分别为 kN · m、kN、kN。内力组合列于表 9-3。

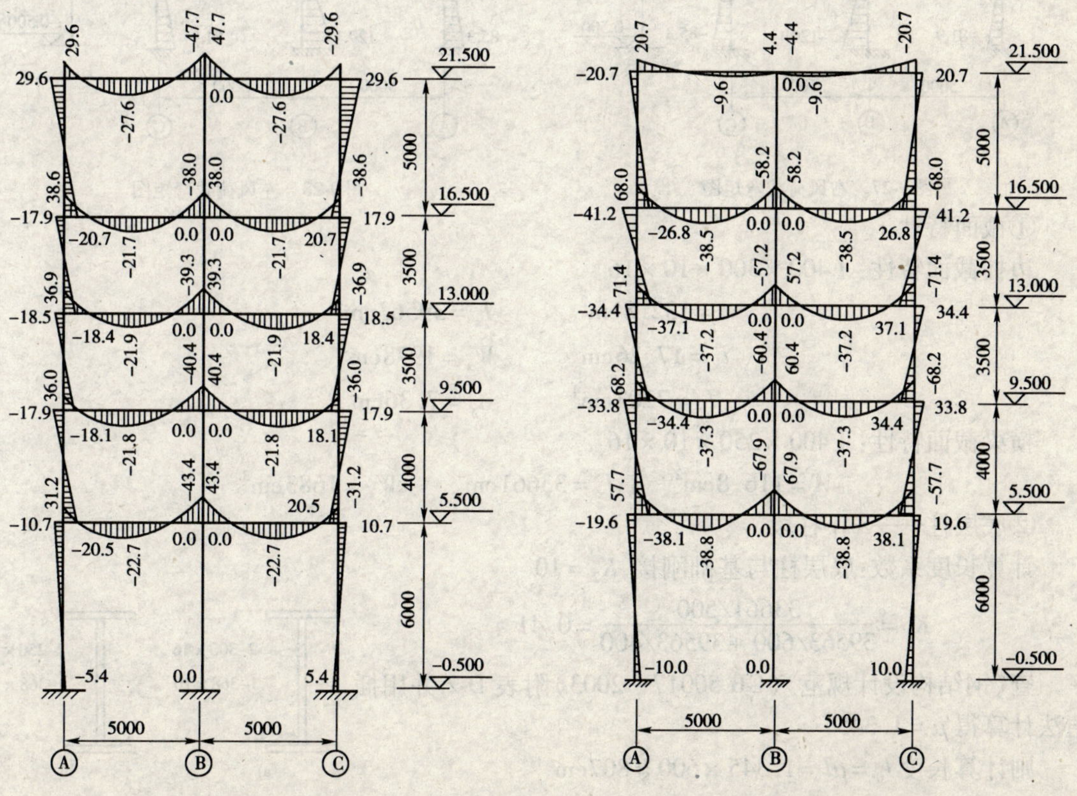

图 9-25　恒荷载弯矩图

图 9-26　活荷载弯矩图

当内力组合中考虑有风荷载与活荷载共同作用时,所有活荷载考虑组合系数 0.9。荷载基本组合的框架内力见表 9-3。

3. 基本组合时的杆件截面验算

(1) A、C 列(边)柱(图 9-29)

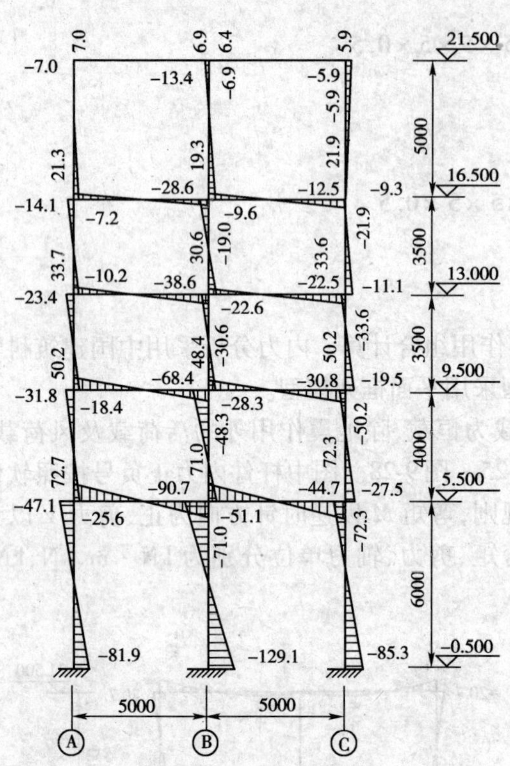

图 9-27　右风荷载弯矩图

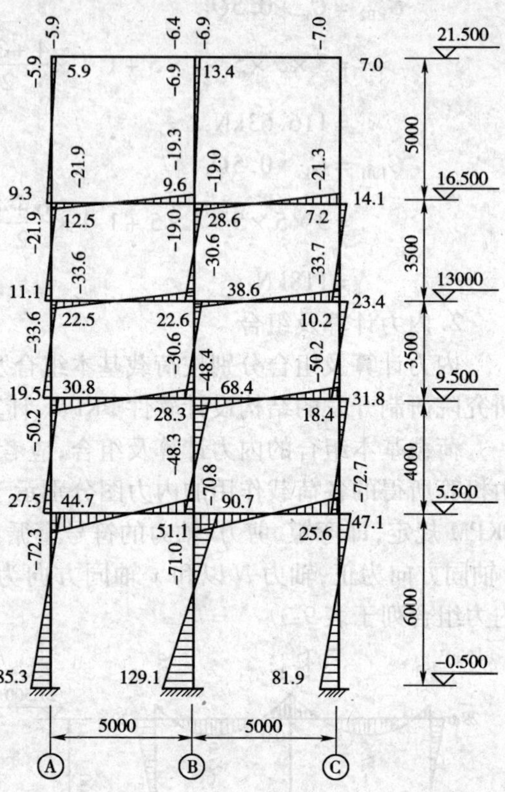

图 9-28　左风荷载弯矩图

①截面特性

边柱截面特性：I 400 × 300 × 10 × 16

$A = 132.8\text{cm}^2$　　$I_x = 39563\text{cm}^4$

$i_x = 17.26\text{cm}$　　$W_x = 1978\text{cm}^3$

$I_y = 7203\text{cm}^4$　　$i_y = 7.36\text{cm}$

横梁截面特性：I 400 × 250 × 10 × 16

$A = 116.8\text{cm}^2$　　$I_x = 33661\text{cm}^4$　　$W_x = 1683\text{cm}^3$

②底层柱——AA_1 柱段

计算长度系数：底层柱与基础刚接，$K_2 = 10$

$$K_1 = \frac{33661/500}{39563/600 + 39563/400} = 0.41$$

查《钢结构设计规范》(GB 50017—2003)附表 D-2 并用插值法计算得 $\mu = 1.345$

则计算长度 $l_0 = \mu l = 1.345 \times 600 = 807\text{cm}$

a. 内力组合第一组 $\begin{cases} M = 94.3\text{kN} \cdot \text{m} \\ N = 750.6\text{kN} \end{cases}$

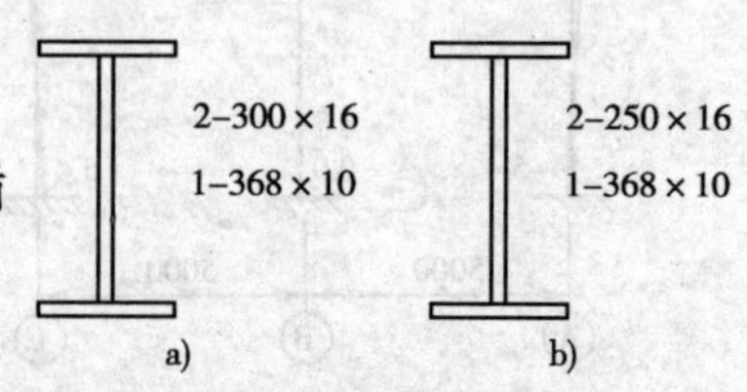

图 9-29　A、C 列柱及横梁截面

a) 柱截面；b) 梁截面

强度：

$$
\begin{aligned}
&\frac{N}{A_{\mathrm{n}}}+\frac{M_{\mathrm{x}}}{\gamma_{\mathrm{x}}W_{\mathrm{nx}}}\\
&=\frac{750.6\times10^{3}}{132.8\times10^{2}}+\frac{94.3\times10^{6}}{1.05\times1978\times10^{3}}\\
&=(56.5+45.4)\,\mathrm{N/mm^2}=112\,\mathrm{N/mm^2}<f
\end{aligned}
$$

基本组合的框架内力　　表 9-3

截面		内力	1 恒载 $\gamma_G S_{Gk}$	2 活载 $\gamma_{QL} S_{Lk}$	3 左风 $\gamma_{QW} S_{W1k}$	4 右风 $\gamma_{QW} S_{W2k}$	$+M_{max}$ 组合	$+M_{max}$ 内力	$-M_{max}$ 组合	$-M_{max}$ 内力	N_{max} 组合	N_{max} 内力
AA_1 柱	柱下端	M_{AA_1} (kN·m)	−5.4	−10.0	85.3	−81.9	$1.0S_{Gk}+1.4S_{W1k}$	80.8	$1.2S_{Gk}+1.4S_{W2k}+0.7\times1.4S_{Lk}$	−94.3	$1.2S_{Gk}+1.4S_{Lk}+0.6\times1.4S_{W2k}$	−64.5
		N_{AA_1} (kN)	435.8	346.6	−71.9	72.2		291.3		750.6		825.7
		V_{AA_1} (kN)	−2.7	−4.9	29.5	−26.3		27.2		−32.4		−23.4
	柱上端	M_{A_1A} (kN·m)	−10.7	−19.6	44.7	−47.1	$1.0S_{Gk}+1.4S_{W1k}$	35.8	$1.2S_{Gk}+1.4S_{W2k}+0.7\times1.4S_{Lk}$	−71.5	$1.2S_{Gk}+1.4S_{Lk}+0.6\times1.4S_{W2k}$	−58.6
		N_{A_1A} (kN)	−435.8	−346.6	71.9	−72.2		−291.3		−750.6		−825.7
		V_{A_1A} (kN)	2.7	4.9	−13.9	16.7		−11.6		22.8		+17.6
A_1A_2 柱	柱下端	$M_{A_1A_2}$ (kN·m)	−20.5	−38.1	27.5	−25.6	$1.0S_{Gk}+1.4S_{W1k}$	+10.4	$1.2S_{Gk}+0.9(1.4S_{Lk}+1.4S_{W2k})$	−77.8	$1.2S_{Gk}+1.4S_{Lk}+0.6\times1.4S_{W2k}$	−74.0
		$N_{A_1A_2}$ (kN)	342.8	267.4	−43.3	43.4		+242.4		622.5		636.2
		$V_{A_1A_2}$ (kN)	−9.6	−18.0	19.8	−17.6		11.8		−41.6		−38.1
	柱上端	$M_{A_2A_1}$ (kN·m)	−17.9	−33.8	30.8	−31.8	$1.0S_{Gk}+1.4S_{W1k}$	15.9	$1.2S_{Gk}+0.9(1.4S_{Lk}+1.4S_{W2k})$	−76.9	$1.2S_{Gk}+1.4S_{Lk}+0.6\times1.4S_{W2k}$	−70.8
		$N_{A_2A_1}$ (kN)	−342.8	−267.4	43.3	−43.4		−242.4		−622.5		−636.2
		$V_{A_2A_1}$ (kN)	9.6	18.0	−9.4	11.2		−1.4		35.8		34.3
A_2A_3 柱	柱下端	$M_{A_2A_3}$ (kN·m)	−18.1	−34.4	19.5	−18.4	$1.0S_{Gk}+1.4S_{W1k}$	4.4	$1.2S_{Gk}+0.9(1.4S_{Lk}+1.4S_{W2k})$	−65.6	$1.2S_{Gk}+1.4S_{Lk}+0.6\times1.4S_{W2k}$	−63.5
		$N_{A_2A_3}$ (kN)	254.1	184.6	−23.6	23.7		188.2		441.5		452.9
		$V_{A_2A_3}$ (kN)	−10.5	−19.7	16.5	−14.7		7.8		−41.4		−39.0
	柱上端	$M_{A_3A_2}$ (kN·m)	−18.5	−34.4	22.5	−23.4	$1.0S_{Gk}+1.4S_{W1k}$	7.1	$1.2S_{Gk}+0.9(1.4S_{Lk}+1.4S_{W2k})$	−70.5	$1.2S_{Gk}+1.4S_{Lk}+0.6\times1.4S_{W2k}$	−66.9
		$N_{A_3A_2}$ (kN)	−254.1	−184.6	23.6	−23.7		−188.2		−441.5		−452.9
		$V_{A_3A_2}$ (kN)	10.5	19.7	−7.4	9.1		−1.3		36.4		35.6
A_3A_4 柱	柱下端	$M_{A_3A_4}$ (kN·m)	−18.4	−37.1	11.1	−10.2			$1.2S_{Gk}+1.4(S_{Lk}+0.6\times1.4S_{W2k})$	−61.6	$1.2S_{Gk}+1.4S_{Lk}+0.6\times1.4S_{W2k}$	−61.6
		$N_{A_3A_4}$ (kN)	165.0	100.5	−10.7	10.9				272.0		272.0
		$V_{A_3A_4}$ (kN)	−10.4	−22.4	11.3	−9.8				−38.6		−38.6
	柱上端	$M_{A_4A_3}$ (kN·m)	−17.9	−41.2	12.5	−14.1			$1.2S_{Gk}+0.9(1.4S_{Lk}+1.4S_{W2k})$	−67.7	$1.2S_{Gk}+1.4S_{Lk}+0.6\times1.4S_{W2k}$	−67.6
		$N_{A_4A_3}$ (kN)	−165.0	−100.5	10.7	−10.9				−265.2		−272.0
		$V_{A_4A_3}$ (kN)	10.4	22.4	−2.2	4.2				34.3		35.2
A_4A_5 柱	柱下端	$M_{A_4A_5}$ (kN·m)	−20.7	−26.8	9.4	−7.2			$1.2S_{Gk}+0.9(1.4S_{Lk}+1.4S_{W2k})$	−51.8	$1.2S_{Gk}+1.4S_{Lk}+0.6\times1.4S_{W2k}$	−51.8
		$N_{A_4A_5}$ (kN)	49.3	17.3	−2.5	2.8				+68.3		68.3
		$V_{A_4A_5}$ (kN)	−10.1	−9.5	9.6	−6.9				−23.7		−23.7
	柱上端	$M_{A_5A_4}$ (kN·m)	−29.6	−20.7	5.9	−7.0			$1.2S_{Gk}+0.9(1.4S_{Lk}+1.4S_{W2k})$	−54.5	$1.2S_{Gk}+1.4S_{Lk}+0.6\times1.4S_{W2k}$	−54.5
		$N_{A_5A_4}$ (kN)	−49.3	−17.3	2.5	−2.8				−68.3		−68.3
		$V_{A_5A_4}$ (kN)	10.1	9.5	3.4	−1.2				18.9		18.9

续上表

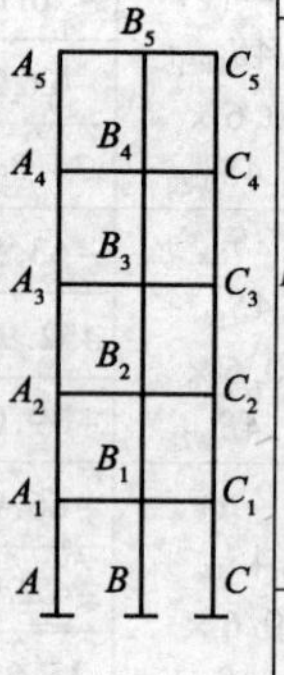

截面		内力	1	2	3	4	内力组合					
			恒载 γ_G S_{Gk}	活载 γ_{QL} S_{Lk}	左风 γ_{QW} S_{W1k}	右风 γ_{QW} S_{W2k}	$+M_{max}$		$-M_{max}$		N_{max}	
							组合	内力	组合	内力	组合	内力
BB_1柱	柱下端	M_{BB_1}(kN·m)	0.0	0.0	129.1	−129.1	$1.2S_{Gk}+1.4S_{W1k}+0.7\times1.4S_{Lk}$	129.1	$1.2S_{Gk}+1.4S_{W2k}+0.7\times1.4S_{Lk}$	−129.1	$1.2S_{Gk}+1.4S_{Lk}$	0.0
		N_{BB_1}(kN)	525.8	655.8	−0.3	−0.3		984.6		984.6		1181.6
		V_{BB_1}(kN)	0.0	0.0	36.6	−36.6		36.6		−36.6		0.0
	柱上端	M_{B_1B}(kN·m)	0.0	0.0	90.7	90.7	$1.2S_{Gk}+1.4S_{W1k}+0.7\times1.4S_{Lk}$	90.7	$1.2S_{Gk}+1.4S_{W2k}+0.7\times1.4S_{Lk}$	−90.7	$1.2S_{Gk}+1.4S_{Lk}$	0.0
		N_{B_1B}(kN)	−525.8	−655.8	0.3	0.3		−984.6		−984.6		−1181.6
		V_{B_1B}(kN)	0.0	0.0	−36.6	36.6		−36.6		36.6		0.0
B_1B_2柱	柱下端	$M_{B_1B_2}$(kN·m)	0.0	0.0	51.1	−51.1	$1.2S_{Gk}+1.4S_{W1k}+0.7\times1.4S_{Lk}$	51.1	$1.2S_{Gk}+1.4S_{W2k}+0.7\times1.4S_{Lk}$	−51.1	$1.2S_{Gk}+1.4S_{Lk}$	0.0
		$N_{B_1B_2}$(kN)	419.4	489.2	−0.2	−0.2		761.7		761.7		908.7
		$V_{B_1B_2}$(kN)	0.0	0.0	29.9	−29.9		29.9		−29.9		0.0
	柱上端	$M_{B_2B_1}$(kN·m)	0.0	0.0	68.4	−68.4	$1.2S_{Gk}+1.4S_{W1k}+0.7\times1.4S_{Lk}$	68.4	$1.2S_{Gk}+1.4S_{W2k}+0.7\times1.4S_{Lk}$	−68.4	$1.2S_{Gk}+1.4S_{Lk}$	0.0
		$N_{B_2B_1}$(kN)	−419.4	−489.2	0.2	0.2		−761.7		−761.7		−908.7
		$V_{B_2B_1}$(kN)	0.0	0.0	−29.9	29.9		−29.9		29.9		0.0
B_2B_3柱	柱下端	$M_{B_2B_3}$(kN·m)	0.0	0.0	28.3	−28.3	$1.2S_{Gk}+1.4S_{W1k}+0.7\times1.4S_{Lk}$	28.3	$1.2S_{Gk}+1.4S_{W2k}+0.7\times1.4S_{Lk}$	−28.3	$1.2S_{Gk}+1.4S_{Lk}$	0.0
		$N_{B_2B_3}$(kN)	317.1	329.9	−0.2	−0.2		547.8		547.8		646.9
		$V_{B_2B_3}$(kN)	0.0	0.0	19.1	−19.1		19.1		−19.1		0.0
	柱上端	$M_{B_3B_2}$(kN·m)	0.0	0.0	38.6	−38.6	$1.2S_{Gk}+1.4S_{W1k}+0.7\times1.4S_{Lk}$	38.6	$1.2S_{Gk}+1.4S_{W2k}+0.7\times1.4S_{Lk}$	−38.6	$1.2S_{Gk}+1.4S_{Lk}$	0.0
		$N_{B_3B_2}$(kN)	−317.1	−329.9	0.2	0.2		−547.8		−547.8		−646.9
		$V_{B_3B_2}$(kN)	0.0	0.0	−19.1	19.1		−19.1		19.1		0.0
B_3B_4柱	柱下端	$M_{B_3B_4}$(kN·m)	0.0	0.0	22.6	−22.6	$1.2S_{Gk}+1.4S_{W1k}+0.7\times1.4S_{Lk}$	22.6	$1.2S_{Gk}+1.4S_{W2k}+0.7\times1.4S_{Lk}$	−22.6	$1.2S_{Gk}+1.4S_{Lk}$	0.0
		$N_{B_3B_4}$(kN)	215.5	173.0	−0.2	−0.2		336.5		336.5		388.5
		$V_{B_3B_4}$(kN)	0.0	0.0	14.6	−14.6		14.6		−14.6		0.0
	柱上端	$M_{B_4B_3}$(kN·m)	0.0	0.0	28.6	−28.6	$1.2S_{Gk}+1.4S_{W1k}+0.7\times1.4S_{Lk}$	28.6	$1.2S_{Gk}+1.4S_{W2k}+0.7\times1.4S_{Lk}$	−28.6	$1.2S_{Gk}+1.4S_{Lk}$	0.0
		$N_{B_4B_3}$(kN)	−215.5	−173.0	0.2	0.2		−336.5		−336.5		−388.5
		$V_{B_4B_3}$(kN)	0.0	0.0	−14.6	14.6		−14.6		14.6		0.0
B_4B_5柱	柱下端	$M_{B_4B_5}$(kN·m)	0.0	0.0	9.6	−9.6	$1.2S_{Gk}+1.4S_{W1k}+0.7\times1.4S_{Lk}$	9.6	$1.2S_{Gk}+1.4S_{W2k}+0.7\times1.4S_{Lk}$	−9.6	$1.35S_{Gk}+1.4\times0.7S_{Lk}$	0.0
		$N_{B_4B_5}$(kN)	113.2	14.5	−0.3	−0.3		123.0		123.0		137.4
		$V_{B_4B_5}$(kN)	0.0	0.0	4.6	−4.6		4.6		−4.6		0.0
	柱上端	$M_{B_5B_4}$(kN·m)	0.0	0.0	13.4	−13.4	$1.2S_{Gk}+1.4S_{W1k}+0.7\times1.4S_{Lk}$	13.4	$1.2S_{Gk}+1.4S_{W2k}+0.7\times1.4S_{Lk}$	−13.4	$1.35S_{Gk}+1.4\times0.7S_{Lk}$	0.0
		$N_{B_5B_4}$(kN)	−113.2	−14.5	0.3	0.3		−123.0		−123.0		−137.4
		$V_{B_5B_4}$(kN)	0.0	0.0	−4.6	4.6		−4.6		4.6		0.0

续上表

截面		内力	1 恒载 γ_G S_{Gk}	2 活载 γ_{QL} S_{Lk}	3 左风 γ_{QW} S_{W1k}	4 右风 γ_{QW} S_{W2k}	内力组合					
							$+M_{max}$		$-M_{max}$		N_{max}	
							组合	内力	组合	内力	组合	内力
A_1B_1梁	梁左端	$M_{A_1B_1}$(kN·m)	31.2	57.7	−72.3	−72.7	$1.2S_{Gk}+0.9\times(1.4\times S_{Lk}+1.4S_{W2k})$	148.6	$1.0S_{Gk}+1.4S_{W1k}$	−46.3	$1.2S_{Gk}+1.4S_{Lk}+0.6\times1.4\times S_{W2k}$	132.5
		$N_{A_1B_1}$(kN)	−6.9	−13.1	5.9	−0.8		−19.4		0.1		−20.5
		$V_{A_1B_1}$(kN)	45.6	79.2	−28.6	28.7		142.7		9.4		142.0
	梁右端	$M_{B_1A_1}$(kN·m)	−43.4	−67.9	−70.8	71.0			$1.2S_{Gk}+0.9\times(1.4\times S_{Lk}+1.4S_{W2k})$	−168.2	$1.2S_{Gk}+1.4S_{Lk}+0.6\times1.4\times S_{W2k}$	−68.7
		$N_{B_1A_1}$(kN)	6.9	13.1	−5.9	0.8				19.4		20.5
		$V_{B_1A_1}$(kN)	50.4	83.3	28.6	−28.7				99.5		116.5
A_2B_2梁	梁左端	$M_{A_2B_2}$(kN·m)	36.0	68.2	−50.2	50.2	$1.2S_{Gk}+0.9\times(1.4\times S_{Lk}+1.4S_{W2k})$	142.6	$1.0S_{Gk}+1.4S_{W1k}$	−20.2	$1.0S_{Gk}+1.4S_{W1k}$	−20.2
		$N_{A_2B_2}$(kN)	−0.9	−1.7	7.2	−3.6		−5.6		6.5		6.5
		$V_{A_2B_2}$(kN)	47.7	82.8	−19.7	19.7		140.0		20.0		20.0
	梁右端	$M_{B_2A_2}$(kN·m)	−40.4	−60.4	−48.4	48.3			$1.2S_{Gk}+0.9\times(1.4\times S_{Lk}+1.4S_{W2k})$	−138.3	$1.0S_{Gk}+1.4S_{W1k}$	−82.1
		$N_{B_2A_2}$(kN)	0.9	1.7	−7.2	3.6				−4.1		−6.5
		$V_{B_2A_2}$(kN)	48.9	79.7	19.7	−19.7				138.4		60.5
A_3B_3梁	梁左端	$M_{A_3B_3}$(kN·m)	36.9	71.4	−33.6	33.7	$1.2S_{Gk}+0.9\times(1.4\times S_{Lk}+1.4\times S_{W2k})$	131.5	$1.0S_{Gk}+1.4S_{W1k}$	−2.9	$1.0S_{Gk}+1.4S_{W1k}$	−2.9
		$N_{A_3B_3}$(kN)	0.1	−2.7	3.9	−0.6		−2.9		3.9		3.9
		$V_{A_3B_3}$(kN)	47.5	84.1	−12.9	12.9		134.8		26.8		26.8
	梁右端	$M_{B_3A_3}$(kN·m)	−39.3	−57.2	−30.6	30.6			$1.2S_{Gk}+0.9\times(1.4\times S_{Lk}+1.4S_{W2k})$	−118.3	$1.2S_{Gk}+1.4S_{W1k}$	−69.9
		$N_{B_3A_3}$(kN)	−0.1	2.7	−3.9	0.6				−1.1		−3.9
		$V_{B_3A_3}$(kN)	48.5	78.4	12.9	−12.9				130.6		61.3
A_4B_4梁	梁左端	$M_{A_4B_4}$(kN·m)	38.6	68.0	−21.9	21.3	$1.2S_{Gk}+1.4S_{Lk}+0.6\times1.4S_{W2k}$	119.4			$1.2S_{Gk}+0.9(1.4\times S_{Lk}+1.4S_{W1k})$	80.1
		$N_{A_4B_4}$(kN)	0.3	12.9	7.4	−2.7		11.6				18.5
		$V_{A_4B_4}$(kN)	48.1	83.2	−8.2	8.1		136.2				115.6
	梁右端	$M_{B_4A_4}$(kN·m)	−38.0	−58.2	−19.3	19.0			$1.2S_{Gk}+0.9\times(1.4\times S_{Lk}+1.4S_{W2k})$	−107.8	$1.2S_{Gk}+0.9\times(1.4\times S_{Lk}+1.4S_{W1k})$	−107.8
		$N_{B_4A_4}$(kN)	−0.3	−12.9	−7.4	2.7				−17.6		−18.5
		$V_{B_4A_4}$(kN)	47.9	79.3	8.2	−8.1				132.1		126.6
A_5B_5梁	梁左端	$M_{A_5B_5}$(kN·m)	29.6	20.7	−5.9	7.0	$1.2S_{Gk}+1.4S_{Lk}+0.6\times1.4S_{W2k}$	54.5			$1.2S_{Gk}+0.9\times(1.4\times S_{Lk}+1.4S_{W1k})$	42.9
		$N_{A_5B_5}$(kN)	10.1	9.5	3.4	−1.2		18.9				21.7
		$V_{A_5B_5}$(kN)	49.3	17.3	−2.5	2.8		68.3				62.6
	梁右端	$M_{B_5A_5}$(kN·m)	−47.7	4.4	−6.4	6.9			$1.2S_{Gk}+1.4S_{W2k}$	−54.1	$1.2S_{Gk}+0.9\times(1.4\times S_{Lk}+1.4S_{W1k})$	−49.5
		$N_{B_5A_5}$(kN)	−10.1	−9.5	−3.4	1.2				−8.9		−21.7
		$V_{B_5A_5}$(kN)	56.6	7.2	2.5	−2.8				53.8		65.3

平面内稳定：$\lambda_x = \frac{l_0}{i_x} = \frac{807}{17.26} = 46.8 < 150$

查《钢结构设计规范》附表 C-2 得 $\varphi_x = 0.870$（b 类截面）

$$N'_{Ex} = \frac{\pi^2 EA}{1.1\lambda_x^2} = \frac{\pi^2 \times 206 \times 10^3 \times 132.8 \times 10^2}{1.1 \times 46.8^2} = 11207$$

$$\beta_{mx} = 1.0$$

$$\frac{N}{\varphi_x A} + \frac{\beta_{mx} M_x}{\gamma_x W_{1x}\left(1 - 0.8\frac{N}{N'_{Ex}}\right)}$$

$$= \frac{750.6 \times 10^3}{0.87 \times 132.8 \times 10^2} + \frac{1.0 \times 94.3 \times 10^6}{1.05 \times 1978 \times 10^3 (1 - 0.8 \times \frac{750.6}{11207})}$$

$$= 113\text{N/mm}^2 < f$$

平面外稳定：$\lambda_y = \frac{l}{i_y} = \frac{600}{7.36} = 81.5 < 150$

查《钢结构设计规范》附表 C-2 得 $\varphi_y = 0.678$（b 类截面）

$$\varphi_b = 1.07 - \frac{\lambda_y^2}{44000} = 1.07 - \frac{81.5^2}{44000} = 0.92$$

$$\beta_{tx} = 1.01, \eta = 1.0$$

$$\frac{N}{\varphi_y A} + \eta\frac{\beta_{tx} M_x}{\varphi_b W_{1x}}$$

$$= \frac{750.6 \times 10^3}{0.678 \times 132.8 \times 10^2} + 1 \times \frac{1.0 \times 94.3 \times 10^6}{0.92 \times 1978 \times 10^3}$$

$$= 135\text{N/mm}^2 < f$$

局部稳定：

翼缘：$\frac{b}{t} = \frac{(300-10)/2}{16} = \frac{145}{16} = 9.1 < 13$，翼缘满足要求

腹板：$W = \frac{I_x}{h_0/2} = \frac{39563}{36.8/2} = 2150\text{cm}^3$

$$\sigma_{max} = \frac{N}{A} + \frac{M_x}{W} = \frac{750.6 \times 10^3}{132.8 \times 10^2} + \frac{94.3 \times 10^6}{2150 \times 10^3}$$

$$= 100.4\text{N/mm}^2$$

$$\sigma_{min} = \frac{N}{A} - \frac{M_x}{W} = \frac{750.6 \times 10^3}{132.8 \times 10^2} - \frac{94.3 \times 10^6}{2150 \times 10^3}$$

$$= 12.6\text{N/mm}^2$$

$$\alpha_0 = \frac{\sigma_{max} - \sigma_{min}}{\sigma_{max}} = \frac{100.4 - 12.6}{100.4} = 0.87$$

$\alpha_0 < 1.6$，腹板高厚比限值为 $16\alpha_0 + 0.5\lambda + 25 = 16 \times 0.87 + 0.5 \times 46.8 + 25 = 62.3$

则$\frac{h_0}{t_w} = \frac{368}{10} = 36.8 < 62.3$，腹板也满足要求。

b. 内力组合第二组$\begin{cases} M = 64.5\text{kN} \cdot \text{m} \\ N = 825.7\text{kN} \end{cases}$

强度：$$\frac{N}{A_n}+\frac{M_x}{\gamma_x W_{nx}}=\frac{825.7\times10^3}{132.8\times10^2}+\frac{64.5\times10^6}{1.05\times1978\times10^3}$$

$$=93.3\text{N/mm}^2<f$$

平面内稳定：

$$\frac{N}{\varphi_x A}+\frac{\beta_{mx}M_x}{\gamma_x W_{1x}\left(1-0.8\frac{N}{N'_{Ex}}\right)}=\frac{825.7\times10^3}{0.87\times132.8\times10^2}+\frac{1.0\times64.5\times10^6}{1.05\times1978\times10^3\left(1-0.8\times\frac{825.7}{11207}\right)}$$

$$=104.5\text{N/mm}^2<f$$

平面外稳定：

$$\frac{N}{\varphi_y A}+\eta\frac{\beta_{tx}M_x}{\varphi_b W_{1x}}=\frac{825.7\times10^3}{0.678\times132.8\times10^2}+1\times\frac{1.0\times64.5\times10^6}{0.92\times1978\times10^3}$$

$$=127.1\text{N/mm}^2<f$$

③二层柱—A_1A_2 柱段

计算长度系数：$K_2=0.41$

$$K_1=\frac{33661/500}{39563/400+39563/350}=0.32$$

查《钢结构设计规范》附表 D-2 并用插值法计算得 $\mu=1.776$

则计算长度 $l_0=\mu l=1.776\times400=710.4\text{cm}$

a. 内力组合第一组$\begin{cases}M=77.8\text{kN}\cdot\text{m}\\N=622.5\text{kN}\end{cases}$

强度：$$\frac{N}{A_n}+\frac{M_x}{\gamma_x W_{nx}}=\frac{622.5\times10^3}{132.8\times10^2}+\frac{77.8\times10^6}{1.05\times1978\times10^3}=84.4\text{N/mm}^2<f$$

平面内稳定：$$\lambda_x=\frac{l_0}{i_x}=\frac{710.4}{17.26}=41.2<150$$

查《钢结构设计规范》(GB 50017—2003)附表 C-2 得 $\varphi_x=0.895$(b 类截面)

$$N'_{Ex}=\frac{\pi^2EA}{1.1\lambda_x^2}=\frac{\pi^2\times206\times10^3\times132.8\times10^2}{1.1\times41.2^2}=14460\text{kN}$$

$$\beta_{mx}=1.0$$

$$\frac{N}{\varphi_x A}+\frac{\beta_{mx}M_x}{\gamma_x W_{1x}\left(1-0.8\frac{N}{N'_{Ex}}\right)}$$

$$=\frac{622.5\times10^3}{0.895\times132.8\times10^2}+\frac{1.0\times77.8\times10^6}{1.05\times1978\times10^3\left(1-0.8\times\frac{622.5}{14460}\right)}$$

$$=91.1\text{N/mm}^2<f$$

平面外稳定：$\lambda_y=\frac{l}{i_y}=\frac{400}{7.36}=54.3<150$

查《钢结构设计规范》附表 C-2 得 $\varphi_y=0.838$(b 类截面)

$$\varphi_b=1.07-\frac{\lambda_y^2}{44000}=1.07-\frac{54.3^2}{44000}=1.0$$

$$\beta_{tx}=1.0,\qquad \eta=1.0$$

$$\frac{N}{\varphi_y A}+\eta\frac{\beta_{tx}M_x}{\varphi_b W_{1x}}=\frac{622.5\times10^3}{0.838\times132.8\times10^2}+1\times\frac{1.0\times77.8\times10^6}{1.0\times1978\times10^3}$$

$$=95.2\text{N/mm}^2<f$$

b. 内力组合第二组 $\begin{cases}M=74.0\text{kN}\cdot\text{m}\\N=636.2\text{kN}\end{cases}$

强度：$\frac{N}{A_n}+\frac{M_x}{\gamma_x W_{nx}}=\frac{636.2\times10^3}{132.8\times10^2}+\frac{74\times10^6}{1.05\times1978\times10^3}$

$$=83.5\text{N/mm}^2<f$$

平面内稳定：$\frac{N}{\varphi_x A}+\frac{\beta_{mx}M_x}{\gamma_x W_{1x}\left(1-0.8\frac{N}{N'_{Ex}}\right)}$

$$=\frac{636.2\times10^3}{0.895\times132.8\times10^2}+\frac{1.0\times74\times10^6}{1.05\times1978\times10^3\left(1-0.8\times\frac{636.2}{14460}\right)}$$

$$=90.4\text{N/mm}^2<f$$

平面外稳定：$\frac{N}{\varphi_y A}+\eta\frac{\beta_{tx}M_x}{\varphi_b W_{1x}}=\frac{636.2\times10^3}{0.838\times132.8\times10^2}+1\times\frac{1.0\times74\times10^6}{1.0\times1978\times10^3}$

$$=94.6\text{N/mm}^2<f$$

(2)B 列(中)柱(图 9-30)

①截面特性

中柱截面特性:下段柱 I 500×300×10×16

$A=142.8\text{cm}^2$　　$I_x=64784\text{cm}^4$

$i_x=21.3\text{cm}$　　$W_x=2591\text{cm}^3$

$I_y=7204\text{cm}^4$　　$i_y=7.1\text{cm}$

上段柱：I 400×300×10×16

$A=132.8\text{cm}^2$　　$I_x=39563\text{cm}^4$

$i_x=17.26\text{cm}$　　$W_x=1978\text{cm}^3$

$I_y=7203\text{cm}^4$　　$i_y=7.36\text{cm}$

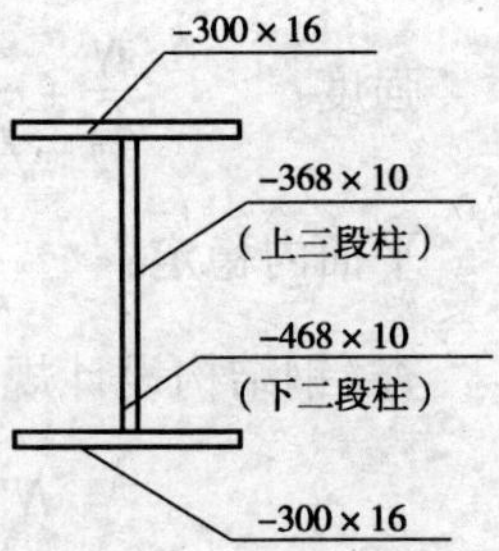

图 9-30　B 列柱截面

横梁截面特性：I 400×250×10×16

$A=116.8\text{cm}^2$　　$I_x=33661\text{cm}^4$　　$W_x=1683\text{cm}^3$

②底层柱——BB_1 柱段

计算长度系数:底层柱与基础刚接，$K_2=10$

$$K_1=\frac{2\times33661/500}{64784/600+64784/400}=0.50$$

查《钢结构设计规范》附表 D-2 得 $\mu=1.30$

则计算长度 $l_0=\mu l=1.30\times600=780\text{cm}$

内力组合 $\begin{cases}M=129.1\text{kN}\cdot\text{m}\\N=984.6\text{kN}\end{cases}$

强度　$\frac{N}{A_n}+\frac{M_x}{\gamma_x W_{nx}}=\frac{984.6\times10^3}{142.8\times10^2}+\frac{129.1\times10^6}{1.05\times2591\times10^3}$

$$=116.4\text{N/mm}^2<f$$

平面内稳定：$\lambda_x=\dfrac{l_0}{i_x}=\dfrac{780}{21.3}=36.6<150$

查《钢结构设计规范》附表 C-2 得 $\varphi_x=0.910$（b 类截面）

$$N'_{Ex}=\frac{\pi^2 EA}{1.1\lambda_x^2}=\frac{\pi^2\times 206\times 10^3\times 142.8\times 10^2}{1.1\times 36.6^2}=19703\text{kN}$$

$$\beta_{mx}=1.0$$

$$\frac{N}{\varphi_x A}+\frac{\beta_{mx}M_x}{\gamma_x W_{1x}\left(1-0.8\dfrac{N}{N'_{Ex}}\right)}$$

$$=\frac{984.6\times 10^3}{0.91\times 142.8\times 10^2}+\frac{1.0\times 129.1\times 10^6}{1.05\times 2591\times 10^3\left(1-0.8\times\dfrac{984.6}{19703}\right)}$$

$$=125.2\text{N/mm}^2<f$$

平面外稳定：$\lambda_y=\dfrac{l}{i_y}=\dfrac{600}{7.1}=84.5<150$

查《钢结构设计规范》附表 C-2 得 $\varphi_y=0.661$（b 类截面）

$$\varphi_b=1.07-\frac{\lambda_y^2}{44000}=1.07-\frac{84.5^2}{44000}=0.91,\beta_{tx}=1.0,\eta=1.0$$

$$\frac{N}{\varphi_y A}+\eta\frac{\beta_{tx}M_x}{\varphi_b W_{1x}}=\frac{984.6\times 10^3}{0.661\times 142.8\times 10^2}+1\times\frac{1.0\times 129.1\times 10^6}{0.91\times 2591\times 10^3}$$

$$=159.1\text{N/mm}^2<f$$

局部稳定：

按轴心受压构件 $\lambda=84.5$

翼缘：翼缘宽厚比限值为 $10+0.1\lambda=10+0.1\times 84.5=18.45$

$\dfrac{b}{t}=\dfrac{(300-10)/2}{16}=\dfrac{145}{16}=9.1<18.45$，满足要求；

腹板：腹板高厚比限值为 $25+0.5\lambda=25+0.5\times 84.5=67.25$

$\dfrac{h_0}{t_w}=\dfrac{468}{10}=46.8<67.25$，满足要求。

按压弯构件

翼缘：$\dfrac{b}{t}=9.1<13$，满足要求；

腹板：

$$W=\frac{I_x}{h_0/2}=\frac{64784}{46.8/2}=2768.5\text{cm}^3$$

$$\sigma_{max}=\frac{N}{A}+\frac{M_x}{W}=\frac{984.6\times 10^3}{142.8\times 10^2}+\frac{129.1\times 10^6}{2768.5\times 10^3}=115.5\text{N/mm}^2$$

$$\sigma_{min}=\frac{N}{A}-\frac{M_x}{W}=\frac{984.6\times 10^3}{142.8\times 10^2}-\frac{129.1\times 10^6}{2768.5\times 10^3}=22.3\text{N/mm}^2$$

$$\alpha_0=\frac{\sigma_{max}-\sigma_{min}}{\sigma_{max}}=\frac{115.5-22.3}{115.5}=0.81$$

$\alpha_0 < 1.6$，腹板高厚比限值为 $16\alpha_0 + 0.5\lambda + 25 = 16 \times 0.81 + 0.5 \times 36.6 + 25 = 56.3$

则 $\frac{h_0}{t_w} = \frac{468}{10} = 46.8 < 56.3$，腹板也满足要求。

③三层柱——B_2B_3 柱段

计算长度系数：
$$K_1 = \frac{2 \times 33661/500}{2 \times 39563/350} = 0.60$$

$$K_2 = \frac{2 \times 33661/500}{39563/350 + 64784/400} = 0.49$$

查《钢结构设计规范》附表 D-2 并用插值法计算得 $\mu = 1.562$

则计算长度 $l_0 = \mu l = 1.562 \times 350 = 546.7\text{cm}$

内力组合 $\begin{cases} M = 38.6\text{kN} \cdot \text{m} \\ N = 547.8\text{kN} \end{cases}$

强度：
$$\frac{N}{A_n} + \frac{M_x}{\gamma_x W_{nx}} = \frac{547.8 \times 10^3}{132.8 \times 10^2} + \frac{38.6 \times 10^6}{1.05 \times 1978 \times 10^3}$$
$$= 60\text{N/mm}^2 < f$$

平面内稳定：$\lambda_x = \frac{l_0}{i_x} = \frac{546.7}{17.26} = 32 < 150$

查《钢结构设计规范》附表 C-2 得 $\varphi_x = 0.929$（b 类截面）

$$N'_{Ex} = \frac{\pi^2 EA}{1.1\lambda_x^2} = \frac{\pi^2 \times 206 \times 10^3 \times 132.8 \times 10^2}{1.1 \times 32^2} = 23970\text{kN}$$

$$\beta_{mx} = 1.0$$

$$\frac{N}{\varphi_x A} + \frac{\beta_{mx} M_x}{\gamma_x W_{1x}\left(1 - 0.8\frac{N}{N'_{Ex}}\right)}$$

$$= \frac{547.8 \times 10^3}{0.929 \times 132.8 \times 10^2} + \frac{1.0 \times 38.6 \times 10^6}{1.05 \times 1978 \times 10^3\left(1 - 0.8 \times \frac{547.8}{23970}\right)}$$

$$= 63.3\text{N/mm}^2 < f$$

平面外稳定：$\lambda_y = \frac{l}{i_y} = \frac{350}{7.36} = 48 < 150$

查《钢结构设计规范》（GB 50017—2003）附表 C-2 得 $\varphi_y = 0.865$（b 类截面）

$$\varphi_b = 1.07 - \frac{\lambda_y^2}{44000} = 1.07 - \frac{48^2}{44000} = 1.02 > 1.0$$

取 $\varphi_b = 1.0$，$\beta_{tx} = 1.0$，$\eta = 1.0$

$$\frac{N}{\varphi_x A} + \eta\frac{\beta_{tx} M_x}{\varphi_b W_{1x}} = \frac{547.8 \times 10^3}{0.865 \times 132.8 \times 10^2} + 1 \times \frac{1.0 \times 38.6 \times 10^6}{1.0 \times 1978 \times 10^3}$$
$$= 67.2\text{N/mm}^2 < f$$

局部稳定：

翼缘：$\frac{b}{t} = \frac{(300 - 10)/2}{16} = \frac{145}{16} = 9.1 < 13$，翼缘满足要求；

腹板：$$W=\frac{I_x}{h_0/2}=\frac{39563}{36.8/2}=2150\text{cm}^3$$

$$\sigma_{min}=\frac{N}{A}+\frac{M_x}{W}=\frac{547.8\times10^3}{132.8\times10^2}+\frac{38.6\times10^6}{2150\times10^3}=59.2\text{N/mm}^2$$

$$\sigma_{min}=\frac{N}{A}-\frac{M_x}{W}=\frac{547.8\times10^3}{132.8\times10^2}-\frac{38.6\times10^6}{2150\times10^3}=23.2\text{N/mm}^2$$

$$\alpha_0=\frac{\sigma_{max}-\sigma_{min}}{\sigma_{max}}=\frac{59.2-23.3}{59.2}=0.61$$

$\alpha_0<1.6$，腹板高厚比限值为：

$$16\alpha_0+0.5\lambda+25=16\times0.61+0.5\times32+25=50.8$$

则$\frac{h_0}{t_w}=\frac{368}{10}=36.8<50.8$，腹板也满足要求。

(3)横梁

横梁截面特性：I $400\times250\times10\times16$

$$A=116.8\text{cm}^2\quad I_x=33661\text{cm}^4\quad W_x=1683\text{cm}^3\quad S_x=937.3\text{cm}^3$$

按梁端负弯矩校核。

因截面相同，可选择最不利内力组合，现选用 A_1B_1 梁右端内力组合验算。

取 M_{max}组合$\begin{cases}M_{max}=168.2\text{kN}\cdot\text{m}\\N=19.4\text{kN}\end{cases}$

最大剪应力取 A_2B_2 梁右端，$V_{max}=138.4\text{kN}$

梁端截面验算：

正应力
$$\sigma=\frac{N}{A_n}+\frac{M_x}{W_{nx}}=\frac{19.4\times10^3}{116.8\times10^2}+\frac{168.2\times10^6}{1683\times10^3}$$

$$=102\text{N/mm}^2<f$$

剪应力
$$\tau=\frac{VS_x}{It_w}=\frac{138.4\times10^3\times937.3\times10^3}{33661\times10^4\times10}=38.5\text{N/mm}^2<f_v$$

由于梁上翼缘有现浇混凝土板与其可靠连接，所以梁整体稳定可不验算。

局部稳定：

翼缘：$\frac{b}{t}=\frac{(250-10)/2}{16}=\frac{120}{16}=7.5<13$，满足要求；

腹板：腹板高厚比限值为：$80\sqrt{\frac{235}{f_y}}=80$

$\frac{h_0}{t_w}=\frac{368}{10}=36.8<80$，满足要求。

梁跨中截面验算：

梁跨中最大弯矩按 A_2B_2 梁取算，其荷载作用如图 9-31 所示。

恒荷载作用下梁跨中最大弯矩 M_{x1}：

$$R_{A2}=\frac{1}{5}\left(36-40.4+\frac{1}{2}\times19.2\times5^2\right)=47.1\text{kN}$$

$$R_{B2}=19.2\times5-R_{A2}=48.9\text{kN}$$

$$M_{x1}=47.1x-36-\frac{1}{2}\times19.2x^2$$

$$\frac{dM_{x1}}{dx}=47.1-19.2x=0\text{，得 }x=2.45\text{m}$$

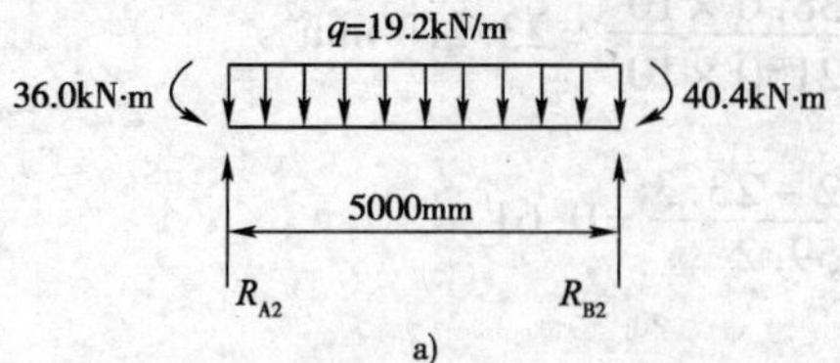

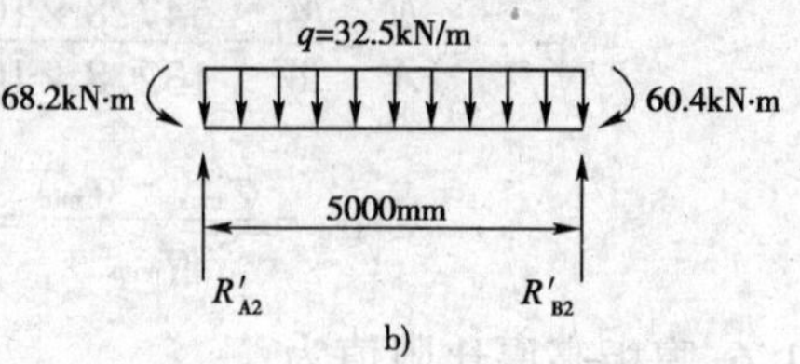

图 9-31 A_2B_2 梁荷载作用

a)恒荷载作用；b)活荷载作用

$$M_{x1}=47.1\times2.45-36-\frac{1}{2}\times19.2\times2.45^2=21.8\text{kN}\cdot\text{m}$$

活荷载作用下梁跨中部最大弯矩 M_{x2}（位置同上）：

$$R'_{A2}=\frac{1}{5}\left(68.2-60.4+\frac{1}{2}\times32.5\times5^2\right)=82.8\text{kN}$$

$$M_{x2}=82.8\times2.45-68.2-\frac{1}{2}\times32.5\times2.45^2=37.1\text{kN}\cdot\text{m}$$

$$M_x=M_{x1}+M_{x2}=21.8+37.1=58.9\text{kN}\cdot\text{m}$$

与支座弯矩 $M=168.2\text{kN}\cdot\text{m}$ 相比较，M_x 小许多，故不再计算。

4. 地震作用下的内力组合及杆件截面验算

(1)地震作用下的内力组合

①重力荷载代表值的效应

为了利用无地震计算结果，现分析如下：

a. 对于恒荷载，取标准值 × 系数 $1\times\gamma_{EG}$（γ_{EG} 取 1.2），故可利用恒荷载数据。

b. 屋面活荷载，只取雪载 × 系数 $0.5\times\gamma_{EG}$（γ_{EG} 取 1.2）。

c. 楼面活荷载，取标准值 × 系数 $0.5\times\gamma_{EG}$（γ_{EG} 取 1.2），实际楼面活荷载计算数据为取标准值 × 系数 $1\times\gamma_{EG}$（γ_{EG} 取 1.3），故须将原数据乘以 $\frac{0.5\times1.2}{1.3}\approx0.5$ 的系数，则为了不重新计算，将原活荷载数据乘以统一的系数 0.5。

②各楼层集中质量（图 9-24）产生的地震作用标准值，经计算分析后绘出的弯矩图见图 9-32。

③地震作用时梁、柱的内力组合见表 9-4。

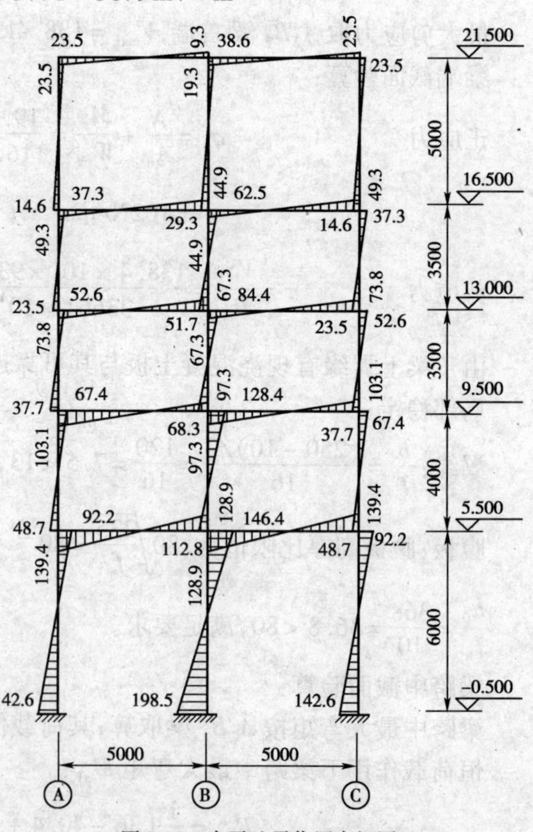

图 9-32 水平地震作用弯矩图

考虑地震组合的框架内力 表9-4

截面			内力	重力荷载代表值 恒载 γ_G S_{Gk}	重力荷载代表值 活载 γ_{QL} S_{Lk}	地震作用 左震 S_{Ehk1}	地震作用 右震 S_{Ehk2}	内力组合 $+M_{max}$ 组合	$+M_{max}$ 内力	$-M_{max}$ 组合	$-M_{max}$ 内力	N_{max} 组合	N_{max} 内力
框架柱	AA_1柱	柱下端	M_{AA_1}(kN·m)	−5.4	−5.0	142.6	−142.6	$1.0(S_{Gk}+0.5S_{Lk})+1.3S_{Ehk1}$	175.9	$1.2(S_{Gk}+0.5S_{Lk})+1.3S_{Ehk2}$	−195.8	$1.2(S_{Gk}+0.5S_{Lk})+1.3S_{Ehk2}$	−195.8
			N_{AA_1}(kN)	435.8	173.3	−145.7	145.7		347.1		798.5		798.5
			V_{AA_1}(kN)	−2.7	−2.5	39.1	−39.1		46.2		−56.0		−56.0
		柱上端	M_{A_1A}(kN·m)	−10.7	−9.8	92.2	−92.2	$1.0(S_{Gk}+0.5S_{Lk})+1.3S_{Ehk1}$	101.2	$1.2(S_{Gk}+0.5S_{Lk})+1.3S_{Ehk2}$	−140.4	$1.2(S_{Gk}+0.5S_{Lk})+1.3S_{Ehk2}$	−140.4
			N_{A_1A}(kN)	−435.8	−173.3	145.7	−145.7		−347.1		−798.5		−798.5
			V_{A_1A}(kN)	2.7	2.5	−39.1	39.1		−46.2		56.0		56.0
	A_1A_2柱	柱下端	$M_{A_1A_2}$(kN·m)	−20.5	−19.1	48.7	−48.7	$1.0(S_{Gk}+0.5S_{Lk})+1.3S_{Ehk1}$	27.2	$1.2(S_{Gk}+0.5S_{Lk})+1.3S_{Ehk2}$	−102.9	$1.2(S_{Gk}+0.5S_{Lk})+1.3S_{Ehk2}$	−102.9
			$N_{A_1A_2}$(kN)	342.8	133.7	−93.8	93.8		297.4		598.4		598.4
			$V_{A_1A_2}$(kN)	−9.6	−9.0	28.9	−28.9		20.6		−56.2		−56.2
		柱上端	$M_{A_2A_1}$(kN·m)	−17.9	−16.9	67.4	−67.4	$1.0(S_{Gk}+0.5S_{Lk})+1.3S_{Ehk1}$	55.8	$1.2(S_{Gk}+0.5S_{Lk})+1.3S_{Ehk2}$	−122.4	$1.2(S_{Gk}+0.5S_{Lk})+1.3S_{Ehk2}$	−122.4
			$N_{A_2A_1}$(kN)	−342.8	−133.7	93.8	−93.8		−297.4		−598.4		−598.4
			$V_{A_2A_1}$(kN)	9.6	9.0	−28.9	28.9		−20.6		56.2		56.2
	A_2A_3柱	柱下端	$M_{A_2A_3}$(kN·m)	−18.1	−17.2	37.7	−37.7	$1.0(S_{Gk}+0.5S_{Lk})+1.3S_{Ehk1}$	16.8	$1.2(S_{Gk}+0.5S_{Lk})+1.3S_{Ehk2}$	−84.3	$1.2(S_{Gk}+0.5S_{Lk})+1.3S_{Ehk2}$	−84.3
			$N_{A_2A_3}$(kN)	254.1	92.3	−54.9	54.9		232.6		417.7		417.7
			$V_{A_2A_3}$(kN)	−10.5	−9.8	25.7	−25.7		14.8		−53.6		−53.6
		柱上端	$M_{A_3A_2}$(kN·m)	−18.5	−17.2	52.6	−52.6	$1.0(S_{Gk}+0.5S_{Lk})+1.3S_{Ehk1}$	35.8	$1.2(S_{Gk}+0.5S_{Lk})+1.3S_{Ehk2}$	−104.1	$1.2(S_{Gk}+0.5S_{Lk})+1.3S_{Ehk2}$	−104.1
			$N_{A_3A_2}$(kN)	−254.1	−92.3	54.9	−54.9		−232.6		−417.7		−417.7
			$V_{A_3A_2}$(kN)	10.5	9.8	−25.7	25.7		−14.8		53.6		53.6
	A_3A_4柱	柱下端	$M_{A_3A_4}$(kN·m)	−18.4	−18.6	23.5	−23.5			$1.2(S_{Gk}+0.5S_{Lk})+1.3S_{Ehk2}$	−67.4	$1.2(S_{Gk}+0.5S_{Lk})+1.3S_{Ehk2}$	−67.4
			$N_{A_3A_4}$(kN)	165.0	50.2	−27.3	27.3				250.6		250.6
			$V_{A_3A_4}$(kN)	−10.4	−11.2	17.1	−17.1				−43.8		−43.8
		柱上端	$M_{A_4A_3}$(kN·m)	−17.9	−20.6	37.3	−37.3	$1.0(S_{Gk}+0.5S_{Lk})+1.3S_{Ehk1}$	13.0	$1.2(S_{Gk}+0.5S_{Lk})+1.3S_{Ehk2}$	−87.0	$1.2(S_{Gk}+0.5S_{Lk})+1.3S_{Ehk2}$	−87.0
			$N_{A_4A_3}$(kN)	−165.0	−50.2	27.3	−27.3		−152.3		−250.6		−250.6
			$V_{A_4A_3}$(kN)	10.4	11.2	−17.1	17.1		−2.4		43.8		43.8
	A_4A_5柱	柱下端	$M_{A_4A_5}$(kN·m)	−20.7	−13.4	14.6	−14.6			$1.2(S_{Gk}+0.5S_{Lk})+1.3S_{Ehk2}$	−51.9	$1.2S_{Gk}+0.9(1.4S_{Lk}+1.4S_{W2k})$	−51.9
			$N_{A_4A_5}$(kN)	49.3	8.6	−8.6	8.6				75.5		+75.5
			$V_{A_4A_5}$(kN)	−10.1	−4.7	7.6	−7.6				−24.8		−24.8
		柱上端	$M_{A_5A_4}$(kN·m)	−29.6	−10.4	23.5	−23.5			$1.2(S_{Gk}+0.5S_{Lk})+1.3S_{Ehk2}$	−72.3	$1.2(S_{Gk}+0.5S_{Lk})+1.3S_{Ehk2}$	−72.3
			$N_{A_5A_4}$(kN)	−49.3	−8.6	8.6	−8.6				−75.5		−75.5
			$V_{A_5A_4}$(kN)	10.1	4.7	−7.6	7.6				24.8		24.8

续上表

截面			内力	重力荷载代表值		地震作用		内力组合					
				恒载 γ_G S_{Gk}	活载 γ_{QL} S_{Lk}	左震 S_{Ehk1}	右震 S_{Ehk2}	$+M_{max}$		$-M_{max}$		N_{max}	
								组合	内力	组合	内力	组合	内力
框架柱	BB_1柱	柱下端	M_{BB_1}(kN·m)	0.0	0.0	198.5	−198.5	$1.2(S_{Gk}+0.5S_{Lk})+1.3S_{Ehk1}$	258.1	$1.2(S_{Gk}+0.5S_{Lk})+1.3S_{Ehk2}$	−258.1	$1.2(S_{Gk}+0.5S_{Lk})+1.3S_{Ehk2}$	−258.1
			N_{BB_1}(kN)	525.8	327.9	0.0	0.0		853.7		853.7		853.7
			V_{BB_1}(kN)	0.0	0.0	57.5	−57.5		74.7		−74.7		−74.7
		柱上端	M_{B_1B}(kN·m)	0.0	0.0	146.4	−146.4	$1.2(S_{Gk}+0.5S_{Lk})+1.3S_{Ehk1}$	190.3	$1.2(S_{Gk}+0.5S_{Lk})+1.3S_{Ehk2}$	−190.3	$1.2(S_{Gk}+0.5S_{Lk})+1.3S_{Ehk2}$	−190.3
			N_{B_1B}(kN)	−525.8	−327.9	0.0	0.0		−853.7		−853.7		−853.7
			V_{B_1B}(kN)	0.0	0.0	−57.5	57.5		−74.7		74.7		74.7
	B_1B_2柱	柱下端	$M_{B_1B_2}$(kN·m)	0.0	0.0	112.8	−112.8	$1.2(S_{Gk}+0.5S_{Lk})+1.3S_{Ehk1}$	146.7	$1.2(S_{Gk}+0.5S_{Lk})+1.3S_{Ehk2}$	−146.7	$1.2(S_{Gk}+0.5S_{Lk})+1.3S_{Ehk2}$	−146.7
			$N_{B_1B_2}$(kN)	419.4	244.6	0.0	0.0		664.0		664.0		664.0
			$V_{B_1B_2}$(kN)	0.0	0.0	60.3	−60.3		78.3		−78.3		−78.3
		柱上端	$M_{B_2B_1}$(kN·m)	0.0	0.0	128.4	−128.4	$1.2(S_{Gk}+0.5S_{Lk})+1.3S_{Ehk1}$	166.9	$1.2(S_{Gk}+0.5S_{Lk})+1.3S_{Ehk2}$	−166.9	$1.2(S_{Gk}+0.5S_{Lk})+1.3S_{Ehk2}$	−166.9
			$N_{B_2B_1}$(kN)	−419.4	−244.6	0.0	0.0		−664.1		−664.1		−664.1
			$V_{B_2B_1}$(kN)	0.0	0.0	−60.3	60.3		−78.3		78.3		78.3
	B_2B_3柱	柱下端	$M_{B_2B_3}$(kN·m)	0.0	0.0	68.3	−68.3	$1.2(S_{Gk}+0.5S_{Lk})+1.3S_{Ehk1}$	88.8	$1.2(S_{Gk}+0.5S_{Lk})+1.3S_{Ehk2}$	−88.8	$1.2(S_{Gk}+0.5S_{Lk})+1.3S_{Ehk2}$	−88.8
			$N_{B_2B_3}$(kN)	317.1	164.9	0.0	0.0		482.0		482.0		482.0
			$V_{B_2B_3}$(kN)	0.0	0.0	43.6	−43.6		56.6		−56.6		−56.6
		柱上端	$M_{B_3B_2}$(kN·m)	0.0	0.0	84.4	−84.4	$1.2(S_{Gk}+0.5S_{Lk})+1.3S_{Ehk1}$	109.8	$1.2(S_{Gk}+0.5S_{Lk})+1.3S_{Ehk2}$	−109.8	$1.2(S_{Gk}+0.5S_{Lk})+1.3S_{Ehk2}$	−109.8
			$N_{B_3B_2}$(kN)	−317.1	−164.9	0.0	0.0		−482.0		−482.0		−482.0
			$V_{B_3B_2}$(kN)	0.0	0.0	−43.6	43.6		−56.6		56.6		56.6
	B_3B_4柱	柱下端	$M_{B_3B_4}$(kN·m)	0.0	0.0	51.7	−51.7	$1.2(S_{Gk}+0.5S_{Lk})+1.3S_{Ehk1}$	67.2	$1.2(S_{Gk}+0.5S_{Lk})+1.3S_{Ehk2}$	−67.2	$1.2(S_{Gk}+0.5S_{Lk})+1.3S_{Ehk2}$	−67.2
			$N_{B_3B_4}$(kN)	215.5	86.5	0.0	0.0		302.0		302.0		302.0
			$V_{B_3B_4}$(kN)	0.0	0.0	32.6	−32.6		42.4		−42.4		−42.4
		柱上端	$M_{B_4B_3}$(kN·m)	0.0	0.0	62.5	−62.5	$1.2(S_{Gk}+0.5S_{Lk})+1.3S_{Ehk1}$	81.3	$1.2(S_{Gk}+0.5S_{Lk})+1.3S_{Ehk2}$	−81.3	$1.2(S_{Gk}+0.5S_{Lk})+1.3S_{Ehk2}$	−81.3
			$N_{B_4B_3}$(kN)	−215.5	−86.5	0.0	0.0		−302.0		−302.0		−302.0
			$V_{B_4B_3}$(kN)	0.0	0.0	−32.6	32.6		−42.4		42.4		42.4
	B_4B_5柱	柱下端	$M_{B_4B_5}$(kN·m)	0.0	0.0	29.3	−29.3	$1.2(S_{Gk}+0.5S_{Lk})+1.3S_{Ehk1}$	38.1	$1.2(S_{Gk}+0.5S_{Lk})+1.3S_{Ehk2}$	−38.1	$1.2(S_{Gk}+0.5S_{Lk})+1.3S_{Ehk2}$	−38.1
			$N_{B_4B_5}$(kN)	113.2	7.2	0.0	0.0		−120.4		120.4		120.4
			$V_{B_4B_5}$(kN)	0.0	0.0	13.6	−13.6		17.6		−17.6		−17.6
		柱上端	$M_{B_5B_4}$(kN·m)	0.0	0.0	38.6	−38.6	$1.2(S_{Gk}+0.5S_{Lk})+1.3S_{Ehk1}$	50.2	$1.2(S_{Gk}+0.5S_{Lk})+1.3S_{Ehk2}$	−50.2	$1.2(S_{Gk}+0.5S_{Lk})+1.3S_{Ehk2}$	−50.2
			$N_{B_5B_4}$(kN)	−113.2	−7.2	0.0	0.0		−120.4		−120.4		−120.4
			$V_{B_5B_4}$(kN)	0.0	0.0	−13.6	13.6		−17.6		17.6		17.6

续上表

截面			内力	重力荷载代表值		地震作用		内力组合					
				恒载 γ_G S_{Gk}	活载 γ_{QL} S_{Lk}	左震 S_{Ehk1}	右震 S_{Ehk2}	$+M_{max}$		$-M_{max}$		N_{max}	
								组合	内力	组合	内力	组合	内力
楼层横梁	A_1B_1梁	梁左端	$M_{A_1B_1}$(kN·m)	31.2	28.9	−139.4	139.3	$1.2(S_{Gk}+0.5S_{Lk})+1.3S_{Ehk2}$	241.1	$1.0(S_{Gk}+0.5S_{Lk})+1.3S_{Ehk1}$	−126.3	$1.0(S_{Gk}+0.5S_{Lk})+1.3S_{Ehk1}$	−126.3
			$N_{A_1B_1}$(kN)	−6.9	−6.5	−4.5	4.5		−7.6		−18.1		−18.1
			$V_{A_1B_1}$(kN)	45.6	39.6	−53.6	53.6		154.9		7.8		7.8
		梁右端	$M_{B_1A_1}$(kN·m)	−43.4	−34.0	−128.9	128.9	$1.0(S_{Gk}+0.5S_{Lk})+1.3S_{Ehk2}$	97.4	$1.2(S_{Gk}+0.5S_{Lk})+1.3S_{Ehk1}$	−244.9	$1.2(S_{Gk}+0.5S_{Lk})+1.3S_{Ehk1}$	−244.9
			$N_{B_1A_1}$(kN)	6.9	6.5	4.5	−4.5		6.5		19.3		19.3
			$V_{B_1A_1}$(kN)	50.4	41.6	53.6	−53.6		13.9		161.8		161.8
	A_2B_2梁	梁左端	$M_{A_2B_2}$(kN·m)	36.0	34.1	−103.1	103.1	$1.2(S_{Gk}+0.5S_{Lk})+1.3S_{Ehk2}$	+204.1	$1.0(S_{Gk}+0.5S_{Lk})+1.3S_{Ehk1}$	−69.9	$1.0(S_{Gk}+0.5S_{Lk})+1.3S_{Ehk1}$	−69.9
			$N_{A_2B_2}$(kN)	−0.9	−0.8	4.8	−4.8		−7.9		4.7		4.7
			$V_{A_2B_2}$(kN)	47.7	41.4	−40.1	40.1		141.2		29.1		29.1
		梁右端	$M_{B_2A_2}$(kN·m)	−40.4	−30.2	−97.3	97.3	$1.0(S_{Gk}+0.5S_{Lk})+1.3S_{Ehk2}$	62.6	$1.2(S_{Gk}+0.5S_{Lk})+1.3S_{Ehk1}$	−197.1	$1.2(S_{Gk}+0.5S_{Lk})+1.3S_{Ehk1}$	−197.1
			$N_{B_2A_2}$(kN)	0.9	0.8	−4.8	4.8		7.8		−4.5		−4.5
			$V_{B_2A_2}$(kN)	48.9	39.8	40.1	−40.1		28.5		140.8		140.8
	A_3B_3梁	梁左端	$M_{A_3B_3}$(kN·m)	36.9	35.7	−73.8	73.8	$1.2(S_{Gk}+0.5S_{Lk})+1.3S_{Ehk2}$	168.5	$1.0(S_{Gk}+0.5S_{Lk})+1.3S_{Ehk1}$	−29.5	$1.0(S_{Gk}+0.5S_{Lk})+1.3S_{Ehk1}$	−29.5
			$N_{A_3B_3}$(kN)	0.1	−1.4	1.2	−1.2		−2.8		0.3		0.3
			$V_{A_3B_3}$(kN)	47.5	42.0	−28.2	28.2		126.2		45.0		45.0
		梁右端	$M_{B_3A_3}$(kN·m)	−39.3	−28.6	−67.3	67.3	$1.0(S_{Gk}+0.5S_{Lk})+1.3S_{Ehk2}$	26.1	$1.2(S_{Gk}+0.5S_{Lk})+1.3S_{Ehk1}$	−155.4	$1.2(S_{Gk}+0.5S_{Lk})+1.3S_{Ehk1}$	−155.4
			$N_{B_3A_3}$(kN)	−0.1	1.4	−1.2	1.2		2.9		−0.3		−0.3
			$V_{B_3A_3}$(kN)	48.5	39.2	28.2	−28.2		42.9		124.4		124.4
	A_4B_4梁	梁左端	$M_{A_4B_4}$(kN·m)	38.6	34.0	−49.3	49.3	$1.2(S_{Gk}+0.5S_{Lk})+1.3S_{Ehk2}$	136.7				
			$N_{A_4B_4}$(kN)	0.3	6.4	3.3	−3.3		2.5				
			$V_{A_4B_4}$(kN)	48.1	41.6	−18.8	18.8		114.2				
		梁右端	$M_{B_4A_4}$(kN·m)	−38.0	−29.1	−44.9	44.9			$1.2(S_{Gk}+0.5S_{Lk})+1.3S_{Ehk1}$	−125.4	$1.2(S_{Gk}+0.5S_{Lk})+1.3S_{Ehk1}$	−125.4
			$N_{B_4A_4}$(kN)	−0.3	−6.4	−3.3	3.3				−11.0		−11.0
			$V_{B_4A_4}$(kN)	47.9	39.6	18.8	−18.8				112.0		112.0
	A_5B_5梁	梁左端	$M_{A_5B_5}$(kN·m)	29.6	10.4	−23.5	23.5	$1.2(S_{Gk}+0.5S_{Lk})+1.3S_{Ehk2}$	70.5				
			$N_{A_5B_5}$(kN)	10.1	4.7	2.0	−2.0		12.2				
			$V_{A_5B_5}$(kN)	49.3	8.6	−8.6	8.6		69.1				
		梁右端	$M_{B_5A_5}$(kN·m)	−47.7	2.2	−19.3	19.3			$1.2(S_{Gk}+0.5S_{Lk})+1.3S_{Ehk1}$	−70.6	$1.2(S_{Gk}+0.5S_{Lk})+1.3S_{Ehk1}$	−70.6
			$N_{B_5A_5}$(kN)	−10.1	−4.7	−2.0	2.0				−17.4		−17.4
			$V_{B_5A_5}$(kN)	56.6	3.6	8.6	−8.6				71.3		71.3

(2)梁、柱截面验算

验算时，梁、柱截面承载力调整系数 γ_{RE} 采用 0.75；局部稳定应按《钢结构设计规范》表 8.3.2-1中8度一栏控制。

梁、柱截面特性均同前。

①边柱——AA_1 柱段

地震内力组合$\begin{cases}M = 195.8\text{kN}\cdot\text{m}\\ N = 798.5\text{kN}\end{cases}$

强度：$\dfrac{N}{A_n}+\dfrac{M_x}{\gamma_x W_{nx}}=\dfrac{798.5\times10^3}{132.8\times10^2}+\dfrac{195.8\times10^6}{1.05\times1978\times10^3}$

$=154.4\text{N/mm}^2<f/0.75$

平面内稳定：$\lambda_x=\dfrac{l_0}{i_x}=\dfrac{807}{17.26}=46.8<120$

查《钢结构设计规范》附表 C-2 得 $\varphi_x=0.870$（b 类截面）

$$N'_{Ex}=\frac{\pi^2 EA}{1.1\lambda_x^2}=\frac{\pi^2\times206\times10^3\times132.8\times10^2}{1.1\times46.8^2}=11207\text{kN}$$

$$\beta_{mx}=1.0$$

$$\frac{N}{\varphi_x A}+\frac{\beta_{mx}M_x}{\gamma_x W_{1x}\left(1-0.8\dfrac{N}{N'_{Ex}}\right)}$$

$$=\frac{798.5\times10^3}{0.87\times132.8\times10^2}+\frac{1.0\times195.8\times10^6}{1.05\times1978\times10^3\left(1-0.8\times\dfrac{798.5}{11207}\right)}$$

$=169.1\text{N/mm}^2<f/0.75$

平面外稳定：$\lambda_y=\dfrac{l}{i_y}=\dfrac{600}{7.36}=81.5<120$

查《钢结构设计规范》附表 C-2 得 $\varphi_y=0.678$（b 类截面）

$$\varphi_b=1.07-\frac{\lambda_y^2}{44000}=1.07-\frac{81.5^2}{44000}=0.92,\beta_{tx}=1.0,$$

$$\eta=1.0$$

$$\frac{N}{\varphi_y A}+\eta\frac{\beta_{tx}M_x}{\varphi_b W_{1x}}$$

$$=\frac{798.5\times10^3}{0.678\times132.8\times10^2}+1\times\frac{1.0\times195.8\times10^6}{0.92\times1978\times10^3}$$

$=196.3\text{N/mm}^2<f/0.75$

局部稳定：按“塑性设计”要求控制

翼缘：$\dfrac{b}{t}=\dfrac{(300-10)/2}{16}=\dfrac{145}{16}=9.06>9$，超过 0.7% <5%，尚可

腹板：$\dfrac{N}{Af}=\dfrac{798.5\times10^3}{132.8\times10^2\times215}=0.28<0.37$

腹板高厚比限值为：$72-100\dfrac{N}{Af}=72-100\times0.28=44$

实际高厚比为：$\dfrac{h_0}{t_w}=\dfrac{368}{10}=36.8<44$，满足要求。

②中柱——BB_1 柱段

地震内力组合$\begin{cases}M = 258.1\text{kN}\cdot\text{m}\\ N = 853.7\text{kN}\end{cases}$

强度：$\frac{N}{A_n}+\frac{M_x}{\gamma_x W_{nx}}=\frac{853.7\times10^3}{142.8\times10^2}+\frac{258.1\times10^6}{1.05\times2591\times10^3}$

$=155.7\text{N/mm}^2<f$

平面内稳定： $\lambda_x=\frac{l_0}{i_x}=\frac{780}{21.3}=36.6<120$

查《钢结构设计规范》附表 C-2 得 $\varphi_x=0.910$（b 类截面）

$$N'_{Ex}=\frac{\pi^2 EA}{1.1\lambda_x^2}=\frac{\pi^2\times206\times10^3\times142.8\times10^2}{1.1\times36.6^2}=19703\text{kN}$$

$$\beta_{mx}=1.0$$

$$\frac{N}{\varphi_x A}+\frac{\beta_{mx}M_x}{\gamma_x W_{1x}\left(1-0.8\frac{N}{N'_{Ex}}\right)}$$

$$=\frac{853.7\times10^3}{0.91\times142.8\times10^2}+\frac{1.0\times258.1\times10^6}{1.05\times2591\times10^3\left(1-0.8\times\frac{853.7}{19703}\right)}$$

$=164\text{N/mm}^2<f/0.75$

平面外稳定： $\lambda_y=\frac{l}{i_y}=\frac{600}{7.1}=84.5<120$

查《钢结构设计规范》附表 C-2 得 $\varphi_y=0.661$（b 类截面）

$$\varphi_b=1.07-\frac{\lambda_y^2}{44000}=1.07-\frac{84.5^2}{44000}=0.91,\beta_{tx}=1.0,$$

$$\eta=1.0$$

$$\frac{N}{\varphi_y A}+\eta\frac{\beta_{tx}M_x}{\varphi_b W_{1x}}$$

$$=\frac{853.7\times10^3}{0.661\times142.8\times10^2}+1\times\frac{1.0\times258.1\times10^6}{0.91\times2591\times10^3}$$

$=199.4\text{N/mm}^2<f/0.75$

局部稳定：

翼缘：$\frac{b}{t}=\frac{(300-10)/2}{16}=\frac{145}{16}=9.06>9$，超过 0.7% <5%，尚可

腹板：$\frac{N}{Af}=\frac{853.7\times10^3}{142.8\times10^2\times215}=0.28<0.37$

腹板高厚比限值为：$72-100\frac{N}{Af}=72-100\times0.28=44$

实际高厚比为：$\frac{h_0}{t_w}=\frac{468}{10}=46.8>44$，不满足要求。将腹板尺寸调整为 468mm × 12mm，则高厚比为：$\frac{h_0}{t_w}=\frac{468}{12}=39<44$，满足要求。

③横梁验算——A_1B_1

组合内力$\begin{cases}M=244.9\text{kN}\cdot\text{m}\\N=19.3\text{kN}\\V=161.8\text{kN}\end{cases}$

梁端截面验算：

正应力
$$\sigma=\frac{N}{A_n}+\frac{M_x}{W_{nx}}=\frac{19.3\times10^3}{116.8\times10^2}+\frac{244.9\times10^6}{1683\times10^3}$$
$$=147.2\text{N/mm}^2<f/0.75$$

剪应力
$$\tau=\frac{VS_x}{It_w}=\frac{161.8\times10^3\times937.3\times10^3}{33661\times10^4\times10}=45\text{N/mm}^2<f_v/0.75$$

局部稳定可参见非地震组合验算，已满足要求。

9.5.3 纵向支撑计算

1. 基本组合时的计算

基本组合的纵向计算，主要进行端山墙风力作用下柱列纵向柱间支撑开间的抗侧力验算，因纵向采用柱—支撑结构体系，故仅由竖向支撑承受风荷载，按布置图竖向支撑仅设置在 *AB* 柱列，故每列竖向支撑承受 5m 宽度的荷载。纵向支撑计算简图见图 9-33。

(1) 各层支撑内力计算

左风时

$$q_{w1}=(0.4\times1.14\times0.8)\times5\times1.4=2.55\text{kN/m}$$
$$q_{w2}=(0.4\times1.14\times0.5)\times5\times1.4=1.6\text{kN/m}$$

将均布风荷载化为节点集中风荷载，且交叉支撑一般仅按受拉杆计算；此时亦可不计入柱压缩所增加的轴心力。

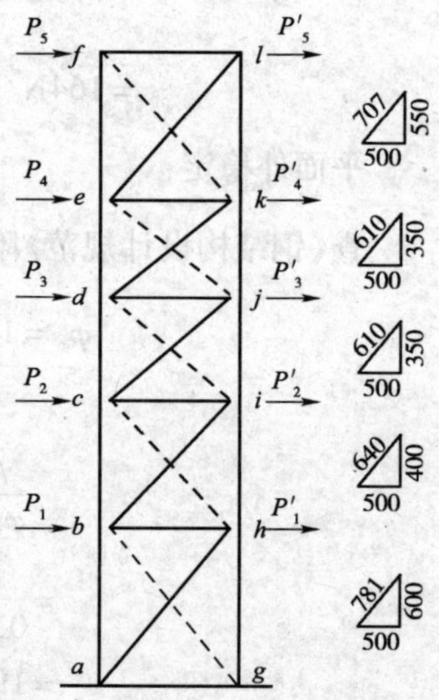

图 9-33　纵向支撑计算简图

节点集中风荷载：

$$P_5=(0.8+5/2)\times2.55=8.42\text{kN}$$
$$P'_5=(0.8+5/2)\times1.6=5.28\text{kN}$$
$$P_4=\frac{1}{2}(5+3.5)\times2.55=10.84\text{kN}$$
$$P'_4=\frac{1}{2}(5+3.5)\times1.6=6.8\text{kN}$$
$$P_3=3.5\times2.55=8.93\text{kN}$$
$$P'_3=3.5\times1.6=5.6\text{kN}$$
$$P_2=\frac{1}{2}(3.5+4)\times2.55=9.56\text{kN}$$
$$P'_2=\frac{1}{2}(3.5+4)\times1.6=6\text{kN}$$
$$P_1=\frac{1}{2}(4+6)\times2.55=12.75\text{kN}$$
$$P'_1=\frac{1}{2}(4+6)\times1.6=8\text{kN}$$

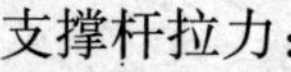
支撑杆拉力：

支撑与柱组成立体桁架来承受此水平力，由于两边柱截面相等，中和轴位于柱距中央，故其拉力按下式确定：

$$N=\frac{\sum P_i\cdot H_i}{B}\cdot\frac{L_i}{h_i}$$

$$N_{el}=\frac{(P_5+P'_5)\times5}{5}\times\frac{7.07}{5}=(8.42+5.28)\times\frac{7.07}{5}=19.37\text{kN}$$

$$N_{dk}=\frac{(P_5+P'_5)\times8.5+(P_4+P'_4)\times3.5}{5}\times\frac{6.1}{3.5}$$

$$=\frac{(8.42+5.28)\times8.5+(10.84+6.4)\times3.5}{5}\times\frac{6.1}{3.5}=62.11\text{kN}$$

$$N_{cj}=\left[\frac{(8.42+5.28)\times12+(10.84+6.8)\times7}{5}+\frac{(8.93+5.6)\times3.5}{5}\right]\times\frac{6.1}{3.5}=118.07\text{kN}$$

$$N_{bi}=\left[\frac{(8.42+5.28)\times16+(10.84+6.8)\times11}{5}+\frac{(8.93+5.6)\times7.5+(9.56+6)\times4}{5}\right]$$

$$\times\frac{6.4}{4}=187.03\text{kN}$$

$$N_{ah}=\left[\frac{(8.42+5.28)\times22+(10.84+6.8)\times17}{5}+\frac{(8.93+5.6)\times13.5+(9.56+6)\times10}{5}\right.$$

$$\left.+\frac{(12.75+8)\times6}{5}\right]\times\frac{7.81}{6}=280.52\text{kN}$$

(2)支撑斜杆截面选择

斜杆截面均选择∟63×5，并验算如下：

el、*fk* 杆：$l=707\text{cm}, N=19.37\text{kN}$

选用∟63×5，$A=6.14\text{cm}^2, i_x=1.94\text{cm}, i_y=1.25\text{cm}$

$$\lambda_x=\frac{l}{i_x}=\frac{707}{1.94}=364<400, \lambda_y=\frac{l}{i_y}=\frac{707/2}{1.25}=283<400$$

$$\sigma=\frac{N}{A}=\frac{19.37\times10^3}{6.14\times10^2}=31.5\text{N/mm}^2$$

考虑单角钢单面连接强度折减系数0.85，

$$\sigma=31.5<0.85\times215=182.75\text{N/mm}^2\text{(满足要求)}$$

cj、*id* 杆：$l=610\text{cm}, N=118.07\text{kN}$

选用∟63×5，$A=6.14\text{cm}^2, i_x=1.94\text{cm}, i_y=1.25\text{cm}$

$$\lambda_x=\frac{l}{i_x}=\frac{610}{1.94}=314.4<400, \lambda_y=\frac{l}{i_y}=\frac{610/2}{1.25}=244<400$$

$$\sigma=\frac{N}{A}=\frac{118.07\times10^3}{6.14\times10^2}=192.3\text{N/mm}^2>0.85\times215=182.75\text{N/mm}^2\text{，不满足要求。}$$

故改用∟70×5，$A=6.88\text{cm}^2, i_x=2.16\text{cm}, i_y=1.39\text{cm}$

$$\lambda_x=\frac{l}{i_x}=\frac{610}{2.16}=282.4<400, \lambda_y=\frac{l}{i_y}=\frac{610/2}{1.39}=219.4<400$$

$$\sigma=\frac{N}{A}=\frac{118.07\times10^3}{6.88\times10^2}=171.6\text{N/mm}^2\text{(满足要求)}$$

bi、*ch* 杆：$l=640\text{cm}, N=187.03\text{kN}$

选用∟80×7，$A=10.86\text{cm}^2, i_x=2.46\text{cm}, i_y=1.58\text{cm}$

$$\lambda_x=\frac{l}{i_x}=\frac{640}{2.46}=260<400, \lambda_y=\frac{l}{i_y}=\frac{640/2}{1.58}=203<400$$

$$\sigma=\frac{N}{A}=\frac{187.03\times10^3}{10.86\times10^2}=172.2\text{N/mm}^2$$

$$0.85\times215=182.75\text{N/mm}^2>172.2\text{N/mm}^2\text{(满足要求)}$$

ah、gb 杆：$l=781\text{cm}, N=280.52\text{kN}$

选用 2∟70×5，$A=13.75\text{cm}^2, i_x=2.16\text{cm}, i_y=3.09\text{cm}$

$$\lambda_x=\frac{l}{i_x}=\frac{781/2}{2.16}=181<400, \lambda_y=\frac{l}{i_y}=\frac{781}{3.09}=253<400$$

$$\sigma=\frac{N}{A}=\frac{280.52\times10^3}{13.75\times10^2}=204\text{N/mm}^2<215\text{N/mm}^2，强度满足要求。$$

2. 地震作用组合时的计算

本例框架总高度为 22m。在有地震作用的组合中，不考虑风荷载的影响。计算地震作用时，采用层模型进行。

（1）各层重力荷载代表值的计算

各层质量集中如图 9-34 所示。由前述计算可知：

$$G_{5E}=4(G_{EA5}+G_{EC5}+G_{EB5})+(7\times0.2+20\times0.04)\times10\times(2.5+0.8)\times2$$
$$=4\times(81.95+81.95+96)+72.6\times2=1184.8\text{kN}$$

$$G_{4E}=4(G_{EA4}+G_{EC4}+G_{EB4})+(7\times0.2+20\times0.04)\times10\times(5/2+3.5/2)\times2$$
$$=4\times(118.83+118.83+117.18)+93.5\times2=1606.36\text{kN}$$

$$G_{3E}=4(G_{EA3}+G_{EC3}+G_{EB3})+(7\times0.2+20\times0.04)\times10\times3.5\times2$$
$$=4\times(111.4+111.4+116.35)+77\times2=1510.6\text{kN}$$

$$G_{2E}=4(G_{EA2}+G_{EC2}+G_{EB2})+(7\times0.2+20\times0.04)\times10\times(3.5/2+4/2)\times2$$
$$=4\times(113.88+113.88+116.63)+82.5\times2=1542.56\text{kN}$$

$$G_{1E}=4(G_{EA1}+G_{EC1}+G_{EB1})+(7\times0.2+20\times0.04)\times10\times(4/2+6/2)\times2$$
$$=4\times(126.25+126.25+118)+110\times2=1702\text{kN}$$

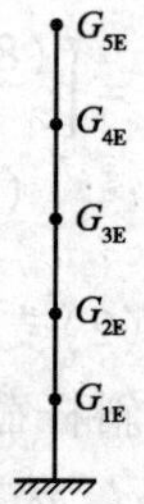

G_{5E} G_{4E} G_{3E} G_{2E} G_{1E}

图 9-34　各层质量集中

（2）各层刚度及周期计算

抗侧刚度参照基本组合确定的杆件截面进行计算，见表 9-5。

抗侧刚度计算　　表 9-5

层序	简　图	抗侧刚度
第一层	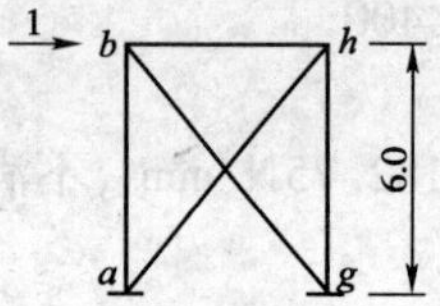 1 → b h a g；6.0；5.0；斜杆截面 2∟70×5 A=13.75cm²	$l=\sqrt{5^2+6.0^2}=7.81\text{m}, \lambda_x=\frac{l_0}{i_x}=\frac{0.5\times781}{2.16}=181$ $\lambda_y=\frac{l}{i_y}=\frac{781}{3.09}=253$ $\delta_{11}=\frac{1}{EA_1}\times\frac{7.81^3}{5^2}=\frac{1}{206\times1375}\times\frac{7.81^3}{5^2}$ 刚度 $\bar{k}_1=2\times\frac{5^2}{7.81^3}\times206\times1375=29730\text{kN/m}$
第二层	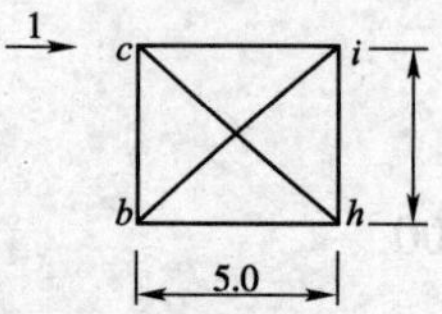 1 → c i b h；5.0；斜杆截面 2∟70×5 A=13.75cm²	$l=\sqrt{5^2+4^2}=6.4\text{m}\quad\lambda_x=\frac{l_0}{i_x}=\frac{0.5\times640}{2.16}=148$ $\lambda_y=\frac{l}{i_y}=\frac{640}{3.09}=207$ $\delta_{11}=\frac{1}{EA_1}\times\frac{6.4^3}{5^2}=\frac{1}{206\times1375}\times\frac{6.4^3}{5^2}$ 刚度 $\bar{k}_1=2\times\frac{5^2}{6.4^3}\times206\times1375=54026\text{kN/m}$

续上表

层序	简　图	抗侧刚度
第三层	1→ d j c i；3.5；5.0 斜杆截面 2∟63×5 A=12.29cm²	$l=\sqrt{5^2+3.5^2}=6.1\text{m}\quad \lambda_x=\frac{l_0}{i_x}=\frac{0.5\times 610}{1.94}=157$ $\lambda_y=\frac{l}{i_y}=\frac{610}{2.82}=216$ $\delta_{11}=\frac{1}{EA_1}\times\frac{6.1^3}{5^2}=\frac{1}{206\times 1229}\times\frac{6.1^3}{5^2}$ 刚度 $\bar{k}_1=2\times\frac{5^2}{6.1^3}\times 206\times 1229=55770\text{kN/m}$
第四层	1→ e k d j；3.5；5.0 斜杆截面 2∟63×5 A=12.29cm²	$l=\sqrt{5^2+3.5^2}=6.1\text{m}\quad \lambda_x=\frac{l_0}{i_x}=\frac{0.5\times 610}{1.94}=157$ $\lambda_y=\frac{l}{i_y}=\frac{610}{2.82}=216$ $\delta_{11}=\frac{1}{EA_1}\times\frac{6.1^3}{5^2}=\frac{1}{206\times 1229}\times\frac{6.1^3}{5^2}$ 刚度 $\bar{k}_1=2\times\frac{5^2}{6.1^3}\times 206\times 1229=55770\text{kN/m}$
第五层	1→ f l e k；5.0；5.0 斜杆截面 2∟63×5 A=12.29cm²	$l=\sqrt{5^2+5^2}=7.07\text{m}\quad \lambda_x=\frac{l_0}{i_x}=\frac{0.5\times 707}{1.94}=182$ $\lambda_y=\frac{l}{i_y}=\frac{707}{2.82}=251$ $\delta_{11}=\frac{1}{EA_1}\times\frac{7.07^3}{5^2}=\frac{1}{206\times 1229}\times\frac{7.07^3}{5^2}$ 刚度 $\bar{k}_1=2\times\frac{5^2}{7.07^3}\times 206\times 1229=35820\text{kN/m}$

框架基本周期采用能量法计算，结果如表 9-6 所示。

基本周期 $T_1=2\sqrt{\frac{\sum G_i u_i}{\sum G_i u_i^2}}=2\sqrt{\frac{1311.55}{3059.19}}=1.31\text{s}$

框 架 基 本 周 期 表 9-6

层号	G_i（kN）	$\sum D$（$\text{kN}\cdot\text{m}^{-1}$）	$\Delta u_i=\frac{\sum G_i}{\sum D}$（m）	$\Delta u_i=\sum u_i$（m）	$G_i u_i$	$G_i u_i^2$
5	1184.8	35820	0.033765	0.522951	619.59	324.02
4	1606.36	55770	0.050048	0.489186	785.81	384.41
3	1510.6	55770	0.077134	0.439138	663.36	291.31
2	1542.56	54026	0.108176	0.362004	558.41	202.15
1	1702	39730	0.253828	0.253828	432.02	109.66
Σ	7546.32		0.522951		3059.19	1311.55

(3)各楼层的纵向地震作用设计值

地震设防烈度 8 度，设计地震分组第一组，II 类场地。

$$\alpha_{max}=0.16, T_g=0.35s, \gamma=0.922, \eta_2=1.13, T=1.31s$$

$$\alpha_1=\left(\frac{T_g}{T}\right)^{\gamma}\eta_2\alpha_{max}=\left(\frac{0.35}{1.31}\right)^{0.922}\times1.13\times0.16=0.053543$$

$T_1=1.31, 1.4T_g=1.4\times0.35=0.49<1.31$，故需考虑顶部附加地震作用。

$$S_n=0.08T_1+0.07=0.08\times1.31+0.07=0.175$$

$$F_{Ek}=\alpha_1G_{eq}=0.053543\times0.85\times7546.32=343.4kN$$

$$\Delta F_n=S_nF_{Ek}=0.175\times343.4=60.1kN$$

各层的地震作用为 $F_1=\dfrac{G_iH_i}{\sum G_iH_i}=F_{Ek}(1-S_n)$

列表计算，结果见表9-7。

各楼层纵向地震作用设计值 表9-7

层号	G_i (kN)	H_i (m)	G_iH_i (kN·m)	F_i (kN)	ΔF_i (kN)	$1.3(F_i+\Delta F_i)$ (kN)	每列纵向支撑的作用力 $1.3(F_i+\Delta F_i)/2$ (kN)
5	1184.8	22.0	26065.6	74.29	60.1	174.71	87.36
4	1606.36	17.5	27308.12	77.83		101.18	50.59
3	1510.6	13.5	20393.1	58.12		75.56	37.78
2	1542.56	10	15425.6	43.96		57.15	28.58
1	1702	6	10212.0	29.10		37.83	18.92
Σ	7546.32		99404.42				

(4)竖向支撑截面验算(图9-35)

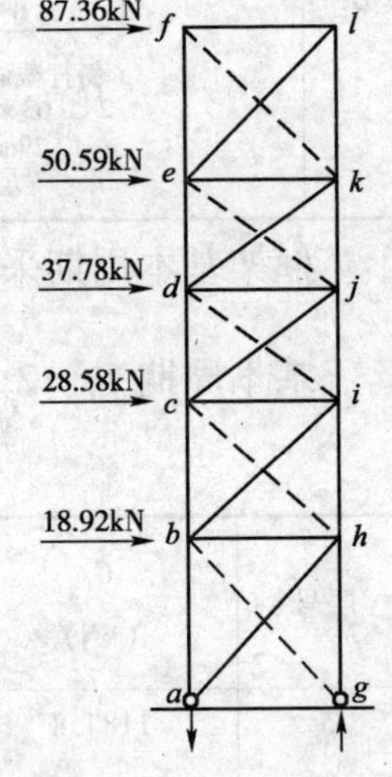

图9-35 各层地震作用

杆 el：$N=\dfrac{87.36\times5}{5}\times\dfrac{7.07}{5}=123.53kN$

选用2∟63×5，$A=12.29cm^2$，$\gamma_{RE}=0.8$

$$\sigma=\frac{N}{A}=\frac{123.53\times10^3}{12.29\times10^2}\times0.8$$

$=80.4N/mm^2$，强度满足要求。

杆 dk：$N=\dfrac{87.36\times8.5+50.59\times3.5}{5}\times\dfrac{6.1}{3.5}$

$=320.56kN$

选用2∟63×6，$A=12.29cm^2$

$$\sigma=\frac{N}{A}=\frac{320.56\times10^3}{12.29\times10^2}\times0.8$$

$=208.7N/mm^2$，强度满足要求。

杆 cj：$N=\dfrac{87.36\times12+50.59\times7+37.78\times3.5}{5}\times\dfrac{6.1}{3.5}$

$=534.95kN$

改用2∟75×7，$A=20.32cm^2$

$\sigma=\dfrac{N}{A}=\dfrac{534.95\times10^3}{20.32\times10^2}\times0.8=210.6N/mm^2$，强度满足要求。

杆 bi：$N=\dfrac{87.36\times16+50.59\times11+37.78\times7.5+28.58\times4}{5}\times\dfrac{6.4}{4}=752.6\text{kN}$

选用 2∟100×8，$A=31.28\text{cm}^2$

$\sigma=\dfrac{N}{A}=\dfrac{752.6\times10^3}{31.28\times10^2}\times0.8=192.5\text{N/mm}^2$，强度满足要求。

杆 ah：

$$N=\frac{87.36\times22+50.59\times17+37.78\times13.5+28.58\times10+18.92\times6}{5}\times\frac{7.81}{6}$$

$$=961\text{kN}$$

选用 2∟100×10，$A=38.52\text{cm}^2$

$\sigma=\dfrac{N}{A}=\dfrac{961\times10^3}{38.52\times10^2}\times0.8=199.6\text{N/mm}^2$，强度满足要求。

根据一般设计要求，尚应控制在地震作用下框架的位移，其限值一般取$\dfrac{h}{300}$，现计算如下：

$$\begin{aligned}v=&\frac{87.36}{1.3\times206\times1229}\times\left(\frac{7.07^3}{5^2}+\frac{6.1^3}{5^2}\right)+\frac{87.36}{1.3\times206\times2032}\times\frac{6.1^3}{5^2}+\frac{87.36}{1.3\times206\times3128}\times\frac{6.4^3}{5^2}\\&+\frac{87.36}{1.3\times206\times3852}\times\frac{7.81^3}{5^2}+\frac{50.59}{1.3\times206\times1229}\times\frac{6.1^3}{5^2}+\frac{50.59}{1.3\times206\times2032}\times\frac{6.1^3}{5^2}\\&+\frac{50.59}{1.3\times206\times3128}\times\frac{6.4^3}{5^2}+\frac{50.59}{1.3\times206\times3852}\times\frac{7.81^3}{5^2}+\frac{37.78}{1.3\times206\times2032}\times\frac{6.1^3}{5^2}\\&\frac{37.78}{1.3\times206\times3128}\times\frac{6.4^3}{5^2}+\frac{37.78}{1.3\times206\times3852}\times\frac{7.81^3}{5^2}+\frac{28.58}{1.3\times206\times3128}\\&\times\frac{6.4^3}{5^2}+\frac{28.58}{1.3\times206\times3852}\times\frac{7.81^3}{5^2}+\frac{18.92}{1.3\times206\times3852}\times\frac{7.81^3}{5^2}\\=&0.01794\text{m}\end{aligned}$$

$$\frac{v}{h}=\frac{0.01794}{22}=\frac{1}{1226}<\frac{1}{300}，满足要求$$

复习思考题

9-1 简述多高层建筑钢结构的特点。

9-2 试说明常用钢结构高层建筑的结构体系主要形式、优缺点及适用范围。

9-3 高层建筑总体布置的要求是什么？布置的原则有哪些？

9-4 多、高层钢结构分析方法有哪些？

9-5 简述多高钢框架结构的设计内容和步骤。

9-6 高层建筑钢结构的框架柱和中心支撑杆件为什么要限制长细比？为什么要限制板件的宽厚比？

9-7 工程中钢框架的梁、柱的连接方法是什么？

9-8 钢框架结构抗震设计中构件连接的设计原则是什么？构件连接的抗震计算包括哪些内容？

9-9 梁与工字形柱的腹板连接的构造的方式和部位是什么？

9-10 中心支撑框架的支撑与框架的连接构造有哪几种作法？

9-11 偏心支撑与框架梁、柱的连接构造作法有哪几种？何为消能梁段？

9-12 多、高层建筑钢框架结构柱的刚接柱脚有哪几种形式？其构造如何实现的？

9-13 水平荷载作用下的内力移位弹性计算时，高层建筑钢结构与钢筋混凝土结构有何不同？

9-14 钢框架的屈服耗能机制与钢筋混凝土框架有何不同？钢框架如何实现强柱弱梁？

9-15 高层钢结构和多层钢结构在受力上有何区别？

9-16 多、高层钢结构有哪几种主要体系？试手工绘制出每一种体系的结构平面示意图。

9-17 试述每一种体系的主要优缺点、受力变形特点、适用层数和应用范围。

9-18 用反弯点法和D值法计算的刚度系数D值物理意义是什么？二者在基本假定上有什么不同？分别在什么情况下使用？

9-19 水平荷载下柱子反弯点位置的主要影响因数是什么？框架顶层柱和底层柱与中部各层反弯点位置相比，有什么变化？

第 10 章　大跨空间钢结构设计

10.1　网架结构设计

空间网架结构是空间网格结构(space frame)的一种,它是由大致相同的格子或尺寸较小的单元组成的。一般,人们将平板型的空间网格结构简称平板网架;将曲面型的空间网格结构简称为网壳,或称壳形网架。20 世纪 60 年代以来网架结构发展很快,在空间结构中应用最广。近年来兴建的大型公共建筑,特别是体育建筑屋盖中,大多数采用了网架结构。

10.1.1　网架结构的类型和特点

网架结构是由许多杆件按照一定的规律组成的各向受力的高次超静定结构。各杆互为支撑,整体稳定性好,空间刚度大,是一种良好的抗震结构型式和优良的大跨度建筑屋盖。

网架杆件主要受轴力,材料强度得到充分发挥,可用较小杆件建造大跨结构;杆件划一,便于工厂生产;屋盖重量轻,便于地面拼装和整体吊装;它适于多种平面形状,造型也颇壮观,体型轻巧、大方、新颖。因而近年来发展很快,应用广泛。

1. 网架结构的类型

网架结构是由许多杆件按照一定规律组成的网状结构。按其外形来分,有平板型网架和壳形网架两大类。

(1)平板网架都是双层的,按杆件的构成形式又分为交叉桁架体系和角锥体系两种。交叉桁架体系网架由两向交叉或三向交叉的桁架组成;角锥体系网架由三角锥、四角锥或六角锥等组成。后者刚度更大,受力性能更好。

(2)壳形网架有单层的,也有双层的;有单曲的,也有双曲的。图 10-1 介绍了几种类型网架的简图。

网架结构中的杆件,一般采用钢管或角钢制作。节点多为实心球节点、空心球节点和钢板焊接节点等。

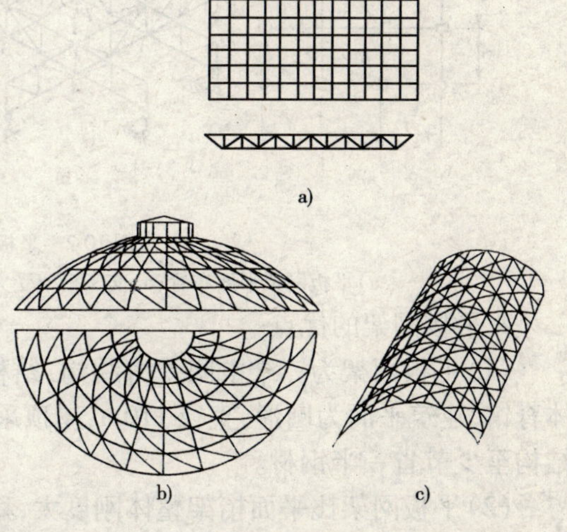

图 10-1　网架型式

a)双层平板型网架;b)单层壳型网架(双曲);c)单层壳型网架(单曲)

2. 网架结构的一般特点

(1)网架是由若干杆件组成的高次超静定结构。它具有各向受力的性能,其中的个别杆件破损,例如节点开裂、杆件压屈或出现塑性铰等,不至引起整个结构的突然破坏。

(2)在节点荷载作用下,网架的杆件主要承受轴向拉力或轴向压力,能够充分发挥材料的强度,节省钢材。

(3)网架结构中的各个杆件,既是受力杆,又是支撑杆,而且整体性强,稳定性好,空间刚度大,是一种良好的抗震结构型式。

(4)网架结构能够利用较小规格的杆件建造大跨度结构,而且杆件类型划一,适合于工厂化生产、地面拼装和整体吊装或提升。

(5)网架结构对建筑平面的适应性强,造型表现力相当丰富,这给建筑设计带来极大的灵活性与通用性,还能适应发展需要,便于扩建。网架结构如在室内外露,其造型轻巧美观。由于大量杆系有规律地纵横交叉,会产生重叠透视效果。如果对结构空间与下弦辅以恰当的建筑处理和照明设施,将会产生非凡的效果。

(6)网架结构制作要求准确、拼装要求严格,在设计中不仅要考虑整个网架的弯曲变形,而且还应考虑其温度变形。

10.1.2 平板网架

1.平板网架的受力分析

平板网架的受力特点是空间工作。图10-2a)所示的双向正交桁架体系,可以将其空间网架简化为相应的交叉梁系,然后进行弯矩、剪力和挠度计算,进而求得桁架各个杆件的内力,主要为轴向拉力或压力。

由图10-2b)、c)可知,在两个方向桁架的交叉点处(图中的1、2、3、4点),节点荷载P由两个方向的桁架共同承担,每个桁架分担$P/2$。这样,便将一个空间工作的网架,简化为静定的平面桁架,并可按平面桁架计算(图10-2d)。

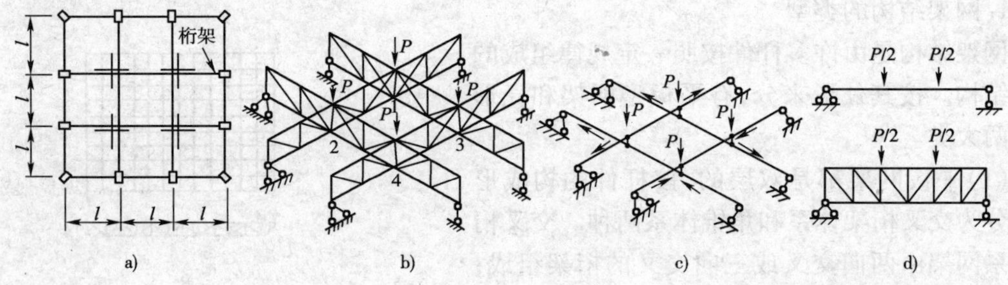

图10-2 平板网架的空间受力分析

a)平板网架平面布置;b)交叉桁架受力图;c)交叉桁架受力简图;d)简化为平面桁架

2.平板网架的优点

(1)平板网架为三维空间受力结构,结构自重轻,较平面桁架结构节约钢材。例如,上海体育馆,建筑平面为圆形,直径110m,屋顶采用钢平板网架,用钢量为0.46kN/m^2,较平面桁架结构至少节省一半钢材。

(2)平板网架比平面桁架整体刚度大,稳定性好,对承受集中荷载、非对称荷载、局部超载和抵抗地基不均匀沉降等都较有利。可以设置悬挂吊车。

(3)平板网架是一种无推力的空间结构,一般简支在支座上,边缘构件比较简单。

(4)应用范围广泛,不仅适用于中小跨度的工业与民用建筑,如工业厂房、俱乐部、食堂、会议室等;而且更适宜于建造大跨度建筑的屋盖结构,如展览馆、体育馆、飞机库等。

(5)平板网架结构高度较小,能更有效地利用建筑空间,同时建筑造型也比较新颖、壮观、轻巧、大方。

3. 平板网架的结构型式

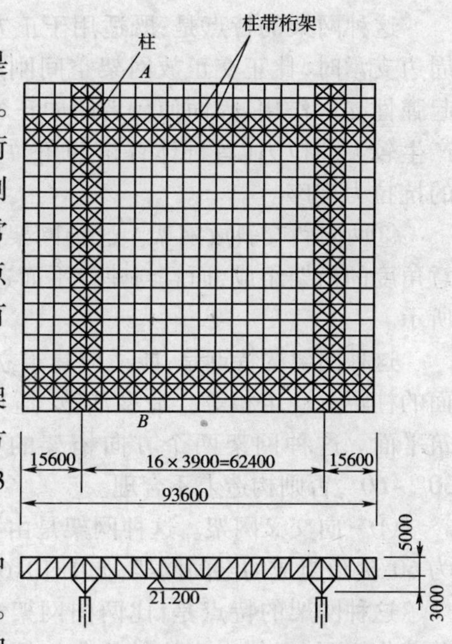

图 10-3　四点支承的两向正交正放网架
（援巴基斯坦体育馆设计方案）

(1)交叉桁架体系网架。交叉桁架体系网架结构是由许多平行弦桁架相互交叉联成一体的空间网状结构。各向桁架共同承受外荷载，包括竖向荷载和各向水平荷载，且相互支撑，因此，具有较大的承载能力和空间刚度。一般情况下，上弦杆受压，下弦杆受拉，长斜腹杆常设计成拉杆，竖腹杆和短斜腹杆常设计成压杆。其节点构造与平面桁架类似。交叉桁架体系网架主要型式有以下几种。

①两向正交正放网架，也称井字形网架。这种网架是由两个方向相互交叉成 90°角的桁架组成，且两个方向的桁架与其相应的建筑平面边线平行，如图 10-3 所示。

这种网架的特点是：网架构造比较简单。适用于中等跨度（50m 左右）的正方形或接近正方形建筑平面。如果平面为长方形，短向桁架相当于主梁，长向桁架相当于次梁，网架的空间作用将大为减小。这种网架适合采用四点支承，而不适于周边支承。因为正放网架的"柱带桁架"起着主桁架作用，缩短了与其垂直的次桁架的荷载传递路线；如果采用周边支承，不仅用钢量较多，而且不如正交斜放刚度大。这种网架从平面图形看，是几何可变的，为保证网架的几何不变性和有效地传递水平力，必须适当地设置水平支撑。当采用四点支承时，其周边一般均向外悬挑，悬挑长度以 1/4 柱距为宜。

②两向正交斜放网架。这种网架是由两个方向相互交角为 90°的桁架组成，而桁架与建筑平面边线的交角成 45°，如图 10-4 所示。

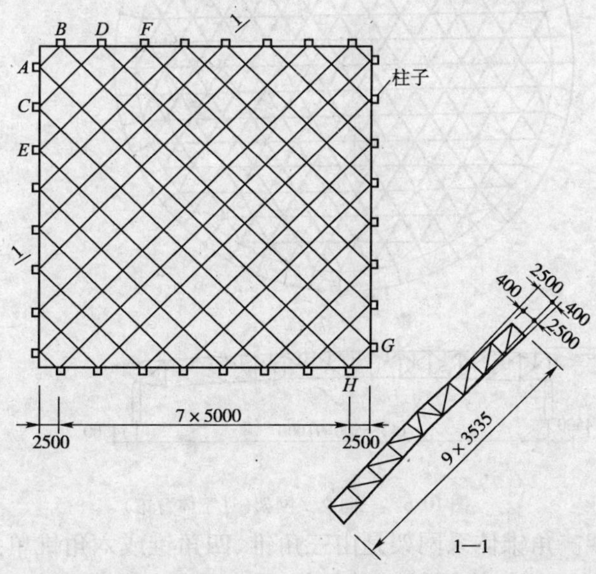

图 10-4　周边支承的两向正交斜放网架（北京国际俱乐部网球馆）

这种网架的特点是:既适用于正方形,也适用于矩形建筑平面,建筑形式美观。当采用周边支承时,比正交正放网架空间刚度大,省钢材。四角短桁架对于对角线方向的长桁架起弹性支承作用,因而使后者跨中正弯矩减小,同时在角部产生负弯矩,特别是对四角支座产生较大的拉力(首都体育馆四角拉力达147t)。因此,要特别注意四角的锚固,设计特殊的抗拉力支座。

③两向斜交斜放网架。这种网架是由两个方向相交成任意角度的桁架组成,而且与建筑平面边线也不平行,如图10-5所示。

图10-5　两向斜交斜放网架

这种网架的特点是:能适应建筑立面的需要,相邻两个立面的柱距不一定相等。造型活泼,适用于不能正交正放的建筑平面。这种网架两个方向桁架的夹角不宜太小,一般为30°~60°,否则构造上不合理。

④三向交叉网架。这种网架是由三个方向的平面桁架互为60°夹角组成的空间网架,如图10-6所示。

这种网架的特点是:比两向网架空间刚度大。在非对称荷载作用下,杆件内力比较均匀。但杆件多,节点构造复杂,适于采用钢管杆件球节点。这种网架适用于大跨度建筑,特别适合于三角形、多边形和圆形平面建筑,如图10-7所示。

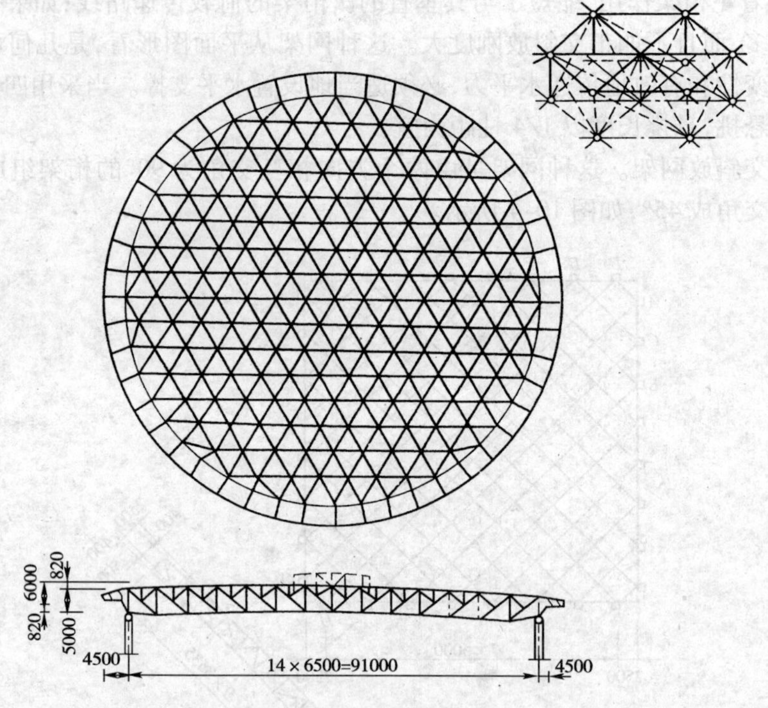

图10-6　三向交叉网架(辽宁体育馆)

(2)角锥体系网架。角锥体系网架是由三角锥、四角锥或六角锥单元(图10-8)分别组成空间网架结构。它比交叉桁架体系网架刚度大,受力性能好。它还可以预先做成标准锥体单元。这样存放、运输、安装都较为方便。

①四角锥体网架。四角锥体网架的上弦和下弦平面，一般为方形网格，上下弦错开半格，用斜腹杆连接上下弦的网格交点，形成一个个相连的四角锥体，如图10-8所示。四角锥体网架的网格尺寸不宜太大，仅适用于中小跨度。

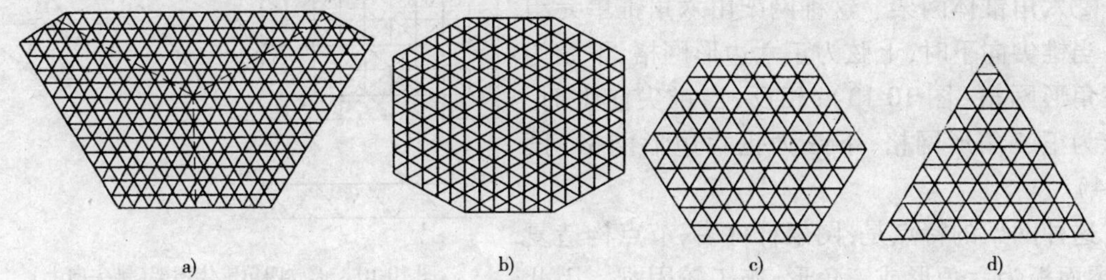

图10-7 三向交叉网架的平面形式

a）扇形平面（上海文化广场）；b）八角形平面（江苏体育馆）；c）六角形平面；d）三角形平面

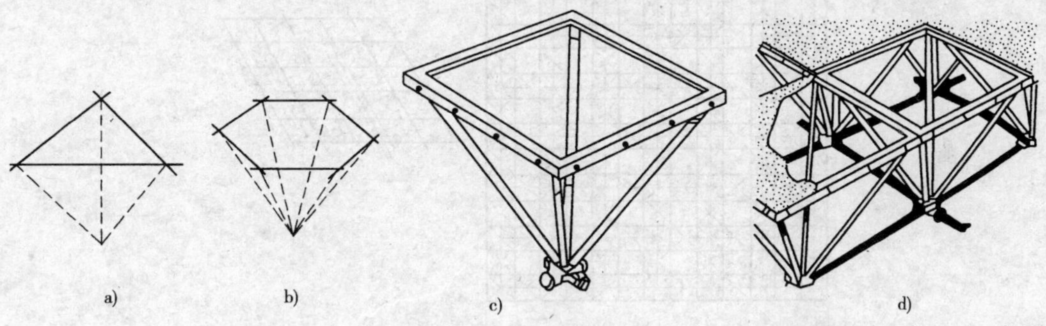

图10-8 角锥单元

a）三角锥单元；b）六角锥单元；c）四角锥单元；d）四角锥单元拼装

四角锥体网架一般有正放四角锥体网架和斜放四角锥体网架两种。它们的特点是：

a）正放四角锥体网架底边与建筑平面的周边平行。锥尖可以向下（图10-9），锥尖也可以向上（图10-10），也可以跳格布置四角锥（图10-11）。这种网架杆件内力比较均匀，屋面板规格比较统一，上下弦杆等长，无竖杆，构造比较简单。适用于接近正方形平面的中、小跨度周边支承的建筑，也适用于大柱网点支承、有悬挂吊车的工业厂房和屋面荷载较大的建筑。

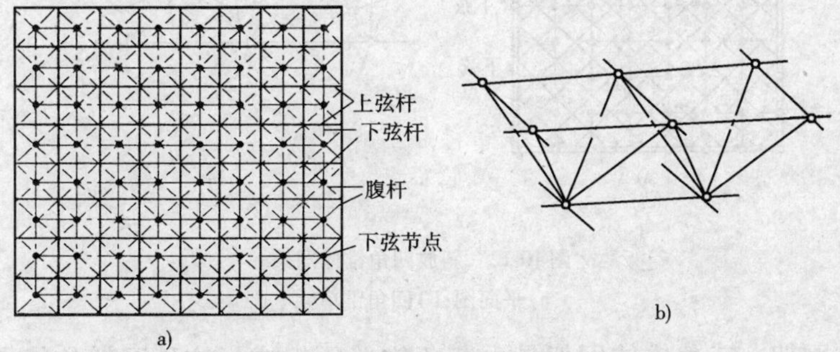

图10-9 四角锥体网架

a）平面图；b）四角锥单元

b）斜放四角锥网架，一般上弦杆与建筑平面周边夹角为45°，如图10-12所示。这种网架受力更为合理，上弦杆短对受压有利，下弦杆虽长但为受拉杆件，这样可以充分发挥材料强度，而且形式新颖，经济指标较好，节点汇集的杆件数目少，构造简单，所以近年来应用较多。它适用于中小跨度和矩形平面的建筑。当为点支承时,要注意周边布置封闭的边桁架,以保证网架的稳定性。

②六角锥体网架。这种网架由六角锥单元组成。当锥尖向下时,上弦为正六边形网格,下弦为正三角形网格(图 10-13);相反,当锥尖向上时,上弦为正三角形网格,下弦为正六边形网格(图 10-14)。

这种网架的特点是:网架杆件多,节点构造复杂,屋面板为六角形或三角形,施工较困难。因此仅在有特殊要求时采用。

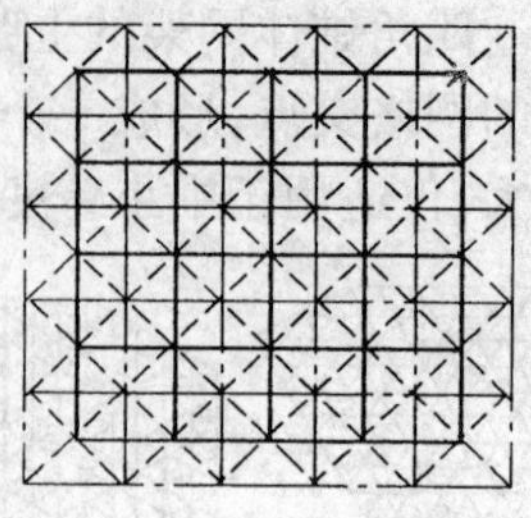
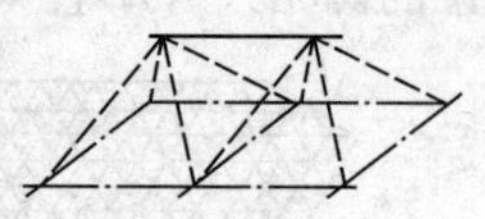
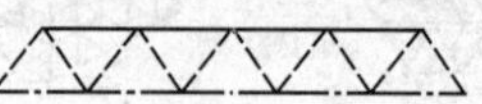

图 10-10　正放四角锥体网架(锥尖向上)

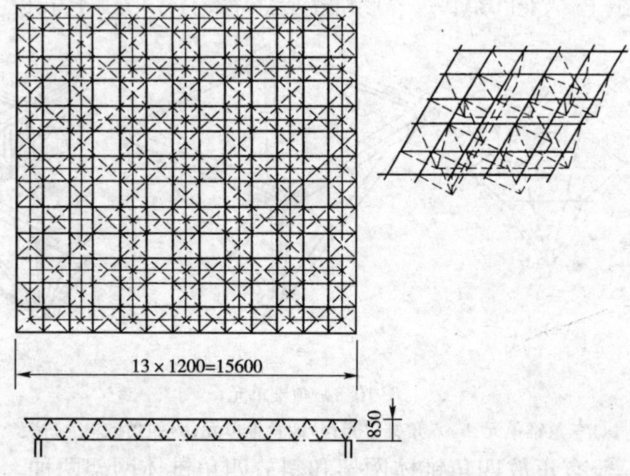

图 10-11　跳格布置四角锥体网架(某展览会建筑展览室)

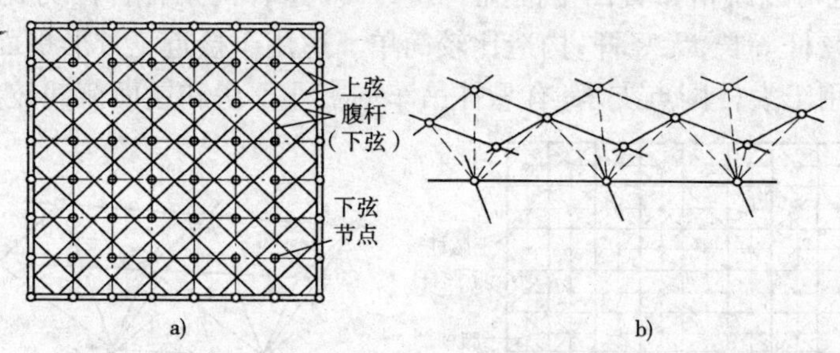

图 10-12　斜放四角锥体网架

a)平面图;b)四角锥单元

③三角锥体网架。三角锥体网架是由三角锥单元组成。这种网架的特点是杆件受力均匀,比其他网架形式刚度大,是目前各国在大跨建筑中广泛采用的一种形式。它适合于矩形、三角形、梯形、六边形和圆形等建筑平面。

三角形锥体网架有两种网格型式。一种是上、下弦平面均为三角形网格,如图 10-15 所示;另一种是跳格三角锥体网格,其上弦为三角形网格,下弦为三角形和六角形网格,如图 10-16所示。后一种用料省,杆件少,但空间刚度较小。

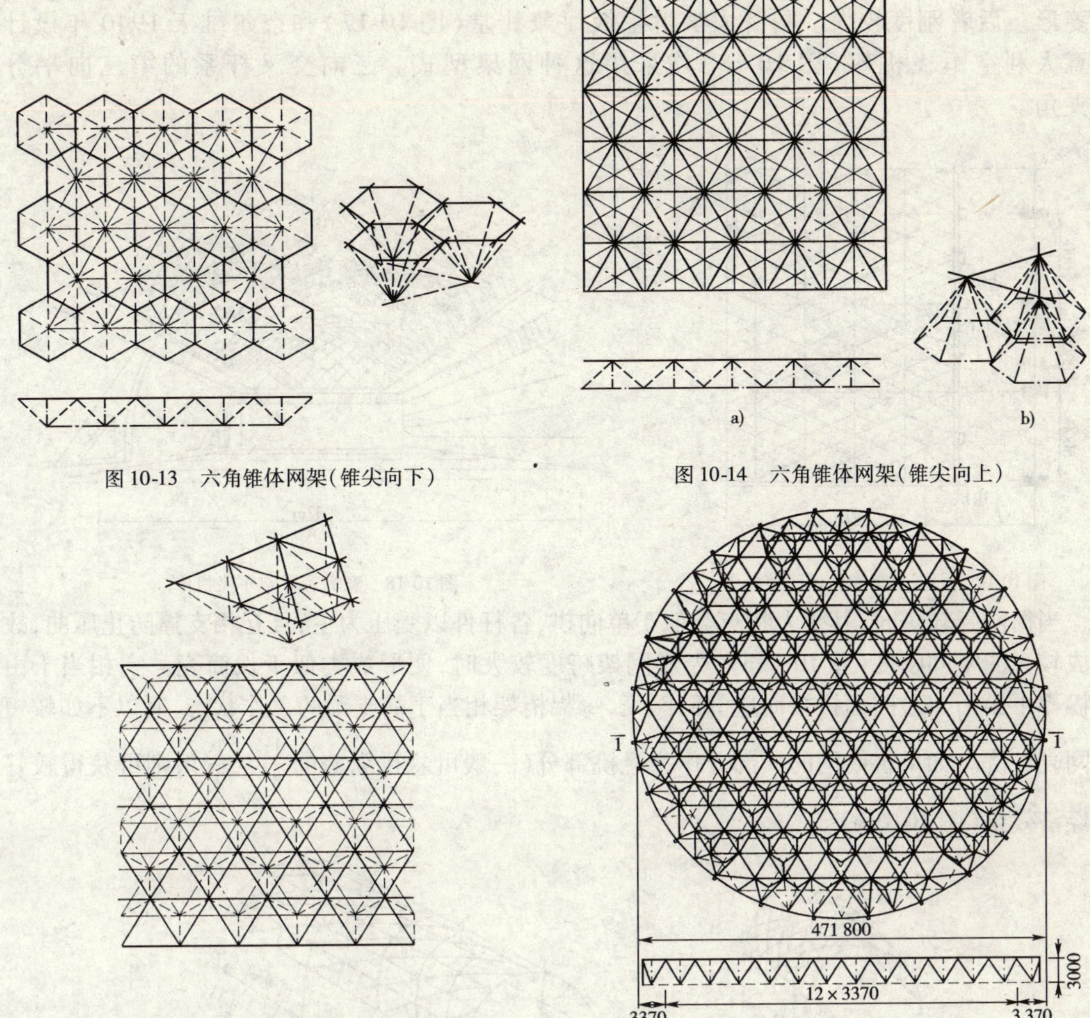

图 10-13　六角锥体网架(锥尖向下)

图 10-14　六角锥体网架(锥尖向上)

图 10-15　三角锥体网架

图 10-16　跳格三角锥体网架(天津塘沽车站候车室)

10.1.3　壳形网架

1. 壳形网架的特点

壳形网架,又称曲面网架,匀称网壳。单曲面者为筒网壳;双曲面者,目前只有一种球网壳。从受力角度看,如果说悬索结构是以受拉为主的壳形结构,那么,壳形网架可以说是以受压为主的壳形结构。所以它也是覆盖大面积的最佳结构型式之一。然而,由于壳形网架不仅增加了屋面面积,而且曲面网格单元的长度计算与杆件制造要求精度高,构造、安装与支承结构复杂,所以目前在国内很少采用。

2. 壳形网架的结构型式

(1)筒网壳。筒网壳是由双向或三向交叉曲线杆系(或桁架)与端部的横向垂直网架组成的单层(或双层)筒形网壳。必要时在筒网壳纵向的中间部位可增设横向垂直网架。

双向交叉曲线杆系的夹角成90°时，其网格成正方形或矩形；当夹角为45°时，则网格成菱形。后者刚度较大。同济大学学生饭厅兼礼堂（图10-17）和奈尔维于1940年设计的意大利空军飞机库（图10-18）均采用这种网架型式。三向交叉杆系的第三向平分其夹角。

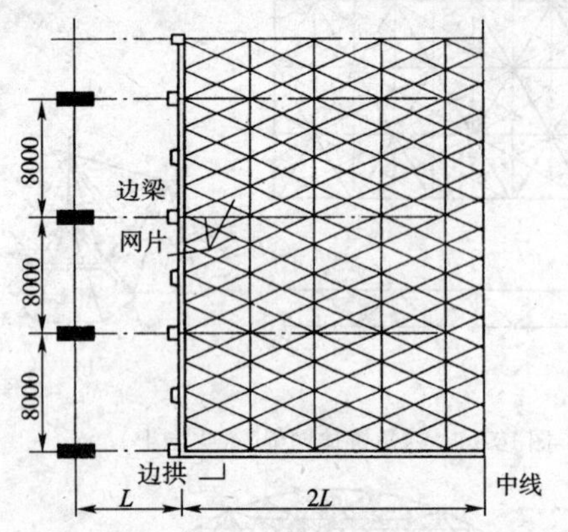

图10-17　同济大学学生饭厅兼礼堂

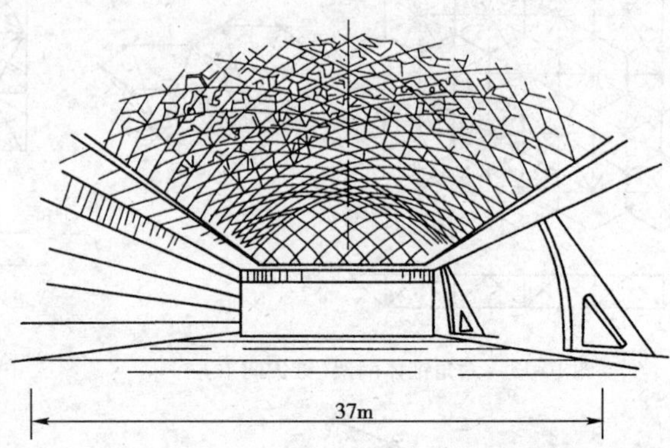

图10-18　意大利某空军飞机库

当筒网壳较短时，其受力特点类似于单向拱，各杆件以受压为主，且互相支撑防止压曲，故形成较大的空间刚度（图10-19a）；壳形网架跨度较大时，便形成类似于长筒壳。它相当于由一榀榀平面桁架沿曲面拼接而成的筒网壳，每榀桁架相当于简支梁的工作状态，所以不如较短的网壳经济。如果将筒网的一部分作为悬挑部分（一般可悬挑纵跨的$\frac{1}{3}\sim\frac{1}{2}$），则可获得较好的经济效果（图10-19b）。

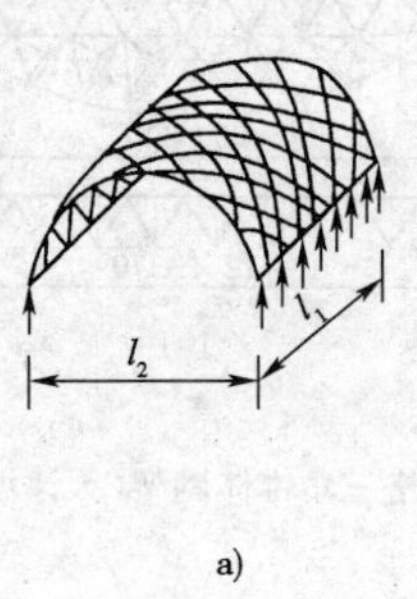

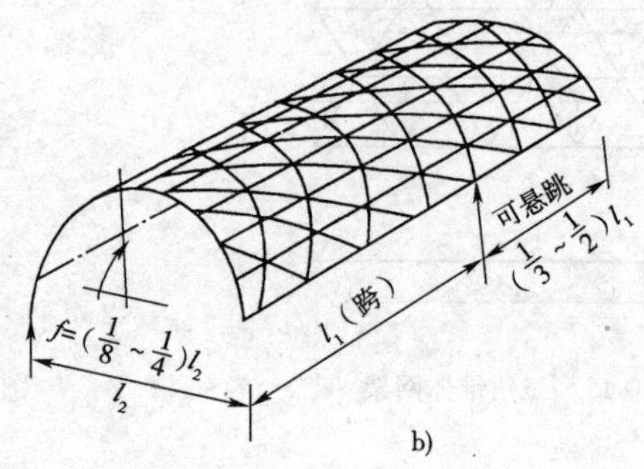

图10-19　筒网壳

筒壳也属于有推力结构。一般可采用在壳底设置拉杆，在网壳的侧向设置边梁或边桁架，或者沿斜推力方向设置墙柱等抗推力构件。

（2）球网壳。球网壳是由环向和径向（或斜向）交叉曲线杆系（或桁架）组成的单层（或双层）球形网壳，如图10-1b）所示。

球网壳的建筑平面为圆形或正多边形，但壳体并非半圆球不可。球网壳的底部必须设置球梁以承担球网壳传来的荷载。环梁为受弯构件。

长期以来，球网壳存在的突出问题是如何合理地划分网格，精确地计算杆长，以及如何解决构造、制作与安装。前者，借助于计算机已不成问题；后者，已开始采用圆弧形钢管杆件和充气球架设等解决方法。由于球网壳几何划分复杂，平面适应性差，所以仅用于巨大的中心型建筑，如天文馆、展览馆、体育馆等。目前，世界上跨度最大的美国底特律的韦恩体育馆（直径

266m,圆平面,5.1 万座位)和容纳观众最多的美国新奥尔良“超级穹顶”体育馆(直径207.3m,圆平面,7.2 万座位),都采用球网壳。

10.1.4　网架形式和主要尺寸

1. 网架形式的选择

(1)网架选型的依据:

①网架选型的条件为建筑物的平面形状和尺寸,支承情况,荷载大小,屋面构造,建筑要求,制造和安装方法,以及材料供应等。

②根据材料用量分析:当接近正方形平面时,以斜放四角锥体网架最经济;其次,为正方四角锥体网架和两向正交交叉梁系网架;最次的是三向交叉梁系网架。当跨度和荷载均较大时,三向交叉梁系网架,刚度较大,且经济合理。当平面为矩形时,两向正交斜放交叉梁系网架和斜放四角锥网架比较经济合理。

(2)推荐选型规定。《网架结构设计与施工规程》(JGJ 7—91)推荐下列选型规定。

①平面形状为矩形的周边支承网架,当长边与短边之比小于或等于 1.5 时,宜选用斜放四角锥网架、棋盘形四角锥网架、正放抽空四角锥网架、两向正交斜放网架、两向正交正放网架、正方四角锥网架。当跨度较小时,也可选用蜂窝形三角锥网架。当建筑要求长宽两个方向支承距离不等时,可选用两向斜交斜放网架。

②平面形状为矩形的周边支承网架,当其边长比大于 1.5 时,宜选用两向正交正放网架、正放四角锥网架或正放抽空四角锥网架。当边长比小于 2 时,也可采用斜放四角锥网架。当平面狭长时,可采用单向折线形网架。

③平面形状为矩形、多点支承网架,可根据具体情况选用正交正放网架、正交抽空四角锥网架、两向正交正放网架。对多点支承和四边支承相结合的多跨网架,还可选用两向正交斜放网架或斜放四角锥网架。

④平面形状为圆形、正六边形及接近正六边形且为周边支承的网架,可根据具体情况选用三向网架、三角锥网架或抽空三角锥网架。当跨度较小时,也可选用蜂窝形三角网架。

⑤对多层建筑的楼层及跨度不大于 50m 的屋盖,可采用钢筋混凝土板代替上弦的组合网架结构,宜选用正放四角锥网架、正放抽空四角锥网架、两向正交正放网架、斜放四角锥网架和蜂窝形三角锥网架。

(3)从制造和施工考虑,交叉平面桁架体系比空间桁架体系简便;钢管杆件和球节点构造合理,但价格较高;角钢和钢板节点方便且便宜,适用于中小跨度网架。

网架形式的选择应综合考虑,合理选择。

2. 网架的主要尺寸

(1)网架的高度

①平板网架的高度。平板网架,从总体上仍属于受弯构件,因而上弦与下弦之间必须保持一定的高度。网架的高度越大,杆件内力越小,空间刚度越大;但随之腹杆也相应加长,维护结构用料也相应增加。

网架高度不但直接影响上下弦杆内力,而且还影响腹杆的经济性。一般应使腹杆与弦杆的夹角为 45°~60°。

网架的高度与桁架的高度相比,因前者处于空间受力状态,杆件内力较小,有资料表明网板对角线方向的最大正弯矩,仅相当于同跨单向桁架最大弯矩的 40% 左右,加上空间刚度较大,故较平面桁架的高度可适当减小。

平板网架的高度 h,一般可参考表 10-1 建议取值。

网格尺寸、网架高度的建议值 表 10-1

网架的短向跨度 l_2(m)	上弦网格尺寸 a	网架高度 h
<30	$(1/6 \sim 1/12)l_2$	$(1/10 \sim 1/14)l_2$
30 ~ 60	$(1/10 \sim 1/16)l_2$	$(1/12 \sim 1/16)l_2$
>60	$(1/12 \sim 1/20)l_2$	$(1/14 \sim 1/20)l_2$

②壳形网架的矢高。壳形网架的矢高 f 一般取

筒网壳 $$f = \frac{l_1}{8} \sim \frac{l_2}{4}$$

球网壳 $$f = \frac{D}{7} \sim \frac{D}{2}$$

式中:l_2——筒网壳的横向跨度;

D——球网壳的外接圆直径。

为避免因空间过大而增加屋面造价与设备(采暖、空调、照明等)维护费,如非属必要,一般球形网架的矢高宜取 $f = \frac{D}{7} \sim \frac{D}{5}$。

(2)网架的起拱与找坡。由于网架结构一般采用油毡防水,屋面坡度比较平缓($i = 2\% \sim 5\%$),常采用网架起拱来形成屋面坡度。其起拱高度不大于沿坡高方向跨度的$\frac{1}{40}$。为避免杆件复杂化,多采用上、下弦平行起拱的做法。当屋面需要更大的排水坡度时,则可采用在网架上弦节点处加焊短角钢或短钢管小立柱找坡的方法。此法,网架本身构造简单,施工方便,坡度也容易控制,但应注意小立柱的自身稳定。

(3)网格尺寸。网格尺寸 a 的大小,主要取决于上弦网格的尺寸。这主要是考虑防止因压杆过长而失稳,同时应与所采用的屋面材料相适应。网格不宜超过 3m×3m。一般可按表 9-1 取值。网格尺寸应根据柱网尺寸、屋面材料、建筑和构造要求以及施工条件等因素决定,网格尺寸 a 除按表 7-5 取值外,网格数目 n,也可按表 10-2 取值。

网格数目 n 的参考值 表 10-2

屋面型式	网架型式	网格数 n 的计算公式
钢筋混凝土	两向正交正放、正放四角锥	$n = (2 \sim 4) + 0.2l_2$
	两向正交斜放、斜放四角锥	$n = (6 \sim 8) + 0.08l_2$
钢檩条		$n = (6 \sim 8) + 0.07l_2$

3. 腹杆的布置

腹杆的布置,应尽量使压杆短、拉杆长。对于交叉桁架体系网架,斜腹杆倾角一般在 40°~55°之间;对于角锥体系网架,斜腹杆倾角宜采用 60°,以便使杆件标准化。腹杆的布置,当跨度较小时,可采用单向斜杆式(豪式);当跨度较大时,可采用再分式。

10.1.5 网架的杆件与节点

1. 杆件

网架杆件常用的有钢管和角钢两种。单层壳形网架杆件,内力变化幅度较小,故一般均采

用同一种截面。平板网架不仅杆件众多，而且内力变化较大，拉压不一。为了做到既节省材料，减轻自重，又使构造简单，施工方便，杆件标准化、系列化，除改进桁架型式，使其压杆短、拉杆长，或变化杆件的截面大小以外，宜优先选用圆钢管，最好是采用薄壁钢管。用钢管做的网架，要比用型钢（角钢、槽钢等）做的网架受力性能好，承载力高，刚度大，抗压屈、抗扭转、抗震性能好；而且省材料，自重轻，节点容易焊接，次应力小。钢管的厚度最薄为1.5mm，根据现有资料分析，比角钢可省钢材30% ~40%。在网架形式比较简单，平面尺寸又比较小的情况下，可采用角钢，因角钢比钢管经济。钢材的种类一般采用16锰或Q235号钢（3号钢）。采用16锰比Q235钢可节省钢材的15% ~21%。杆件长细比限值[λ]：受压杆件取180；受拉杆取300；一般取400；动力荷载取250。杆件最小截面规格，取值截面规格最小值为钢管$\phi48\times2$，角钢∟50×3。

2. 节点

网架节点汇集的杆件较多，一般约有10根左右，而且呈立体几何关系。节点构造应力求受力合理，构造简单，施工方便，节省材料。常用的节点连接方法有以下几种。

(1)节点板焊接或螺栓连接，如图10-20所示。这种节点刚度大，整体性好，制造加工简单，但耗钢量较大。适用于两向正交网架。在高空安装时，适用于螺栓连接，连接质量容易保证。

(2)焊接球节点，如图10-21所示。当杆件采用钢管时，宜采用球节点。它的特点是各项杆件轴线容易汇交球心，次应力小，而且构造简单，用钢量少，节点体型小，形式轻巧美观。普通球节点是用两块钢板模压成半球，然后焊接成整体。为加强球的刚度，球内可焊上一个加劲环。

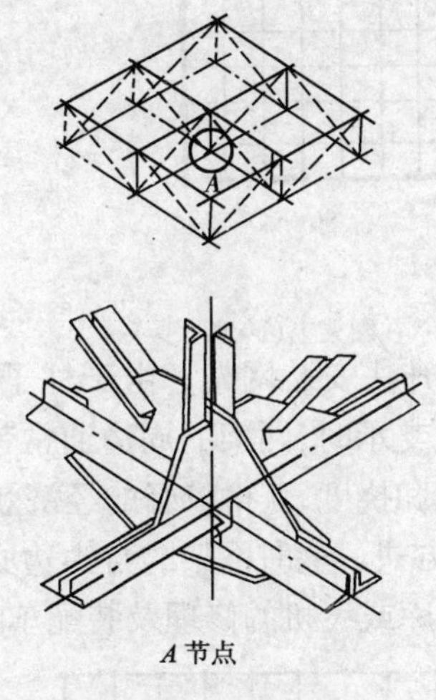

图10-20 焊接节点

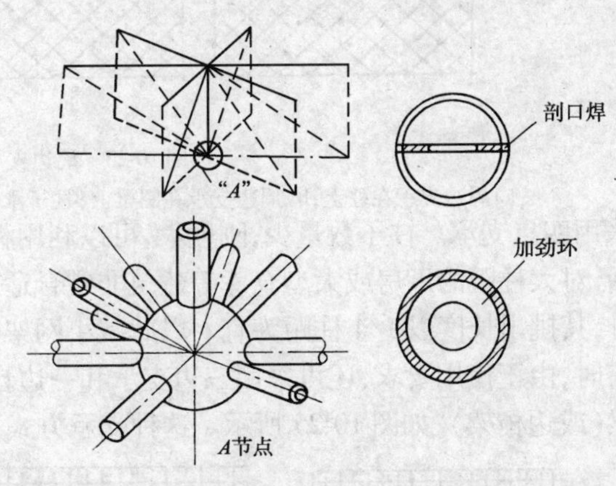

图10-21 焊接球节点

(3)螺栓球节点，如图10-22所示。这种节点是在空心钢球上钻出螺栓孔。再用螺栓去连接杆件。它不用焊接，避免了焊接变形，同时加快了安装速度，也有利于杆件的标准化，适用于工业化生产。但构造复杂，机械加工量大。目前，我国已由徐州市建筑机械厂正式生产螺栓球节点与钢管杆件。节点为带有9个螺栓孔的45号钢实心球，其中8个孔用于正放或斜放四角锥网架，另一个孔用于上弦的屋面支托，或下弦吊顶。杆件长2 ~3m，以便于包装运输。杆件两端的高强度螺栓不仅能旋紧以固定杆件，且能在一定程度上调节杆件长度以消除制作与安装误差，且适于拆卸。

10.1.6 网架的支承方式与支座节点

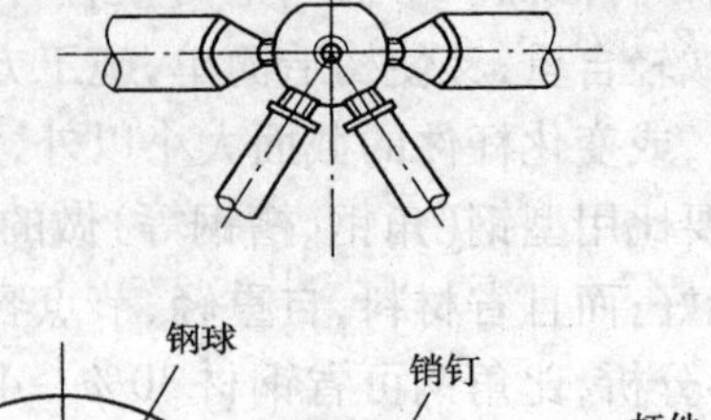

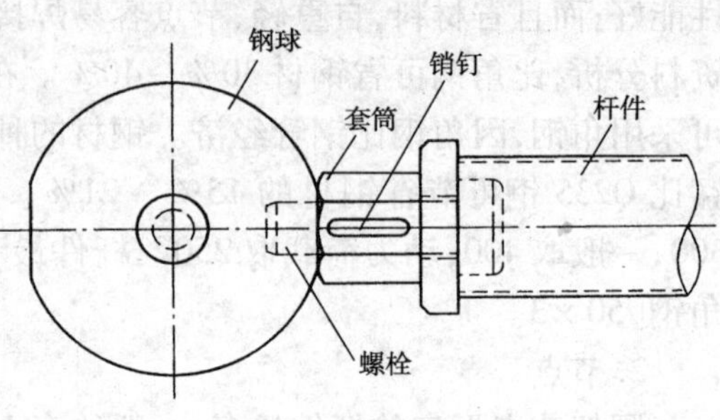

图 10-22 螺栓球节点

1. 网架的支承方式

网架的支承方式与建筑的功能和形式有密切关系。设计时,应把结构的支承体系与建筑的平、立面设计综合考虑。目前常用的支承方式有两类。

(1)周边支承,如图 10-23 所示。图 10-23a)为网架支承在一系列边柱上。网架的支座节点位于柱顶,传力直接,受力均匀。适用于大跨度及中等跨度的网架。图 10-23b)、c)为网架支承在圈梁上,圈梁支承在若干个边柱上(或砖墙上)。这种支承方式,柱子间距比较灵活,网格的分割也不受柱距的限制,建筑的平面和立面处理灵活性较大,网架受力也较均匀,对于中、小跨度的网架较为合适。

周边支承的网架可以不设置边桁架,故网架的用钢指标较低。

(2)四点支承或多点支承,如图 10-24 所示。这种支承方式是将整个网架支承在四个支点或更多的支点上。

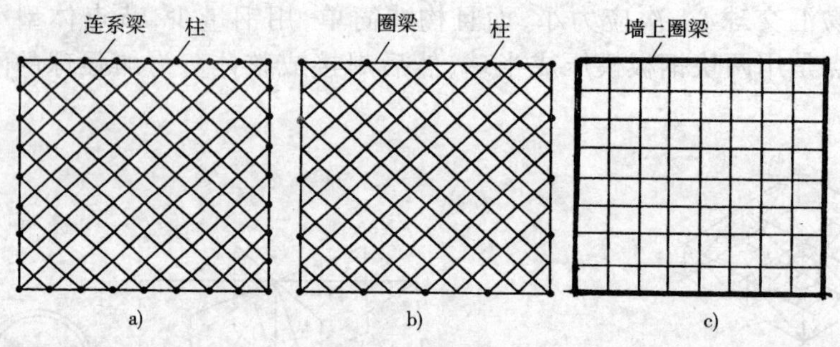

图 10-23 周边支承网架

a)周边支承在柱上;b)周边支承在圈梁上(柱子承受);c)周边支承在圈梁上(砖墙承受)

采用四点支承。柱子数量少,刚度大,可以利用柱子采用顶升法安装网架。由于柱子少,使用灵活,对大柱距的厂房或大型仓库等建筑非常合适。采用四点支承时,网架的周边通常带有悬挑部分,其挑出长度以 1/4 柱距为宜。以此减小网架中部的内力和挠度,获得较好的经济效果。

有时,由于使用要求,还可采用三边支承和一边自由的支承方式。这时网架的自由边必须设置边梁(或边桁架),如图 10-25 所示。这种支承方式适合于飞机库或飞机的修理及装配车间等。

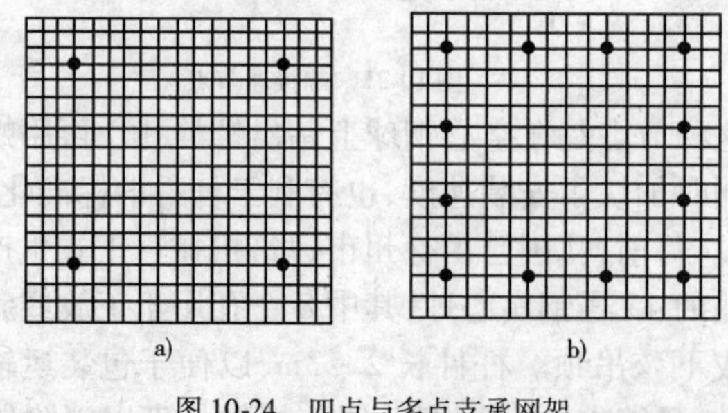

图 10-24 四点与多点支承网架

a)四点支承;b)多点支承

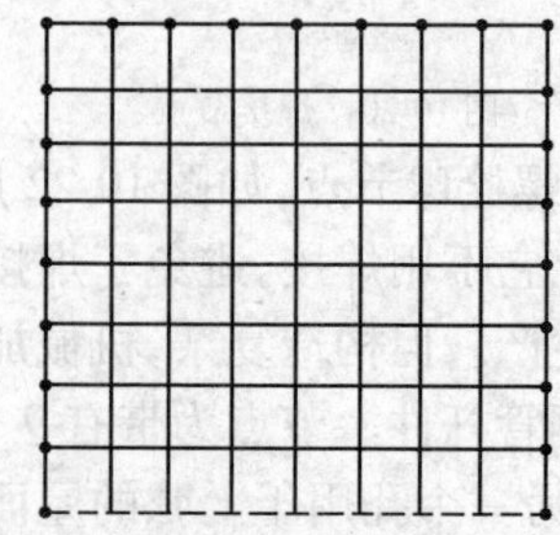

图 10-25 三边支承网架

2. 支座节点

网架的支座节点一般采用铰支座。铰支座的构造应符合其力学假定，即允许转动。否则网架的实际内力和变形就可能与计算值出入较大，容易造成事故。

根据网架跨度的大小、支座受力特点及温度应力等因素的不同，一般可做成不动铰支座或半滑动铰支座。有的网架(如两向正交斜放网架)角部对支座产生拉力，因此角部应设计成能够抵抗拉力的铰支座(图 10-26)。

当网架跨度大，或网架处于温差较大的地区，其支座的转动和侧移都不能忽略时，为了满足既能转动又能有一定侧移的要求，支座可以做成半滑动铰式的摇摆支座，图 10-27 所示即在支座的上下托座之间装一块两面为弧形的铸钢块。这种支座的缺点是只能在一个方向转动，且对抗震不利。而球形铰支座，既可以满足两个方向的转动，又有利于抗震，如图 10-28。抗拉支座构造，见图 10-29。

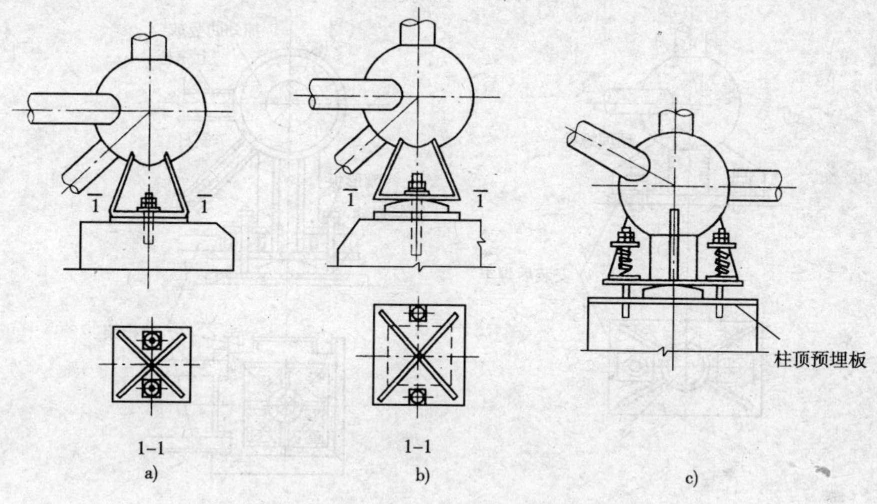

图 10-26　平板支座节点及弧形支座节点

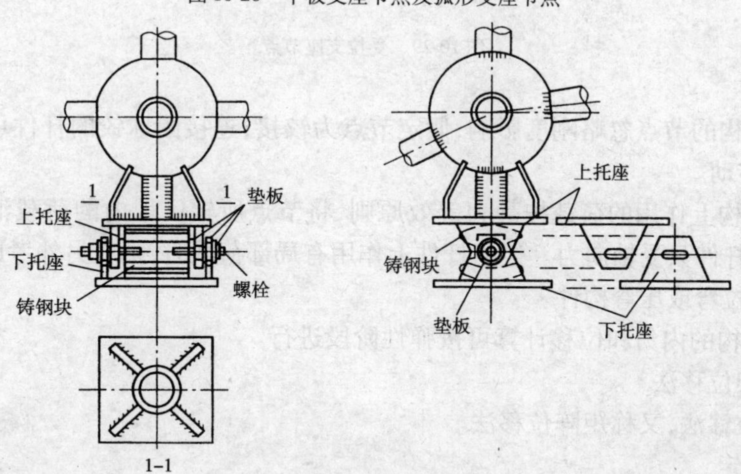

图 10-27　摇摆支座节点

10.1.7　网架结构的内力分析

平板网架是由很多杆件按一定规律组成的空间桁架体系，属于高次超静定结构。要精确地分析它的内力和变形相当复杂，工作量很大，一般都进行一些假设和简化。按计算结果的精确程度可分为精确法和近似法。常用的精确计算方法有空间桁架位移法；常用的近似计算方法有交叉梁系分析法、拟板法和假想弯矩法等。

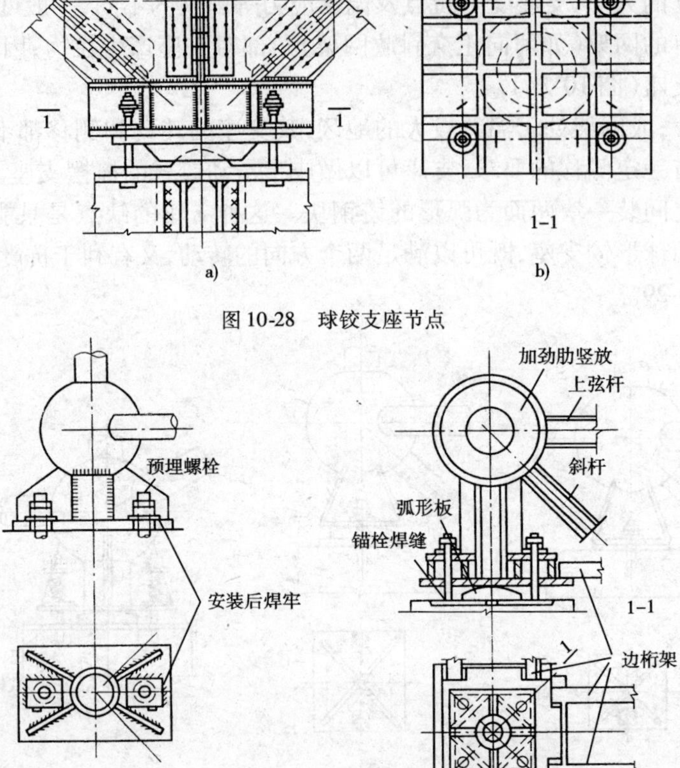

图 10-28　球铰支座节点

图 10-29　受拉支座节点

1. 计算假定

(1)网架结构的节点忽略刚度影响，假定节点为铰接；连接圆球铰的杆件可以绕通过铰中心的任意轴线转动。

(2)网架结构上作用的荷载按静力等效原则，将节点所辖区域内的荷载汇集到该节点上为节点荷载，故杆件只受轴向力。但当杆件上作用有局部荷载时，则应另外考虑局部弯矩的影响，此时杆件为拉弯或压弯构件。

(3)网架结构的内力和位移计算可按弹性阶段进行。

2. 空间桁架位移法

空间桁架位移法，又称矩阵位移法。

(1)基本假定

①网架节点皆为理想铰接点。

②结构材料处于弹性工作阶段。

③在荷载作用下，网架为小变形。

(2)计算方法

①取网架结构的各杆件作为基本单元,以节点三个线位移作为基本未知量,先对杆件单元进行分析,根据虎克定律建立单元杆件的内力和位移间的关系,形成单元刚度矩阵,列出网架中每一杆件的单元刚度矩阵。

②根据各节点的变形协调条件和静力平衡条件建立结构各节点荷载和节点位移间的关系,形成结构的总刚度矩阵和总刚度方程。

③结构总刚度方程组是一组以节点位移为未知量的线性代数方程组,引入给定的边界关系,利用计算机求得各节点的位移值。

④由单元杆件的内力和位移间的关系,求出杆件内力 N 值。

⑤杆件的承载力计算

求得 N 值后,即可按轴心受力构件进行强度、刚度和稳定验算。对拉杆按式 $N/A_n \leqslant f$;对压杆按式 $N/(\varphi A) \leqslant f$ 验算。

(3)适用范围

空间桁架位移法是一种精确计算方法,计算结果接近结构实际受力状况,具有较高的计算精度。它可用于计算各种类型、各种平面形状、不同边界条件、不同支承方式的网架,还能考虑网架与下部支承结构间的共同工作。对由于地震作用、温度变化、支座升降等因素引起的内力和变形也可根据工程需要进行内力和变形计算。

空间桁架位移法解网架结构内力和位移的商业软件有多种可供设计时选用。

3. 简化计算方法

平板网架的节点很多,采用空间桁架位移法计算时,工作量很大,为了简化计算,可采用一些近似计算方法。适用于交叉桁架系网架的有交叉梁系差分法和交叉梁系梁元法等;适用于四角锥和棋盘形网架的有假想弯矩法;还有适用范围较广的拟板法和拟夹层板法等。

(1)交叉梁系单元法。该法的基本思路是:把空间桁架简化为交叉梁系,并在节点处分开成为若干个离散的单元梁,以节点位移为未知数,用矩阵位移法求解,从而得到杆件内力。在建立单元梁的刚度矩阵时,忽略横向变形的影响,只考虑竖向位移和转角。工程中,常用差分法用求解代数方程式的方法进行计算。该法与精确法相比,计算误差为 10% ~20%,目前,对于跨度不大($L \leqslant 40\text{m}$),网格数不多的交叉梁系网架正放四角锥网架,可采用此法计算,并有计算图表可直接查用。

(2)拟板法。也称拟夹层板法,它是把网架简化为各向同性或各向异性的平板,按弹性平板弯曲理论建立偏微分方程;用差分法或级数法解出挠度、弯矩和剪力,然后再求出杆件内力。

该法适用于跨度 $L \leqslant 40\text{m}$ 的平面桁架或角锥体组成的网架。一般可按图表计算,其计算误差≤10%。

(3)假想弯矩法。该法是假设网架节点皆为铰接,并在网架的下弦节点上加一个假想弯矩,即未知弯矩,使之能满足平衡要求;根据静力平衡条件导出弯矩方程;然后,逐个节点写出以假想弯矩为未知数的多元一次联立方程;解出假想弯矩后,就可以求得网架的杆件内力。

该法未知量数目较少,且有图表可直接查用,便于计算,但计算误差较大,目前少用。但可作为初选杆件截面之用。

10.2 悬索结构设计

悬索结构是由索网、边缘构件和下部支撑构件三部分组成,如图 4-21a)所示。索网由钢索构成，钢索可用高强钢绞线或钢丝绳，也可用圆钢筋制成，它是轴心受拉构件，钢材的受拉性能得到充分发挥。自重轻、省钢材，能跨越远距离空间，是理想的大跨结构型式。古代的帐篷，江河上的竹索桥、藤索桥和铁链桥是最早的形式。举世闻名的四川泸定大渡河铁索桥，长104m，建于1696年。在屋盖结构中，主要用于60～100m的体育馆、会议厅、展览馆等大型公共建筑。目前跨度已达160m。

10.2.1 悬索结构的分类

悬索结构按表面形状可分为单曲面和双曲面两类，按构造可分为单层和双层两种体系。

1. 单层悬索屋盖

单层悬索结构索网仅有承重索，呈下垂曲线如图10-30所示。为避免反向受力失稳破坏，需设置劲性连续檩条或填置混凝土板以形成重屋面。单层悬索屋盖，跨度小、用料省、制作简单，但稳定性差，应慎重使用。

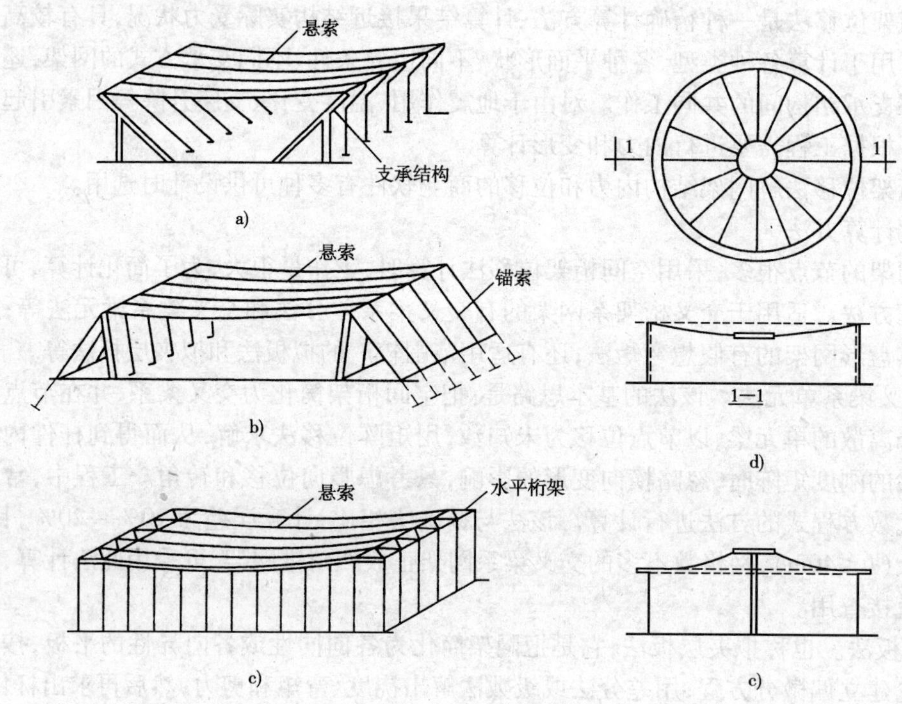

图10-30 单层悬索体系

a)拉索悬挂于支承结构；b)设置锚索；c)拉索悬挂于端部水平结构；d)圆形悬索结构；e)伞形悬索结构

2. 双层悬索屋盖

索网由承重索和稳定索组成，如图10-31所示。承重索位于上层，形成下垂曲线，承受屋面活荷载和自重；稳定索位于下层，呈上拱曲线，承受反向荷载，防止屋面掀翻。双层悬索屋盖整体稳定性好，且跨度愈大，经济指标愈好，但构造和施工比较复杂。图10-31b)为双曲悬索结构。

10.2.2 悬索结构的受力分析

取单层悬索结构体系进行分析。

1. 索网的基本受力分析

索网呈抛物线形，垂度为 y，计算跨度为 l_0，边梁为不动铰支座。屋面均布荷载为 q。计算

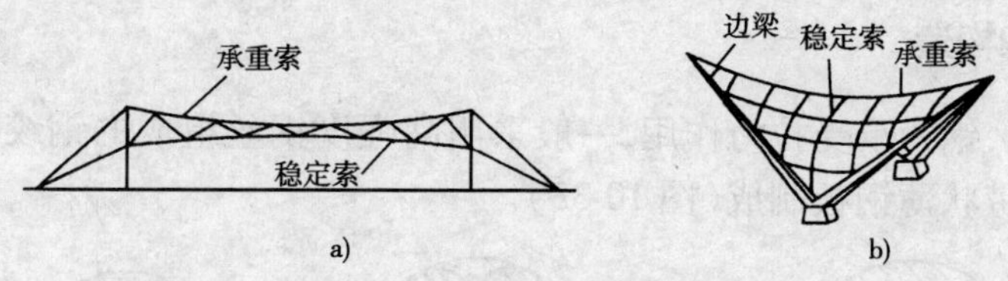

图 10-31　双层与双曲悬索结构

a）单曲双层悬索结构；b）双曲交叉索网结构

简图如图 10-32b）所示。

索的支座反力
$$V_A = V_B = \frac{1}{2}ql_0$$

索的水平拉力
$$H = M^0/y, \text{或 } y = M^0/H$$

$$M^0 = \frac{1}{8}ql_0^2$$

索的轴心拉力
$$N = H/\cos\alpha$$

式中：α——索各截面轴线的倾角。

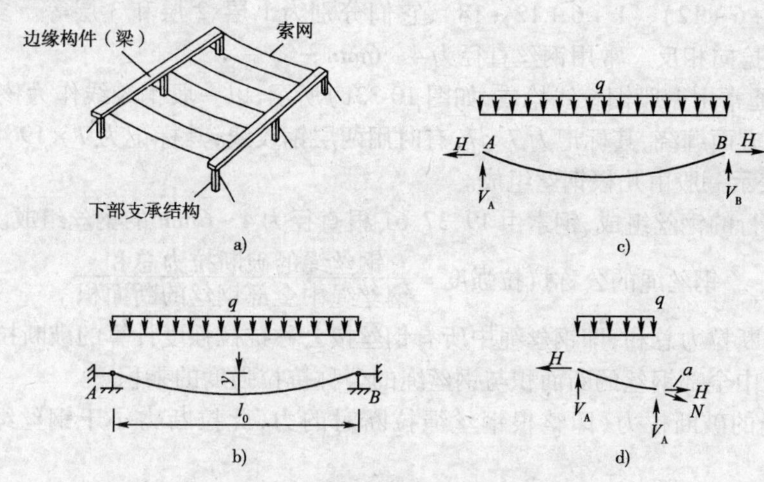

图 10-32　悬索结构组成及受力分析

a）外形；b）计算简图；c）支座反力；d）悬索受力

由受力分析可知，索网是一轴心受拉构件，既无弯矩又无剪力；索的水平拉力 H 和垂度 y 成反比，合理垂度的选择是结构平衡的重要问题；悬索只能承受与垂度同向的作用力，否则将失稳破坏。

已知索网各截面的 a 和 H，便可求得轴心拉力 N。按轴心受拉构件即可求得索截面面积，并确定索的直径和数量。

2. 边缘构件的受力分析

边缘构件是悬索网的支座。结构型式可为多跨连续梁、桁架、环梁和拱等，如图 10-30 所示，承受索的拉力 N。因支座处 N 值很大，故边缘构件应有足够的刚度。

3. 支撑结构

支撑结构一般为立柱或斜撑柱。立柱应设拉杆或锚拉绳，以平衡悬索对立柱的斜拉作用，

如图 10-30 所示。

悬索结构受力合理，跨越空间极大，多年来已建造许多成功的建筑。

10.2.3 钢索的构造

正常受力状态下，钢索承受拉力作用，一般采用高强度钢丝组成的钢绞线、钢丝绳或钢丝束，也可采用圆钢或带状薄钢板制成（图 10-33）。

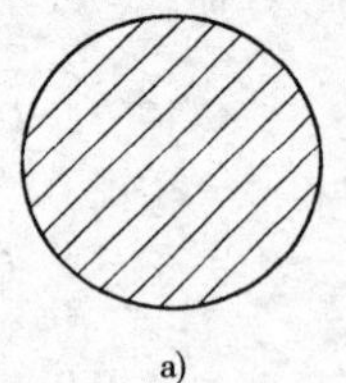

a)

b)

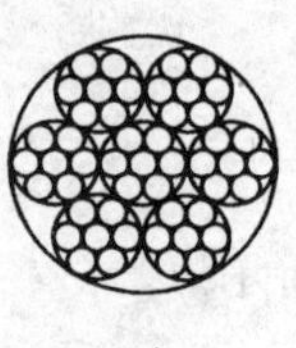

c)

图 10-33 索的截面型式

1. 钢索的截面形式

索一般采用高强度钢丝组成的钢绞线、钢丝绳或钢丝索，也可采用圆钢筋。

（1）圆钢筋的强度较低，但由于直径较大，抗锈蚀能力较强，见图 10-33a）。

（2）钢绞线由经热处理的优质低碳素钢经多次冷拔的钢丝组成，见图 10-33b）。钢绞线型式有（1 +6）、（1 +6 +12）、（1 +6 +12 +18），它们分别为 1 层、2 层和 3 层等。多层钢丝与其相邻的内层钢丝捻向相反。常用钢丝直径为 4 ~6mm。

（3）钢丝绳通常由七股钢绞线捻成，如图 10-33c）所示，以一股钢绞线作为核心，外层的六股钢绞线沿同一方面缠绕，其标记为 7 ×7，有时用两层钢绞线，其标记为 7 ×19，以此类推有 7 ×37 等。后者表示一股由几根钢丝组成。

钢丝索由平行的钢丝组成，钢索由 19、37、61 根直径为 4 ~6mm 的钢丝组成。

$$\text{钢丝绳的公称抗拉强度} = \frac{\text{钢丝绳的破断拉力总和}}{\text{钢丝绳中全部钢丝的断面积}}$$

钢丝绳的破断拉力总和，即钢丝绳中所有钢丝按公称抗拉强度计算的破断拉力之总和，其数值等于钢丝绳中全部钢丝的断面积与钢丝绳的公称抗拉强度的乘积。

整根钢丝绳的破断拉力，即整根钢丝绳拉断时的力，此拉断力小于钢丝绳的破断拉力总和。

$$\text{钢丝绳的破断拉力} = \text{换算系数} \times \text{钢丝绳的破断拉力总和}$$

常用钢丝绳的换算系数如下：

1 ×7，1 ×9 者为 0.9；6 ×19，6 ×24 者为 0.85；6 ×37 者为 0.82。

钢丝束通常由 19 根、37 根、61 根直径为 4 ~5mm 的钢丝组成，沿长度方向每 700 ~1000mm 用直径 1 ~1.5mm 的细铁丝捆绑，使钢丝束截面保持圆形。钢丝束只能用于直线配索的情况，缺点是锚固和张拉都较为复杂，且防锈处理也不易，又易于受外力的损伤，故使用时宜置于封闭截面中。

为了保证结构的耐久性，一般对钢丝要进行镀锌防腐处理，镀锌钢丝束、钢绞线和钢丝绳的强度和弹性模量要比不镀锌的有所降低。

2. 连接构造

钢索和边缘构件之间的连接是通过锚具来实现的，常用的锚具用铸钢制成，锚具一端为楔形漏斗状锚头，钢丝绳打散后在锚头内灌以合金固定。图 10-34 所示为一种单锚锚具，用作

$7\phi 4$ 钢绞线的锚固。图 10-35 所示锚具的另一端为双环形板，通过销或螺栓与框架梁连接。

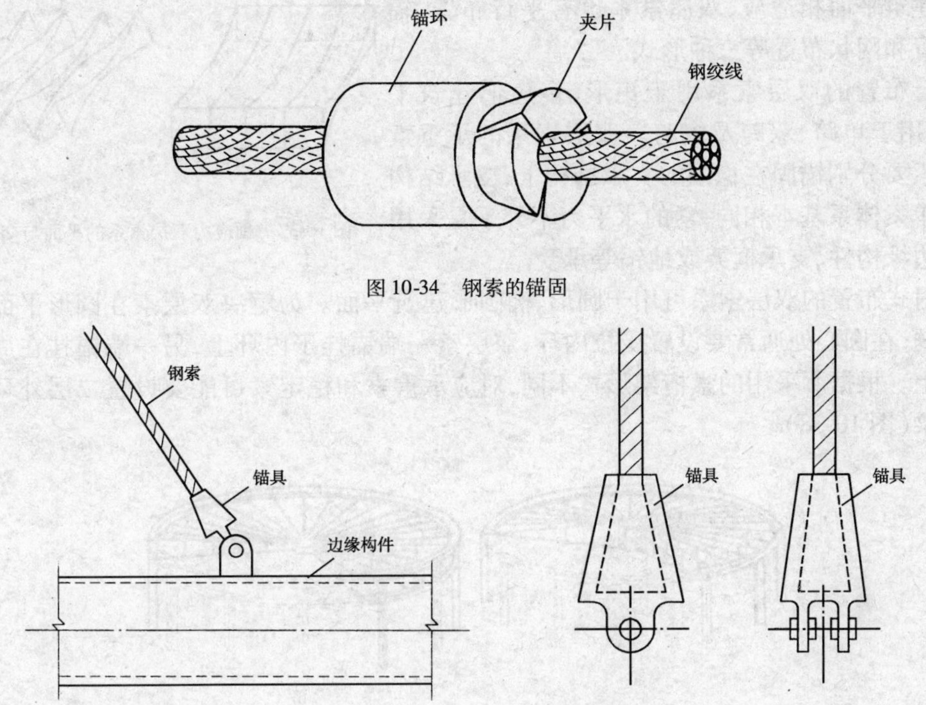

图 10-34　钢索的锚固

图 10-35　钢索与边缘构件连接构造

10.2.4　预应力双层悬索体系

双层悬索体系由一系列下凹的承重索和上凸的稳定索，以及它们之间的连系杆（拉杆或压杆）组成，图 10-36 表示双层索系的几种一般形式。一般连系杆的内力不大，采用圆钢、钢管、角钢等均可。

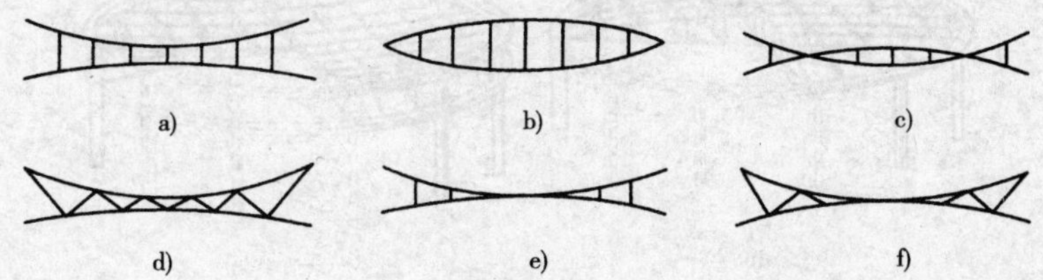

图 10-36　双层索系的几种一般形式

1. 结构方案

在竖向关系上，承重索可以在稳定索之上（图 10-36a）或之下（图 10-36b），也可相互交错（图 10-36c），相互交错时可减小屋盖结构所占空间。承重索与稳定索在跨中可以相连（图 10-36e、f）或不相连（图 10-36a ~ d）。在对称均匀分布荷载作用时，跨中相连与否，索系的工作性能没有区别；在不对称荷载作用下，跨中相连的索系具有较大的抵抗不对称变形的能力。两组索之间的连系杆可以竖向布置或斜向布置（图 10-36），连系杆斜向布置的索系具有较大抵抗不对称变形的能力

在平面关系上，承重索、稳定索和连系杆一般布置在同一竖向平面（图 10-37a），由于其外形和受力特点类似于承受横向荷载的传统平面桁架，又常称为索桁架。承重索和稳定索也可

相互错开布置，而不位于同一竖向平面，这种布置形成的波形屋面便于屋面排水（图 10-37b）。

与建筑平面相适应，双屋索系也有平行布置、辐射式布置和网状布置等三种形式。

平行布置的双层索系用于矩形、多边形建筑平面，并可用于单跨、双跨及多跨。双层索系的承重索与稳定索要分别锚固在稳固的支承结构上，支承结构型式与单索体系基本相同，索的水平力不外乎是采用闭合的边缘构件、支承框架或地锚等承受。

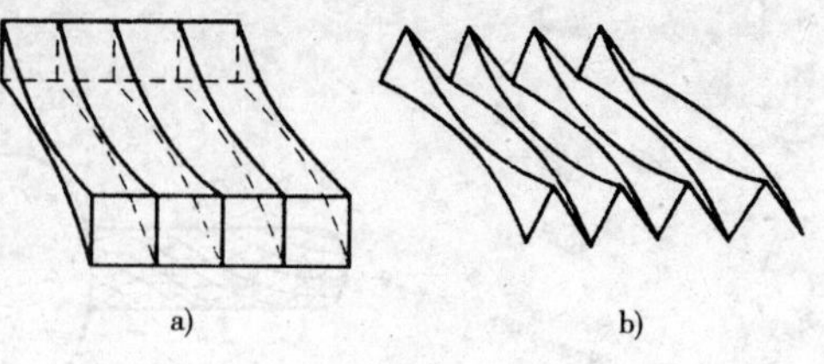

图 10-37　预应力双层索系的平面与交错布置

辐射式布置的双层索系可用于圆形、椭圆形建筑平面。为解决双层索在圆形平面中央的汇交问题，在圆心处通常要设置受拉内环，双层索一端锚挂于内环上，另一端锚挂在周边的受压外环上。根据所采用的索桁架形式不同，对应承重索和稳定索可能要设置二层外环梁或二层内环梁（图 10-38）。

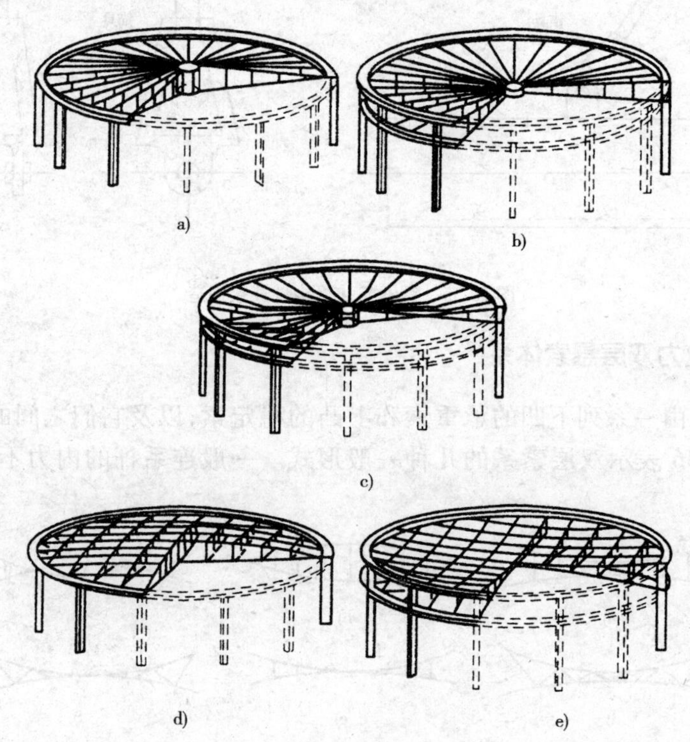

图 10-38　双层悬索体系的辐射式布置及网状布置

在图 10-38b）中，上索即是稳定索，又直接承受屋面荷载。如将上索与下索之间，除中央部分外的连系杆取消，则上索仍能以集中支反力的形式将部分屋面荷载传给中心环，由中心环再以集中力方式传给下面的承重索。这也是一种双层索系，只不过将分散的连系杆集中到了中心环。利用作为集中撑杆的中心环也可实现对索施加预应力。这种结构型式也称为车辐式双层索系，在 20 世纪 50 年代，即悬索结构发展的早期应用较多。图 10-38d）、e）所示为双层索系的网状布置，两层索一般沿两个方向相互正交，形成四边形网格。

2. 受力特点

双层悬索体系中，设置了相反曲率的稳定索及相应的连系杆，不仅能够有效地抵抗风吸力作用;而且可以对体系施加预应力。通过张拉承重索或稳定索,或对它们都施行张拉,均可使索系绷紧,在承重索和稳定索内保持足够的预拉力,以使索系具有必要的形状稳定性。此外,由于存在预应力,稳定索能与承重索一起抵抗竖向荷载作用,从而整个体系的刚度得到提高。采用预应力双层索系是解决悬索屋盖形状稳定性问题的一个十分有效的途径。预应力双层索系具有良好的结构刚度和形状稳定性,因此可以采用轻屋面,如石棉板,纤维水泥板、彩色涂层压型钢板及高效能的保温轻质材料。此外,双层悬索体系还具有较好的抗震性能。

承重索的垂跨比和稳定索的拱跨比也是影响双层索系工作性能的重要几何参数。随着垂跨比、拱跨比的加大,索系的刚度性能将明显提高,索力显著减小,索系的形状稳定性明显增强,但屋盖结构占用的空间也随之加大。目前根据经验取承重索垂跨比为 1/20 ~ 1/15;稳定索的拱跨比为 1/30 ~ 1/20。

在双层索系建立预应力的作用在于将承重索、稳定索及连系杆组成为共同承受外荷的、有良好工作性能的承载结构。预应力过小,在竖向重力荷载作用下的稳定索,或轻屋面时受风吸力作用下的承重索有可能发生松弛,使双层索系转变为单层索的工作,并产生很大的机构性位移。但研究结果也表明,预应力达到一定数值后,索系抵抗局部荷载下的机构性位移的能力趋于稳定而对结构刚度、索内力影响甚微。可见,索系中并不需施加过大的预应力,否则将会增加索及支承结构的材料用量。预应力的适当取值要根据各种工况下承重索和稳定索都不发生松弛为准,经反复调整计算确定。

10.2.5 预应力鞍形索网

鞍形索网是由相互正交、曲率相反的两组钢索直接叠交而形成一种负高斯曲率的曲面悬索结构。两组索中,下凹的承重索在下、下凸的稳定索在上,两组索在交点处相互连接在一起,索网周边悬挂在强大的边缘构件上,图 10-39 给出几种常见的鞍形索网形式。

1. 结构方案

如把预应力鞍形索网视为一张网式蒙皮,则它可以覆盖任意平面形状,绷紧并悬挂在任意空间的边缘构件上,形成各式各样的鞍形索网结构。索网的边缘构件可根据建筑要求选取各种结构型式和做各种灵活布置。常见的边缘构件形式归纳起来有如下几类。

(1)闭合空间曲梁

圆形或椭圆形平面的双曲抛物面索网多采用所示的如图 10-39a)形式,空间曲梁的轴线是双曲抛物面与圆柱面或椭圆柱面的相截线,空间曲梁可设支柱支承。索网的两组索力水平分量由闭合空间曲梁承受,并形成自平衡体系。采用这种边缘构件,因索的水平力不下传,下部支承结构和基础设计均得以简化。我国浙江省人民体育馆及加拿大的卡尔加里奥林匹克滑冰馆即采用这种边缘构件的形式。

(2)空间框架

菱形平面双曲抛物面索网的边缘构件即为由直梁组成的空间框架(图 10-39b)。与空间曲梁相比,空间框架在索的拉力作用下,将产生很大的弯矩,因此不如空间曲梁受力合理;同时,还会产生框架高端向索网跨中内移和框架低端外推的内力和变形,从而给下部支承结构的设计带来麻烦。因此,在实际悬索结构中,这种形式很少应用。

(3)拱

由于拱主要以轴向压力抵抗外荷作用,因此以拱作为鞍形索网的边缘构件比较合理。

图 10-39c)所示为德国特尔蒙特展馆,其屋盖结构为矩形平面的双曲抛物面索网,这一索

网的承重索便锚挂在两端直立的平面拱上。由于直立的边拱仅能承受承重索的竖向分力，索的较大的水平分力则必须通过设置斜向的拉杆承受

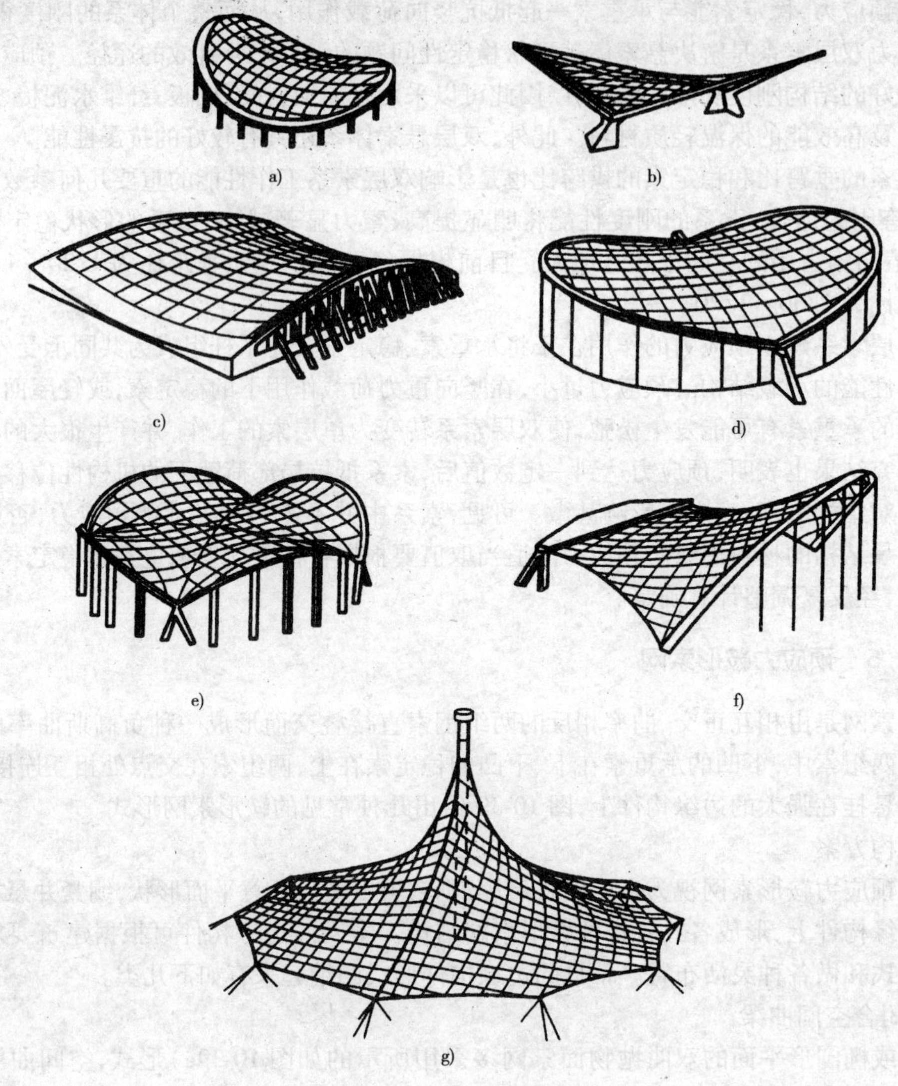

图 10-39　预应力鞍形索网的形式

鞍形索网采用两个倾斜的大拱作为边缘构件的工程实例较多，此时索网不再是双曲抛物面。两个倾斜拱的轴线一般采用平面抛物线。两拱交叉或不交叉，以及交叉点的位置均要结合建筑要求确定。后面图示美国雷里体育馆的两拱落地交叉，交叉点部位的拱脚推力直接作用到基础，拱推力的水平分量通过两拱脚间设置拉杆平衡。两拱倾斜交叉不直接落地时，要在交叉点处设置剪力墙、扶壁柱或斜框架等，以将交叉点处推力传至基础。

图 10-39e）为两对抛物线拱组成的边缘构件。向外倾斜的两对平面拱各自有竖向直柱支承，并在拱脚处相互交汇于一点。在每一对拱之间布置鞍形索网；在拱脚之间布置两根较粗大的交叉钢索，按设计要求对鞍形索网及两交叉钢索施加预应力绷紧索网，便形成图中所示的组合鞍形索网。由于在各拱脚汇交部位，拱的推力和交叉钢索的索力相互抵消，传于下部支承柱的水平力很小，因而此组合鞍形索网除造型美观外，受力也很合理。

(4)柔性边缘构件——边界索

图 10-39f)、g)所示的索网均采用了柔性的边缘构件——边界索。图 10-39f)所示为索网采用柔性与刚性的混合边缘构件;图 10-39g)所示为由若干片鞍形索网组成的帐篷式结构,帐篷中间立一桅杆柱,索网在里侧连于由桅杆吊挂下来的主索上;索网外侧与边界索相连,边界索再与锚在地面上的若干支架相连。边界索实际是一种受拉型的边缘构件,一般采用粗大截面的钢丝绳,并须施以很大的预应力。由柔性边界索组成的索网,上面以透明的涂层纤维织物覆盖,自重很轻,在国外广泛应用于大跨度的永久性建筑,如 1972 年奥运会的慕尼黑大体育场、体育馆、游泳馆;1973 年建成的美国洛杉矶 Laverne 学院学生中心等等。

不论哪种形式的边缘构件,都需要有足够强大的截面,不仅要满足受力较大的边缘构件本身的强度要求,更是要保证索网必要的刚度。

2. 受力特点

鞍形索网的工作原理与双层索系相同,但作为空间结构,其受力分析要比双层索系复杂。

和双层悬索体系一样,对鞍形索网也必须进行预张拉。由于两组索的曲率相反,因此可以对其中任意一组或同时对两组索进行张拉,在索网中建立预应力。

10.2.6 劲性索体系

柔性悬索不能抗弯、抗压,因此对柔性索组成的悬索体系都要采取一定措施使其具有必要的结构刚度和形状稳定性。但是,这些措施的作用是有一定限度的,与传统的"刚性"结构比较,悬索结构归根到底属于柔性结构的范围,它们的形状稳定性和刚度只是维持在可接受的水平上。而且,上述各种措施都会进一步加大边缘构件和支承结构的负担,处理好受力很大的边缘构件和支承结构,往往成为大跨悬索结构设计中的核心问题,处理不当时,将在很大程度上抵消采用轻型悬索结构所取得的经济效益。

劲性索、横向加劲单层索系与索拱体系就是针对以上柔索体系存在的问题而产生的几种新型结构型式。

劲性索结构是以具有一定抗弯刚度的曲线形实腹或格构式构件来替代柔索的悬挂结构(图 10-40)。

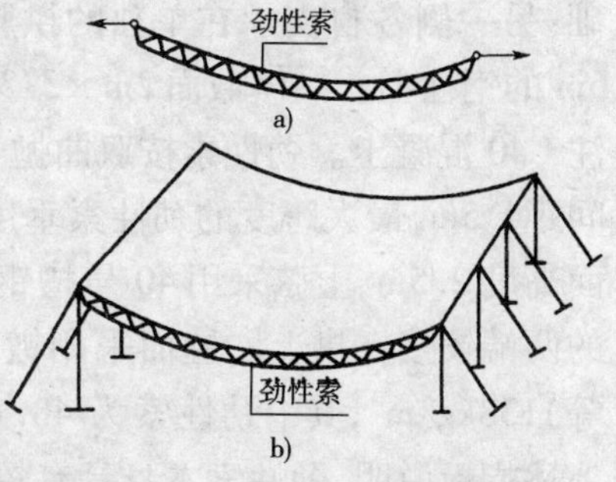

图 10-40 劲性索与劲性索结构

悬挂的劲性索受力仍然以受拉为主,保留了柔索能充分利用钢材强度、用料经济的优点。由于劲性索具有一定抗弯刚度,结构的刚度和形状稳定性有了大幅度的提高。如在半跨活荷作用下,劲性索的最大竖向位移比相同荷载、跨度的双层索系要小 5 ~ 7 倍。所以劲性索结构无需施加预应力即有良好的承载性能;同时,对支承结构的作用力也得以减小。此外劲性索还便于取材,采用普通强度等级的型钢、圆钢或钢管均可制作。显然,劲性索屋盖宜采用轻质屋面材料。

劲性索结构适用于任意平面形状的建筑。矩形平面时,宜平行布置;圆形、椭圆形平面时宜辐射式布置。劲性索还可沿鞍形索网中的承重索方向布置,形成双曲抛物面的形式。

国内对劲性索结构的良好受力性能和广泛适用范围已经开始重视,并正在开展深入研究,为在实际工程中的应用进行理论和技术方面的准备。在国外,劲性索结构已较早地应用于实际工程。如日本的横滨工场体育馆、前苏联莫斯科奥运会的游泳馆、我国通州体育馆等都是采用的劲性索结构。其中以莫斯科奥运会游泳馆的规模最大,该馆椭圆形平面,轴线尺寸为126m×104m,屋盖最高点达46m(图10-41),观众席位12000个。该馆的主要承重结构为两个斜置的、跨度为120m的钢与混凝土组合截面的双铰拱,两拱在建筑物的一侧共用一个拱脚基

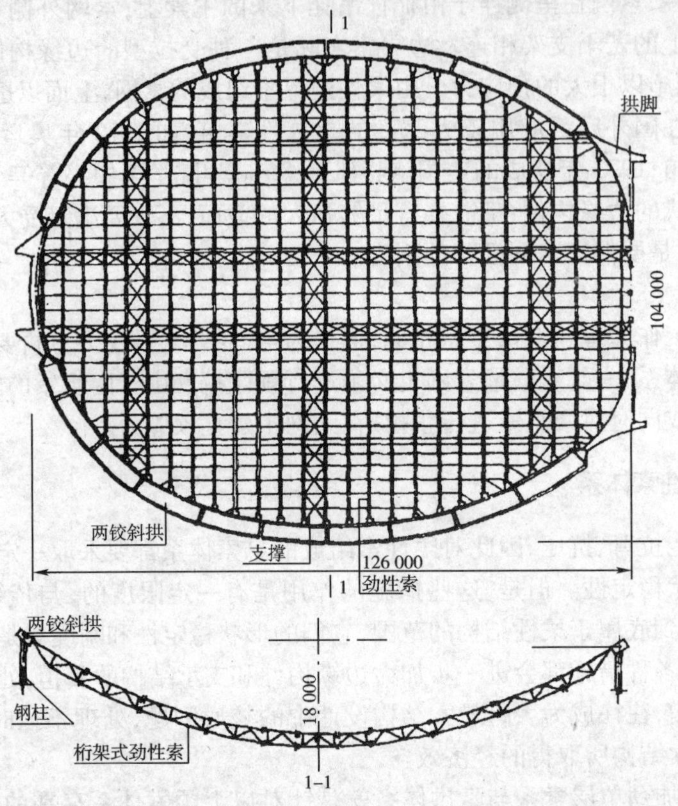

图10-41　莫斯科奥运会游泳馆的劲性悬索屋盖结构

础;另一侧各自支承在单独的拱脚基础上,以满足建筑的使用要求。两个拱竖向支承在间距6m的钢柱上。拱体截面2m×3.3m,由12~20mm钢板焊成开口箱形,在箱体内配置钢筋并浇注C40混凝土。劲性索按双曲抛物面的屋面形状、沿短轴方向平行悬挂,其跨度为40~104m,间距4.5m,最大跨度的劲性索垂度为18m。劲性索设计成抛物线形,平行弦平面桁架形式,截面高度2.5m,上弦采用40号槽钢,下弦采用20号槽钢,腹杆由角钢∟100×10组成。劲性索的两端铰接在拱上。屋面采用镀锌压型钢板。屋盖全部用钢量(包括压型钢板、檩条、支撑等)138kg/m²,其中劲性索为48.8kg/m²,拱体51.5kg/m²。屋面折算混凝土厚度16cm/m²。上述指标说明,劲性索本身具有较好的经济性,拱体轴线设计不够合理,周边未封闭,致使拱的耗钢量增大。

10.2.7　预应力横向加劲单层索系

在平行布置的单层悬索上,把索锚固好以后,在索上敷设与索方向垂直的实腹梁或桁架等横向劲性构件,下压这些横向构件的两端,使之产生强迫位移后固定其位置,便在整个索与横向构件组成的体系内建立起预应力,形成了横向加劲单层索系屋盖结构(图10-42),在有些文献上也称这种结构为索-梁(桁)体系。

1. 受力特点

横向加劲单层索系一般有三个工作阶段。在锚固好的索上敷设横向构件为第一阶段。第二阶段为预应力阶段。下压横向构件的两端产生强迫位移后，索与横向构件相互压紧，各索受力不再保持均匀，横向构件受索向上的作用呈上拱状态，并承受负弯矩作用。第三阶段为荷载阶段，该阶段的结构受力性能有很大变化，索与横向构件共同承担外加荷载作用，结构的刚度大大增强，尤其横向构件能有效地分担和传递荷载，结构抵抗不均匀荷载作用的性能大为提高，体系也由原来的平面受力状态改变为空间受力。横向构件在所分配荷载作用下，产生下挠的变形，内力方向和预应力阶段相反，其中相当一部分与之相抵消。由于横向构件参与承担荷载，减轻了索的负担，索传给支承结构的水平力也随之减小。

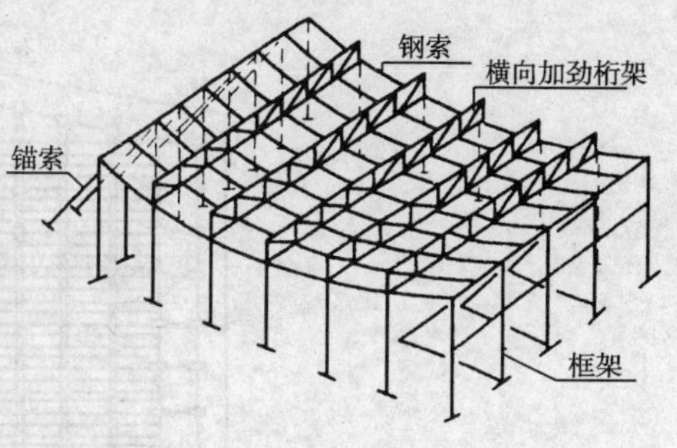

图 10-42　预应力横向加劲单层索系

横向加劲单层索系不但受力合理，用料经济，而且施工比较方便。施加预应力一般只需千斤顶、手动葫芦、扳手等简单工具即可完成。

影响横向加劲单索体系受力性能的主要因素有支承结构刚度、预应力、索与横向构件的刚度之比等等。索支承端的任何大小的位移都会导致体系中索与横向构件的荷载重新分配，因此索的支承结构应具有较强的刚度。体系中预应力的大小应适当。预应力能增大体系的刚度和稳定性；但过大的预应力势必加大索及支承结构的负担，反而是不经济的。横向构件的刚度过柔，起不到要求的加劲作用；过大时，它们将分担大部分荷载，索的作用不能充分发挥，喧宾夺主，从而体现不出悬索体系的优越性。所以各种具体条件的结构，其预应力值和横向构件的刚度应优化确定。

2. 工程实例

我国在世界上首先成功地将预应力横向加劲单层索系应用于工程实践，先后于 1989 年建成安徽省体育馆、潮州体育馆、上海杨浦区体育馆等工程。图 10-43 为安徽省体育馆的主要结构简图。该馆总建筑面积 19200m^2，可容 6500 席观众；建筑平面呈不等边的六边形，纵长 84m，横向最宽 69m；悬索沿长向布置，索跨 72m，垂度 4.5m，索距 1.5m，每根索由 5 根 7ϕ5mm 钢绞线组成，索的水平力由抗侧刚度较大的看台框架承担；横向构件采用梯形钢桁架，桁架间距 6m，最大桁架跨度 42m，桁架跨中截面高度 3.2m，端部高度 1.6m，上、下弦由两肢 125 × 80 × 10 角钢组成 T 形截面；屋盖总用钢量 22kg/m^2，其中索为 3.7kg/m^2。施工时，在桁架两端支座与柱顶之间留一间距，此间距根据计算给出。在 11 榀桁架的 22 个支座上各设一个 5t 的千斤顶，采用反压方式分 10 个冲程，群体同步将桁架两端强迫下压到柱头后与柱连接。

10.2.8　组合悬索结构

将两片或两片以上的悬索体系（索网、单层索系、双层索系等）和强大的中间支承结构组合在一起，可形成各种形式的组合悬索结构。

采用组合悬索结构，往往出于满足建筑功能和建筑造型的需要。例如，在体育建筑中通过设置中央支承结构，适当提高体育比赛场地上方的净空高度，两侧下垂的悬索屋面正好与看台升起坡度一致，可使所形成的内部空间体积最小；利用中央支承结构还可以设置天窗满足室内采光要求。中央支承结构负担很重，多采用刚度大，受力合理的拱、刚架、索拱体系等形式，也可以采用粗大的钢缆绳组成的钢索。

组合悬索结构在国内外有许多工程实例。

北京朝阳体育馆是1989年建成的亚运会比赛用馆之一,轮廓尺寸69m×78m,屋盖结构

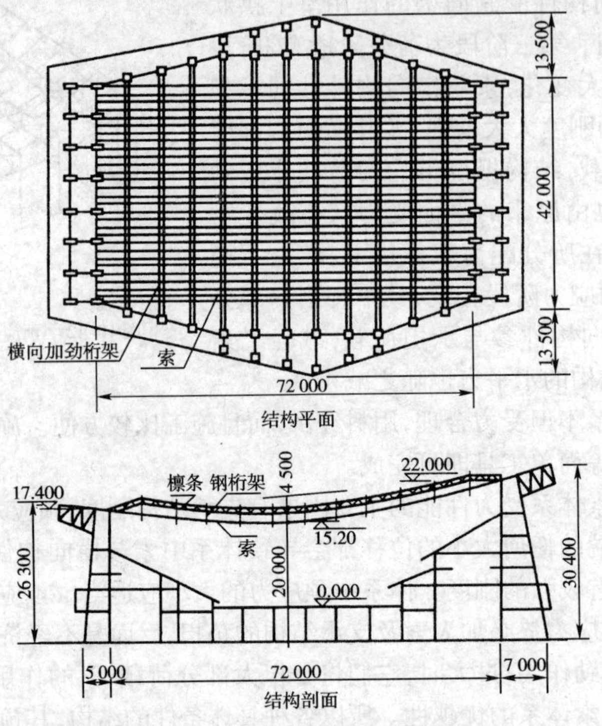

图10-43 安徽省体育馆结构简图

由中央索拱体系和两片鞍形索网组成(图10-44)。中央索拱由两条悬索和两个格构式的钢拱组成;索和拱的轴线均为平面抛物线,分别布置在相互对称的四个斜平面内,通过水平和竖向连杆两两相连,构成桥梁形式的立体预应力索拱体系。索和拱的两端支承在四片三角形钢筋混凝土墙上。两片预应力鞍形索网分别布置在中央索拱的两侧,悬挂在中央索拱的格构式钢拱和外侧的钢筋混凝土边拱上。钢筋混凝土边拱的轴线也是位于斜平面内的抛物线,边拱通过一系列短柱支承在看台框架上。中央索拱体系的两个钢拱之间设置透明屋面,是体育馆的中央采光带。中央索拱体系是屋盖的主要承重结构,它承担由索网传来的以及作用于本身范围内的总计超过1/2的屋盖荷载。为了减小中央索拱结构的跨度,将四片三角形钢筋混凝土支承墙适当嵌入大厅,将拱的跨度减小到57m,索跨减小到59m(图10-44b)。索拱体系的每条悬索由7束6×7ϕ5mm的钢绞线组成。索网网格尺寸3m×3m,承重索及稳定索均采用6根7ϕ5mm的钢绞线。钢筋混凝土边拱截面宽度0.8m;高度从跨中的2.0m增大到两端支座的3.2m,中间按正割规律变化。这一屋盖结构的单位覆盖面积用钢量(竣工量)为52.2kg/m^2,其中钢拱和连杆、拱支座埋件等30.1kg/m^2,边拱钢筋和埋件15.5kg/m^2,钢绞线(中央悬索、索网和三角墙中预应力钢绞线)6.6kg/m^2。

美国耶鲁大学溜冰场建筑平面形状及主要尺寸见图10-45a)。屋盖结构由沿建筑物纵轴竖立的中央钢筋混凝土平面大拱和两侧的两片预应力索网组成。中央大拱跨度近100m,拱顶截面0.915m×1.53m,并向两端支座逐渐加大。两片索网的承重索高端锚挂在钢筋混凝土大拱上,另一端锚挂在纵向曲墙顶端的钢筋混凝土曲梁上。纵向曲墙也是钢筋混凝土的。在房屋中部73.2m范围内,曲梁和大拱的轴线均为平面抛物线,其余靠近两端的部分由许多圆弧

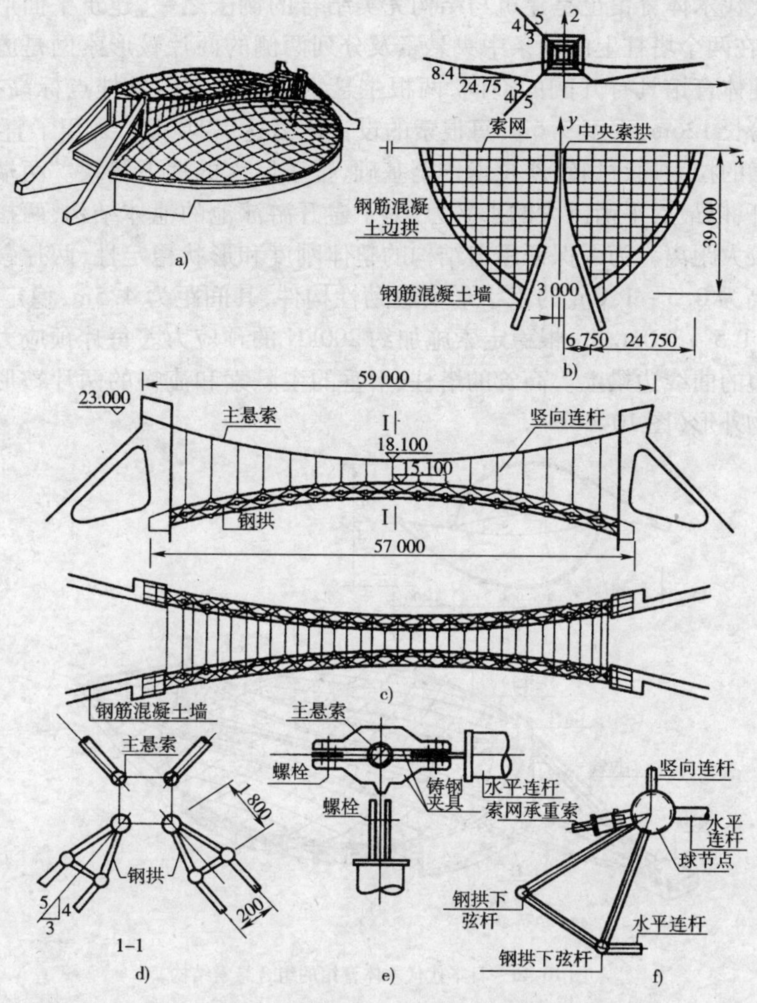

图 10-44　北京朝阳体育馆的组合悬索结构

a)体育馆结构全貌；b)组合悬索屋盖结构的平面及剖面；c)中央索拱体系；d)索拱结构横剖面；e)主悬索与连杆的连接；f)连杆、索网与钢拱的连接

曲线组成，它们与曲面的屋盖组成极为美观的外部造型(图 10-45b)。

现代建筑的空间构图，常常可以借助于结构体形所形成的空间界面的变化，来造成和增强视觉空间向前、向上、旋转、起伏等动势感，以显示出现代生活中的速度感与节奏感，适应审美心理的变化；同时，在许多情况下，这种动势感在空间序列中还具有吸引与组织人流的功能作用。

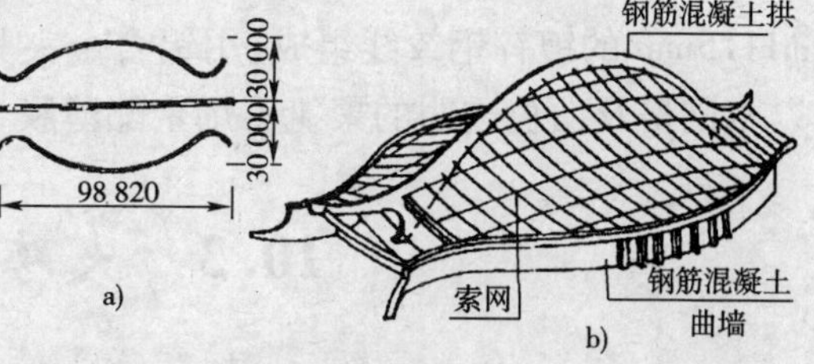

图 10-45　美国耶鲁大学溜冰场组合悬索结构

耶鲁大学冰球馆形如拿破仑帽的马鞍形悬索屋盖，其支承木屋面板的主要承重索悬挂在中间钢筋混凝土拱和两侧钢筋混凝土曲线形边墙之间。设计者机敏地利用了巨型拱在两端头的自然起翘和弧形侧墙在相应位置自然转为向外伸展的结构体形，造成了向冰球馆两端进出口处“收缩”、“吸引”(从馆外看)和“扩展”、“开放”(从馆内看)的空间导向性与动势感，使得该体育建筑的出入口设计颇具特点而不落俗套。

日本东京代代木体育馆也是建筑与结构完美结合的例子之一，建筑平面形状及尺寸见图10-46a)。悬挂在两个塔柱上的两条中央悬索及分列两侧的两片鞍形索网是屋盖结构的主要组成部分。为使体育馆具有开阔的空间，两根主悬索在塔柱上的悬挂点标高提升至39.6m。两根主悬索主跨长126m，垂度9.6m，每根索的设计内力达13500kN，采用了直径为330mm的钢丝绳。主悬索的拉力通过边跨斜拉索传至基础，锚于巨大的地下锚块。两端锚块之间设置两根通长的拉杆，以最后平衡巨大的水平力，为了避开游泳池的池体结构，两拉杆之间在场地范围内拉开了较大距离。为了保证屋盖结构的整体刚度和形状稳定性，两片鞍形索网的承重索采用了截面高为0.5～1.0m的工字形实腹劲性构件，其间距为4.5m，稳定索采用ϕ44mm的钢丝绳，间距1.5～3.0m。每根稳定索施加约200kN的预应力。每片预应力鞍形索网悬挂在主悬索和周边的曲线边梁上。高耸的塔柱、下垂的主悬索和流畅的两片鞍形曲面组成了雄伟别致的建筑物外形(图10-46b)。

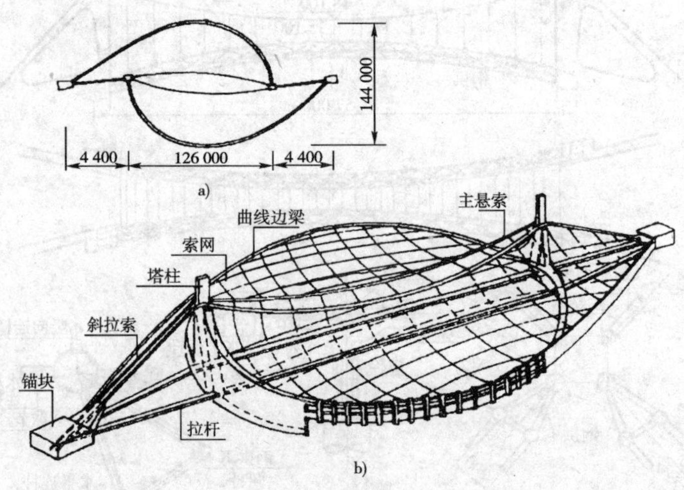

图10-46　日本代代木体育馆的组合悬索结构

德国慕尼黑溜冰馆(图10-47)，建筑平面为椭圆形，长轴104m，短轴67m，屋盖部分的尺寸为87m×64m。屋盖结构由中央的落地平面钢拱和两片预应力鞍形索网组成。每片索网悬挂于钢拱和周边带拉杆立柱支承的边索上。钢拱为三角形截面的格构式钢管结构，其稳定性依靠两侧的索网保证。预应力鞍形索网网格0.75m×0.75m，两个方向的悬索均采用两根ϕ11.5mm的镀锌钢绞线组成，用铝合金夹具固定。边索采用ϕ60mm的钢丝绳。索网上面覆以木网格及白色透明的聚氯乙烯聚酯薄膜，使大厅具有良好的采光。

10.3　大跨空间混合钢结构

传统的大跨度建筑的结构型式有刚架结构、桁架结构、拱式结构、薄壳结构、网架结构、悬索结构和薄膜结构等。它们在结构上具有不同的受力特点，在建筑上具有不同的造型特色。然而随着时代的发展，人们不但对建筑合用空间提出更大更广的需要，而且对视觉空间也提出越来越高的要求。因此，随着建筑结构理论和计算技术发展、随着高强度材料的推广应用、随着建筑施工技术的完善、随着各种新型屋面材料的出现，大跨度建筑结构体系和型式将会越来越丰富多彩。

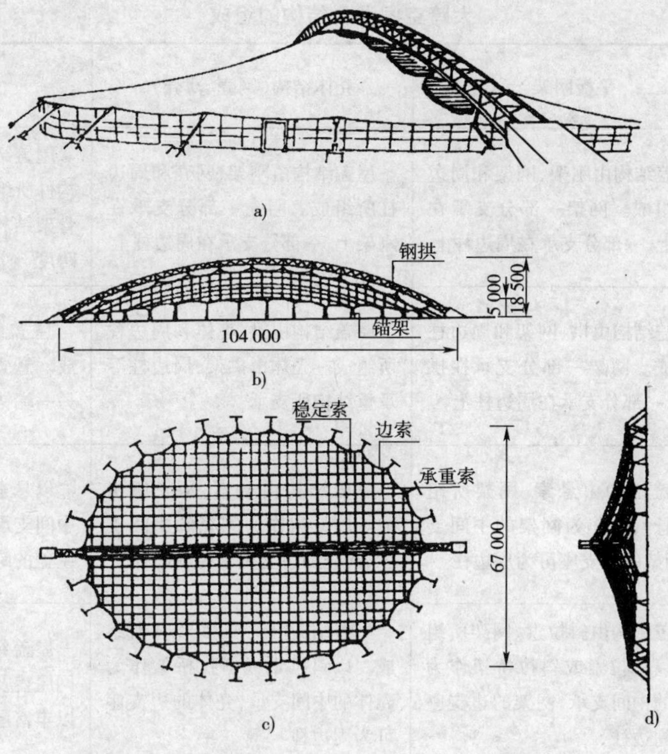

图 10-47 德国慕尼黑溜冰馆的组合悬索结构

10.3.1 大跨空间混合钢结构的构成与特点

1. 大跨空间混合结构的构成

混合空间结构是由刚架、桁架、拱、壳体、网架、网壳、悬索、薄膜等结构中的两种或三种结构单元组合成一种新的结构,以实现建筑上的独特造型或结构上的经济合理。一般来说,混合空间结构中常常以巨大的刚架、拱、悬索或斜拉结构形成巨型骨架,勾画出建筑造型的主轮廓。以巨型骨架、侧边构件或周边承重结构作为支座,在其上布置平板网架、网壳、悬索、薄膜等屋盖,形成风格各异的屋面,可以形成外形轻巧、造型丰富的建筑体型,是一种跨越能力大、经济合理的结构体系。巨型骨架结构和屋盖结构可以进行不同的组合,形成多种结构方案,如表 10-3 所示。

大跨空间混合结构的组成原则。

(1)应满足建筑功能的需要。建筑主题孕育于建筑形式之中,混合空间结构不一定是最经济的,但它们必须具有很强的造型功能,使建筑艺术与结构技术完美地统一于一体,以改善城市环境,满足人们精神文化生活的需要。

(2)结构受力均匀合理,动力性能相互协调,材料强度得到充分发挥。

(3)结构刚柔相济,并具有良好的整体稳定性。柔性结构具有良好的抗震性,刚性结构具有良好的抗风性,两者结合,利于结构的动力性能和整体稳定性。

(4)尽量采用各种先进的技术手段,以改善结构的受力性能,节省材料,并可以使结构更加轻巧。

(5)施工比较简捷,造价比较合理。

大跨空间混合结构的组成 表 10-3

巨型骨架＼屋盖结构	平板网架	壳体结构(网壳、薄壳)	悬索
刚架	屋盖结构由刚架、网架和周边柱所组成。网架一部分支承在刚架上,一部分支承在周边柱上	屋盖结构由刚架、网壳和周边柱所组成。网壳一部分支承在刚架上,一部分支承在周边柱上	屋盖结构由刚架、悬索、侧边构件所组成。以刚架作为巨型骨架结构,可减小悬索结构的跨度
拱	屋盖结构由拱、网架和周边柱所组成。网架一部分支承在拱架上,一部分支承在周边柱上	屋盖结构由拱、壳体和周边柱所组成。壳体由拱架、周边柱等承重结构所支承	屋盖结构由拱和悬索所组成。悬索一端锚固在拱架上,另一端锚固在侧边构件上
悬索	屋盖结构由悬索、网架所组成。悬索可作为网架的中间支承,网架的边支座可为周边柱	屋盖结构由悬索、网壳所组成。以悬索作为网壳的中间支承,网壳的边支座可为周边柱	以悬索作为交叉索网屋盖的中间支承。可以改变悬索结构屋盖的跨度
斜拉索	屋盖结构由斜拉索、网架所组成。以斜拉索或斜拉桥架作为网架的中间支承,网架的边支座可为周边柱	屋盖结构由斜拉索、壳体所组成。以斜拉索或斜拉桥架作为壳体的中间支承,壳体的边支座可为周边柱	屋盖结构由斜拉索、交叉索网屋盖及侧边构件所组成。可以丰富屋盖结构的造型

2. 大跨空间混合结构的特点

由以上工程实例的分析可以看出,混合空间结构具有以下特点。

(1)混合空间结构综合利用各种不同结构在受力性能、建筑造型、综合经济指标等方面的优势。结构中各构件受力性能明确,且往往以轴向受力为主;可根据构件的受力特点选用不同的结构材料,有利于材料充分发挥作用。

(2)以刚架、拱、悬索或斜拉桥架形成巨型骨架结构作为网架、网壳、悬索等屋盖结构的支座,可有效地减小网架、网壳或悬索结构的跨度,提高屋盖结构的刚度,从而降低了网架、网壳、悬索结构的材料用量和工程造价。

(3)刚架、拱及悬索或斜拉索的支承结构具有巨大的外形尺寸,同时也承受很大的荷载,因此其截面形式常为箱形、工字形、槽形等,并常采用劲性钢筋配筋或采用预应力技术,这就可有效地保证巨型骨架结构的刚度和承载能力。既使材料强度得到充分发挥,又对提高整个结构的整体稳定性具有十分积极的意义。

(4)混合空间结构的建筑造型活泼明快、易于变化,可以适应多种边界条件。巨型骨架结构的独特造型,直接赋予建筑物气势磅礴、挺拔健美或新颖典雅的艺术形象,给人以既稳健强劲、又蓬勃向上的艺术感染力,容易给人留下深刻的印象,因而乐于为建筑师所采用。

10.3.2 大跨空间混合结构的类型及应用

1. 刚架—索混合空间结构

图 10-48 为丹东体育馆比赛大厅屋盖承重结构简图,采用了刚架—索混合空间结构。大厅平面尺寸为45m×80m,建筑纵横中轴线处的剖面如图所示。沿建筑物的横向在中轴线处设巨型刚架,刚架横梁为部分预应力钢筋混凝土箱形截面,刚架立柱为矩形截面的钢

筋混凝土筒体。两个筒体中心的间距即刚架的跨度为48m。刚架的两侧为单曲面拉索屋盖结构，跨度为40m。拉索高端锚固在刚架横梁上，低端锚固在两侧由看台斜框架支承的钢筋混凝土横梁上。该建筑中部的刚架拔地而起，两侧的拉索屋盖坚实秀丽，使体育的力量和健美得到了完美的体现。

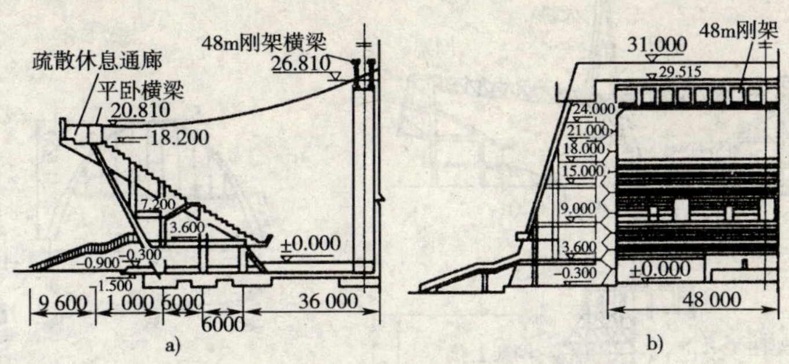

图10-48　丹东体育馆比赛大厅屋盖结构布置

a)纵向拉索布置；b)横向巨形刚架布置

2. 拱—网架混合空间结构

江西省体育馆建筑平面呈长八边形，东西长84.3m，南北宽74.6m。结构平面、剖面如图10-49所示。通过在大拱上悬吊一空间桁架作为网架的支座，把一个较大跨度的网架分成了两榀较小跨度的网架。网架一边通过钢桁架悬挂在大拱上，另三边则支承在体育馆周边的看台框架柱上。形成了拱、吊杆桁架与网架组合受力的大跨度空间结构。拱身为箱形截面，其结构是钢管混凝土半刚性骨架，见图10-49右图。施工时先制作一个钢管混凝土骨架作为施工期间的承重支架，拱身的模板就直接悬挂在这个骨架上。拱的混凝土浇筑完毕后，这个骨架就留在混凝土内，作为拱的劲性配筋。因此拱的施工用钢和结构用钢合二为一，节省了工程的总用钢量。同时钢管的制作可在工厂完成，便于拱身空间曲面的放样、支模和定位。高大的抛物线拱矢高为51m，跨度88m，正立面呈抛物线形，侧立面呈人字形，给人以一种庄重、稳定和蓬勃向上的感受。

3. 拱—悬索混合结构

前面介绍的美国耶鲁大学冰球馆（图10-37）是一个典型的拱—悬索混合结构，冰球馆采用钢筋混凝土拱与交叉索网的混合结构体系。垂直布置的钢筋混凝土落地拱作为承重索的中间支座，拱中间高度为53.4m，截面为915mm×1530mm，截面的高和宽都是向着支座基础逐渐增加的。承重索的另一端锚固在建筑周边的墙上，外墙沿着溜冰场的两边，形成两垛相对的曲线墙，犹如一个竖向悬臂构件，承受悬索的拉力。承重索直径24mm，间隔1.83m，每边38根，稳定索分布在屋脊的两侧，每侧9根，锚固在拱脚附近的水平状的4榀钢桁架及弧形外墙上。

4. 悬索—拱交叉索网混合空间结构

图10-36所介绍的北京朝阳体育馆屋盖结构是中央“索—拱结构”，索网悬挂在中央“索—拱结构”和外侧的边缘构件之间，中央索拱结构由两条悬索和两个格构式的钢拱组成，索和拱的轴线均为平面抛物线，构成桥式的立体预应力索—拱体系。

该屋盖结构的形式十分符合体育馆内部空间的需要，下垂的索网与看台的坡度协调一致，在中央比赛场地的上方，则由于设置了钢拱而得以抬高，以满足体育比赛对高度的要求。因此该组合屋盖结构所形成的空间既满足了体育馆的功能需要，又没有造成空间的浪费，达到了节约能源的目的。

5. 悬索—交叉索网混合结构

前面介绍的日本代代木体育中心大体育馆是典型的悬索—交叉索网混合结构(图10-38)。

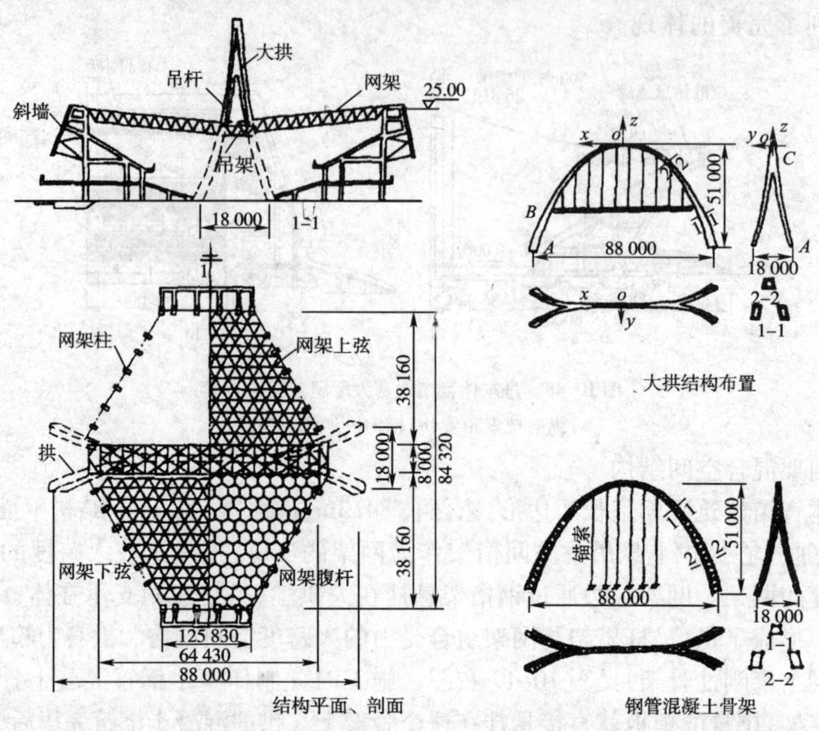

图 10-49 江西省体育馆结构平面、剖面图

建筑具有十分奇特的造型,平面呈反对称,屋顶用粗大的钢索形成悬垂的屋脊,钢索支承在两座混凝土塔架上并通过拉锚锚固在混凝土块上,屋面鞍形索网就支承在中间的钢索和周边的拱上。

6. 桁架—柱混合结构

代代木体育中心小体育馆(图 10-50),同样是 1964 年东京奥运会体育场。这座建筑完全具有雕塑的造型,是建筑艺术的杰作。它采用了非对称的外形,辐射状排列的屋面构件不是钢索,而是具有一定抗弯能力的桁架。桁架的一端搁置在屋盖周边的一系列柱子上,这些柱子同时也是看台框架结构的柱子。另一端由中心处的悬吊钢管支承着,钢管在混凝土桅杆顶和锚块间形成一个空间螺旋曲线。代代木体育中心小体育馆很好地诠释了现代建筑的空间构图设计思想:可以借助于结构体形所形成的空间界面的变化,来造成和增强视觉空间向前、向上、旋转、起伏等动势感,这显示出现代生活中的速度感与节奏感,适应审美心理的变化,同时,在许多情况下,这种动势感在空间序列中还具有吸引与组织人流的功能作用。

10.3.3 斜拉大跨空间混合结构

利用斜拉索可以组成各种斜拉混合结构。在梁、板、刚架、桁架、拱、壳体、网架、网壳等大跨度建筑结构中,都可以利用塔柱顶端伸出的斜拉索作为附加的弹性支承点,使结构的跨度减小,将受弯构件的传力途径改为由索和塔柱承受拉、压的传力途径,以达到减小结构截面、减少材料用量的目的。在悬挑结构中，斜拉索可以增加悬臂构件的约束，提高结构的安全度，平衡倾覆力矩。

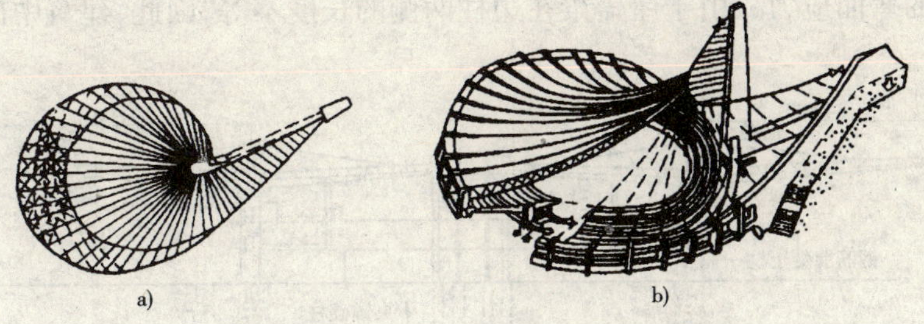

图 10-50　日本代代木体育中心小体育馆

a)结构平面；b)结构全貌

1. 斜拉索的布置

斜拉索是斜拉结构中的重要组成部分。斜拉索可根据建筑造型要求、塔柱位置及结构受力需要灵活布置。当塔柱位于建筑平面内部时，斜拉索可以沿塔柱周围按辐射式、竖琴式、扇形或星形等形式多向或单向布置，如图 10-51 所示。在斜拉结构中索张力的竖向分力有助于屋盖结构负荷的减轻，而水平力则可能导致杆件内力的增加。因此一般斜拉索与其所悬挂的屋盖水平面之间的夹角以不小于 25°为宜。在塔高度相同的情况下，采用辐射式布索可使斜拉索与结构水平面之间获得较大的倾角，效果较好，工程中应用较多。但各索在柱顶汇交，常给施工与构造增加困难。采用分层平行布索的竖琴式方案可使塔柱上的锚固点分散，但斜拉索的倾角较小。扇形布索既有辐射式布索的优点，又兼有锚固点分散的优点，是一种比较合理的索型。以上这些布索方案拉索下端均分别锚固于悬挂主体的不同结点上。星形布索则将在塔柱不同高度上的各索锚固在悬挂主体的同一结点上，结点受力集中，锚固装置复杂。

设置斜拉支点尽管可以减小横跨结构的跨度和材料用量，但却增加了建造塔柱以及可能需要的边缘锚杆和受拉基础的造价。因此设计时要尽量使塔柱轴心受压，减小塔柱顶点的水平合力，避免塔柱内出现过大的弯矩。从这一点来看，斜拉屋盖体系最适宜于大跨度的多跨建筑，或虽为单跨但有适当副跨的建筑，这时塔柱两侧斜拉索的水平分力可以基本平衡，塔柱可以设计得较小。当塔柱位于建筑平面的周边或外部时，斜拉索仅布置在塔柱的某一侧，这时必须设置可靠的锚索，如图 10-52 所示。如果靠建造强大的塔柱来抵抗拉索的水平分力，显然是不合理的。

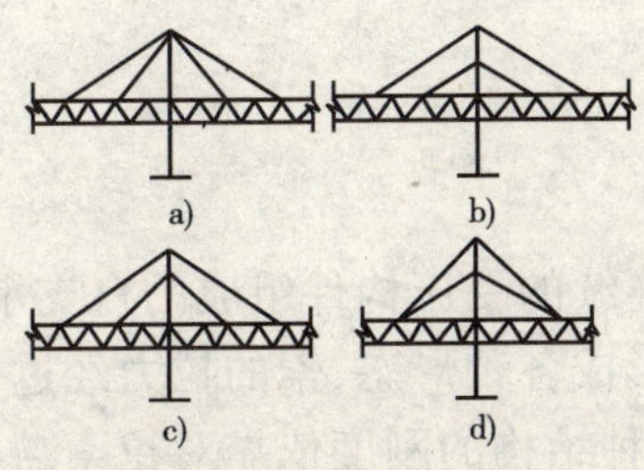

图 10-51　斜拉索的布置

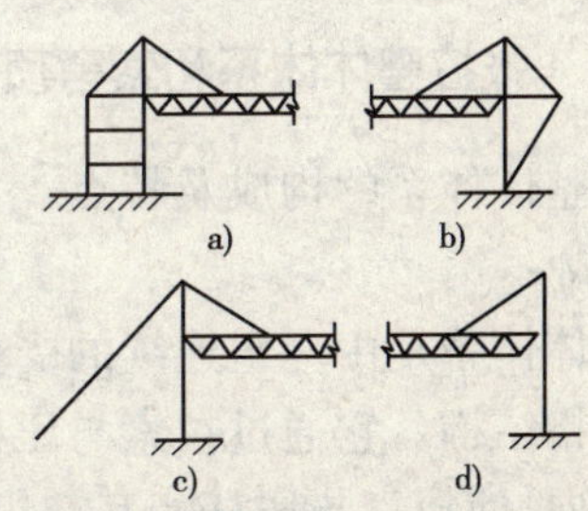

图 10-52　斜拉索的锚固与平衡

2. 斜拉混合结构的应用

图 10-53 为斜拉混合结构在国外一些机场建筑中的应用，具有造型轻巧活泼、受力明确合理、出入口开阔等特点。

图 10-53a)为美国泛美航空公司在纽约国际机场修建的一座椭圆形候机楼的剖面,采用斜拉钢梁的屋盖形式。屋盖钢梁支承在钢筋混凝土柱上,悬挑端挑出 34.8m,斜拉索作为中间支承减小了梁的弯曲应力。由于屋盖梁在边柱两侧的长度不等,因此,建筑中部的柱子为受拉杆件。

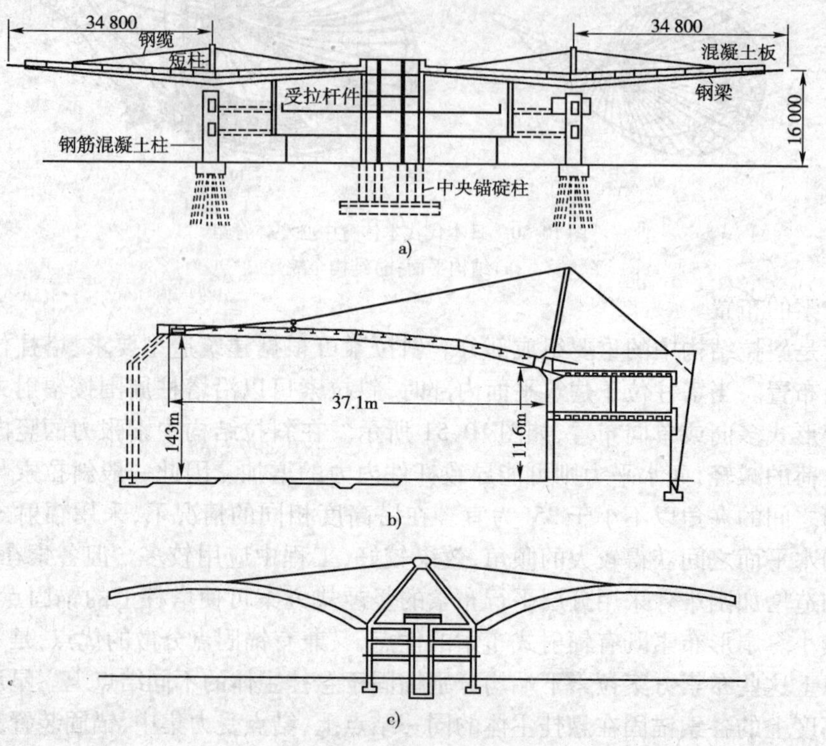

图 10-53 斜拉混合结构

a)美国泛美航空公司纽约国际机场候机楼;b)美国世界运输航空公司某机库;c)德国法兰克福汉莎航空公司机库

图 10-53b)为美国世界运输航空公司在费列得佛亚修建的一座机库剖面,采用斜拉钢梁的屋盖形式。机库平面尺寸为 39.7m×82.4m,悬挑 37.1m 的屋盖钢梁是由 10 对钢拉索悬挂的,钢梁的另一端支承在机库生活间屋顶的钢筋混凝土横梁上。钢梁的外形呈曲线状,实际上是由三段直钢梁拼接而成的。

图 10-53c)为德国法兰克福汉莎航空公司机库,为斜拉拱结构。

10.3.4 张拉整体体系和索穹顶

1. 张拉整体体系的构成及特点

(1)构成

张拉整体体系是由一组连续的受拉索与一组不连续的受压构件组成的自支承、自应力的空间铰接网格结构。它通过拉索与压杆的不同布置形成各种形态,索的拉力经过一系列受压杆而改变方向,使拉索与压杆相互交织实现平衡。这种结构的刚度依靠对拉索与压杆施加预应力来实现,且预应力值的大小对于结构的外形和结构的刚度起着决定作用。没有预应力,就没有结构形体和结构刚度;预应力值越大,结构的刚度也越大。同时,预应力应设计成自平衡体系,以构成合适的应力回路。

(2)张拉整体体系的特点

①自支承。集成单元由张力元(索段)和压力元(压杆)组成,单元的每个角点由一根压杆与几根索段连接。

②预应力提供刚度。单元的刚度是从预应力中获取的,预应力越大则刚度也越大,但预应力的获取并不采用任何张拉的方式,而是通过单元内索段和压杆内在的拉伸和压缩来实现的。

③自平衡。单元处于互锁和自平衡状态,形成一个应力回路而使应力不致流失,这样预应力才能提供刚度。

④恒定应力状态。集成单元的张力元或压力元在整个加载过程中,其张力状态或压力状态恒定不变,亦即其张力元在荷载中始终处于受拉状态,而压力元则一直处于受压状态。要维持这种状态,一是要有一定的几何构成,二是需要适当的预应力。

2. 张拉整体体系的型式

张拉整体体系在拓扑学和形态学上是复杂的结构型式,所以用一种有效的几何方式来描述是非常重要的。

结构由结构单元所组成,结构单元由结构构件所组成。张拉整体结构也可以看成是由张拉单元组装起来的,这些张拉单元则由拉索和压杆这两种基本构件所组成。与其他结构单元不同的是,张拉单元中的拉索和压杆不是简单的混合或协同,这些构件必须满足某些准则方可形成张力集成单元。从几何学的角度分析,这些张拉单元是由一些正多面体或正多面体的变换组成,如图 10-54 所示。

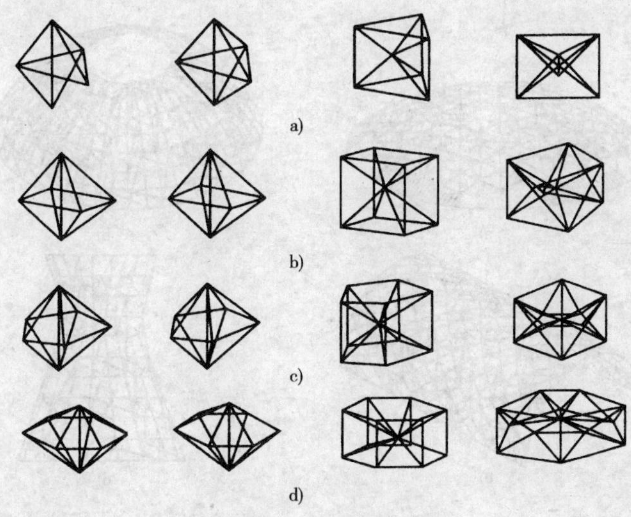

图 10-54 张拉集成单元

图中 A 类为正四面体及其组合,B 类为正五面体及其组合,C 类为正六面体及其组合,D 类为正七面体及其组合。

由以上的单元形式可见,张拉集成单元是由压杆支撑着受拉索元,在单元内自支承且自平衡,张拉索形成一个连续的多面体外形,而压杆则彼此相隔。

利用上述基本张拉单元,可以连接形成各种相应的张拉索网,如图 10-55 所示。索网由于压杆的撑开而拉紧,既保证了稳定性,又取得了所期望的形状。按理论方法布置的各式压杆在空间交错互不接触与连接,在索网的任何结点上,最多只有一根压杆。因此,张拉整体体系也被称为是拉力海洋中的压力孤岛。通过施加预应力,可以提高索网的刚度。

1962 年富勒首次尝试把内部压杆移至网体表层,即形成索网结构及索壳结构。张拉索网结构或张拉索壳结构的型式可以球壳、扁球壳、筒壳、旋转双曲面壳等(图 10-56)。

3. 张拉整体体系及索穹顶结构的应用

张拉整体体系由于其良好的整体受力性能,可充分利用拉索及压杆的单元强度提供极大的刚度,适用于作为超大跨度建筑的屋盖结构。目前主要是以索穹的结构型式,被应用于大型体育场的屋盖结构,在韩国、美国、日本、德国均已有建成的工程实例。如 1988 年汉城奥运会的两座索穹顶结构和 1996 年亚特兰大奥运会的佐治亚穹顶结构(图 10-57)。

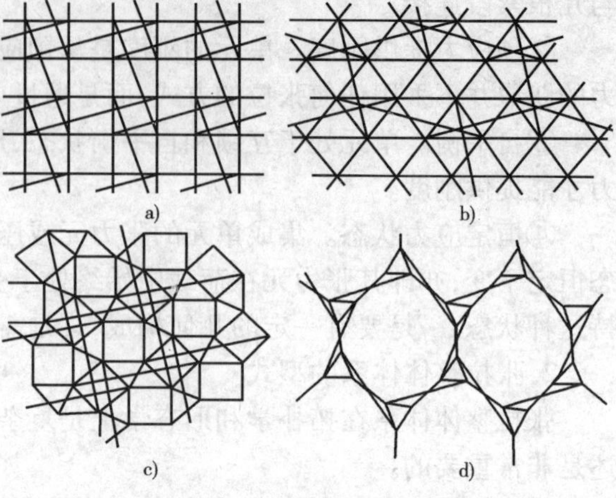

图 10-55 张拉索网的样式

a)四方格;b)三角格;c)三角四方组合格;d)三角十二角组合格

1996 年亚特兰大奥运会的体育馆 1990 年 6 月开始施工,1992 年 8 月完工并投入使用。平面近似为椭圆形,平面尺寸为 240. 79m × 192. 02m。其屋盖结构采用了张拉穹顶结构体系,见图 10-49,由联方形索网、三根环索、桅杆及中央桁架组成,整个结构只有 156 个结点,分别在 78 根压杆的两端。屋盖周边由四个弧段组成,端部弧段及中部弧段的半径不等,中央联方形网格形成双曲抛物面。整个屋盖结构的结点采用焊接结点,屋盖铺设特氟隆的玻璃纤维布。

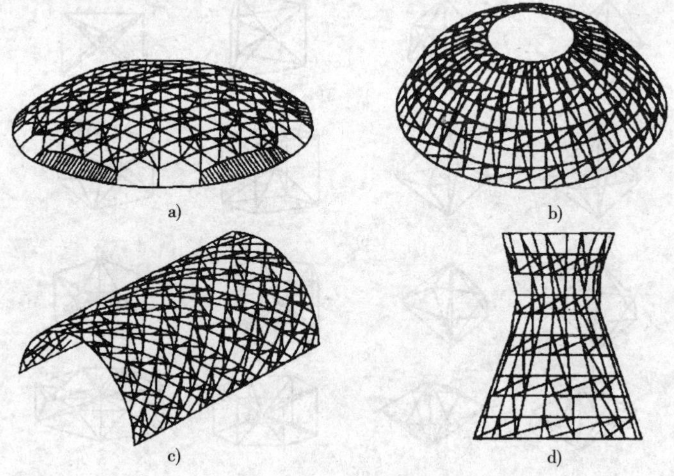

图 10-56 张拉索网的各种形式

a)张拉索扁球壳;b)张拉索球壳;c)张拉索筒壳;d)张拉索双曲面壳

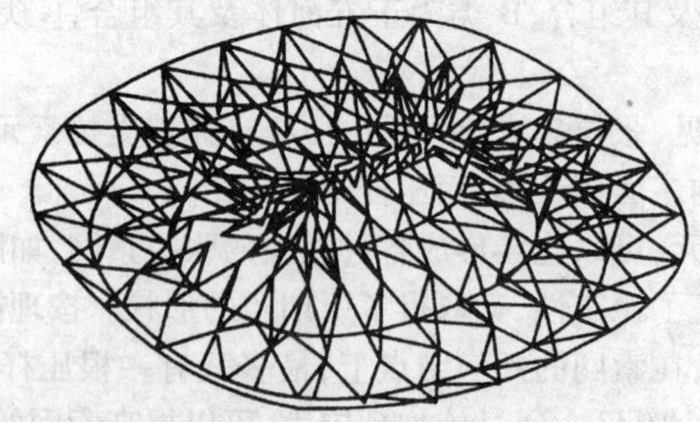
图 10-57 "佐治亚穹顶"结构示意图

10.4 膜材建筑

膜材建筑(Membrane Structures)是近几十年突飞猛进发展起来的一种采用新型材料的全新建筑结构形式,它有着深远的开发前景和应用价值。膜材建筑在美国、加拿大、日本及欧洲一些发达国家的发展十分迅速,据统计迄今世界上已建成的膜材建筑有十几万座其中1000多座是大型的公共建筑,尤以体育建筑为多。目前膜材建筑在国内尚处于小范围的试验阶段,为反映国外这方面的水平与趋势,特设此节予以介绍。

10.4.1 概述

1. 膜材建筑发展简史

膜材建筑是一种既古老又崭新的建筑形式。

从原始时代开始人类就以树木枝叶及兽皮作成居所的覆盖材料,这就是最早的膜材建筑。自有人类活动时代起,以膜材为顶的建筑物就与人类生活结下了不解之缘。

大自然中的膜结构千姿百态,植物的细胞膜是人眼看不见的膜结构,动物的器官及皮肤也是典型的膜结构,皮肤不只是一层保护膜屋,它还具有过滤及散热的功能。自然界的膜结构对膜材建筑结构的发展具有深远的启迪作用。

膜材屋顶质韧体轻、拆建迅速、便于移动。正因为有此特点而被广泛用于公共建筑物上。如体育设施、车站候车室、展览场地及购物街天棚。还可用作野营篷具、季节性商业建筑和杂技团帐篷。它正以各种形式渗透到人们现代化的生活之中。

从建筑史,特别是从构筑方法来说,自古至今人们一直在寻求和探讨如何建造更高大更宽广的空间,最适于此目的的非膜材建筑莫属,膜材建筑的发展史亦是一部人类社会与科技的发展史。

早在公元1世纪时庞贝城(意大利)可容纳5000观众的圆形剧场上就装有一种类似悬索结构的可以移动的吊幕。这是在公共建筑物上使用篷幕构造的早期实例。公元79年维苏威火山爆发,当时异常繁荣的商城庞贝被厚厚的火山灰吞没,街道、喷泉、客栈、剧场顷刻之间全部消失了,这个神秘的城市在地下沉睡了近20个世纪,直到1748年人们才发现了庞贝城的遗址,在对剧场的发掘过程中发现了吊幕结构。

古罗马时代在欧非建造的巨大的圆形剧场,对现代化的体育场、棒球场在结构方式及施工方法上具有极大的影响,而且两者有着绝妙的相似之处,古代圆形剧场上的A型木柱被今日的钢骨所取代,古代吊幕上的麻、绵绳索演变为现代的钢缆索。被誉为现今世界最大屋盖的慕尼黑奥林匹克体育场可容纳8万人,其悬吊屋盖的吊幕结构在基本原理上与原始社会游牧部落的帐篷并没有本质上的区别。见图10-58。

在过去很长一个阶段中,人们并没有把篷式结构作为一门科学来研究,而只是从民俗学或民族建筑史的方面进行研究。最早从工程结构学角度研究篷顶式建筑的是一位英国军人罗德斯(Godfrey Rhodes),他曾从历史及结构两方面对世界游牧民族使用的帐篷进行研究,证明了帐篷的抗风性和可居性,著有《帐篷与帐篷生活》一书。但是在他的那个时代(19世纪)还没有研究出曲面张力技术,他的研究只是停留在较小规模帐篷建筑的柱子排列及梁的直曲上面。

另一种篷式建筑是充气膜结构体。虽然早在1783年孟特菲尔(Montgolfier)兄弟就发明了热气球，首次将人类送上1000m的高空，但是这一技术后来只是在飞艇上得到发展，到第二次世界大战结束时还没有用于建筑物上。战后美苏冷战开始，在北极海峡相峙。为避免钢或

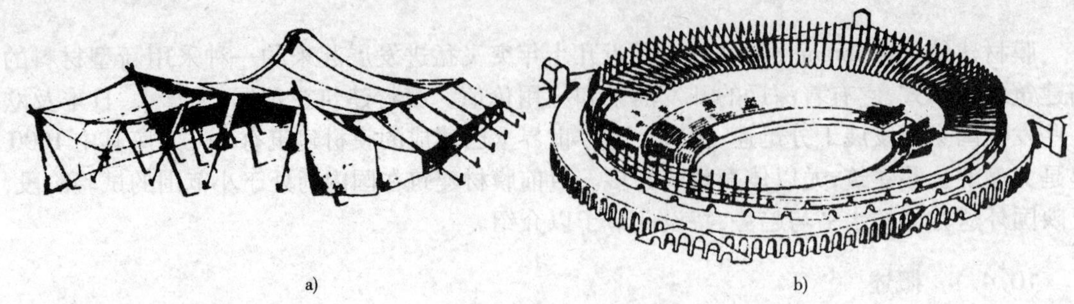

a) b)

图 10-58
a）古代吊篷式帐篷；b）古罗马圆形剧场构造图

钢骨构筑物对雷达波的干扰，美国首次提出使用非金属膜材建造雷达基地用的屋顶建筑，成为现代开发膜材篷顶建筑的起源。互鲁达·巴特发明的空气膜结构已是构成雷达圆顶的主要方法。10年以后这类带有军事机密色彩的新式结构才由军事用途转入民用。

1950年德国的费莱沃特提出在鞍形曲面上引入初始张力，从此诞生了新的膜材结构法。膜材结构也从游牧民部落、马戏团及军用帐篷走向适用于体育和展览场地用途的大型膜材建筑。1964年在莫斯科举行的国际建筑机械展览会上，奥地利建筑师K. Zohrer就设计了一个拉索结构的膜材建筑。在布鲁塞尔万国博览会上，美国一家公司在其展厅上首次使用了充气式膜材穹顶建筑，当时采用的是网架与篷幕材料相结合的，但仍没有引起人们的关注。

1967年的蒙特利尔万国博览会是立体构造和天幕构造的一次成功的大展示。曾成功地设计过慕尼黑奥林匹克体育场巨大吊顶的建筑师奥托在博览会上设计的前联邦德国馆受到好评。到1970年大阪万国博览会时，公众开始对大型的膜材建筑发生了兴趣。随后世界上各种研究膜材建筑的国际会议相继召开，研究膜结构的学术组织先后建立，有关膜材建筑的书刊、论文越来越多，大跨度膜材建筑进入了一个飞跃发展的阶段。1988年建成的东京穹顶，为举办第24届奥运会韩国在汉城建成的跨度120m的体育馆，以及为迎接1996年奥运会建造的长跨为235m的美国亚特兰大市乔治亚体育馆都标示出膜材建筑新的发展趋势与潮流。

2. 膜材建筑的构成原理

膜材建筑总的说来可分为两大类，一类是充气式，另一类是骨架式。

（1）充气式膜材建筑

充气式主要有两种构成方式，即气承式（Supported Pneumatic Structure）和气压式（Air Inflated Pneumatic Structure）见图10-59。气承式的基本原理与帆船上风帆的原理相同，是利用室内外的气压差，也即是利用室内比室外压力高的空气支撑穹顶的一种构法。只要室内气压比室外高25kg/m^2，就可以将膜材屋顶“吹”起来，使膜材屋顶保持膨胀状态浮在空中。25kg/m^{2}的气压差也就是楼房1层与7层之间的气压差，与平常的气压差所差无几，一般人很难感觉出来，从生理卫生上讲是安全可行的，从经济角度来看，这种构法最适合于跨度200m左右的大型体育设施。

①气承式膜材屋顶所围护和覆盖的是一个气密性很强的空间，出入口使用转门或双重门，以机械方式向薄膜壳体空间鼓入空气，保持一定的气压，使其自行支撑并能承受自然环境中的风、雨和雪的荷载。当室内达到额定气压时鼓风机将自动停机，低于此数值时鼓风机会自动开启，见图10-60。

气承式结构的两大技术难点是薄膜材料的气密性与室内气压的自控。气密性决定了送风量及运行成本的高低；而这种结构室内外的气压差别与变化又十分微小，有时很难控制。所以

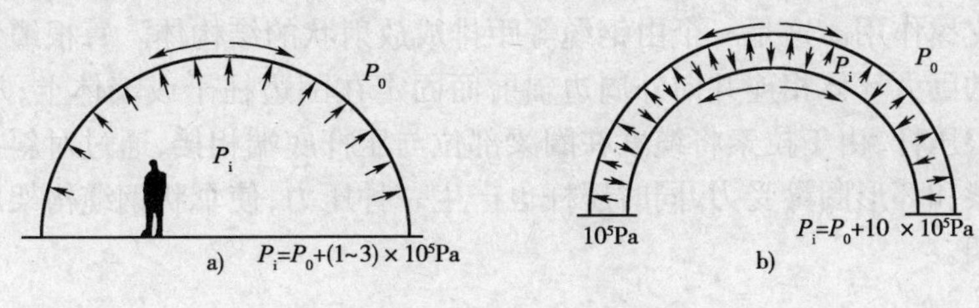

图 10-59　充气式膜材屋顶原理图

a）气承式；b）气压式

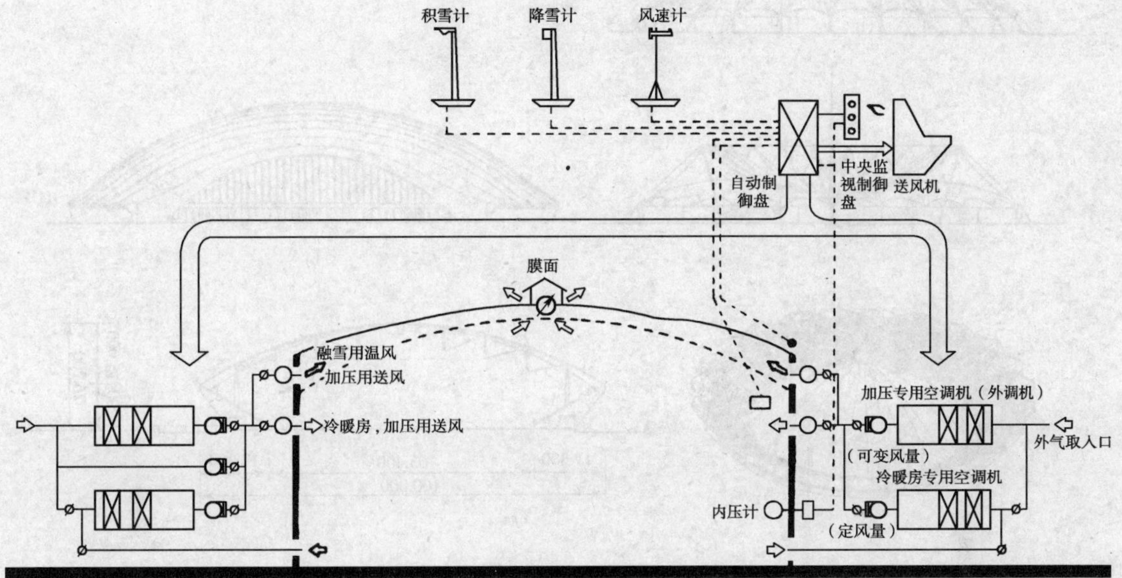

图 10-60　气承式工作原理图

研制高性能气密材料与高敏感度的气压监测仪器，仍是充气膜结构发展中的重要课题。

②气压式结构的原理源于气球，这种结构是在若干个封闭式的气肋内充气或者是在其他形状的密封空间体内充气，使其达到一定的气压具有自身支撑的能力。这种构成方式的优点是不需要设置鼓风机机房，但是充气肋内或其他密封空间所需的气压较高，对薄膜材料的强度和气密性及可靠性的要求也高。

（2）骨架式膜材建筑

膜材建筑第二类构成方式是骨架式构法，依照不同的结构方法大体可分为三种形式，见图10-61。第一种是吊幕式结构，其原理与形状与自古以来的帐篷同出一源。以混凝土、钢材或钢缆作成伞形或马鞍形的骨架，再将薄膜张挂在骨架上。通过钢拉索或刚性支承结构将薄膜绷紧，形成大跨度空间的覆盖，这种结构方式所用的结构材料自重很轻，不受形状、重量及造价的影响，可以设计出许多造型别致、新颖的建筑物。第二种是钢骨架结构。这种结构法是以钢材组成固定的立体构架再复以膜材而成的钢骨架膜材建筑。钢骨架可以按照不同的气候条件与功能要求做成山形、拱形、壳形、伞形等立体桁架。这种结构的最大特点是耐候性与耐久性强，便于工业化、标准化生产且安装快捷简便，最适宜于博览会场、体育馆、会议场所等永久性

的公共建筑物上。第三种是悬索结构。这是一种新的膜材建筑结构方式。虽然充气结构的屋顶也是由缆索和膜材构成的,但它是依靠具有一定压力的空气支撑屋顶的,而悬索结构是以缆索的张力来起支撑作用。这是一个由钢缆等距排成放射状的结构体。每根缆索与中央部位一个呈现同心圆的巨大环体相连并向外周边辐射而固定在围边柱子或墙体上,从每根缆索上垂吊下来一组三根压杆,由于拉索将缆索在圈梁部位与压杆底端相接,通过对斜拉索施加预拉力使放射状的缆索和环形圈梁受力,同时压杆也产生一种压力,使伞状钢缆构架成为一个坚固的结构体形成屋架。

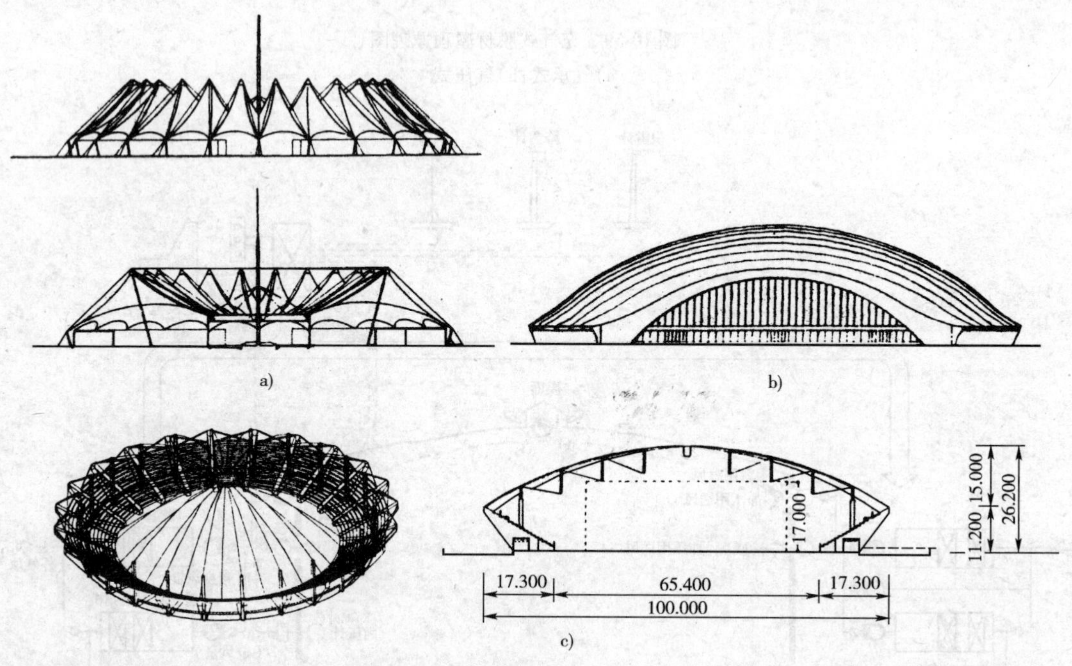

图 10-61 骨架结构的三种形式

a)吊幕结构;b)钢骨架结构;c)悬索结构

3. 膜材结构的优缺点

薄膜结构是张拉结构中最近发展起来的一种形式,它以性能优良的柔软织物为材料,可以是向膜内充气,由空气压力支撑膜面,也可以是利用柔性的拉索结构或刚性的支撑结构将薄膜绷紧或撑起,从而形成具有一定刚度、能够覆盖大跨度空间的结构体系。薄膜结构由于其轻质、柔软、不透气、不透水、耐火性好、有一定的透光率、有足够的受拉承载力,加上新近研制的膜材耐久性有了明显提高的等优点,因此在最近几年得到了较大的发展。在国内外已被较多地应用于体育建筑、展览中心、商场、仓库、交通服务设施等大跨度建筑中。

薄膜结构是一种古老的结构型式,如帆、帐篷等。在这些结构中,预应力拉力的空间受力性能是十分明确的。可以明显看到,这种空间张力薄膜结构与前面学习的传统的建筑结构体系是完全不同的。

(1)薄膜结构是建筑与结构完美结合的一种结构体系。薄膜既承受膜面内的张力,作为结构的一部分,又可防雨、挡风,起维护作用,同时还可采光以节省室内照明的能源。膜材本身的受弯刚度几乎为零,但通过不同的支撑体系使薄膜承受张力,而形成具有一定刚度的稳定曲面。薄膜结构的建筑造型是结合结构构造的布局而自然产生的,力的平衡状态直接被表现在结构的形状上,这就使薄膜结构成为一种建筑与结构自然有机结合的新型大跨度建筑。

(2)薄膜材料具有优良的力学特性。目前以织物与有机涂料复合而成的薄膜材料,其受拉强度可达1400N/cm,薄膜的受力为单纯受拉,膜材只承受沿膜面的张力,因而可充分发挥材料的受拉性能。同时,膜材厚度小、重量轻,一般厚度在0.5~0.8mm,重量约为0.005~0.02kN/m^2,采用拉力薄膜结构、充气薄膜结构的屋盖,其自重约为0.02~0.15kN/m^2,仅为传统大跨度建筑屋盖自重的1/30~1/10,是跨度重量比最大的一种结构。

(3)薄膜结构还是一种理想的抗地震建筑物。它的自重轻,对地震反应很小,作为柔性结构,具有良好的变形性能,易于耗散地震能量。另外,薄膜结构即使破坏,也不会造成人员伤亡,不会造成支承结构或下部承重结构的连锁性破坏。此外,由于膜材大多为不燃或阻燃材料,耐火性好,增强了建筑物的防火灾能力。

(4)薄膜结构制作方便,施工速度快,造价经济。薄膜材料为轻质、柔软织物,可在工厂裁剪、制作、打包成卷运往工地,搬运容易,而且现场施工非常方便。由于它的重量轻,施工时几乎不需要脚手架,使屋盖工程的施工工期大为缩短。根据国外经验,以运动场为例,薄膜结构屋盖工程可比一般结构如钢筋混凝土薄壳或钢桁架节省土建造价50%。同时,由于薄膜结构屋盖自重小,其承重结构和基础工程的费用也相应降低,工程总造价可降低15%~20%,施工工期可缩短1/4~1/2。

(5)薄膜材料与传统屋盖材料相比,具有透光性。膜材是半透明的织物,透光率一般可达4%~16%,能满足大跨度建筑在平时使用的采光要求,白天几乎不需要人工照明。这不仅可以节约大量的能源费用,而且给人一种开敞明快的感觉。但也有研究表明,冬季太阳光对于薄膜结构屋盖内部的气温升高效应不大,而夏天却相反,薄膜结构的室内气温比室外高出5~10℃,会使人明显地感到不舒适。因此,薄膜结构多采用反射能力强的淡色材料。薄膜结构还可解决一些社会性、商业性、政治性的难题,当自然灾难突然降临时,薄膜结构可以立刻解决人们的住房和储存空间短缺的问题;帐篷、气垫床、充气家具可随野战部队南征北战,随极区探险家走向南北极,随宇航员飞向太空。在大跨度建筑结构中,薄膜充气结构还可以作为混凝土薄壳的模具,在充气薄膜外喷射混凝土,待混凝土结硬后即可拆除薄膜模壳,省去传统的模板、脚手架和塔吊。

(6)薄膜结构的主要缺点是耐久性较差。早期的织物薄膜不仅强度低而且只有5~10年的寿命,因此薄膜结构常常被认为只能用于临时性建筑。最近几年,由于高强、防火、透光、耐久性好、性能稳定的薄膜材料的出现和应用,薄膜结构的设计寿命可达30年以上,也可作为永久性屋盖结构。薄膜结构的另一问题是,由于薄膜张力的连续性,局部的破坏就会造成整个薄膜结构垮掉。

10.4.2 膜材结构的材料

薄膜结构建筑材料的主要条件是强度高、不透气和使用寿命长,此外,还要求具有不燃性、透光性、耐化学或耐生物腐蚀性、耐高低温性并符合批量生产的要求和便于对接等重要的条件。

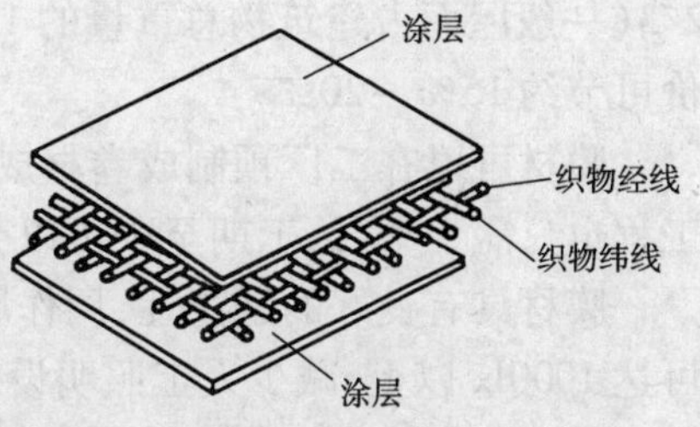

图10-62 薄膜材料

用于薄膜结构的膜材一般是由高强编织物和涂层构成的复合材料(图10-62)。一般织物由直的经线和波状的纬线所组成。很明显,弹簧状的纬线比直线状的经线具有更强的伸缩性。同时,经线与纬线之间的网格是完全没有抗剪刚度的。因此,由于织物在经向、纬向及斜向的工作性能不一致,薄膜应被认为是各向异性的。但当织物被涂以覆盖物后，纤维之间的网眼将被涂料所填充，这样可有效地减少织物在不同方向的工作性能。因此，薄膜也可近似地被认为是各向同性的。薄膜的涂层除上述功能外，还可使织物具有不透气和防水性能，并增加了织物的耐久性、耐腐蚀性和耐磨损性。此外，涂层的作用还可把几块织物连接起来。因为，薄膜的连接主要是采用加热及加压的方法来实现的，而不是采用缝或胶接的办法。

目前，薄膜结构所用材料可分为两类。

第一类为聚酯织物加聚氯乙烯涂层，适用于中小跨度的临时或半临时性的建筑物屋盖，在薄膜结构发展早期应用较为广泛。它是用聚酰胺纤维（卡普纶、尼龙、德德纶、贝纶、西纶、斯涤纶等）或聚酯纤维（拉夫裳、达柯纶、季奥纶、特丽纶、捷托纶等）或聚丙烯纤维（尼特隆、奥纶、德拉纶等）制成的织物。常用的涂层是增塑聚氯乙烯或氯磺化乙烯（海普隆）。这类薄膜的张拉强度较高，张拉强度约为350N/cm 左右，加工制造方便，价格便宜；但弹性模量较低，材料尺寸稳定性较差，耐久性不高，其使用寿命一般为5～10年。在太阳辐射强的地区，其使用寿命相应缩短。

第二类为无机材料织物加聚四氟乙烯涂层，可适用于大跨度永久性建筑屋盖。其主要采用的基材包括玻璃纤维、钢纤维，甚至还有碳纤维，但目前主要使用玻璃纤维。这类材料采用聚四氟乙烯（特氟隆）作为外涂层，既利用了织物的力学性能好、不燃等特点，又利用了涂料的极好的化学稳定性和热稳定性，使该类膜材不仅强度高、刚度大、材料尺寸稳定性好、防火（不燃，也不发烟）、透光性好、自洁性好（即不粘污物，无需经常清洗），而且具有优良的耐久性，使用寿命在25年以上，是目前在国际上薄膜结构中应用最为广泛的膜材。但其价格较高，大致比第一类材料所用的涂料高四倍。另外，涂敷与拼接工艺较为复杂，需要特殊的设备和技术。

此外，金属板材不仅可作纤维使用，其本身就是制作气承式外壳的现成材料。1979年，在加拿大哈利法克斯城就用27块1.6mm厚的无缝钢板建造了平面尺寸为91.5m×73.2m、矢高3m的体育表演场上的顶盖。各块钢板之间的接缝用多褶皱的软垫覆盖，可抵偿钢板由扁平状态转变为鼓起状态或处于悬挂状态时产生的剪切应力。在日本，也建造了用72块0.3mm厚的扇形钢板制作的直径为20m，高6m的拱顶。

目前广泛使用的膜材有两种：一种是玻璃纤维布，另一种是在两面涂有高分子材料的有机合成化学纤维布。

膜材的开发与应用，摆脱了对钢材、木材、混凝土等传统材料的依赖，打破了旧的建筑观念，为建筑带来一场新的革命。首先在造价上可以大大节约，膜材本身就是装修材料，可以减少室内装修费。以膜材为屋面的建筑比传统的建造方法节省屋面造价50%，屋面重量减轻2/3（一般屋面占建筑物总重量的1/10），而且相应地降低了基础及主体工程的费用，建筑总造价可节约15%～20%。

膜材可以在工厂预制成卷材成品，便于搬运且施工简便，不需搭建巨大的脚手架。较大的工程也只需3个月，工期至少可以节省一半以上。

膜材具有良好的透光性，用作屋面时具有4%～16%的透光率，即使在冬季室内光照度也可达1000lx以上，减少人工照明设备和运行费用。

现在使用的膜材寿命至少在20年以上，其间不需涂装维修，而且有极高的阻燃性，可耐700～800℃的高温，其安全性能优于任何一种屋面材料，即便发生地震也没有碎裂倒塌的危险，对观众和行人都十分安全。

膜材目前的国际市场价格为每平方米120～180美元，相比之下还比较昂贵，要大面积推广膜材建筑,研究质高价廉的膜材仍是今后重要的课题之一。

10.4.3 膜材结构的类型及应用

薄膜虽然具有不稳定性,但在承受荷载之前进行预张拉,使薄膜的结构作用大为改善;以外力施加预应力的薄膜可以被用来建造多种屋顶形式。

当薄膜结构完全密闭成一腔体或一系列互相分隔的腔体时,薄膜可以只用内压力来获得预应力。这就形成了"充气结构"。长型气球充气之后变得如此刚劲以致能够抵抗压力和弯曲是因为内压力使圆柱形气球产生环向和纵向的内拉应力(环向应力就像桶箍内的拉应力一样,故常称为"箍应力")。充气的圆柱体可以像柱子一样承受压力荷载,直到荷载引起的压力等于内压力引起的纵向拉力为止,当压力接近纵向拉力时,薄膜就会发生屈曲。

1. 充气建筑结构

充气建筑结构通常分为三大类:气压式、气承式和混合式。区别主要在于其静态工作原理、结构和使用特点。

(1)气压式薄膜结构

气压式薄膜结构也称为气胀式薄膜结构,它是在若干充气肋或充气被的密闭空间内保持空气压力,以保证其支承能力的结构,如图 10-63 所示。其工作原理与轮胎、救生圈相似。薄膜结构可直接落地构成建筑空间(图 10-63a),也可作为屋顶搁置在墙、柱等竖向承重构件上(图 10-63b)。如将薄膜制造成传统结构的构架形式,如梁、柱、拱等,则可获得我们所熟悉的建筑形式。

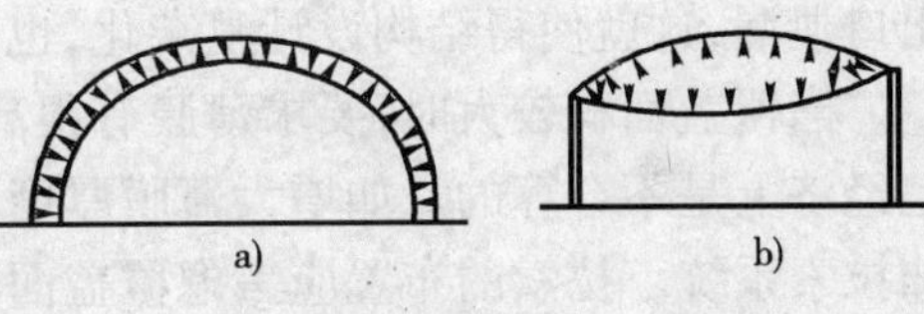

图 10-63 气压式充气结构

气压式薄膜结构有两种型式,即气肋结构和气被结构。前者是用加压充气管组成框架以支撑防风挡雨的受拉薄膜,该薄膜也能增加结构的稳定,气管内气量不大,适用于小跨度的结构;后者是在双层薄膜之间充入空气,双层薄膜用线或隔膜连接起来,这种型式的结构中可以充入较大的气量,适用跨度比气肋结构大得多。

气压式薄膜结构的承载能力依赖于薄膜构架的结构型式、薄膜材料的特性及作用于薄膜内的气压。优点是其使用空间内无需创造剩余压力,相应地,无需设置鼓风机外室,空间自由开放,建筑造型灵活多样,同时由于空气层的阻隔,结构隔热性好。但气压式膜结构适用跨度受到限制,充气肋或充气被内工作压力高,因而对材料的强度、气密性等质量要求也高,因此造价较高(比气承式膜结构高 2 ~3 倍)。国外的许多公司,虽然对它做过许多研究工作,但至今工程实用仍然不多。

图 10-64 所示是建于 1959 年的波士顿艺术中心剧场示意图。这是一个直径为 44m 的圆盘形充气屋盖,中心高 6m,双层屋面是用拉链连起来的,固定在支承于柱子上的受压钢环上。

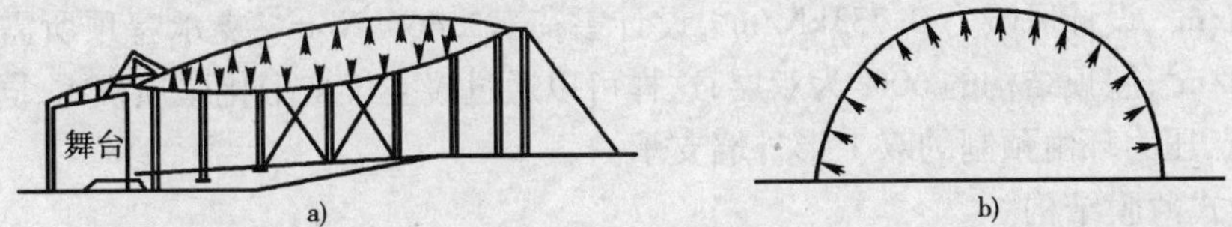

图 10-64 气承式充气结构

a)波士顿艺术中心剧场;b)气承式充气结构

整个屋面倾斜,以使底部凸面有利于音响效果。屋面用两台风机充气。

(2)气承式薄膜结构

气承式薄膜结构是靠不断地向壳体内鼓风,在较高的室内气压作用下使其自行撑起,以承受自重和外荷载的结构。一般采用沿周边布置砂包,或沿四周及对角线方向布置拉索的方法,来保证屋盖结构的整体稳定性。气承式薄膜结构具有建造速度快、结构简单、使用安全可靠、价格低廉(因其对材料的气密性要求不高)、在内部安装拉索的情况下其跨度和面积可以无限制地扩大等优点。而且,气承式薄膜结构的室内外气压差一般在100~300Pa,相当于1层楼与7层楼的气压差,一般人无任何不适感。因此,在建筑业中得到了极为广泛的应用。1970年,全世界的气承式建筑共计有20000座,到1990年已将近100000座。统计数据表明,气承式结构主要用于修建仓储设施(占50%~70%)和体育馆屋顶(占20%~40%),其次是展览馆和建筑安装工地顶盖。

气压式薄膜结构的承载能力依赖于支承薄膜的气压、与地面锚固的手段及进出建筑的方式。气承式充气结构需要长期不间断地向室内送风,以保证适当的室内外气压差,因此需要有一整套加压送风的机械、控制系统和长期的能源消耗。另一方面,又要沿充气结构四周设砂包加压或设拉索拉锚,以保证充气结构的稳定性,在出入口要进行适当的布置,以防止空气从进出口泄漏,这就使得结构设计复杂化,也给使用带来不便。

当覆盖面积较大时,要求薄膜有很高的强度,这就需要研制新型材料,在技术上是可行的,但经济上是不合算的。如增大薄膜厚度,其透光度还要受到损害。因此,较为合理的办法是增加拉索系统。拉索的布置应考虑覆盖面积、平面形状、支撑结构的型式等因素;可以是单向亦可以是双向的,相互交叉的钢索构成正方形或菱形网格。对于椭圆形、正方形(圆角)、矩形(切角)等平面,拉索的方向应平行于对角线,这样可使支撑环梁的弯矩为零或最小。而对于长宽比较大的矩形平面,则宜采用单向平行索。拉索的距离依薄膜强度、膜壳形状和风荷载大小而定。

图10-65为国外的一些气承式结构的工程实例。其中图10-65a)为日本大阪Expo70博览会美国厅,建于1969年12月,椭圆形平面,环梁轴线尺寸140m×78m,矢高7m,最大观众席位数5000个,覆盖面积9300m^2,薄膜是采用半透明的用乙烯树脂涂覆的玻璃纤维编织,厚2.3mm,单层构造,薄膜在钢索之间跨越,钢索直径38.54~63.5mm,形成菱形网格,间距6.1m,钢索锚固于椭圆形的混凝土压力环上。屋盖自重0.063kN/m^2。图10-65b)为美国密歇根州庞提亚克(Pontiac)体育馆,建于1975年10月,平面尺寸为220m×168m,矢高15.2m,覆盖面积35000m^2,最大观众席80638个,采用了特氟隆涂覆的玻璃纤维薄膜,薄膜为单层结构,膜片的四边包裹直径13mm的尼龙绳,固定在按对角线方向平行布置的钢索上,钢索直径76mm,共18根,间距约13m。该结构设计寿命在20年以上,为当时世界上最大的充气结构,也是第一个被认为是永久性建筑的充气结构,但是于1985年3月的一场暴风雪中倒塌。图10-65c)为美国北爱华大学穹顶结构,边长为130m,总共有间距为13m呈对角线布置的12根钢索承受用特氟隆涂覆的玻璃纤维薄膜,屋盖自重0.049kN/m^2,设计风吸力0.733kN/m^2,设计雪荷载1.466kN/m^2,支承穹顶所需要的空气压力为0.245kN/m^2,屋顶结构的60%为双层,这样可以通过暖空气来融化屋顶积雪,同时可作为绝缘层和吸音层,压力环由预制的双T形外墙支承。

(3)混合式薄膜结构

由于气压式薄膜结构和气承式薄膜结构都有其局限性,于是便出现了混合式结构。混合式结构有两种形式。第一种是将气压式薄膜结构与气承式薄膜结构混合,这样既发挥了气承结构跨度大的优点,又利用了双层薄膜性能好的特点。因为从两个方面获得结构的稳定,防止结构倒塌的安全性有所提高。第二类是将充气结构与其他传统的建筑结构相结合,其变化是无穷的。例如在气承式薄膜结构中增加一个轻钢刚架结构,可以解决气承式薄膜结构中需要

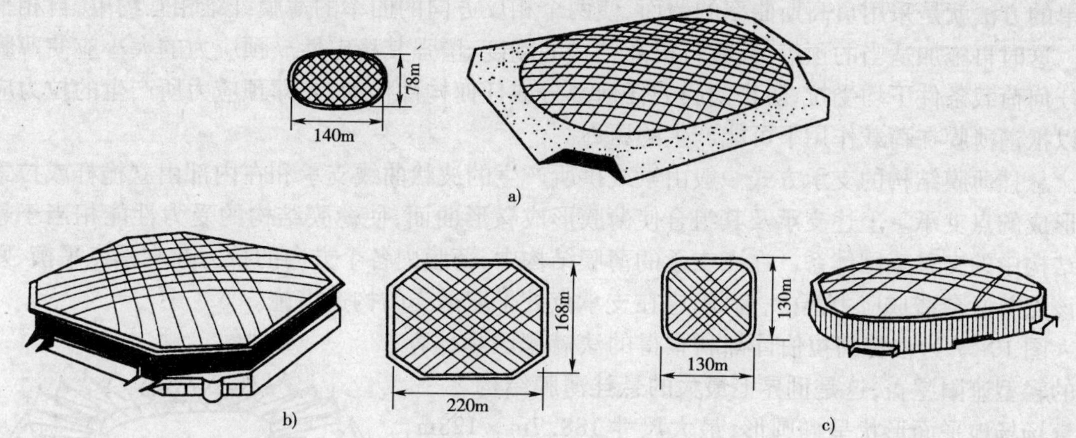

图 10-65　气承式充气结构实例

连续充气及进出建筑时气压消失等问题。在无风雪的情况下,这种结构可以不用充气而自由出入,在风雪荷载作用下,则需要通过内部充气来增强结构的承载能力。

在荷载作用下,薄膜结构会产生较大变形。这一特性对充气结构来说有时是灾难性的。在雪荷载作用下,雪压力会造成膜壳体的下沉,下沉的袋状屋面又会加剧冰雪的集积。过大的变形便会造成薄膜的撕裂。因此,必须采取措施控制雨雪在屋盖上集积。一般可通过不断改变充气压力来清除积雪,并保持较高的充气压力来维持薄膜结构的形状,有时也需要设置专门的装置对双层薄膜之间的空气进行加热,或直接对薄膜进行加热来融化积雪。美国密歇根州庞提亚克体育馆(图 10-65b)的倒塌即为一例。在 1985 年 3 月的那场暴风雪中,庞提亚克体育馆充气屋盖的 100 块玻璃纤维板中有 7 块被撕裂,砸坏了下面的混凝土栏杆与座位,整个屋面下垂了 3m 多,随之大风又吹坏了另外的 18 块板。估计在第一块板破坏时屋面的积雪与冰有 2m 多厚,使屋顶上积累荷载超过 $1kN/m^2$,而该屋盖设计风吸力为 $0.733kN/m^2$,设计雪荷载为 $0.586kN/m^2$,屋盖自重为 $0.049kN/m^2$。在倒塌之前,体育馆工人也曾尽力扫除屋顶积雪,但终因天气太冷而退下。

2. 悬挂薄膜结构

悬挂薄膜结构是从帐篷结构得到启示发展而来的。它采用桅杆、拱、拉索等支撑结构将薄膜张挂起来,利用柔性索向膜面施加张力将膜绷紧,形成稳定的薄膜屋盖结构(图 10-66)。它造型新颖,适合于中小跨度的建筑物。

图 10-66　悬挂膜结构示意图

前面已经提到，薄膜或索网均为柔性结构，在不同的荷载作用下其形状是不稳定的，因此，必须根据荷载的形式调整其形状并施加适当的预应力，使之能承受各种可能出现的荷载。最简单的方法就是采用负高斯曲率的曲面，使两个相反方向的曲率的薄膜纤维相互约束，自相平衡。这时再施加适当的预应力，就可提高结构的刚度，增强其稳定性。预应力的大小应使薄膜在任何荷载条件下均受拉，防止薄膜的任何部分或任何构件松动，亦即预应力所产生的拉力应足以抵消薄膜在荷载作用下可能产生的压力。

悬挂薄膜结构的支承方式一般由索或拱所产生的波状曲线支承和在内部由立桅杆或拉索所形成的点支承。上述支承及其组合使薄膜形成鞍形曲面，使薄膜结构的受力性能相当于悬索结构中的交叉索网体系。在点支承的薄膜结构中，薄膜内各个方向的拉力在支承点平衡，则在该点势必会造成应力集中，为此，应在支承点处采取适当的构造措施。

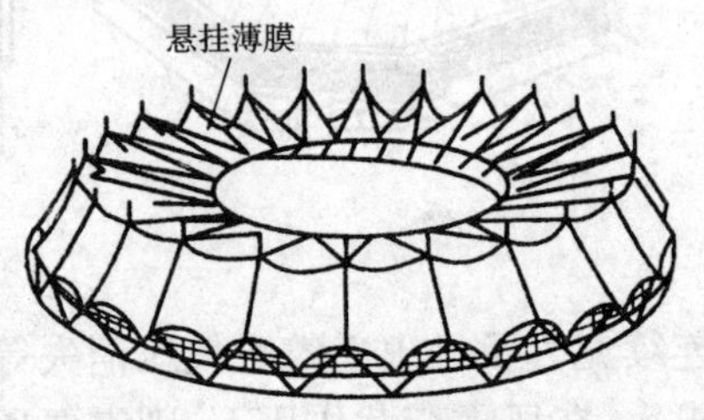

图 10-67　沙特阿拉伯法赫德国际体育场

图 10-67 为沙特阿拉伯首都利雅得的法赫德国际体育场的轻型遮阳屋盖，这是世界上最大的悬挂薄膜结构之一。体育场场地平面形状呈椭圆形，最大尺寸 188.7m × 128m，面积近 19000m^2。观众席围绕着比赛场地，最低一层椭圆形主看台有 56000 席，第二层大看台 9400 席，王室包厢有 79 席，贵宾席 670 席，共约 66000 席。体育场的遮阳屋盖为圆环形，比赛场的正中是敞开的，开洞直径 134m。屋盖外围直径 290m，覆盖着整个观众席。24 根帐篷主桅杆布置在外围直径为 246m 的圆周上。从主桅杆到中心环梁，屋盖的悬臂长度为 56m。主桅杆高 59m，外径 1027mm，壁厚 20mm，重 48.6t。边桅杆长 29.7m，外径 900mm，壁厚 30mm，重 21t。屋盖所用的镀锌碳素钢索用聚氯乙烯包覆，总长 18.2km，最大直径 74mm，可承载 200t。覆盖于屋盖的薄膜材料为玻璃纤维织物加聚四氟乙烯涂层，是半透明的，厚 1mm。整个环状屋盖共用了 96 块薄膜，每块薄膜面积约 800m^2，共计 76800m^2。

3. 骨架支撑薄膜结构

骨架支撑薄膜结构是利用拱、刚架、空间网格结构、张拉整体结构等刚性骨架来支撑薄膜的。实际上是以薄膜作为上述屋盖结构的屋面覆盖层，使屋面自重可以大大减轻，而且构造也比较简单，适合于各类大跨度建筑。这种薄膜结构的承载力实际上是由骨架支撑结构来保证的，对薄膜的强度要求较低，维护保养也与传统的大跨度结构较为接近，在我国很有推广价值（图 10-68）。

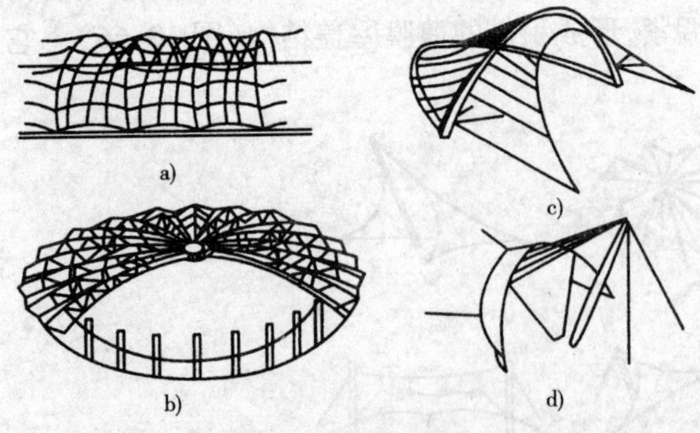

图 10-68　骨架支撑膜结构

图 10-69 为上海 8 万人体育场膜层屋面结构图。屋盖结构采用马鞍型大悬挑钢管空间结构，它是由 64 根悬挑主桁架和 2 ~ 4 道环向次桁架组成的。屋面以薄膜作为覆盖层。屋盖平面投影呈椭圆形，长轴 288.4m，短轴 274.4m，中间有敞开椭圆孔（215m × 150m）。最大悬挑长度 73.5m，最短悬挑长度 21.6m。薄膜覆盖面积达 36100m^2。64 榀悬挑主桁架的一端分别固定在 32 榀钢筋混凝土变截面柱上，每根柱子固定两榀主桁架，两榀主桁架弦杆之间用横杆相连，形成空间整体结构。

10.4.4 膜材建筑的发展趋势与展望

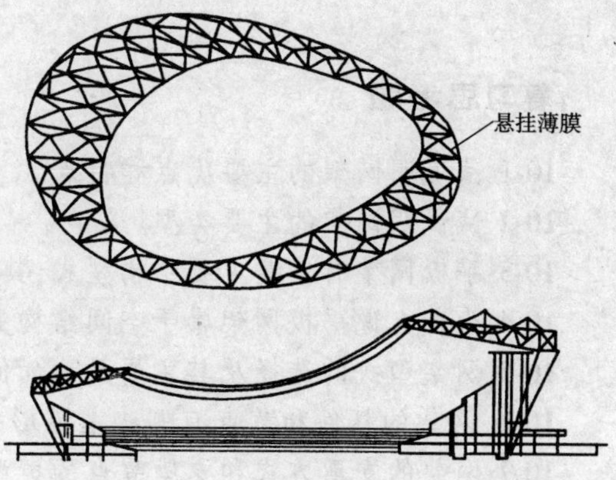

图 10-69 上海 8 万人体育场膜层屋面结构

膜材建筑已越来越受到人们的重视并赋予许多新的用途。膜材可以做成临时性大坝，在意大利威尼斯广场，为防止涨潮时海水淹没广场，使用充满水的膜材管子将广场围起来。1975 年前联邦德国用金属缆网与膜材建起了一个巨大的冷却塔，取代了钢骨混凝土的传统结构方式，从而证实膜构造用于工业领域的可行性。

膜材所特有的韧性、柔性使它可以折叠，可以做成各种形式的曲面，而且在用于水上构造物时可以产生巨大的浮力。用膜材做成水面导航用的浮标，用时拿出来充上气便可使用，不用时放入背包一个人就可扛走，相比之下钢材做的浮标倒不可与之相媲，用膜材做成的橡皮艇并不鲜见，但用膜材做成的大型船只却鲜为人知，这种平底船可以快速地接起来，在江河湖泊上瞬间架起一座浮桥。有的专家还设想用膜材做成海底隧道或是在海面架设飞机跑道。

膜材在抗洪防灾方面的作用是任何材料都不可比拟的。在洪水泛滥之际为保住重点目标设施，可以用管状膜材将保护目标围起来，用水泵将水注入管道便筑起了一座“水管长城”，任你洪水肆虐，我自岿然不动。同样道理，在施工中可以用此法堵截河道水渠，既省时又省力。以膜材做成的“活动堤坝”更是不同凡响，在固定堤坝出现险情时不需蚂蚁搬家似地搬送草袋土包，只需打开一个巨大的橡皮口袋一样的“活动堤坝”，注入水后便可加高或加固堤坝。

目前，科学家们对膜材的应用正在进行更深入、更广泛、更长远的探讨。设想有朝一日膜材构造可以使沙漠变成绿洲。自世界进入工业化时代起，尤其是自 20 世纪以来，人口爆炸、农业的无限制开发和现代工业生产的污染招致自然生态的破坏。我们赖以生存的地球正面临着自然资源枯竭的危险。这并不是耸人听闻的天方夜谭，被称为地球皮肤的绿地每年以 100 万亩的速度在消失，大片大片的良田被沙漠蚕食，昔日许多繁华的市镇被沙漠淹没而沉睡地下，而膜材建筑可以唤醒这沉睡的土地。

设想以膜材在沙漠建造一个独立的密闭空间，可以有效地保持水资源，对水进行循环利用。一般在沙漠里得到的水含盐成分高，经太阳热的蒸发、液化后就可以变成灌溉的淡化水，在白天室外气温升高使膜内空间充满水蒸气，到了夜间室外气温下降，受其影响室内水蒸气开始液化，便成为人工降雨注入田地。

沙漠昼夜温差太大不利植物的生长，膜建筑可以缓解这个矛盾。在白天的高温下，水在蒸发汽化过程可以吸收空间内的热量，在夜间室外温度偏低时，膜内蒸气在液化时可放出部分热量，而且高湿度空间本身就有良好的蓄热效果。膜构造将整个内部空间包容，可有效地防止风沙的侵害，使沙漠获得生机。

在自然气候环境恶劣地区的城市，或是在人口稠密需要对环境进行人工控制的地方，科学家们设想用膜材建造一个超级天幕将城市包起来。在南、北极地进行各种研究的工作站就确实需要建立一个可以人工控制气象、自给自足的小生态社会。依据现代的技术，人类已经可以建造直径 2000m 的穹顶，所以“人工生态城市”的出现并非梦想。

复习思考题

10-1 试说明网架的主要优点和特点。

10-2 试说明网架的主要类型。

10-3 平板网架有哪些主要结构型式,其适用范围是什么?

10-4 为什么说平板网架属于空间结构受力体系?

10-5 网架型式的选择及其主要尺寸如何确定?

10-6 网架的杆件和节点有哪些主要形式,其主要构造如何?

10-7 网架的支承方式和支座节点的类型有哪些?

10-8 简述网架的内力分析方法。

10-9 试说明悬索结构有哪些类型及其主要组成部分。

10-10 悬索结构的特点及其应用范围是什么?

10-11 试对悬索结构进行受力分析,并说明各种组成构件的受力状态。

10-12 钢索的截面形式有哪几种?连接构造作法有哪些?

10-13 预应力双层悬索体系有哪几种形式,其受力特点是什么?

10-14 预应力鞍形索网有哪几种常见的形式,各有何特点?

10-15 何谓组合悬索结构?举例说明其有何优越性。

10-16 大跨空间混合结构是如何构成的?它有何特点?

10-17 大跨空间混合结构有哪几种类型及相应的应用实例?

10-18 什么是大跨空间斜拉混合结构?它有哪些应用实例?

10-19 张拉整体体系有何特点和应用实例?

10-20 简述膜材建筑的构成原理及其优缺点。

10-21 简述膜材建筑的类型及其应用。

10-22 试说明膜材建筑发展的前景。

第11章　门式刚架设计

11.1　概　　述

11.1.1　平面框架的形式

在建筑物和构筑物中,广泛使用着框架系统。框架的结构形式可分为纯框架或无支撑框架,它是仅由钢柱与钢梁构件构成的框架体系;在框架平面内设有支撑的称为带支撑框架。框架的梁与柱,可为实腹式,也可为桁架构成。

(1)框架结构梁与柱、柱与基础的连接方式可有铰接连接、刚接连接和半刚性连接三种。铰接连接是指两杆之间可以任意相对转动,完全不能传递弯矩;刚接连接是指两杆之间不应有相对转动,可以传递弯矩;半刚接连接是指介于上述两种之间,两杆之间有一定的相对转动,可以传递弯矩。工程上大量使用的是接近铰接或接近刚接的连接形式。

(2)框架结构根据连接方式的不同尚可分为刚架和排架两种形式。横梁或桁架两端与柱刚性连接,柱脚与基础刚接或铰接的结构称为刚架(图11-1a、b);横梁或桁架两端与柱铰接连接,而柱脚与基础刚接的称为排架(图11-1c)。梁柱间和柱与基础均为铰接时,必须设置支撑构件,以实现几何不变的体系(图11-1d、e)。

(3)框架结构有单层与多层之分。单层刚架是最简单的一种框架形式。

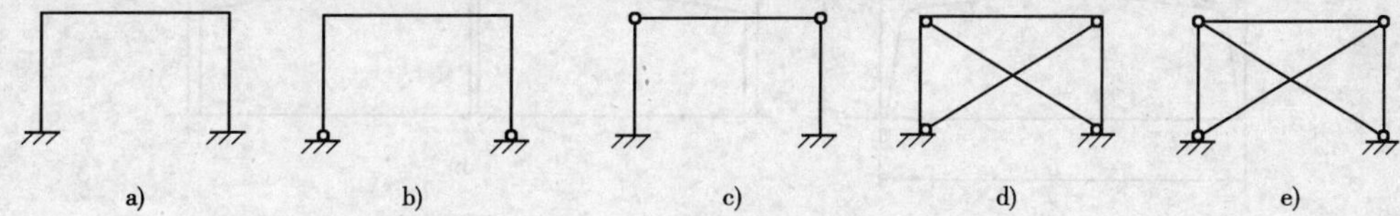

图11-1　平面框架的形式

a)无铰刚架;b)两铰刚架;c)排架;d)带支撑排架;e)带支撑刚架

11.1.2　门式刚架的常用形式

门式刚架有单跨和多跨之分,斜梁和柱常为刚接,柱和基础多为铰接,此时为一次超静定结构;当柱和基础为刚接时则为3次超静定结构,这种刚架,柱脚构造复杂对地基质量要求高,一般当设有起重吊车的工业厂房才考虑采用。多坡多跨刚架的中间柱多采用上、下端铰接的摇摆柱(lean column),中柱为构造简单的轴心受力柱。

门式刚架的常用形式,如图11-2所示。

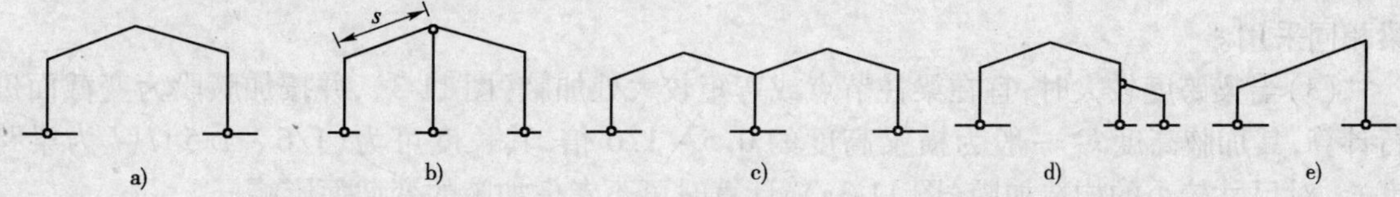

图11-2　门式刚架的常用形式

a)单跨刚架;b)双坡双跨刚架;c)多坡多跨刚架;d)带附跨的双跨刚架;e)单坡单跨刚架

11.2 单层门式刚架设计

11.2.1 特点及适用范围

梁、柱节点为刚性连接的门式刚架(图 11-3)具有结构简捷、刚度良好、受力合理、使用空间大及施工方便等特点,并便于工厂化、商品化的制品生产,与轻型围护材料相配套的轻型钢结构框架体系已广泛应用于建筑结构中。单层门式刚架适用于一般工业与民用建筑及公用建筑、商业建筑,也可用于吊车起重量大不($Q \leqslant 15t$)且跨度不大的工业厂房。

11.2.2 刚架类型及截面形式

(1)刚架按结构类型一般可分为单跨刚架(图 11-3a、c)、双(多)跨连续刚架或双(多)跨中间铰接柱刚架(图 11-3b)等类型;其截面可为等截面或变截面;其柱脚构造可为铰接,亦可为刚接,后者具有较强的侧向刚度。按刚架梁、柱截面类型可分为实腹刚架(图 11-3a、b)及格构式刚架(图 11-3c),前者梁、柱一般采用 H 形实腹截面,其刚度较强,但用钢量稍多,后者一般采用由小截面角钢、钢管等杆件组合的格构式梁、柱截面,其加工制作较为复杂,但用钢量较省,适用于大跨度刚架。此外,刚架梁柱截面亦可采用蜂窝梁、蜂窝柱等空腹结构,但实际应用尚不多。

(2)当工业厂房内设有梁式或桥式吊车时,应选用刚接柱脚刚架(图 11-3d)。此时,刚架柱宜采用不变截面柱或阶形柱。当采用铰接柱脚刚架时,为美观及节约用材,宜采用渐变截面楔形柱(图 11-3a、c)。

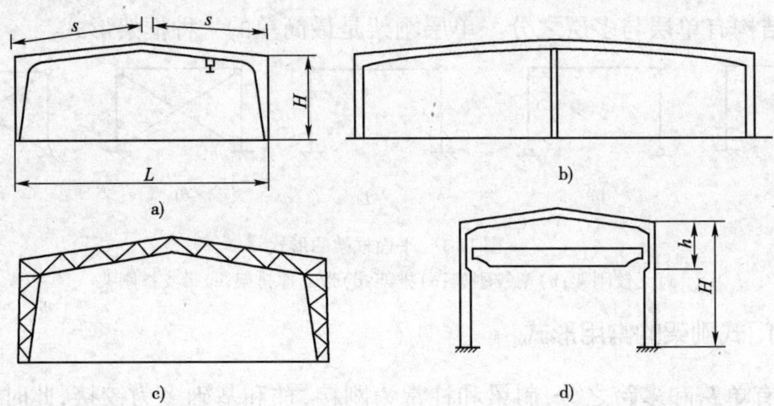

图 11-3 门式刚架

a)单跨实腹截面刚架;b)双跨实腹截面刚架(中间铰接柱);c)格构式单跨刚架;d)刚接柱脚变截面实腹刚架

刚架横梁截面高度一般可按跨度的 1/40 ~ 1/30(实腹梁)或 1/25 ~ 1/15(格构梁)确定。当刚架跨度较大时,刚架横梁也可采用变截面构造(图 11-3b)。刚架柱截面高度一般可按与梁相同采用。

(3)当梁跨度较大时,宜在梁柱节点或弯矩较大处加腋(图 11-3),并按加腋段为变截面进行计算,其加腋高度 h_1 一般为横梁高度的 0.5 ~ 1.0 倍,其长度可为(1/6 ~ 1/5)l(l 为梁跨度)。对尺寸较小的构造加腋(图 11-3a),计算时可不考虑加腋的变截面影响。

(4)对梁、柱为变截面的刚架,进行内力分析时,应计入截面变化对内力分布的影响。若采用计算机计算，可将梁、柱划分为若干等截面单元作近似计算，单元的划分应按其两端实际惯性矩 I 值的比值接近0.8来划分，并取单元中央的 I 值作为该单元计算惯性矩 I 值进行。

(5)门式刚架内设置悬挂吊车时，悬挂吊车的起重量不宜超过3t，当设置单梁或桥式吊车时，定为中级操作制度并起重量不超过15t的吊车。

(6)变截面梁、柱的刚架，其计算跨度按变截面柱小端的中心线取用，其计算高度按从变截面梁中最小高度中心点与刚架坡度形成平行的线段取用。

11.2.3 刚架的布置

(1)刚架布置方案。框架结构体系的布置包括框架的布置和支撑布置两部分内容。支撑分为框架梁间支撑和框架柱间支撑。梁间支撑的主要作用是:①保证结构的空间作用;②减小框架梁的侧向约束长度，增加其稳定性，提高极限承载力;③传递水平荷载。柱间支撑的主要作用是:①提高框架结构的抗侧移刚度和结构整体稳定性，减小侧向位移;②减小框架柱的约束长度，提高其稳定极限承载力。

单层框架结构平面可采用横向布置和纵向布置两种方案。

横向布置是多榀框架用支撑在纵向联系起来，形成一个稳定的空间体系。横向布置方案的优点是房屋在纵向有很大的伸展扩充余地，结构整体刚度较好。

当结构横梁采用平面桁架时，支撑布置原则以及支撑设计和构造要求与屋盖结构相同。除了上、下弦横向水平支撑、下弦纵向水平支撑和竖向支撑外，还要布置框架柱间支撑。如采用柔性屋面体系(非大型屋面板)，则上弦还应布置檩条(图11-4)。

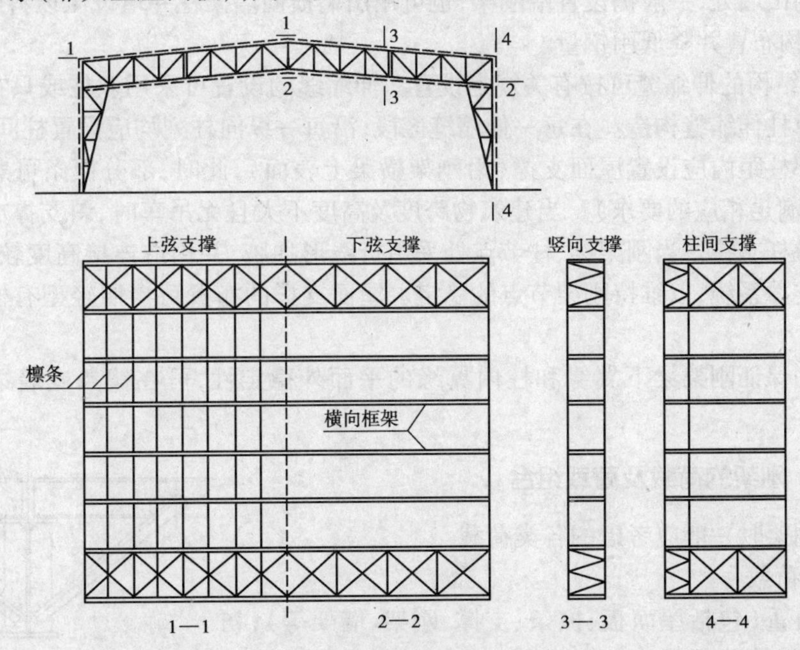

图11-4 横向布置的框架

当横向框架设计为门式刚架时，梁间支撑体系布置在斜梁平面内，仅设横向支撑(图11-5)。

纵向布置是在两榀框架之间布置纵向屋架。在端框架的下弦平面内布置水平抗风桁架，其内侧弦杆与纵向屋架齐平。纵向屋架之间仍需布置上、下弦横向与纵向水平支撑，屋面布置檩条。为了加强纵向刚度，边纵向屋架与端框架柱之间用刚性支撑联系。

(2)刚架的屋(墙)面围护结构宜选用有檩轻板体系，如压型金属板、夹芯金属板或加筋石棉瓦等。刚架屋面的坡度可视屋面材料及排水条件的不同，在1/20～1/10间（长尺压型金属板屋面或卷材屋面）及1/6～1/4间（短尺压型金属板或石棉瓦屋面）选用。

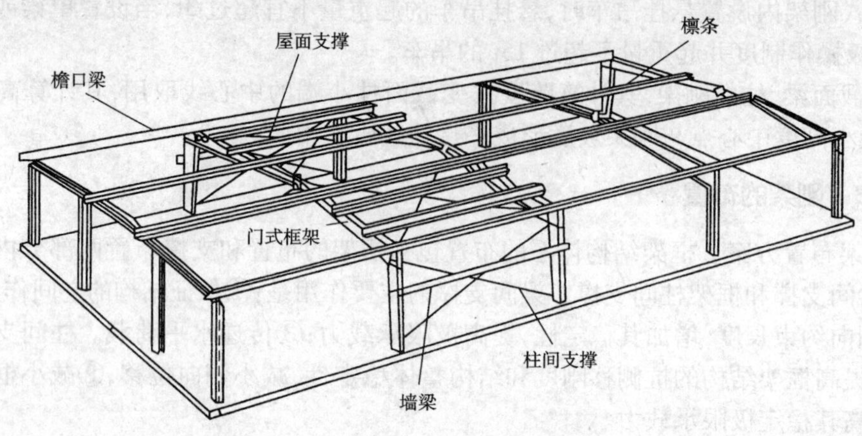

图 11-5　门式刚架的布置

（3）刚架的合理间距（柱距）应综合考虑使用要求、刚架跨度、檩条合理跨度及荷载条件等因素确定。一般可在6～12m选用。对有檩轻板屋面且跨度较大时，宜选用较大值，有时，为小柱距布置支撑的方便，亦可在大柱距中插入个别小柱距，如12m+6m的混合柱距。

在建筑物山墙处，一般仍设置端刚架，也可用山墙横向墙架柱并增设压顶斜梁以代替端刚架，以简化结构布置并降低用钢量。

（4）刚架结构的伸缩缝可按有关规定设置。伸缩缝的设置可采用双柱或只在檩条相连处设长圆孔的单柱伸缩缝构造。在每一伸缩缝区段，沿每一纵向柱列均应设置柱间垂直支撑，同时在区段端部柱距内应设置屋面支撑（沿刚架横梁上表面），此时，部分檩条可兼作支撑系杆（其长细比应满足相应的要求）。当建筑物跨度及高度不大且无吊车时，斜支撑亦可采用圆钢截面的交叉拉杆支撑。当刚架梁、柱节点处采用折线形加腋，并构造连接高度较大时，宜在此处设置纵向支撑系统，以维持刚架节点的稳定。屋面支撑的布置可参照轻型有檩屋盖的要求进行。

必要时为保证刚架梁下翼缘和柱内翼缘的平面外稳定性，可在檩条或墙梁处增设隅撑（图11-6）。

11.2.4　刚架的荷载及荷载组合

1. 设计刚架时一般应考虑的各类荷载

（1）永久荷载

①结构自重（包括屋面板、檩条、支撑、刚架、墙架等）；初步计算时，此折算荷重可按0.45～0.55kN/m^2（标准值）近似取用；

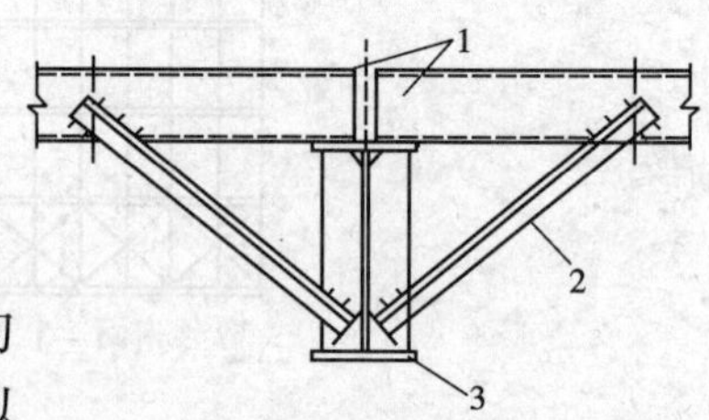

图 11-6　横梁、柱隅撑构造
1-檩条；2-隅撑；3-刚架横梁或柱

②悬挂或建筑设施荷重（包括吊顶、管线、天窗、风帽、门窗等）。

（2）可变荷载

①屋面活荷载，对不上人屋面一般可按0.3kN/m^2（标准值）取用；

②雪荷载；

③灰荷载；

④风荷载；

⑤悬挂或桥式吊车荷载（包括竖向轮压及水平制动力）；

⑥地震作用。

各种荷载的取值、计算应参照现行《建筑结构荷载规范》、《建筑抗震设计规范》等进行。

(3)地震作用。计算刚架地震作用时，一般可采用基底剪力法，对无吊车且高度不大的刚架可采用单质点简图（图11-7a），此时，可假定柱上半部及以上的各种竖向荷载质量均集中于质点 m_1；当有吊车荷载时，可采用3质点简图（图11-7b），此时 m_1 质点集中屋盖质量及上阶柱上半区段内竖向荷载，m_2 质点集中吊车桥梁、吊车梁及上阶柱下区段与下阶柱上半段（包括墙体）的相应竖向荷载。

纵向地震作用宜采用单（或2）质点柱列法进行计算。

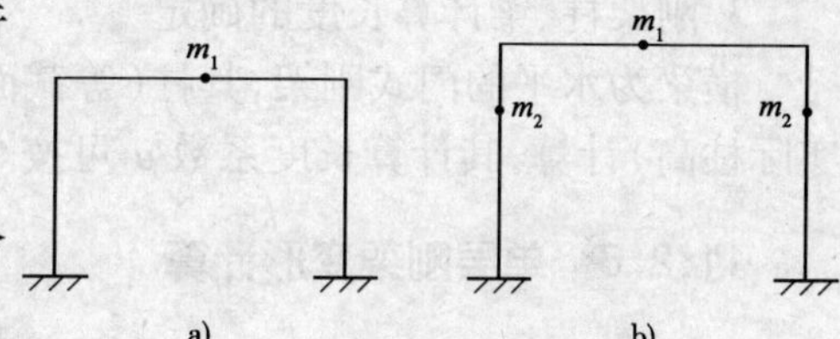

图11-7 刚架质点的质量集中

a)单质点简图；b)3质点简图

2.刚架荷载的组合

(1)刚架承受的荷载一般应考虑以下几种组合（含荷载分项系数1.2～1.4及组合系数0.85）。

①永久荷载×1.2+0.85（竖向可变荷载×1.4+风荷载×1.4+吊车竖向可变荷载×1.4+吊车水平可变荷载×1.4）。

②永久荷载×1.0+0.85（风荷载×1.4+邻跨吊车水平可变荷载×1.4）；本组合仅用于多跨有吊车刚架。

③永久荷载×1.0+风荷载×1.4。

④永久荷载×1.2+竖向可变荷载×1.4。

上述①、④项组合主要用于计算最大弯矩及最大轴力的内力组合以进行刚架截面强度的计算；②、③项组合主要用于计算轴力最小而相应弯矩最大内力组合以进行柱脚及锚柱的计算。

(2)当考虑地震作用时，其荷载组合可如下考虑。

①计算刚架地震作用及自振特性时，永久荷载+竖向可变荷载×0.5+悬挂吊车或桥式吊车自重。

②计算刚架考虑地震作用组合的内力时，永久荷载×1.2+（竖向可变荷载×0.5+悬挂吊车或桥式吊车竖向轮压）×1.4+地震作用×1.3。

实际经验表明，对轻型屋面的刚架，当地震设防烈度为7度而相应风荷载大于0.35kN/m^2（标准值）或为8度（I、II类场地土）而风荷载大于0.45kN/m^{2}时，地震作用组合一般不起控制作用，可只进行基本的内力计算。

11.2.5 刚架的内力组合和内力计算

1.刚架的设计方法

在实际应用中刚架采用塑性设计方法尚不普遍，且塑性设计不适用于变截面刚架、格构式刚架及有吊车荷载的刚架，故本节仅叙述有关弹性设计法的分析计算内容。

2. 刚架的横向计算

刚架的横向计算一般取单榀刚架按平面计算方法进行。刚架梁、柱内力的计算可采用电子计算机及专用程序进行，亦可按静力计算手册门式刚架计算公式进行，计算控制性截面的内力组合时一般应计算以下四种组合。

(1) N_{max} 情况下 M_{max} 及相应 V。

(2) N_{max} 情况下 M_{min}（即负弯矩最大）及相应 V。

(3) N_{min} 情况下 M_{max} 及相应 V。

(4) N_{min} 情况下 M_{min} 及相应 V。

进行上述计算时均应考虑风荷载、吊车水平荷载、地震作用等，可正向或反向作用以及最大、最小吊车轮压可分别在左柱或右柱作用的最不利组合。

最不利内力组合应按梁、柱控制截面分别进行，一般可选柱底、柱顶、柱阶形变截面处及梁端、梁跨中等截面进行组合和截面的验算。

3. 刚架柱、梁计算长度的确定

横梁为水平的门式刚架，其柱（等截面或阶形变截面）的平面内计算长度按 $H_0 = \mu H$（H 为实际柱高）计算，其计算长度系数 μ 可按 6.5 节方法计算确定。其他截面形式可查有关资料。

11.2.6 单层刚架变形计算

(1) 单层刚架在相应荷载（标准值）作用下的柱顶侧移值或横梁跨中挠度值不应大于表 11-1 的限值。

柱顶侧移及横梁挠度限值　　表 11-1

构　件	变　形　条　件		容　许　变　形
柱顶侧移	不设吊车时	砖墙围护 轻型板材围护	$H/150$ $H/100$ （H 为柱高）
	设吊车时	有电动单梁吊车（地面操纵） 有电动桥式吊车（带驾驶室）	$H/150$ $H/240$
横梁竖向挠度	屋面为檩条及压型钢板 屋面有吊顶		$l/180$ $l/240$ （l 为横梁跨度）

注：①当为仓库、临时建筑时（不设吊车），容许变形限值可分别放宽为 $H/100$ 及 $H/50$。

②设吊车对柱顶侧移按吊车水平荷载与风荷载计算。

以轻型墙板作外围材料的无吊车门式刚架，当柱脚为铰接且柱脚如图 11-11 常用构造时，则刚架柱顶侧移限值可按表 11-1 限值乘以 0.7 折减系数采用。

(2) 位移计算《钢结构设计规范》和《门式刚架轻型房屋钢结构技术规程》规定对刚架柱的柱顶在风荷载作用下的水平位移 u，不得超过规定限值，位移计算方法，可按弹性方法，即结构力学虚功法计算；也可按《门式刚架轻型房屋钢结构技术规程》（CECS 102—2002）给出的估算公式计算。该法计算简便，满足工程要求。

当单跨门式刚架屋面坡度不大于 1∶5时，柱脚为铰接的刚架在风荷载作用下柱顶的水平侧移 u 可由下式估算：

$$u = \frac{Hh^3}{12EI_c}(2 + \xi) \qquad (11\text{-}1)$$

式中：ξ——柱与梁线刚度之比，$\xi = I_c L / I_b h$；

H——刚架柱顶的等效水平力，$H = 0.67(w_1 + w_4)h$；

h、L——分别为刚架柱高度和刚架跨度，当屋面坡度大于 1:10 时，L 取为 $2s$，s 为跨中每段斜梁的长度；

I_c、I_b——柱与斜梁的平均惯性矩；

w_1、w_4——作用在向风面和背风面柱上的风荷载标准值（线荷载）。

例 11-1 试验算图 11-8 所示门式刚架在风荷载标准值作用下的柱顶水平位移（用近似法估算）。$L = 24\text{m}$，$h = 6\text{m}$，$i = 1/8$，$\alpha = 7.125°$，$\cos\alpha = 0.9923$。

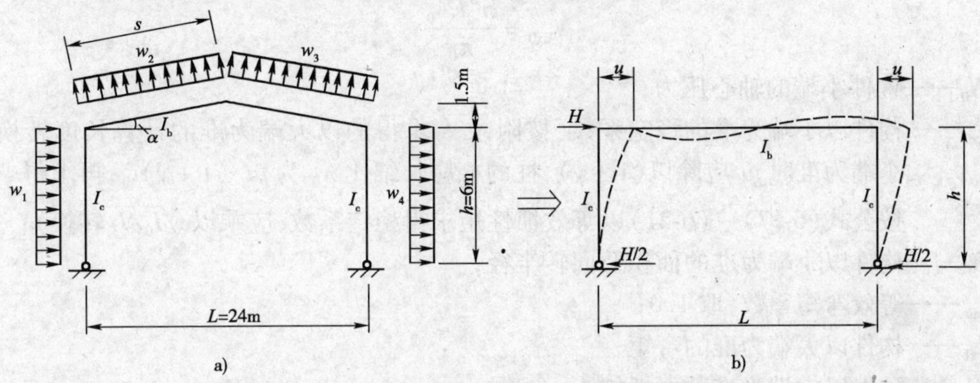

图 11-8 风荷载下柱顶位移的等效计算简图

a) 两柱顶 u 不等；b) $u = \dfrac{Hh^3}{12EI_c}(2 + \xi)$

解 作用在向风柱和背风柱的风荷载标准值分别为：

$$w_1 = 2.16\text{kN/m}, w_4 = -1.35\text{kN/m}$$

刚架柱顶的等效水平力

$$H = 0.67(w_1 + w_4)h = 0.67(2.16 + 1.35) \times 6 = 14.11\text{kN}$$

$$\xi = \frac{I_c L}{I_b h} = \frac{2s}{h} = \frac{2\sqrt{12^2 + 1.5^2}}{6} = \frac{24.18}{6} = 4.03$$

（因 $I_c = I_b$ 和屋面坡度 $i = 1:8 < 1:5$）

$$u = \frac{Hh^3}{12EI_c}(2 + \xi) = \frac{14.11 \times 10^3 \times 6^3 \times 10^9}{12 \times 206 \times 10^3 \times 2000 \times 10^4}(2 + 4.03) = 37.17\text{mm}$$

$$\frac{u}{h} = \frac{37.17}{6000} = \frac{1}{161} < \left[\frac{u}{h}\right] = \frac{1}{150}，满足要求。$$

11.2.7 刚架梁、柱的截面验算

1. 刚架横梁的截面验算

(1) 对水平横梁不考虑轴力时，只需按截面受弯构件验算平面内强度和按最大刚度主平面受弯构件验算平面外整体稳定性（在构造上采取措施使之成为可不计算整体稳定性的构件）。

(2) 对折线形的等截面横梁，当不需考虑横梁长细比的要求时，则仅需按受压、受弯构件验算平面内强度和整体稳定性。

对折线形的等截面横梁，当需考虑横梁长细比的要求时，应按压弯构件计算其强度、平面

内和平面外的稳定性。

(3)对折线形变截面横梁的截面验算，与等截面横梁相同，但其整体稳定系数 φ_b（双轴对称的 I 形截面）应按《钢结构设计规范》给出规定公式取用。

2. 刚架柱的截面验算

刚架柱应按压弯构件进行设计。当为变截面柱时，其平面内的稳定性按下式验算

$$\frac{N_0}{\varphi_{x0}A_0}+\frac{\beta_{mx}M_{x1}}{W_{x1}\left(1-\varphi_{x0}\frac{N_0}{N_{Ex0}}\right)}\leqslant f \tag{11-2}$$

$$N_{Ex0}=\frac{\pi^3 EA_0}{\lambda_0}$$

式中：N_0——构件小端的轴心压力；

φ_{x0}——构件以小端为准的稳定系数（按附录 A 求得的以大端为准的计算长度转换为以小端为准时，μ 应除以 $(1+\gamma)$，柱的相应长细比 λ_0 为 $\mu l/(1+\gamma)i_0$，再求得 φ_{x0}；如按公式(6-17)～(6-21)以等效惯性矩求得稳定系数，应乘以 $\sqrt{I_0/I_E}$ 转换）；

A_0、i_0——构件以小端为准的面积及回转半径；

β_{mx}——等效弯矩系数，取 1.0；

M_{x1}——构件以大端为准的弯矩；

W_{x1}——构件以大端为准截面抵抗矩；

N_{Ex0}——构件以小端为准的欧拉临界应力；

λ_0——以小端为准的长细比。

其平面外的稳定性按下式验算：

$$\frac{N_0}{\varphi_{y0}A_0}+\frac{\beta_t M_1}{\varphi_{by}W_1}\leqslant f \tag{11-3}$$

当小端弯矩为零时：

$$\beta_t=1-\frac{N}{N_{Ex0}}+0.75\left(\frac{N}{N_{Ex0}}\right)^2 \tag{11-4}$$

当两端弯矩接近相等时：$\beta_t=1$

$$\varphi_{by}=1.07-\frac{\lambda_{y0}^2}{44000}\times\frac{f_y}{235}\leqslant 1.0 \tag{11-5}$$

式中：φ_{y0}——弯矩作用平面外以小端为准的稳定系数，计算长度取平面外支点的间距；

β_t——等效弯矩系数。

3. 隅撑设计

隅撑应按轴心压杆设计，如隅撑成对放置时，其轴压力应取下式计算的 N 值之半。隅撑方向图见图 11-9。

$$N=\frac{Af}{85\cos\theta\sqrt{\frac{235}{f_y}}} \tag{11-6}$$

式中：A——横梁被支撑的翼缘面积；

f——横梁翼缘钢材的设计强度；

f_y——横梁翼缘钢材的屈服点，N/mm^2；

θ——横梁翼缘失稳方向与隅撑的交角。

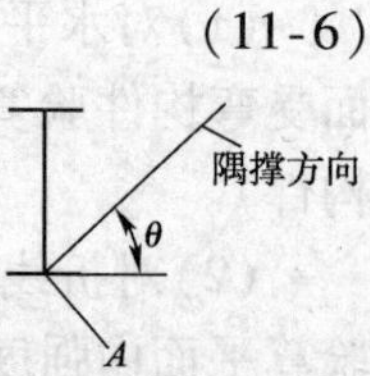

隅撑方向
θ
A

图 11-9 隅撑方向图

11.3 刚架主要节点的构造

11.3.1 梁、柱加腋节点构造

(1)梁、柱加腋节点是门式刚架常用的重要节点,其典型构造见图 11-10。

(2)加腋段受压翼缘板的外伸部分宽厚比 b/t 不应大于 10;其腹板厚度不应小于梁或柱腹板的厚度。

(3)加腋区弧线段的膜板一般均应在加腋段起始点及中点设加劲肋或短加劲肋(图 11-10)此时弧段半径 R 不宜小于 $2b_f$,每侧一对加劲肋的截面积不宜小于翼缘面积 75%。

当加腋弧段内腹板不设加劲肋时,弧段半径 R 不宜小于 b_f,并宜控制$\frac{b^2}{Rt}$值不大于 1.0(b 为翼板外伸部分宽度;t 为翼板厚度)。

当因强度要求加大截面时,加腋部分翼缘、腹板均可采用增加厚度的变截面构造。

(4)折线加腋段的倾角不宜小于 12°。

(5)加腋段受压下翼缘应在平面外有支撑点以保证其稳定,此支撑点间距 l_c 应不大于两个檩距。

当因抗震等要求加腋区段可能出现塑性铰时,支撑点间距 l_c 应按《钢结构设计规范》塑性设计的要求计算确定。

11.3.2 直线加腋节点

(1)如图 11-10a)、c)所示的直(折)线形加腋,当加腋段较短时,可为构造加腋,在进行内力及截面计算时,可只按梁、柱截面验算,不计入加腋截面。

(2)柱加腋托座节点(图 11-10a)为在柱上先焊有加腋托座,梁安装在托座上后,上、下翼缘分别以拼接板与柱顶板及托座板连接,连接可为现场焊接,亦可为高强螺栓连接,计算连接时,节点弯矩 M 由梁翼缘拼接承受,剪力 V 由加腋托座与柱的连接承受,并适当计 e 偏心影响。

(3)加腋端板连接节点(图 11-10b),梁端端板与柱宜优先选用高强螺栓连接,此时可不设柱上的抗剪托板;梁端弯矩 M 和剪力 V 均由连接螺栓群承受;当采用普通螺栓时,宜设柱上抗剪托板承受剪力 V,而栓群似承受弯矩 M,当受力及螺栓直径较大时,梁端板及相连接的柱头翼缘板的厚度应按下式计算确定

$$t \geqslant \sqrt{\frac{3N_t b'}{2Sf}} \geqslant 16\text{mm} \tag{11-7}$$

式中:N_t——受力最大的一个螺栓拉力;

b'——两列 C 级螺栓的列距;

S——螺栓竖向端距与中心距一半之和;

f——翼板钢材强度设计值。

柱翼缘板厚度不宜小于 16mm,当柱翼板厚度不能满足此要求时,可将柱头翼板局部加厚。

(4)加腋端座板连接节点(图 11-10c),连接可采用高强螺栓连接或普通螺栓,此连接栓群应承受弯矩 M 和剪力 V(必要时可计入梁端压力的有利影响);梁端座板及柱顶板亦应按计算

决定并不小于 16mm。

(5)双折线加腋节点(图 11-10d),并拼接点应设在加腋区以外,此加腋区截面的验算可参照弧线加腋段截面要求进行。

(6)加腋区与梁翼缘相对应的柱头加劲板(图 11-10b 中 S_1)及其连接应保证由节点转换成的力偶水平力可靠传递到柱身,一般按与柱腹板局部承压共同传递梁翼缘全部承载力计算,其截面积不宜小于梁翼缘截面积的 75%。梁、柱翼缘拐折处的腹板加劲(图 11-10d 中 S_2)同样按需传递拐点翼缘力的合成力考虑。

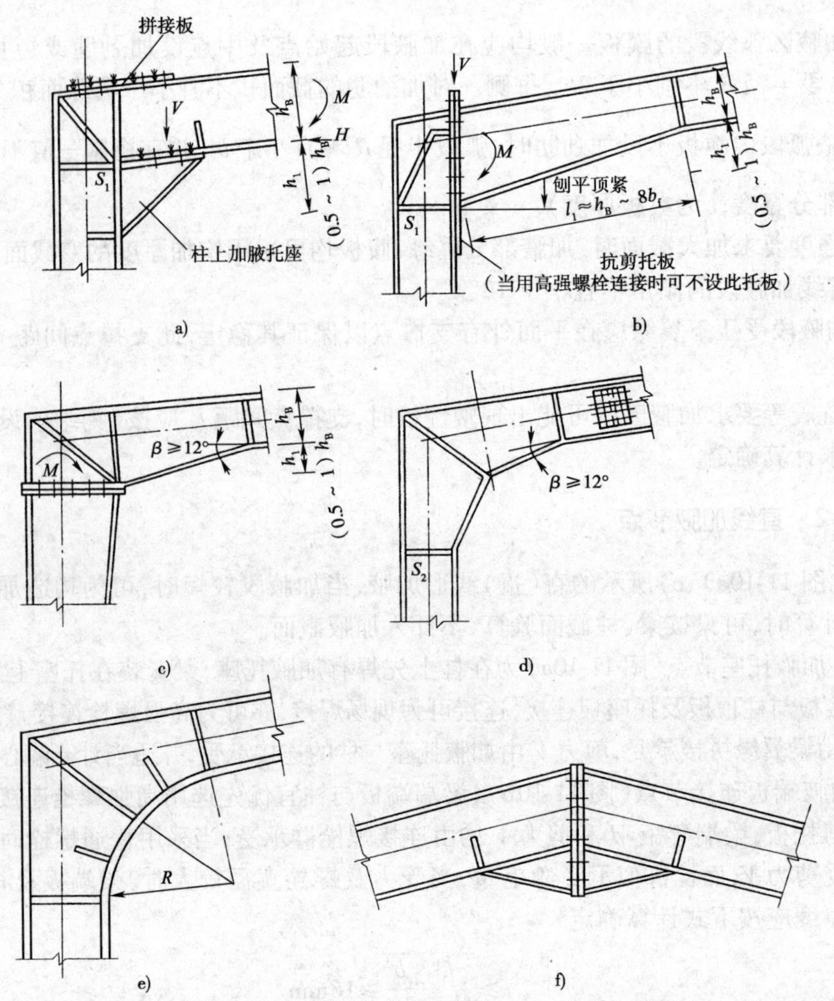

图 11-10 梁柱加腋构造

a)、c)直线加腋;b)梁端变截面加腋;d)折线加腋;e)弧线加腋;f)屋脊加腋

11.3.3 柱脚节点

(1)铰接柱脚及刚接柱脚的一般构造如图 11-11 所示。前者采用低锚栓直接锚固定底板,可承受柱底剪力,同时也具有一定的抗弯能力以保证柱在安装过程中的稳定;后者为带有一定高度柱靴高锚栓构造,此时锚栓不能承受剪力,当剪力大于静摩擦力时,应设置专门的抗剪件。

(2)柱脚底板厚度 t 应按底板下作用的反力及几何尺寸等计算决定,一般不宜小于

16mm；柱与底板的连接焊缝一般应比柱身焊缝加厚 1 ~ 2 级。

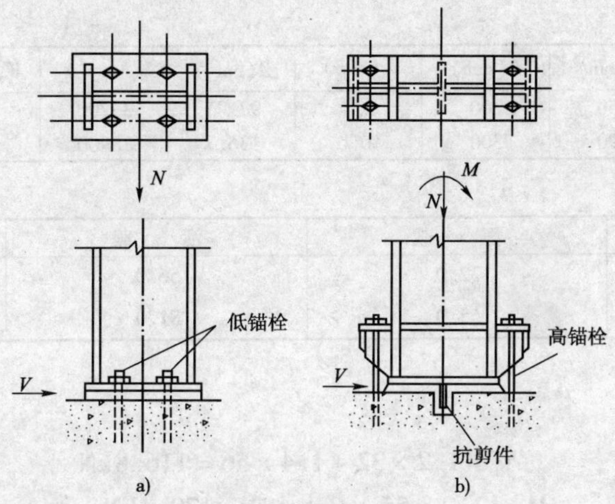

图 11-11　柱脚构造

a）铰接柱脚；b）刚接柱脚

（3）锚栓直径一般不宜小于 24mm，并由计算确定。锚栓的螺帽应采用双螺帽等防松措施。

（4）柱脚节点计算应包括以下主要内容：

①柱脚底板混凝土基础顶面的承压应力验算；

②柱脚底板厚底的计算；

③柱脚锚栓截面的计算；

④柱脚底板与柱、与加劲肋等焊缝计算。

11.4　单层刚架设计例题

例 11-2　某单层单跨房屋，采用刚架结构体系。采用有檩轻板体系压型钢板带隔热层的屋盖，坡度取 1/20，房屋长度在 300m 以内，故不设温度伸缩缝。跨度为 9m，纵向柱距为 6m。

山墙处仍设置端刚架。支撑布置，取 30m 设置柱间支撑，同开间同时设置屋盖横向支撑。端部支撑设在温度区段第一开间，第二开间相应位置设置刚性系杆，刚性系杆可由檩条兼作。支撑杆件采用十字交叉圆钢组成，用特制的连接件与梁柱腹板相连。支撑布置参见图 11-4 及图 11-5。单层单跨钢框架计算简图如图 11-12 所示，跨度 9m，柱高 4.5m，柱底铰接，柱顶与横

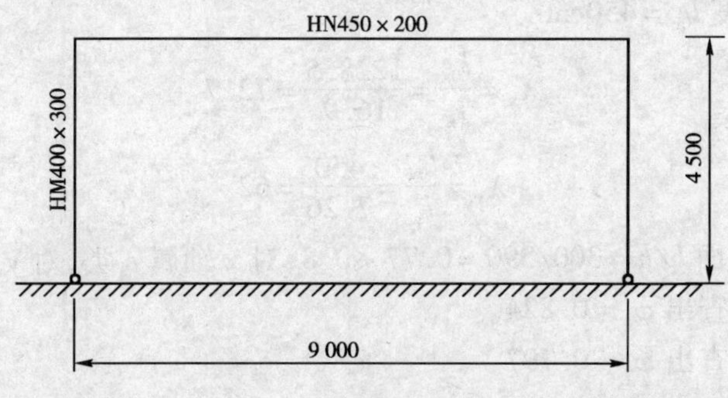

图　11-12

梁刚接，沿房屋纵向在柱顶有可靠支撑。柱及横梁均采用热轧 H 型钢，材质为 Q235，横梁采用 HN450 × 200，柱采用 HM400 × 300，其截面特性见表 11-2，根据内力分析所得荷载标准值作

用下的柱顶弯矩和轴力见表 11-3,要求验算柱截面强度和整体稳定性。

表 11-2

	H(mm)	B(mm)	t_x(mm)	A(cm^2)	I_x(cm^4)	W_x(cm^4)	i_x(cm)	i_y(cm)
HN450 ×200	450	200	9.0	97.41	33700	1500	18.6	4.38
HM400 ×300	390	300	10.0	136.7	38900	2000	16.9	7.26

表 11-3

	恒　载	活　载	风　载
N(kN)	32.0	56.0	18.0
M(kN · m)	55.0	81.0	97.0

解　(1)内力组合

恒载 + 活载:

$$N_1 = 1.2 \times 32 + 1.4 \times 56 = 116.8\text{kN}$$

$$M_1 = 1.2 \times 55 + 1.4 \times 81 = 179.4\text{kN} \cdot \text{m}$$

恒载 + 风载:

$$N_2 = 1.2 \times 32 + 1.4 \times 18 = 63.6\text{kN}$$

$$M_2 = 1.2 \times 55 + 1.4 \times 97 = 201.8\text{kN} \cdot \text{m}$$

恒载 +0.85(活载 + 风载):

$$N_3 = 1.2 \times 32 + 0.85(1.4 \times 56 + 1.4 \times 1.8) = 126.5\text{kN}$$

$$M_3 = 1.2 \times 55 + 0.85(1.4 \times 81 + 1.4 \times 97) = 277.8\text{kN} \cdot \text{m}$$

以第三种组合内力设计值为最大。

(2)框架柱平面内的计算长度修正系数 μ

根据《钢结构设计规范》,本框架属有侧移框架,μ 值按表 6-2 确定。

柱:　$l_c = 450\text{cm}, I_c = 38900\text{cm}^4$

梁:　$l_b = 900\text{cm}, I_b = 33700\text{cm}^4$

$$K_1 = \frac{I_b l_c}{I_c l_b} = \frac{33700 \times 450}{38900 \times 900} = 0.433$$

柱与基础铰接:　$K_2 = 0$

由表 6-2,用插入法查得 $\mu = 2.73$

柱平面内计算长度 $l_{0x} = \mu l_c = 2.73 \times 450\text{cm} = 1228.5\text{cm}$

柱平面外计算长度 $l_{0y} = 450\text{cm}$

$$\lambda_x = \frac{l_{0x}}{i_x} = \frac{1228.5}{16.9} = 72.7$$

$$\lambda_y = \frac{l_{0y}}{i_y} = \frac{450}{7.26} = 62$$

柱为热轧钢,其截面 $b/h = 300/390 = 0.77 < 0.8$,对 x 轴属 a 类,对 y 轴属 b 类。

从附录 A 表 A-1,查出 $\varphi_x = 0.824$。

从附录 A 表 A-2,查出 $\varphi_y = 0.797$。

(3)强度验算

因 HM400 ×300,腹板厚 10.0mm,按表 5-1,$f = 215\text{kN/mm}^2$,由于结构承受静力荷载的作用,所以 $\gamma_x = 1.05$。

$$\frac{N}{A_n}+\frac{M_x}{\gamma_x W_{nx}}=\frac{126.5\times10^3}{136.7\times10^2}+\frac{277.8\times10^6}{1.05\times2000\times10^3}$$

$$=9.3+132.3=141.6\text{N/mm}^2<f=215\text{N/mm}^2$$

(4)平面内稳定验算

$$N_{Ex}=\frac{\pi^2 EA}{\gamma_R\lambda_x^2}=\frac{\pi^2\times206\times10^3\times136.7\times10^2}{1.087\times66^2}=5864\times10^3\text{N}=5864\text{kN}$$

$\gamma_x=1.05$

$\beta_{mx}=1.0$(有侧移框架柱)

$$\frac{N_0}{\varphi_x A}+\frac{\beta_{mx}M_x}{\gamma_x W_{nx}\left(1-0.8\dfrac{N}{N_{Ex}}\right)}$$

$$=\frac{126.5\times10^3}{0.858\times136.7\times10^2}+\frac{1.0\times227.8\times10^6}{1.05\times2000\times10^3\left(1-0.8\times\dfrac{126.5}{5864}\right)}$$

$$=10.8+134.6=145.4\text{N/mm}^2<f=215\text{N/mm}^2\text{(满足要求)}$$

(5)平面外稳定验算

按公式(6-13)

$$\varphi_b=1.07-\frac{\lambda_y^2}{44000}\times\frac{f_y}{235}=1.07-\frac{62^2}{44000}\times\frac{235}{235}=0.98$$

柱顶有端弯矩,风为横向荷载,当风来自左方时,风荷载产生的弯矩与竖向荷载产生的弯矩对左柱产生反向曲率,而对右柱产生同向曲率;当风来自右方时,风荷载产生的弯矩与竖向荷载产生的弯矩对左柱产生同向曲率,而对右柱产生反向曲率;为安全计,可按产生同向曲率验算,取$\beta_{tx}=1.0$。按公式(6-12):

$$\frac{N}{\varphi_y A}+\eta\frac{\beta_{tx}M_x}{\varphi_b W_x}=\frac{126.5\times10^3}{0.797\times136.7\times10^2}+1.0\times\frac{1.0\times277.8\times10^6}{0.98\times2000\times10^3}$$

$$=11.6+141.7=153.3\text{N/mm}^2<f=215\text{N/mm}^2\text{(满足要求)}$$

例 11-3 图 11-13 所示单跨门式刚架,柱为楔形柱,梁为等截面梁,截面尺寸及刚架几何尺寸如图 11-13 所示,屋面坡度为 1/12,材料为 Q235B. F。已知楔形柱大头截面的内力为 $M_1=198.3\text{kN}\cdot\text{m}$,$N_1=64.5\text{kN}$,$V_1=27.3\text{kN}$;柱小头截面内力为 $N_0=85.8\text{kN}$,$V_0=31.6\text{kN}$。试验算该刚架柱的强度及整体稳定是否满足设计要求。

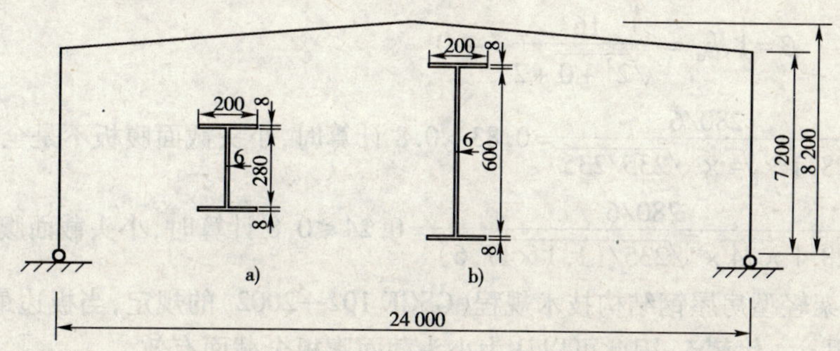

图 11-13 门式刚架几何尺寸及梁、柱截面尺寸

a)柱小头截面尺寸;b)梁柱大头截面尺寸

解 (1)计算截面几何特性

刚架梁及楔形柱大头、小头截面的毛截面几何特性计算结果如表11-4所示。

刚架梁、柱的毛截面几何特性 表11-4

构件名称	截面	$A(\text{mm}^2)$	$I_x(\times10^4\text{mm}^4)$	$I_y(\times10^4\text{mm}^4)$	$W_x(\times10^3\text{mm}^3)$	$i_x(\text{mm})$	$i_y(\text{mm})$
刚架梁		6800	40375	1068	1311	243.1	39.6
刚架柱	大头	6800	40375	1068	1311	243.1	39.6
	小头	4880	7733	1067	52.25	125.9	46.8

(2)楔形柱腹板的有效宽度计算

大头截面：

腹板边缘的最大应力为

$$\sigma_1=\frac{198.3\times10^6\times300}{40375\times10^4}+\frac{64.5\times10^3}{6800}=156.8\text{N/mm}^2$$

$$\sigma_2=\frac{198.3\times10^6\times300}{40375\times10^4}+\frac{64.5\times10^3}{6800}=-137.9\text{N/mm}^2$$

腹板边缘正应力比值

$$\beta=\frac{\sigma_2}{\sigma_1}=\frac{-137.9}{156.8}=-0.879$$

腹板在正应力作用下的凸曲系数

$$k_\sigma=\frac{16}{\sqrt{(1+\beta)^2+0.112(1-\beta)^2}+(1+\beta)}$$

$$=\frac{16}{\sqrt{(1-0.879)^2+0.112(1+0.879)^2}+(1-0.879)}=21$$

与板件受弯、受压有关的系数

$$\lambda_\rho=\frac{h_w/t_w}{28.1\sqrt{k_\sigma}\sqrt{235/f_y}}=\frac{600}{28.1\times\sqrt{21}\times\sqrt{235/235}}=0.78\leqslant0.8$$

大头截面腹板全部有效。

小头截面：

腹板压应力 $\sigma_0=\frac{85800}{4880}=17.6\text{N/mm}^2$

$$\beta=1,k_\sigma=\frac{16}{\sqrt{2^2+0}+2}=4.0$$

当按 $\lambda_\rho=\frac{280/6}{28.1\times\sqrt{4}\times\sqrt{235/235}}=0.83>0.8$ 计算时，小头截面腹板不是全截面有效。

当按 $\lambda_\rho=\frac{280/6}{28.1\times\sqrt{4}\times\sqrt{235/(1.1\times17.6)}}=0.24\leqslant0.8$ 计算时，小头截面腹板是全截面有效，根据门式刚架轻型房屋钢结构技术规程(GSCE 102—2002)的规定，当板边最大应力 $\sigma_1<f$ 时，计算 λ_ρ 可用 $\gamma_{R}\sigma_1$ 代替 f_y，因此可以认为小头截面腹板全截面有效。

(3)楔形柱的计算长度

柱的线刚度 $K_1=\frac{(I_{c1}+I_{c0})/2}{h}=\frac{(40375+7733)\times10^4/2}{7200}=33408\text{mm}^4/\text{m}$

梁的线刚度
$$K_2=\frac{I_b}{L}=\frac{40375\times10^4}{24000}=16822\text{mm}^4/\text{m}$$

$$\frac{K_2}{K_1}=\frac{16822}{33408}=0.5$$

$$\frac{I_{c0}}{I_{c1}}=\frac{7733\times10^4}{40735\times10^4}=0.19$$

查表得柱的计算长度系数 $\mu_\gamma=1.2$

柱平面内的计算长度 $l_{0x}=\mu_\gamma h=1.2\times7200=8640\text{mm}$

柱平面外的计算长度根据柱间支撑的布置情况取其几何高度为 $l_{0y}/2=3600\text{mm}$

(4)楔形柱的强度计算

柱腹板上不设加劲肋，$k_\tau=5.43$，偏于安全地按最大宽度计算

$$\lambda_w=\frac{h_w/t_w}{37\sqrt{k_\tau}\sqrt{235/f_y}}=\frac{600/6}{37\times\sqrt{5.34}}=1.17$$

腹板屈曲后抗剪强度设计值

$$f'_v=[1-0.64(\lambda_w-0.8)]f_v$$
$$=[1-0.64\times(1.17-0.8)]\times125=95.4\text{N/mm}^2$$

柱腹板抗剪承载力设计值

$$V_d=h_wt_wf'_v=600\times6\times95.4\times10^{-3}$$
$$=343.4\text{kN}$$

因为 $V_1=27.3\text{kN}<0.5V_d$，所以

$$M_e^N=M_{e1}-NW_{e1}/A_{e1}$$
$$=1.311\times10^6\times215\times10^{-6}-64.5\times\frac{1.311\times10^6}{6800}\times10^{-3}$$
$$=269.4\text{kN}\cdot\text{m}$$
$$M=198.3\text{kN}\cdot\text{m}<M_e^N$$

柱大头截面强度无问题，小头截面积虽小，但弯矩为零，强度也无问题。

(5)楔形柱平面内稳定计算

$$\lambda_x=\frac{l_{0x}}{i_x}=\frac{8640}{125.9}=68.6\text{，查表得 }\varphi_{x\gamma}=0.76$$

$$N'_{Ex0}=\frac{\pi^2EA_{e0}}{1.1\lambda_x^2}=\frac{3.14^2\times2.06\times10^5\times4880\times10^{-3}}{1.1\times68.6^2}=1915\text{kN}$$

等效弯矩系数 $\beta_{mx}=1.0$

$$\frac{N_0}{\varphi_{x\gamma}A_{e0}}+\frac{\beta_{mx}M_1}{\left(1-\frac{N_0}{N'_{Ex0}}\varphi_{x\gamma}\right)W_{e1}}=\frac{85.8\times10^3}{0.76\times4880}+\frac{198.3\times10^6}{\left(1-\frac{85.8}{1915}\times0.76\right)\times1.311\times10^6}$$

$$=179.7\text{N/mm}^2<f=215\text{N/mm}^2$$

(6)楔形柱平面外稳定计算

需要对柱上、下段分别计算。假定分段处的内力为大头和小头截面的平均值，即 $M=99.15\text{kN}\cdot\text{m}$，$N=75.15\text{kN}$，腹板高度也是大小头的平均值 440mm，可以算得分段处截面几何

特性，$A=5840\text{mm}^2$，$I_y=1067\times10^4\text{mm}^4$，$i_y=42.7\text{mm}$ 和 $W_x=891\times10^3\text{mm}^3$。下面计算上段的平面外稳定性，此段的小头在分段处

$$\lambda_y=\frac{l_{0y}}{i_y}=\frac{3600}{42.7}=84.3\text{，查表得 }\varphi_y=0.659$$

$$i_{y0}=\left[\frac{200^3\times8/12}{\left(200\times8+\dfrac{246.4\times6}{3}\right)}\right]^{\frac{1}{2}}=50.5\text{mm}$$

柱的楔率 $\gamma=d_1/d_0-1=616/456-1=0.35$，不大于 $0.268h/d_0$ 及 6.0，则

$$\mu_s=1+0.023\gamma\sqrt{\frac{lh_0}{A_f}}=1+0.023\times0.35\times\sqrt{\frac{3600\times456}{200\times8}}=1.26$$

$$\mu_w=1+0.00358\gamma\sqrt{\frac{l}{i_{y0}}}=1+0.00358\times0.35\times\sqrt{\frac{3600}{50.5}}=1.01$$

$$\lambda_{y0}=\mu_s l/i_{y0}=1.26\times\frac{3600}{50.5}=89.8$$

梁的整体稳定系数

$$\varphi_{b\gamma}=\frac{4320}{\lambda_{y0}^2}\frac{A_0h_0}{W_{x0}}\sqrt{\left(\frac{\mu_s}{\mu_w}\right)^4+\left(\frac{\lambda_{y0}t_0}{4.4h_0}\right)^2}\left(\frac{235}{f_y}\right)$$

$$=\frac{4320}{89.8^2}\times\frac{5840\times456}{891000}\times\sqrt{\left(\frac{1.26}{1.01}\right)^4+\left(\frac{89.8\times8}{4.4\times456}\right)^2}\times\left(\frac{235}{235}\right)=2.56>0.6$$

$\varphi_{b\gamma}$ 修正后 $\varphi_b=1.07-\dfrac{0.282}{2.56}=0.96<1.0$。等效弯矩系数 $\beta_t=1.0$（因上柱段两端弯曲应力基本相等）。

$$\frac{N_0}{\varphi_yA_{e0}}+\frac{\beta_tM_1}{\varphi_{b\gamma}W_{e1}}=\frac{75.15\times10^3}{0.659\times5840}+\frac{198.3\times10^6}{0.96\times1.311\times10^6}$$

$$=177.08\text{N/mm}^2<f=215\text{N/mm}^2\text{（满足要求）}$$

例 11-4 单跨双坡门式刚架（GJ—1）

1. 设计资料

单层厂房采用单跨双坡门式刚架，厂房横向跨度 27m，柱顶高度 8m，共有 14 榀刚架，柱距 7.5m，屋面坡度 1/20，柱底铰接，柱网及平面布置见图 11-14，刚架截面形式及几何尺寸初步计算见图 11-15。屋面为单层压型钢板 + 保温棉，墙面为双层压型钢板 + 保温棉；檩条为薄壁卷边 Z 型钢，墙梁为薄壁卷边 C 型钢，刚架采用 Q345 钢，檩条和墙梁采用 Q345 钢，焊条 E50 型。抗震设防烈度为 7 度。无吊挂荷载。

2. 荷载

(1) 永久荷载标准值（按水平投影面）

屋面恒载 0.2kN/m^2。

(2) 可变荷载标准值

屋面活荷载 0.5kN/m^2，但刚架的受荷面积大于 60m^2，可按 0.3kN/m^2 考虑，活荷载与雪荷载中取较大值 0.45kN/m^2。

(3) 风荷载标准值

基本风压值 0.45kN/m²；地面粗糙度系数按 B 类取值；风荷载高度变化系数按现行国家标准《建筑结构荷载规范》(GB 50009—2001)的规定，当高度小于 10m 时，按 10m 高度处的数值采用，$\mu_z = 1.0$；风荷载体形系数按《门式刚架轻型房屋钢结构技术规程》(CECS 102:2002)附录 A 表 A.0.2-1 取值。

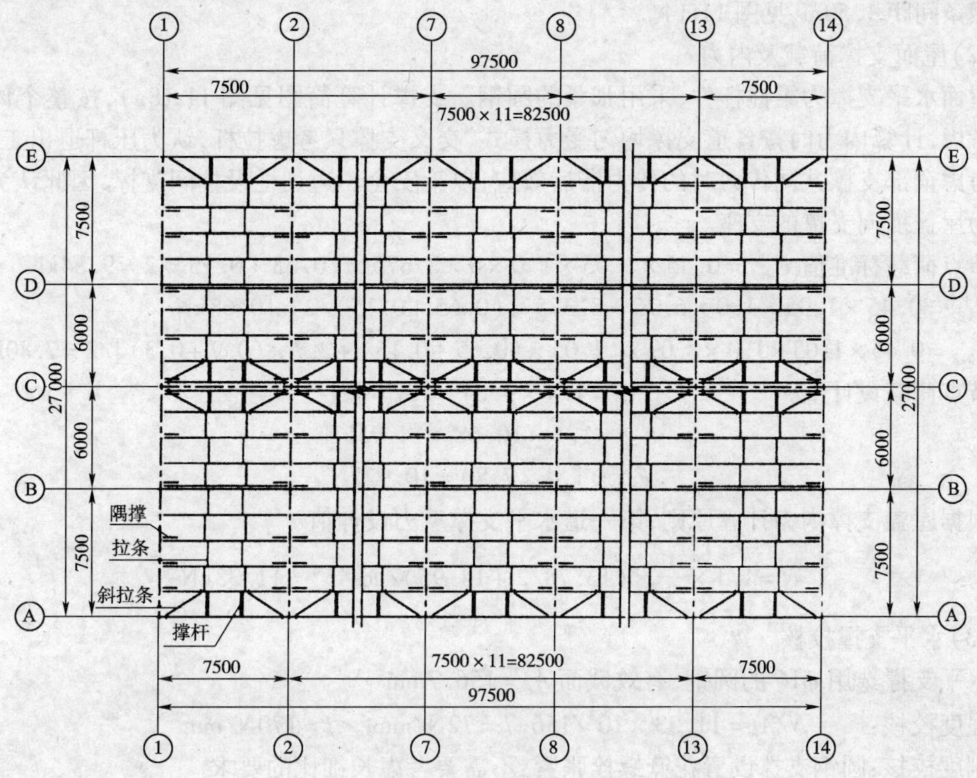

图 11-14　柱网及平面布置图

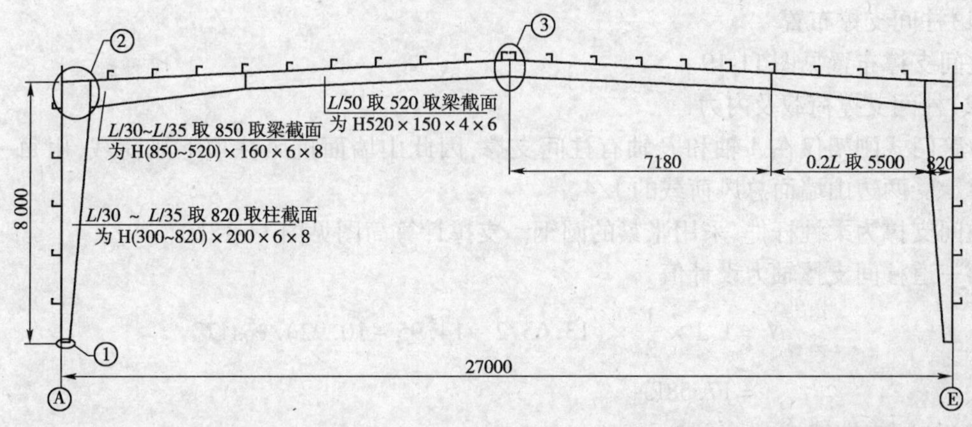

图 11-15　GJ1 形式及几何尺寸图

3. 屋面构件设计

(1) 压型钢板

压型钢板型号采用 HXY—470，基板厚度为 0.53mm，波高 51mm，波距 470mm。

(2) 檩条

檩条截面采用冷弯薄壁卷边 Z 型钢中间跨 Z150×70/64×20×1.6；边跨 Z150×70/64×20×2.0。跨中设拉条二道。檩条施工详图见图 11-16。檩托布置见图 11-17。

4. 屋面支撑系统设计

(1)屋面檩条布置

檩条间距 1.50m，见图 11-14。

(2)屋面支撑荷载及内力

屋面水平支撑为柔性杆件，采用张紧的圆钢。支撑计算简图见图 11-18a)，按整个体系受风载考虑，计算内力时按各道支撑均匀受力模式，交叉支撑只考虑拉杆，认为压杆退出工作，但适当考虑全部支撑共同传力时的传力滞后效应，以策安全。边列柱设柱间支撑，因此认为 A、E 轴处为屋盖横向支撑的支座。

节点荷载标准值 $F_{wk1} = 0.45 \times 1.05 \times 1.0 \times 6 \times 8.675 \times (0.65 + 0.15)/2 = 9.84\text{kN}$

$F_{wk2} = 0.45 \times 1.05 \times 1.0 \times 6.75 \times 8.375 \times (0.65 + 0.15)/2 = 10.68\text{kN}$

$F_{wk3} = 0.45 \times 1.05 \times 1.0 \times 8.09 \times [1.05 \times (0.65 + 0.15) + 2.7 \times (0.9 + 0.3)]/2 = 7.80\text{kN}$

节点荷载设计值 $F_{w1} = 1.4 \times 9.84 = 13.78\text{kN}$

$F_{w2} = 1.4 \times 10.68 = 14.95\text{kN}$

$F_{w3} = 1.4 \times 7.80 = 10.92\text{kN}$

根据屋盖支撑内力计算原则，第一道水平支撑反力设计值

$$N = 1.1 \times \frac{1}{3} \times (13.78/2 + 14.95)/\cos 45° = 11.33\text{kN}$$

(3)水平支撑校核

水平支撑选用 $\phi16$ 的圆钢，有效截面 $A_e = 156.7\text{mm}^2$

强度校核： $N/A_e = 11.33 \times 10^3/156.7 = 72\text{N/mm}^2 < f = 170\text{N/mm}^2$

刚度校核：圆钢支撑设置花篮螺栓张紧，不需要考虑长细比的要求。

5. 柱间支撑系统设计

(1)柱间支撑布置

柱间支撑布置见图 11-19。

(2)柱间支撑荷载及内力

单跨门式刚架仅在 A 轴和 E 轴有柱间支撑，因此山墙面抗风柱顶上风荷载，由每一侧柱间支撑承受两边山墙面总风荷载的 1/4。

柱间支撑为柔性杆件，采用张紧的圆钢。支撑计算简图见图 11-18b)。

第一道柱间支撑轴力设计值

$$N = 1.1 \times \frac{1}{3} \times (13.65/2 + 14.95 + 10.92)/\cos 47°$$
$$= 17.58\text{kN}$$

(3)柱间支撑校核

柱间支撑选用 $\phi16$ 的圆钢，有效截面 $A_e = 156.7\text{mm}^2$

强度校核： $N/A_e = 17.58 \times 10^3/156.7 = 112\text{N/mm}^2 < f = 170\text{N/mm}^2$

刚度校核：圆钢支撑设置花篮螺栓张紧，不需考虑长细比的要求。

6. 墙梁设计

墙梁可以选用 C200×70×20×1.6。

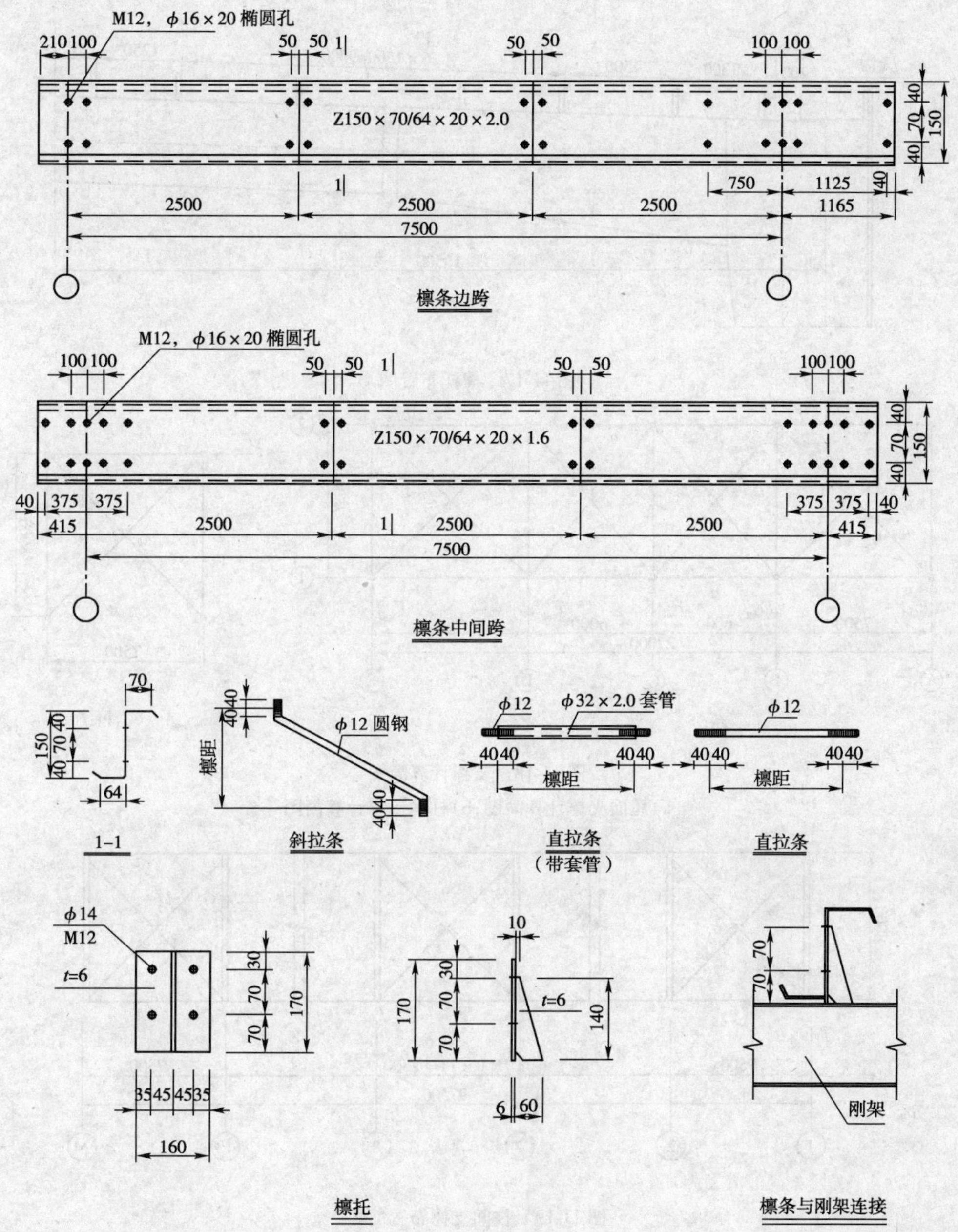

图11-16　檩条施工详图

在山墙上设置三根抗风柱，高度分别为8.3375m、8.675m。墙梁的连接节点见图11-20。

7. 刚架杆件内力

杆件内力设计值见图11-21。

8. 构件验算（图11-28为构件节点详图）

以下是对PKPM系列STS软件计算结果再按照“CECS 102:2002”进行手工验算（截面和连接）。

（1）构件截面几何参数

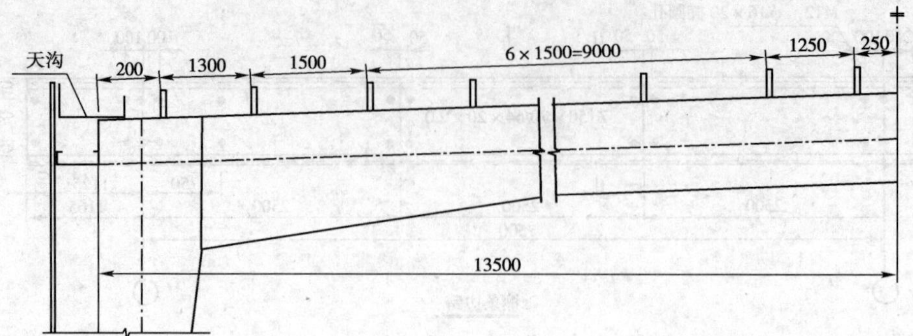

图 11-17　檩托布置图

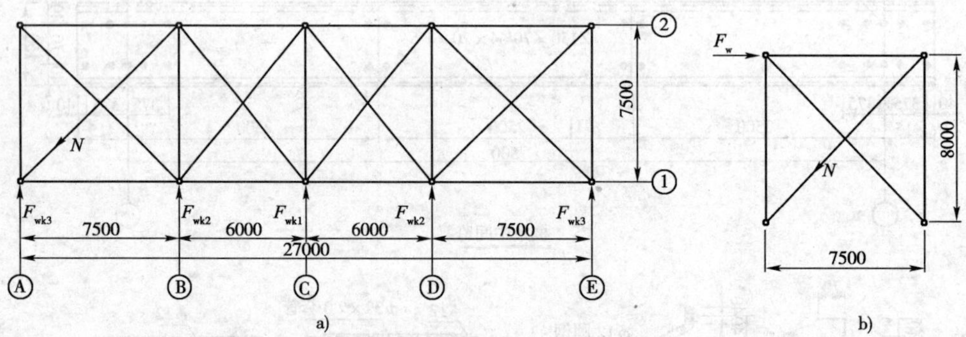

图 11-18　支撑计算简图

a)屋面支撑计算简图；b)柱间支撑计算简图

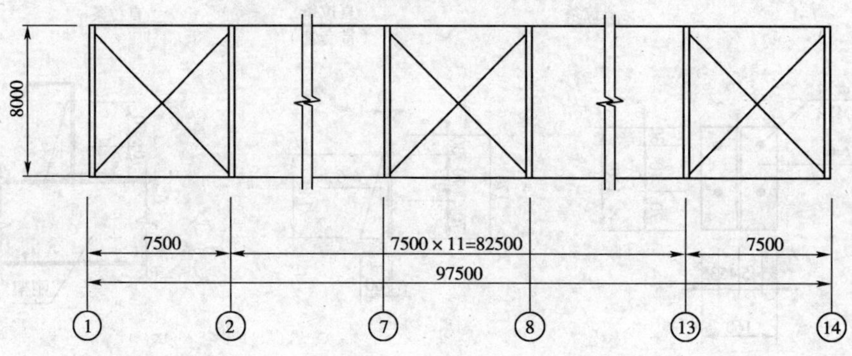

图 11-19　柱间支撑布置简图

斜梁 H(850 ~520) ×160 ×6 ×8：$\frac{850-520}{5.5}=60\text{mm/m}$

小头截面特性：$A=55.84\text{cm}^2$，$I_x=2.32\times10^4\text{cm}^4$，$I_y=547\text{cm}^4$，$W_x=892\text{cm}^3$，$W_y=68.38\text{cm}^3$，$i_x=20.38\text{cm}$，$i_y=3.13\text{cm}$。

大头截面特性：$A=75.64\text{cm}$，$I_x=7.44\times10^4\text{cm}^4$，$I_y=548\text{cm}^4$，$W_x=1750\text{cm}^3$，$W_y=68.45\text{cm}^3$，$i_x=31.36\text{cm}$，$i_y=2.69\text{cm}$。

等截面梁 H520 ×150 ×4 ×6

截面特性：$A=38.32\text{cm}^2$，$I_x=1.62\times10^4\text{cm}^4$，$I_y=338\text{cm}^4$，$W_x=625\text{cm}^3$，$W_y=45.04\text{cm}^3$，$i_x=20.59\text{cm}$，$i_y=2.97\text{cm}$。

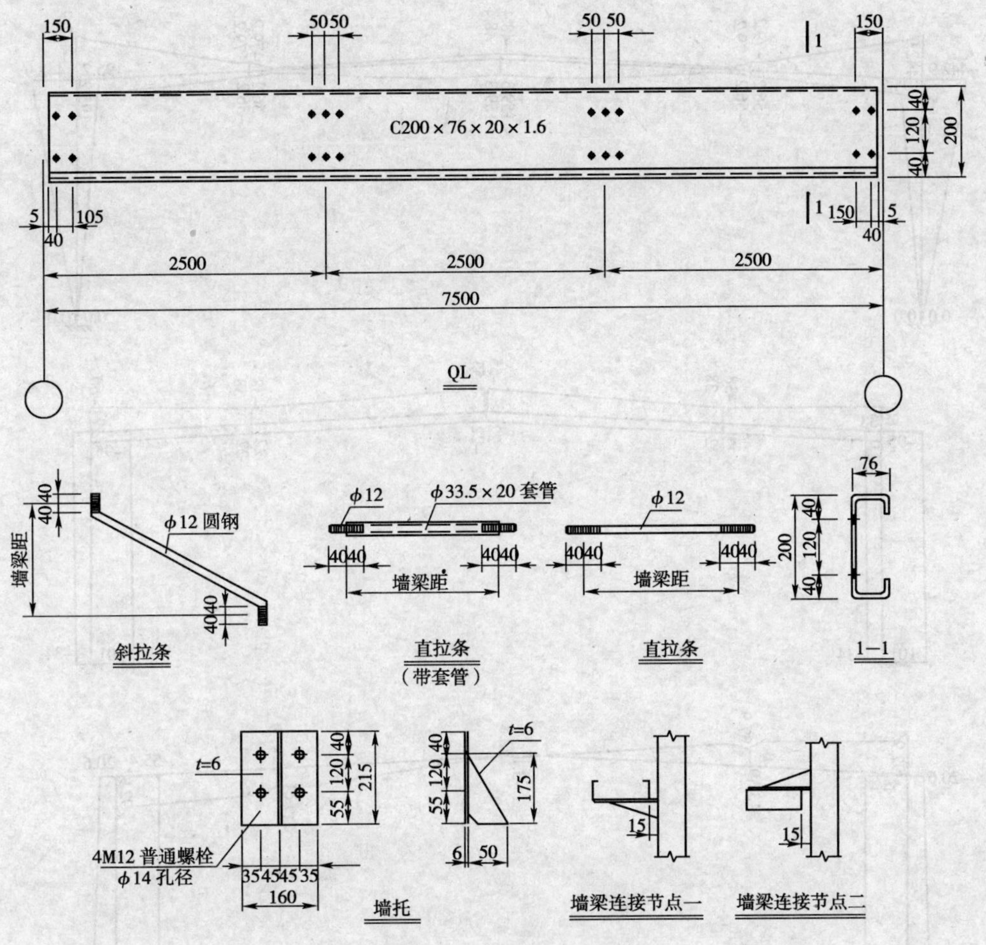

图 11-20　墙梁施工详图

柱 H(300～820)×200×6×8：$\frac{h_{c1}-h_{c0}}{h}=\frac{820-300}{8}=65\approx 60\text{mm/m}$

小头截面特性：$A=49.04\text{cm}^2$，$I_x=7.97\times10^3\text{cm}^4$，$I_y=1.07\times10^3\text{cm}^4$，$W_x=531\text{cm}^3$，$W_y=107\text{cm}^3$，$i_x=12.75\text{cm}$，$i_y=4.67\text{cm}$。

大头截面特性：$A=80.24\text{cm}^2$，$I_x=7.87\times10^4\text{cm}^4$，$I_y=1.07\times10^3\text{cm}^4$，$W_x=1920\text{cm}^3$，$W_y=107\text{cm}^3$，$i_x=31.33\text{cm}$，$i_y=3.65\text{cm}$。

(2)构件宽厚比的验算

梁

H(850～520)×160×6×8：

翼缘部分　　$b/t=77/8=9.625<15\sqrt{\frac{235}{f_y}}=12.375$

腹板部分：

大头部分　　$h_w/t_w=834/6=139<250\sqrt{\frac{235}{f_y}}=206.25$

小头部分　　$h_w/t_w=504/6=84<250\sqrt{\frac{235}{f_y}}=206.25$

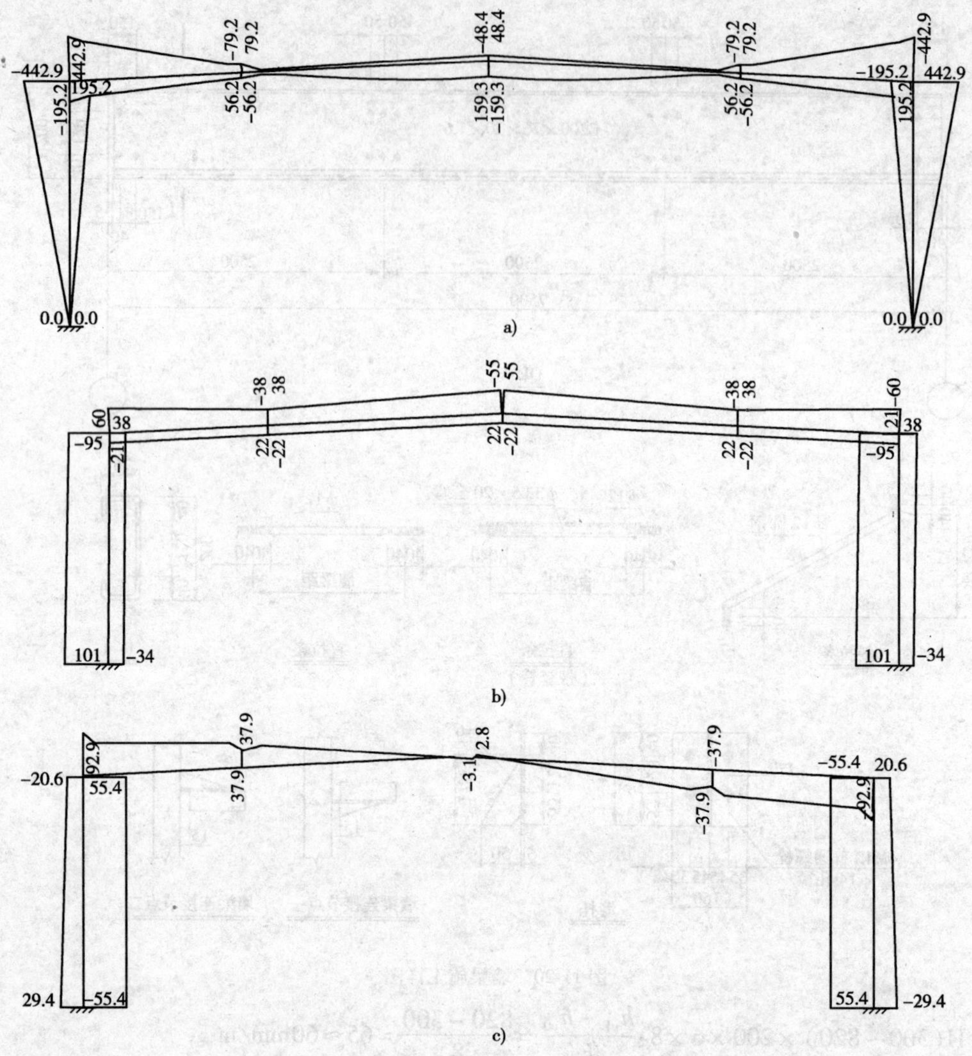

图 11-21 杆件组合内力图

a)组合弯矩图 M(kN·m);b)组合轴力图 N(kN);c)组合剪力图 V(kN)

H520×150×4×6:

翼缘部分 $b/t = 73/6 = 12.17 < 15\sqrt{\dfrac{235}{f_y}} = 12.375$

腹板部分 $h_w/t_w = 508/4 = 127 < 250\sqrt{\dfrac{235}{f_y}} = 206.25$

柱:

H(300~820)×200×6×8:

翼缘部分 $b/t = 97/8 = 12.125 < 15\sqrt{\dfrac{235}{f_y}} = 12.375$

腹板部分:

大头部分 $h_w/t_w = 804/6 = 134 < 250\sqrt{\dfrac{235}{f_y}} = 206.25$

小头部分 $h_w/t_w = 284/6 = 47.33 < 250\sqrt{\frac{235}{f_y}} = 206.25$

(3)刚架斜梁的验算

①抗剪验算

a)变截面梁段 H(850～520)×160×6×8

梁截面小头剪力为 $V_{max} = 37.9\text{kN}$

小头腹板平均剪应力 $\tau_0 = \frac{37.9\times10^3}{504\times6} = 12.5\text{N/mm}^2 = 0.036f_y$

$$\frac{h_w}{t_w} = 84$$

梁截面大头剪力为 $V_{max} = 92.9\text{kN}$

大头腹板平均剪应力 $\tau_1 = \frac{92.9\times10^3}{834\times6} = 18.6\text{N/mm}^2 = 0.054f_y$

$$\frac{h_w}{t_w} = \frac{834}{6} = 139$$

可不按拉力场设计,不设横向加劲肋,满足要求。

b)等截面梁段 H520×150×4×6

梁截面的最大剪力为 $V_{max} = 37.9\text{kN}$

腹板高厚比 $\frac{h_w}{t_w} = \frac{508}{4} = 127$

平均剪应力 $\tau = \frac{37.9\times10^3}{508\times4} = 18.7\text{N/mm}^2 = 0.054f_y$

无需设置横向加劲肋。

②弯剪压共同作用下的验算

取梁端截面进行验算

a)变截面梁段 H(850～520)×160×6×8

$$N = 60.08\text{kN}, V = 92.9\text{kN}, M = 442.90\text{kN}\cdot\text{m}$$

因为 $V < 0.5V_d$,故按公式 $M \leqslant M_e^N$ 计算

$M_e^N = M_e - NW_e/A_e$ 进行验算

$$\sigma = \frac{N}{A} \pm \frac{Mh_w}{W_x h} = \frac{60080}{7564} \pm \frac{442900\times834}{1750\times850} = \begin{matrix}256\text{N/mm}^2\\-240\text{N/mm}^2\end{matrix}$$

故 $\sigma_1 = 256\text{N/mm}^2, \sigma_2 = -240\text{N/mm}^2$

$$\beta = \frac{\sigma^2}{\sigma_1} = -0.9375$$

$$k_\sigma = \frac{16}{\sqrt{(1+\beta)^2 + 0.112(1-\beta)^2} + (1+\beta)} = 22.47$$

$$\lambda_p = \frac{h_w/t_w}{28.1\sqrt{k_\sigma}\sqrt{235/1.1\sigma_{max}}} = 1.14$$

因为 $0.8 < \lambda_p < 1.2$,所以 $\rho = 1 - 0.9(\lambda_p - 0.8) = 0.694$

$$h_e = \rho h_c = 0.694\times834\times\frac{256}{256+240} = 299\text{mm}$$

$$h_{e1}=0.4h_e=120\text{mm},h_{e2}=0.6h_e=179\text{mm}$$

由此得出 $A_e=67.78\text{cm}^2,I_e=6.54\times10^4\text{cm}^4,W_e=1493\text{cm}^3$

其中 $M_e=W_ef=1493000\times310\times10^{-6}=462.83\text{kN}\cdot\text{m}$

$$M_e^M=M_e-NW_e/A_e=462.83-60.08\times1493\times10^{-2}/67.78$$
$$=462.83-13.23=449.60\text{kN}\cdot\text{m}>M=442.9\text{kN}\cdot\text{m}$$

b)等截面梁段 H520×150×4×6

$$N=38.38\text{kN},V=37.98\text{kN},M=79.24\text{kN}\cdot\text{m}$$

腹板高厚比 $\dfrac{h_w}{t_w}=\dfrac{508}{4}=127$

平均剪应力 $\tau=\dfrac{37.98\times10^3}{508\times4}=18.7\text{N/mm}^2=0.0542f_y<0.209f_y$

无需设置横向加劲肋。

因为 $V<0.5V_d$，故按公式 $M\leqslant M_e^N=M_e-NW_e/A_e$ 进行验算：

$$\sigma=\frac{N}{A}\pm\frac{Mh_w}{W_xh}=\frac{38380}{3832}\pm\frac{79240\times508}{625\times520}=10\pm124=\begin{matrix}134\text{N/mm}^2\\-114\text{N/mm}^2\end{matrix}$$

$$\beta=\frac{\sigma_2}{\sigma_1}=-0.85$$

$$k_\sigma=\frac{16}{\sqrt{(1+\beta)^2+0.112(1-\beta)^2}+(1+\beta)}=20.33$$

$$\lambda_p=\frac{h_w/t_w}{28.1\sqrt{k_\sigma}\sqrt{235/1.1\sigma_{max}}}=0.79$$

$\lambda_p<0.8,\rho=1$，全截面有效。

其中 $M_e=W_ef=625000\times310\times10^{-6}=193.75\text{kN}\cdot\text{m}$

$$M_e^N=M_e-NW_e/A_e=193.75-38.38\times625\times10^{-2}/38.32$$
$$=187.5\text{kN}\cdot\text{m}>M=79.24\text{kN}\cdot\text{m}$$

③斜梁平面外的整体稳定性验算

变截面梁段 H(850~520)×160×6×8：

考虑屋面压型钢板与檩条紧密连接，有一定应力蒙皮作用，檩条可作为斜梁平面外的支撑点，斜梁下翼缘受压时，加隅撑作为梁平面外支撑点，梁平面外计算长度取 1500mm，即 $l_y=1500\text{mm}$ 根据"CECS 102:2002"，$160\times16\times\sqrt{\dfrac{235}{f_y}}=2113\text{mm}>1500\text{mm}$，故不需计算斜梁平面外整体稳定性。

(4)刚架柱的验算

①抗剪验算

H(300~820)×200×6×8

柱截面的最大剪力为 $V_{max}=55.4\text{kN}$

小头腹板平均剪应力 $\tau_0=\dfrac{55.4\times10^3}{284\times6}=32.5\text{N/mm}^2=0.094f_y$

$$\frac{h_w}{t_w}=47.3$$

大头腹板平均剪应力 $\tau_1 = \dfrac{55.4 \times 10^3}{804 \times 6} = 11.5\text{N/mm}^2 = 0.033 f_y$

$$\frac{h_w}{t_w} = 134$$

可不按拉力场设计，不设横向加劲肋，满足要求。

②弯剪压共同作用下的验算

取柱上端截面进行验算

H(300～820)×200×6×8

$$N = 95.76\text{kN}, V = 55.4\text{kN}, M = 442.90\text{kN}\cdot\text{m}$$

因为 $V < 0.5V_d$，故按公式 $M \leqslant M_e^N = M_e - NW_e/A_e$ 进行验算：

$$\sigma = \frac{N}{A} \pm \frac{Mh_w}{W_x h} = \frac{95760}{8024} \pm \frac{442900 \times 804}{1920 \times 820} = 12 \pm 226 = \begin{matrix} 238\text{N/mm}^2 \\ -214\text{N/mm}^2 \end{matrix}$$

$$\beta = \frac{\sigma_2}{\sigma_1} = -0.90$$

$$k_\sigma = \frac{16}{\sqrt{(1+\beta)^2 + 0.112(1-\beta)^2} + (1+\beta)} = 21.51$$

$$\lambda_p = \frac{h_w/t_w}{28.1\sqrt{k_\sigma}\sqrt{235/1.1\sigma_{max}}} = \frac{804/6}{28.1\sqrt{21.51}\cdot\sqrt{\dfrac{235}{1.1 \times 238}}} = 1.085$$

因为 $0.8 < \lambda_p < 1.2$，所以 $\rho = 1 - 0.9(\lambda_p - 0.8) = 0.744$

$$h_e = \rho h_c = 0.744 \times 804 \times \frac{238}{238 + 214} = 315\text{mm}$$

$$h_{e1} = 0.4h_e = 126, h_{e2} = 0.6h_e = 189$$

由此得出 $A_e = 73.76\text{cm}^2, I_e = 7.55 \times 10^4\text{cm}^4, W_e = 1752\text{cm}^3$

截面为双轴对称，其中

$$M_e = W_e f = 1752000 \times 310 \times 10^{-6} = 543.12\text{kN}\cdot\text{m}$$

$$\begin{aligned} M_e^N &= M_e - NW_e/A_e = 543.12 - 95.76 \times 1752 \times 10^{-2}/73.76 \\ &= 520\text{kN}\cdot\text{m} > M = 442.9\text{kN}\cdot\text{m} \end{aligned}$$

满足要求。

③整体稳定性验算

小头全截面有效，小头轴向力 $N_0 = 101\text{kN}$，大头弯矩 $M = 442.90\text{kN}\cdot\text{m}$

a)刚架柱平面内的整体稳定性验算

刚架柱高 $H = 8000\text{mm}$，梁长 $L = 13516\text{mm}$

根据公式，$K_1 = I_{c1}/h, K_2 = I_{b0}/(2\psi s)$ 计算。

求 ψ：

$$\gamma_1 = \frac{d_1}{d_0} - 1 = \frac{85}{52} - 1 = 0.6346$$

$$\gamma_2 = \frac{d_2}{d_0} - 1 = \frac{52}{52} - 1 = 0$$

$$\beta = \frac{8}{13.5} = 0.5926 \approx 0.6$$

查 CECS 102:2002 附录 D

$$\beta=0.5\text{ 时 },\psi=0.63$$

$$\beta=0.75\text{ 时 },\psi=0.78$$

线性内插值 $$\psi=0.63+\frac{(0.78-0.63)\times0.1}{0.25}=0.69$$

$$K_1=\frac{I_{c1}}{h}=\frac{7870}{800}=98.375$$

$$K_2=\frac{I_{b0}}{(2\psi s)}=\frac{23200}{2\times0.69\times1352}=12.43$$

$$\frac{K_2}{K_1}=\frac{12.43}{98.375}=0.126$$

$$\frac{I_{c0}}{I_{c1}}=\frac{7.97\times10^3}{7.87\times10^4}=0.101$$

查 CECS 102:2002 表 6.1.3,柱子计算长度系 $\mu_\gamma\doteq1.195$

刚架柱的计算长度为 8000×1.195=9560mm。

$\lambda_x=\frac{l_x}{i_x}=\frac{956}{12.75}=75$,按 b 类截面,查得:$\varphi_{x\gamma}=0.561$

$$N'_{Ex0}=\frac{\pi^2EA_{e0}}{1.1\lambda^2}=\frac{\pi^2\times2.06\times10^5\times4904}{1.1\times75^2}=1611\text{kN}$$

平面内稳定按公式 $$\frac{N_0}{\varphi_{x\gamma}A_{e0}}+\frac{\beta_{mx}M_1}{\left[1-\left(\frac{N_0}{N'_{Ex0}}\right)\varphi_{x\gamma}\right]W_{e1}}$$

$$=\frac{101000}{0.561\times4904}+\frac{442.9\times10^3}{\left(1-\frac{101}{1611}\times0.561\right)\times1752}$$

$$=299\text{N/mm}^2<f$$

满足要求。

b)刚架柱平面外的整体稳定性验算

刚架柱的平面外计算长度取为 3m。

该段小头截面高度 $$h_0=300\times\frac{5}{8}(800-300)=625\text{mm}$$

$$A_0=6854\text{mm}^2,W_{x0}=1338\text{cm}^3,$$

$$i_{y0}=\left[\frac{200^3\times8/12}{(200\times8+325\times6/3)}\right]^{\frac{1}{2}}=4.87$$

$$\gamma=(d_1/d_0)-1=\frac{820}{625}-1=0.312$$

$$\mu_s=1+0.023\gamma\sqrt{lh_0/A_f}=1+0.023\times0.312\sqrt{\frac{3000\times625}{200\times8}}=1.25$$

$$\mu_w=1+0.00385\gamma\sqrt{l/i_{y0}}=1+0.00385\times0.312\sqrt{\frac{300}{4.87}}=1.01$$

$$\lambda_{y0}=\frac{\mu_s l}{i_{y0}}=\frac{1.25\times300}{4.87}=77$$

b 类截面，查表得 $\varphi_y = 0.599$

按公式计算 $\varphi_{b\gamma} = \dfrac{4320}{\lambda_{y0}^2}\dfrac{A_0 h_0}{W_{x0}}\sqrt{\left(\dfrac{\mu_s}{\mu_w}\right)^4 + \left(\dfrac{\lambda_{y0} t_0}{4.4 h_0}\right)^2}\left(\dfrac{235}{f_y}\right)$

$$= \frac{4320 \times 68.54 \times 62.5}{77^2 \times 1338} \times \sqrt{\left(\frac{1.25}{1.01}\right)^4 + \left(\frac{77 \times 0.8}{4.4 \times 62.5}\right)^2} \times \frac{235}{345} = 2.46 > 0.6$$

$$\varphi'_b = 1.07 - \frac{0.282}{\varphi_b} = 1.07 - \frac{0.282}{2.46} = 0.955, \beta_t \approx 1.0$$

根据公式 $\dfrac{N_0}{\varphi_y A_{e0}} + \dfrac{\beta_t M_1}{\varphi_{b\gamma} W_{e1}} = \dfrac{98000}{0.599 \times 6854} + \dfrac{1 \times 442.9 \times 10^3}{0.955 \times 1752} = 288\text{N/mm}^2 < f = 310\text{N/mm}^2$

验算满足要求。

(5) 节点验算

①梁柱节点采用 10.9 级 M20 高强度螺栓摩擦型连接，构件接触面采用喷砂，摩擦面抗滑移系数 $\mu = 0.30$，每个高强度螺栓的预拉力为 155kN。连接处传递内力设计值 $N = 60.08$kN，$V = 92.9$kN，$M = 442.90$kN · m。螺栓布置见图 11-28。

每个螺栓的拉力

$$N_1 = \frac{M \cdot y_1}{\sum y_i^2} + \frac{N}{n} = \frac{442.9 \times 470 \times 10^3}{(270^2 + 370^2 + 470^2) \times 4} - \frac{60.08}{14}$$

$$= 116.5\text{kN} < 0.8 \times 155 = 124\text{kN}$$

$$N_2 = \frac{M \cdot y_2}{\sum y_i^2} + \frac{N}{n} = 90.8\text{kN}$$

螺栓群的抗剪力可按《钢结构高强度螺栓连接的设计、施工及验收规程》(JGJ 82—91)计算，现仅考虑受压区螺栓 $V_b = 0.9\mu \cdot \sum \cdot P = 0.9 \times 0.3 \times 6 \times 155 = 251$kN

端板厚度验算：

端板厚度取为 $t = 18$mm

按公式二边支承类端板计算：

$$t \geqslant \sqrt{\frac{6 e_f e_w N_t}{[e_w b + 2 e_f (e_w + e_f)] f}} = \sqrt{\frac{6 \times 50 \times 45 \times 124 \times 10^3}{[45 \times 160 + 2 \times 50 \times (50 + 45)] \times 295}} = 18.4\text{mm}$$

故此选用 20mm 厚的端板，可满足要求。

②梁柱节点域的剪应力验算：

$$\tau = \frac{M}{d_b d_c t_c} = \frac{442.9 \times 10^6}{834 \times 804 \times 6} = 110\text{N/mm}^2 < f_v = 180\text{N/mm}^2$$

满足要求。

③螺栓处腹板强度验算

根据公式 $N_2 > 0.4P$ 时，$\dfrac{N_2}{e_w t_w} = \dfrac{90800}{42 \times 6} = 360\text{N/mm}^2 > f = 315\text{N/mm}^2$

故应在两排螺栓间设置腹板加劲肋。

④横梁跨中节点螺栓、端板及柱底板验算略。在风吸力作用下，柱底有上拔力，无摩擦阻力抗剪，需设置剪力键。

9. 位移及用钢量

根据计算结果，风荷载作用下刚架最大相对位移为 1/282 < 1/60。刚架用钢量为 2197kg

(10.86kg/m²)。不含檩条、墙梁、支撑等用钢量。

例 11-5 单跨双坡门式刚架(GJ—2)

1. 设计资料

同实例 11-4,但有两台 10t 桥式吊车(图 11-22)。

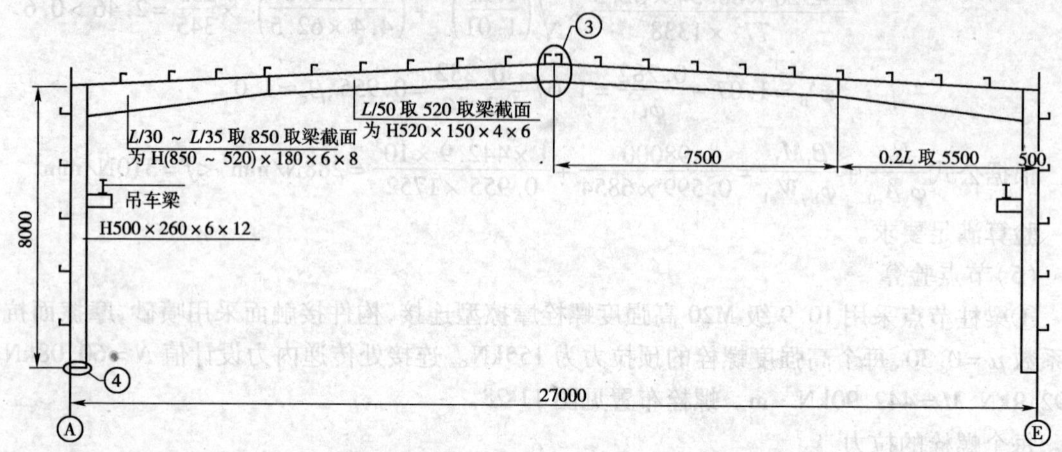

图 11-22 GJ2 形式及几何尺寸图

2. 荷载

(1)永久荷载标准值(按水平投影面)

屋面恒载:0.2kN/m²。

(2)可变荷载标准值

屋面活荷载与雪荷载中较大值 0.45kN/m²。

(3)风荷载标准值

基本风压值 0.45kN/m²;地面粗糙度系数按 B 类取值;风荷载高度变化系数按现行国家标准《建筑结构荷载规范》(GB 50009—2001)的规定,当高度小于 10m 时,按 10m 高度处的数值采用,$\mu_z = 1.0$;风荷载体形系数按《门式刚架轻型房屋钢结构技术规程》(CECS 102:2002)附录 A 表 A.0.2-1 取值。

(4)吊车荷载(两台 10t 桥式吊车,工作级别 A5)

最大轮压 $P_{max} = 11.3t$,最小轮压 $P_{min} = 5.35t$,

刚架构件设计内力值如图 11-23 所示。

3. 节点设计

节点详图见图 11-28。

4. 位移及用钢量

根据计算结果,风荷载作用下刚架最大相对位移为 1/1629 < 1/400。用钢量为 2620kg (12.93kg/m²),不含檩条、墙梁、支撑、吊车梁等用钢量。

例 11-6 双跨双坡门式刚架(GJ—3)

1. 设计资料

单层厂房采用双跨单脊双坡门式刚架,厂房横向跨度 2×24m,柱顶高度 9m,共有 14 榀刚架,柱距 7.5m,屋面坡度 1/20,刚架形式及几何尺寸见图 11-24。屋面为单层压型钢板+保温棉,墙面为双层压型钢板+保温棉;檩条为薄壁卷边 Z 型钢,墙梁为薄壁卷边 C 型钢,刚架采用 Q345 钢,焊条 E50 型。抗震设防烈度为 7 度。无吊挂荷载。

2. 荷载

(1)永久荷载标准值(对水平投影面)

屋面恒载:0.2kN/m²。

(2)可变荷载标准值

屋面活荷载与雪荷载中较大值0.45kN/m²。

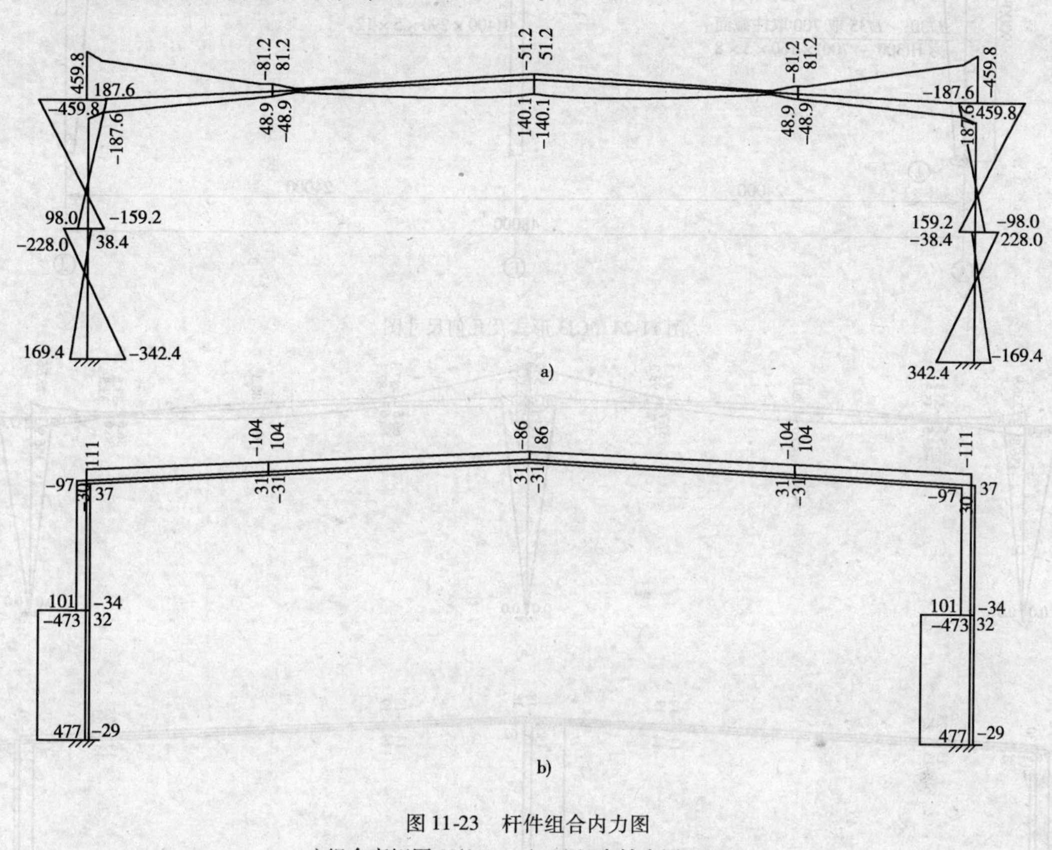

图 11-23 杆件组合内力图

a)组合弯矩图 M(kN·m);b)组合轴力图 N(kN)

(3)风荷载标准值

基本风压值0.45kN/m²;地面粗糙度系数按B类取值;风荷载高度变化系数按现行国家标准《建筑结构荷载规范》(GB 50009—2001)的规定,当高度小于10m时,按10m高度处的数值采用,$\mu_z = 1.0$;风荷载体形系数按《门式刚架轻型房屋钢结构技术规程》(CECS 102:2002)附录A表A.0.2-1取值。

刚架构件设计内力值如图11-25所示。

3. 节点设计

节点详图见图11-28。

4. 位移及用钢量

根据计算结果,风荷载作用下刚架最大相对位移为1/274 < 1/60。用钢量为3866kg (10.74kg/m²),不含檩条、墙梁、支撑等用钢量。

例 11-7 双跨双坡门式刚架(GJ—4)(图11-26)

1. 设计资料

同例11-5但含有两台10t桥式吊车。

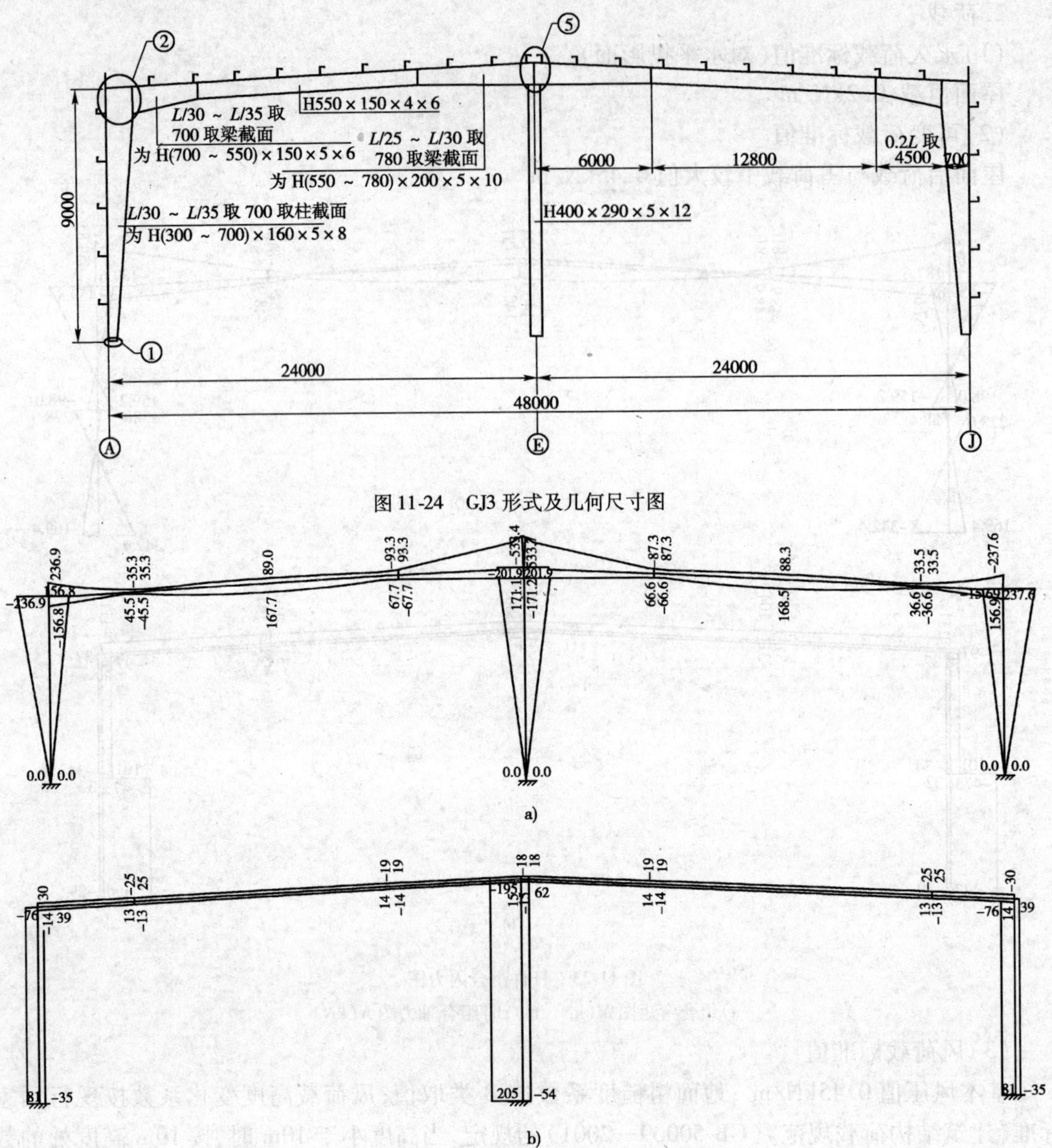

图 11-24　GJ3 形式及几何尺寸图

图 11-25　杆件组合内力图

a)组合弯矩图 M(kN·m);b)组合轴力图 N(kN)

2. 荷载

(1)永久荷载标准值(按水平投影面)

屋面恒载:0.2kN/m^2。

(2)可变荷载标准值

屋面活荷载与雪荷载中较大值 0.45kN/m^2。

(3)风荷载标准值

基本风压值 0.45kN/m^2;地面粗糙度系数按 B 类取值;风荷载高度变化系数按现行国家标准《建筑结构荷载规范》(GB 50009—2001)的规定采用,当高度小于 10m 时,按 10m 高度处的数值采用;$\mu_z = 1.0$;风荷载体形系数按《门式刚架轻型房屋钢结构技术规程》(CECS 102:

2002)附录A表A.0.2-1取值。

(4)吊车荷载(两台10t桥式吊车,工作级别A5)

最大轮压 $P_{max}=10.5t$,最小轮压 $P_{min}=4.5t$,

刚架构件设计内力值如图11-27所示。

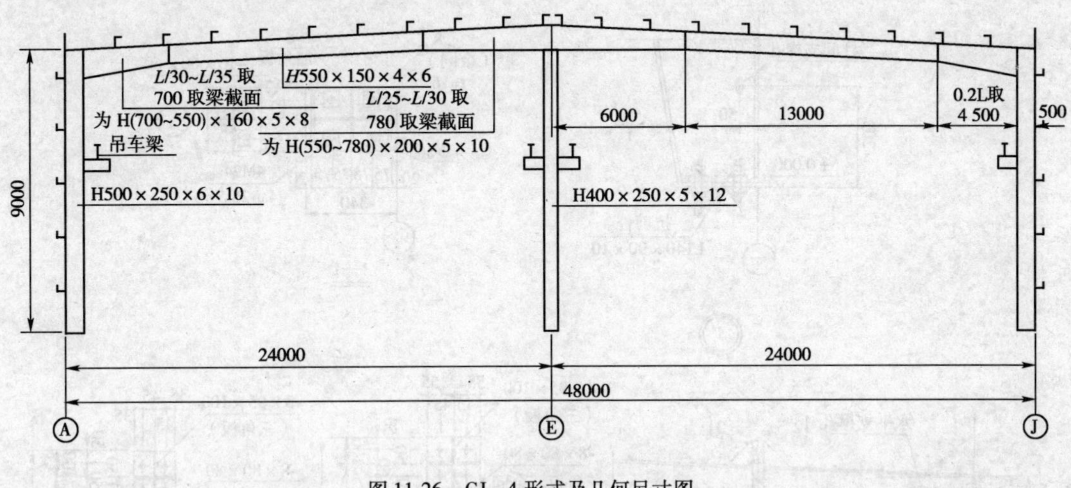

图11-26　GJ—4形式及几何尺寸图

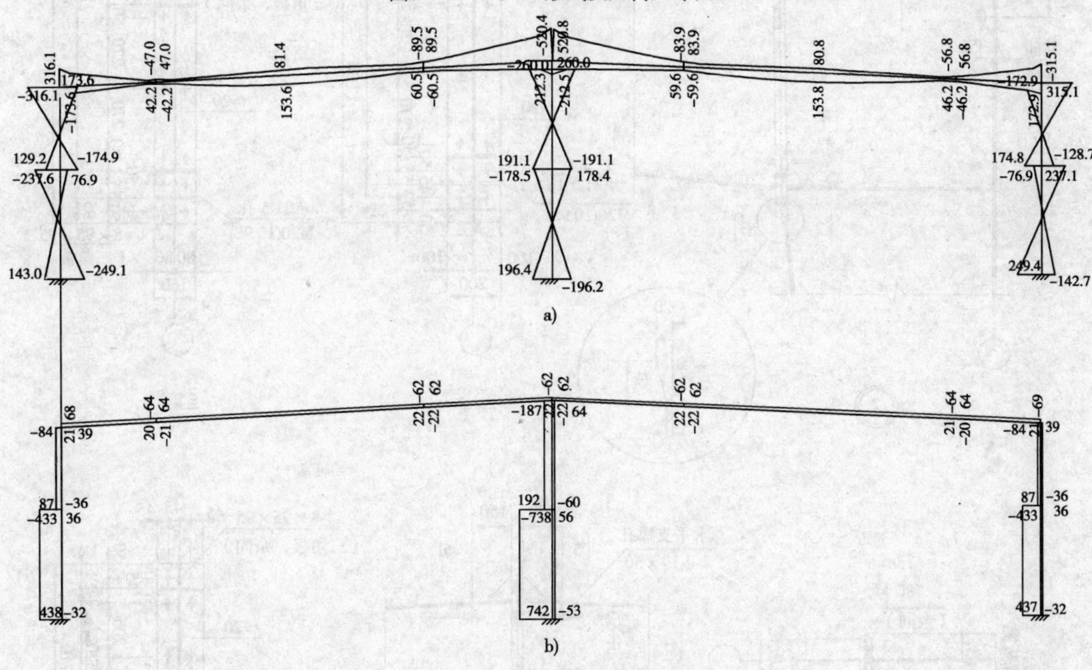

图11-27　杆件组合内力图

a)组合弯矩图 M(kN·m);b)组合轴力图 N(kN)

3.节点设计

节点详图见图11-28。

4.位移及用钢量

根据计算结果,风荷载作用下刚架最大相对位移为1/5342 < 1/400。用钢量为4318kg (11.99kg/m^2),不含檩条、墙梁、支撑、吊车梁等用钢量。

例 11-8　单跨建筑跨度 36m，长度 72m，檐高 8m，柱距 9m，屋盖坡度 1∶10，地面粗糙度为 B 类，山墙抗风柱柱距为 6m，无吊车，基本风压 0.55kN/m^2，屋盖支撑与柱间支撑布置在同一柱间，建筑平面图及屋盖支撑布置如图 11-29 所示。

取计算模式，按对称性取一半，如图 11-30 所示。

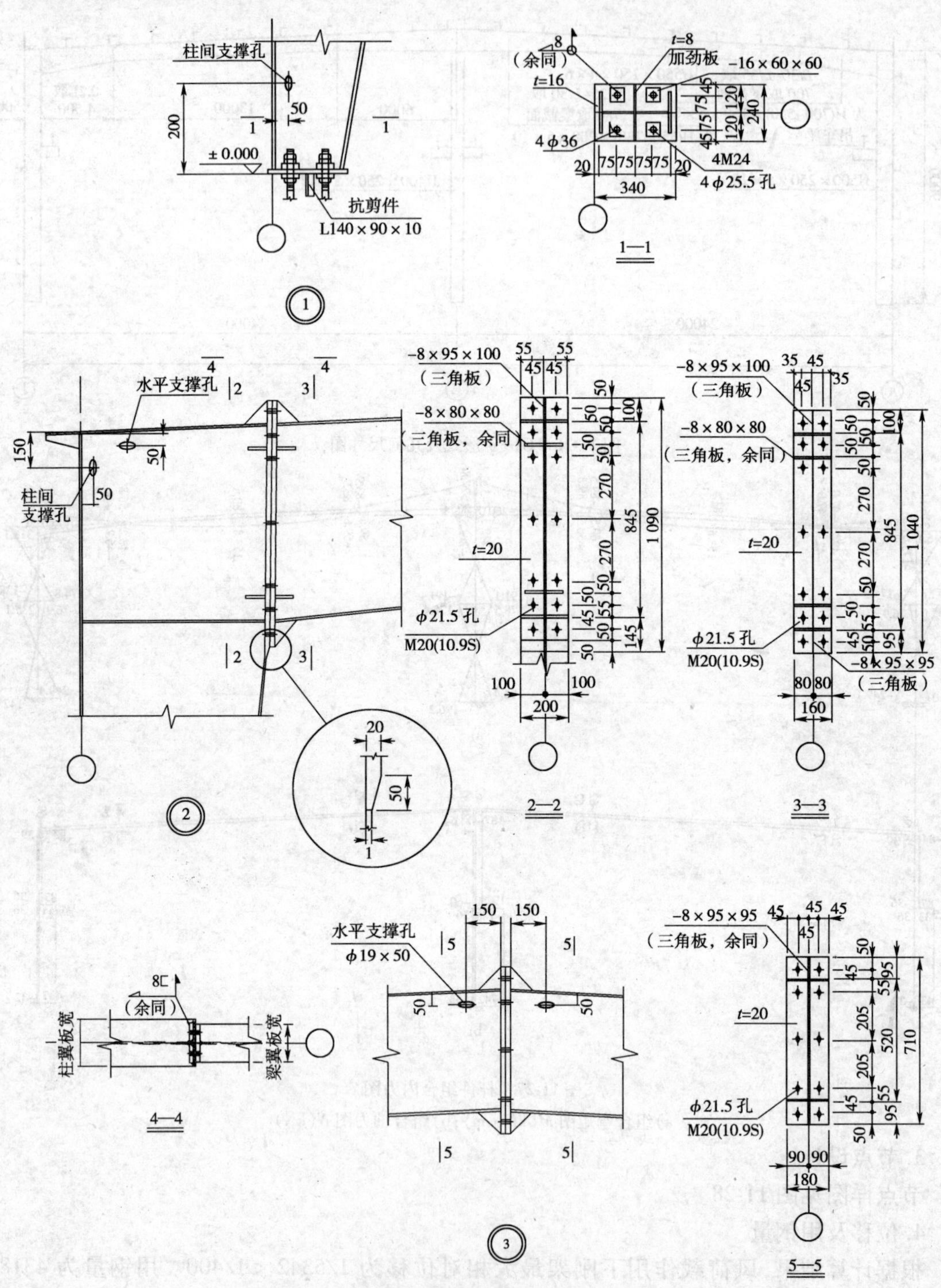

图 11-28　构件节点详图

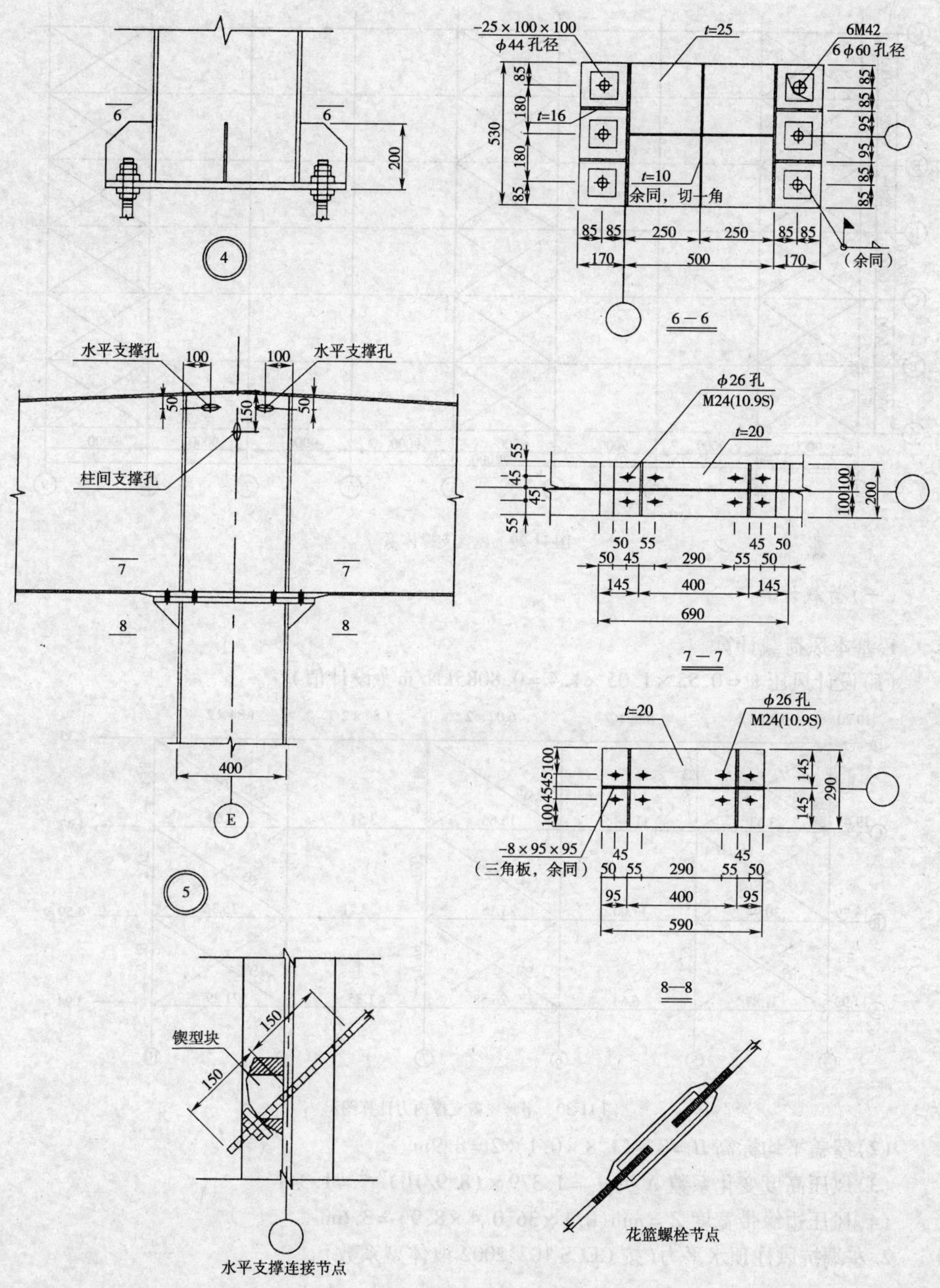

图 11-28　构件节点详图(续)

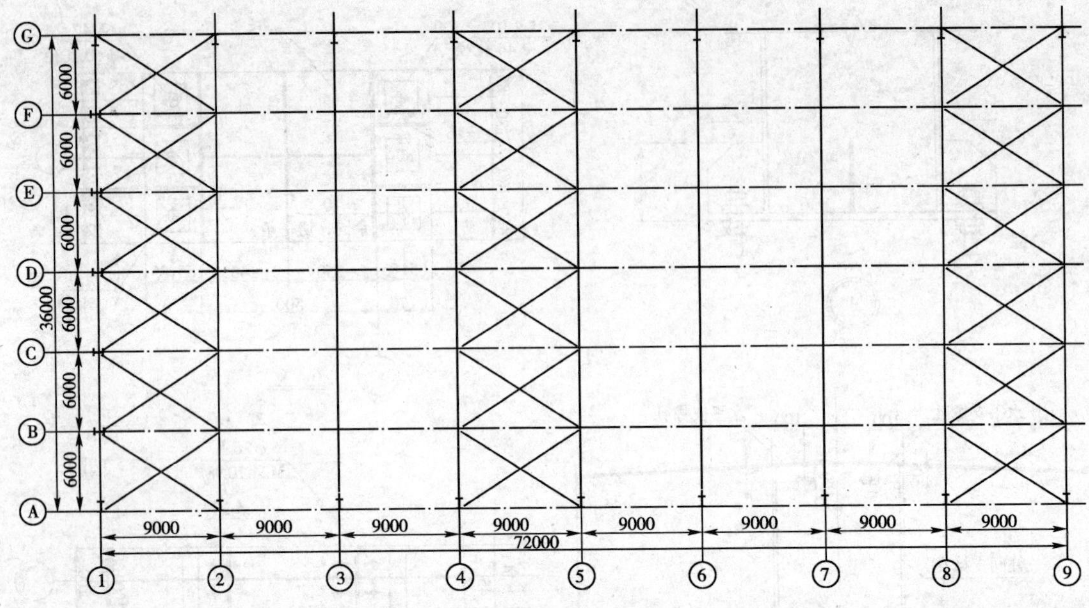

图 11-29　屋盖支撑体系

(一)荷载计算

1. 基本风荷载计算

(1)设计风压 $w=0.55\times1.05\times1.4=0.8085\text{kN/m}^2$(设计值)

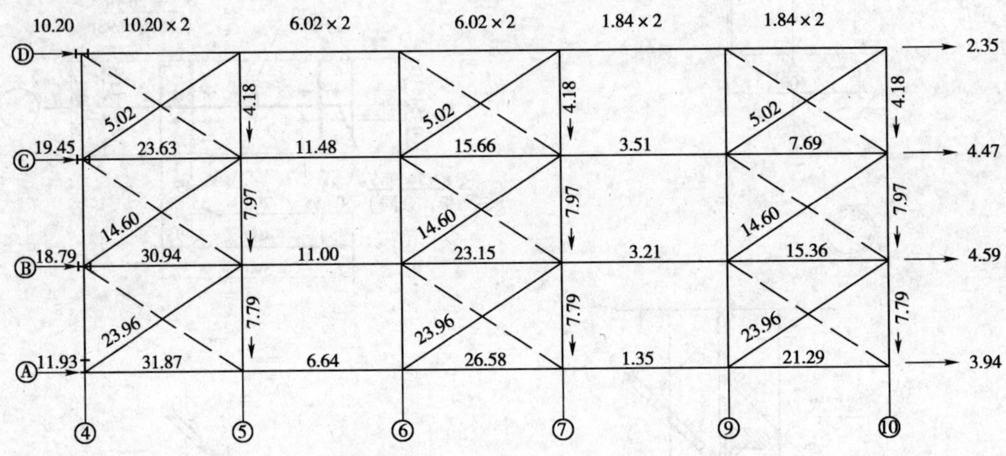

图 11-30　半跨屋盖支撑内力计算图示

(2)屋盖平均标高 $H=8+(1.8\times0.1)/2=8.9\text{m}$

(3)风压高度变化系数 A 类 $\mu_z=1.379\times(8.9/10)^{0.24}=1.341$

(4)风压边缘带宽度 $Z=\min(0.1\times36,0.4\times8.9)=3.6\text{m}$

2. 左端抗风柱顶水平力(按 CECS 102:2002 取体型系数)

$$P_{L1}=L_D=W\cdot\mu\cdot\overline{H}_D\cdot b_1\cdot\mu_z\cdot\frac{1}{2}\cdot\frac{1}{2}$$

$$=0.8085\times0.65\times(8+16.5\times0.1)\times6\times1.341\times\frac{1}{2}\times\frac{1}{2}=10.20\text{kN}$$

$$P_{L2}=L_C=0.8085\times0.65\times(8+12\times0.1)\times6\times1.341\times\frac{1}{2}=19.45\text{kN}$$

$$P_{L3}=L_B=0.8085\times0.65\times(8+6\times0.1)\times5.4\times1.341\times\frac{1}{2}+0.8085\times0.9\times(8+3\times0.1)$$
$$\times0.6\times1.341\times\frac{1}{2}=18.79\text{kN}$$

$$P_{L4}=L_A=0.8085\times0.9\times(8+1.5\times0.1)\times3\times1.341\times\frac{1}{2}=11.93\text{kN}$$

3. 右端抗风柱顶水平力(按 CECS 102:2002 取体型系数)

$$P_{R1}=R_D=0.23L_D=0.23\times10.2=2.35\text{kN}$$
$$P_{R2}=R_C=0.23L_C=0.23\times19.45=4.47\text{kN}$$

$$P_{R3}=R_B=0.8085\times0.15\times(8+6\times0.1)\times5.4\times1.341\times\frac{1}{2}+0.8085\times0.3\times(8+3\times0.1)$$
$$\times0.6\times1.341\times\frac{1}{2}=4.59\text{kN}$$

$$P_{R4}=P_A=0.33L_A=0.33\times11.93=3.94\text{kN}$$

(二)内力计算

1. 不考虑传力滞后效应的内力计算

(1)按 CECS 102:2002,纵向风荷载由各道支撑均匀分担,每道屋盖支撑传递纵向水平力之和的三分之一

$$S_1=\frac{1}{3}(L_D+R_D)=\frac{1}{3}\times(10.20+2.35)=4.18$$

$$S_2=\frac{1}{3}(L_C+R_C)=\frac{1}{3}\times(19.45+4.47)=7.97$$

$$S_3=\frac{1}{3}(L_B+R_B)=\frac{1}{3}\times(18.79+4.59)=7.79$$

$$S_4=\frac{1}{3}(L_A+R_A)=\frac{1}{3}\times(11.93+3.94)=5.29$$

(2)第一道支撑与第二道支撑之间的纵向系杆受力(因计算取对称,屋脊系杆 $X_{1,1}$ 的内力应乘以 2 倍)

$$X_{1,1}=2(L_D-S_1)=2\times(10.2-4.18)=12.04$$
$$X_{1,2}=L_C-S_2=19.45-7.97=11.48$$
$$X_{1,3}=L_B-S_3=18.79-7.79=11.00$$
$$X_{1,4}=L_A-S_4=11.93-5.29=6.64$$

(3)第一道支撑直腹杆受力(因计算取对称,屋脊处直腹杆 $P_{1,1}$ 内力应乘以 2 倍)

$$P_{1,1}=2L_D=2\times10.20=20.40$$
$$P_{1,2}=L_C+S_1=19.45+4.18=23.63$$
$$P_{1,3}=L_B+S_1+S_2=18.79+4.18+7.97=30.94$$
$$P_{1,4}=L_A+S_1+S_2+S_3=11.93+4.18+7.97+7.79=31.87$$

(4)每道斜拉杆受力

$$T_1=S_1/\cos\theta=4.18/\cos33.69°=5.02$$

$$T_2 = (S_1 + S_2)/\cos\theta = (4.18 + 7.97)/\cos 33.69° = 14.60$$

$$T_3 = (S_1 + S_2 + S_3)/\cos\theta = (4.18 + 7.97 + 7.79)/\cos 33.69° = 23.96$$

(5)第二道支撑直腹杆受力(因计算取对称,屋脊处直腹杆 $P_{2,1}$ 内力应乘以2倍)

$$P_{2,1} = 2X_{1,1} = 2 \times 6.02 = 12.04$$

$$P_{2,2} = X_{1,2} + S_1 = 11.48 + 4.18 = 15.66$$

$$P_{2,3} = X_{1,3} + S_1 + S_2 = 11.0 + 4.18 + 7.97 = 23.15$$

$$P_{2,4} = X_{1,4} + S_1 + S_2 + S_3 = 6.64 + 4.18 + 7.97 + 7.79 = 26.58$$

(6)第二道支撑与第三道支撑之间的纵向系杆受力(因计算取对称,屋脊处系杆 $X_{2,1}$ 内力应乘以2倍)

$$X_{2,1} = 2(X_{1,1} - S_1) = 2 \times (6.02 - 4.18) = 3.68$$

$$X_{2,2} = X_{1,2} - S_2 = 11.48 - 7.97 = 3.51$$

$$X_{2,3} = X_{1,3} - S_3 = 11.00 - 7.79 = 3.21$$

$$X_{2,4} = X_{1,4} - S_4 = 6.64 - 5.29 = 1.35$$

(7)三道支撑直腹杆受力(因计算取对称,屋脊处直腹杆 $P_{3,1}$ 内力应乘以2倍)

$$P_{3,1} = 2X_{2,1} = 2 \times 1.84 = 3.68$$

$$P_{3,2} = X_{2,2} + S_1 = 3.51 + 4.18 = 7.69$$

$$P_{3,3} = X_{2,3} + S_1 + S_2 = 3.21 + 4.18 + 7.97 = 15.36$$

$$P_{3,4} = X_{2,4} + S_1 + S_2 + S_3 = 1.35 + 4.18 + 7.97 + 7.79 = 21.29$$

(8)柱间支撑受力

$$F = S_1 + S_2 + S_3 + S_4 = 4.18 + 7.97 + 7.97 + 5.29 = 25.23$$

也可用下式计算:

$$F = P_{1,4} - X_{1,4} = 31.87 - 6.64 = 25.23$$

或:

$$F = P_{3,4} + R_A = 21.29 + 3.94 = 25.23$$

三种计算方法得同一结果,说明计算内力是平衡的。

(9)柱间支撑斜拉杆受力

$$N_1 = F/\cos\varphi = 25.23/\cos 41.633° = 33.76$$

(10)基础反力

$$H_1 = F = 25.23$$

$$V_1 = F \cdot H/d_1 = 25.23 \times 8/9 = 22.43$$

2.考虑传力滞后效应的内力计算

近风面首道支撑应乘上1.1内力调整系数:

(1)斜拉杆受力

$$T_1 = 5.02 \times 1.1 = 5.52\text{kN}$$

$$T_2 = 14.60 \times 1.1 = 16.06\text{kN}$$

$$T_3 = 23.96 \times 1.1 = 26.36\text{kN}$$

(2)直腹杆

$$P_{1,1} = 20.40$$

$$P_{1,2} = 19.45 + 4.18 \times 1.1 = 24.0\text{kN}$$

$$P_{1,3} = 18.79 + (4.18 + 7.97) \times 1.1 = 32.2\text{kN}$$

$$P_{1,4} = 11.93 + (4.18 + 7.97 + 7.79) \times 1.1 = 33.9\text{kN}$$

(3)纵向系杆内力不变

(4)柱间支撑受力

$$F = 25.23 \times 1.1 = 27.75\text{kN}$$

$$N_1 = 33.76 \times 1.1 = 37.14\text{kN}$$

(5)基础反力

$$H_1 = 25.23 \times 1.1 = 27.75\text{kN}$$

$$V_1 = 22.43 \times 1.1 = 24.67\text{kN}$$

(6)对于中间一道支撑内力不变

(三)截面设计

1. 屋盖支撑斜拉杆设计

取 T_3 控制设计,钢材选用 Q235,$f = 170\text{N/mm}^2$,

$T_3 = 26.36\text{kN}$,选用 $\phi16$,$A_e = 156.7\text{mm}^2$

$$\sigma = \frac{T_3}{A_e} = \frac{26.36 \times 10^3}{156.7} = 168\text{N/mm}^2 < f = 170\text{N/mm}^2\text{,满足要求。}$$

2. 直腹杆和纵向系杆

由檩条兼做,结合檩条的受力一起计算,此处计算从略。

3. 柱间支撑设计

已知 $N_1 = 37.14\text{kN}$,钢材同前,选用 $\phi20$,$A_e = 244.8\text{mm}^2$

$$\sigma = \frac{N_1}{A_e} = \frac{37.14 \times 10^3}{244.8} = 152\text{N/mm}^2 < f = 170\text{N/mm}^2\text{,满足要求。}$$

例 11-9 某厂房柱距 8m,按 5 跨连续梁计算模式设计檩条,设计参数如下:

屋盖标高 $H = 10\text{m}$

屋盖坡度 5%

檩距 $d = 1.5\text{m}$

活载 $q_1 = 0.5\text{kN/m}^2$

基本雪载 $S_0 = 0.25\text{kN/m}^2$

基本风压 $w_0 = 0.55\text{kN/m}^2$

体型系数按边缘取 1.4

地面粗糙度 B

拉条道数 $n_1 = 2$

屋盖板层数 $n_2 = 1$

屋面板加保温棉自重 $= 8.5\text{kg/m}^2$

材质:Q345

(一)端跨檩条设计

选用规格 Z200 × 70 × 20 × 2.2,卷边角度取 60°(图 11-31)。

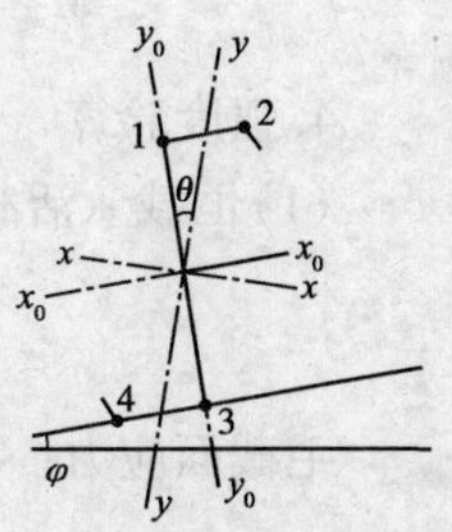

图 11-31 Z 型截面图

1. 荷载计算(标准值)

(1)恒载:

屋盖板加保温棉自重：$g_1=0.085\times1.5=0.1275\text{kN/m}$

檩条自重：$g_2=0.0636\text{kN/m}$

共计 $g=g_1+g_2=0.1275+0.0636=0.19\text{kN/m}$

(2)活载(雪载不控制)$q=0.5\times1.5=0.75\text{kN/m}$

(3)风荷载 $w=-0.55\times1.05\times1.5\times1.4=-1.213\text{kN/m}$

2. 几何特性

$$I_{x0}=491.3\times10^4\text{mm}^4$$
$$I_x=544.8\times10^4\text{mm}^4$$
$$I_y=37.5\times10^4\text{mm}^4$$
$$W_{x1}=W_{x3}=57.81\times10^3\text{mm}^3$$
$$W_{x2}=W_{x4}=46.58\times10^3\text{mm}^3$$
$$W_{y1}=W_{y3}=11.18\times10^3\text{mm}^3$$
$$W_{y2}=W_{y4}=11.45\times10^3\text{mm}^3$$

主惯性轴与构件腹板夹角 18.9°

3. 内力计算

恒载 $g_y=0.191\times\cos(2.86°-18.9°)=0.183\text{kN/m}$

活载 $q_y=0.75\times\cos(2.86°-18.9°)=0.721\text{kN/m}$

风荷载 $w_y=-1.213\times\cos(0-18.9°)=-1.147\text{kN/m}$

恒载 $g_x=0.191\times\sin(2.86°-18.9°)=-0.053\text{kN/m}$

活载 $q_x=0.75\times\sin(2.86°-18.9°)=-0.207\text{kN/m}$

风荷载 $w_x=-1.213\times\sin(0-18.9°)=0.393\text{kN/m}$

跨中弯矩系数查《建筑结构静力计算手册》,考虑支座弯矩释放10%,可得到:

对于恒载和风荷载用均布荷载内力系数:$0.078+(0.5\times0.105\times0.1)=0.08325$

对于活载考虑其一半按最不利分布,内力系数为:

$$0.5\times(0.1+0.5\times0.053\times0.1)+0.5(0.078+0.5\times0.105\times0.1)=0.09295$$

(1)1.2 恒载 +1.4 活载

$$M_{qx}=0.08325\times1.2\times0.183\times8^2+0.09295\times1.4\times0.721\times8^2=7.175\text{kN}\cdot\text{m}$$
$$M_{qy}=\frac{1}{360}(-0.053\times8^2\times1.2-0.207\times8^2\times1.4)=-0.063\text{kN}\cdot\text{m}$$

(2)恒载 +1.4 风荷载

$$M_{wx}=0.08325\times(0.183\times8^2-1.147\times8^2\times1.4)=-7.58\text{kN}\cdot\text{m}$$
$$M_{wy}=\frac{1}{360}(-0.053\times8^2+0.393\times8^2\times1.4)=0.088\text{kN}\cdot\text{m}$$

4. 强度验算

(1)恒载 + 活载作用

$$M_{qx}=7.175\text{kN}\cdot\text{m}$$
$$M_{qy}=-0.063\text{kN}\cdot\text{m}$$

毛截面应力:

$$\sigma_3=-\sigma_1=\frac{M_{qx}}{W_{x3}}-\frac{M_{qy}}{W_{y3}}=\frac{7175}{57.81}-\frac{-63}{11.18}=129.7\text{N/mm}^2$$

$$\sigma_4 = -\sigma_2 = \frac{M_{qx}}{W_{x4}} + \frac{M_{qy}}{W_{y4}} = \frac{7175}{46.58} + \frac{-63}{11.45} = 148.5\text{N/mm}^2$$

由以上应力,计算有效截面,得到:

$$W_{ex1} = 53.07 \times 10^3\text{mm}^3 \quad W_{ex2} = 43.06 \times 10^3\text{mm}^3 \quad W_{ex3} = 57.02 \times 10^3\text{mm}^3$$

$$W_{ex4} = 45.63 \times 10^3\text{mm}^3 \quad W_{ey1} = 11.07 \times 10^3\text{mm}^3 \quad W_{ey2} = 11.32 \times 10^3\text{mm}^3$$

$$W_{ey3} = 11.11 \times 10^3\text{mm}^3 \quad W_{ey4} = 11.29 \times 10^3\text{mm}^3$$

由点 2 控制应力,为:

$$\sigma_2 = \frac{7175}{43.06} - \frac{63}{11.32} = 161\text{N/mm}^2 < f = 300\text{N/mm}^2\text{,强度满足。}$$

(2)恒载 + 风荷载作用

$$M_{wx} = -7.58\text{kN} \cdot \text{m}$$

$$M_{wy} = 0.088\text{kN} \cdot \text{m}$$

毛截面应力为:

$$\sigma_1 = -\sigma_3 = \frac{M_{wx}}{W_{x1}} - \frac{M_{wy}}{W_{y1}} = \frac{7580}{57.81} - \frac{-88}{11.18} = 139\text{N/mm}^2$$

$$\sigma_2 = -\sigma_4 = \frac{M_{wx}}{W_{x2}} + \frac{M_{wy}}{W_{y2}} = \frac{7580}{46.58} + \frac{-88}{11.45} = 155\text{N/mm}^2$$

由以上应力,计算有效截面,得到:

$$W_{ex1} = 57.19 \times 10^3\text{mm}^3 \quad W_{ex2} = 45.56 \times 10^3\text{mm}^3 \quad W_{ex3} = 52.66 \times 10^3\text{mm}^3$$

$$W_{ex4} = 42.64 \times 10^3\text{mm}^3 \quad W_{ey1} = 11.03 \times 10^3\text{mm}^3 \quad W_{ey2} = 11.33 \times 10^3\text{mm}^3$$

$$W_{ey3} = 10.77 \times 10^3\text{mm}^3 \quad W_{ey4} = 11.62 \times 10^3\text{mm}^3$$

由点 4 控制应力,为:

$$\sigma_4 = \frac{7580}{42.64} + \frac{-88}{11.62} = 170\text{N/mm}^2 < f = 300\text{N/mm}^2 \quad \text{(强度满足要求)}$$

5. 稳定验算

跨中段上翼缘受压,有面板约束,稳定性不计算。仅计算风吸力作用跨中段下翼缘稳定性:

$$\frac{1}{\chi}\frac{M_x}{W_{ex}} + \frac{M'_y}{W_{fly}} \leqslant f$$

(1)求檩条下翼缘受压区长度 l_0(图 11-32)

支座处弯矩 $= 0.105 \times 0.9gl^2 = 0.0945gl^2$

由平衡关系得到:

$$Rl - \frac{gl^2}{2} = -0.0945gl^2$$

$$R = 0.405gl$$

令 $l_0 = x$,得到:$Rx - \frac{gx^2}{2} = 0$

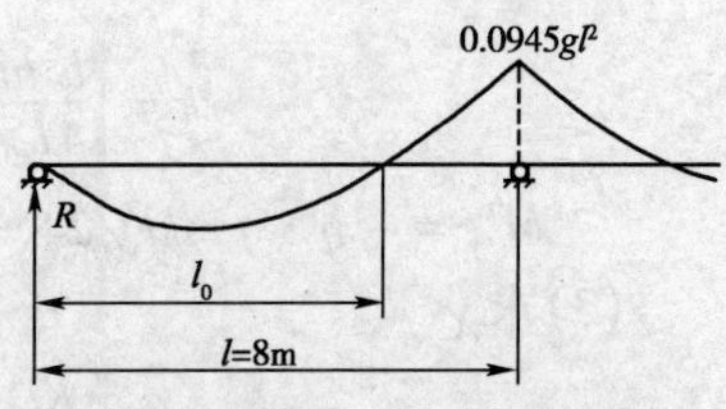

图 11-32 计算边跨受压区长度

将 R 代入,得

$$0.405glx - \frac{gx^2}{2} = 0$$

$$x = 0.81l$$

$$l_0 = 0.81 \times 8 = 6.48\text{m}$$

(2)求 M'_y

$$q_1 = 1.213 \times 1.4 - 0.191\cos 2.86° = 1.507\text{kN/m}$$

求抗扭弹簧刚度 C_t：

每米宽面板的有效截面惯性矩 $I_1 = 2.84 \times 10^5 \text{mm}^4$

$$C_{t1} = \max[C_{100}(b/100)^2, 130n] = \max\left[2600 \times \left(\frac{70}{100}\right)^2, 130 \times 3\right]$$

$$= \max(1274, 390)$$

$$C_{t2} = \frac{KEI_1}{S} = \frac{4 \times 2.06 \times 10^5 \times 2.84 \times 10^5}{1500} = 1.56 \times 10^8 \text{N} \cdot \text{mm/m/rad}$$

$$= 1.56 \times 10^5 \text{N} \cdot \text{m/m/rad}$$

$$C_t = \frac{1}{\dfrac{1}{C_{t1}} + \dfrac{1}{C_{t2}}} = \frac{1}{\dfrac{1}{1274} + \dfrac{1}{156000}} = 1264\text{N} \cdot \text{m/m/rad}$$

$$\frac{1}{K} = \frac{4(1-v^2)h^2(h_d + e)}{Et^3} + \frac{h^2}{C_t} = \frac{4 \times (1-0.3^2) \times 200^2 \times (200+35)}{2.06 \times 10^5 \times 2.2^3} + \frac{200^2}{1264} = 47.05$$

$K = 0.021$

自由翼缘加1/6腹板高度绕 y-y 轴的惯性矩 I_{fly}，可近似取Z形截面绕 y-y 轴的惯性矩 I_y，减去2/3截面高度的腹板绕轴 y-y 的惯性矩 I_a 之差的一半：

$$I_a = \frac{t}{12}\left(\frac{2h}{3}\right) \times \left[\left(\frac{2h}{3}\right)^2 \cos^2(90° - \theta) + t^2\sin^2(90° - \theta)\right]$$

$$= \frac{2.2}{12}\left(\frac{2 \times 200}{3}\right) \times \left[\left(\frac{2 \times 200}{3}\right)^2 \cos^2(90° - 18.9°) + 2.2^2\sin^2(90° - 18.9°)\right]$$

$$= 4.5692 \times 10^4 \text{mm}^4$$

$$I_y = 37.5 \times 10^4 \text{mm}^4$$

$$I_{fly} = \frac{I_y - I_a}{2} = \frac{37.50 - 4.5692}{2} \times 10^4 = 16.46 \times 10^4 \text{mm}^4$$

$$R = \frac{Kl_y^4}{\pi^4 EI_{fly}} = \frac{0.021 \times 2667^4}{\pi^4 \times 2.06 \times 10^5 \times 16.46 \times 10^4} = 0.322$$

$$\eta = \frac{1 - 0.0125R}{1 + 0.198R} = \frac{1 - 0.0125 \times 0.322}{1 + 0.198 \times 0.322} = 0.936$$

$$k = \left|\frac{b^2ht}{4I_{x0}} - \frac{e}{h}\right| = \left|\frac{70^2 \times 200 \times 2.2}{4 \times 491.3 \times 10^4} - \frac{35}{200}\right| = 0.065$$

$$M'_y = -\eta \cdot q \cdot kl_y^2/24 = -0.936 \times 1.507 \times 0.065 \times 2667^2/24 = -27170\text{N} \cdot \text{mm}$$

(3)求 χ

$$R_0 = \frac{Kl_0^4}{\pi^4 EI_{fly}} = \frac{0.021 \times 6480^4}{\pi^4 \times 2.06 \times 10^5 \times 16.46 \times 10^4} = 11.21$$

$$l_{fly} = 0.7l_0(1 + 13.1R_0^{1.6})^{-0.125} = 0.7 \times 6480 \times (1 + 13.1 \times 11.21^{1.6})^{-0.125} = 2028\text{mm}$$

$$\lambda_1 = \pi\sqrt{E/f_y} = \pi\sqrt{\frac{2.06 \times 10^5}{345}} = 76.77$$

$$\lambda_{fly} = l_{fly}/i_{fly}$$

$$i_{fly}=\sqrt{\frac{I_{fly}}{t\left(\frac{h}{6}+a+b\right)}}=\sqrt{\frac{16.46\times10^4}{2.2\times\left(\frac{200}{6}+20+70\right)}}=24.63\text{mm}$$

$$\lambda_{fly}=l_{fly}/i_{fly}=\frac{2028}{24.63}=82.34$$

$$\lambda_n=\lambda_{fly}/\lambda_1=\frac{82.34}{76.77}=1.07$$

$$\phi=0.5\times[1+\alpha(\lambda_n-0.2)+\lambda_n^2]=0.5\times[1+0.21\times(1.07-0.2)+1.07^2]=1.164$$

$$\chi=\frac{1}{\phi+\sqrt{\phi^2-\lambda_n^2}}=\frac{1}{1.164+\sqrt{1.164^2-1.07^2}}=0.616$$

(4)求稳定应力,点 4 控制应力:

$$W_{fly}=\frac{I_{fly}}{y^4}=\frac{16.46}{31.8}\times10^4=5.176\times10^3\text{mm}^3$$

$$\sigma=\frac{1}{\chi}\cdot\frac{M_{wx}}{W_{ex4}}+\frac{My'}{W_{fly}}=\frac{1\times7580}{0.616\times42.64}-\frac{27170}{5176}$$

$$=283\text{N/mm}^2<f=300\text{N/mm}^2\text{(稳定计算满足要求)}$$

在上述手工计算中如采用精确计算 i_{fly},则:

$$i_{fly}=25.31\text{mm}$$

$$\lambda_{fly}=l_{fly}/i_{fly}=2028/25.31=80.13$$

$$\chi=0.635$$

$$\sigma=\frac{1\times7580}{0.635\times42.64}-\frac{27170}{5176}=275\text{N/mm}^2<f=300\text{N/mm}^2$$

注:设 2 道拉条时,M'_y 引起的应力在点 4 为拉应力,故第二项相减,如设 1 道拉条时 M'_y 引起的应力在点 4 为压应力,第二项相加,稳定应力值会有一些增加。

6. 挠度验算

恒载 + 活载标准值:

$$q_{y0}=(0.191+0.75)\times\cos2.86°=0.94\text{kN/m}$$

查《建筑结构静力计算手册》:

$$\delta=\frac{0.644q_{y0}l^4}{100EI_{x0}}=\frac{0.64\times94\times8^4}{100\times2.06\times491.3}=2.4\text{cm}=24\text{mm}$$

乘以嵌套松动的扩大系数 1.3(根据杭萧钢构股份有限公司委托浙江大学所做的试验情况)

$$\delta'=24\times1.3=31\text{mm}$$

允许挠度$[\delta]=\frac{L}{150}=\frac{8000}{150}=53\text{mm}$

$\delta'<[\delta]$,满足条件。

(二)中跨檩条设计

仍选用 Z200 × 70 × 20 × 2.2

1. 内力计算

跨中弯矩系数查《建筑结构静力计算手册》,考虑支座弯矩释放 10%。可得到:

对于恒载和风荷载用均布荷载内力系数:0.046 +(0.079 ×0.1) =0.0539

对于活载考虑其一半按最不利分布,内力系数为:

$$0.5\times0.0539+0.5\times(0.085+0.04\times0.1)=0.07145$$

(1)1.2 恒载 +1.4 活载

$$M_{qx}=0.0539\times1.2\times0.183\times8^2+0.07145\times1.4\times0.721\times8^2=5.37\text{kN}\cdot\text{m}$$

$$M_{qy}=\frac{1}{360}(-0.053\times8^2\times1.2-0.207\times8^2\times1.4)=-0.0611\text{kN}\cdot\text{m}$$

(2)恒载 +1.4 风荷载

风荷载: $W_x=-0.55\times1.05\times1.5\times1.4\cos(0-18.9°)=-1.147\text{kN}\cdot\text{m}$

$$W_y=-0.55\times1.05\times1.5\times1.4\sin(0-18.9°)=-0.393\text{kN}\cdot\text{m}$$

$$W_{wx}=0.0539\times(0.183\times8^2-1.147\times8^2\times1.4)=-4.908\text{kN}\cdot\text{m}$$

$$W_{wy}=\frac{1}{360}(-0.053\times8^2+0.393\times8^2\times1.4)=0.088\text{kN}\cdot\text{m}$$

2.强度验算

(1)恒载 + 活载作用

毛截面应力

$$\sigma_3=-\sigma_1=\frac{M_{qx}}{W_{x3}}-\frac{M_{qy}}{W_{y3}}=\frac{5370}{57.81}-\frac{-61}{11.18}=98.3\text{N/mm}^2$$

$$\sigma_4=-\sigma_2=\frac{M_{qx}}{W_{x4}}+\frac{M_{qy}}{W_{y4}}=\frac{5370}{46.58}+\frac{-64}{11.45}=109.7\text{N/mm}^2$$

由以上应力,计算有效截面,得到:

$W_{ex1}=55.95\times10^3\text{mm}^3$ $W_{ex2}=45.20\times10^3\text{mm}^3$ $W_{ex3}=57.41\times10^3\text{mm}^3$

$W_{ex4}=46.17\times10^3\text{mm}^3$ $W_{ey1}=11.23\times10^3\text{mm}^3$ $W_{ey2}=11.36\times10^3\text{mm}^3$

$W_{ey3}=11.18\times10^3\text{mm}^3$ $W_{ey4}=11.41\times10^3\text{mm}^3$

由点 2 控制应力,为:

$$\sigma_2=\frac{5370}{45.2}+\frac{-61}{11.36}=113\text{N/mm}^2<f=300\text{N/mm}^2\text{(强度满足要求)}$$

(2)恒载 + 风荷载作用

$$M_{wx}=-4.908\text{kN}\cdot\text{m}$$

$$M_{wy}=0.088\text{kN}\cdot\text{m}$$

毛截面应力为: $\sigma_1=-\sigma_3=\frac{M_{wx}}{W_{x1}}-\frac{M_{wy}}{W_{y1}}=\frac{4908}{57.81}-\frac{-88}{11.18}=92.81\text{N/mm}^2$

$$\sigma_2=-\sigma_4=\frac{M_{wx}}{W_{x4}}+\frac{M_{wy}}{W_{y4}}=\frac{4908}{46.58}+\frac{-88}{11.45}=97.7\text{N/mm}^2$$

由以上应力,计算有效截面,得到:

$W_{ex1}=57.64\times10^3\text{mm}^3$ $W_{ex2}=46.36\times10^3\text{mm}^3$ $W_{ex3}=56.81\times10^3\text{mm}^3$

$W_{ex4}=45.83\times10^3\text{mm}^3$ $W_{ey1}=11.18\times10^3\text{mm}^3$ $W_{ey2}=11.46\times10^3\text{mm}^3$

$W_{ey3}=11.16\times10^3\text{mm}^3$ $W_{ey4}=11.47\times10^3\text{mm}^3$

点 4 控制应力:

$$\sigma_4=\frac{4908}{45.83}-\frac{88}{11.47}=99\text{N/mm}^2<f=300\text{N/mm}^2\text{(强度满足要求)}$$

3. 稳定验算

跨中段上翼缘受压，有面板约束，稳定性不计算。仅计算跨中段下翼缘稳定性：

$$\frac{1}{\chi}\cdot\frac{M_x}{W_{ex}}+\frac{M'_y}{W_{fly}}\leqslant f$$

(1)求檩条下翼缘受压区长度(图 11-33)。

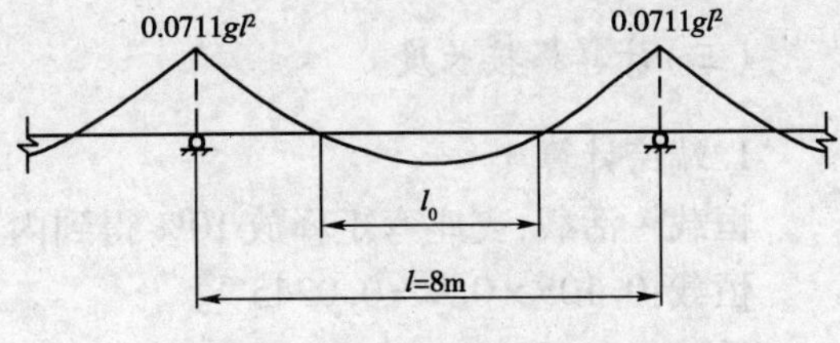

图 11-33 计算中跨受压区长度

支座处弯矩 $=0.079\times0.9=0.0711$

令支座至反弯点处距离为 x，有：

$$0.0711gl^2-0.5glx+\frac{gx^2}{2}=0$$

简化为：$0.5x^2-0.5lx+0.0711l^2=0$

$$x=0.1717l$$

受压长度：

$$l_0=l-2x=0.6566l=0.6566\times8000=5253\text{m}$$

(2)求 M'_y

$$q=0.55\times1.05\times1.5\times1.4\times1.4-0.191\cos2.86°=1.507\text{kN/m}$$

$$M'_y=\eta\cdot q\cdot kl_y^2/24=0.936\times1.507\times0.065\times2667^2/24=27170\text{N}\cdot\text{mm}$$

(3)求 χ

$$R_0=\frac{Kl_0^4}{\pi^4EI_{fly}}=\frac{0.021\times5253^4}{\pi^4\times2.06\times10^5\times16.46\times10^4}=4.84$$

$$l_{fly}=0.7\times5253\times(1+13.1\times4.84^{1.6})^{-0.125}=1943\text{mm}$$

采用精确计算值 $i_{fly}=25.31$

$$\lambda_{fly}=l_{fly}/i_{fly}=1943/25.31=76.77$$

$$\lambda_n=\lambda_{fly}/\lambda_1=76.77/76.77=1.0$$

$$\phi=0.5\times[1+0.21\times(1.0-0.2)+1^2]=1.084$$

$$\chi=\frac{1}{\phi+\sqrt{\phi^2-\lambda_n^2}}=\frac{1}{1.084+\sqrt{1.084^2-1.0^2}}=0.6656$$

(4)求稳定应力，点 4 控制

$$W_{fly}=\frac{I_{fly}}{y_4}=\frac{16.46}{3.264}=5.04\text{cm}^3$$

$$\sigma=\frac{1}{\chi}\cdot\frac{M_{wx}}{W_{ex4}}+\frac{My'}{W_{fly}}=\frac{1\times4908}{0.6656\times45.83}-\frac{27170}{5040}=156\text{N/mm}^2<f=300\text{N/mm}^2$$

最后验算控制应力为：$\sigma=156\text{N/mm}^2<f=300\text{N/mm}^2$

改用 Z200×70×20×1.6 规格计算，可得到最后验算控制应力为：

$$\sigma=261\text{N/mm}^2<f=300\text{N/mm}^2$$

4. 挠度验算

恒载＋活载标准值，$q_{y0}=(0.191+0.75)\cos86°=0.94\text{kN/m}$

查《建筑结构静力计算手册》

$$\delta=\frac{0.315\delta_{y0}l^4}{100EI_{x0}}=\frac{0.315\times94\times8^4}{100\times2.06\times343.7}=1.7\text{cm}$$

乘以嵌套松动扩大系数 1.3(根据杭萧钢构股份有限公司委托浙江大学所做的试验情况)

$$\delta' = 1.7 \times 1.3 = 2.2\text{cm} = 22\text{mm}$$

$$\delta' < [\delta] = 53\text{mm} \quad 满足条件$$

设计所用截面：

边端跨采用 Z200×70×20×2.2

中间 3 跨采用 Z200×70×20×1.6

（三）计算搭接长度

1. 端跨计算

恒载+活载，支座弯矩释放 10% 得到内力计算系数（参考《建筑结构静力计算手册》）

恒载：$0.105 \times 0.9 = 0.0945$

活载：$(0.105 \times 0.5 + 0.119 \times 0.5) \times 0.9 = 0.1008$

$$M = 1.2 \times 0.0945 \times 0.183 \times 8^2 + 1.4 \times 0.1008 \times 0.721 \times 8^2 = 7.84\text{kN} \cdot \text{m}$$

端跨跨中弯矩接近于支座弯矩（图 11-34），因此，单边按 5% 搭接端，其弯矩小于跨中弯矩，计算从略。

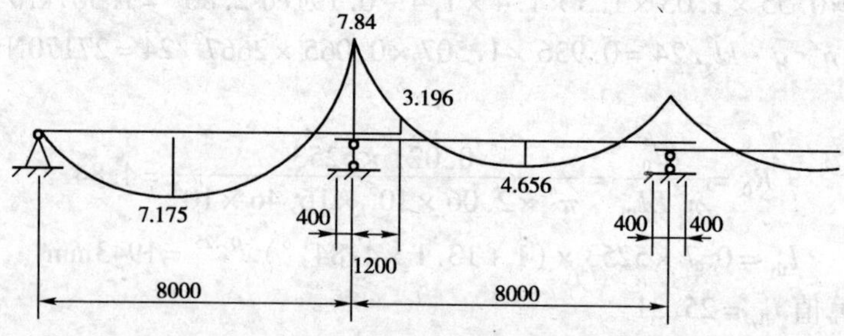

图 11-34　五跨搭接连续梁弯矩图

2. 第二跨计算

跨中弯矩（图 11-35）

恒载系数：$0.033 + \dfrac{(0.105 + 0.079)}{2} \times 0.1 = 0.0422$

活载系数：$0.5 \times 0.0422 + 0.5 \times \left[0.079 + \dfrac{(0.053 + 0.04)}{2} \times 0.1\right] = 0.0629$

$$M_0 = 1.2 \times 0.0422 \times 0.183 \times 8^2 + 1.4 \times 0.0629 \times 0.721 \times 8^2 = 4.656\text{kN} \cdot \text{m}$$

注：第二跨的跨中弯矩比其他任何跨的跨中弯矩都低。

搭接端取 15% 跨长为 1.2m，求此处的弯矩 M'：

支座剪力 V

$$V = 0.526 \times 0.9 \times 0.183 \times 8 \times 1.2 + \frac{(0.513 + 0.526)}{2} \times 0.9 \times 0.721 \times 8 \times 1.4 = 4.607\text{kN}$$

搭接端弯矩 M_1

$$M' = 7.84 - 4.607 \times 1.2 + \left(0.183 \times 1.2 \times \frac{1.2^2}{2} + 0.721 \times 1.4 \times \frac{1.2^2}{2}\right) = 3.196\text{kN} \cdot \text{m}$$

M' 小于跨中弯矩，强度条件满足

若取搭接端为 10% 跨长，即 0.8m 处，此外弯矩为 $M' = 4.548\text{kN} \cdot \text{m}$ 仍小于跨中弯矩。

按无限跨一般原则计算，搭接 10% 跨长计算，支座弯矩释放 10%。

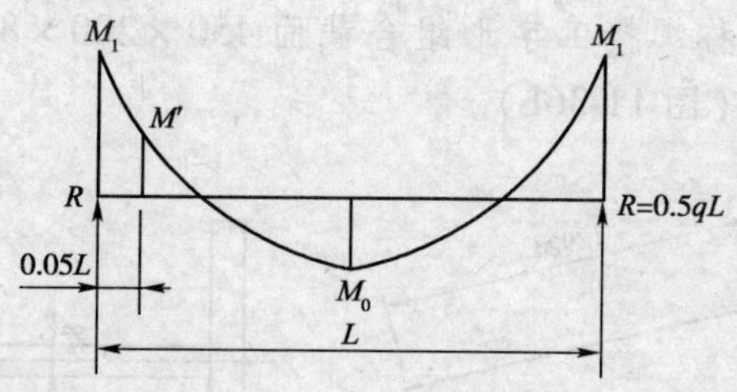

图 11-35　连续檩条内力图

则有支座弯矩为 $M_1=\dfrac{ql^2}{12}\times0.9=0.075ql^2$

跨中弯矩为：$M_0=\dfrac{ql^2}{24}+\dfrac{ql^2}{12}\times0.1=0.05ql^2$

搭接端弯矩

$$M'=M_1-R0.05l+\frac{q(0.05l)^2}{2}=0.075ql^2-0.5ql\times0.05l+\frac{0.05^2}{2}ql^2=0.05ql^2$$

$M'\approx M_0$，所以搭接长度不宜小于 $2\times0.05l=0.1l$

从本例计算可以知道端跨的檩条受力大于其他跨，因此端跨檩条厚度更大，且向第二跨延伸宜不小于 $0.1l$，该支座搭接长度不宜小于 $0.15l$，其余中跨搭接长度不宜小于 $0.1l$。

复习思考题

11-1 试说明排架和刚架有何不同。

11-2 说明门式刚架近年来广泛应用的原因。

11-3 说明采用弹性设计和塑性设计的内力分析有何异同。

11-4 试说明门式刚架有哪些主要形式。

11-5 门式刚架有哪几种布置方案？支撑布置的方式有哪些？

11-6 作用在刚架上的荷载有哪些？荷载组合的方式及其选用的情况是什么？

11-7 试说明刚架内力组合的方式及控制截面。

11-8 试说明刚架位移计算的弹性方法近似估算公式应用条件。

11-9 简述刚架梁柱截面验算的方式。

11-10 简述梁柱加腋节点的构造形式，并作一比较分析。

11-11 柱脚节点有哪几种构造，主要计算内容是什么？

11-12 试验算图 11-8 所示门式刚架在风荷载作用下的柱顶水平位移（用近似估算法）。其中 $w_{1k}=2.0\text{kN/m}$，$w_4=-1.4\text{kN/m}$，其他条件不变。

11-13 单层厂房刚架例 11-2 中仅表 11-3，活载一项下 N、M 变为 $N=60.0\text{kN}$，$M=80\text{kN}\cdot\text{m}$，其余不变。试进行该单层刚架的柱截面强度和整体稳定性。

11-14 某山形门式刚架，间距 6m，尺寸如图 11-36a）所示。B，C，D 点为刚接，A、E 点为铰接。在平面外，AB 柱在 A，B 点和 1/2 柱高处有侧向支承。框架材料为 Q235-B · F 钢。此刚架屋面材料及自重（包括屋面板材、檩条、刚架斜梁和支撑）标准值为 0.45kN/m^2（按斜面面积计算）。屋面均布活荷载标准值为 0.4kN/m^2（按水平投影面积计算）。基本风压 0.4kN/m^2。墙及柱自重（包括墙面、墙梁、刚架柱及支撑）标准值为 0.45kN/m^2。

柱和斜梁均选用双轴对称焊接工字形组合截面 450×200×8×12(总高×总宽×腹板厚×翼缘板厚),翼缘为剪切边(图 11-36b)。

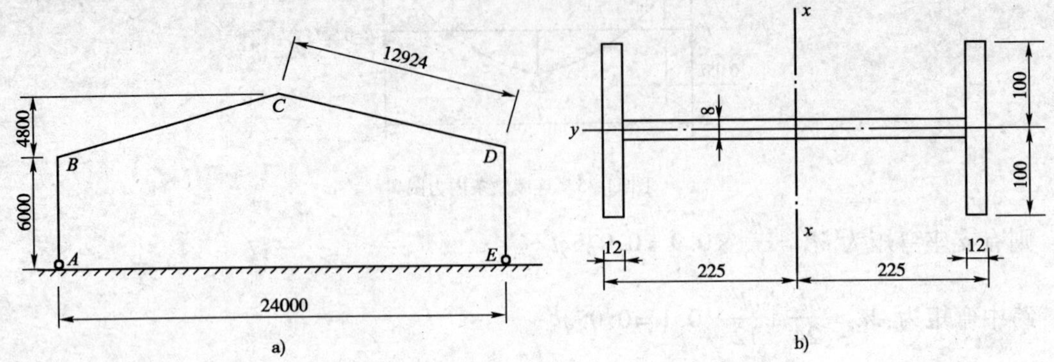

图 11-36 题 11-14 图

(1)绘出刚架外荷载图形;

(2)求柱 *AB* 在受弯平面内的计算长度;

(3)求柱 *AB* 的荷载设计值;

(4)验算柱 *AB* 的强度;

(5)验算柱 *AB* 在受弯平面内的稳定性;

(6)验算柱 *AB* 在受弯平面外的稳定性。

提示:计算斜梁线刚度时,可近似取 *BC* 加 *CD* 长度之和为横梁计算长度。

第 12 章　钢与混凝土组合结构

组合结构是由几种不同的结构形式组成的构件或结构,共同受力,共同工作,协调变形,发挥各自长处,一般具有强度高、延性好、施工方便、抗震性能好等优点,发展快,应用广泛,是建筑结构的发展方向。

钢与混凝土组合结构是指常用的轧制型钢或板材与混凝土材料组合形成的一种新型结构。目前,常用的形式主要有组合板、组合梁、钢管混凝土柱、型钢混凝土构件,又称钢骨混凝土或劲性混凝土结构。

12.1　概　述

12.1.1　钢与混凝土组合构件的类型

钢与混凝土组合构件常用的主要形式有如下几种。

1. 钢骨混凝土结构

钢骨混凝土结构有实腹式和空腹式钢骨两种形式。实腹式是指采用由钢板焊接拼成,或用 I 形、II 形、十字形型钢截面,外包钢筋混凝土制成;空腹式是将轻型型钢拼成构架埋入混凝土中。抗震结构多采用实腹式钢骨混凝土结构。

钢骨混凝土的钢骨和外包混凝土共同承受荷载作用,外包混凝土可以阻止钢构件的局部扭曲,并保护钢材,提高防火性和耐久性。钢骨混凝土结构可用于各种结构体系中,一般多用于个别楼层或局部部位(图 12-1a、d、e)。

2. 钢管混凝土结构

钢管混凝土结构是指在钢管内浇注混凝土制成的结构,一般用于受压构件(图 12-1b 及图 12-2)。

钢管混凝土柱充分发挥了钢管和混凝土两种材料的性能,混凝土处于三维受力状态。抗压强度和抗变形能力明显提高:钢管轴心受拉,又有混凝土填实,稳定性和承载力大大提高。钢管混凝土主要用于单柱承载力大的高层建筑、大跨结构和重载结构的柱子和桩中,大城市中施工现场狭窄的结构适于采用。

3. 钢—混凝土组合结构

钢—混凝土组合梁板结构是指梁的下部用钢梁,上部用混凝土。两者用剪力连接件连接为一体,共同受力,共同工作,各尽其力,提高了承载力和钢梁的侧向稳定性。

(1)钢—混凝土组合梁

钢—混凝土组合梁是由钢梁和楼板通过剪力连接件而组成。混凝土楼板有现浇混凝土板、预制混凝土板、压型钢板组合板。钢梁与楼板间通过栓钉连接件连成整体,保证钢梁与楼板共同工作,如图 12-3 所示。

(2)压型钢板—混凝土组合板

压型钢板混凝土组合楼板是在带有各种形式的凹凸肋或各种形式槽纹的钢板上浇混凝土

而制成的组合楼板，它是依靠各种凹凸肋或各种形式的槽纹将钢板与混凝土连接在一起，如图12-1c)所示。

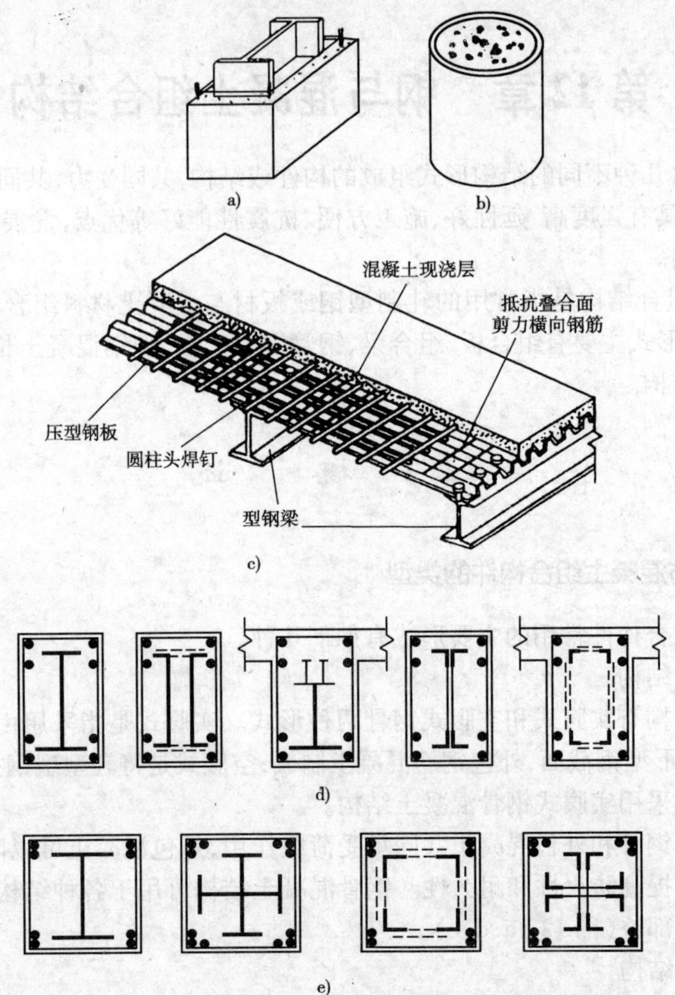

图 12-1　几种特殊形式的钢筋混凝土结构构件示意图

a)钢骨混凝土柱；b)钢管混凝土柱；c)钢和混凝土组合梁板结构；d)钢骨混凝土梁截面形式；e)钢骨混凝土柱截面形式

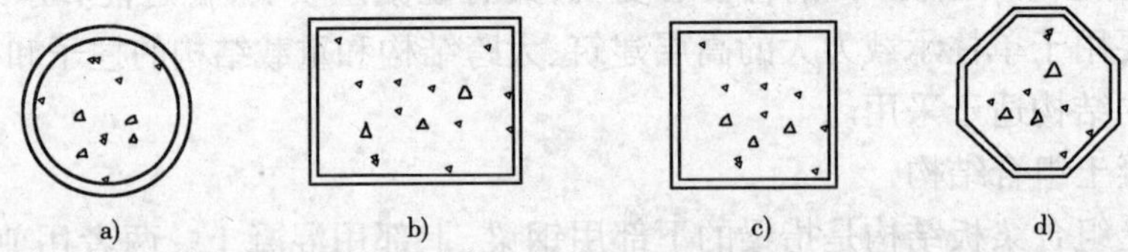

图 12-2　钢管混凝土柱的截面形式

a)圆形钢管截面；b)长方形钢管截面；c)正方形钢管截面；d)多边形钢管截面

12.1.2　组合结构的特点

1. 钢—混凝土组合梁的特点

(1)组合梁能合理地利用材料，充分发挥钢和混凝土各自的材料特性，与钢结构相比，节约钢材 20% ~40%。

(2)组合梁比钢筋混凝土梁节约混凝土,减轻自重且截面高度小。

(3)组合梁截面的上翼缘为宽大的混凝土板,增强了组合梁的侧向刚度,可以防止钢梁在使用荷载下发生扭曲失稳。

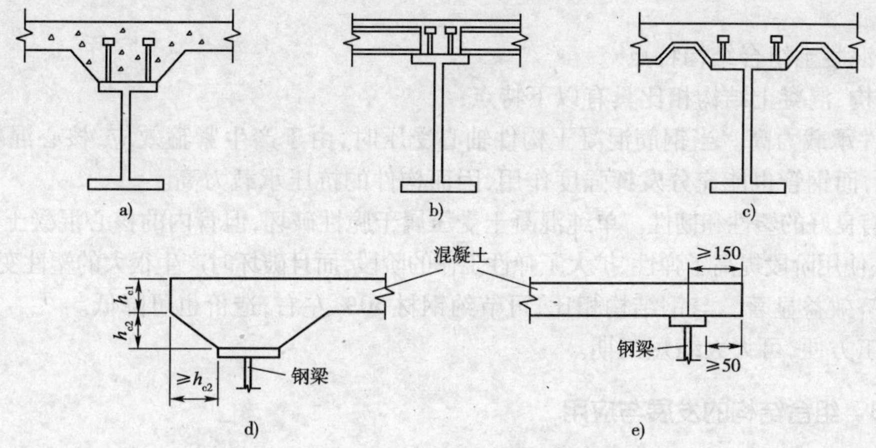

图 12-3　组合梁截面构造

a)现浇混凝土翼缘板组合梁截面;b)预制混凝土翼缘板组合梁截面;c)压型钢板混凝土翼缘板组合梁截面;d)有托边梁;e)无托边梁

(4)组合梁的整体性、抗剪性能好,耗能能力强,因而表现出良好的抗震性能。

(5)钢梁在施工阶段可以作为混凝土板支承,可以简化施工工艺。

(6)组合梁的耐火性能差,需要涂耐火性的涂料来提高钢梁的耐火性。

2. 压型钢板混凝土组合板的特点

(1)施工工期短。压型钢板作为混凝土楼板的永久模板,取消了现浇混凝土所需的模板与支撑系统,免除了支模和拆模的施工工序,加快了施工进度。

(2)自重轻,节约钢材。压型钢板不仅可以作为混凝土板的永久型模板,还可以起到组合板中受拉钢筋的作用。这样,只在楼板支撑处设置抵抗负弯矩的钢筋即可,省去了钢筋的敷设和绑扎工作。由于压型钢板自重轻,减小了结构作用效应,从而使梁、柱截面尺寸减小,设计更加经济合理的地基与基础。

(3)增加结构的抗震性能。组合楼板不仅增强了竖向刚度,而且压型钢板组合楼板和钢梁起着加劲肋的作用,因而有很好的抗震和抗风的作用。

(4)防火性能差。压型钢板作为组合楼板的受力钢筋,外表无保护,当遇到火灾时,耐火时间短,所以,应在板底涂防火涂料。

3. 型钢混凝土组合结构特点

型钢混凝土组合结构与钢结构相比具有以下特点:

(1)耐火性能好。包裹在型钢外的钢筋混凝土,可取代型钢外所涂的防锈和防火涂料,由于混凝土的蓄热较大,可以提高构件的耐火性能。

(2)节约钢材。采用型钢混凝土组合结构的高楼可以节约钢材50%左右。

(3)兼做模板支架。型钢混凝土结构的型钢,在混凝土尚未浇之前即已形成钢架,已具有相当大的承载力,可用作施工模板支架和操作平台。

型钢混凝土组合结构与混凝土结构相比具有以下特点:

(1)整体工作性能好。型钢骨架与外包钢筋混凝土形成整体,共同受力。

(2)截面尺寸小。钢筋混凝土受到配筋率的限制,提高承载力的途径只能是加大截面尺寸,而型钢混凝土组合结构可以设置较大的型钢,在截面尺寸相同的条件下,可以提高构件的承载力。

(3)构件截面延性好。由于构件中型钢的作用,型钢混凝土组合结构的延性远高于钢筋混凝土结构。

4. 钢管混凝土组合结构特点

与钢结构、混凝土结构相比具有以下特点:

(1)构件承载力高。当钢筋混凝土构件轴心受压时,由于产生紧箍效应,核心混凝土的强度大大提高,而钢管也能充分发挥强度作用,因而构件的抗压承载力高。

(2)具有良好的塑性和韧性。单纯混凝土受压属于脆性破坏,但管内的核心混凝土在钢管约束下,不但在使用阶段提高了弹性,扩大了弹性工作的阶段,而且破坏时产生很大的塑性变形。

(3)经济效益显著。与钢结构相比,可节约钢材50%左右,造价也可降低。

(4)施工方便,可大大缩短工期。

12.1.3 组合结构的发展与应用

1. 钢—混凝土组合梁

钢—混凝土组合梁试验研究始于20世纪20年代初,在这一时期,钢—混凝土组合梁按弹性理论进行分析,其基本原理是将组合截面换算成同一材料的截面,然后根据初等弯曲理论进行截面计算和设计。60年代以后,则逐渐转入塑性理论分析,探讨了组合梁的破坏形态、极限承载力、荷载与滑移的关系以及连续组合梁的性能和塑性内力重分布的规律,并建立了相应的计算公式。

在国外,钢—混凝土组合梁最早应用在桥梁结构中,随着理论研究工作的发展,将钢—混凝土组合梁应用到建筑工程中。我国在20世纪60年代,将钢—混凝土组合梁应用到建筑工程及桥梁结构中,并建立了相应的设计和施工规范。

2. 压型钢板混凝土板组合楼盖

20世纪60年代前后,日本等国家大量兴建多层及高层建筑,采用压型钢板作为楼板的永久模板或用作施工作业平台。随后,结构工程师发现在压型钢板表面上做出凸凹不平的齿槽,使它与混凝土粘结成整体共同受力,可以作为楼板的部分纵向受力钢筋使用,之后,各国对此进行大量的试验研究工作。60年代末,美国钢结构学会和国际桥梁结构工程联合会制定了组合结构统一规定。20世纪70年代以来,组合楼盖结构试验和理论研究工作有了新的发展。日本建筑学会于1970年出版了《压型钢板结构设计与施工规范及其说明》,欧洲钢结构协会(ECCS)于1981年制定的《组合结构规程及说明》、欧洲经济共同体(EEC)建筑与土木工程部1985年制定的统一标准规范《钢与混凝土组合结构》,都有组合楼盖的规定。加拿大、美国、德国、前苏联等国家也出版了组合结构的设计计算图表与手册。

20世纪80年代,我国在组合楼板技术方面的研究和应用方面发展迅速。1984年,冶金工业部冶金建筑研究总院对压型钢板的选型、加工工艺、抗剪连接件等配套技术进行了大量的开发、研究与应用,制定了冶金行业标准《钢—混凝土组合结构楼盖设计与施工规程》(YB 9238—92)。国家标准《钢结构设计规范》(GB 50017—2003)、电力行业标准《钢—混凝土组合结构设计规范》(DL/T 5085—1999)等对压型钢板—混凝土组合楼盖设计作了规定。1984年以来,我国兴建的高层钢结构建筑中大部分采用组合楼盖。

3. 型钢混凝土组合结构

日本在1905年建造了第一栋型钢混凝土柱的组合结构,1921年日本采用型钢混凝土结构建成了兴业银行，总面积1500m^2 左右，总高为30m，在1923年东京大地震中几乎完整无损。在以后的地震调查中，发现结构变形能力对结构物抗震性能具有重要意义，从此开始对型钢混凝土结构的延性进行研究。日本在1987年对《型钢混凝土结构计算标准》进行了第五次修订，欧洲也进行了大量的型钢混凝土结构的研究和应用。欧洲统一规范《组合结构规范》中也包括型钢混凝土结构的设计规定。我国从20世纪50年代中期应用型钢混凝土结构，进入80年代以后，随着经济的发展，我国开始进行型钢混凝土结构的研究和应用，并制定了建设部行业标准《型钢混凝土组合结构技术规程》（JGJ 138—2001），冶金行业标准《钢骨混凝土结构设计规程》（YB 9058—97）等。

4. 钢管混凝土结构

在1879年，英国赛文铁路桥的建造中采用了钢管桥墩，在管中灌注了混凝土，以防止钢管内壁腐蚀，并承受压力。拜耳（Burr W. H.）在1908年首次在美国纽约对外包混凝土的钢柱进行了试验，发现由于混凝土的存在，柱的承载能力提高了。之后前苏联、日本、英国、美国等对此进行了广泛研究，并相继制定和颁布了钢管混凝土结构设计规程，或将其设计部分纳入国家设计规范。

从20世纪60年代中期钢管混凝土开始进入我国。它在我国的应用和发展经历了两个阶段，60年代中期到80年代中期为应用推广阶段，从80年代中期迄今为提高发展阶段。

应用推广阶段的特点是：从厂房柱开始迅速推广应用到各种工业建筑中，在这一阶段采用钢管混凝土柱单层厂房的有本溪钢铁公司铸锭模车间、大连造船厂的船体车间、太原钢铁公司连铸车间、鞍山钢铁公司新轧炼钢炼铸车间、上海国棉31厂的机修车间等工业厂房，还应用于首都地铁1号线和北京站、前门站两个站台工程中。

提高发展阶段的特点是：推广应用到高层建筑和公路拱桥领域，发展十分迅速，同时在理论研究方面取得了进展，逐步形成了完整的理论体系和独立的新学科。在这一阶段经历了由局部采用、大部分采用到全部采用钢管混凝土柱的过程。已建成的有北京的世界金融大厦（36层，高度120m，1988年建成）、深圳的赛格广场大厦（76层，高度291m，1999年建成），它是世界目前最高的钢管混凝土高层建筑。钢管混凝土结构在桥梁结构中的应用形式主要是拱式结构，拱式结构跨度很大，拱肋承受很大的轴向压力，采用钢管混凝土结构是十分合理的。而且，在施工时加工成型后的空钢管骨架刚度很大、承载力高、重量轻，可以解决转体结构的承载力、刚度和转体重量的矛盾，解决拱桥材料向高强度发展和无支架施工拱圈轻型化两大问题，因此深受桥梁工程师的青睐。

起初，人们对钢管混凝土的研究和设计采用传统的叠加法，即分别研究钢管和核心混凝土的工作性能和极限承载力。随着研究的深入，人们把钢管混凝土视为一种新的组合材料统一体，并根据统一体的工作性能指标，来建立计算构件的承载力、刚度、变形等关系式。

12.2 钢与混凝土组合构件

钢与混凝土组合构件是指将常用的轧制型钢、焊接型钢或板材与混凝土材料组合形成的一种新型的结构构件。目前，常用的主要有组合板、组合梁、钢管混凝土柱以及型钢混凝土构件（又称钢骨混凝土或劲性混凝土构件）。本节主要介绍组合板和组合梁。

12.2.1 钢与混凝土组合板

钢与混凝土组合板是由压型钢板和混凝土构成，主要用于承重板材，如楼盖板、平台板等，在施工时,压型钢板可作为底模,并承受混凝土和施工荷载;使用阶段则由钢与混凝土组合板共同承受使用荷载和自重。压型钢板可以代替混凝土板的下部受拉钢筋,加快施工进度,在多层和高层钢结构中普遍采用组合楼板。

钢与混凝土组合板中压型钢板与混凝土共同工作的机理是两种材料界面上有足够的粘结强度且能可靠地传递剪力。为保证剪力的传递,一般有下述几种构造处理方法,如图 12-4 所示。

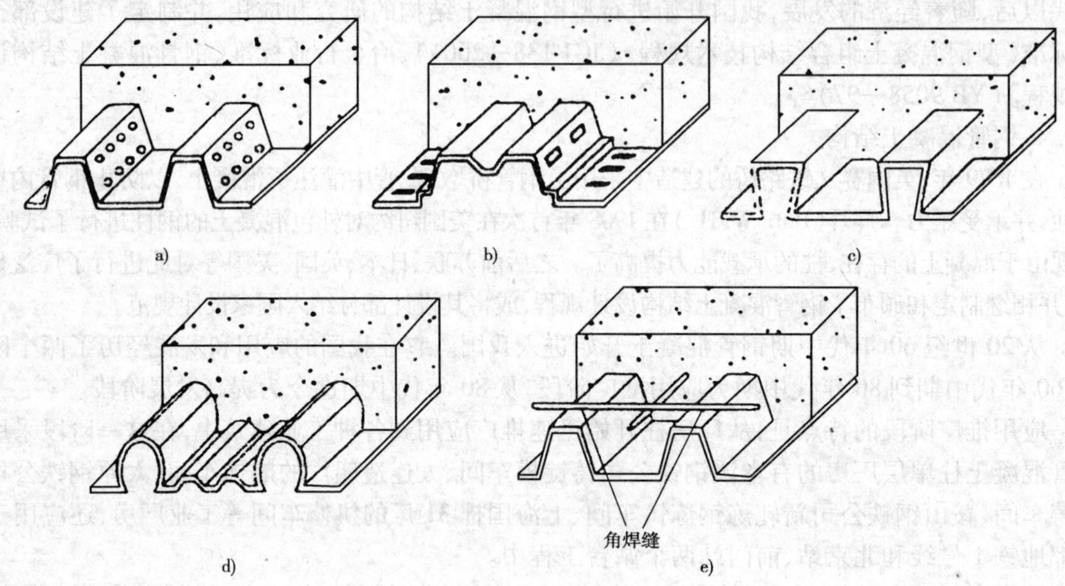

图 12-4 组合板的示意图

(1)在压型钢板的肋上冲压抗剪齿槽或在平板部分设置凹凸齿槽,如图 12-4a)、b)所示。

(2)将压型钢板制成倒梯形开口,如图 12-4c)所示,或制成有凸肋的棱角,如图 12-4d)所示,以增强混凝土与钢板间的咬合作用。

(3)在压型钢板上加焊横向钢筋,以增加与混凝土的拉结力,如图 12-4e)所示。

12.2.2 钢与混凝土组合板的内力分析

(1)在施工阶段的计算。在施工阶段的钢与混凝土组合板,尚未形成组合结构,施工荷载和自重仅由压型钢板单独承担,实质为压型钢板的计算问题。

①强度验算。压型钢板作为正交异性板,强边方向,即顺凸肋方向的截面刚度远大于弱边方向,即垂直凸肋方向。因此,荷载的传递只需考虑沿强边方向,另一边可忽略压型板的截面形状,如图 12-5 所示。对简支板,只需计算跨中正弯矩作用下截面的抗弯强度;对于连续板,则需计算支座处负弯矩作用下截面的抗弯强度。

压型钢板抗弯强度计算公式为

$$\sigma = \frac{M_{\max}}{W_{\mathrm{ef}}} \leqslant f \tag{12-1}$$

式中:$M_{\max}$——跨中或支座截面单波宽度范围内最大弯矩设计值;

W_{ef}——单波宽度有效截面抵抗矩,根据单波有效宽度求出,应取受压与受拉翼缘边缘的较小值;

f——钢材强度设计值。

②挠度验算。对施工阶段的压型钢板还需进行挠度验算，应满足下式要求

$$v \leqslant [v] \tag{12-2}$$

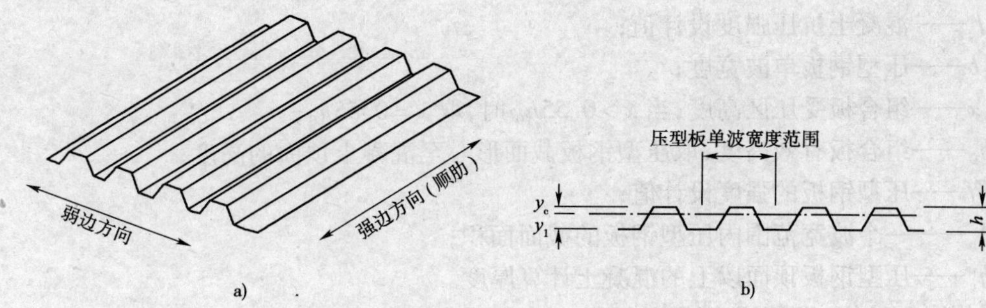

图 12-5　压型钢板荷载传递方向和截面

a）强边与弱边示意；b）荷载沿强边方向传递时的计算截面

式中：v——压型钢板的最大挠度，用有效截面按材料力学方法计算；

$[v]$——板的容许挠度，一般可取 $l_0/300$。

③局部稳定要求。压型钢板为薄壁截面应满足局部稳定要求。对翼缘板件，最大容许宽厚比，一般可取 500（二边支承）；未加劲的腹板不宜超过 200。

当不能满足承载能力和变形能力时，施工过程中，可考虑在板下设置临时支撑点。

(2)使用阶段的计算。当混凝土强度达到设计强度后，压型钢板和混凝土粘结成整体，共同工作，承受使用阶段荷载。对于四边支承板，根据混凝土厚度（从槽顶计算）的不同，可采用下列两种简化计算方法：

①当混凝土厚度为 50～100mm 时，不考虑弱边方向的正负弯矩。强边方向的正弯矩按简支单向板计算；负弯矩按固支单向板计算。

②当混凝土厚度大于 100mm 时，可根据板的强边计算跨度 l_x 和弱边计算跨度 l_y 之比 λ_e 分为两种情况计算：

当 $\lambda_e \leqslant 0.5$ 或 $\lambda_e \geqslant 2.0$ 时，按单向板计算；当 $0.5 < \lambda_e < 2.0$ 时，按双向板计算。λ_e 可按下式计算

$$\lambda_e = \mu l_x / l_y \tag{12-3}$$

$$\mu = \sqrt[4]{I_x / I_y} \tag{12-4}$$

式中：μ——板的受力异向性系数；

l_x、l_y——分别为组合板强边和弱边的计算跨度；

I_x、I_y——分别为组合板强边和弱边方向的截面惯性矩。

双向板的内力可借助各向同性板的内力计算表格查取。求强边方向弯矩时，跨度分别取为 l_x 和 μl_y；求弱边方向弯矩时，跨度分别取 l_x/μ 和 l_y 后查表。

12.2.3　组合板使用阶段截面设计

组合板使用阶段截面设计包括承载力计算、正常使用阶段的变形验算和裂缝宽度验算。

(1)板的正截面受弯承载力计算。组合板正截面受弯承载力计算按承载能力极限状态计算，受压区混凝土达到抗压强度设计值 $\alpha_1 f_c$，压型钢板达到钢材强度设计值 f。

①当中和轴位于槽顶以上混凝土截面内时（图 12-6b），其受弯承载力按下式计算

$$M \leqslant 0.8 f_c b x \left(h_0 - \frac{x}{2} \right) \tag{12-5}$$

$$x = A_p f/(f_c b) \leqslant h_c \tag{12-6}$$

式中：M——一个波宽内的弯矩设计值；

f_c——混凝土抗压强度设计值；

b——压型钢板单波宽度；

x——组合板受压区高度；当 $x > 0.55h_0$ 时，取 $x = 0.55h_0$；

h_0——组合板有效高度，取压型钢板截面形心至混凝土顶面的高度；

f——压型钢板的强度设计值；

A_p——一个波宽范围内压型钢板的截面面积；

h_c——压型钢板顶面以上的混凝土计算厚度。

②当中和轴位于压型钢板内时（图 12-6c），受弯承载力按下式计算

$$M \leqslant 0.8(f_c b h_c y_1 + A_{pa} f y_2) \tag{12-7}$$

式中：y_1——压型钢板受拉区截面应力合力至受压区混凝土截面压应力合力作用点的距离；

y_2——压型钢板受拉区截面应力合力至压型钢板截面压应力合力作用点的距离；

A_{pc}——中和轴以上的压型钢板面积，$A_{pc} = 0.5(A_p - f_c b h_c / f)$。

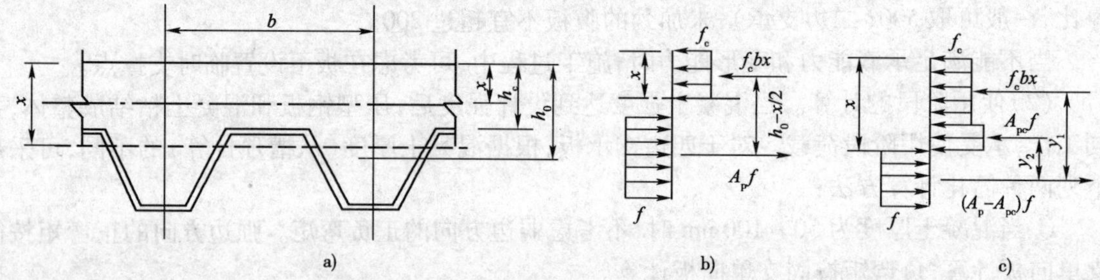

图 12-6　组合板的正截面受弯承载力计算简图

③当计算弱边方向组合板的受弯承载力时，不考虑压型钢板的作用，可按钢筋混凝土板计算。

（2）组合板斜截面受剪承载力计算。组合板斜截面受剪承载力按下式计算

$$V_c \leqslant 0.7 f_t b h_0 \tag{12-8}$$

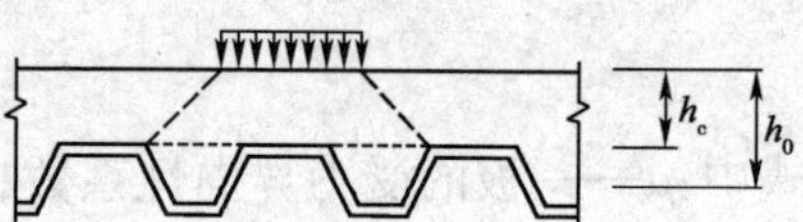

式中：V_c——一个波宽范围内的剪力设计值；

f_t——混凝土轴心抗拉强度设计值。

（3）组合板受集中力作用时抗冲切承载力。在一定分布范围的集中荷载作用下，组合板可能的破坏模式之一是形成台锥形冲切面，其底面一般在压型钢板顶面处（图 12-7）。根据这一破坏模式，设定抗冲切承载力设计值按下式计算

$$F_d = 0.6 f_{td} u_m h_c \tag{12-9}$$

式中：u_m——台锥形冲切面的平均周长计算值；

$$u_m = 2h_c + 2h_0 + 2b_1 + 2b_2 \tag{12-10}$$

b_1、b_2——集中荷载分布范围的尺寸。

（4）挠度和裂缝宽度验算。

①组合板的挠度应分别按荷载短期效应组合和长期效应组合计算，要求均小于允许值。按短期效应组合计算时，

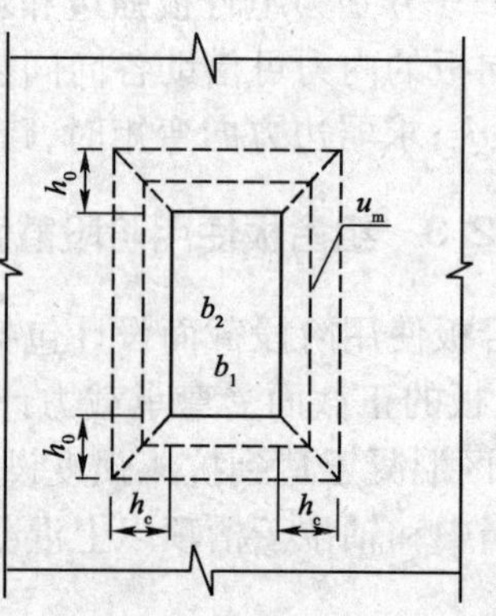

图 12-7　假定的冲切面周长

采用短期刚度；按长期荷载组合计算时，采用长期刚度。短期刚度取组合板的等效弹性刚度，即

$$B_s = E_s I \tag{12-11}$$

式中：E_s——压型钢板的弹性模量；

I——组合板的等效截面惯性矩，按下式计算：

$$I = \frac{1}{\alpha_E}[I_c + A_c(x'_n - h'_c)^2] + I_s + A_s(h_0 - x'_n)^2 \tag{12-12}$$

$$x'_n = \frac{A_c h'_c + \alpha_E A_s h_0}{A_c + \alpha_E A_s} \tag{12-13}$$

α_E——钢材弹性模量与混凝土弹性模量之比；

x'_n——中和轴至受压边缘的距离；

A_c——混凝土的截面面积；

h'_c——压区边缘至混凝土部分截面形心的距离；

I_c、I_s——分别是混凝土部分和压型钢板各自对自身形心的惯性矩。

考虑到混凝土徐变等因素，长期刚度取短期刚度的1/2，即 $B_l = B_s/2$。

②对组合楼板负弯矩部位混凝土裂缝宽度的验算，可近似忽略压型钢板的作用，即按混凝土板及其所配的负钢筋计算板的最大裂缝宽度，并符合《混凝土结构设计规范》规定的限值。

12.2.4 组合板的构造要求

(1)栓钉的设置要求。为了防止压型钢板与混凝土之间的滑移，在组合板的端部应设置栓钉。栓钉应设置在端支座的压型钢板凹肋处，穿透压型钢板，将栓钉和压型钢板均焊于钢梁的翼缘上。栓钉的直径按下列规定采用：板跨度小于3m时，直径为13mm或16mm；跨度在3~6m时，直径为16mm或19mm；跨度大于6m时，直径为19mm。

(2)配筋。组合板在下列情况下应配置钢筋：

①为组合板提供储备承载力，在压型板槽内的混凝土中设置附加抗拉钢筋。

②在连续组合板或悬臂组合板的负弯矩区内应配置连续钢筋。

③在集中荷载区段或孔洞周围应配置分布筋。

④为改善防火效果配置受拉钢筋。

⑤在压型钢板上翼缘焊接横向钢筋时，横向钢筋应配置在剪跨区段，其间距宜为150~300mm。

连续组合板按简支板计算时，抗裂钢筋的配筋率不少于0.2%。抗裂钢筋的伸出长度从支座边缘算起不小于 $l/6$（l 为板跨），且应与不少于5根分布筋相交。抗裂钢筋的直径不小于4mm，最大间距为150mm，顺肋方向的抗裂钢筋的保护层厚度宜为20mm。与抗裂钢筋垂直的分布筋直径不应小于抗裂钢筋直径的2/3，其间距不应大于抗裂钢筋间距的1.5倍。

(3)几何尺寸。组合楼板的总厚度不应小于90mm，压型钢板顶面以上的混凝土厚度不应小于50mm。压型钢板厚度不应小于0.75mm，波槽平均宽度不应小于50mm。当采用在槽内设置栓钉时，压型钢板的总高度不应超过80mm。

12.3 钢与混凝土组合梁

钢与混凝土组合梁是指钢梁和所支承的钢筋混凝土板组合成一个整体而共同抗弯的组合

构件。钢与混凝土组合梁能适应梁的受力特点,充分发挥钢与混凝土各自的受力性能,与钢梁相比具有刚度大、挠度可减少 1/3 ~1/2,从而减小结构高度;抗震性能好;经济效益良好,可节省钢材 20% ~40%,每平方米造价可降低 10% ~40% 等优点。

目前,组合梁已在多层和高层建筑楼盖、工作平台以及公路、铁路桥梁中有较多的应用。在设计与施工方面均有成熟的经验。我国规范专门设立"钢与混凝土组合梁"一章,供应用时参阅。

12.3.1 组合梁的类型与构造

组合梁可分为外包混凝土组合梁及钢梁外露的组合梁两种。外包混凝土组合梁是对钢梁圈上足够的箍筋后,再包裹混凝土,其设计属于钢筋混凝土结构范围,常称为劲性钢筋混凝土梁。钢梁外露组合梁,通常有下列类型:

(1)I 形截面组合梁。I 形截面组合梁的截面形式如图 12-8a)、b)、c)、d)、e)所示。其中,图 12-8d)上翼缘伸入混凝土板面,可不设置连接件;图 12-8e)设置板托,加大梁高,钢梁上翼缘移至中和轴附近,减少其压应力,受力更为合理。I 形截面,由于板面混凝土受压,一般应加强受拉下翼缘截面。

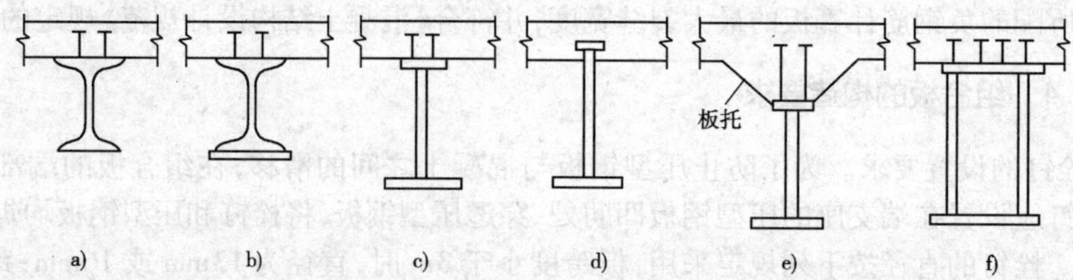

图 12-8 组合梁的类型

(2)箱形截面组合梁。常用于桥梁结构,其承载力和刚度均较大,如图 12-8f)所示。

组合梁的截面,通常由钢筋混凝土板、混凝土板托、抗剪连接件及钢梁 4 部分组成。

钢筋混凝土板有现浇与预制装配式两种。多层与高层建筑楼盖中常采用压型钢板组合楼盖,如图 12-9 所示。它是在钢梁上铺放 0.75 ~3.0mm 厚压型钢板,抗剪连接件穿透并焊接于压型钢板及钢梁上翼缘上;然后铺放面板钢筋和浇灌混凝土组成。压型钢板可做模板并承受施工荷载;混凝土结硬后又可替代部分受力钢筋。这种楼板施工简便快捷,但耗钢较多。

板托是为增加梁截面高度,改善板的横向受弯条件而专门设置的;有时为增加连接件高度和保证板厚的要求而设置;也可不设板托。

连接件是设置在混凝土面板与钢梁上翼缘间的抗剪切滑移的零件。连接件有三种形式:栓钉、型钢和钢筋。栓钉直径为 12 ~25mm,长度为直径的 4 倍以上;型钢连接件一般用[80 ~[120 做成;钢筋为直径 12 ~20mm 的弯筋,八字形水平成对布置。连接件的构造应满足抗滑移和抗掀起要求。

钢梁可用型钢梁,也可用组合钢板制作。

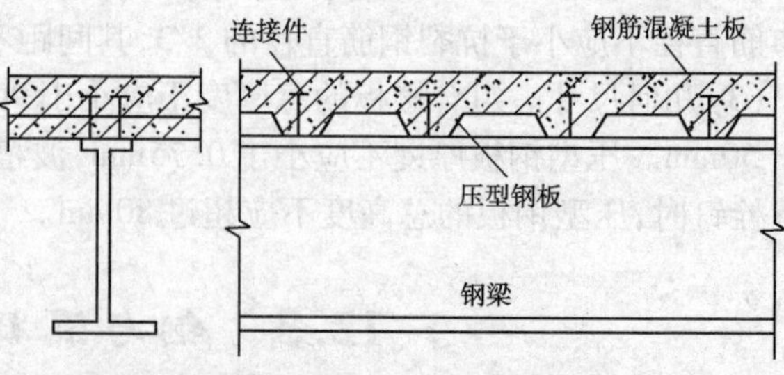

图 12-9 压型钢板组合楼盖

12.3.2 组合梁的特点

一般梁格中，钢筋混凝土面板搁置在钢梁上，承受并传递板面荷载到钢梁上，钢梁和板在梁跨方向各自产生弯曲变形，接触面处发生相对滑移，面板下皮伸长而钢梁上皮缩短，如图 12-10 所示。这时，截面弯矩 M 将由钢梁和混凝土面板共同承担，并按两者刚度 E_sI_s 和 E_cI_c 之比分配。由于面板很薄，故 $E_cI_c \ll E_sI_s$，面板承担的弯矩可忽略不计，M 全部由钢梁承担。

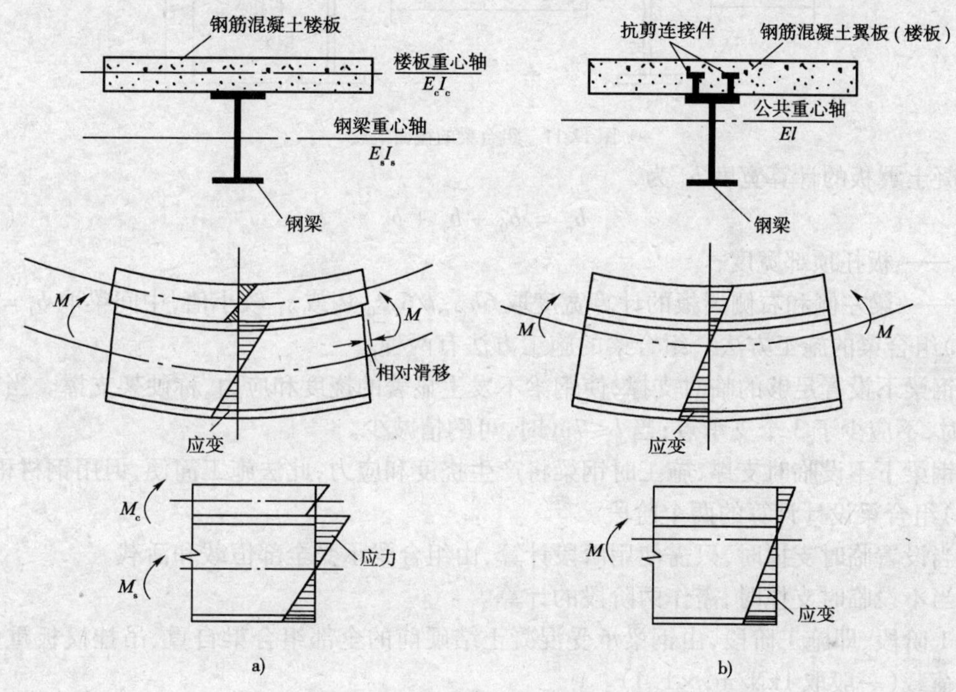

图 12-10 钢与混凝土组合梁受力分析图

a)非组合梁；b)组合梁

如果在面板和钢梁之间设置若干连接件后，连接件将抵抗由于弯曲产生的相对滑移，则两部分截面组合成一个具有公共中和轴的整体截面，面板成为组合截面受压上翼缘，其惯性矩、刚度和抗弯承载力均大大提高。设计时，同样弯矩，可采用较小的梁高和截面。

组合梁的主要特点是：

(1)抗弯承载力高；

(2)抗弯刚度大，挠度小，可减小梁高、降低层高，对高层建筑尤为有利；

(3)整体性、整体稳定和局部稳定好；受压翼缘为宽厚的混凝土，而钢梁为大部分受拉的有利受力状态；

(4)施工方便，钢梁就位后即可支模浇筑混凝土，施工阶段荷载全部由钢梁承担；

(5)节约钢材降低造价，材料利用充分。

12.3.3 组合梁的设计方法

(1)组合梁的截面。组合梁的截面由混凝土翼板、板托和钢梁三部分组成，混凝土面板与钢梁间用抗剪连接件联系，如图 12-11 所示。

翼板厚度 h_{c1}，按一般钢筋混凝土受弯构件设计确定；板托高度 h_{c2}，宜采用不大于 $1.5h_{c1}$，底宽等于钢梁上翼缘宽，且应满足受力和布置连接件构造要求，顶宽宜采用 $b_0 \geq 1.5h_{c2}$；组合梁总高度 h，对 Q235 钢约为 $h \geq (1/16 \sim 1/14)l$，钢梁高约为 $h_s \geq 0.4h$。

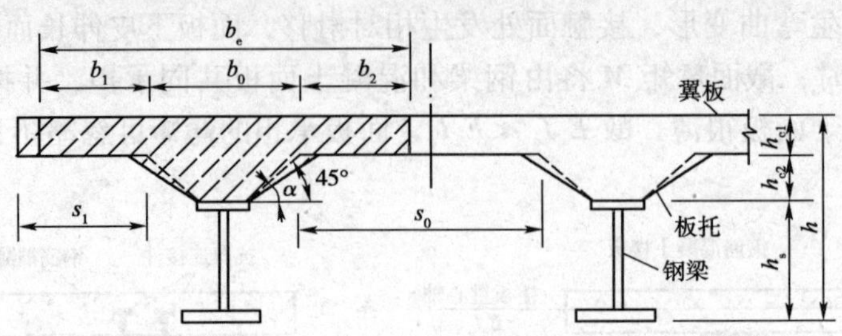

图 12-11　组合梁的截面组成

混凝土翼板的计算宽度 b_e 为

$$b_e = b_0 + b_1 + b_2 \tag{12-14}$$

式中：b_0——板托顶部宽度；

b_1、b_2——梁左侧和右侧翼板的计算宽度取 $6h_{c1}$、$l/6$、$s_0/2$ 或 s_1 较小值，中间梁取 $b_1 = b_2$。

(2)组合梁的施工方法。组合梁的施工方法有两种。

①钢梁下设置足够的临时支撑，使钢梁不发生显著的挠度和应力，称硬架支撑。当梁跨度 $l > 7\text{m}$ 时，不应少于 3 个支承点；当 $l \leq 7\text{m}$ 时，可酌情减少。

②钢梁下不设临时支撑，施工时钢梁将产生挠度和应力，此法施工简便，但用钢材稍多。

(3)组合梁设计计算的两个阶段。

①当设置临时支撑时，只需使用阶段计算，由组合梁承受全部恒载和活载。

②当不设临时支撑时，需作两阶段的计算。

第 1 阶段，即施工阶段，由钢梁承受混凝土结硬前的全部组合梁自重、吊挂模板重量以及施工活荷载(一般取 $1\text{kN/m}^2 \times 1.4$)。

第 2 阶段，即使用阶段，由组合梁承受组合梁自重和吊挂模板重量，并增加施工时面层的重量和使用活荷载等作用。

(4)两种设计方法。

①施工阶段钢梁的计算可按本书以前各节的规定进行。但应注意施工时设置必要的临时侧向支承，并作整体稳定计算，也应验算钢梁的挠度。

②使用阶段组合梁的设计，可有弹性和塑性设计方法两种。

a)弹性方法用于计算直接承受动力荷载组合梁的强度，以及计算组合梁的挠度(不论承受静载或动力荷载)。按弹性方法设计时，采用前后两种应力状态的叠加，分别计算截面各验算点的应力以及挠度值后，判别是否满足要求。

b)塑性方法用于当梁承受静载或间接动力荷载时的组合梁的强度验算，考虑梁达到极限状态的计算时，全部荷载引起的弯矩或其他内力均由组合梁承受，并与组合梁截面形成塑性铰时的极限弯矩比较即可。该法的原理同一般钢筋混凝土结构。

12.3.4　组合梁按弹性理论分析

12.3.4.1　截面几何特征值

1. 换算截面

组合梁在正弯矩作用下按弹性理论进行截面分析时，应根据截面应变相同且总内力不变的原则，将受压混凝土板的有效宽度 b_e 折算成与钢材等效的换算截面宽度，如图 12-12 所示。

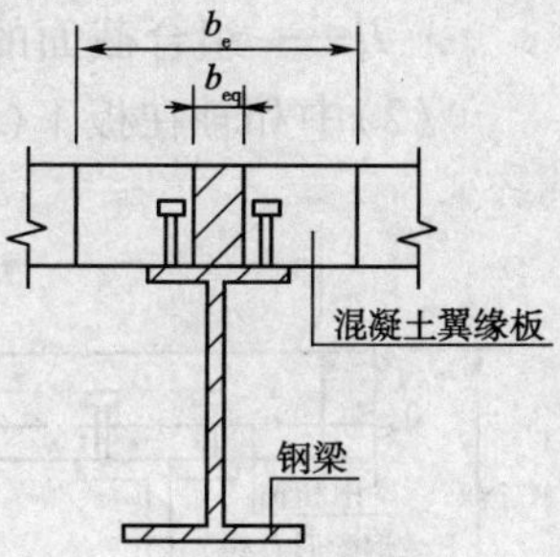

(1)荷载短期效应组合时

$$b_{eq} = b_e/\alpha_E \tag{12-15}$$

(2)荷载长期效应组合时

$$b_{eq} = b_e/2\alpha_E \tag{12-16}$$

式中：b_{eq}——混凝土翼板换算为钢材的等效宽度；

b_e——混凝土翼板的有效宽度；

α_E——钢材弹性模量 E 与混凝土弹性模量 E_c 的比值，即

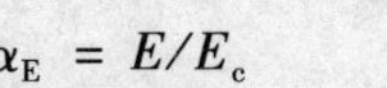

$$\alpha_E = E/E_c$$

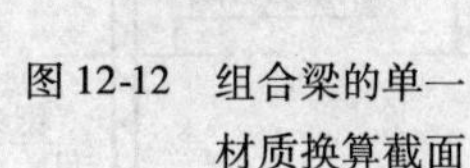

图 12-12　组合梁的单一材质换算截面

2. 换算截面重心轴(中和轴)的位置

若取组合梁的顶边为底线，则在短期荷载作用下，按式(12-15)将混凝土板换成钢梁截面，可得组合截面重心轴距组合截面顶边的距离 y_0：

$$y_0 = \frac{\sum A_i y_i}{\sum A_i} \tag{12-17}$$

式中：A_i——第 i 个单元的截面面积，对混凝土单元需将其换算成钢材单元进行计算；

y_i——第 i 个单元重心轴距截面顶边的距离。

当考虑混凝土的徐变影响时，应将公式(12-16)代入公式(12-17)进行计算，即可求得考虑混凝土徐变影响的组合截面的重心轴距组合截面顶边的距离，并用 y_0^c 表示。

$$y_0^c = \frac{\sum A_i y_i}{\sum A_i} \tag{12-18}$$

3. 荷载短期效应组合下截面弹性抵抗矩

组合梁在荷载短期效应组合的正弯矩作用下，混凝土翼缘板换算为钢材后的组合截面特征值，按下列规定计算：

(1)中和轴在板内(图 12-13)

换算后的组合截面面积为 A_0，惯性矩为 I_0，对钢梁上翼缘、下翼缘的抵抗矩为 W_0^t、W_0^b，对组合截面顶的抵抗矩为 W_0^c，并按下式计算：

$$A_0 = b_{eq}h_{c1} + A \tag{12-19}$$

$$I_0 = \frac{b_{eq}h_{c1}^3}{12} + b_{eq}h_{e1}(y_0 - 0.5h_{c1})^2 + I + A(y - y_0)^2 \tag{12-20}$$

$$W_0^t = \frac{I_0}{h_{c1} - y_0} \tag{12-21}$$

$$W_0^b = \frac{I_0}{H - y_0} \tag{12-22}$$

$$W_0^c = \frac{I_0}{y_0} \tag{12-23}$$

式中：h_{c1}——混凝土翼缘板的厚度；

A——钢梁的截面面积；

I——钢梁的截面惯性矩；

y——钢梁形心位置至组合截面顶面的距离；

H——组合截面的高度。

（2）中和轴在板下（图 12-14）

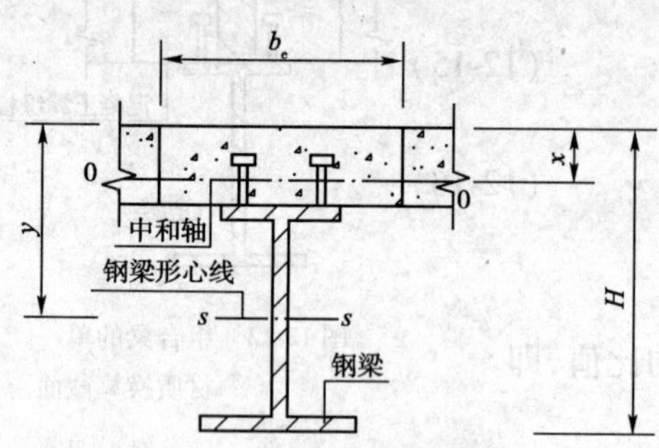

图 12-13　组合梁截面中和轴位于混凝土翼缘板内

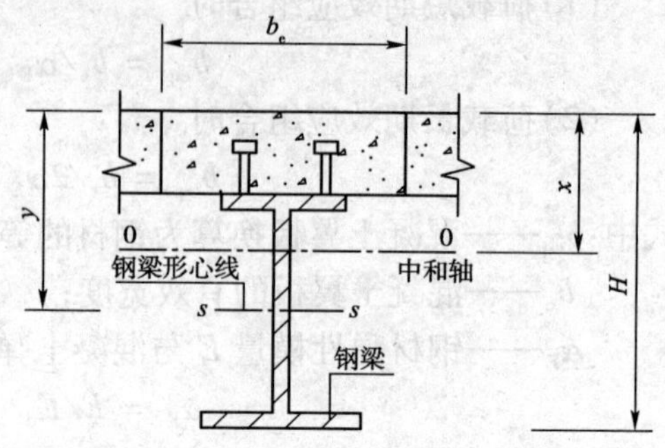

图 12-14　组合梁截面中和轴位于混凝土翼缘板下钢梁截面内

换算后的组合截面面积为 A_0，惯性矩为 I_0，对钢梁上翼缘、下翼缘的抵抗矩为 W_0^t、W_0^b，对组合梁顶面的抵抗矩为 W_0^c，并按下式计算：

$$A_0 = b_{eq} \cdot h_{c1} + A \tag{12-24}$$

$$I_0 = \frac{b_{eq}h_{c1}^3}{12} + b_{eq}h_{c1}(y_0 - 0.5h_{c1})^2 + I + A(y - y_0)^2 \tag{12-25}$$

$$W_0^t = \frac{I_0}{y_0 - h_{c1}} \tag{12-26}$$

$$W_0^b = \frac{I_0}{H - y_0} \tag{12-27}$$

$$W_0^c = \frac{I_0}{y_0} \tag{12-28}$$

（3）组合楼板

当楼板采用压型钢板为底模的组合板或非组合板，若压型钢板底肋与组合梁平行时，混凝土翼缘板的有效截面面积应包含压型钢板肋的混凝土截面面积。

4. 考虑混凝土徐变的截面抵抗矩

组合梁在永久荷载的长期作用下，受压翼缘混凝土发生徐变，将使混凝土翼缘的应力减小，钢梁的应力增大。为了在计算中反映这一效应，可将混凝土翼缘板有效宽度内的截面面积除以 $2\alpha_E$ 换算成钢截面面积。

此情况下，组合截面的中和轴一般位于钢梁的截面内，如图 12-14 所示。换算后的组合截面面积为 A_0^c，惯性矩为 I_0^c，对钢梁上翼缘、下翼缘的抵抗矩，分别为 W_0^{tc} 和 W_0^{bc}，对组合梁顶面的抵抗矩为 W_0^{cc} 按下式计算：

$$A_0^c = b_{eq}h_{c1} + A \tag{12-29}$$

$$I_0^c = \frac{b_{eq}h_{c1}^3}{12} + b_{eq}h_{c1}(y_0^c - 0.5h_{c1})^2 + I + A(y - y_0^c)^2 \tag{12-30}$$

$$W_0^{tc} = \frac{I_0^c}{y_0^c - h_{c1}} \tag{12-31}$$

$$W_0^{bc} = \frac{I_0^c}{H - y_0^c} \tag{12-32}$$

$$W_0^{cc} = \frac{I_0^c}{y_0^c} \tag{12-33}$$

12.3.4.2　施工阶段组合梁计算

在楼板的混凝土未达到强度设计值以前,全部荷载由钢梁组合梁中的钢梁承受,所以,施工阶段只需对钢梁进行计算,其计算内容为:钢梁的正应力计算、剪应力计算、整体稳定计算和钢梁挠度计算。此时称为组合梁的第一受力阶段。

在施工阶段,当钢梁受压翼缘的自由长度 l 与其宽度之比不超过表12-1 规定数值时,可不进行整体稳定验算。

工字形简支梁不需计算整体稳定的最大的 l/b_t 值　　表 12-1

钢　号	跨中无侧向支点		跨中受压翼缘有侧向支点的梁,不论荷载作用在何处
	荷载作用在上翼缘	荷载作用在下翼缘	
Q235	13.0	20.0	16.0
Q345	10.5	16.5	13.0
Q390	10.0	15.5	12.5

1. 荷载计算

(1)永久荷载

混凝土板、模板及钢梁的自重。

(2)可变荷载

①施工活荷载:工人、施工机具、设备等自重。

②附加活荷载:内容包括附加管线、混凝土堆放、混凝土泵等以及过量冲击效应,适当地增加荷载。

2. 钢梁正应力计算

(1)单向弯曲

钢梁在单向弯矩 M_x 的作用下,其截面的正应力应满足下式要求:

$$\frac{M_x}{\gamma_x W_{nx}} \leqslant f \tag{12-34}$$

(2)双向弯曲

钢梁在双向弯矩 M_x 和 M_y 的共同作用下,其截面正应力应满足下式要求:

$$\frac{M_x}{\gamma_x W_{nx}} + \frac{M_y}{\gamma_y W_{ny}} \leqslant f \tag{12-35}$$

式中:M_x、M_y——绕 x 轴和 y 轴的弯矩设计值,对工字形截面,x 轴为强轴,y 轴为弱轴;

W_{nx}、W_{ny}——对 x 轴和 y 轴的净截面抵抗矩;

γ_x、γ_y——截面塑性发展系数,工字形截面:$\gamma_x = 1.05$,$\gamma_y = 1.2$;箱形截面:$\gamma_x = \gamma_y = 1.05$;

f——钢材的抗弯强度设计值。

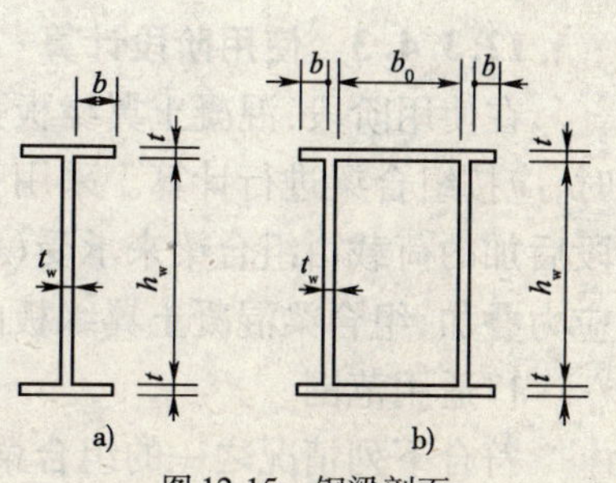

图 12-15　钢梁剖面
a)工字形截面;b)箱形截面

当钢梁受压翼缘的自由外伸宽度 b 与其厚度 t 的比值(图12-15)$b/t > 13\sqrt{235/f_y}$,但能满足下列公式要求时,应取

$\gamma_x = 1.0$。

工字形截面梁 $$\frac{b}{t} \leqslant 15\sqrt{\frac{235}{f_y}} \qquad \gamma_x = 1.0 \tag{12-36}$$

箱形截面梁 $$\frac{b_0}{t} \leqslant 40\sqrt{\frac{235}{f_y}} \qquad \gamma_x = 1.0 \tag{12-37}$$

式中：b_0——箱形截面梁受压翼缘板在两腹板之间的宽度；当受压翼缘板设置纵向加劲肋时，则为腹板与纵向加劲肋之间的翼缘板宽度；

f_y——钢材的屈服强度。

3. 钢梁剪应力计算

在主平面内受弯的实腹式钢梁，其腹板的剪应力 τ_1 应满足下列条件：

$$\tau_1 = \frac{V_1 S_0}{I t_w} \leqslant f_v \tag{12-38}$$

式中：V_1——组合梁第一受力阶段（施工阶段）荷载，在钢梁部件中所产生的竖向剪力；

S_0——验算剪应力的水平截面以上的腹板毛截面对中和轴的面积矩；

I——钢梁毛截面的惯性矩；

t_w——钢梁腹板的厚度；

f_v——钢材的抗剪强度设计值。

4. 钢梁的整体稳定性

组合梁中的钢梁部件，当其受压翼缘的自由长度与宽度比值超过表 12-1 中规定的限值时，应按下式验算楼板混凝土未凝固前的钢梁整体稳定性：

$$\frac{M_x}{\varphi_b M_x} \leqslant f \tag{12-39}$$

式中：M_x——绕钢梁强轴作用的最大弯矩设计值；

W_x——按受压翼缘确定的钢梁毛截面抵抗矩；

φ_b——钢梁的整体稳定系数，按《钢结构设计规范》（GB 50017—2003）附录 B 确定。

5. 钢梁挠度

组合梁施工阶段荷载短期效应组合，简支钢梁在均布荷载作用下的挠度，按下式计算：

$$\frac{5gl^4}{384EI} \leqslant \frac{1}{250} \tag{12-40}$$

式中：g——施工阶段作用于钢梁上的均布荷载值；

l、I——钢梁的跨度和截面惯性矩；

E——钢材的弹性模量。

12.3.4.3 使用阶段计算

在使用阶段，混凝土翼缘板强度达到强度的设计值，混凝土翼缘板与钢梁形成了整体，此时，应按组合梁进行计算。采用弹性计算理论计算时，要根据计算要求采用换算截面。使用阶段后加的荷载由组合梁来承受（称为第二受力阶段），此时，钢梁的应力计算应考虑两阶段的应力叠加，组合梁混凝土翼缘板的应力则只考虑使用阶段所加的应力影响。

1. 适用范围

符合下列情况之一的组合梁，应按弹性理论进行截面分析和截面应力计算。

（1）组合梁内钢梁翼缘或腹板板件的宽厚比值大于表 12-1 规定的限值，且其组合梁截面的中和轴位于钢梁腹板内。

(2)在设计荷载作用下,可能因交替发生受拉、受压屈服,使材料产生低周期疲劳破坏的构件。

2. 适用条件

(1)当钢梁部件拉应力小于钢材的屈服强度,混凝土最大压应力小于0.5倍轴心抗压强度。

(2)若钢梁宽厚比较大,钢梁受力后,截面尚未出现塑性化以前,受压翼缘和腹板有可能发生局部屈曲,这时不应按塑性理论计算,而应按弹性理论进行截面计算。

3. 组合梁正应力计算

(1)计算假定

①钢材和混凝土均为理想的弹性材料;

②钢梁和混凝土板之间的相对滑移很小,可以忽略不计,截面在弯曲后仍保持平面;

③截面应变符合平截面假定;

④不考虑组合梁混凝土翼缘板内钢筋;

⑤不考虑混凝土开裂影响;

⑥当钢筋混凝土楼板下边设置板托时,截面计算时不考虑混凝土板托影响。

(2)组合梁正应力计算

当将组合梁中混凝土等效换算成钢材以后,即可认为组合梁的截面是由单一材料钢材组成,组合截面的正应力可以用材料力学的公式计算。

①当组合梁下设置临时支撑时,按一阶段受力设计,梁上的荷载全部由组合截面承担。不考虑混凝土徐变的影响时,其截面应力可按下式计算:

a)中和轴在板内

对钢梁上翼缘
$$\sigma_0^{\mathrm{t}} = \frac{M}{W_0^{\mathrm{t}}} \leqslant f \tag{12-41}$$

对钢梁下翼缘
$$\sigma_0^{\mathrm{b}} = \frac{M}{W_0^{\mathrm{b}}} \leqslant f \tag{12-42}$$

对组合梁顶部混凝土
$$\sigma_0^{\mathrm{c}} = -\frac{M}{\alpha_{\mathrm{E}} W_0^{\mathrm{c}}} \leqslant f_{\mathrm{c}} \tag{12-43}$$

b)中和轴在板下

对钢梁上翼缘
$$\sigma_0^{\mathrm{t}} = \pm\frac{M}{W_0^{\mathrm{t}}} \leqslant f \tag{12-44}$$

对钢梁下翼缘
$$\sigma_0^{\mathrm{b}} = \frac{M}{W_0^{\mathrm{b}}} \leqslant f \tag{12-45}$$

对组合梁顶部混凝土
$$\sigma_0^{\mathrm{c}} = -\frac{M}{\alpha_{\mathrm{E}} W_0^{\mathrm{c}}} \leqslant f_{\mathrm{c}} \tag{12-46}$$

式中: M——全部荷载对组合梁产生的正弯矩;

f——钢材的抗拉和抗弯强度设计值;

f_{c}——混凝土抗压强度设计值;

W_0^{t}、W_0^{b}、W_0^{c}——组合梁的组合截面对钢梁上翼缘、下翼缘和混凝土顶的抵抗矩。

②当组合梁下设置临时支撑时,按一阶段受力设计,梁上的荷载全部由组合截面承担。考虑混凝土徐变的影响时,其截面应力可按下式计算:

a)中和轴板内

对钢梁下翼缘 $$\sigma_0^{bc}=\frac{M_g}{W_0^{bc}}+\frac{M_q}{W_0^b}\leqslant f \tag{12-47}$$

对组合梁顶部混凝土 $$\sigma_0^{cc}=-\frac{M_g}{2\alpha_E W_0^{cc}}-\frac{M_q}{\alpha_E W_0^c}\leqslant f_c \tag{12-48}$$

b)中和轴在板下

对钢梁下翼缘 $$\sigma_0^{bc}=\frac{M_g}{W_0^{bc}}+\frac{M_q}{W_0^c}\leqslant f \tag{12-49}$$

对组合梁顶部混凝土 $$\sigma_0^{cc}=-\frac{M_g}{2\alpha_E W_0^{cc}}-\frac{M_q}{\alpha_E W_0^c}\leqslant f_c \tag{12-50}$$

式中:M_g——永久荷载对组合梁产生的弯矩设计值;

M_q——扣除永久荷载后的可变荷载对组合梁产生的弯矩设计值。

③当组合梁下不设置临时支撑时,按两个阶段受力设计,这时不考虑长期荷载作用下混凝土徐变的影响,其截面应力可按下式计算:

对钢梁下翼缘 $$\sigma_0^{b}=\frac{M_1}{\gamma_x W_{nx}}+\frac{M_2}{W_0^b}\leqslant f \tag{12-51}$$

对组合梁顶部混凝土 $$\sigma_0^{c}=-\frac{M_2}{\alpha_E W_0^c}\leqslant f_c \tag{12-52}$$

式中:M_1——施工阶段的永久荷载对组合梁产生的弯矩设计值;

M_2——使用阶段的永久荷载与可变荷载对组合梁产生的弯矩设计值。

例 12-1 某简支组合梁的截面尺寸如图 12-16 所示,组合梁的跨度 $l=6\text{m}$,施工时钢梁下设支撑;混凝土板的计算宽度 $b_e=1316\text{mm}$,混凝土板的厚度 $h_{c1}=100\text{mm}$,混凝土的强度等级为 C25,钢梁采用 I25a 工字形钢,钢号为 Q235,钢梁的截面面积 $A=4.85\times10^3\text{mm}^2$,钢梁的截面惯性矩 $I_s=50.2\times10^3\text{mm}^4$,在使用阶段作用在组合梁上的永久均布荷载设计值 $g=10.36\text{kN/m}$,可变均布荷载设计值 $q=15.6\text{kN/m}$,不考虑混凝土徐变的影响,试验算该组合梁截面在使用阶段的受弯承载力。

解 (1)截面几何特征值计算

钢材和混凝土的弹性模量之比

$$\alpha_E=E/E_c=206\times10^3/280\times10^2=7.4$$

混凝土板的换算宽度

$$b_{eq}=b_e/\alpha_E=1316/7.4=178\text{mm}$$

组合梁的总高度

$$H=h+h_{c1}=250+100=350\text{mm}$$

混凝土板截面重心到组合截面顶边的距离

$$y_1=h_{c1}/2=100/2=50\text{mm}$$

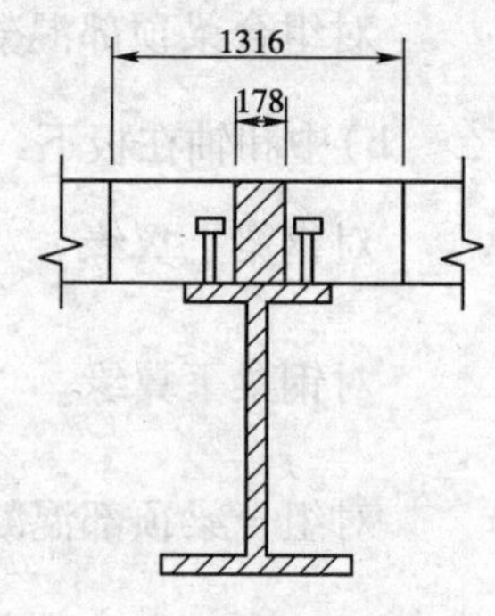

图 12-16 组合梁截面

钢梁截面重心到组合截面顶边的距离

$$y_2=h/2+h_{c1}=125+100=225\text{mm}$$

组合截面中和轴至组合截面顶的距离

$$y_0=\frac{\sum A_i y_i}{\sum A_I}=\frac{178\times100\times50+4.85\times10^3\times225}{178\times100+4.85\times10^3}=87.5\text{mm}<100\text{mm}$$

中和轴在混凝土板内换算截面惯性矩

$$I_0=\frac{b_{eq}h_{c1}^3}{12}+b_{eq}h_{c1}(y_0-0.5h_{c1})^2+I+A(y-y_0)^2$$

$$=\frac{178\times100^3}{12}+178\times100\times(87.5-50)^2+50.2\times10^6+4.85\times10^3\times(225-87.5)^2$$

$$=181.76\times10^6\text{mm}^4$$

换算截面对钢梁截面下边缘的抵抗矩

$$W_0^b=\frac{I_0}{H-y_0}=\frac{181.76\times10^6}{350-87.5}=6.92\times10^5\text{mm}^3$$

换算截面对组合截面顶的抵抗矩

$$W_0^c=\frac{I_0}{y_0}=\frac{181.76\times10^6}{87.5}=2.08\times10^6\text{mm}^3$$

(2)作用在组合梁上弯矩设计值

$$M=\frac{1}{8}(g+q)l^2=\frac{1}{8}(10.36+15.6)\times6^2=116.82\text{kN}\cdot\text{m}$$

(3)正应力验算

对组合梁钢梁的下边缘

$$\sigma_0^b=\frac{M}{W_0^b}=\frac{116.82\times10^6}{6.92\times10^5}=168.8(\text{N/mm}^2)<f=210\text{N/mm}^2(\text{拉})$$

对组合截面顶面

$$\sigma_0^c=\frac{M}{\alpha_E W_0^c}=\frac{116.82\times10^6}{7.4\times2.08\times10^6}=7.59(\text{N/mm}^2)<f_c=11.9\text{N/mm}^2(\text{压})$$

上述验算表明,该组合梁的受弯承载力满足要求。

4.组合梁竖向受剪承载力计算

(1)计算原则

①计算组合梁的剪应力时,应考虑施工阶段和使用阶段不同工作截面和受力特点;

②在楼板混凝土未硬化之前,施工阶段的全部荷载由组合梁的钢梁承担,钢梁的剪应力按钢梁截面进行计算,当楼板的强度达到混凝土的设计强度后,后加的使用阶段荷载由组合梁来承担,其钢梁的剪应力按组合截面计算;

③组合梁的钢梁的实际剪应力,等于钢梁分别按两阶段产生的剪应力之和。

(2)剪应力计算公式

①施工阶段

在施工荷载作用下,钢梁截面剪应力分布如图12-17b)所示,剪应力按下式计算:

$$\tau_1=\frac{V_1S_1}{I_wt_w} \tag{12-53}$$

式中:V_1——施工阶段的可变荷载和永久荷载在钢梁上产生的剪应力设计值;

S_1——剪应力验算截面以上的钢梁截面面积对钢梁中和轴 S-S 的面积矩;

t_w、I_w——钢梁的腹板、厚度的毛截面和惯性矩。

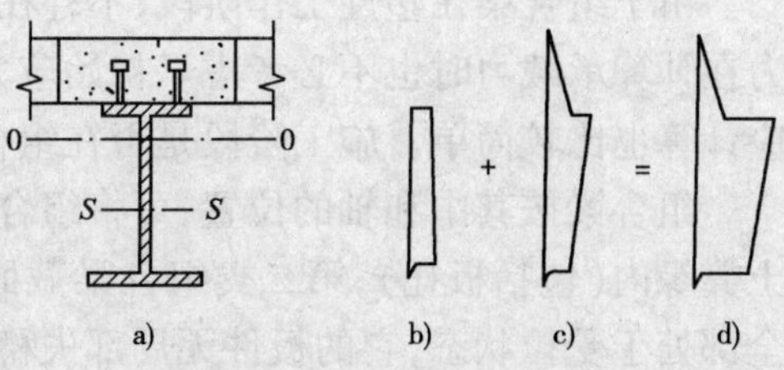

图12-17　组合梁的剪应力图形

a)组合梁截面;b)施工阶段钢梁的剪应力;c)使用阶段钢梁的附加应力;d)钢梁的总剪力

②使用阶段

组合梁在使用阶段增加的荷载作用下，其钢梁的剪应力按下式计算：

$$\tau_2 = \frac{V_2 S_0}{I_0 t_w} \tag{12-54}$$

式中：V_2——使用阶段总荷载(可变加永久)减去施工阶段总荷载对组合梁产生的剪力设计值；

S_0——剪应力计算截面以上的钢梁截面面积对组合截面(组合梁换算截面)中和轴0-0的面积矩；

I_0——组合梁换算截面的惯性矩。

③总的剪应力

a)当组合截面的中和轴0-0位于钢梁截面内时，钢梁总剪应力按$\tau = \tau_1 + \tau_2$，如图12-17d)所示；

b)当组合截面的中和轴0-0位于混凝土翼缘或板托内时，钢梁剪应力的验算截面，取钢梁腹板与翼缘的交接面，此处，钢梁的剪应力最大。

(3)抗剪强度验算

$$\tau \leqslant f_v \tag{12-55}$$

式中：f_v——钢材的抗剪强度设计值。

5. 主应力计算

在梁腹板与翼缘交接处同时作用有很大的法向应力和剪应力，为此，必须验算其主应力，钢梁的主应力、主剪应力分别为：

$$\sigma_{max} = \frac{\sigma}{2} + \sqrt{\left(\frac{\sigma}{2}\right)^2 + \tau^2} \leqslant f \tag{12-56}$$

$$\tau_{max} = \sqrt{\left(\frac{\sigma}{2}\right)^2 + \tau^2} \leqslant f_v \tag{12-57}$$

12.3.5 组合梁按塑性计算理论分析

由于混凝土为非弹性材料，组合梁按弹性理论分析时，只是混凝土的最大压应力小于0.5f_c，钢材的最大拉应力小于屈服强度f_y时才能认为是正确的，因此弹性理论方法仅在计算使用阶段组合梁截面应力及刚度计算才是正确的。在决定组合梁承载力时，由于未考虑塑性变形发展带来的刚度的潜力，计算偏于保守，而且也不符合组合梁的实际工作情况，基于这种情况，除直接承受动力荷载作用的组合梁以及钢梁板件宽厚比较大的组合梁外，一般均应用塑性分析法来计算组合梁的承载力。

由于组合梁在塑性工作阶段，不存在应力叠加的问题，这样，温度应力及混凝土的收缩应力在计算承载力时也不必考虑。初始应力的存在也不影响组合梁的最终承载力，因而作用效应计算也比较简单。施工阶段是否在组合梁下加临时支撑对其最终的承载力无影响。

组合梁按其中和轴的位置，可将组合梁分为两类：第一类组合截面为塑性中和轴位于混凝土翼缘内(包括板托)；第二类组合梁截面为中和轴位于钢梁内。在第一类截面中，钢梁截面全部处于受拉状态，它的板件无局部失稳问题；在第二类截面中，钢梁部分受拉，部分受压，为了保证钢梁受压屈服塑性变形能充分发展，钢梁宽厚比应满足有关规定的要求。

1. 适用范围

符合下列条件且混凝土翼板与钢梁部件之间实现完全抗剪连接的组合梁，其使用阶段应按塑性理论进行截面分析和承载力计算。

(1)在设计荷载作用下,不会因交替发生受拉屈服和受压屈服,使材料低周期疲劳破坏的构件。

(2)组合梁的中和轴位于混凝土受压翼缘板面内。

(3)组合梁的塑性中和轴虽位于其钢梁部件的截面内,但钢梁翼缘和腹板的板件宽厚比均满足表 12-1 的要求。

2. 适用条件

(1)塑性设计的前提条件是,组合梁截面应全截面塑性。因此,其钢材的力学性能应满足以下条件:

①强屈比:$f_u/f_y \geqslant 1.2$;

②伸长率:$\delta_5 \geqslant 15\%$;

③$\varepsilon_u \geqslant 20\varepsilon_y$。

ε_y 和 ε_u 分别为钢材的屈服点应变和对应于抗拉强度 f_u 的应变。

(2)组合梁中钢梁,在出现全截面塑性化之前,受压翼缘和腹板不发生板件的局部屈曲。

(3)应设置侧向支撑杆,以控制钢梁的侧向变形和弯扭变形。

12.3.5.1 组合梁受弯承载力计算

1. 计算假定

(1)塑性中和轴以下的型钢截面,其压应力全部达到钢材抗压强度设计值f;

(2)塑性中和轴以上的型钢截面,其压应力也全部达到钢材的抗压强度设计值f;

(3)塑性中和轴以上的混凝土截面均匀受压,其压应力全部达到混凝土的抗压强度设计值f_c;

(4)塑性中和轴以下的混凝土截面,假定全部开裂而不再受力;

(5)组合梁受到负弯矩作用时,混凝土翼缘板有效宽度内的纵向钢筋,其拉应力全部达到钢筋的抗拉强度设计值f_{st};

(6)若钢筋混凝土板的支座处设置了混凝土板托,确定组合梁截面尺寸时,混凝土板托的截面不计。

2. 正弯矩作用区段承载力计算公式

(1)塑性中和轴位于混凝土受压翼板内(图 12-18),即 $Af \leqslant b_e h_{c1} f_c$ 时,按下式计算

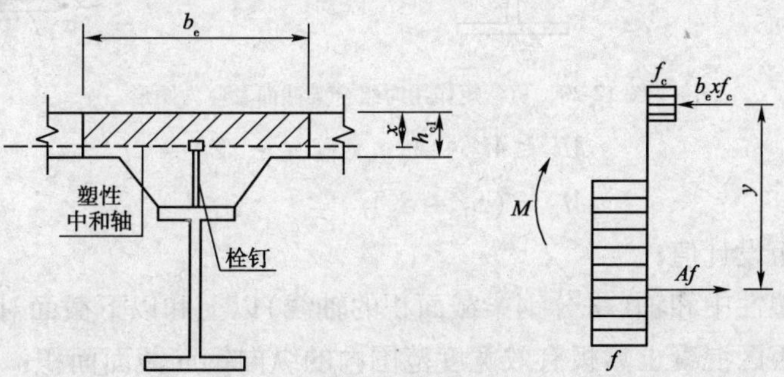

图 12-18　塑性中和轴在混凝土翼板内时的组合梁截面及应力图形

$$M \leqslant b_e x f_c y \tag{12-58}$$

$$x = \frac{Af}{b_e f_c} \tag{12-59}$$

式中：M——正弯矩设计值；

x——混凝土翼缘板受压区高度；

y——钢梁截面应力合力至混凝土受压区截面应力合力间的距离；

A——钢梁的截面面积；

f——钢材的抗拉、抗压、抗弯强度设计值；

f_c——混凝土抗压强度设计值。

（2）塑性中和轴在钢梁腹板内（图 12-19），即 $Af > b_e h_{c1} f_c$ 时，按下式计算

$$M \leqslant b_e h_{c1} f_c y_1 + A_c f y_2 \tag{12-60}$$

$$A_c = 0.5\left(A - b_e h_{c1} \frac{f_c}{f}\right) \tag{12-61}$$

式中：A_c——钢梁的受压区截面面积；

y_1——钢梁受拉区截面形心至混凝土翼板受压区截面形心的距离；

y_2——钢梁受拉区截面形心至钢梁受压区截面形心的距离。

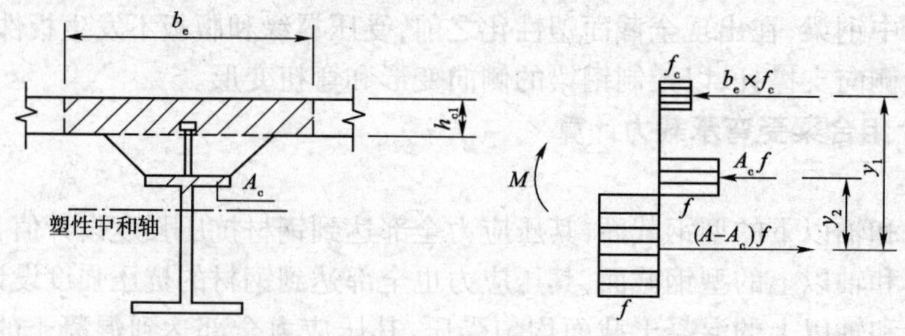

图 12-19 塑性中和轴在钢梁内时组合梁截面应力图形

3. 负弯矩区段承载力计算公式（图 12-20）

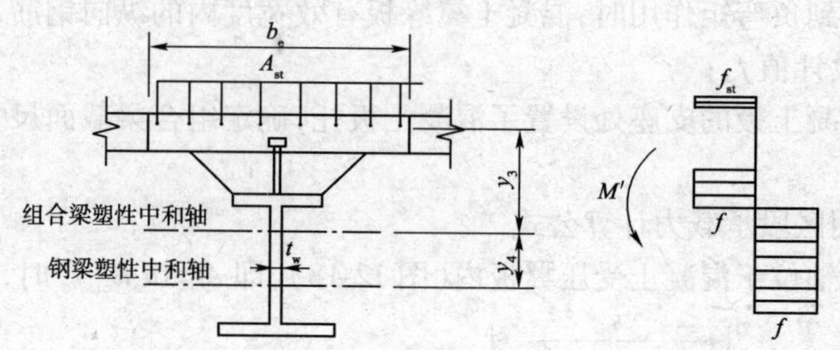

图 12-20 负弯矩作用时组合梁截面及应力图形

$$M' \leqslant M_s + A_{st} f_{st} (y_3 + y_4/2) \tag{12-62}$$

$$M_s = (S_1 + S_2) f \tag{12-63}$$

式中：M'——负弯矩设计值；

S_1、S_2——钢梁塑性中和轴（平分钢梁截面积的轴线）以上和以下截面对该轴的面积矩；

A_{st}——负弯矩区混凝土翼板有效宽度范围内的纵向钢筋截面面积；

f_{st}——钢筋抗拉强度设计值；

y_3——纵向钢筋截面形心至组合梁塑性中和轴之间的距离；

y_4——组合梁塑性中和轴至钢梁塑性中和轴的距离，当组合梁塑性中和轴在钢梁腹板内时，可取 $y_4 = A_{st} f_{st}/(2t_w f)$；当该中和轴在钢梁翼缘内时，可取 y_4 为钢梁塑性中

和轴至腹板上边缘的距离。

12.3.5.2 组合梁受剪承载力计算

(1)采用塑性设计法计算组合梁的承载力时,对于受正弯矩作用的组合梁截面,可不计入弯矩与剪力的相互影响。对负弯矩作用的组合梁截面,当满足 $A_{st}f_{st}\geqslant 0.15Af$ 时,不考虑弯矩和剪力的相互影响。

(2)简支组合梁若按塑性设计方法分析时,不考虑混凝土翼缘板及其板托参与承担剪力。

(3)组合梁截面的全部剪力,假定仅由其钢梁部件的腹板承担,其受剪承载力按下式计算:

$$V\leqslant h_w t_w f_v \tag{12-64}$$

式中:h_w——组合梁内钢梁部件截面高度;

t_w——组合梁内钢梁部件截面的厚度;

f_v——钢材的抗剪强度设计值。

例 12-2 压型钢板简支组合梁截面如图 12-21 所示,压型钢板组合板的混凝土强度等级为 C25,钢梁采用 Q235 钢,试计算该组合梁的塑性承载力。

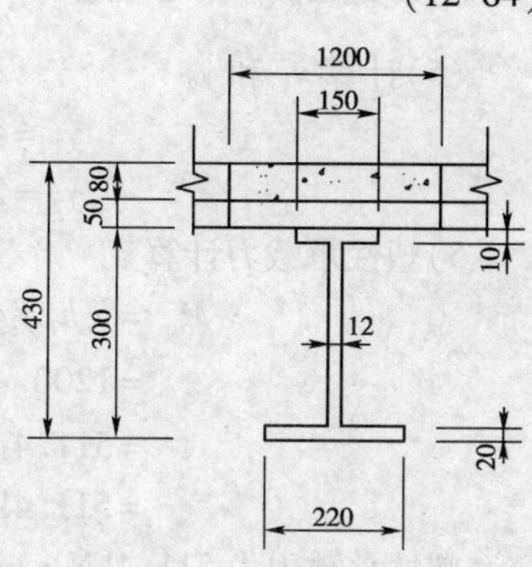

图 12-21 组合梁截面

解 1)材料强度设计值

混凝土抗压强度设计值

$$f_c=11.9\text{N/mm}^2$$

钢材抗压、抗拉强度设计值

$$f=210\text{N/mm}^2$$

2)判断塑性中和轴位置

$$\begin{aligned}Af&=(150\times10+270\times12+220\times20)\times210\\&=1919400\text{N}\\&=1919.4\text{kN}\end{aligned}$$

$$b_e h_{c1} f_c=1200\times80\times11.9=1142400\text{N}=1142.4\text{kN}$$

$Af>b_e h_{c1} f_c$,中和轴在钢梁腹板内。

3)验算钢梁受压板件宽厚比

上翼缘宽厚比验算

$$b/t=69/10=6.9<9\times\sqrt{235/f}=9\times\sqrt{235/210}=9.52(\text{满足要求})$$

腹板宽厚比验算

$$h_0/t_w=270/12=22.5<72\times\sqrt{235/f}=72\times\sqrt{235/210}=76.2(\text{满足要求})$$

可以采用塑性设计方法计算。

4)计算 y_1 和 y_2

(1)计算钢梁受压区截面面积

$$\begin{aligned}A_c&=0.5\left(A-b_e h_{c1}\frac{f_c}{f}\right)\\&=0.5\left(9140-1200\times80\times\frac{11.9}{210}\right)\\&=1850\text{mm}^2\end{aligned}$$

(2)计算钢梁受拉截面面积

$$A - A_c = 9140 - 1850 = 7290\text{mm}^2$$

(3)计算受拉、受压腹板高度

受拉腹板的高度 $\dfrac{7290 - 220 \times 20}{12} = 241\text{mm}$

受压腹板的高度 $(300 - 30) - 241 = 29\text{mm}$

(4)计算钢梁受拉截面、受压截面的形心位置(以受拉翼缘下边缘为基线)

钢梁受拉截面形心位置 $\dfrac{220 \times 20 \times 10 + 241 \times 12 \times 140.5}{4400 + 241 \times 12} = 61.8\text{mm}$

钢梁受压截面形心位置 $\dfrac{150 \times 10 \times 295 + 12 \times 29 \times (290 - 14.5)}{150 \times 10 + 12 \times 29} = 291.3\text{mm}$

(5)计算 y_1 和 y_2

$$y_1 = 430 - 0.5 \times (61.8 + 80) = 359.1\text{mm}$$

$$y_2 = 291.3 - 0.5 \times 61.8 = 260.4\text{mm}$$

5)塑性承载力计算

$$\begin{aligned} M_u &= b_e h_c f_c y_1 + A_c f y_2 \\ &= 1200 \times 80 \times 11.9 \times 359.1 + 1850 \times 210 \times 260.4 \\ &= 511.4 \times 10^6 \text{N} \cdot \text{mm} \\ &= 511.4 \text{kN} \cdot \text{m} \end{aligned}$$

塑性承载力为 511.4kN·m。

12.3.6 抗剪连接件的设计

12.3.6.1 构造要求

1.一般构造要求

抗剪连接件的作用是抵抗水平剪力和竖向掀起力,其设置应符合以下规定:

(1)栓钉连接件钉头下表面或槽钢连接件上翼缘下表面应高出(不宜小于)翼缘板底部钢筋顶面 30mm;

(2)连接件沿梁跨度方向的最大间距不应大于混凝土翼板(包括板托)厚度的 4 倍,且不应大于 400mm;

(3)连接件的外侧边缘与钢梁翼缘板边缘的距离不应小于 20mm;

(4)连接件的外侧边缘至混凝土翼缘板边缘的距离不应小于 100mm;

(5)连接件的顶面混凝土保护层的厚度不应小于 15mm。

2.各种抗剪连接件的构造要求

连接件的外形及设置方向如图 12-22 所示。

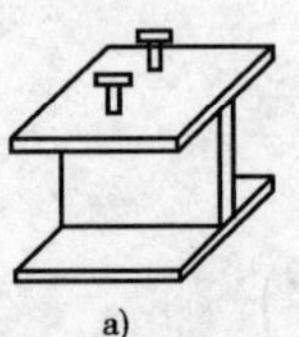

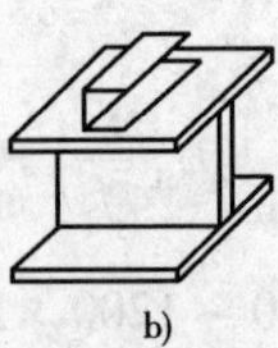

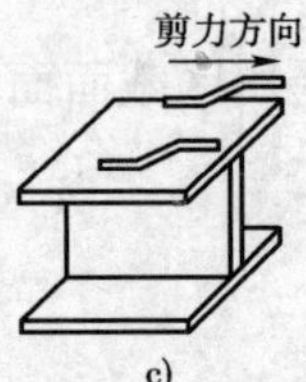

图 12-22 连接件的外形及设置方向

a)栓钉连接件;b)槽钢连接件;c)弯筋连接件

(1)栓钉连接件

栓钉是采用自动焊接机焊于钢梁翼缘上，焊接时使用配件瓷环，在自动拉弧焊接的过程中能隔气保温、挡光，防止溶液飞溅。

①栓钉的公称直径有 8mm，10mm，13mm，16mm，19mm 及 22mm，常用的为后 4 种。

②栓钉的长度不应小于杆径的 4 倍。

③当栓钉的位置不正对钢梁腹板时，如钢梁上翼缘承受拉力，则栓钉杆直径不应大于钢梁上翼缘厚度的 1.5 倍；如钢梁的上翼缘不承受拉力，则栓钉杆直径不应大于钢梁上翼缘厚度的 2.5 倍。

④栓钉沿梁跨方向间距不应小于杆径 6 倍，垂直于梁跨方向的间距不应小于杆径 4 倍，如图 12-23 所示。

⑤用压型钢板作底模的组合梁，栓钉杆直径不宜大于 19mm，混凝土凸肋宽度不应小于栓钉直径的 2.5 倍；栓钉高度 h_d 应符合 $(h_e+30) \leqslant h_d \leqslant (h_e+75)$ 的要求。如图 12-24 所示。

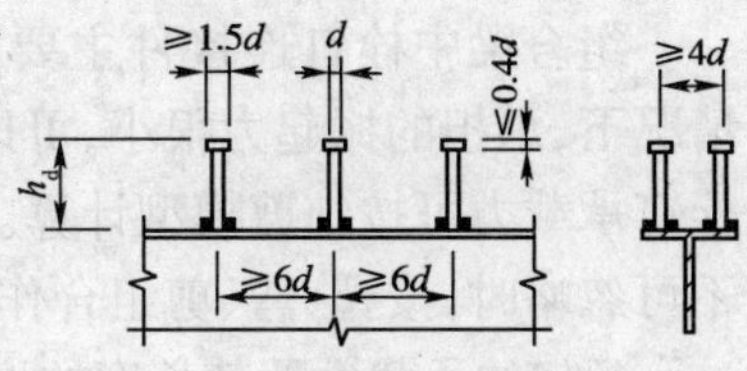

图 12-23　栓钉连接件的布置要求

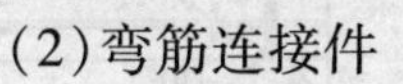
(2)弯筋连接件

①弯起钢筋应成对称布置，直径不应小于 12mm，弯起角一般为 45°，弯折方向应与混凝土翼板对钢梁的水平剪力方向相一致，如图 12-25 所示。

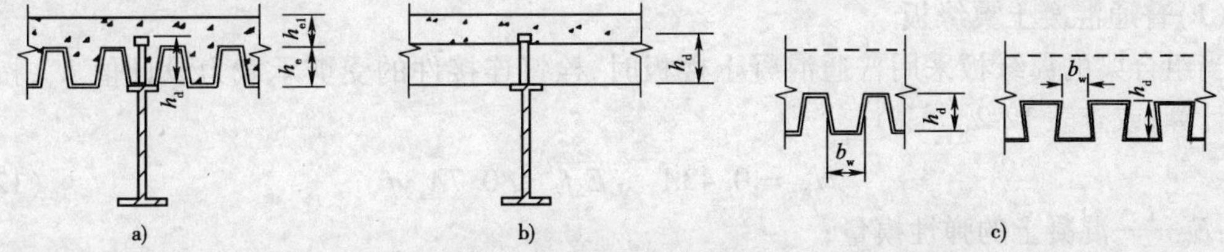

图 12-24　采用压形钢板的组合梁

a)压型钢板凸肋平行于钢梁；b)压型钢板凸肋垂直钢梁；c)压型钢板组合板剖面

②在梁的跨中区段可能发生纵向水平剪应力变号处，应在两个方向均设置弯起钢筋。

③每根弯起钢筋从弯起点算起的总长度不应小于 25d，其中水平段长度不应小于 10d。

④弯起钢筋连接件沿梁长方向的间距 S 应小于混凝土翼缘板(包括板托)0.7 倍。

⑤弯起钢筋与钢梁连接的双侧焊缝的长度应不小于 4d(HPB235 钢筋)或 5d(变形钢筋)，d 为钢筋直径。

(3)槽钢连接件

①槽钢连接件一般采用 Q235 钢轧制的小型槽钢。

②槽钢连接件的开口方向应与板梁叠合面纵向水平剪力方向一致，如图 12-26 所示。

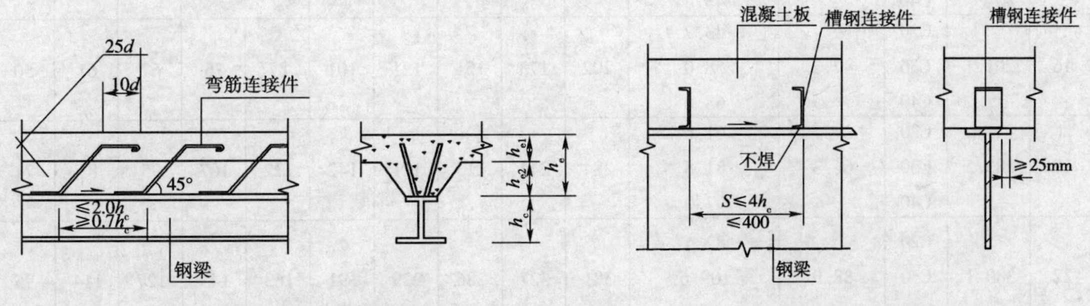

图 12-25　组合梁的弯筋连接件　　图 12-26　组合梁的槽钢连接件

③槽钢连接件沿梁跨度方向的间距 S 不应大于混凝土翼板(包括板托)厚度的 4 倍,且不应大于 400mm。

3. 钢梁顶面不得涂刷油漆,并应在浇混凝土楼板之前清除铁锈、焊渣及其他杂质

4. 梁端连接件

(1)组合梁的端部,应在钢梁顶面焊接两端连接件,以承受因混凝土干缩所引起的应力。

(2)梁端连接件一般采用工字钢上加焊水平锚筋,如图 12-27 所示。

(3)梁端连接件的工字钢上的锚筋,其直径和根数根据计算确定。

12.3.6.2 单个抗剪连接件承载力

1. 圆柱头焊钉连接件承载力

组合梁中栓钉连接件主要承受侧压力,一般情况下,承担的掀起力很小,可以忽略不计,因此,栓钉承载力可按纯剪模型计算。当栓钉中拉应力不可忽略时,按拉、弯、剪组合作用计算。

栓钉的承载力随其长度的增加而增加,但当栓径的长度与直径之比大于 4 之后,承载力的增长有限。这时,栓径长度增加对承载力的影响可以不计。

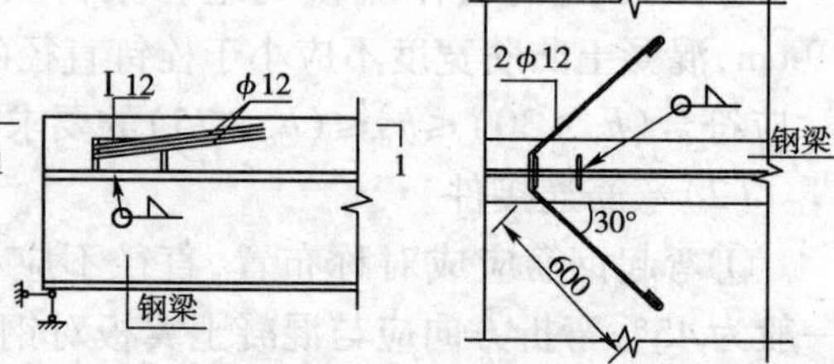

图 12-27 组合梁的梁端连接件

(1)普通混凝土翼缘板

当组合梁的翼缘板采用普通混凝土楼板时,栓钉连接件的受剪承载力设计值 N_v^c,按下列公式计算,或查表 12-2。

$$N_v^c = 0.43A_s\sqrt{E_c f_c} \leqslant 0.7A_s\gamma f \tag{12-65}$$

式中:E_c——混凝土的弹性模量;

A_s——圆柱头焊钉(栓钉)钉杆截面面积;

f——圆柱头焊钉(栓钉)抗拉强度设计值;

γ——栓钉材料抗拉强度最小值与屈服强度之比。

当栓钉材料性能等级为 4.6 级时,取 $f=215\text{N/mm}^2$,$\gamma=1.67$。

圆柱头栓钉的受剪承载力设计值 N_v^c 表 12-2

栓钉直径(mm)	杆截面面积 A_s (mm^2)	混凝土强度等级	一个圆柱头栓钉受剪承载力设计值(kN)		在下列间距(mm)沿每米的单排圆柱头栓钉的受剪承载力设计值(kN)									
			$0.7\gamma A_s f_s$	$0.43A_s\sqrt{E_c f_c}$	150	175	200	250	300	350	400	450	500	600
13	132.7	C20 C30 C40	31.0	28.8 38.3 45.4	133	114	100	80	67	57	50	44	40	33
16	201.1	C20 C30 C40	47.2	43.7 58.0 68.8	202	173	151	121	101	87	76	67	61	50
19	283.5	C20 C30 C40	66.3	61.6 81.8 97.0	284	244	213	171	142	122	107	95	85	71
22	380.1	C20 C30 C40	88.9	82.5 109.6 130.1	381	327	286	229	191	163	143	127	114	95

(2)压型钢板混凝土翼板

当组合梁的混凝土翼板采用以压型钢板为底模的组合板或非组合板时,其叠合面上的栓钉连接件受剪承载力设计值 N_c^v,应按下列两种情况分别乘以折减系数 β_v。

①型钢板底凸肋平行于钢梁,如图 12-23a)所示,且 $b_w/h_e<1.5$ 时

$$\beta_v = 0.6\frac{b_w}{h_e}\left(\frac{h_d-h_e}{h_e}\right)\leqslant 1 \tag{12-66}$$

②压型钢板底凸肋垂直于钢梁,如图 12-23b)所示

$$\beta_v = \frac{0.85}{\sqrt{n_0}}\frac{b_w}{h_e}\left(\frac{h_d-h_e}{h_e}\right)\leqslant 1 \tag{12-67}$$

式中:b_w——混凝土凸肋底平均宽度,肋底上部宽度小于下部宽度时,如图 12-23c)所示,取上部宽度;

h_e——混凝土凸肋高度;

h_d——栓钉高度;

n_0——在梁某截面处一个肋中布置的栓钉数,当多于 3 个时,按 3 个计算。

2. 槽钢连接件的承载力

(1)受剪承载力计算

一个槽钢连接件的受剪承载力设计值 N_v^c,可按下式计算,也可查表 12-3。

$$N_v^c = 0.26(t+0.5t_w)l_c\sqrt{E_c f_c} \tag{12-68}$$

式中:t——槽钢翼缘的平均厚度;

t_w——槽钢腹板的厚度;

l_c——槽钢的长度;

f_c——混凝土的抗压强度设计值。

槽钢连接件受剪承载力设计值 N_v^c(kN) 表 12-3

槽钢的型号	混凝土强度等级	一个槽钢的抗剪承载力设计值	在下列间距沿梁长每米槽钢受剪承载力设计值									
			150	175	200	250	300	350	400	450	500	600
6.3	C20	130	817	743	650	520	443	371	325	289	260	217
	C30	173	1151	987	863	691	576	493	432	384	345	288
	C40	205	1366	1171	1025	820	683	585	512	455	410	342
8	C20	138	919	993	689	551	460	393	345	306	276	230
	C30	183	1221	1046	916	732	610	523	458	407	366	305
	C40	217	1449	1242	1087	869	724	621	543	483	435	362
10	C20	146	976	837	732	586	488	418	366	325	293	244
	C30	194	1296	1111	972	778	648	556	486	432	389	324
	C40	231	1539	1319	1154	923	769	659	577	513	462	385
12 12.6	C20	154	1028	882	771	617	514	441	386	343	309	257
	C30	205	1366	1171	1025	820	683	586	512	455	410	342
	C40	243	1621	1389	1216	973	811	695	608	540	486	405

注:表中槽钢的长度按 100mm 计算。当槽钢长度不为 100mm 时,其抗剪承载力设计值按比例增减。

(2)焊缝计算

槽钢连接件通过肢尖、肢背两条角焊缝与钢梁相连,角焊缝高度按该连接件的抗剪承载力 N_v^c 计算。

3. 弯筋连接件承载力

一根弯筋连接件的受剪承载力设计值 N_v^c 可按下式计算，也可查表 12-4。

$$N_v^c = A_{st}f_{st} \tag{12-69}$$

式中：A_{st}——一根弯起钢筋连接件的截面面积；

f_{st}——钢筋的抗拉强度设计。

弯起钢筋连接件的受剪承载力设计值 表 12-4

直径（mm）	截面面积（mm^2）	钢筋强度设计值（N/mm^2）	一根弯起钢筋的受剪承载力设计值（kN）	在下列间距（mm）沿梁长的单排弯起钢筋的受剪承载力设计值（kN）									
				150	175	200	250	300	350	400	450	500	600
12	113.1	210	23.8	158	136	119	95	79	68	59	53	48	40
		300	33.9	234	200	175	140	117	100	88	78	70	58
14	153.9	210	32.3	215	185	162	129	108	92	81	72	65	54
		300	46.2	318	273	239	191	159	136	119	106	95	80
16	201.1	210	42.2	282	241	211	169	141	121	106	94	84	70
		300	60.3	416	356	312	249	208	178	156	139	125	104
18	254.5	210	53.4	356	305	267	214	178	153	134	119	169	89
		300	76.4	526	451	395	316	263	225	197	175	158	131
20	314.2	210	66.0	440	377	330	264	220	180	165	147	132	110
		300	94.3	649	557	487	390	325	278	244	216	195	162
22	380.1	210	79.8	532	456	399	319	266	228	200	177	160	133
		300	114.0	786	673	589	471	393	337	295	262	236	196

注：表中 $210N/mm^2$ 及 $300N/mm^2$ 的钢筋强度设计值分别为 HPB235、HRB335 级钢筋强度设计值。

12.3.6.3 连接件的计算和配置

1. 抗剪连接件数量的确定

完全抗剪连接组合梁的抗剪设计应保证梁截面在达到受弯承载力之前交界面不发生连接件的受弯破坏，因此，最大弯矩截面至零弯矩截面之间区段（剪跨区）内的抗剪连接件数量按下式计算：

$$n_f = \frac{V_S}{N_v^c} \tag{12-70}$$

式中：N_v^c——单个连接件的受剪承载力；

V_S——剪跨区内混凝土翼缘板和交界面上的纵向剪力值。

2. 剪跨区段的划分

对组合梁进行抗剪连接计算时，应根据梁的弯矩图形，以支座点、弯矩绝对值最大点和零弯矩点划界，将梁划分为若干个剪力段，如图 12-28 所示，并逐段进行计算。

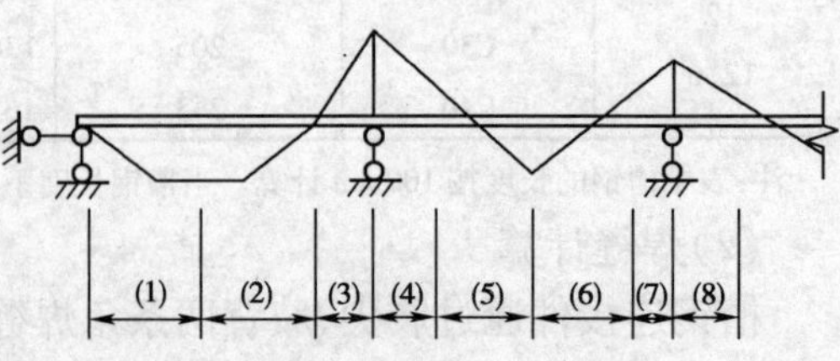

图 12-28 组合梁剪跨段的划分

3. 剪跨区纵向剪力值的计算

剪跨区纵向剪力值与梁设计方法相对应，分别采用塑性计算方法和弹性计算方法。

(1) 抗剪连接件的弹性计算方法

如图 12-29 所示，设在组合梁上第 i 个连接件处，连接件间距为 u_i，荷载引起的竖向剪力为 V_i，由材料力学知，在混凝土翼缘板与钢梁叠合面上，该处的单位长度的纵向剪力 V_{is}，按下面两种情况考虑：

①当不考虑混凝土翼缘板的混凝土徐变，按下式计算：

$$V_{is} = \frac{V_i S_0}{I_0} \tag{12-71}$$

式中：S_0——混凝土翼缘板的换算截面绕整个换算截面重心轴的面积矩；

I_0——整个截面绕换算截面自身重心轴的惯性矩。

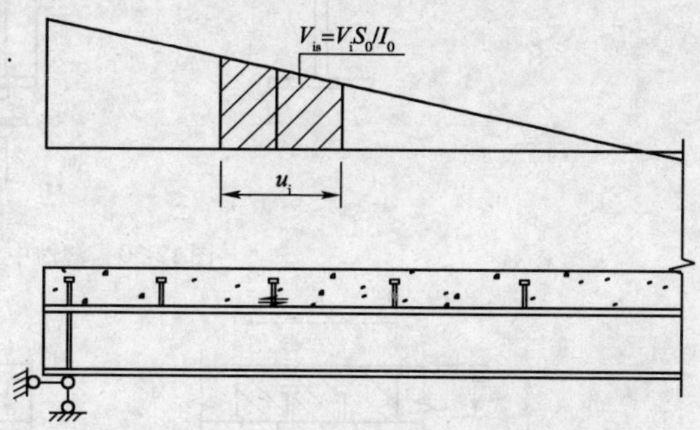

图 12-29　组合梁中连接件的纵向剪力

由于 I_0/S_0 为常量，所以单位长度的纵向剪力 V_{is} 与该处的竖向剪力 V_i 成正比。设该处连接件的间距为 u_i，所以，该连接件所承受的纵向剪力 V_S 即一个抗剪连接件所承受的纵向剪力为：

$$V_S = V_{is} u_i = \frac{V_i S_0 u_i}{I_0} \tag{12-72}$$

②当考虑混凝土翼缘板的混凝土徐变时，按下式计算：

$$V_S = \frac{V_G S_0^c u_i}{I_0^c} + \frac{V_Q S_0 u_i}{I_0} \tag{12-73}$$

式中：V_G——永久荷载及准永久荷载设计值引起的剪力；

V_Q——可变荷载中短期作用设计值引起的剪力；

S_0^c——混凝土翼板考虑混凝土徐变的换算截面绕整个截面重心轴的惯性矩；

I_0^c——整个截面绕考虑混凝土徐变换算截面自身重心轴的惯性矩。

(2)抗剪连接件的塑性计算方法

由于连接件的工作并不是绝对刚性，当受载超过 $0.9N_v^c$，就会发生滑移变位，引起叠合面上各个连接件之间发生内力重分配。在极限状态时，叠合面上各个连接件受力几乎均匀相等，与连接件所在的位置无关。基于这样的原理，组合梁连接件的塑性设计应按极限状态来设计。

①位于正弯矩区段的剪跨段

按塑性中和轴的位置不同，可按以下两种情况来计算：

a)塑性中和轴位于混凝土翼板内，如图 12-30 所示。

根据图 12-30 所示的平衡条件，有

$$V_S = A f \tag{12-74}$$

b)塑性中和轴位于钢梁内，如图 12-31 所示。

根据图 12-31 所示的平衡条件，有

$$V_S = b_e h_{c1} f_c \tag{12-75}$$

②位于负弯矩区段的剪跨段

$$V_S = A_{st} f_{st} \tag{12-76}$$

式中：A_{st}——负弯矩区段混凝土翼板有效宽度范围内的纵向钢筋总截面面积；

f_{st}——钢筋的抗拉强度设计值。

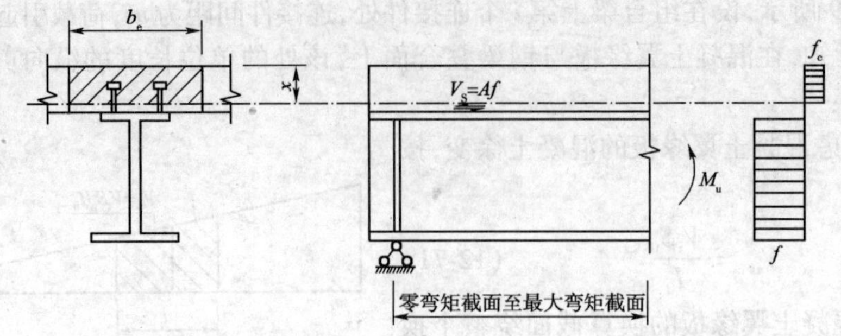

图 12-30　塑性中和轴位于混凝土翼板内

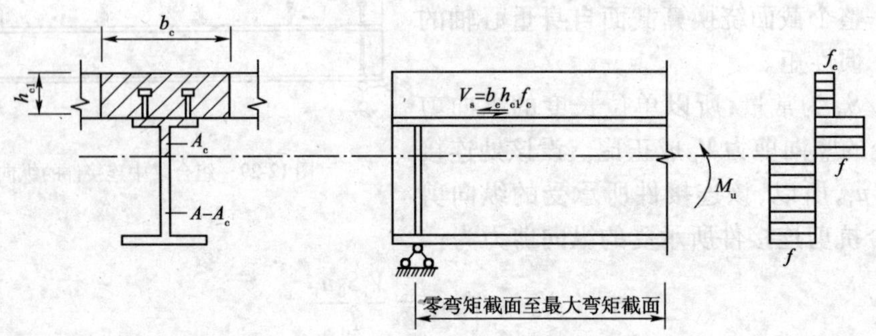

图 12-31　塑性中和轴位于钢梁内

4. 抗剪连接件的布置

根据公式(12-70)可以计算出抗剪连接件的数量。在进行抗剪连接件布置时,要注意以下问题:

(1)抗剪连接件的布置要与计算方法相对应,当采用弹性计算方法时,抗剪连接件的布置应按在一个剪跨区段内剪力大小不同的分区相应采用疏密不同的间距布置。例如,在均布荷载作用下连接件的布置可采用作图法。如图 12-32 所示,把剪力图分成几个大小相等的面积,在各个面积重心处布置连接件。当采用塑性方法计算时,在一个剪跨区段内连续均匀布置。

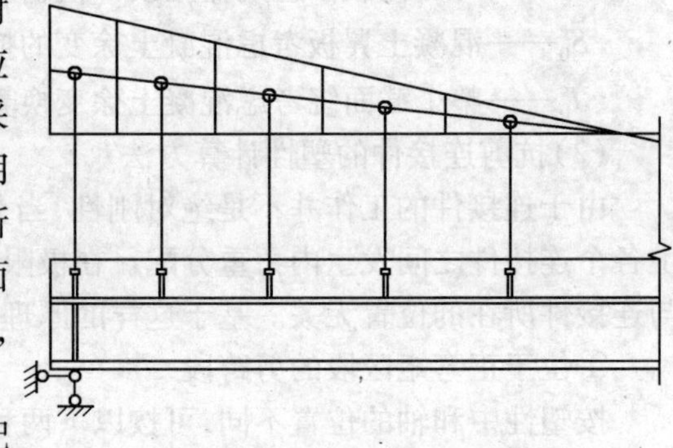

图 12-32　按弹性理论布置连接件

(2)抗剪连接件布置时,在同一组合梁中配置的连接件间距一般不多于 2 ~ 3 种。

(3)当因构造原因,所需连接件数量不能满足计算要求时,也可配置少于总数的连接件,而按部分抗剪连接组合梁计算,只限于受静载且集中荷载不大的情况。

12.3.6.4　纵向界面受剪承载力计算

1. 验算对象

(1)属于下列情况之一,应对组合梁的钢梁翼缘与混凝土翼缘板的纵向界面,进行受剪承载力验算:

①组合梁的翼缘板采用普通钢筋混凝土楼板;

②组合梁的翼缘板采用以压型钢板作底模的组合板,且压型钢板底凸肋平行于钢梁。

(2)压型钢板为底模的组合板或非组合板,用作组合梁的翼缘板,且压型钢板底凸肋垂直钢梁，可不进行纵向界面受剪承载力验算。

2. 纵向界面

进行组合梁钢梁翼缘与混凝土翼缘板的纵向界面的受剪承载力验算时，应分别对下列界面进行验算：

(1)钢梁上翼缘两侧的混凝土翼缘板纵向界面，如图 12-33 中的 *a-a* 界面。

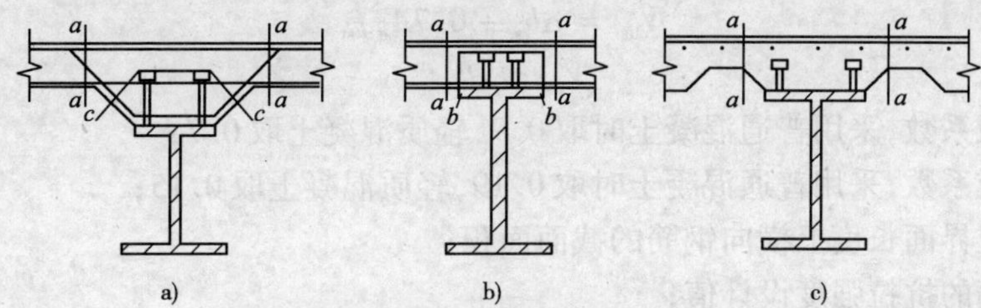

图 12-33 组合梁翼板的纵向受剪界面

a)有托板；b)无托板；c)压型钢板凸肋平行于钢梁

(2)包络板梁叠合面抗剪连接件的纵向界面，如图 12-32 中的 b-b、c-c 界面。

3. 界面受剪计算

混凝土翼缘板纵向界面受剪计算公式如下：

$$V_S \leqslant V_{us} \tag{12-77}$$

式中：V_S——荷载作用引起的单位界面长度上的纵向剪力；

V_{us}——单位界面长度上的纵向界面抗剪强度。

4. 荷载作用下单位界面长度上的纵向剪力计算

对于界面上纵向剪力值，分为弹性分析方法计算和塑性分析方法计算两种。

(1)对于混凝土翼板的纵向界面，如图 12-33 中所示的 *a-a* 界面。

当采用弹性分析方法计算时，有：

$$V_S = \frac{VS_0}{I_0} \cdot \frac{b_1}{b_e} \tag{12-78}$$

$$V_S = \frac{VS_0}{I_0} \cdot \frac{b_2}{b_e} \tag{12-79}$$

取其中较大者。

当采用塑性分析方法计算时，有：

$$V_S = \frac{V_l}{l_c} \cdot \frac{b_1}{b_e} \tag{12-80}$$

$$V_S = \frac{V_l}{l_c} \cdot \frac{b_2}{b_e} \tag{12-81}$$

取其中较大者。

式中：l_c——剪跨，等于最大弯矩截面至零弯矩截面之间的距离；

V_S——剪跨长度上总纵向剪力；

b_1、b_2——混凝土翼缘板左、右两侧的挑出长度。

(2)对于包络连接界面，如图 12-33 中所示的 *b-b* 和 *c-c* 界面。

当采用弹性分析方法计算时，有：

$$V_S = \frac{VS_0}{I_0} \tag{12-82}$$

当采用塑性分析方法计算时，有：

$$V_{\mathrm{S}} = \frac{V_l}{l_c} \tag{12-83}$$

5. 单位界面上界面抗剪强度的计算

按下式计算：

$$V_{us} = \alpha b_s + 0.7A_e f_{st} \tag{12-84}$$

且

$$V_{us} \leqslant \beta b_s f_c \tag{12-85}$$

式中：α——折减系数，采用普通混凝土时取0.9，轻质混凝土取0.7；

β——折减系数，采用普通混凝土时取0.19，轻质混凝土取0.15；

A_e——单位界面长度上横向钢筋的截面面积；

f_{st}——钢筋的抗拉强度设计值；

b_s——纵向受剪界面的周边长度。

6. 横向钢筋面积的计算

(1)计算面积

组合梁的钢梁翼缘与混凝土翼缘板的纵向界面，单位长度上横向钢筋的计算面积，依界面所在的部位，按下式计算：

①界面 *a-a*

$$A_e = A_b + A_l \tag{12-86}$$

式中：A_b——单位梁的长度上翼缘板中底部钢筋截面面积；

A_l——同上，但为上部钢筋截面面积。

②界面 *b-b*

$$A_e = 2A_b \tag{12-87}$$

③界面 *c-c*

当连接件抗掀起端底面（如栓钉端头底面、方钢环内径最高点和槽钢上翼缘底面）高出翼板部钢筋底距离 $e<30$mm 时：

$$A_e = 2A_h \tag{12-88}$$

当 $e \geqslant 30$mm 时：

$$A_e = 2(A_h + A_b) \tag{12-89}$$

式中：A_h——单位梁长度上板托横向钢筋的截面面积。

(2)横向钢筋最小配筋量

横向钢筋的最小用量应符合以下条件：

$$A_e f_{st} \geqslant 0.75 b_s \tag{12-90}$$

7. 板托的构造

板托构造尺寸除满足前面的构造要求外，还应注意以下几个方面：

(1)板托边缘距连接件外侧的距离不得小于40mm。

(2)板托中配置横向钢筋的下部水平段应设置在距钢梁上翼缘500mm的范围以内。连接件端底面应高出横向钢筋下部水平段的距离不得小于30mm，横向间距应不大于600mm。

例12-3 某工程组合梁，跨度为6m，半跨内选用了13个ϕ19的栓钉连接件，栓钉的抗剪承载力设计值$N_v^c=66.3$kN，截面尺寸如图12-34所示，进行纵向抗剪承载力计算。

解 1. 确定板托的外形尺寸

由图 12-34 知，组合梁钢梁采用 I20b，其上翼缘宽度 $b = 102\text{mm}$，扣除栓钉钉杆直径后，板托边距栓钉外侧的距离 $= (102 - 19)/2 = 41.5\text{mm} > 40\text{mm}$，符合规定。

托板上宽 $= 102 + 2 \times 120 = 342\text{mm}$，取 340mm

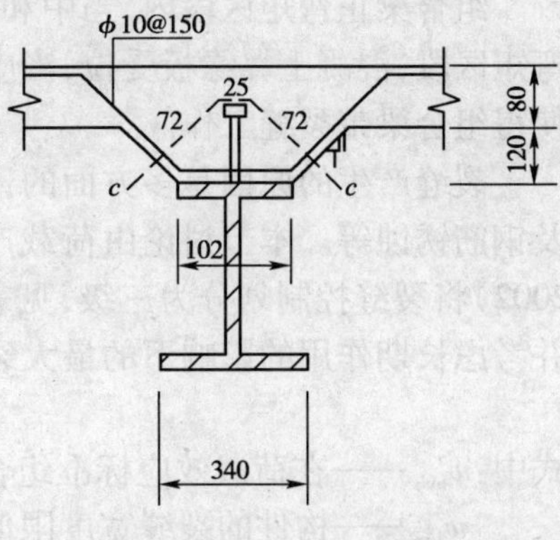

图 12-34　托板的构造图

2. 板托中横向钢筋的设计

栓钉的间距　$u_i = 3000/13 = 230\text{mm}$

连接件包络界面 c-c

$$V_S = \frac{n_i N_v^c}{u_i} = \frac{1 \times 66300}{230} = 288.3\text{N/mm}$$

连接件包络界面 c-c 的幅宽

$$V_S = 288.3\text{N/mm}^2 < \beta b_s f_c$$
$$= 0.19 \times 169 \times 9.6 = 308.3\text{N/mm}^2$$

板托界面尺寸符合设计规定。

单位长度界面抗剪强度设计值为

$$V_{us} = \alpha b_s + 0.7 A_e f_{st}$$
$$= 0.9 \times 169 + 0.7 \times A_e \times 210$$
$$= 152 + 147 A_e$$

根据公式(12-95)

$$V_S = V_{us}$$
$$288.3 = 152 + 147 A_e$$
$$A_e = 0.927\text{mm}^2/\text{mm}$$

因栓钉高度为 72mm(4 倍栓钉直径)，小于板托高度 120mm，整个栓钉位于板托之内，混凝土翼板内的下部钢筋 A_b 不能计入 A_e 内，故有：

$$A_h = A_e/2 = 0.927/2 = 0.464\text{mm}^2/\text{mm} = 464\text{mm}^2/\text{m}$$

选 $\phi 10@150$，$A_h = 523\text{mm}^2/\text{m}$

栓钉钉头底面高出板托横向钢筋水平段距离 $e = 45\text{mm}$，选用横向钢筋间距 $170\text{mm} < 4 \times e = 4 \times 45 = 180\text{mm} < 600\text{mm}$，符合构造规定。

12.3.7　组合梁的挠度和裂缝宽度验算

12.3.7.1　概述

为了保证安全可靠，组合梁均需进行承载力计算。此外，还可能由于变形和裂缝超过容许值而影响正常使用。因此，应根据具体使用要求，进行变形和裂缝宽度验算，使变形和裂缝宽度不超过规定的限值。

组合结构构件不满足正常使用时对生命财产的危害要比不满足承载力时要小，因此，在验算时采用荷载标准值、荷载的准永久值和材料的强度标准值。

对于组合梁的挠度验算，要求分别按荷载效应标准组合值、荷载效应准永久组合值(考虑长期荷载作用下混凝土徐变、收缩的影响)计算，其中的较大者不应大于《钢结构设计规范》规定的限值，即：

$$\max(f_k, f_q) \leqslant f_{lim} \tag{12-91}$$

式中：f_k——按荷载效应标准组合与相应截面折减刚度计算的挠度值；

f_q——按荷载效应准永久组合值与相应截面折减刚度计算的挠度值；

f_{lim}——受弯构件的挠度限值。

组合梁正弯矩区段内，当中和轴位于混凝土翼缘板内，使中和轴以下的混凝土受拉，在负弯矩区段，混凝土翼缘板受拉，当应力值超过混凝土的抗拉强度时，可发生垂直拉力方向裂缝，使得组合梁带裂缝工作。

裂缝产生的原因是多方面的：有荷载作用、施工养护不良、温度变化、地基的不均匀沉降以及钢筋锈蚀等。本节讨论由荷载产生裂缝控制的问题，《混凝土结构设计规范》(GB 50010—2002)将裂缝控制划分为三级，见表 12-5。对允许出现裂缝的构件，在标准荷载标准组合下，并考虑长期作用的影响下的最大裂缝宽度应满足：

$$w_{max} \leqslant w_{lim} \tag{12-92}$$

式中：w_{max}——在荷载效应标准组合下，并考虑长期作用影响的最大裂缝宽度；

w_{lim}——构件的裂缝宽度限值，见表 12-5。

结构构件的裂缝控制等级及最大裂缝宽度限值 表 12-5

环境类别	钢筋混凝土结构		预应力混凝土结构	
	裂缝控制等级	w_{lim}(mm)	裂缝控制等级	w_{lim}(mm)
一	三	0.3(0.4)	三	0.2
二	三	0.2	二	—
三	三	0.2	一	—

12.3.7.2 挠度验算

材料力学中给出了单一材料受弯构件的挠度计算方法，即：

$$f = C\frac{Ml^2}{EI} \tag{12-93}$$

式中：C——与荷载类型和支承条件有关的系数。

公式适用条件：

(1)梁变形后仍满足平截面假定；

(2)梁截面抗弯刚度为常数。

与钢筋混凝土梁一样，组合梁的挠度计算运用等刚度原则。组合梁的挠度计算公式如下：

$$f = C\frac{Ml^2}{B} \tag{12-94}$$

式中：B——组合梁等刚度。

以 B_1 表示按荷载的标准效应组合并考虑组合梁滑移效应影响后截面的抗弯刚度，用 B_2 表示按荷载的准永久效应组合并考虑组合梁滑移效应影响后截面的抗弯刚度。

1. 计算原则

(1)确定组合梁的截面刚度时，不考虑混凝土翼板的板托截面参与工作；

(2)组合梁施工时，若钢梁下未设置临时支撑，则混凝土结硬前材料自重和施工荷载产生的挠度，应与使用阶段续加的荷载产生的挠度相叠加。

2. 截面刚度

(1)荷载标准效应组合并考虑组合梁滑移效应后截面抗弯刚度 B_1

当按荷载效应标准组合计算组合梁挠度时，考虑混凝土翼缘板与钢梁翼缘滑移效应对组合梁刚度的影响，取刚度 B_1，按下式计算：

$$B_1 = \frac{EI_{eq}}{1+\zeta} \tag{12-95}$$

$$\zeta = \eta\left[0.4 - \frac{3}{(jl)^2}\right] \tag{12-96}$$

$$\eta = \frac{36Ed_c pA_0}{n_s kHl^2} \tag{12-97}$$

$$j = 0.81\sqrt{\frac{n_s kA_1}{EI_0 p}} \quad (\mathrm{mm}^{-1}) \tag{12-98}$$

$$A_0 = \frac{A_{cf}A}{\alpha_E A + A_{cf}} \tag{12-99}$$

$$A_1 = \frac{I_0 + A_0 d_c^2}{A_0} \tag{12-100}$$

$$I_0 = I + \frac{I_{cf}}{\alpha_E} \tag{12-101}$$

式中：E——钢梁的弹性模量；

I_{eq}——组合梁的换算截面惯性矩；对荷载的标准组合，可将截面中混凝土翼缘板有效宽度除以钢材与混凝土弹性模量的比值 α_E，换算为钢梁截面后，计算整个截面惯性矩，对钢梁与压型钢板混凝土组合板构成的组合梁，取其较弱截面的换算截面进行计算，且不计压型钢板的作用；

ζ——刚度折减系数；

A_{cf}——混凝土翼缘板截面面积；对压型钢板混凝土组合板的翼缘板，取其较弱截面的面积，且不考虑压型钢板；

A——钢梁截面面积；

I——钢梁截面惯性矩；

I_{cf}——混凝土翼缘板的截面惯性矩；对压型钢板混凝土组合板翼缘板，取其较弱截面的惯性矩，且不考虑压型钢板；

d_c——钢梁截面形心到混凝土翼缘板截面（对压型钢板混凝土组合板为较弱截面）形心的距离；

H——组合梁截面高度；

l——组合梁的跨度；

k——抗剪连接件刚度系数，$k = N_v^c$（N/mm）；

p——抗剪连接件的纵向平均间距（mm）；

n_s——抗剪连接件在一根梁上的列数；

α_E——钢材与混凝土弹性模量的比值。

（2）荷载的准永久效应组合并考虑组合梁滑移效应影响后截面的抗弯刚度 B_2

当按荷载效应准永久组合计算组合梁挠度时，要考虑混凝土的徐变影响，计算组合梁的刚度 B_2 时，将钢梁弹性模量与混凝土翼缘板的弹性模量比值 α_E 乘以 2 后，按前述公式计算。

3. 挠度验算

应满足下式

$$f_k/l_0 \leqslant [f_q/l_0]$$

式中，$[f_q/l_0]$ 可查附录 A 表 A.1.1 或本书表 1-11。

12.3.7.3 裂缝宽度验算

对于连续组合梁,负弯矩区段混凝土翼板受拉,产生裂缝。混凝土翼板的受力状态近似于轴心受拉混凝土杆件,其裂缝宽度的计算公式,按混凝土轴心受拉构件计算。

$$w_{cra} = 2.7\psi \frac{\sigma_s}{E_{st}}\left(2.7c + 0.1\frac{d}{\rho_{ce}}\right)\nu \tag{12-102}$$

$$\psi = 1.1 - \frac{0.65 f_{tk}}{\rho_{ce}\sigma_s} \tag{12-103}$$

$$\rho_{ce} = \frac{A_s}{A_{ce}} \tag{12-104}$$

$$\sigma_s = \frac{M_k y_s}{I} = \frac{(1-\alpha_a)M_{sc}y_s}{I} \tag{12-105}$$

$$\alpha_a = 0.13\left(1 + \frac{1}{8r_f}\right)^2\left(\frac{M_{se}}{M}\right)^{0.8} \tag{12-106}$$

$$r_f = \frac{A_{st}f_{rp}}{Af_p} \tag{12-107}$$

式中:ψ——裂缝间纵向受拉钢筋应变不均匀系数,当$\psi<0.3$时,取$\psi=0.3$;当$\psi>1.0$时,取$\psi=1.0$;

M——计算截面塑性弯矩;

M_k——按荷载短期效应组合计算的负弯矩标准值;

M_{sc}——标准荷载作用下按弹性分析方法计算的连续组合梁中间支座负弯矩值;

σ_s——荷载标准值短期效应作用下,负弯矩区段混凝土翼板内纵向受拉钢筋的应力;

E_{st}——钢筋的弹性模量;

A_{ce}——混凝土翼缘板的有效截面面积;

d、c——纵向钢筋得直径和混凝土保护层厚度,均以 mm 计,当$c<20$mm 时,取$c=20$mm;当$c>50$mm 时,取$c=50$mm;

ρ_{ce}——按有效受拉混凝土截面面积计算的纵向受拉钢筋配筋率,当$\rho_{ce}\leq0.8\%$时,取$\rho_{ce}=0.8\%$;

ν——纵向受拉钢筋表面特征系数,对光面和变形钢筋,分别取 1.0 和 0.7;

f_{tk}——混凝土的轴心抗拉强度设计值;

I——由钢梁与混凝土翼缘有效宽度内纵向钢筋形成的"组合梁截面"的惯性矩;

α_a——连续组合梁中间支座负弯矩调整系数;

y_s——钢筋重心至"钢梁与钢筋组合钢截面"塑性中和轴的距离,如图 12-35 所示;

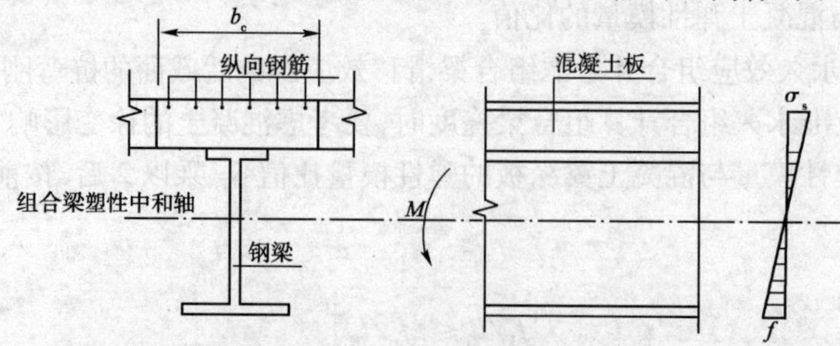

图 12-35 连续组合梁负弯矩区段计算简图

A_{st}——组合梁负弯矩区段混凝土翼板有效宽度范围内纵向钢筋的截面面积；

f_{rp}——钢筋的塑性抗拉强度设计值，取 $f_{rp}=0.9f_y$；

A——钢梁的截面面积；

f_p——钢梁的塑性抗拉、抗压强度设计值，取 $f_p=f$。

例 12-4 一工程工作平台组合梁的截面尺寸如图 12-36 所示，梁的计算跨度 12m，承受均布荷载。混凝土采用 C30，钢梁采用 Q235，栓钉按等间距布置，间距为 75mm，单个栓钉连接件受剪承载力为 $N_v^c=56.63$kN，作用在组合梁上的永久荷载标准值 $g_k=26$kN/m，活载标准值 $q_k=28$kN/m，准永久系数 $\psi_q=0.80$，组合梁施工时钢梁下加临时支撑，自重和使用阶段活载全部由组合梁承担，验算该组合梁的挠度是否满足要求。

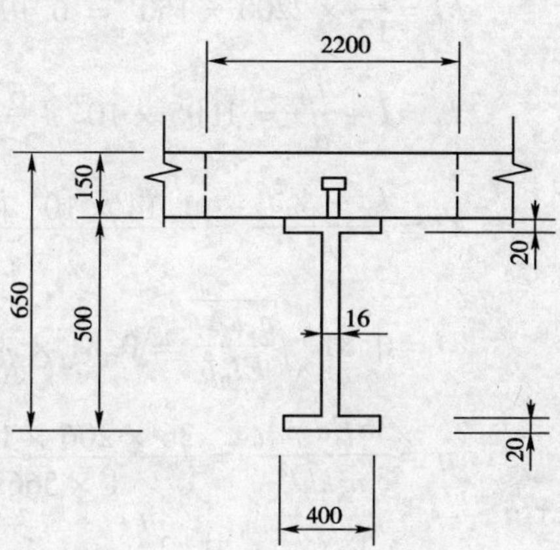

图 12-36 组合梁的截面

解 C30 混凝土：$f_{ck}=20.1\text{N/mm}^2$，$E_c=3.0\times10^4\text{N/mm}^2$

Q235 钢：$E=206\times10^3\text{N/mm}^2$

1. 截面几何特征值计算

(1) 钢梁的截面面积和惯性矩

$$A=20\times400\times2+16\times(500-40)=23360\text{mm}^2$$

$$I=\frac{1}{12}\times16(500-40)^3+2\times\frac{1}{12}\times400\times20^3+2\times400\times20\times(250-10)^2=1.05\times10^9\text{mm}^4$$

(2) 按荷载的标准效应组合值计算

$$\alpha_E=\frac{E}{E_c}=\frac{206\times10^3}{3.0\times10^4}=6.87$$

$$b_{eq}=\frac{b_e}{\alpha_E}=\frac{2200}{6.87}=320\text{mm}$$

$$y_0=\frac{23360\times400+320\times150\times75}{23360+320\times150}=181.4\text{mm}$$

$$I_{eq}=\frac{1}{12}b_{eq}h_{c1}^3+b_{eq}h_{c1}(y_0-0.5\times h_{c1})^2+I+A(y-y_0)^2$$

$$=\frac{320}{12}\times150^3+320\times150\times(181.4-0.5\times150)^2+1.05\times10^9\times23360\times(400-181.4)^2$$

$$=2.80\times10^9\text{mm}^4$$

(3) 按荷载效应准永久组合值计算

$$b_{eq}=\frac{b_e}{2\times\alpha_E}=\frac{2200}{2\times6.87}=160\text{mm}^2$$

$$y_0=\frac{23360\times400+160\times150\times75}{23360+160\times150}=235.3\text{mm}$$

$$I_{eq}=\frac{1}{12}\times160\times150^3+160\times150\times(235.3-0.5\times150)^2+1.05\times10^9+23360\times(400-235.3)^2$$

$$=2.35\times10^9\text{mm}^4$$

2. 抗弯刚度计算

(1)按荷载的标准效应组合值计算

混凝土翼缘板面积为

$$A_{cf} = 2200 \times 150 = 330000\text{mm}^2$$

有效折算面积为

$$A_0 = \frac{A_{cf}A}{\alpha_E A + A_{cf}} = \frac{330000 \times 23360}{6.87 \times 23360 + 330000} = 15717\text{mm}^2$$

混凝土翼缘板的惯性矩

$$I_{cf} = \frac{1}{12} \times 2200 \times 150^3 = 6.19 \times 10^8\text{mm}^4$$

$$I_0 = I + \frac{I_{cf}}{\alpha_E} = 1.05 \times 10^9 + \frac{6.19 \times 10^8}{6.87} = 1.14 \times 10^9\text{mm}^4$$

$$A_1 = \frac{I_0 + A_0 d_c^2}{A_0} = \frac{1.14 \times 10^9 + 15717 \times (250 + 75)^2}{15717} = 1.78 \times 10^5\text{mm}^2$$

$$j = 0.81\sqrt{\frac{n_s k A_1}{E I_0 p}} = 0.81 \times \sqrt{\frac{1 \times 5.6630 \times 10^4 \times 1.78 \times 10^5}{206 \times 10^3 \times 1.14 \times 10^9 \times 75}} = 6.13 \times 10^{-4}\text{mm}^{-1}$$

$$\eta = \frac{36 E d_c p A_0}{n_s k h l^2} = \frac{36 \times 206 \times 10^3 \times 325 \times 75 \times 15717}{1 \times 56630 \times 650 \times 12000^2} = 0.54$$

$$\zeta = \eta\left[0.4 - \frac{3}{(jl)^2}\right] = 0.54\left[0.4 - \frac{3}{(6.13 \times 10^{-4} \times 12000)^2}\right] = 0.19$$

$$B_1 = \frac{EI_{eq}}{1 + \zeta} = \frac{206 \times 10^3 \times 2.8 \times 10^9}{1 + 0.19} = 484.7 \times 10^{12}\text{mm}^2$$

(2)按荷载的准永久组合值计算

$$A_0 = \frac{A_{cf}A}{2 \times \alpha_E A + A_{cf}} = \frac{330000 \times 23360}{2 \times 6.87 \times 23360 + 330000} = 11842\text{mm}^2$$

$$I_0 = I + \frac{I_{cf}}{2\alpha_E} = 1.05 \times 10^9 + \frac{6.19 \times 10^8}{2 \times 6.87} = 1.1 \times 10^9\text{mm}^4$$

$$A_1 = \frac{I_0 + A_0 d_c^2}{A_0} = \frac{1.1 \times 10^9 + 11842 \times (250 + 75)^2}{11842} = 1.99 \times 10^5\text{mm}^2$$

$$j = 0.81\sqrt{\frac{n_s k A_1}{E I_0 p}} = 0.81 \times \sqrt{\frac{1 \times 5.6630 \times 10^4 \times 1.99 \times 10^5}{206 \times 10^3 \times 1.1 \times 10^9 \times 75}} = 6.6 \times 10^{-4}\text{mm}^{-1}$$

$$\eta = \frac{36 E d_c p A_0}{n_s k h l^2} = \frac{36 \times 206 \times 10^3 \times 325 \times 75 \times 11842}{1 \times 56630 \times 650 \times 12000^2} = 0.404$$

$$\zeta = \eta\left[0.4 - \frac{3}{(jl)^2}\right] = 0.404\left[0.4 - \frac{3}{(6.6 \times 10^{-4} \times 12000)^2}\right] = 0.142$$

$$B_2 = \frac{EI_{eq}}{1 + \zeta} = \frac{206 \times 10^3 \times 2.35 \times 10^9}{1 + 0.142} = 423.91 \times 10^{12}\text{mm}^2$$

3. 挠度验算

(1)按荷载效应标准组合值计算

$$p_k = g_k + q_k = 26 + 28 = 54\text{kN/m}$$

$$f_k = \frac{5p_k l_0^4}{384B} = \frac{5 \times 54 \times 12000^4}{384 \times 423.91 \times 10^{12}} = 30.09\text{mm}$$

(2)按荷载效应准永久组合值计算

$$p_q = g_k + \psi_q p_k = 16 + 0.80 \times 28 = 36.4\text{kN/m}$$

$$f_q = \frac{5p_q l_0^4}{384B} = \frac{5 \times 36.4 \times 12000^4}{384 \times 423.91 \times 10^{12}} = 23.13\text{mm}$$

(3)挠度验算

$$f_k = 30.09\text{mm} > f_q = 23.13\text{mm}$$

$$\frac{f_k}{l_0} = \frac{30.09}{12000} = \frac{1}{399} \approx \frac{1}{400} \leqslant \left[\frac{f_q}{l_0}\right] = \frac{1}{400}$$

组合梁的挠度符合要求。

12.3.8 组合梁稳定验算

12.3.8.1 概述

1. 不需要验算整体稳定的条件

(1)单跨简支组合梁的使用阶段;

(2)连续组合梁的钢梁采用工字形截面时,且板件宽厚比满足要求。

2. 需要验算整体稳定的情况

下列情况之一,需要验算钢梁的整体稳定:

(1)施工阶段

组合梁的钢梁部件受压翼缘的自由长度 l_1 与其宽度 b_1 的比值,超过规定的最大值。

(2)使用阶段

连续组合梁在较大可变荷载不利分布的作用下,某一跨度的全跨产生负弯矩,且该跨的钢梁部件受压翼缘的 l_1/b_1 值超过规定的最大值。

12.3.8.2 整体稳定性验算

1. 单向受弯

组合梁在其钢梁最大刚度主平面内受弯时,钢梁的整体稳定性应按下式验算:

$$\sigma = \frac{M_x}{\varphi_b W_x} \leqslant f \tag{12-108}$$

式中:σ——钢梁受压翼缘的压应力;

M_x——绕强轴作用的最大弯矩设计值;

W_x——按钢梁受压纤维确定的钢梁毛截面的抵抗矩;

φ_b——钢梁的整体稳定系数。

2. 双向受弯

组合梁工字形截面钢梁,在其两个主平面受弯时,其整体稳定按下式计算:

$$\sigma = \frac{M_x}{\varphi_b W_x} + \frac{M_y}{\gamma_y W_y} \leqslant f \tag{12-109}$$

式中:γ_y——截面塑性发展系数,对工字形截面,$\gamma_y = 1/2$;对箱形截面,$\gamma_y = 1.05$;

M_y——绕 y 轴作用的最大弯矩设计值;

W_y——按钢梁受压纤维对 y 轴,确定的钢梁毛截面的抵抗矩;

W_x——按钢梁受压纤维对 x 轴,确定的钢梁毛截面的抵抗矩。

12.3.9 部分抗剪连接组合梁

在完全抗剪连接组合梁设计中,抗剪连接件的数量是按混凝土翼板与钢梁上翼缘交界面纵向剪力来确定的,即要满足计算要求。若不满足时,则称为部分抗剪连接。当组合梁的截面尺寸不是取决于其塑性受弯承载力,而是由使用阶段的变形或施工条件等其他因素确定时,没有必要按完全抗剪连接件确定连接件的数量,可以设计成部分抗剪连接组合梁。

部分抗剪连接组合梁的使用范围:

(1)部分抗剪连接组合梁适用于承受静载且集中力不大、跨度 $l \leqslant 20\text{m}$ 的组合梁;

(2)采用压型钢板作为混凝土翼板底模的组合梁,也应按部分组合梁设计;

(3)抗剪连接梁所配置的抗剪连接件数量 n_1 不得小于完全抗剪连接时的抗剪数量 n_f 的 50%。

12.3.9.1 部分抗剪连接组合梁承载力计算

1. 抗弯承载力(图 12-37)

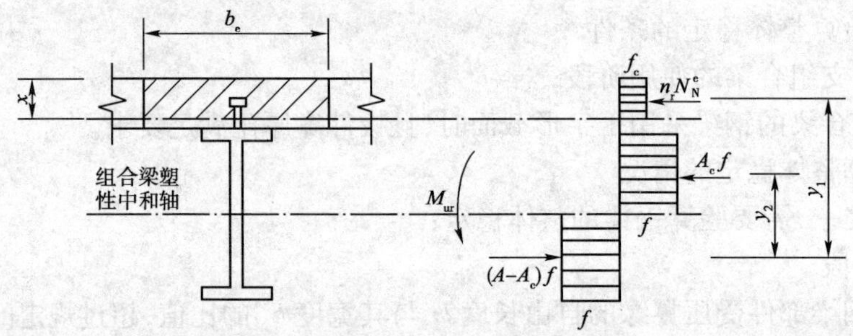

图 12-37 部分抗剪连接组合梁的计算简图

试验分析表明,部分抗剪连接组合梁处于极限状态时,最大弯矩及截面混凝土翼缘板中的压应力合力取决于交界面上的抗剪连接件所能提供的纵向剪力,所以,定义在最大弯矩点与零弯矩之间交界面上抗剪连接件总纵向抗剪承载力 nN_v^c 与极限弯矩相应的纵向水平剪力 V_l 之比为抗剪连接程度,记作 γ。

$$\gamma = \frac{nN_v^c}{V_l} \tag{12-110}$$

式中:n——抗剪连接件个数;

N_v^c——单根连接件受剪承载力。

当抗剪连接件的连接程度不高时,抗剪连接件能够承受一定程度的纵向剪力,提供一定的组合作用,但相对滑移较大,以致在组合梁受弯破坏之前发生连接件受剪破坏,受弯承载力没有达到抗弯极限承载力。若抗剪连接 γ 程度提高,组合梁的共同作用程度随之提高,交界面相对滑移减小,构件由受剪破坏逐渐过渡到以混凝土翼缘板压碎为标志的弯曲破坏。

部分抗剪连接组合梁的受弯承载力,按下式计算:

$$x = n_rN_v^c/(b_ef_c) \tag{12-111}$$

$$A_c = (Af - n_rN_v^c)/(2f) \tag{12-112}$$

$$M_{u,r} = n_rN_v^cy + 0.5(Af - n_rN_v^c)y_2 \tag{12-113}$$

式中:$M_{u,r}$——部分抗剪连接时组合梁截面抗弯承载力;

n_r——部分抗剪连接时一个剪跨区的抗剪连接件数目；

N_v^c——每个抗剪连接件的纵向抗剪承载力；

A——钢梁的截面面积；

f——钢梁钢材的抗拉强度设计值；

f_c——混凝土的抗压强度设计值；

x——混凝土翼缘板的受压区高度；

b_e——混凝土翼缘板的有效宽度。

2. 受剪承载力

组合梁截面上的全部剪力，假定仅由钢梁腹板承受，按下式计算：

$$V \leqslant h_w t_w f_v \tag{12-114}$$

式中：h_w、t_w——腹板的高度和厚度；

f_v——钢材抗剪强度设计值。

12.3.9.2 部分抗剪组合梁挠度计算

抗剪连接件数量不足时交界面存在滑移，组合梁的挠度增大，根据研究分析，组合梁中挠度与抗剪连接件数量的关系如图 12-38 中的曲线 EFG 所示。设计时，可以近似用直线代替 HJ 代替曲线 EFG。

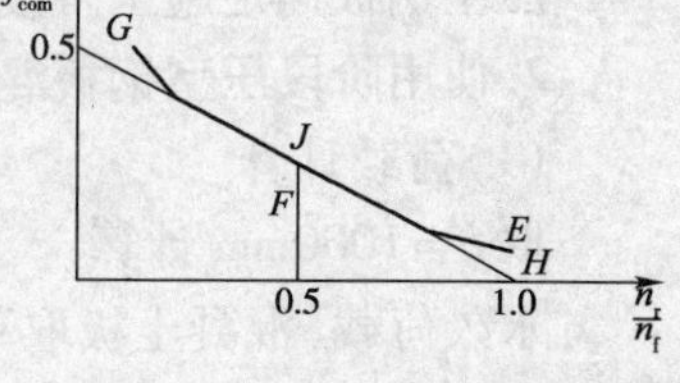

图 12-38 部分抗剪连接组合梁跨中挠度与抗剪连接件数量的关系

部分抗剪连接组合梁的挠度，按下式计算：

$$f_1 = f_{com} + 0.5(f - f_{com})\left(1 - \frac{n_r}{n_f}\right) \tag{12-115}$$

式中：f_{com}——完全抗剪连接组合梁的挠度；

f——全部荷载由钢梁承受时的挠度；

n_f——完全抗剪连接组合梁所配置的抗剪连接件数量；

n_r——部分抗剪连接组合梁所配置的抗剪连接件数量。

例 12-5 某建筑楼层采用压型钢板组合板，计算跨度为 2.2m，剖面构造如图 12-39 所示。压型钢板型号采用 YX-75-200-600(Ⅱ)，钢号 Q235，板厚度 $t = 1.6$mm，每米宽度的截面面积 $A_s = 2650\text{mm}^2/\text{m}$（重量 0.355kN/m^2），截面惯性矩 $I_s = 0.96 \times 10^6 \text{mm}^4/\text{m}$。顺肋简支单向板，压型钢板上浇筑 80mm 厚 C25 混凝土，上铺 3mm 厚面砖（重度 30kN/m^3）。试验算压型钢板混凝土组合板在施工阶段、使用阶段的承载力和挠度。

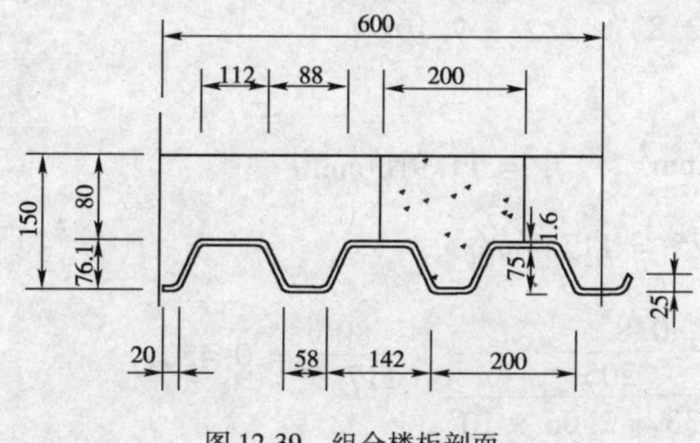

图 12-39 组合楼板剖面

解 1. 施工阶段压型钢板混凝土组合板验算

取 $b = 1000$mm 作为计算单元

（1）荷载计算

①施工荷载

$$q_k = 1.0 \times 1.0 = 1.0\text{kN/m}$$

$$q = 1.4 \times 1.0 = 1.4\text{kN/m}$$

②混凝土和压型钢板自重

混凝土取平均厚度 107mm

$$g_k = (0.107 \times 25 + 0.355) \times 1.0 = 3.03\text{kN/m}$$

$$g = 1.2 \times 3.03 = 3.64\text{kN/m}$$

$$p_k = q_k + g_k = 1.0 + 3.03 = 4.03\text{kN/m}$$

（2）内力计算

$$M=\frac{1}{8}(q_1+g_1)l^2=\frac{1}{8}(1.4+3.64)\times 2.2^2=3.05\text{kN}\cdot\text{m}$$

$$V=\frac{1}{2}(q_1+g_1)l=\frac{1}{2}(1.4+3.64)\times 2.2=5.54\text{kN}$$

(3)压型钢板承载力验算

压型钢板受压翼缘的计算宽度 b_{et}

$50\times t=50\times 1.6=80\text{mm}\leqslant 112\text{mm}$，按有效截面计算几何特征。

查表得：
$$I=200\times 10^4\text{mm}^4/\text{m}$$
$$W_e=48.9\times 10^3\text{mm}^3/\text{m}$$

1m 宽压型钢板的承载力设计值为：

$$M_u=f\times W_e=205\times 48.9\times 10^3=10.02\times 10^6\text{N}\cdot\text{mm/m}$$
$$=10.02\text{kN}\cdot\text{m/m}>3.05\text{kN}\cdot\text{m/m}$$

(4)压型钢板的跨中挠度验算

$$\frac{5p_k l^4}{384E_sI_s}=\frac{5\times 4.03\times 2200^4}{384\times 206\times 10^3\times 0.96\times 10^6}=6.22\text{mm}<\frac{l}{200}=\frac{2200}{200}=11\text{mm}$$

压型钢板满足施工阶段使用要求。

2.使用阶段压型钢板混凝土板验算

(1)荷载计算

取 $b=1000\text{mm}$ 计算

永久荷载(混凝土板取平均厚度 107mm)

$$g_k=0.003\times 30+0.107\times 25+0.355=3.12\text{kN/m}$$
$$g=1.2\times 3.12=3.74\text{kN/m}$$

活荷载计算：

$$q_k=2\times 1=2\text{kN/m}$$
$$q=1.4\times 2=2.8\text{kN/m}$$

(2)内力计算

$$M=\frac{1}{8}(g+q)l_0^2=\frac{1}{8}(3.74+2.8)\times 2.2^2=3.96\text{kN}\cdot\text{m}$$

$$V=\frac{1}{2}(g+q)l_0=\frac{1}{2}(3.74+2.8)\times 2.2=7.19\text{kN}$$

(3)正截面承载力计算

$$f=205\text{N/mm}^2\qquad E=2.06\times 10^6\text{N/mm}^2\qquad f_c=11.9\text{N/mm}^2$$

$$f_t=1.27\text{N/mm}^2\qquad h_0=155-\frac{1}{2}\times 75=117.5\text{mm}$$

$$\xi_b=\frac{1}{1+\frac{f}{0.0033E_s}}\cdot\frac{h-h_p}{h_0}=\frac{0.8}{1+\frac{205}{0.0033\times 2.06\times 10^5}}\times\frac{80}{117.5}=0.420$$

$$x=\frac{A_pf}{f_cb}=\frac{265000\times 205}{11.9\times 1000}=45.6\text{mm}$$

$$\xi=\frac{x}{h_0}=\frac{45.6}{117.5}=0.388<0.420$$

$$M_u = 0.8A_s f\left(h_0 - \frac{1}{2}\times 45.6\right)\times 205 = 41.16\text{kN}\cdot\text{m} > M = 3.96\text{kN}\cdot\text{m}(满足要求)$$

(4)斜截面承载力计算

取一个波宽(200mm)计算

一个波承受的剪力 $V_1 = V\times\frac{200}{1000} = 7.19\times\frac{200}{1000} = 1.44\text{kN}$

$$0.7f_t b_{bm} h_0 = 0.7\times 1.27\times(58+88)\times\frac{1}{2}\times 117.5 = 7.6\text{kN} > V_1 = 1.44\text{kN}(满足要求)$$

(5)变形验算

取一个波宽计算

混凝土弹性模量 $E_c = 2.90\times 10^4\text{N/mm}^2$

$$\alpha_E = \frac{E}{E_c} = \frac{2.06\times 10^5}{2.8\times 10^4} = 7.36$$

①荷载效应标准组合作用下的挠度验算

换算截面如图 12-40 所示。

混凝土截面上部宽度 $\frac{200}{\alpha_E} = \frac{200}{7.36} = 27.17\text{mm}$

肋部宽度 $\frac{72}{7.36} = 9.78\text{mm}$

$$y = \frac{27.17\times 80\times(25+80/2)+9.78\times 74\times(74/2+1.6)+2650\times 0.2\times 75/2}{27.17\times 80+9.78\times 75+250\times 0.2}$$

$$=63.9\text{mm}$$

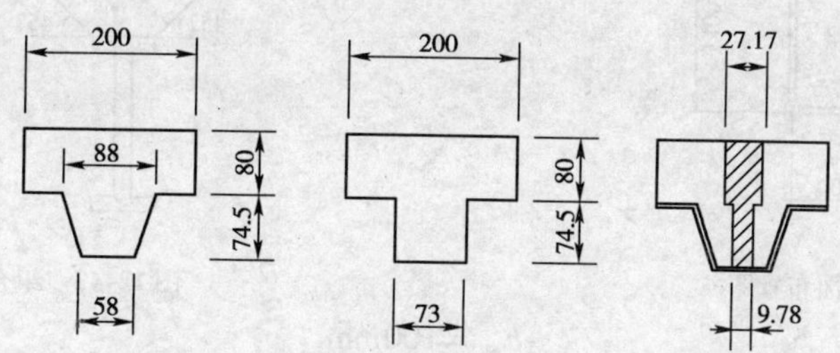

图 12-40 换算截面

一个波宽范围内组合板换算截面惯性矩为

$$I'_{sk} = \frac{1}{12}\times 27.17\times 80^3 + 27.17\times(63.4-80/2)^2 + \frac{1}{12}\times 9.78\times 74^3 + 9.78\times 74$$

$$\times(63.9-1.6-74/2)^2 + 0.2\times 200\times 10^4 + 2650\times 0.2(63.9-75/2)^2$$

$$=274\times 10^4\text{mm}^4$$

每米板宽的惯性矩为

$$I_{sk} = 5I'_{sk} = 5\times 274\times 10^4 = 1370\times 10^4\text{mm}^4$$

荷载标准值 $q_k = g_k + p_k = 3.12 + 2 = 5.12\text{kN/m}$

挠度 $f = \frac{5q_k l^4}{384E_s I_{sk}} = \frac{5\times 5.12\times 2200^4}{384\times 2.06\times 10^5\times 0.137\times 10^8} = 0.553\text{mm}$

②荷载效应准永久组合作用下的挠度验算

荷载值 $q_q = g_k + \psi_{cq} p_k = 3.12 + 0.4\times 2 = 3.92\text{kN/m}$

截面惯性矩 $$I_{sq}=\frac{I_{sk}}{2}=\frac{0.137\times10^8}{2}=0.0685\times10^8\text{mm}^4$$

挠度 $$f_q=\frac{5q_ql^4}{384EI_{sq}}=\frac{5\times3.92\times2200^4}{384\times2.06\times10^5\times0.0685\times10^8}=0.845\text{mm}<\frac{l}{360}=\frac{2200}{360}=6.1\text{mm}$$

满足要求。

例 12-6 某高层建筑裙房，平面尺寸为 9.9m×10.8m，楼层结构平面布置见图 12-41，采用钢—混凝土组合楼盖。试进行楼盖的主、次梁设计。施工阶段不加临时支撑，按弹性方法计算，使用阶段按塑性方法设计。

1. 设计资料

(1) 楼面建筑构造做法从上向下依次为 30mm 厚水磨石面层，100mm 钢筋混凝土现浇板，三夹板吊顶，吊顶荷载按 0.18kN/m^2 取用。

(2) 楼面活荷载标准值为 3.5kN/m^2。

(3) 混凝土强度等级为 C20，钢梁采用 Q235 钢材。

2. 次梁设计

(1) 初选截面

①组合梁截面高度(图 12-42)

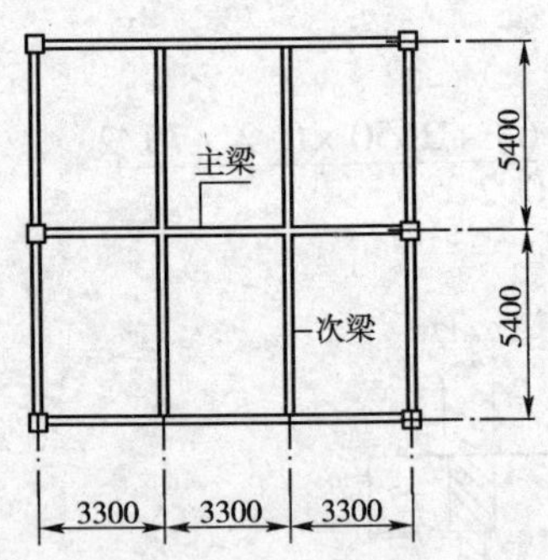

图 12-41 结构平面布置图

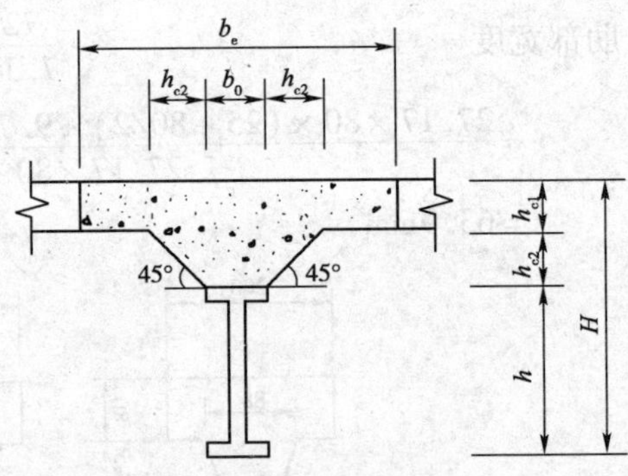

图 12-42 组合梁截面

混凝土板 $$h_{c1}=100\text{mm}$$

板托高度 $$h_{c2}\leqslant h_{c1}，取\ h_{c2}=1.5\times100=150\text{mm}$$

取板托倾角 $$\alpha=45°$$

钢梁梁高 $$h\geqslant\frac{1}{2.5}H=\frac{1}{2.5}(h_{c1}+h_{c2}+h)$$

$$h=\frac{1}{1.5}(h_{c1}+h_{c2})=\frac{100+150}{1.5}=167\text{mm}，取\ h=170\text{mm}$$

$$H=h_{c1}+h_{c2}+h=100+150+170=420\text{mm}$$

②板托尺寸

暂取钢梁上翼缘宽度 $$b=\frac{1}{2}h=\frac{1}{2}\times170=85\text{mm}$$

板托顶面宽度

$$b_0=b+2h_{c2}=85+2\times150=385\text{mm}>1.5h_{c2}=1.5\times150=225\text{mm}$$

③组合梁混凝土翼缘板的有效宽度 b_e(图 12-43)

根据规范要求，翼缘板的有效宽度 b_e 取下述三个数值中的最小值。

a)按梁跨度

$$b_e = b_0 + \frac{l}{6} + \frac{l}{6} = 385 + \frac{1}{6} \times 5700 \times 2 = 385 + 1900 = 2285\text{mm}$$

b)按相邻梁板托间净跨

$$b_e = b_0 = (3300 - b_0) = 385 + (3300 - 385) = 3300\text{mm}$$

c)按翼板厚度

$$b_e = b_0 + 12h_{c1} = 385 + 12 \times 100 = 1585\text{mm}$$

取 $$b_e = 1585\text{mm}$$

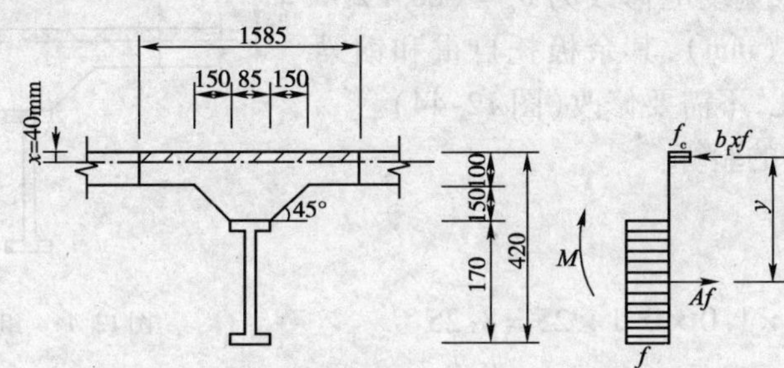

图 12-43　组合梁截面及应力图形

④钢梁截面

a)荷载计算

楼面永久荷载

水磨石面层	3.3×0.68	$=2.24$
钢筋混凝土翼缘板	$3.3 \times 0.1 \times 25$	$=8.25$
混凝土板托	$\frac{0.085 + 0.385}{2} \times 0.15 \times 25$	$=0.88$
三夹板吊顶	3.3×0.18	$=0.59$
钢梁自重(暂定)		$=0.25$

$$g_k = 12.21\text{kN/m}$$

$$g = 1.2g_k = 1.2 \times 12.21 = 14.65\text{kN/m}$$

楼面活载

$$q_k = 3.3 \times 3.5 = 11.55\text{kN/m}$$

$$q = 1.4q_k = 1.4 \times 11.55 = 16.17\text{kN/m}$$

$$p = g + q = 14.65 + 16.17 = 30.82\text{kN/m}$$

b)内力计算

$$M = \frac{1}{8}pl^2 = \frac{1}{8} \times 30.82 \times 5.4^2 = 122.34\text{kN} \cdot \text{m}$$

c)确定钢梁截面尺寸

假定塑性中和轴通过翼板,并取 $x = 0.4$, $h_{c1} = 0.4 \times 100 = 40\text{mm}$

$$A = \frac{M}{fy} = \frac{122.34 \times 10^6}{215 \times (420 - 0.5 \times 40 - 0.5 \times 85)}$$

$$= \frac{12.34 \times 10^6}{873.8 \times 10^2} = 146.16\text{mm}^2 \approx 15\text{cm}^2$$

根据前要求 $h=167\text{mm}$ 和 $A\geqslant 15\text{cm}^2$ 从型钢表中选用钢梁截面为热轧普通工字钢 I 16，其截面几何特征值为：

$A=26.13\text{cm}^2$　　　自重 0.205kN/m

$b=88\text{mm}$　　$h=160\text{mm}$　　$t_w=6.0\text{mm}$

$t=9.9\text{mm}$　　$I_x=1130\text{cm}^4$　　$W_x=141\text{cm}^3$

$S_x=81.9\text{cm}^3$　　$r=8.0\text{mm}$

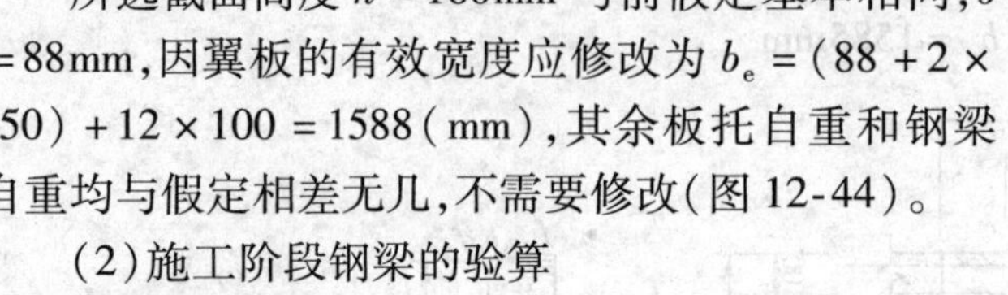

所选截面高度 $h=160\text{mm}$ 与前假定基本相同，$b=88\text{mm}$，因翼板的有效宽度应修改为 $b_e=(88+2\times150)+12\times100=1588(\text{mm})$，其余板托自重和钢梁自重均与假定相差无几，不需要修改（图 12-44）。

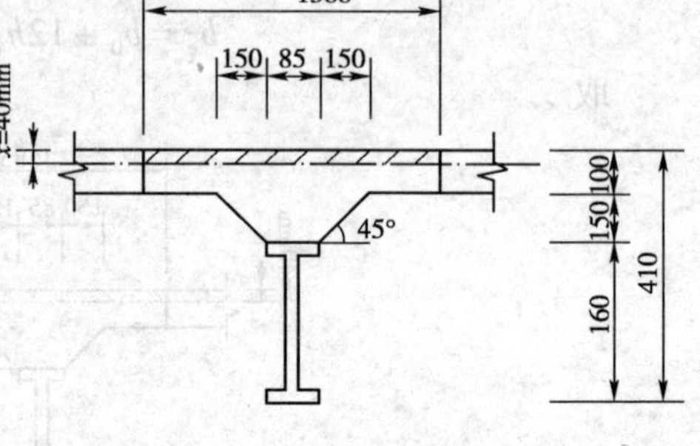

图 12-44　组合梁截面尺寸

(2)施工阶段钢梁的验算

①荷载计算

a)永久荷载

翼板混凝土　$3.3\times1.0\times0.1\times25=8.25$

板托　0.9

钢梁　0.205

$$g_k=9.355\text{kN/m}$$

取
$$g_k=9.36\text{kN/m}$$

$$g=1.2\times9.36=11.23\text{kN/m}$$

b)施工活载

$$q_k=3.3\times1.0=3.3\text{kN/m}$$

$$q=1.4\times3.3=4.62\text{kN/m}$$

$$p_k=9.36+3.3=12.66\text{kN/m}$$

$$p=11.23+4.62=15.85\text{kN/m}$$

②内力计算

$$M_x=\frac{1}{8}\times15.85\times5.4^2=57.77\text{kN}\cdot\text{m}$$

$$V_x=\frac{1}{2}\times15.85\times5.4=42.80\text{kN}$$

③承载力验算

a)抗弯承载力验算

$$\sigma=\frac{M_x}{\gamma_x W_x}=\frac{57.77\times10^6}{1.05\times141\times10^3}=390.02\text{N/mm}^2>f=215\text{N/mm}^2$$

抗弯强度不满足，施工时，应在梁跨度中点设置临时竖向支撑，则钢梁为两跨连梁。

$$M_x=\frac{1}{8}\times15.85\times\left(\frac{1}{2}\times5.4\right)^2=14.44\text{kN}\cdot\text{m}$$

$$V_x=\frac{5}{8}\times15.85\times\left(\frac{1}{2}\times5.4\right)=26.75\text{kN}$$

$$\sigma=\frac{14.44\times10^6}{1.05\times141\times10^3}=97.54\text{N/mm}^2<f=215\text{N/mm}^2$$，满足要求。

b)抗剪承载力验算

$$\tau_x = \frac{V_x S_x}{I_x t_w} = \frac{26.75 \times 10^3 \times 81.9 \times 10^3}{1130 \times 10^4 \times 6.0} = 32.3\text{N/mm}^2 < f_v = 125\text{N/mm}^2$$

满足要求。

④整体稳定性验算

$\frac{l_1}{b} = \frac{5400}{88} = 61.36 > 13$,需验算钢梁的整体稳定性。

按《钢结构设计规范》取整体稳定系数 $\varphi_b = 0.636 > 0.6$

$$\varphi'_b = 1.07 - \frac{0.282}{\varphi_b} = 1.07 - \frac{0.282}{0.636} = 0.63$$

$$\frac{M_x}{\varphi'_b W_x} = \frac{14.44 \times 10^6}{0.63 \times 141 \times 10^3} = 162\text{N/mm}^2 < f = 215\text{N/mm}^2$$

满足要求。

⑤挠度验算

$$v_T = \frac{1 \times p_k \times \left(\frac{1}{2}l\right)^4}{185 \times E \times I_x} = \frac{1 \times 12.66 \times 2700^2}{185 \times 206 \times 10^3 \times 1130 \times 10^4} = 2.14\text{mm}$$

$$\frac{v_T}{l/2} = \frac{2.14}{2700} = \frac{1}{1262} < \left[\frac{1}{250}\right]\text{(满足要求)}$$

(3)使用阶段组合梁验算

①荷载计算

a)永久荷载

$$g_k = 12.21 - 0.25 + 0.205 = 12.17\text{kN/m}$$

$$g = 1.2 \times 12.17 = 14.60\text{kN/m}$$

b)楼面荷载

$$q_k = 3.5 \times 3.3 = 11.55\text{kN/m}$$

$$q = 1.4 \times 11.55 = 16.17\text{kN/m}$$

$$p_k = 12.17 + 11.55 = 23.72\text{kN/m}$$

$$p = 14.60 + 16.17 = 30.77\text{kN/m}$$

②内力计算

$$M = \frac{1}{8} \times 30.77 \times 5.4^2 = 112.16\text{kN} \cdot \text{m}$$

$$V = \frac{1}{2} \times 30.77 \times 5.4 = 83.08\text{kN}$$

③承载力验算

a)抗弯承载力验算

塑性中和轴的位置

$$Af = 26.13 \times 10^2 \times 215 = 561795\text{N} = 561.80\text{kN}$$

$$b_e h_{c1} f_c = 1588 \times 100 \times 9.6 = 1524480\text{N} = 1524.48\text{kN}$$

$Af < b_e h_{c1} f_c$ 塑性中和轴位于翼板范围内,应力图形如图 12-45 所示。

翼板内混凝土受压区高度

$$x=\frac{Af}{b_e f_c}=\frac{26.13\times10^2\times215}{1588\times9.6}=36.85\text{mm}$$

截面抗弯承载力

$$Afy=2613\times215\times\left(410-\frac{36.85}{2}-\frac{160}{2}\right)$$

$$=175044086\text{N}\cdot\text{mm}=175.05\text{kN}\cdot\text{m}>M=112.16\text{kN}\cdot\text{m}(\text{满足要求})$$

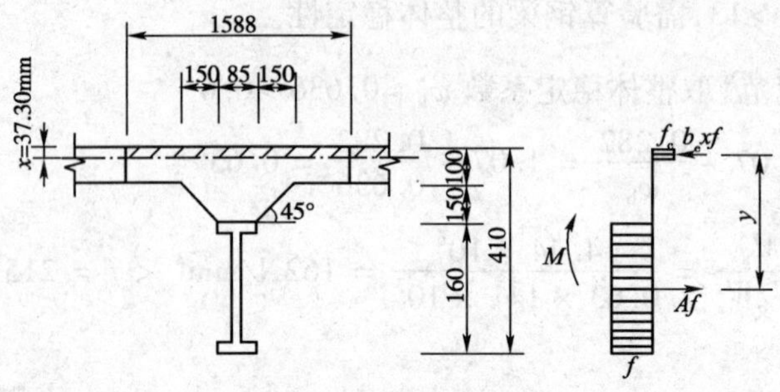

图 12-45 截面应力图

b)斜截面承载力验算

考虑次梁与主梁中钢梁同为连接,次梁钢梁的上翼缘需局部切除,取切除高度为 40mm,剩下的腹板高度为:

$$h_w=160-40=120\text{mm}$$

$$h_w t_w f_v=120\times6.0\times125$$

$$=90000\text{N}=90\text{kN}>V=83.08\text{kN}(\text{满足要求})$$

④抗剪连接件设计

采用弯起钢筋抗剪连接件。

a)弯起钢筋的数量及配置

塑性中和轴在使用阶段位于翼缘板内,组合梁上最大弯矩点至梁段区段内混凝土翼缘板与钢梁间的纵向剪力为:

$$V_s=Af=26.13\times10^2\times215=561795\text{N}$$

HPB235 钢筋抗拉强度设计值为 $f_{st}=210\text{N/mm}^2$,采用钢筋直径 $d=16\text{mm}$,截面面积为 $A_{sb}=201.1\text{mm}^2$,每个弯起钢筋的受剪承载力设计值为:

$$N_v^c=A_{sb}\times f_y=201.10\times210=42231\text{N}$$

半跨范围内所需连接件总数为:

$$n_f=\frac{V_s}{N_v^c}=\frac{561795}{42231}=13.3\text{ 个,取 14 个}$$

分成 7 对半跨内均匀配置,沿跨度方向平均间距为:

$$p=\frac{2700}{7}=385.7(\text{mm})<4\times(100+150)$$

$$=1000\text{mm}$$

b)每个弯起钢筋的尺寸

组合梁左半跨的弯起钢筋连接件尺寸,如图 12-46 所示。

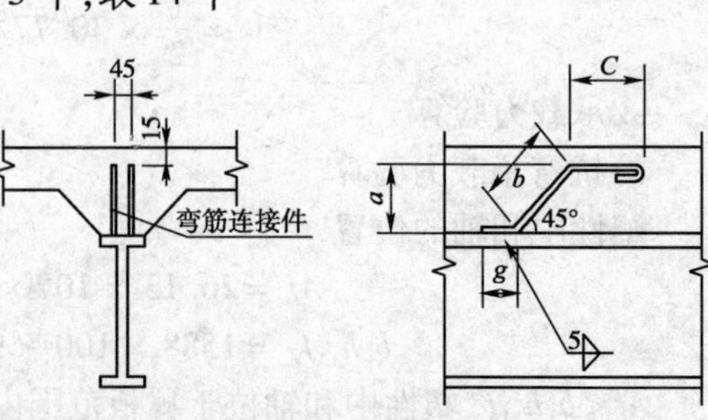

图 12-46 弯起钢筋的尺寸

弯起钢筋的高度：

$$a = h_{c1} + h_{c2} - c = 100 + 150 - 20 = 230\text{mm}$$

弯起钢筋斜段的高度：

$$b = \frac{a - d}{\sin\alpha} = \frac{230 - 16}{0.707} = 303\text{mm}$$

弯起钢筋水平段的长度

$$c = 10d = 10 \times 16 = 160\text{mm}$$

$c + b = 160 + 303 = 463\text{mm} > 25d = 25 \times 16 = 400\text{mm}$，满足要求。

c）弯起钢筋与钢梁顶面的焊缝连接

每条角焊缝与钢梁的连接长度不小于$4d$。

$$g = 4d + 10 = 4 \times 16 + 10 = 74\text{mm}，取 75\text{mm}$$

每个弯起钢筋承受的水平剪力为：

$$V_1 = \frac{V_s}{n_f} = \frac{561795}{14} = 40128\text{N}$$

需要的焊缝有效厚度为：

$$h_e = \frac{V_1}{\sum l_w f_f^w} = \frac{40128}{2(75 - 10) \times 160 \times 0.95}$$

$$= 2.03\text{mm} < 0.2d = 0.2 \times 16 = 3.2\text{mm} > 3\text{mm}$$

取

$$h_e = 3.2\text{mm}$$

焊脚尺寸为：

$$h_f = \frac{h_e}{0.7} = \frac{3.2}{0.7} = 4.6\text{mm}$$

取

$$h_f = 5.0\text{mm}$$

⑤挠度验算

a）按荷载效应标准组合计算

（a）计算组合梁换算截面惯性矩

$$\alpha_E = \frac{E}{E_c} = \frac{206 \times 10^3}{25.5 \times 10^3} = 8.08$$

翼缘板换算截面宽度

$$b_{eq} = \frac{b_e}{\alpha_E} = \frac{1588}{8.08} = 196.5\text{mm}$$

组合梁换算截面如图 12-47 所示。

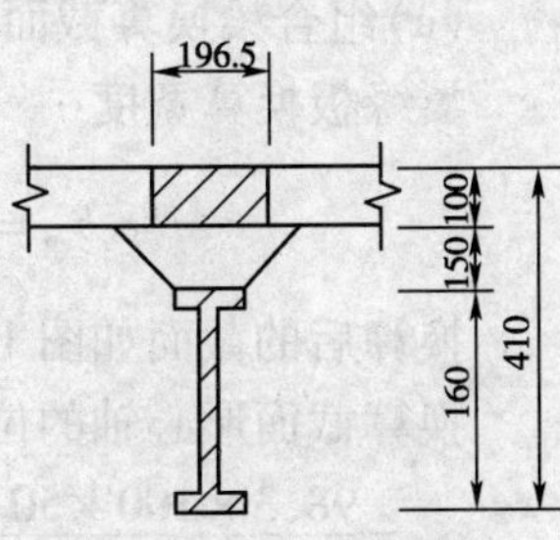

图 12-47　组合梁换算截面

换算截面形心轴的位置

$$y_0 = \frac{196.5 \times 100 \times 50 + 2613 \times (100 + 150 + 80)}{196.5 \times 100 + 2613} = 82.9\text{mm}$$

换算截面惯性矩：

$$I_{eq} = \frac{1}{12} b_{eq} h_{c1}^3 + b_{eq} h_{c1} (y_0 - 0.5 h_{c1})^2 + I_x + A(y - y_0)^2$$

$$= \frac{1}{12} \times 196.5 \times 100^3 + 196.5 \times 100 \times (82.9 - 0.5 \times 100)$$

$$+ 1130 \times 10^4 + 2613 \times (330 - 82.9)^2$$

$$=209\times10^6\text{mm}^4$$

(b)计算刚度折减系数

$$A_{cf}=1588\times100=158800\text{mm}^2$$

$$A_0=\frac{A_{cf}A}{\alpha_E A+A_{cf}}=\frac{158800\times2613}{8.08\times2613+158800}=2306\text{mm}^2$$

$$I_{cf}=\frac{1}{12}\times1588\times100^3=1.32\times10^8\text{mm}^4$$

$$I_0=I_x+\frac{I_{cf}}{\alpha_E}=1130\times10^4+\frac{1.32\times10^8}{8.08}=2.76\times10^7\text{mm}^4$$

$$A_1=\frac{I_0+A_0d_c^2}{A_0}=\frac{2.76\times10^7+2306\times(80+150+50)^2}{2306}=9.05\times10^4\text{mm}^2$$

$$j=0.81\sqrt{\frac{n_s kA_1}{EI_0p}}=0.81\times\sqrt{\frac{2\times42231\times9.05\times10^4}{206\times10^3\times2.76\times10^7\times385.7}}=0.0015\text{mm}^{-1}$$

$$\eta=\frac{36Ed_cpA_0}{n_skhl^2}=\frac{36\times206\times10^3\times280\times385.7\times2306}{2\times42331\times410\times5400^2}=1.83$$

$$\zeta=\eta\left[0.4-\frac{3}{(jl)^2}\right]=1.83\left[0.4-\frac{3}{(0.0015\times5400)^2}\right]=0.65$$

(c)计算刚度

$$B_1=\frac{EI_{eq}}{1+\zeta}=\frac{206\times10^3\times209\times10^6}{1+0.65}=2.61\times10^{13}\text{mm}^2$$

(d)挠度计算

$$f_k=\frac{5q_kl^4}{384B_1}=\frac{5\times23.72\times5400^4}{384\times2.61\times10^{13}}=10.80\text{mm}$$

b)按荷载效应准永久组合计算

(a)组合梁换算截面惯性矩

翼缘板换算宽度

$$b_{eq}=\frac{b_e}{2\alpha_E}=\frac{1588}{16.16}=98.3\text{mm}$$

换算后的截面如图 12-48 所示。

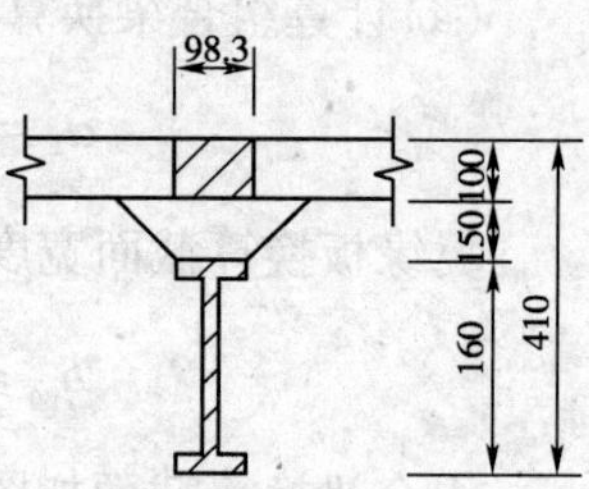

图 12-48　组合梁换算截面

换算截面形心轴的位置

$$y_0=\frac{98.3\times100\times50+2613\times(100+150+80)}{98.3\times100+2613}=108.80\text{mm}$$

换算截面惯性矩：

$$I_{eq}=\frac{1}{12}b_{eq}h_{c1}^3+b_{eq}h_{c1}(y_0-0.5h_{c1})^2+I_x+A(y-y_0)^2$$

$$=\frac{1}{12}\times98.3\times100^3+98.3\times100\times(108.8-0.5\times100)^2$$

$$+1130\times10^4+2613\times(330-108.8)^2$$

$$=1.81\times10^8\text{mm}^4$$

(b)计算刚度折减系数

$$A_{cf}=1588\times100=158800\text{mm}^2$$

$$A_0=\frac{A_{cf}A}{2\alpha_E A+A_{cf}}=\frac{158800\times2613}{16.16\times2613+158800}=2064\text{mm}^2$$

$$I_{cf}=\frac{1}{12}\times1588\times100^3=1.32\times10^8\text{mm}^4$$

$$I_0=I_x+\frac{I_{cf}}{2\alpha_E}=1130\times10^4+\frac{1.32\times10^8}{16.16}=1.95\times10^7\text{mm}^4$$

$$A_1=\frac{I_0+A_0d_c^2}{A_0}=\frac{1.95\times10^7+2064\times(80+150+50)^2}{2064}=8.78\times10^4\text{mm}^2$$

$$j=0.81\sqrt{\frac{n_skA_1}{EI_0p}}=0.81\times\sqrt{\frac{2\times42231\times8.78\times10^4}{206\times10^6\times1.95\times10^7\times385.7}}=0.0018\text{mm}^{-1}$$

$$\eta=\frac{36Ed_cpA_0}{n_skhl^2}=\frac{36\times206\times10^3\times280\times385.7\times2064}{2\times42331\times410\times5400^2}=1.63$$

$$\zeta=\eta\left[0.4-\frac{3}{(jl)^2}\right]=1.63\times\left[0.4-\frac{3}{(0.0018\times5400)^2}\right]=0.60$$

(c)计算刚度

$$B_2=\frac{EI_{eq}}{1+\zeta}=\frac{206\times10^3\times1.81\times10^8}{1+0.60}=2.33\times10^{13}\text{mm}^2$$

(d)挠度计算

$$f_q=\frac{5\times(12.17+11.55\times0.4)\times5400^4}{384\times2.33\times10^{13}}=7.99\text{mm}$$

c)挠度验算

因为 $$f_k=10.80\text{mm}>f_q=7.99\text{mm}$$

所以 $$\frac{f_k}{l}=\frac{10.80}{5400}=\frac{1}{500}<\frac{1}{250}$$,满足要求。

3.主梁设计

(1)初选截面

①组合梁截面高度

钢筋混凝土翼板厚 $h_{c1}=100\text{mm}$

混凝土板托 $h_{c2}=150\text{mm}$

主梁、次梁的两个正交钢梁顶面在同一标高,如图 12-49 所示。

取主梁组合梁的全高为:

$$H=\frac{1}{16}l=\frac{9900}{16}=618.75\text{mm},取\ H=600\text{mm}$$

则钢梁高度为:

$$h=H-h_{c1}-h_{c2}=600-100-150=350\text{mm}$$

取 $h=360\text{mm}$,满足 $h=360\text{mm}>\frac{1}{2.5}H=\frac{600}{2.5}=240\text{mm}$ 的构造要求。

②板托尺寸(图 12-50)

板托倾角 $\alpha=45°$,暂取钢梁上翼缘宽度 $b=140\text{mm}$,则板托顶面宽度为:

$$b_0 = b + 2h_{c2} = 140 + 2 \times 150 = 440\text{mm} > 1.5h_{c2} = 225\text{mm}$$

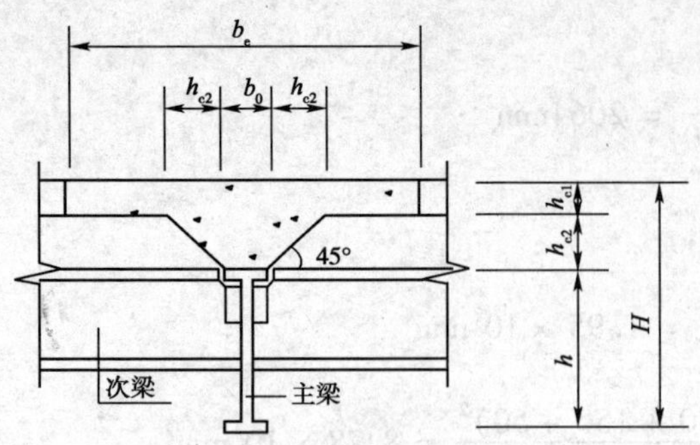

图 12-49　组合梁截面

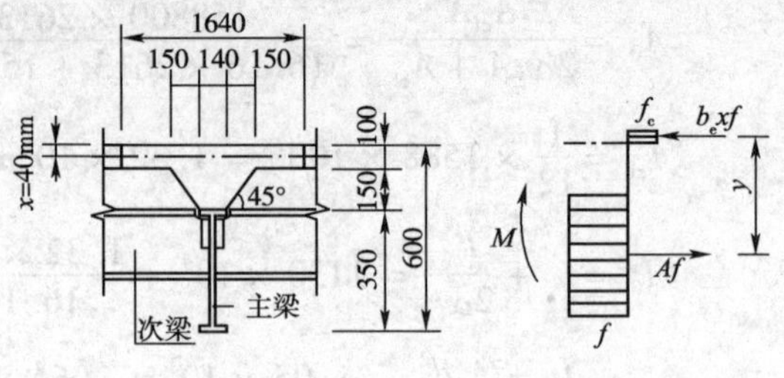

图 12-50　组合梁截面及应力图形

③组合梁混凝土翼板的有效宽度

有效宽度取下述三个中的最小值：

$$b_e = b_0 + \frac{l}{3} = 4400 + \frac{9900}{3} = 3400\text{mm}$$

$$b_e = 5400\text{mm}$$

$$b_e = b_0 + 12h_{c1} = 440 + 12 \times 100 = 1640\text{mm}$$

取　$b_e = 1640\text{mm}$

④钢梁的截面尺寸

a)荷载计算

混凝土板托　$\dfrac{0.144 + 0.44}{2} \times 0.15 \times 25 = 1.08$

钢梁自重(暂定)　0.713

$$g_k = 1.79\text{kN/m}$$

为了简便计算，假定楼面荷载全部由次梁传来，由次梁传来的集中荷载：

永久荷载　$F_{GK1} = 12.21 \times 5.4 = 65.93\text{kN}$

活载　$F_{QK2} = 11.55 \times 5.4 \times 0.9 = 56.13\text{kN}$

$$F_K = 65.93 + 56.13 = 122.06\text{kN}$$

$$g = 1.2 \times 1.79 = 2.15\text{kN/m}$$

$$F = 1.2 \times 65.93 + 1.4 \times 56.13 = 157.70\text{kN}$$

b)内力计算

$$M = \frac{1}{8} \times 2.15 \times 9.9^2 + \frac{1}{3} \times 157.70 \times 9.9 = 532.93\text{kN} \cdot \text{m}$$

$$V = \frac{1}{2} \times 2.15 \times 9.9 + 157.70 = 168.34\text{kN}$$

c)钢梁截面

假设 $x = 0.4h_{c1} = 0.4 \times 100 = 40\text{mm}$，如图 12-50 所示。

由平衡条件得：

$$A = \frac{M}{fy} = \frac{532.93 \times 10^6}{215 \times (600 - 180 - 20)} = 6197\text{mm}^2$$

取 $$A=62\text{cm}^2$$

选用主梁截面为热轧普通钢 I36C，其截面几何特征值为：

$A=90.88\text{cm}^2$ 自重 71.341kg

$b=140\text{mm}$ $h=360\text{mm}$

$t_w=14.0\text{mm}$

$t=15.8\text{mm}$ $I_x=17300\text{cm}^4$

$S_x=578.59\text{cm}^2$

$W_x=962\text{cm}^2$

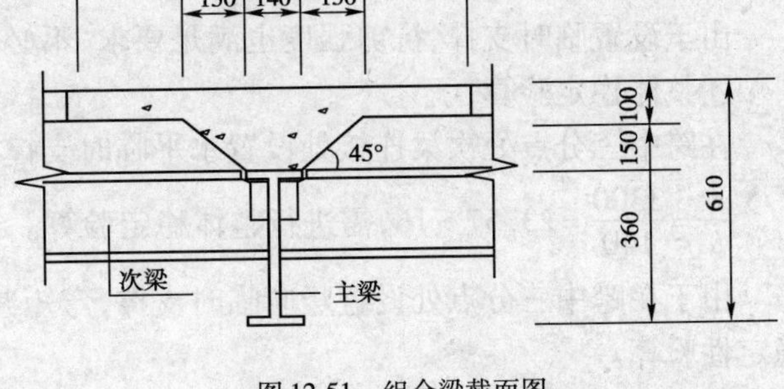

图 12-51 组合梁截面图

组合梁截面如图 12-51 所示。

(2)施工阶段组合梁验算

①荷载计算

a)永久荷载

主梁、板托混凝土自重 1.08

钢梁自重 0.713

$$g_k=1.793\text{kN/m}$$

$$g=1.2\times1.793=2.15\text{kN/m}$$

b)次梁作用在主梁上的集中永久荷载

$$F_{Gk1}=9.36\times5.4=50.5\text{kN}$$

$$F_k=1.2\times50.5=60.6\text{kN}$$

c)次梁作用在主梁上的集中施工活荷载

$$F_{Qk2}=3.3\times5.4=17.82\text{kN}$$

$$F_2=1.4\times17.82=24.95\text{kN}$$

$$F=60.6+24.95=85.55\text{kN}$$

②内力计算

$$M_x=\frac{1}{8}\times2.15\times9.9^2+\frac{1}{3}\times85.55\times9.9=308.66\text{kN}\cdot\text{m}$$

$$V_x=\frac{1}{2}\times2.15\times9.9+85.55=96.19\text{kN}$$

③承载力验算

a)抗弯承载力验算

$$\sigma=\frac{M_x}{\gamma_x W_x}=\frac{308.66\times10^6}{1.05\times962\times10^3}=305.6\text{N/mm}^2>f=215\text{N/mm}^2$$

不满足要求。

因此，在主梁跨间需设置竖向临时支撑，以减小主梁的跨度。今在跨度的三分点处各设置一道临时支撑，则主梁在施工阶段为一三跨连续梁，该梁仅承受均布荷载，集中荷载直接由竖向支撑承受，此时，梁中的最大弯矩为：

$$M=\frac{1}{10}\times2.15\times3.3^2=2.34\text{kN}\cdot\text{m}$$

$$\sigma = \frac{M}{\gamma_x W_x} = \frac{2.34 \times 10^6}{1.05 \times 962 \times 10^3} = 2.32\text{N/mm}^2 < f = 215\text{N/mm}^2$$

满足要求。

b)抗剪承载力验算

由于设置临时支撑,抗剪强度也满足要求,不必验算。

④整体稳定验算

在跨中三分点处次梁连接处设置水平临时支撑,则主梁的侧向支撑长度为 $l = 3300\text{mm}$。

$\frac{l}{b} = \frac{3300}{140} = 23.57 > 16$,需进行整体稳定验算。

由于在跨中三分点处设置竖向临时支撑,弯矩减小,整体稳定性必然满足,不必进行整体稳定性验算。

⑤挠度验算

设置临时支撑后,挠度条件必然满足,不必进行挠度验算。

(3)使用阶段组合梁验算

①抗弯承载力验算

a)塑性中和轴的位置

钢梁中拉力　　$Af = 9088 \times 215 = 1953900\text{N} = 1953.90\text{kN}$

混凝土翼板中压力

$$b_e h_{c1} f_c = 1640 \times 100 \times 9.6 = 1574400\text{N} = 1575.4\text{kN} < 1953.90\text{kN}$$

塑性中和轴位于翼板之下。由于在承载力计算时,不考虑板托的受力,因而塑性中和轴将在钢梁截面内,如图 12-52 所示。

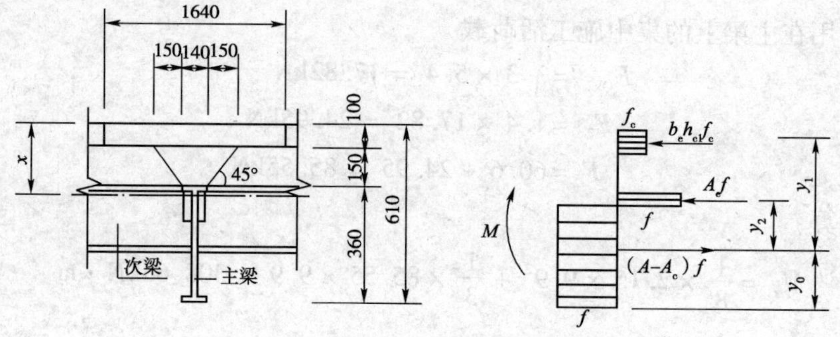

图 12-52　组合梁截面应力

钢梁的受压面积 A_c 由 $\sum X = 0$ 得出:

$$A_c = 0.5(A - b_e h_c f_c / f)$$

$$= 0.5\left(9088 - 1640 \times 100 \times \frac{9.6}{215}\right) = 883\text{mm}^2$$

钢梁翼缘宽度 $b = 140\text{mm}$,因此,钢梁的受压区深度为:

$d_c = \frac{A_c}{b} = \frac{883}{140} = 6.3\text{mm}$(未考虑翼缘趾尖圆角的影响),即:

$$x = 100 + 150 + 6.3 = 256.03\text{mm}$$

b)力臂 y_1,y_2 计算

设钢梁受区截面 $A - A_c$ 的合力作用点至钢梁底部距离为 y_0,则

$$(A-A_c)y_0+A_c(y_0+y_2)=\frac{1}{2}Ah$$

令
$$y_0+y_2=h-\frac{1}{2}d_c=360-\frac{1}{2}\times 6.3=356.85\text{mm}$$

则
$$y_0=\frac{\frac{1}{2}Ah-A_c(y_0-y_2)}{A-A_c}$$

$$=\frac{\frac{1}{2}\times 9088\times 360-8.83\times 356.85}{9088-8.83}=179.83\text{mm}$$

$$y_1=H-\frac{1}{2}h_{c1}-y_0=610-\frac{1}{2}\times 100-179.83=380.17\text{mm}$$

$$y_2=(h-d_c)-y_0=(360-6.3)-179.83=173.87\text{mm}$$

c)抗弯承载力验算

$$b_e h_{c1} f_c y_1+A_c f y_2$$
$$=1640\times 100\times 9.6\times 380.17+8.83\times 215\times 173.87$$
$$=598.86\text{kN}\cdot\text{m}>M=532.93\text{kN}\cdot\text{m}$$，满足要求。

②抗剪承载力验算

$$h_w t_w f_v=360\times 140\times 125=630\text{kN}>V=168.41\text{kN}$$，满足要求。

(4)抗剪连接件设计

抗剪连接件采用弯起钢筋连接件，其钢筋采用 HRB235，直径 $d=16\text{mm}$，钢筋的强度设计值 $f_{st}=310\text{N/mm}^2$。

①弯起钢筋的数量及配置

因组合梁截面的塑性中和轴位于钢梁的上翼缘内，组合梁最大弯矩点至梁端区段内混凝土翼缘板和钢筋间的纵向剪力 V_s 为：

$$V_s=b_e h_{c1} f_c=1640\times 100\times 9.6=1574.4\text{kN}$$

每个弯起钢筋抗剪承载力设计值：

$$N_v^c=A_{st}f_{st}=201.1\times 310=62431\text{N}$$

半跨范围内所需弯起钢筋连接件的数量：

$$n_f=\frac{V_s}{N_v^c}=\frac{1574400}{62431}=25.22(\text{个})$$，选取 26 个，分成 13 对。

主梁的剪力图形如图 12-53 所示，其中图 12-53a)为全部荷载设计值作用时的剪力图，图 12-53b)为全跨永久荷载和半跨活荷载设计值作用时的剪力图。

设计规范规定：当跨中有集中荷载时，应将连接件按各段剪力图面积比进行分配，再各自均匀布置。

如图 12-53a)所示，半跨内 AC 段剪力图面积和 CD 段剪力图面积比为：

$$\frac{168.34+161.25}{2}\times 3.3:\frac{1}{2}\times 3.3\times 3.55=543.82:5.86=92.80:1$$

即所需的 13 对弯起钢筋连接件应全部布置在 AC 段，其平均间距为：

$$s=\frac{3300}{13}=253.8\text{mm}<4(h_{c1}+h_{c2})=4\times(100+150)=1000\text{mm}$$

在跨间 1/3 的梁段(CD 段)，弯起钢筋连接件可按构造配置，在半跨活荷载作用时，该段的剪力图形将变号，因而该区段内在两个方向均应设置弯起钢筋，此时，弯起钢筋采用图 12-54 所示的形式，成对均匀配置，沿梁轴向的最大间距取：

$$s=4(h_{c1}+h_{c2})=4\times(100+150)=1000\text{mm}$$

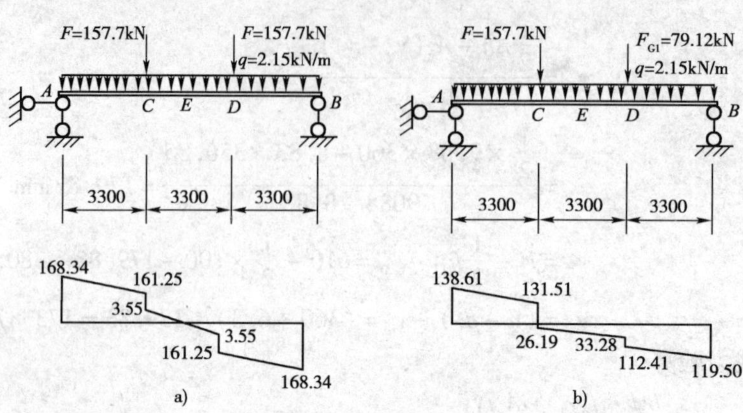

图 12-53 主梁的剪力图

该区段内共设 3300/1000 = 3.3 对，取 4 对，共 8 个弯起钢筋。

②每个弯起钢筋连接件的尺寸

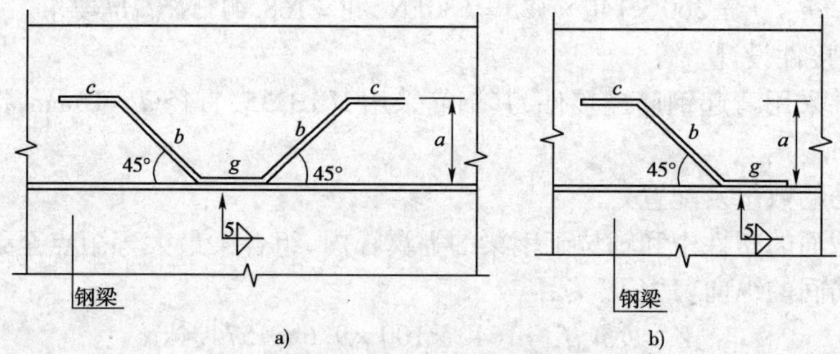

图 12-54 弯起钢筋的形式

a）用于 *CD* 段；b）用于 *AC* 段和 *DB* 段

高度 $a=h_{c1}+h_{c2}-15=100+150-15=235\text{mm}$

斜段长度 $b=\dfrac{a-d}{\sin\alpha}=\dfrac{235-16}{0.707}=310\text{mm}$

水平段 $c=10d=10\times16=160\text{mm}$

$c+b=160+310=470\text{mm}>25d=25\times16=400\text{mm}$，满足构造要求。

③弯起钢筋与钢梁顶面的焊接连接

每个弯起钢筋用两条焊缝与钢梁相连，每条焊缝长度不应小于 $4d$，因此，图 12-54 中 g 段的长度为：

$$g=4d+10=4\times16+10=74\text{mm}，取 90\text{mm}$$

每个弯起钢筋承受的水平剪力为：

$$V_1=\frac{V_s}{n}=\frac{1574.4}{26}=60.6\text{kN}$$

焊缝有效厚度为：

$$h_e=\frac{V_1}{\sum L_w f_f^w}=\frac{60.6\times10^3}{2\times(90-10)\times160\times0.95}=2.49\text{mm}<0.2d=0.2\times16=3.2\text{mm}$$

取 $$h_w=3.2\text{mm}$$

焊脚尺寸 $$h_f\geqslant\frac{3.2}{0.7}=4.6\text{mm},取\ h_f=5\text{mm}$$

(5)使用阶段组合梁的挠度计算

①荷载标准效应组合下的挠度验算

a)组合梁换算截面惯性矩计算

$$\alpha_E=\frac{E}{E_c}=\frac{206\times10^3}{25.5\times10^4}=8.08$$

翼缘板换算截面宽度

$$b_{eq}=\frac{b_e}{\alpha_E}=\frac{1640}{8.08}=203\text{mm}$$

换算后组合梁截面如图 12-55 所示。

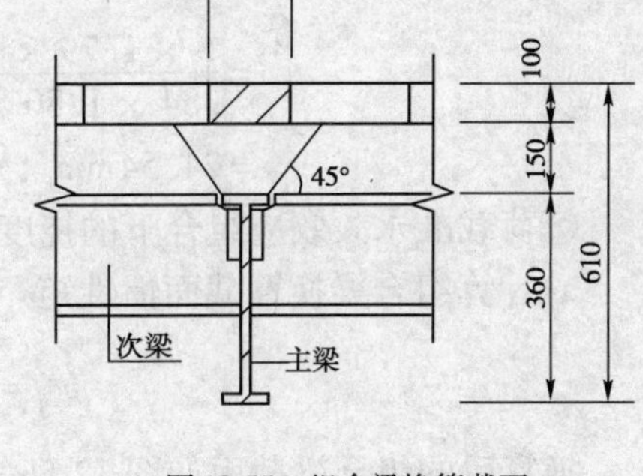

图 12-55 组合梁换算截面

换算截面形心轴位置

$$y_0=\frac{203\times100\times50+9088\times(180+150+100)}{203\times100+9088}$$

$$=167.5\text{mm}$$

$$h_{c1}=100\text{mm}<y_0=167.5\text{mm}<h_{c1}+h_{c2}$$

$$=100+150=250\text{mm}$$

弹性形心轴位于板托范围内。

换算截面的惯性矩：

$$I_{eq}=\frac{1}{12}b_{eq}h_{c1}^3+b_{eq}h_{c1}\left(y_0-\frac{1}{2}h_{c1}\right)^2+I_x+A(y-y_0)^2$$

$$=\frac{1}{12}\times203\times100^2+203\times100\left(167.5-\frac{1}{2}\times100\right)^2+17300\times10^4\times9088(430-167.5)^2$$

$$=1.10\times10^9\text{mm}^4$$

b)计算刚度折减系数

$$A_{cf}=1640\times100=164000\text{mm}$$

$$A_0=\frac{A_{cf}A}{\alpha_E A+A_{cf}}=\frac{164000\times9088}{8.08\times9088+164000}=6277\text{mm}^2$$

$$I_{cf}=\frac{1}{12}b_{eq}h_{c1}^3=\frac{1}{12}\times1640\times100^3=1.37\times10^8\text{mm}^4$$

$$I_0=I_x+\frac{I_{cf}}{\alpha_E}=17300\times10^4+\frac{1.37\times10^8}{8.08}=1.9\times10^8\text{mm}^4$$

$$A_1=\frac{I_0+A_0d_c^2}{A_0}=\frac{1.90\times10^8+6277\times(180+150+50)^2}{6277}=1.75\times10^5\text{mm}^2$$

$$j=0.81\sqrt{\frac{n_skA_1}{EI_0p}}=0.81\times\sqrt{\frac{2\times62431\times1.75\times10^5}{206\times10^3\times1.9\times10^8\times253.8}}=0.0012\text{mm}^{-1}$$

$$\eta = \frac{36Ed_c pA_0}{n_s khl^2} = \frac{36 \times 206 \times 10^3 \times 430 \times 253.8 \times 6277}{2 \times 62431 \times 610 \times 9900^2} = 0.68$$

$$\zeta = \eta\left[0.4 - \frac{3}{(jl)^2}\right] = 0.68\left[0.4 - \frac{3}{(0.0012 \times 9900)^2}\right] = 0.256$$

c)计算刚度

$$B_1 = \frac{EI_{eq}}{1+\zeta} = \frac{206 \times 10^3 \times 1.10 \times 10^9}{1+0.256} = 1.80 \times 10^{14}\text{mm}^3$$

d)挠度计算

$$v_T = \frac{5g_k l^4}{384B} + \frac{23(F_{Gk1} + F_{Qk2})l^3}{648}$$

$$f_k = \frac{5g_k l^4}{384B_1} + \frac{23(F_{Gk1} + F_{Qk2})l^3}{648B_1}$$

$$= \frac{5 \times 1.79 \times 9900^4}{384 \times 1.80 \times 10^{14}} + \frac{23(65.93 + 56.13) \times 9900^3}{648 \times 1.80 \times 10^{14}}$$

$$= 24.54\text{mm}$$

②荷载准永久效应组合下的挠度计算

a)计算组合梁换算截面惯性矩

$$b_{eq} = \frac{b_e}{2\alpha_E} = \frac{1640}{16.16} = 101.5\text{mm}$$

换算后的组合梁截面如图 12-56 所示。

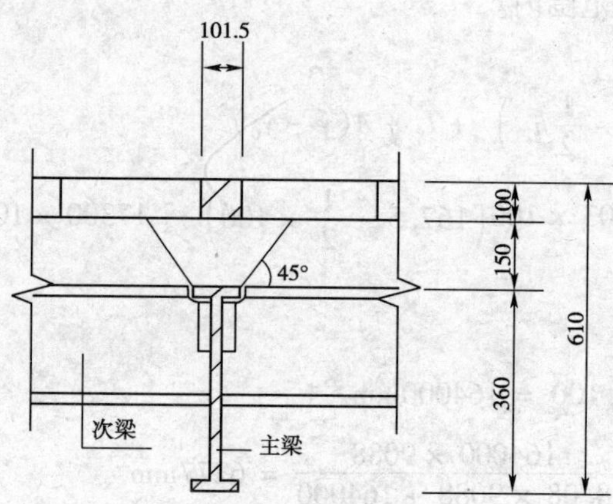

图 12-56　组合梁换算截面

换算截面对惯性矩：

$$y_0 = \frac{101.5 \times 100 \times 50 + 9088 \times (180 + 150 + 100)}{101.5 \times 100 + 9088}$$

$$= 229.50\text{mm}$$

$$I_{eq} = \frac{1}{12}b_{eq}h_{c1}^3 + b_{eq}h_{c1}(y_0 - 0.5h_{c1})^2 + I_x + A_0(y - y_0)^2$$

$$= \frac{1}{12} \times 101.5 \times 100^3 + 101.5 \times 100 \times (229.50 - 0.5 \times 100)^2$$

$$+ 17300 \times 10^4 + 9088 \times (430 - 229.5)^2$$

$$=8.74\times 10^{8}\text{mm}^{4}$$

b)刚度系数计算

$$A_0=\frac{A_{cf}A}{2\alpha_E A+A_{cf}}=\frac{164000\times 9088}{16.16\times 9088+1640\times 100}=4793\text{mm}^2$$

$$I_{cf}=\frac{1}{12}\times 1649\times 100^3=1.37\times 10^8\text{mm}^4$$

$$I_0=I_x+\frac{I_{cf}}{2\alpha_E}=17300\times 10^4+\frac{1.37\times 10^8}{16.16}=18.15\times 10^7\text{mm}^4$$

$$A_1=\frac{I_0+A_0d_0^2}{A_0}=\frac{18.15\times 10^7+4793\times(180+150+50)^2}{4793}=182266\text{mm}^2$$

$$j=0.81\sqrt{\frac{n_skA_1}{EI_0p}}=0.81\times\sqrt{\frac{2\times 62431\times 182266}{206\times 10^4\times 18.15\times 10^7\times 253.8}}=0.00126\text{mm}^{-1}$$

$$\eta=\frac{36Ed_cpA_0}{n_skhl^2}=\frac{36\times 206\times 10^4\times 430\times 253.8\times 4793}{2\times 62431\times 610\times 9900^2}=0.54$$

$$\zeta=\eta\left[0.4-\frac{3}{(jl)^2}\right]=0.54\times\left[0.4-\frac{3}{(0.00126\times 9900)^2}\right]=0.206$$

c)刚度计算

$$B_2=\frac{EI_{eq}}{1+\zeta}=\frac{206\times 10^3\times 8.74\times 10^8}{1+0.206}=14.93\times 10^{13}\text{mm}^3$$

d)挠度计算

$$f_q=\frac{5g_kl^4}{384B_2}+\frac{23(F_{Gk1}+\psi_{cq}F_{Qk2})l^3}{648B_2}$$

$$=\frac{5\times 1.79\times 9900^4}{384\times 14.93\times 10^{13}}+\frac{23\times(65.99+0.4\times 56.13)}{648\times 14.93\times 10^{13}}=21.85\text{mm}$$

③挠度验算

因为

$$f_k=24.54\text{mm}>f_q=21.85\text{mm}$$

所以

$$\frac{f_k}{l}=\frac{24.54}{9900}=\frac{1}{403}<\frac{1}{400}$$，满足要求。

12.4 钢管混凝土柱

钢管混凝土柱是指在钢管中填充混凝土而形成的组合构件，依外形可分为圆形、方形、矩形和多边形等。圆形柱优点多、应用广泛。方形和矩形主要用于多、高层民用建筑，其外形利于施工。钢管混凝土柱宜用于轴心受压和小偏心受压构件，当为大偏心受压时，应采用二肢、三肢或四肢的组合式构件。

12.4.1 钢管混凝土柱的特点

钢材的泊松比在弹性阶段可认为是常数，为0.283，进入塑性阶段增大到0.5之后保持不变；混凝土的横向变形系数则为变数，由低应力时的0.17随压应力的 增加逐渐增大到0.5，到1.0，甚至大于1.0。钢管混凝土柱在压力作用下，混凝土向外的横向变形起初小于钢管向外的横向变形，但随着压力的增加，逐渐大于钢管向外的横向变形，钢管约束了混凝土，产生了相互作用的紧箍力。因而钢管纵向和径向受压而环向受拉，混凝土则三向皆受压，二者均处于三维应力状态。三向受压混凝土的抗压强度得到提高，同时塑性、延性得到改善，使混凝土由原来的脆性材料转变为较好的塑性；而钢管由于核心混凝土的存在，提高了它的整体稳定和局部稳定承载力。这一变化决定了钢管混凝土柱具有下列特点：

1. 承载力高和经济合理

相对于钢筋混凝土柱柱子截面较小，扩大了使用空间，减轻了自重，降低了地基基础的造价，经济效果显著。试验和理论分析证明，圆形钢管混凝土受压构件的承载力，可以达到钢管和混凝土单独承载力之和的1.7～2.0倍；与钢柱相比，可节约钢材50%，降低造价约45%；与钢筋混凝土柱相比，可节约混凝土约70%，减少自重约70%，节省模板100%，而用钢量约相等或略多；用于高层建筑时还可以做到不限制轴压比。

2. 具有良好的塑性和抗震性能

将圆形钢管混凝土柱轴向压缩到原长的2/3，构件表面已褶曲，但仍有一定的承载力，可见塑性非常好。圆形钢管混凝土柱在循环荷载作用下，滞回曲线饱满，表明有良好的吸能能力，当长细比满足一定要求时基本上无刚度退化，因而具有良好的抗震性能。

3. 施工简单，可大大缩短工期

在工业厂房中，与钢柱相比，零件少，焊缝短，柱脚构造简单，可直接插入混凝土基础预留的杯口中。在公路和城市拱桥中，空钢管可组成施工阶段稳定的拱桥体系，配合转体施工、大大减轻施工阶段结构的重量，拱桥跨度突破了400m。配合泵送法浇灌管内混凝土，大大简化了施工过程，且易保证质量。在高层和超高层建筑中，空钢管可作施工阶段劲性钢骨架，为平行立体交叉作业和逆作法施工创造了条件。同时所用钢板的厚度一般不超过40mm，远比高层钢结构柱子中钢板厚度（80～130mm，甚至可能更大）小，简化了制作和对接焊接工作量和质量要求。在北方寒冷地区，可以在冬季安装空钢管组成框架或构架，春天再浇灌混凝土，从而争取时间，加快建设速度。

4. 钢管混凝土柱的耐火性能优于钢柱

钢管混凝土柱由于管内有混凝土，能吸收大量热能，因此遭受火灾时，延长了柱子的耐火时间。圆形钢管混凝土柱和钢柱相比，可节约防火涂料1/2～2/3，甚至更多。随着钢管直径的增大，节约涂料也越多。

5. 可安全可靠地采用高强度混凝土

近年来，高强度混凝土在我国东南沿海城市，如上海、广州和深圳等地应用普遍，C70和C80混凝土也已投入使用。但混凝土的强度越高，脆性越突出。为了克服高强混凝土脆性大的弱点可采用密配箍筋的方法，使核心混凝土三向受压，但过大的配箍率将造成截面箍筋密布，增大了构造和施工的复杂性；采用钢管混凝土，将高强度混凝土置于钢管内，不但构造简捷，施工方便，而且能达到防止高强混凝土脆性破坏的目的。

12.4.2 钢管混凝土柱的力学性能

1. 承载能力

试验表明，钢管混凝土构件的承载能力不等于同形状、同面积的两种材料试件承载能力之和。以内填混凝土钢管短柱为例，若单独取钢管做轴压试验，无论圆管、方管或矩形管，可能在全截面屈服之前屈曲，也可能在屈服之后发生弹塑性局部失稳；单独取素混凝土柱做轴压试验,则有纵向裂纹早期发生的现象。钢管混凝土短柱试件轴压试验,所得到的极限承载力均高于两者分别试验得到的承载力之和。从机理上分析:①内填混凝土(称为核心混凝土)的存在,抑制了钢管的局部屈曲变形。例如圆钢管、方钢管发生的局部失稳模式,通常如图12-57a)、b)所示,内填混凝土对向内凹进的变形。如,圆钢管菱状的反对称失稳变形和方钢管类似四边简支板的屈曲失稳变形被阻止。当转为如图12-58所示的外凸式对称失稳模式时,两者的稳定承载能力都能得到提高。②混凝土受压后,随轴压荷载增长而向外挤胀,使得钢管产生横向拉力,钢管即使发生局部失稳,仍能在拉力场帮助下继续承载。③核心混凝土在微裂膨胀后即受到钢管的约束作用,在圆钢管中,这种约束作用十分明显,称之为套箍作用。在方钢管中,也有这种效应,但在角隅部分较强。混凝土受三向压力作用后,纵向受压的承载能力大大提高。钢管约束作用的强弱与截面中的含钢率有关,含钢率越大,约束作用就越大;在构件的面积和形状不变的情况下,含钢率增大,意味着钢管的径厚比或宽厚比变小。

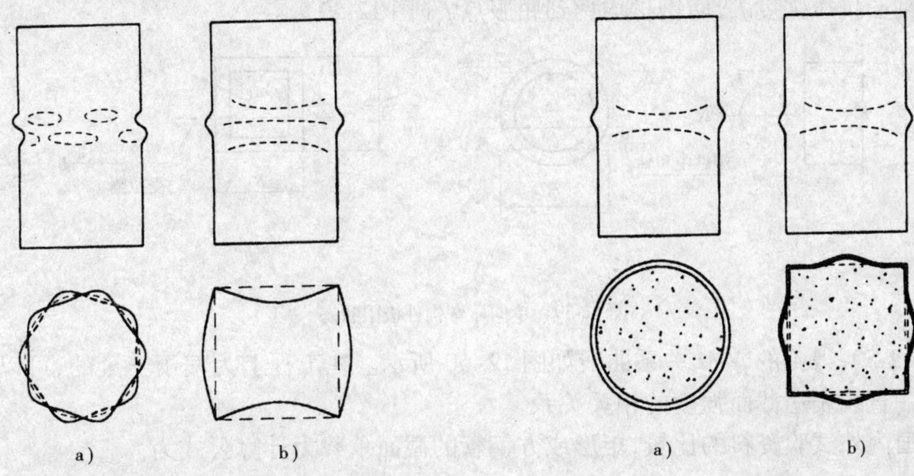

图12-57　空钢管的局部屈曲模式　　　图12-58　内填混凝土的钢管局部屈曲模式

2.变形能力

钢管因混凝土的存在而提高了整体刚度,又因局部稳定性和整体稳定性的提高而改善变形能力,混凝土也因成为约束混凝土而提高了塑性,总之,钢管混凝土构件具有良好的延性。

12.4.3　方形与矩形钢管混凝土柱的截面承载力和整体稳定承载力计算

1.轴心受压构件

(1)方(矩形)钢管混凝土轴压构件的截面承载力计算,一般采用简单叠加法,即:

$$N_{rp} = Af_y + A_c f_c \tag{12-116}$$

式中:A、A_c——分别为钢管与核心混凝土的截面积;

f_y——钢材屈服点;

f_c——混凝土的轴心抗压强度设计值。

虽然根据试验数据分析,方(矩形)钢管混凝土轴压构件的实际承载能力要比式(12-116)高出10%~40%,但简单叠加法已经排除了钢管因局部失稳导致的强度降低和混凝土因横向拉应变而产生的强度损失,故适合于工程应用。工程设计时,应用材料强度设计值f_d、f_{cd}代替f_y、f_c。

（2）轴心受压柱的整体稳定应满足下式

$$N \leqslant \varphi N_{\mathrm{rpd}} \tag{12-117}$$

式中：φ——方（矩形）钢管混凝土构件的轴心受压稳定系数。可按表 12-6b）或按轴心受压钢构件 b 类曲线取值。计算长细比时构件截面的回转半径 i 按下式取用

$$i = \sqrt{\frac{I + I_{\mathrm{c}} \dfrac{E_{\mathrm{c}}}{E}}{A + A_{\mathrm{c}} \dfrac{f_{\mathrm{cd}}}{f_{\mathrm{d}}}}} \tag{12-118}$$

式中：I、I_{c}——钢管与混凝土截面的惯性矩。

2. 单向压弯构件

（1）根据计算假定，钢管混凝土柱截面在中和轴受拉一侧的混凝土退出工作，受压一侧达到混凝土轴心抗压强度 f_{c}，而钢材均达到屈服点 f_{y}（图 12-59）。

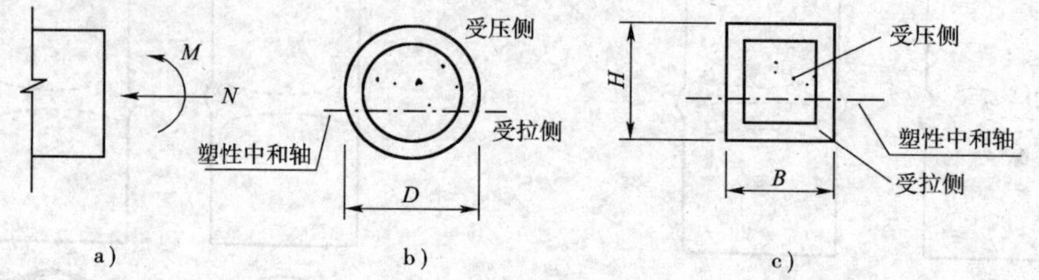

图 12-59　单向压弯构件极限状态

按图 12-59，得到的 N-M 关系曲线如图 12-60 所示。在工程上为偏于安全的，可以用分段直线或单一直线表达截面强度的相关关系。

根据国内外试验资料的比较，矩形或方钢管的截面承载力计算公式为

$$\frac{N}{N_{\mathrm{rpd}}} + \frac{M}{M_{\mathrm{rpd}}} \leqslant 1 \tag{12-119}$$

式中：N_{rpd}——轴心受压截面承载力设计值，用 f_{d}，f_{cd} 代替式（12-116）中 f_{y}，f_{c} 后得到；

M_{rpd}——截面的抗弯极限承载力设计值：

$$M_{\mathrm{rpd}} = [0.5A(H - 2t - d_{\mathrm{n}}) + Bt(t + d_{\mathrm{n}})]f_{\mathrm{d}} \tag{12-120}$$

H、B——矩形钢管分别垂直和平行于弯曲轴的截面外包尺寸（图 12-59）；

t——钢管厚度；

d_{n}——系数。

$$d_{\mathrm{n}} = \frac{A - 2Bt}{(B - 2t)\dfrac{f_{\mathrm{cd}}}{f_{\mathrm{d}}} + 4t} \tag{12-121}$$

（2）矩形管或方管混凝土压弯构件的整体稳定计算可采用压弯构件相关公式的形式

$$\frac{N}{\varphi N_{\mathrm{rpd}}} + \frac{\beta M}{\left(1 - 0.8\dfrac{N}{N_{\mathrm{E}}}\right) M_{\mathrm{rpd}}} \leqslant 1 \tag{12-122}$$

式中：$N_{\mathrm{E}} = N_{\mathrm{rpd}} \dfrac{\pi^2 E}{\lambda^2 f_{\mathrm{d}}}$　　(12-123)

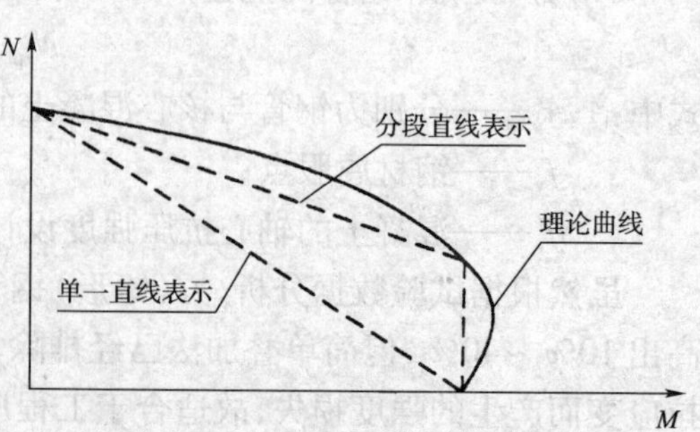

图 12-60　压弯构件截面的 N-M 关系

其余符号参见本节其他公式。

12.4.4 圆钢管混凝土柱的截面承载能力和稳定计算

1. 轴心受压构件

相对方形或矩形钢管混凝土构件而言，圆钢管混凝土构件的截面承载力采用简单叠加公式往往偏于保守，因此可以考虑约束作用，对承载力予以提高（图 12-61）。圆钢管混凝土构件

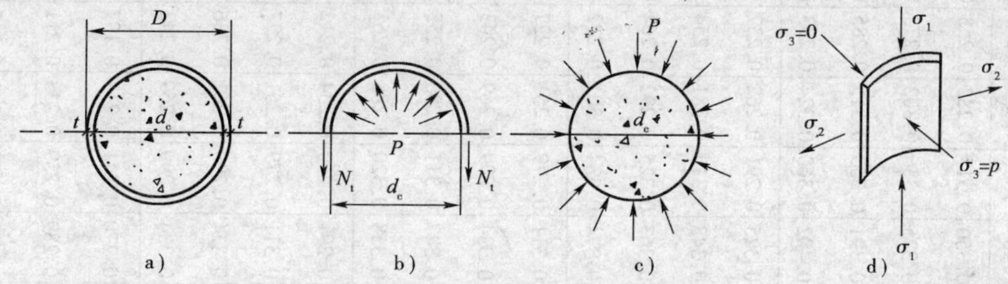

图 12-61　钢管混凝土短柱受力分析图

轴心受压时的截面承载力计算公式为：

$$N_{cp} = Af_y + (1 + \alpha_c)A_c f_c \tag{12-124}$$

$$\alpha_c = \sqrt{\frac{f_y}{f_c}\frac{A}{A_c}} \tag{12-125}$$

式中：α_c——考虑钢管约束作用的强度提高系数；上式可以变形为：

$$\alpha_c = \sqrt{\frac{f_y}{f_c}\frac{\rho_s}{1-\rho_s}} \tag{12-126}$$

ρ_s——截面含钢量：

$$\rho_s = \frac{A}{A + A_c} \tag{12-127}$$

可见这样定义的提高系数随钢材强度的提高和截面含钢量的增大而增大。虽然在公式（12-124）中，强度提高系数 α_c 乘在有关混凝土强度的项前，但钢管混凝土构件承载力的提高也包含着钢管承载力提高的因素。

用于工程设计时，应用材料强度设计值 f_d，f_{cd} 代替式（12-124）中的 f_y，f_c。

2. 圆钢管混凝土构件轴心受压稳定计算公式

$$N \leqslant \varphi N_{cpd} \tag{12-128}$$

式中：N_{cpd}——轴心受压截面强度设计值，用 f_d，f_{cd} 代替式（12-46）中 f_y，f_c 后得到；

φ——钢管混凝土构件的轴心受压稳定系数，见表 12-6a），根据试验数据分析，对圆钢管混凝土构件可取

钢管混凝土轴心受压构件稳定系数 φ 值　　表 12-6a）

$\lambda = 4L_0/D$		10	20	30	40	50	60	70	80
钢材	Q235	1.000	0.998	0.989	0.972	0.946	0.912	0.860	0.819
	Q345	1.000	0.998	0.987	0.966	0.935	0.895	0.844	0.783
	Q390	1.000	0.998	0.987	0.966	0.934	0.892	0.840	0.778
$\lambda = 4L_0/D$		90	100	110	120	130	140	150	
钢材	Q235	0.760	0.692	0.617	0.521	0.444	0.383	0.333	
	Q345	0.712	0.632	0.541	0.455	0.387	0.334	0.291	
	Q390	0.705	0.622	0.529	0.444	0.379	0.327	0.284	

当 $l_0/D \leqslant 4$ 时

$$\varphi = 1.0 \tag{12-129}$$

表 12-6b）

方钢管混凝土稳定系数 ϕ

钢材	混凝土	α_s	λ																			
			10	20	30	40	50	60	70	80	90	100	110	120	130	140	150	160	170	180	190	200
Q235	C30	0.05	1.000	0.965	0.900	0.839	0.782	0.728	0.678	0.631	0.588	0.549	0.513	0.446	0.394	0.350	0.313	0.282	0.255	0.232	0.212	0.194
		0.10	1.000	0.968	0.912	0.858	0.807	0.758	0.711	0.667	0.625	0.586	0.549	0.478	0.422	0.375	0.336	0.302	0.273	0.249	0.227	0.208
		0.15	1.000	0.971	0.920	0.871	0.823	0.777	0.733	0.690	0.649	0.609	0.571	0.498	0.440	0.391	0.350	0.315	0.285	0.259	0.236	0.217
		0.20	1.000	0.974	0.926	0.880	0.835	0.791	0.749	0.707	0.666	0.627	0.588	0.513	0.452	0.402	0.360	0.324	0.293	0.266	0.243	0.223
	C40	0.05	1.000	0.948	0.876	0.809	0.747	0.690	0.637	0.588	0.545	0.506	0.471	0.414	0.366	0.325	0.291	0.262	0.237	0.215	0.197	0.180
		0.10	1.000	0.952	0.888	0.828	0.771	0.718	0.668	0.622	0.579	0.540	0.504	0.444	0.392	0.348	0.312	0.281	0.254	0.231	0.211	0.193
		0.15	1.000	0.956	0.896	0.840	0.786	0.736	0.688	0.643	0.601	0.562	0.525	0.463	0.408	0.363	0.325	0.292	0.264	0.240	0.220	0.201
		0.20	1.000	0.959	0.903	0.849	0.798	0.749	0.703	0.659	0.617	0.578	0.541	0.476	0.420	0.374	0.334	0.301	0.272	0.247	0.226	0.207
	C50	0.05	1.000	0.936	0.861	0.792	0.727	0.668	0.613	0.564	0.520	0.482	0.448	0.397	0.350	0.311	0.279	0.251	0.227	0.206	0.188	0.173
		0.10	1.000	0.941	0.873	0.810	0.750	0.695	0.643	0.596	0.553	0.514	0.480	0.425	0.375	0.334	0.299	0.269	0.243	0.221	0.202	0.185
		0.15	1.000	0.945	0.882	0.821	0.765	0.712	0.662	0.616	0.574	0.535	0.499	0.443	0.391	0.347	0.311	0.280	0.253	0.230	0.210	0.193
		0.20	1.000	0.948	0.888	0.831	0.776	0.725	0.677	0.631	0.589	0.550	0.514	0.456	0.402	0.358	0.320	0.288	0.261	0.237	0.216	0.198
Q345	C30	0.05	1.000	0.961	0.894	0.831	0.772	0.716	0.664	0.616	0.571	0.339	0.423	0.370	0.327	0.291	0.260	0.234	0.212	0.193	0.176	0.161
		0.10	1.000	0.966	0.911	0.857	0.804	0.753	0.704	0.657	0.610	0.523	0.454	0.397	0.350	0.311	0.279	0.251	0.227	0.206	0.188	0.173
		0.15	1.000	0.971	0.922	0.874	0.825	0.777	0.730	0.683	0.636	0.545	0.472	0.413	0.365	0.324	0.290	0.261	0.236	0.215	0.196	0.180
		0.20	1.000	0.975	0.931	0.887	0.842	0.796	0.750	0.703	0.655	0.561	0.486	0.426	0.376	0.334	0.299	0.269	0.243	0.221	0.202	0.185
	C40	0.05	1.000	0.942	0.866	0.795	0.730	0.671	0.616	0.568	0.524	0.453	0.393	0.344	0.304	0.270	0.241	0.217	0.197	0.179	0.163	0.150
		0.10	1.000	0.949	0.882	0.820	0.761	0.705	0.654	0.605	0.561	0.486	0.421	0.369	0.325	0.289	0.259	0.233	0.211	0.192	0.175	0.160
		0.15	1.000	0.954	0.894	0.836	0.781	0.728	0.677	0.630	0.584	0.506	0.439	0.384	0.339	0.301	0.270	0.243	0.219	0.200	0.182	0.167
		0.20	1.000	0.959	0.903	0.849	0.796	0.745	0.696	0.648	0.602	0.521	0.452	0.395	0.349	0.310	0.277	0.250	0.226	0.205	0.188	0.172

续上表

钢材	混凝土	α_s	λ																			
			10	20	30	40	50	60	70	80	90	100	110	120	130	140	150	160	170	180	190	200
Q345	C50	0.05	1.000	0.929	0.848	0.774	0.706	0.645	0.590	0.541	0.498	0.434	0.376	0.329	0.291	0.258	0.231	0.208	0.188	0.171	0.156	0.143
		0.10	1.000	0.936	0.865	0.789	0.736	0.678	0.625	0.577	0.533	0.465	0.403	0.353	0.311	0.277	0.248	0.223	0.202	0.183	0.168	0.154
		0.15	1.000	0.942	0.876	0.810	0.755	0.699	0.648	0.600	0.555	0.485	0.420	0.368	0.324	0.288	0.258	0.320	0.210	0.191	0.174	0.160
		0.20	1.000	0.947	0.885	0.826	0.769	0.716	0.665	0.617	0.572	0.499	0.432	0.378	0.334	0.297	0.266	0.239	0.216	0.197	0.180	0.165
Q390	C30	0.05	1.000	0.960	0.894	0.832	0.772	0.716	0.663	0.614	0.541	0.464	0.402	0.352	0.310	0.276	0.247	0.222	0.201	0.183	0.167	0.153
		0.10	1.000	0.967	0.913	0.860	0.807	0.756	0.705	0.656	0.580	0.497	0.431	0.377	0.333	0.296	0.265	0.238	0.216	0.196	0.179	0.164
		0.15	1.000	0.972	0.926	0.878	0.830	0.782	0.733	0.683	0.604	0.518	0.449	0.393	0.346	0.308	0.276	0.248	0.224	0.204	0.186	0.171
		0.20	1.000	0.977	0.936	0.893	0.848	0.802	0.754	0.704	0.621	0.533	0.462	0.404	0.357	0.317	0.284	0.255	0.231	0.210	0.192	0.176
	C40	0.05	1.000	0.941	0.864	0.793	0.728	0.668	0.614	0.564	0.502	0.431	0.373	0.327	0.288	0.256	0.229	0.206	0.187	0.170	0.155	0.142
		0.10	1.000	0.948	0.883	0.820	0.761	0.705	0.652	0.603	0.538	0.461	0.400	0.350	0.309	0.275	0.246	0.221	0.200	0.182	0.166	0.152
		0.15	1.000	0.955	0.895	0.838	0.782	0.729	0.678	0.628	0.561	0.481	0.417	0.635	0.322	0.286	0.256	0.230	0.208	0.189	0.173	0.159
		0.20	1.000	0.960	0.906	0.852	0.799	0.748	0.697	0.648	0.577	0.495	0.429	0.375	0.331	0.294	0.263	0.237	0.214	0.195	0.178	0.163
	C50	0.05	1.000	0.927	0.846	0.771	0.703	0.641	0.585	0.537	0.481	0.412	0.357	0.313	0.276	0.245	0.220	0.198	0.179	0.163	0.148	0.136
		0.10	1.000	0.935	0.864	0.797	0.734	0.676	0.623	0.574	0.515	0.442	0.383	0.335	0.296	0.263	0.235	0.212	0.192	0.174	0.159	0.146
		0.15	1.000	0.942	0.876	0.814	0.755	0.699	0.646	0.597	0.537	0.460	0.399	0.349	0.308	0.274	0.245	0.221	0.200	0.181	0.166	0.152
		0.20	1.000	0.948	0.886	0.827	0.771	0.717	0.665	0.615	0.552	0.474	0.410	0.359	0.317	0.282	0.252	0.227	0.205	0.187	0.170	0.156

当 $l_0/D>4$ 时 $$\varphi=1-0.115\sqrt{\frac{l_0}{D}-4} \tag{12-130}$$

l_0——圆钢管混凝土柱的等效计算长度，与柱子的几何长度、约束条件、弯矩分布形式等有关；

D——圆钢管外径。

3. 单向压弯构件

参照计算假定图式（图 12-60）进行分析，两端铰接钢管柱的相关公式为

当 $\frac{N}{N_{cp}}\geqslant 0.26$ 时 $$\frac{N}{N_{cp}}+0.74\frac{M}{M_{cp}}=1 \tag{12-131}$$

当 $\frac{N}{N_{cp}}<0.26$ 时 $$\frac{M}{M_{cp}}=1 \tag{12-132}$$

式中：M_{cp}——受弯构件截面极限承载力。

根据试验分析，M_{cp} 可近似表达为

$$M_{cp}=0.4r_cN_{cp} \tag{12-133}$$

式中：r_c——钢管内半径。

例 12-7 一两端铰接的钢管混凝土单肢轴心受压柱，已知轴心压力 $N=2000$kN，柱长 5m，采用 Q235 钢材，混凝土 C30，试设计截面尺寸。

解 按电力部《钢—混凝土组合结构设计规程》（DL/T 5085—1999）：

假设 $\lambda=75$，则 $\varphi=0.840$，$\lambda=4L_0/D$。

$$D=\frac{4L_0}{\lambda}=\frac{4\times5000}{75}=267\text{mm},A_{sc}=\frac{\pi D^2}{4}=55\ 962\text{mm}^2$$

$$f_{sc}=\frac{N}{\varphi A_{sc}}=\frac{2000\times10^3}{0.840\times55\ 962}=42.5\text{N/mm}^2$$

查表则有含钢率 $\alpha_s=0.109$。选用 $\phi273\times6.5$mm 钢管，$\alpha_s=0.102$，$A_{sc}=58\ 505\text{mm}^2$。

则 $\lambda=\frac{4\times5000}{273}=73.3$，$\varphi=0.846$，$f_{sc}=41.1$MPa。

$$\varphi A_{sc}f_{sc}=0.846\times58\ 505\times41.1\times10^{-3}=2034.3\text{kN}>N=2000\text{kN}$$

经验算，承载力满足要求。

例 12-8 一根两端铰接的轴压钢管混凝土单肢柱，采用 $\phi273$mm $\times6.5$mm，Q235 钢材，C40 混凝土，柱长 $L=5$m，试计算其承载力。

解 按建设部《钢管混凝土结构设计与施工规程》（CECS 28:90）：

（1）基本物理量

$$f_a=215\text{MPa},\qquad f_c=19.1\text{MPa}$$

$$A_a=\frac{\pi}{4}(273^2-260^2)=5439\text{mm}^2,A_c=\frac{\pi}{4}\times260^2=53\ 066\text{mm}^2$$

（2）计算套箍指标 θ

$$\theta=\frac{A_af_a}{A_cf_c}=\frac{5439\times215}{53\ 066\times19.1}=1.154$$

（3）计算 N_0

$$N_0=A_cf_c(1+\sqrt{\theta}+\theta)$$

$$= 53\,066 \times 19.1 \times (1 + \sqrt{1.154} + 1.154) \times 10^{-3}$$
$$= 3272.0\text{kN}$$

(4)计算 φ_1,依题意有 $\mu = 1, k = 1$,则

$$L_e = \mu k L = 1 \times 1 \times 5000 = 5000\text{mm}, \frac{L_e}{d} = \frac{5000}{273} = 18.3 > 4$$

$$\varphi_1 = 1 - 0.115\sqrt{L_e/d - 4}$$
$$= 1 - 0.115\sqrt{18.3 - 4}$$
$$= 0.565$$

(5)计算承载力

由于轴心受压,$\varphi_e = 1$,故有

$$N_u = \varphi_1 \varphi_e N_0 = 0.565 \times 1.0 \times 3272.0 = 1848.7\text{kN}$$

例 12-9 一根两端铰接的无侧移偏压钢管混凝土柱,采用 $\phi 325\text{mm} \times 9\text{mm}$ 钢管,Q235 钢材,C40 混凝土,柱长 $L = 6\text{m}$,两端轴压力的偏心距 e_0 均为 110mm,试计算其承载力。

解法 1 按电力部 DL/T 5085—1999 规程:

(1)基本物理量

$$f_y = 235\text{MPa}, f = 215\text{MPa}, f_{ck} = 26.8\text{MPa}, f_c = 19.1\text{MPa}$$

$$A_s = \frac{\pi}{4}(325^2 - 307^2)\text{mm}^2 = 8930\text{mm}^2, A_c = \frac{\pi}{4} \times 307^2\text{mm}^2 = 73\,985\text{mm}^2$$

$$A_{sc} = 82\,916\text{mm}^2, W_{sc} = A_{sc}D/8 = 3\,368\,463\text{mm}^3, \alpha_s = 0.121$$

$$\lambda = 4L_0/D = 4 \times 6000/325 = 73.8$$

查得 $f_{sc} = 49.8\text{MPa}, E_{sc} = 55\,083\text{MPa}, \varphi = 0.844, K_2 = 1.380$。其他参数

组合抗弯弹性模量 $E_{scm} = K_2 \cdot E_{sc} = 1.380 \times 55\,083 = 76\,015\text{MPa}$

套箍系数标准值 $\xi = \frac{A_s f_y}{A_c f_{ck}} = \frac{8930 \times 235}{73\,985 \times 26.8} = 1.058 > 0.85$

取 $\gamma_m = 1.4$;依题意有 $\beta_m = 1.0$

欧拉临界力

$$N_E = \pi^2 E_{scm} A_{sc} / \lambda^2$$
$$= \pi^2 \times 76\,015 \times 82\,916 \times 10^{-3} / 73.8^2$$
$$= 11\,410.0\text{kN}$$

(2)压弯构件截面承载力计算

取 $N = N_{u1}, M = N_{u1} e_0$

假设 $N_{u1} < 0.2 A_{sc} f_{sc} = 0.2 \times 82\,916 \times 49.8 \times 10^{-3} = 825.8\text{kN}$

根据公式

$$\frac{N_{u1}}{1.4A_{sc}} + \frac{N_{u1} e_0}{\gamma_m W_{sc}} \leqslant f_{sc}$$

则

$$N_{u1} \leqslant \frac{f_{sc}}{\frac{1}{1.4A_{sc}} + \frac{e_0}{\gamma_m W_{sc}}} = \frac{49.8 \times 10^{-3}}{\frac{1}{1.4 \times 82\,916} + \frac{110}{1.4 \times 3\,368\,463}}$$
$$= 1559.2\text{kN} > 825.8\text{kN}$$

假设不成立，则 $N_{u1} \geqslant 0.2A_{sc}f_{sc} = 825.8\text{kN}$，根据

则
$$\frac{N_{u1}}{A_{sc}} + \frac{N_{u1}e_0}{1.071\gamma_m W_{sc}} \leqslant f_{sc}$$

$$N_{u1} \leqslant \frac{f_{sc}}{\dfrac{1}{A_{sc}} + \dfrac{e_0}{1.071\gamma_m W_{sc}}} = \frac{49.8 \times 10^{-3}}{\dfrac{1}{82\ 916} + \dfrac{110}{1.071 \times 1.4 \times 3\ 368\ 463}}$$

$$= 1471.6\text{kN} > 825.8\text{kN}$$

由强度验算公式得到的承载力 $N_{u1} = 1471.6\text{kN}$

(3)压弯构件稳定承载力计算

取 $N = N_{u2}$，$M = N_{u2}e_0$。

由(2)中假设可知

$$N_{u2} \geqslant 0.2\varphi A_{sc}f_{sc} = 0.844 \times 825.8 = 697.0\text{kN}$$

$$\frac{N_{u2}}{\varphi A_{sc}} + \frac{\beta_m N_{u2}e_0}{1.071\gamma_m W_{sc}(1 - 0.4N_{u2}/N_E)} \leqslant f_{sc}$$

解一元二次方程得 $N_{u2} = 1340.8\text{kN} > 697.0\text{kN}$

由稳定验算公式得到的承载力 $N_{u2} = 1340.8\text{kN}$

综上，该钢管混凝土柱的承载力应取 N_{u1}、N_{u2} 中的较小值，即

$$N_u = \min\{N_{u1}, N_{u2}\} = N_{u2} = 1340.8\text{kN}$$

解法2　按建设部《钢管混凝土结构设计与施工规程》(CECS28:90)：

基本物理量：

$$f_a = 215\text{MPa}, f_c = 19.1\text{MPa}$$

$$A_a = \frac{\pi}{4}(325^2 - 307^2) = 8930\text{mm}^2, A_c = \frac{\pi}{4} \times 307^2 = 73\ 985\text{mm}^2$$

$$\theta = \frac{A_a f_a}{A_c f_c} = \frac{8930 \times 215}{73\ 985 \times 19.1} = 1.359$$

$$\begin{aligned} N_0 &= A_c f_c(1 + \sqrt{\theta} + \theta) \\ &= 73\ 985 \times 19.1 \times (1 + \sqrt{1.359} + 1.359) \times 10^{-3} \\ &= 4980.9\text{kN} \end{aligned}$$

依题意有 $\mu = 1$，$k = 1$，则

$$L_e = \mu k L = 1 \times 1 \times 6000 = 6000\text{mm}, \frac{L_e}{d} = \frac{6000}{325} = 18.5 > 4$$

$$\varphi_1 = 1 - 0.115\sqrt{L_e/d - 4} = 1 - 0.115\sqrt{18.5 - 4} = 0.562$$

$$r_c = \frac{307}{2} = 153.5\text{mm}$$

$$\frac{e_0}{r_c} = \frac{110}{153.5} = 0.717 < 1.55$$

$$\varphi_e = \frac{1}{1 + 1.85\dfrac{e_0}{r_c}} = \frac{1}{1 + 1.85 \times 0.717} = 0.430$$

因 $\beta=1, k=1$，则 $\varphi_0=\varphi_1=0.562$

$$\varphi_e \cdot \varphi_1=0.430\times0.562=0.242<\varphi_0=0.562\text{（满足要求）}$$

故得极限承载力 N_u 为

$$N_u=\varphi_1\varphi_e N_0=0.562\times0.430\times4980.9=1203.7\text{kN}$$

例 12-10 如图 12-62 所示，一偏心受压方钢管混凝土柱，两端铰接（无侧移），柱截面尺寸 $bh=500\text{mm}\times500\text{mm}$，钢管壁厚 10mm，采用 Q235（$f=215\text{N/mm}^2$），C40 混凝土（$f_c=19.1\text{N/mm}^2$），柱长 4m，承受偏心压力设计值 $N=5.0\times10^3\text{kN}$，一端偏心距 $e_x=100\text{mm}$，另一端偏心距 $e_x=0$，不考虑抗震，钢管无削弱，验算构件的强度和稳定性。

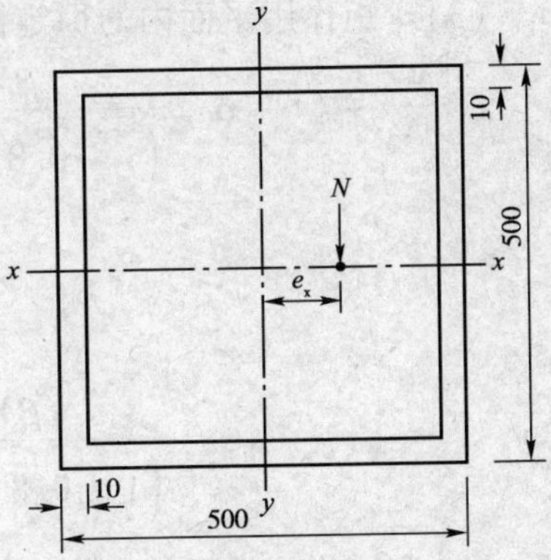

图 12-62

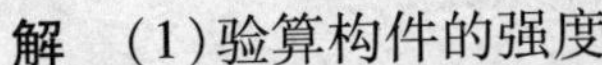

解 （1）验算构件的强度

$$A_{sn}=500\times500-480\times480=19\,600\text{mm}^2$$

$$A_s=A_{sn}=19\,600\text{mm}^2$$

$$N_{un}=A_{sn}f+A_c f_c=(215\times19\,600+480^2\times19.1)\times10^{-3}$$
$$=8614.6\text{kN}$$

$$d_n=\frac{A_s-2Bt}{(B-2t)\dfrac{f_c}{f}+4t}=\frac{19\,600-2\times500\times10}{(500-2\times10)\times\dfrac{19.1}{215}+4\times10}$$
$$=116.2\text{mm}$$

$$M_{un}=[0.5A_{sn}(D-2t-d_n)+Bt(t+d_n)]f$$
$$=[0.5\times19\,600\times(500-2\times10-116.2)+500\times10\times(10+116.2)]\times215\times10^{-6}$$
$$=902.2\text{kN}\cdot\text{m}$$

$$\alpha_c=\frac{f_c A_c}{fA_s+f_c A_c}=\frac{19.1\times480^2}{215\times19\,600+19.1\times480^2}=0.51$$

$$\frac{N}{N_{un}}+(1-\alpha_c)\frac{M}{M_{un}}=\frac{5000}{8614.6}+(1-0.51)\times\frac{500}{902.2}=0.85<1$$

$\dfrac{M}{M_{un}}=\dfrac{500}{902.2}=0.55<1$，强度满足要求。

（2）验算整体稳定性

因为钢管无削弱，故 $N_u=N_{un}=8614.6\text{kN}, M_{uy}=M_{un}=902.2\text{kN}\cdot\text{m}$。

$$r=\sqrt{\frac{I_s+I_c E_c/E_s}{A_s+A_c f_c/f}}=\sqrt{\frac{7.85\times10^8+4.42\times10^9\times3.25\times10^4/2.06\times10^5}{19\,600+480^2\times19.1/215}}=192.3\text{mm}$$

$$\lambda=\frac{l_0}{r}=\frac{4000}{192.3}=20.8, \bar{\lambda}=\frac{\lambda}{\pi}\sqrt{\frac{f_y}{E_s}}=0.224>0.215$$

$$N_{Ey}=N_u\frac{\pi^2 E_s}{\lambda_y^2 f}=8614.6\times\frac{\pi^2\times2.06\times10^5}{20.8^2\times215}=188\,103.3\text{kN}$$

$$N'_{Ey}=N_{Ey}/1.1=171\,003\text{kN}$$

$\bar{\lambda}=0.224>0.215$，故

$$\varphi=\frac{1}{2\bar{\lambda}^2}\left[(0.965+0.300\bar{\lambda}+\bar{\lambda}^2)-\sqrt{(0.965+0.300\bar{\lambda}+\bar{\lambda}^2)^2-4\bar{\lambda}^2}\right]=0.967$$

$$\varphi_x = \varphi_y = \varphi = 0.967$$

等效弯矩系数 $\beta = 0.65$。

(3)弯矩作用平面内的稳定性

$$\frac{N}{\varphi_y N_u} + (1-\alpha_c)\frac{\beta M_y}{\left(1-0.8\frac{N}{N'_{Ey}}\right)M_{uy}} = \frac{5000}{0.967 \times 8614.6} + (1-0.51) \times \frac{0.65 \times 500}{\left(1-0.8 \times \frac{5000}{171\ 003}\right) \times 902.2} = 0.781 < 1$$

$$\frac{\beta M_y}{\left(1-0.8\frac{N}{N'_{Ey}}\right)M_{uy}} = \frac{0.65 \times 500}{\left(1-0.8 \times \frac{5000}{171\ 003}\right) \times 902.2} = 0.369 < 1$$

(4)弯矩作用平面外的稳定性

$$\frac{N}{\varphi_x N_u} + \frac{\beta M_y}{1.4M} = \frac{5000}{0.967 \times 8614.6} + \frac{0.65 \times 500}{1.4 \times 902.2} = 0.858 < 1$$

整体稳定性满足要求。

12.4.5 格构式钢管混凝土柱的承载力计算

对于轴心受压构件长度较大或荷载偏心较大的压弯构件中,为了能充分发挥钢管混凝土抗压性能好的特点以及节约材料,应采用格构式截面,把弯矩转化为轴向力。目前,在工业建筑的主厂房的框架或排架柱宜采用格构式。常用的格构式截面,有双肢柱、三肢柱和四肢柱等。

格构式钢管混凝土柱由柱肢和缀材组成,穿过柱肢的轴称为实轴,穿过缀材平面的轴称为虚轴,柱肢用缀材连接,缀材分缀板和缀条,又称平腹杆和斜腹杆。缀材采用空钢管。当采用平腹杆体系时,平腹杆应与柱肢刚接并组成多层框架体系,各杆的零弯矩都在构件中点。当采用斜腹杆时,认为腹杆与柱肢铰接,组成桁架体系。

下面介绍《钢管混凝土结构设计与施工规程》(CECS 28:90)对不同受力状态下格构式柱承载力的计算方法。

12.4.5.1 格构式柱的承载力计算

由双肢或多肢钢管混凝土柱肢组成的格构式柱如图 12-63 所示,应分别对单肢承载力和整体承载力两种情况进行计算。

1. 格构柱的单肢承载力计算

首先应按桁架确定其单肢轴向力,然后按压肢和拉肢分别进行承载力计算。

(1)压肢的承载力,其长度在桁架平面内取格构式节间长度 l,如图 12-63 所示,在垂直于桁架平面方向则取侧向支撑点的间距。

(2)拉肢的承载力应按钢结构拉杆计算,不考虑混凝土的抗拉强度。

2. 格构柱的整体承载力计算

(1)格构柱整体承载力应满足下列要求:

$$N \leqslant N_u^* \tag{12-134}$$

式中:N_u^*——格构柱的整体承载力设计值;

$$N_u^* = \varphi_l^* \varphi_e^* N_0^* \tag{12-135}$$

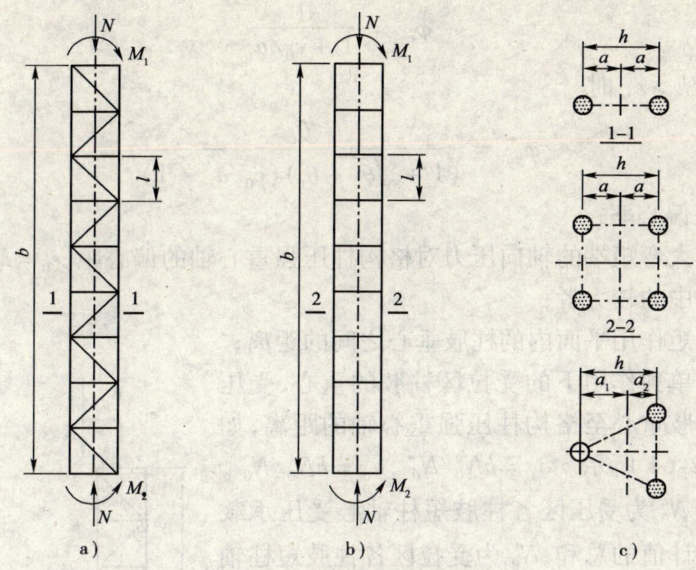

图 12-63　格构式柱

a）等截面双肢柱；b）等截面四肢柱；c）三肢柱平面

$$N_0^* = \sum_{l}^{i} N_{0i} \tag{12-136}$$

式中：N_{0i}——格构柱各单肢柱的轴心受压短柱承载力设计值；

φ_l^*——考虑长细比影响的整体承载力折减系数；

φ_e^*——考虑偏心率影响的整体承载力折减系数。

在任何情况下都应满足下列条件：

$$\varphi_l^* \varphi_e^* \leqslant \varphi_0^* \tag{12-137}$$

式中：φ_0^*——按轴心受压柱考虑的 φ_l^* 值。

（2）φ_e^* 的计算

格构柱考虑偏心率影响的整体承载力折减系数，应按下述情况考虑：

①对于对称截面的双肢柱和四肢柱 ε_b 按下式计算

$$\varepsilon_b = 0.5 + \frac{\theta_t}{1 + \sqrt{\theta_t}} \tag{12-138}$$

当偏心率 $e_0/h \leqslant \varepsilon_b$ 时

$$\varphi_e^* = \frac{1}{1 + 2e_0/h} \tag{12-139}$$

当偏心率 $e_0/h > \varepsilon_b$ 时

$$\varphi_e^* = \frac{\theta_t}{(1 + \sqrt{\theta_t} + \theta_t)(2e_0/h - 1)} \tag{12-140}$$

②对于三肢柱和不对称截面的多肢柱 ε_b 按下式计算：

$$\varepsilon_b = \frac{2N_0^t}{N_0^*}\left(0.5 + \frac{\theta_t}{\sqrt{\theta_t}}\right) \tag{12-141}$$

当偏心率 $e_0/h \leqslant \varepsilon_b$ 时

$$\varphi_e^* = \frac{1}{1 + e_0/a_t} \tag{12-142}$$

当偏心率 $e_0/h > \varepsilon_b$ 时

$$\varphi_e^* = \frac{\theta_t}{(1 + \sqrt{\theta_t} + \theta_t)(e_0/a_c - 1)} \tag{12-143}$$

式中：ε_b——界限偏心率；

e_0——柱较大弯矩端的轴向压力对格构柱压强重心轴的偏心距，$e_0 = M_2/N$；M_2 为柱两端弯矩中的较大者；

h——在弯矩作用平面内的柱肢垂心之间的距离；

a_t、a_c——弯矩单独作用下的受拉区柱肢的重心、受压区柱肢重心至格构柱压强重心轴的距离，如图 12-64 所示。$a_t = hN_0^c/N_0^*$，$a_c = hN_0^t/N_0^*$，其中 N_0^c 为受压区各柱肢短柱轴心受压承载力设计值的总和，N_0^t 为受拉区各柱肢短柱轴心受压承载力设计值之总和，$N_0^* = N_0^c + N_0^t$；

θ_t——受拉区柱肢的套箍指数，按式 $\theta_t = \frac{fA_s}{f_cA_c}$ 计算。

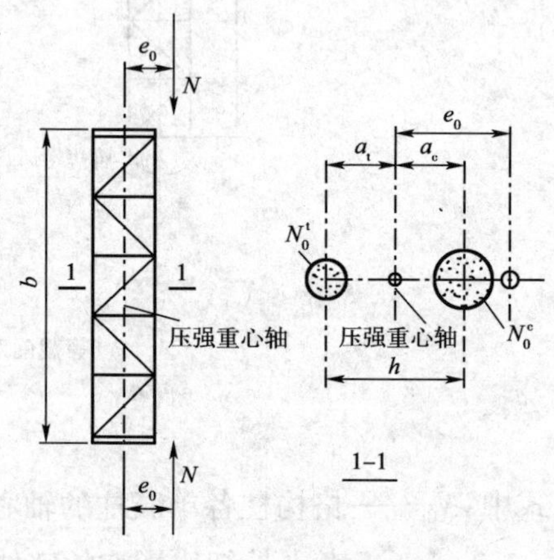

图 12-64　格构柱计算简图

(3)折减系数 φ_l^* 的计算

格构柱考虑长细比影响的整体承载力折减系数 φ_l^* 应按下式计算：

$$\varphi_l^* = 1 - 0.0575\sqrt{\lambda^* - 16} \tag{12-144}$$

当 $\lambda^* \leqslant 16$ 时，取 $\varphi_l^* = 1$

格构柱的换算长细比 λ^* 应按下列情况考虑：

①双肢格构柱(图 12-65a)

当缀件为缀板时

$$\lambda_y^* = \sqrt{\left(l_e^* \Big/ \sqrt{\frac{I_y}{A_0}}\right)^2 + 16\left(\frac{l}{d}\right)^2} \tag{12-145}$$

当缀件为缀条时

$$\lambda_y^* = \sqrt{\left(l_e^* \Big/ \sqrt{\frac{I_y}{A_0}}\right)^2 + 27A_0/A_{1y}} \tag{12-146}$$

②四肢格构柱(图 12-65b)

当缀件为缀板时

$$\lambda_x^* = \sqrt{\left(l_e^* \Big/ \sqrt{\frac{I_x}{A_0}}\right)^2 + 16\left(\frac{l}{d}\right)^2} \tag{12-147}$$

$$\lambda_y^* = \sqrt{\left(l_e^* \Big/ \sqrt{\frac{I_y}{A_0}}\right)^2 + 16\left(\frac{l}{d}\right)^2} \tag{12-148}$$

当缀件为缀条时

$$\lambda_x^* = \sqrt{\left(l_e^* \Big/ \sqrt{\frac{I_x}{A_0}}\right)^2 + 40A_0/A_{1x}} \tag{12-149}$$

$$\lambda_y^* = \sqrt{\left(l_e^* \Big/ \sqrt{\frac{I_y}{A_0}}\right)^2 + 40A_0/A_{1y}} \tag{12-150}$$

③缀件为缀条的三肢格柱(图 12-65c)

$$\lambda_x^* = \sqrt{\left(l_e^* \Big/ \sqrt{\frac{I_x}{A_0}}\right)^2 + \frac{42A_0}{A_1(1.5 - \cos^2\alpha)}} \tag{12-151}$$

$$\lambda_y^* = \sqrt{\left(l_e^* \Big/ \sqrt{\frac{I_y}{A_0}}\right)^2 + \frac{42A_0}{A_1\cos^2\alpha}} \tag{12-152}$$

式中:l_e^*——格构柱的等效计算长度;

I_x、I_y——格构柱截面换算面积对 x 轴、y 轴的惯性矩;

A_0——格构柱横截面各分肢换算截面面积之和,$A_0 = \sum_1^i A_{si} + \frac{E_c}{E_s}\sum_1^i A_{ci}$,其中 A_{si},A_{ci}分别为第 i 分肢的钢管横截面面积和钢管内混凝土截面面积,E_c 和 E_s 分别为混凝土与钢材的弹性模量;

l——格构柱节间长度;

d——钢管外径;

A_{1x}、A_{1y}——格构柱横截面中垂直于 x 轴、y 轴的各斜缀条毛截面面积之和;

α——构件截面内缀条所在平面与 x 轴夹角,应在 40°~70°范围内。

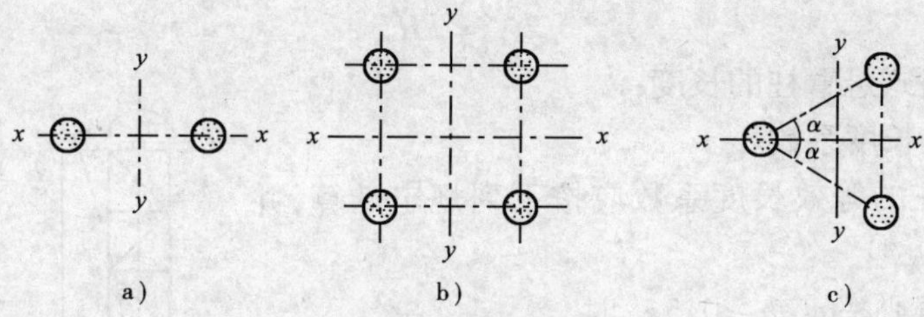

图 12-65　格构柱截面

a)双肢格构柱;b)四肢格构柱;c)三肢格构柱

(4)格构柱的等效计算长度 l_e^* 的计算

①对于两支承点之间无横向力作用的格构式框架柱和构件,其等效计算长度应按下式计算:

$$l_e^* = kl_0^* \tag{12-153}$$

$$l_0^* = \mu l^* \tag{12-154}$$

式中:l_0^*——格构式柱或构件的计算长度;

l^*——格构柱或构件长度;

μ——框架柱的计算长度系数;

k——等效长度系数。

等效长度系数 k 应按下列规定计算(图 12-66)

对于轴心受压柱和杆件,　$k = 1$　(12-155)

对于无侧移框架柱,　$k = 0.5 + 0.3\beta + 0.2\beta^2$　(12-156)

对于有侧移框架柱，

当 $e_0/h \geqslant 0.5\varepsilon_b$ 时　　$k = 0.5$　　(12-157)

当 $e_0/h < 0.5\varepsilon_b$ 时　　$k = 1 - (e_0/h)/\varepsilon_b$　　(12-158)

式中：β——柱两端弯矩设计值之较小者与较大者的比值；

$\beta = M_1/M_2$，$|M_1| \leqslant |M_2|$，单曲压弯者为正值，双曲压弯者为负值。

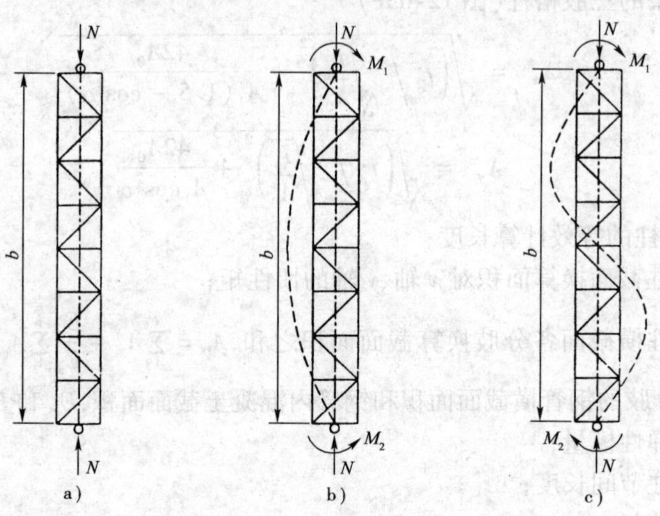

图 12-66　格构式无侧移框架柱

a）无压弯；b）单曲压弯；c）双曲压弯

②格构式悬臂柱的等效计算长度应按下式确定（图 12-67）

$$l_e^* = kH^* \tag{12-159}$$

式中：H^*——构格式悬臂柱的长度；

k——等效长度系数。

格构式悬臂柱的等效长度系数应按下列规定计算，并取其中较大者：

当嵌固端的偏心率 $e_0/h \geqslant 0.5\varepsilon_b$ 时，

$$k = 1 \tag{12-160}$$

当嵌固端的偏心率 $e_0/h < \varepsilon_b$ 时，

$$k = 2 - 2(e_0/h)/\varepsilon_b \tag{12-161}$$

当悬臂柱的自由端有力矩 M_1 作用时，

$$k = 1 + \beta \tag{12-162}$$

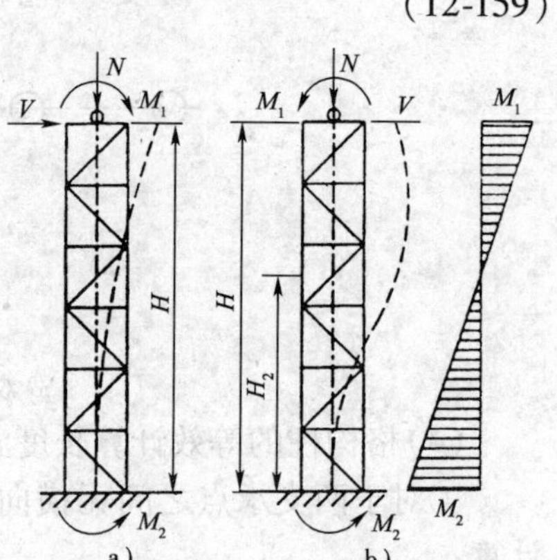

图 12-67　格构式悬臂柱

式中：β——悬臂柱自由端的力矩设计值 M_1 与嵌固端弯矩设计值 M_2 的比值，$\beta = M_1/M_2$，当 β 为负值（双曲压弯）时，则反弯点所分割的高度按 H_2 的子悬臂柱计算；

ε_b——界限偏心率。

③单层厂房框架下端刚性固定的阶形格构柱，各阶柱段在框架平面内的等效计算长度应按下式计算：

$$l_{ei}^* = \mu_i H_i \tag{12-163}$$

式中：H_i——相应各阶柱段的长度；

μ_i——相应各阶柱段的计算长度系数。

计算长度系数 μ_i 应按下列规定采用或按《钢结构设计规范》(GB 50017—2003)规定采用。

a)对于单阶柱

下段柱的计算长度系数 μ_2，当柱上端与横梁铰接时，按附录表 B-3 取用(柱上端为自由的单阶柱)并乘以表 12-7 的折减系数；当柱上端与横梁刚接时，按上端可移动但不能转动的单阶柱，即按附录表 B-4 的 μ 值采用，再乘以表 12-7 的折减系数。

上端柱的计算长度系数 μ_1，应按下式计算：

$$\mu_1 = \mu_2/\eta_1 \tag{12-164}$$

式中：η_1——参数，按附录 B 中的公式计算。

b)对于双阶柱

按《钢结构设计规范》(GB 50017—2003)规定或按附录 B 的规定采用 μ 值后再乘以表 12-7的折减系数。

单层厂房阶形柱计算长度的折减系数 表 12-7

厂房类型				折减系数
单跨和多跨	纵向温度区段内一个柱列的柱子数	屋面情况	厂房两侧是否有通常的屋盖纵向水平支撑	
单跨	等于或少于 6 个	—	—	0.9
	多于 6 个	非大型屋面板屋面	无纵向水平支撑	
			有纵向水平支撑	0.8
		大型屋面板屋面	—	
多跨	—	非大型屋面板屋面	无纵向水平支撑	
			有纵向水平支撑	0.7
		大型屋面板屋面	—	

上端柱和中段柱的计算长度系数 μ_1 和 μ_2，按下式计算：

$$\mu_1 = \mu_2/\eta_1 \tag{12-165}$$

$$\mu_2 = \mu_3/\eta_2 \tag{12-166}$$

式中：η_1，η_2——参数，按附录表 B-5 或附录表 B-6 中的公式计算。

12.4.5.2 格构柱缀材的构造与计算

格构柱缀材的构造与计算，应符合《钢结构设计规范》(GB 50017—2003)的有关规定。格构柱的缀材，应能承受下列剪力中的较大者，剪力 V 值可以为沿格构柱全长不变。

实际作用于格构柱的横向剪力设计值：

$$V = N_0^*/85 \tag{12-167}$$

式中：N_0^*——格构柱轴心受压短柱承载力设计值，公式如下：

$$N_0^* = \sum_{1}^{i} N_{0i}$$

例 12-11 一个轴心受压格构柱，采用四肢格构柱，柱的计算长度为 $l_{0x}=18\ 000\text{mm}$，$l_{0y}=36\ 000\text{mm}$，格构柱节间长度为 1500mm。采用 Q235 钢材($f=215\text{N/mm}^2$，$f_v=120\text{N/mm}^2$，$E_s=206\times10^3\text{N/mm}^2$)，C30 混凝土($f_c=14.3\text{N/mm}^2$，$E_c=3\times10^4\text{N/mm}^2$)，截面如图 12-68 所示，求其承载力。

解 1)整体稳定计算

(1)基本参数

钢管 $\phi219\times5$

查表得:

$A_{sc}=367.7\text{cm}^2=367.7\times10^2\text{mm}^2$

$A_s=36.6\text{cm}^2=33.6\times10^2\text{mm}^2$

$A_c=343.1\text{cm}^2=343.1\times10^2\text{mm}^2$

$I_{sc}=11291.4\text{cm}^4=11291.4\times10^4\text{mm}^4$

$\rho_s=0.098$

钢管 $\phi152\times4$

查表得:$A_1=18.6\text{cm}^2=1860\text{mm}^2$

钢管 $\phi76\times3$

查表得:$A_1=6.88\text{cm}^2=688\text{mm}^2$

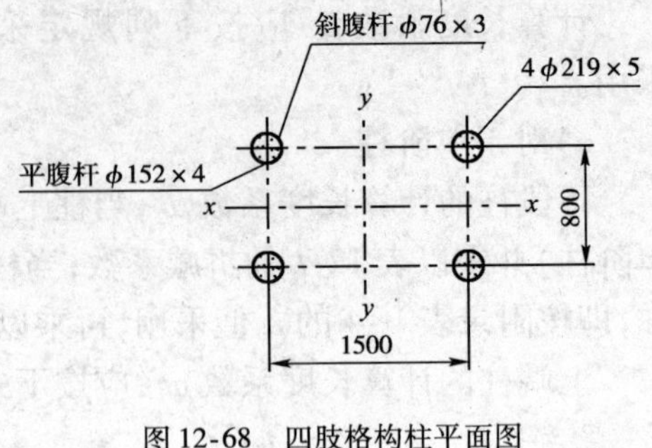

图 12-68 四肢格构柱平面图

(2)对 x 轴、y 轴的惯性矩

$$\begin{aligned}I_x&=\sum_{i=1}^{m}(I_{sc}+a^2A_{sc})\\&=4\times(I_{sc}+400^2A_{sc})\\&=4\times(11291.4\times10^4+400^2\times376.7\times10^2)\\&=2\,456\,045\times10^4\text{mm}^4\end{aligned}$$

$$\begin{aligned}I_y&=\sum_{i=1}^{m}(I_{sc}+b^2A_{sc})\\&=4\times(I_{sc}+750^2A_{sc})\\&=4\times(11291.4\times10^4+750^2\times376.7\times10^2)\\&=8\,520\,915.6\times10^4\text{mm}^4\end{aligned}$$

(3)确定有效计算长度 l_e^*

已给定计算长度 $l_{0x}=18000\text{mm}$,$l_{0y}=36000\text{mm}$

$l_e^*=kl_0^*$,轴心受压,$k=1$

即 $l_{e0x}^*=l_{0x}=18000\text{mm}$

$l_{e0y}^*=l_{0y}=36000\text{mm}$

(4)计算换算长细比 λ^*

$$\begin{aligned}A_0&=\sum_1^i A_{si}+\frac{E_c}{E_s}\sum_1^i A_{ci}\\&=4\times33.6\times10^2+\frac{3\times10^4}{206\times10^3}\times4\times343.1\times10^2\\&=33426.4\text{mm}^2\end{aligned}$$

$l=1500\text{mm}\quad A_{1x}=A_{1y}=2752\text{mm}^2\quad d=219\text{mm}$

①当缀件为平腹杆体系时

$$\lambda_x^*=\sqrt{\left(l_{ex}^*\Big/\sqrt{\frac{I_x}{A_0}}\right)^2+16\left(\frac{l}{d}\right)^2}$$

$$= \sqrt{\frac{18000^2 A_0}{I_x} + 16 \times \left(\frac{1500}{219}\right)^2}$$

$$= \sqrt{\frac{18000^2 \times 33426.4}{2456045 \times 10^4} + 16 \times \left(\frac{1500}{219}\right)^2}$$

$$= 34.52$$

同理

$$\lambda_y^* = \sqrt{\left(l_{ey}^* \Big/ \sqrt{\frac{I_y}{A_0}}\right)^2 + 16 \times \left(\frac{l}{d}\right)^2}$$

$$= \sqrt{\frac{36000^2 A_0}{I_y} + 16 \times \left(\frac{1500}{219}\right)^2}$$

$$= \sqrt{\frac{36000^2 \times 33426.4}{8520915.6 \times 10^4} + 16 \times \left(\frac{1500}{219}\right)^2}$$

$$= 35.48$$

②当缀件为斜腹杆体系时

$$\lambda_x^* = \sqrt{\left(l_{ex}^* \Big/ \sqrt{\frac{I_x}{A_0}}\right)^2 + 40A_0/A_{1x}}$$

$$= \sqrt{\frac{18000^2 A_0}{I_x} + 40 \times \frac{A_0}{A_{1x}}}$$

$$= \sqrt{\frac{18000^2 \times 33426.4}{2456045 \times 10^4} + 40 \times \frac{33426.4}{2752}}$$

$$= 30.44$$

$$\lambda_y^* = \sqrt{\left(l_{ey}^* \Big/ \sqrt{\frac{I_y}{A_0}}\right)^2 + 40A_0/A_{1y}}$$

$$= \sqrt{\frac{36000^2 A_0}{I_y} + 40 \times \frac{A_0}{A_{1y}}}$$

$$= 31.53$$

(5)计算长细比影响整体承载力折减系数 φ_l^*

①当缀件为平腹杆体系时

$$\varphi_l^* = 1 - 0.0575\sqrt{\lambda_x^* - 16}$$

$$\varphi_{lx}^* = 1 - 0.0575\sqrt{\lambda_x^* - 16}$$

$$= 1 - 0.0575 \times \sqrt{34.52 - 16}$$

$$= 0.753$$

同理

$$\varphi_{ly}^* = 1 - 0.0575\sqrt{\lambda_y^* - 16}$$

$$= 1 - 0.0575 \times \sqrt{35.48 - 16}$$

$$= 0.746$$

②当缀件为斜腹杆体系时

$$\varphi_l^* = 1 - 0.0575\sqrt{\lambda^* - 16}$$

$$\begin{aligned}\varphi_{lx}^* &= 1 - 0.0575\sqrt{\lambda_x^* - 16} \\ &= 1 - 0.0575 \times \sqrt{30.44 - 16} \\ &= 0.782\end{aligned}$$

同理
$$\begin{aligned}\varphi_{ly}^* &= 1 - 0.0575\sqrt{\lambda_y^* - 16} \\ &= 1 - 0.0575 \times \sqrt{31.53 - 16} \\ &= 0.773\end{aligned}$$

(6)计算承载力

$$N_u^* = \varphi_l^* \varphi_e^* N_0^*$$

由于轴压,$\varphi_e^* = 1$

$$N_0^* = \sum_1^i N_0$$

$$N_0 = f_c A_c (1 + \sqrt{\theta} + \theta)$$

$$\theta = \frac{fA_s}{f_c A_c} = \rho \frac{f}{f_c} = 0.098 \times \frac{215}{14.3} = 1.473$$

$$\begin{aligned}N_0 &= 14.3 \times 34310 \times (1 + \sqrt{1.473} + 1.473) \\ &= 1808803\text{N} = 1808.8\text{kN}\end{aligned}$$

$$N_0^* = 4N_0$$

①当缀件为平腹杆体系时,

$$N_u^* = \varphi_l^* \varphi_e^* N_0^*$$

$$\begin{aligned}N_{ux}^* &= \varphi_{lx}^* \varphi_{ex}^* N_0^* \\ &= 0.753 \times 1 \times 4 \times 1808.8 \\ &= 5448.1\text{kN}\end{aligned}$$

同理
$$\begin{aligned}N_{uy}^* &= \varphi_{ly}^* \varphi_{ey}^* N_0^* \\ &= 0.746 \times 1 \times 4 \times 1808.8 \\ &= 5397.5\text{kN}\end{aligned}$$

②当缀件为斜腹杆体系时,

$$\begin{aligned}N_{ux}^* &= \varphi_{lx}^* \varphi_{ex}^* N_0^* \\ &= 0.782 \times 1 \times 4 \times 1808.8 \\ &= 5657.93\text{kN}\end{aligned}$$

同理
$$\begin{aligned}N_{uy}^* &= \varphi_{ly}^* \varphi_{ey}^* N_0^* \\ &= 0.773 \times 1 \times 4 \times 1808.8 \\ &= 5592.8\text{kN}\end{aligned}$$

因此,承载力取决于平面外稳定,$N_{uy} = 5397.5\text{kN}$。

2)单肢稳定

通常不必进行单肢稳定验算,单肢稳定能够保证,但应满足下列条件:

平腹杆格构式构件　　$\lambda_1 \leqslant 40$　　且　　$\lambda_1 \leqslant 0.5\lambda_{max}$

斜腹杆格构式构件　　$\lambda_1 \leqslant 0.7\lambda_{max}$

式中：λ_{max}——构件在 x 和 y 轴方向换算长细比的较大值；

λ_1——单肢长细比。

通过计算能够满足要求。

3）腹杆承载力计算

（1）斜腹杆：

钢管 $\phi76\times3$

$$A_1 = 6.88\text{cm}^2 = 688\text{mm}^2$$

$$I_1 = 45.91\text{cm}^4 = 459100\text{mm}^4$$

$$i_1 = \sqrt{I_1/A_1} = \sqrt{459100/688} = 25.8\text{mm}$$

$$V = N_0^*/85 = 4N_0/85 = 4\times1808.8/85 = 85.12\text{kN}$$

$$l_1 = \sqrt{1.5^2 + 1.5^2} = 2121\text{mm}$$

$$\lambda_1 = \frac{l_1}{i_1} = \frac{2121}{25.8} = 82.2$$

由于管内无混凝土，属于空钢管查《钢结构设计规范》（GB 50017—2003）得 $\varphi_d = 0.76$

斜腹杆的承载力为 $N_d = \varphi_d fA_1 = 0.76\times215\times688 = 112419\text{N} = 112.4\text{kN}$

实际受到的轴心力为

$$N = \frac{V}{2\cos45^\circ} = \frac{1}{2}\times85.12\times\frac{1}{0.707} = 60.2\text{kN} < N_d = 112.4\text{kN}$$

满足要求。

（2）平腹杆验算

钢管 $\phi152\times4$

$$A_1 = 1860\text{mm}^2$$

$$I_1 = 5095915\text{mm}^4$$

$$i_1 = \sqrt{I_1/A_1} = \sqrt{5095915/1860} = 52.34\text{mm}$$

$$l_1 = 750\text{mm} \qquad W_1 = 67051.4\text{mm}^3$$

水平杆所受剪力：

$$T = \frac{2\times750}{800}\cdot\frac{V}{4} = \frac{2\times750}{800}\times\frac{85.12}{4}$$

$$= 39.9\text{kN}$$

$$M_1 = \frac{800}{2}\times T = \frac{800}{2}\times39.9$$

$$= 15960\text{kN}\cdot\text{mm} = 15.96\text{kN}\cdot\text{m}$$

$$\sigma = \frac{M_1}{W_1} = \frac{15960\times10^6}{670751.1} = 238\text{N/mm}^2 > f = 215\text{N/mm}^2$$

$$\tau = \frac{T}{A_1} = \frac{39.9\times10^3}{1860} = 21.5\text{N/mm}^2 < f_v = 120\text{N/mm}^2$$

可见水平腹杆不满足要求（$\sigma > f$），可以把管壁加厚为 $\phi152\times5$ 即可。

12.4.6 钢管混凝土局部受压时的承载力计算

局部承压是工程结构中一种常见的受力情况，即力的作用面积小于支承的截面面积或底面积，如图12-69所示。

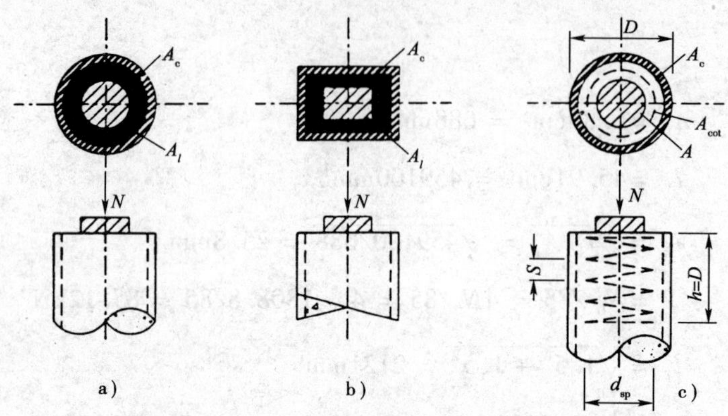

图12-69 钢管混凝土局部受压示意图

a)圆钢管混凝土；b)矩形钢管混凝土；c)配有螺旋箍筋的混凝土

钢管混凝土柱在局部压力作用下，钢管一方面通过界面粘结力与混凝土共同作用，承担轴向力；另一方面通过约束混凝土的横向作用而承担环向拉力。在这样的复合受力状态下，钢管会发生局部曲鼓而减小对混凝土的约束作用，从而使构件不能继续承载。

钢管混凝土的局部受压工作性能有如下特点：

(1)钢管混凝土对核心混凝土的约束作用有利于局压强度提高；

(2)钢管若发生屈曲会降低对核心区混凝土的约束作用；

(3)钢管与混凝土的界面粘结会对局部压力的扩散产生有利影响。

12.4.6.1 圆钢管混凝土局部受压承载力计算

(1)钢管混凝土的局部受压承载力应满足下列条件：

$$N \leq N_{ul} \tag{12-168}$$

式中：N——轴向压力设计值；

N_{ul}——钢管混凝土在局部受压下的承载力设计值，按下式计算：

$$N_{ul} = f_c A_l (1 + \theta + \sqrt{\theta}) \beta \tag{12-169}$$

$$\beta = \sqrt{A_c / A_l} \tag{12-170}$$

$$\theta = \frac{f A_s}{f_c A_c} \tag{12-171}$$

式中：A_l——局部受压面积；

β——钢管混凝土的局部受压强度提高系数，当β值大于3时，取等于3；

θ——钢管混凝土套箍系数；

A_c——钢管内混凝土的截面面积；

f_c——混凝土的抗压强度设计值。

(2)配有螺旋箍筋加强的钢管混凝土在局部受压下的承载力设计值，按下式计算：

$$N_{ul} = f_c A_l [(1 + \theta + \sqrt{\theta}) \beta + (\sqrt{\theta_{sp}} + \theta_{sp}) \beta_{sp}] \tag{12-172}$$

$$\beta_{sp} = \sqrt{A_{cor}/A_l} \tag{12-173}$$

$$\theta_{sp} = \frac{\rho_{v,sp} f_{sp}}{f_c} \tag{12-174}$$

$$\rho_{v,sp} = \frac{4A_{sp}}{sd_{sp}} \tag{12-175}$$

式中：β_{sp}——螺旋筋套箍混凝土的局部受压强度提高系数；

θ_{sp}——螺旋筋套箍混凝土的套箍指数；

A_{cor}——螺旋筋套箍内的核心混凝土横截面积；

f_{sp}——螺旋箍筋的抗拉强度设计值，按表 1-10 取值；

$\rho_{v,sp}$——螺旋箍筋的体积配筋率；

A_{sp}——螺旋箍筋的横截面积；

d_{sp}——螺旋圈的直径；

s——螺旋圈的间距。

12.4.6.2　方钢管混凝土局压承载力计算公式

$$N \leqslant N_{ul} \tag{12-176}$$

$$N_{ul} = f_c A_l (1.18 + 0.85\xi)\beta_{lc} \tag{12-177}$$

$$\xi = \frac{fA_s}{f_c A_c} \tag{12-178}$$

$$\beta_{lc} = \sqrt{A_c/A_l} \tag{12-179}$$

式中：N_{ul}——钢管混凝土局压承载力设计值；

β_{lc}——钢管混凝土局部受压强度提高系数，β_{lc} 大于 4 时，取值等于 4；

f、f_c——钢管和混凝土强度设计值；

A_s、A_c——钢管和混凝土的截面面积。

12.4.7　钢管混凝土构件的变形验算

1. 变形计算方法

钢管混凝土构件或结构在正常使用极限状态下的变形，可采用结构力学的方法进行计算。

2. 刚度取值

处于钢管中的混凝土，在受压时，因受到钢管的约束，处于三向受压状态，其弹性极限会增高，在受拉时，因受到钢管的约束，其抗拉强度和弹性极限也会增高。因此，在计算钢管混凝土的综合刚度时，混凝土的弹性模量，不管受拉还是受压，均按《混凝土结构设计规范》（GB 50010—2002）中的规定取值。

钢管混凝土构件在正常使用极限状态下的刚度可按下列规定取值：

（1）钢管混凝土构件的轴压和拉伸刚度：

$$EA = E_s A_s + E_c A_c \tag{12-180}$$

（2）钢管混凝土构件的弯曲刚度：

$$EI = E_s I_s + E_c I_c \tag{12-181}$$

（3）钢管混凝土构件的剪切刚度：

$$GA = G_s A_s + G_c A_c \tag{12-182}$$

式中：A_s、I_s——钢管截面面积和对其重心轴的惯性矩；

A_c、I_c——钢管内混凝土的截面面积和对其重心轴的惯性矩；

E_s、E_c——钢材和混凝土的弹性模量；

G_s、G_c——钢材和混凝土的剪切模量。

在矩形钢管混凝土结构技术规程（CECS 159:2004）中，对矩形钢管混凝土构件的刚度取值如下：

轴向刚度 $$EA = E_sA_s + E_cA_c \tag{12-183}$$

弯曲刚度 $$EI = E_sI_s + 0.8E_cI_c \tag{12-184}$$

12.4.8 钢管混凝土梁、柱节点受力性能及节点构造

1. 节点的分类

按受力性能特点不同，钢管混凝土梁、柱节点可主要分为以下几种类型：

(1)铰接节点：梁只传递支座反力给混凝土柱。

(2)半刚性节点：在受力过程中梁和钢管混凝土柱轴线的夹角发生改变，即二者之间有相对转角位移。

(3)刚性节点：节点在受力过程中，梁和钢管混凝土柱轴线夹角保证不变，即无角位移。

2. 节点的形式及设计要求

节点的形式应构造简单、整体性好、传力明确、安全可靠、节约材料和便于施工。

节点的设计应满足承载力、刚度、稳定性以及抗震设防要求，保证力的准确和可靠传递，使钢管和核心混凝土共同作用，使节点具有必要的延性，能保证焊接质量，并避免出现应力集中和过大约束力。

3. 梁、柱铰接节点受力性能及节点构造

(1)因为梁只传递支座反力（即梁端剪力）给钢管混凝土柱，因此，不管是钢梁、钢筋混凝土梁还是组合梁，只需要在钢管混凝土柱上设置牛腿传递剪力即可。

①当剪力较小时

若为钢梁，可利用焊在钢管外壁的竖向连接钢板作为牛腿来传递剪力，竖向钢板与钢梁之间采用高强螺栓连接，如图 12-70a）所示。

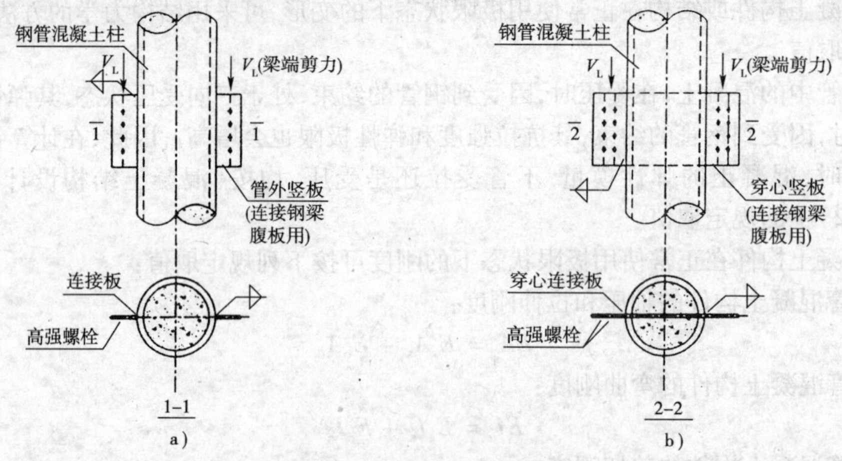

图 12-70 钢梁端部剪力传递

a）管外竖板；b）穿心竖板

若为钢筋混凝土梁或组合梁,可采用焊接于柱钢管上的钢牛腿来传递剪力,根据使用的不同要求,钢牛腿可以设置成暗牛腿(图 12-71a)或明牛腿(图 12-71b)。

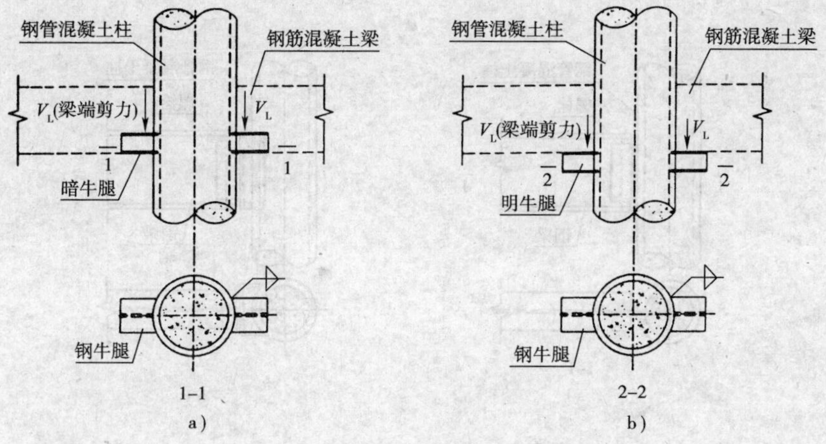

图 12-71　传递混凝土梁端剪力的管外钢牛腿

a)暗牛腿;b)明牛腿

②当剪力较大时

若为钢梁,竖向连接板宜穿过钢管中心,可预先在钢管壁上开设竖向槽口,将连接竖板插入后,用双面贴角钢焊缝焊上,如图 12-70b)所示。

若为钢筋混凝土梁或组合梁,钢牛腿的腹板宜穿过钢管中心,可预先在钢管壁上开竖槽,将腹板插入后,用双面贴角钢焊焊上。

(2)铰接节点构造

①若有钢梁,构造较为简单,采用焊接或螺栓连接,并且符合《钢结构设计规范》(GB 50017—2003)中的规定,如图 12-72 所示。

②若为钢筋混凝土梁或组合梁,当剪力较小时,可采用单 T 形钢牛腿,由顶板和腹板组成,用剖口焊与管壁焊接;当剪力较大时,可采用双 T 形钢牛腿,由顶板和两块腹板组成,必要时,可在牛腿下方增设底板,如图 12-73、图 12-74 所示。

③为了提高梁、柱节点的刚度,保持钢管的刚度,可以在牛腿顶板标高处设置加劲环板(或称加强环板),把同标高的几个牛腿连为一体,如图 12-75、图 12-76 所示。

4. 梁、柱半刚性节点的受力性能及节点构造

对于半刚性梁、柱节点,由于受力过程中梁和钢管混凝土轴线夹角发生改变,会引起结构内力重分布,结构受力比较复杂,且变形较大。

目前在工程中采用的半刚性节点是钢管混凝土环梁和钢管组成的节点,如图 12-77 所示,其构造特点是:

(1)在梁截面高度处围绕钢管混凝土柱设置一圈钢筋混凝土环梁,用以实现梁端弯矩的传递与平衡。

(2)在环梁的中、下部,于钢管的外边面贴焊一圈或二圈环形钢筋,用以实现梁端剪力的传递。

(3)框架梁的底面和顶面纵向钢筋弯折锚固于环梁内。

5. 梁、柱刚性节点的受力性能及节点构造

梁、柱刚性节点的形式在我国建筑工程中应用较广。在受力过程中,梁和钢管混凝土轴线

夹角要始终保持不变，梁端的弯矩、轴力和剪力通过合理的构造措施安全可靠地传给钢管混凝土柱。

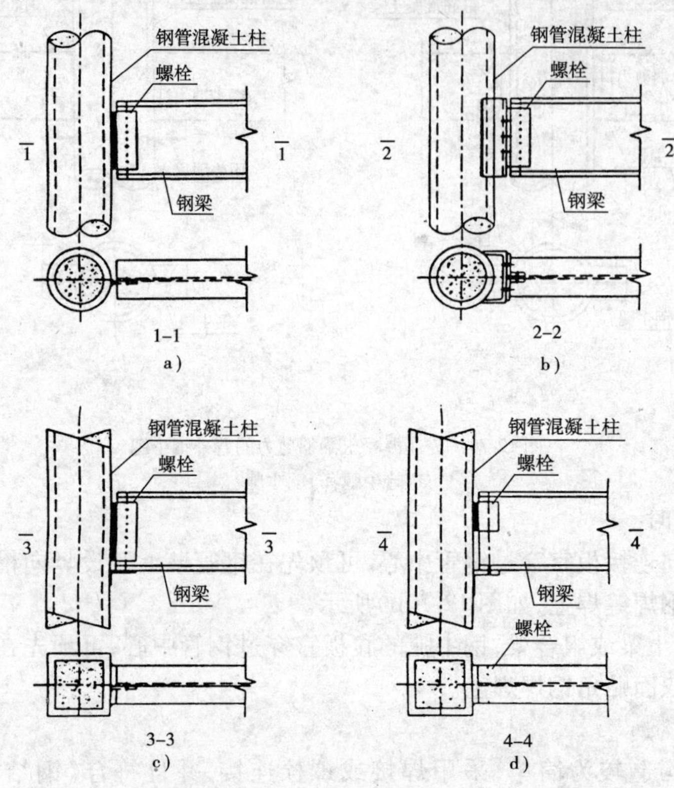

图 12-72　铰接节点的形式

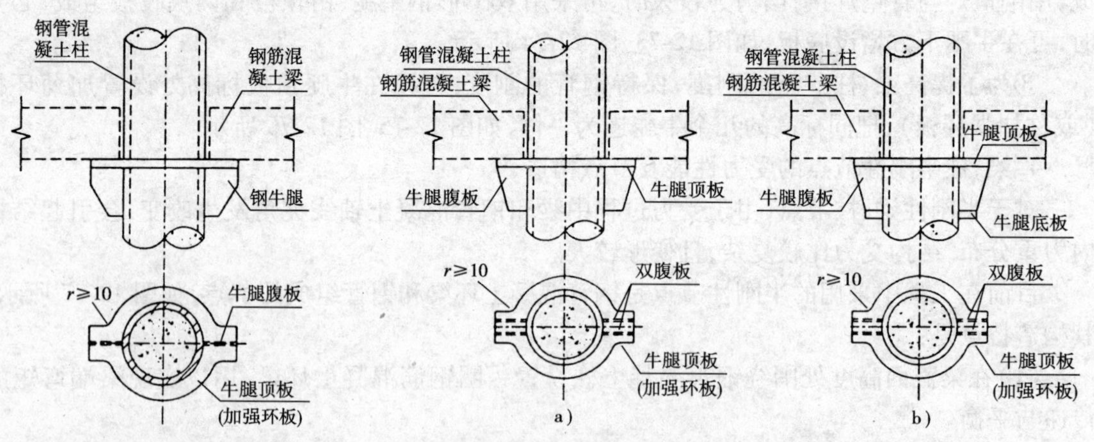

图 12-73　单 T 形钢牛腿铰接节点

图 12-74　双 T 形钢牛腿铰接节点

要保证梁、柱刚性节点，根据设计和施工要求，可采用加强环板式、锚板式或穿心牛腿等节点形式。根据试验研究及工程实践，加强环板式节点形式是最成熟，应用面较广的一种形式，如图 12-75，图 12-76 所示。

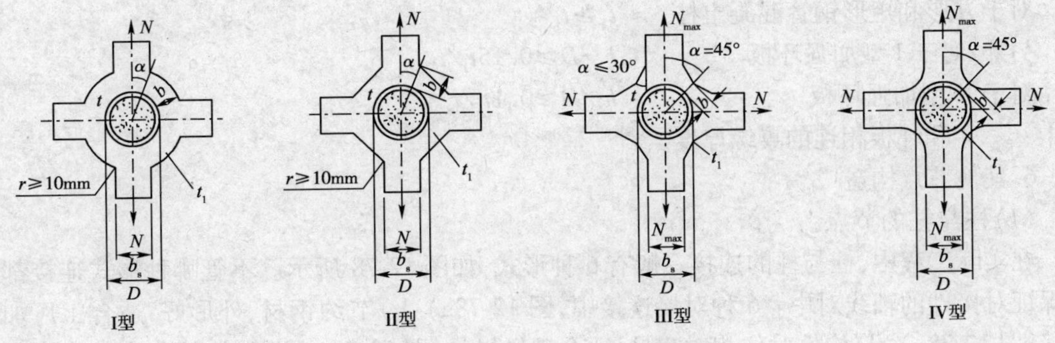

图 12-75　圆钢管混凝土加强环板的类型

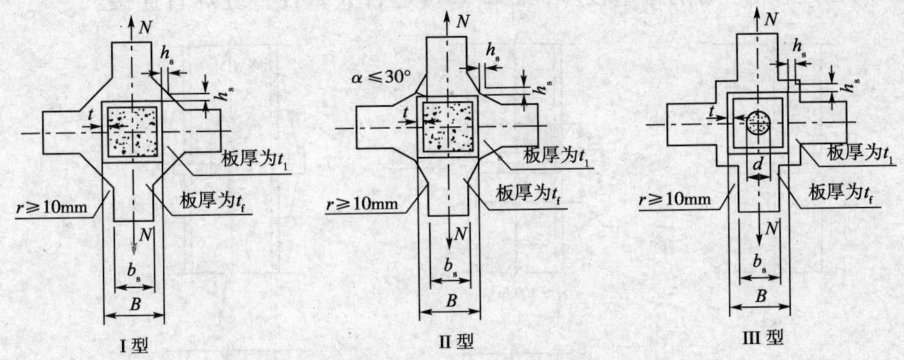

图 12-76　方钢管混凝土加强环板的类型

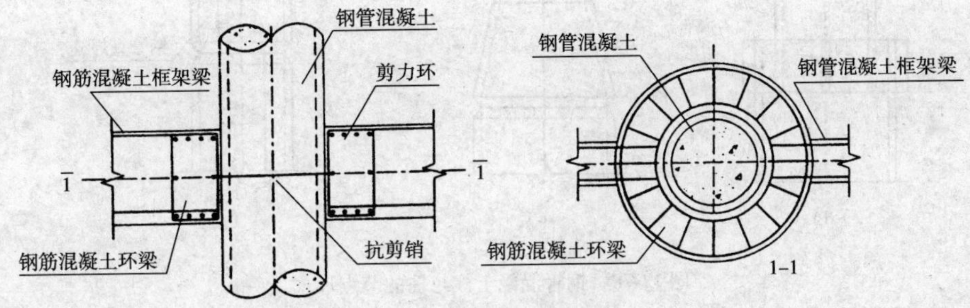

图 12-77　钢管混凝土柱—钢筋混凝土环梁节点

(1)加强环板式节点的特点

①梁的内力(弯矩、剪力和轴力)能可靠地传递给管柱,节点安全有效;

②钢管壁受力均匀,并能保证钢管的圆形不变;

③加强环板能与管柱共同工作,增强了节点抗侧移刚度;

④便于管内混凝土的浇灌。

(2)加强环板的类型

圆钢管混凝土结构节点的加强环板类型一般有 4 种,如图 12-75 所示;方形和矩形钢管混凝土结构的加强环板类型一般有 3 种,如图 12-76 所示。

(3)加强环板的构造

①$0.25 \leqslant b_s/D \leqslant 0.75$(圆钢管混凝土柱环板)

$0.25 \leqslant b_s/B \leqslant 0.75$(方形和矩形钢管混凝土柱环板)

②对于圆钢管混凝土柱　　$0.1 \leqslant b/D \leqslant 0.35$, $b/t_1 \leqslant 10$

对于方形和矩形钢管混凝土柱 $t_1 \geqslant t_f$

另外，对于 I 型加强环板 $h_s/D \geqslant 0.15t_f/t_1$

对于 II 型加强环板 $h_s/D \geqslant 0.1t_f/t_1$

式中：t_f——和环板相连的翼缘厚度。

6. 其他节点构造

(1)柱与柱的节点

在实际工程中，柱与柱的连接一般有 6 种形式，如图 12-78 所示。不管哪种形式连接都必须保证对接件的轴线对中。6 种对接连接中，图 12-78a)、b)节约钢材，外形好，适合工厂加工对接；图 12-78c)、d)构件对位相对容易，适合现场操作；图 12-78e)无焊接，适合室外小直径架构柱肢或预制柱连接，但用钢材量较多；图 12-78f)适合大直径直缝焊管连接。

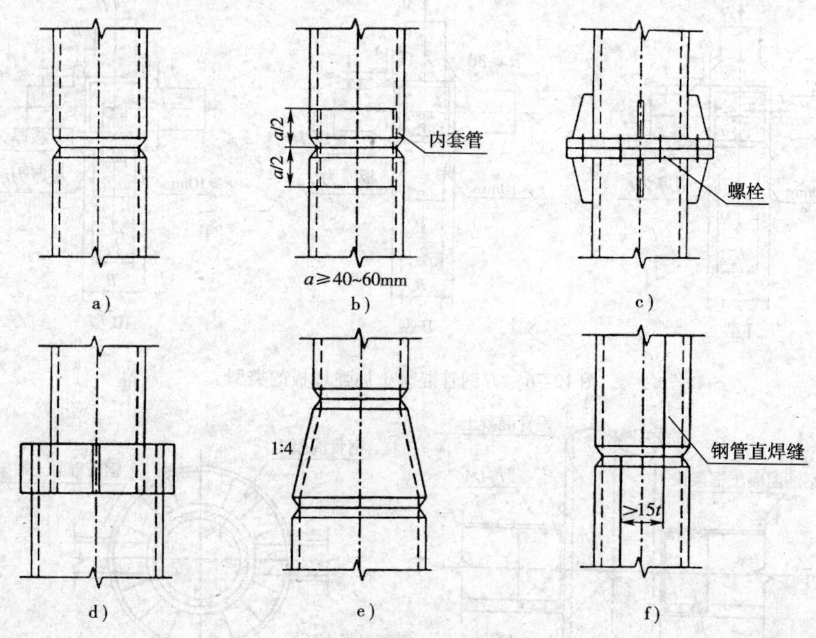

图 12-78 钢管混凝土柱与柱的节点形式

a)剖口对焊；b)内套管对焊；c)法兰盘对焊；d)十字变径对焊；e)变径对焊；f)直焊缝钢管对焊

(2)柱与基础的节点

柱与基础的连接有两种形式：一是铰接，二是刚接。

对于钢管混凝土铰接柱脚，按照《钢结构设计规范》(GB 50017—2003)的要求进行设计。

对于钢管混凝土刚接柱脚又分为两种形式：一是柱脚为插入杯口式，二是柱脚为锚固式。

①对于插入杯口式柱脚，基础设计及基础杯口的构造要求同钢筋混凝土。柱子插入杯口的深度 h 应符合如下要求：

a)当圆钢管外直径 D 或方形、矩形钢管边长 $D \leqslant 4$ 时，h 大约取$(2\sim3)D$；

b)当 $D \geqslant 1000\text{mm}$ 时，h 大约取$(1\sim2)D$；

c)当 $400\text{mm} < D < 1000\text{mm}$ 时，h 取中间值。

当柱子出现拉力时，应按下式验算混凝土的抗剪强度，如图 12-79 所示。

$$N \leqslant C_0 h f_t \tag{12-185}$$

式中：f_t——混凝土抗拉强度设计值；

C_0——柱子周长，对圆钢管混凝土柱，$C_0 = \pi d_0$；对于方形或矩形钢管混凝土柱 $C_0 = 2(b_0 + d_0)$，如图 12-80 所示；

h——柱子插入杯口的深度。

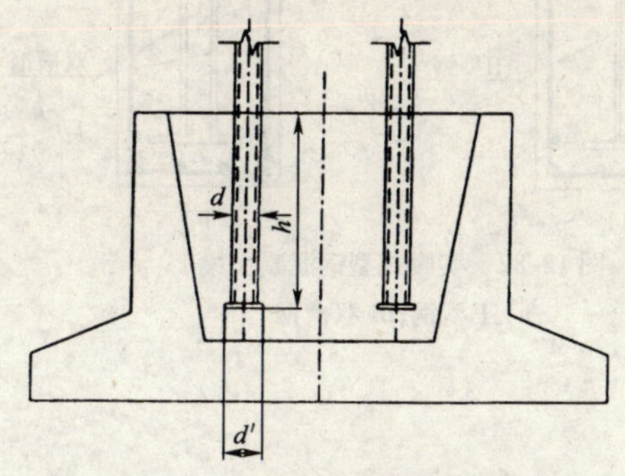

图 12-79　插入杯口式柱脚构造

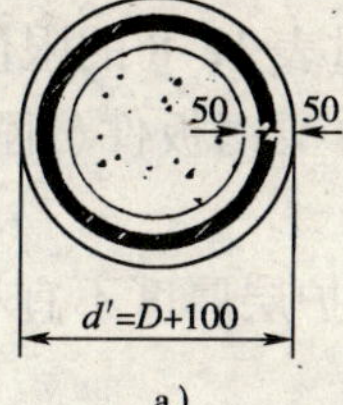

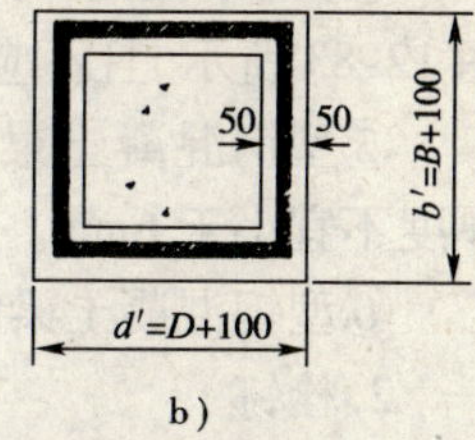

图 12-80　柱脚环板构造

a）圆钢管混凝土柱；b）方形矩形钢管混凝土柱

②对于钢板或钢靴梁锚固式柱脚设计，应按《钢结构设计规范》（GB 50017—2003）执行。埋入土中部分的钢管混凝土柱，应以混凝土包围，厚度不小于50mm，高出地面不小于200mm。当不满足抗拔力时，宜考虑在钢管外壁加焊栓钉或短粗锚筋等措施。

12.5　型钢混凝土梁

型钢混凝土梁是在混凝土中主要配置轧制或焊接的型钢，其次配有适量的纵筋和箍筋。这种结构形式的梁。

型钢混凝土梁配置的型钢形式分为实腹式型钢和空腹式型钢两大类，如图 12-81 所示。本书主要介绍实腹式型钢梁。

由于在混凝土中配置了型钢，型钢混凝土梁的承载力、刚度大大提高，因而大大减小了梁的截面尺寸，增加了房间净空，即降低了房屋的层高与总高度，使其能够更好地运用于大跨、高层、超高层建筑中。

型钢混凝土梁，不仅强度高、刚度大，而且有良好的延性和耗能性能，尤其适合抗震设防区。

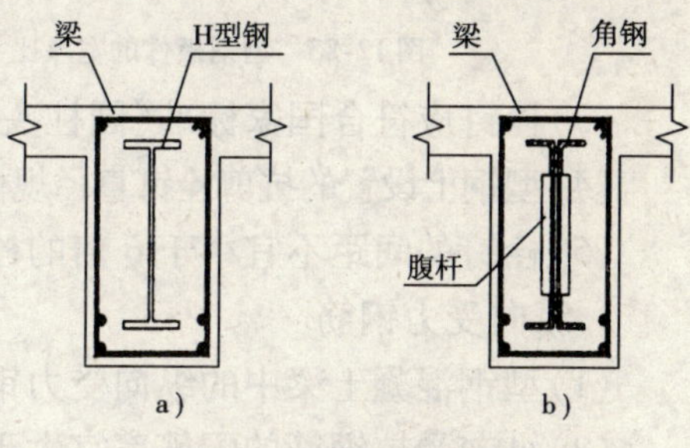

图 12-81　型钢混凝土梁

a）实腹式型钢梁；b）空腹式型钢梁

12.5.1　型钢混凝土梁构造要求

1. 型钢

（1）含钢率

①含钢率是指型钢混凝土梁内的型钢截面面积与梁全截面面积的比值。

②梁中的型钢含钢率宜大于4%，较为合理的含钢率为5%～8%。

（2）型钢的级别、形式及保护层厚度

①型钢混凝土梁中的型钢宜采用 Q235 或 Q345 钢。

②型钢混凝土梁中型钢的形式宜采用对称截面、充满型、宽翼缘的实腹式型钢。充满型是指型钢受压翼缘位于梁截面的受压区内，受拉翼缘位于梁截面的受拉翼缘内。

③型钢可采用轧制的或由钢板焊成的工字型钢或 H 型钢，如图 12-82a）所示；为了便于剪力墙竖向钢筋或管道的通过，也可采用双槽钢连接而成的截面形式，如图 12-82b）所示。

④实腹式型钢的翼缘和腹板宽厚比，如图 12-83 所示，且不应超过表 12-8 的限值。

⑤型钢混凝土梁内的型钢板件（钢板）厚度不宜小于 6mm。

图 12-82　实腹式型钢混凝土梁

a）工型钢；b）双槽钢

⑥型钢混凝土梁的保护层厚度不宜小于 100mm。

2. 栓钉

（1）型钢上设置的抗剪连接件，宜采用栓钉，不得采用短钢筋代替栓钉。

（2）型钢混凝土梁中需要设置栓钉的部位，可按弹性方法，计算型钢翼缘外表面处的剪应力，相应于该剪应力的剪力，全部由栓钉承担。

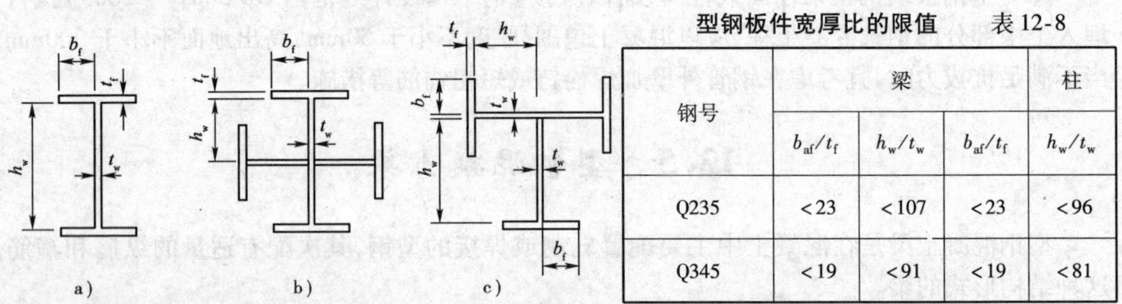

图 12-83　型钢板件的宽厚比

型钢板件宽厚比的限值　　表 12-8

钢号	梁			柱
	b_{af}/t_f	h_w/t_w	b_{af}/t_f	h_w/t_w
Q235	<23	<107	<23	<96
Q345	<19	<91	<19	<81

（3）栓钉应符合国家标准《圆柱头焊钉》（GB 10433）的规定。

（4）型钢上设置的抗剪栓钉直径规格，宜选用 19mm 或 22mm，其长度不宜小于 4 倍栓钉直径。

（5）栓钉的间距不宜小于 6 倍的栓钉直径。

3. 纵向受力钢筋

（1）型钢混凝土梁中的纵向受力钢筋宜采用 HRB335、HRB400 级热轧钢筋。

（2）纵向受拉钢筋的配筋率宜大于 0.3%。

（3）梁的受拉侧和受压侧纵向钢筋配置均不宜超过两排，且第二排只能在梁的两侧设置钢筋，以免影响梁底部混凝土浇筑的密实性。

（4）钢筋直径不宜小于 16mm，间距不应大于 200mm，纵筋以及与型钢骨架之间的净距不应小于 30mm 和 1.5d（d 为钢筋的最大直径）。

（5）梁的截面高度 $h_w \geq 450$mm 时，应在梁的两侧面，沿高度每隔 200mm 设置一根直径不小于 10mm 的纵向钢筋，且腰筋与型钢之间宜配置拉结钢筋，以增强钢筋骨架对混凝土的约束作用，并防止因混凝土收缩引起的梁侧面裂缝。

4. 箍筋

（1）梁端第一肢箍筋应设置在距柱边不大于 50mm 处，非加密区的箍筋最大间距不宜大于加密区箍筋间距的 2 倍。

（2）在梁的箍筋加密区段内，宜配置复合箍筋，且符合国家标准《混凝土结构设计规范》

(GB 50010—2002)的规定。

(3)箍筋加密区长度,箍筋最大间距和箍筋最小直径应满足表 12-9 的要求。

梁端箍筋加密区的构造要求 表 12-9

抗震等级	箍筋加密区长度	箍筋最大间距(mm)	箍筋最小直径(mm)
一级	$2h$	100	12
二级	$1.5h$	100	10
三级	$1.5h$	150	10
四级	$1.5h$	150	8

注:h 为型钢混凝土梁的高度。

(4)箍筋的配箍率满足如下要求:

非抗震设计 $\rho_{sv}=0.24f_t/f_{yv}$ (12-186)

抗震设计 对于抗震等级为一级时,$\rho_{sv}\geqslant 0.30f_t/f_{yv}$ (12-187a)

对于抗震等级为二级时,$\rho_{sv}\geqslant 0.28f_t/f_{yv}$ (12-187b)

对于抗震等级为三级时,$\rho_{sv}\geqslant 0.26f_t/f_y$ (12-187c)

5. 截面尺寸

(1)型钢混凝土梁的截面宽度不应小于 300mm,主要是为了浇筑混凝土方便。

(2)为了确保梁的抗扭和侧向稳定,梁截面高度不宜大于其截面宽度的 4 倍,且不宜大于梁净跨的 1/4。

6. 混凝土强度等级

型钢混凝土梁混凝土强度等级不宜低于 C30。

12.5.2 型钢混凝土梁正截面受弯承载力计算

1. 试验研究分析

仅以实腹式型钢混凝土梁(且是充满型的)受弯试验为例来分析其受力性能。对于空腹式型钢混凝土梁(且是充满型的),由于中间仅用板材连接,它的受弯性能基本与钢筋混凝土受弯构件相同,试验研究证实,只需要将受压区的型钢与受拉区的型钢看作钢筋混凝土中的受压纵筋和受拉纵筋,其正截面抗弯承载力的计算方法与钢筋混凝土抗弯承载力的计算方法一样。

图 12-84 为截面尺寸 200mm × 250mm,内配有工字型钢、纵筋及箍筋的实腹式型钢混凝土梁的弯矩—挠度曲线。由图可知,梁的正截面受力过程分为以下几个阶段。

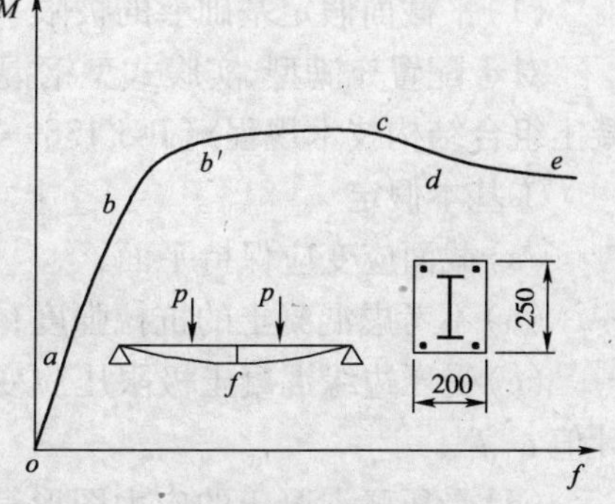

图 12-84 实腹式型钢混凝土梁的弯矩—挠度曲线

加载方式采用两点对称施加集中荷载,通过一个分配梁来实现。试件在试验机上逐级加载,我们仅研究型钢混凝土梁的纯弯段。在 oa 段:当荷载逐级施加时,由于起初荷载较小,型钢和纵向钢筋的应力较小,M—f 曲线为直线,整个截面受力处于弹性阶段。在 ab 段:当荷载加到极限荷载的 15% ~20% 时,型钢混凝土梁首先在纯弯段开始出现裂缝,即图 12-84 中曲线的 a 点。随着荷载的增加，裂缝开展。但是裂缝发展到型钢的下翼缘，并不随着荷载的增加而继续发展，大约加载到极限荷载的50%左右时，裂缝基本上出齐。由于梁出现裂缝后，截面刚度减小，*M*—*f*曲线产生转折，但减小程度比钢筋混凝土要小，这是因为型钢截面的尺寸较大，同时，型钢在梁宽与高度方向均更大范围内约束着混凝土的受拉变形，尤其在型钢腹板与翼缘之间的“核心”混凝土，受到一定程度的约束，所以*M*—*f*曲线大致上仍是一条直线。该阶段中的型钢和纵向受拉钢筋的受力仍处于弹性阶段。在*bc*段：当荷载加大到一定程度，型钢受拉翼缘开始屈服，并且随之腹板沿高度方向也继续屈服，受拉钢筋也达到屈服，即图12-84中*b'*和*b*点（何者先屈服取决于各自的屈服应变和所配置的位置情况）。此时截面刚度大大降低，*M*—*f*曲线明显弯曲。继续加载到极限荷载80%时，型钢受压翼缘出现水平粘结裂缝，型钢上翼缘达到受压屈服，仅有腹板中部的一部分截面尚处于弹性受力状态。此时梁的截面刚度已很小，受压区混凝土的应力发展显著加快，*M*—*f*曲线接近水平线。在*cd*段：当荷载加到极限荷载时，即图12-84中*c*点，断续的水平粘结裂缝贯通，受压区混凝土保护层剥落，受压区混凝土被压碎，型钢混凝土梁宣告破坏。在*de*段：此阶段梁的受弯承载力主要依靠型钢维持，变形可以持续发展很长一段时间，延性性能比钢筋混凝土梁好。

与上述受力过程相对应的是型钢混凝土梁截面的应力分布情况，如图12-85所示，图中S和RC分别代表型钢和钢筋混凝土部分。

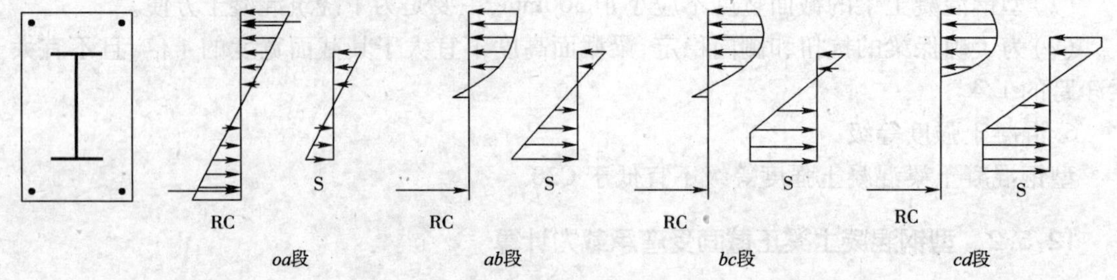

图12-85　型钢混凝土梁截面的应力分布过程

通过试验发现，型钢混凝土梁达到最大承载力之前，梁中的型钢截面的应变分布与混凝土截面的应变分布基本上协调一致，中和轴重合，且接近于直线分布，结果表明，型钢与混凝土的粘结作用在受到最大荷载之前一般不会破坏。二者能够很好地共同作用，因此，可假定型钢混凝土梁中型钢与混凝土的应变符合平截面假定。

2. 型钢混凝土梁正截面受弯承载力计算

（1）平截面假定基础上的极限平衡法（方法一）

对于配置充满型、实腹式型钢混凝土梁，其正截面受弯承载力计算，其行业标准《型钢混凝土组合结构技术规程》（JGJ 138—2001）给出了如下计算方法。

①基本假定

（a）截面应变应保持平面；

（b）不考虑混凝土的抗拉强度；

（c）受压边缘混凝土极限压应变 ε_{cu} 取0.003，相应的最大应力取混凝土轴心抗压强度设计值 $\alpha_1 f_c$。

（d）受压区混凝土的应力图形简化为等效矩形，其高度取按平截面假定的中和轴高度乘以系数 β_1。

（e）型钢腹板的拉、压应力图形均为梯形。设计计算时，简化为等效的矩形应力图形。

(f)纵向钢筋的应力取等于钢筋应变与其弹性模量的乘积,但不大于设计值。受拉钢筋和型钢受拉翼缘的极限拉应变 ε_{su} 取 0.01。

其中系数取值如下:

当混凝土强度等级不超过 C50 时,系数 α_1 取 1.0,β_1 取 0.8;

当混凝土强度等级为 C80 时,系数 α_1 取 0.94,β_1 取 0.74;

其间按线性内插法取值。

②计算原则

把型钢翼缘作为纵向受力钢筋的一部分,并在下面的平衡方程式中分别增加了型钢腹板受弯承载力项 M_{aw} 和型钢腹板轴向力承载项 N_{aw} 的确定,它是通过对型钢腹板应力分布积分,再做一定的简化求出来的。

③承载力计算

(a)计算简图(图 12-86)

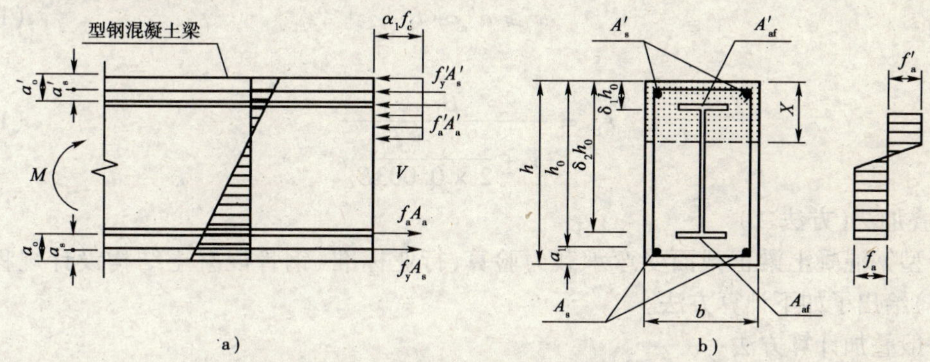

图 12-86 型钢混凝土受弯承载力计算简图

(b)计算公式

$$M \leqslant \alpha_1 f_c bx\left(h_0 - \frac{x}{2}\right) + f'_y A'_s (h_0 - a'_s) + f'_a A'_{af}(h_0 - a'_a) + M_{aw} \tag{12-188}$$

$$\alpha_1 f_c bx + f'_y A'_s + f'_a A'_{af} - f_y A_s - f_a A_{af} + N_{aw} = 0 \tag{12-189}$$

当 $\delta_1 h_0 < \frac{1}{\beta_1}x, \delta_2 h_0 > \frac{1}{\beta_1}x$ 时

$$N_{aw} = \left[\frac{2}{\beta_1}\xi - (\delta_1 + \delta_2)\right] t_w h_0 f_a \tag{12-190}$$

$$M_{aw} = \left[\frac{1}{2}(\delta_1^2 + \delta_2^2) - (\delta_1 + \delta_2) + \frac{2}{\beta_1}\xi - \left(\frac{1}{\beta_1}\xi\right)^2\right] t_w h_0^2 f_a \tag{12-191}$$

式中: ξ——相对受压区高度,$\xi = x/h_0$;

ξ_b——相对界限受压区高度,$\xi_b = x_b/h_0$;

x_b——界限受压区高度;

δ_1、δ_2——型钢腹板的上端、下端至梁截面混凝土受压区上边缘距离与 h_0 的比值;

h_0——型钢受拉翼缘和纵向受拉钢筋合力点至混凝土受压边缘的距离;

N_{aw}——型钢腹板承受的轴向合力;

M_{aw}——型钢腹板承受的轴向合力对于型钢受拉翼缘和纵向受拉钢筋合力点的矩;

t_f、t_w、h_w——型钢翼缘的厚度、腹板厚度和截面高度;

f_y、f'_y、E_s——钢筋的抗拉、抗压强度设计值和弹性模量；

f_a、f'_a——型钢的抗拉、抗压强度设计值；

a_s、a'_s——纵向受拉、受压钢筋合力点至混凝土截面近边的距离；

a_a、a'_a——型钢受拉、受压翼缘截面形心至混凝土截面近边的距离；

A_s、A'_s、A_{af}、A'_{af}——受拉钢筋、受压钢筋、型钢受拉翼缘、型钢受压翼缘的截面面积；

b、h——型钢混凝土梁截面的宽度与高度。

(c)公式适用条件

为了保证型钢混凝土梁发生破坏时，先是型钢下翼缘和纵向受拉钢筋屈服，然后受压区混凝土被压碎，使其具有良好的塑性变形性能，截面受压区高度 x 应满足：

$$x \leqslant \xi_b h_0 \quad 或 \quad \xi \leqslant \xi_b \tag{12-192}$$

为了保证型钢混凝土梁的型钢上翼缘和纵向受压钢筋在破坏前达到屈服，截面受压区高度应满足：

$$x \geqslant a'_a + t_f \tag{12-193}$$

$$\xi_b = \frac{\beta_1}{1 + \dfrac{f_y + f_a}{2 \times 0.003 E_s}} \tag{12-194}$$

(2)叠加法(方法二)

对于型钢混凝土梁正截面受弯承载力验算，行业标准《钢骨混凝土结构设计规程》(YB 9082—97)给出了如下计算方法。

①一般叠加计算方法

(a)表达式

对于型钢混凝土梁正截面承载力计算表达式为：

$$M \leqslant M_{by}^{ss} + M_{bu}^{rc} \tag{12-195}$$

式中：M——钢骨混凝土梁的弯矩设计值；

M_{by}^{ss}、M_{bu}^{rc}——梁中钢骨部分的受弯承载力及钢筋混凝土部分的受弯承载力。

(b)计算步骤

需要通过多次试算，才能取得正确结果。

②简单叠加法

对于钢骨为双轴对称的充满型实腹型钢，即钢骨截面形心与钢筋混凝土截面形心重合时，如图 12-87 所示，型钢混凝土梁的正截面受弯承载力可按下列方法计算。

(a)计算公式

$$M \leqslant M_{by}^{ss} + M_{bu}^{rc} \tag{12-196}$$

式中：M——型钢混凝土梁弯矩设计值；

M_{by}^{ss}——梁内钢骨部分的受弯承载力；

M_{bu}^{rc}——梁内钢筋混凝土部分的受弯承载力。

(b)钢骨的受弯承载力

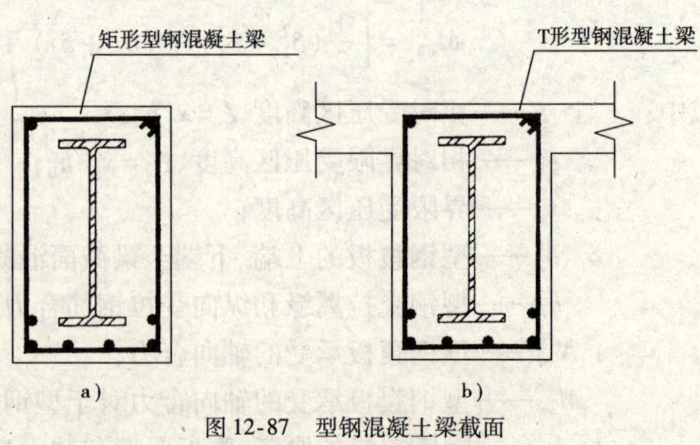

图 12-87 型钢混凝土梁截面

a)无混凝土板；b)现浇混凝土板

型钢混凝土梁内钢骨的受弯承载力 M_{by}^{ss}，按下式计算：

$$M_{by}^{ss} = \gamma_s W_{ss} f_{ss} \tag{12-197}$$

式中：W_{ss}——钢骨截面的弹性抵抗矩；

γ_s——钢骨截面塑性发展系数，对工字形截面的钢骨 $\gamma_s = 1.05$；

f_{ss}——钢骨材料的抗压、抗拉强度设计值。

（c）钢筋混凝土部分受弯承载力 M_{bu}^{rc}

ⓐ型钢混凝土梁的钢筋混凝土部分，如图 12-88 所示，其受弯承载力按下列公式计算：

$$M_{bu}^{rc} = f_y A_s \gamma h_{b0} \tag{12-198}$$

$$\gamma h_{b0} = h_{b0} - \frac{x}{2} \tag{12-199}$$

$$x = \frac{f_y A_s - f'_y A'_s}{\alpha_1 f_c b_{eq}} \tag{12-200}$$

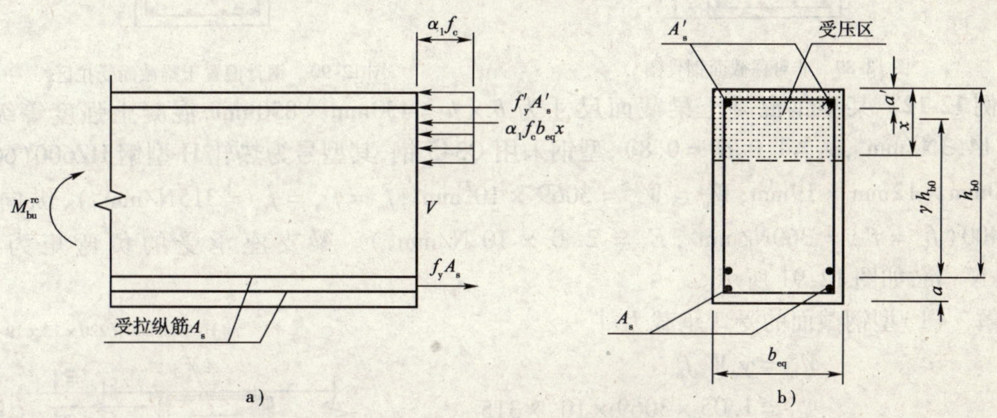

图 12-88　受拉钢筋形心到受压区合力点的距离

ⓑ型钢混凝土梁钢筋混凝土部分受压区高度 x，应符合下列要求：

$$x \leqslant \xi_b h_{b0}$$

$$\xi_b = \frac{\beta_1}{1 + \dfrac{f_y}{0.0033 E_s}} \tag{12-201}$$

式中：f_y、f'_y——钢筋的受拉、受压强度设计值；

A_s、A'_s——受拉区、受压区纵向钢筋的截面面积；

h_{b0}——梁截面的有效高度，即受拉钢筋截面面积形心到梁截面受压区外边缘的距离；

γh_{b0}——受拉钢筋截面面积形心到梁截面混凝土受压区压力合力点的距离；

α_1、β_1——系数；

b_{eq}——梁截面混凝土受压区扣除其中钢骨截面面积后的等效宽度。

对于钢骨为充满型、非对称、实腹型的型钢混凝土梁，即梁受压区的钢骨翼缘宽度小于梁受拉区的钢骨翼缘宽度，如图 12-89 所示，其正截面承载力仍可按简单叠加法关于对称截面钢骨的计算方法。只不过此时可将受拉翼缘大于受压翼缘的钢骨截面面积，作为型钢梁钢筋混凝土部分的外加受拉钢筋就行。

对于钢骨为非充满型的实腹型钢，即钢骨偏置于梁截面受拉区的型钢混凝土梁，如图 12-90 所示，其正截面受弯承载力的计算，可参照前面关于钢与混凝土组合梁的设计方法。

（3）几种计算方法结果的比较

①一般叠加法的计算结果，与理论计算方法（平截面假定基础上极限平衡法）吻合较好，但多数情况下计算结果偏于安全。上述两种方法的计算过程均比较繁琐。

②简单叠加法与一般叠加法相比较，计算过程简单，但计算结果偏于保守。对于钢骨为对称配置的情况，简单叠加法与一般叠加法计算结果相差不是太大。

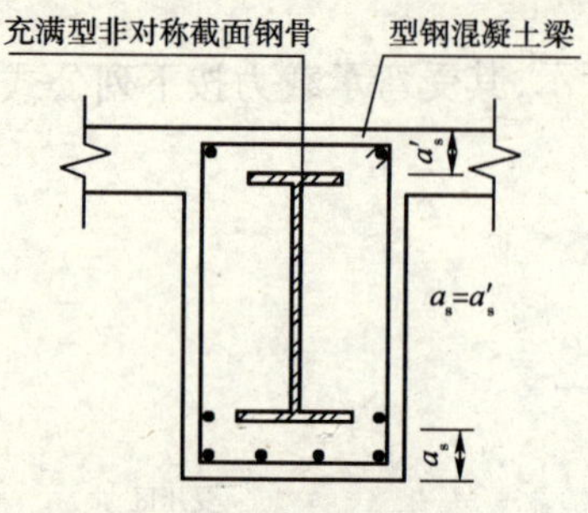

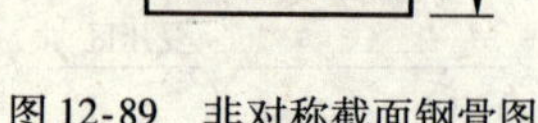

图 12-89　非对称截面钢骨图

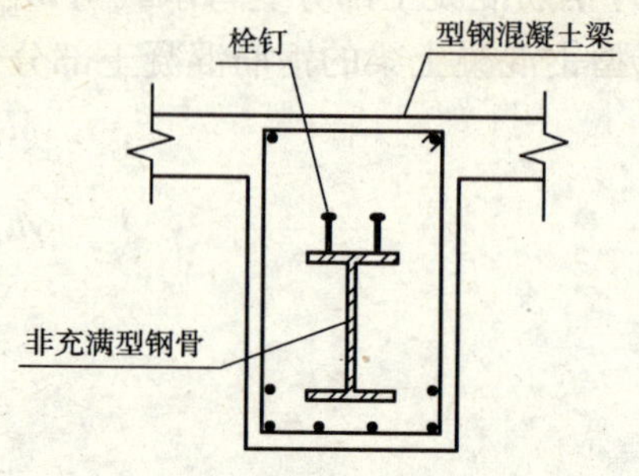

图 12-90　钢骨偏置于梁截面受拉区

例 12-12　某型钢混凝土梁截面尺寸为 $b \times h = 450\text{mm} \times 850\text{mm}$，混凝土强度等级 C30（$f_c = 14.3\text{N/mm}^2, \alpha_1 = 1.0, \beta_1 = 0.8$），型钢采用 Q345 钢，其型号为热轧 H 型钢 HZ600（600mm × 220mm × 12mm × 19mm，$W_a = W_{ss} = 3069 \times 10^3\text{mm}^2, f_a = f'_a = f_{ss} = 315\text{N/mm}^2$），纵向钢筋 HRB400（$f_y = f'_y = 360\text{N/mm}^2, E_s = 2.0 \times 10^5\text{N/mm}^2$）。梁支座承受的负弯矩为 $M = 1278\text{kN} \cdot \text{m}$，如图 12-91 所示。

解　（1）型钢截面的受弯承载力

$$M_{by}^{ss} = \gamma_s W_{ss} f_{ss} = 1.05 \times 3069 \times 10^3 \times 315 = 1015.1 \times 10^6 \text{N} \cdot \text{mm} = 1015\text{kN} \cdot \text{m}$$

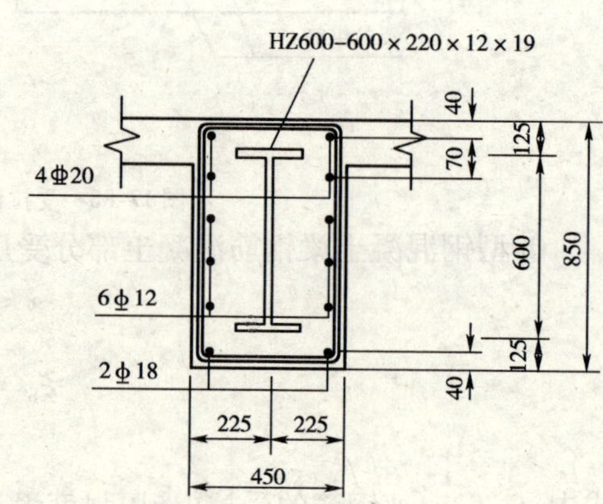

图 12-91　截面配筋图

（2）钢筋混凝土部分的弯矩设计值

$$M_{bu}^{rc} = M - M_{by}^{ss} = 1278 - 1015 = 263\text{kN} \cdot \text{m}$$

（3）截面的有效高度 h_{b0}

假定采用 4 根钢筋，两排布置，如图 12-89 所示。

$$h_{b0} = 850 - \left(40 + \frac{1}{2} \times 70\right) = 775\text{mm}$$

或 $$h_{b0} = \frac{2 \times 740 + 2 \times 810}{4} = 775\text{mm}$$

（4）求纵向受拉钢筋

为计算方便，可不考虑受压区钢筋，若要考虑，就要按构造要求假定受压钢筋的根数、直径和面积。或者是梁跨中的受力钢筋伸入支座后，把它看成受压钢筋。

$$\alpha_s = \frac{M_{bu}^{rc}}{\alpha_1 f_c b h_{b0}^2} = \frac{263 \times 10^6}{1.0 \times 14.3 \times 450 \times 775^2} = 0.068 < \alpha_{s,\max}$$

$$\alpha_{s,\max} = \xi_b(1 - 0.5\xi_b) = 0.518 \times (1 - 0.5 \times 0.518) = 0.384$$

$$\gamma = \frac{1}{2}(1 + \sqrt{1 - 2\alpha_s}) = \frac{1}{2}(1 + \sqrt{1 - 2 \times 0.068}) = 0.965$$

$$A_s = \frac{M_{bu}^{rc}}{f_y \gamma h_{b0}} = \frac{263 \times 10^6}{360 \times 0.965 \times 775} = 976.8\text{mm}^2$$

选用 4 ф 18（$A_s = 1017\text{mm}^2$），且 $A_s > \rho_{min} bh = 0.0015 \times 450 \times 850 = 574\text{mm}^2$

（5）假定此题目已配两根受压钢筋，直径为 18mm，再在梁侧面各配置 3 ф 12 的构造钢筋，如图 12-91 所示。

例 12-13 同例 12-12，用平截面假定的极限平衡法确定梁的纵筋，如图 12-91 所示。

解 为了方便计算，不考虑受压区所配置的受压钢筋，即 A'_s 取为零。

（1）计算界限相对受压区高度

$$\xi_b = \frac{\beta_1}{1 + \frac{f_y + f_a}{2 \times 0.0033 E_s}} = \frac{0.8}{1 + \frac{360 + 315}{2 \times 0.0033 \times 2.0 \times 10^5}} = 0.529$$

（2）有效高度计算

1 根ф18 $A_s = 254.5\text{mm}^2$

2 根ф18 $A_s = 509\text{mm}^2$

$$f_y = 360\text{N/mm}^2, f_a = 315\text{N/mm}^2$$

$$a = \frac{2 \times 254.5 \times 360 \times 40 + 2 \times 254.5 \times 360 \times 110 + 220 \times 19 \times 315 \times \left(125 + \frac{19}{2}\right)}{2 \times 254.5 \times 360 + 2 \times 254.5 \times 360 + 220 \times 19 \times 315}$$

$= 121.5\text{mm}$

$$h_0 = h - a = 850 - 121.5 = 728.5\text{mm}$$

或 $$h_0 = h - 125 - \frac{12}{2} = 850 - 125 - 6 = 719\text{mm}$$

由于型钢翼缘的截面面积较大，就认为受拉区的形心在受拉翼缘截面形心处。

$$\delta_1 h_0 = 125 + 19 = 144\text{mm}, \delta_1 = \frac{144}{h_0} = \frac{144}{728.5} = 0.198$$

$$\delta_2 h_0 = 850 - 144 = 706\text{mm}, \delta_2 = \frac{706}{h_0} = \frac{706}{728.5} = 0.969$$

（3）判别

假定 $\delta_1 h_0 < \frac{1}{\beta_1} x = 1.25x, \delta_2 h_0 = \frac{1}{\beta_1} x = 1.25x \quad (\beta_1 = 0.8)$

$$M_{aw} = \left[\frac{1}{2}(\delta_1^2 + \delta_2^2) - (\delta_1 + \delta_2) + 2.5\xi - (1.25\xi)^2\right] t_w h_0^2 f_a$$

$$= \left[\frac{1}{2} \times (0.198^2 + 0.969^2) - (0.198 + 0.969) + 2.5\xi - (1.25\xi)^2\right] \times 12 \times 728.5^2 \times 315$$

$$= -1359965080 + 5015230762\xi - 3134519226\xi^2$$

由平衡方程

$$M_u = \alpha_1 f_c bx\left(h_0 - \frac{x}{2}\right) + f'_y A'_s (h_0 - a'_s) + f'_a A'_{af} (h_0 - a'_a) + M_{aw}$$

及 $$f'_y A'_s = 0, x = \xi h_0$$

$$1278 \times 10^6 = 1.0 \times 14.3 \times 450 \times 728.5\xi \times (728.5 - 0.5\xi) + 315 \times 220 \times 19$$
$$\times \left(728.5 - 125 - \frac{19}{2}\right) - 1359965080 + 5015230762\xi - 3134519226\xi^2$$

解得 $$\xi = 0.256$$

$$x = \xi h_0 = 0.256 \times 728.5 = 186.5\text{mm}$$

$$\delta_1 h_0 = 144 < 1.25x = 1.25 \times 186.5 = 233.2\text{mm}$$

$$\delta_2 h_0 = 706 > 1.25x = 1.25 \times 186.5 = 233.2\text{mm}$$

故假定成立。

又 $$x = 186.5 < \xi_b h_0 = 0.529 \times 728.5 = 385.4\text{mm}$$

且 $x \geqslant a'_a + t_f = 125 + 19 = 144\text{mm}$，符合条件。

$$N_{aw} = [2.5\xi - (\delta_1 + \delta_2)] t_w h_0 f_a = [2.5 \times 0.256 - (0.198 + 0.969)] \times 12 \times 728.5 \times 315$$
$$= -1451215710\text{N}$$

由平衡方程 $$\alpha_1 f_c bx + f'_y A'_s + f'_a A'_{af} - f_y A_s - f_a A_{af} + N_{aw} = 0$$

且 $$f'_a A'_{af} = f_a A_{af}, \qquad f'_y A'_s = 0$$

解得 $$A_s < 0$$

按构造要求，选用直径不低于 16mm 的钢筋 4 根，$A_s = 804\text{mm}^2$ 且 $A_s = \rho_{min} bh = 0.0015 \times 450 \times 850 = 574\text{mm}^2$

通过对例 12-12 和例 12-13 的分析，用平截面假定基础上的极限平衡法计算比较复杂（并且还先假定了 A'_s 为零），但能较好地反映钢材与混凝土的共同工作能力。简单叠加法计算简单，但用钢量增加。

12.5.3 型钢混凝土梁斜截面抗剪承载力计算

1. 试验研究分析

试验研究表明，实腹式型钢梁斜截面的破坏与普通钢筋混凝土梁的斜截面破坏有较大差别的。根据剪切破坏形态不同可分为三种类型：斜压破坏、剪压破坏和剪切粘结破坏，如图 12-89 所示。

(1)斜压破坏

当剪跨比很小($\lambda < 1.5$)；且梁的含钢率（型钢）较大时，发生斜压破坏。当荷载加到一定值时，首先在加载点下面弯矩较大的地方出现弯曲裂缝，但因剪跨比较小，梁上的正应力 σ 不大，而剪应力 τ 却相对较高，弯曲裂缝不再有明显发展。当加载到极限荷载的 30% ~ 50% 时，中和轴处出现斜裂缝。随着荷载的增加，斜裂缝向上延伸至加荷点附近，向下延伸至支座附近，并逐渐形成临界斜裂缝。斜裂缝宽度为中间大，两端小。当荷载接近极限荷载时，又出现几条与临界斜裂缝平行的斜裂缝，并在梁端形成了若干个斜压短柱。与钢筋混凝土梁不同的是型钢腹板是沿梁长、梁高方向连续配置的，且刚度较大，这和仅配箍筋抗剪的钢筋混凝土梁是不一样的。因此，当加载至混凝土开裂后，型钢的腹板承担着斜裂缝截面上混凝土转移过来的剪应力，同时，对混凝土的拉、压变形起到有效的约束作用。所以，混凝土的斜压短柱不可能在型钢屈服前达到极限压应变而压碎。只有在型钢屈服后，这种约束作用才丧失，抗剪能力不断下降，变形增大，最后，因混凝土斜压短柱被压碎而宣告破坏，如图 12-92a）所示。

(2)剪压破坏

当剪跨比较大($\lambda > 1.5$)，且梁的含钢率较小时，发生剪压破坏。当荷载加到混凝土受拉边缘的应变达到混凝土的极限拉应变时，首先出现垂直的弯曲裂缝，随着荷载的继续增加，剪跨区段的弯曲裂缝发展到型钢翼缘处，由于受到刚度较大的型钢约束，裂缝发展缓慢，当荷载进一步增大时，剪力也不断增大，梁腹部在剪应力和弯曲应力共同作用下产生的主拉应力，使垂直弯曲裂缝发展为弯剪斜裂缝，并指向加载点。此时，斜裂缝处的混凝土退出工作，主拉应力由型钢来承担。当接近极限荷载时，型钢发生剪切屈服，与斜裂缝相交的箍筋也屈服，剪压区的混凝土达到弯剪复合应力作用下的强度被压碎而宣告破坏，如图 12-92b）所示。

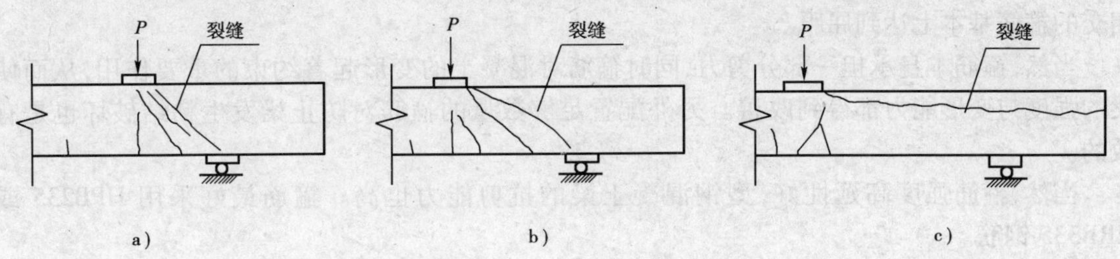

图 12-92　型钢混凝土梁的受剪破坏形态

a）斜压破坏；b）剪压破坏；c）剪切粘结破坏

（3）剪切粘结破坏

当配箍较少且剪跨比较大时的情况下，发生剪切粘结破坏。型钢与混凝土的粘结力要比钢筋与混凝土的粘结力差得多，因此，当荷载加到一定值时，型钢上、下翼缘附近产生撕裂裂缝，并沿型钢翼缘水平方向发展，最终导致混凝土保护层剥落，型钢混凝土梁宣告破坏，如图 12-92c）所示。

2. 影响型钢混凝土梁斜截面承载力的主要因素

影响型钢混凝土梁斜截面承载力的主要因素有：剪跨比、型钢腹板的含钢率及型钢强度、配箍率及箍筋强度、型钢翼缘宽度与梁宽度之比以及混凝土的强度等级。除此之外还有加载方式，型钢混凝土保护层厚度等。

（1）剪跨比

剪跨比 $\lambda = M/Vh_0$，实质上反映了弯、剪作用的相互关系。当荷载为集中荷载时，剪跨比变为 $\lambda = a/h_0$，其中，h_0 为型钢翼缘和纵向受拉钢筋的合力点到混凝土截面受压边缘的距离。

当剪跨比较小，即 $\lambda \leqslant 1 \sim 1.5$ 时，梁的弯剪区段内，正应力较小，剪应力起控制作用，最终梁发生斜压破坏。一般是通过控制型钢混凝土梁的截面尺寸来防止。

当剪跨比较大，即 $\lambda = 1.5 \sim 2.5$ 时，梁的弯剪区段内，正应力、剪应力均较大，即型钢混凝土梁在弯剪复合应力作用下，斜截面发生剪压破坏。一般是通过受剪承载力的验算来防止。若混凝土保护层厚度较小或者箍筋配置不足，也发生剪切粘结破坏，一般是通过减小箍筋间距和肢距来防止。

当剪跨很大时，即 $\lambda > 2.5$，梁的承载力往往是由弯曲应力控制，发生的破坏为弯曲破坏。

剪跨比的大小对型钢混凝土梁斜截面受剪承载力大小的影响如图 12-93 所示。图中曲线表明，受剪承载力随着剪跨比的增加而降低。

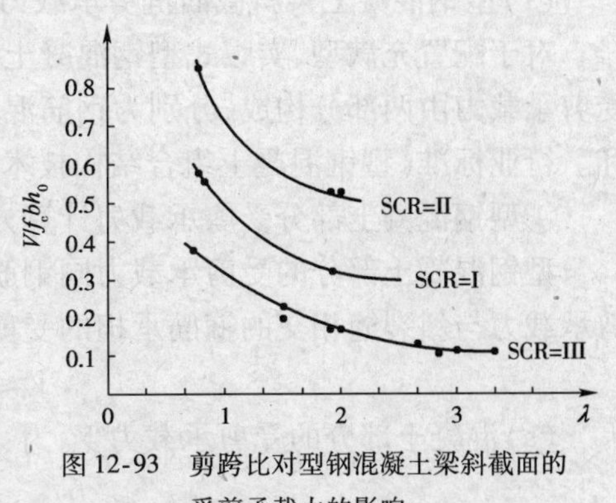

图 12-93　剪跨比对型钢混凝土梁斜截面的受剪承载力的影响

（2）型钢腹板的含钢率及型钢的强度

型钢腹板的含钢率 $\rho_w = A_w/bh_0(A_w = t_w h_w)$。由图 12-94 可看出。在一定范围内随着含钢率的增加，型钢混凝土梁的抗剪能力提高。当然，型钢的强度高，型钢混凝土梁的抗剪能力也高。

(3)配箍率及配箍强度

配箍率 $\rho_{sv} = A_{sv}/bs$。同钢筋混凝土梁一样,斜裂缝出现前,箍筋应力很小,基本不起作用。只有当斜裂缝出现后,与斜裂缝相交的箍筋的应力才突然增加。当梁斜截面破坏时,与斜裂缝相交的箍筋基本上达到屈服。

当然,箍筋本身承担一部分剪力,同时箍筋对混凝土的变形起着约束的重要作用,从而使梁的强度与变形能力都得到改善。另外配置足够数量的箍筋对防止梁发生粘结破坏也是有效的。

当然,箍筋强度高延性好,型钢混凝土梁的抗剪能力也高。箍筋最好采用 HPB235 或 HRB335 钢筋。

(4)型钢翼缘宽度与梁宽度的比值(宽度比 b_f/b)

型钢翼缘宽度 b_f 与梁的宽度 b 之比对型钢混凝土梁抗剪强度有一定影响。当 b_f/b 较大时,型钢约束的混凝土相对较多,对于提高梁的抗剪强度与变形能力是有利的,但是,当 b_f/b 大到一定程度,较易产生沿着型钢上、下翼缘的粘结撕裂破坏,这又是不利的,因此,型钢翼缘 b_f 应适当加大。名义剪应力 V/bhf_c 与 $(b-b_f)/b$ 大致呈线性关系,如图 12-95 所示。

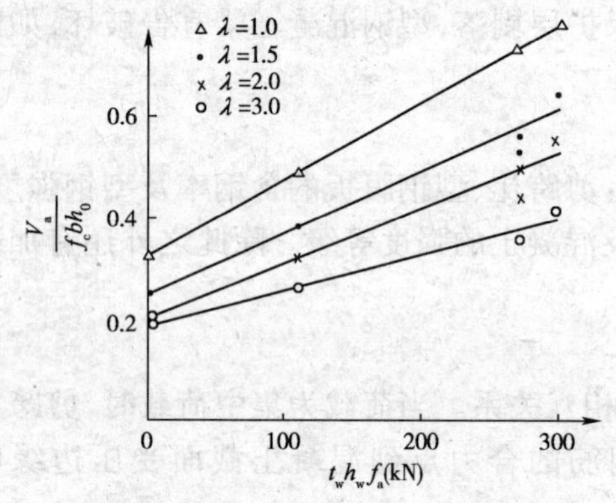

图 12-94 型钢腹板含钢率对抗剪强度的影响

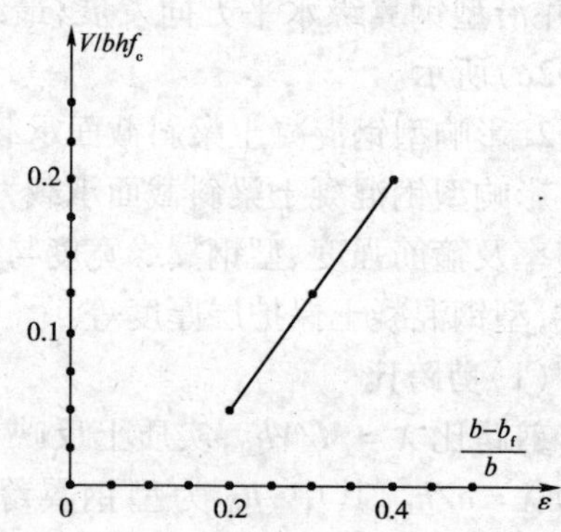

图 12-95 抗剪强度与 $(b-b_f)/b$ 的关系

(5)混凝土强度等级

试验结果表明,梁中混凝土强度等级直接影响到混凝土斜压短柱的强度、混凝土与型钢的粘结强度或混凝土剪压区的强度,因此,一般说,随着混凝土强度等级的提高,型钢混凝土梁的斜截面抗剪能力也提高。

3. 型钢混凝土梁斜截面抗剪承载力计算

(1)型钢混凝土梁斜截面抗剪承载力计算方法一

对于配置充满型、实腹式型钢混凝土梁,其斜截面受剪承载力计算,型钢混凝土梁斜截面受剪承载力由两部分构成,分别为钢筋混凝土部分的受剪承载力与型钢部分的受剪承载力之和。行业标准《型钢混凝土组合结构技术规程》(JGJ 138—2001)给出了如下计算方法:

①型钢混凝土部分受剪承载力计算方法

型钢混凝土部分的受剪承载力同钢筋混凝土梁受剪承载力类似,它是由混凝土部分的受剪承载力与斜裂缝相交的箍筋承担的受剪承载力之和。其抗剪承载力可按下式计算:

$$V \leq V_c + V_{sv} + V_a \tag{12-202}$$

(a)混凝土部分的受剪承载力 V_c 为:

$$V_c = \alpha f_c b h_0 \tag{12-203}$$

(b)与斜裂缝相交的箍筋承担的受剪承载力 V_{sv} 为：

$$V_{sv} = \beta f_{yv} \frac{A_{sv}}{s} h_0 \tag{12-204}$$

(c)型钢部分的受剪承载力 V_a，见公式(12-205)。

式中：V——型钢混凝土梁的剪力设计值；

f_{yv}——箍筋的抗拉强度设计值；

A_{sv}——配置在同一截面内箍筋各肢的截面面积之和；

s——箍筋的间距；

α、β——与荷载作用形式及剪跨比大小有关的系数；

当荷载为均布荷载时，α 取 0.08，β 取 1.0；

当荷载为集中荷载时，α 取 $0.2/(\lambda+1.5)$，如图 12-96 所示，β 取 1.0。

由(a)、(b)可知，无论均布荷载或集中荷载，在斜压破坏和剪压破坏的情况下，由于连续配置的型钢翼缘、腹板对混凝土的约束呈有利作用，因此，型钢混凝土中混凝土抗剪能力并不比钢筋混凝土梁中混凝土抗剪能力低。对于型钢混凝土梁中的箍筋，将在最后阶段发挥较大作用，但可能有部分箍筋(例如在剪压区附近的箍筋)的作用不能充分发挥，因此，型钢混凝土梁中的箍筋抗剪能力可能比钢筋混凝土梁中的抗剪能力低。

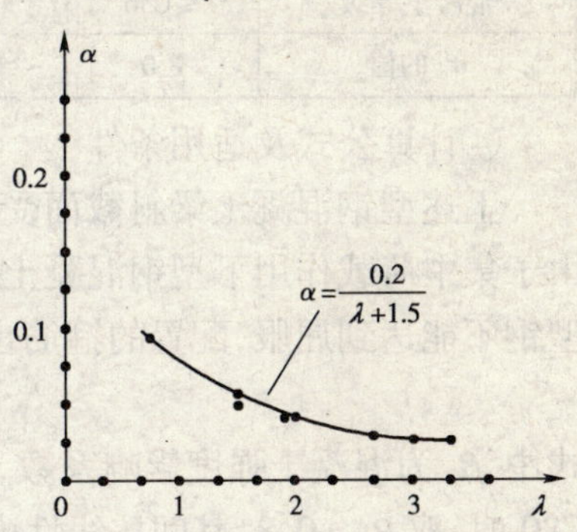

图 12-96　系数 α 与剪跨比 λ 的关系曲线

②型钢部分的受剪承载力计算方法

试验结果证明，型钢部分的受剪承载力实质上是型钢腹板所贡献的受剪承载力，其值大小不仅与荷载形式有关，而且还与型钢的强度，腹板的面积有关。

在均布荷载作用下，型钢混凝土梁抗剪达到极限状态时，型钢腹板的应力，基本上可取型钢纯剪状态时的剪切屈服强度：

$$\tau = \frac{1}{\sqrt{3}} f_a = 0.58 f_a$$

则

$$V_a = 0.58 f_a t_w h_w \tag{12-205}$$

在集中荷载作用下，型钢的抗剪能力随着剪跨比的增加而降低，如图 12-97 所示。其腹板的抗剪强度为：

$$\tau = \beta' f_a = \frac{0.58}{\lambda} f_a$$

则

$$V_a = \frac{0.58}{\lambda} f_a t_w h_w$$

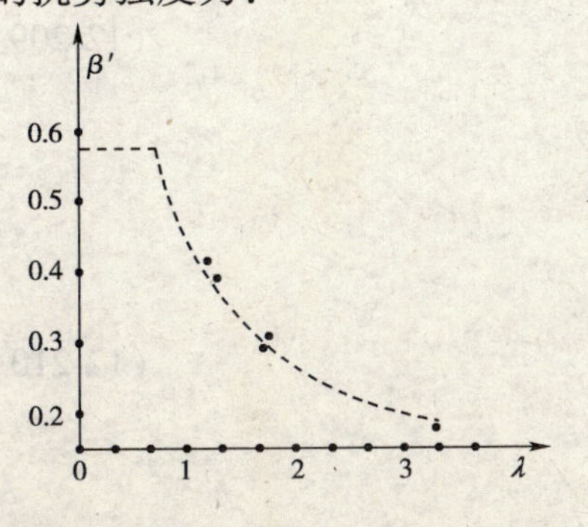

图 12-97　集中荷载作用下系数 β' 与剪跨比 λ 的关系曲线

③抗剪承载力计算公式

(a)均布荷载作用下：

$$V_b \leqslant 0.08 \alpha_c f_c b h_0 + f_{yv} \frac{A_{sv}}{s} h_0 + 0.58 f_a t_w h_w \tag{12-206a}$$

(b)集中荷载作用下：

$$V_b \leqslant \frac{0.2}{\lambda + 1.5}\alpha_a f_c b h_0 + f_{yv}\frac{A_{sv}}{s}h_0 + \frac{0.58}{\lambda}f_a t_w h_w \tag{12-206b}$$

式中：V_b——型钢混凝土梁的剪力设计值；

α_c——型钢混凝土梁受剪截面与混凝土强度等级有关的强度折减系数，$\alpha_c = \sqrt{23.5/f_c}$查表 12-10 取值；

λ——计算截面剪跨比，λ 可取 $\lambda = a/h_0$，a 为计算截面至支座截面或节点边缘的距离，计算截面取集中荷载作用点处的截面。当 $\lambda < 1.4$ 时，取 $\lambda = 1.4$；当 $\lambda > 3$ 时，取 $\lambda = 3$。

其余符号同前。

型钢混凝土受剪截面的混凝土强度折减系数 α_c 表 12-10

混凝土等级	≤C50	C55	C60	C65	C70	C75	C80
α_c 的值	1.0	0.95	0.92	0.88	0.84	0.82	0.80

④计算公式及适用条件

上述型钢混凝土梁斜截面受剪承载力计算公式是基于型钢混凝土梁的剪压破坏建立的。由于集中荷载作用下型钢混凝土梁的斜截面受剪承载力可知，当 $V/(f_c b h_0)$ 超过一定值破坏时型钢不能达到屈服，配置的箍筋也可能不屈服，所以梁的受剪截面应符合下列条件：

$$V_b \leqslant 0.45\beta_a f_c b h_0 \tag{12-207}$$

式中，β_c 为混凝土强度影响系数，当混凝土强度不超过 C50 时，取 $\beta_c = 1.0$，当混凝土强度为 C80 时，取 $\beta_c = 0.8$，其间按线性内差法确定。

同时，为了避免型钢配置（含钢率）过小时，由于型钢和混凝土的粘结作用极易丧失而导致剪切黏结破坏，应满足下式要求：

$$\frac{f_a t_w h_w}{f_c b h_0} \geqslant 0.10 \tag{12-208}$$

当按计算不需要配置箍筋抗剪时，箍筋应按《混凝土结构设计规范》（GB 50010—2003）中的要求设置。

（2）型钢混凝土梁斜截面抗剪承载力计算方法二

对于型钢混凝土梁斜截面抗剪，行业标准《钢骨混凝土结构设计规程》（YB 9082—97）给出了如下强度验算公式：

①抗剪承载力计算公式

$$V \leqslant V_y^{ss} + V_{bu}^{ss} \tag{12-209}$$

式中：V——型钢混凝土梁的剪力设计值；

V_y^{ss}——梁中钢骨（型钢）部分的受剪承载力；

V_{bu}^{ss}——梁中钢骨混凝土部分的受剪承载力。

②梁中钢骨受剪承载力计算

$$V_y^{ss} = f_{ssv} t_w h_w \tag{12-210}$$

式中：f_{ssv}——钢骨腹板的抗剪强度设计值；

t_w、h_w——钢骨腹板的厚度及高度。

③梁中钢筋混凝土部分抗剪承载力计算

（a）对于均布荷载作用下的矩形、T 形和工形截面梁

$$V_{bu}^{rc} = 0.07\alpha_{c} f_{c} b_{b} h_{b0} + 1.5 f_{yv} \frac{A_{sv}}{s} h_{b0} \tag{12-211}$$

(b)对于集中荷载作用下的各种截面梁

$$V_{bu}^{rc} = \frac{0.2}{\lambda + 1.5}\alpha_{c} f_{c} b_{b} h_{b0} + 1.25 f_{yv} \frac{A_{sv}}{s} h_{b0} \tag{12-212}$$

式中：b_b——梁截面的宽度；

h_{b0}——梁截面受拉钢筋形心至截面受拉区外边缘的距离。

其余符号同前。

④公式适用范围

$$V \leqslant 0.4 f_{c} b_{b} h_{b0} \tag{12-213}$$

$$V_{bu}^{rc} \leqslant 0.25 f_{c} b_{b} h_{b0} \tag{12-214}$$

例 12-14 有一型钢混凝土简支梁，计算跨度（净跨）为 9m，承受均布荷载，其中永久荷载设计值为 12.0kN/m，（包括梁自重），可变荷载设计值为 16kN/m。由于空间高度限制，截面尺寸为 460mm×250mm。经正截面抗弯强度验算，拟配型钢 I36a 普通热轧工字钢，梁的上、下配 4 ϕ 16 架立钢筋，混凝土强度等级为 C30，如图 12-98 所示。试验算其斜截面抗剪承载力，并配置箍筋。

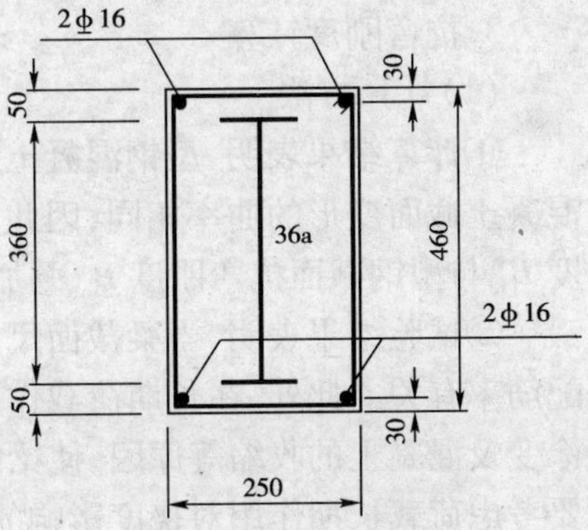

图 12-98 配筋截面图

解 按第一种方法计算

查 C30 混凝土强度得：

$$f_c = 15\text{N/mm}^2$$

I36a 工字钢：

$$A_s = 7630\text{mm}^2 \qquad f_a = 215\text{N/mm}^2$$

$$t_w = 10\text{mm} \qquad t_f = 15.8\text{mm}$$

$h_w = 360 - 2 \times 15.8 = 328.4\text{mm}$

$h_0 = 460 - 30 = 430\text{mm}$ （近似计算）

$g + q = 12.0 + 16 = 28\text{kN/m}$

则梁中剪力的最大设计值为：

$$V_{max} = \frac{1}{2}(g+q)l = \frac{1}{2} \times 28 \times 9 = 126\text{kN}$$

$$\begin{aligned} V_b &= 0.08 f_c b h_0 + 0.58 f_a t_w h_w \\ &= 0.08 \times 15 \times 250 \times 430 + 0.58 \times 215 \times 10 \times 328.4 \\ &= 538515\text{N} = 538.5\text{kN} > V_{max} = 126\text{kN} \end{aligned}$$

$0.45\beta_c f_c b h_0 = 0.45 \times 1.0 \times 15 \times 250 \times 430 = 725625\text{N} = 725.63\text{kN} > V_b = 538.5\text{kN}$（满足要求）

$$\frac{f_a t_w h_w}{f_c b h_0} = \frac{215 \times 10 \times 328.4}{15 \times 250 \times 430} = 0.44 > 0.1 \text{（满足要求）}$$

故钢箍按构造要求配置，选择双肢 ϕ6@200 的钢箍。

12.5.4 型钢混凝土梁的挠度验算

由型钢混凝土梁弯矩—挠度曲线的特点（图 12-81）可以看出，梁的刚度随型钢的含钢率、纵向受拉钢筋含量的增加而增加，当型钢混凝土梁受弯承载力相同时，型钢混凝土梁的刚度比普通钢筋混凝土梁有所提高。

1. 计算原则

(1)对于型钢混凝土梁在正常使用极限状态下的挠度,可根据梁的刚度,采用结构力学的计算方法。

(2)计算等截面梁挠度时,可假定型钢梁的各同号弯矩区段内的刚度相等,其值取各区段内最大弯矩处截面的刚度。

(3)梁的挠度应按荷载效应的标准组合并考虑荷载长期作用影响的截面刚度 B 进行计算。

(4)若使用上允许型钢混凝土梁在生产制作时预先起拱,检验梁的挠度时,可将计算所得的挠度值减去施工时的起拱值。

2. 挠度限值

(1)型钢梁的最大挠度计算值,不应超过表 12-11 中规定的限值。

(2)型钢悬臂梁的最大挠度计算值,不应超过表 12-11 中规定限值的 2 倍。

型钢混凝土梁挠度的限值　表 12-11

挠度控制标准 / 梁的计算跨度 l_0	一般要求	较高要求
$l_0<7\text{m}$	$l_0/200$	$l_0/250$
$7\text{m}\leq l_0\leq 9\text{m}$	$l_0/250$	$l_0/300$
$l_0>9\text{m}$	$l_0/300$	$l_0/400$

3. 抗弯刚度计算

(1)计算方法一

①计算结果表明,型钢混凝土梁在加载过程中的平均应变,符合平截面假定,而且型钢和混凝土截面变形的曲率相同,因此,梁截面的抗弯刚度 B_s 可采用钢筋混凝土梁截面的抗弯刚度 B_{rc} 与型钢截面抗弯刚度 B_a 叠加的原则来计算。型钢在正常使用阶段的刚度为 E_aI_a。

②试验结果表明,当梁截面尺寸一定时,钢筋混凝土截面部分的抗弯刚度主要与受拉钢筋配筋率有关。此外,在长期荷载作用下,由于受压区混凝土的徐变、钢筋与混凝土之间的滑移徐变及混凝土的收缩等原因,使梁的截面刚度下降。因此,在型钢梁的刚度 B 计算公式中,需要考虑荷载长期作用对挠度影响的增大系数 θ。

③行业标准《型钢混凝土组合结构技术规程》(JGJ 138—2001)规定,当型钢混凝土梁的纵向受拉钢筋配筋率为 0.3% ~1.5% 时,其荷载效应的标准组合和长期作用影响下的短期刚度 B_s 和刚度 B,分别按下式计算:

$$B_s=B_{rc}+B_a=(0.22+3.75\alpha_E\rho_s)E_cI_c+E_aI_a \tag{12-215}$$

$$B=\frac{M_k}{M_q(\theta-1)+M_k}B_s \tag{12-216}$$

式中:M_k'——按荷载效应标准组合计算的弯矩标准值;

M_q——按荷载效应准永久组合计算的弯矩标准值;

θ——考虑荷载长期作用对挠度的增大系数;

当 $\rho'_s=0$ 时,$\theta=2.0$;当 $\rho'_s=\rho_s$ 时,$\theta=1.6$;当 ρ'_s 为中间值时,θ 按直线内插法确定;ρ_s、ρ'_s 分别为纵向受拉钢筋和纵向受压钢筋的配筋率,$\rho_s=A_s/bh_0$,$\rho'_s=A'_s/bh_0$;

E_c、E_a——分别为混凝土的弹性模量和型钢的弹性模量;

I_c、I_a——分别为按截面尺寸计算的混凝土的截面惯性矩和型钢截面的惯性矩;

α_E——为型钢的弹性模量与混凝土弹性模量之比(E_a/E_c)。

(2)计算方法二

对于钢骨(型钢)截面为对称配置的钢骨(型钢)混凝土梁,行业标准《钢骨混凝土结构设计规程》(YB 9082—97)给出了如下计算公式。

①短期抗弯刚度

$$B_s = \frac{E_s A_s h_{b0}^2}{1.154 + 0.2 + \dfrac{6\alpha_E \rho}{1 + 3.5\gamma'_f}} + E_{ss} I_{ss} \tag{12-217}$$

$$\psi = 1.1\left(1 - \frac{M_c}{M_k^{rc}}\right) \tag{12-218}$$

$$M_c = 0.235bh^2 f_{tk} \tag{12-219}$$

$$M_k^{rc} = \frac{E_s A_s h_{b0}}{E_s A_s h_{b0} + \dfrac{E_{ss} I_{ss}}{h_{0s}}\left(0.2 + \dfrac{6\alpha_E \rho}{1 + 3.5\gamma'_f}\right)} M_k \tag{12-220}$$

式中:E_s、E_{ss}、E_c——分别为钢筋、钢骨(型钢)和混凝土的弹性模量;

I_{ss}——钢骨(型钢)截面的惯性矩;

α_E——钢筋与混凝土的弹性模量的比值(E_s/E_c);

A_s、ρ——钢筋混凝土部分的纵向受拉钢筋的截面面积和配筋率,$\rho = A_s/bh_{b0}$;

b'_f、h'_f——型钢混凝土梁受压翼缘的截面宽度和高度;

γ'_f——受压翼缘增强系数,$\gamma'_f = \dfrac{(b'_f - b)h'_f}{bh_{b0}}$;

当 $h'_f > 0.2h_{b0}$时,取 $h'_f = 0.2h_{b0}$;

b——型钢混凝土梁腹的截面宽度;

h_{b0}——钢筋混凝土部分受拉钢筋形心至截面受压外边缘的距离;

h_{0s}——钢骨(型钢)截面形心到混凝土受压区边缘的距离;

M_c——混凝土截面的开裂弯矩;

M_k、M_k^{rc}——荷载效应标准组合下,分别为型钢混凝土梁所承担的弯矩及型钢混凝土部分所承担的弯矩;

f_{tk}——混凝土的轴心抗拉强度标准值;

ψ——纵向钢筋应变不均匀系数,当 ψ 大于 1.0 时,取 1.0;当 ψ 小于 0.4 时,取 0.4。

②计算长期抗弯刚度 B

型钢混凝土在考虑荷载长期作用影响下,由于混凝土徐变和收缩使梁的刚度降低,因此,确定梁的计算刚度 B 时,应对型钢梁的混凝土部分的抗弯刚度进行修正,而型钢梁中的型钢部分抗弯刚度不变,即:

$$B = \frac{M_k^{rc}}{M_k^{rc} + 0.6M_{lk}^{rc}} \cdot \frac{E_s A_s h_{b0}^2}{1.15\psi + 0.2 + \dfrac{6\alpha_E \rho}{1 + 3.5\gamma'_f}} + E_{ss} I_{ss} \tag{12-221}$$

$$M_{lk}^{rc} = \left(\frac{M_{lk}}{M_k}\right) M_k^{rc} \tag{12-222}$$

式中:M_{lk}——荷载长期作用影响下,型钢混凝土梁所承担的弯矩标准值;

M_{lk}^{rc}——荷载长期作用影响下,钢筋混凝土部分所承担的弯矩标准值。

12.5.5 型钢混凝土梁的裂缝验算

型钢混凝土梁的裂缝开展机理，基本上与钢筋混凝土梁类似，但同时要考虑纵向受拉钢筋，型钢受拉翼缘和型钢部分腹板对受拉区混凝土开裂的影响。

根据试验，一般型钢混凝土梁当荷载加到极限荷载的15% ~20%时，首先在纯弯段（当然此段弯矩最大）出现裂缝；当荷载加到极限荷载50%左右时，裂缝基本稳定。在一般正常使用阶段，型钢混凝土梁的裂缝宽度不一定小于钢筋混凝土梁，这是由于型钢与混凝土的粘结力并不比钢筋与混凝土的粘结力好，而且，纵向受拉钢筋水平处的裂缝宽度普遍比型钢受拉翼缘水平处的裂缝宽度大，因此，受拉钢筋应变是影响梁裂缝宽度的主要因素，裂缝宽度的限值应以受拉钢筋高度的裂缝宽度为准。

另外，型钢混凝土梁最大裂缝宽度限值还应按荷载标准组合并考虑荷载长期作用影响，使其不超过表12-12中规定的限值。

型钢混凝土梁最大裂缝宽度限值 表12-12

构件工作环境	室内正常环境	室内高湿度环境	露天
最大裂缝宽度容许值(mm)	0.3	0.2	0.2

1. 裂缝宽度计算方法一

与钢筋混凝土梁一样，型钢混凝土梁裂缝宽度计算所采用的粘结滑移理论，只不过把纵向受拉钢筋和型钢受拉翼缘，部分腹板的总面积定义为等效钢筋面积 A_e，其等效直径为 d_e。

行业标准《型钢混凝土组合结构技术规程》（JGJ 138—2001）对型钢混凝土梁的裂缝宽度 w_{max} 计算公式为：

$$w_{max} = 2.1\psi \frac{\sigma_{sa}}{E_s}\left(1.9c + 0.08\frac{d_e}{\rho_{te}}\right) \tag{12-223}$$

$$\psi = 1.1\left(1 - \frac{M_c}{M_s}\right), M_c = 0.235 f_{tk} bh^2 \tag{12-224}$$

$$\sigma_{sa} = \frac{M}{0.87(A_s h_{0s} + A_{af} h_{0f} + kA_{aw} h_{0w})} \tag{12-225}$$

$$d_e = \frac{4(A_s + A_{af} + kA_{aw})}{u} \tag{12-226}$$

$$\rho_{te} = \frac{A_s + A_{af} + kA_{aw}}{0.5bh} \tag{12-227}$$

$$u = n\pi d_s + 0.7(2b_f + 2t_f + 2kh_{aw}) \tag{12-228}$$

式中：M、M_s——分别为作用于型钢混凝土梁上的弯矩标准值和按荷载效应标准组合的弯矩标准值；

M_c——型钢混凝土梁的抗裂弯矩；

A_s、A_{af}——分别为纵向受拉钢筋、型钢受拉翼缘的截面面积；

A_{aw}、h_{aw}——分别为型钢腹板的截面面积和截面高度；

h_{0s}、h_{0f}、h_{0w}——分别为纵向受拉钢筋、型钢受拉翼缘、kA_w 截面形心到混凝土截面受压区外边缘的距离，如图12-99所示；

d_s、n——纵向受拉钢筋的直径和数量；

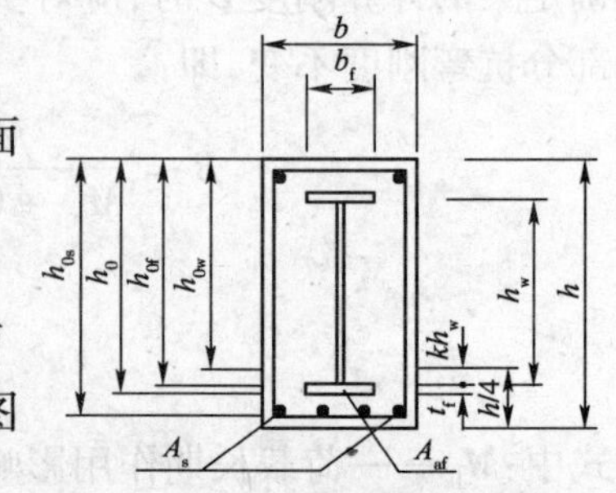

图12-99 计算型钢混凝土梁裂缝宽度的截面特性

u——纵向受拉钢筋、型钢受拉翼缘与部分腹板周长之和；

d_e、ρ_{te}——考虑型钢受拉翼缘、部分腹板及受拉钢筋共同受力时有效直径和有效配箍率；

σ_{sa}——考虑型钢受拉翼缘、部分腹板及受拉钢筋共同受力时的钢筋应力值；

ψ——考虑型钢翼缘作用的钢筋应变不均匀系数；当 $\psi < 0.4$ 时，取 $\psi = 0.4$；当 $\psi > 1.0$时，取 $\psi = 1.0$；

k——型钢腹板影响系数，其值取梁受拉侧 1/4 梁高（$h/4$）范围内腹板高度与整个腹板高度的比值，如图 12-96 所示。

2. 裂缝宽度计算方法二

行业标准《钢骨混凝土结构设计规程》（YB 9082—97）对型钢混凝土梁在弯矩作用下的裂缝宽度，给出了计算方法和相应的计算公式。

（1）型钢混凝土梁可能发生的最大裂缝宽度，是根据型钢混凝土梁钢筋混凝土部分所承担的弯矩 M_k^{rc}，按钢筋混凝土梁的裂缝宽度计算，且最大裂缝宽度不超过现行国家标准《混凝土结构设计规范》（GB 50010—2002）的规定。此时，将钢骨（型钢）的受拉翼缘作为附加受拉钢筋，以考虑其对裂缝间距的影响。

（2）对于对称配置的钢骨（型钢）混凝土梁，考虑荷载长期作用影响及裂缝分布的不均匀性，梁的最大裂缝宽度 w_{max} 按下列公式计算：

$$w_{max} = 2.1\psi \frac{\sigma_{sk}}{E_s}\left(2.7c + 0.1\frac{d_e}{\rho_{te}}\right)\nu \tag{12-229}$$

$$d_e = \frac{4(A_s + A_{sf})}{s} \tag{12-230}$$

$$\rho_{te} = \frac{A_s + A_{sf}}{0.5bh} \tag{12-231}$$

$$\sigma_{sk} = \frac{M_k^{rc}}{0.87A_s h_{b0}} \tag{12-232}$$

式中：ψ——钢筋应变不均匀系数；

c——受拉钢筋的保护层厚度；

d_e——折算的受拉钢筋直径；

s——受拉钢筋和钢骨（型钢）受拉翼缘的截面周长之和；

ρ_{te}——受拉钢筋 A_s 和钢骨受拉翼缘 A_{af} 的有效配筋率；

ν——钢筋表面形状系数，变形钢筋 $\nu = 0.7$；光圆钢筋 $\nu = 1.0$；

σ_{sk}——荷载效应在标准组合下受拉钢筋的应力。

12.6 型钢混凝土柱与剪力墙

型钢混凝土柱是在混凝土中主要配置轧制或焊接的型钢。在配置实腹型钢柱中还配有少量的纵向钢筋与箍筋。这些钢筋主要是为了约束混凝土，在计算中也参与受力，同时，也是构造需要。

型钢混凝土柱，不仅强度高，刚度大，而且有良好的延性及耗能性能，因此，它更加适合抗震设防烈度高的地区。与混凝土结构柱相比，既可以使柱子截面尺寸减小，增大使用面积，又可降低造价，提高抗震能力，与钢结构柱相比，不仅节省钢材，降低造价，而且混凝土对柱中的型钢来说是最好的保护层，不论是防火、防腐、防锈方面都比钢结构明显优越。由于型钢混凝土柱比钢结构柱刚度大，在高层结构中采用型钢混凝土柱可以克服高层及高耸钢结构变形过大的缺点。

12.6.1 型钢混凝土柱的构造要求

1. 型钢含钢率

(1)含钢率是指型钢混凝土柱的型钢截面面积与柱全截面面积的比值。型钢宜采用Q235或Q345钢。

(2)柱中受力型钢的含钢率不宜小于4%。因为小于此值时，可以采用钢筋混凝土柱，不必采用型钢混凝土柱。

(3)柱中受力型钢的含钢率不宜大于10%。因为型钢与混凝土的粘结强度较低，若含钢率过大，型钢与混凝土之间粘结破坏特征将更为显著，型钢与混凝土不能有效地共同工作，构件极限承载力反而下降。

(4)工程上较合适的含钢率在5%~8%之间。

2. 型钢的形式及混凝土保护层厚度

(1)型钢混凝土框架柱的型钢宜采用实腹式型钢，如图12-100所示。带翼缘的十字形截面(图12-100a)常用于中柱，其四个边均易与梁内型钢相连；丁字形截面(图12-100b)适用于边柱；L形截面(图12-100c)适用于角柱；宽翼缘H形钢、圆钢管、方钢管(图12-100d、e、f)适用于各平面位置的框架柱。

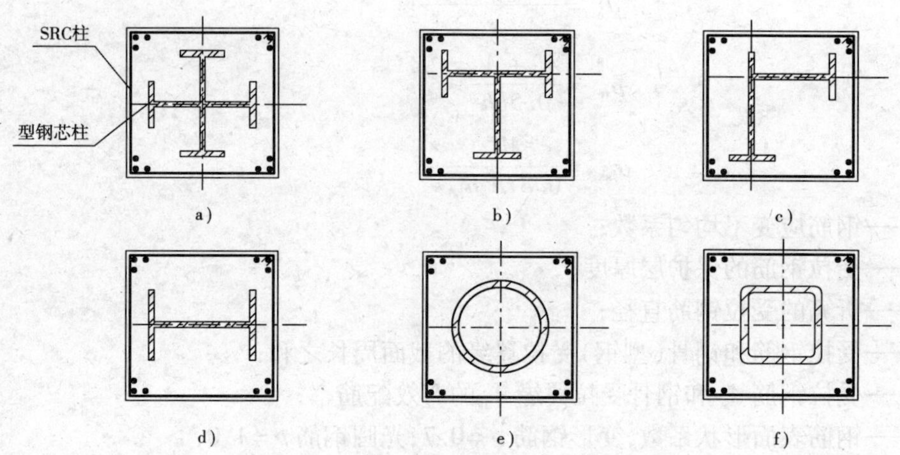

图12-100 型钢混凝土柱的型钢芯柱截面形状

a)十字形；b)丁字形；c)L形；d)H形；e)圆钢管；f)方钢管

(2)形钢混凝土柱保护层厚度不宜小于150mm，最小值为100mm，主要是为了防止粘结劈裂破坏。

3. 纵向受力钢筋

(1)型钢混凝土柱中的纵向受力钢筋宜采用HRB 335、HRB 400热轧钢筋。

(2)纵向钢筋的直径不应小于16mm，净距不宜小于60mm，钢筋与型钢之间的净间距不应小于40mm，以便混凝土的浇灌。

(3)型钢混凝土柱中全部纵向受力钢筋的配筋率不宜小于0.8%，以使型钢能在混凝土、纵向钢筋和箍筋的约束下发挥其强度和塑性性能。

(4)纵向钢筋一般设在柱的角部，但每个角上不宜多于5根。

4. 箍筋。

(1)型钢混凝土框架柱中的箍筋配置应符合国家标准《混凝土结构设计规范》(GB 50010—2002)的规定。

(2)考虑地震作用组合的型钢混凝土框架柱，柱端加密区长度、箍筋最大间距和最小直径应按表12-13规定采用。

框架柱端箍筋加密区的构造要求 表12-13

抗震等级	箍筋加密区长度	箍筋最大间距	箍筋最小直径
一级	取矩形截面长边尺寸(或圆形截面直径)、层间柱净高的1/6和500mm三者中的最大值	取纵向钢筋直径的6倍、100mm两者中的较小值	$\phi10$
二级		取纵向钢筋直径的8倍、100mm两者中的较小值	$\phi8$
三级		取纵向钢筋直径的6倍、150mm两者中的较小值	$\phi8$
四级			$\phi6$

注：①二级抗震等级的框架柱中箍筋最小直径不小于$\phi10$时，其箍筋最大间距可取150mm；

②剪跨比不大于2的框架柱、框支柱和一级抗震等级角柱应沿全长加密箍筋，箍筋间距均不应大于100mm。

(3)柱箍筋加密区的箍筋最小体积配筋百分率应符合表12-14的要求。

柱端箍筋加密区箍筋最小体积配筋率(%) 表12-14

抗震等级	箍筋形式	轴压比		
一级	复合箍筋	<0.4	0.4~0.5	>0.5
二级	复合箍筋	0.8	1.0	1.2
三级	复合箍筋	0.6~0.8	0.8~1.0	1.0~1.2
四级	复合箍筋	0.4~0.6	0.6~0.8	0.8~1.0

注：①混凝土强度等级高于C50或需要提高柱变形能力或Ⅳ类场地上较高的高层建筑，柱中箍筋的最小体积配筋百分率应取表中相应项的较大值；

②当配置螺旋箍筋时，体积配筋率可减少0.2%，但不应小于0.4%；

③一、二级抗震等级且剪跨比不大于2的框架柱的箍筋体积配筋率不应小于0.8%；

④当采用HPB335钢筋作箍筋时，表中数值可乘以折减系数0.85，但不应小于0.4%。

矩形箍筋的体积配筋率可按下式计算：

$$\rho_v = \frac{A_{sv} l_{sv}}{A_{cor} S} \tag{12-233}$$

螺旋箍筋体积配筋率按下式计算：

$$\rho_v = \frac{\psi A_{ss1}}{d_{cor} S} \tag{12-234}$$

式中：A_{sv}——矩形箍筋截面面积；

l_{sv}——矩形箍筋周长，计算中应扣除重叠部分；

A_{cor}——箍筋内表面以内范围的核心混凝土截面面积；

S——箍筋间距；

A_{ss}——螺旋箍筋的截面面积；

d_{cor}——混凝土核心截面的直径。

(4)柱箍筋加密区长度以外的箍筋，箍筋的体积配筋率不宜小于加密区配筋率的一半，并且要求一、二级抗震等级，箍筋间距不应大于 $10d$；三级抗震等级不宜大于 $15d$，d 为纵向钢筋直径。

(5)框架节点核心区的箍筋最小体积配筋率：

对于抗震等级为一级时，不宜小于 0.6%；

对于抗震等级为二级时，不宜小于 0.5%；

对于抗震等级为三级时，不宜小于 0.4%。

5. 混凝土强度等级及截面形状和尺寸

(1)型钢混凝土柱的混凝土强度等级不应低于 C30。

(2)对于抗震设防为 9 度、8 度、7 度和 6 度时，混凝土强度等级不宜超过 C60、C70、C80。

(3)截面形状和尺寸

①设防烈度为 8 度或 9 度的框架柱，宜采用正方形截面。

②型钢混凝土柱的长细比不宜大于 30，即柱的计算长度与截面短边之比不宜大于 30。

12.6.2 型钢混凝土轴心受压柱承载力计算

1. 截面性质

型钢混凝土长柱的承载力低于相同条件下的短柱承载力，可采用型钢混凝土柱的稳定系数 φ 来考虑这一因素。φ 值随着长细比的增大而减小，根据 l_0/i 的值由表 12-15 确定。其中 l_0 为柱的计算长度，可根据柱两端的支承情况，按照《混凝土结构设计规范》(GB 50010—2002)的规定取用；i 为最小回转半径，可按下式计算：

$$i = \sqrt{\frac{I_0}{A_0}} \tag{12-235}$$

$$I_0 = I_c + \alpha_s I_s + \alpha_{ss} I_{ss}$$

$$A_0 = A_c + \alpha_s A_s + \alpha_{ss} A_{ss}$$

$$\alpha_s = E_s / E_c$$

$$\alpha_{ss} = E_{ss} / E_c$$

式中：I_0——换算截面的惯性矩；

A_0——换算截面的面积；

E_c、E_s、E_{ss}——混凝土、纵向钢筋和型钢的弹性模量；

I_c、I_s、I_{ss}——混凝土净截面、纵向钢筋和型钢对换算截面的惯性矩。

型钢混凝土柱的稳定系数 表 12-15

l_0/i	≤28	35	42	48	55	62	69	76	83	90	97
φ	1.0	0.98	0.95	0.92	0.87	0.81	0.75	0.70	0.65	0.60	0.56
l_0/i	104	111	118	125	132	139	146	153	160	167	174
φ	0.52	0.48	0.44	0.40	0.36	0.32	0.29	0.26	0.23	0.21	0.19

2. 轴心受压正截面承载力计算公式

无论是轴心受压短柱还是长柱，由于混凝土对型钢的约束，均未发现型钢有局部屈曲现象。因此，在设计中不予考虑。轴心受压柱的正截面承载力可按下式计算：

$$N \leqslant 0.9\varphi(f_c A_c + f'_y A'_s + f'_s A_{ss}) \tag{12-236}$$

式中：φ——型钢混凝土柱稳定系数；

f_c——混凝土轴心抗压强度设计值；

A_c——混凝土的净面积；

A_{ss}——型钢的有效净截面面积，即应扣除因孔洞削弱的部分；

A'_s——纵向受压钢筋的截面面积；

f'_y——纵向受压钢筋的抗压强度设计值；

f'_s——型钢的抗压强度设计值；

0.9——系数，考虑到与偏心受压型钢柱的正截面承载力计算具有相近的可靠度。

12.6.3 型钢混凝土偏心受压柱正截面承载力计算

根据大量试验研究，型钢混凝土偏心受压柱正截面破坏分为受拉破坏与受压破坏两大类。其受力性能、破坏形态与普通钢筋混凝土构件大致类似。可分为受拉破坏（即大偏心受压破坏）和受压破坏（即小偏心受压破坏）。

1. 界限破坏及大小偏压的判别

(1)界限破坏

由于实腹式型钢腹板在截面高度上是连续的，型钢混凝土柱没有典型的界限破坏。一般以型钢受拉翼缘受拉屈服与受压边缘混凝土极限压应变同时发生的情况认为是型钢混凝土柱的界限破坏。

(2)大小偏压的判别

同普通钢筋混凝土偏压柱一样，也可以用相对受压区高度比值大小来判别。

当$\xi = \dfrac{x}{h_0} < \xi_b = \dfrac{\beta_1}{1 + \dfrac{f_y + f_a}{2 \times 0.003 E_s}}$时，截面属于大偏压；

当$\xi > \xi_b$时，截面属于小偏压；

当$\xi = \xi_b$时，截面处于界限状态。

2. 型钢混凝土偏心受压长柱的纵向弯曲影响

在实际工程中，必须避免失稳破坏，对于短柱，可以忽略纵向弯曲的影响。对于中、长柱，需要考虑纵向弯曲影响。在型钢混凝土组合结构技术规程（JGJ 138—2001）中采用把初始偏心距e_0乘以一个偏心距增大系数η的方法来解决纵向弯曲影响的问题。

$$\eta = 1 + \frac{1}{1400 e_i / h_0}\left(\frac{l_0}{h}\right)^2 \zeta_1 \zeta_2 \tag{12-237}$$

$$\zeta_1 = \frac{0.5 f_c A}{N} \tag{12-238}$$

$$\zeta_2 = 1.15 - 0.01 \frac{l_0}{h} \tag{12-239}$$

式中：e_0——初始偏心距；

l_0——构件计算长度；

h——截面高度；

h_0——截面有效高度；

ζ_1——偏心受压构件的截面曲率修正系数，当$\zeta > 1$时，取$\zeta_1 = 1$；

ζ_2——构件长细比对截面曲率的影响系数，当$l_0/h < 15$时，取$\zeta_2 = 1$。

若构件长细比 l_0/h(或 l_0/d)≤8 时,视为短柱,可不考虑纵向弯曲对偏心距的影响,取 $\eta=1.0$。

3. 附加偏心距

由于工程实际中可能存在着荷载作用位置的偏移,混凝土的不均匀性及施工偏差等因素,可能产生附加偏心距。因此,在型钢偏压柱正截面承载力计算中,应计入轴向压力在偏心方向存在的附加偏心距 e_a,其值应取 20mm 和偏心方向截面尺寸的 1/30 两者的较大值。引进附加偏心距后,在计算偏心受压柱正截面承载力时,应将轴向力作用点到截面形心的偏心距取为 e_i,称为初始偏心距。即:

$$e_i = e_0 + e_a \tag{12-240}$$

4. 型钢混凝土偏心受压柱正截面承载力计算

(1)单向偏压柱平截面假定基础上的极限平衡法(方法一)

对于配置充满型、实腹型钢的混凝土柱,其正截面偏心受压柱的计算,行业标准《型钢混凝土组合结构技术规程》(JGJ 138—2001)给出了如下计算方法:

①基本假定

根据试验分析型钢混凝土偏心受压柱的受力性能及破坏特点,型钢混凝土柱正截面偏心受压承载力计算,采用如下基本假定:

(a)截面应变保持平面;

(b)不考虑混凝土的抗拉强度;

(c)受压区边缘混凝土极限压应变 ε_{cu} 取 0.003,相应的最大压应力取混凝土轴心抗压强度设计值 $\alpha_1 f_c$;

(d)受压区混凝土的应力图形简化为等效的矩形,其高度取按平截面假定确定的中和轴高度乘以系数 β_1;

(e)型钢腹板的拉、压应力图形均为梯形,设计计算时,简化为等效的矩形应力图形;

(f)钢筋的应力等于其应变与弹性模量的乘积,但不大于其强度设计值。受拉钢筋和型钢受拉翼缘的极限拉应变取 $\varepsilon_{su}=0.01$。

其中系数取值如下:

当混凝土强度等级不超过 C50 时,系数 α_1 取 1.0,β_1 取 0.8;

当混凝土强度等级为 C80 时,系数 α_1 取 0.94,β_1 取 0.74,其间按线性内插法取值。

②承载力计算公式

型钢混凝土柱正截面受压承载力计算简图如图 12-101 所示。

$$N \leqslant \alpha_1 f_c bx + f'_y A'_s + f'_a A'_{af} - \sigma_s A_s - \sigma_a A_{af} + N_{aw} \tag{12-241}$$

$$Ne \leqslant \alpha_1 f_c bx\left(h_0 - \frac{x}{2}\right) + f'_y A'_s(h_0 - a'_s) + f'_a A'_{af}(h_0 - a'_a) + M_{aw} \tag{12-242}$$

$$e = \eta e_i + \frac{h}{2} - a \tag{12-243}$$

$$e_i = e_0 + e_a \tag{12-244}$$

$$e_0 = \frac{M}{N} \tag{12-245}$$

式中:f'_y、f'_a——受压钢筋、型钢的抗压强度设计值;

A'_s、A'_a——竖向受压钢筋、型钢受压翼缘的截面面积;

A_s、A_a——竖向受拉钢筋、型钢受拉翼缘的截面面积；

b、x——柱截面宽度和柱截面受压区高度；

a'_s、a'_a——受压纵筋合力点、型钢受压翼缘合力点到截面受压边缘的距离；

a_s、a_a——受拉纵筋合力点、型钢受拉翼缘合力点到截面受拉边缘的距离；

a——受拉纵筋和型钢受拉翼缘合力点到截面受拉边缘的距离。

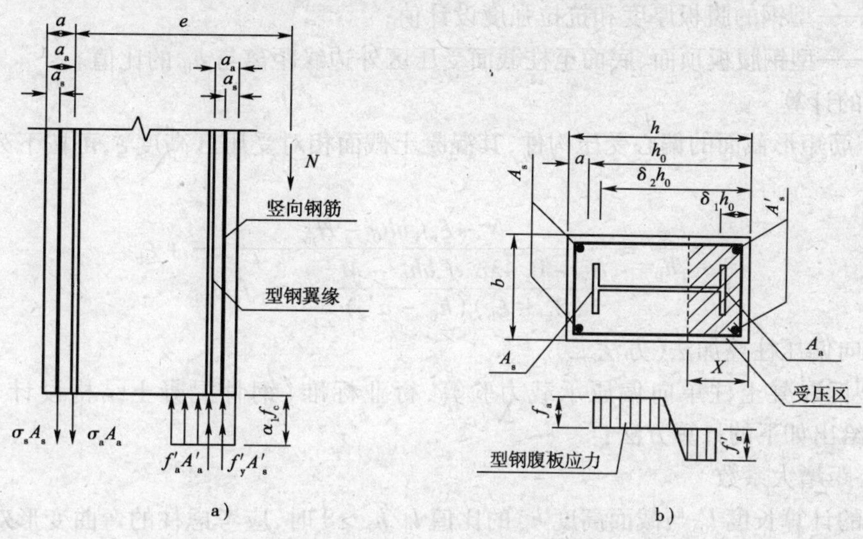

图 12-101 偏心受压柱的截面应力图形

a)全截面应力；b)型钢腹板应力

(a)σ_s 和 σ_a 的取值

柱截面受拉边或较小受压边竖向钢筋的应力 σ_s 和型钢翼缘应力 σ_a，分别不同情况，按下式计算：

ⓐ大偏压柱($x \leqslant \xi_b h_0$)

$$\sigma_s = f_y \qquad \sigma_a = f_a \tag{12-246}$$

$$\xi_b = \frac{\beta_1}{1 + \dfrac{f_y + f_a}{2 \times 0.003 E_s}} \tag{12-247}$$

ⓑ小偏压柱($x > \xi_b h_0$)

$$\sigma_s = \frac{f_y}{\xi_b - \beta_1}\left(\frac{x}{h_0} - \beta_1\right) \qquad \sigma_a = \frac{f_a}{\xi_b - \beta_1}\left(\frac{x}{h_0} - \beta_1\right) \tag{12-248}$$

式中：E_s——竖向钢筋的弹性模量；

ξ_b——柱混凝土截面的相对界限受压区高度。

(b)N_{aw}和 M_{aw}的计算

采用极限平衡法，把型钢腹板的应力图形简化为拉、压矩形应力图形的情况下，型钢腹板承受的轴向合力 N_{aw}和弯矩 M_{aw}，可按下式计算：

ⓐ大偏心受压柱$\left(\delta_1 h_0 < \dfrac{1}{\beta_1}x, \delta_2 h_0 > \dfrac{1}{\beta_1}x\right)$

$$N_{aw} = \left[\frac{2}{\beta_1}\xi - (\delta_1 + \delta_2)\right] t_w h_0 f_a \tag{12-249}$$

$$M_{aw} = \left[\frac{1}{2}(\delta_1^2 + \delta_2^2) - (\delta_1 + \delta_2) + \frac{2}{\beta_1}\xi - \left(\frac{1}{\beta_1}\xi\right)^2\right] t_w h_0^2 f_a \tag{12-250}$$

ⓑ小偏心受压柱$\left(\delta_1 h_0 < \frac{1}{\beta_1}x, \delta_2 h_0 < \frac{1}{\beta_1}x\right)$

$$N_{aw} = (\delta_2 - \delta_1) t_w h_0 f_a \tag{12-251}$$

$$M_{aw} = \left[\frac{1}{2}(\delta_2 - \delta_1)^2 + (\delta_2 - \delta_1)\right] t_w h_0^2 f_a \tag{12-252}$$

式中：t_w、f_a——型钢的腹板厚度和抗拉强度设计值；

δ_1、δ_2——型钢腹板顶面、底面至柱截面受压区外边缘距离与 h_0 的比值。

ⓒξ 值的计算

对称配筋矩形截面的偏心受压构件，其混凝土截面相对受压区高度 ξ，可按下列近似公式计算：

$$\xi = \frac{x}{h_0} = \frac{N - \xi_b f_c b h_0 - N_{aw}}{\dfrac{N_e - 0.43\alpha_1 f_c b h_0^2 - M_{aw}}{(\beta_1 - \xi_b)(h_0 - a'_s)} + \alpha_1 f_c b h_0} + \xi_b \tag{12-253}$$

(2)单向偏压柱叠加法(方法二)

对于型钢混凝土柱单向偏压承载力验算，行业标准《钢骨混凝土结构设计规程》(YB 9082—97)给出如下的计算方法：

①偏心距增大系数

(a)柱的计算长度 l_0 与截面高度 h_c 的比值 $l_0/h_c > 8$ 时，应考虑柱的弯曲变形对其压弯承载力的影响，对柱的偏心距乘以增大系数 η。

(b)型钢混凝土柱的偏心距增大系数 η，按下列公式计算：

$$\eta = 1 + 1.25\frac{(7 - 6\alpha)}{e_0/h_c}\zeta\left(\frac{l_0}{h_c}\right)^2 \times 10^{-4} \tag{12-254}$$

$$\alpha = \frac{N - 0.4 f_c A}{N_{c0}^{rc} + N_{c0}^{ss} - 0.4 f_c A} \tag{12-255}$$

$$\zeta = 1.3 - 0.026\frac{l_0}{h_c}，且\ 0.7 \leqslant \zeta \leqslant 1.0 \tag{12-256}$$

式中：α——偏心距影响系数；

ζ——长细比影响系数；

e_0——柱轴压力的计算偏心距，$e_0 = \dfrac{M}{N}$；

h_c、l_0——柱的截面高度和计算长度；

N、M——型钢混凝土柱承受的轴压力和弯矩设计值。

(c)附加偏心距和初始偏心距的计算，符号意义同前。

②一般叠加计算方法

(a)表达式

对于型钢混凝土偏压柱正截面承载力计算的一般叠加法的表达式为：

$$\begin{cases} N \leqslant N_{cy}^{ss} + N_{cu}^{rc} \\ M \leqslant M_{cy}^{ss} + M_{cu}^{rc} \end{cases} \tag{12-257}$$

式中：N、M——钢骨混凝土柱承受的轴力和弯矩设计值；

N_{cy}^{ss}、M_{cy}^{ss}——钢骨部分承担的轴力及相应的受弯承载力；

N_{cu}^{rc}、M_{cu}^{rc}——钢筋混凝土部分承担的轴力及相应的受弯承载力。

(b)计算步骤

ⓐ对于给定的轴力设计值 N,根据轴力平衡方程式,任意假定分配给钢骨部分和钢筋混凝土部分所承担的轴力。

ⓑ采取试分配给钢骨部分和钢筋混凝土部分的轴力[N_{cy}^{ss}]和[N_{cu}^{rc}],分别再求出两部分相应所承受的弯矩[M_{cy}^{ss}]和[M_{cu}^{rc}]。

ⓒ根据多次试算结果,从中找出两部分受弯承载力之和([M_{cy}^{ss}]+[M_{cu}^{rc}])的最大值,即为在该轴力作用下钢骨混凝土偏压柱的受弯承载力。

(c)计算公式

ⓐ对于柱内钢骨,已知轴力 N_{cy}^{ss}时,可利用轴力与弯矩的相关关系,求得受弯承载力 M_{cy}^{ss}。钢骨(型钢)的轴力—弯矩关系式为:

$$\frac{N_{cy}^{ss}}{A_{ss}}+\frac{M_{cy}^{ss}}{\gamma_s W_{ss}}\leqslant f_{ss} \tag{12-258}$$

式中:A_{ss}、W_{ss}——钢骨净截面面积和弹性抵抗矩;

γ_s——截面塑性发展系数;绕强轴弯曲的工字型钢骨截面,取 $\gamma_s=1.05$;绕弱轴弯曲的工字型钢骨截面,取 $\gamma_s=1.2$;十字型及箱型钢骨截面,$\gamma_s=1.05$;

f_{ss}——钢骨钢材强度设计值。

ⓑ对于钢筋混凝土部分,在试分配轴力 N_{cu}^{rc} 作用下,按普通钢筋混凝土压弯偏压柱计算,求得其受弯承载力 M_{cu}^{rc}。此时,在确定混凝土部分的截面面积时,需扣除钢骨的截面面积。

(d)适用范围

ⓐ此方法适用于钢骨和钢筋为对称或非对称配置的钢骨混凝土柱的正截面受弯承载力计算。

ⓑ对于钢骨和钢筋为非对称的钢骨混凝土柱,采用此方法进行正截面受弯承载力验算较为复杂。

ⓒ计算结果对比表明,一般叠加法与理论分析解的计算结果较符合,但不便设计应用。对于常用的对称配置的钢骨混凝土偏压柱如图 12-102 所示,可采用简单叠加法。

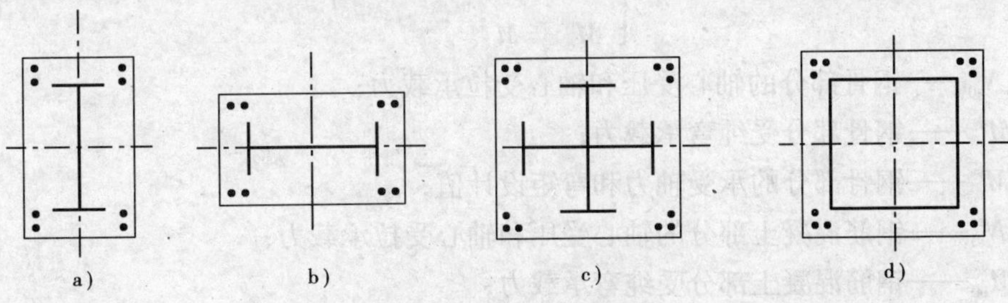

图 12-102 对称配筋截面

③简单叠加法

(a)计算步骤

ⓐ先假定柱内钢骨(或纵筋)的截面面积,然后按下列两种情况,分别计算出钢筋混凝土部分(或钢骨部分)所分担的轴力及弯矩设计值。

ⓑ分别进行钢筋混凝土(或钢骨)截面设计及承载力计算。然后加以比较,取两种情况所得的钢骨或纵筋较小截面面积,作为设计结果。以下公式中,当轴力为压力时取正号,当轴力为拉力时取负号。

ⓒ一般来说，对于采用 H 形钢截面的钢骨混凝土偏压柱，绕钢骨强轴弯曲时，可按下述情况计算；绕钢骨弱轴弯曲时，可按下述第二种情况计算。

(b)计算公式(钢骨、钢筋混凝土的轴力和弯矩)

第一种情况：

ⓐ当 $N_{t0}^{rc} \leqslant N \leqslant N_{c0}^{rc}$，且 $M \geqslant M_{y0}^{ss}$ 时，钢骨部分仅承受弯矩，钢筋混凝土部分的轴力和弯矩设计值为：

$$\begin{cases} N_c^{rc} = N \\ M_c^{rc} = M - M_{y0}^{ss} \end{cases} \tag{12-259}$$

ⓑ当 $N > N_{c0}^{rc}$ 时，钢筋混凝土部分仅承受轴向力，钢骨部分的轴力和弯矩设计值为：

$$\begin{cases} N_c^{ss} = N - N_{c0}^{rc} \\ M_c^{ss} = M \end{cases} \tag{12-260}$$

ⓒ当 $N < N_{t0}^{rc}$ 时，钢筋混凝土部分仅承受轴向拉力，钢骨部分的轴力和弯矩设计值为：

$$\begin{cases} N_c^{ss} = N - N_{t0}^{rc} \\ M_c^{ss} = M \end{cases} \tag{12-261}$$

第二种情况：

ⓐ当 $N_{t0}^{ss} \leqslant N \leqslant N_{c0}^{ss}$，且 $M \geqslant M_{u0}^{rc}$ 时，钢筋混凝土部分仅承受弯矩，钢骨部分的轴力和弯矩设计值为：

$$\begin{cases} N_c^{ss} = N \\ M_c^{ss} = M - M_{u0}^{rc} \end{cases} \tag{12-262}$$

ⓑ当 $N > N_{c0}^{ss}$ 时，钢骨部分仅承受轴向压力，钢筋混凝土部分的轴力和弯矩设计值为：

$$\begin{cases} N_c^{rc} = N - N_{c0}^{ss} \\ M_c^{rc} = M \end{cases} \tag{12-263}$$

ⓒ当 $N < N_{t0}^{ss}$ 时，钢骨部分仅承受轴向拉力，钢筋混凝土部分的轴力和弯矩设计值为：

$$\begin{cases} N_c^{rc} = N - N_{t0}^{ss} \\ M_c^{rc} = M \end{cases} \tag{12-264}$$

式中：N_{c0}^{ss}、N_{t0}^{ss}——钢骨部分的轴心受压和轴心受拉承载力；

M_{y0}^{ss}——钢骨部分受纯弯承载力；

N_c^{ss}、M_c^{ss}——钢骨部分的承受轴力和弯矩设计值；

N_{c0}^{rc}、N_{t0}^{rc}——钢筋混凝土部分的轴心受压和轴心受拉承载力；

M_{u0}^{rc}——钢筋混凝土部分受纯弯承载力；

N_c^{rc}、M_c^{rc}——钢筋混凝土部分承受的轴力和弯矩设计值。

(c)柱中的钢骨截面轴心和弯曲承载力分别按下式计算：

ⓐ钢骨截面的轴心受压承载力：

$$N_{c0}^{ss} = f_{ss} A_{ss} \tag{12-265}$$

ⓑ钢骨截面的轴心受拉承载力：

$$N_{t0}^{ss} = -f_{ss} A_{ss} \tag{12-266}$$

ⓒ钢骨截面轴心受纯弯承载力：

$$M_{y0}^{ss} = \gamma_{ss} f_{ss} W_{ss} \tag{12-267}$$

(d)偏压柱中钢骨压弯承载力计算

ⓐ当 N_c^{ss} 为压力时，钢骨部分承载力应满足：

$$\frac{N_c^{ss}}{A_{ss}} + \frac{M_c^{ss}}{\gamma_s W_{ss}} \geqslant f_{ss} \tag{12-268}$$

ⓑ当 N_c^{ss} 为拉力时，钢骨部分承载力应满足：

$$\frac{N_c^{ss}}{A_{ss}} - \frac{M_c^{ss}}{\gamma_s W_{ss}} \geqslant -f_{ss} \tag{12-269}$$

(e)柱中混凝土部分承载力计算

ⓐ轴心受压承载力：

$$N_{c0}^{rc} = f_c A_c + Yf'_{sy}(A_s + A'_s) \tag{12-270}$$

ⓑ轴心受拉承载力：

$$N_{t0}^{rc} = -f_{sy}(A_s + A'_s) \tag{12-271}$$

ⓒ偏压承载力：

钢筋混凝土部分在轴向力和弯矩作用下的承载力，按《混凝土结构设计规范》(GB 50010—2002)进行计算，但在计算中受压区混凝土的截面面积，应扣除其中钢骨的截面面积。

(f)适用范围

ⓐ此方法仅适用于其中钢骨和钢筋均为双向对称布置的方形或矩形截面的钢骨混凝土柱。

ⓑ对于钢骨或钢筋为非对称配置的钢骨混凝土柱，可采取一定的方法把它转换为对称的截面，如图 12-103 所示。

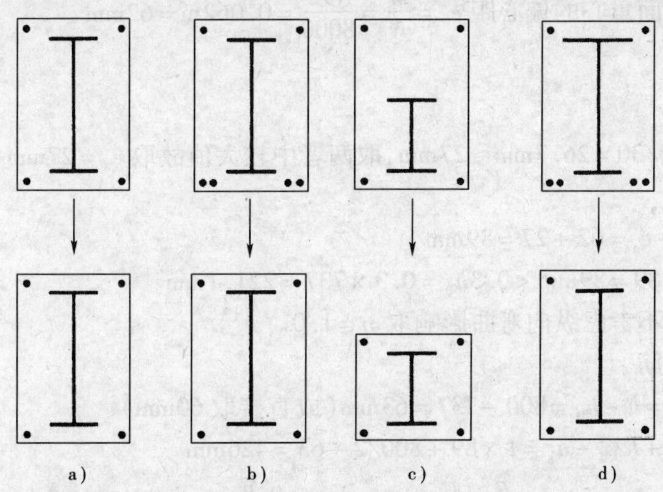

图 12-103 将不对称截面偏安全地置换为对称截面

例 12-15 一钢骨混凝土柱，截面尺寸为 $b \times h_c = 800\text{mm} \times 800\text{mm}$，采用 C30 混凝土($\alpha_1 = 1.0, \beta_1 = 0.8, f_c = 14.3\text{N/mm}^2$)，纵向钢筋采用 HRB400 级钢筋($E_s = 2.0 \times 10^5, f_y = 360\text{N/mm}^2$)，钢骨采用 Q345 型钢($f_{ss} = 315\text{N/mm}^2$)。承受的轴向力 $N = 8000\text{kN}, M_x = 1450\text{kN·m}$。强轴受弯，如图 12-104 所示。试求柱截面配筋(简单叠加法)。

解 先选定柱内钢骨为宽翼缘 H 形钢 HK450a，截面尺寸为 $440\text{mm} \times 300\text{mm} \times 11.5\text{mm} \times 21\text{mm}$，$A_{ss} = 17800\text{mm}^2$，$W_{ss} = 2896000\text{mm}^3$。

按第一种情况计算：

①钢骨和混凝土的内力计算

a. 钢骨部分的受弯承载力

$$M_{y0}=\gamma_s W_{ss} f_{ss}=1.05\times 2896000\times 315\approx 958000000\text{N}\cdot\text{m}=958\text{kN}\cdot\text{m}$$

b. 钢筋混凝土部分，近似地取其受压承载力为

$$N_{c0}^{rc}=f_c A_c=14.3\times 800\times 800=9152000\text{N}=9152\text{kN}>N=8000\text{kN}$$

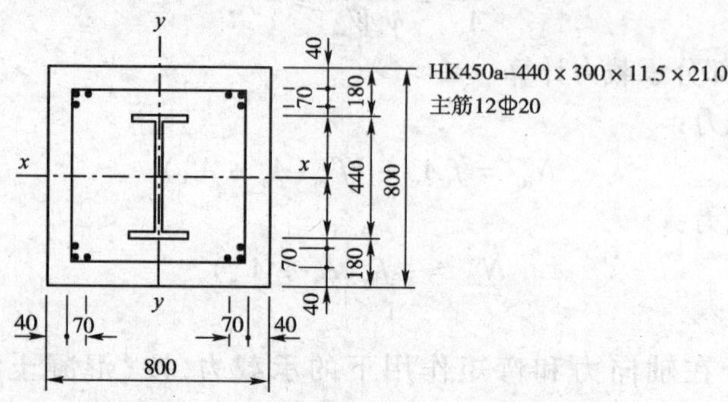

图 12-104　截面配筋图

因为 $N<N_{c0}^{rc}$，故按第一种情况中式(12-259)计算。考虑钢筋混凝土部分的轴力和弯矩设计值为 $N=8000\text{kN}$，$M=1450-958=492\text{kN}\cdot\text{m}$，设在该柱四角各配三根纵向钢筋，位置如图12-101 所示，则有效高度 $h_0=\dfrac{4\times 760+2\times 690}{6}=737\text{mm}$。

②计算初始偏心距

纵向压力至截面重心的偏心距 $e_0=\dfrac{M}{N}=\dfrac{492}{8000}=0.062\text{m}=62\text{mm}$

附加偏心距

$e_a=20$

$e_a=h/30=800/30=26.7\text{mm}\approx 27\text{mm}$，取两者中较大值故取 $e_a=27\text{mm}$

初始偏心距

$$e_i=e_0+e_a=62+27=89\text{mm}$$

$$\eta e_i=1\times 89=89\text{mm}<0.3h_0=0.3\times 737=221.1\text{mm}$$

为小偏心受压不考虑纵向弯曲影响取 $\eta=1.0$。

③纵向受力钢筋

$$a_s=a'_s=h-h_0=800-737=63\text{mm}（或直接取 60\text{mm}）$$

$$e=\eta e_i+h/2-a_s=1\times 89+800/2-63=426\text{mm}$$

$$\xi_b=\frac{\beta_1}{1+\dfrac{f_y}{0.0033E_s}}=\frac{0.8}{1+\dfrac{360}{0.0033\times 2.0\times 10^5}}=0.518$$

由于为小偏压，又采用对称配筋，根据

$$\xi=\frac{N-\alpha_1\xi_b f_c b h_0}{\dfrac{Ne-0.43\alpha_1 f_c b h_0^2}{(\beta_1-\xi_b)(h_0-a'_s)}+\alpha_1 f_c b h_0}+\xi_b$$

$$=\frac{8000\times10^3-0.518\times1.0\times14.3\times800\times737}{\frac{8000\times10^3-0.43\times1.0\times14.3\times800\times737^2}{(0.8-0.518)\times(737-63)}+1.0\times14.3\times800\times737}+0.518$$

$=0.809$

$x=\xi h_0=0.809\times737=596\text{mm}$

$$A_s=A'_s=\frac{Ne-\alpha_1 f_c bh_0^2\xi(1-0.5\xi)}{f'_y(h_0-a'_s)}$$

$$=\frac{8000\times10^3\times426-1.0\times14.3\times800\times737^2\times0.809\times(1-0.5\times0.809)}{360\times(737-63)}$$

$=1708\text{mm}^2$

实配 6 ф20($A_s=A'_s=1884\text{mm}^2>\rho_{min}bh=0.002\times800\times800=1280\text{mm}^2$)

按第二种情况计算：

①钢骨和混凝土的内力计算

a. 钢骨的轴心受压承载力

$N_{c0}^{ss}=f_{ss}A_{ss}=315\times17800=5607000\text{N}=5607\text{kN}<N=8000\text{kN}$，因为 $N>N_{c0}^{ss}$，故按第二种情况中式(12-263)计算考虑，钢骨承担的轴向压力为：$N_c^{ss}=5607\text{kN}$，且 $M_c^{ss}=0$。

b. 钢筋混凝土部分承受的轴力和弯矩设计值为：

$$N_c^{rc}=N-N_{c0}^{ss}=8000-5607=2393\text{kN}$$

$$M_c^{rc}=M_x=1450\text{kN}\cdot\text{m}$$

②计算初始偏心距

纵向压力至截面重心的偏心距

$$e_0=M_c^{rc}/N_c^{rc}=1450/2393=0.606\text{m}=606\text{mm}$$

$$e_a=27\text{mm}$$

$$e_i=e_0+e_a=606+27=633\text{mm}$$

$$\eta e_i=1\times633=633>0.3h_0=0.3\times737=221.1\text{mm}$$

判断为大偏压。

③纵向受力钢筋

$$a_s=a'_s=h-h_0=800-737=63\text{mm}$$

$e=\eta e_i+\frac{h}{2}-a'_s=1\times633+\frac{800}{2}-63=970\text{mm}$（取 $\eta=1.0$），由于大偏压，采用对称配筋，则

$$A_s=A'_s=\frac{N\left(\eta e_i-\frac{h}{2}+\frac{N}{2bf_c}\right)}{f'_y(h_0-a'_s)}$$

$$=\frac{2393\times10^3\times\left(633-\frac{800}{2}+\frac{2393\times10^3}{2\times800\times14.3}\right)}{360\times(737-63)}$$

$=3329\text{mm}^2$

结论：

从上述计算结果可看出，按第二种情况计算出的钢筋截面面积，大于按第一种情况计算出的钢筋截面面积；所以应按第一种情况的计算结果进行截面配筋，即取 $A_s=A'_s=1884\text{mm}^2$，选

取 6 Φ20。

例 12-16 按例 12-15 的钢材配置和轴向力 $N=8000\text{kN}$,其他条件(截面尺寸,混凝土强度等级)完全相同。用平截面假定的极限平衡法,求其极限弯矩 M_u 值。

解 ①界限相对受压区高度

$$\xi_b=\frac{\beta_1}{1+\dfrac{f_y+f_a}{2\times0.0033E_s}}=\frac{0.8}{1+\dfrac{360+315}{2\times0.0033\times2\times10^5}}=0.529$$

②有效高度

4 根Φ20,$A_s=1256\text{mm}^2$;2 根Φ20,$A_s=628\text{mm}^2$;6 根Φ20,$A_s=1884\text{mm}^2$;

$f_y=360\text{N/mm}^2$,$f_a=315\text{N/mm}^2$

$$a=\frac{1256\times360\times40+628\times360\times110+300\times21\times315\times(180+21/2)}{1884\times360+300\times21\times315}$$

$=158.1\text{mm}\approx158\text{mm}$

则 $$h_0=h-a=800-158=642\text{mm}$$

③计算钢筋应力、型钢应力

$$\delta_1h_0=180+21=201\text{mm},\delta_1=201/642=0.313$$

$$\delta_2h_0=800-201=599\text{mm},\delta_2=599/642=0.933$$

$$\sigma_s=\frac{f_y}{\xi_b-\beta_1}\left(\frac{x}{h_0}-\beta_1\right)=\frac{360}{0.529-0.8}(\xi-0.8)=-1328\xi+1063$$

$$\sigma_a=\frac{f_a}{\xi_b-\beta_1}\left(\frac{x}{h_0}-\beta_1\right)=\frac{315}{0.529-0.8}(\xi-0.8)=-1162\xi+930$$

④初步判别大小偏压

假定 $$\delta_1h_0<\frac{1}{\beta_1}x=1.25x$$

$$\delta_2h_0>1.25x$$

$$\begin{aligned}N_{aw}&=[2.5\xi-(\delta_1+\delta_2)]t_wh_0f_a\\&=[2.5\xi-(0.313+0.933)]\times11.5\times642\times315\\&=5814113\xi-2897754\end{aligned}$$

将已知数据代入平衡条件

$$\begin{aligned}N&=\alpha_1f_cbx+f'_yA'_s+f'_aA'_{af}-\sigma_sA_s-\sigma_aA_{af}+N_{aw}\\&=1\times14.3\times800\times642\xi+360\times1884+315\times300\times21-(-1328\xi+1063)\times1884\\&\quad-(-1162\xi+930)\times300\times21+5814113\xi-2897754\end{aligned}$$

$N=8000\times10^3$ 代入解得 $\xi=0.6996>\xi_b=0.529$

$x=\xi h_0=0.6996\times642=449\text{mm}$,为小偏压。

$\sigma_s=-1328\xi+1063=-1328\times0.6996+1063=133(\text{N/mm}^2)<f_y=360\text{N/mm}^2$

$\sigma_a=-1162\xi+930=-1162\times0.6996+930=117(\text{N/mm}^2)<f_a=315\text{N/mm}^2$

$\delta_1h_0=201\text{mm}<1.25x=1.25\times449=561\text{mm}$

$\delta_2h_0=599\text{mm}>1.25x=1.25\times449=561\text{mm}$ 符合假定。

$$M_{aw}=\left[\frac{1}{2}(\delta_1^2+\delta_2^2)-(\delta_1+\delta_2)+2.5\xi-(1.25\xi)^2\right]t_wh_0^2f_a$$

$$=\left[\frac{1}{2}(0.313^2+0.933^2)-(0.313+0.933)+2.5\times0.6996-(1.25\times0.6996)^2\right]$$

$$\times11.5\times640^2\times315$$

$$=330109001\text{N}\cdot\text{mm}$$

$$M\leqslant\alpha_1 f_c bx\left(h_0-\frac{x}{2}\right)+f'_y A'_s(h_0-a'_s)+f'_a A'_{af}(h_0-a'_a)+M_{aw}$$

$$=1\times14.3\times800\times449\times(642-0.5\times449)+360\times1884\times(642-63)+$$

$$315\times300\times21\times(642-190.5)+330109001$$

$$=3763325511\text{N}\cdot\text{mm}=3763.3\text{kN}\cdot\text{m}>M_x=1450\text{kN}\cdot\text{m}$$

从以上两例可看出，两种不同方法求解，简单叠加法比基本假定的极限平衡法计算简便，但偏于保守。

(3)十字形型钢柱正截面承载力的简算方法

①适用条件

正方形的型钢混凝土柱，当其型钢及配置的纵筋符合下列条件时，可采用下述简化方法计算其正截面压、弯承载力。

(a)型钢为双轴对称的带翼缘十字形截面，如图 12-105 所示，钢材为 Q235；

(b)竖向纵筋沿柱截面周边均匀布置，如图 12-105a)所示，或布置于柱的四个角部，如图 12-105b)所示，其钢筋为 HRB 335 级普通热轧钢筋。

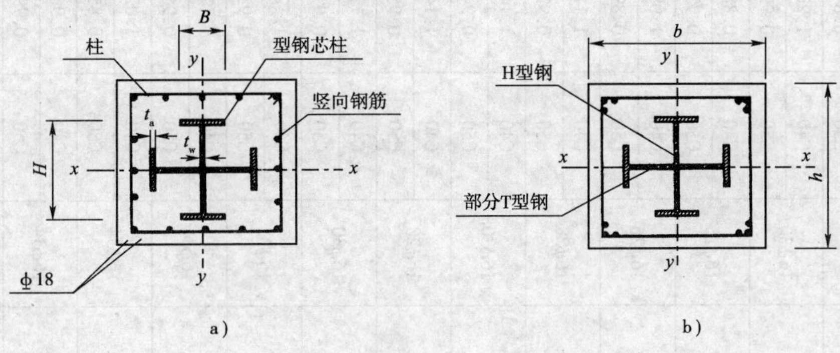

图 12-105　型钢混凝土柱的截面配筋

a)周边均匀布置竖筋；b)角部配置竖筋

②计算公式

(a)不分大偏心受压还是小偏心受压，均可按下列公式和表 12-16、表 12-17 进行正截面压弯承载力计算。

$$\widetilde{M}=\frac{M}{\alpha_1 f_c b h_0^2}\qquad \widetilde{N}=\frac{N}{\alpha_1 f_c b h_0}\tag{12-272}$$

$$\widetilde{M}=C+A\widetilde{N}-B\widetilde{N}^2\tag{12-273}$$

$$C=D+E\frac{\rho f_y}{f_c}-F\left(\frac{\rho f_y}{f_c}\right)^2\tag{12-274}$$

式中：　M、N——柱的弯矩、轴力设计值，计算 M 时应考虑偏心矩增大系数；

b、h、h_0——柱的截面宽度、高度、有效高度；

ρ——柱的型钢和纵向钢筋总配筋率；

表 12-16

配置十字型钢、周边均匀布置纵向钢筋的构件

编号	$h\times b$(mm)	$H\times B\times t_w\times t_a$(mm)	竖向钢筋	混凝土等级	$\rho f_y/f_c$	A	B	$D(\times10^{-2})$	E	$F(\times10^{-1})$
SIZP-1	850×850	600×200×11×17(GB)	16ϕ30	C40	1.071	0.318	0.250	-0.026	0.321	0.285
				C50	0.843	0.358	0.287	7.927	0.117	1.017
SIZP-2	850×850	616×202×13×25	16ϕ30	C40	1.200	0.330	0.250	-0.376	0.299	0.211
				C50	0.994	0.330	0.263	0.108	0.257	0.212
SIZP-3	850×850	600×200×11×17(GB)	16ϕ25	C40	0.885	0.320	0.256	-0.530	0.311	0.368
				C50	0.734	0.353	0.285	-1.558	0.336	0.522
SIZP-4	900×900	700×300×12×20(GB)	16ϕ26	C40	1.081	0.249	0.219	1.144	0.286	0.310
				C50	0.897	0.282	0.248	0.115	0.308	0.428
SIZP-5	900×900	700×300×12×20	16ϕ28	C40	1.111	0.226	0.208	0.298	0.279	0.255
				C50	0.922	0.259	0.236	5.866	0.235	0.151
SIZP-6	900×900	700×300×12×20	16ϕ30	C40	1.144	0.218	0.203	-19.627	0.733	2.471
				C50	0.949	0.222	0.215	-14.149	0.639	2.103
SIZP-7	950×950	700×300×13×24(GB)	16ϕ28	C40	1.145	0.249	0.216	-2.643	0.416	1.054
				C50	0.950	0.272	0.244	1.143	0.302	3.527
SIZP-8	950×950	700×300×13×24	16ϕ30	C40	1.175	0.242	0.211	2.728	0.279	2.242
				C50	0.975	0.275	0.239	1.372	0.303	0.335
SIZP-9	1000×1000	700×300×13×24	16ϕ32	C40	1.125	0.278	0.288	1.481	0.307	0.290
				C50	0.934	0.311	0.256	0.772	0.322	0.369
SIZP-10	1000×1000	700×300×13×24	16ϕ34	C40	1.175	0.270	0.223	1.297	0.308	0.276
				C50	0.960	0.303	0.251	0.800	0.329	0.380
SIZP-11	1100×1100	800×300×14×26(GB*)	16ϕ34	C40	1.028	0.240	0.222	2.450	0.325	0.364
				C50	0.853	0.273	0.250	3.095	0.306	0.232
SIZP-12	1200×1200	900×300×16×28(GB*)	16ϕ34	C40	0.961	0.255	0.237	2.123	0.323	0.439
				C50	0.797	0.288	0.265	3.742	0.304	0.361
SIZP-13	1300×1300	900×300×16×28(GB*)	16ϕ34	C40	0.846	0.291	0.257	2.518	0.327	3.333
				C50	0.702	0.324	0.285	2.787	0.305	0.097

注:(GB)、(GB*)指国际规定的型钢截面尺寸。

表 12-17

配置十字型钢、角部布置纵向钢筋的构件

编号	$h\times b$(mm)	$H\times B\times t_w\times t_a$(mm)	竖向钢筋	混凝土等级	$\rho f_y/f_c$	A	B	$D(\times10^{-2})$	E	$F(\times10^{-1})$
SIZP－1	700×700	396×199×7×11(GB)	12ϕ20	C40	0.776	0.327	0.255	－0.051	0.038	0.694
				C50	0.644	0.363	0.283	－1.006	0.406	0.943
SIZP－2	700×700	406×201×9×16	12ϕ20	C40	0.976	0.284	0.223	－2.309	0.401	0.821
				C50	0.811	0.321	0.254	0.411	0.348	0.571
SIZP－3	800×800	500×200×11×16(GB)	12ϕ20	C40	0.837	0.347	0.266	0.335	0.322	0.398
				C50	0.695	0.379	0.293	－0.624	0.347	0.563
SIZP－4	800×800	506×201×11×19(GB)	12ϕ25	C40	0.931	0.319	0.254	0.457	0.311	0.336
				C50	0.758	0.352	0.282	－0.620	0.337	0.488
SIZP－5	850×850	574×204×14×28	12ϕ25	C40	1.241	0.237	0.192	2.238	0.269	0.235
				C50	1.036	0.292	0.220	2.615	0.727	－2.337
SIZP－6	850×850	600×200×11×17	12ϕ28	C40	0.837	0.323	0.262	0.318	0.316	0.352
				C50	0.724	0.542	0.289	0.465	0.332	0.428
SIZP－7	900×900	598×199×10×15	12ϕ30	C40	0.757	0.337	0.275	2.787	0.308	0.339
				C50	0.628	0.364	0.299	0.997	0.326	0.189
SIZP－8	900×900	600×200×11×17	12ϕ32	C40	0.851	0.317	0.260	0.349	0.348	0.415
				C50	0.706	0.350	0.287	－0.507	0.375	0.618
SIZP－9	950×950	600×200×11×17	16ϕ32	C40	0.779	0.326	0.265	1.329	0.337	0.301
				C50	0.647	0.360	0.029	3.285	0.351	0.983
SIZP－10	950×950	600×200×11×17	16ϕ34	C40	0.807	0.317	0.260	0.464	0.377	0.514
				C50	0.669	0.350	0.287	－1.798	0.428	0.769

注:(GB)指国标 006 规定的型钢。

f_c——混凝土轴心抗压强度设计值；

f_y——钢筋的抗拉强度设计值；

A、B、C、D、E、F——系数，可查表 12-14 或表 12-15。

(b)在给出的 $\rho f_y/f_c$ 系数的计算，可以在 $(\rho f_y/f_c - 0.07)$ 到 $(\rho f_y/f_c + 0.07)$ 的范围内应用，其误差在允许范围内。

例 12-17 设计钢骨钢筋混凝土柱 $b = h_c = 800$mm，承受内力设计值 $N = 3000$kN，$M = 1300$kN·m，其混凝土为 C25，钢骨为 Q345，钢筋为 HRB335 级钢，试确定钢骨和钢筋的截面面积（图 12-106）。

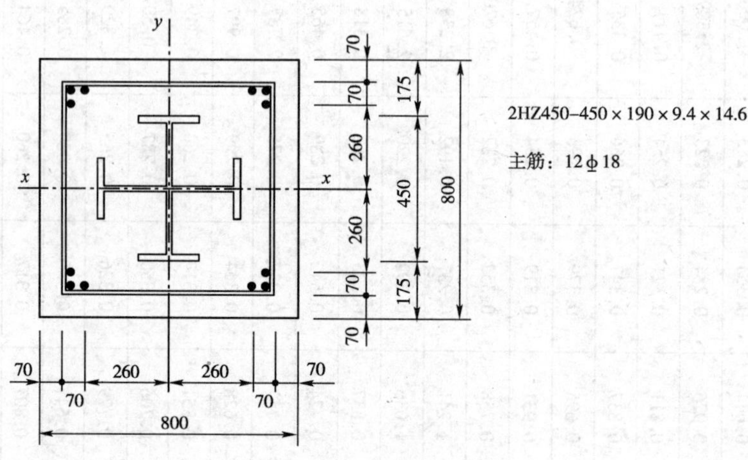

图 12-106 型钢混凝土的截面设计

解 假设钢骨部分由两个热轧 H 型钢 HZ450，组成十字形截面。H 型截面尺寸为 450 × 190 × 9.4 × 14.6mm，$A_{ss} = 2 \times 9880 = 19760\text{mm}^2$，$W_x = 1499 \times 10^3\text{mm}^3$，$W_y = 176 \times 10^3\text{mm}^3$ 构成的十字形钢骨。其截面抵抗矩为：

$$W_{ss} = W_x + W_y = (1499 + 176) \times 10^3 = 1675 \times 10^3\text{mm}^3$$

①按第一种情况计算：

钢骨部分的抗弯承载力

$$M_{y0}^{ss} = \gamma_s W_{ss} f_{ss} = 1.05 \times 1675 \times 10^3 \times 315 = 554.0\text{kN} \cdot \text{m}$$

$$M_x = 1300\text{kN} \cdot \text{m} > M_{y0}^{ss}$$

近似取钢筋混凝土部分的受压承载力 $N_{c0}^{rc} = f_c A_c = 12.5 \times 800 \times 800 = 8000\text{kN} > N = 3000\text{kN}$，因此按式(12-259)计算，取钢筋混凝土部分的轴力设计值和弯矩设计值为：

$$N_c^{rc} = N = 3000\text{kN}$$

$$M_c^{rc} = M_x - M_{y0}^{ss} = 1300 - 554.0 = 746.0\text{kN}$$

设柱的四角各配三根钢筋，则有效高度 h_{c0} 为：

$$a = a' = 94\text{mm}$$

$$h_{c0} = 800 - 94 = 706\text{mm}$$

$$e_0 = \frac{M_c^{rc}}{N_c^{rc}} = \frac{746.0 \times 10^3}{3000} = 248.7\text{mm}$$

$$e_0/h_{c0} = 0.35 > 0.3$$

按大偏心受压情况计算，取 $\eta = 1.0$，采用对称钢筋，$A_s = A'_s$。

$$x = \frac{N_c^{rc}}{f_c b} = \frac{3000 \times 10^3}{12.5 \times 800} = 300\text{mm}$$

$$e = e_0 + 0.5h_c - a = 248.7 + 0.5 \times 800 - 94$$

$$= 554.7\text{mm}$$

$$A_s = A'_s = \frac{N_c^{rc} e - f_c bx(h_{c0} - 0.5x)}{f'_{sy}(h_{c0} - a')}$$

$$= [3000 \times 10^3 \times 554.7 - 12.5 \times 800 \times 300 \times (706 - 0.5 \times 300)]/300(706 - 94) < 0$$

所以按构造配筋，取 $A_s = A'_s = 0.002bh_c = 1280\text{mm}^2$，实配 6 ϕ 18（$A_s = A'_s = 1526\text{mm}^2$）。

②按第二种情况计算：

$$N_{c0}^{ss} = f_{ss}A_{ss} = 315 \times 19760 = 6224.4\text{kN} > N = 3000\text{kN}$$

设 $M > M_{u0}^{rc}$，按式（12-262）计算，钢骨部分的轴力和弯矩设计值为：

$$N_c^{ss} = N = 3000\text{kN}$$

$$M_c^{ss} = \gamma_s W_{ss}\left(f_{ss} - \frac{N_c^{ss}}{A_{ss}}\right) = 1.05 \times 1675 \times 10^3 \times \left(315 - \frac{3000 \times 10^3}{19760}\right) = 287.0\text{kN} \cdot \text{m}$$

所以钢筋混凝土部分的轴力和弯矩设计值为：

$$N_c^{rc} = 0$$

$$M_c^{rc} = M_x - M_c^{ss} = 1300 - 287.0 = 1013.0\text{kN} \cdot \text{m}$$

取对称钢筋：

$$A_s = A'_s = \frac{M_c^{rc}}{f_{sy}(h_{c0} - a')} = \frac{1013.0 \times 10^6}{310 \times (706 - 94)} = 5340\text{mm}^2$$

可见，按第二种情况计算的钢筋面积大于按第一种情况计算的结果，因此应按第一种情况计算结果进行配筋。

（4）双向偏压柱正截面承载力计算

承受压力和双向弯矩作用的角柱，其正截面受弯应按下列方法计算。

①一般方法

不管柱中的型钢和纵向钢筋是对称还是非对称配置的，承受轴力和双向弯矩的型钢混凝土柱，其正截面受弯承载力按下列公式计算：

$$N \leqslant N_{cy}^{ss} + N_{cu}^{rc} \tag{12-275}$$

$$M_x \leqslant M_{cy,x}^{ss} + M_{cu,x}^{rc} \tag{12-276}$$

$$M_y \leqslant M_{cy,y}^{ss} + M_{cu,y}^{rc} \tag{12-277}$$

式中：M_x、M_y——绕 x 轴和 y 轴的弯矩设计值；

$M_{cy,x}^{ss}$、$M_{cy,y}^{ss}$——柱中钢骨部分绕 x 轴和 y 轴受弯承载力；

$M_{cu,x}^{rc}$、$M_{cu,y}^{rc}$——柱中钢筋混凝土部分绕 x 轴和 y 轴受弯承载力。

②简算方法

（a）适用条件

当钢骨和钢筋为对称配置的矩形截面时，可按此方法。当钢骨和钢筋为非对称配置的型钢混凝土柱可偏于安全地转化为对称截面。

（b）计算方法

先假定柱内钢筋及钢骨的截面面积，用下列两种情况得到的轴力和弯矩设计值分别进行承载力验算;选取钢筋和钢骨截面较小值作为型钢混凝土柱的设计结果。

(c)计算公式

第一种情况,按下列公式计算:

ⓐ当$N \geqslant N_{c0}^{rc}$时,钢筋混凝土部分仅承受轴力,钢骨部分承载力按下式进行验算:

$$N_c^{ss} = N - N_{c0}^{rc} \tag{12-278}$$

$$\frac{M_x}{M_{cy,x0}^{ss}(N_c^{ss})} + \frac{M_y}{M_{cy,y0}^{ss}(N_c^{ss})} \leqslant 1 \tag{12-279}$$

ⓑ当$N < N_{c0}^{rc}$时,钢筋部分仅承受弯矩,钢筋混凝土部分的承载力按下式进行验算:

$$N_c^{rc} = N \tag{12-280}$$

$$\frac{M_x}{M_{cu,x0}^{rc}(N_c^{rc}) + M_{cy,x0}^{ss}(0)} + \frac{M_y}{M_{cu,y0}^{rc}(N_c^{rc}) + M_{cy,y0}^{ss}(0)} \leqslant 1 \tag{12-281}$$

第二种情况,按下列公式计算:

ⓐ当$N \geqslant N_{c0}^{ss}$时,钢骨部分仅承受轴力,钢筋混凝土部分的承载力按下式计算:

$$N_c^{rc} = N - N_{c0}^{ss} \tag{12-282}$$

$$\frac{M_x}{M_{cu,x0}^{rc}(N_c^{rc})} + \frac{M_y}{M_{cu,y0}^{rc}(N_c^{rc})} \leqslant 1 \tag{12-283}$$

ⓑ当$N < N_{c0}^{ss}$时,钢筋混凝土部分仅承受弯矩,钢骨部分的承载力按下式进行验算:

$$N_c^{ss} = N \tag{12-284}$$

$$\frac{M_x}{M_{cy,x0}^{ss}(N_c^{ss}) + M_{cu,x0}^{rc}(0)} + \frac{M_y}{M_{cy,y0}^{ss}(N_c^{ss}) + M_{cu,y0}^{rc}(0)} \leqslant 1 \tag{12-285}$$

式中:$M_{cy,x0}^{ss}(0)$、$M_{cy,y0}^{ss}(0)$——钢骨部分轴力为0时,分别仅绕x轴和仅绕y轴的受弯承载力;

$M_{cy,x0}^{ss}(N_c^{ss})$、$M_{cy,y0}^{ss}(N_c^{ss})$——钢骨部分轴力为N_c^{ss}时,分别仅绕x轴和仅绕y轴的受弯承载力;

$M_{cu,x0}^{rc}(0)$、$M_{cu,y0}^{rc}(0)$——钢筋混凝土部分轴力为0时,分别仅绕x轴和仅绕y轴的受弯承载力;

$M_{cu,x0}^{rc}(N_c^{rc})$、$M_{cu,y0}^{rc}(N_c^{rc})$——钢骨部分轴力为N_c^{rc}时,分别仅绕x轴和仅绕y轴的受弯承载力。

12.6.4 型钢混凝土柱绕“弱轴”方向截面抗弯承载力计算

型钢混凝土柱在两个主轴方向均受偏心弯矩,尽管在某一主轴方向(例如x方向)偏心距较大,因此在该方向抗弯配筋较强;但在另一主轴方向(例如y方向)的较小弯矩也不可忽略,此时尚应进行绕“弱轴”的承载力验算。如果“弱轴”方向的弯矩较小,可以忽略,则“弱轴”方向可按轴心受压进行验算,否则,按偏心受压验算,方法同强轴方向。

例12-18 如图12-101所示型钢混凝土柱,承受轴力设计值$N = 7000\text{kN}$时,试求绕弱轴的受弯承载力(按简单叠加法)。

解 钢骨绕弱轴的抵抗矩为:$W_{ss} = 630000\text{mm}^3$,$A_s = 17800\text{mm}^2$

1.按第一种情况计算

(1)钢骨部分受弯承载力为:

$$M_{y0}^{ss} = \gamma_s W_{ss} f_{ss} = 1.1 \times 630000 \times 315 = 218.3\text{kN} \cdot \text{m}$$

(2)钢筋混凝土部分受压承载力为：

$$N_{c0}^{rc}=f_cA_c+2f_{sy}A_s=14.3\times800^2+2\times360\times1884=10508.5\text{kN}>N=7000\text{kN}$$

假设 $M>M_{y0}^{ss}$，按第(1)项公式计算，则钢筋混凝土部分承担的轴力为：

$$N_c^{rc}=N=7000\text{kN}$$

而由于采用对称配筋，此时混凝土部分所承受的最大压力为：

$$N_b=\zeta_b\alpha_1f_cbh_0+f'_yA'_s-f_yA_s=0.518\times14.3\times800\times736.7$$

$$=4365.6\text{kN}<N_c^{rc}=7000\text{kN}$$

按小偏压计算。

$$N_c^{rc}=\alpha_1f_cbx+f'_yA'_s-f_yA_s\frac{\xi-\beta_1}{\xi_b-\beta_1}$$

由于采用 C30 混凝土，HRB400 级钢筋，则 $\beta_1=0.8$，$\xi_b=0.518$，$\xi=x/h$。

$$7000\times10^3=1.0\times14.3\times800x+360\times1884-360\times1884\times\frac{(x/736.7)-0.8}{0.518-0.8}$$

$$x=560.8\text{mm}$$

代入下式：

$$Ne=\alpha_1f_cbx(h_0-x/2)+f'_yA'_s(h_0-a'_s)$$

$$7000\times10^3e=1\times14.3\times800\times560.8\times(736.7-0.5\times560.8)+360\times1884\times(736.7-63.3)$$

$$e=483.5\text{mm}$$

取 $\eta=1.0$，则 $e=\eta e_i+h/2-a'_s$，$e_i=e_0+e_a$

$$e_0=e-h/2+a'_s-e_a=483.5-800/2+63.3-26.7=120.1\text{mm}$$

$$M_{cu}^{rc}=N_c^{rc}e_0=7000\times10^3\times120.1=840700\times10^3\text{N}\cdot\text{mm}=840.7\text{kN}\cdot\text{m}$$

故截面受弯承载力为：

$$M_{cu}=M_{cu}^{rc}+M_{y0}^{ss}=840.7+218.3=1059\text{kN}\cdot\text{m}$$

2. 按第二种情况计算

(1)钢骨部分的受压承载力：

$$N_{c0}^{ss}=f_{ss}A_{ss}=315\times17800=5607\text{kN}<N=7000\text{kN}$$

按第(2)项公式计算。

(2)钢筋混凝土部分的轴力为：

$$N_c^{rc}=N-N_{c0}^{ss}=7000-5607=1393\text{kN}$$

根据对称截面配筋：

$$x=\frac{N_c^{rc}}{\alpha_1f_cb}=\frac{1393\times10^3}{1\times14.3\times800}=121.8\text{mm}<2a'_s=2\times63.3=126.6\text{mm}$$

$$N_c^{rc}e'=f_yA_s(h_0-a'_s)=360\times1884\times(736.7-63.3)=456.7\text{kN}\cdot\text{m}$$

$$e'=\frac{456.7}{1393}=0.328\text{m}=328\text{mm}$$

$$e_0=0.5h-a'_s-e'=0.5\times800-63.3-328=8.7\text{mm}$$

$$M=M_{cu}^{rc}=N_c^{rc}e_0=1393\times10^3\times8.7=12119\times10^3\text{N}\cdot\text{mm}=12.1\text{kN}\cdot\text{m}$$

比较以上两种计算结果，取较大者为弱轴受弯承载力，即 1059kN·m。

前边的设计例题均没有考虑纵向弯曲对承载力的影响，现通过下面的例题说明它的计算方法：

例 12-19 设有一框架柱截面尺寸 $b \times h_c = 400\text{mm} \times 600\text{mm}$，混凝土强度等级采用 C30，钢骨采用 Q235，钢筋采用 HPB235，柱的计算长度 $l_0 = 6\text{m}$，柱承受的轴力和弯矩设计值为 $N = 1500\text{kN}$，$M = 630\text{kN} \cdot \text{m}$，计算该柱的钢筋（图 12-107）。

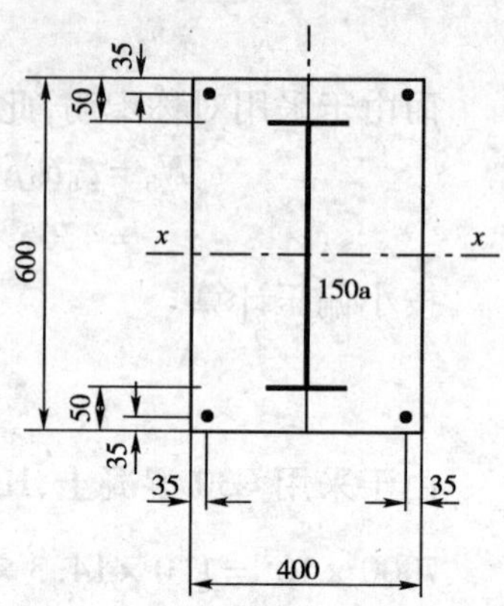

图 12-107 型钢混凝土柱设计

解 设钢骨采用 I50a，$A_{ss} = 11900\text{mm}^2$，$W_{ss} = 1858800\text{mm}^3$。

1）柱截面弯矩设计值

因为$\dfrac{l_0}{h_c} = \dfrac{6000}{600} = 10 > 8$，应考虑纵向弯曲变形的影响。

$N_{c0}^{ss} = f_{ss}A_{ss} = 215 \times 11900 = 2558.5\text{kN}$

$N_{c0}^{rc} = f_cA_c = 15 \times 400 \times 600 = 3600\text{kN}$

$$\alpha = \frac{N - 0.4f_cA_c}{N_{c0}^{rc} + N_{c0}^{ss} - 0.4f_cA_c} = \frac{1500 - 0.4 \times 3600}{3600 + 2558.5 - 0.4 \times 3600} = 0.0127$$

$\zeta = 1.3 - 0.026l_0/h_c = 1.3 - 0.026 \times 10 = 1.04$，取 1.0

初始偏心距：

$$e_0 = \frac{M}{N} = \frac{630 \times 10^6}{1500 \times 10^3} = 420\text{mm}$$

$$\eta = 1 + 1.25\frac{(7 - 6\alpha)}{e_0/h_c}\zeta\left(\frac{l_0}{h_c}\right)2 \times 10^{-4}$$

$$= 1 + 1.25 \times \frac{7 - 6 \times 0.0127}{420/600} \times 1.0 \times 10^2 \times 10^{-4}$$

$$= 1.124$$

因此矩形截面的弯矩设计值为：

$$M = 1.124 \times 630 = 708.1\text{kN} \cdot \text{m}$$

2）配筋计算

（1）按第一种情况计算

$$N < N_{c0}^{rc} = 3600\text{kN}$$

且 $M_{y0}^{ss} = \gamma_s f_{ss} W_{ss} = 1.05 \times 215 \times 1858800 = 419.6\text{kN} \cdot \text{m} < M = 708.1\text{kN} \cdot \text{m}$，因此按第一种情况的状态（1）计算，钢筋混凝土部分的轴力和弯矩设计值分别为：

$$N_c^{rc} = N = 1500\text{kN}$$

$$M_c^{rc} = M - M_{y0}^{ss} = 708.1 - 419.6 = 288.5\text{kN} \cdot \text{m}$$

钢筋混凝土部分的偏心距：

$$e_0 = \frac{M_c^{rc}}{N_c^{rc}} = \frac{288.5 \times 10^6}{1500 \times 10^3} = 192.3\text{mm} > 0.3h_{c0} = 0.3 \times 565 = 169.5\text{mm}$$

按大偏心受压计算，对称配筋：

$$x = \frac{N_c^{rc}}{\alpha_1 f_c b} = \frac{1500 \times 10^3}{1 \times 15 \times 400} = 250\text{mm}$$

$$e = e_0 + 0.5h_c - a = 192.3 + 0.5 \times 600 - 35 = 457.3\text{mm}$$

$$A_s = A'_s = \frac{N_c^{rc}e - \alpha_1 f_c bx(h_{c0} - 0.5x)}{f'_{sy}(h_{c0} - a')}$$

$$= [1500 \times 10^3 \times 457.3 - 15 \times 400 \times 250 \times (565 - 0.5 \times 250)]/210 \times (565 - 35)$$

$=233.2\text{mm}^2$

$$0.002bh_c=480\text{mm}^2$$

因此,应按最小配筋率配筋,实配 $2\phi18$。

(2)按第二种情况计算

$N_{c0}^{ss}=f_{ss}A_{ss}=215\times11900=2558.5\text{kN}>N=1500\text{kN}$,设 $M>M_{u0}^{rc}$,则钢骨部分的轴力和弯矩设计值为:

$$N_c^{ss}=N=1500\text{kN}$$

$$M_c^{ss}=\gamma_s W_{ss}\left(f_{ss}-\frac{N_c^{ss}}{A_{ss}}\right)=1.05\times1858800\times\left(215-\frac{1500\times10^3}{11900}\right)=173.6\text{kN}\cdot\text{m}$$

钢筋混凝土部分仅承受弯矩,设计值为:

$$M_c^{rc}=M-M_c^{ss}=708.1-173.6=534.5\text{kN}\cdot\text{m}$$

取对称配筋

$$A'_s=A_s=\frac{M_c^{rc}}{f_{sy}(h_c-a')}=\frac{534.5\times10^6}{210\times(600-35-35)}=4802.3\text{mm}^2$$

可见,按第二种情况计算的钢筋面积大于第一种情况的计算结果,因此按第一种情况的计算结果进行配筋。

12.6.5　型钢混凝土柱斜截面受剪承载能力计算

1.破坏形态

型钢混凝土柱的斜截面抗剪性能与型钢混凝土梁相似,但是由于柱上作用较大轴力,使柱又处于压、弯、剪复合受力状态。

根据剪跨比不同,型钢混凝土柱的剪切破坏形式主要有斜压破坏和粘结破坏两种。

(1)当剪跨比 $\lambda<1.5$ 的型钢混凝土柱,常发生斜压破坏。如图 12-108a)所示。

(2)当剪跨比 $1.5<\lambda<2.5$ 时,且箍筋配筋量较少时,常发生剪切粘结破坏。如图 12-108b)所示。

(3)型钢混凝土柱除上述两个主要破坏形态以外,当剪跨比 $\lambda>2.5$ 时,弯矩对破坏有明显的影响,一般称为弯剪型破坏(或弯压破坏)。

(4)影响斜截面承载力除了剪跨比、轴压比外,还有箍筋的配筋率、混凝土强度等级等。

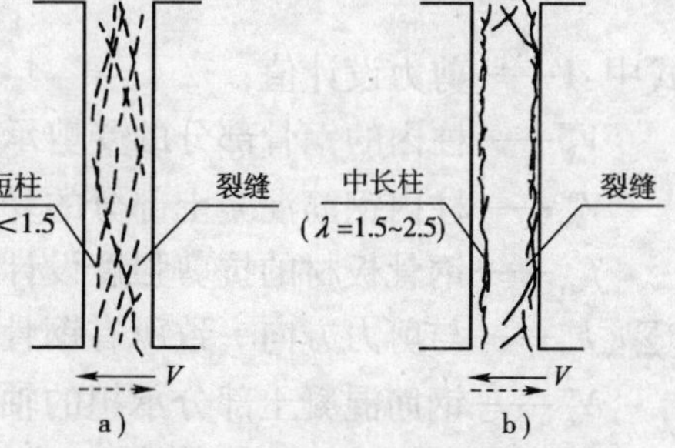

图 12-108　型钢混凝土柱的剪切破坏形态

a)剪切斜压破坏;b)剪切粘结破坏

2.斜截面承载力计算

试验结果表明,型钢混凝土柱斜截面受剪承载力大致等于型钢腹板和钢筋混凝土两部分斜截面受剪承载力之和,并考虑轴力的影响。

对框架柱的斜截面受剪,行业标准《型钢混凝土组合结构技术规程》(JGJB 138—2001)给出了如下受剪承载力计算公式:

(1)基本公式

$$V_c\leqslant\frac{0.2}{\lambda+1.5}\alpha_c f_c bh_0+f_{yv}\frac{A_{sv}}{s}h_0+\frac{0.58}{\lambda}f_a t_w h_w+0.07N \tag{12-286}$$

式中:λ——框架柱的计算剪跨比,其值取上下端较大弯矩设计值 M 与对应的剪力设计值 V 和截面有效高度 h_0 的比值,即 M/Vh_0;当框架结构中的框架柱的反弯点在柱层高范围内时，柱剪跨比也可采用1/2柱净高与柱截面有效高度 h_0 的比值，当 $\lambda<1$ 时，取1；当 $\lambda>3$ 时，取3；

N——考虑地震作用的框架柱的轴向压力设计值，当 $N>0.3f_cA_c$ 时，取 $N=0.3f_cA_c$；

f_{yv}、A_{sv}——箍筋的抗拉强度设计值及同一水平截面的箍筋各肢截面面积之和；

s——箍筋的竖向间距；

t_w、h_w、f_a——型钢腹板的厚度，截面高度和抗拉强度设计值；

V_c——柱的剪力设计值；

α_c——柱受剪时高强混凝土折减系数。

(2)柱受剪时的截面限制条件

为了避免柱斜压破坏发生，其受剪截面应满足下列两项要求：

$$V_c \leqslant 0.45\beta_a f_c b h_0 \tag{12-287}$$

$$\frac{f_a t_w h_w}{f_c b h_0} \geqslant 0.1 \tag{12-288}$$

对于型钢混凝土柱的斜截面抗剪，行业标准《钢筋混凝土结构设计规程》(YB 9028—97)，给出如下验算方法和受剪承载力计算公式：

$$V \leqslant V_y^{ss} + V_{cu}^{rc} \tag{12-289}$$

其中 $V_y^{ss}=f'_{ssv}\sum t_w h_w$

$$V_{cu}^{rc}=\frac{0.2}{\lambda+1.5}\alpha_a f_c b_c h_{c0}+1.25f_{yv}\frac{A_{sv}}{s}h_{c0}+0.07N_c^{rc} \tag{12-290}$$

且应满足

$$V_{cu}^{rc} \leqslant 0.25\alpha_a f_c b_c h_{c0} \tag{12-291}$$

$$N_c^{rc}=\frac{f_cA_c}{f_cA_c+f_{ss}f_{sy}}N \tag{12-292}$$

式中：V——剪力设计值；

V_y^{ss}——柱内的钢骨部分的受剪承载力；

V_{cu}^{rc}——柱内钢筋混凝土部分的受剪承载力；

f_{ssv}——钢骨板材的抗剪强度设计值；

$\sum t_w h_w$——与剪力方向一致所有钢骨板材的净截面面积之和；

N_c^{rc}——钢筋混凝土部分承担的轴力设计值，当 $N_c^{rc}>0.3\alpha_a f_c A_c$ 时，取 $N_c^{rc}=0.3\alpha_a f_c A_c$；

λ——框架柱的计算剪跨比，取 $\lambda=H_n/2h_{c0}$；当 $\lambda<1$ 时，取 $\lambda=1$；当 $\lambda>3$ 时，取 $\lambda=3$；

b_c——柱的截面宽度；

h_{c0}——柱截面受拉钢筋形心至截面边缘的距离；

A_c——柱中的混凝土的截面面积。

其余符号意义同前。

例 12-20 设有一型钢混凝土柱，柱净高为 $H_n=3.15$m，剪力设计值 $V=800$kN，柱截面尺寸为 $b_c\times h_c=800\text{mm}\times800\text{mm}$，钢骨采用拼接的十字形截面，截面尺寸为 500mm × 200mm × 20mm × 20mm，截面面积为 $A_{ss}=34000\text{mm}^2$，截面弹性抵抗矩为 $W_{ss}=2601\times10^3\text{mm}^3$，竖向钢筋为 12$\phi$18，受拉区和受压区钢筋截面面积为 $A_s=A'_s=1526\text{mm}^2$，钢骨采用 Q235 钢，抗剪强度 $f_{ssv}=120\text{N/mm}^2$，纵向钢筋为 HRB335 级，箍筋为 HPB235 级，混凝土采用 C30 级，试进行该型钢柱的抗剪承载力验算(图 12-109)。

解 (1)柱内十字形钢骨的受剪承载力为：

$$V_y^{ss}=f_{ssv}\sum t_w h_w=120\times(460\times20+2\times200\times20)$$
$$=2064000\text{N}=2064\text{kN}$$

若假定十字形钢骨翼缘不参与受剪，则钢骨的受剪承载力为：

$$V_y^{ss}=f_{ssv}t_w h_w=120\times20\times460=1104000\text{N}=1104\text{kN}$$

(2)柱中的钢筋混凝土承担的剪力 V_{cu}^{rc}

由于 $V_y^{ss}>V=800\text{kN}$，故柱的钢筋混凝土部分不承担剪力。

仅按构造要求配置箍筋。对柱身的一般区段，采用双肢箍 $\phi10@200$；柱端加密区，采用双肢箍 $\phi10@150$。

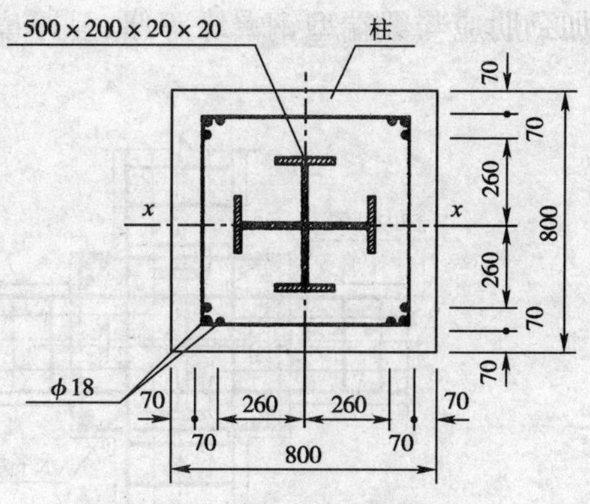

图 12-109 型钢混凝土框架柱受剪承载力验算截面

例 12-21 同例 12-20，仅把柱子承受的剪力值由 $V=800\text{kN}$ 变为 $V=1500\text{kN}$，其他条件不变，试进行该柱的抗剪承载力验算。

解 (1)柱内十字形钢骨的受剪承载力为(不考虑翼缘参与受剪)：

$$V_y^{ss}=f_{ss}t_w h_w=120\times20\times460=1104000\text{N}=1104\text{kN}$$

(2)柱中的钢筋混凝土承担的剪力为：

$$V_{cu}^{rc}=V-V_y^{ss}=1500-1104=396\text{kN}$$

且满足

$$V_{cu}^{rc}\leqslant0.25\alpha_c f_c b_c h_{c0}=0.25\times1\times14.3\times800\times(800-70)=2087800\text{N}=2087.8\text{kN}$$

(3)计算柱中的箍筋

$$V_{cu}^{rc}=\frac{0.2}{\lambda+1.5}\alpha_c f_c b_c h_{c0}+1.25f_{yv}\frac{A_{sv}}{s}h_{c0}+0.07N_c^{rc}$$

忽略 N_c^{rc} 的影响，取 $N_c^{rc}=0$

$$\lambda=H_n/2h_{c0}=3.15/2\times0.73=2.16$$

$$\frac{A_{sv}}{s}=\frac{396\times10^3-\dfrac{0.2}{2.16+1.5}\times1\times14.3\times800\times730}{1.25\times210\times730}<0$$

按构造要求配置钢筋。

12.6.6 型钢混凝土梁、柱节点

梁、柱节点的核心区是结构受力的关键部位，应保证传力明确、安全可靠、施工方便。不允许有过大的局部变形。

梁、柱节点包括下列几种形式：

①型钢混凝土梁与型钢混凝土柱的连接；

②钢梁与型钢混凝土柱的连接；

③钢筋混凝土梁与型钢混凝土柱的连接。

(1)型钢混凝土柱与型钢混凝土梁、钢筋混凝土梁、钢梁的连接，柱内型钢的拼接构造应满足钢结构的连接要求。型钢柱沿高度方向，在对应于型钢梁的上、下翼缘处或钢筋混凝土梁的上下边缘处，应设置水平加劲肋，如图 12-110 所示。加劲肋的形式宜便于混凝土浇筑，水平

加劲肋应与梁端型钢翼缘等厚，且厚度不小于 12mm。

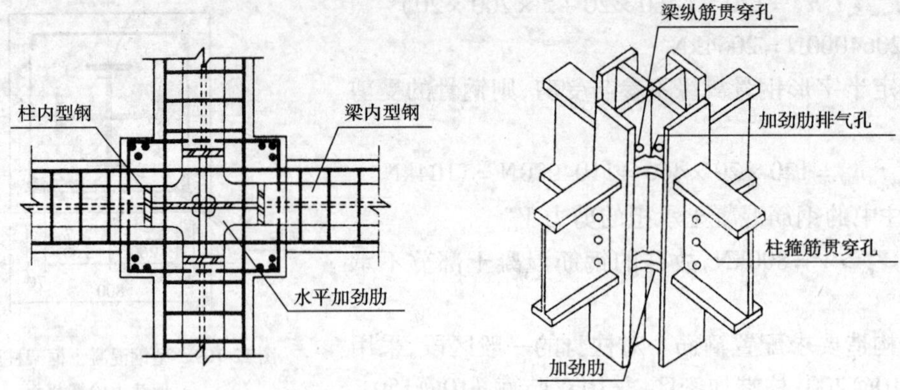

图 12-110　型钢混凝土内型钢梁、柱节点及水平加劲肋

(2)型钢混凝土柱与钢筋混凝土梁或型钢混凝土梁、柱节点应采用刚性连接，梁的纵向钢筋应伸入柱节点，且满足钢筋锚固要求。柱内型钢的截面形式和纵向钢筋的配置，应便于梁纵向钢筋的贯穿，还应减少纵向钢筋穿过柱内型钢的数量，且不宜穿过型钢翼缘，也不应与柱内型钢直接焊接起来，如图 12-111 所示。

(3)梁、柱的连接也可在柱型钢上设置工字钢牛腿，钢牛腿的高度不宜小于 0.7 倍的梁高，梁纵向钢筋中一部分钢筋可与钢牛腿焊接或搭接，如图 12-112 所示。

(4)型钢混凝土柱与型钢混凝土梁或钢梁连接时，其柱内型钢与梁内型钢或钢梁的连接应采用刚性连接，且梁内型钢翼缘与柱内型钢翼缘应采用全熔透焊接连接；梁腹板与柱宜采用摩擦型高强度螺栓连接；悬臂梁段与柱应采用全焊接连接，且连接构造符合国家标准《钢构造设计规范》(GB 50017—2003)以及行业标准《高层民用建筑钢结构技术规程》(JGJ 99—98)的要求，如图 12-113 所示。

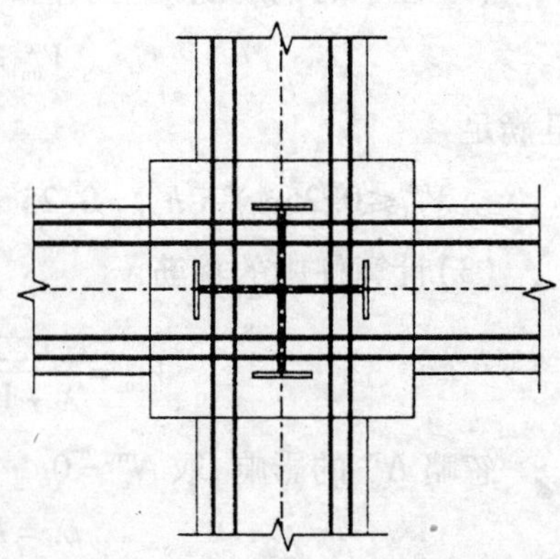
图 12-111　型钢混凝土梁、柱节点穿筋构造

(5)在跨度较大的框架结构中，当采用型钢混凝土梁和钢筋混凝土柱时，梁内的型钢应伸入柱内，且应采用可靠的支承和锚固措施，保证型钢混凝土梁端承受的内力向柱中传递，其连接构造宜经专门试验确定。

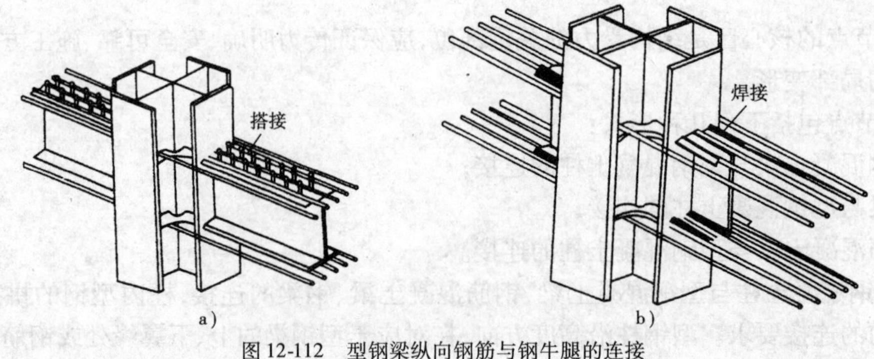

图 12-112　型钢梁纵向钢筋与钢牛腿的连接

a)搭接；b)焊接

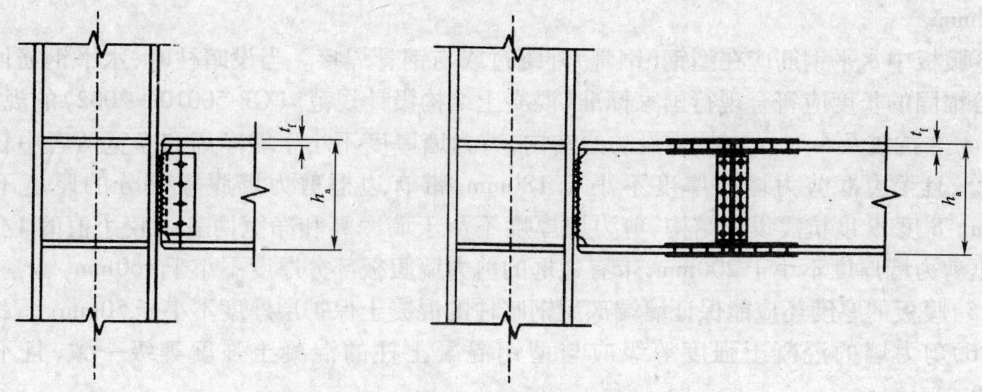

图 12-113　型钢混凝土内型钢梁与柱连接构造

12.6.7　型钢混凝土剪力墙

型钢(钢骨)混凝土剪力墙可用于高层建筑物中的抗侧力构件。依其截面形式不同,型钢混凝土剪力墙分为无边框型钢混凝土剪力墙和带边框的型钢混凝土剪力墙。

无边框型钢混凝土剪力墙是指墙体两端没有设置明柱的无翼缘或有翼缘的剪力墙,如图 12-114a)所示。

带有边框型钢混凝土剪力墙是指剪力墙周边设置框架梁和型钢混凝土框架柱,且梁和柱与墙体同时浇筑为整体的剪力墙,如图 12-114b)所示,常用于框架—剪力墙结构中。

剪力墙端部均配置型钢,且周边还应配置纵向钢筋和箍筋。

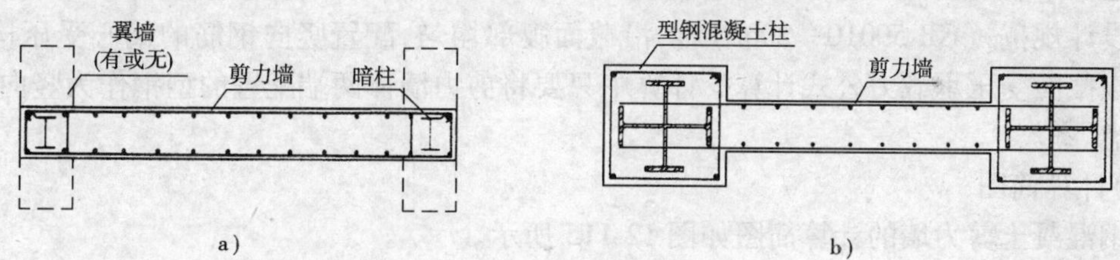

图 12-114　型钢混凝土剪力墙类型

a)无边框剪力墙;b)带边框剪力墙

1. 型钢混凝土剪力墙构造要求

(1)型钢混凝土墙两端应配置实腹式型钢(如工字钢、槽钢等)。当水平剪力很大时,也可以在剪力墙腹板内增设型钢斜撑或型钢暗柱。

(2)带边框型钢混凝土剪力墙的边框柱,其型钢的形式、含钢率及边框柱内纵向钢筋的构造要求以及混凝土保护层厚度大小,构造要求与型钢混凝土柱的一样。

(3)不管是无边框剪力墙,还是带边框剪力墙的腹板,其水平和竖向的分布钢筋均应符合下列要求:

①剪力墙,应根据墙厚配置多排钢筋网,各排钢筋网的横向间距不宜大于 300mm。当墙厚不大于 100mm 时,可采用双排钢筋网;当墙厚在 450 ~ 650mm 时,宜采用三排钢筋网;墙厚大于 650mm 时,钢筋网不宜少于 4 排。

②非抗震设防结构,配筋率不小于 0.20%,双排配筋,直径不小于 $\phi 8$,间距不大于 300mm。抗震设防结构,配筋率不小于 0.25%,双排配筋,直径不小于 $\phi 8$,间距不大

于200mm。

③腹板中水平钢筋应在型钢(钢骨)外绕过或与钢骨焊接。当设暗柱时,水平钢筋伸入暗柱部分锚固的长度应符合现行国家标准《混凝土结构设计规范》(GB 50010—2002)的规定。

(4)非抗震及6度、7度抗震设防的结构,剪力墙厚度不小于墙净高和净宽两者中较小值的1/25,且无边框剪力墙的厚度不小于180mm,带有边框剪力墙腹板部分的厚度不小于160mm。8度、9度抗震设防结构,剪力墙厚度不小于墙净高和净宽两者中较小值的1/20,且无边框剪力墙厚度不小于200mm,带有边框的剪力墙腹板部分厚度不小于160mm。

(5)腹板的厚度还应能保证墙端部型钢暗柱的混凝土保护层厚度不小于50mm。

(6)剪力墙的混凝土强度等级应与型钢混凝土柱的混凝土强度等级一致,且不宜低于C30。

2. 型钢混凝土剪力墙正截面承载力计算

对无边框型钢混凝土剪力墙、带有边框型钢混凝土剪力墙的偏心受压试验研究,表明:达到最大承载力时,端部的型钢都能达到屈服强度。型钢达到屈服后,剪力墙下部的混凝土达到极限抗压强度被压碎,以及型钢周围的混凝土剥落,产生剪切滑移破坏或腹板剪压破坏。

对于两端配置型钢暗柱的混凝土剪力墙(无边框剪力墙),或框架—剪力墙体系中周边设置型钢混凝土柱和钢筋混凝土梁的现浇钢筋混凝土剪力墙(有边框剪力墙),其正截面偏心受压承载力计算,行业标准《型钢混凝土组合结构技术规程》(JGJ 138—2001)给出了如下计算方法。

(1)基本假定

型钢混凝土剪力墙的基本假定,同型钢混凝土梁、柱的基本假定是一样的。

试验结果表明:有、无边框的型钢混凝土剪力墙的正截面偏心受压承载力可以采用《混凝土结构设计规范》(GB 50010—2002)对"沿截面腹部均匀,配置竖向钢筋的偏心受压构件"中规定的正截面受压承载力公式计算。计算中只要将剪力墙体两端配置的型钢作为竖向受力钢筋来考虑。

(2)计算简图

型钢混凝土剪力墙的计算简图如图12-115所示。

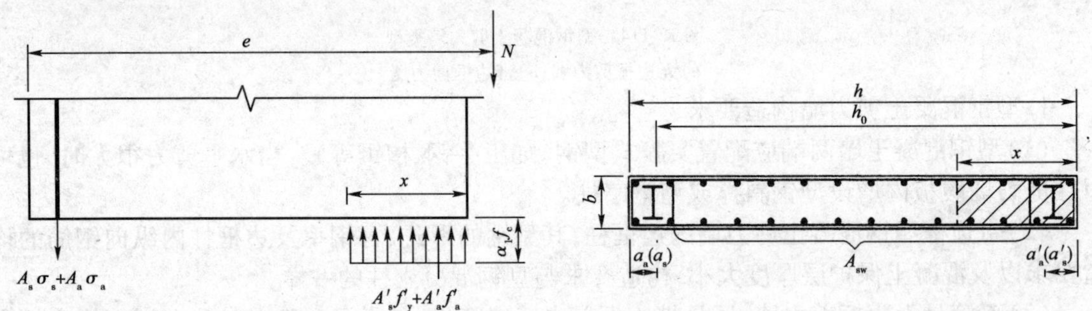

图12-115 剪力墙正截面偏心受压承载力计算简图

(3)计算公式

$$N \leqslant \alpha_1 f_c \xi b h_0 + f'_y A'_s + f'_a A'_a - \sigma_s A_s - \sigma_a A_a + N_{aw} \tag{12-293}$$

$$Ne \leqslant \alpha_1 f_c \xi (1 - 0.5\xi) b h_0^2 + f'_y A'_s (h_0 - a'_s) + f'_a A'_a (b_0 - a'_a) + M_{aw} \tag{12-294}$$

$$N_{aw} = \left(1 + \frac{\xi - B_1}{0.5\beta_1\omega}\right) f_{yw} A_{sw} \tag{12-295}$$

$$M_{aw} = \left[0.5 - \left(\frac{\xi - \beta_1}{\beta_1 \omega}\right)^2\right] f_{yw} A_{sw} h_{sw} \tag{12-296}$$

$$\xi = x/h_0 \qquad \omega = h_{sw}/h_0 \tag{12-297}$$

当 $\xi > \beta_1$ 时，取 $N_{yw} = f_{gw} A_{sw}$，$M_{sw} = 0.5 f_{yw} A_{sw} h_{sw}$

式中：x、ξ——剪力墙水平截面的混凝土受压区高度，混凝土相对受压区高度；

A_a、A'_a——剪力墙受拉端、受压端所配置型钢的截面面积；

A_s、A'_s——剪力墙受拉区、受压区的竖向分布钢筋的总截面面积；

A_{sw}——剪力墙竖向分布钢筋的总截面面积；

σ_s、σ_a——剪力墙受拉区的竖向分布钢筋、型钢的拉应力；

f_c、f'_y、f'_a——混凝土、竖向分布钢筋、型钢的抗压强度设计值；

f_{yw}——剪力墙竖向分布钢筋的强度设计值；

b——剪力墙的厚度；

h_0——型钢受拉边缘和纵向受拉钢筋合力点至混凝土受压边缘的距离；

e——轴向力作用点到竖向受拉钢筋和型钢受拉翼缘合力点的距离；

N_{sw}——剪力墙竖向分布钢筋所承担的轴向力；

M_{sw}——剪力墙竖向分布钢筋的合力对型钢截面重心的力矩；

ω——剪力墙水平截面上，配置的竖向分布钢筋的截面高度 h_{sw} 与截面有效高度 h_0 的比值，即 $\omega = h_{sw}/h_0$。

其余符号意义同前。

对于型钢（钢骨）混凝土剪力墙正截面承载力计算，行业标准《钢骨混凝土结构设计规程》（YB 9082—97）给出了如下计算方法。

无边框和有边框钢骨混凝土剪力墙在压弯作用下，在已知轴力设计值时，正截面受弯应满足如下要求：

$$M \leqslant M_{wu} \tag{12-298}$$

式中：M_{wu}——正截面受弯承载力，其计算方法与普通钢筋混凝土矩形和工字形截面剪力墙相同，可按现行国家标准《混凝土结构设计规范》（GB 50010—2002）或现行标准《钢筋混凝土高层建筑结构设计与施工规程》（JGJ 3）第5.3.8条有关公式计算，但公式中，$f_{sy}A_s$ 用 $f_{sy}A_s + f_{ss}A_{ss}$ 代替；

f_{sy}、A_s——端部钢筋强度设计值和钢筋截面面积；

f_{ss}、A_{ss}——端部钢骨强度设计值和钢骨截面面积。

3. 型钢混凝土剪力墙斜截面受剪承载力计算

对无边框型钢混凝土剪力墙在低周反复荷载作用下，由于在剪力墙两端设置了型钢，而又由于型钢的暗销作用和对墙体的约束作用，其受剪承载力大于钢筋混凝土剪力墙。

对有边框型钢的混凝土剪力墙（周边有型钢混凝土柱和钢筋混凝土梁或型钢混凝土梁的现浇剪力墙）在低周反复荷载作用下，与无边框的型钢混凝土剪力墙相比，它对墙体的约束作用胜于后者，且延性也比后者要好。当然比带边框的钢筋混凝土剪力墙承担的剪力更大，延性更好。

行业标准《型钢混凝土组合结构技术规程》（JGJ 138—2001）对于有、无边框的型钢混凝土剪力墙分别给出了其斜截面受剪承载力的计算公式。

（1）无边框型钢混凝土剪力墙

①承载力计算方法

对于型钢混凝土剪力墙处于偏心受压状态时，其斜截面的抗剪承载力等于墙体的混凝土、水平分布钢筋和型钢的销键作用三部分抗剪作用之和。

②计算公式及计算简图（图 12-116）

$$V_w = \frac{1}{\lambda - 0.5}\left(0.05\alpha_c f_c bh_0 + 0.13N\frac{A_w}{A}\right) + f_{yv}\frac{A_{sb}}{S}h_0 + \frac{0.4}{\lambda}f_a A_a \tag{12-299}$$

式中：λ——计算截面处的剪跨比，$\lambda = M/Vh_0$；当 $\lambda < 1.5$ 时，取 1.5；当 $\lambda > 2.2$ 时，取 $\lambda = 2.2$；

N——当考虑地震作用组合的剪力墙轴向压力设计值，当 $N > 0.2f_c bh$ 时，取 $N = 0.2f_c bh$；

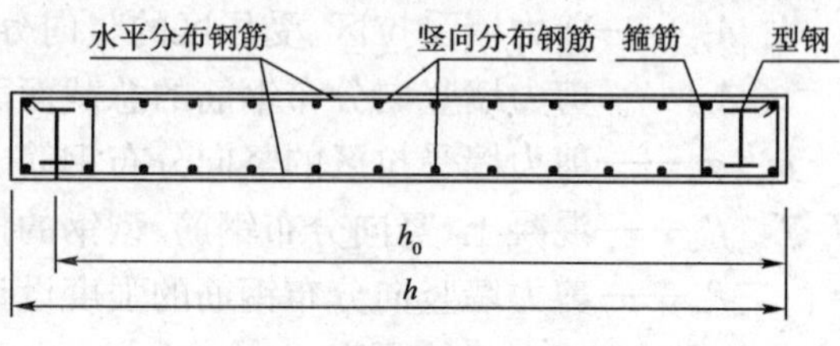

图 12-116　无边框型钢的混凝土剪力墙斜截面受剪承载力计算

A——剪力墙的水平截面面积，有翼缘时，其翼缘有效宽度可取下列值中的较小值；剪力墙厚度加两侧各 6 倍翼缘墙的厚度，墙间距的 1/2 和剪力墙肢总高度的 1/20 中的最小值；

A_w——T 形、工字形截面剪力墙腹板的截面面积，对矩形截面剪力墙，取 $A = A_w$；

A_{sh}——配置在同一水平截面内的水平分布钢筋的全截面面积；

A_a——剪力墙一端暗柱中型钢的截面面积；

S——水平分布钢筋的竖向间距。

其余符号意义同前。

③公式适用条件

受剪截面应符合以下要求：

$$V_w \leqslant 0.25\beta_c f_c bh \tag{12-300}$$

（2）有边框型钢混凝土剪力墙

①承载力计算方法

对于有边框的型钢混凝土剪力墙处于偏压状态时，其斜截面的受剪承载力等于剪力墙的混凝土，水平分布钢筋和两边柱内型钢腹板三部分受剪承载力之和，其中混凝土项考虑了边框柱对混凝土墙体约束作用的提高系数 β_r。

②计算公式及计算简图（图 12-117）

$$V_w = \frac{1}{\lambda - 0.5}\left(0.05\alpha_c\beta_r f_c bh_0 + 0.13N\frac{A_w}{A} + f_{yv}\frac{A_v}{S}h_0 + \frac{0.4}{\lambda}f_a A_a\right) \tag{12-301}$$

式中：β_r——周边柱对混凝土墙体的约束系数，取值 1.2。

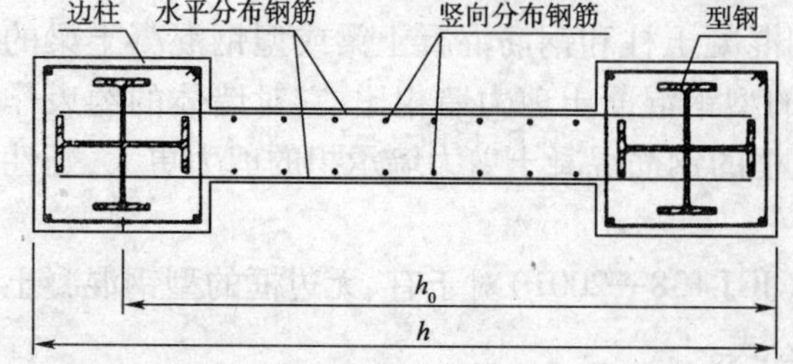

图 12-117　带边框型钢混凝土剪力墙受剪承载力计算简图

对于有、无边框的型钢混凝土剪力墙斜截面受剪承载力计算，行业标准《钢骨混凝土结构设计规程》（YB 9082—97）给出了如下计算方法。

（1）无边框型钢（钢骨）混凝土剪力墙

型钢（钢骨）混凝土剪力墙的抗剪承载力等于型钢（钢骨）的受剪承载力与钢筋混凝土

腹板受剪承载力之和,计算公式如下:

$$V_w = V_{wu}^{rc} + V_{wu}^{ss} \tag{12-302}$$

$$V_{wu}^{rc} = \frac{1}{\lambda - 0.5}\left(0.05\alpha_{cl} f_c b_w h_{w0} + 0.13N\frac{A_w}{A}\right) + f_{yh}\frac{A_{sh}}{S}h_{w0} \tag{12-303}$$

$$V_{wu}^{ss} = 0.15 f_{ssv} \sum A_{ss}$$

式中:V_w——钢骨混凝土剪力墙承受的剪力设计值;

V_{wu}^{rc}——剪力墙中钢筋混凝土腹板部分的受剪承载力;

V_{wu}^{ss}——无边框剪力墙中钢骨部分的受剪承载力;

N——剪力墙的轴向压力设计值,当 $N>0.2f_c b_w h_{w0}$时,应取 $N=0.2f_c b_w h_{w0}$;

A、A_w——剪力墙计算截面的全面积及钢筋混凝土腹板的面积,对无边框剪力墙取 $A=A_w$;

A_{sh}——剪力墙同一水平截面内水平钢筋各肢面积之和;

λ——计算截面处的剪跨比,$\lambda = M/Vh_{w0}$;$\lambda<1.5$ 时,取 $\lambda=1.5$,$\lambda>2.2$ 时,取 $\lambda=2.2$;

f_{ss}、f_{yh}——钢骨的抗拉强度设计值及水平钢筋的抗拉强度设计值。

公式适用条件为:

$$V_{wu}^{rc} \leqslant 0.25 f_c b_w h_{w0} \tag{12-304}$$

$$V_{wu}^{ss} \leqslant 0.25 V_{wu}^{rc} = 0.0625 f_c b_w h_{w0} \tag{12-305}$$

(2)有边框型钢(钢骨)混凝土剪力墙

型钢(钢骨)混凝土剪力墙的抗剪承载力等于剪力墙中钢筋混凝土腹板部分的受剪承载力与带有边框剪力墙中钢骨混凝土边框柱受剪承载力的一半(计入50%,是为了安全考虑)。按下式计算:

$$V_w \leqslant V_{wu}^{rc} + \frac{1}{2}\sum V_{cu} \tag{12-306}$$

$$V_{cu} = 0.057\alpha_{cl} f_c b_c h_{c0} + 1.25 f_{yv}\frac{A_{sv}}{S}h_{c0} + 0.07\eta N\frac{A_c}{A} + f_{ssv}t_w h_w \tag{12-307}$$

$$\eta = \frac{f_c A_c}{f_c A_c + f_{ss} A_{ss}} \tag{12-308}$$

式中:V_{cu}——带有边框剪力墙中钢骨混凝土边框柱的受剪承载力;

A_c——单根钢骨混凝土边框柱的截面面积;

A——钢骨混凝土剪力墙全截面面积(包括所有边框柱);

b_c——边框柱的截面宽度;

h_{c0}——边框柱水平截面内受拉钢筋形心至截面受压区外边缘的距离;

A_{sv}——边框柱同一水平截面内各肢箍筋的截面面积之和;

f_{yv},f_{ssv}——箍筋的柱拉强度设计值及型钢抗剪强度设计值;

$t_w h_w$——一根型钢混凝土边框柱内,与剪力墙受剪方向平行的所有型钢板件水平截面面积之和;当有孔洞时,应扣除孔洞的水平截面面积;

f_{ss},A_{ss}——分别为钢骨的抗拉强度设计值及钢骨的截面面积。

其余符号意义同前。

例 12-22 设有一带边框剪力墙,已知其内力、截面尺寸以及其边框梁、柱内的钢骨和钢筋如图 12-118 所示。混凝土强度等级为 C30;钢骨为 Q235 号钢;边框梁、柱内的主筋,采用 HRB335 级;箍筋采用 HPB235 级;腹板内的水平和竖向分布钢筋也都采用 HPB235 级。

作用在剪力墙上的竖向压力、水平剪力和弯矩设计值分别为 $N=8000\text{kN}$, $V=2000\text{kN}$, $M=19500\text{kN}\cdot\text{m}$,试求腹板内水平和竖向分布钢筋的截面面积。

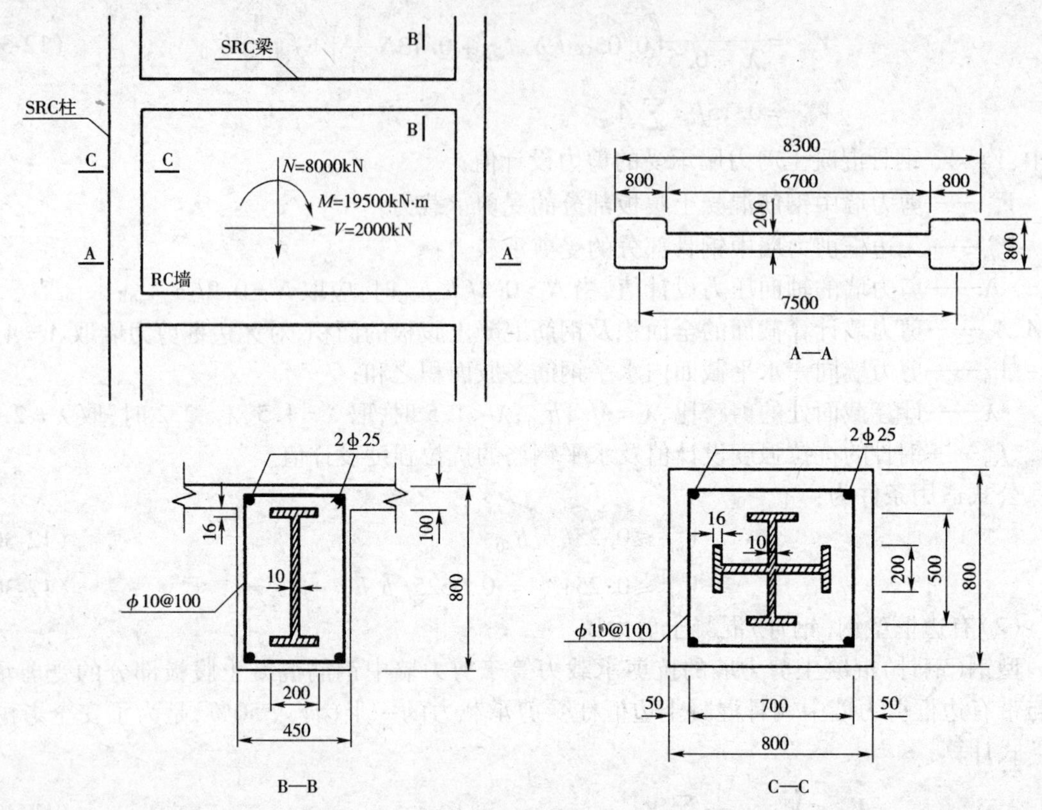

图 12-118 带边框剪力墙的内力及截面尺寸

解 根据剪力墙正截面偏压和斜截面受剪两种受力状态的承载力计算方法,确定墙腹板的配筋。

(1)材料强度

C30 混凝土　　$f_c=15\text{N/mm}^2$, $\alpha_1=1.0$

Q235 钢材　　$f_{ss}=215\text{N/mm}^2$, $f_{ssv}=125\text{N/mm}^2$

HPB235 级钢筋　　$f_{sy}=210\text{N/mm}^2$

HRB335 级钢筋　　$f_{sy}=300\text{N/mm}^2$

(2)正截面压弯承载力

按照工字形截面剪力墙计算。在竖向压力 $N=8000\text{kN}$ 和弯矩 $M=19500\text{kN}\cdot\text{m}$ 的作用下,假设其水平截面的中和轴位于翼缘内,取厚度等于翼缘宽度的矩形截面,即 $b=800\text{mm}$, $h_{w0}=h_w-a_{ss}=8300-400=7900\text{mm}$。

先按构造要求配置竖向分布钢筋,取 $\phi 8@200\text{mm}$,双排,则

竖向分布钢筋的配筋率　　$\rho_s=\dfrac{50\times2}{200\times200}=0.25\%$

腹板内竖向钢筋的总截面面积　　$A_{sw}=\dfrac{6700}{200}\times50\times2=3350\text{mm}^2$

带边框剪力墙的混凝土受压区高度为

$$x=\frac{N+A_{sw}f_{sy}}{\alpha_1 f_c b+1.5\dfrac{A_{sw}f_{sy}}{h_{w0}}}$$

$$=\frac{8000\times10^3+3350\times210}{1\times15\times800+1.5\times\dfrac{3350\times210}{7900}}=717.3\text{mm}(<800\text{mm})$$

上式计算出的受压区高度，小于剪力墙翼缘（边框柱）厚度，说明中和轴确实位于翼缘内，应按大偏心受压状态计算，剪力墙端部钢骨和钢筋需要抵抗的弯矩，应满足下式要求：

$$M_{w0}=M-M_{sw}\leqslant(A_{ss}f_{ss}+A_s f_{sy})(h_{w0}-a_s)$$

式中：M_{su}——分布钢筋的抵抗弯矩。

令剪力墙的混凝土受压区高度　　$x=2a=800\text{mm}$

则剪力墙腹板内竖向分布钢筋所能承担的弯矩为

$$M_{sw}=\frac{A_{sw}f_{sy}h_{w0}}{2}\left(1-\frac{x}{h_{w0}}\right)\left(1+\frac{N}{A_{sw}f_{wy}}\right)$$

$$=\frac{3350\times210\times7900}{2}\times\left(1-\frac{800}{7900}\right)\times\left(1+\frac{8000\times10^3}{3350\times210}\right)=30893\times10^6\text{N}\cdot\text{mm}$$

$$=30893\text{kN}\cdot\text{m}$$

从上式计算结果可以看出，M_{sw}已经大于作用于带框剪力墙上的总弯矩 $M=19500\text{kN}\cdot\text{m}$，因此，不必再校核边柱内的钢骨和钢筋的截面面积及其受弯承载力。

(3)斜截面受剪承载力

①对于有边框的型钢混凝土剪力墙，其斜截面受剪应满足下式要求：

$$V\leqslant V_{wu}^{rc}+\frac{1}{2}\sum V_{cu}$$

②先计算边框柱的受剪承载力 V_{cu}

剪力墙水平截面的总截面面积为

$$A=200\times6700+2\times800\times800=262\times10^4\text{mm}^2$$

一根边柱的截面面积　　$A_c=800\times800=64\times10^4\text{mm}^2$

一根边柱内的型钢截面面积　　$A_{ss}=2(16\times200\times2+10\times468)=22160\text{mm}^2$

一根边框柱所分担的竖向压力为

$$\eta\frac{A_c}{A}N=\frac{f_cA_c}{f_cA_c+f_{ss}A_{ss}}\cdot\frac{A_c}{A}\cdot N$$

$$=\frac{15\times64\times10^4}{15\times64\times10^4+215\times22160}\times\frac{64\times10^4}{262\times10^4}\times8000=1305\text{kN}$$

一根边柱的受剪承载力为

$$V_{cu}=0.057\alpha_a f_c b_c h_{c0}+1.25f_{yv}\frac{A_{sv}}{S}h_{c0}+0.07\eta\frac{A_c}{A}N+f_{ssv}t_w h_w$$

$$=0.057\times1.0\times15\times800\times750+1.25\times210\times\frac{157}{100}\times750+0.07\times1305\times10^3$$

$$+125\times\frac{1}{2}\times22160$$

$$=2298\times10^3\text{N}$$

$$\frac{1}{2}\sum V_{cu}=\frac{1}{2}\times 2\times 2298\times 10^3=2298\times 10^3\text{N}$$

从上式计算结果可以看出，两根边柱的受剪承载力已经大于总水平剪力 $V=2000\text{kN}$，不再需要腹板承担剪力，所以，腹板中的水平分布钢筋仅需按构造要求配置，采用 $\phi8@200$，双排。

复习思考题

12-1 钢与混凝土组合构件有哪几种常用的形式？

12-2 钢与混凝土组合结构的特点是什么？

12-3 钢与混凝土组合板有哪几种构造处理方式？

12-4 钢与混凝土组合板的计算要点有哪些？

12-5 钢与混凝土组合梁有哪几种类型？其构造形式如何？

12-6 组合梁的特点有哪些方面？

12-7 使用阶段组合梁有哪两种设计方法？简述其基本原理。

12-8 试说明组合梁按弹性理论分析时的计算要点。

12-9 试说明组合梁按塑性理论分析时的计算要点。

12-10 试说明钢管混凝土柱有哪些特点。

12-11 试分析钢管混凝土柱的力学性能。

12-12 试说明格构式钢管混凝土柱承载力计算的要点。

12-13 钢管混凝土梁、柱节点的构造及其受力特点如何？

12-14 简述型钢混凝土梁截面承载力计算的要点。

12-15 简述型钢混凝土柱截面承载力计算的要点。

12-16 剪切连接件的种类、适用范围和作用是什么？

12-17 剪切连接件的构造有什么要求？

12-18 为什么型钢混凝土结构具有良好的延性、耗能性能和抗震性能？

12-19 简述型钢混凝土结构的构造要求及其意义。

12-20 简述粘结滑移对型钢混凝土结构受力性能的影响。

12-21 某压型钢板与混凝土组合板的平面布置和剖面图如图 12-119 所示。组合板为两跨连续板，施工阶段和使用阶段的活荷载分别为 1.5kN/m^2 和 1.8kN/m^2，使用阶段活荷载的准永久值系数 $\psi_q=0.5$。压型钢板上方混凝土翼板的厚度为 65mm，沟槽内混凝土的重量按 11.6mm厚度考虑，水泥砂浆面层厚 25mm。压型钢板的截面特征见表 12-18 和图 12-119。钢材采用 Q235 钢，混凝土采用轻骨料混凝土。重度（重力密度）为 16.5kN/m^3，强度等级为 C25。试对该组合板进行以下内容的验算：

施工阶段：(1)正截面受弯承载力；(2)挠度；

使用阶段：(1)正截面受弯承载力；(2)斜截面受剪承载力；(3)挠度；(4)自振频率。

12-22 某平台次梁采用钢与混凝土简支组合梁，梁的跨度为6m，梁间距为2m，梁的截面尺寸见图 12-120。施工阶段和使用阶段的活荷载标准值分别为 1.5kN/m^2 和 6kN/m^2，使用阶段活荷载的准永久值系数 $\psi_q=0.5$。平台上有 30mm 厚水泥砂浆面层，钢梁与混凝土之间无温差。混凝土的强度等级为 C25（$f_c=11.9\text{N/mm}^2$，$E_c=2.80\times 10^4\text{N/mm}^2$），钢材采用 Q235 钢（$f=215\text{N/mm}^2$，$f_v=125\text{N/mm}^2$，$E_s=2.06\times 10^5\text{N/mm}^2$）。钢梁与混凝土板之间采用栓钉连接件，以承受交界面上全部的纵向剪力。试按弹性理论进行以下内容的验算：

施工阶段：(1)钢梁的受弯承载力；(2)钢梁的受剪承载力；(3)钢梁的挠度。

使用阶段：(1)组合梁的受弯承载力；(2)组合梁的受剪承载力；(3)组合梁的挠度；(4)钢梁腹板的局部稳定性；(5)剪切连接件设计。

压型钢板的截面特征 表 12-18

截面尺寸(mm)					截面积 $A(10^2mm^2/m)$	重量 $W(kg/m^2)$	形心位置 $y_G(mm)$	截面惯性矩 $I_s(10^4mm^4/m)$		有效截面抵抗矩 $W_s(10^3mm^3/m)$	
h_s	B	b	b_1	t				全截面	有效截面	正弯曲	负弯曲
25	90	40	50	1.2	16.73	0.13	12.5	17.5	17.5	14.0	14.0

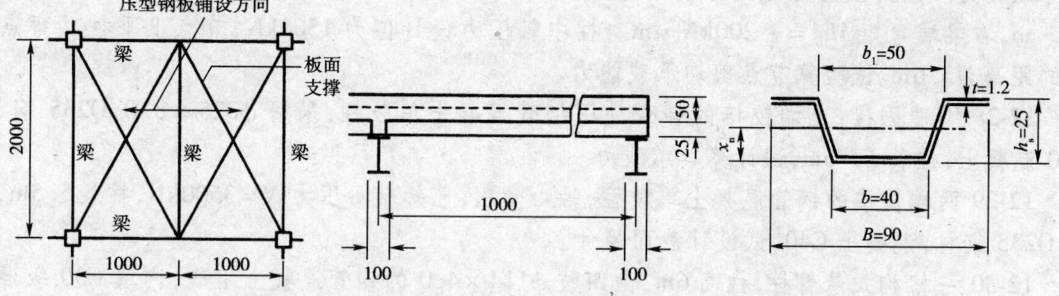

图 12-119 组合板的平面图、剖面图和压型钢板截面尺寸

12-23 某钢与混凝土简支组合梁构件，梁的跨度为 6.5m，梁间距为 2.25m，梁的截面尺寸如图 12-121 所示。施工时在钢梁的跨度中点设一道侧向支撑，施工阶段和使用阶段梁上作用的活荷载标准值分别为 $2.5kN/m^2$ 和 $13kN/m^2$，使用阶段活荷载的准永久值系数 $\psi_q=0.5$。混凝土板上有 40mm 厚水泥砂浆面层。混凝土的强度等级为 C30($f_c=14.3N/mm^2$, $E_c=3.0\times10^4N/mm^2$)，钢材采用 Q235 钢($f=215N/mm^2$, $f_v=125N/mm^2$, $E_s=2.06\times10^5N/mm^2$)。计算以下内容，使用阶段按塑性方法计算。

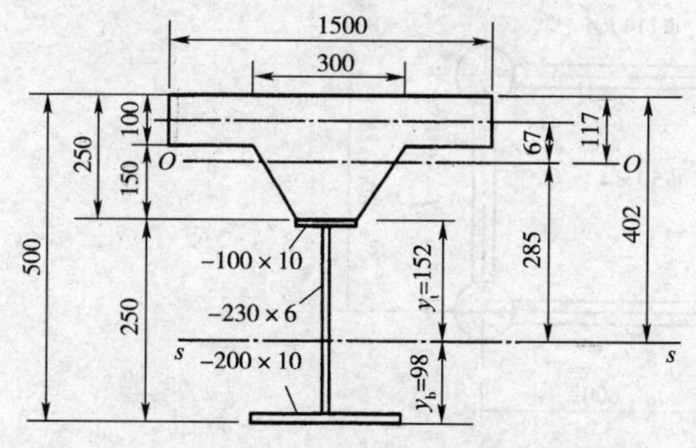

图 12-120 组合平台次梁的截面尺寸

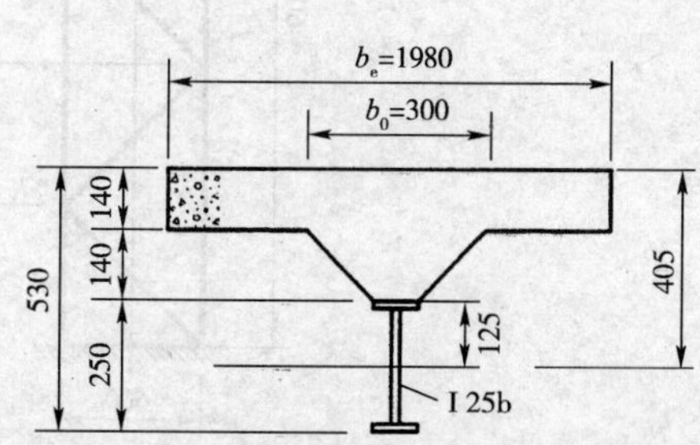

图 12-121 组合梁的截面尺寸

施工阶段：(1)钢梁的受弯承载力；(2)钢梁的受剪承载力；(3)钢梁的整体稳定性；(4)钢梁的挠度；

使用阶段：(1)组合梁的受弯承载力；(2)组合梁的受剪承载力；(3)组合梁的挠度；(4)完全剪切连接设计。

12-24 型钢混凝土梁截面尺寸为 300mm×600mm，混凝土的强度等级为 C30。内对称配置工字钢 I40a，型钢为 Q235。梁中截面上下各配置纵筋 2ϕ16，$a_r=a'_r=35$。确定该梁所能承受的最大弯矩。

12-25 型钢混凝土简支梁，断面为300mm×500mm，混凝土强度等级为C30。内配Q235工字钢I36a，对称配置。梁上永久荷载设计值为15kN/m（包括梁的自重），可变荷载设计值18kN/m。梁上下各配纵筋2ϕ16，$a_r=a'_r=30$。验算其剪切承载能力并配置钢箍。

12-26 型钢混凝土柱截面为400mm×600mm，计算高度$l_0=6$m，混凝土强度等级为C30。内对称配置Q235工字钢I45a，4ϕ20钢筋，$a_s=a'_s=75$mm，$a_r=a'_r=35$mm。承受轴力$N=1200$kN，弯矩$M=500$kN·m。验算其正截面承载能力。

12-27 有一型钢混凝土框架中节点，节点左右梁的断面均为300mm×600mm，内含I45aQ235工字钢。节点上下柱断面均为400mm×500mm，内含I40aQ235工字钢。混凝土强度等级均为C30。在竖向荷载与水平地震作用组合下，节点左梁端弯矩设计值为$M_{b1}=130$kN·m，右梁端弯矩$M_{b2}=-200$kN·m。柱中轴压力设计值为1500kN，节点上下柱反弯点之间的距离为3.6m。试验算节点剪切承载能力。

12-28 下端固接、上端铰接的轴心受压钢管混凝土单肢柱，采用ϕ325×8.0，Q235钢材，C30混凝土，柱长$L=6$m，试计算其承载力。

12-29 两端铰接的钢管混凝土单肢柱，轴心受压，已知轴心压力$N=3500$kN，柱长5.5m，采用Q235钢材，混凝土C40，试设计截面尺寸。

12-30 一格构式悬臂柱，柱高6m，由四肢ϕ114×4.0的钢管混凝土组成，内填C30级混凝土，Q235钢材，其构造尺寸如图12-122所示，斜腹杆为ϕ50×4.0空钢管。当作用荷载P的偏心距为200mm时，求其承载力。

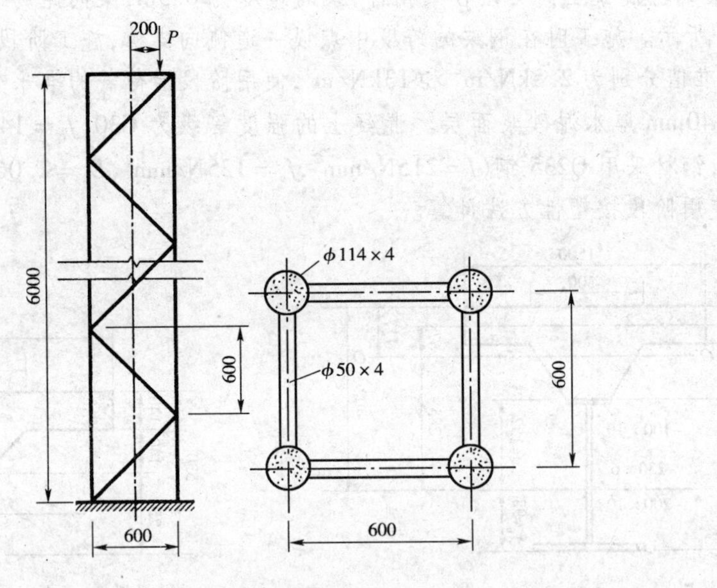

图 12-122

12-31 两端铰接的无侧移偏压钢管混凝土柱，采用ϕ377×9.0，Q235钢材，C30混凝土，柱长$L=6.5$m。

（1）当两端轴压力的偏心距e_0均为30mm，试计算其承载力。

（2）当两端轴压力的偏心距e_0均为150mm，试计算其承载力。

12-32 一偏心受压方钢管混凝土柱，两端铰接（无侧移），柱截面尺寸$bh=600$mm×600mm，钢管壁厚12mm如图12-123所示，采用Q235钢材，C30混凝土，柱长5m，承受偏心压

力设计值 $N=6.5\times10^{3}\mathrm{kN}$，一端偏心距 $e_x=120\mathrm{mm}$，另一端偏心距 $e_x=0$。不考虑抗震，钢管无削弱，验算构件的强度和稳定性。

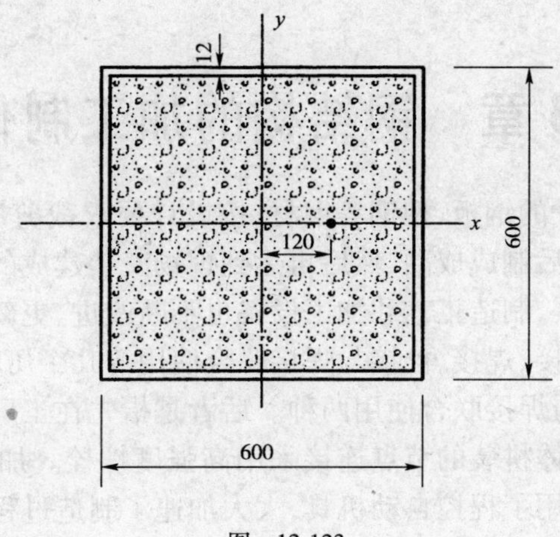

图 12-123

第13章　钢结构的加工制作

钢结构是由多种规格尺寸的钢板、型钢等钢材，按设计要求裁剪加工成众多的零件，经过组装、连接、校正、涂漆等工序后制成成品，然后再运到现场安装建成的。

随着科技进步和工业发展，制造工艺和加工设备也不断改进、更新。以钢结构的连接方法为例，它经历了销接、栓接、铆接、焊接、栓接与焊接联合使用等几个历程。目前，国内外绝大多数连接方法采用焊接和栓接与焊接联合使用两种。后者是指先在工厂制造的结构杆件或单元采用焊接，而后在工地进行整体拼装的节点连接采用高强度螺栓。加工工艺及质量保证中采用了高新技术，在各工序中采用了程控自动机具，大大加速了制造过程，保证了产品质量，提高了生产效率。生产结构的类型也从中小跨度的平面结构发展到大跨空间结构及超高层钢结构等。加工材料的种类也由角钢、槽钢、工字钢等品种扩展到圆钢管、方钢管、宽翼缘H型钢、T型钢及冷轧薄壁型钢等多种类型。因此，对制造工艺的加工方法、精度和加工能力等都不断提出新的要求。

由于钢结构生产过程中加工对象的材性、自重、精度、质量等特点，其原材料、零部件、半成品以及成品的加工、组拼、移位和运送等工序全需凭借专用的机具及设备来完成，所以要设立专业化的钢结构制造工厂进行工业化生产。工厂的生产部门由原料库、放样车间、机加工车间、焊接车间、喷涂车间、成品库等单位组成。一般还有设计及质量检查部门。

目前我国大型钢结构制造厂的生产工艺已基本实现了机械化，有些工序正向半自动化和全自动化过渡。新技术、新工艺、新材料、新结构的不断开发和应用将促使钢结构制造工厂向全自动化和工业化批量生产的方向发展。

13.1　钢结构施工详图的绘制与识读

我国钢结构设计图纸分两阶段出图。第1阶段由设计单位出技术设计施工图，第2阶段为施工详图。钢结构构件制作、加工必须以施工详图为依据，施工详图则应根据设计图编制。一般详图是由加工厂负责绘制的，其原因主要是绘图工作量大，又必须结合工厂的具体加工条件和操作惯例进行，从而达到较好的工艺可行性，便于采用先进技术，提高经济效益。

详图的绘制必须依据设计图（技术设计）和它所规定的技术条件，并采用有关规范和标准进行，详图必须经过原设计单位审批通过之后才能施工。

详图内容包括目录、说明书、构件明细表、钢材表、螺栓表、布置图、立面图、剖面图、节点大样、构件详图等。

为了满足市场快速多变的要求，使用计算机辅助设计（CAD）绘制详图已成为发展的必然趋势。

13.1.1　设计图与施工详图的区别

1. 设计图的特征

(1)根据工艺、建筑要求及初步设计等,并经施工设计方案与计算等工作而编制的施工设计图;

(2)目的、深度及内容仅为编制详图提供依据;

(3)由设计单位编制;

(4)图纸表示简明,数量少;

(5)图纸内容一般包括:设计总说明与布置图、构件图、节点图、钢材订货表。

2. 施工详图的特征

(1)直接根据设计图编制的工厂施工及安装详图,只对设计图进行深化;

(2)目的为直接供制造、加工及安装的施工用图;

(3)一般应由制造厂或施工单位编制;

(4)图纸表示详细,数量多;

(5)图纸内容包括:构件安装布置图及构件详图。

13.1.2 施工详图设计的内容

1. 详图的构造设计与计算

详图的构造设计,应按设计图给出的节点图或连接条件,并按设计规范的要求进行,是对设计图的深化和补充,一般包括以下内容:

(1)桁架、支撑等节点板构造与计算;

(2)连接板与托板的构造与计算;

(3)柱、梁支座加劲肋的构造与设计;

(4)焊接、螺栓连接的构造与计算;

(5)桁架或大跨度实腹梁起拱构造与设计;

(6)现场组装的定位、细部构造等。

2. 详图图纸绘制的内容

(1)图纸目录;

(2)设计总说明,应根据设计图总说明编写;

(3)供现场安装用布置图,一般应按构件系统分别绘制平面和剖面布置图,如屋盖、刚架、吊车梁等;

(4)构件详图,按设计图及布置图中的构件编制,带材料表;

(5)安装节点图。

13.1.3 施工详图的识读

1. 识图的基本知识

钢结构施工详图的绘制应符合国家标准《房屋建筑制图统一标准》(GB 50001—2001)及《建筑结构制图标准》(GB 50105—2001)的有关规定。

(1)图幅。钢结构详图常用的图幅为 A_1、A_2 和 A_2 延长图幅。

(2)图线。常用有粗实线、粗虚线、粗点划线、中实线、中虚线、细点划线、折断线、波浪线等。

(3)尺寸线。一个构件的尺寸线一般为三道,由内向外依次为:加工尺寸线、装配尺寸线、安装尺寸线,尺寸以“mm”为单位。

(4)符号及投影。详图中常用符号有剖面符号、剖切符号、对称符号、折断省略符号、连接符号、索引符号等，同时还可利用自然投影表示上下及侧面的图形。

2. 钢结构详图的标注方法

(1)型钢标注方法

详图中型钢的标注方法见附录表 M-1。

(2)螺栓及螺栓孔的表示方法

详图中螺栓及栓孔表示方法见附录表 M-2。

(3)焊缝标注方法

钢结构常用的焊缝代号标注见附录表 M-3。

3. 布置图的识读方法

(1)结构的平面、立面布置图中，构件以粗单线或简单外形图表示，并在其旁注明标号；

(2)构件编号一般在平、剖面图上，编号有字首代号，一般采用拼音字母，如刚架-GJ，檩条-LT 等。

(3)图中剖面利用对称关系简化图形。

4. 构件图的识读方法

(1)构件图以粗实线绘制；

(2)图形一般选用比例为 1:20、1:15、1:50，对于构件较长、较高的，长度、高度与截面尺寸比例可能不相同；

(3)构件中每一零件均有编号，其规格、数量、重量等在材料表中查找；

(4)图中尺寸以"mm"为单位，斜尺寸有斜度标注，多弧形构件标明每一弧形尺寸对应的曲率半径；

(5)较复杂零件或交汇尺寸应由放大样或展开图查找。

13.2 钢结构加工制作前的准备工作

钢结构加工制作之前应做好充分而周密的准备工作。

13.2.1 审查图纸

审查图纸的目的，首先是检查图纸设计的深度能否满足施工的要求，如检查构件之间有无矛盾，尺寸是否全面等；其次是对工艺进行审核，如审查技术上是否合理，是否满足技术要求等。如果是加工单位自己设计施工详图，又经过审批就可简化审图程序。

图纸审核的主要内容包括：①设计文件是否齐全；②构件的几何尺寸是否标注齐全；③相关构件的尺寸是否正确；④节点是否清楚；⑤构件之间的连接形式是否合理；⑥标题栏内构件的数量是否符合工程的总数量；⑦加工符号、焊缝符号是否齐全；⑧标注方法是否符合规定；⑨本单位能否满足图纸上的技术要求等。

图纸审核过程中发现的问题应报原设计单位处理，需要修改设计的应有书面设计变更文件。

13.2.2 采购和核对

1. 采购

为了尽快采购钢材，一般应在详图设计的同时进行，这样就能不因材料原因耽误施工。应根据图纸材料表计算出各种材质、规格的材料净用量，再加上一定数量的损耗，提出材料需用量计划。工程预算一般可按实际用量所需数值再增加 10% 进行提料。

2. 核对

核对来料的规格、尺寸和重量，并仔细核对材质。如进行材料代用，必须经设计部门同意，同时应按下列原则进行：

(1) 当钢号满足设计要求，而生产厂商提供的材质保证书中缺少设计提出的部分性能要求时，应做补充试验，合格后方可使用。每炉钢材，每种型号规格一般不宜少于 3 个试件。

(2) 当钢材性能满足设计要求，而钢号的质量优于设计提出的要求时，应注意节约，避免以优代劣。

(3) 当钢材性能满足设计要求，而钢号的质量低于设计提出的要求时，一般不允许代用，如代用必须经设计单位同意。

(4) 当钢材的钢号和技术性能都与设计提出的要求不符时，首先检查钢材，然后按设计重新计算，改变结构截面、焊缝尺寸和节点构造。

(5) 对于成批混合的钢材，如用于主要承重结构时，必须逐根进行化学成分和机械性能试验。

(6) 当钢材的化学成分允许偏差在规定的范围内可以使用。

(7) 当采用进口钢材时，应验证其化学成分和机械性能是否满足相应钢号的标准。

(8) 当钢材规格与设计要求不符时，不能随意以大代小，须经计算后才能代用。

(9) 当钢材规格、品种供应不全时，可根据钢材选用原则灵活调整。建筑结构对材质要求一般是：受拉高于受压构件；焊接高于螺栓或铆接连接的结构；厚钢板高于薄钢板结构；低温高于高温结构；受动力荷载高于受静力荷载的结构。

(10) 钢材机械性能所需保证项目仅有一项不合格时，当冷弯合格时，抗拉强度的上限值可以不限；伸长率比规定的数值低 1% 时允许使用，但不宜用于塑性变形构件；冲击功值一组三个试样，允许其中一个单值低于规定值，但不得低于规定值的 70%。

13.2.3 有关试验与工艺规程的编制

1. 钢材连接复验与工艺试验

(1) 钢材复验

当钢材属于下列情况之一时，加工下料前应进行复验：

①国外进口钢材；

②不同批次的钢材混合；

③对质量有疑义的钢材；

④板厚大于等于 40mm，并承受沿板厚方向拉力作用，且设计有要求的厚板；

⑤建筑结构安全等级为一级，大跨度钢结构、钢网架和钢桁架结构中主要受力构件所采用的钢材；

⑥现行设计规范中未含的钢材品种及设计有复验要求的钢材。

钢材的化学成分、力学性能及设计要求的其他指标应符合国家现行有关标准的规定，进口钢材应符合供货国相应标准的规定。

(2) 连接材料的复验

①焊接材料：在大型、重型及特种钢结构上采用的焊接材料应进行抽样检验，其结果应符合设计要求和国家现行有关标准的规定。

②扭剪型高强度螺栓:采用扭剪型高强度螺栓的连接副应按规定进行预拉力复验,其结果应符合相关的规定。

③高强度大六角头螺栓:采用高强度大六角头螺栓的连接副应按规定进行扭矩系数复验,其结果应符合相关的规定。

(3)工艺试验

工艺试验一般可分为三类:

①焊接试验

钢材可焊性试验、焊接工艺性试验、焊接工艺评定试验等均属于焊接性试验,而焊接工艺评定试验是各工程制作时最常遇到的试验。焊接工艺评定是焊接工艺的验证,是衡量制造单位是否具备生产能力的一个重要的基础技术资料,未经焊接工艺评定的焊接方法、技术系数不能用于工程施工。焊接工艺评定同时对提高劳动生产率、降低制造成本、提高产品质量、搞好焊工技能培训是必不可少的。

②摩擦面的抗滑移系数试验

当钢结构构件的连接采用摩擦型高强螺栓连接时,应对连接面进行处理,使其连接面的抗滑移系数能达到设计规定的数值。连接面的技术处理方法有:喷砂或喷丸、酸洗、砂轮打磨、综合处理等。

③工艺性试验

对构造复杂的构件,必要时应在正式投产前进行工艺性试验。工艺性试验可以是单工序,也可以是几个工序或全部工序;可以是个别零件,也可以是整个构件,甚至是一个安装单元或全部安装构件。

2. 编制工艺规程

钢结构工程施工前,制作单位应按施工图纸和技术文件的要求编制出完全、正确的施工工艺规程,用于指导、控制施工过程。

(1)编制工艺规程的依据。

①工程设计图纸及施工详图;

②图纸设计总说明和相关技术文件;

③图纸和合同中规定的国家标准、技术规范等;

④制作单位实际能力情况等。

(2)制定工艺规程的原则。在一定的生产条件下,操作时能以最快的速度、最少的劳动量和最低的费用,可靠地加工出符合图纸设计要求的产品,主要体现出技术上的先进、经济上的合理和良好的劳动条件和安全性。

(3)工艺规程的内容。

①根据执行的标准编写成品技术要求;

②为保证成品达到规定的标准而制订的措施:关键零件的精度要求,检查方法和检查工具;主要构件的工艺流程、工序质量标准、工艺措施;采用的加工设备和工艺装备。

(4)工艺规程是钢结构制造中主要的和根本性的指导性文件,也是生产制作中最可靠的质量保证措施。工艺规程必须经过审批,一经制订就必须严格执行,不得随意更改。

13.2.4 其他工艺准备

除了上述准备工作外,还有工号划分、编制工艺流程表、工艺卡和流水卡、配料与材料拼接、确定余量、工艺装备、加工工具准备等工艺准备工作。

1. 工号划分

根据产品特点、工程量的大小和安装施工速度，将整个工程划分成若干个生产工号(生产单元)，以便分批投料，配套加工，配套出成品。

生产工号(生产单元)的划分应注意以下几点：

(1)条件允许情况下，同一张图纸上的构件宜安排在同一生产工号中加工；

(2)相同构件或加工方法相同的构件宜放在同一生产工号中加工；

(3)工程量较大工程划分生产工号时要考虑施工顺序，先安装的构件要优先安排加工；

(4)同一生产工号中的构件数量不要过多。

2. 编制工艺流程表

从施工详图中摘出零件，编制出工艺流程表(或工艺过程卡)。加工工艺过程由若干个工序所组成，工序内容根据零件加工性质确定，工艺流程表就是反应这个过程的文件。工艺流程表的内容包括零件名称、件号、材料编号、规格、工序顺序号、工序名称和内容、所用设备和工艺装备名称及编号、工时定额等。关键零件还需标注加工尺寸和公差，重要工序还需要画出工序图等。

3. 零件流水卡

根据工程设计图纸和技术文件提出的成品要求，确定各工序的精度要求和质量要求，结合制作单位的设备和实际加工能力，确定各个零件下料、加工的流水程序，即编制出零件流水卡。零件流水卡是编制工艺卡和配料的依据。

4. 配料与材料拼接位置

根据来料尺寸和用料要求，统筹安排合理配料。当零件尺寸过长或过大无法运输、现场材料的拼接，都需确定材料拼接位置，材料拼接应注意以下几点：

(1)拼接位置应避开安装孔和复杂部位；

(2)双角钢断面的构件，两角钢应在同一处拼接；

(3)一般接头属于等强度连接，应尽量布置在受力较小的部位；

(4)焊接 H 型钢的翼、腹板拼接缝应尽量避免在同一断面处，上下翼缘板拼接位置应与腹板错开 200mm 以上。

5. 确定焊接收缩量和加工余量

焊接收缩量由于受焊肉大小、气候条件、施焊工艺和结构断面等因素影响，其值变化较大。

由于铣刨加工时常常成叠进行操作，尤其长度较大时，材料不易对齐，在编制加工工艺时要对加工边预留加工余量，一般为 5mm 为宜。

6. 工艺装备

钢结构制作工程中的工艺装备一般分两类，即原材料加工过程中所需的工艺装备和拼装焊接所需的工艺装备。前者主要能保证构件符合图纸的尺寸要求，如定位靠山、模具等；后者主要保证构件的整体几何尺寸和减少变形量，如夹紧器、拼装胎等。因为工艺装备的生产周期较长，要根据工艺要求提前准备，争取先行安排加工。

7. 设备和工具

根据产品加工需要来确定加工设备和操作工具，有时还需要调拨或添置必要的设备和工具，这些都应提前做好准备工作。

13.2.5 生产场地布置

要根据产品的品种、特点和批量、工艺流程、产品的进度要求，每班的工作量、生产面积、现有生产设备和起重运输能力等来布置生产场地。

生产场地布置的原则：

(1)根据流水顺序安排生产场地，尽量减少运输量，避免倒流水；

(2)根据生产需要合理安排操作面积，以保证操作安全并要保证材料和零件的堆放场地；

(3)保证成品能顺利运出；

(4)有利供电、供气、照明线路的布置；

(5)加工设备布置要考虑留有一定间距，以便操作和堆放材料等，如图 13-1 所示。

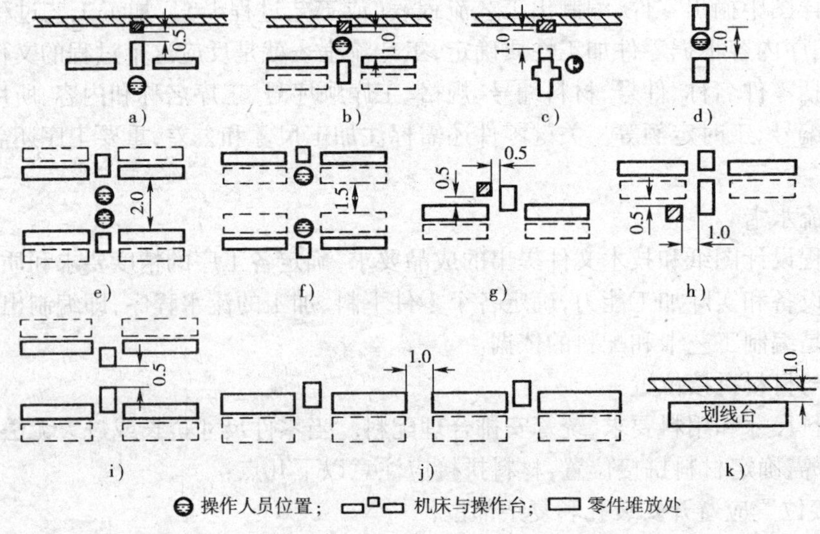

图 13-1 设备之间的最小间距(单位:m)

13.3 常用加工机具与量具

13.3.1 测量、划线工具

(1)钢卷尺。常用的有长度为 1m、2m 的小钢卷尺，长度为 5m、10m、15m、20m、30m 的大钢卷尺，用钢尺能量到的正确度误差为 0.5mm。

(2)直角尺。直角尺用于测量两个平面是否垂直和划较短的垂直线。

(3)卡钳。卡钳有内卡钳、外卡钳两种，见图 13-2。内卡钳用于量孔内径或槽道大小，外卡钳用于量零件的厚度和圆柱形零件的外径等。内、外卡钳均属间接量具，需用尺确定数值，因此在使用卡钳时应注意铆钉的紧固，不能松动，以免造成测量错误。

(4)划针。划针一般由中碳钢锻制而成，用于较精确零件划线，见图 13-3。

(5)划规及地规。划规是划圆弧和圆的工具，见图 13-4。制造划规时为保证规尖的硬度，应将规尖进行淬火处理。地规由两个地规体和一条规杆组成，用于划较大圆弧，见图 13-4。

(6)样冲。样冲多用高碳钢制成，其尖端磨成 60°锐角，并需淬火。样冲是用来在零件上冲打标记的工具，见图 13-5。

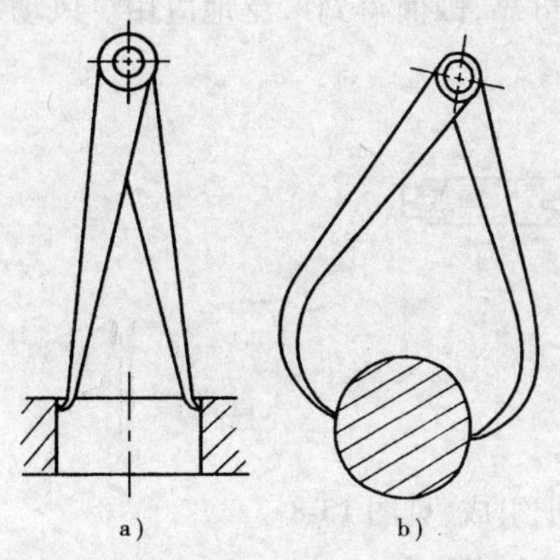

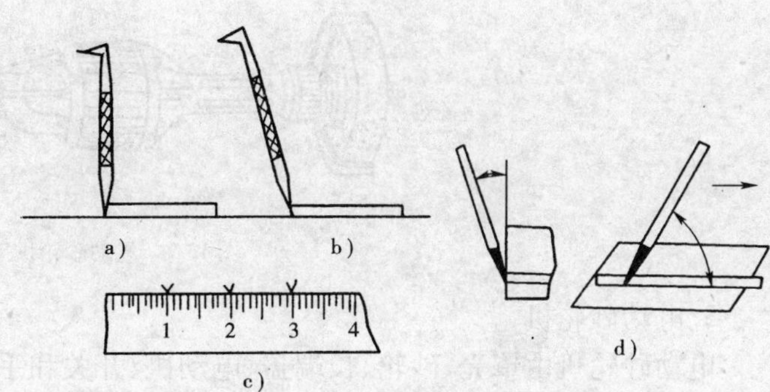

图 13-2　卡钳

a)内卡钳;b)外卡钳

图 13-3　划针划线示意图

a)不正确;b)正确;c)表示正确用尺划线方向;d)划线时应倾斜角度

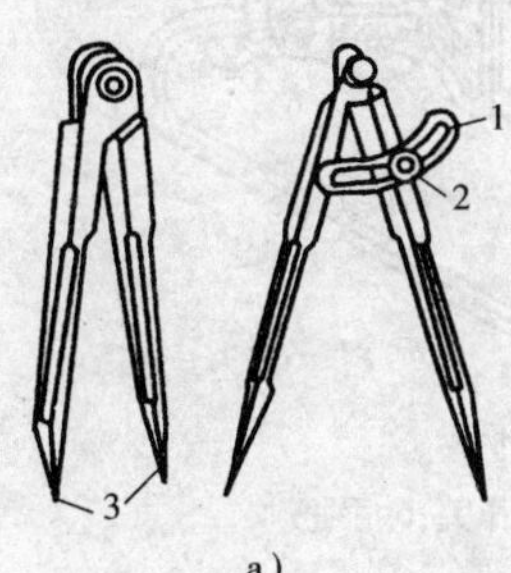

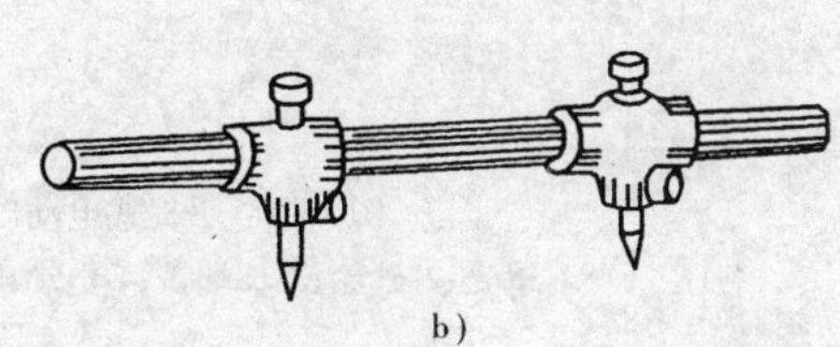

图 13-4　划规示意图

a)划规;b)地规

1-弧片;2-制动螺栓;3-淬火处

13.3.2　切割、切削机具

1. 半自动切割机

图 13-6 为半自动切割机的一种。它可由可调速的电动机拖动,沿着轨道可直线运行,或做圆运动,这样切割嘴就可以割出直线或圆弧。

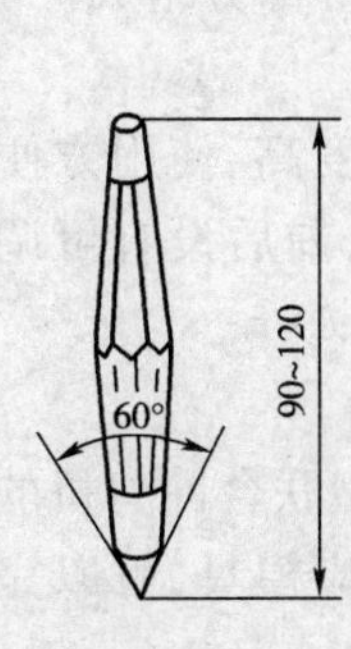

图 13-5　样冲

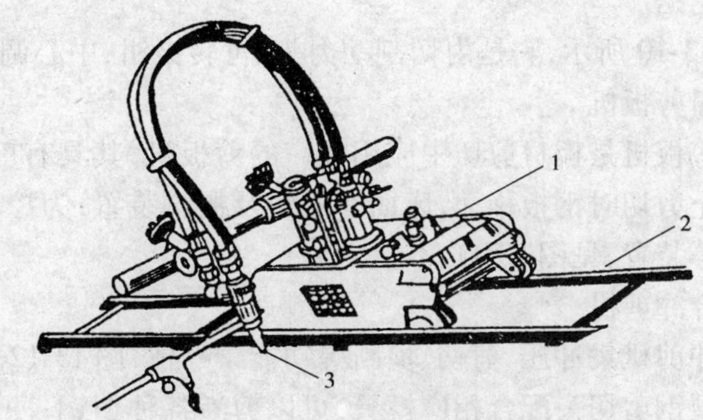

图 13-6　半自动切割机

1-气割小车;2-轨道;3-切割嘴

2. 风动砂轮机

风动砂轮机以压缩空气为动力，携带方便，使用安全可靠，因而得到广泛地应用。风动砂轮机的外形见图 13-7。

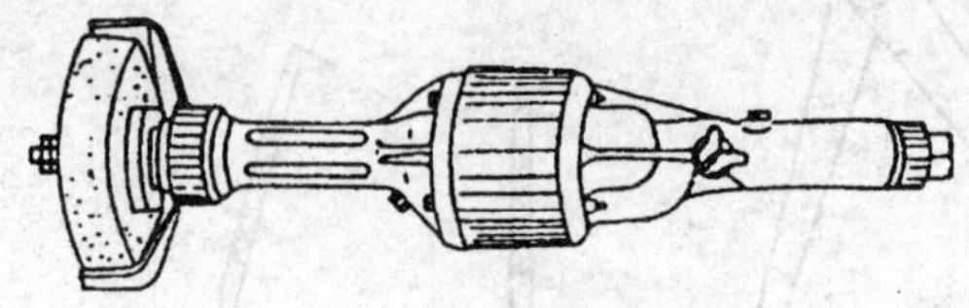

图 13-7 风动砂轮机

3. 电动砂轮机

电动砂轮机由罩壳、砂轮、长端盖、电动机、开关和手把组成，见图 13-8。

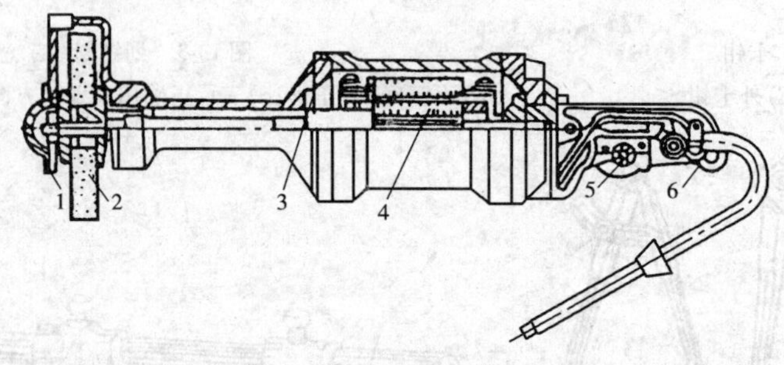

图 13-8 手提式电动砂轮机

1-罩壳；2-砂轮；3-长端盖；4-电动机；5-开关；6-手把

4. 风铲

风铲属风动冲击工具，其具有结构简单、效率高、体积小、重量轻等特点，见图 13-9。

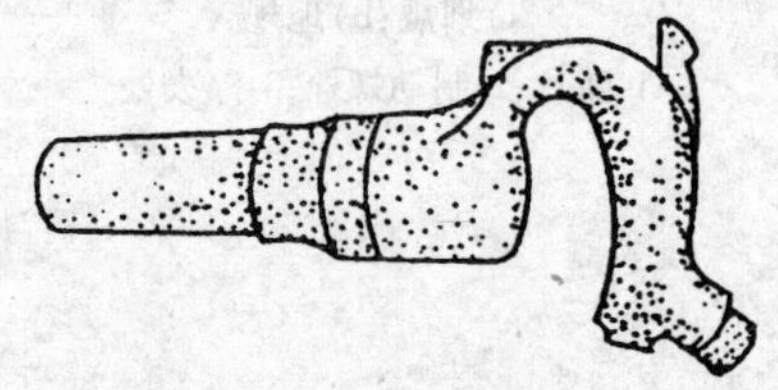

图 13-9 风铲

5. 砂轮锯

如图 13-10 所示，它是由切割动力头、可转夹钳、中心调整机构及底座等部分组成。

6. 龙门剪板机

龙门剪板机是板材剪切中应用较广的剪板机，其具有剪切速度快、精度高、使用方便等特点。为防止剪切时钢板移动，床面有压料及栅料装置；为控制剪料的尺寸，前后设有可调节的定位挡板等装置，见图 13-11。

7. 联合冲剪机

联合冲剪机集冲压、剪切、剪断等功能于一体，图 13-12 为 QA34－25 型联合冲剪机的外形示意图。型钢剪切头配合相应模具，可以剪断各种型钢；冲头部位配合相应模具，可以完成冲孔、落料等冲压工序；剪切部位可直接剪断扁钢和条状板材料。

8. 锉刀

锉刀的规格按 GB 5810 的规定见表 13-1，锉刀的种类见图 13-12。

图 13-10　砂轮锯

1-切割动力头;2-中心调整机构;3-底座;4-可转夹钳

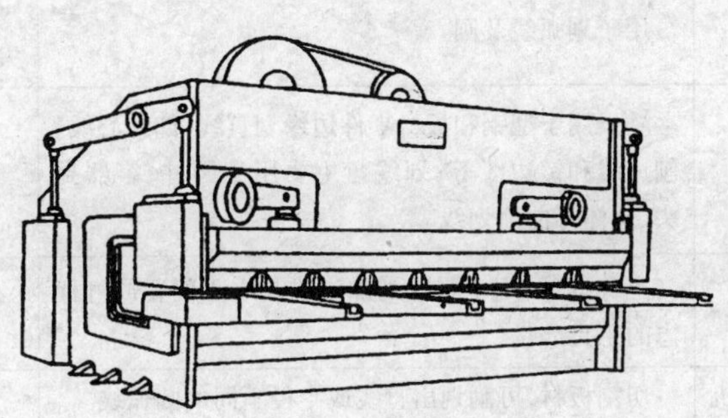

图 13-11　龙门剪板机

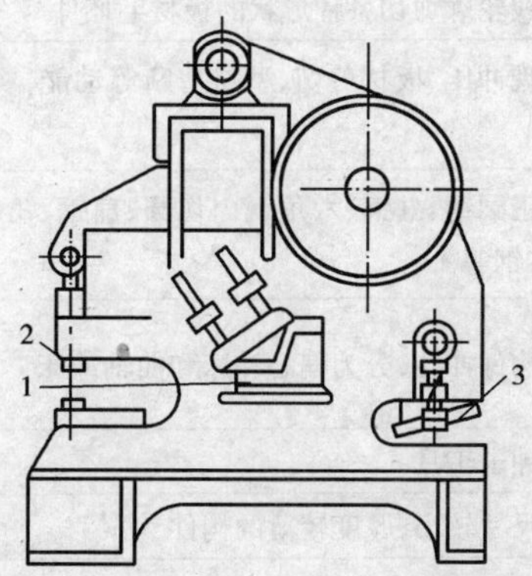

图 13-12　QA34－25 型联合冲剪机

1-型钢剪切头;2-冲头;3-剪切刃

锉刀规格 表 13-1

锉纹号	习惯称呼	规格(长度,不连柄) 每10mm轴向长度内的主锉纹条数								
		100	125	150	200	250	300	350	400	450
1	粗	14	12	11	10	9	8	7	6	5.5
2	中	20	18	16	14	12	11	10	9	8
3	细	28	25	22	20	18	16	14	12	11
4	双细	40	36	32	28	25	22	20		
5	油光	56	50	45	40	36	32			

常用量具与工具如表 13-2 所示。

常用量具和工具 表 13-2

分类		工具名称	用途	使用注意事项
量具		直角尺	用于划较短的垂直线及校量垂直角度	在使用前应校验其准确度
		卡钳	分内、外卡两种。内卡用于量孔径或槽道的大小,外卡则用于量零件的厚度和圆柱形的外径等	
		划针	用于较精确零件划线,使用时应沿直尺或样板边缘进行划线	
		划规	用于划弧线及圆	规尖用前需经淬火处理,以保证规尖的硬度
		勒子、划线盘	勒子用于型钢和板材零件边缘划直线,如孔心线、刨边线和铲边线等;划线盘主要用于圆柱、容器封头、球体等曲面划线	
		中心冲	也称样冲,用于零件划加工线及中心位置冲打标志的工具	
机具	切割、消磨机具	半自动切割机	切割板材,可割划出直线或半径不同的圆弧线	
		砂轮机	清理金属表面的铁锈、旧漆,或以布轮代替砂轮后,可抛光	
		龙门剪板机	沿直线轮廓剪切各种形状的板材毛坯件	
		联合冲剪机	可实现冲压、板材剪切、型材剪断等动能,属多功能机具	
	矫正、冲压工具	型钢矫正机	可矫正圆钢、方钢、六角钢内切圆、扁钢、角钢、槽钢、工字钢等	
		冲床	用于构件冲孔,分为偏心冲床和曲轴冲床	
	切削、锯割工具	风铲	风动冲击工具	
		手锯	切割尺寸较小,厚度较薄的构件	
		机械锯	可切割尺寸及厚度较大的构件	
		锉刀	可对工件表面进行切削加工	
		凿子	凿削毛坯件表面多余的金属、毛刺、分割材料、锡焊缝、切坡口等	

13.4 钢结构零部件的加工

根据专业化程度和生产规模，钢结构的生产有三种生产组织方式：专业分工的大流水作业生产；一包到底的混合组织方式；扩大放样室的业务范围。

钢结构制作的工序较多，对加工顺序要周密安排，避免或减少工作倒流，以减少往返运输和周转时间。图 13-13 为大流水作业生产的工艺流程。

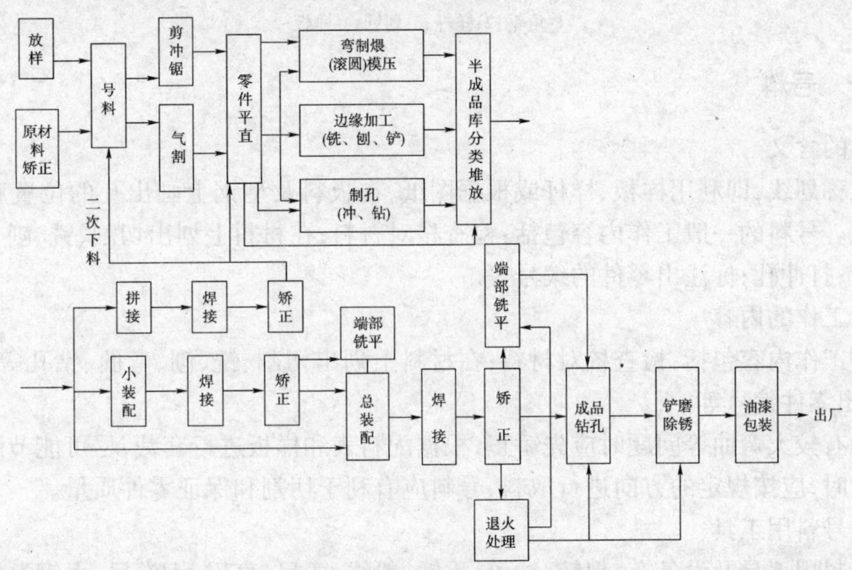

图 13-13 大流水作业生产的工艺流程

13.4.1 放样

放样是指 1:1的比例在放样台上利用几何作图方法弹出的大样图。放样是钢结构制作工艺中第一道工序。只有放样尺寸准确，才能避免各道加工工序的积累误差，从而保证工程质量。

1. 放样的内容

放样工作包括如下内容：核对图纸的安装尺寸和孔距；以 1:1的大样放出节点；核对各部分的尺寸；制作样板和样杆作为下料、弯制、铣、刨、制孔等加工的依据。

放样号料用的工具及设备有：划针、冲子、手锤、粉线、弯尺、直尺、钢卷尺、大钢卷尺、剪子、小型剪板机、折弯机。钢卷尺必须经过计量部门的校验复核，合格的方能使用。

放样时以 1:1的比例在样板台上弹出大样。当大样尺寸过大时，可分段弹出。对一些三角形的构件，如果只对其节点有要求，则可以缩小比例弹出样子，但应注意其精度。放样弹出的十字基准线，两线必须垂直。然后据此十字线逐一划出其他各个点及线，并在节点旁注上尺寸，以备复查及检验。

2. 样板和样杆

放样制成的大样图是制作钢结构零部件的依据。放样经检查无误后，用铁皮或塑料板制作样板，用木杆、钢皮或扁铁制作样杆。样板、样杆上应注明工号、图号、零件号、数量及加工边、坡口部位、弯折线和弯折方向、孔径和滚圆半径等。然后用样板、样杆进行号料，见图 13-14。样板、样杆应妥善保存，直至工程结束以后。

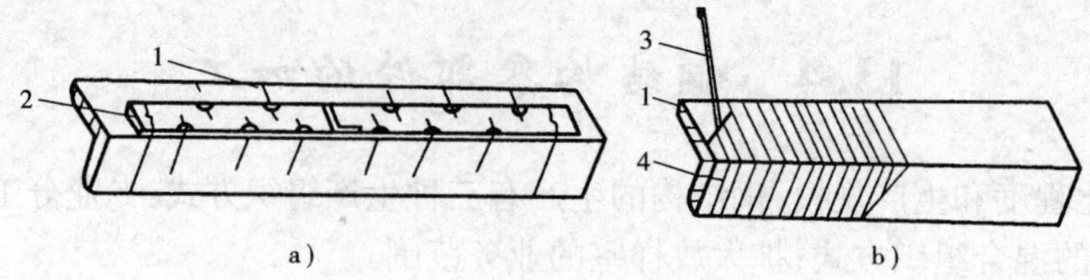

图 13-14 样板号料
a)样杆号孔;b)样板号料
1-角钢;2-样杆;3-划针;4-样板

13.4.2 号料

1. 号料的含义

号料也称划线,即利用样板、样杆或根据图纸,在板料及型钢上画出孔的位置和零件形状的加工界线。号料的一般工作内容包括:检查核对材料;在材料上划出切割、铣、刨、弯曲、钻孔等加工位置;打冲孔;标注出零件的编号等。

2. 号料工作的内容

号料的工作内容包括:检查核对材料;在材料上划出切割、铣、刨、弯曲、钻孔等加工位置;打冲孔;标出零件编号等。

钢材如有较大弯曲等问题时应先矫正,根据配料表和样板进行套裁,尽可能节约材料。当工艺有规定时,应按规定的方向进行取料,号料应有利于切割和保证零件质量。

3. 放样号料用工具

放样号料用工具及设备有:划针、冲子、手锤、粉线、弯尺、直尺、钢卷尺、大钢卷尺、剪子、小型剪板机、折弯机。

用作计量长度的钢盘尺,必须经授权的计量单位计量,且附有偏差卡片,使用时按偏差卡片的记录数值核对其误差数。

钢结构制作、安装、验收及土建施工用的量具,必须用同一标准进行鉴定,且应具有相同的精度等级。

4. 放样号料应注意的问题

(1)放样时,铣、刨的工作要考虑加工余量,焊接构件要按工艺要求放出焊接收缩量,高层钢结构的框架柱尚应预留弹性压缩量;

(2)号料时要根据切割方法留出适当的切割余量;

(3)如果图纸要求桁架起拱,放样时上、下弦应同时起拱,起拱后垂直杆的方向仍然垂直于水平线,而不与下弧杆垂直;

(4)样板的允许偏差见表 13-3,号料的允许偏差见表 13-4。

放样和样板(样杆)的允许偏差 表 13-3

项 目	允许偏差
平行线距离和分段尺寸	±0.5mm
对角线差	1.0mm
宽度、长度	±0.5mm
孔距	±0.5mm
加工样板的角度	±20′

号料的允许偏差(mm) 表 13-4

项　目	允许偏差
零件外形尺寸	±1.0
孔距	±0.5

13.4.3 切割

钢材下料切割方法有剪切、冲切、锯切、气割等。施工中采用哪种方法应该根据具体要求和实际条件选用。切割后钢材不得有分层,断面上不得有裂纹,应清除切口处的毛刺或溶渣和飞溅物。气割和机械剪切的允许偏差应符合表 13-5 和表 13-6 的规定。

气割的允许偏差(mm) 表 13-5

项　目	允许偏差
零件宽度,长度	±3.0
切割面平面度	$0.05t$,且不大于 2.0
割纹深度	0.3
局部缺口深度	1.0

注:t 为切割面厚度。

机械剪切的允许偏差(mm) 表 13-6

项　目	允许偏差
零件宽度,长度	±3.0
边缘缺棱	1.0
型钢端部垂直度	2.0

1. 气割

氧割或气割是以氧气与燃料燃烧时产生的高温来熔化钢材,并借喷射压力将溶渣吹去,造成割缝达到切割金属的目的。但熔点高于火焰温度或难以氧化的材料,则不宜采用气割。氧与各种燃料燃烧时的火焰温度大约在 2000～3200℃。

气割能切割各种厚度的钢材,设备灵活,费用经济,切割精度也高,是目前广泛使用的切割方法。气割按切割设备分类可分为:手工气割、半自动气割、仿型气割、多头气割、数控气割和光电跟踪气割。

手工气割操作要点:①首先点燃割炬,随即调整火焰;②开始切割时,打开切割氧阀门,观察切割氧流线的形状,若为笔直而清晰的圆柱体,并有适当的长度即可正常切割;③发现嘴头产生鸣爆并发生回火现象,可能因嘴头过热或堵住或乙炔供应不及时,此时需马上处理;④临近终点时,嘴头应向前进的反方向倾斜,以利于钢板的下部提前割透,使收尾时割缝整齐;⑤当切割结束时应迅速关闭切割氧气阀门,并将割炬抬起,再关闭乙炔阀门,最后关闭预热氧阀门。

2. 机械切割

(1)带锯机床

带锯机床适用于切断型钢及型钢构件,其效率高,切割精度高。

(2)砂轮锯

砂轮锯适用于切割薄壁型钢及小型钢管,其切口光滑、生刺较薄易清除,噪声大、粉尘多。

(3)无齿锯

无齿锯是依靠高速摩擦而使工件熔化,形成切口,适用于精度要求低的构件。其切割速度快，噪声大。

(4)剪板机、型钢冲剪机

此法适用于薄钢板、压型钢板等，其具有切割速度快、切口整齐，效率高等特点，剪刀必须锋利，剪切时调整刀片间隙。

3. 等离子切割

等离子切割适用于不锈钢、铝、铜及其合金等，在一些尖端技术上应用广泛。其具有切割温度高、冲刷力大、切割边质量好、变形小、可以切割任何高熔点金属等特点。

13.4.4 矫正

在钢结构制作过程中，由于原材料变形、切割变形、焊接变形、运输变形等经常影响构件的制作及安装。矫正就是造成新的变形去抵消已经发生的变形。型钢的矫正分机械矫正、手工矫正和火焰矫正等。

型钢机械矫正是在矫正机上进行，在使用时要根据矫正机的技术性能和实际使用情况进行选择。手工矫正多数用在小规格的各种型钢上，依靠锤击力进行矫正。火焰矫正法是在构件局部用火焰加热，利用金属热胀冷缩的物理性能，冷却时产生很大的冷缩应力来矫正变形。

型钢在矫正前首先要确定弯曲点的位置，这是矫正工作不可缺少的步骤。目测法是现在常用找弯方法，确定型钢的弯曲点时应注意型钢自重下沉产生的弯曲影响准确性，对于较长的型钢要放在水平面上，用拉线法测量。型钢矫正后的允许偏差见表 13-7。

钢材矫正的允许偏差(mm)　　表 13-7

项次	偏差名称		示意图	允许偏差
1	钢板、扁钢的局部挠曲矢高 f		δ　f　尺子　1000	在 1m 范围内 $\delta>14$，$f\leq1.0$，$\delta\leq14$，$f\leq1.5$
2	角钢、槽钢、工字钢的挠曲矢高 f			长度的 1/1000 但不大于 5
3	角钢肢的垂直度 Δ		Δ　b	$\Delta\leq b/100$ 但双肢铆接连接时角钢的角度不得大于 90°
4	翼缘对腹板的垂直度	槽钢	b　Δ　b　Δ	$\Delta\leq b/80$(槽钢)
		工字钢 H 型钢		$\Delta\leq b/100$，且不大于 2.0(工字钢)(H 型钢)

13.4.5 弯形

钢结构制造中的弯形主要是指弯曲和滚圆。弯形和矫正相反，是使平直的材料按图纸的要求弯曲成一定形状。弯形的加工手段也是加热和施加机械力或者二者混合使用，其使用的设备也多类似。现对滚圆机和折板机加以简介。

1. 滚圆机

滚圆的原理是经过辊子的压力使材料弯曲，而辊子的转动使材料逐步滚成圆筒形。老式的三辊式滚圆机在滚圆过程中，构件的两个端头需要预弯，预弯是比较费料和费工的。新式的滚圆机则是四辊或上辊可以上下移动,因而免除了预弯工序。图 13-15 ~ 图 13-18 分别为滚圆和预弯的工作示意图。

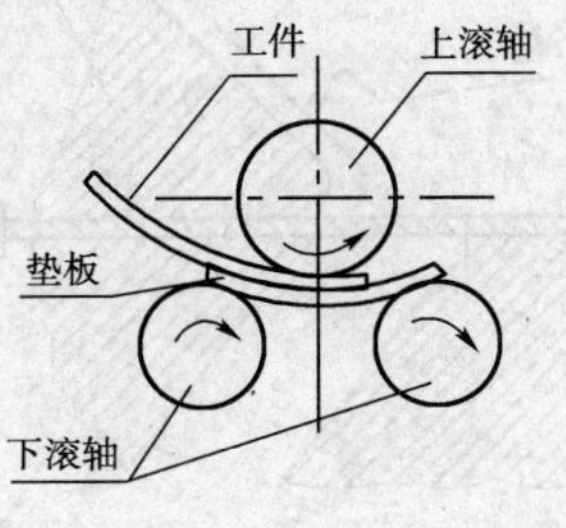

图 13-15　滚圆机预弯示意图

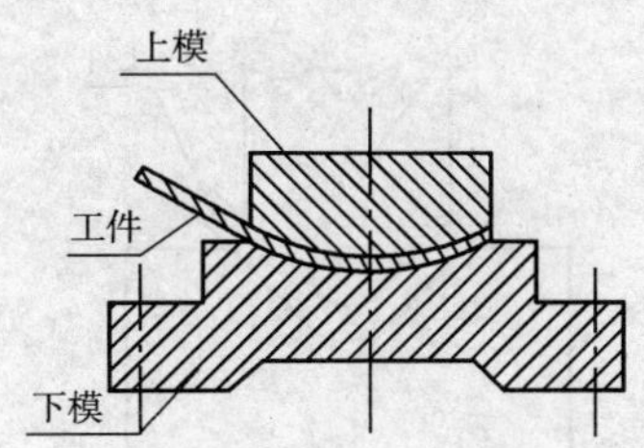

图 13-16　压力机预弯示意图

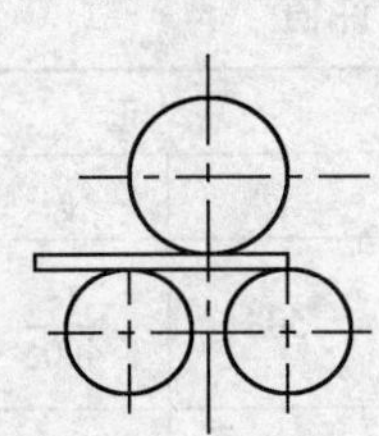

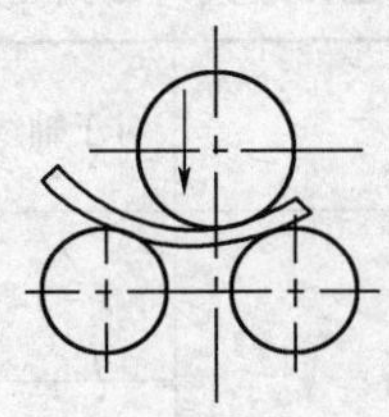

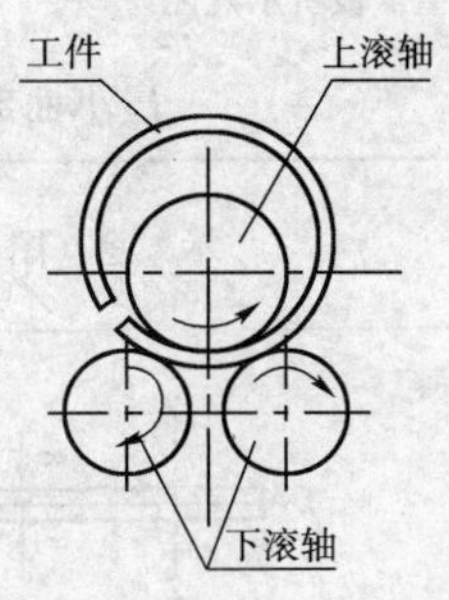

图 13-17　三辊滚圆机工作示意图

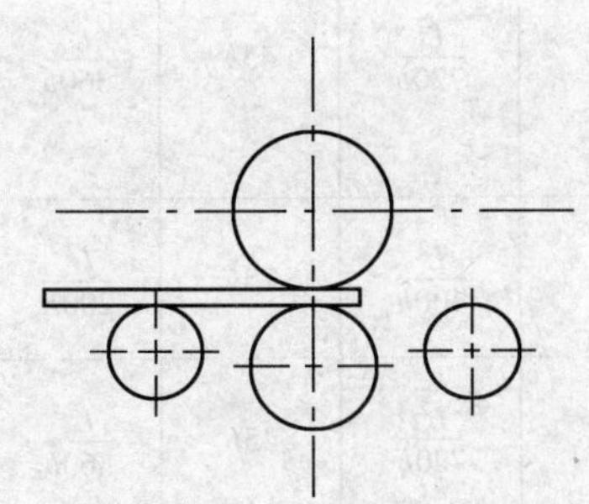

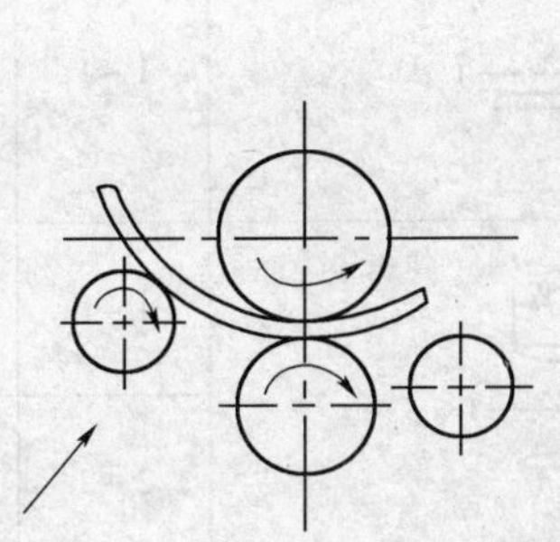

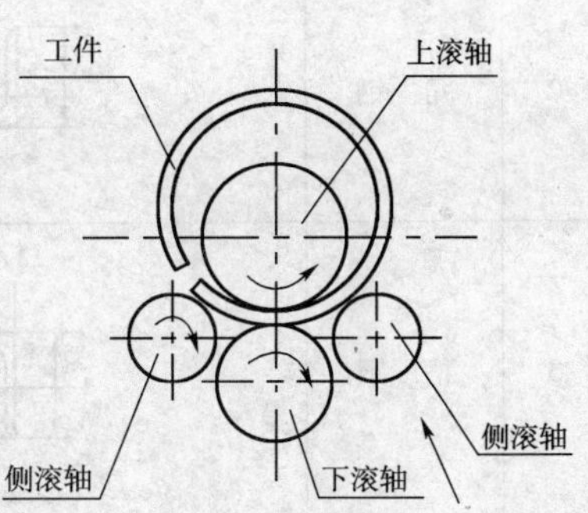

图 13-18　四辊滚圆机工作示意图

随着生产需要和技术发展,滚圆机的加工能力(辊板厚度和长度)都已大大提高。现已具有在不加热情况下滚压厚达 120mm 钢板的设备。

对型钢的滚圆,一般采取立式辊,辊子应做成与型钢断面相应的辊压面。

2. 折板机

折板机有冲压型和弯折型两种,主要用作弯折薄而宽的板料。冲压型是利用冲床原理,采用上下模具把板材压弯(图 13-19)。而弯折型设备则是把板材固定在翻折板上,以翻折板的翻转使板材弯折(图 13-20)。

3. 型钢冷弯曲

型钢冷弯曲的工艺方法有滚圆机滚弯、压力机压弯、还有顶弯、拉弯等,先按型材的截面形状,材质规格及弯曲半径制作相应的胎膜,经试弯符合要求方准加工。

(1)钢结构零件、部件在冷矫正和冷弯曲时,根据验收规范要求,最小弯曲率半径和最大弯曲矢高应符合表 13-8 的规定。

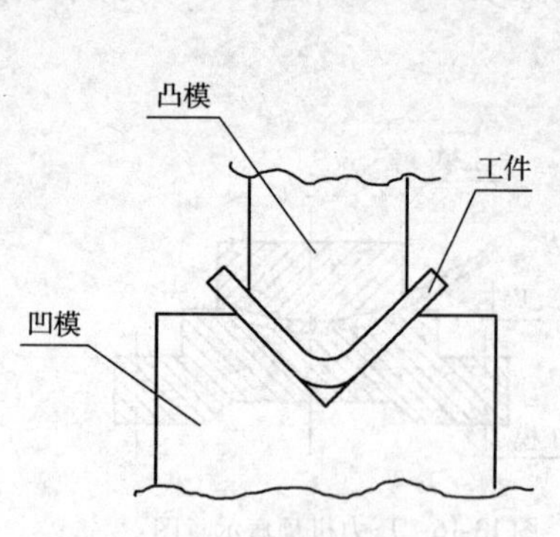

图 13-19　冲压型折板机示意图

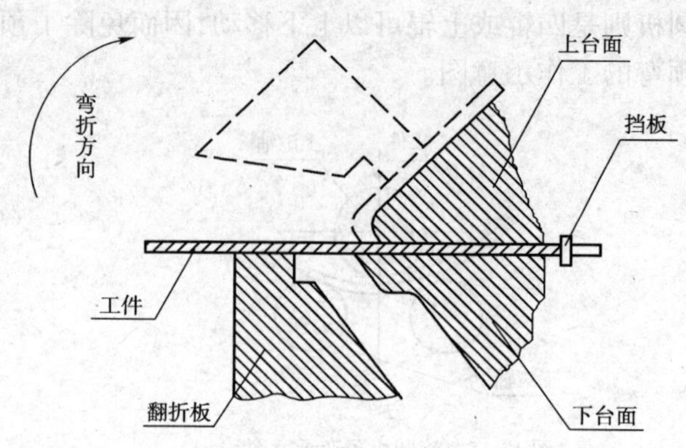

图 13-20　弯折型折板机床示意图

最小曲率半径和最大弯曲矢高允许值　　表 13-8

项次	钢材类型	示意图	对于轴线	矫正		弯曲	
				r	f	r	f
1	钢板、扁钢		1－1	50δ	$\frac{L^2}{400\delta}$	25δ	$\frac{L^2}{200\delta}$
			2－2（扁钢）	$100b$	$\frac{L^2}{800b}$	$50b$	$\frac{L^2}{400b}$
2	角钢		1－1	$90b$	$\frac{L^2}{720b}$	$45b$	$\frac{L^2}{360b}$
3	槽钢		1－1	$50h$	$\frac{L^2}{400h}$	$25h$	$\frac{L^2}{200h}$
			2－2	$90b$	$\frac{L^2}{720b}$	$45b$	$\frac{L^2}{360b}$
4	工字钢		1－1	$50h$	$\frac{L^2}{400h}$	$25h$	$\frac{L^2}{200h}$
			2－2	$90b$	$\frac{L^2}{400b}$	$25b$	$\frac{L^2}{200b}$

注：①图中：r 为曲率半径；f 为弯曲矢高；L 为弯曲弦长；

②超过以上数值时，必须先加热再行加工；

③当温度低于－20℃（低合金钢低于－15℃）时，不得对钢材进行锤击、剪冲和冲孔。

（2）角钢煨圆长度计算，见图 13-21。

角钢冷滚煨圆时其中性层的位置不在形心，而在靠近背面的位置，其距离为：

$$A=\frac{nt}{\pi}$$

对于等肢角钢 $n=6$

对于不等肢角钢 n 值经试验得出如下数值：

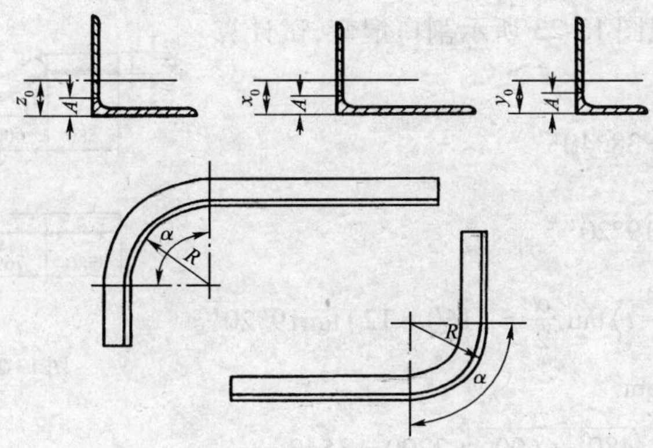

图 13-21 角钢煨圆长度计算

对∟90×56×6 煨 90 边方向 $n=10.0$

煨 56 边方向 $n=4.0$

对∟75×50×5 煨 75 边方向 $n=6.5$

煨 50 边方向 $n=4.0$

对∟63×40×6 煨 60 边方向 $n=7.0$

煨 40 边方向 $n=3.5$

其他规格的不等肢角钢 n 值参照上述数值考虑。

角钢煨弯时其圆弧部分的展开长度为：

$$L=\pi(R\pm A)\frac{\alpha}{180^\circ}=\pi\left(R\pm\frac{nt}{\pi}\right)\times\frac{\alpha}{180^\circ}=(\pi R\pm nt)\times\frac{\alpha}{180^\circ}$$

式中：R——圆弧半径；

t——角钢厚度；

α——圆弧部分的圆心角。

当外煨时 A 取正号，内煨时 A 取负号。

当采用热煨等其他工艺时，长度还有变化，实际施工中一般会适当加长。当大批量生产时，必须进行工艺试验以取得精确的结果。

例 13-1 一角钢断面∟90×56×6，弯内 $R600$ 半圆，如图 13-22 所示，计算两个面冷弯时各自总长。

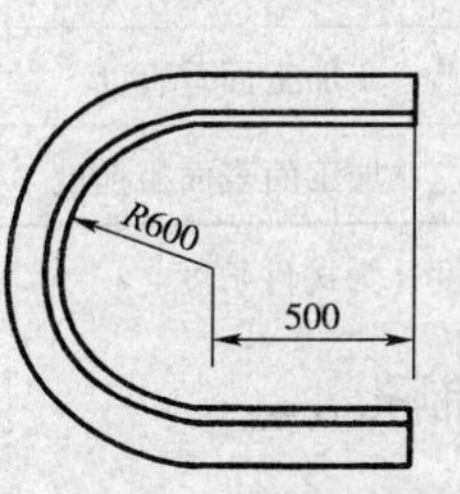

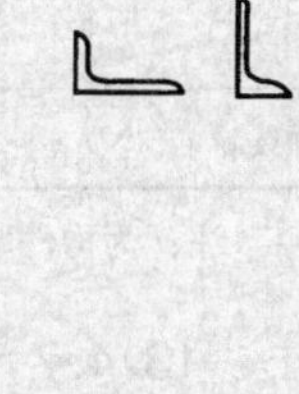

图 13-22 不等肢角钢两种方向煨弯示意

解 两个直段部分总长为：$2\times500=1000$mm

圆弧部分长度为：

当煨 90 边时 $n=10.0$

$$L_1=(\pi R+nt)\times\frac{\alpha}{180^\circ}=(600\pi+10\times6)\times\frac{180^\circ}{180^\circ}=1945\text{mm}$$

当煨 56 边时 $n=4.0$

$$L_1=(\pi R+nt)\times\frac{\alpha}{180^\circ}=(600\pi+4\times6)\times\frac{180^\circ}{180^\circ}=1909\text{mm}$$

总长为：当煨 90 边时

$$L=1945+1000=2945\text{mm}$$

当煨 56 边时

$$L=1909+1000=2909\text{mm}$$

例 13-2 一角钢以图 13-23 所示割口煨弯,试计算其切口宽度及总长度。

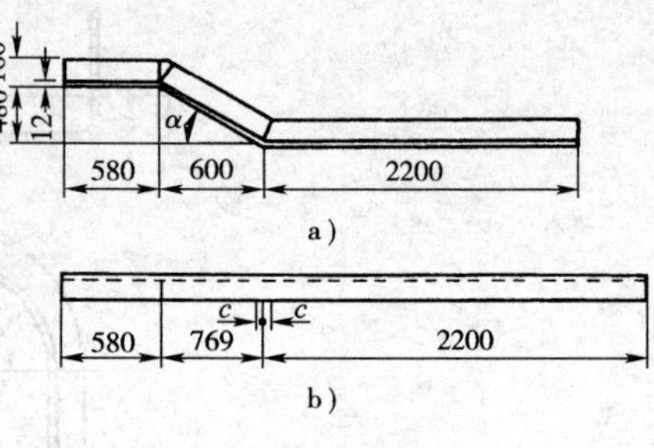

图 13-23 角钢长度计算

解 $\alpha = \tan^{-1}\dfrac{480}{600} = 38°40'$

$$\frac{\alpha}{2} = \frac{38°40'}{2} = 19°20'$$

切口宽度:$C = (b - t)\tan\dfrac{\alpha}{2} = (160 - 12)\tan 19°20'$

$= 52\text{mm}$

总长度:$L = 580 + \sqrt{480^2 + 600^2} + 2200 = 3549\text{mm}$

13.4.6 边缘加工

钢吊车梁翼缘板的边缘、钢柱脚和肩梁承压支承面以及其他图纸要求的加工面,焊接对接口、坡口的边缘,尺寸要求严格的加劲肋、隔板、腹板和有孔眼的节点板,以及由于切割方法产生硬化等缺陷的边缘,一般需要边缘加工,采用精密切割就可代替刨铣加工。

1. 边缘加工方法

常用的边缘加工方法有:铲边、刨边、铣边、切割等。对加工质量要求不高并且工作量不大的采用铲边,有手工铲边和机械铲边。刨边使用的是刨边机,由刨刀来切削板材的边缘。铣边比刨边机工效高、能耗少、质量优。切割有碳弧气刨、半自动和自动气割机、坡口机等方法。

2. 边缘加工质量

边缘加工允许偏差见表 13-9。

边缘加工的允许偏差 表 13-9

项 目	允许偏差
零件宽度、长度	±1.0mm
加工边直线度	l/3000,且不大于 2.0mm
相邻两边夹角	±6′
加工面垂直度	0.025t,且不大于 0.5mm
加工面表面粗糙度	50/

注:t 为构件厚度;l 为构件长度。

13.4.7 制孔

钢结构上的孔洞基本多为螺栓孔,大都呈圆形,为调整的需要也有长圆孔。在采用销轴连接时使用销孔,此外还可能有气孔、灌浆孔、人孔、手孔、管道孔等,部分孔洞还可能需要加工出螺纹。

钢结构上用的螺栓孔直径一般在 12 ~ 30mm 范围内,手孔、管道孔较大,而人孔可达 400mm 直径以上。

对于 ϕ80mm 以下的圆孔,一般采用钻孔,更大的孔则采用火焰切割方法。销孔及螺栓孔则在钻孔、割孔后再进行机加工。

如果长孔的长度超过直径两倍以上,可采用先钻两个孔后割通、磨光的方法。如果长度小于两倍直径时，则采用冲孔或钻孔后铣成长孔。

螺栓孔一般不采用冲孔，因冲孔边缘有冷作硬化现象，但如采用精密冲孔则可极大程度减少硬化现象，且可大大提高生产效率。一般情况下，采用冲孔时的板厚不能超过孔直径。2mm 以下的薄板通常是采用冲孔。

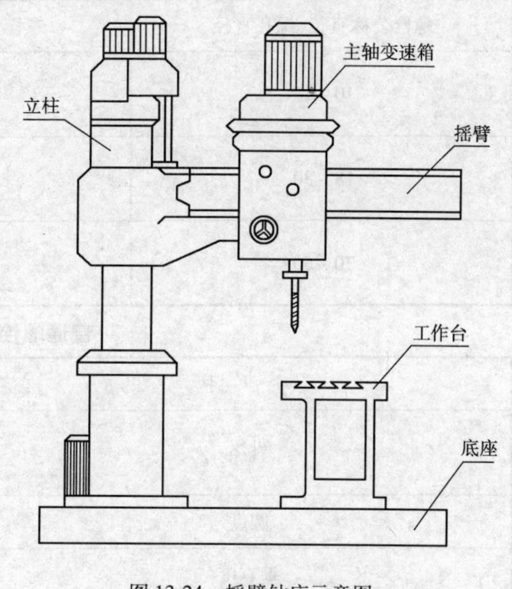

图 13-24　摇臂钻床示意图

制孔设备有冲床、钻床。钻床已从立式钻床发展为摇臂钻床（图 13-24）、多轴钻床、万向钻床和数控三向多轴钻床。数控三向多轴钻床的生产效率比摇臂钻床提高几十倍，它与锯床形成连动生产线，这是目前钢结构加工机床中的发展趋向。

在使用单轴钻孔加工时，采用钻模制孔可以大大提高钻孔的精度，其每一组孔群内的孔间距离精度可控制在 0.3mm 以内，甚至还可更小，并可一次进行多块钢板的钻孔，提高工效。图 13-25 和图 13-26 分别为钢板钻模和角钢钻模。

孔加工在钢结构制造中占有一定的比重，尤其是高强螺栓的采用，使孔加工不仅在数量上，而且在精度要求上都有了很大的提高。

制孔通常有钻孔和冲孔两种方法。钻孔是钢结构制造中普遍采用的方法，能用于几乎任何规格的钢板、型钢的孔加工。钻孔的原理是切削，孔的精度高，对孔壁损伤较小。冲孔一般只用于较薄钢板和非圆孔的加工，而且要求孔径一般不小于钢材的厚度。冲孔生产效率虽高，但由于孔的周围产生冷作硬化，孔壁质较差等原因，在钢结构制造中已较少采用。

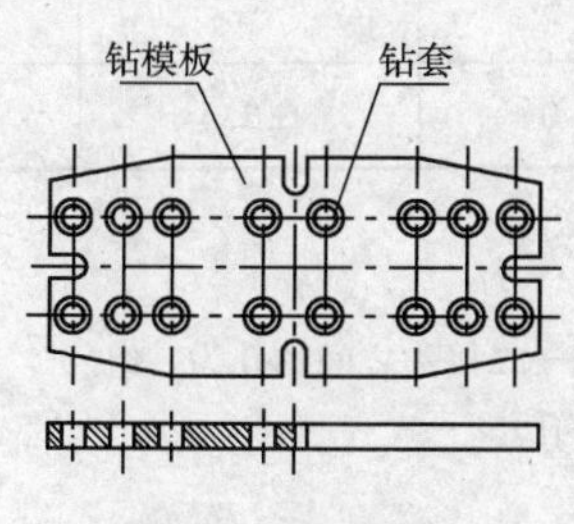

图 13-25　钢板钻模

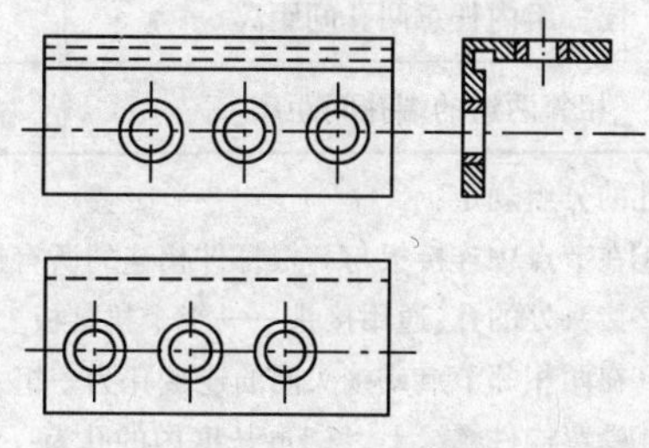
图 13-26　角钢钻模

1. 制孔的质量标准及允许偏差

（1）精制螺栓孔的直径与允许偏差。精制螺栓孔（A、B 级螺栓孔 - Ⅰ类孔）的直径应与螺栓公称直径相等，孔应具有 H12 的精度，孔壁表面粗糙度 $R_a \leqslant 12.5\mu m$。其允许偏差应符合表 13-10 的规定。

（2）普通螺栓孔的直径及允许偏差。普通螺栓孔（C 级螺栓孔 - Ⅱ类孔）包括高强度螺栓孔（大六角头螺栓孔、扭剪型螺栓孔等）、普通螺栓孔、半圆头铆钉孔等，其孔直径应比螺栓杆、钉杆公称直径大 1.0 ~ 3.0mm。螺栓孔孔壁粗糙度 $R_a \leqslant 12.5\mu m$。孔的允许偏差应符合表 13-11的规定。

精制螺栓孔径允许偏差（mm）　表 13-10

螺栓公称直径、螺孔直径	螺栓公称直径允许偏差	螺栓孔直径允许偏差
10 ~18	0 -0.18	+0.18 0
18 ~30	0 -0.21	+0.21 0
30 ~50	0 -0.25	+0.25 0

普通螺栓孔允许偏差（mm）　表 13-11

项　目	允许偏差
直径	+1.0 0
圆度	2.0
垂直度	0.03t，且不大于 2.0

注：t 为板的厚度。

（3）零、部件上孔的位置偏差。零、部件上孔的位置，在编制施工图时，宜按照国家标准《形状和位置公差》计算标注；如设计无要求时，成孔后任意两孔间距离的允许偏差应符合表 13-12 的规定。

孔距的允许偏差（mm）　表 13-12

项　目	允许偏差			
	≤500	501 ~1200	1201 ~3000	>3000
同一组内任意两孔间距离	±1.0	±1.5	—	—
相邻两组的端孔间距离	±1.5	±2.0	±2.5	±3.0

注：孔的分组规定：

①在节点中连接板与一根杆件相连的所有连接孔划为一组。

②接头处的孔：通用接头——半个拼接板上的孔为一组；阶梯接头——二接头之间的孔为一组。

③在两相邻节点或接头间的连接孔为一组，但不包括注①、②所指的孔。

④受弯构件翼缘上，每 1m 长度内的孔为一组。

（4）孔超过偏差的解决办法。螺栓孔的偏差超过上表所规定的允许值时，允许采用与母材材质相匹配的焊条补焊后重新制孔，严禁采用钢块填塞。

当精度要求较高、板叠层数较多、同类孔距较多时。可采用钻模制孔或预钻较小孔径，在组装时扩孔的办法。预钻小孔的直径取决于板叠的多少，当板叠少于 5 层时，预钻小孔的直径小于公称直径一级（-3.0mm）；当板叠层数大于 5 层时，预钻小孔的直径小于公称直径二级（-6.0mm）。

2. 钻孔的加工方法

（1）划线钻孔　钻孔前先在构件上划出孔的中心和直径，在孔的圆周上（90°位置）打 4 只冲眼，可作钻孔后检查用。孔中心的冲眼应大而深，在钻孔时作为钻头定心用。划线工具一般用划针和钢尺。

(2)钻模钻孔　当批量大,孔距精度要求较高时,采用钻模钻孔。钻模有通用型、组合式和专用钻模。

(3)数控钻孔　近年来数控钻孔的发展更新了传统的钻孔方法,无需在工件上划线、打样冲眼,整个工程都是自动进行,高速数控定位,钻头行程数字控制,钻孔效率高、精度高。特别是数控三向多轴钻床的开发和应用,其生产效率比传统的摇臂钻床提高几十倍,它与锯床形成连动生产线,是目前钢结构加工的发展趋势。

3. 锪孔

在孔口表面用锪钻或改制的钻头加工出一定形状的孔或表面,称为锪孔。锪孔工作包括锪圆柱形埋头孔、锪锥形埋头和锪凸台平面。

4. 扩孔

扩孔是用麻花钻或扩孔钻将工件上原有的孔进行全部或局部地扩大。扩孔的种类有:扩大圆柱孔、扩锥形埋头孔、扩柱形埋头孔。

5. 铰孔

铰孔是用铰刀对已经粗加工的孔进行精加工,可提高孔的光洁度和精度。

铰孔的切削工具是铰刀。铰刀的种类很多,按用途分有圆柱铰刀和圆锥铰刀。

铰刀包括有固定圆柱铰刀和活络圆柱铰刀。固定圆柱铰刀又有机铰刀和手铰刀两种。

6. 冲孔

钢结构制造中,冲孔一般只用于冲制非圆孔及薄板孔,圆孔多用钻孔。

13.4.8　组装

组装,亦可称拼装、装配、组立。组装工序是把制备完成的半成品和零件按图纸规定的运输单元,装配成构件或者部件,然后将其连接成为整体的独立成品过程。

1. 组装工序的一般规定

产品图纸和工艺规程是整个装配准备工作的主要依据,因此,首先要了解以下问题:

(1)了解产品的用途结构特点,以便提出装配的支承与夹紧等措施。

(2)了解各零件的相互配合关系,使用材料及其特性,以便确定装配方法。

(3)了解装配工艺规程和技术要求,以便确定控制程序、控制基准及主要控制数值。

2. 钢结构构件组装的方法

(1)地样法。用1:1的比例在装配平台上放出构件实样,然后根据零件在实样上的位置,分别组装起来成为构件。此装配方法适用于桁架、构架等小批量结构的组装。

(2)仿形复制装配法。先用地样法组装成单面(单片)的结构,然后定位点焊牢固,将其翻身,作为复制胎模,在其上面装配另一单面的结构,往返两次组装。此种装配方法适用于横断面互为对称的桁架结构。

(3)立装。立装是根据构件的特点,及其零件的稳定位置,选择自上而下或自下而上地装配。此法用于放置平稳、高度不大的结构或者大直径的圆筒。

(4)卧装。卧装是将构件放置卧位进行的装配。卧装适用于断面不大,但长度较大的细长的构件。

(5)胎模装配法。胎模装配法是将构件的零件用胎模定位在其装配位置上的组装方法。此种装配法适用于制造构件批量大、精度高的产品。

在布置拼装胎模时,必须注意预留各种加工余量。

3. 装配胎和工作平台的准备

装配胎主要用于表面形状比较复杂,又不便于定位和夹紧或大批量生产的焊接结构的装配与焊接。装配胎可以简化零件的定位工作,改善焊接操作位置,从而可以提高装配与焊接的生产效率和质量。

装配胎具从结构上分有固定式和活动式两种,活动式装配胎可调节高矮、长短、回转角度等。按装配胎的适用范围又可分为专用胎和通用胎两种。

装配常用的工作台是平台,平台的上表面要求必须达到一定的平直度和水平度。平台通常有以下几种:铸铁平台、钢结构平台、导轨平台、水泥平台和电磁平台。

4. 组装的基本要求

(1)组装应按工艺方法的组装次序进行。当有隐蔽焊缝时,必须先施焊,经验收合格后方可覆盖。当复杂部位不易施焊时,也需按工艺次序进行组装。

(2)组装前,连接表面及焊缝每边 30 ~ 50mm 范围内的铁锈、毛刺、污垢、冰雪必须清除干净。

(3)布置拼装胎具时,其定位必须考虑预放出焊接收缩量及加工余量。

(4)为减少大件组装焊接的变形,一般应先采取小件组焊,经矫正后,再组装大部件。胎具及组装的首件必须经过检验方可大批进行组装。

(5)板材、型材的拼接应在组装前进行,构件的组装应在部件组装、焊接、矫正后进行。

(6)组装时要求磨光顶紧的部位,其顶紧接触面应有 75% 以上的面积紧贴。

(7)组装好的构件应立即用油漆在明显部位编号,写明图号、构件号、件数等,以便查找。

5. 组装工程质量验收

(1)主控项目

钢构件组装工程质量验收的主控项目应符合表 13-13 的规定。

主控项目内容及要求 表 13-13

项　目	项次	项目内容	规范编号	验收要求	检验方法	检查数量
组装	1	吊车梁(桁架)	第 8.3.1 条	吊车梁和吊车桁架不应下挠	构件直立,在两端支承后,用水准仪和钢尺检查	全数检查
端部铣平及安装焊缝坡口	1	端部铣平精度	第 8.4.1 条	端部铣平的允许偏差应符合相关的规定	用钢尺、角尺、塞尺等检查	按铣平面数量抽查 10%,且不应少于 3 个
钢构件外形尺寸	1	外形尺寸	第 8.5.1 条	钢构件外形尺寸主控项目的允许偏差应符合相关的规定	用钢尺检查	全数检查

(2)一般项目

钢构件组装工程质量验收的一般项目应符合表 13-14 的规定。

一般项目内容及要求　　表 13-14

项目	项次	项目内容	规范编号	验收要求	检验方法	检查数量
焊接H型钢	1	焊接 H 型钢接缝	第 8.2.1 条	焊接 H 型钢的翼缘板拼接缝和腹板拼接缝的间距不应小于 200mm。翼缘板拼接长度不应小于 2 倍板宽;腹板拼接宽度不应小于 300mm,长度不应小于 600mm	观察和用钢尺检查	全数检查
	2	焊接 H 型钢精度	第 8.2.2 条	焊接 H 型钢的允许偏差应符合相关的规定	用钢尺、角尺、塞尺等检查	按钢构件数抽查 10%,且不应小于 3 件
组装	1	焊接组装精度	第 8.3.2 条	焊接连接组装的允许偏差应符合相关的规定	用钢尺检验	按构件数抽查 10%,且不应少于 3 个
	2	顶紧接触面	第 8.3.3 条	顶紧接触面应有 75% 以上的面积紧贴	用 0.3mm 塞尺检查,其塞入面积应小于 25%,边缘间隙不应大于 0.8mm	按接触面的数量抽查 10%,且不应少于 10 个
	3	轴线交点错位	第 8.3.4 条	桁架结构杆件轴线交点错位的允许偏差不得大于 3.0mm,允许偏差不得大于 4.0mm	尺量检查	按构件数抽查 10%,且不应少于 3 个,每个抽查构件按节点数抽查 10%,且不应少于 3 个节点
端部铣平及安装焊缝坡口	1	焊缝坡口精度	第 8.4.2 条	安装焊缝坡口的允许偏差应符合规定	用焊缝量规检查	按坡口数量抽查 10%,且不应少于 3 条
	2	铣平面保护	第 8.4.3 条	外露铣平面应防锈保护	观察检查	全数检查
钢构件外形尺寸	1	外形尺寸	第 8.5.2 条	钢构件外形尺寸一般项目的允许偏差应符合相关的规定		按构件数量抽查 10%,且不应少于 3 件

13.4.9　钢构件预拼装

为了保证安装的顺利进行,应根据构件或结构的复杂程度、设计要求或合同协议规定,在构件出厂前进行预拼装。另外,由于受运输条件、现场安装条件等因素的限制,大型钢结构构件不能整件出厂,必须分成两段或若干段出厂时,也要进行预拼装。预拼装一般分为立体预拼装和平面预拼装两种形式,除管结构为立体预拼装外,其他结构一般均为平面预拼装。预拼装的构件应处于自由状态，不得强行固定。预拼装应满足以下要求。

(1)预拼装时，构件与构件的连接形式为螺栓连接，其连接部位的所有节点连接板均应装上，除检查各部位尺寸外，还应用试孔器检查板叠孔的通过率，并应符合下列规定：①当采用比孔公称直径小1.0mm的试孔器检查时，每组孔的通过率不应小于85%。②当采用比螺栓公称直径大0.3mm的试孔器检查时，通过率应为100%。

(2)为了保证拼装时的穿孔率，零件钻孔时可将孔径缩小一级(3mm)，在拼装定位后进行扩孔，扩到设计孔径尺寸。对于精制螺栓的安装孔，在扩孔时应留0.1mm左右的加工余量，以便进行铰孔，使其达到$\overset{6.3}{\bigtriangledown}$的表面粗糙度。

(3)施工中错孔在3mm以内时，一般都用铰刀铣孔或锉刀锉孔，其孔径扩大不得超过原孔径的1.2倍；错孔超过3mm，可采用与母材材质相匹配的焊条补焊堵孔，修磨平整后重新打孔。

(4)对号入座节点的各部件在拆开之前必须予以编号，做出必要的标记。预拼装检验合格后，应在构件上标注上下定位中心线、标高基准线、交线中心点等必要标记；必要时焊上临时撑件和定位器等，以便于按预拼装的结果进行安装。

(5)预拼装的允许偏差见表13-15。

钢构件预拼装的允许偏差(mm) 表13-15

<table>
<tr><th>构件类型</th><th colspan="2">项　目</th><th>允许偏差</th><th>检验方法</th></tr>
<tr><td rowspan="5">多节柱</td><td colspan="2">预拼装单元总长</td><td>±5.0</td><td>用钢尺检查</td></tr>
<tr><td colspan="2">预拼装单元弯曲矢高</td><td>l/1500，且不应大于10.0mm</td><td>用拉线和钢尺检查</td></tr>
<tr><td colspan="2">接口错边</td><td>2.0</td><td>用焊缝量规检查</td></tr>
<tr><td colspan="2">预拼装单元柱身扭曲</td><td>h/200，且不应大于5.0mm</td><td>用拉线、吊线和钢尺检查</td></tr>
<tr><td colspan="2">顶紧面至任一牛腿距离</td><td>±2.0</td><td rowspan="2">用钢尺检查</td></tr>
<tr><td rowspan="5">梁、桁架</td><td colspan="2">跨度最外两端安装孔或两端支承面最外侧距离</td><td>+5.0
−10.0</td></tr>
<tr><td colspan="2">接口截面错位</td><td>2.0</td><td>用焊缝量规检查</td></tr>
<tr><td rowspan="2">拱　度</td><td>设计要求起拱</td><td>±l/5000</td><td rowspan="2">用拉线和钢尺检查</td></tr>
<tr><td>设计未要求起拱</td><td>l/2000
0</td></tr>
<tr><td colspan="2">节点处杆件轴线错位</td><td>4.0</td><td>划线后用钢尺检查</td></tr>
<tr><td rowspan="4">管构件</td><td colspan="2">预拼装单元总长</td><td>±5.0</td><td>用钢尺检查</td></tr>
<tr><td colspan="2">预拼装单元弯曲矢高</td><td>l/1500，且不应大于10.0mm</td><td>用拉线和钢尺检查</td></tr>
<tr><td colspan="2">对口错边</td><td>l/10，且不应大于3.0mm</td><td rowspan="2">用焊缝量规检查</td></tr>
<tr><td colspan="2">坡口间隙</td><td>+2.0
−1.0</td></tr>
<tr><td rowspan="4">构件平面总体预拼装</td><td colspan="2">各楼层柱距</td><td>±4.0</td><td rowspan="4">用钢尺检查</td></tr>
<tr><td colspan="2">相邻楼层梁与梁之间距离</td><td>±3.0</td></tr>
<tr><td colspan="2">各层间框架两对角线之差</td><td>H/200，且不应大于5.0mm</td></tr>
<tr><td colspan="2">任意两对角线之差</td><td>$\sum H$/200，且不应大于8.0mm</td></tr>
</table>

13.4.10 钢构件拼装

1. 构件拼装方法

(1)平装法

平装法操作方便，不需稳定加固措施；不需搭设脚手架；焊缝焊接大多数为平焊缝，焊接操作简易，不需技术很高的焊接工人，焊缝质量易于保证；校正及起拱方便、准确。

适于拼装跨度较小，构件相对刚度较大的钢结构，如长18m以内钢柱、跨度6m以内天窗架及跨度21m以内的钢屋架的拼装。

(2)立拼拼装法

立拼拼装法可一次拼装多拼；块体占地面积小；不用铺设或搭设专用拼装操作平台或枕木墩，节省材料和工时；省却翻身工序，质量易于保证，不用增设专供块体翻身、倒运、就位、堆放的起重设备，缩短工期；块体拼装连接件或节点的拼接焊缝可两边对称施焊，可防止预制构件连接件或钢构件因节点焊接变形而使整个块体产生侧弯。

但需搭设一定数量稳定支架；块体校正、起拱较难；钢构件的连接节点及预制构件的连接件的焊接立缝较多，增加焊接操作的难度。

适于跨度较大、侧向刚度较差的钢结构，如18m以上钢柱、跨度9m及12m窗架、24m以上钢屋架以及屋架上的天窗架。

(3)利用模具拼装法

模具是指符合工件几何形状或轮廓的模型（内模或外模）。用模具来拼装组焊钢结构，具有产品质量好、生产效率高等许多优点。对成批的板材结构、型钢结构，应当考虑采用模具拼组装。

桁架结构的装配模，往往是以两点连直线的方法制成，其结构简单，使用效果好。图13-27为构架装配模示意图。

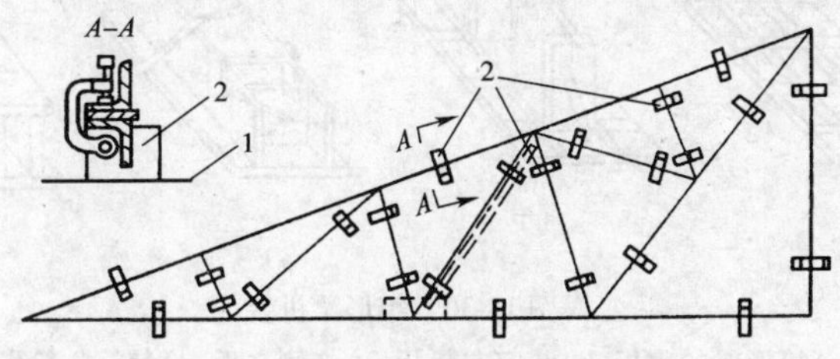

图13-27 构架装配模

1-工作台；2-模板

2. 典型梁、柱拼装

根据设计要求的梁和柱的结构形式，有的用型钢与型钢连接和型钢与钢板混合连接，所以梁和柱的结构拼装操作方法也就不同。

(1)⊥形梁拼装

⊥形梁的结构多是用相同厚度的钢板，以设计图纸标注的尺寸而制成的⊥形梁，见图13-28。拼装时，先定出面板中心线，再按腹板厚度画线定位，该位置就是腹板和面板结构接触的连接点（基准线）。如果是垂直的⊥形梁，可用直角尺找正，并在腹板两侧按200～300mm距离交错点焊；如果属于倾斜一定角度的⊥形梁，就用同样角度样板进行定位，按设计规定进行点焊。

⊥形梁两侧经点焊完成后，为了防止焊接变形，可在腹板两侧临时用增强板将腹板和面板点焊固定，以增加刚性减小变形。在焊接时，采用对称分段退步焊接方法焊接角焊缝，这是防止焊接变形的一种有效措施。

(2)工字钢梁、槽钢梁拼装

工字钢和槽钢分别由钢板组合的工程结构梁，它们的组合连接形式基本相同，仅是型钢的种类和组合成型的形状不同，如图13-29所示。

在拼装组合时，首先按图纸标注的尺寸、位置在面板和型钢连接位置处进行画线定位。

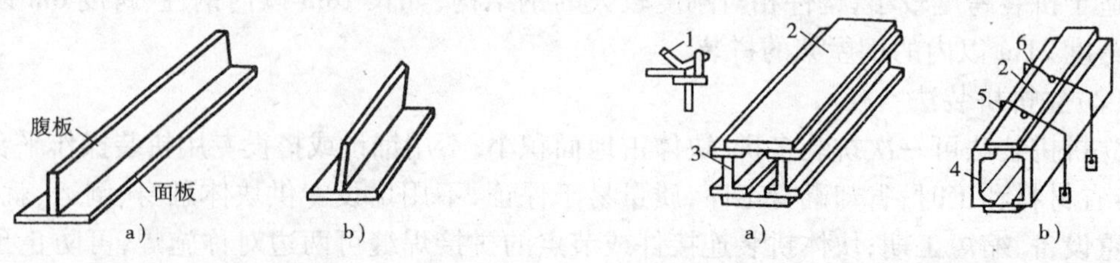

图13-28 ⊥形梁拼装

a)垂直梁；b)倾斜梁

图13-29 工字钢梁、槽钢梁组合拼装

a)工字钢梁；b)槽钢梁

1-撬杠；2-面板；3-工字钢；4-槽钢；5-龙门架；6-压紧工具

用直角尺或水平尺检验侧面与平面垂直、几何尺寸正确后方可按一定距离进行点焊。拼装上面板以下底面板为基准。为保证上、下面板与型钢严密结合，如果接触面间隙大，进行点焊和焊接，如图13-29中的1、5、6所示。

(3)箱形梁拼装

箱形梁是由上下面板、中间隔板及左右侧板组成，如图13-30d)所示。

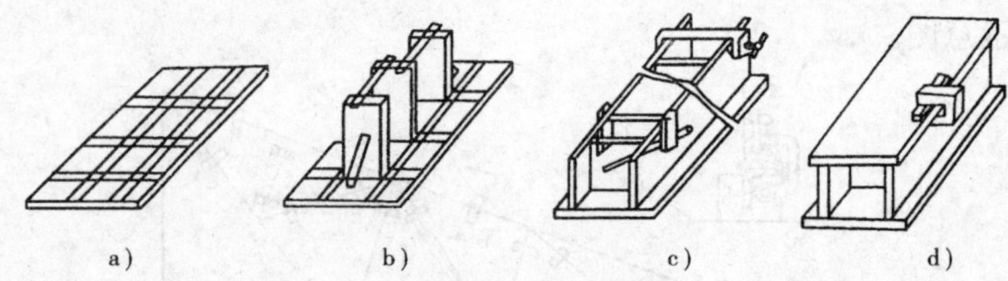

图13-30 箱形梁拼装

a)箱形梁的底板；b)装定向隔板；c)加侧立板；d)装好的箱形梁

箱形梁的拼装过程是先在底面板画线定位，如图13-30a)所示；按位置拼装中间定向隔板，如图13-30b)所示。为防止移动和倾斜，应将两端和中间隔板与面板用型钢条临时固定，然后以各隔板的上平面和两侧面为基准，同时拼装箱形梁左右立板。两侧立板的长度，要以底面板的长度为准靠齐并点焊。如两侧板与隔板侧面接触间隙过大时，可用活动型卡具夹紧，再进行点焊。最后拼装梁的上面板，如果上面板与隔板上平面接触间隙大、误差多时，可用手砂轮将隔板上端找平，并用]型卡具压紧进行点焊和焊接，见图13-30d)。

(4)柱底座板和柱身组合拼装

钢柱的底座板和柱身组合拼装工作一般分为两步进行：

①先将柱身按设计尺寸规定先拼装焊接，使柱身达到横平竖直，符合设计和验收标准的要求。如果不符合质量要求，可进行矫正以达到质量要求。

②将事先准备好的柱底板按设计规定尺寸，分清内外方向画结构线并焊挡铁定位，以防在拼装时位移。

柱底板与柱身拼装之前，必须将柱身与柱底板接触的端面用刨床或砂轮加工平整。同时将柱身分几点垫平，如图 13-31 所示。使柱身垂直柱底板，安装后受力均称，避免产生偏心压力，以达到质量要求。

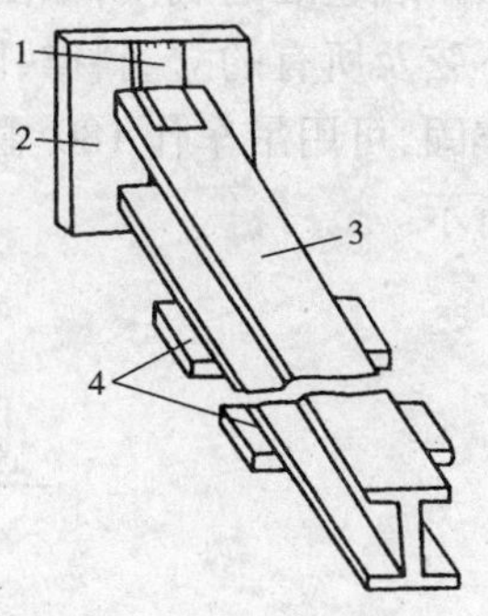

图 13-31 钢柱拼装示意图
1-定位角钢；2-柱底板；3-柱身；4-水平垫基

端部铣平面允许偏差，见表 13-16。

端部铣平面的允许偏差　　表 13-16

序　号	项　目	允许偏差（mm）
1	两端铣平时构件长度	±2.0
2	铣平面的不平直度	0.3
3	铣平面的倾斜度（正切值）	不大于 l/1500
4	表面粗糙度	0.03

拼装时，将柱底座板用角钢头或平面型钢按位置点固，作为定位倒吊挂在柱身平面，并用直角尺检查垂直度及间隙大小，待合格后进行四周全面点固。为防止焊接变形，应采用对角或对称方法进行焊接。

如果柱底板左右有梯形板时，可先将底板与柱端接触焊缝焊完后，再组对梯形板，并同时焊接，这样可避免梯形板妨碍底板缝的焊接。

（5）屋架拼装

①拼装准备

钢屋架多数用底样采用仿效方法进行拼装，其过程如下：

a）按设计尺寸，并按长、高尺寸，以其 1/1000 预留焊接的收缩量，在拼装平台上放出拼装底样，见图 13-32、图 13-33。因为屋架在设计图纸的上、下弦处不标注起拱量，所以才放底样，按跨度比例画出起拱。

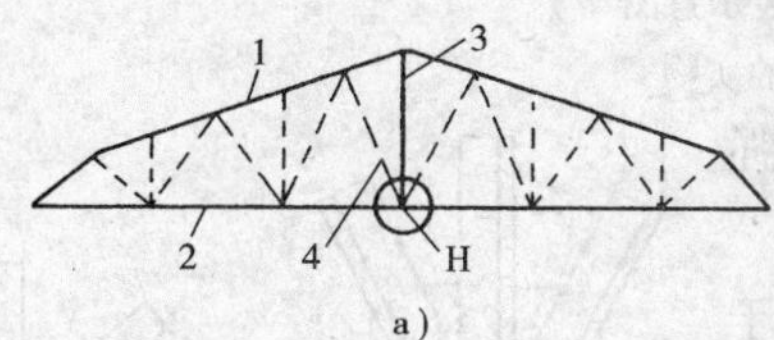

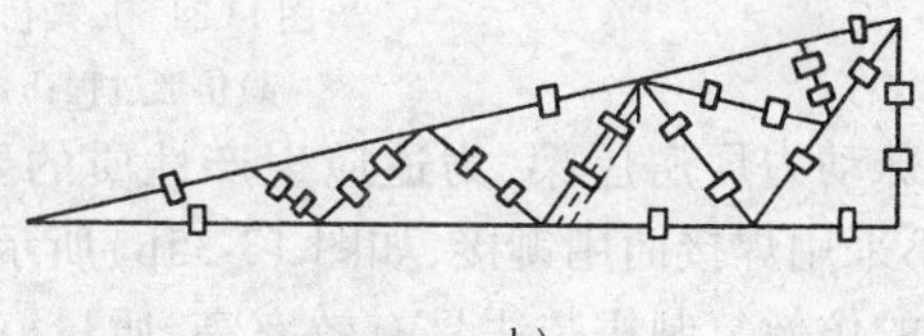

图 13-32 屋架拼装示意图
a）拼装底样；b）屋架拼装
H－起拱抬高位置
1-上弦；2-下弦；3-立撑；4-斜撑

b）在底样上一定按图画好角钢面宽度、立面厚度，作为拼装时的依据。如果在拼装时，角钢的位置和方向能记牢，其立面的厚度可省略不画，只画出角钢面的宽度即可。

拼装时，应给下一步运输和安装工序创造有利条件。除按设计规定的技术说明外，还应结合屋架的跨度（长度），做整体或按节点分段进行拼装。

c）屋架拼装一定要注意平台的水平度，如果平台不平，可在拼装前用仪器或拉粉线调整垫平，否则拼装成的屋架，会在上、下弦及中间位置产生侧向弯曲。

②拼装作业

放好底样后，将底样上各位置上的连接板用电焊点牢，并用挡铁定位，作为第一次单片屋架拼装基准的底模,如图 13-34 所示。接着就可将大小连接板按位置放在底模上。屋架的上、下弦及所有的立、斜撑,限位板放到连接板上面,进行找正对齐,用卡具夹紧点焊。待全部点焊牢固,可用吊车作 180°翻身,这样就可用该扇单片屋架为基准仿效组合拼装,如图 13-34a)、b)所示。

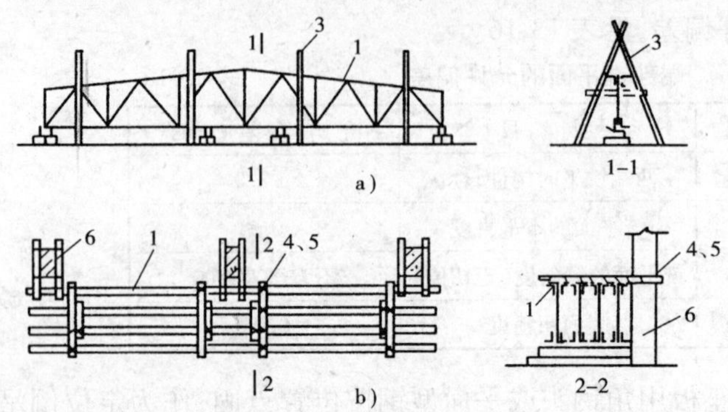

图 13-33　屋架的立拼图

a) 36m 钢屋架立拼装;b) 多榀钢屋架立拼装

1-36m 钢屋架块体;2-枕木或砖礅;3-木人字架;4-8 号铁丝固定上弦;5-木方;6-柱

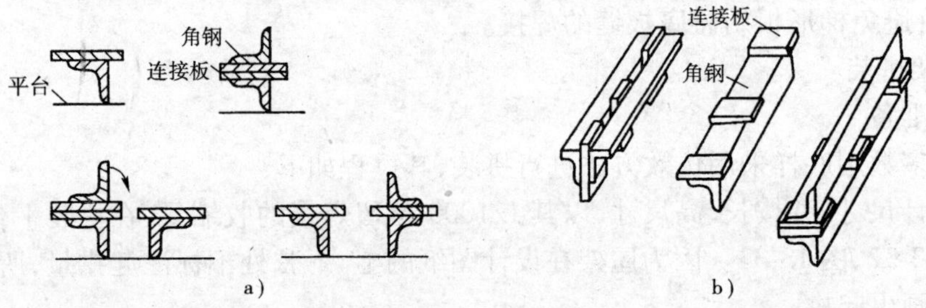

图 13-34　屋架仿效拼装示意图

a) 仿形过程;b) 复制的实物

对特殊动力厂房屋架,为适应生产性质的要求强度,一般不采用焊接而用铆接,如图 13-35b)所示。

以上的仿效复制拼装法具有效率高、质量好、便于组织流水作业等优点。因此,对于截面对称的钢结构,如梁、柱和框架等都可应用。

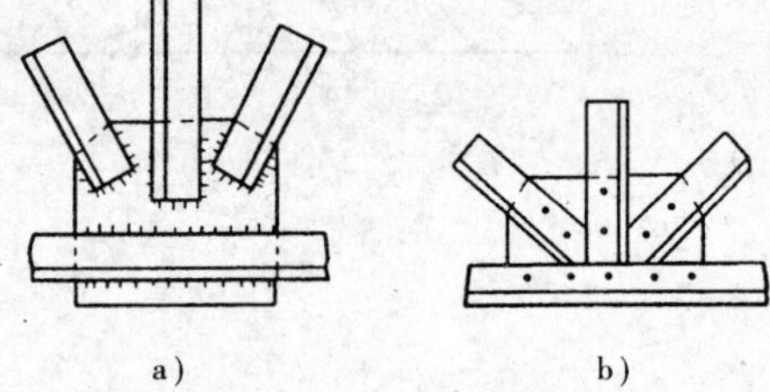

图 13-35　屋架连接示意

a) 焊接;b) 铆接

(6) 钢柱拼装

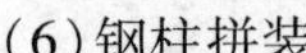

①平拼拼装

先在柱的适当位置用枕木搭设 3 ~ 4 个支点,见图 13-36a)。各支承点高度应拉通线,使柱轴线中心线成一水平线,先吊下节柱找平,再吊上节柱,使两端头对准,然后找中心线,并把安装螺栓或夹具上紧,最后进行接头焊接,采取对称施焊,焊完一面再翻身焊另一面。

②立拼拼装

在下节柱适当位置设 2 ~ 3 个支点,上节柱设 1 ~ 2 个支点,见图 13-36b),各支点用水平仪测平垫平。拼装时先吊下节,使牛腿向下,并找平中心,再吊上节,使两节的节头端相对准,然后找正中心线,并将安装螺栓拧紧,最后进行接头焊接。

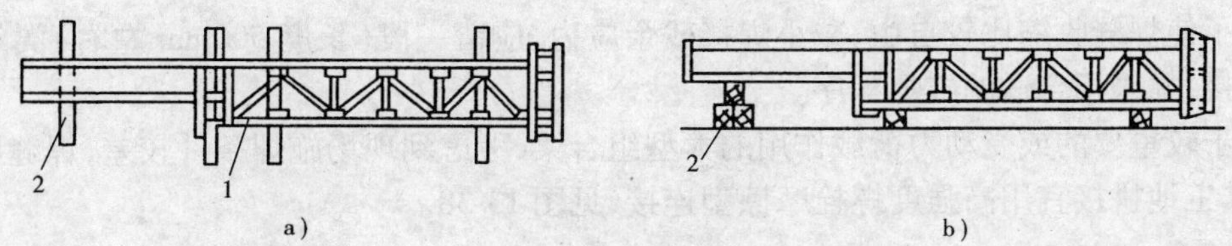

图 13-36　钢柱的拼装

a)平拼拼装法;b)立拼拼装法

1-拼接点;2-枕木

(7)托架拼装

①平装

搭设简易钢平台或枕木支墩平台,见图 13-37。进行找平放线,在托架四周设定位角钢或钢挡板,将两半榀托架吊到平台上。拼缝处装上安装螺栓,检查并找正托架的跨距和起拱值,安上拼接处连接角钢。用卡具将托架和定位钢板卡紧,拧紧螺栓并对拼装连接焊缝。施焊要求对称进行,焊完一面,检查并纠正变形,用木杆二道加固,而后将托架吊起翻身,再同法焊另一面焊缝。符合设计和规范要求,方可加固、扶直和起吊就位。

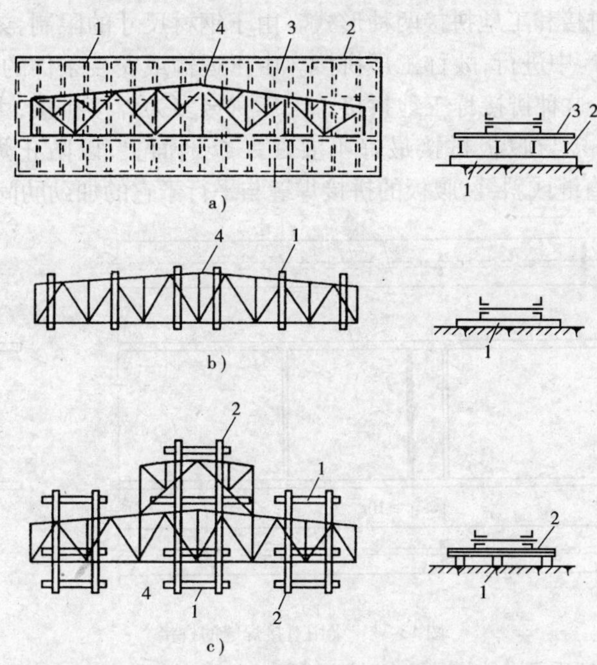

图 13-37　天窗架平拼装

a)简易钢平台拼装;b)枕木平台拼装;c)钢木混合平台拼装

1-枕木;2-工字钢;3-钢板;4-拼接点

②立拼

拼装采用人字架稳住托架进行合缝,校正调整好跨距、垂直度、侧向弯曲和拱度后,安装节点拼接角钢,并用卡具和钢楔使其与上下弦角钢卡紧,复查后,用电焊进行定位焊,并按先后顺序进行对称焊接,至达到要求为止。当托架平行并紧靠柱列排放,可以 3 ~4 榀为一组进行立拼装,用方木将托架与柱子连接稳定。

焊接梁的工地对接缝拼接处,上、下翼缘的拼接边缘均宜做成向上的 V 形坡口,以便融焊。为了使焊缝收缩比较自由，减小焊接残余应力，应留一段（长度500mm左右）翼缘焊缝在工地焊接，并采用合适的施焊程序。

对于较重要的或受动力荷载作用的大型组合梁，考虑到现场施焊条件较差，焊缝质量难以保证，其工地拼接宜用高强度螺栓摩擦型连接，见图13-38。

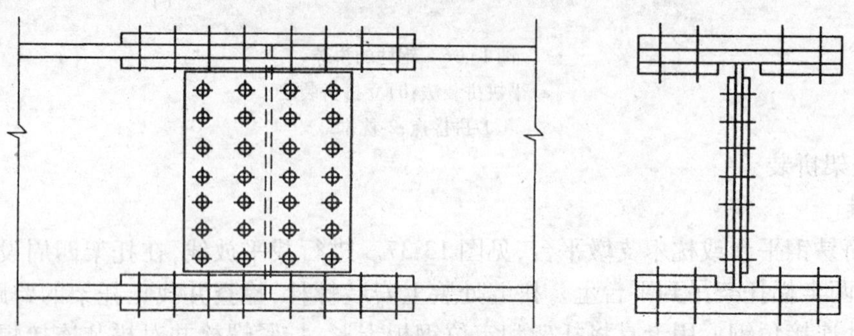

图13-38 采用拼接板的螺栓连接

（8）梁的拼接

梁的拼接有工厂拼接和工地拼接两种形式。由于钢材尺寸的限制，梁的翼缘或腹板的接长或拼大，这种拼接在工厂中进行，故称工厂拼接。由于运输或安装条件的限制，梁需分段制作和运输，然后在工地拼装，这种拼接称工地拼接。工厂拼接多为焊接拼接，由钢材尺寸确定其拼接位置。拼接时，翼缘拼接与腹板拼接最好不要在一个剖面上，以防止焊缝密集与交叉，见图13-39。拼接焊缝可用直缝或斜缝，腹板的拼接焊缝与平行于它的加劲肋间至少应相距$10t_w$。

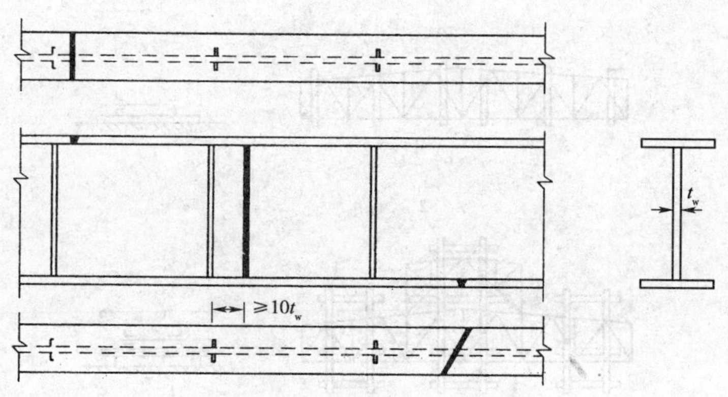

图13-39 梁用对接焊缝的拼接

腹板和翼缘通常都采用对接焊缝拼接，如图13-39所示。用直焊缝拼接比较省料，但如焊缝的抗拉强度低于钢板的强度，则可将拼接位置布置在应力较小的区域，或采用斜焊缝。斜焊缝可布置在任何区域，但较费料，尤其是在腹板中。此外也可以用拼接板拼接，如图13-40所示。这种拼接与对接焊缝拼接相比，虽然具有加工精度要求较低的优点，但用料较多，焊接工作量增加，而且会产生较大的应力集中。

为了使拼接处的应力分布接近于梁截面中的应力分布，防止拼接处的翼缘受超额应力，腹板拼接板的高度应尽量接近腹板的高度。

工地拼接的位置主要由运输和安装条件确定，一般布置在弯曲应力较低处。翼缘和腹板应基本上在同一截面处断开，以便于分段运输。拼接构造端部平齐，如图13-41a）所示，防止运输时碰损，但其缺点是上、下翼缘及腹板在同一截面拼接会形成薄弱部位。翼缘和腹板的拼接位置略为错开一些，如图 13-41b）所示，这样受力情况较好，但运输时端部突出部分应加以保护，以免碰损。

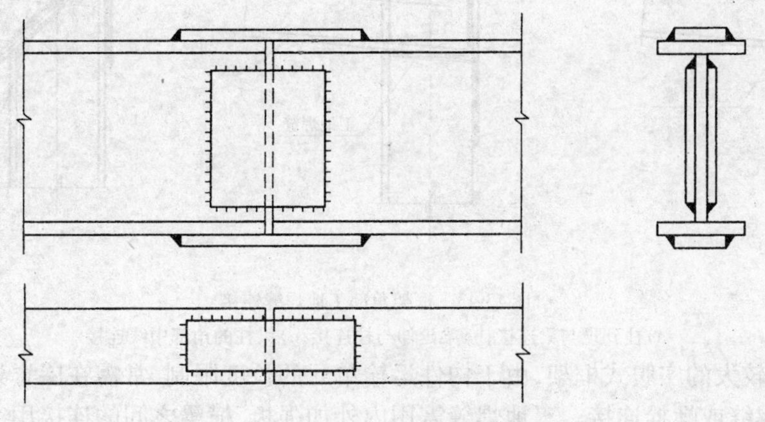

图 13-40　梁用拼接板的拼接

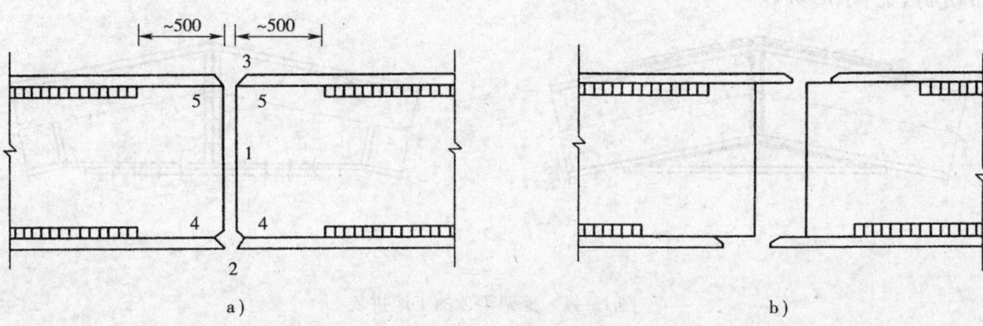

图 13-41　焊接梁的工地拼接

a）拼接端部平齐；b）拼接端部错开

（9）框架横梁与柱连接

框架横梁与柱直接连接可采用柱到顶与梁连接、梁延伸与柱连接和梁柱在角中线连接，见图 13-42、图 13-43。这三种工地安装连接方案各有优缺点。所有工地焊缝均采用角焊缝，以便于拼装，另加拼接盖板可加强节点刚度。但在有檩条或墙架的框架中会使横梁顶面或柱外立面不平，产生构造上的麻烦。对此，可将柱或梁的翼缘伸长与对方柱或梁的腹板连接。

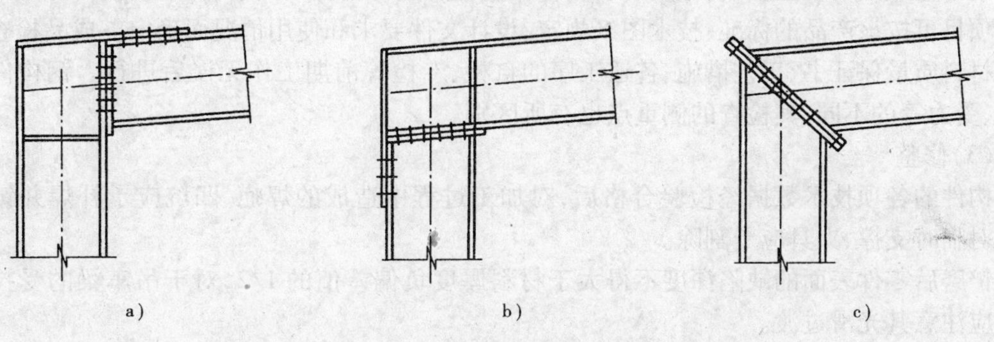

图 13-42　框架角的螺栓连接

a）柱到顶与梁连接；b）梁延伸与柱连接；c）梁柱的角中线连接

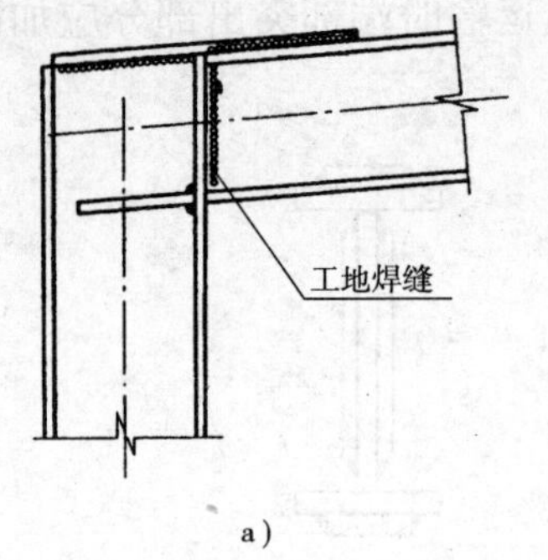

a)

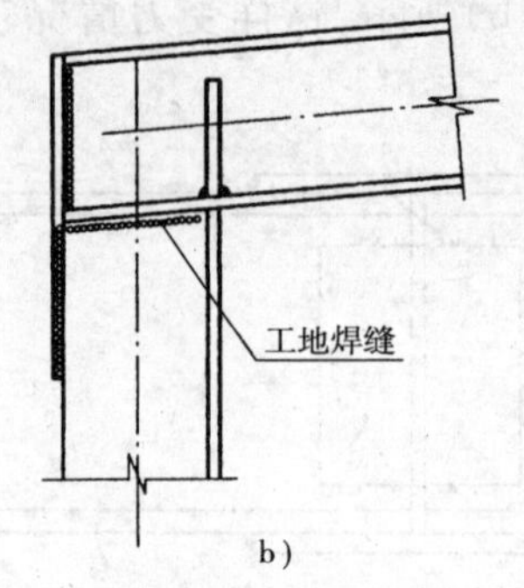

b)

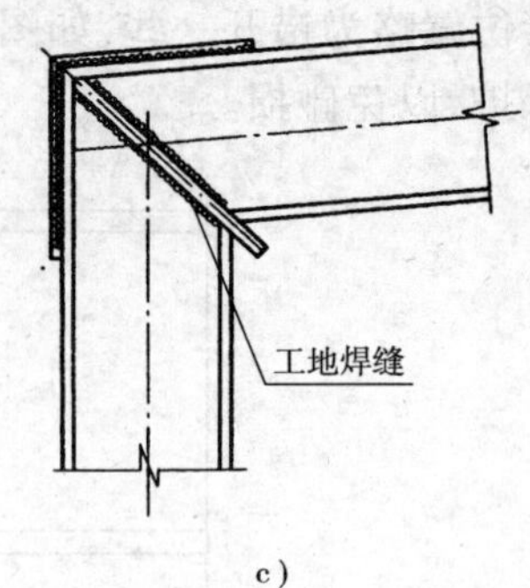

c)

图 13-43　框架角部工地焊缝连接

a)柱到顶与梁连接;b)梁延伸与柱连接;c)梁柱的角部中线连接

对于跨度较大的实腹式框架,由于构件运输单元的长度限制,常需在屋脊处做一个工地拼接,可用工地焊缝或螺栓连接。工地焊缝需用内外加强板,横梁之间的连接用突缘结合。螺栓连接则宜在节点处变截面,以加强节点刚度。拼接板放在受拉的内角翼缘处,变截面处的腹板设有加劲肋,见图 13-44。

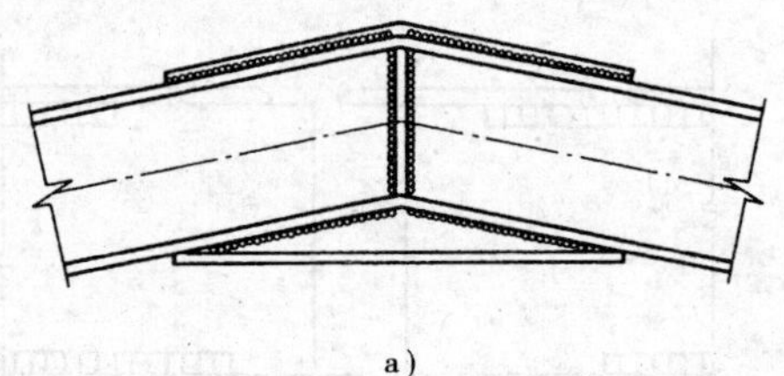
a)

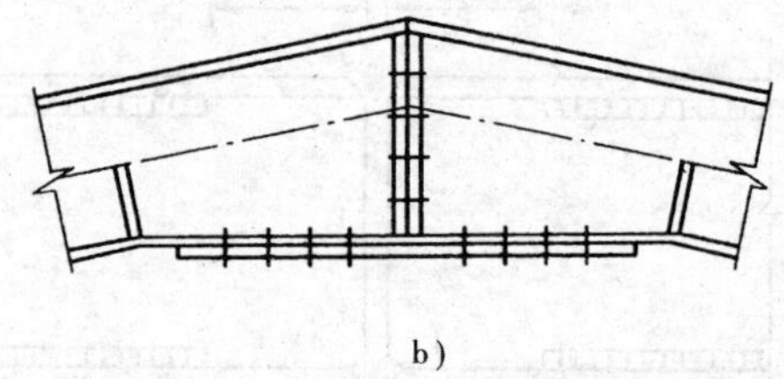
b)

图 13-44　框架梁顶的工地拼装

a)焊接连接;b)螺栓接接

13.4.11　钢构件成品检验、管理和包装

1. 钢构件成品检验

(1)允许偏差

钢结构制造的允许偏差见有关规定。

(2)成品检查

钢结构成品的检查项目各不相同,要依据各工程具体情况而定。若工程无特殊要求,一般检查项目可按该产品的标准、技术图纸规定、设计文件要求和使用情况而确定。成品检查工作应在材料质量保证书、工艺措施、各道工序的自检、专检等前期工作无误后进行。钢构件因其位置、受力等的不同,其检查的侧重点也有所区别。

(3)修整

构件的各项技术数据经检验合格后,对加工过程中造成的焊疤、凹坑应予补焊并铲磨平整。对临时支撑、夹具应予割除。

铲磨后零件表面的缺陷深度不得大于材料厚度负偏差值的 1/2,对于吊车梁的受拉翼缘尤其应注意其光滑过渡。

在较大平面上磨平焊疤或磨光长条焊缝边缘,常用高速直柄风动手砂轮,其技术性能,见表 13-17。SJ 系列的角型风动砂轮机的技术性能见表 13-18。

手砂轮机的技术性能　　表 13-17

技术性能	手砂轮机型号		
	S40	S60	SD150
最大砂轮直径(mm)	40	60	150
空转转速(r/min)	17000～20000	12600～15400	4300
空转耗气量(m^3/min)	0.4	0.8	0.9
功率(W)	224	373	1044
自重(kg)	0.7	1.7	7.5
全长(mm)	170	340	—
主要用途	小孔及胎模具修理	工件磨光及胎膜具修理	清除毛刺,修磨焊缝

角型砂轮机的技术性能　　表 13-18

技术性能 \ 型号	SJ100A(120°)(90°)	SJ125(120°)(90°)
砂轮最大直径(mm)	100	125
空载转速(r/min)	11000～13000	10000～12000
消耗气量(m^3/min)	0.85	0.95
机长①(mm)	225	235
机重①(kg)	1.9	2.0

注:①不包括砂轮片。

(4)验收资料

产品经过检验部门签收后进行涂底,并对涂底的质量进行验收。

钢结构制造单位在成品出厂时应提供钢结构出厂合格证书及技术文件,其中应包括:

①施工图和设计变更文件,设计变更的内容应在施工图中相应部位注明;

②制作中对技术问题处理的协议文件;

③钢材、连接材料和涂装材料的质量证明书和试验报告;

④焊接工艺评定报告;

⑤高强度螺栓摩擦面抗滑移系数试验报告、焊缝无损检验报告及涂层检测资料;

⑥主要构件验收记录;

⑦构件发运和包装清单;

⑧需要进行预拼装时的预拼装记录。

此类证书、文件作为建设单位的工程技术档案的一部分。上述内容并非所有工程都具备,而是根据工程的实际情况提供。

2. 钢构件成品管理和包装

(1)标识

①构件重心和吊点的标注

a)构件重心的标注:重量在 5t 以上的复杂构件,一般要标出重心,重心的标注用鲜红色油漆标出,再加上一个箭头向下,如图 13-45 所示。

图 13-45　构件的重心标志

b)吊点的标注:在通常情况下,吊点的标注是由吊耳来实现的。吊耳也称眼板(图 13-46、图 13-47),在制作厂内加工、安装好。眼板及其连接焊缝要做无损探伤,以保证吊运构件时的安全性。

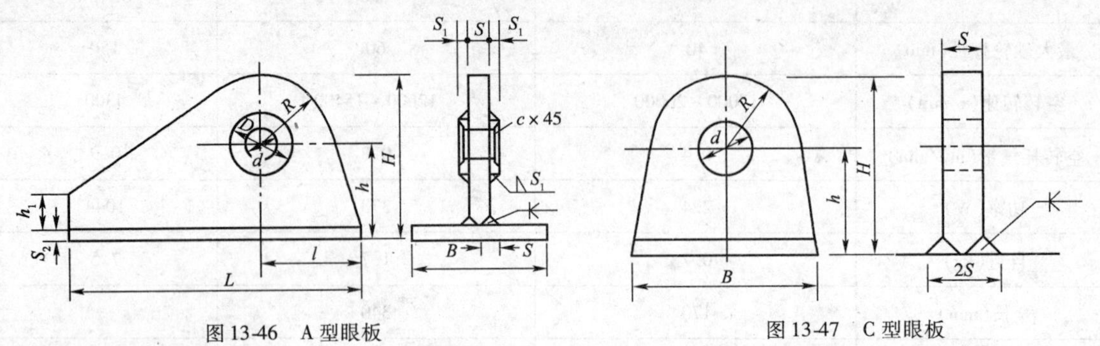

图 13-46 A 型眼板　　图 13-47 C 型眼板

②钢结构构件标记

钢结构构件包装完毕,要对其进行标记。标记一般由承包商在制作厂成品库装运时标明。

对于国内的钢结构用户,其标记可用标签方式带在构件上,也可用油漆直接写在钢结构产品或包装箱上。对于出口的钢结构产品,必须按海运要求和国际通用标准标明标记。

标记通常包括下列内容:工程名称、构件编号、外廓尺寸(长、宽、高,以米为单位)、净重、毛重、始发地点、到达港口、收货单位、制造厂商、发运日期等,必要时要标明重心和吊点位置。

(2)堆放

成品验收后,在装运或包装以前堆放在成品仓库。目前国内钢结构产品的主件大部分露天堆放,部分小件一般可用捆扎或装箱的方式放置于室内。由于成品堆放的条件一般较差,所以堆放时更应注意防止失散和变形。

成品堆放时应注意下述事项:

①堆放场地的地基要坚实,地面平整干燥,排水良好,不得有积水。

②堆放场地内备有足够的垫木或垫块,使构件得以放平稳,以防构件因堆放方法不正确而产生变形。

③钢结构产品不得直接置于地上,要垫高 200mm 以上。

④侧向刚度较大的构件可水平堆放,当多层叠放时,必须使各层垫木在同一垂线上,堆放高度应根据构件来决定。

⑤大型构件的小零件应放在构件的空当内,用螺栓或铁丝固定在构件上。

⑥不同类型的钢构件一般不堆放在一起。同一工程的构件应分类堆放在同一地区内,以便于装车发运。

⑦构件编号要在醒目处,构件之间堆放应有一定距离。

⑧钢构件的堆放应尽量靠近公路、铁路,以便运输。

(3)包装

钢结构的包装方法应视运输形式而定,并应满足工程合同提出的包装要求。

①包装工作应在涂层干燥后进行,并应注意保护构件涂层不受损伤。包装方式应符合运输的有关规定。

②每个包装的重量一般不超过 3 ~ 5t,包装的外形尺寸则根据货运能力而定。如通过汽车运输,一般长度不大于 12m,个别件不应超过 18m,宽度不超过 2. 5m,高度不超过 3. 5m。超

长、超宽、超高时要做特殊处理。

③包装时应填写包装清单，并核实数量。

④包装和捆扎均应注意密实和紧凑，以减少运输时的失散、变形，而且还可以降低运输的费用。

⑤钢结构的加工面、轴孔和螺纹，均应涂以润滑脂和贴上油纸，或用塑料布包裹，螺孔应用木楔塞住。

⑥包装时要注意外伸的连接板等物要尽量置于内侧，以防造成钩刮事故，不得不外露时要做好明显标记。

⑦经过油漆的构件，在包装时应该用木材、塑料等垫衬加以隔离保护。

⑧单件超过 1.5t 的构件单独运输时，应用垫木做外部包裹。

⑨细长构件可打捆发运，一般用小槽钢在外侧用长螺丝夹紧，其空隙处填以木条。

⑩有孔的板形零件，可穿长螺栓，或用铁丝打捆。

⑪较小零件应装箱，已涂底又无特殊要求者不另做防水包装，否则应考虑防水措施。包装用木箱，其箱体要牢固、防雨，下方要留有铲车孔以及能承受箱体总重的枕木，枕木两端要切成斜面，以便捆吊或捆运。铁箱的箱体外壳要焊上吊耳，以便运输过程中吊运。

⑫一些不装箱的小件和零配件可直接捆扎或用螺栓扎在钢构件主体的需要部位上，但要捆扎、固定牢固，且不影响运输和安装。

⑬片状构件，如屋架、托架等，平运时易造成变形，单件竖运又不稳定，一般可将几片构件装夹成近似一个框架，其整体性能好，各单件之间互相制约而稳定。用活络拖斗车运输时，装夹包装的宽度要控制在 1.6 ~ 2.2m 之间，太窄了容易失稳。装夹件一般是同一规格的构件。装夹时要考虑整体性能，防止在装卸和运输过程中产生变形和失稳。

⑭需海运的构件，除大型构件外，均需打捆或装箱。螺栓、螺纹杆以及连接板要用防水材料外套封装。每个包装箱、裸装件及捆装件的两边都要有标明船运的所需标志，标明包装件的重量、数量、中心和起吊点。

(4)发运

多构件运输时应根据钢构件的长度、重量选用车辆，钢构件在运输车辆上的支点、两端伸出的长度及绑扎方法均应保证钢构件不产生变形、不损伤涂层。

钢结构产品一般是陆路车辆运输或者铁路包车皮运输。陆路车辆运输现场拼装散件时，使用一般货运车即可。散件运输一般不需装夹，但要能满足在运输过程中不产生过大的变形。对于成型大件的运输，可根据产品不同而选用不同车型的运输货车。由于制作厂对大构件的运输能力有限，有些大构件的运输则由专业化大件运输公司承担。对于特大件钢结构产品的运输，则应在加工制造以前就与运输有关的各个方面取得联系，并得到批准后方可运输；如果不允许就采用分段制造分段运输方式。在一般情况下，框架钢结构产品的运输多用活络拖斗车，实腹类构件或容器类产品多用大平板车运输。

公路运输装运的高度极限为 4.5m，如需通过隧道时，则高度极限为 4m，构件长出车身不得超过 2m。

钢结构构件的铁路运输，一般由生产厂负责向车站提出车皮计划，经由车站调拨车皮装运。铁路运输应遵守国家火车装车限界(图 13-48)，当超过影线部分而未超出外框时，应预先向铁路部门提出超宽(或超高)通行报告，经批准后可在规定的时间运送。

海轮运输时，在到达港口后由海港负责装船，所以要根据离岸码头和到岸港口的装卸能力，来确定钢结构产品运输的外形尺寸、单件重量——即每夹或每箱的总量。根据构件的具体情况，有时也可考虑采用集装箱运输。内河运输时，则必须考虑每件构件的重量和尺寸，使其不超过当地的起重能力和船体尺寸。国内船只规格参差不齐，装卸能力较差，钢结构产品有时也只能散装，捆扎多数不用装夹。

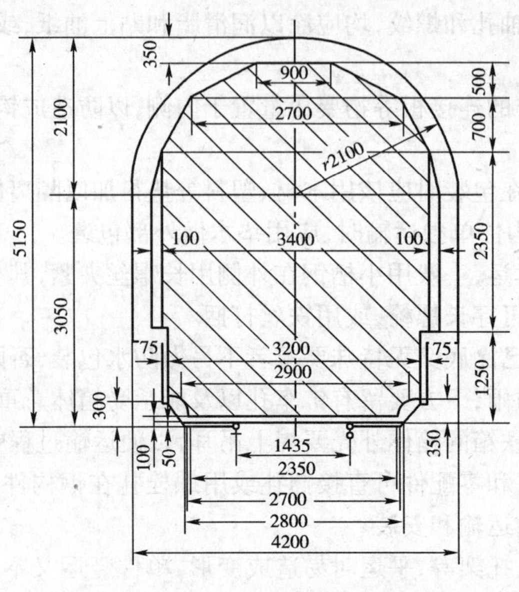

图 13-48　火车装车限界示意

13.5　钢结构涂装防护工程

钢结构具有强度高、韧性好、制作方便、施工速度快、建设周期短等一系列优点，钢结构在建筑工程中应用日益增多。但是钢结构也存在容易腐蚀缺点，钢结构的腐蚀不仅造成经济损失，还直接影响到结构安全，因此做好钢结构的防腐工作具有重要经济和社会意义。

钢材表面与外界介质相互作用而引起的破坏称为腐蚀（锈蚀）。腐蚀不仅使钢材有效截面减小，承载力下降，而且严重影响钢结构的耐久性。

根据钢材与环境介质的作用原理，腐蚀分为：化学腐蚀和电化学腐蚀。

化学腐蚀是指钢材直接与大气或工业废气中的氧气、碳酸气、硫酸气等发生化学反应而产生腐蚀。

电化学腐蚀是由于钢材内部有其他金属杂质，它们具有不同的电极电位，与电解质溶液接触产生原电池作用，使钢材腐蚀。

钢材在大气中腐蚀是电化学腐蚀和化学腐蚀同时作用的结果。

为了减轻或防止钢结构的腐蚀，目前国内外主要采用涂装方法进行防腐，涂装防护是利用涂料的涂层使钢结构与环境隔离，从而达到防腐的目的，延长钢结构的使用寿命。

13.5.1　防腐涂装工程

1. 防腐涂料

(1)防腐涂料的组成和作用

防腐涂料一般由不挥发组分和挥发组分（稀释剂）两部分组成。防腐涂料刷在钢材表面后，挥发组分逐渐挥发逸出，留下不挥发组分干结成膜。不挥发组分的成膜物质分为主要、次要和辅助成膜物质三种，主要成膜物质可以单独成膜，也可以粘结颜料等物质共同成膜。它是涂料的基础，也常称基料、添料或漆基，它包括油料和树脂。次要成膜物质包含颜料和体质颜料。涂料组成中没有颜料和体质颜料的透明体称为清漆，具有颜料和体质颜料的不透明体称色漆，加有大量体质颜料的稠原浆状体称为腻子。

涂料经涂敷施工形成漆膜后，具有保护作用、装饰作用、标志作用和特殊作用。涂料在建筑防腐蚀工程中的功能则以保护作用为主，兼考虑其他作用。

(2)常用防腐涂料类型

涂料产品是以涂料基料中主要成膜物质为基础。常用的防腐涂料有两类。

①防腐蚀材料有底漆、中间漆、面漆、稀释剂和固化剂等。

②防腐涂料有油性酚醛涂料、醇酸涂料、高氯化聚乙烯涂料、氯化橡胶涂料、氯磺化聚乙烯涂料、环氧树脂涂料、聚氨酯涂料、无机富锌涂料、有机硅涂料、过氯乙烯涂料等。

建筑常用涂料的基本名称和代号见表13-19。

建筑常用涂料的基本名称和代号 表13-19

序　　号	基本名称	序　　号	基本名称	序　　号	基本名称
00	清油	09	大漆	52	防腐漆
01	清漆	12	乳胶漆	53	防锈漆
02	厚漆(浸渍)	13	其他水溶性漆	54	耐油漆
03	调和漆	14	透明漆	55	耐水漆
04	磁漆	40	防污漆	60	耐火漆
06	底漆	41	水线漆	61	耐热漆
07	腻子	50	耐酸漆	80	地板漆
08	水溶漆、乳胶漆	51	耐碱漆	83	烟囱漆

涂料名称由三部分组成，即颜色或颜料名称、成膜物质名称、基本名称，如红醇酸磁漆、锌黄酚醛防锈漆等。

为了区别同一类型的名称涂料，在名称之前必须有型号，涂料型号以一个汉语拼音字母和几个阿拉伯数字组成。字母表示涂料类别，第一、二位数字表示涂料产品基本名称；第三、四位数字表示同类涂料产品的品种序号(参见表13-19)。涂料产品序号用来区分同一类别的不同品种，表示油在树脂中所占的比例，例如：

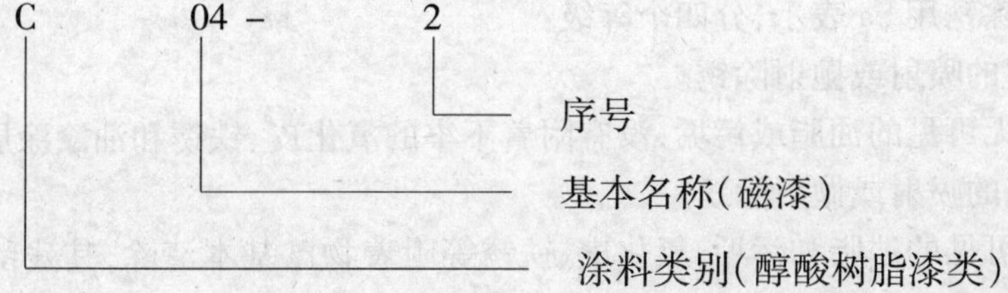

(3)质量要求

各种防腐蚀材料应符合国家有关技术指标的规定，应具有产品出厂合格证。

防腐蚀涂料的品种、规格及颜色选用应符合设计要求。

2. 主要工具(表13-20)

钢结构防腐涂装工程主要机具表　　表13-20

序号	机具名称	型号	单位	数量	备注
1	喷砂机		台	使用数量根据具体工程量确定	喷砂除锈
2	回收装置		套		喷砂除锈
3	气泵		台		喷砂除锈
4	喷漆气泵		台		涂漆
5	喷漆枪		把		涂漆
7	铲刀		把		人工除锈
8	手动砂轮		台		机械除锈
9	砂布		张		人工除锈
10	电动钢丝刷		台		机械除锈
12	小压缩机		台		涂漆
13	油漆小桶		个		涂漆
14	刷子		把		涂漆

3. 涂装前钢材表面处理

发挥涂料的防腐效果重要的是漆膜与钢材表面的严密贴敷,若在基底与漆膜之间夹有锈、油脂、污垢及其他异物,不仅会妨害防锈效果,还会起反作用而加速锈蚀。因而钢材表面处理,并控制钢材表面的粗糙度,在涂料涂装前是必不可缺少的。

(1)涂装前钢材表面锈蚀等级和除锈等级

①锈蚀等级

钢材表面分A、B、C、D四个锈蚀等级:

A. 全面地覆盖着氧化皮而几乎没有铁锈;

B. 已发生锈蚀,并且部分氧化皮剥落;

C. 氧化皮因锈蚀而剥落,或者可以剥除,并有少量点蚀;

D. 氧化皮因锈蚀而全面剥落,并普遍发生点蚀。

②喷射或抛射除锈等级

喷射或抛射除锈用Sa表示,分四个等级:

Sa1——轻度的喷射或抛射除锈。

钢材表面应无可见的油脂或污垢,没有附着不牢的氧化皮、铁锈和油漆涂层等附着物。

Sa2——彻底的喷射或抛射除锈。

钢材表面无可见的油脂和污垢,氧化皮、铁锈等附着物已基本清除,其残留物应是牢固附着的。

Sa2 $\frac{1}{2}$——非常彻底的喷射或抛射除锈。

钢材表面无可见的油脂、污垢、氧化皮、铁锈和油漆涂层等附着物,任何残留的痕迹应仅是点状或条状的轻微色斑。

Sa3——使钢材表观洁净的喷射或抛射除锈。

钢材表面无可见的油脂、污垢、氧化皮、铁锈和油漆涂层等附着物,该表面应显示均匀的金属光泽。

③手工和动力工具除锈等级

手工和动力工具除锈用 St 表示,分两个等级:

St2——彻底的手工和动力工具除锈。

钢材表面应无可见的油脂和污垢,没有附着不牢的氧化皮、铁锈和油漆涂层等附着物。

St3——非常彻底的手工和动力工具除锈。

钢材表面应无可见的油脂和污垢,没有附着不牢的氧化皮、铁锈和油漆涂层等附着物。除锈应比 St2 更为彻底,底材显露部分的表面应具有金属光泽。

④火焰除锈等级

火焰除锈用 F1 表示,它包括在火焰加热作业后,以动力钢丝刷清除加热后附着在钢材表面的产物,只有一个等级:

F1——火焰除锈。

钢材表面应无氧化皮、铁锈和油漆涂层等附着物,任何残留的痕迹应仅为表面变色(不同颜色的暗影)。

(2)钢材表面处理方法

钢材表面除锈方法有:手工除锈、动力工具除锈、喷射或抛射除锈、酸洗除锈和火焰除锈等。

①手工除锈

金属表面的铁锈可用钢丝刷、钢丝布或粗砂布擦拭,直到露出金属本色,再用棉纱擦净。此方法施工简单,比较经济,可以在小构件和复杂外形构件上处理。

②动力工具除锈

利用压缩空气或电能为动力,使除锈工具产生圆周式或往复式运动,产生摩擦或冲击来清除铁锈或氧化铁皮等。此方法工作效率和质量均高于手工除锈,是目前常用的除锈方法。常用工具有气动砂磨机、电动砂磨机、风动钢丝刷、风动气铲等。

③喷射除锈

利用经过油、水分离处理过的压缩空气将磨料带入并通过喷嘴以高速喷向钢材表面,靠磨料的冲击和摩擦力将氧化铁皮等除掉,同时使表面获得一定的粗糙度。此方法效率高,除锈效果好,但费用较高。喷射除锈分干喷射法和湿喷射法两种,湿法比干法工作条件好,粉尘少,但易出现返锈现象。

④抛射除锈

利用抛射机叶轮中心吸入磨料和叶尖抛射磨料的作用,以高速的冲击和摩擦除去钢材表面的污物。此方法劳动强度比喷射方法低,对环境污染程度轻,而且费用也比喷射方法低,但扰动性差,磨料选择不当,易使被抛件变形。

⑤酸洗除锈

酸洗除锈亦称化学除锈,利用酸洗液中的酸与金属氧化物进行反应,使金属氧化物溶解从而除去。此方法除锈质量比手工和动力工具除锈好,与喷射除锈质量相当,但没有喷射除锈的粗糙度,在施工过程中酸雾对人和建筑物有害。

钢构件表面除锈方法根据要求不同可采用手工除锈、机械除锈、喷射除锈、酸洗除锈等方法。各种除锈方法的特点见表13-21。

各种除锈方法的特点 表13-21

除锈方法	设备工具	优　点	缺　点
手工、机械	砂布、钢丝刷、铲刀、尖锤、平面砂轮机、动力钢丝刷等	工具简单、操作方便、费用低	劳动力强度大、效率低、质量差、只能满足一般的涂装要求
喷射	空气压缩机、喷射机、油水分离器等	工作效率高、除锈彻底、能控制质量、获得不同要求的表面粗糙度	设备复杂、需要一定操作技术、劳动强度较高、费用高、污染环境
酸洗	酸洗槽、化学药品、厂房等	效率高、适用大批件、质量较高、费用较低	污染环境、废液不易处理,工艺要求较严

4. 涂料涂装方法

合理的施工方法,对保证涂装质量、施工进度、节约材料和降低成本有很大的作用。所以正确选择涂装方法是涂装施工管理工作的主要组成部分。

常用涂料的施工方法见表13-22。

常用涂料的施工方法表 表13-22

施工方法	适用涂料的特性			被涂物	使用工具或设备	主要优缺点
	干燥速度	黏度	品种			
刷涂法	干性较慢	塑性小	油性漆酚醛漆醇酸漆等	一般构件及建筑物,各种设备管道等	各种毛刷	投资少,施工方法简单,适于各种形状及大小面积的涂装;缺点是装饰性较差,施工效率低
手工滚涂法	干性较慢	塑性小	油性漆酚醛漆醇酸漆等	一般大型平面的构件和管道等	滚子	投资少、施工方法简单,适用大面积物的涂装;缺点同刷涂法
浸涂法	干性适当,流平性好,干燥速度适中	触变性好	各种合成树脂涂料	小型零件、设备和机械部件	浸漆槽、离心及真空设备	设备投资较少,施工方法简单,涂料损失少,适用于构造复杂构件;缺点是有流挂现象,污染现场,溶剂易挥发
空气喷涂法	挥发快和干燥适中	粘度小	各种硝基漆、橡胶漆、建筑乙烯漆、聚氨酯漆等	各种大型构件及设备和管道	喷枪、空气压缩机、油水分离器等	设备投资较小,施工方法较复杂,施工效率较涂刷法高;缺点是消耗溶剂量大,污染现象,易引起火灾
雾气喷涂法	具有高沸点溶剂的涂料	高不挥发分,有触变性	厚浆型涂料和高不挥发分涂料	各种大型钢结构、桥梁、管道、车辆和船舶等	高压无气喷枪、空气压缩机等	设备投资较大,施工方法较复杂,效率比空气喷涂法高,能获得厚涂层;缺点是也要损失部分涂料,装饰性较差

(1)刷涂法操作工艺

油漆刷的选择:刷涂底漆、调和漆和磁漆时,应选用扁形和歪脖形弹性大的硬毛刷;刷涂油性清漆时,应选用刷毛较薄、弹性较好的猪鬃或羊毛等混合制作的板刷和圆刷;涂刷树脂漆时,应选用弹性好,刷毛前端柔软的软毛板刷或歪脖形刷。

使用油漆刷子,应采用直握方法,用腕力进行操作;

涂刷时,应蘸少量涂料,刷毛浸入油漆的部分应为毛长的$\frac{1}{3}\sim\frac{1}{2}$;

对干燥较慢的涂料,应按涂敷、抹平和修饰三道工序进行;

对于干燥较快的涂料,应从被涂物一边按一定的顺序快速、连续地刷平和修饰,不应反复涂刷;

涂刷顺序,一般应按自上而下、从左向右、先里后外、先斜后直、先难后易的原则,使漆膜均匀、致密、光滑和平整;

刷涂的走向,刷涂垂直平面时,最后一道应由上向下进行;刷涂水平表面时,最后一道应按光线照射的方向进行;

刷涂完毕后,应将油漆刷妥善保管,若长期不用,需用溶剂清洗干净,晾干后用塑料薄膜包好,存放在干燥的地方,以便再用。

(2)滚涂法操作工艺

涂料应倒入装有滚涂板的容器内,将滚子的一半浸入涂料,然后提起在滚涂板上来回滚涂几次,使棍子全部均匀浸透涂料,并把多余的涂料滚压掉;

把滚子按 W 形轻轻滚动,将涂料大致地涂布于被涂物上,然后滚子上下密集滚动,将涂料均匀地分布开,最后使滚子按一定的方向滚平表面并修饰;

滚动时,初始用力要轻,以防流淌,随后逐渐用力,使涂层均匀;

滚子用后,应尽量挤压掉残存的油漆涂料,或使用涂料的稀释剂清洗干净,晾干后保存好,以备后用。

(3)浸涂法操作工艺

浸涂法就是将被涂物放入油漆槽中浸渍,经一定时间后取出吊起,让多余的涂料尽量滴净,再晾干或烘干的涂漆方法。也适用于形状复杂的骨架状被涂物,适用于烘烤型涂料。建筑钢结构工程中应用较少,在此不做过多叙述。

(4)空气喷涂法操作工艺

空气喷涂法是利用压缩空气的气流将涂料带入喷枪,经喷嘴吹散成雾状,并喷涂到被涂物表面上的一种涂装方法。

进行喷涂时,必须将空气压力、喷出量和喷雾幅度等参数调整到适当程度,以保证喷涂质量。

喷涂距离控制:喷涂距离过大,油漆易落散,造成漆膜过薄而无光;喷涂距离过近,漆膜易产生流淌和橘皮现象。喷涂距离应根据喷涂压力和喷嘴大小来确定,一般使用大口径喷枪的喷涂距离为 200~300mm,使用小口径喷枪的喷涂距离为 150~250mm。

喷涂时,喷枪的运行速度应控制在 30~60cm/s 范围内,并应运行稳定。

喷枪应垂直于被涂物表面。如喷枪角度倾斜,漆膜易产生条纹和斑痕。

喷涂时,喷幅搭接的宽度,一般为有效喷雾幅度的$\frac{1}{4}\sim\frac{1}{3}$,并保持一致。

暂停喷涂工作时,应将喷枪端部浸泡在溶剂中,以防涂料干固堵塞喷嘴。

喷枪使用完后,应立即用溶剂清洗干净。枪体、喷嘴和空气帽应用毛刷清洗。气孔和喷漆孔遇有堵塞,应用木钎疏通,不准用金属丝或铁钉疏通,以防损伤喷嘴孔。

(5)雾气喷涂法操作工艺

雾气喷涂法是利用特殊形式的气动或其他动力驱动的液压泵,将涂料增至高压,当涂料经由管路通过喷枪的喷嘴喷出后,使喷出的涂料体积骤然膨胀而雾化,高速地分散在被涂物表面上,形成漆膜。

喷枪嘴与被涂物表面的距离,一般应控制在300~380mm之间。

喷幅宽度:较大的物件300~500mm为宜,较小物件100~300mm为宜。一般为300mm。

喷嘴与物件表面的喷射角度为30°~80°。

喷枪运行速度为10~100cm/min。

喷幅的搭接宽度应为喷幅的1/6~1/4。

雾气喷涂法施工前,涂料应经过过滤后才能使用。

喷涂过程中,吸入管不得移出涂料液面,应经常注意补充涂料。

发生喷嘴堵塞时,应关枪,取下喷嘴,先用刀片在喷嘴口切割数下(不得用刀尖凿),用毛刷在溶剂中清洗,然后再用压缩空气吹通或用木钎捅通。

暂停喷涂施工时,应将喷枪端部置于溶剂中。

喷涂结束后,将吸入管从涂料桶中提起,使泵空载运行,将泵内、过滤器、高压软管和喷枪内剩余涂料排出,然后利用溶剂空载循环,将上述各器件清洗干净。

高压软管弯曲半径不得小于50mm,且不允许重物压在上面。

高压喷枪严禁对准操作人员或他人。

5.涂装施工工艺及要求

(1)涂装施工对环境条件的要求

环境温度:应按照涂料产品说明书的规定执行。

环境湿度:一般应在相对湿度小于80%的条件下进行。具体应按照涂料产品说明书的规定执行。

控制钢材表面温度与露点温度:钢材表面的温度必须高于空气露点温度3℃以上,方可进行喷涂施工。露点温度可根据空气温度和相对湿度从表13-23中查得。

露点值查对表 表13-23

环境温度(℃)	相对湿度(%)								
	55	60	65	70	75	80	85	90	95
0	-7.9	-6.8	-5.8	-4.8	-4.0	-3.0	-2.2	-1.4	-0.7
5	-3.3	-2.1	-1.0	0.0	0.9	1.8	2.7	3.4	4.3
10	1.4	2.6	3.7	4.8	5.8	6.7	7.6	8.4	9.3
15	6.1	7.4	8.6	9.7	10.7	11.5	12.5	13.4	14.2
20	10.7	12.0	13.2	14.4	15.4	16.4	17.4	18.3	19.2
25	15.6	16.9	18.2	19.3	20.4	21.3	22.3	23.3	24.1
30	19.9	21.4	22.7	23.9	25.1	26.2	27.2	28.2	29.1
35	24.8	26.3	27.5	28.7	29.9	31.1	32.1	33.1	34.1
40	29.1	30.7	32.2	33.5	34.7	35.9	37.0	38.0	38.9

在雨、雾、雪和较大灰尘的环境下，必须采取适当的防护措施，方可进行涂装施工。

(2)设计要求或钢结构施工工艺要求禁止涂装的部位，为防止误涂，在涂装前必须进行遮蔽保护。如地脚螺栓和底板、高强度螺栓结合面、与混凝土紧贴或埋入的部位等。

(3)涂料开桶前，应充分摇匀。开桶后，原漆应不存在结皮、结块、凝胶等现象，有沉淀应能搅起，有漆皮应除掉。

(4)涂装施工过程中，应控制油漆的黏度、稠度、稀度，兑制时应充分搅拌，使油漆色泽、黏度均匀一致。调整黏度必须使用专用稀释剂，如需代用，必须经过试验。

(5)涂刷遍数及涂层厚度应执行设计要求规定。

(6)涂装间隔时间根据各种涂料产品说明书确定。

(7)涂刷第一层底漆时，涂刷方向应该一致，接槎整齐。

(8)钢结构安装后，进行防腐涂料二次涂装。涂装前，首先利用砂布、电动钢丝刷、空气压缩机等工具将钢构件表面处理干净，然后对涂层损坏部位和未涂部位进行补涂，最后按照设计要求规定进行二次涂装施工。

(9)涂装完成后，经自检和专业检查并记录。涂层有缺陷时，应分析并确定缺陷原因，并及时修补。修补的方法和要求与正式涂层部分相同。

6. 质量标准

(1)主控项目

①钢结构防腐涂料、稀释剂和固化剂等材料的品种、规格、性能和质量等，应符合现行国家产品标准和设计要求。

检查数量：全数检查。

检查方法：检查产品质量合格证明文件、中文标志及检验报告等。

②涂装前钢构件表面除锈应符合设计要求和国家现行有关标准的规定。处理后的钢材表面不应有焊渣、焊疤、灰尘、油污、水和毛刺等。当设计无要求时，钢构件表面除锈等级应符合表 13-24 的规定。

检查数量：按构件数抽查 10%，且同类构件不应少于 3 件。

检查方法：用铲刀检查和用现行国家标准《涂装前钢材表面锈蚀等级和除锈等级》(GB 8923—88)规定的图片对照观察检查。

各种底漆或防锈漆要求最低的除锈等级　　　　表 13-24

涂料品种	除锈等级
油性酚醛、醇酸等底漆或防锈漆	St2
高氯化聚乙烯、氯化橡胶、氯磺化聚乙烯、环氧树脂、聚氨酯等底漆或防锈漆	Sa2
无机富锌、有机硅、过氯乙烯等底漆	Sa2 $\frac{1}{2}$

③涂料、涂装遍数、涂层厚度均应符合设计要求。当设计对涂层厚度无要求时，涂层干漆膜总厚度应为：室外应为 150μm，室内应为 125μm，其允许偏差为 -25μm。每遍涂层干漆膜厚度的允许偏差为 -5μm。

检查数量：按构件数抽查 10%，且同类构件不应少于 3 件。

检查方法：采用干漆膜测厚仪检查。每个构件检测 5 处，每处的数值为 3 个相距 50mm 测点涂层干漆膜厚度的平均值。

④不得误涂、漏涂，涂层应无脱皮和返锈。

检查数量:全数检查。

检查方法:目视,观察检查。

(2)一般项目

①钢结构防腐涂料的型号、名称、颜色及有效期应与其产品质量证明文件相符。

检查数量:按桶数抽查5%,且不应少于3桶。

检查方法:观察检查。

②防腐涂料开启包装后,不应存在结皮、结块、凝胶等现象。

检查数量:按桶数抽查5%,且不应少于3桶。

检查方法:观察检查。

③涂层应均匀,无明显皱皮、流坠、针眼和气泡等缺陷。

检查数量:全数检查。

检查方法:观察检查。

④当钢结构处于有腐蚀介质环境或外露且设计有要求时,应进行涂层附着力测试,在检测处范围内,当涂层完整程度达到70%以上时,涂层附着力达到合格质量标准的要求。

检查数量:按照构件数抽查1%,且不应少于3件,每件测3处。

检查方法:按照现行国家标准《漆膜附着力测定法》(GB 1720—88)或《色漆和清漆、漆膜的划格试验》(GB 9286—89)执行。

⑤构件补刷涂层质量应符合规定要求,补刷涂层漆膜应完整。

检查数量:全数检查。

检查方法:观察检查。

⑥涂装完成后,钢构件的标识、标记和编号应清晰完整。

检查数量:全数检查。

检查方法:观察检查。

7. 成品保护

(1)钢构件涂装后,应加以临时围护隔离,防止踏踩,损伤涂层。

(2)钢构件涂装后,在4h内如遇大风或下雨时,应加以覆盖,防止沾染灰尘或水汽,避免影响涂层的附着力。

(3)涂装后的钢构件需要运输时,应注意防止磕碰,防止在地面拖拉,防止土层损坏。

(4)涂装后的钢构件勿接触酸类液体,防止咬伤涂层。

8. 安全环保措施

防腐涂装施工所用的材料大多数为易燃物品,大部分溶剂有不同程度的毒性。为此,防腐涂装施工中防火、防爆、防毒是至关重要的,应予以相当的关注和重视。

(1)防火措施

①防腐涂料施工现场或车间不允许堆放易燃物品,并应远离易燃物品仓库。

②防腐涂料施工现场或车间,严禁烟火,并有明显的禁止烟火的宣传标志。

③防腐涂料施工现场或车间,必须备有消防水源或消防器材。

④防腐涂料施工中使用擦过溶剂和涂料的棉纱、棉布等物品应存放在带盖的铁桶内,并定期处理掉。

⑤严禁向下水道倾倒涂料和溶剂。

(2)防爆措施

①防腐涂料使用前需要加热时,采用热载体、电感加热等方法,并远离涂装施工现场。

②防腐涂料涂装施工时,严禁使用铁棒等金属物品敲击金属物体和漆桶,如需敲击应使用木制工具,防止因此产生摩擦或撞击火花。

③在涂料仓库和涂装施工现场使用的照明灯应有防爆装置,临时电气设备应使用防爆型的,并定期检查电路及设备的绝缘情况。在使用溶剂的场所,应禁止使用闸刀开关,要使用三相插头,防止产生电气火花。

④所有使用的设备和电气导线应良好接地,防止静电聚集。

⑤所有进入防腐涂料涂装施工现场的施工人员,应穿安全鞋、安全服装。

(3)防毒措施

①施工人员应戴防毒口罩或防毒面具。

②对于接触性侵害,施工人员应穿工作服、戴手套和防护眼镜等,尽量不与溶剂接触。

③施工现场应做好通风排气装置,减少有毒气体的浓度。

(4)高空作业时,应戴好安全带,并应对使用的脚手架或吊架等临时设施进行检查,确认安全后,方可施工。

(5)施工用工具,不使用时应放入工具袋内,不得随意乱扔乱放。

13.5.2 防火涂装工程

13.5.2.1 概述

火灾是由可燃材料的燃烧引起的,是一种失去控制的燃烧过程。建筑物火灾的损失大,尤其是钢结构,一旦发生火灾容易破坏而倒塌。火灾产生的热量传给结构构件,钢是不燃烧体,但却易导热,试验表明,不加保护的钢构件的耐火极限仅为10~20min。温度在200℃以下时,钢材性能基本不变;当温度超过300℃时,钢材力学性能迅速下降;达到600℃时钢材失去承载能力,造成结构变形,最终导致垮塌。

国家规范对各类建筑构件的燃烧性能和耐火极限都有要求,当采用钢材时,钢构件的耐火极限不应低于表13-25的规定。

钢构件的耐火极限要求 表13-25

构件名称 / 耐火极限(h) / 耐火等级	高层民用建筑			一般工业与民用建筑				
	柱	梁	楼板屋顶承重构件	支承多层的柱	支承平层的柱	梁	楼板	屋顶承重构件
一　级	3.00	2.00	1.50	3.00	2.50	2.00	1.50	1.50
二　级	2.50	1.50	1.00	2.50	2.00	1.50	1.00	0.50
三　级				2.50	2.00	1.00	0.50	

钢结构防火保护的基本原理是采用绝热或吸热的材料,阻隔火焰和热量,推迟钢结构的升温速度。用混凝土来包裹钢构件,以致出现劲性钢筋混凝土结构。随着高层建筑越来越多,纯钢结构建筑也多了,防火涂料又在工程中得到广泛应用。

1.防火涂料

(1)防火涂料的类型

钢结构防火涂料按不同厚度分超薄型、薄涂型、厚涂型三类;按施工环境不同分为室内、露天两类;按所用粘结剂的不同分为有机类、无机类;按涂层受热后的状态分为膨胀型和非膨胀型(图13-49)。

(2)防火涂料的阻燃机理

①防火涂料本身具有难燃烧或不燃性,使被保护的基材不直接与空气接触而延迟基材着火燃烧。

钢结构防火涂料
- 膨胀型(B 型)
  - 薄涂型(涂层厚 7mm 以下,耐火时间 1.5h 以上)(B 型)
  - 超薄型(涂层厚 3mm 以下,耐火时间 0.5h 以上)(CB 型)
- 非膨胀型(H 类)
  - 无机型(不燃型)
  - 有机型(难燃型)

图 13-49　防火涂料的类型

②防火涂料具有较低导热系数,可以延迟火焰温度向基材的传递。

③防火涂料遇火受热分解出不燃的惰性气体,可冲淡被保护基材受热分解出的可燃性气体,抑制燃烧。

④燃烧被认为是游离基引起的连锁反应,而含氮的防火涂料受热分解出 NO、NH_3 等基团,与有机游离基化合,中断连锁反应,降低燃烧速度。

⑤膨胀型防火涂料遇火膨胀发泡,形成泡沫隔热层,封闭被保护的基材,阻止基材燃烧。

(3)防火涂料的选用

①室内裸露钢结构,轻型屋盖钢结构及有装饰要求的钢结构,当规定其耐火极限在 1.5h 以下时,宜选用薄涂型钢结构防火涂料。

②室内隐蔽钢结构,高层全钢结构及多层厂房钢结构,当规定其耐火极限在 2.0h 以上时,应选用厚涂型钢结构防火涂料。

③半露天或某些潮湿环境的钢结构,露天钢结构应选用室外钢结构防火涂料。

2. 防火涂装施工

(1)一般规定

①钢结构防火涂料的生产厂家、检验机构、涂装施工单位均应具有相应的资质,并通过公安消防部门的认证。

②钢结构涂料涂装前,构件应安装完毕并验收合格。如若提前施工,应考虑施工后补喷。

③钢结构表面杂物应清理干净,其连接处的缝隙应用防火涂料或其他材料填平后方可施工。

④喷涂前,钢结构表面应除锈,并根据使用要求确定防锈处理方式。

⑤喷涂前应检查防火涂料,防火涂料品名、质量是否满足要求,是否有厂方的合格证,检测机构的耐火性能检测报告和理化性能检测报告。

⑥防火涂料的底层和面层应相互配套,底层涂料不得腐蚀钢材。

⑦涂料施工过程中,环境温度宜在 5 ~ 38℃之间,相对湿度不应大于 85%。涂装时构件表面不应有结露,涂装后 4h 内应免受雨淋。

(2)工艺流程

施工准备 → 调配涂料 → 涂装施工 → 检查验收

(3)厚涂型钢结构防火涂料涂装工艺及要求

①施工方法及机具

一般采用喷涂方法涂装,机具为压送式喷涂机,配备能够自动调压的空压机,喷枪口径为 6 ~ 12mm,空气压力为 0.4 ~ 0.6MPa。

局部修补和小面积构件采用手工抹涂方法施工,工具是抹灰刀等。

②涂料配制

单组分湿涂料，现场采用便携式搅拌器搅拌均匀；单组分干粉涂料，现场加水或其他稀释剂调配，应按照产品说明书的规定配比混合搅拌；双组分涂料，按照产品说明书规定的配比混合搅拌。

防火涂料配制搅拌，应边配边用，当天配制的涂料必须在说明书规定时间内使用完。

搅拌和调配涂料，使其均匀一致，且稠度适宜，既能在输送管道中流动畅通，而喷涂后又不会产生流淌和下坠现象。

③涂装施工工艺及要求

喷涂应分若干层完成，第一层喷涂以基本盖住钢材表面即可，以后每层喷涂厚度为 5 ~ 10mm，一般为 7mm 左右为宜。

在每层涂层基本干燥或固化后，方可继续喷涂下一层涂料，通常每天喷涂一层。

喷涂保护方式、喷涂层数和涂层厚度应根据防火设计要求确定。

喷涂时，喷枪要垂直于被喷涂钢构件表面，喷距为 6 ~ 10mm，喷涂气压保持在 0.4 ~ 0.6 MPa。喷枪运行速度要保持稳定，不能在同一位置久留，避免造成涂料堆积流淌。喷涂过程中，配料及往喷涂机内加料均要连续进行，不得停顿。

施工过程中，操作者应采用测厚针检测涂层厚度，直到符合设计规定的厚度，方可停止喷涂。

喷涂后，对于明显凹凸不平处，采用抹灰刀等工具进行剔除和补涂处理，以确保涂层表面均匀。

④质量要求

涂层应在规定时间内干燥固化，各层间粘结牢固，不出现粉化、空鼓、脱落和明显裂纹。

钢结构接头、转角处的涂层应均匀一致，无漏涂出现。

涂层厚度应达到设计要求；否则，应进行补涂处理，使其符合规定的厚度。

(4)薄涂型钢结构防火涂料涂装工艺及要求

①施工方法及机具

一般采用喷涂方法涂装，面层装饰涂料可以采用刷涂、喷涂或滚涂等方法，局部修补或小面积构件涂装，不具备喷涂条件时，可采用抹灰刀等工具进行手工抹涂方法。

机具为重力式喷枪，配备能够自动调压的空压机。喷涂底层及主涂层时，喷枪口径为 4 ~ 6mm，空气压力为 0.4 ~ 0.6MPa；喷涂面层时，喷枪口径为 1 ~ 2mm，空气压力为 0.4MPa 左右。

②涂料配制

单组分涂料，现场采用便携式搅拌器搅拌均匀；双组分涂料，按照产品说明书规定的配比混合搅拌。

防火涂料配制搅拌，应边配边用，当天配制的涂料必须在说明书规定时间内使用完。

搅拌和调配涂料，使之均匀一致，且稠度适宜，既能在输送管道中流动畅通，而喷涂后又不会产生流淌和下坠现象。

③底层涂装施工工艺及要求

底涂层一般应喷涂 2 ~ 3 遍，待前一遍涂层基本干燥后再喷涂后一遍。第一遍喷涂以盖住钢材基面 70% 即可，二三遍喷涂每层厚度不超过 2.5mm。

喷涂保护方式、喷涂层数和涂层厚度应根据防火设计要求确定。

喷涂时，操作工手握喷枪要稳定，运行速度保持稳定。喷枪要垂直于被喷涂钢构件表面，喷距为 6 ~10mm。

施工过程中,操作者应随时采用测厚针检测涂层厚度,确保各部位涂层达到设计规定的厚度要求。

喷涂后,喷涂形成的涂层是粒状表面,当设计要求涂层表面平整光滑时,待喷涂完最后一遍应采用抹灰刀等工具进行抹平处理,以确保涂层表面均匀平整。

④面层涂装工艺及要求

当底涂层厚度符合设计要求,并基本干燥后,方可进行面层涂料涂装。

面层涂料一般涂刷 1 ~2 遍。如第一遍是从左至右涂刷,第二遍则应从右至左涂刷,以确保全部覆盖住底涂层。

面层涂装施工应保证各部分颜色均匀一致,接槎平整。

(5)防火涂料涂装工程验收

①防火涂料涂装前钢材表面除锈及防锈底漆涂装应符合规定。按构件数抽查 10%,且同类构件不应少于 3 件。表面除锈用铲刀检查和用图片对照观察检查;底漆涂装用干漆膜测厚仪检查,每个构件检测 5 处。

②防火涂料不应有误涂、漏涂,涂层应闭合无脱层、空鼓、明显凹陷、粉化松散和浮浆等外观缺陷,应剔除乳突。

③薄涂型防火涂料涂层表面裂纹宽度不应大于 0.5mm,厚涂型防火涂料涂层表面裂纹宽度不应大于 1mm。按同类构件数抽查 10%,且均不应少于 3 件。

④薄涂型防火涂料涂层厚度应符合设计要求。厚涂型防火涂料涂层的厚度,80% 及以上面积应符合设计要求,且最薄处厚度不应低于设计要求的 85%。用涂层厚度测试仪、测针和钢尺检查,应符合下列规定:①测点选定。楼板和防火墙的防火涂层厚度测定,可选两相邻纵、横轴线相交中的面积为一单元,在其对角线上每米选一点;全钢框架结构的梁、柱以及桁架结构的上、下弦的防火涂层厚度测定,在构件长度上每隔 3m 取一截面,按图 13-50 所示位置测试;桁架结构其他腹杆每根取一截面检测。②测量结果。对于楼板和墙面在所选择面积中至少测 5 点;对于梁、柱在所选位置中分别测出 6 个和 8 个点,分别计算它们平均值,精确到 0.5mm。

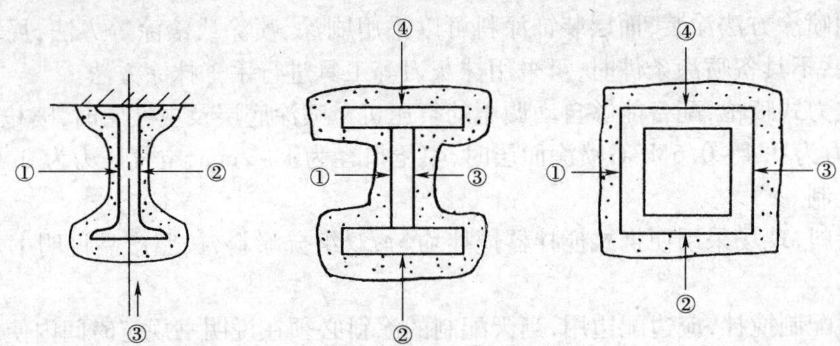

图 13-50 梁、柱、桁架涂层厚度检测位置

3. 涂料性能与检测

涂料的性能包括干燥时间、初期干燥抗裂性、粘结强度、抗压强度、导热率、抗震性、抗弯性、耐水性、耐冻融循环、耐火性能、耐酸性、耐碱性等。

耐火试验时,试件平放在卧式燃烧炉上,三面受火,试验结果以钢结构防水涂层厚度(mm)和耐火极限(h)表示。

13.5.2.2 隔热型钢结构防火涂料

1. 隔热型钢结构防火涂料的基本组成和性能

隔热型钢结构防火涂料通常为厚涂型钢结构防火涂料，是采用一定的胶凝材料，配以无机轻质材料、增强材料等组成，涂层厚度在 7~45mm 之间。这类钢结构防火涂料的耐火极限为 1.0~3h。其施工多采用喷涂或批刮工艺进行。一般是应用在耐火极限要求在 2h 以上的钢结构建筑上。如在石油、化工等行业中经常使用。这类涂料在火灾中涂层基本不膨胀，依靠材料的不燃性、低导热性和涂层中材料的吸热性等来延缓钢材的温升，从而达到保护钢构件的目的。这种涂料的涂层外观装饰性一般不理想。

隔热型钢结构防火涂料又称为无机轻体喷涂涂料或耐火喷涂涂料，目前有蛭石水泥系、矿纤维水泥系、氢氧化镁水泥系和其他无机轻体系等系列，其基本组成如表 13-26 所示。

隔热型钢结构防火涂料的基本组成 表 13-26

组分	主要代表物质	质量分数(%)
基料	硅酸盐水泥、氢氧化镁、水玻璃等	15~40
骨料	膨胀蛭石、膨胀珍珠岩、矿棉等	30~50
助剂	硬化剂、防水剂、膨松剂等	5~10
水		10~30

隔热型钢结构防火涂料按使用环境来分，有室内和室外两种类型。根据 GB 14907—2002 钢结构防火涂料标准，应满足表 13-27 中的技术要求。

隔热型钢结构防火涂料的技术要求 表 13-27

检验项目		技术指标	
		室内型	室外型
在容器中状态		经搅拌后呈均匀稠厚流体状态，无结块	经搅拌后呈均匀稠厚流体状态，无结块
干燥时间(表干)(h)		≤24	≤24
初期干燥抗裂性		允许出现 1~3 条裂纹，其宽度应不大于 1mm	允许出现 1~3 条裂纹，其宽度应不大于 1mm
粘结强度(MPa)		0.04	0.04
抗压强度(MPa)		≥0.3	≥0.5
干密度(kg/m^3)		≤500	≤650
耐水性(h)		≥24h 涂层应无起层、发泡、脱落现象	—
耐冷热循环性(次)		≥15 次涂层应无开裂、剥落、起泡现象	≥15 次涂层应无开裂、剥落、起泡现象
耐曝热性(h)		—	≥720，涂层应无起层、脱落、空鼓、开裂现象
耐湿热性(h)		—	≥504h 涂层应无起层、脱落现象
耐酸性(h)		—	≥360h 涂层应无起层、脱落、开裂现象
耐碱性(h)		—	≥360h 涂层应无起层、脱落、开裂现象
耐盐雾腐蚀性(次)		—	≥30 次涂层应无起泡、明显变质、软化现象
耐火性能	涂层厚度(不大于)(mm)	25±2	25±2
	耐火极限(不低于)(h)	2.0	2.0

2. 室内隔热型钢结构防火涂料

室内隔热型钢结构防火涂料主要由无机粘结剂、无机轻质材料、增强填料和助剂等配制而成。除了具有一般水性防火涂料的优点外，由于其原材料都是无机物，因此成本低廉，但装饰效果较差。一般用于耐火极限要求在2h以上的室内钢结构上，如高层民用建筑的柱子、一般工业和民用建筑的支承多层柱子、室内隐蔽钢构件等。施工多采用喷涂工艺。

室内隔热型钢结构防火涂料的性能主要由基料所决定。在进行涂料配方设计时，基料的确定原则应主要考虑下面几方面。

(1)选用的基料在高温下(800～1000℃)应与钢材有较强的粘合强度，并且有利于或至少是不影响防火涂料体系的防火隔热效果；

(2)选用的基料除了使涂料具有良好的理化性能外，还应对金属没有腐蚀性；

(3)选用的基料应考虑经济性。

目前可用作室内隔热型钢结构防火涂料基料的无机粘结剂主要有碱金属硅酸盐类、磷酸盐类等。

在硅酸钠盐中由于存在游离的碱金属离子，空气中的酸性物质如 CO_2 等能与其发生不良反应。

解决的方法是采用氟硅酸盐、硼酸盐、有机高分子聚合物等对其进行改性，通过形成一种体型的网状结构将碱金属离子固定下来。当这一过程完成后，碱金属离子就不再与 CO_2 反应，从而可改善涂层的理化性能。

磷酸盐类粘结剂也是常用的无机粘结剂，用它作为防火涂料的基料，可以避免碱性氧化物与空气中的酸性气体反应，从而提高涂料的耐候性、耐水性等理化性能。碳酸钙大量用于防火涂料中作填料和增强材料，起骨架、阻燃剂和体质颜料的作用。碳酸钙用于防火涂料中，增加了涂层的冲击强度，提高了防火涂料的韧性及弹性；降低收缩，具有优良的色牢度；可改进防火涂料表面质量；改进稳定性和抗老化性。

此外，硅灰石粉、灰钙粉、沉淀硫酸钡、重质碳酸钙、滑石粉、粉煤灰空心微珠等也是隔热型防火涂料中常用的填料。

隔热型钢结构防火涂料中另一个重要组分为轻质隔热骨料，最常用的有膨胀蛭石、膨胀珍珠岩、硅藻土、粉煤灰空心微珠等。这些材料的应用不仅提高涂料的隔热性能，也可大大降低涂料的干密度，防止涂层的收缩开裂等。

3. 室外隔热型钢结构防火涂料

室外隔热型钢结构防火涂料是指适合于室外环境使用的隔热型钢结构防火涂料，其性能要求高于室内隔热型钢结构防火涂料，因此价格通常也比室内隔热型钢结构防火涂料高一些。这类涂料主要用于建筑物室外和石化企业露天钢结构等。

室外隔热型钢结构防火涂料的基料一般是耐候性较好的合成树脂或高分子乳液与无机基料复合而成，再配以阻燃剂、轻质材料、增强材料等组成。表13-28为室外隔热型钢结构防火涂料的配方示例。

硅溶胶是一种理想的无机成膜物质，它是由水玻璃经过酸处理、电渗析及离子交换等方法去掉钠离子后得到的超微粒子聚硅酸分散体，具有一旦成膜就不再溶解的特性。但由于它的涂层硬而脆，在成膜过程中体积收缩大，因此容易引起涂层开裂。将它与有机高分子材料复合使用，可克服上述缺点，力学性能大大提高。室外隔热型钢结构防火涂料生产中常用的高分子材料有水溶性合成树脂和高分子乳液，前者如水性氨基树脂、水性酚醛树脂等，后者如丙烯酸酯及其共聚树脂等。

室外隔热型钢结构防火涂料配方示例

单位:%(质量分数)　　表 13-28

原料名称	用量	原料名称	用量
有机高分子乳液	15~20	无机轻质材料	25~30
硅溶胶	10~15	添加剂	2~5
颜填料	5~10	水	25~30

室外隔热型钢结构防火涂料生产中所用的轻质材料、颜填料和助剂与室内型的基本相同,但对耐水、耐候、耐化学腐蚀等性能的要求更高,选择时应更慎重。

与室内隔热型钢结构防火涂料相比,目前我国室外隔热型钢结构防火涂料的品种尚较少。

4. 隔热型钢结构防火涂料的施工

隔热型钢结构防火涂料的形式主要有单组分包装和双组分包装两种。一般为干粉料形式。单组分包装的只需在现场加水调配即可使用,双组分包装的则在现场按比例配合后加水调配使用。除此之外,也有三组分包装的形式,即分底层、中间层和面层涂料。

隔热型钢结构防火涂料的施工主要有以下几道工序。

第一道工序是除去钢结构表面的油污、铁锈及机械污物等,这样可增强防火涂料对钢结构的附着力。

隔热型钢结构防火涂料常为水性涂料,直接涂刷于钢材表面易生锈,为了防止钢结构生锈,以延长使用寿命,提高整个涂层的保护性,钢结构经过表面处理以后,施工的第二道工序是涂刷防锈底漆,这是该类防火涂料施工过程中最基础的工作,两工序之间的间隔时间应尽可能地缩短。

隔热型钢结构防火涂料固体含量较大,较易沉淀,使用前应充分搅匀。双组分包装的防火涂料,要根据产品说明书上规定的比例在现场进行调配,并充分搅匀,单组分包装的涂料也应充分搅拌。喷涂后,不应发生流淌和下坠。隔热型钢结构防火涂料宜采用压送式喷涂机喷涂,空气压力为 0.4~0.6 MPa,喷枪口直径宜为 6~10mm。局部修补和小面积施工时可用手工抹涂。喷涂施工应分次喷涂,每遍喷涂厚度宜为 5~10mm,喷涂时应确保涂层均匀平整,必须在前一遍基本干燥或固化后,再喷涂后一遍。喷涂保护方式、喷涂遍数与涂层厚度应根据施工设计要求确定。施工过程中应对最后一遍涂层做抹平处理,以保证外表面均匀平整。

施工过程中,应采用涂层测厚仪检测涂层厚度,直到符合设计规定的厚度。

13.5.2.3　薄涂型钢结构防火涂料

1. 薄涂型钢结构防火涂料的基本组成和性能

涂层使用厚度在 3~7mm 的钢结构防火涂料称为薄涂型钢结构防火涂料。该类涂料一般分为底涂(隔热层)和面涂(装饰发泡层)两层。底层实际上是一层隔热型防火涂料,受火不会膨胀,依靠自身的低热传导率特性起到隔热作用。面层具有较好的装饰作用,同时受火时发泡膨胀,以膨胀发泡所形成的耐火隔热层来延缓钢材的温升,保护钢构件。但发泡率一般不高。薄涂型钢结构防火涂料的装饰性比厚涂隔热型防火涂料好,施工多采用喷涂。一般使用在耐火极限要求不超过 2h 的建筑钢结构上。

薄涂型钢结构防火涂料一般是以水性聚合物乳液为基料(也有少量以溶剂型树脂为基料),配以有机、无机复合阻燃剂和颜填料组成底涂,并以水性乳液为基料,加入 P—C—N 防火体系、硅酸铝纤维等耐火材料、颜填料、助剂等组成面涂。

在薄涂型防火涂料的生产中,基料的选择是影响涂料性能的关键因素之一。基料选择得好与否不仅对防火涂料的理化性能有决定作用,还直接影响防火涂料的防火隔热效果。这就决定了基料选择的原则是要充分考虑并合理兼顾这两个方面,同时从产品竞争力方面着眼还应考虑其价格。

从对防火涂料的理化性能和防火性能两方面要求看,所选用的聚合物乳液必须对钢铁基材有良好的附着力,涂层有良好的耐久性和耐水性。常用作这类防火涂料基料的聚合物乳液有火涂料的理化性能受影响;而若防火剂用量过少,其理化性能较好,但防火涂料的防火隔热效果差。

薄涂型钢结构防火涂料按使用环境来分,有室内和室外两种类型。根据 GB 14907—2002 钢结构防火涂料标准,应满足表 13-29 中的技术要求。

薄涂型钢结构防火涂料的技术要求 表 13-29

检验项目		技术指标	
		室内型	室外型
在容器中状态		经搅拌后呈均匀液态或稠厚流体状态,无结块	经搅拌后呈均匀液态或稠厚流体状态,无结块
干燥时间(表干)(h)		≤12	≤12
外观与颜色		涂层干燥后,外观与颜色同样品相比应无明显差别	涂层干燥后,外观与颜色同样品相比应无明显差别
初期干燥抗裂性		允许出现 1~3 条裂纹,其宽度应不大于 0.5mm	允许出现 1~3 条裂纹,其宽度应不大于 0.5mm
粘结强度(MPa)		≥0.15	≥0.15
耐水性(h)		≥24h 涂层应无起层、发泡、脱落现象	—
耐冷热循环性(次)		≥15 次涂层应无开裂、剥落、起泡现象	≥15 次涂层应无开裂、剥落、起泡现象
耐曝热性(h)		—	≥720,涂层应无起层、脱落、空鼓、开裂现象
耐湿热性(h)		—	≥504h 涂层应无起层、脱落现象
耐酸性(h)		—	≥360h 涂层应无起层、脱落、开裂现象
耐碱性(h)		—	≥360h 涂层应无起层、脱落、开裂现象
耐盐雾腐蚀性(次)		—	≥30 次涂层应无起泡、明显变质、软化现象
耐火性能	涂层厚度(不大于)(mm)	5.0±0.5	5.0±0.5
	耐火极限(不低于)(h)	1.0	1.0

从涂料的组成方面看,室内型和室外型两类薄涂型钢结构防火涂料并无本质区别。但在性能要求方面,室外型钢结构防火涂料除了防火性能要求外,还应有良好的耐酸碱性、耐盐雾性和耐曝热性等,因此对基料的选择更为严格。

2. 薄涂型钢结构防火涂料的施工

薄涂型钢结构防火涂料的施工主要有以下几道工序。

第一道工序是除去钢结构表面的油污、铁锈及机械污物等,以增强防火涂料对钢结构的附着力。

薄涂型钢结构防火涂料大部分为水性乳液型涂料,直接涂刷于钢材表面易生锈。为了防止钢结构生锈,以延长使用寿命,提高整个涂层的保护性。因此施工的第二道工序是涂刷防锈底漆,这是薄涂型钢结构防火涂料施工过程中最基础的工作。为了保证防锈底漆的施工质量,第一道工序和第二道工序之间的间隔时间应尽可能地缩短。

除了防止钢结构生锈以延长其使用寿命的目的外,涂防锈底漆的另一目的是提高钢结构表面与防火涂料涂层之间的结合力。因此正确地选择防锈底漆品种及其涂装工艺,对提高防火涂料涂层性能、延长涂层寿命有重要作用。选择防锈底漆时,应考虑其与钢结构基材有很好的附着力;本身有较好的机械强度;对底材具有良好的防腐蚀保护性能并不产生其他副作用;不能含有能渗入上层涂层引起弊病的组分;应具有良好的涂装性能等。

薄涂型钢结构防火涂料的底涂层一般宜采用重力式喷枪喷涂。局部修补和小面积施工时可用手工抹涂。底层一般喷 2 ~3 遍,每遍喷涂厚度为 2 ~4mm,必须在前一遍干燥后,再喷涂后一遍。喷涂时应确保涂层均匀平整。并用涂层测厚仪检测涂层厚度,确保喷涂达到设计规定的厚度。当设计要求涂层表面平整光滑时,应对最后一遍涂层做抹平处理,以保证外表面平整。

薄涂型钢结构防火涂料的面层装饰涂料可采用刷涂、喷涂或滚涂的方法。面层一般涂 1 ~2次,并应全部覆盖底层。面层应做到颜色均匀,涂层平整。

3. 薄涂型钢结构防火涂料配制

薄涂型钢结构防火涂料配方实例见表 13-30。

薄涂型钢结构防火涂料配方实例　　单位:份(质量)　　表 13-30

面涂层		底涂层	
原料名称	用量	原料名称	用量
聚丙烯酸酯乳液	14	聚丙烯酸酯乳液	10
钛白粉	8	聚乙烯醇	6
磷酸氢二铵	11	硅溶胶	5
季戊四醇	17	粉煤灰空心微珠	16
三聚氰胺	16	膨胀蛭石	13
助剂	4	硅酸铝纤维	6
水	20	助剂	3
		水	16

13.5.2.4　超薄型钢结构防火涂料

所谓的超薄型钢结构防火涂料是指涂层使用厚度不超过 3mm 的钢结构防火涂料。一般用于耐火极限在 2h 以内的建筑钢结构保护。这类涂料是近几年出现的新品种,发展势头十分看好。

1. 超薄型钢结构防火涂料的组成与工作原理

超薄膨胀型钢结构防火涂料在火焰高温作用下,涂层受热分解出大量的惰性气体,降低了可燃气体和空气中氧气的浓度,使燃烧减缓或被抑制。同时,涂层膨胀发泡形成发泡炭层。这层发泡层与钢铁基材有很强的粘结性,其热导率很低,因此不仅隔绝了氧气,而且具有良好的隔热性,延滞了热量向被保护基材的传递,避免了火焰和高温直接攻击钢构件,故防火隔热效果较薄涂型和厚质隔热型钢结构防火涂料显著。

超薄膨胀钢结构防火涂料的涂刷厚度一般为1~3mm,耐火极限可达1~2h。目前该类钢结构防火涂料大多数是溶剂型的,以合成树脂作基料,用200号溶剂汽油、苯类和醋酸酯类等有机溶剂作为溶剂和稀释剂,再配以阻燃剂、防火助剂、增强填料、颜料、各种辅助材料及助剂等原料,经碾磨加工而成。具有施工方便、室温自干、耐水耐候、附着力强等特点。

发泡层表层中的元素主要为P、Ti、Si、Zn、Al、Mg等,而且这几种元素在发泡层表层中所占的比例与其在填料中的比例相似。可知发泡层最后剩余物由所加填料的种类所决定。红外光谱曲线则显示,发泡层表层主要是由PO_4^{3-}、SiO_4^{2-}和Ti、Al、Mg等阳离子组成的化合物,这些化合物高温下在发泡层表面形成一层无机耐火材料,对发泡层起保护作用。由此可见,填料中Ti所占比例越多涂层的耐火性能越好。

2. 超薄膨胀型结构防火涂料的性能要求

超薄膨胀型结构防火涂料使用环境来分,也有室内和室外两种类型。根据GB 14907—2002钢结构防火涂料标准,应满足表13-31中的技术要求。

超薄膨胀型钢结构防火涂料的技术要求 表13-31

检验项目		技术指标	
		室内型	室外型
在容器中状态		经搅拌后呈均匀液态或稠厚流体状态,无结块	经搅拌后呈均匀液态或稠厚流体状态,无结块
干燥时间(表干)(h)		≤8	≤8
外观与颜色		涂层干燥后,外观与颜色同样品相比应无明显差别	涂层干燥后,外观与颜色同样品相比应无明显差别
初期干燥抗裂性		不应出现裂纹	允许出现1~3条裂纹,其宽度应不大于0.5mm
粘结强度(MPa)		≥0.20	≥0.20
耐水性(h)		≥24h涂层应无起层、发泡、脱落现象	—
耐冷热循环性(次)		≥15次涂层应无开裂、剥落、起泡现象	≥15次涂层应无开裂、剥落、起泡现象
耐曝热性(h)		—	≥720,涂层应无起层、脱落、空鼓、开裂现象
耐湿热性(h)		—	≥504,涂层应无起层、脱落现象
耐酸性(h)		—	≥360,涂层应无起层、脱落、开裂现象
耐碱性(h)		—	≥360,涂层应无起层、脱落、开裂现象
耐盐雾腐蚀性(次)		—	≥30次涂层应无起泡、明显变质、软化现象
耐火性能	涂层厚度(不大于)(mm)	2.00±0.20	2.00±0.20
	耐火极限(不低于)(h)	1.0	1.0

3. 超薄膨胀型钢结构防火涂料的施工

超薄膨胀型钢结构防火涂料的施工主要有以下几道工序。

第一道工序是除去钢结构表面的油污、铁锈及机械污物等,以增强防火涂料对钢结构的附着力。常采用机械打磨除锈、喷砂除锈或化学洗液除锈等方法对钢材表面进行前处理。实践表明,前两种方法对提高超薄膨胀型钢结构防火涂料的附着力更为有效。

超薄膨胀型钢结构防火涂料虽为溶剂型防火涂料,具有一定的防腐蚀性能,但总的来说防腐蚀性能不强,因此钢材表面仍容易生锈。为了防止钢结构生锈,以延长使用寿命,提高整个涂层的保护性,因此施工的第二道工序是涂刷防锈底漆,这是超薄膨胀型钢结构防火涂料施工过程中最基础最重要的工作。为了保证防锈底漆的施工质量,第一道工序和第二道工序之间的间隔时间应尽可能地缩短。选择防锈底漆时,应考虑其与钢结构基材有很好的附着力;本身有较好的机械强度;对底材具有良好的防腐蚀保护性能并不产生其他副作用;不能含有能渗入上层涂层引起弊病的组分;应具有良好的涂装性能等。

第三道工序为涂刷超薄膨胀型钢结构防火涂料。超薄膨胀型钢结构防火涂料的施工一般采用刷涂工艺。有些品种也可采用喷涂或辊涂工艺。局部修补和小面积施工时主要采用刷涂。

超薄膨胀型钢结构防火涂料的施工应遵循少量多次的原则,即每次涂刷的涂层应尽可能薄。每遍喷涂厚度为0.1~0.2mm,必须在前一遍干燥后,再喷涂后一遍。喷涂时应确保涂层均匀平整。并用涂层测厚仪检测涂层厚度,确保喷涂达到设计规定的厚度。因此一般2mm左右的涂层,需十几道涂刷才能达到规定的厚度。实践表明,同样厚度的涂层,分多次涂刷完成和一次涂刷完成,其耐火极限是完全不一样的。

4. 超薄膨胀型钢结构防火涂料的制备

超薄膨胀型钢结构防火涂料大部分是溶剂型的,基料以醇酸树脂、聚丙烯酸酯树脂、氨基树脂、酚醛树脂、氯化橡胶、高氯化聚乙烯、不饱和聚酯树脂等为主。近年来也有水性超薄膨胀型钢结构防火涂料问世,基料主要为氯乙烯—偏氯乙烯乳液(氯偏乳液)、聚丙烯酸酯共聚乳液、氟碳乳液等,但总体质量和防火效果尚不能与溶剂型媲美。

13.5.3 钢结构涂装施工的安全技术

1. 防火防爆

涂装施工中所用材料大多数为易燃品,在涂装施工过程中形成漆雾和有机溶剂的蒸气,与空气混合后积聚到一定浓度时,一旦接触明火就容易引起火灾或爆炸。

涂装现场必须采取防火防爆措施,具体做到以下几点:

(1)施工现场不允许堆放易燃易爆物品,并应远离易燃易爆物品仓库。

(2)施工现场严禁烟火。

(3)施工现场必须有消防器材和消防水源。

(4)擦拭过溶剂的棉纱、破布等应存在带盖铁桶内并定期处理。

(5)严禁向下水道或随地倾倒涂料和溶剂。

(6)涂料配制时应注意先后次序,并应加强通风降低积聚浓度。

(7)涂装过程中避免产生静电、摩擦、电气等易引起爆炸的火花。

2. 防尘防毒

涂料中大部分溶剂和稀释剂都是有毒物品,再加上粉状填料,工人长时间吸入体内对人体的中枢神经系统、造血器官和呼吸系统会造成损害。

为了防止中毒,应做到以下几点:

(1)严格限制挥发性有机溶剂蒸气和粉尘在空气中的浓度,不得超过表13-32的规定。

(2)施工现场应有良好的通风。

(3)施工人员应戴防毒口罩或防毒面具。

(4)施工人员应避免与溶剂接触,操作时穿工作服、戴手套和防护眼镜等。

(5)因操作不小心,涂料溅到皮肤上应马上擦洗。

(6)操作人员施工时如发现不适,应马上离开施工现场或去医院检查治疗。

施工现场有害气体、粉尘的最高允许浓度　表 13-32

物质名称	最高允许浓度（mg/m^3）	物质名称	最高允许浓度（mg/m^3）
二甲苯	100	煤　油	300
甲　苯	100	溶剂汽油	350
丙　酮	400	乙　醇	1500
环已酮	50	含有10%以上二氧化硅粉尘（石英、石英岩等）	2
苯	40	含有10%以下二氧化硅的水泥粉尘	6
苯乙烯	40	其他各种粉尘	10

3. 其他安全技术

(1)安全生产和劳动保护非常重要,在施工过程中应严格执行有关法律和法规。

(2)施工前要对操作人员进行防火安全教育和安全技术交底。

(3)在施工过程中加强安全监督检查工作,发现问题及时制止,防止事故发生。

(4)高空作业时应戴好安全带,并应对使用的脚手架或吊架等进行检查,合格后方可使用。

(5)不允许把盛装涂料、溶剂或用剩的漆罐开口放置。

(6)防火涂料应储存在仓库内,避免露天存放,防止日晒雨淋。

(7)施工现场使用的照明灯、电线、电气设备等应考虑防爆,同时应接地良好。

(8)患有慢性皮肤病或有过敏反应等其他不适应体质的操作者不宜参加施工。

复习思考题

13-1 设计图与施工详图的区别是什么?

13-2 图纸审核的主要内容包括哪些?

13-3 当钢材属于哪些情况时,加工下料前应进行复验?

13-4 手工气割操作要点是什么?

13-5 手工电弧焊焊接工艺参数有哪些?

13-6 试述电渣焊(ESW)原理。

13-7 钢构件拼装方法有哪些?

13-8 成品堆放时应注意哪些事项?

13-9 试编写实腹工字形吊车梁的拼装方案,说明详细的施工方法和注意事项。

13-10 什么是腐蚀以及腐蚀的分类?

13-11 涂装前钢材表面锈蚀等级和除锈等级如何划分?

13-12 钢材表面处理方法有哪些?

13-13 涂料涂装方法有哪些?

13-14 防火涂料的类型如何划分?

13-15 试述钢结构涂装施工的安全技术。

13-16 某修车库钢屋架涂层维修时,经检查锈蚀程度为面漆50%失效,漆膜表面硬度附着力很好,底漆大部分尚完好,屋面支座附近锈蚀较严重,查明原涂料品种为中灰油性醇酸磁漆。

采用处理步骤为:

(1)稀碱水清洗表面,擦干。

(2)铲除损坏的旧漆膜,用砂皮打磨。

(3)清扫干净后涂刷 Y53-1 红丹油性防锈漆一道。

(4)嵌腻子使表面平整,略低于旧漆面。

(5)涂二道底漆。

(6)涂刷第一道 C04-42 中灰油性醇酸磁漆。

(7)全部构件加涂一道 C04-42 磁漆。

根据以上案例请分析:该处理方法选择材料是否恰当,施工方法是否正确?

第 14 章　钢结构安装工程

14.1　钢结构安装概述

14.1.1　安装技术

1. 安装重要性

建筑钢结构近年来在我国得到蓬勃的发展，体现了钢结构在建筑方面的综合效益，从一般钢结构发展到高层和超高层结构、大跨度空间结构如网架、网壳、空间桁架、悬索等杂交空间结构、张力膜结构、预应力钢结构、钢与混凝土组合结构、轻型钢结构等。

从材料、制作、安装到成品，对不同的结构都各有差异，就安装方法而言，如何在质量优良、安全生产、成本低廉的条件下采取最优方案是人们最关心的问题，是直接关系到百年大计、安全第一的大事。

2. 安装方法

不同的钢结构的结构形式需采用合理的安装工艺和施工方法。

(1)一般单层工业厂房钢结构工程，分两段进行安装：第一阶段用“分件流水法”：安装钢柱—柱间支撑—吊车梁或连系梁等。第二阶段用“节间综合法”安装屋盖系统。

(2)高层及超高层钢结构工程：根据结构平面选择适当位置先做样板间成稳定结构，采用“节间综合法”：钢柱—柱间支撑或剪力墙—钢梁(主、次梁、隅撑)，由样板间向四周发展，然后采用“分件流水法”。

(3)网架结构：对平板型网架结构，根据网架受力和构造特点，在满足质量、安全、进度和经济效果的前提下，结合当地的施工技术条件综合确定其安装方法。分别有：高空散装法；分条分块安装法；高空滑移法；逐条积累滑移法；整体吊装法；整体提升法和整体顶升法。

(4)网壳结构：安装方法可沿用网架施工的多种方法，但可根据某种网壳的特点而选用特殊的安装方法，从而达到优质安全及经济合理的要求。

(5)球面网壳：可采用“内扩法”——即可逐圈向内拼装，利用开口壳来支承壳体自重，这种方法视网壳尺寸大小，应经过验算确定是否用无支架拼装或小支架拼装法。也可采用“外扩法”，即在中心部位立一个提升装置，从内向外逐圈拼装，随提升随拼装，直至拼装完毕，同时提升到设计位置。为防止网壳变形，吊点要经过计算确定其位置及点数。

(6)悬索结构：根据结构形式分单向单层悬索屋盖、单向双层悬索屋盖、双层辐射状悬索屋盖、双向单层(索网)悬索屋盖，不同的悬索结构采取不同的钢索制作及张拉工艺。

3. 施工工艺流程图

施工工艺流程示意，如图 14-1 所示。

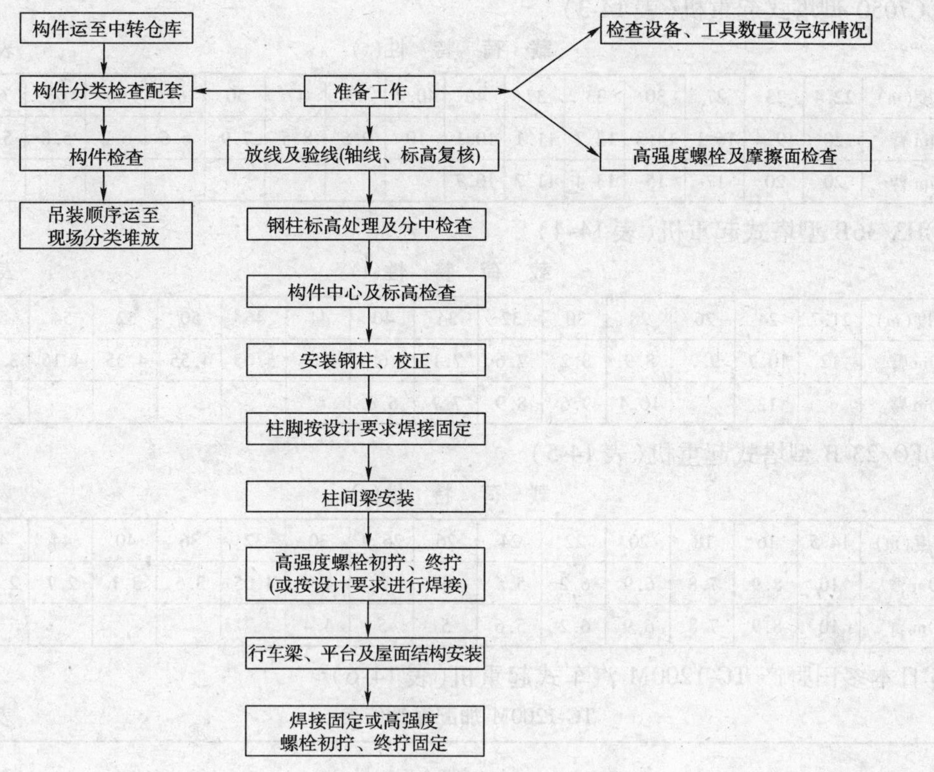

图 14-1 施工工艺流程图

14.1.2 主要施工设备

在多层与高层钢结构安装施工中,以塔式起重机、履带式起重机、汽车式起重机为主。

(1)塔式起重机

塔式起重机,又称塔吊,有行走式、固定式、附着式与内爬式几种类型。塔式起重机由提升、行走、变幅、回转等机构及金属结构两大部分组成,其中金属结构部分的重量占起重机总重量的很大比例。塔式起重机具有提升高度高,工作半径大,动作平稳,工作效率高等优点。随着建筑机械技术的发展,大吨位塔式起重机的出现,弥补了塔式起重机起重量不大的缺点。几种常用的大型塔式起重机的性能如下:

①德国 LIEBHERR 产 500HC-S 型塔式起重机(表 14-1)

载 荷 特 性 表 14-1

工作幅度(m)			15.8	18	20	22	24	26	27.5	30	32	34	36	38	40	42	45	49	51
4 绳	40t - 15.8m	t	40	35	31	28	25	23	21	19	18	17	16	15	14	13	12	11	10
2 绳	20t - 27.5m	t							20	18	17	16	15	14	13	13	12	11	10

②澳大利亚 FAVCO 产 M440D 型塔式起重机(表 14-2)

载 荷 特 性 表 14-2

工作幅度(m)			12.0	15	19	20	25	30	35	40	45	50	53
53m	32t - 19m	t	32	32	32	29.8	22.8	18.1	14.7	12.1	10.2	8.6	8

③C7050 型塔式起重机(表 14-3)

载　荷　特　性(t)　　　　表 14-3

工作幅度(m)	22.4	23	27	30	33	37	40	40.2	43	47	50	57	60	63	67	70
T-70m 臂	20	19.4	16.1	14.3	12.7	11.1	10.1	10	9.5	8.5	7.9	6.6	6.2	5.8	5.3	5
T-40m 臂	20	20	17	15	13.4	11.7	10.7									

④H3/36B 型塔式起重机(表 14-4)

载　荷　特　性(t)　　　　表 14-4

工作幅度(m)	21.7	24	26	28	30	32	34	40	44	46	50	52	54	58	60
T-60m 臂	12	10.7	9.7	8.9	8.2	7.6	7.1	6	5.3	5.05	4.55	4.35	4.15	3.75	3.6
T-40m 臂		12		10.4	9.6	8.9	7.7	6.8							

⑤FO/23 B 型塔式起重机(表 14-5)

载　荷　特　性(t)　　　　表 14-5

工作幅度(m)	14.5	16	18	20	22	24	26	26.9	30	32	36	40	44	46	50
T-50m 臂	10	8.9	7.8	6.9	6.2	5.5	5	5	4.4	4.05	3.5	3.1	2.7	2.55	2.3
T-30m 臂	10	8.9	7.8	6.9	6.2	5.6	5	5	4.4						

⑥日本多田野产 TG-1200M 汽车式起重机(表 14-6)

TG-1200M 加配重性能表(t)　　　　表 14-6

全支腿(全周) 侧方支腿(侧方)							
臂长 / 半径(m)	12.0m	17.7m	23.4m	29.1m	34.8m	42.4m	50.0m
3.2	120.0	50.0					
4.0	105.0	50.0					
4.5	92.0	50.0	40.0				
5.0	82.0	50.0	40.0				
6.0	66.0	50.0	40.0	32.0			
7.0	55.0	50.0	40.0	32.0	25.0	16.5	
7.5	51.0	47.0	40.0	32.0	25.0	16.5	
8.0	47.0	44.5	40.0	32.0	25.0	16.5	
8.5	43.5	42.5	38.5	32.0	25.0	16.5	
9.0	40.0	40.0	36.5	30.7	25.0	16.5	
10.0	35.0	36.0	33.5	27.8	25.0	16.5	14.0
11.0		32.8	30.9	25.4	23.0	16.5	14.0
12.0		30.0	28.7	23.3	21.0	16.5	14.0
14.0		25.5	24.3	19.7	17.6	16.5	12.6
16.0		20.5	20.5	17.0	15.1	14.0	11.5
18.0			17.0	14.9	12.9	12.1	10.5
20.0			13.5	13.2	11.1	10.6	9.5

续上表

全支腿(全周) 侧方支腿(侧方)							
臂长 半径(m)	12.0m	17.7m	23.4m	29.1m	34.8m	42.4m	50.0m
22.0				11.6	9.5	9.3	8.6
24.0				9.5	8.1	8.2	7.7
26.0				7.5	6.8	7.2	7.0
28.0					5.6	6.3	6.1
30.0					4.5	5.5	5.5
32.0					3.4	4.8	4.8
34.0						4.2	4.3
36.0						3.6	3.8
38.0						3.0	3.4
40.0							3.0
42.0							2.7
44.0							2.5

(2)其他施工机具

在多层与高层钢结构施工中,除了塔式起重机、汽车式起重机、履带式起重机外,还会用到以下一些机具,如千斤顶、葫芦、卷扬机、滑车及滑车组、钢丝绳、电焊机、全站仪、经纬仪等。

14.2 钢结构安装工程准备工作

14.2.1 图纸会审和设计变更

钢结构安装前应进行图纸会审,在会审前施工单位应熟悉并掌握设计文件内容,发现设计中影响构件安装的问题,并查看与其他专业工程配合不适宜的方面。

1. 图纸会审

在钢结构安装前,为了解决施工单位在熟悉图纸过程中发现的问题,将图纸中发现的技术难题和质量隐患消灭在萌芽之中,参与各方要进行图纸会审。

图纸会审的内容一般包括:

(1)设计单位的资质是否满足,图纸是否经设计单位正式签署;

(2)设计单位做设计意图说明和提出工艺要求,制作单位介绍钢结构主要制作工艺;

(3)各专业图纸之间有无矛盾;

(4)各图纸之间的平面位置、标高等是否一致,标注有无遗漏;

(5)各专业工程施工程序和施工配合有无问题;

(6)安装单位的施工方法能否满足设计要求。

2. 设计变更

在施工图纸在使用前、使用后均会出现由于建设单位要求,或现场施工条件的变化,或国家政策法规的改变等原因而引起的设计变更。设计变更不论何原因,由谁提出都必须征得建设单位同意并且办理书面变更手续。设计变更的出现会对工期和费用产生影响,在实施时应严格按规定办事以明确责任,避免出现索赔事件不利于施工。

14.2.2 施工组织设计

1. 施工组织设计的编制依据

(1)合同文件

上级主管部门批准的文件,施工合同、供应合同等。

(2)设计文件

设计图、施工详图、施工布置图、其他有关图纸。

(3)调查资料

现场自然资源情况(如气象、地形)、技术经济调查资料(如能源、交通)、社会调查资料(如政治、文化)等。

(4)技术标准

现行的施工验收规范、技术规程、操作规程等。

(5)其他

建设单位提供的条件、施工单位自有情况、企业总施工计划、国家法规等其他参考资料。

2. 施工组织设计的内容

(1)工程概况及特点介绍;

(2)施工程序和工艺设计;

(3)施工机械的选择及吊装方案;

(4)施工现场平面图;

(5)施工进度计划;

(6)劳动组织、材料、机具需用量计划;

(7)质量措施、安全措施、降低成本措施等。

14.2.3 文件资料准备

(1)设计文件

钢结构设计图;建筑图;相关基础图;钢结构施工总图;各分部工程施工详图;其他有关图纸及技术文件。

(2)记录

图纸会审记录;支座或基础检查验收记录;构件加工制作检查记录等。

(3)文件资料

施工组织设计、施工方案或作业设计;技术交底;材料、成品质量合格证明文件及性能检测报告等。

14.2.4 中转场地的准备

高层钢结构安装是根据规定的安装流水顺序进行的,钢构件必须按照流水顺序的需要配套供应。如制造厂的钢构件供货是分批进行,同结构安装流水顺序不一致,或者现场条件有限,有时需要设置钢构件中转堆场用以起调节作用。中转堆场的主要作用是:

(1)储存制造厂的钢构件(工地现场没有条件储存大量构件);

(2)根据安装施工流水顺序进行构件配套,组织供应;

(3)对钢构件质量进行检查和修复,保证以合格的构件送到现场。

钢结构通常在专门的钢结构加工厂制作，然后运至工地经过组装后进行吊装。钢结构构件应按安装程序保证及时供应，现场场地能满足堆放、检验、油漆、组装和配套供应的需要。钢结构按平面布置进行堆放，堆放时应注意下列事项：

(1)堆放场地要坚实；

(2)堆放场地要排水良好，不得有积水和杂物；

(3)钢结构构件可以铺垫木水平堆放，支座间的距离应不使钢结构产生残余变形；

(4)多层叠放时垫木应在一条垂线上；

(5)不同类型的构件应分类堆放；

(6)钢结构构件堆放位置要考虑施工安装顺序；

(7)堆放高度一般不大于2m，屋架、桁架等宜立放，紧靠立柱支撑稳定；

(8)堆垛之间需留出必要的通道，一般宽度为2m；

(9)构件编号应放置在构件醒目处；

(10)构件堆放在铁路或公路旁，并配备装卸机械。

14.2.5 钢构件的核查、编号与弹线

(1)清点构件的型号、数量，并按设计和规范要求对构件质量进行全面检查，包括构件强度与完整性(有无严重裂缝、扭曲、侧弯、损伤及其他严重缺陷)；外形和几何尺寸，平整度；埋设件、预留孔位置、尺寸和数量；接头钢筋吊环、埋设件的稳固程度和构件的轴线等是否准确，有无出厂合格证。如有超出设计或规范规定的偏差，应在吊装前纠正。

(2)现场构件进行脱模，排放；场外构件进场及排放。

(3)按图纸对构件进行编号。不易辨别上下、左右、正反的构件，应在构件上用记号注明，以免吊装时搞错。

(4)在构件上根据就位、校正的需要弹好就位和校正线。柱弹出三面中心线，牛腿面与柱顶面中心线，±0.000线(或标高准线)，吊点位置；基础杯口应弹出纵横轴线；吊车梁、屋架等构件应在端头与顶面及支承处弹出中心线及标高线；在屋架或屋面梁上弹出天窗架、屋面板或檩条的安装就位控制线，两端及顶面弹出安装中心线。

14.2.6 钢构件的接头及基础准备

1. 接头准备

(1)准备和分类清理好各种金属支撑件及安装接头用连接板、螺栓、铁件和安装垫铁；施焊必要的连接件，如屋架、吊车梁垫板、柱支撑连接件及其余与柱连接相关的连接件，以减少高空作业。

(2)清除构件接头部位及埋设件上的污物、铁锈。

(3)对于需组装拼装及临时加固的构件，按规定要求使其达到具备吊装条件。

(4)在基础杯口底部，根据柱子制作的实际长度(从牛腿至柱脚尺寸)误差，调整杯底标高，用1:2水泥砂浆找平，标高允许差为±5mm，以保持吊车梁的标高在同一水平面上；当预制柱采用垫板安装或重型钢柱采用杯口安装时，应在杯底设垫板处局部抹平，并加设小钢垫板。

(5)柱脚或杯口侧壁未划毛的，要在柱脚表面及杯口内稍加凿毛处理。

(6)钢柱基础，要根据钢柱实际长度牛腿间距离，钢板底板平整度检查结果，在柱基础表

面浇筑标高块(块成十字式或四点式),标高块强度不小于 30MPa,表面埋设 16 ~ 20mm 厚钢板,基础上表面亦应凿毛。

2. 基础准备

基础准备包括轴线误差量测、基础支承面的准备支承面和支座表面标高与水平度的检验、地脚螺栓位置和伸出支承面长度的量测等。

(1)柱子基础轴线和标高正确是确保钢结构安装质量的基础,应根据基础的验收资料复核各项数据,并标注在基础表面上。多层及高层钢结构工程允许偏差可参照表 14-7 执行(单层钢结构也可参考)。

建筑物定位轴线、基础上柱的定位轴线和标高、地脚螺栓(锚栓)的允许偏差(mm) 表 14-7

项　　目	允 许 偏 差	图　　例
建筑物定位轴线	$L/20000$,且不应大于 3.0	
基础上柱的定位轴线	1.0	
基础上柱底标高	±2.0	基准点
地脚螺栓(锚栓)位移	2.0	

(2)基础支承面的准备有两种做法,一种是基础一次浇筑到设计标高,即基础表面先浇筑到设计标高以下 20 ~ 30mm 处,然后在设计标高处设角钢或槽钢制导架,测准其标高,再以导架为依据用水泥砂浆仔细铺筑支座表面;另一种是基础预留标高,安装时做足,即基础表面先浇筑至距设计标高 50 ~ 60mm 处,柱子吊装时,在基础面上放钢垫板以调整标高,待柱子吊装就位后,再在钢柱脚底板下浇筑细石混凝土。

(3)基础顶面直接作为柱的支承面和基础顶面预埋钢板或支座作为柱的支承面时,其支承面、地脚螺栓(锚栓)的允许偏差应符合表 14-8 的规定。

支承面、地脚螺栓(锚栓)位置的允许偏差(mm)　表 14-8

项	目	允许偏差
支承面	标高	±3.0
	水平度	l/1000
地脚螺栓(锚栓)	螺栓中心偏移	5.0
预留孔中心偏移		10.0

(4)钢柱脚采用钢垫板作支承时,应符合下列规定:

①钢垫板面积应根据基础混凝土和抗压强度、柱脚底板下细石混凝土二次浇灌前柱底承受的荷载和地脚螺栓(锚栓)的紧固拉力计算确定。

②垫板应设置在靠近地脚螺栓(锚栓)的柱脚底板加劲板下,每根地脚螺栓(锚栓)侧应设 1~2 组垫板,每组垫板不得多于 5 块。垫板与基础面和柱底面的接触应平整、紧密。当采用成对斜垫板时,其叠合长度不应小于垫板长度的 2/3。二次浇灌混凝土前垫板间应焊接固定。

③采用坐浆垫板时,应采用无收缩砂浆。柱子吊装前砂浆试块强度应高于基础混凝土强度一个等级。坐浆垫板的允许偏差应符合表 14-9 的规定。

(5)采用杯口基础时,杯口尺寸的允许偏差应符合表 14-10 的规定。

坐浆垫板的允许偏差(mm)　表 14-9

项目	允许偏差
顶面标高	0 -3.0
水平度	l/1000
位置	20.0

杯口尺寸的允许偏差(mm)　表 14-10

项目	允许偏差
底面标高	0.0 -5.0
杯口深度 H	±5.0
杯口垂直度	H/100,且不应大于 10.0
位置	10.0

(6)地脚螺栓(锚栓)尺寸的偏差应符合表 14-11 的规定,位置的允许偏差见表 14-7 的规定。地脚螺栓(锚栓)的螺纹应受到保护。

地脚螺栓(锚栓)尺寸的允许偏差(mm)　表 14-11

项目	允许偏差
螺栓(锚栓)露出长度	+30.0 0.0
螺纹长度	+30.0 0.0

14.2.7　其他准备工作

1. 吊装机具、材料、人员准备

(1)检查吊装用的起重设备、配套机具、工具等是否齐全、完好,运输是否灵活,并进行试运转。

(2)准备好并检查吊索、卡环、绳卡、横吊梁、倒链、千斤顶、滑车等吊具的强度和数量是否满足吊装需要。

(3)准备吊装用工具,如高空用吊挂脚手架、操作台、爬梯、溜绳、缆风绳、撬杠、大锤、钢(木)楔、垫木铁垫片、线锤、钢尺、水平尺,测量标记以及水准仪经纬仪等。

(4)做好埋设地锚等工作。

(5)准备施工用料,如加固脚手杆、电焊、气焊设备、材料等的供应准备。

(6)按吊装顺序组织施工人员进场,并进行有关技术交底、培训、安全教育。

2. 道路临时设施准备

(1)整平场地、修筑构件运输和起重吊装开行的临时道路,并做好现场排水设施。

(2)清除工程吊装范围内的障碍物,如旧建筑物、地下电缆管线等。

(3)敷设吊装用供水、供电、供气及通讯线路。

(4)修建临时建筑物,如工地办公室、材料、机具仓库、工具房、电焊机房、工人休息室、开水房等。

14.3 钢结构的安装工程

14.3.1 钢柱的安装

1. 概述

一般钢柱弹性和刚性都很好,吊装时为了便于校正一般采用一点吊装法,常用的钢柱吊装法有旋转法、递送法和滑行法。对于重型钢柱可采用双机抬吊。

(1)在双机抬吊时应注意的事项

①尽量选用同类型起重机。

②根据起重机能力,对起吊点进行荷载分配。

③各起重机的荷载不宜超过其起重能力的80%。

④双机抬吊,在操作过程中,要互相配合,动作协调,以防一台起重机失重而使另一台起重机超载,造成安全事故。

⑤信号指挥,分指挥必须听从总指挥。

(2)钢柱的校正

①柱基标高调整。根据钢柱实际长度,柱底平整度,钢牛腿顶部距柱底部距离,重点要保证钢牛腿顶部标高值,以此来控制基础找平标高。

②平面位置校正。在起重机不脱钩的情况下,将柱底定位线与基础定位轴线对准缓慢落至标高位置。

③钢柱校正。优先采用缆风绳校正(同时柱脚底板与基础间间隙垫上垫铁),对于不便采用缆风绳校正的钢柱可采用可调撑杆校正。

2. 吊点的选择

吊点位置及吊点数量,根据钢柱形状、断面、长度、起重机性能等具体情况确定。

通常钢柱弹性和刚性都很好,可采用一点正吊,吊点设在柱顶处。这样,柱身易于垂直,易于对位校正。当受到起重机械臂杆长度限制时,吊点也可设在柱长1/3处,此时,吊点斜吊,对位校正较难。

对细长钢柱,为防止钢柱变形,也可采用两点或三点吊。

为了保证吊装时索具安全及便于安装校正,吊装钢柱时在吊点部位预先安有吊耳(图14-2),吊装完毕再割去。如不采用在吊点部位焊接吊耳,也可采用直接用钢丝绳绑扎钢柱,此时,钢柱(□、I)绑扎点处钢柱四角应用割缝钢管或方形木条做包角保护,以防钢丝绳割断。工字形钢柱为防止局部受挤压破坏,可加一加强肋板在绑扎点处加支撑杆加强。

3. 起吊方法

起吊方法应根据钢柱类型、起重设备和现场条件确定。起重机械可采用单机、双机、三机等，见图 14-3。起吊方法可采用旋转法、滑行法、递送法。

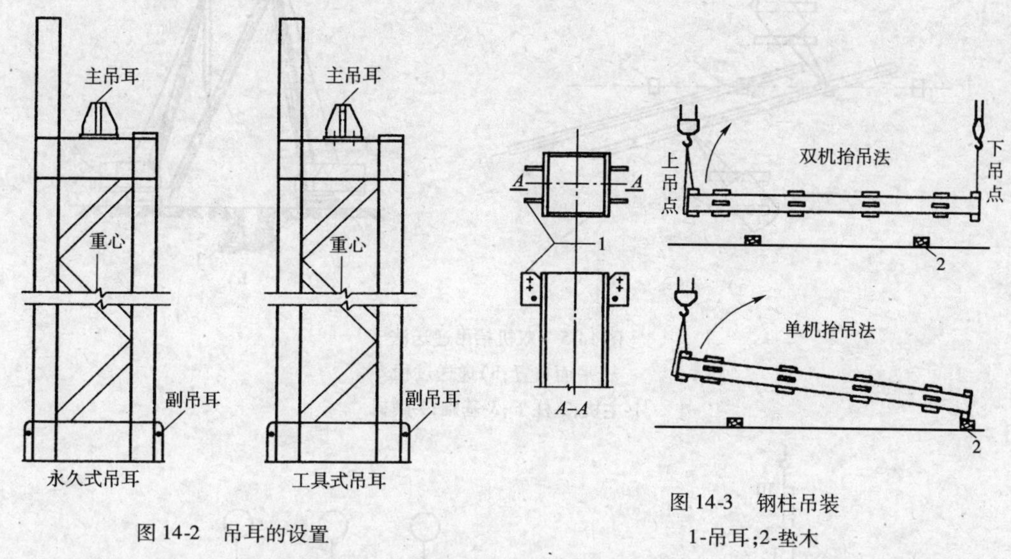

图 14-2　吊耳的设置

图 14-3　钢柱吊装

1-吊耳;2-垫木

(1)旋转法是起重机边起钩边回转使钢柱绕柱脚旋转而将钢柱吊起(图 14-4)。

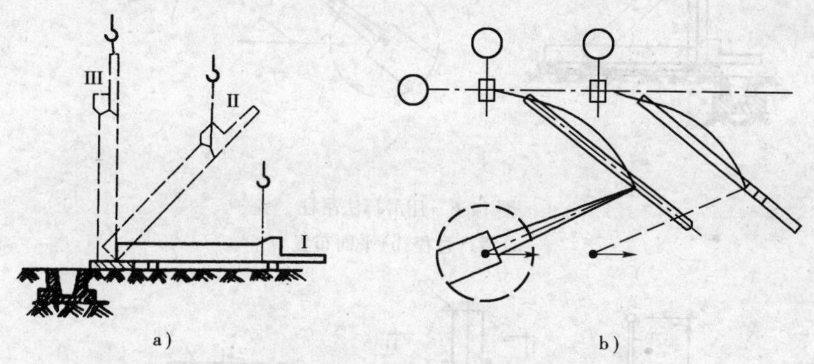

图 14-4　用旋转法吊柱

a) 旋转过程;b) 平面布置

(2)递送法采用双机或三机抬吊钢柱。其中一台为副机吊点选在钢柱下面,起吊时配合主机起钩,随着主机的起吊,副机行走或回转。在递送过程中副机承担了一部分荷载,将钢柱抬起回转或行走(图 14-5)。

(3)滑行法是采用单机或双机抬吊钢柱,起重机只起钩,使钢柱滑行而将钢柱吊起。为减少钢柱与地面摩阻力,需在柱脚下铺设滑行道(图 14-6)。

4. 钢柱的校正与固定

(1)钢柱的临时固定

吊起的钢柱插入杯形基础的杯口就位,经初步校正后,用钢或硬木楔临时固定。柱身中心线对准杯口或杯底中心线后刹车,在柱与杯口四周空隙间每侧塞入 2 个钢或硬木楔,当柱落实到杯底后,复查对位,打紧楔子,起重机脱钩,完成吊装工作。

采用地脚螺栓连接的钢柱,吊装就位并初步调整到准确位置后,拧紧全部螺母,临时安全固定后,即可脱钩(图 14-7)。

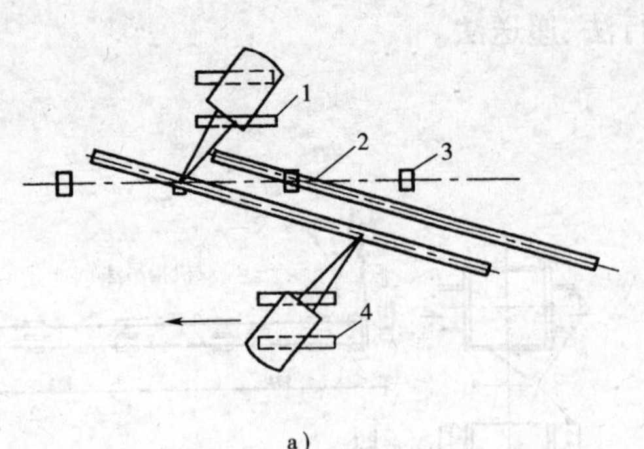

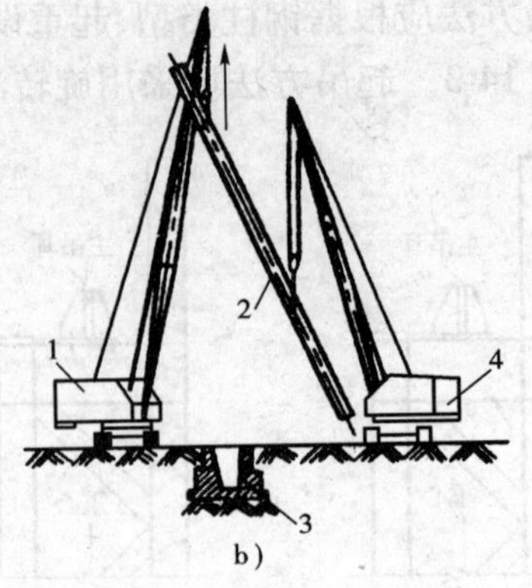

图 14-5 双机抬吊递送法

a)平面布置;b)递送过程

1-主机;2-柱子;3-基础;4-副机

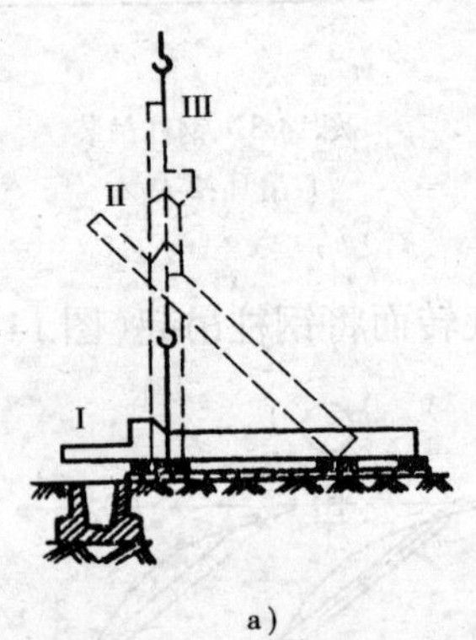

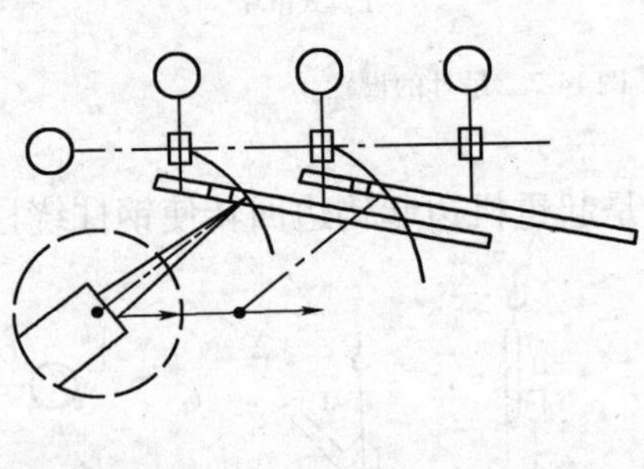

图 14-6 用滑行法吊柱

a)滑行过程;b)平面布置

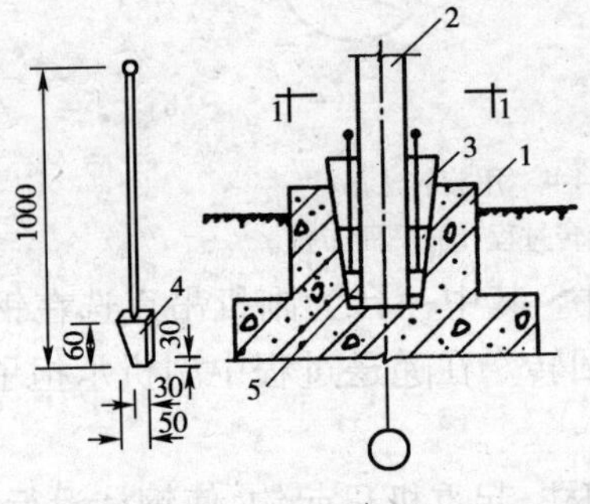

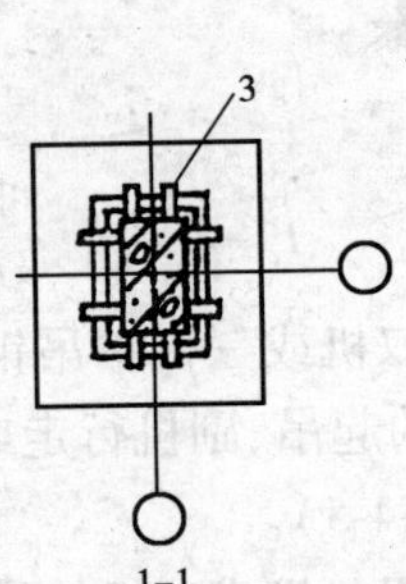

图 14-7 柱临时固定方法

1-杯形基础;2-柱;3-钢或木楔;4-钢塞;5-嵌小钢塞或卵石

对于重型柱或高于 10m 的细长柱或浅杯口的基础或遇刮风天气时,还应在钢柱大面两侧加设支撑临时固定。

(2)钢柱的校正

钢柱的校正工作主要是校正垂直度和复查标高。

①钢柱标高校正。对杯形基础,可采用在柱底抹水泥砂浆或加设钢垫板来校正标高(图 14-12);对于采用地脚螺栓连接的柱子,可在柱底板下的地脚螺栓上加一个调整螺母。安装好

柱子后，用调整螺母来控制柱子的标高（图 14-13）。

②垂直度校正。可采用两台经纬仪或吊线坠测量垂直度的方法，采用松紧钢楔，或用千斤顶顶推柱身，使柱子绕柱脚转动来校正垂直度（图 14-8）。

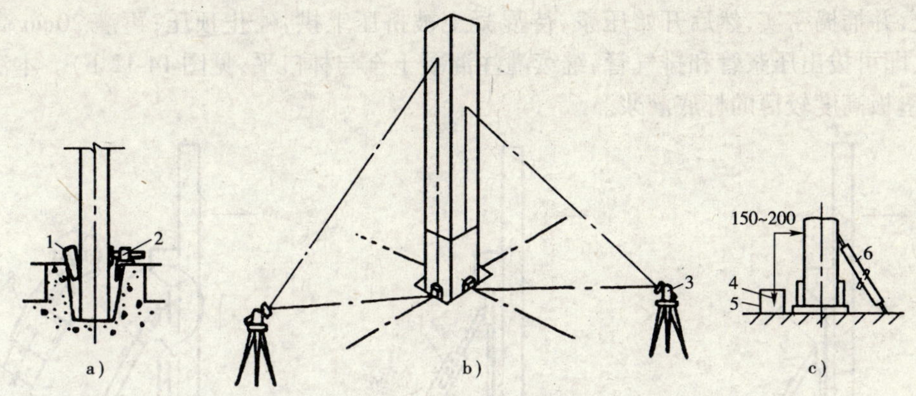

图 14-8 柱子校正示意图

a）就位调整；b）用两台经纬仪测量；c）线坠测量

1-楔块；2-螺丝顶；3-经纬仪；4-线坠；5-水桶；6-调整螺杆千斤顶

③其他校正法。其他方法还有松进楔子和千斤顶校正法（图 14-9），撑杆校正法（图 14-10）、缆风绳校正法（图 14-11）。

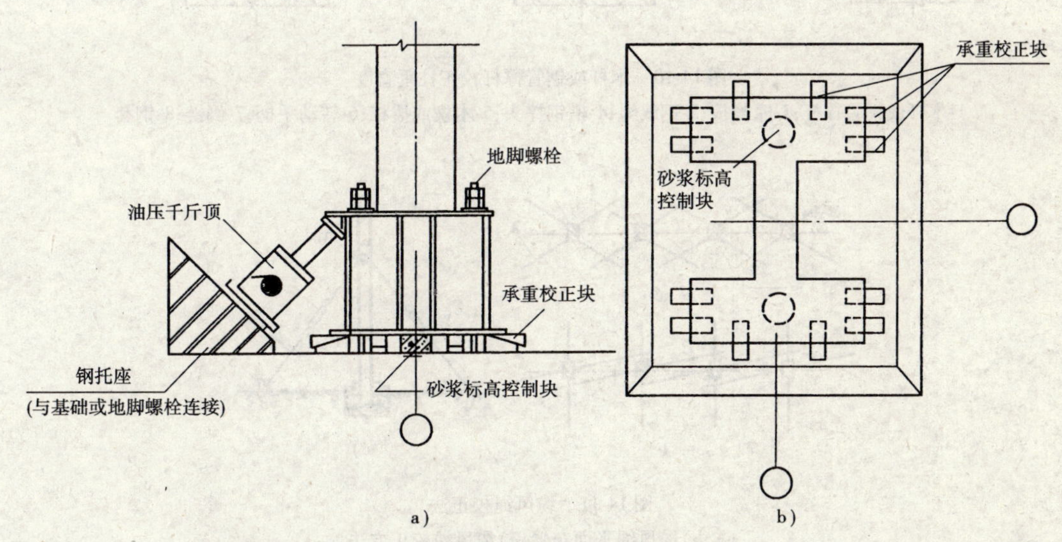

图 14-9 用千斤顶校正垂直度

a）千斤顶校正垂直度；b）千斤顶校正的整体平面示意图

（3）钢柱的最后固定

钢柱最后校正完毕后，应立即进行最后固定。

对无垫板安装钢柱的固定方法是在柱子与杯口的空隙内灌注细石混凝土。灌注前，先清理并湿润杯口，灌注分两次进行，第一次灌注至楔子底面，待混凝土强度等级达到 25% 后，拔出楔子，第二次灌注混凝土至杯口。对采用缆风绳校正法校正的柱子，需待第二次灌注混凝土达到 70% 时，方可拆除缆风绳。

对有垫板安装钢柱的二次灌注方法，通常采用赶浆法或压浆法。赶浆法是在杯口一侧灌强度等级高一级的无收缩砂浆（掺水泥用量0.03‰～0.05‰的铝粉）或细豆石混凝土，用细振动棒振捣使砂浆从柱底另一侧挤出，待填满柱底周围约10cm高，接着在杯口四周均匀地灌细石混凝土至与杯口平，见图14-12 a）；压浆法是于杯口空隙内插入压浆管与排气管，先灌20cm高混凝土，并插捣密实，然后开始压浆，待混凝土被挤压上拱，停止顶压；再灌20cm高混凝土顶压一次即可拔出压浆管和排气管，继续灌注混凝土至与杯口平，见图14-12 b）。本法适于截面很大、垫板高度较薄的杯底灌浆。

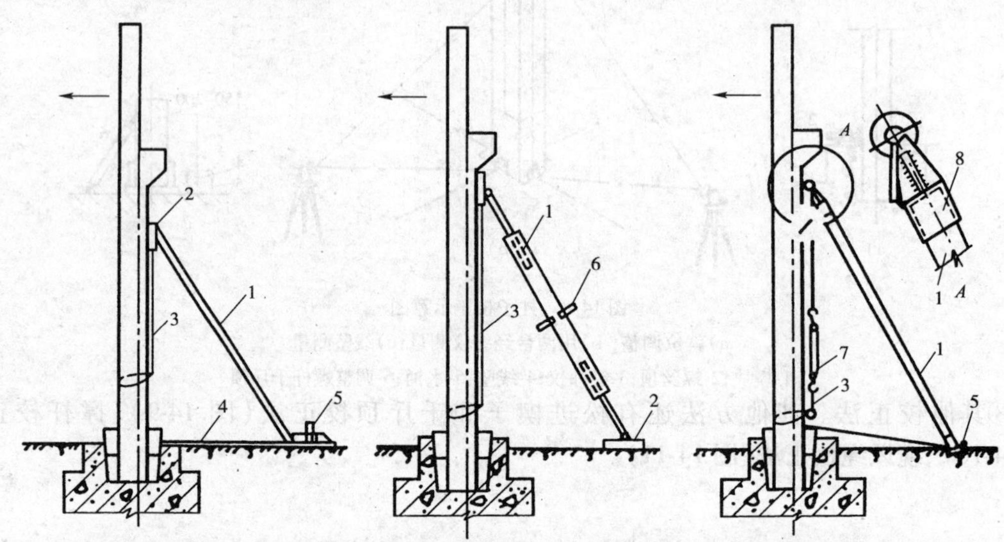

图14-10　木杆或钢管撑杆校正柱垂直度

1-木杆或钢管撑杆；2-摩擦板；3-钢线绳；4-槽钢撑头；5-木楔或撬杠；6-转动手柄；7-倒链；8-钢套

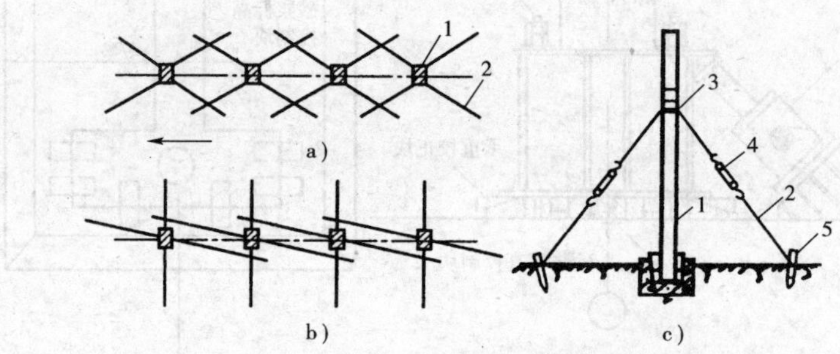

图14-11　缆风绳校正法

a）、b）缆风绳平面布置；c）缆风绳校正方法

1-柱；2-缆风绳用3ϕ9～12mm钢丝绳或ϕ6mm钢筋；3-钢箍；4-花篮螺栓或5kN倒链；5-木桩或固定在建筑物上

对采用地脚螺栓方式连接的钢柱，当钢柱安装最后校正后拧紧螺母进行最后固定，见图14-13。

根据GB 50205—2001的规定，钢柱安装验收标准如下：

（1）单层钢结构中柱子安装的允许偏差，见表14-12。检查数量按钢柱数量抽查10%，且不应少于3件。

（2）多层及高层钢结构中柱子安装的允许偏差，见表14-13。用全站仪式激光经纬仪和钢尺实测，标准柱全部检查，非标准柱抽查10%，且不应少于3根。

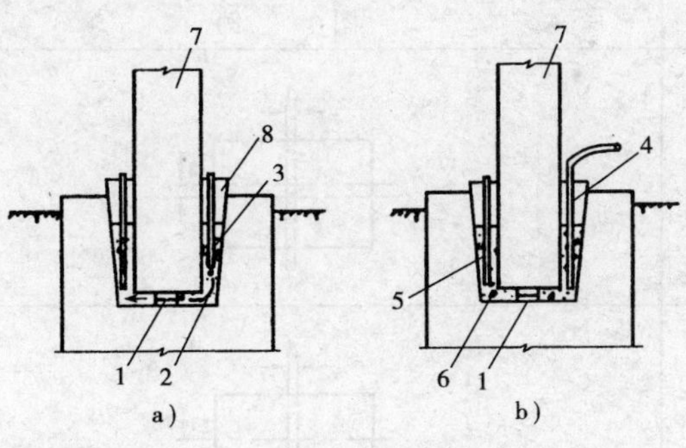

图 14-12　有垫板安装柱子灌浆方法

a)用赶浆法二次灌浆；b)用压浆法二次灌浆

1-钢垫板；2-细石混凝土；3-插入式振动器；4-压浆管；5-排气管；6-水泥砂浆；7-柱；8-钢楔

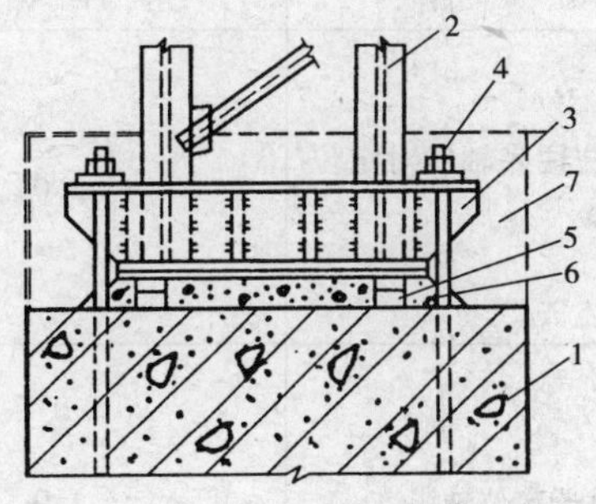

图 14-13　用预埋地脚螺栓固定

1-柱基础；2-钢柱；3-钢柱脚；4-地脚螺栓；5-钢垫板；6-二次灌浆细石混凝土；7-柱脚外包混凝土

单层钢结构中柱子安装的允许偏差(mm)　　表 14-12

项目			允许偏差	图例	检验方法
柱脚底座中心线对定位轴线的偏移			5.0	Δ　Δ	用吊线和钢尺检查
柱基准点标高	有吊车梁的柱		+3.0 −5.0	基准点	用水准仪检查
	无吊车梁的柱		+5.0 −8.0		
弯曲矢高			H/1200，且不应大于 15.0		用经纬仪或拉线和钢尺检查
柱轴线垂直度	单层柱	$H \leq 10$m	H/1000	Δ　Δ　H	用经纬仪或吊线和钢尺检查
		$H > 10$m	H/1000，且不应大于 25.0		
	多节柱	单节柱	H/1000，且不应大于 10.0		
		柱全高	35.0		

多层及高层钢结构中柱子安装的允许偏差(mm)　　表 14-13

项　　目	允 许 偏 差	图　　例
底层柱柱底轴线对定位轴线偏移	3.0	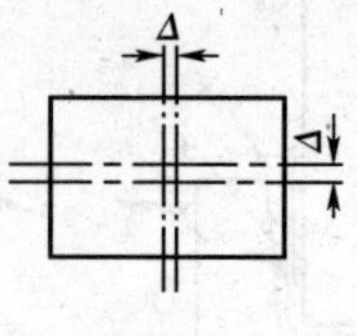 Δ Δ
柱子定位轴线	1.0	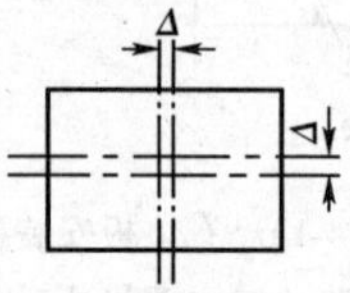 Δ Δ
单节柱的垂直度	H/1000,且不应大于 10.0	 Δ

14.3.2　钢梁的安装

钢梁是钢结构的主要构件之一。钢梁有多、高层结构的钢梁,还有单层工业厂房的吊车梁。钢梁是在钢柱或钢筋混凝土柱吊装完之后,即吊装钢梁构件。

1. 高层及超高层钢梁的安装方法

(1)主梁采用专用卡具,为防止高空因风或碰撞物体落下,卡具放在钢梁端部 500mm 的两侧。

(2)一节柱有 2、3、4 层梁,原则上竖向构件由下向上逐件安装,由于上部和周边都处于自由状态,易于安装测量保证质量。习惯上,同一列柱的钢梁从中间跨开始对称地向两端扩展,同一跨钢梁,先安上层梁再安中下层梁。

(3)在安装和校正柱与柱之间的主梁时,再把柱子撑开。测量必须跟踪校正,预留偏差值,留出接头焊接收缩量,这时柱子产生的内力,焊接完毕焊缝收缩后也就消失。

(4)柱与柱接头和梁与柱接头的焊接,以互相协调为好,一般可以先焊一节柱的顶层梁,再从下向上焊各层梁与柱的接头,柱与柱的接头可以先焊,也可以最后焊。

(5)次梁三层串吊。

(6)同一根梁两端的水平度,允许偏差(LI 1000)+3;最大不超过 10,如果钢梁水平超标,主要原因是连接板位置或螺孔位置有误差,可采取换连接板或塞焊孔重新制孔处理。

2. 钢吊车梁的安装方法

钢吊车梁安装一般采用工具式吊耳或捆绑法进行吊装。在进行安装以前应将吊车梁的分中标记引至吊车梁的端头,以利于吊装时按柱牛腿的定位轴线临时定位。

(1)吊点选择

钢吊车梁一般采用两点绑扎,对称起吊。吊钩应对称于梁的重心,以便使梁起吊后保持水平,梁的两端用油绳控制,以防吊升就位时左右摆动,碰撞柱子。

对梁上设有预埋吊环的钢吊车梁,可采用带钢钩的吊索直接钩住吊环起吊;对梁自重较大的钢吊车梁,应用卡环与吊环吊索相互连接起吊;梁上未设置吊环的钢吊车梁,可在梁端靠近支点处用轻便吊索配合卡环绕钢吊车梁下部左右对称绑扎吊装(图14-14);或用工具式吊耳吊装(图14-15)。当起重能力允许时,也可采用将吊车梁与制动梁(或桁架)及支撑等组成一个大部件进行整体吊装,见图14-16。

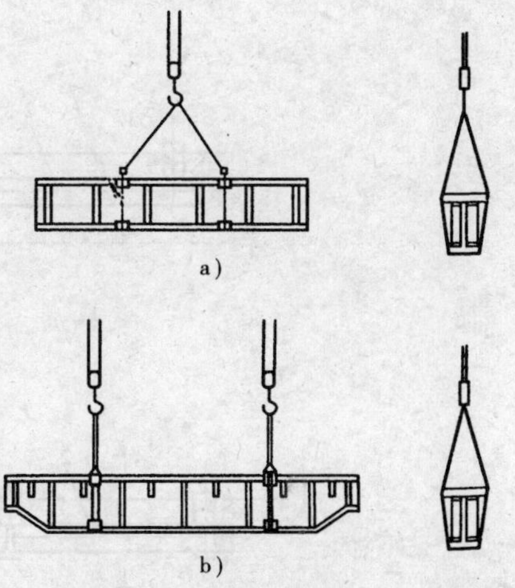

图14-14 钢吊车梁的吊装绑扎
a)单机起吊绑扎;b)双机抬吊绑扎

(2)吊升就位和临时固定

在屋盖吊装之前安装钢吊车梁时,可采用各种起重机进行;在屋盖吊装完毕之后安装钢吊车梁时,可采用短臂履带式起重机或独脚桅杆起吊,如无起重机械,也可在屋架端头或柱顶拴滑轮组来安装钢吊车梁,采用此法时对屋架绑扎位置或柱顶应通过验算确定。

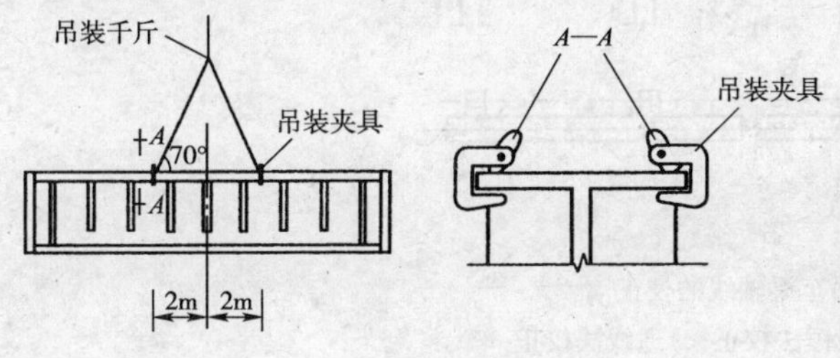

图14-15 利用工具式吊耳吊装

钢吊车梁布置宜接近安装位置,使梁重心对准安装中心。安装顺序可由一端向另一端,或从中间向两端顺序进行。当梁吊升至设计位置离支座顶面约20cm时,用人力扶正,使梁中心线与支承面中心线(或已安装相邻梁中心线)对准,使两端搁置长度相等,缓缓下落,如有偏差,稍稍起吊用撬杠撬正,如支座不平,可用斜铁片垫平。

吊车梁就位后,因梁本身稳定性较好,仅用垫铁垫平即可,不需采取临时固定措施。当梁高度与宽度之比大于4,或遇5级以上大风时,脱钩前,宜用铁丝将钢吊车梁临时捆绑在柱子上临时固定,以防倾倒。

3. 吊车梁的校正

钢吊车梁的校正包括标高调整、纵横轴线和垂直度的调整。注意钢吊车梁的校正必须在结构形成刚度单元以后才能进行。

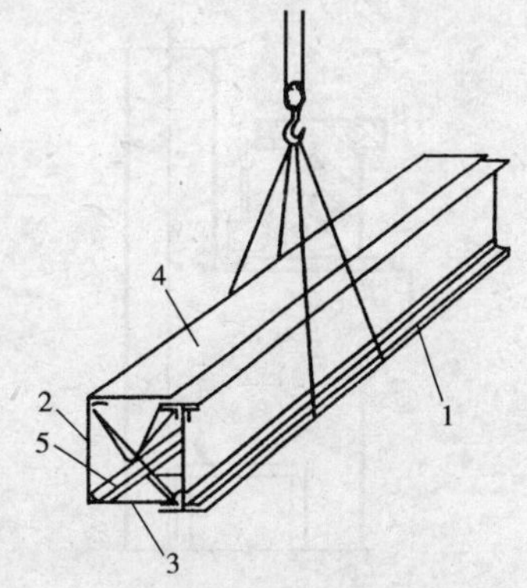

图14-16 钢吊车梁的组合吊装
1-钢吊车梁;2-侧面桁架;3-底面桁架;4-上平面桁架及走台;5-斜撑

(1)吊车梁中心线与轴线间距校正。校正吊车梁中心线与轴线间距时,先在吊车轨道两端的地面上,根据柱轴线放出吊车轨道轴线,用钢尺校正两轴线的距离,再用经纬仪放线,钢丝挂线锤或在两端拉钢丝等方法校正,见图14-17。如有偏差,用撬杠拨正,或在梁端设螺栓,液压千斤顶侧向顶正,见图14-18。或在柱头挂倒链将吊车梁吊起或用杠杆将吊车梁抬起,见图14-19,再用撬杠配合移动拨正。

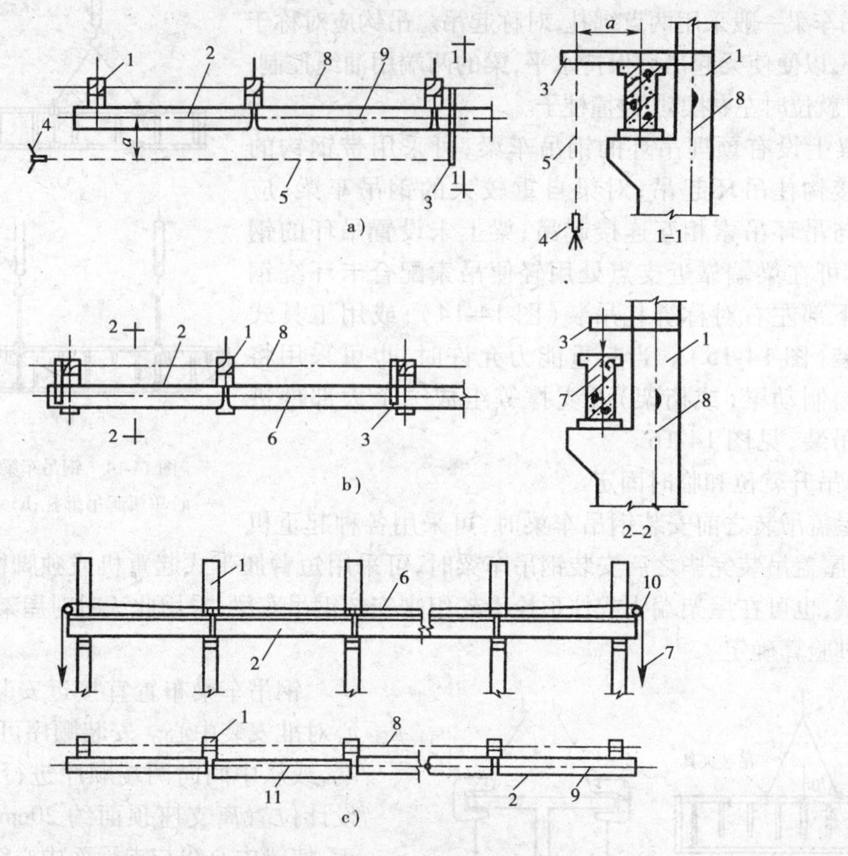

图 14-17　吊车梁轴线的校正

a)仪器法校正;b)线锤法校正;c)通线法校正

1-柱;2-吊车梁;3-短木尺;4-经纬仪;5-经纬仪与梁轴线平行视线;6-铁丝;7-线锤;8-柱轴线;9-吊车梁轴线;10-钢管或圆钢;11-偏离中心线的吊车梁

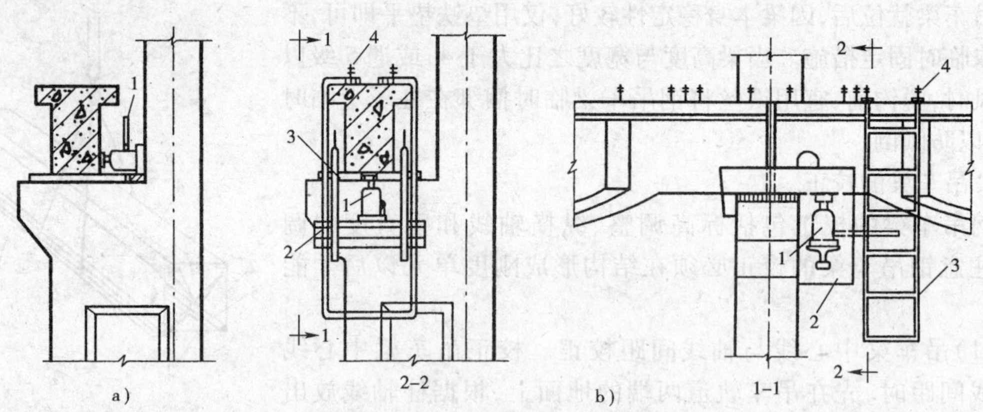

图 14-18　用千斤顶校正吊车梁

a)千斤顶校正侧向位移;b)千斤顶校正垂直度

1-液压(或螺栓)千斤顶;2-钢托架;3-钢爬梯;4-螺栓

(2)吊车梁标高的校正。当一跨即两排吊车梁全部吊装完毕后,将一台水准仪架设在某一钢吊车梁上或专门搭设的平台上,进行每梁两端的高程测量,计算各点所需垫板厚度,或在柱上测出一定高度的水准点,再用钢尺或样杆量出水准点至梁面铺轨需要的高度,根据测定标高进行校正。校正时用撬杠撬起或在柱头屋架上弦端头节点上挂倒链将吊车梁需垫垫板的一端吊起。重型柱可在梁一端下部用千斤顶顶起填塞铁片,见图 14-20b)。

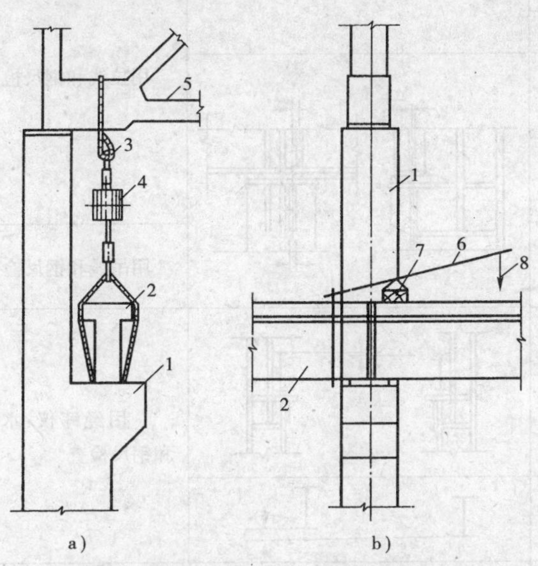

图 14-19 用悬挂法和杠杆法校正吊车梁

a)悬挂法校正;b)杠杆法校正

1-柱;2-吊车梁;3-吊索;4-倒链;5-屋架;6-杠杆;7-支点;8-着力点

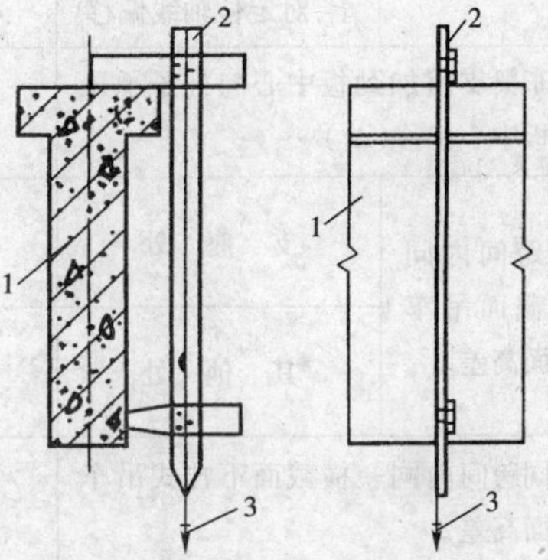

图 14-20 吊车梁垂直度的校正

1-吊车梁;2-靠尺;3-线锤

(3)吊车梁垂直度的校正。在校正标高的同时,用靠尺或线锤在吊车梁的两端测垂直度(图 14-20),用楔形钢板在一侧填塞校正。

4. 最后固定

钢吊车梁校正完毕后应立即将钢吊车梁与柱牛腿上的预埋件焊接牢固,并在梁柱接头处、吊车梁与柱的空隙处支模浇筑细石混凝土并养护。或将螺母拧紧,将支座与牛腿上垫板焊接进行最后固定。

5. 安装验收

根据 GB 50205—2001 的规定,钢吊车梁的允许偏差见表 14-14。

钢吊车梁安装的允许偏差(mm) 表 14-14

项 目	允许偏差	图 例	检验方法
梁跨中的垂直度 Δ	$h/500$	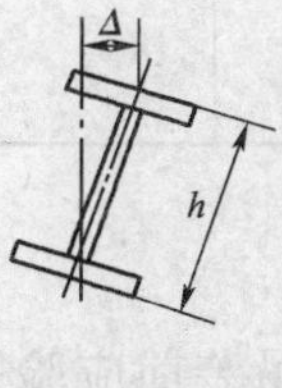 Δ h	用吊线和钢尺检查

续上表

项目		允许偏差	图例	检验方法
侧向弯曲矢高		l/1500 且不大于 10.0		用拉线和钢尺检查
垂直上拱矢高		10.0		
两端支座中心位移(Δ)	安装在钢柱上，对牛腿中心的偏移	5.0	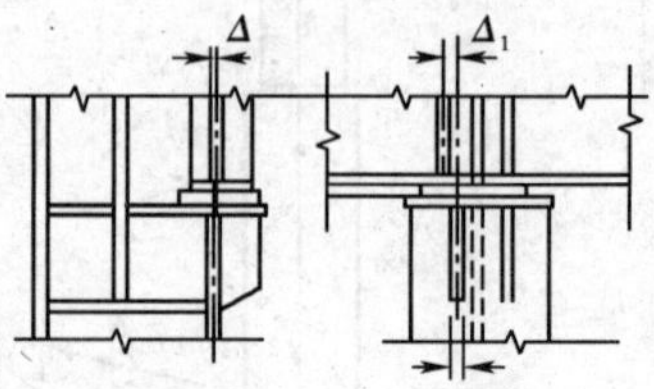	
	安装在混凝土柱上，对定位轴线偏移	5.0		
吊车梁支座加劲板中心与柱子承压加劲板中心偏移(Δ_1)		t/2		用吊线和钢尺检查
同跨间内同一横截面吊车梁顶面高差Δ	支座处	10.0	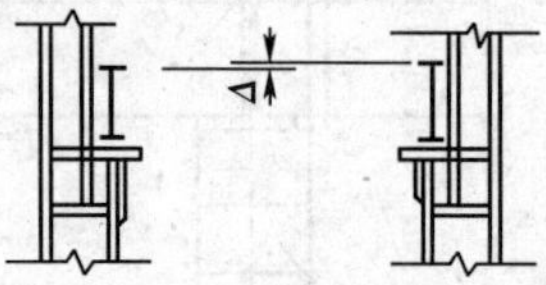	用经纬仪、水准仪和钢尺检查
	其他处	15.0		
同跨间内同一横截面下挂式吊车梁底面高差Δ		10.0	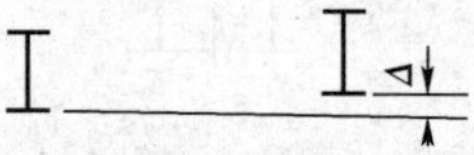	
同列相邻两柱间吊车梁顶面高差Δ		l/1500 且不大于 10.0	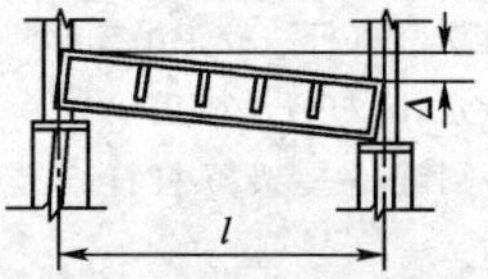	用水准仪和钢尺检查
相邻两吊车梁接头部位Δ	中心错位	3.0	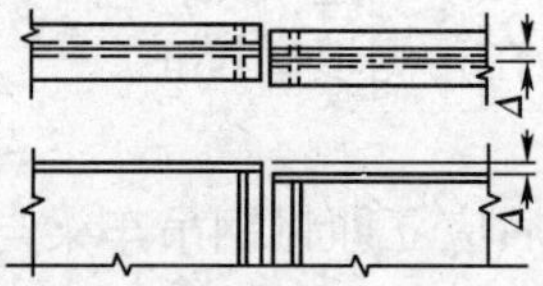	用钢尺检查
	上承式顶面高差	1.0		
	上承式底面高差	1.0		
同跨间任一截面的吊车梁中心跨距Δ		±10.0	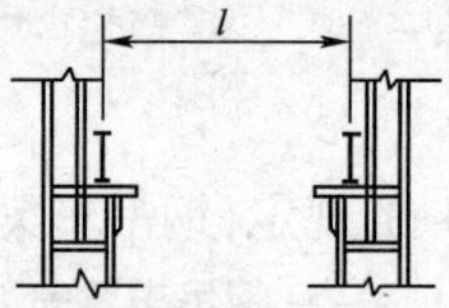	用经纬仪和光电测距仪检查；跨度小时，可用钢尺检查
轨道中心对吊车梁腹板轴线偏移Δ		t/2	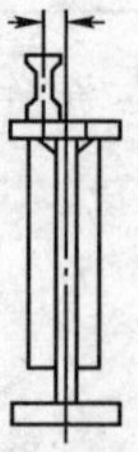	用吊线和钢尺检查

14.3.3 钢屋架安装

钢屋架侧向刚度较差，吊装前应验算平面外刚度，如刚度不足时，可采取增加吊点位置或采取加设铁扁担的加固措施。为减少高空作业，可在地面上将天窗架先拼装在屋架上，并将吊索两面绑扎，把天窗架夹在中间，以保证安装的整体稳定性。

1. 吊点位置的选择

钢屋架的绑扎点应选在屋架节点上，且左右对称于钢屋架的重心，否则应采取防止倾斜的措施。吊点位置尚应符合钢屋架标准图要求或经设计计算确定（图 14-21）。

2. 吊装就位

当屋架起吊离地 50cm 时检查无误后再继续起吊，对准屋架基座中心线与定位轴线就位，并做初步校正，然后进行临时固定。

屋架吊装就位时应以屋架下弦两端的定位标记和柱顶的轴线标记严格定位并点焊加以临时固定。

3. 临时固定

第一榀屋架吊升就位后，可在屋架两侧设缆风绳固定，然后再使起重机脱钩。如果端部有抗风柱，校正后可与抗风柱固定，见图 14-22。第二榀屋架同样吊升就位后，可用绳索临时与第一榀屋架固定。从第三榀屋架开始，在屋架脊点及上弦中点装上檩条即可将屋架临时固定，见图 14-23。第二榀及以后各榀屋架也可用工具式支撑临时固定到前一榀屋架上，见图 14-24。

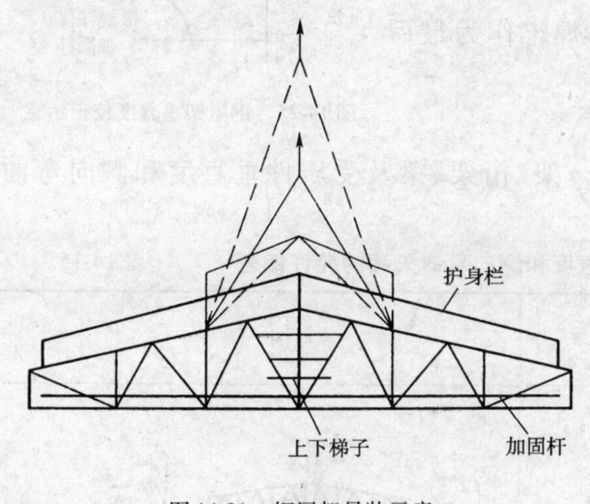

图 14-21　钢屋架吊装示意

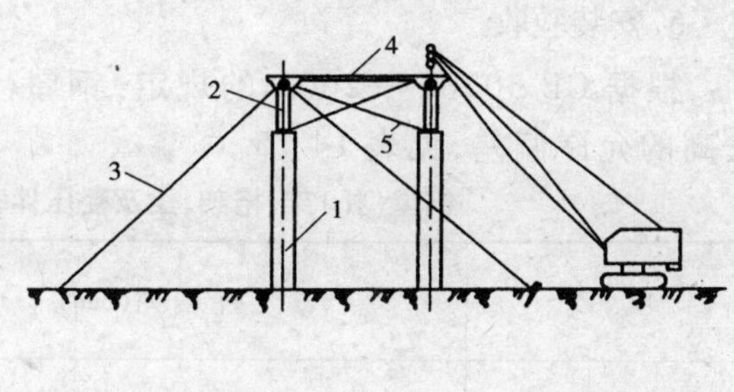

图 14-22　屋架的临时固定

1-柱子；2-屋架；3-缆风绳；4-工具式支撑；5-屋架垂直支撑

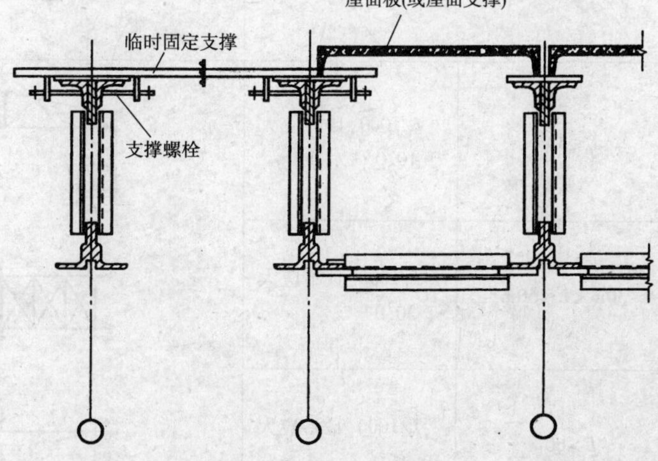

图 14-23　屋架临时固定

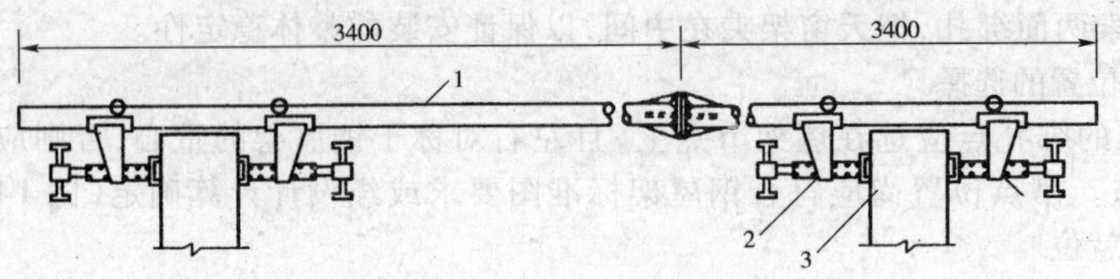

图 14-24　工具式支撑的构造

1-钢管；2-撑脚；3-屋架上弦；

4. 校正及最后固定

钢屋架校正主要是垂直度的校正。可以采用在屋架下弦一侧拉一根通长钢丝，同时在屋架上弦中心线挑出一个同样距离的标尺，然后用线锤校正，见图 14-25。也可用一台经纬仪架设在柱顶一侧，与轴线平移距离 a 处，在对面柱子上同样有一距离为 a 的点，从屋架中线处用标尺挑出距离 a，当三点在一条线上时，则说明屋架垂直。如有误差，可通过调整工具式支撑或绳索，并在屋架端部支承面垫入薄铁片进行调整。

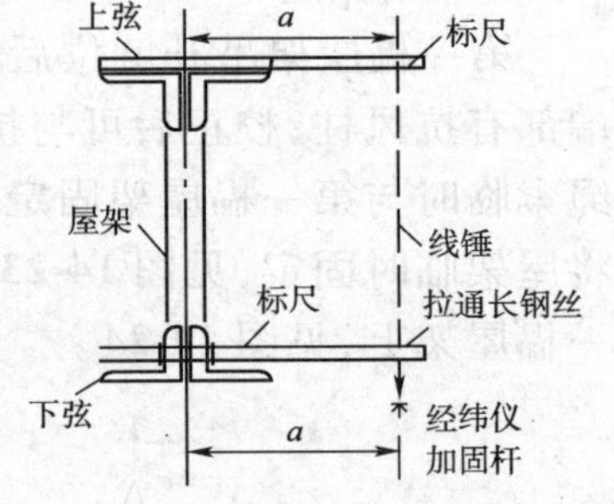

图 14-25　钢屋架垂直度校正示意

钢屋架校正完毕后，拧紧连接螺栓或电焊焊牢作为最后固定。

5. 安装验收

根据 GB 50205 —2001 的规定，钢屋（托）架、桁架、梁及受压件垂直度和侧向弯曲矢高的允许偏差，见表 14-15。

钢屋（托）架、桁架、梁及受压件垂直度和侧向弯曲矢高的允许偏差　　表 14-15

项　目	允 许 偏 差(mm)		图　例
跨中的垂直度	$h/250$，且不应大于 15.0		1–1
侧向弯曲矢高 f	$L \leqslant 30\text{m}$	$L/1000$，且不应大于 10.0	
	$30\text{m} < L \leqslant 60\text{m}$	$L/1000$，且不应大于 30.0	
	$L > 60\text{m}$	$L/1000$，且不应大于 50.0	

14.3.4 一般单层钢结构安装要点

1. 构件吊装顺序

(1)最佳的施工方法是先吊装竖向构件,后吊装平面构件,这样施工的目的是减少建筑物的纵向长度安装累积误差,保证工程质量。

(2)竖向构件吊装顺序:柱(混凝土、钢)—连系梁(混凝土、钢)—柱间钢支撑—吊车梁(混凝土、钢)—制动桁架—托架(混凝土、钢)等,单种构件吊装流水作业,即保证体系纵列形成排架,稳定性好,又能提高生产效率。

(3)平面构件吊装顺序:主要以形成空间结构稳定体系为原则。

2. 标准样板间安装

选择有柱间支撑的钢柱,柱与柱形成排架,将屋盖系统安装完毕形成空间结构稳定体系,各项安装误差都在允许之内或更小,依此安装,要控制有关间距尺寸,相隔几间,复核屋架垂偏即可。只要制作孔位合适,安装效率是非常高的。

3. 几种情况说明

(1)并列高低跨吊装,考虑屋架下弦伸长后柱子向两侧偏移问题,先吊高跨后吊低跨,凭经验可预留柱的垂偏值。

(2)并列大跨度与小跨度:先吊装大跨度后吊装小跨度。

(3)并列间数多的与间数少的屋盖吊装:先吊间数多的,后吊间数少的。

(4)并列有屋架跨与露天跨吊装:先吊有屋架跨后吊露天跨。

(5)以上几种情况也适合于门式刚架轻型钢结构屋盖施工。

4. 吊装顺序

先吊装竖向构件,后吊装平面构件。竖向构件吊装顺序为:柱—连系梁—柱间支撑—吊车梁—托架等;单种构件吊装流水作业,既保证体系纵列形成排架,稳定性好,又能提高生产效率;平面构件吊装顺序主要以形成空间结构稳定体系为原则,工艺流程如图 14-26。

14.3.5 多、高层钢结构安装

1. 多、高层钢结构安装重点

多、高层钢结构安装工程应注意以下几点。

(1)总平面规划

主要包括结构平面纵横轴线尺寸、主要塔式起重机的布置及工作范围、机械开行路线、配电箱及电焊机布置、现场施工道路、消防道路、排水系统、构件堆放位置等。

如果现场堆放构件场地不足时,可选择中转场地。

(2)塔式起重机选择

①起重机性能:塔式起重机根据吊装范围的最重构件、位置及高度,选择相应塔式起重机最大起重力矩(或双机起重力矩的 80%)所具有的起重量、回转半径、起重高度。除此之外,还应考虑塔式起重机高空使用的抗风性能,起重卷扬机滚筒对钢丝绳的容绳量,吊钩的升降速度。

②起重机数量:根据建筑物平面、施工现场条件、施工进度、塔吊性能等,布置 1 台、2

台或多台。在满足起重性能情况下，尽量做到就地取材。

③起重机类型选择：在多层与高层钢结构施工中，其主要吊装机械一般都是选用自升式塔吊，自升式塔吊有分内爬式和外附着式两种。

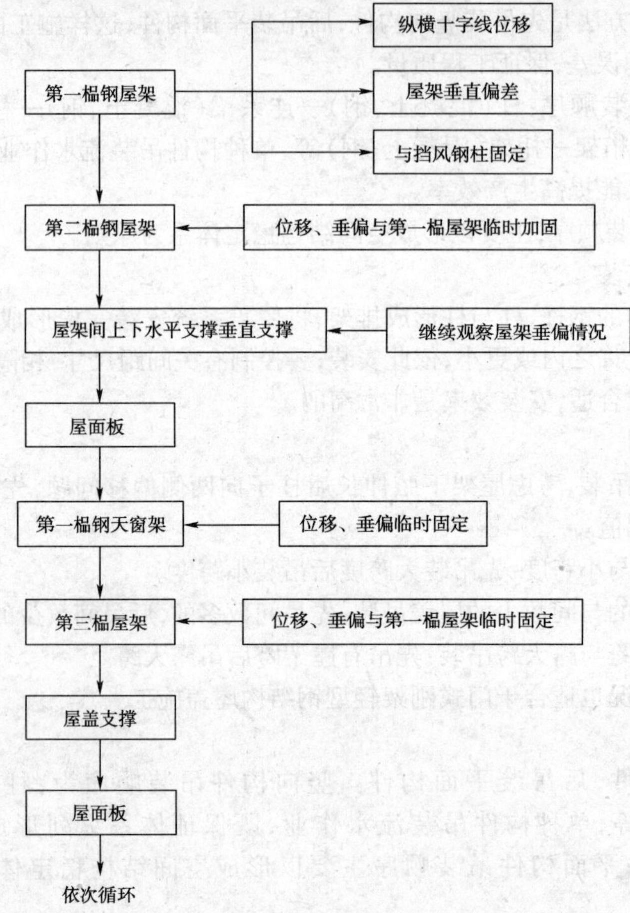

图 14-26　平面构件吊装顺序工艺流程图

(3)人货两用电梯选择

一般配备一柱两笼式人货两用电梯。

(4)测量工艺

选择合理的测量监控工艺，详见本书相关部分。

(5)钢框架吊装顺序

竖向构件标准层的钢柱一般为最重构件，它受起重机能力、制作、运输等的限制，钢柱制作一般为 2 ~4 层一节。

对框架平面而言，除考虑结构本身刚度外，还需考虑塔吊爬升过程中框架稳定性及吊装进度，进行流水段划分。先组成标准的框架体，科学地划分流水作业段，向四周发展。

(6)多层与高层钢结构安装工艺流程

在安装施工中应注意以下问题：

①合理划分流水作业区段；

②确定构件安装顺序；

③在起重机起重能力允许的情况下，为减少高空作业、确保安装质量、安全生产、减少吊次、提高生产率，能在地面组拼的尽量在地面组拼好，如钢柱与钢支撑、层间柱与钢支撑、钢桁架组拼等，一次吊装就位；

④安装流水段，可按建筑物平面形状、结构形式、安装机械的数量、工期、现场施工条件等划分；

⑤构件安装顺序，平面上应从中间核心区及标准节框架向四周发展，竖向应由下向上逐件安装；

⑥确定流水区段、构件安装、校正、固定（包括预留焊接收缩量）后，确定构件接头焊接顺序，平面上应从中部对称地向四周发展，竖向根据有利于工艺间协调，方便施工、保证焊接质量原则，制定焊接顺序；

⑦一节柱的一层梁安装完后，立即安装本层的楼梯及压型钢板。楼面堆放物不能超过钢梁和压型钢板的承载力；

⑧钢构件安装和楼层钢筋混凝土楼板的施工，两项作业不宜超过5层；当必须超过5层时，应通过主管设计者验算而定。

(7)特殊框架结构安装

①顶部钢塔（桅杆）

顶部钢塔（桅杆）是特殊的高耸结构物，如深圳地王大厦和上海世界广场顶部的钢桅杆，从制作到安装，难度相当大。下部呈框架形式，然后是一根变截面钢管通向空中，所有管-管都是相贯节点。由于塔吊的起重能力和爬升高度所限，一般采取倒装顶升法及其他方法施工，确保满足质量、安全、进度要求。

②停机坪

在大城市里，比较重要的超高层钢结构顶部，如深圳发展中心，一般会设有停机坪。顶层结构设计荷载会大于其他层结构设计荷载，柱、梁布置结构形式、节点形式也较为特殊，给安装增加了很大难度。

③水平加强层（或设备层）

由于增加了柱与柱之间的垂直支撑系统（或称桁架），构件安装的精度要求就更高。

④旋转餐厅层

如上海国际航运大厦，其顶层为观光游览旋转餐厅，设在抗剪核心筒体外有旋转平台，有几段区梁组成的环梁。在制作厂专用胎具上，将每段都进行试拼组成环梁，全面检查其同心位置、圆弧和水平标高，并试运转，把问题消减在制作厂内。直至运转无误，再编号，拆开，按安装顺序运至现场顺利进行安装。

⑤观光电梯框架

由于观光电梯框架垂直精度高，必须为安装电梯导轨打下基础。但由于单个构件长细比大，为防止变形，一般拼成框架，组成刚度较大的整体钢框架安装，随安装→校正→水平固定。

2. 安装阶段的测量放线

(1)建立基准控制点

根据施工现场条件，建筑物测量基准点有两种测设方法。

一种为外控法，即将测量基准点设在建筑物外部，适用于场地开阔的现场。根据建筑物平面形状，在轴线延长线上设立控制点，控制点一般距建筑物0.8~1.5倍的建筑物高度处。引出交线形成控制网，并设立控制桩。

另一种外控法，即将测量基准点设在建筑物内部，适用于场地较小，无法采用外控法的现场。控制点的位置、多少根据建筑物平面形状而定。

(2)平面轴线控制点的竖向传递

地下部分：高层钢结构工程，通常有一定层数的地下部分，对地下部分可采用外控法，建立十字形或井字形控制点，组成一个平面控制网。

地上部分：控制点的竖向传递采用内控法时，投递仪器可采用全站仪或激光准直仪。在控制点架设仪器对中调平。在传递控制点的楼面上预留孔（如 300mm × 300mm），孔上设置光靶。传递时仪器从0°、90°、180°、270°四个方向，向光靶投点，定出4点，找出4点对角线的交点作为传递上来的控制点。

(3)柱顶平面放线

利用传递上来的控制点，用全站仪或经纬仪进行平面控制网放线，把轴线放到柱顶上。

(4)悬吊钢尺传递高程

利用高程控制点，采用水准仪和钢尺测量的方法引测，如图 14-27 所示。

$$H_m = H_h + a + [(L_1 - L_2) + \Delta t + \Delta k] - b$$

式中：H_m——设置在建（构）筑物上水准点高程；

H_h——地面上水准点高层；

a——地面上 A 点置镜时水准尺的读数；

b——建（构）筑物上 B 点置镜时水准尺的读数；

L_1——建（构）筑物上 B 点置镜时钢尺的读数；

L_2——地面上 A 点置镜时钢尺的读数；

Δt——钢尺的温度改正值；

Δk——钢尺的尺长改正值。

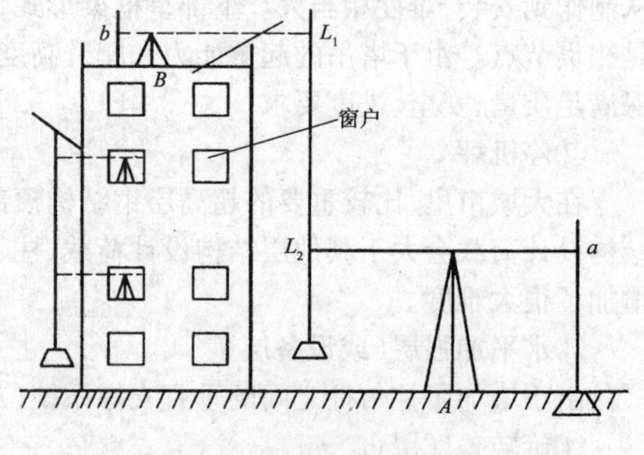

图 14-27　悬吊钢尺传递高程

当超过钢尺长度时，可分段向上传递标高。

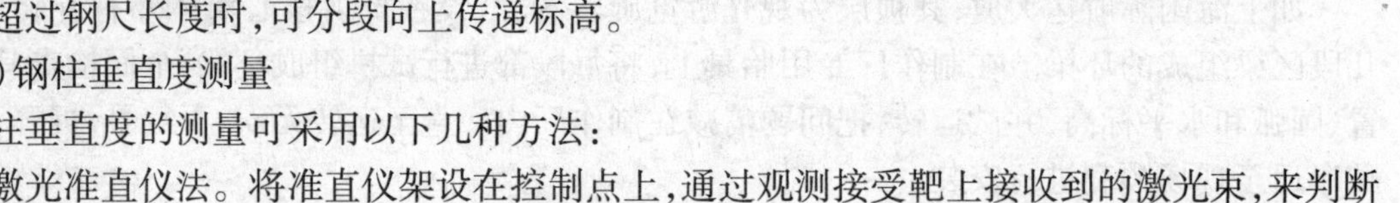

(5)钢柱垂直度测量

钢柱垂直度的测量可采用以下几种方法：

①激光准直仪法。将准直仪架设在控制点上，通过观测接受靶上接收到的激光束，来判断柱子是否垂直。

②铅垂法。是一种较为原始的方法，指用锤球吊校柱子，如图 14-28 所示。为避免锤线摆动，可加套塑料管，并将锤球放在黏度较大的油中。

③经纬仪法。用两台经纬仪架设在轴线上，对柱子进行校正，是施工中常用的方法。

④建立标准柱法。根据建筑物的平面形状选择标准柱，如正方形框架选4根转角柱。根据测设好的基准点，用激光经纬仪对标准柱的垂直度进行观测，在柱顶设测量目标，激光仪每测一次转动90°，测得4个点，取该4点相交点为准量测安装误差（图 14-29）。除标准柱外，其他柱子的误差量测采用丈量法，即以标准柱为依据，沿外侧拉钢丝绳组成平面封闭状方格，用钢尺丈量，超过允许偏差则进行调整（图 14-30）。

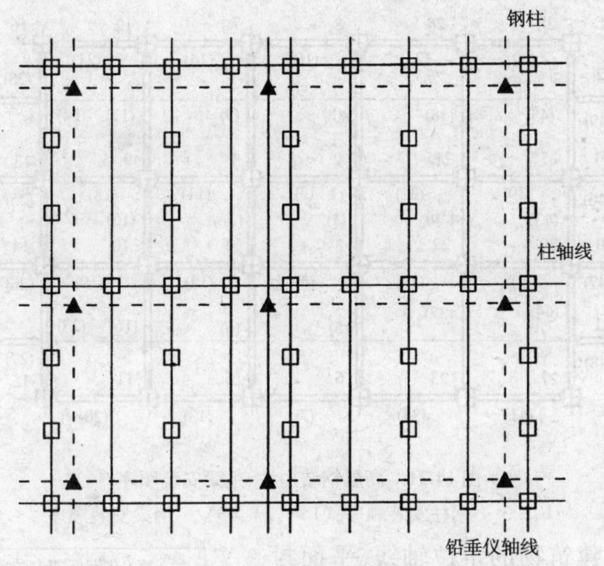

图 14-28　钢柱安装铅垂仪布置

□-钢柱位置；▲-铅垂仪位置；

——－钢柱控制格图；---铅垂仪控制格图

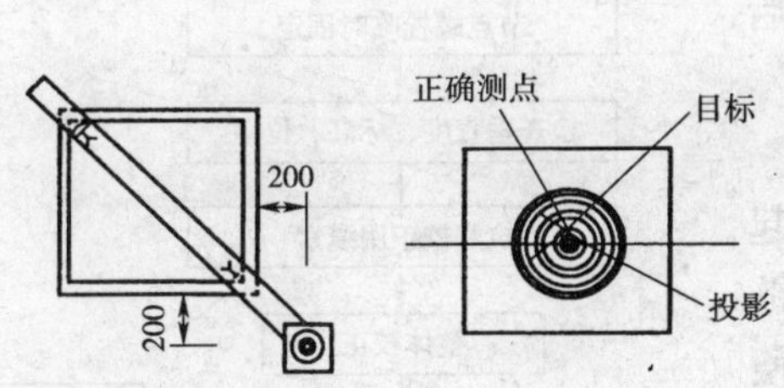

图 14-29　钢柱顶的激光测量目标

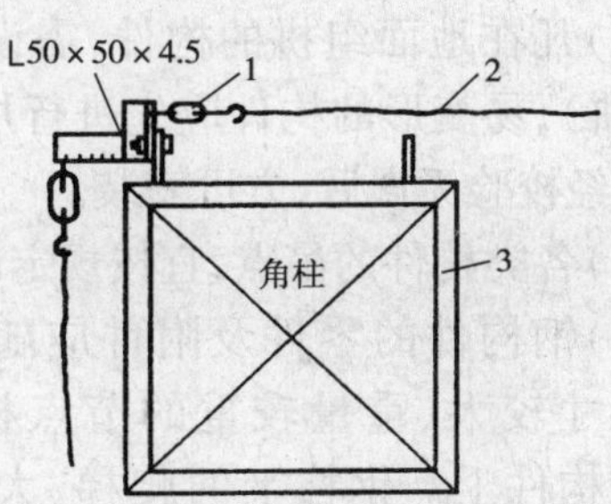

图 14-30　钢柱校正用钢丝绳

1-花篮螺栓；2-钢丝绳；3-角柱

3. 构件的安装顺序

在平面，考虑钢结构安装过程中的整体稳定性和对称性，安装顺序一般由中央向四周扩展，先从中间的一个节间开始，以一个节间的柱网为一个吊装单位，先吊装柱，后吊装梁，然后向四周扩展，见图 14-31。在立面，以一节钢柱高度内所有构件为一个流水段，一个立面内的安装顺序如图 14-32 所示。

4. 构件接头的现场焊接顺序

高层钢结构的焊接顺序，应从建筑平面中心向四周扩展，采取结构对称、节点对称和全方位对称焊接，见图 14-33。

柱与柱的焊接应由两名焊工在两相对面等温、等速对称施焊；一节柱的竖向焊接顺序是先焊顶部梁柱节点，再焊底部梁柱节点，最后焊接中间部分梁柱节点；梁和柱接头的焊缝，一般先焊梁的下翼缘板，再焊上翼缘板；梁的两端先焊一端，待其冷却至常温后再焊另一端，不宜对一根梁的两端同时施焊。

5. 多层高层钢结构安装要点

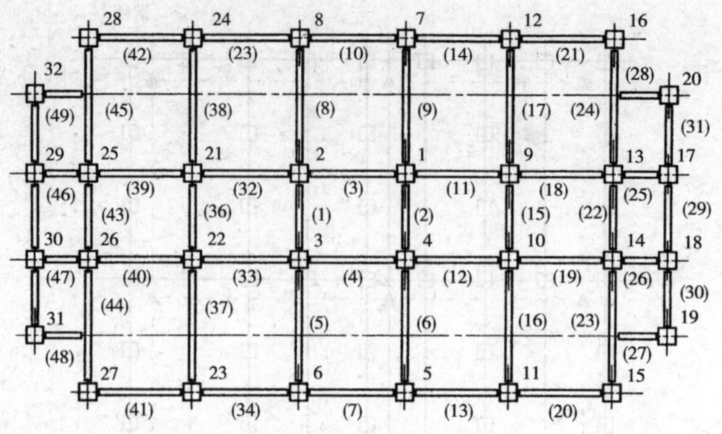

图 14-31 高层钢结构柱、主梁安装顺序

1、2、3…-钢柱安装顺序;(1)、(2)、(3)…-钢梁安装顺序

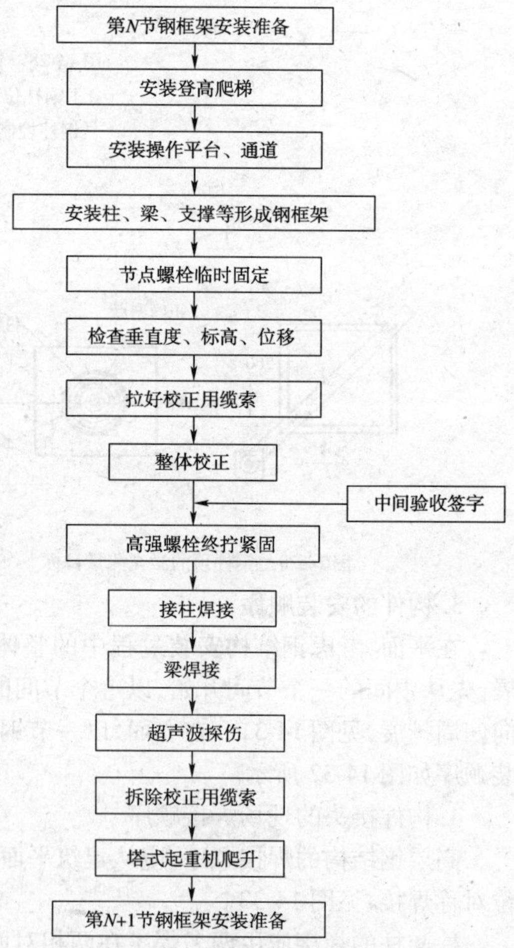

图 14-32 一个立面安装流水段内的安装顺序

(1)安装前,应对建筑物的定位轴线、平面封闭角、底层柱的安装位置线、基础标高和基础混凝土强度进行检查,合格后才能进行安装。

(2)安装顺序应根据事先编制的安装顺序图表进行。

(3)凡在地面组拼的构件,需设置拼装架组拼(立拼),易变形的构件应先进行加固。组拼后的尺寸经校验无误后,方可安装。

(4)各类构件的吊点,宜按规定设置。

(5)钢构件的零件及附件应随构件一并起吊。尺寸较大、重量较重的节点板,应用铰链固定在构件上。钢柱上的爬梯、大梁上的轻便走道应牢固固定在构件上一起起吊。调整柱子垂直度的缆风绳或支撑夹板,应在地面上与柱子绑扎好,同时起吊。

(6)当天安装的构件,应形成空间稳定体系,确保安装质量和结构安全。

(7)一节柱的各层梁安装校正后,应立即安装本节各层楼梯,铺好各层楼层的压型钢板。

(8)安装时,楼面上的施工荷载不得超过梁和压型钢板的承载力。

(9)预制外墙板应根据建筑物的平面形状对称安装,使建筑物各侧面均匀加载。

(10)叠合楼板的施工,要随着钢结构的安装进度进行。两个工作面相距不宜超过5个楼层。

(11)每个流水段一节柱的全部钢构件安装完毕并验收合格后,方能进行下一流水段钢结构的安装。

(12)高层钢结构安装时,需注意日照、焊接等温度引起的热影响,导致构件产生的伸长、缩短、弯曲所引起的偏差,施工中应有调整偏差的措施。

14.3.6 钢网架安装

网架结构的节点和杆件,在工厂内制作完成并检验合格后运至现场,拼装成整体。工程中有许多因地制宜的安装方法,现分别介绍如下:

1. 高空散装法

高空散装法是指运输到现场的运输单元体(平面桁架或锥体)或散件,用起重机械吊升到高空对位拼装成整体结构的方法,适用于螺栓球或高强螺栓连接节点的网架结构。它在拼装过程中始终有一部分网架悬挑着,当网架悬挑拼接成为一个稳定体系时,不需要设置任何支架来承受其自重和施工荷载。当跨度较大、拼接到一定悬挑长度后,设置单肢柱或支架,支承悬挑部分,以减少或避免因自重和施工荷载而产生的挠度。

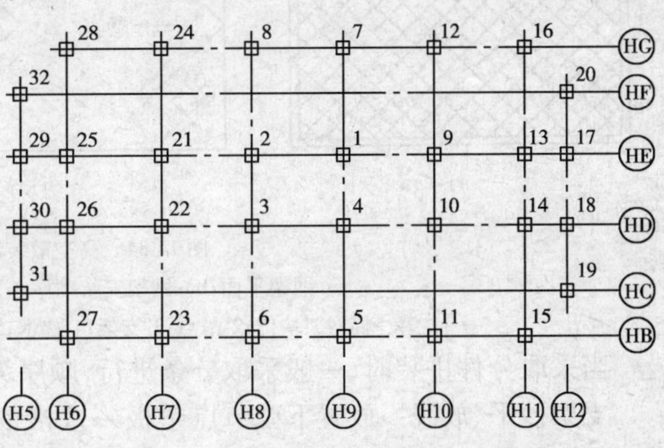

图 14-33 高层钢结构的焊接顺序

(1)支架设置

支架既是网架拼装成型的承力架,又是操作平台支架,所以,支架搭设位置必须对准网架下弦节点。支架一般用扣件和钢管搭设。它应具有整体稳定性和足够的刚度;应将支架本身的弹性压缩、接头变形、地基沉降等引起的总沉降值控制在 5mm 以下。因此,为了调整沉降值和卸荷方便,可在网架下弦节点与支架之间设置调整标高用的千斤顶。

拼装支架必须牢固,设计时应对单肢稳定、整体稳定进行验算,并估算沉降量。其中单肢稳定验算可按一般钢结构设计方法进行。

(2)支架整体沉降量控制

支架的整体沉降量包括钢管接头的空隙压缩、钢管的弹性压缩、地基的沉陷等。如果地基情况不良,要采取夯实加固等措施,并且要用木板铺地以分散支柱传来的集中荷载。高空散装法对支架的沉降要求较高(不得超过 5mm),应给予足够的重视。大型网架施工,必要时可进行试压,以取得所需的资料。

拼装支架不宜用竹或木制,因为这些材料容易变形并易燃,故当网架用焊接连接时禁用。

(3)支架的拆除

网架拼装成整体并检查合格后,即拆除支架,拆除时应从中央逐圈向外分批进行,每圈下降速度必须一致,应避免个别支点集中受力,造成拆除困难。对于大型网架,每次拆除的高度可根据自重挠度值分成若干批进行。

(4)拼装操作

总的拼装顺序是从建筑物一端开始向另一端以两个三角形同时推进,待两个三角形相交后,则按人字形逐榀向前推进,最后在另一端的正中合拢。每榀块体的安装顺序,在开始两个三角形部分是由屋脊部分分别向两边拼装,两三角形相交后,则由交点开始同时向两边拼装,见图 14-34。

吊装分块(分件)用2台履带式或塔式起重机进行,拼装支架用钢制,可局部搭设做成活动式,亦可满堂红搭设。分块拼装后,在支架上分别用方木和千斤顶顶住网架中央竖杆下方进行标高调整,见图14-34c),其他分块则随拼装随拧紧高强螺栓,与已拼好的分块连接即可。

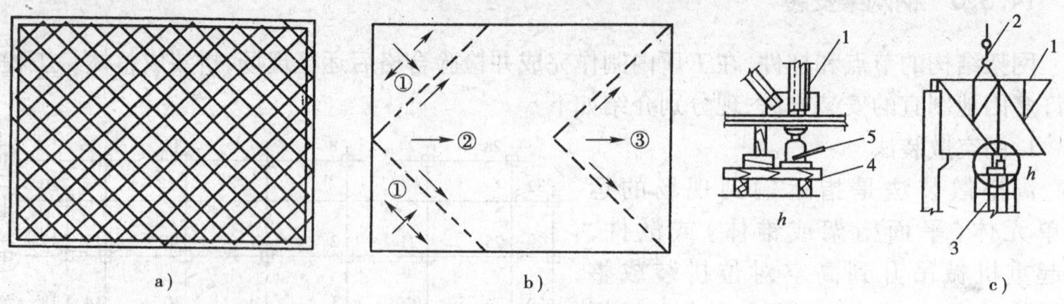

图14-34 高空散装法安装网架

a)网架平面;b)网架安装顺序;c)网架块体临时固定方法

1-第一榀网架块体;2-吊点;3-支架;4-枕木;5-液压千斤顶;①、②、③-安装顺序

当采取分件拼装时,一般采取分条进行,顺序为:

支架抄平、放线→放置下弦节点垫板→按格依次组装下弦、腹杆、上弦支座(由中间向两端,一端向另一端扩展)→连接水平系杆→撤出下弦节点垫板→总拼精度校验→油漆。

每条网架组装完,经校验无误后,按总拼顺序进行下条网架的组装,直至全部完成,见图14-35。

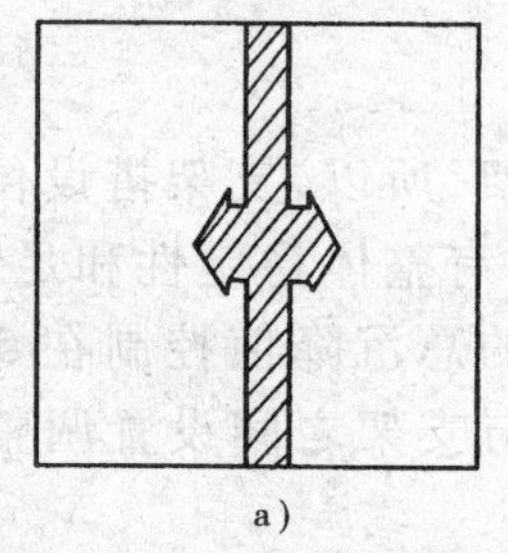

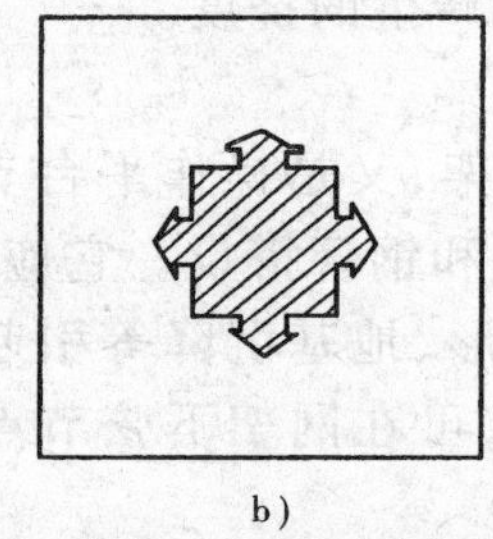

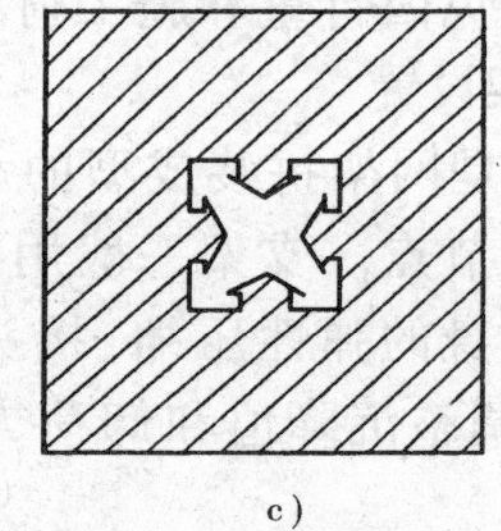

图14-35 总拼顺序示意图

a)由中间向两边发展;b)由中间向四周发展;c)由四周向中间发展(形成封闭圈)

(5)优缺点

本法不需大型起重设备;对场地要求不高,但需搭设大量拼装支架;高空作业多。

(6)适用范围

适用于非焊接连接(如螺栓球节点、高强螺栓节点等)的各种网架的拼装,不宜用于焊接球网架的拼装,因焊接易引燃脚手板,操作不够安全。同时高空散装,不易控制标高、轴线和质量,工效降低。

2.分条分块法

分条分块法是高空散装的组合扩大。为适应起重机械的起重能力和减少高空拼装工作量,将屋盖划分为若干个单元,在地面拼装成条状或块状扩大组合单元体后,用起重机械或设在双肢柱顶的起重设备(钢带提升机、升板机等),垂直吊升或提升到设计位置上,拼装成整体网架结构的安装方法。

条状单元是指沿网架长跨方向分割为若干区段,每个区段的宽度是1~3个网格。而其长度即为网架的短跨或1/2短跨。块状单元是指将网架沿纵横方向分割成矩形或正方形的单元。每个单元的重量以现有起重机能力能胜任为准。

(1)条状单元组合体的划分

条状单元组合体的划分是沿着屋盖长方向切割。对桁架结构是将一个节间或两个节间的两榀或三榀桁架组成条状单元体；对网架结构，则将一个或两个网格组装成条状单元体。切割组装后的网架条状单元体往往是单向受力的两端支承结构。这种安装方法适用于分割后的条状单元体，在自重作用下能形成一个稳定体系，其刚度与受力状态改变较小的正放类网架或刚度和受力状况未改变的桁架结构类似。网架分割后的条状单元体刚度，要经过验算，必要时应采取相应的临时加固措施。通常条状单元的划分有以下几种形式：

①网架单元相互靠紧，把下弦双角钢分在两个单元上，见图14-36 a），此法可用于正放四角锥网架。

②网架单元相互靠紧，单元间上弦用剖分式安装节点连接，见图14-36 b），此法可用于斜放四角锥网架。

③单元之间空一节间，该节间在网架单元吊装后再在高空拼装，见图14-36 c），可用于两向正交正放或斜放四角锥等网架。

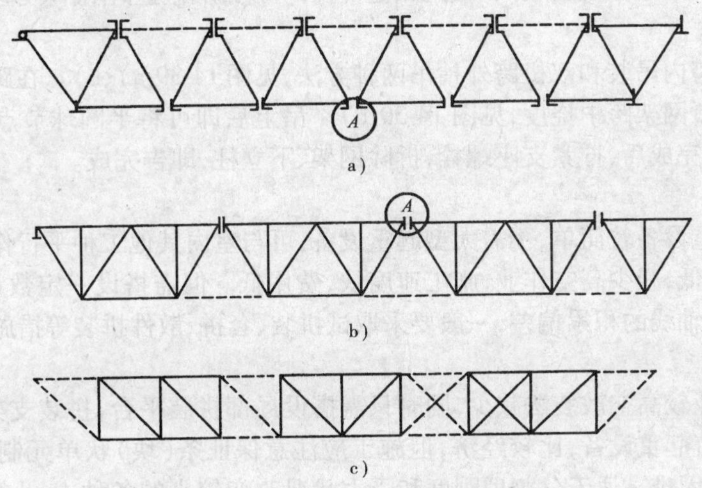

图14-36 网架条（块）状单元划分方法

a）网架下弦双角钢分在两单元上；b）网架上弦用剖分式安装；c）网架单元在高空拼装

注：Ⓐ表示剖分式安装节点

分条（分块）单元，自身应是几何不变体系，同时还应有足够的刚度，否则应加固。对于正放类网架而言，在分割成条（块）状单元后，自身在自重作用下能形成几何不变体系，同时也有一定的刚度，一般不需要加固。但对于斜放类网架，在分割成条（块）状单元后，由于上弦为菱形结构可变体系，因而必须加固后才能吊装，图14-37 所示为斜放四角锥网架上弦加固方法。

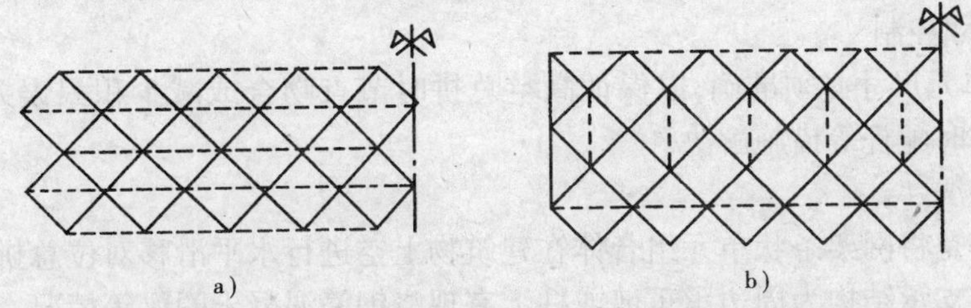

图14-37 斜放四角锥网架上弦加固（虚线表示临时加固杆件）示意图

a）网架上弦临时加固件采用平行式；b）网架上弦临时加固件采用间隔式

（2）块状单元组合体的划分

块状单元组合体的分块，一般是在网架平面的两个方向均有切割，其大小视起重机的起重能力而定。切割后的块状单元体大多是两邻边或一边有支承，一角点或两角点要增设临时顶撑予以支承。也有将边网格切除的块状单元体，在现场地面对准设计轴线组装，边网格留在垂直吊升后再拼装成整体网架，见图14-38。

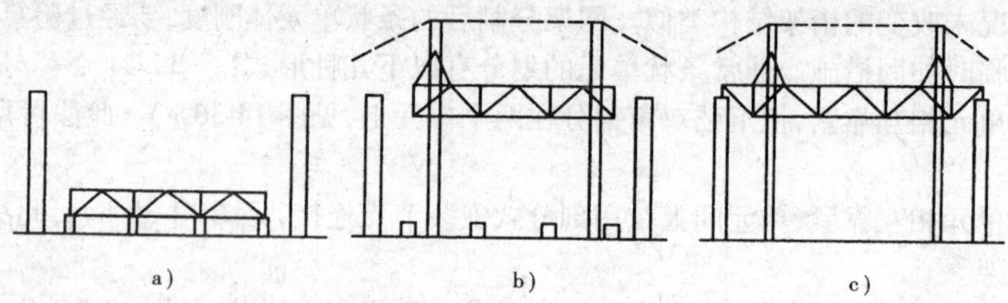

图14-38　网架吊升后拼装边节间

a）网架在室内砖支墩上拼装；b）用独脚拔杆起吊网架；c）网架吊升后将边节各杆件及支座拼装上

(3)拼装操作

吊装有单机跨内吊装和双机跨外抬吊两种方法，见图14-39 a）、b）。在跨中下部设可调立柱、钢顶撑，以调节网架跨中挠度，见图14-39 c）。吊上后即可将半圆球节点焊接和安设下弦杆件，待全部作业完成后，拧紧支座螺栓，拆除网架、下立柱，即告完成。

(4)优缺点

本法所需起重设备较简单，不需大型起重设备；可与室内其他工种平行作业，缩短总工期，用工省，劳动强度低，减少高空作业，施工速度快，费用低。但需搭设一定数量的拼装平台；另外，拼装容易造成轴线的积累偏差，一般要采取试拼装、套拼、散件拼装等措施来控制。

(5)适用范围

本法高空作业较高空散装法减少，同时只需搭设局部拼装平台，拼装支架量也大大减少，并可充分利用现有起重设备，比较经济，但施工应注意保证条（块）状单元制作精度和控制起拱，以免造成总拼困难。适于分割后刚度和受力状况改变较小的各种中、小型网架，如双向正交正放、正放四角锥、正放抽空四角锥等网架。对于场地狭小或跨越其他结构、起重机无法进入网架安装区域时尤为适宜。

(6)网架挠度控制

网架条状单元在吊装就位过程中的受力状态属平面结构体系，而网架结构是按空间结构设计的，因而条状单元在总拼前的挠度要比网架形成整体后该处的挠度大，故在总拼前必须在合拢处用支撑顶起，调整挠度使其与整体网架挠度符合。块状单元在地面制作后，应模拟高空支承条件，拆除全部地面支墩后观察施工挠度，必要时也应调整其挠度。

(7)网架尺寸控制

条（块）状单元尺寸必须准确，以保证高空总拼时节点吻合或减少积累误差，一般可采取预拼装或现场临时配杆等措施解决。

3.高空滑移法

高空滑移法是将网架条状单元组合体在建筑物上空进行水平滑移对位总拼的一种施工方法。适用于网架支承结构为周边承重墙或柱上有现浇钢筋混凝土圈梁等情况。可在地面或支架上进行扩大拼装条状单元，并将网架条状单元提升到预定高度后，利用安装在支架或圈梁上的专用滑行轨道，水平滑移对位拼装成整体网架。

(1)高空滑移法分类

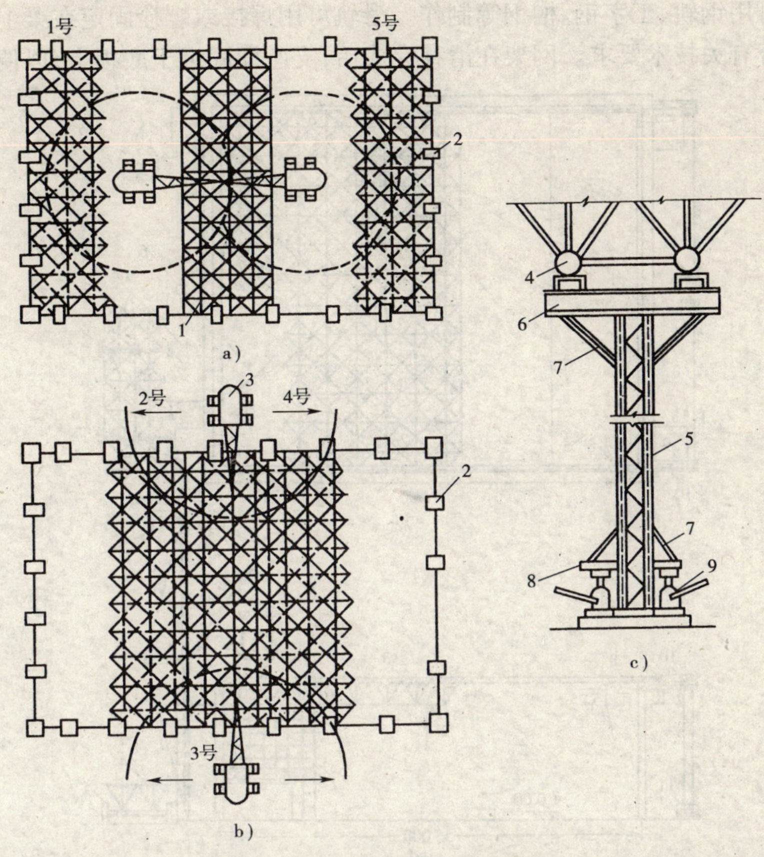

图 14-39　分条分块法安装网架

a)吊装 1 号、5 号段网架作业;b)吊装 2 号、4 号、3 号段作业;c)网架跨中挠度调节

1-网架;2-柱子;3-履带式起重机;4-下弦钢球;5-钢支柱;6-横梁;7-斜撑;8-升降顶点;9-液压千斤顶

①单条滑移法,见图 14-40 a),先将条状单元一条条地分别从一端滑移到另一端就位安装,各条在高空进行连接。

②逐条积累滑移法,见图 14-40 b)和图 14-41 所示,先将条状单元滑移一段距离后(能连接上第二单元的宽度即可),连接上第二条单元后,两条一起再滑移一段距离(宽度同上),再接第三条,三条又一起滑移一段距离,如此循环操作直至接上最后一条单元为止。

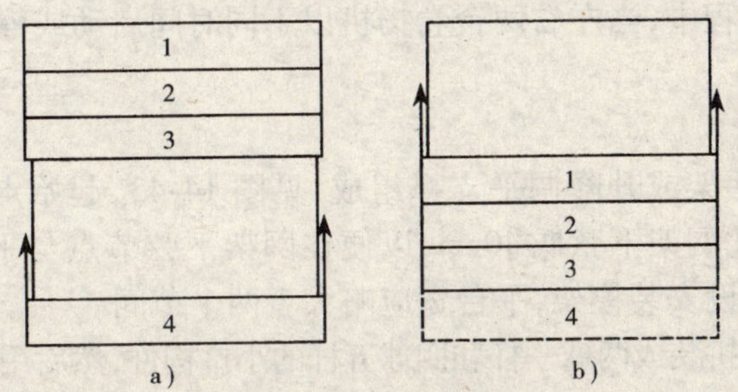

图 14-40　高空滑移法示意图

a) 单条滑移法;b)逐条积累滑移法

(2)滑移装置

①滑轨

滑移用的轨道有各种形式,对于中小型网架,滑轨可用圆钢、扁铁、角钢及小型槽钢制作,

对于大型网架可用钢轨、工字钢、槽钢等制作。滑轨可用焊接或螺栓固定在梁上。其安装水平度及接头要符合有关技术要求。网架在滑移完成后，支座即固定于底板上，以便于连接。

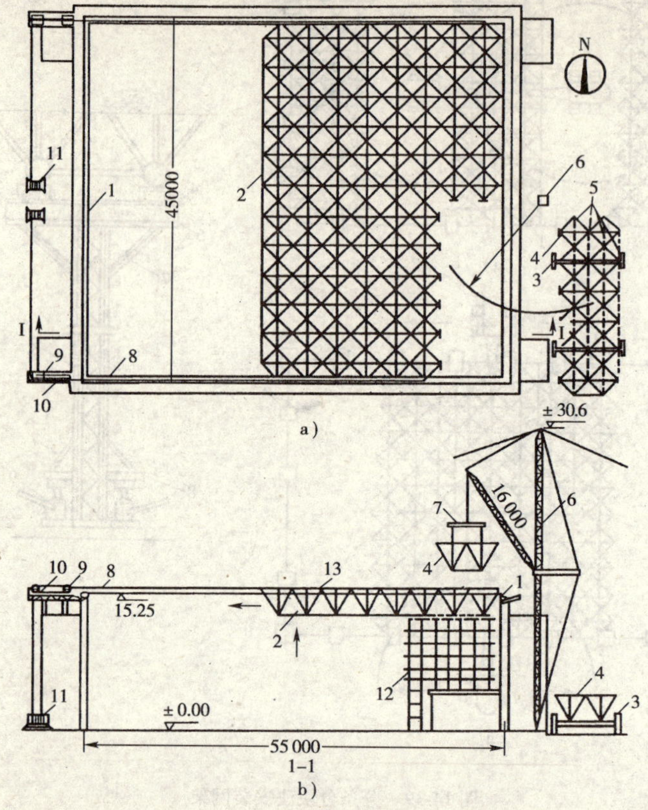

图 14-41　用高空滑移法安装网架结构示意图

a)平面；b)立面

1-边梁；2-已拼网架单元；3-运输车轮；4-拼装单元；5-拼装架；6-拔杆；7-吊具 8-牵引索；9-滑轮组；10-滑轮组支架；11-卷扬机；12-拼装架；13-拼接缝

②导向轮

导向轮主要是作为安全保险装置用，一般设在导轨内侧，在正常滑移时导向轮与导向轨脱开，其间隙为 10～20mm，只有当同步差超过规定值或拼装误差在某处较大时二者才碰上，见图 14-42。但是在滑移过程中，当左右两台卷扬机以不同时间启动或停车也会造成导向轮顶上滑轨的情况。

(3)拼装操作

滑移平台由钢管脚手架或升降调平支撑组成，见图 14-43，起始点尽量利用已建结构物，如门厅、观众厅，高度应比网架下弦低 40cm，以便在网架下弦节点与平台之间设置千斤顶，用以调整标高，平台上面铺设安装模架，平台宽应略大于两个节间。

网架先在地面将杆件拼装成两球一杆和四球五杆的小拼构件，然后用悬臂式桅杆、塔式或履带式起重机，按组合拼接顺序吊到拼接平台上进行扩大拼装。先就位点焊，拼接网架下弦方格，再点焊立起横向跨度方向角腹杆。每节间单元网架部件点焊拼接顺序，由跨中向两端对称进行，焊完后临时加固。牵引可用慢速卷扬机或绞磨进行，并设减速滑轮组。牵引点应分散设置，滑移速度应控制在 1m/min 以内，并要求做到两边同步滑移。当网架跨度大于 50m，应在跨中增设一条平稳滑道或辅助支顶平台。

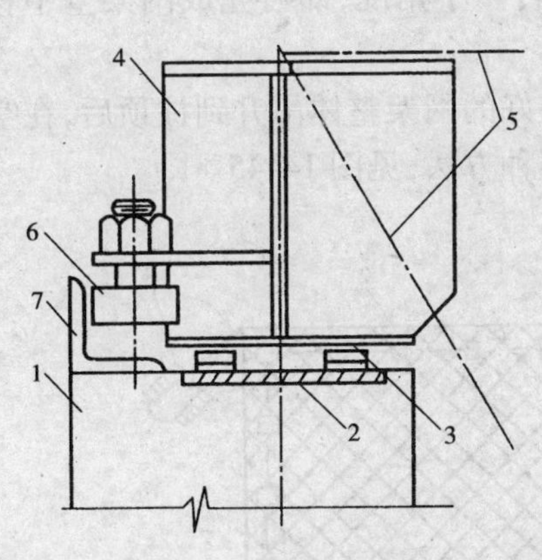

图 14-42 轨道与导轮设置

1-天沟梁；2-预埋钢板；3-轨道；4-网架支座；5-网架杆件中心线；6-导轮；7-导轨

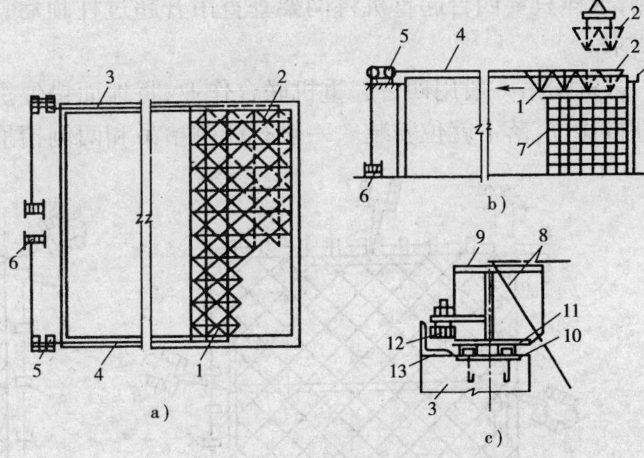

图 14-43 高空滑移法安装网架

a）高空滑移平面布置；b）网架滑移安装；c）支座构造

1-网架；2-网架分块单元；3-天沟梁；4-牵引线；5-滑车组；6-卷扬机；7-拼装平台；8-网架杆件中心线；9-网架支座；10-预埋铁件；11-型钢轨道；12-导轮；13-导轨

(4)同步控制

当拼装精度要求不高时，控制同步可在网架两侧的梁面上标出尺寸，牵引时同时报滑移距离。当同步要求较高时可采用自整角机同步指示装置，以便集中于指挥台随时观察牵引点移动情况，读数精度为1mm，该装置的安装，如图14-44所示。

(5)挠度的调整

当网架单条滑移时，其施工挠度的情况与分条分块法完全相同；当逐条积累滑移时，网架的受力情况仍然是两端自由搁置的主体桁架。因而，滑移时网架虽仅承受自重，但其挠度仍较形成整体后为大，因此，在连接新的单元前，都应将已滑移好的部分网架进行挠度调整，然后再拼接。

在滑移时应加强对施工挠度的观测，随时调整。

4.整体吊升法

整体吊升法是将网架结构在地上错位拼装成整体，然后用起重机吊升超过设计标高，空中移位后落位固定。此法不需要搭设高的拼装架，高空作业少，易于保证接头焊接质量，但需要起重能力大的设备，吊装技术也复杂。此法以吊装焊接球节点网架为宜，尤其是三向网架的吊装。根据吊装方式和所用的起重设备不同，可分为多机抬吊及独脚桅杆吊升。

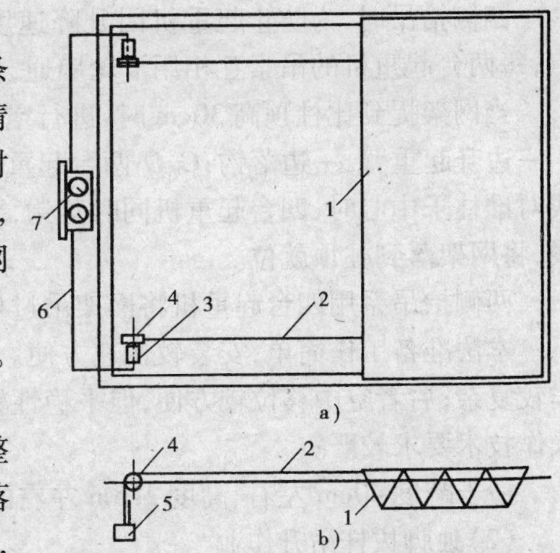

图 14-44 自整角机同步指示器安装示意图

a)平面；b)立面

1-网架；2-钢丝；3-自整角机发送机；4-转盘；5-平衡重；6-导线；7-自整角机接收机及读数度盘

(1)多机抬吊作业

多机抬吊施工中布置起重机时需要考虑各台起重机的工作性能和网架在空中移位的要求。起吊前要测出每台起重机的起吊速度，以便起吊时掌握，或每两台起重机的吊索用滑轮连通。这样，当起重机的起吊速度不一致时，可由连通滑轮的吊索自行调整。

如网架重量较轻，或四台起重机的起重量均能满足要求时，宜将四台起重机布置在网架的两侧，这样只要四台起重机将网架垂直吊升超过柱顶后，旋转一小角度，即可完成网架空中移位要求。

多机抬吊一般用四台起重机联合作业，将地面错位拼装好的网架整体吊升到柱顶后，在空中进行移位，落下就位安装。一般有四侧抬吊和两侧抬吊两种方法，见图14-45。

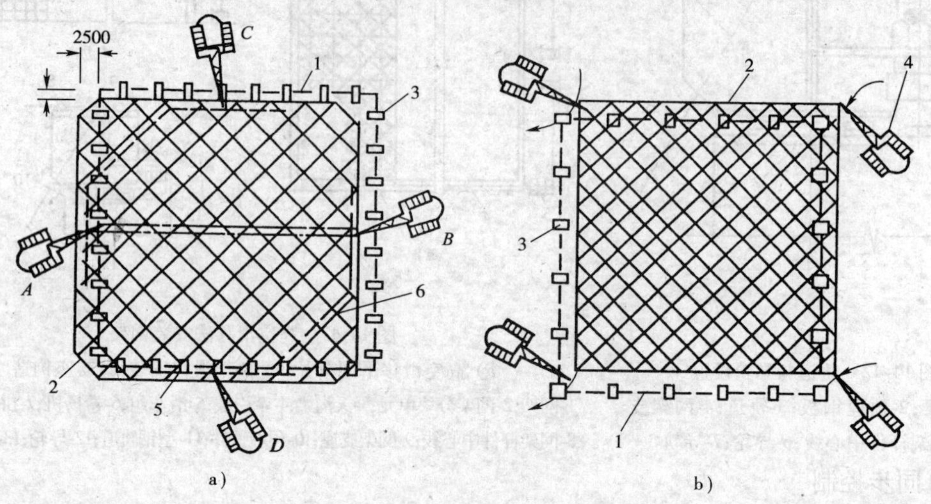

图14-45　四机抬吊网架

a）四侧抬吊；b）两侧抬吊

1-网架安装位置；2-网架拼装位置；3-柱；4-履带式起重机；5-吊点；6-串通吊索

四侧抬吊时，为防止起重机因升降速度不一而产生不均匀荷载，在每台起重机设两个吊点，每两台起重机的吊索互相用滑轮串通，使各吊点受力均匀，网架平稳上升。

当网架提到比柱顶高30cm时，进行空中移位，起重机A一边落起重臂，一边升钩；起重机B一边升起重臂，一边落钩；C、D两台起重机则松开旋转刹车跟着旋转，待转到网架支座中心线对准柱子中心时，四台起重机同时落钩，并通过设在网架四角的拉索和倒链拉动网架进行对线，将网架落到柱顶就位。

两侧抬吊系用四台起重机将网架吊过柱顶同时向一个方向旋转一定距离，即可就位。

本法准备工作简单，安装较快速方便。四侧抬吊和两侧抬吊比较，前者移位较平稳，但操作较复杂；后者空中移位较方便，但平稳性较差一些。而两种吊法都需要多台起重设备条件，操作技术要求较严。

适于跨度40cm左右、高度2.5m左右的中、小型网架屋盖的吊装。

（2）独脚拔杆吊升作业

独脚拔杆吊升法是多机抬吊的另一种形式。它是用多根独脚拔杆，将地面错位拼装的网架吊升超过柱顶，进行空中移位后落位固定。采用此法时，支承屋盖结构的柱与拔杆应在屋盖结构拼装前竖立。此法所需的设备多，劳动量大，但对于吊装高、重、大的屋盖结构，特别是大型网架较为适宜，如图14-46所示。

（3）网架的空中移位

多机抬吊作业中，起重机变幅容易，网架空中移位并不困难，而用多根独脚拔杆进行整体吊升网架方法的关键是网架吊升后的空中移位。由于拔杆变幅很困难，网架在空中的移位是利用拔杆两侧起重滑轮组中的水平力不等而推动网架移位的。

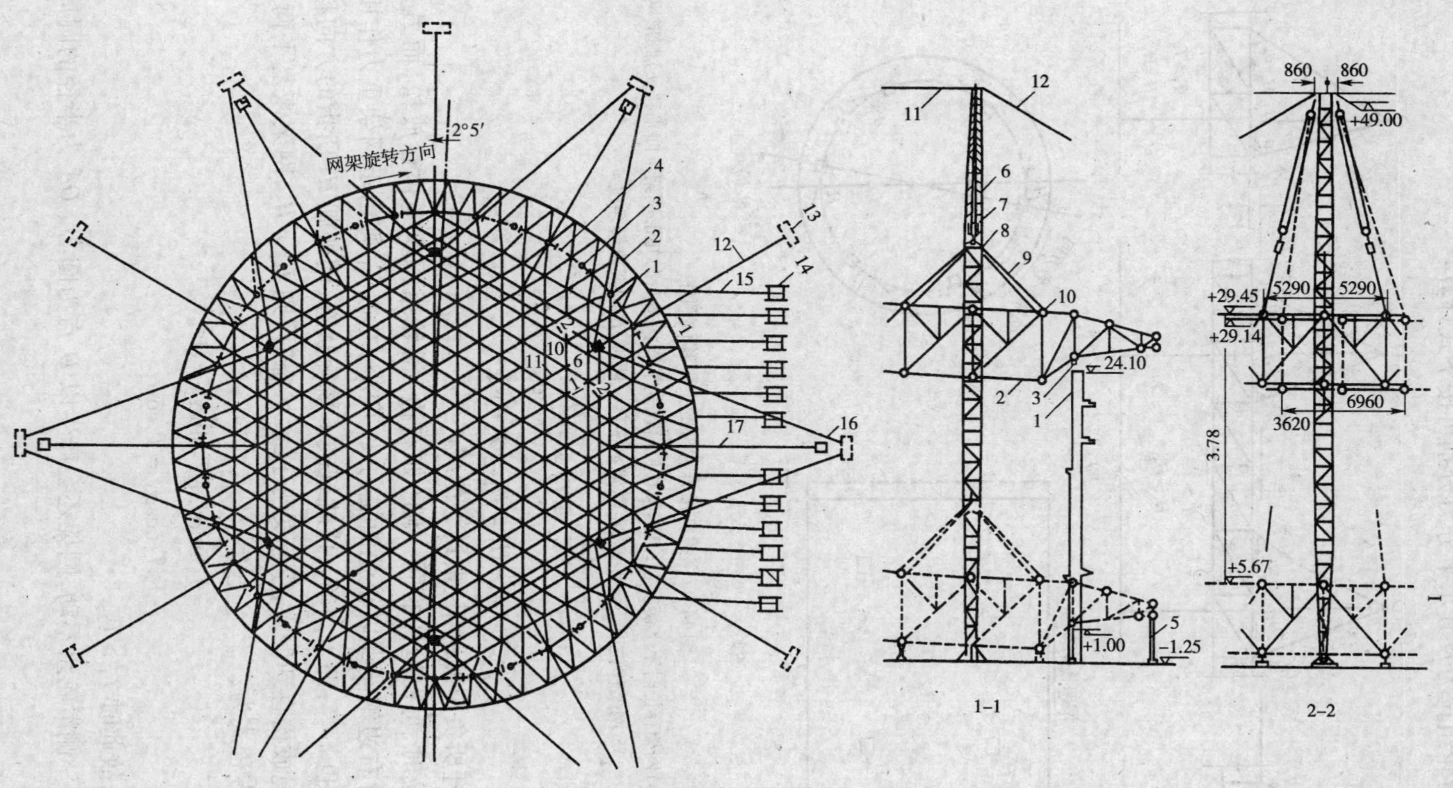

图 14-46　圆形网架屋盖桅杆吊升法示意

1-柱;2-网架;3-摇摆支座;4-留待提升以后再焊的杆件;5-拼装用小钢柱;6-独脚桅杆;7-8 门滑轮组;8-铁扁担;9-吊索;10-吊点;11-平缆风绳;12-斜缆风绳;13-地锚;14-起重卷扬机;15-起重钢丝绳;16-校正用的卷扬机;17-校正用的钢丝绳

如图 14-47 所示，网架被吊升时，每根拔杆两侧滑轮组夹角相等，上升速度一致，两侧受力相等（$T_1 = T_2$），其水平分力也相等（$H_1 = H_2$），网架于水平面内处于平衡状态，只垂直上升，不会水平移动。此时滑轮组拉力及其水平分力分别可按下式计算：

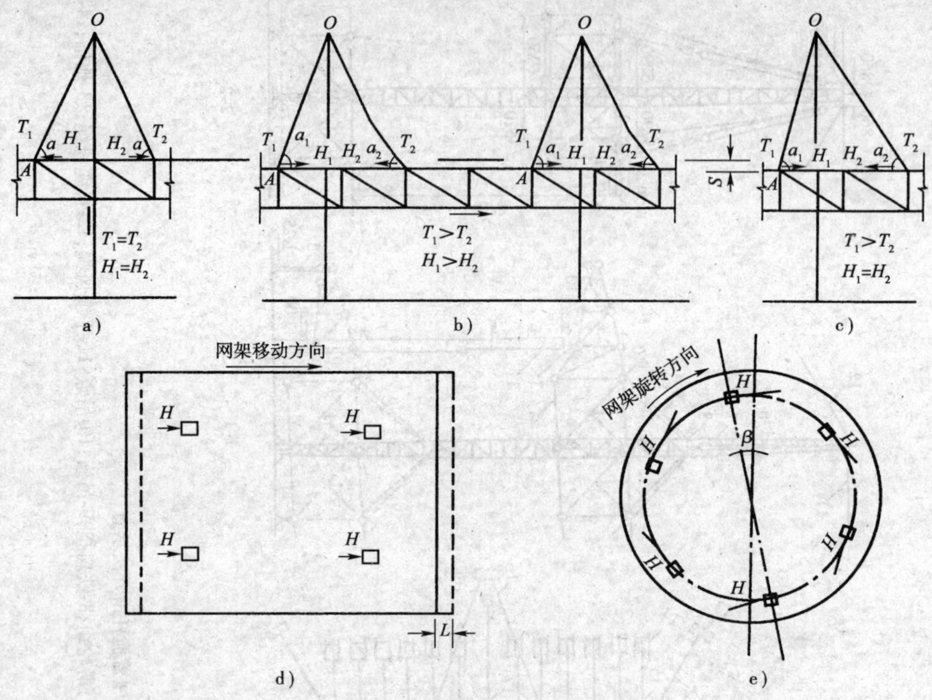

图 14-47　拔杆吊升网架的空中移位顺序

a）网架提升时平衡状态；b）网架移位时不平衡状态；c）网架移位后恢复平衡状态 I；d）矩形网架单向平移；e）圆形网架旋转

S-网架移位时下降距离；L-网架水平移位距离；β-网架旋转角度

$$T_1 = T_2 = \frac{Q}{2\sin\alpha}$$

$$H_1 = H_2 = T_1\cos\alpha$$

式中：Q——每根桅杆所负担的网架、索具等荷载。

使网架空中移位时，每根桅杆的同一侧（如右边）滑轮组钢丝绳徐徐放松，而另一侧（左边）滑轮不动。此时右边钢丝绳因松弛而拉力 T_2 变小，左边 T_1 则由于网架重力作用相应增大，因此两边水平力也不等，即 $H_1 > H_2$，这就打破了平衡状态，网架朝 H_1 所指的方向移动。直至右侧滑轮组钢丝绳放松直到停止，重新处于拉紧状态时，则 $H_1 = H_2$，网架恢复平衡，移动也即终止。此时平衡方程式为：

$$T_1\sin\alpha_1 + T_2\sin\alpha_2 = Q$$

$$T_1\cos\alpha_1 = T_2\cos\alpha_2$$

但由于 $\alpha_1 > \alpha_2$，故此时 $T_1 > T_2$。

在平移时，由于一侧滑轮组不动，网架还会产生以 D 点为圆心、OA 为半径的圆周运动而产生少许下降。

网架空中移位的方向与桅杆及其起重滑轮组布置有关。如桅杆对称布置，桅杆的起重平面（即起重滑轮组与桅杆所构成的平面）方向一致且平行于网架的一边。因此，使网架产生运动的水平分力 H 都平行于网架的一边，网架即产生单向的移位。同理，如桅杆均布于同一圆周上，且桅杆的起重平面垂直于网架半径。这时使网架产生运动的水平分力 H 与桅杆起重平面相切，由于切向力 H 的作用，网架即产生绕其圆心旋转的运动。

5. 升板机提升法

本法是指网架结构在地面上就位拼装成整体后，用安装在柱顶横梁上的升板机，将网架垂直提升到设计标高以上，安装支承托梁后，落位固定。此法不需大型吊装设备，机具和安装工艺简单，提升平稳，提升差异小，同步性好，劳动强度低，工效高，施工安全，但需较多提升机和临时支承短钢柱、钢梁，准备工作量大。适用于跨度 50～70m，高度 4m 以上，重量较大的大、中型周边支承网架屋盖。

(1)提升设备布置

在结构柱上安装升板工程用的电动穿心式提升机，将地面正位拼装的网架直接整体提升到柱顶横梁就位，见图 14-48。

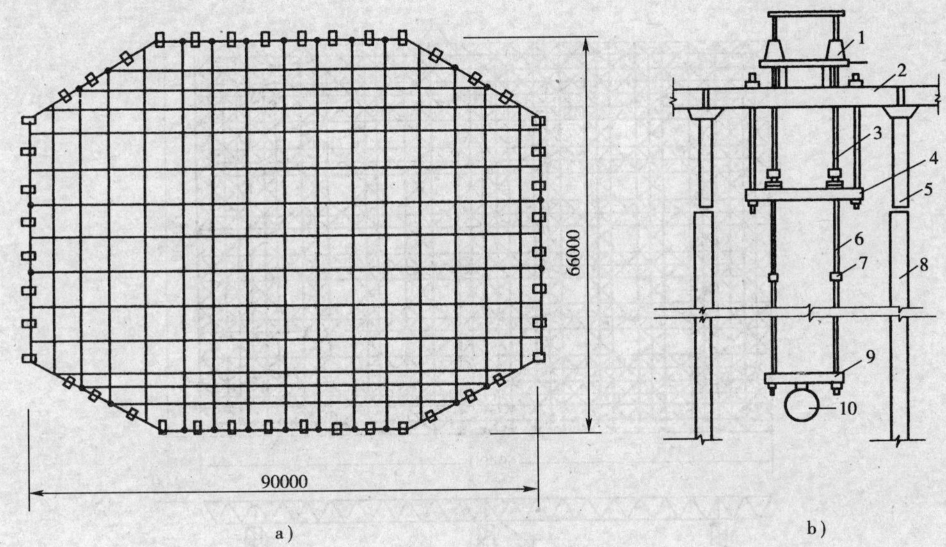

图 14-48 升板机提升法示意图

a)平面布置图；b)提升装置

1-提升机；2-上横梁；3-螺杆；4-下横梁；5-短钢柱；6-吊杆；7-接头；8-柱；9-横吊梁；10-支座钢球

□为柱；● 为升板机

提升点设在网架四边，每边 7～8 个。提升设备的组装系在柱顶加接短钢柱上安工字钢上横梁，每一吊点安放一台 300kN 电动穿心式提升机，提升机的螺杆下端连接多节长 1.8m 的吊杆，下面连接横吊梁，梁中间用钢销与网架支座钢球上的吊环相连接。在钢柱顶上的上横梁处，又用螺杆连接着一个下横梁，作为拆卸杆时的停歇装置。

(2)提升过程

当提升机每提升一节吊杆后(升速为 3cm/min)，用 U 形卡板塞入下横梁上部和吊杆上端的支承法兰之间，卡住吊杆，卸去上节吊杆，将提升螺杆下降与下一节吊杆接好，再继续上升，如此循环往复，直到网架升至托梁以上，然后把预先放在柱顶牛腿的托梁移至中间就位，再将网架下降于托梁上，即告完成。

网架提升时应同步，每上升 60～90cm 观测一次，控制相邻两个提升点高差不大于 25mm。

6. 顶升施工法

本法系利用支承结构和千斤顶将网架整体顶升到设计位置，见图 14-49。本法设备简单，不用大型吊装设备，顶升支承结构可利用结构永久性支承柱，拼装网架不需搭设拼装支架，可节省大量机具和脚手、支墩费用，降低施工成本；操作简便、安全，但顶升速度较慢，对结构顶升的误差控制要求严格，以防失稳。适于安装多支点支承的各种四角锥网架屋盖安装。

（1）顶升准备

顶升用的支承结构一般利用网架的永久性支承柱，或在原支点处或其附近设置临时顶升支架。顶升千斤顶可采用普通液压千斤顶或丝杠千斤顶，要求各千斤顶的行程和起重速度一致。网架多采用伞形柱帽的方式，在地面按原位整体拼装。由四根角钢组成的支承柱（临时支架）从腹杆间隙中穿过，在柱上设置缀板作为搁置横梁、千斤顶和球支座用。上、下临时缀板的间距根据千斤顶的尺寸、冲程、横梁等尺寸确定，应恰为千斤顶使用行程的整数倍，其标高偏差不得大于5mm，如用320kN普通液压千斤顶，缀板的间距为420mm，即顶一个循环的总高度为420mm，千斤顶分三次（150mm + 150mm + 120mm）顶升到该标高（图14-49）。

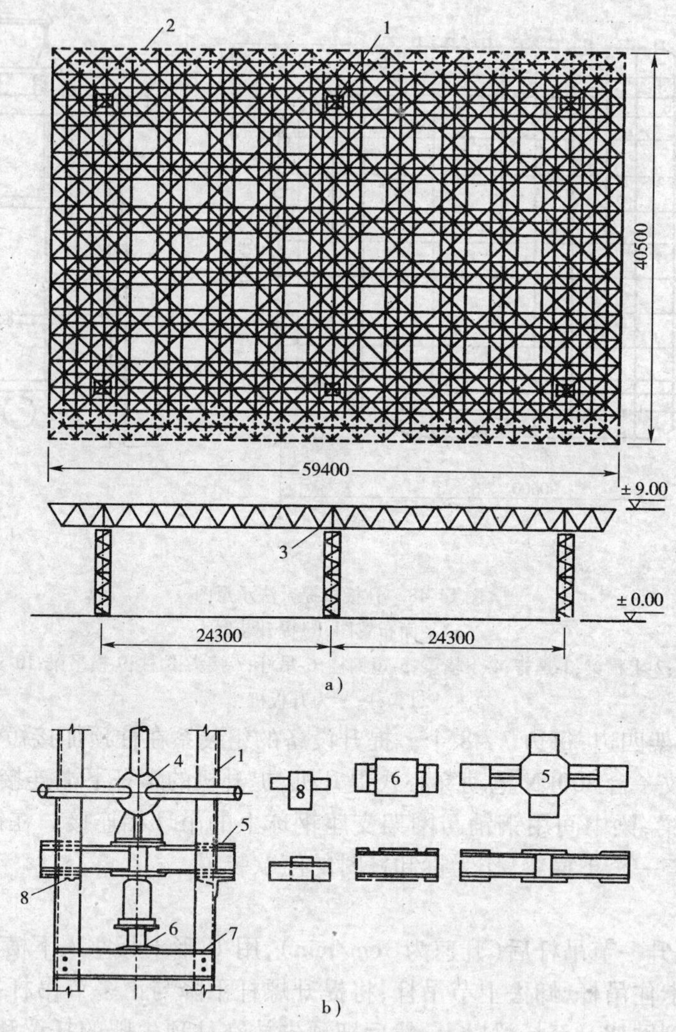

图14-49　某网架顶升施工图

a）结构平面及立面图；b）顶升装置及安装图

1-柱；2-网架；3-柱帽；4-球支座；5-十字梁；6-横梁；7-下缀板（16号槽钢）；8-上缀板

（2）顶升操作

顶升时，每一顶升循环工艺过程，如图14-50所示。顶升应做到同步，各顶升点的升差不得大于相邻两个顶升用的支承结构间距的 1/1000，且不大于 30mm，在一个支承结构上有两个或两个以上千斤顶时不大于 10mm。当发现网架偏移过大，可采用在千斤顶垫斜或有意造成反向升差逐步纠正。同时顶升过程中网架支座中心对柱基轴线的水平偏移值不得大于柱截面短边尺寸的 1/50 及柱高的 1/500，以免导致支承结构失稳。

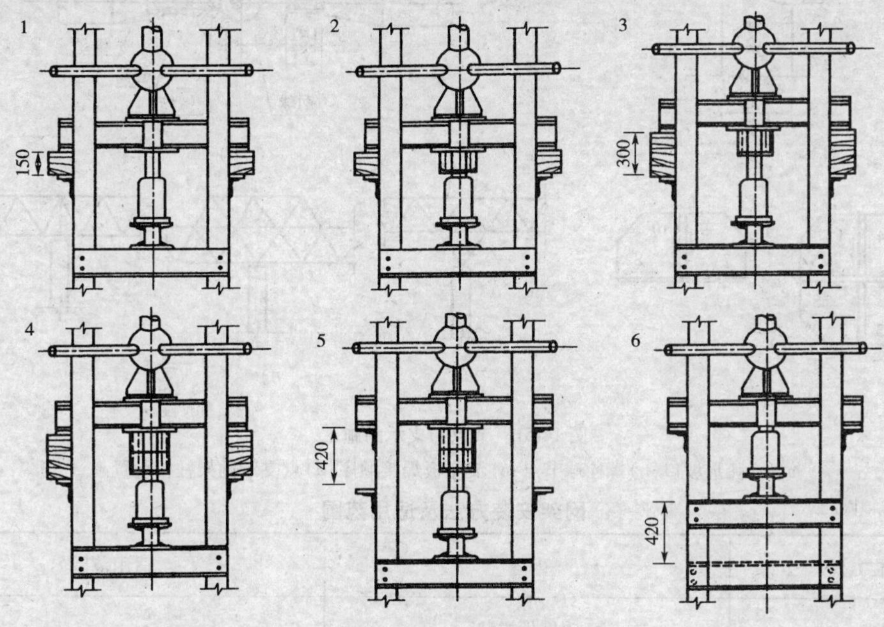

图 14-50 顶升过程图

1-顶升 150mm，两侧垫上方形垫块；2-回油，垫圆垫块；3-重复 1 过程；4-重复 2 过程；5-顶升 130mm，安装两侧上缀板；6-回油，下缀板升一级

(3)升差控制

顶升施工中同步控制主要是为了减少网架的偏移，其次才是为了避免引起过大的附加杆力。而提升法施工时，升差虽然也会造成网架的偏移，但其危害程度要比顶升法小。

顶升时网架的偏移值当达到需要纠正时，可采用千斤顶垫斜或人为造成反向升差逐步纠正，切不可操之过急，以免发生安全质量事故。由于网架的偏移是一种随机过程，纠偏时柱的柔度、弹性变形又给纠偏以干扰，因而纠偏的方向及尺寸并不完全符合主观要求，不能精确地纠偏。故顶升施工时应以预防网架偏移为主，顶升时必须严格控制升差并设置导轨。

(4)节点及支承的施工(图 14-51)

7. 网架安装方法及适用范围汇总表(表 14-16)

8. 钢网架安装质量控制

(1)钢网架安装基本规定

①钢网架结构安装应符合以下规定：

a)安装的测量校正、高强度螺栓安装、负温度下施工及焊接工艺等，应在安装前进行工艺试验或评定，并应在此基础上制订相应的施工工艺或方案；

b)安装偏差的检测，应在结构形成空间刚度单元并连接固定后进行；

c)安装时，必须控制屋里、楼面、平台等的施工荷载，施工荷载和冰雪荷载等严禁超过梁、桁架、楼面板、屋面板、平台铺板等的承载能力。

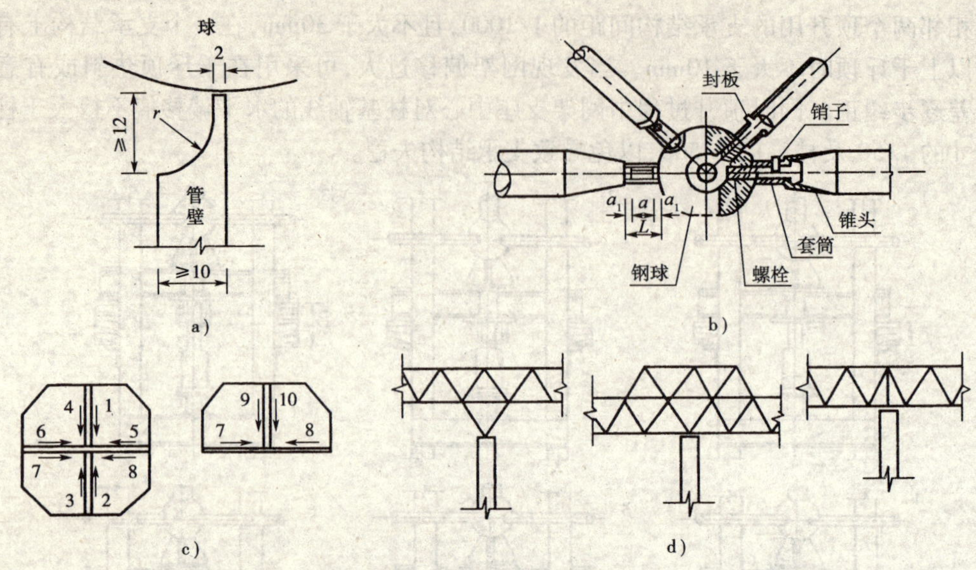

图 14-51　节点与支承的施工

a) 圆弧形坡口；b) 螺栓球节点；c) 节点板焊接顺序；d) 点支承网架柱帽设置

网架安装方法及适用范围　　表 14-16

安装方法	内容	适用范围
高空散装法	单杆件拼装	螺栓连接节点的各类型网架
	小拼单元拼装	
分条或分块安装法	条状单元组装	两向正交、正放四角锥、正放抽空四角锥等网架
	块状单元组装	
高空滑移法	单条滑移法	正放四角锥、正放抽空四角锥、两向正交正放等网架
	逐条积累滑移法	
整体吊装法	单机、多机吊装	各种类型网架
	单根、多根拔杆吊装	
整体提升法	利用拔杆提升	周边支承及多点支承网架
	利用结构提升	
整体顶升法	利用网架支撑柱作为顶升时的支撑结构	支点较少的多点支承网架
	在原支点处或其附近设置临时顶升支架	
备　　注	未注明连接节点构造的网架，指各类连接节点网架均适用	

②钢网架结构支座定位轴线的位置、支座锚栓的规格应符合设计要求。

③支撑面顶板的位置、标高、水平度以及支座锚栓位置的允许偏差应符合表 14-17 的规定。

支撑面顶板、支座锚栓位置的允许偏差(mm) 表 14-17

项目		允许偏差
支承面顶板	位置	15.0
	顶面标高	0 -3.0
	顶面水平度	$l/1000$
支座锚栓	中心偏移	±5.0

④支承垫块的种类、规格、摆放位置和朝向,必须符合设计要求和国家现行有关标准的规定。橡胶垫块与刚性垫块之间或不同类型刚性垫块之间不得互换使用。

⑤网架支座锚栓的紧固应符合设计要求。

⑥支座锚栓尺寸的允许偏差应符合表 14-18 的规定。支座锚栓的螺纹应受到保护。

地脚螺栓(锚栓)尺寸的允许偏差(mm) 表 14-18

项目	允许偏差
螺栓(锚栓)露出长度	+30.0 0.0
螺纹长度	+30.0 0.0

⑦对建筑结构安全等级为一级,跨度 40m 及以上的公共建筑钢网架结构,且设计有要求时,应按下列项目进行节点承载力试验,其结果应符合以下规定:

a)焊接球节点应按设计指定规格的球及其匹配的钢管焊接成试件,进行轴心拉、压承载力试验,其试验破坏荷载值大于或等于 1.6 倍设计承载力为合格。

b)螺栓球节点应按设计指定规格的球最大螺栓孔螺纹进行抗拉强度保证荷载试验,当达到螺栓的设计承载力时,螺孔、螺纹及封板仍完好无损为合格。

⑧钢网架结构总拼完成后及屋面工程完成后应分别测量其挠度值,且所测的挠度值不应超过相应设计值的 1.15 倍。

⑨钢网架结构安装完成后,其节点及杆件表面应干净,不应有明显的疤痕、泥沙和污垢。螺栓球节点应将所有接缝用油腻子填嵌严密,并应将多余螺孔封口。

⑩钢网架结构安装完成后,其安装的允许偏差应符合表 14-19 的规定。

钢网架结构安装的允许偏差 表 14-19

项目	允许偏差	检验方法
纵向、横向长度	$L/2000$,且不应大于 30.0 $-L/2000$,且不应大于 -30.0	用钢尺实测
支座中心偏移	$L/3000$,且不应大天 30.0	用钢尺和经纬仪实测
周边支承网架相邻支座高差	$L/400$,且不应大于 15.0	用钢尺和水准仪实测
支座最大高差	30.0	
多点支承网架相邻支座高差	$L_1/800$,且不应大于 30.0	

(2)钢网架安装质量控制要点

钢网架安装质量控制要点,见表 14-20。

表 14-20

项次	项 目	质 量 控 制 要 点
1	焊接球、螺栓球及焊接钢板等节点及杆件制作精度	(1)焊接球:半圆球宜用机床加工制作坡口。焊接后的成品球,其表面应光滑平整,不能有局部凸起或折皱。直径允许误差为 ±2ram;不圆度为 2mm;厚度不均匀度为 10%;对口错边量为 1mm。成品球以 200 个为一批(当不足 200 个时,也以一批处理),每批取两个进行抽样检验,如其中有 1 个不合格,则加倍取样,如其中又有 1 个不合格,则该批球为不合格品。 (2)螺栓球:毛坯不圆度的允许制作误差为 2mm,螺栓按 3 级精度加工,其检验标准按《钢网架螺栓球节点用高强度螺栓》(GB/T 16939)技术条件进行。 (3)焊接钢板节点的成品允许误差为 ±2ram;角度可用角度尺检查,其接触面应密合。 (4)焊接节点及螺栓球节点的钢管杆件制作成品长度允许误差为 ±1mm;锥头与钢管同轴度偏差不大于 0.2ram; (5)焊接钢板节点的型钢杆件制作成品长度允许误差为 ±2mm
2	钢管球节点焊缝收缩量	钢管球节点加套管时,每条焊缝收缩应为 1.5 ~ 3.5mm;不加套管时,每条焊缝收缩应为 1.0 ~ 2.0mm;焊接钢板节点,每个节点收缩量应为 2.0 ~ 3.0mm
3	管球焊接	(1)钢管壁厚 4.9mm 时,坡口不小于 45°为宜。由于局部未焊透,所以加强部位高度要大于或等于 3mm。 钢管壁厚不小于 10mm 时采用圆弧坡口,钝边不大于 2mm,单面焊接双面成型易焊透。 (2)焊工必须持有钢管定位位置焊接操作证。 (3)严格执行坡口焊接及圆弧形坡口焊接工艺。 (4)焊前清除焊接处污物。 (5)为保证焊缝质量,对于等强焊缝必须符合《钢结构工程施工质量验收规范》(GB 50205—2001)二级焊缝的质量,除进行外观检验外,对大中跨度钢管网架的拉杆与球的对接焊缝,应做无损探伤检验,其抽样数不少于焊口总数的 20%。钢管厚度大于 4mm 时,开坡口焊接,钢管与球壁之间必须留有 3 ~ 4mm 间隙,以便加衬管焊接时根部易焊透。但是加衬管办法给拼装带来很大麻烦。故一般在合拢杆件情况下,采用加衬管办法
4	焊接球节点的钢管布置	(1)在杆件端头加锥头(锥头比杆件细),另加肋焊于球上。 (2)将没有达到满应力的杆件的直径改小。 (3)两杆件距离不小于 10mm,否则开成马蹄形,两管间焊接时须在两管间加肋补强。 (4)凡遇有杆件相碰,必须与设计单位研究处理
5	螺栓球节点	(1)螺栓球节点的螺纹应按 6H 级精度加工,并符合国家标准的规定。球中心至螺孔端面距离偏差为 ±0.20mm,螺栓球螺孔角度允许偏差为 ±30′。 (2)钢管杆件成品是指钢管与锥头或封板的组合长度,其允许偏差值指组合偏差为 ±1mm。 (3)钢管杆件宜用机床、切管机、爬管机下料,也可用气割下料,其长度都应考虑杆件与锥头或封板焊接收缩量值。影响焊接收缩量的因素较多,如焊缝长度和厚度、气温的高低、焊接电流大小、焊接方法、焊接速度、焊接层次、焊工技术水平等,具体收缩值可通过试验和经验数值确定。 (4)拼装顺序应从一端向另一端,或者从中间向两边,以减少累积偏差;拼装工艺:先拼下弦杆,将下弦的标高和轴线校正后,全部拧紧螺栓定位。安装腹杆,必须使其下弦连接端的螺栓拧紧,如拧不紧,当周围螺栓都拧紧后,因锥头或封板孔较大,螺栓有可能偏斜,就难处理。连接上弦时,开始不能拧紧,如此循环部分网架拼装完成后,要检查螺栓,对松动螺栓,再复拧一次。 (5)螺栓球节点网架安装时,必须将高强度螺栓拧紧,螺栓拧进长度为该螺栓直径的 1 倍时,可以满足受力要求,按规定拧进长度为直径的 1.1 倍,并随时进行复拧。 (6)螺栓球与钢管特别是拉杆的连接,杆件在承受拉力后即变形,必然产生缝隙,在南方或沿海地区,水气有可能进入高强度螺栓或钢管中,易腐蚀,因此网架的屋盖系统安装后,再对网架各个接头用油腻子将所有空余螺孔及接缝处填嵌密实,补刷防腐漆两道
6	焊接顺序	(1)网架焊接顺序应为先焊下弦节点,使下弦收缩向上拱起,然后焊腹杆及上弦。焊接时应尽量避免形成封闭圈,否则焊接应力加大,产生变形。一般可采用循环焊接法。 (2)节点带盖板时,可用夹紧器夹紧后点焊定位再进行全面焊接

续上表

项次	项目	质量控制要点
7	拼装顺序	(1)大面积拼装一般采取从中间向两边或向四周顺序拼装,杆件有一端是自由端,能及时调整拼装尺寸,以减小焊接应力与变形。 (2)螺栓球节点总拼顺序一般从一边向另一边,或从中间向两边顺序进行。只有螺栓头与锥筒(封板)端部齐平时,才可以跳格拼装,其顺序为:下弦—斜杆—上弦
8	高空散装法标高	(1)采用控制屋脊线标高的方法拼装,一般从中间向两侧发展,以减小累积偏差和便于控制标高,使误差消除在边缘上。 (2)拼装支架应进行设计,对重要的或大型工程,还应进行试压,使其具有足够的强度和刚度,并满足单肢和整体稳定的要求。 (3)悬挑拼装时,由于网架单元不能承受自重,所以对网架要进行加固,即在网架拼装过程中必须是稳定的。支架承受荷载,必然产生沉降,就必须采取千斤顶随时进行调整,当调整无效时,应会同技术人员解决,否则影响拼装精度。支架总沉降量经验值应小于5mm
9	高空滑移法安装挠度	(1)适当增大网架杆件断面,以增强其刚度。 (2)拼装时增加网架施工起拱数值。 (3)大型网架安装时,中间应设置滑道,以减小网架跨度,增强其刚度。 (4)在拼接处可临时加反梁办法,或增设三层网架加强刚度。 (5)为避免滑移过程中,因杆件内力改变而影响挠度值,必须控制网架在滑移过程中的同步数值,其方法可采用在网架两端滑轨上标出尺寸,也可以利用自整角机代替标尺
10	整体顶升位移	(1)顶升同步值按千斤顶行程而定,并设专人指挥顶升速度。 (2)顶升点处的网架做法可做成上支承点或下支承点形式,并有足够的刚度,如图12-35所示。为增加柱子刚度,可在双肢柱间增加缀条。 (3)顶升点的布置距离,应通过计算,避免杆件受压失稳。 (4)顶升时,各顶点的允许高差值应满足以下要求: 1)相邻两个顶升支承结构间距的1/1000,且不大于30mm; 2)在一个顶升支承结构上,有两个或两个以上千斤顶时,为千斤顶间距的1/200,且不大于10mm。 (5)千斤顶合力与柱轴线位移允许值为5mm。千斤顶应保持垂直。 (6)顶升前及顶升过程中,网架支座中心对柱轴线的水平偏移值,不得大于截面短边尺寸的1/50及柱高的1/500。 (7)支承结构如柱子刚性较大,可不设导轨;如刚性较小,必须加设导轨。 (8)已发现位移,可以把千斤顶用楔片垫斜或人为造成反向升差,或将千斤顶平放水平支顶网架支座
11	整体提升柱的稳定性	(1)网架提升吊点要通过计算,尽量与设计受力情况相接近,避免杆件失稳;每个提升设备所受荷载尽量达到平衡;提升负荷能力,群顶或群机作业,按额定能力乘以折减系数,电力螺杆升板机为0.7~0.8,穿心式千斤顶为0.5~0.6。 (2)不同步的升差值对柱的稳定有很大影响,当用升板机时允许差值为相邻提升点距离的1/400,且不大于15mm;当用穿心式千斤顶时,为相邻提升点距离的1/250,且不大于25mm。 (3)提升设备放在柱顶或放在被提升重物上应尽量减少偏心距。 (4)网架提升过程中,为防止大风影响,造成柱倾覆,可在网架四角拉上缆风,平时放松,风力超过5级应停止提升,拉紧缆风绳。 (5)采用提升法施工时,下部结构应形成稳定的框架结构体系,即柱间设置水平支撑及垂直支撑,独立柱应根据提升受力情况进行验算。 (6)升网滑模提升速度应与混凝土强度相适应,混凝土强度等级必须达到C10级。 (7)不论采用何种整体提升方法,柱的稳定性都直接关系到施工安全,因此,必须做施工组织设计,并与设计人员共同对柱的稳定性进行验算

续上表

项次	项目	质量控制要点
12	整体安装空中移位	(1)由于网架是按使用阶段的荷载进行设计的,设计中一般难以准确计入施工荷载,所以施工之前应按吊装时的吊点和预先考虑的最大提升高度差,验算网架整体安装所需要的刚度,并据此确定施工措施或修改设计。 (2)要严格控制网架提升高差,尽量做到同步提升。提升高差允许值(指相邻两拔杆间或相邻两吊点组的合力点间相对高差),可取吊点间距的1/400,且不大于100mm,或通过验算而定。 (3)采用拔杆安装时,应使卷扬机型号、钢丝绳型号以及起升速度相同,并且使吊点钢丝绳相通,以达到吊点间杆件受力一致,采取多机抬吊安装时,应使起重机型号、起升速度相同,吊点间钢丝绳相通,以达到杆件受力一致。 (4)合理布置起重机械及拔杆。 (5)缆风地锚必须经过计算,缆风主初拉应力控制到60%,施工过程中应设专人检查。 (6)网架安装过程中,拔杆顶端偏斜不超过1/1000(拔杆高)且不大于30mm

14.3.7 钢塔桅结构安装

塔桅结构包括输电塔、无线电杆、电视桅杆、电视塔等,属高耸的工程构筑物,其特点是高度大、断面小,施工时应选择专门的机械设备和吊装方法进行安装。

桅杆和塔架在构造上有所不同,安装方法也各有不同。一般说来,桅杆都有较大的安装场地,而且重量轻、截面小、构造简单,所以安装也较为简单。塔架则不一定有足够的安装场地,而且截面大、构造较复杂,安装也较为困难。

塔桅结构常用的吊装方法有:分节分段的高空组装法、分件的高空拼装法和整体吊装法。高空拼装法和高空组装法均需利用爬行起重机,亦可利用附着式塔式起重机。

1. 高空组装法

高空组装法用于吊装截面宽度较小的桅杆,爬行起重机或爬行桅杆多支承于桅杆侧面的支柱上,将在地面上经过扩大拼装的节段吊升并逐节安装,同时爬行起重机或爬行桅杆亦随着桅杆的接高而向上爬升。

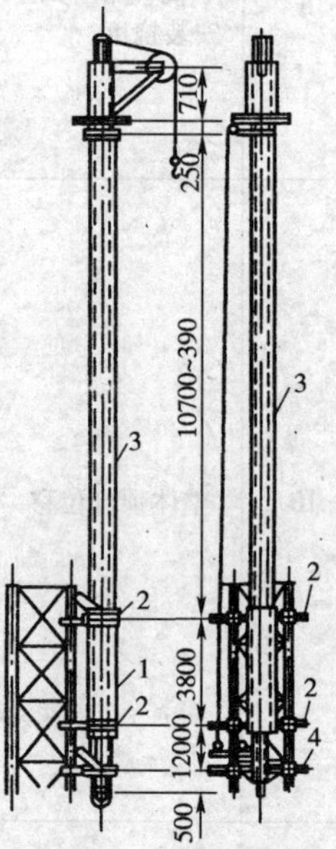

爬行起重机的构造如图14-52所示,由带有两个支座横杆的套管及可在套管内上下移动的起重杆组成。

图14-52　爬行起重机

1-套管;2-套管的横杆;3-起重杆;4-起重杆的横杆

起重杆上端有悬臂架,其上有滑轮组用以起吊桅杆节段,滑轮组的吊索通过起重杆中心而通向地面上的卷扬机。在套管与起重杆下部的三个横杆上分别装有6个钢箍与桅杆的支柱相连,以传递起重杆的重量和起重时产生的荷载。起重杆上端有两根撑杆,其作用和钢箍相似。当移动套管时,起重杆的全部重量由起重杆上部的两根撑杆和其下端横杆上的两个钢箍承担;当移动起重杆时,则全部重量由套管横杆上的钢箍承担。

爬行起重机的技术性能如表14-21所示。

施工时,先利用辅助桅杆将在地面上组装好的爬行起重机竖立起来(图14-53a),并用缆风绳将其固定,然后用其吊装最下面的两节钢桅杆(图14-53b)。当最下面的两节钢桅杆吊装完毕并用缆风绳固定后,就使爬行起重机爬上桅杆(图14-53c),将套管吊起并将其钢箍扣在桅杆第二节上,然后去掉爬行起重机的临时缆风绳,使起重杆上升,并将起重杆下端横杆上的钢箍扣在桅杆上。以上各节的桅杆即可用爬行起重机正常地进行吊装。

爬行起重机的技术性能　　表 14-21

指　标	单　位	$Q=2.0$t	$Q=4.0$t
起重量	t	2.0	4.0
吊钩伸出长度	m	0.95	1.25/1.5
起重速度	m/s	8.25 ~ 11.5	8.25 ~ 11.5
起重电动机功率	kW	7.0	7.0
起重机总重	t	4.47	6.65
金属结构重量	t	3.00	4.03

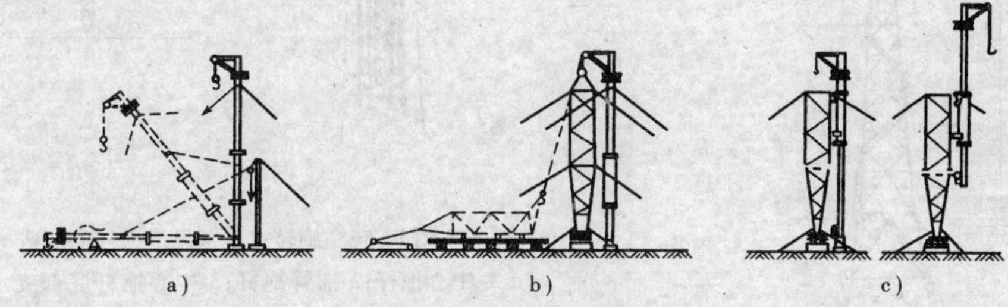

图 14-53　爬行起重机的竖立和爬升

a）竖立爬行起重机；b）吊装最下面两节桅杆；c）爬行起重机爬升

截面较小的钢桅杆亦可用爬行抱杆进行高空拼装（图 14-54）。爬行抱杆由起重抱杆和缆风绳组成。起重抱杆底部有铰链支座，安装于固定在钢桅杆上的悬臂支架上，起重抱杆可在一定范围内绕铰链转动。起重用卷扬机设在地面上，起重抱杆的四根缆风绳都通过地锚上的滑轮而固定于手动卷扬机上，以便起重抱杆上升或旋转时可以调整缆风绳长度。

图 14-54　爬行抱杆吊装桅杆

（图中 1、2、3、4 表示工作顺序）

当爬行抱杆吊装钢桅杆至其所能及的高度后，将吊钩绕过桅杆底部的滑轮，在固定于已安装桅杆的顶部，开动起重卷扬机，同时等速放松固定抱杆缆风绳的四个手动卷扬机，便可将爬行抱杆上升至新的位置。在新的位置上固定起重桅杆，再还原吊钩的位置，即可继续向上吊装钢桅杆。

爬行抱杆的起重量约 1.0 ~ 1.5t，起重桅杆长度一般为 13m 左右。

2. 高空拼装法

高空拼装法用于吊装截面宽度较大的桅杆和塔架结构，设备单一，工序简单，工效较高。

该法所用的吊装设备，多用爬行抱杆（亦称悬浮抱杆）。由于塔架的塔柱通常是倾斜的，塔架宽度上下不一致，所以吊装塔架不用固定在塔身外侧的爬行抱杆，而采用在塔身内部爬行的抱杆。此外，由于塔架的节段较大，不能像吊装小截面的抱杆那样可以整个节段吊装，而只能一个个构件进行吊装。在必要和可能时，为加快吊装速度，亦可以在地面上将数个构件组装成平面构架进行吊装。

500kV 镇江大跨越工程中的两座跨江高塔即按此法施工的，高塔为型钢组合结构，塔型如图 14-55 所示。

该高塔是利用一种旋转式多臂悬浮抱杆进行吊装的。该抱杆的构造如图 14-56 所示，中心抱杆长 60m，标准断面为 1.5m × 1.5m，两端 5m 长的顶部和根部的断面为 0.4m × 0.4m；四根摇臂抱杆长度为18m,断面为1.5m×0.4m。中心抱杆下端支承在4套钢索上,由上、中、下三套腰箍侧向支承中心抱杆。整套旋转式多臂悬浮抱杆可以利用滑轮组和卷扬机提升。

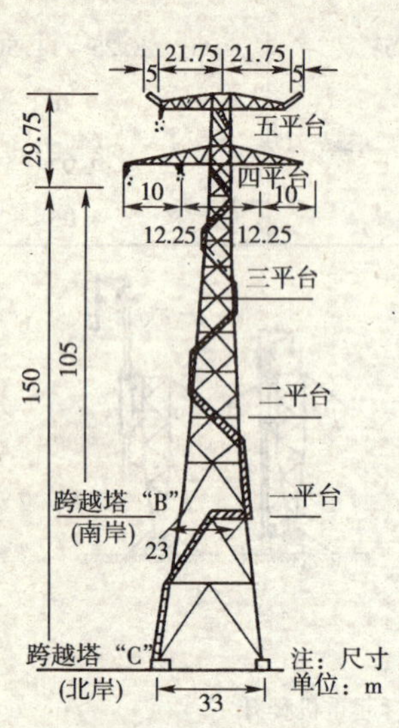

图14-55 跨江高塔型

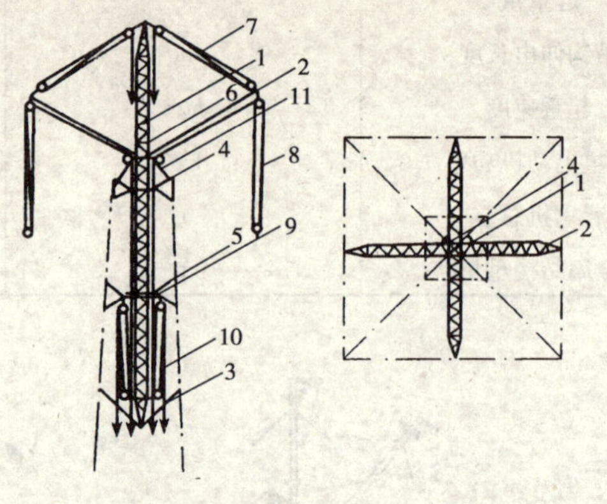

图14-56 旋转式多臂悬浮抱杆的构造

1-中心抱杆;2-摇臂抱杆;3-中心拖杆底部支承钢索;4-侧向支承中腰箍;5-侧向支承下腰箍;6-侧向支承上腰箍;7-摇臂调幅滑轮组;8-摇臂吊装滑轮组;9-抱杆提升支架;10-抱杆提升滑轮组;11-抱杆在塔内的拉索

中心抱杆利用吊车进行组装,先将抱杆下部两节和抱杆底座吊放到铁塔地面中心位置,用拉索临时固定,再将中、下腰箍套在中心抱杆上,然后继续吊装中心抱杆的上部各节,直至吊好上部节之后,再套上上腰箍,再安装中心抱杆的吊装用调幅滑轮组,最后用调幅滑轮组吊装摇臂抱杆。

旋转式多臂悬浮抱杆的提升过程如下:

提升前先将四个摇臂抱杆竖直,使起吊和调幅滑轮组的动滑轮、定滑轮碰头,将上腰箍提升到最高位置,将下腰箍和提升吊架提升到中腰箍下部,将中腰箍悬挂在摇臂支座下部。固定各道腰箍,使上、下两道腰箍的中心线与中心抱杆轴线重合(用两台经纬仪在两个方向观测校正)。松开抱杆上所有不受力的拉索和钢丝绳。

抱杆提升分两阶段,第一阶段以上腰箍及下腰箍作为中心抱杆提升时的侧向支承点,利用人推绞磨作为牵引力,使中心抱杆和中腰箍升高,当中心抱杆上的摇臂抱杆支座即将碰到上腰箍时第一阶段结束;然后将中腰箍支承拉索连于铁塔主肢上,松去上腰箍并搁放在摇臂抱杆支座上部,即可进行第二阶段提升(图14-57),提升到施工设计规定的吊装高度。

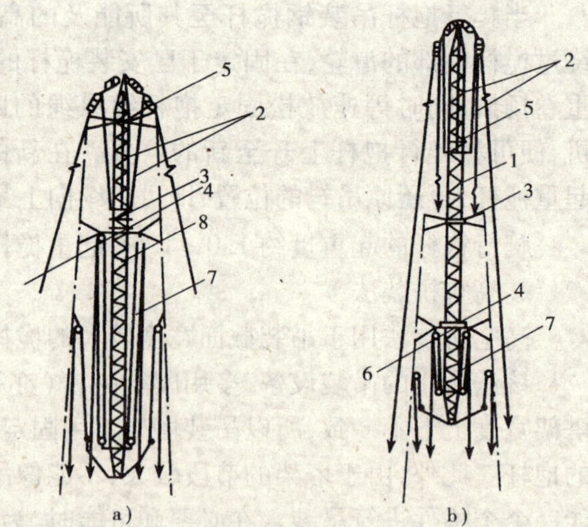

图14-57 旋转式多臂悬浮抱杆的提升

1-中心抱杆;2-支承钢索;3-侧向支承中腰箍;4-侧向支承下腰箍;5-侧向支承上腰箍;6-抱杆提升支架;7-抱杆提升滑轮组;8-抱杆在塔内自身拉线

该拔杆的中心抱杆能转动,摇臂抱杆能上、下变幅,因此能进行全方位的吊装。

该旋转式多臂悬浮抱杆,根据可能发生的10种工况逐一进行验算。验算时荷载系数取1.1；动力系数取1.2；并用单面起吊荷载进行强度和稳定性验算。对抱杆的强度和稳定性，按有顶端弯矩和两端作用有轴力的三跨连续梁进行吊装验算；按两端有顶端弯矩和轴向力的简支梁进行抱杆的提升验算。同时，对于铁塔本身亦根据各种工况进行内力分析，以确保吊装和提升的安全。

对于电视塔有时也可以利用其本身的天线杆作为爬行抱杆进行塔架的吊装，如江苏滨海电视塔是这样施工的。该天线杆为三段，上、中段为单根的16锰钢管，下段为宽2m的四边形构架。施工时用天线杆作为爬行抱杆，先用汽车式起重机在塔架中心架设好39m高的天线杆，用临时拉线固定，同时安装最下面的两层塔架，此后就利用天线杆上附设的起重设备，安装第三层以上的塔架，随着安装高度的增加，天线杆也逐节上升，同时在下面装好爬梯井道，待安装到顶端，天线杆就进行就位。

用高空拼装法安装塔架时，必须一个节间一个节间地进行。在一个节间内，先吊装塔柱，再吊装斜杆、横杆，然后吊装爬梯、横隔等。当一个节间内构件还没有全部吊装好以前，所有构件都只能进行临时固定而不能作永久固定，当一个节间的构件全部吊装好并经校正后，才能将各构件进行永久固定。

安装底面积较大的桅杆或塔架，亦可用履带式或起车式起重机安装其底部至一定高度，然后用悬浮抱杆分件安装上部。亦可用附着式塔式起重机分件或分段进行安装，塔式起重机附着在已安装好的桅杆或塔架上保持稳定。

3. 整体吊装法

塔桅结构的整体吊装法，就是在起吊前在地面上将整个结构拼装好，然后利用拔杆或人字拔杆，以临时铰支座为支点，通过卷扬机和滑轮组的启动将塔桅结构绕铰支座旋转而竖立起来。总高209.35m的上海第一个电视塔的下部154m高的一段，就是采用整体吊装法架设的。以该电视塔为例，整体吊装法的基本内容如图14-58所示。

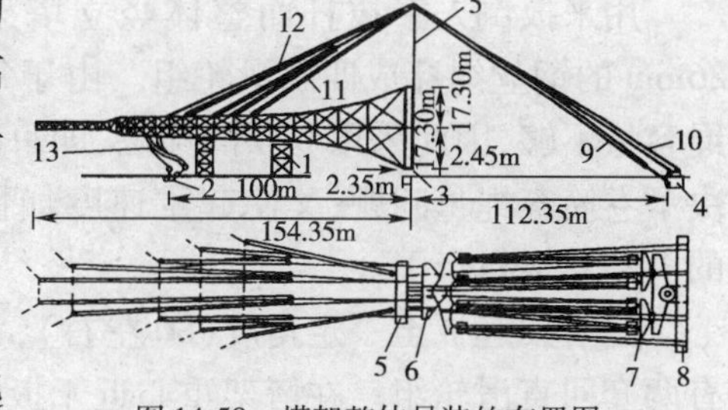

图14-58　塔架整体吊装的布置图

1-临时支架；2-副地锚；3-扳铰；4-主地锚；5-人字拔杆；6-上平衡装置（铁扁担）；7-下平衡装置；8-主地锚；9-后保险滑轮组；10-起重滑轮组；11-前保险滑轮组；12-吊点滑轮组；13-回直滑轮组

（1）塔架拼装

将运至工地的塔架构件在支架或垫木上拼装起来。因为这是永久性的拼装，所有的结构尺寸都必须经过校正，所有的安装螺栓或焊缝，都必须按要求拧紧或施焊完毕。

塔架起扳用的两只扳铰的同心度必须保证，为此，先立拼装底部的两节塔架，然后将其扳倒，再继续在地面上拼装塔架。这样既校核了两只扳铰的同心度，可以确保塔架正式起扳时顺利进行，还可以在扳倒二节塔架时将70m高的人字拔杆立起。

（2）竖立人字拔杆

人字拔杆是用来以倒杆翻转法整体吊装塔架用的。人字拔杆的自身稳定性较好，它的作用是架高滑轮组，增大起扳的作用力矩。起扳用人字拔杆的高度应不小于起扳塔架高度的1/3，所以选用其高度为70m，通过计算得知塔架起扳时人字拔杆的轴向力达4420kN，其断面为1.60m×1.60m，主肢角钢为∟200×16。为使人字拔杆底脚的摩擦力和水平推力能平衡一部分扳倒人字拔杆过程中塔架底脚的水平推力，将人字拔杆的两个底脚与塔底的两只扳铰及同心轴组合在一起，并把扳铰锚固在基础上，成为牢固的铰点。

为了减小人字扳杆的计算长度，增加其稳定性，将人字扳杆中部(34.60m 高度处)与塔底横杆以螺栓连接在一起。并在人字扳杆的前后都设置了保险滑轮组，以便在塔架起扳过程中控制人字扳杆顶端的水平位移。前保险滑轮组是以固定长度将人字扳杆顶端与塔架进行连接，以限制人字扳杆顶端的位移。后保险滑轮组以人字扳杆顶部四只单门滑轮从四副起重滑轮组中各引进两根钢索建立可变连接，以便在收紧起重滑轮组的过程中，可以同时收紧后保险滑轮组，以控制人字扳杆顶端的位移。

在起扳过程中，保证塔架旋转平面外的侧向稳定是很重要的。如果在塔架侧向拉保险缆索，则需要较大的场地。由于塔架的高宽比接近 8:1，与以往起扳塔式起重机的高宽比 9:1 相近，所以只要起扳索具的受力线与塔架中心线尽可能重合，与塔柱对称的两个吊点的滑轮组能均匀受力，8:1 的高宽比可以保证起扳时塔架的侧向稳定。为了保险起见，在设计扳铰与基础的连接时，考虑了塔架侧向的五级风载。

(3)确定吊点与布置滑轮组

塔架起扳时受力达 4020kN，共设 8 个吊点，每根塔柱上各设四个吊点。为保证吊点受力平衡，每根塔柱上四个吊点的滑轮组都互相串通，可以自行调节吊点滑轮组吊索的长度。

由于起扳索具设于人字扳杆顶部，起扳过程中人字扳杆顶部会产生位移，因此，吊索也会产生位移。为此，用 8 根直径 60.5mm 的长吊索通过人字扳杆的顶部，与起重滑轮组的铁扁担连接在一起。

整个起扳系统吊点多，又组合了多个滑轮组，为保证两根塔柱的各吊点受力均匀，除选择同步卷扬机外，还专门设置了 6、7 两组铰接的铁扁担。

用来扳倒人字扳杆而整体竖立塔架的起重滑轮组，起扳时受力 4320kN，用 72 根直径 26mm 的钢丝绳穿成四副滑轮组。由于每副滑轮组须绕 1800m 钢丝绳，一台卷扬机的卷筒绕绳容量不够，因此采用双联的穿法，即每副滑轮组的钢丝绳双出头进入两台卷扬机，这样既解决了卷筒容绳量问题，又使起重速度加快一倍。起重滑轮组锚固于主地锚上，由 8 台 100kN 的电动卷扬机牵引。

当塔架起扳至一定角度(80°左右)，为防止塔架因惯性作用突然自动立直而倾覆，所以设有两套回直滑轮组。在塔架重心近于扳铰铅垂平面时，必须在起重滑轮组的反向收紧回直滑轮组，直至起重滑轮组完全失效，慢慢放松回直滑轮组将塔架立直。

(4)设置地锚

对起重滑轮组和回直滑轮组均需设置地锚。主地锚受力 4320kN，副地锚受力 2010kN，均为箱形钢筋混凝土结构，用水和钢锭作为压重，设计的安全系数为 2。起扳时测得地锚的水平位移为 3mm，卸荷后的残余位移为 1mm。

(5)整体提升天线杆

天线杆处于塔身之上，位置较高，如采用爬行桅杆或其他爬行起重机进行分件高空拼装或分段高空组装，都有一定困难。因此，多采用整体吊装法，即从塔身内部整体进行提升。

某电视塔的天线杆长 53m，最大截面 1.5m×1.5m。天线杆在塔架内部组装，在塔架中心横隔孔道内提升，间隙约 30cm。由于天线杆重心较高，加上卷扬机不同步和侧向风载的作用，在提升过程中天线杆易产生摇摆。为此，增设了辅助钢架和滑道。

辅助钢架接在天线杆的下端(图 14-59)，它的主要作用是固定吊点，使天线杆能全部升出塔架，另外，还可降低天线杆的重心，使天线杆的提升稳定。辅助钢架是由起扳塔架用的人字扳杆改装的。在辅助钢架上设滑轮支座和滑轮。

为了使天线杆的提升稳定，在塔架的横隔孔道内设置了四条32m长的滑道，使天线杆整个的提升过程限制在滑道内。

天线杆和辅助钢架总重62t，为了其提升设置了四副起重能力各为32t的起重滑轮组，在方形断面的辅助钢架的每一边各设一副，相对的两副滑轮组共用一根钢丝绳，利用设置在地面上的两只导向滑轮加以串通。

至于天线设备的安装，能事先安装而不妨碍天线杆提升的，则事先安装好与天线杆一起提升。其余者，可以预先放在塔架顶端，在天线杆上升过程中逐个安装，也可以在天线杆安装完毕后，再用滑轮逐个吊升后进行安装。

电视塔天线杆的整体提升，除去上述增加辅助钢架用起重滑轮组和卷扬机的提升方法之外，还可以用更先进的液压爬升器和预应力钢绞线的方法。

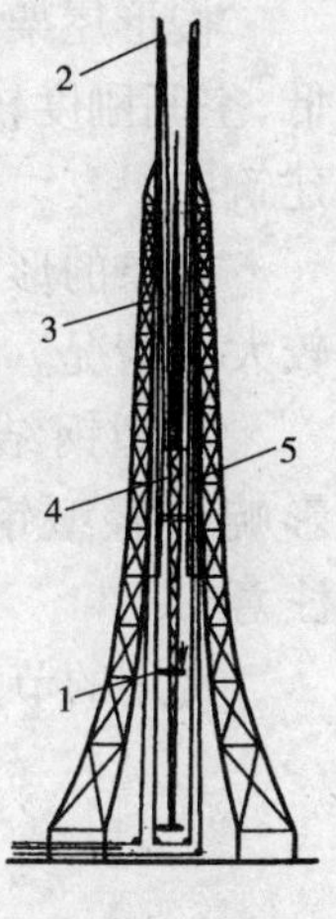

图14-59 整体提升天线杆

1-滑轮支座；2-提升滑轮组；3-天线杆；4-辅助钢架；5-滑道(32m长)

14.3.8 轻型钢结构安装

轻型钢结构主要指由圆钢、小角钢和冷弯薄壁型钢组成的结构。其适用于檩条、屋架、刚架、网架、施工用托架等。其优点是结构轻巧、制作和安装可用较简单的设备、节约钢材、减少基础造价。

轻型钢结构分为两类，一类是由圆钢和小角钢组成的轻型钢结构；另一类是由薄壁型钢组成的轻型钢结构。目前，后一类发展迅速，也是轻型钢结构发展的方向。

1. 圆钢、小角钢组成的轻钢结构

(1)结构形式和构造要求

这类轻钢结构主要是屋架、檩条和托架。

屋架的形式主要有：三角形屋架、三铰拱屋架和梭形屋架，见图14-60。

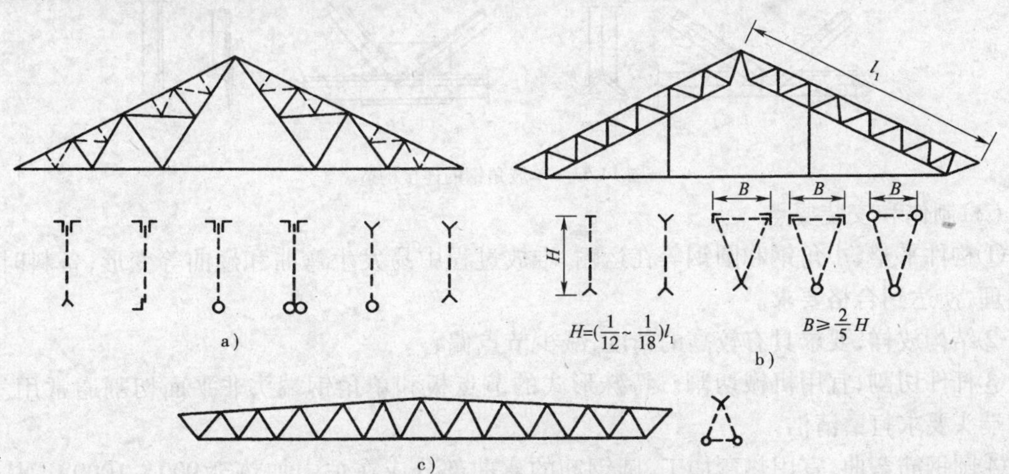

图14-60 由圆钢与小角钢组成的轻型钢屋架

a) 三角形屋架；b) 三铰拱屋架；c) 梭形屋架

三角形屋架用钢量较省，跨度9~18m时，用钢量为4~6kg/m^2，节点构造简单，制作、运输、安装方便，适用于跨度和吊车吨位不太大的中、小型工业建筑。

三铰拱屋架用钢量与三角形屋架相近，能充分利用圆钢和小角钢，但节点构造复杂，制作较费工，由于刚度较差，不宜用于有桥式吊车和跨度超过18m的工业建筑中。

梭形屋架是由角钢和圆钢组成的空间桁架，属于小坡度的无檩屋盖结构体系。截面重心低，空间刚度较好，但节点构造复杂，制作费工。多用于跨度9～15m、柱距3.0～4.2m的民用建筑中。

檩条的形式有实腹式、空腹式和桁架式等。桁架式檩条制作比较麻烦，宜用于荷载和檩距较大的情况。

轻型钢结构的桁架，应使杆件重心线在节点处汇交于一点，否则计算时应考虑偏心影响。轻型钢结构的杆件比较柔细，节点构造偏心对结构承载力影响较大，制作时应注意。

常用的节点构造可参考图14-61、图14-62、图14-63。

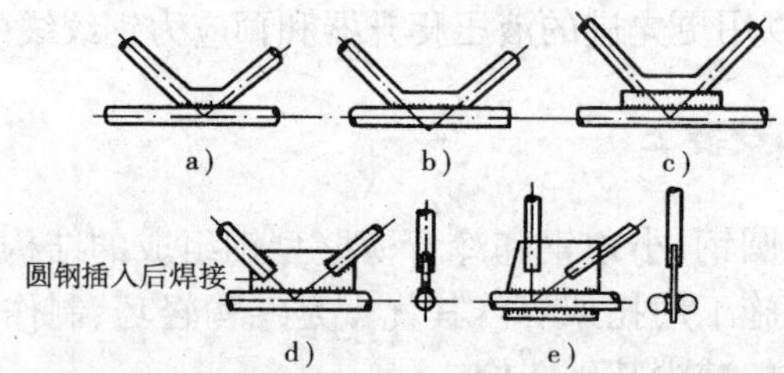

图14-61　圆钢和圆钢的连接构造

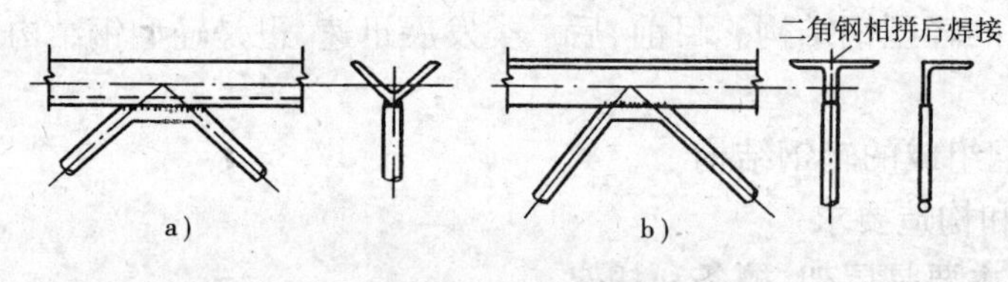

图14-62　圆钢与角钢的连接构造

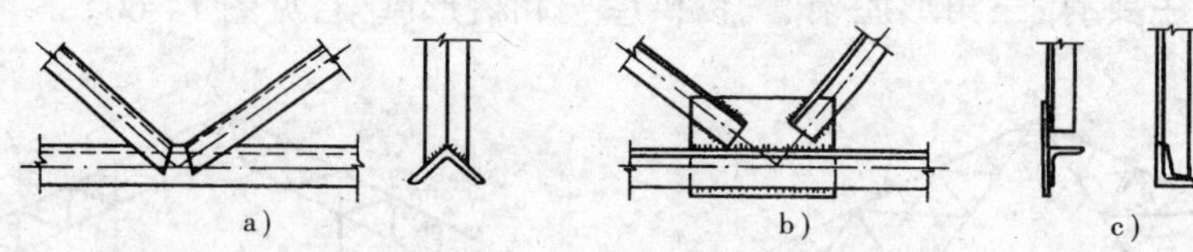

图14-63　单肢角钢的连接构造

（2）制作和安装要点

①构件平整，小角钢和圆钢等在运输、堆放过程中易发生弯曲和翘曲等变形，备料时应平直整理，使达到合格要求。

②结构放样，要求具有较高的精度，减少节点偏心。

③杆件切割，宜用机械切割。特殊形式的节点板和单角钢端头非平面切割通常用气割。气割端头要求打磨清洁。

④圆钢筋弯曲，宜用热弯加工，圆钢筋的弯曲部分应在炉中加热至900～1000℃，从炉中取出锻打成型，也可用烘枪（氧炔焰）烘烤至上述温度后锻打成型。弯曲的钢筋腹杆（蛇形钢筋）通常以两节以上为一个加工单件，但也不宜太长，太长弯成的构件不易平整，太短会增加节点焊缝。小直径圆钢有时也用冷弯加工；较大直径的圆钢若用冷弯加工，曲率半径不能过小，否则会影响结构精度，并增加结构偏心。

⑤结构装配，宜用胎模以保证结构精度，杆件截面有三根杆件的空间结构（如棱形桁架），可先装配成单片平面结构，然后用装配点焊进行组合。

⑥结构焊接,宜用小直径焊条(2.5~3.5mm)和较小电流进行。为防止发生未焊透和咬肉等缺陷,对用相同电流强度焊接的焊缝可同时焊完,然后调整电流强度焊另一种焊缝。用直流电机焊接时,宜用反极连接(即被焊构件接负极)。对焊缝不多的节点,应一次施焊完毕,中途停熄后再焊易发生缺陷,焊接次序宜由中央向两侧对称施焊。对于檩条等小构件,可用固定夹具,以保证结构的几何尺寸。

⑦安装要求,屋盖系统的安装顺序一般是屋架、屋架间垂直支撑、檩条、檩条拉条屋架间水平支撑。檩条的拉条可增加屋面刚度,并传递部分屋面荷载,应先予张紧,但不能张拉过紧而使檩条侧向变形。屋架上弦水平支撑通常用圆钢筋,应在屋架与檩条安装完毕后拉紧。这类柔性支撑只有张紧才对增强屋盖刚度起作用。施工时,还应注意施工荷载不要超过设计规定。

2. 冷弯薄壁型钢组成的轻钢结构

冷弯薄壁型钢是指厚度2~6mm的钢板或带钢经冷弯或冷拔等方式弯曲而成的型钢,其截面形状分开口和闭口两类。钢厂生产的闭口截面是圆管和矩形截面,是冷弯的开口截面,用高频焊焊接而成。

冷弯薄壁型钢可用来制作檩条、屋架、刚架等轻型钢结构,能有效地节约钢材,制作、运输和安装亦较方便。目前,在单层钢结构中应用日趋广泛。

(1)冷弯薄壁型钢的成型

薄壁型钢的材质采用普通碳素钢时,应满足《普通碳素结构钢技术条件》规定的Q235钢的要求;采用Q345时,应满足《低合金结构钢技术条件》规定的Q345要求。目前,国产带钢中,普通碳素钢有些是乙类钢,乙类钢仅用于非承重构件,制作承重结构时应补做试验,合格后方能应用。

钢结构制造厂进行薄壁型钢成型时,钢板或带钢等一般用剪切机下料,辊压机整平,用边缘刨床刨平边缘。薄壁型钢的成型多用冷压成型,厚度为1~2mm的薄钢板也可用弯板机冷弯成型。

冷弯薄壁型钢的冷加工成型过程如图14-64所示。

(2)冷弯薄壁型钢的放样、号料和切割

薄壁型钢结构的放样与一般钢结构相同。常用的薄壁型钢屋架,不论用圆钢管或方钢管,其节点多不用节点板,构造都比普通钢结构要求高,因此,放样和号料应具有足够的精度。常用的节点构造如图14-65所示。

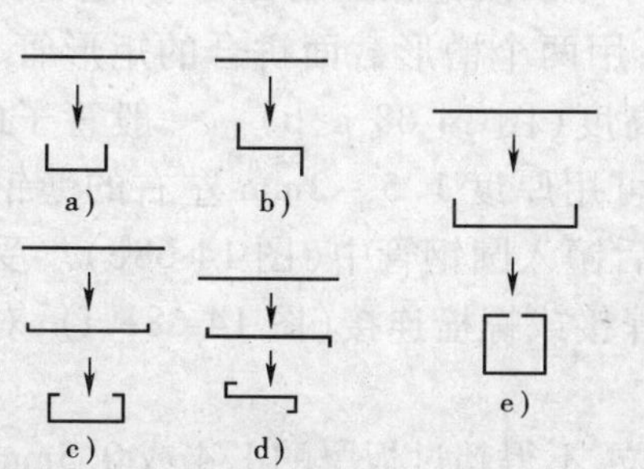
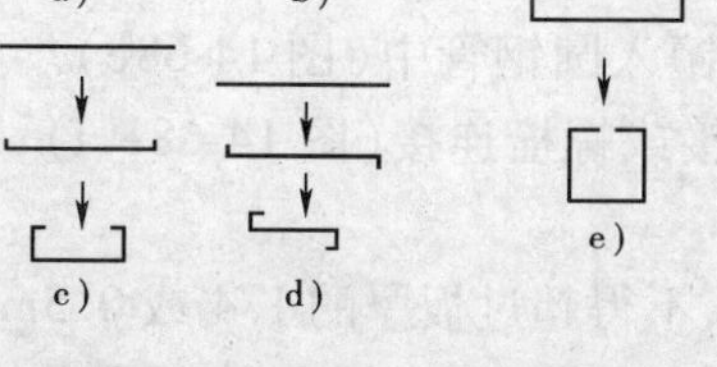

图14-64 冷弯薄壁型钢的冷加工成型

图14-65 薄壁型钢屋架常用节点构造

矩形和圆形管端部的划线,可先制成斜切的样板,直接覆盖在杆件上进行划线。圆钢管端部有弧形断口时,最好用展开的方法放样制成样板。小圆管也可用硬纸板按管径和角度逐步凑出近似的弧线,然后覆于圆管上划线。

薄壁型钢号料时，规范规定不允许在非切割构件表面打凿子印和钢印，以免削弱截面。

切割薄壁型钢最好用摩擦锯，效率高，锯口平整。如无摩擦锯，可用氧乙炔焰切割。要求用小口径喷嘴，切割后用砂轮、风铲整修，清除毛刺、熔渣等。

(3)冷弯薄壁型钢结构的装配和焊接

冷弯薄壁型钢屋架的装配一般用一次装配法，其装配过程见图14-66。装配平台(图14-67)必须稳固，使构件重心线在同一水平面上，高差不大于3mm。装配时一般先拼弦杆，保证其位置正确，使弦杆与檩条、支撑连接处的位置正确。腹杆在节点上可略有偏差，但在构件表面的中心线不宜超过3mm。杆件搭接和对接时的错缝或错位，均不得大于0.5mm。三角形屋架由三个运输单元组成时，应注意三个单元间连接螺孔位置的正确，以免安装时连接困难。为此，可先把下弦中间一段运输单元固定在胎模的小型钢支架上，随后进行其左右两个半榀屋架的装配。连接左右两个半榀屋架的屋脊节点也应采取措施保证螺孔位置正确。规范规定，连接孔中心线的误差不得大于1.5mm。

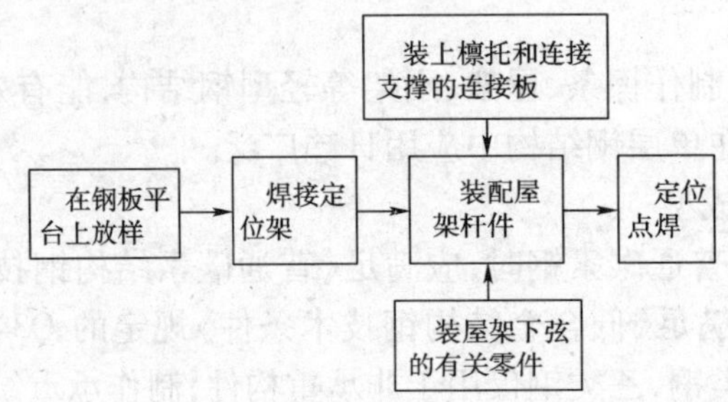

图14-66　薄壁型钢屋架的装配过程

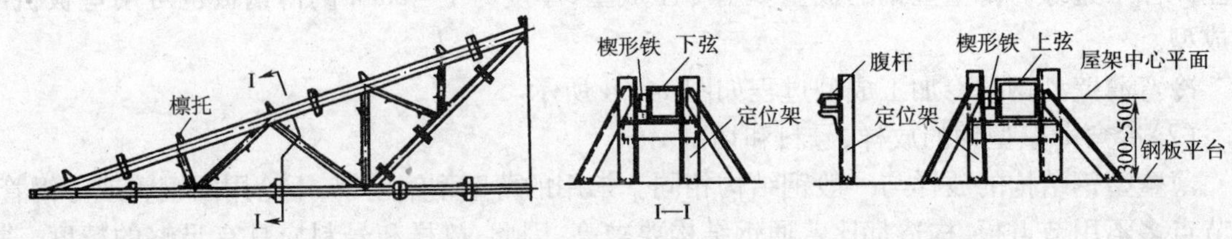

图14-67　拼装平台

为减少冷弯薄壁型钢焊接接头的焊接变形，杆端顶接缝隙控制在1mm左右。薄壁型钢的工厂接头，开口截面可采用双面焊的对接接头；用两个槽形截面拼合的矩形管，横缝可用双面焊，纵缝用单面焊，并使横缝错开2倍截面高度(图14-68 a、b)。一般管子的接头，受拉杆最好用有衬垫的单面焊，对接缝接头，衬垫可用厚度1.5~2mm左右的薄钢板或薄钢管。圆管也可用于同直径的圆管接头，纵向切开后镶入圆钢管中(图14-68c)。受压杆允许用隔板连接(图14-68d)。杆件的工地连接可用焊接或螺栓连接(图14-68e、f)，对受拉杆件的焊接质量，应特别注意。

薄壁杆件装配点焊应严格控制壁厚方向的错位，不得超过板厚的1/4或0.5mm。

薄壁型钢结构的焊接，应严格控制质量。焊前应熟悉焊接工艺、焊接程序和技术措施，如缺乏经验可通过试验以确定焊接参数，一般可参考表14-22。

为保证焊接质量，对薄壁截面焊接处附近的铁锈、污垢和积水要清除干净，焊条应烘干，并不得在非焊缝处的构件表面起弧或灭弧。

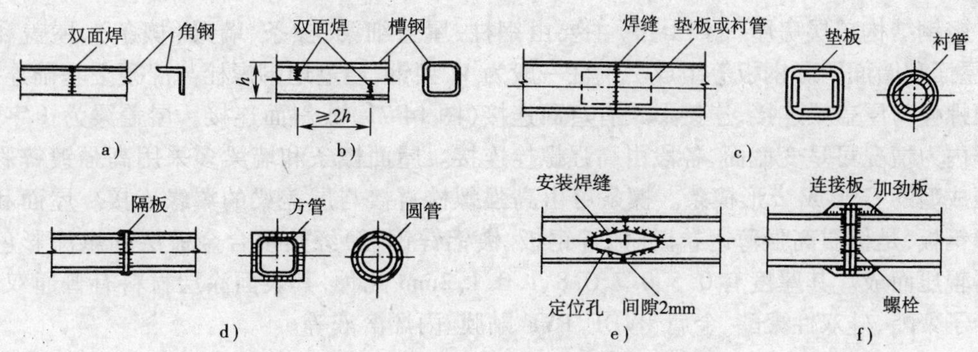

图 14-68　冷弯薄壁型钢的焊接接头

薄壁型钢屋架节点的焊接，常因装配间隙不均匀而使一次焊成的焊缝质量较差，故可采用两层焊，尤其对冷弯型钢，因弯角附近的冷加工变形较大，焊后热影响区的塑性差，对主要受力节点宜用两层焊，先焊第一层，待冷却后再焊第二层，不使过热，以提高焊缝质量。

表 14-22

名称	钢板厚度（mm）	焊条直径（mm）	电流强度（A）	名称	钢板厚度（mm）	焊条直径（mm）	电流强度（A）
对接焊缝	1.5～2.0 2.5～3.5 4～5	2.5 3.2 4	60～100 110～140 160～200	贴角焊缝	1.5～2.0 2.5～3.5 4～5	2.5～3.2 3.2 4	80～140 120～170 160～220

注：①表中电流是按平焊考虑的，对于立焊、横焊和仰焊时的电流可比表中数字减小10%左右；

②焊接16锰钢时，电流要减小10%～15%左右；

③不同厚度钢板焊接时，电流强度按较薄的钢板选择。

（4）冷弯薄壁型钢构件矫正

薄壁型钢和其结构在运输和堆放时应轻吊轻放，尽量减少局部变形。规范规定，薄壁方管的 $\delta/b \leqslant 0.01$，b 为局部变形的量测标距，取变形所在的截面宽度，δ 为纵向量测的变形值（图 14-69）。如超过此值，对杆件的承载力会有明显影响，且局部变形的矫正也困难。

采用撑直机或锤击调直型钢或成品整理时，也要防止局部变形。整理时最好逐步顶撑调直，接触处应设垫模，最好在型钢弯角处加力。如用锤击方法整理，注意设锤垫。成品用火焰矫正时，不宜浇水冷却。构件和杆件矫直后，挠曲矢高不应超过 $l/1000$，且不得大于 10mm。

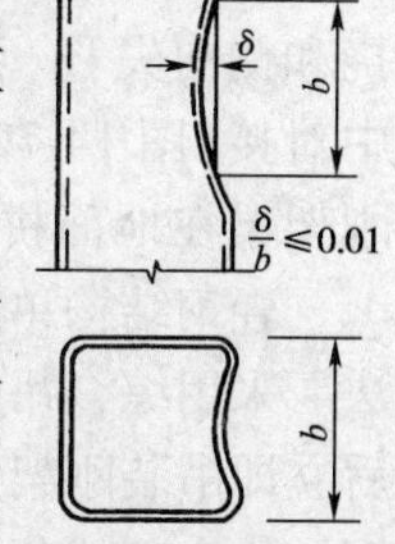

图 14-69　局部变形

（5）冷弯薄壁型钢结构安装

冷弯薄壁型钢结构安装前要检查和校正构件相互之间的关系尺寸、标高和构件本身安装孔的关系尺寸。检查构件的局部变形，如发现问题，在地面预先矫正或妥善解决。

吊装时要采取适当措施防止产生过大的弯扭变形，应垫好吊索与构件的接触部位，以免损伤构件。

不宜利用已安装就位的冷弯薄壁型钢构件起吊其他重物，以免引起局部变形，不得在主要受力部位加焊其他物件。

安装屋面板之前，应采取措施保证拉条拉紧和檩条的正确位置，檩条的扭角不得大于3°。

下面介绍钢架结构的轻钢结构单层房屋的安装，这种结构目前应用广泛，单层厂房、仓库等多用之。

轻钢结构单层房屋(图14-70)主要由钢柱、屋盖细梁、檩条、墙梁(檩条)、屋盖和柱间支撑、屋面和墙面的彩钢板等组成。钢柱一般为H型钢,通过地脚螺栓与混凝土基础连接,通过高强螺栓与屋盖梁连接,连接形式有直面连接(图14-71)或斜面连接。屋盖梁为I字形截面,根据内力情况可呈变截面,各段由高强螺栓连接。屋面檩条和墙梁多采用高强镀锌彩色钢板辊压成型的C形或Z形檩条。檩条可由高强螺栓直接与屋盖梁的翼缘连接。屋面和墙面多用彩钢板,是优质高强薄钢卷板(镀锌钢板、镀铝锌钢板)经热浸合金镀层和烘涂彩色涂层经机器辊压而成。其厚度有0.5、0.7、0.8、1.0、1.2mm几种,其表面涂层材料有普通双性聚酯、高分子聚酯、硅双性聚酯、金属PVDF、PVF贴膜、丙烯溶液等。

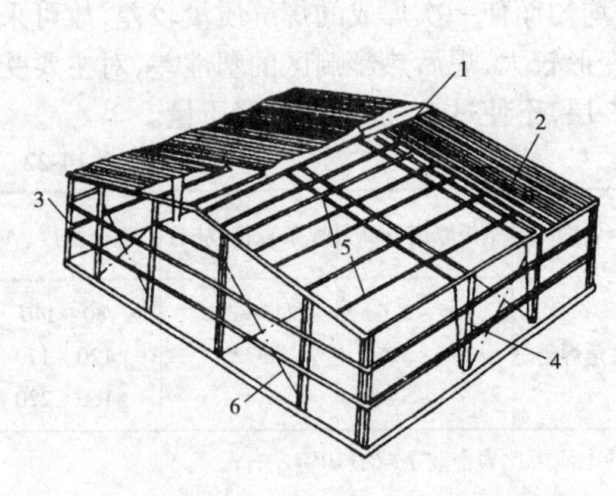

图14-70　轻钢结构单层房屋构造示意图

1-屋脊盖板;2-彩色屋面板;3-墙筋;4-钢刚架;5- C形檩条;6-钢支撑

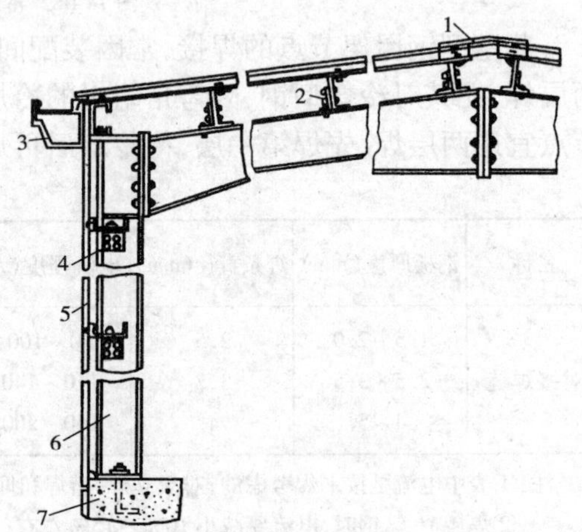

图14-71　轻钢构件连接图

1-屋脊盖板;2-檩条;3-天沟;4-墙筋托板;5-墙面板;6-钢柱;7-基础

安装前与普通钢结构一样,亦需对基础的轴线、标高、地脚螺栓位置及构件尺寸偏差等进行检查。

轻钢结构单层房屋由于构件自重轻,安装高度不大,多利用自行式(履带式、汽车式)起重机安装。刚架梁如跨度大、稳定性差,为防止吊装时出现下挠和侧向失稳,可将刚架梁分成两段,一次吊装半榀,在空中对接(图14-72)。在有支撑的跨间,亦可将相邻两个半榀刚架梁在地面拼装成刚性单元,进行一次吊装。

轻钢结构单层房屋安装,可采用综合吊装法或个件吊装法。采用综合吊装法时,先吊装一个节间的钢柱,经校正固定后立即吊装刚架梁和檩条等。屋面彩钢板由于重量轻可在轻钢结构全部或部分安装完成后进行。

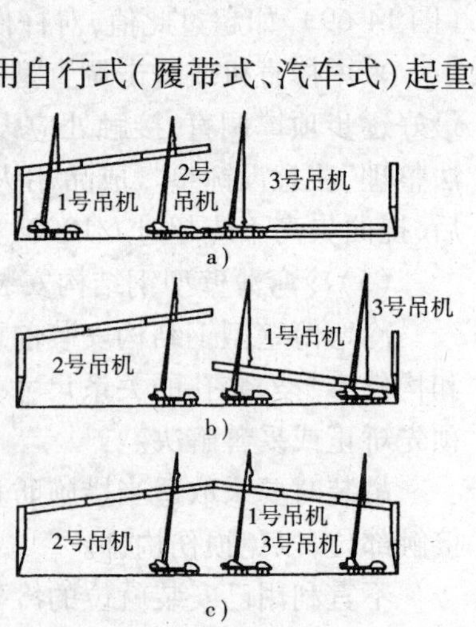

图14-72　刚架梁吊装过程

(6)冷弯薄壁型钢结构防腐蚀

防腐蚀是冷弯薄壁型钢加工中的重要环节,它影响结构的维修和使用年限。事实证明,如制造时除锈彻底、底漆质量好,一般的厂房冷弯薄壁型钢结构可8~10年维修一次,与普通钢结构相同;否则,容易腐蚀,并影响结构的耐久性。闭口截面构件经焊接封闭后,其内壁可不做防腐处理。

冷弯薄壁型钢结构必须进行表面处理,要求彻底清除铁锈、污垢及其他附着物。

喷砂、喷丸除锈，应除至露出金属灰白色为止，并应注意喷匀，不得有局部黄色存在。

酸洗除锈，应除至钢材表面全部呈铁灰色为止，并应清除干净，保证钢材表面无残余酸液存在，酸洗后宜做磷化处理或涂磷化底漆。

手工或半机械化除锈，应除至露出钢材表面为止。

①冷弯薄壁型钢结构，应根据具体情况选用相适应的防护措施：

a）金属保护层

表面合金化镀锌、镀锌等。

b）防腐涂料

无侵蚀性或弱侵蚀性条件下，可采用油性漆、酚醛漆或醇酸漆。中等侵蚀性条件下，宜采用环氧漆、环氧酯漆、过氯乙烯漆、氯化橡胶漆或氯醋漆。防腐涂料的底漆和面漆应相互配套。

c）复合保护

用镀锌钢板制作的构件，涂漆前应进行除油、磷化、纯化处理（或除油后涂磷化底漆）。表面合金化镀锌钢板、镀锌钢板（如压型钢板、瓦楞铁等）的表面不宜涂红丹防锈漆、宜涂 H06—2 锌黄环氧酯底漆（或其他专用涂料）进行维护。防腐涂料底、面漆配套及漆膜厚度参见表 14-23 和表 14-24。

防腐涂料底、面漆配套及维护年限 表 14-23

侵蚀作用类别		表面处理	涂料类别	底面漆配套涂料						维护年限（年）
				底漆	道数	膜厚（μm）	面漆	道数	膜厚（μm）	
室内	无侵蚀性弱侵蚀性	喷砂（丸）除锈，酸洗除锈，手工或半机械化除锈	第一类	Y53—31 红丹油性防锈漆	2	60				15～20
				Y53—32 铁红油性防锈漆	2	60				
				F53—31 红丹酚醛防锈漆	2	60	C04—2 各色醇酸磁漆	2	60	10～15
室外	弱侵蚀性			F53—33 铁红酚醛防锈漆	2	60	C04—45 灰醇酸磁漆	2	60	
				C53—31 红丹醇酸防锈漆	2	60	C04—5 灰云铁醇酸磁漆	2	60	
				C06—1 铁红醇酸底漆	2	60				8～10
				F53—40 云铁醇酸防锈漆	2	60				
室内	中等侵蚀性	酸洗磷化处理。喷砂（丸）除锈	第二类	H06—2 铁红环氧酯底漆	2	60	灰醇酸改性过氯乙烯、磁漆	2	60	10～15
				铁红环氧酸性 M 树脂底漆	2	60	灰醇酸改性氯化橡胶磁漆	2	60	
室外							醇酸改性氯醋磁漆	2	60	5～7
				H53—30 云铁环氧酯底漆	2	60	聚氨酯改性氯醋磁漆	2	60	

注：表中所列第一类或第二类中任何一种底漆可和同一类别中的任一种面漆配套使用。

②冷弯薄壁型钢结构的防腐处理应符合下列要求：

a）钢材表面处理后应及时涂刷防腐涂料，以免再度生锈；

b）当防腐涂料采用红丹防锈漆和环氧底漆时，安装焊缝部位两侧附近不涂；

c）冷弯薄壁型钢结构安装就位后，应对在运输、吊装过程中漆膜脱落部位以及安装焊缝两侧未涂油漆的部位补涂油漆，使之不低于相邻部位的防护等级；

d）冷弯薄壁型钢结构与钢筋混凝土或钢丝网水泥构件直接接触的部位，应采取适当措施，不使油漆变质；

e)可能淋雨或积水的构件中的节点板类缝等不易再次油漆维护的部位，均应采取适当措施密封。

冷弯薄壁型钢结构在使用期间，应定期进行检查与维护，维护年限可根据结构的使用条件、表面处理方法、涂料品种及漆膜厚度分别参照表14-23采用。

③冷弯薄壁型钢结构的维护，应符合下述要求：

a)当涂层表面开始出现锈斑或局部脱漆时，即应重新涂装，不应到漆膜大面积劣化、返锈时才进行维护；

b)重新涂装前应进行表面处理，彻底清除结构表面的积灰、污垢、铁锈及其他附着物，除锈后应立即涂漆维护；

c)重新涂装时亦应采用相应的配套涂料；

d)重新涂装的涂层质量应符合国家现行的《钢结构工程施工质量验收规范》的规定。

镀锌钢板底、面漆配套 表14-24

侵蚀作用类别	表面处理	涂料类别	底面漆配套涂料					
			底漆	道数	膜厚(μm)	面漆	道数	膜厚(μm)
无侵蚀性和弱侵蚀性	磷化底漆	第一类	F53—34 锌黄酚醛防锈漆	2	60	C04—2 各色醇酸磁漆	2	60
						C04—42 各色醇酸磁漆	2	60
						C43—31 醇酸船壳漆	2	60
			C53—33 锌黄醇酸防锈漆	2	60	同上	同上	同上
			G06—4 锌黄过氯乙烯底漆	2	60	G04—2 各色过氯乙烯磁漆	2	60
						G04—9 各色过氯乙烯外用磁漆	2	60
						G52—31 各色过氯乙烯防腐漆	2	60
			H06—2 锌黄环氧酯底漆	2	60	C04—2 各色醇酸磁漆	2	60
						C04—42 各色醇酸磁漆	2	60
						G04—2 各色过氯乙烯磁漆	2	60
						G04—9 各色过氯乙烯外用磁漆	2	60
						G52—31 各色过氯乙烯防腐漆	2	60
中等侵蚀性	直接涂装	第二类	铁红环氧改性M树脂底漆(EM)①	2	60	B113 丙烯酸磁漆	2	60
						B04—6 丙烯酸磁漆	2	60
						S-10—1 丙烯酸磁漆	2	60
						醇酸改性氯化橡胶磁漆	2	60

注：①该底漆可直接涂装合金铝板。

14.3.9 张力膜结构施工安装

1. 材料

(1)膜材料

目前用于张力膜结构的膜材料有两大类：

一类为玻璃纤维织物聚四氟乙烯涂层(一般称 FIFE 膜材)，使用年限长，价格高，国内很少采用；另一类为高强聚酯纤维织物 PVC 涂层(一般称 PVC 膜材)，使用年限相对较短，价格适宜，国内较多采用。此类材料特性须满足：低弹高强聚酯纤维织物双面 PVC 涂层；长期受力状态下基本不产生徐变;抗拉强度(经向/纬向):大于4000/4000N/5cm;重量:大于950g/m^2;厚度:大于0.8mm;白色透光料透光率:10%~20%;覆防污自洁涂层:Tedlar或100%PVDF;阻燃:B1级;耐腐蚀;抗静电;适应温度范围:-30~70℃;水密性、气密性好;寿命不少于15年。

表14-25~14-27为三种常用PVC材料性能。

德国产 VALMEX FR-1000KL 膜材料 表14-25

基　料	高强聚酯纤维 1670 DTEX
涂层	双面 PVC
表面涂覆	双面100%PVDF
重量	1200g/m^2
厚度	0.9mm
抗拉强度(经/纬)	6000/5500N/5cm
舌裂强度(经/纬)	1000N/5cm
粘合度	>125N/5cm
阻燃	B1 级
适用环境温度	-40~70℃
使用寿命	15 年
幅宽	204cm

法国产 FERRARI 1202T 膜材料 表14-26

基　料	高强聚酯纤维 1100/1670 DTEX
涂层	双面 PVC
涂层厚度	270μm
表面涂覆	外侧100%PVDF
重量	1050g/m^2
厚度	0.8mm
抗拉强度(经/纬)	5600/5600N/5cm
舌裂强度(经/纬)	800/650N/5cm
粘合度	>120N/5cm
阻燃	B1 级
适用环境温度	-30~70℃
使用寿命	>15 年
幅宽	178cm
透光率	15%
质量认证	ISO 9002

美国产 SHELTER RITE 8028 膜材料 表14-27

基　料	高强聚酯纤维 1670 DTEX
涂层	双面 PVC
表面涂覆	外侧 Tedlar
重量	950g/m^2
厚度	0.8mm
抗拉强度(经向/纬向)	4600/4600N/5cm
舌裂强度(经向/纬向)	1250/1250N/5cm
粘合度	>90N/5cm
阻燃	B1 级
适用环境温度	-40~70℃
使用寿命	15 年
幅宽	142.24cm

表14-28介绍了两种PVC材料的透光和传热性能。

PVC材料的透光和传热性能　　表14-28

性能 \ 品牌型号		FERRARI 1302	SHELTER RITE 9032
重量(g/m^2)		1350	1090
抗拉强度(经向/纬向)(N/5cm)		8000/7000	5800/5800
透光率		12%	
日照	反射率	77%	
	吸收率	18%	
	传导率	5%	
U值	夏天	0.75BTU/h.sqFt.F	
	冬天	1.15BTU/h.sqFt.F	

(2)钢索

张力膜结构钢索可采用无油镀锌钢丝绳或保护套索(平行钢丝束加保护套),锻钢或铸钢接头,锌铜合金或环氧铁砂浇铸等方式连接。

①保护套索、铸钢接头、锌铜合金浇铸连接钢索材料的技术要求见表14-29。

高密度聚乙烯护套料技术要求　　表14-29

序号	项目	技术指标
1	密度(g/m^2)	0.942~0.978
2	熔融指数(g/10min)	≤0.45
3	拉伸强度(MPa)	≥20
4	断裂伸长率(%)	≥600
5	邵氏硬度	≥60
6	维卡软化点(℃)	>110
7	脆化温度(℃)	<-60
8	冲击强度(N.m/cm^2)	>160
9	耐热应力开裂(h)	>96
10	耐环境应力裂性(h) IU Igcpalco 630	>1500
11	炭黑含量(%)	2.3±0.3
12	炭黑粒度(μm)	<20
13	炭黑分散度 色谱法 显微镜法	>4000 合格
14	100℃168h空气箱老化 拉伸强度保留率(%) 断裂伸长率保留率(%)	>85 >85

高强度镀锌钢丝镀锌前钢丝化学成分应符合表 14-30 要求。

钢丝化学成分(%) 表 14-30

元素	C	Si	Mn	P	S	Cu
含量	0.75~0.85	0.12~0.32	0.60~0.90	≤0.025	≤0.025	≤0.20

高强度镀锌钢丝的技术要求见表 14-31。

直径为 5.35mm 高强度镀锌钢丝的技术要求 表 14-31

序 号	项 目	技术指标
1	公称直径(mm)	ϕ5.35(+0.08,-0.05)
2	横截面积(mm^2)	22.48
3	抗拉强度(MPa)	≥1600
4	屈服强度(MPa)	≥1200
5	延伸率	≥4.0%(L_0=250mm)
6	弹性模量(MPa)	$(1.9\sim2.1)\times10^5$
7	反复弯曲	≥4 次(R=15mm)
8	卷绕	$3d\times8$
9	锌层单位质量(g/m^2)	≥300

铸钢接头(锚具)技术要求:

铸钢件所用材质应符合 GB 11352—89 中 ZG 310—570 牌号的有关规定。

加工技术要求:

铸钢件须经超声波探伤检验,其质量应符合《铸钢件超声波探伤及质量评级标准》(GB 7233—1987)中三级的有关规定。

同一规格热铸锚具的相同部件应具有互换性。

锚具表面镀锌处理,镀锌厚度为 10~30μm。

锌铜合金铸体材料[Zn:(98±0.2)%,Cu:(2±0.2)%]。

②成品钢索制作技术要求。

a)扭绞。钢丝束应同心左向绞合,结构紧密,最外层钢丝绞合角为 3°±0.5°,绞合节距应符合绞合的要求。

b)绕包。钢丝外加绕包带,单层重叠宽度应小于带宽的 1/3,绕包层应紧密齐整,无露白,无破损。

c)成品钢索长度。按照张力膜结构体系预应力状态下各钢索和内力值控制,进行应力下料,应满足设计长度的要求。允许误差为:

索长 $L\leq100$m 时,长度误差 $\Delta L\leq\pm10$mm;

索长 $L>100$m 时,长度误差 $\Delta L=\pm0.0002L$mm。

如设计要求,应在应力状态下对索的相应位置做出明显标记。

d)安装接头。采用热铸工艺装配接头,合金铸入率应不小于 92%,保证相应考核技术指标的要求。对钢索和接头连接处采取特殊措施,保证密封。成品钢索中心与接头端面的垂直度为 90°±0.5°。铸体大端需经不小于 0.4 倍标称破断载荷(P_b)的力的顶压,持荷 5min。

e)成品钢索应能弯曲盘绕,最小盘绕直径应不小于 17 倍的钢索直径。

成品钢索静载破断载荷(P)不小于 $0.95P_b$,抗拉弹性模量(E)不小于 1.9×10^5MPa。

f)在接头侧面标明该索的编号和规格。每根成品钢索均应挂有合格证,上面标明:制造厂名、工程名称、生产日期、钢索编号、规格、长度和重量。合格证标牌应牢固地系于包装层的两端接头处。

(3)钢结构

钢材及钢结构制作执行现行国家有关标准及规范。特殊部位要求超出规范标准,设计中应清晰标明具体要求。

(4)张力膜结构各类材料的设计安全系数

结构膜材料	>4.0
钢索(镀锌钢丝绳和保护套索)	2.0~2.5
连接附件	2.5

2. 钢结构、钢索安装

(1)安装准备

根据土建基础图和索膜结构安装要求对基础工程进行最终验收,验收范围包括基础工作点坐标,各方向允许偏差±5mm;预埋件的准确位置和数量;地脚螺栓的准确位置和数量,地脚螺栓允许偏差±2mm;地脚螺栓、螺母有无缺损。

对地脚螺栓、螺母进行防锈及防碰撞保护。

根据施工安装方案细化具体安装步骤,责任落实到人。

使用吊车,必须注意吊装构件的二次搬运,吊车进出通行道路。根据所用吊车的技术数据,计划好吊车支放位置与移动次数。

钢结构是在地面局部组装后吊装或整体提升还是单件吊装依照施工安装方案进行。

吊装件二次搬运中必须依照施工图,一一对应,核查清楚,并把吊装方向做好明显标志,保证吊装一次成功。

吊装前严格检查钢索与钢构件连接部位的各项尺寸是否符合设计要求,如有误差,在地面修正后方可吊装。

(2)钢结构、钢索吊装

按事先研究好的吊装方案严格执行,吊装方案的各个环节落实到人或班组,统一调配,统一指挥。

立柱吊装一根,临时固定一根,使立柱的安装位置、尺寸满足下一步安装其他钢构件和索的要求。注意:临时固定要安全可靠,便于拆卸。

按照施工安装方案搭设安全稳固的高空作业工作平台,依序吊装其他钢构件和钢索,并按施工图连接就位,凡暂时不能按施工图进行正式连接的部位,都必须采取安全可靠、便于拆卸的临时固定措施。

(3)膜片安装

①安装条件

a)在全部土建和外装饰工程完工后,进行膜片施工安装。

b)按照施工安装方案必要的钢构件、钢索吊装应完成,并采取安全牢固的临时固定措施。小型工程,施工安装方案确定钢构件、钢索、膜材料在地面组装后同时吊装的,执行施工安装方案。

c)膜材料如在地面展开,场地应有足够的面积,以保证膜材料不在地面上拖拽或翻滚,并须保持场地清洁、平整,否则应在高空展开。无论在地面展开还是在高空展开,膜片上面均不应上人操作,必须上人时,须检查确认膜下面无尖硬物并换穿软底清洁的工作鞋。

②安装准备

a)将所有需要停放膜材料的场地清洁干净。

b)把预先选定的场地平整清洁后,铺设洁净的地面保护膜。

c）准备好连接附件。

③膜片安装

a）在地面保护膜上按安装方向展开成品膜片，安装根据施工安装方案需在地面安装的一切附件。

b）按照施工安装方案搭设安全稳固的高空作业工作平台。

c）吊装膜片，根据施工安装方案确定捆扎吊装或展开吊装，吊装时须几方面紧密配合，协调工作，统一指挥。吊装前必须确定膜片的准确位置，保证一次吊装成功。

d）高空作业人员携带随身工具各就各位，随时协助膜片吊装及展开就位。展开膜片时应在膜片上安装临时夹板，严格检查膜片受力处有无裂口，发现裂口须及时修复，用紧线器把膜、索拉到位，并以最快速度完成高空连接。

e）膜片安装时须安排好当日工作量，做到当日收工时所安装膜片应连接完毕。如遇膜片较大，当日不能完成连接，收工前必须采取安全牢固的临时连接措施。

f）膜片吊装时风力不宜大于四级。

g）将膜索连接处进行适当调整，达到连接均匀到位。

3. 总体安装调试及预张力施加

（1）安装调试

①按施工图将所有安装的可调部件调节到位。

②将基础锚座的连接板调节到位。

（2）施加预张力

①严格检查千斤顶、测力传感器、仪表和施力机构是否完好。

②对膜片与钢索和钢构件的连接节点进行全面检查，确认膜片边缘及折角处的所有附件连接完好，不会有膜片直接受力的情况。发现膜片有直接受力的部位，须立即采取补救措施。

③认真核对施工图，仔细确认施力点的位移量和预应力状态下的受力值。

④按施工安装方案用千斤顶等施力工具和测力仪器，在施力点对整体结构体系施加预张力。施力过程按施工安装方案确定的步数和每步的位移量进行，如有必要可视现场具体情况做有效的调整。同时，在膜片上适当位置观察膜的绷紧均匀程度和整体结构体系的受力情况，观察施力设备的施力值。

⑤最后一步施加预张力与上一步的间隔时间应大于24h，以消除膜材料的徐变。施工的控制标准，以施力点位移达到设计范围为准，允许误差±10%（暂定）。

4. 其他部件安装和工程收尾

（1）索膜结构体系之外附属的其他部件（如马道、桥架等），按照施工安装方案规定的程序进行安装。

（2）柱帽、雨水斗、有组织排水的排水沟、排水管等部件，按照施工安装方案规定的程序进行安装。

（3）避雷做法按照设计图纸及施工安装方案规定的程序进行安装。

（4）钢构件除锈和涂刷防锈漆应在加工厂完成，现场涂刷面漆按照施工安装方案规定的程序进行。

（5）施工安装盖口，如采用膜材料做防雨盖口，用便携式焊接设备在高空施焊，须做到焊缝处无漏水、渗水现象且表面平整美观。

（6）清洁膜片内外表面。

(7)拆除高空作业工作平台,清理打扫现场。

5. 竣工验收

(1)工程施工安装前,安装部门须对与索膜结构体系相连接的基础、锚座等相关工程的位置(工作点坐标)、尺寸、角度等进行复核,对工程质量进行验收,填写复核验收记录,复核验收人及安装负责人签字。

(2)钢构件、钢索、附件等运达安装现场后,安装部门须对其加工尺寸和质量进行验收,填写验收记录,验收人及现场安装负责人签字。

(3)膜片、附件等运达安装现场后,安装部门须检查有无运输过程中造成的损伤;核对各部件是否有清晰明了的编号,如有不明确之处,立即向制作部门查明。填写查验记录,查验人及现场安装负责人签字。

(4)安装部门依照有关"索膜建筑工程安装质量检验标准"等文件完成自检,填写检验记录,检验人员及现场安装负责人签字。

(5)施加预张力的过程,须对各施力点的施力次数,以及每次的位移量和力值做详细的工作记录,现场安装负责人签字。

14.3.10 钢结构的验收

1. 钢结构验收的项目层次

钢结构验收应按分项工程、分部工程和单位工程三个层次进行。

分项工程按钢结构制作和安装中的主要工序进行划分;分部工程按钢结构制作和安装中的空间刚度单元划分,每个分部工程中有数个分项工程;单位工程指独立而完整的工程单位,其中包含若干分部工程。

2. 分项工程的质量等级

分项工程的质量等级按表 14-32 划分。

分项工程质量等级表

表 14-32

等　级	合　格	优　良
保证项目	全部符合标准	全部符合标准
基本项目	全部合格	60%以上优良,其余合格
允许偏差项目	80%及以上实测值在标准规定允许偏差范围内,其余值基本符合标准规定	90%及以上实测值在标准规定允许偏差范围内,其余值基本符合标准规定

注:一个基本项目所抽检的处(件)中 60%及以上达到优良标准的规定,其余处(件)为合格,该基本项目即为优良。

3. 分部工程的质量等级

分部工程的质量等级按表 14-33 划分。

分部工程质量等级表

表 14-33

等　级	合　格	优　良
所含分项工程	全部合格	包括主体分项工程在内的 60%及以上分项工程为优良,其余合格

4. 单位工程的质量等级

单位工程的质量等级按表 14-34 划分。

单位工程质量等级表　　表 14-34

等　级	合　格	优　良
所含分部工程	全部合格	60%以上优良,其余合格
质量保证资料	齐全	齐全
观感质量评分	70%及以上	80%及以上

钢结构施工各分项工程中的保证项目、基本项目及允许偏差项目在《钢结构工程质量检验评定标准》(GB 50221—95)中有详细规定。

质量保证资料包括如下内容:

(1)钢材材质证明书或试验报告;

(2)辅助材料(焊条、螺栓等)材质证明书或试验报告;

(3)高强螺栓摩擦面抗滑移系数试验报告;

(4)首次采用的钢材和焊接材料或特殊复杂焊缝的焊接工艺评定报告;

(5)一、二级焊缝探伤报告;

(6)高强螺栓连接检查记录;

(7)构件制作几何尺寸检查记录;

(8)隐蔽部分焊接检查记录;

(9)防腐蚀层(或防火涂层)的材料质量证明书及施工检验报告;

(10)构件预拼装记录(工厂制作后);

(11)安装工程测量报告;

(12)设计规定的其他文件。

观感质量由三人以上共同检验评定。钢结构加工和安装的检验项目及标准见表 14-35。

观感质量检查项目表　　表 14-35

编号	钢结构制作	钢结构安装
1	切割缺陷:断面无裂纹、夹层和超过规定的缺口	高强螺栓连接:螺栓、螺母、垫圈安装正确,方向一致,已做终拧标记
2	切割精度:粗糙度、不平度、上边缘熔化符合规定	焊接、螺栓连接:螺栓齐全或基本齐全,初次未安螺栓已按规定处理,补上螺栓
3	钻孔:成形良好,孔边无毛刺	金属压型板:表面平整清洁,无明显凹凸,檐口屋脊平行,固定螺栓牢固,布置整齐,密封材料敷设良好
4	焊缝缺陷:焊缝无致命缺陷、严重缺陷	焊缝缺陷:焊缝无致命缺陷、严重缺陷
5	焊渣飞溅:飞溅清除干净,表面缺陷已按规定处理	焊渣飞溅:飞溅清除干净,表面缺陷已按规定处理
6	结构外观:构件无变形,表面无焊疤、油污、粘结泥沙	同左,且结构上的临时附加物已拆除
7	涂装缺陷:涂层无脱落和返修,无误涂、漏涂	涂装缺陷:涂层无脱落和返修,无误涂、漏涂
8	涂装外观:涂刷均匀,色泽无明显差异,无流挂起皱;构件因切割、焊接而烘烤变形的漆膜已处理	涂装外观:涂刷均匀,色泽无明显差异,无流挂起皱;构件因切割、焊接而烘烤变形的漆膜已处理
9	高强螺栓摩擦面:无氧化铁皮、毛刺、焊疤、不该有的涂料和油污	梯子、拉杆、平台:连接牢固、平直、光滑
10	标记:杆件号、中心、标高、吊装标志齐全,位置准确,色泽鲜明	沉降观测点、构筑物中心标高和柱中心标志齐全

观感质量评定时对每个项目抽 10 个点进行评定，按合格率评级，标准见表 14-36。

观感质量评定标准表 表 14-36

等级	合格规定符合度	优良规定符合度	分数
1	全部	80% 及以上	10
2	全部	50% ~79%	9
3	全部	20% ~49%	8
4	全部	无	7
5	部分		0 ~ -25

注：①返工或补强后应重新评定等级。

②若返工后法定检查单位鉴定达不到原设计要求，但设计单位认为可以满足结构安全及使用要求的，可定为合格，但分部工程和单位工程不得评为优良。

14.4 钢管混凝土结构的施工与验收

钢管混凝土结构施工兼有钢结构和混凝土结构施工的内容和特点，因此总体上应遵照《钢结构工程施工及验收规范》(GB 50205—2001)和《混凝土结构工程施工及验收规范》(GB 50204—2002)进行施工和验收。此外，尚应根据钢管混凝土的特点，作相应的补充和规定。

14.4.1 钢管混凝土结构的施工特点

根据构造和施工工艺条件可将钢管混凝土结构的施工分为钢管结构的制造和组装以及管内混凝土的浇灌两部分，整个工艺兼有钢结构和混凝土结构的特点。从钢管混凝土结构的具体施工条件来看，其施工特点主要为：

(1)管内混凝土是在狭小的管道中浇灌的，由于结构条件所限，混凝土的浇灌质量难以检查，当采用人工浇灌并振捣时，只能依靠操作人员的责任心，加强振捣，仔细操作，确保管内混凝土的密实。当采用高位抛落无振捣施工法以及泵送顶升法时，都应严格遵守相关的施工技术要求。

(2)由于钢管混凝土结构中的肢管均较长，而且肢管中间通常不设浇灌孔，致使管内混凝土一次施工高度较大，一般都在 10m 以上，国外最高已达 100m。

(3)钢管混凝土结构管肢的内径一般均不大于混凝土振捣器的有效作用半径，约为振捣棒直径的 10 倍左右。而且钢管不漏浆，当采用人工浇灌并振捣时，只要在施工中采用具有足够振捣能力的内部或外部振捣器，加强操作，并保证不间断连续施工，混凝土的质量是能够得到保证的。

(4)为避免钢管外部焊接对混凝土烧伤的可能，对管外焊缝较为密集的部位应先焊接，然后再进行混凝土的浇灌施工。竣工后，允许加焊必要的零部件，并应采取相应的措施减少局部高温作用的影响。

(5)钢管构件的加工与一般金属结构制作稍有不同，如各附属焊件与肢管多为曲面联接，结构拼装间隙不易保证，必须采用钢管自动切割机或胎架组装，才能保证制造质量。

(6)由于钢管混凝土优越的力学性能，近些年被用于高层和超高层建筑中，为了加快现场施工进度，采用地上和地下层同时进行施工的逆作法施工，大大缩短了工期。

14.4.2 钢管构件的制作

优先采用螺旋焊接管，也可使用滚床卷制符合要求的钢管。卷钢时，卷管方向应与金属压延方向垂直；卷管内径，对含碳量不大于0.22%的碳素钢，不小于35倍板厚；对于低合金钢则不小于40倍板厚。制管前应根据板厚将板端仔细开好坡口。为适应钢管拼装后的轴线要求，钢管坡口端应与管轴严格垂直。在卷板过程中，应注意保证管端与管轴线形成垂直的平面。根据不同板厚单面焊接坡口的具体要求见表14-37。

焊缝坡口允许偏差 表14-37

坡口名称	焊接方法	厚度 t	间隙 c	钝边 a	坡口角度 α	坡口形式
齐边Ⅰ型	自动焊	6~14	0+2			
V型坡口	手工焊	6~8	1±1	1±1	70±5°	
		10~26	2±1	2±1	60±5°	
	自动焊	16~22	0+1	2±1	70±5°	

当采用滚床卷管时，应特别注意直缝的焊接质量，尽可能采用自动焊缝。当采用手工焊缝时，宜采用直流焊机，这样可以得到较为稳定的焊弧，且焊缝的含氢量较低。这对具有双向受力的钢管是必要的。

钢管制成后，可以在转胎上进行钢管构件的拼装组合。

在构件制造中，除按照一般钢结构构件的要求施工外，还应注意以下几点：

(1)管肢对接时，应严格保持焊后管肢的平直，焊接时宜采用分段反向焊接顺序。由于焊缝从环向开始，将形成先期收缩量。为了补偿收缩影响，管肢对接焊缝间隙可适当放大0.5~1.0mm作为反变形量，具体数值可以根据试焊结果确定。

(2)焊接前，对小直径钢管可以采用点焊定位，对大直径钢管可另用附加筋在钢管外壁作对口固定焊接。固定点的间距为300mm左右。

(3)重要的大直径肢管，为保证连接处的焊缝及质量，可在管内接缝处增加附加垫圈，宽度为20mm，厚度为3mm，放在接口处并与管内壁保持0.5mm的膨胀间隙，以确保焊缝根部质量。

(4)必须确保钢管构件中各杆件的对接间隙，这是保证焊缝质量的关键，特别是附属杆件和主肢钢管连接处的间隙。当无钢管自动切割机时，应按板金展开图要求进行放样和切割。也可用油毡或薄铁片制成样板在钢管上放样切割。焊接时根据间隙大小选用适当的焊条直径。

(5)当钢管混凝土结构节点处的焊接道次较多时，施工中应注意选择合理的施焊顺序，以达到有效减少焊接应力与变形的目的。各加强环和牛腿等后施工的焊缝，应与管上的纵横焊缝错开一定距离。

钢管构件及节点部分的制作与安装有许多优点。与钢筋混凝土现浇构件相比,它没有绑扎钢筋、支模和拆模等工序,施工简单得多;与钢管混凝土预制构件相比,不需要构件预制场地;与钢构件相比,钢管混凝土的构造常比钢构件简单,焊缝少,因而在工厂中制作较简便。在高层和超高层建筑中钢柱常由厚80~100mm的厚钢板组成,不仅对钢材材质要求高,工厂制作较困难,而且现场拼焊更为复杂;由于空钢管构件的自重小,不仅比钢筋混凝土预制件轻很多,而且也比钢构件轻,减少了运输和吊装等费用。

14.4.3 钢管内混凝土的施工

根据国内外钢管混凝土结构的施工经验,浇灌混凝土有三种方法,即立式手工浇捣法、高位抛落无振捣法和泵送顶升浇灌法。

1. 立式手工浇捣法

一般混凝土施工都是在构件安装就位固定完毕并经检查无误后,开始向管内浇灌混凝土的,浇灌工作应连续进行。在浇灌混凝土之前,应先浇灌一层水泥砂浆,厚度不小于100mm,用以封闭管底并使自由下落的混凝土不致产生弹跳现象。混凝土由钢管上口灌入,并用振捣器捣实。钢管管径大于350mm时,采用内部振捣器(振捣棒或锅底形振捣器等)振捣,每次振捣时间不少于30 s,一次浇灌的混凝土高度不宜大于2 m。当管径小于350mm时,可采用附着在钢管外部的外部振捣器进行振捣,振捣时间不小于1 min。外部振捣器的位置应随混凝土浇灌的进展加以调整。外部振捣器的工作效果,以钢管横向振幅不小于0.3mm为有效,振幅可用百分表实测。一次浇灌的混凝土高度不应大于振捣器的有效工作范围,一般为2~3m。

当混凝土施工到钢管的柱顶时,应使混凝土稍微溢出后,再迅速将留有排气孔的端板紧压在管端,随即进行点焊,此时应让混凝土从端板上的气孔中溢出,如有不足,再适当添加混凝土,待混凝土硬化后再将端板补焊至设计要求。有时也可以在混凝土施工到钢管顶部时暂不加端板,待几天后混凝土施工表面收缩下凹,然后用和混凝土强度相同的水泥砂浆抹平,再盖上端板并焊好。

对于需要在管中混凝土施工完成再进行安装的结构,有条件时也可以在低于地面以下的地坑中进行混凝土的立式浇灌,待混凝土强度达到设计要求的70%后再吊装就位。

立式手工浇捣法施工速度较慢,且施工人员必须严格遵守操作纪律,才能保证混凝土的施工质量。

2. 高位抛落无振捣法

该法利用混凝土从高位顺钢管下落时产生的动能达到振实混凝土的目的,免去了繁重的振捣工作,是混凝土施工工程中的一个创举。它适合于管径大于350mm,高度不小于4m的场合。对于抛落高度不足4m的区段,仍须用内部振捣器振实。

混凝土高位抛落无振捣法的关键是混凝土抛落后不产生离析现象,需要对混凝土的配合比提出特殊的要求。采用此法施工时,必须先进行配比试验,确定合理的配合比和水灰比。要控制水灰比,适当加大水泥用量,并掺适量的外加剂,以改善混凝土的内聚性,增加粘着力和流动性。表14-38中列出了某工程所采用的一种混凝土配合比。大量的试验研究表明,只要混凝土的配合比设计合理,高位抛落连续浇灌无振捣成型的施工方法是可靠的,能够保证管内混凝土的质量和强度,且施工方法简易可行,在保证质量的同时还可降低费用。

此外,采用此法时,管柱内不能设置零部件,以免影响混凝土浇灌质量。

混凝土配合比及抗压强度　　表 14-38

水泥品种	材料用量(kg/m^3)				水灰比	含砂率(%)	塌落度(cm)	抗压强度(MPa)				养护方法
	水泥	砂	石子	减水剂				$f_{cu,3}$	$f_{cu,3}$	$f_{cu,7}$	$f_{cu,28}$	
矿渣 425 号	465	209	740	1000	3.26	0.45	39.5	16.7	26.7	31.6	40.3	标准养护
普通 525 号	400	208	770	1030	2.80	0.52	39	18.8	30.1	35.0	42.4	标准养护

3. 混凝土泵送顶升浇灌法

该法是在钢管接近地面的适当位置安装一个带闸门的进料支管，直接与泵的输送管相连，由泵车将混凝土连续不断地自下而上灌入钢管。根据泵的压力大小，一次压入高度可达 80~100m。钢管直径宜大于或等于泵径的两倍。日本于 20 世纪 80 年代初最先采用混凝土泵送浇筑钢管混凝土的先进方法。我国的首钢建设总公司从 1984 年开始试验，用了一年的时间获得成功，并已应用于实际工程中。此法不但大大提高了施工效率，而且能够确保混凝土的浇灌质量。

混凝土泵送顶升浇灌法成功的关键也是混凝土配合比的选择。首钢建设总公司分别对半流态混凝土和微膨胀半流态混凝土的配合比进行了试验研究，最后确定了合理的配合比。表 14-39 中列出了首钢几个工程中应用的混凝土配合比。

采用泵送顶升混凝土浇灌法时，应在管柱下部临时开一浇灌口，其高度宜在自然地坪以上 1m 左右，略比混凝土泵车尾部的三通管高一些，浇灌口的开设方向要考虑到泵车的停站位置和混凝土输送管的走向。在管柱壁上开孔，焊一段直径和混凝土输送管相同的短钢管，管端按混凝土输送管端部构造加工，与输送管连接卡具相配套。

短管与管柱的夹角宜为 45°~60°，伸入管柱内 20~30mm。为了防止停泵卸管时混凝土从浇灌口流出，需在浇灌口采取有效的防回流措施。常用的是“栅形阀”，在短管上方紧靠管柱壁处开 4 个 ϕ18 的孔，泵送混凝土时用胶皮盖住；当混凝土泵送到设计位置时，暂不降低泵压，摘除胶皮盖，将 ϕ16、长 200mm 的钢筋垂直打入孔中，形成如栅栏一样起到防止混凝土倒流的作用。然后停泵并卸去输送管。待混凝土终凝后，将浇灌口的短钢管用火焰割去，把孔口混凝土修整平滑，再喷水泥砂浆，加贴盖板焊补完整。

首钢采用的混凝土配合比　　表 14-39

设计等级	外加剂(%)	水泥型号	水泥(kg/m^3)	砂(kg/m^3)	石(kg/m^3)	水(kg/m^3)	室内f_{cu28}(MPa)	现场f_{cu28}(MPa)
C28	M 0.3	首矿 425 号	410	730	1070	190	37.1	35.5
C23	M 0.3	首矿 325 号	418	730	1070	188	29.5	27.9
C33	UNF_2 0.5 三乙醇胺 0.04 $NaNO_2$ 3	郑州普通 525 号	474	705	1060	183	43.7	38.1
C28	M 0.3	首矿 425 号	425	730	1070	190	39.9	38.5
C35	YJ 20.3 SP 5.0 复合膨胀剂 8.0	郑州普通 525 号	400	730	1050	190	47.3	38.3

注：塌落度 13~17cm。

此法施工速度快,简单方便,更重要的是能够确保混凝土的浇灌质量。不足之处是对管柱需开孔及补焊,影响外观。如果改用直接从管顶伸入布料杆向管内自上往下泵送混凝土的浇灌法,可取消开孔等工序,但操作工需在高空工作,劳动强度较大,且管柱浇灌长度不能很高,需分段施工,影响了施工速度。

钢管混凝土内混凝土的施工较钢筋混凝土构件和钢构件的施工有许多优势。与钢筋混凝土柱相比,由于钢管混凝土柱没有绑扎钢筋,因而浇灌混凝土比现浇钢筋混凝土柱简便;因管内无钢筋和钢箍,浇灌容易且质量容易保证。特别是目前采用的高位抛落不振捣的施工方法,更加快了钢管混凝土的施工进度。与钢构件相比,虽然钢管混凝土增加了管内混凝土的浇灌工作,但因钢管壁较薄,现场拼接对焊远比钢柱简便快捷,因而现场安装并不比钢柱慢。

14.4.4 钢管混凝土结构的质量标准和验收

钢管混凝土具有承载力高、塑性和韧性好,经济效益显著和施工快速方便等优点而受到工程界的重视,近20年来,无论是在理论研究还是在工程应用都取得了显著成就。随着钢管混凝土结构工程数量的增多和近些年多次发生的工程事故,使得对钢管混凝土进行有效的质量控制与检测变得尤为重要。特别是当前施工中采用高位抛落无振捣及泵送顶升等方法时,更需要对其进行严格的质量检查,以便于今后更好地进行管理与维护。钢管混凝土结构的质量检查包括对钢管构件和管内混凝土质量检查两个方面。

1. 钢管构件的质量标准和检查

(1)钢管柱的制作质量检查

各构件应抽查50%,且不少于3件。质量标准和检验方法见表14-40。直径小的钢管可由工厂直接提供,大管径的可由施工单位用卷管机自行卷制。钢板要平直,不能用翘曲、表面锈蚀或受冲击的板材。除进行化学和力学性能试验外必须对其焊接质量进行超声波检测。在焊接施工中薄板材采用单面坡口焊接,厚钢板采用双面坡口焊,应符合相关规范的要求。对于重要构件和部位焊缝质量不得低于二级焊缝要求,不得有裂缝和未融合等现象。

钢管制作质量标准和检验方法 表14-40

序号	检验项目	质量标准	检验方法
1	钢管表面质量		观察检查
2	钢材焊接	必须符合有关现行施工规程的规定	二级质量检验标准
3	纵向弯曲(mm)	$\leqslant L/1000$ 且 $\leqslant 10$	拉线和尺量
4	钢管椭圆度(mm)	$\Delta/D \leqslant 1/1000$	
5	端头倾斜度(mm)	$\Delta/D \leqslant 1/1500$ 且 $\leqslant 0.3$	
6	牛腿及环梁顶面位置偏差(mm)	$\leqslant 2$	尺量检查
7	钢管对口错位偏差(mm)	$\leqslant L/600$ 且 $\leqslant 1$	直尺和塞尺检查
8	牛腿及环梁顶板面翘曲(mm)	$\leqslant 2$	水平尺及塞尺检查
9	每节柱的长度偏差(mm)	$\leqslant 3$	尺量检查

(2)钢管柱组装和安装质量检查

按钢管柱数量的25%检查,且不得少于3件,质量标准和检验方法见表14-41。

2. 钢管内混凝土的检查

钢管柱组装和安装质量与检验方法　表 14-41

序号	检验项目		质量标准	检验方法
1	焊接质量		必须符合有关现行施工规程的规定	二级质量检验标准
2	构件外观		表面干净	观察检查
3	标记		中心线标记和标高基准点完备、准确、清楚、编号准确	观察检查
4	钢管柱组装	钢管组合偏差(mm)	$\Delta_1/L_1 \leqslant 1/1000$ $\Delta_2/L_2 \leqslant 1/1000$	
5		腹杆组合偏差(mm)	$\Delta_1/L_1 \leqslant 1/1000$ $\Delta_2/L_2 \leqslant 1/1000$	
6		牛腿及环梁顶板面标准偏差(以基准标高为准)(mm)	-2~0	
7		钢管对口错位偏差(mm)	≤1	
8		单柱柱身挠曲矢高(mm)	≤L/1000 且≤10	
9		组合柱整体不平度(mm)	≤10	
10	中心线位移偏差(mm)		≤5	经纬仪和尺量检查
11	管柱安装	基准标高偏差(mm)	-3~0	水准仪和尺量检查
12		垂直偏差(mm)	≤h/1000 且≤15	经纬仪检查
13		上下柱对口错位偏差(mm)	≤1	直尺和塞尺检查
14		相邻柱距偏差(mm)	≤B/1000	尺量检查

目前对钢管内混凝土的检测方法很多,主要有敲击法、回弹法、钻芯取样法、拔出法、预留立方体试块测定和超声波非破损检测等方法。工地上最常用的混凝土质量检查方法是敲击法,通过声音来分辨管内混凝土是否密实。有时会听到钢管柱与混凝土之间有空隙的声音,说明二者之间留有空隙,若在混凝土中加入微膨胀剂可有效地改善此类问题。

(1)混凝土强度检测

在施工中预留立方体试块,现场养生和室内标准养生 7、14、28 天,每班不得小于 4 组,以掌握现场强度变化。整理上述试验资料,可以更可靠地掌握钢管混凝土中混凝土的真实强度。

(2)超声波脉冲检测

超声波通过钢管混凝土时的声速、振幅和波形等超声参数的变化和管内混凝土的密实度、均匀性和局部缺陷的状况有密切关系,因而可用超声波来检测管内混凝土的缺陷。测试频率宜选择在 40~100Hz 范围内。具体方法是采用对比法,即对无缺陷的混凝土的强度和各种缺陷进行标定,求得超声波通过时的一些参数,以此作为钢管混凝土实际测试时的比较,从而确定管内混凝土的状况和质量。检测时对钢管柱的选测率不少于 20%,并按 7、14、28 天的不同施工龄期和设计图进行检测,每个测区布 5 个测点。

检测时平面换能器可以采用不同的布置方式,如平测、斜测、直角测,但使用对测较为方便合理,其测定偏差值通常不大于 5%。

一般情况下，按柱子数量的25%抽查，且不少于3根柱子。表14-42为电力行业《火电施工质量检验及评定标准》有关钢管内混凝土的检测指标和检验方法。

管内混凝土质量标准和检验方法 表14-42

序号	检验项目	质量标准	检验方法及器具
1	混凝土组成材料的品种、规格和质量	必须符合设计要求和有关现行标准的规定	检查出厂证件和试验报告
2	混凝土强度	必须符合设计规定	检查混凝土强度试验报告
3	混凝土浇灌振捣密实	钢管混凝土密实，无空隙	施工过程检查
4	混凝土配合比以及组成材料计量偏差	必须符合设计要求	检查搅拌记录
5	混凝土施工方法	应符合有关现行施工规程的规定	观察检查和检查混凝土施工记录

复习思考题

14-1 简述钢结构安装工程应做好哪些准备工作。

14-2 钢柱吊装时，如何设置吊点？

14-3 钢柱有哪几种安装方法？

14-4 钢柱的校正包括什么内容？怎样校正？

14-5 钢柱安装应注意哪些问题？

14-6 试述钢梁安装的步骤。

14-7 钢梁校正包括什么内容？如何校正？

14-8 试述钢屋架、钢桁架安装工艺过程和要点。

14-9 钢结构连接有哪些方法？高强度螺栓连接施工有哪些要求？

14-10 初拧和终拧有什么不同？如何检查终拧质量？

14-11 钢结构工程安装方法有哪几种？各有什么优缺点？

14-12 多高层钢结构安装如何进行轴线的竖向传递？

14-13 简述多高钢结构安装工程的要点。

14-14 钢网架安装的方法有哪几种？它们各有何优缺点？适用范围如何？

14-15 钢网架拼装的目的是什么？拼装前应做哪些准备？

14-16 小拼单元划分的原则是什么？

14-17 拼装单元验收应检查哪些内容？

14-18 网架片的绑扎和安装方法有哪几种？

14-19 钢网架有哪些安装方法？

14-20 叙述分条分块法的概念及特点。

14-21 叙述高空滑移法的安装工艺。

14-22 叙述整体吊升法、升板机提升法和整体顶升法的安装工艺。

14-23 钢网架安装质量控制要点有哪些？

14-24 简述钢结构工程安装过程中质量控制的内容。

14-25 试从造价、工期等方面说明轻钢结构单厂基本取代传统的钢筋混凝土单厂的原因。

14-26 钢塔桅结构有什么特点?

14-27 钢塔桅结构常用的安装方法有哪些?

14-28 叙述高空组装法与高空拼装法的区别。

14-29 叙述整体安装法的过程。

14-30 轻型钢结构有什么优点? 分为哪两类?

14-31 叙述冷弯薄壁轻型钢结构的安装程序。其安装要点有哪些?

14-32 冷弯薄壁轻型钢结构应如何防腐蚀?

14-33 张力膜结构的膜材料有哪几种?

14-34 钢索安装、膜片安装要点有哪些?

14-35 大跨度的平面桁架吊装就位后能否马上卸去吊装钢索? 在卸索之前要完成哪些工作?

14-36 如何保证受动力荷载作用的普通螺栓在使用中不会松动?

14-37 钢结构质量保证资料有哪些?

14-38 简述钢结构安装工程的安全技术有哪些内容。

14-39 简述钢管混凝土施工中易出现的问题及其防范措施。

14-40 说明管内混凝土浇筑不密实时,其受力特点及破坏形态。

第 15 章　建筑钢结构工程实例

本章精选了中外建筑钢结构工程实例供参考。计有钢结构工程设计、钢结构工程施工、钢结构涂装工程及钢与混凝土组合结构等。

15.1　中外著名建筑钢结构设计

本节介绍了日本的兼松大厦、东日本国铁公司大厦、富士组展览馆、西日本综合展示场、大分县体育公园主体育馆、中国建造的新金桥大厦、上海大剧院结构设计、大连远洋大厦等实例。

15.1.1　兼松大厦

所 在 地　东京都中央区京桥二丁目 14 番地 1、2 号
主要用途　办公楼
设计期间　1990 年 7 月 ~ 1991 年 2 月
施工期间　1991 年 3 月 ~ 1993 年 2 月
建筑设计　清水建设株式会社一级建筑师事务所
结构设计　清水建设株式会社一级建筑师事务所
施工企业　清水建设株式会社
结构类别　基础:桩基(扩底桩)
　　　　　结构:地下 1 层 ~ 2 层:钢骨混凝土结构;
　　　　　　　3 层以上:钢结构
建筑高度　65.1m
层　　数　地下 1 层,地上 13 层,塔楼 1 层
层　　高　3.95m(标准层)
建筑面积　15527.62m^2
获奖记录　1993 年 9 月日本第 18 届建筑师事务所
　　　　　全国大会建设大臣奖
　　　　　1994 年 11 月第 35 届建筑业协会奖
　　　　　1995 年 3 月入选日本建筑学会作品选集 94、95 作品

1. 设计宗旨

本建筑物建在离东京站步行 15 分钟左右的办公区内。原建筑是钢骨混凝土结构,地下 3 层,地上 8 层,已建 30 年。仅做部分改建不能适应办公智能化的要求,计划将原建筑中的地下结构部分改为停车场,地面以上部分则采用新建办公楼的方针(图 15-1)。

通常在重建房屋时,都是拆除包括地下在内的全部旧结构,从基础开始建新结构。本建筑则保留原有的地下结构,新建 4 根巨柱,并与由巨柱支承构成的人工地基(即原有地下结构)一起成为建筑物的下部结构,在此之上建设办公楼。采用这一方案,一方面要满足现场施工对

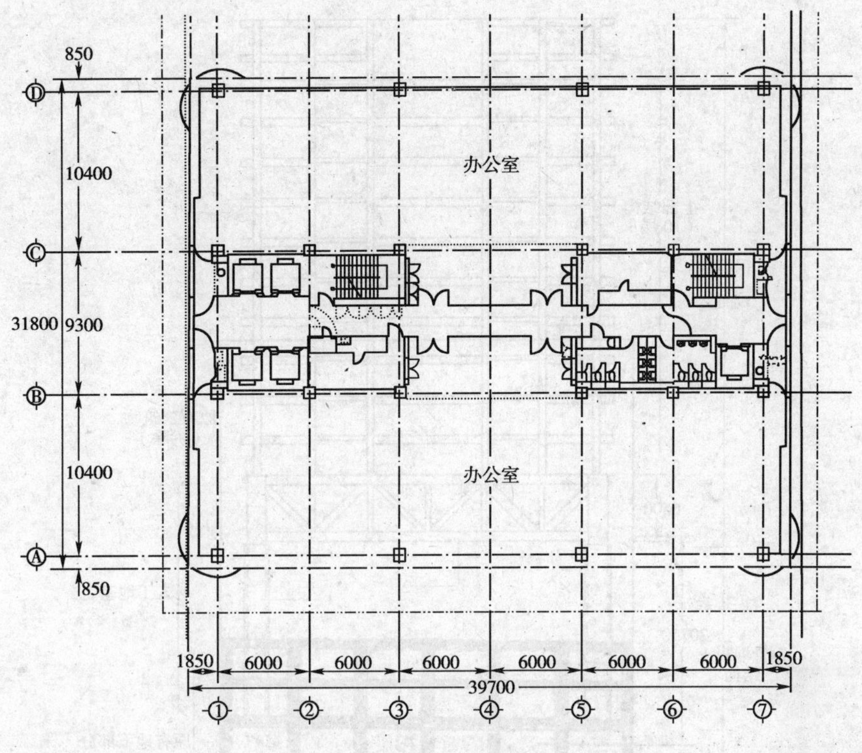

图 15-1　标准层平面图

设计的如下要求：

(1)不去除原有的基础桩；

(2)地下室外墙建成后即当作挡土墙；

(3)新桩能避开原有的基础和地梁。

另一方面也使建筑设计者能自由地实现新建筑物的构想。

由于不必拆除地下结构，可以大幅度缩短工期(以往需要 34 个月，现只需 24 个月)；大楼提早开业和出租使投资者能顺利推进其经营业务；同时也减少了因拆除旧结构而引起的建筑废料、拆除工程中的噪声、振动等对周围环境的影响。

2. 结构特征

"4 根巨柱及由其支承构成的人工地基"是本结构的特征，下面围绕这个特征进行简要说明(图 15-2)。

(1)地基、基础

地基在地面以下 23m 为止是由砂、粉、粘土构成的相对软弱层，软弱层下由硬砾、砂层构成。支承建筑物的基础使用了端部深度为 GL-23m 的扩底桩(轴径 5000mm，端径 6500mm，长期容许抵抗力 43000kN)。柱子设在原地下结构的四角，避开了原地下结构的柱子。桩体由原地下结构底板面往下挖孔，设实长约 12m 的钢筋混凝土桩。

(2)系梁

连接 4 根大柱子(以下称巨型柱)底部的梁是宽 3000 ~ 4000mm，高 3400mm 的钢筋混凝土结构。其尺寸由原地下部分的空间及柱和桩的内力来决定。钢筋为建筑结构用的最大直径 51mm 的异型钢筋(下称 D51)，材料强度为 390N/mm^2(SD390)。钢筋连接采用机械式接头，利于在原有的地下空间里操作。系梁分别长 30.1m，36m，超出了通常钢筋混凝土构件的容许

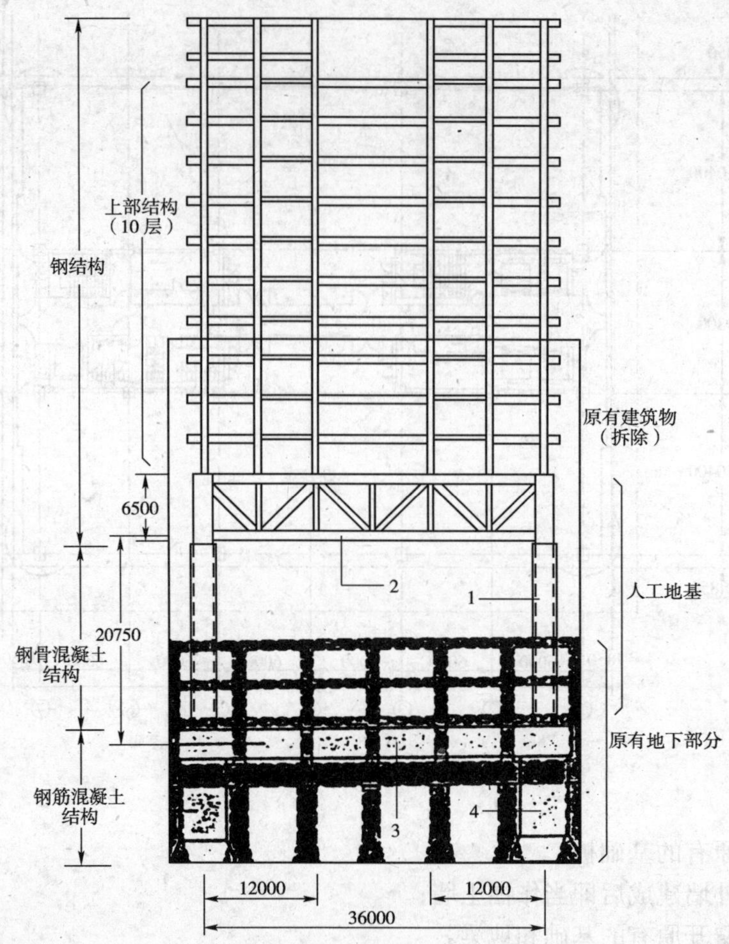

图 15-2 框架立面图

1-巨型柱;2-巨型桁架;3-系梁;4-基础

长度,梁中央部分靠原有基础承托以使垂直荷载作用下的内力得以减小。

(3)下部结构(地下 1~3 层)

由 4 根巨型柱和近乎桥梁规模的桁架(以下称巨型桁架)构成的巨型框架高 25m 左右,由此承受上部 10 层的全部荷重。

巨型桁架部分计划在 4 根巨型柱上架设主桁架(TG),内部由次桁架(TB)组成井格型,目的是让建筑物在平面上接近正方形,以使四周的主桁架、巨型柱在承受垂直荷载时以及地震荷载引起的附加轴力时,能达到内力均匀。

关于巨型柱和巨型桁架的刚度比,主要由以下因素决定:确保巨型桁架的刚度,使受垂直荷载作用时,放置自动化办公设备的楼面变形控制在楼面容许水平精度之内,施工时的最大变形不大于 30mm;巨型柱刚度则要使上部框架结构在地震时的层间变形控制在 1/200 左右。

另一方面,为让上部传来的地震惯性力能传给周围 4 根巨型柱,在巨型桁架的上下面配置了斜撑。

(4)上部结构(4 层~13 层)

巨型桁架上部是 10 层纯钢框架结构。曾打算在短边中跨的核心部分加上斜撑,但考虑到地震时斜撑的附加轴力是产生下部巨型桁架中不平衡内力的主要原因,最终采用了纯框架的结构形式。

3. 结构分析

(1)荷载

用预备反应分析确定建筑物的振动特性,并同日本建筑基本法规定的地震力进行了比较。地震水平力沿高度的分布采用了由建筑基本法规定的分布方式(Ai 分布)。最后采用的地震力大约是建筑基本法规定的地震力的 1.5 倍。

(2)弹性分析(1 次设计)

上部的柱子由巨型框架支承,其附加轴力会使与加力方向正交的框架产生内力,因此进行了空间分析。由于上部框架是空腹的,垂直荷载对梁也会产生轴力,分析垂直荷载作用时不采用刚性楼板的设定。因为由垂直荷载引起的桁架变形使正上方柱的应力有所释放,所以进行了施工过程的内力分析,将混凝土浇筑前 4 层以上的柱子中外柱的柱脚作为铰接处理。此外,为确认地震时建筑物上下振动的影响,还进行了上下动的地震反应分析。

(3)弹塑性分析(2 次设计)

以弹性分析后设计的构件为基础,进行了构件的弹塑性增量分析,以了解构件端部的弹塑性性能。以此为基础进行了最大级地震作用下的结构弹塑性反应分析,确认此时下部主框架部分不会产生塑性铰。

(4)有限元解析

由于巨型柱、巨型桁架的节点都是大型构件,进行了与通常设计中所采用的杆件置换模型不同的有限元的分析。通过这种方法能更明确地了解构件的应力状态,还能把握在杆件置换模型中难以评价的构件偏心的影响。

(5)巨型框架构件的截面

巨型柱上部为钢结构,中间部分是钢骨混凝土,下部为钢筋混凝土结构,这是为了让力顺利传到钢结构巨型桁架和钢筋混凝土系梁上的原因。用于巨型框架的钢结构,4 根巨柱是 2000mm 见方的箱形截面,巨型桁架的主次桁架均高 6500mm。材料主要采用 SM490A(焊接用钢材,强度 490N/mm^2),应力最大的柱头处部分采用 SM520B(焊接用钢材,强度为 520N/mm^2)。柱头板厚 80 ~ 90mm,下部钢骨混凝土部分为 32 ~ 50mm,以便内力逐渐由栓钉传到钢筋混凝土部分。连接在巨型柱周围的主桁架弦杆为 800mm × 1000mm 的箱型截面,斜腹杆则采用焊接 H 型钢以便于弦杆的连接焊接。内部的次桁架主要为减少上层部垂直荷载引起的变形,采用与主桁架同样的形状,考虑到上方柱的形状,以及在弦杆下端焊接时焊工能够进入桁架内进行俯焊,弦杆的宽度取为 600mm。

4. 钢结构安装方案

巨型桁架部分的钢结构安装存在以下问题:(1)位置高,钢结构重达 11000kN,因此要确保操作平台刚性,需要相当大规模的临时支架。(2)高空作业,存在安全问题。(3)工期短,建造操作平台的时间不足。

为解决这些问题,我们进行现场地面组装后,采用提升法。施工顺序如下:

(1)新设桩的施工结束后,从桩基正上方原有楼板四周的开洞处,将边长为 2m 的箱型截面巨型柱的另一端,用汽车吊从洞口中吊下,用地脚螺栓固定。

(2)分成 4 段的巨型柱在现场焊接起来,一直升到地面上 18m 处 4 层楼板水平高度止。

(3)为减少提升时柱子的水平移动,巨型柱与桁架下弦底面以下都用钢筋混凝土内填与外覆。

(4)在原有的1层楼板面上搭建高2m的临时平台,其上地面组装巨型桁架。装配的时候,用支架加强1层楼板和梁,用汽车吊及中央塔吊一边调整高度水准,一边进行各钢构件的固定。

(5)地面组装后,用16台1500kN油压千斤顶,历时2小时,把连同巨型桁架主体钢骨10130kN在内全部重量达11000kN的人工地基提起。

(6)用千斤顶保持提升后的位置,把桁架端部用焊条与高强螺栓连接到柱子突出的支座上。

(7)人工地基完成后,将塔吊移到巨型桁架上。

(8)巨型桁架上部的钢结构与通常大楼相同,由塔吊逐层吊装,同时由地面向地下进行原有地下结构的改建。

5. 钢结构制作

连接于巨型桁架的巨型柱顶内部钢板交错复杂,因为构件太大不能在工厂的流水线上传输,所以无法采用电渣焊。为此特地制作了实物模型,专门研究组装和焊接方法。巨型桁架的焊接,弦杆与柱的连接部位焊透,其他部位则采用不完全焊透。另外由于巨型柱连接桁架的板受到板厚方向的作用力,为提高板厚方向的抗裂性能,巨型柱板的外侧放大50mm。

为控制钢结构制作的精度,对以下几方面进行严格管理:

(1)现场组装时由焊接引起的收缩;

(2)巨型柱安装的精度;

(3)提升时巨型桁架及巨柱的变型预测。

各处由焊接引起的收缩控制在2mm,测定巨型柱位置后根据焊接部分的间隙进行调整。

此外,提升时巨型柱顶部的侧倾,预测为8~10mm,为此预先使柱子产生反向微变形。由于巨型桁架的变形产生的柱子长度的变化,分别放在4层、8层进行调整。

6. 结束语

今天全球呼吁保护环境,充分利用资源和减少破坏臭氧层的二氧化碳排放。从建筑领域来讲,最理想的是着眼将来,建造有长远生命力的建筑物。但由于生活样式的变化和城市的过密化,不得不进行建筑物的改建。在这种社会变化中,本工程建设与通常的大楼改建相比,至少是考虑到地球环境保护的一种建造方法。希望它在不久的将来成为大家接受的方法。

15.1.2 东日本国铁公司大厦

设　　计　(株)日建设计,JR东日本建筑设计事务所

施工企业　鹿岛建设(株)、铁建建设(株)、大成建设(株)、小田急建设(株)

竣工日期　1997年9月

结构类别　基础:钢筋混凝土筏式基础;

　　　　　框架:地下钢骨混凝土结构、地上巨型钢框架结构

层　　数　地下4层,地上28层,塔楼1层

建筑层面积　3225m^2

建筑面积　79070m^2

建筑高度　150.15m

1.前言

JR(日本铁路)东日本公司本部大厦,是以功能齐全、使用舒适的办公大楼,作为“社会资本”又是耐久的“长命建筑”为目标规划建设的。JR东日本公司本部大厦是JR与小田急(日本民营铁路企业)共同规划的产物。考虑到对社区的贡献,以及从事铁路事业的本公司大厦的重要性,力求对灾害有较强的抵御能力。

2.结构课题

制订结构方案时,以下3点起决定性作用:

(1)为使使用期间具有灵活的分割功能,办公室内尽量不设柱;

(2)建筑物下部将设道路与立体人行道,因此需留出巨大的中庭式空间;

(3)规划用地平面2方向尺度为1:5,这样细长的比例,必须考虑所建结构有足够的刚度,在地震或暴风时,对居住性不构成损害。

作为满足上面3项要求的解决方法,本结构采用巨型框架结构(图15-3)。

其次,巨型框架结构因为要集中承受竖向荷载,各构件受力较大,所以采用比普通钢材(SM490)强度更高的高性能60kg级钢,这样可使构件截面小型化(图15-4)。

3.框架布置

巨型框架结构,是直斜杆等组合其中的巨型柱与巨型梁的大框架,无论对竖向荷载或水平荷载,巨型框架承受主要荷载,因此,巨型框架以外的部分,可形成比较自由的空间结构。

其次,巨型框架结构与一般的高层建筑所使用的纯框架结构或框架-支撑结构相比,具有刚度大的特点。即使像本部大厦这样由于用地关系、形成宽度与长度之比为1:5的细长比例结构,在风和地震力作用下也很难摇晃。

利用这些特征,可实现在标准层设置少柱的大办公室空间,不仅留出下层部立体人行道的空间,在上层也可设置大的中庭。

巨型框架结构中,在何处配置构成框架的巨型柱以及巨型梁成为问题所在。本方案中,巨型梁在地下4层,地上5层、17层和顶层配置,利用其刚度与高度较大的特点,作为机械设备和书库等荷载大的房间。其次,与结构刚度相适合,巨型柱在标准层设5个、底部设6个。巨型柱中,设置紧急电梯、避难楼梯及设备通风井。将巨型框架结构与建筑设备规划相融合,随楼层而上,设备减少,巨型柱也应随之减少,使空间有更高的自由度。

在标准层设置了26m×21m和26m×11m的无柱空间。

4.地下结构与基础的设计

地下部分作为巨型框架结构的基础结构具有足够的刚度与抗力,巨型框架部分是厚度为1150mm的内支撑钢筋混凝土抗震墙,同外周的墙体一起作为结构主体。厚度为40~1150mm的钢筋混凝土结构抗震墙配置在重要部位,全体形成箱形结构。

基础结构将GL-26m附近的东京砾石层作为持力层,结构的总重除以结构的底面积得到平均压力为394kN/m^2,在支承巨型框架集中荷载处,最大压力为840kN/m^2。

5.抗震设计与结构分析

构件分为巨型框架构件和一般框架构件。巨型框架构件的主要构件在中震时(25cm/s)处于完全弹性阶段,大地震时(50cm/s)局部发生屈服,但不会达到构件的最大抗力,基本保持弹性。一般构件在中震时不会达到最大抗力,大地震时达到最大抗力的构件虽有但数量很少,

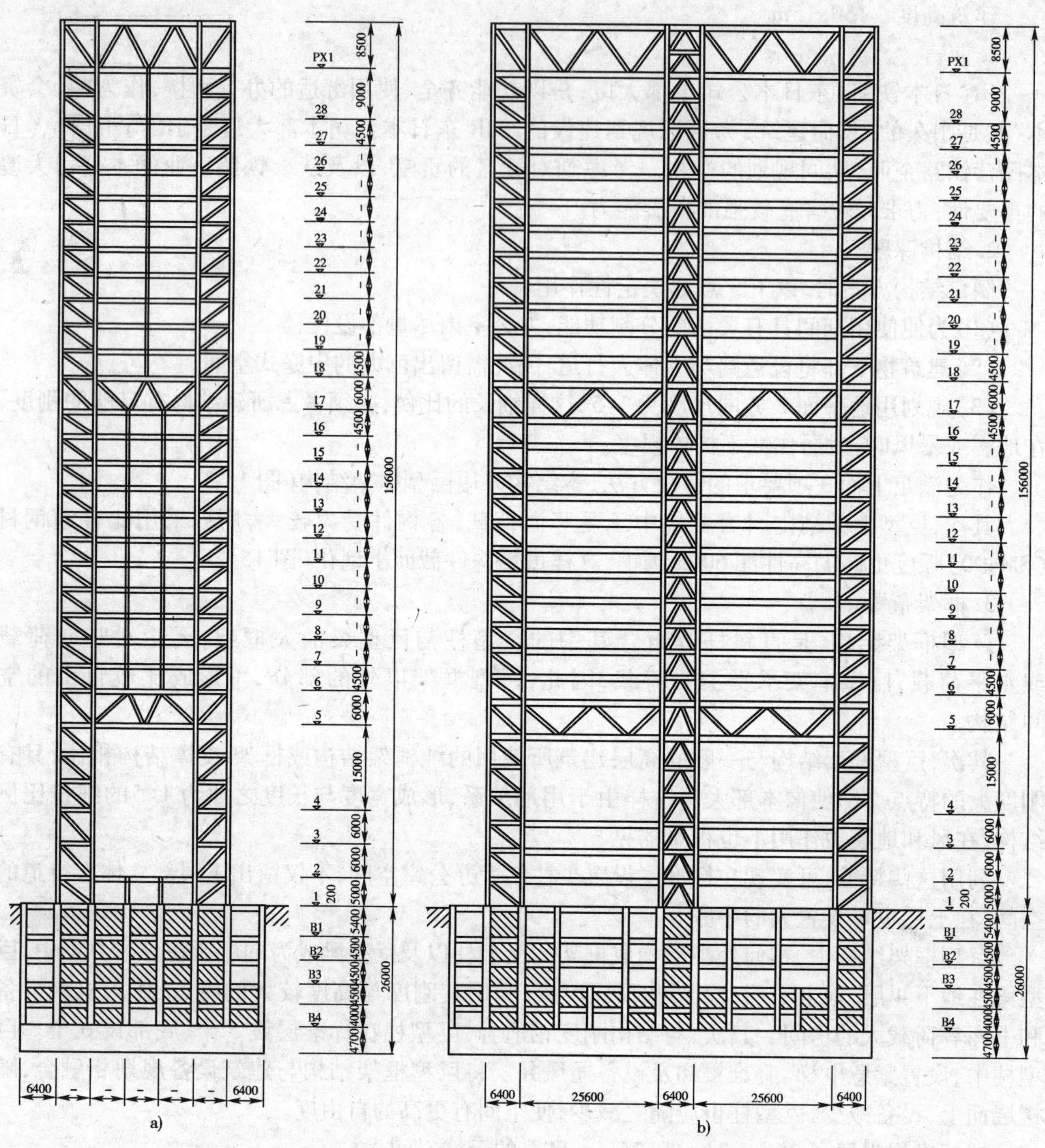

图 15-3

a）Y 方向框架剖面（X1 框架）；b）X 方向框架剖面（Y1 框架）

全体框架不会发生大的残余变形。

静力分析采用三维杆系模型。考虑巨型框架的空间作用，设在一般层刚性楼板假定成立，在桁架层则不用此假定，根据弦杆的轴向伸缩评价桁架的弯曲变形效果。水平 1 地震分析用的模型是每层作为 1 个质点的弯剪模型，水平 2 地震分析模型是每层作为 1 个质点的等价剪切模型。此外，还建立了考虑竖向地震作用的分析模型。

6. 构件设计

荷载由巨型框架结构集中承受，巨型柱或桁架梁承受很大的荷载，巨型框架构件比同规模框架构件大，板厚也较大。

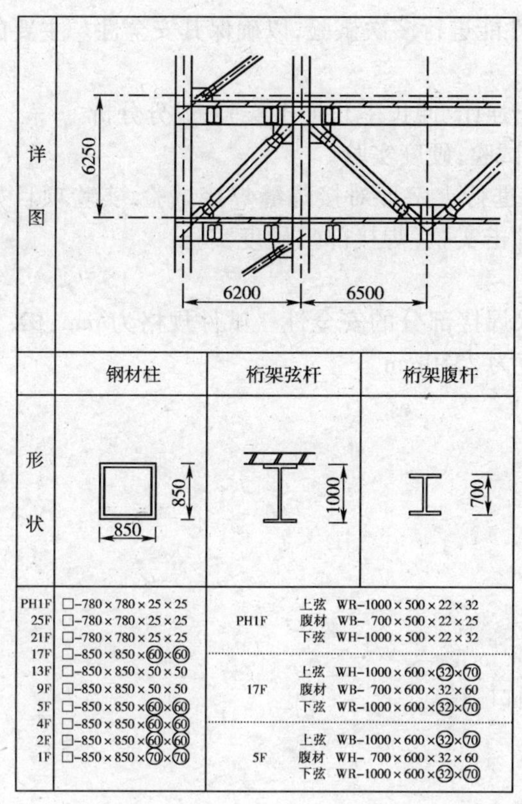

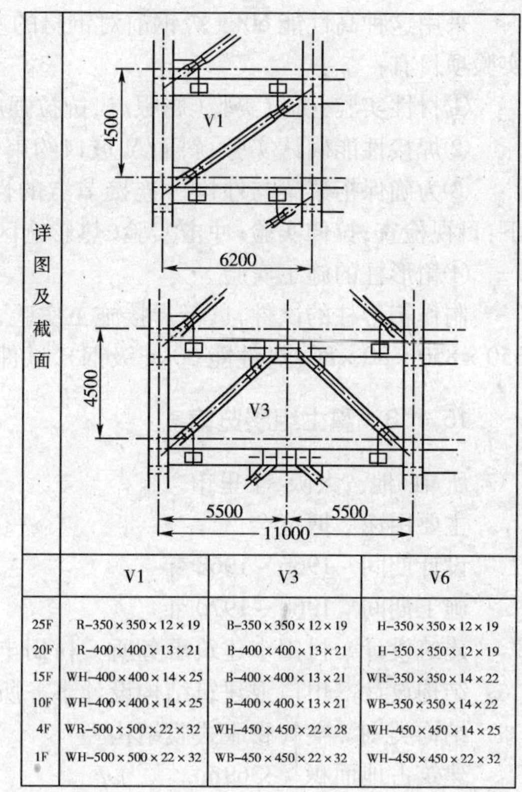

图 15-4 巨型框架详图及代表构件截面

巨型框架结构中轴力及弯矩较大的桁架梁的上下层柱，下层部、B1 层柱、桁架梁端部弦杆的一部分采用屈服点及极限强度比 SM490 更高的高性能 60kg 级钢、以减小构件的板厚，缩小断面。

桁架梁弦杆（H 型截面）和非巨型框架柱（箱形截面）的连接处，一般情况下的构造处理是让箱形柱构件的板贯通，本结构中柱承受很大的轴力，若由梁翼缘对柱的板厚方向施加拉力将形成非常不利的应力状态，为此，让各桁架梁的翼缘贯通，而割断箱形截面柱的板。

7. 高性能 60kg 级钢的采用

（1）化学性质

S 含量为 0.008% 以下，比 SM570 钢的 0.035% 以下更加严格，因此，板厚方向的强度、韧性性能有了大幅度的改善。

（2）机械性能

规定了屈强比的上限，屈强比降低，构件从屈服到极限强度的抗力有大幅度提高，成为极有韧性的结构构件。而且，发生局部应力集中情况时，也可以进行应力重分布。

SM570 钢的屈强比通常为 85% 以上，高性能 60kg 级钢因为限制屈强比在 80% 以下，所以使塑性变形能较高的结构成为可能。

（3）可焊性

钢材焊接部位的裂缝灵敏性，可通过碳素当量 Ceq 与焊接裂缝灵敏度 Pcm 了解。高性能 60kg 级钢，与普通的 50kg 级钢有基本相同的 Ceq 和 Pcm。

采用这种高性能 60kg 级钢前对钢材的基本性能进行多次试验，以确保其安全性。主要的实验项目有：

①材性实验：抗拉实验（屈服点、抗拉强度、屈强比、伸长率）；冲击实验；成分分析

②焊接性能确认实验：斜面 Y 坡口约束焊接试验；硬度实验

③为确保桁架梁与柱构件连接节点的性能，进行十字形对接焊缝焊接试验，实验项目如下：目视检查；拉伸实验；冲击实验（热影响区）；冲击实验（焊接部）；硬度实验

④箱形柱的施工实验

制作箱形柱的试件，进行焊接施工实验，确保焊接部分的安全性。试件规格为 mm：BX－850×850×80×80（高性能 60kg 级钢），试件长度为 2550mm。

15.1.3 富士组展览馆

所 在 地　大阪，千里市

主要用途　博览会

设计期间　1966～1968 年

施工期间　1968～1970 年

建筑设计　村田丰建筑事务所　村田丰等

结构设计　川口卫建筑结构设计事务所　川口卫等

结构类别　空气膨胀式膜结构

建筑占地面积　3369m²

总建筑面积　3772m²

高度层数　高度 32m 层数 2 层

最大跨度　50m

获　　奖　科学技术厅长官奖（1970）；

巴黎蓬皮杜中心“世界工程师展”邀请展出（1997）

大阪万国博览会富士组展示馆，是距今为止实现的世界上最大规模的空气膨胀式膜结构。这个用布制成的建筑物具有外径 50m 的圆形平面，沿着圆周并排竖立着 16 根空气膨胀式拱形膜体，形成一个完整的立体结构。拱形膜体是用 PVA 纤维即维尼纶这种材料制成的帆布，充入空气吹鼓而成。充气拱的断面直径是 4m，断面内的气压在通常气候条件下比室外气压高 800Pa，在暴风的气候条件下比室外高 25000Pa。

拱形膜的下端是由厚度 6mm 的铁板做成的直径 3.850m、高度 1.100m 的圆筒型柱脚，锚入混凝土基础。

由横向束带结合成的 16 根充气拱群，成为本馆的主体结构，但这样会在两山墙部分留下约 27m 高，11m 宽的开口。由于内部要演出，这个开口必须堵住，但须让观众出入，只能堵住上半部分的开口。为此在一钢架上竖立了两根一组的充气筒，分别与钢架用稳定索连接。

各拱的轴心线长度约为 72m，所有拱的这个长度是固定不变的。拱的形状在平面中央部是半圆形，靠近山墙面拱的下端逐渐挨近，从侧面看拱的高度逐渐升高。为了使这些拱形膜群聚集成一体，把称为横向束带的宽 500mm 的帆布带每隔 4m 与拱型膜群缝制起来。这些横向束带的走向对于拱形膜群的里外包络面接近于短程线。沿着拱形膜群表面大体水平的横向束带在结构侧面拱形膜的最终端，转入建筑物的内侧，沿着内侧走到拱群的另一端，然后再一次

转到建筑物表面回到起始点。这样,17 根横向束带分别沿拱形膜群表里走完一周,相邻拱的接合位置处,内外的横向束带互相拉紧,在横向带内产生拉紧力,使各拱形成一个完整的立体结构体(图 15-5)。

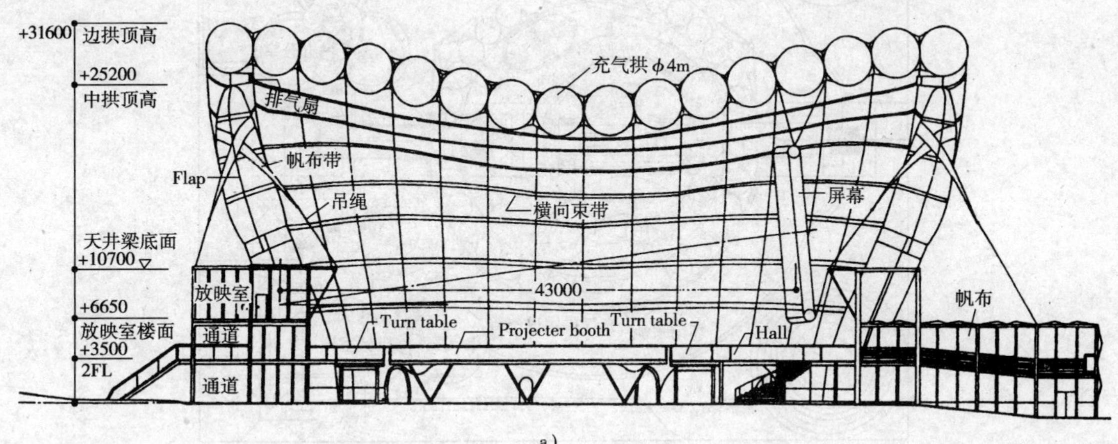

a)

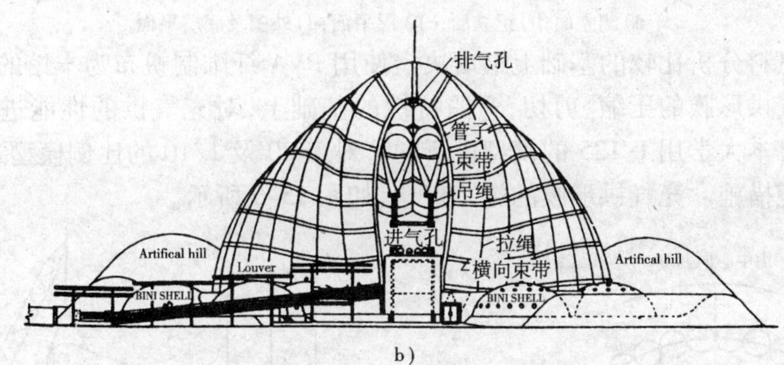

b)

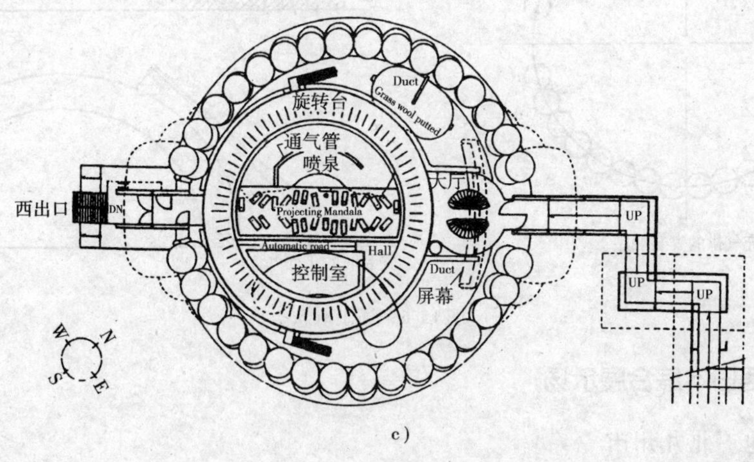

c)

图 15-5

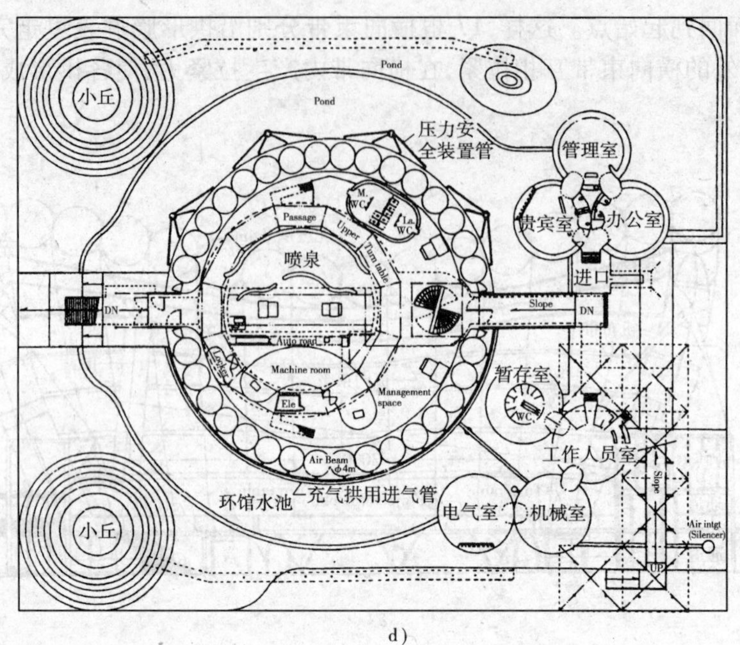

d)

图　15-5

a)侧立面;b)正立面;c)2 层平面;d)外围及底层平面

在对 5 种材料分析比较的基础上最后决定使用 PVA 纤维制帆布为本馆的膜材料。

在把握充气拱形膜的压缩、剪切、弯曲特性的基础上,对充气拱的性能进行了详细研究。风洞实验是在日本大学用 1/125 的模型进行的。对 1/20 及 1/10 的比例模型进行了实验并对漏气采取了相应措施。充气拱形膜的施工概念,如图 15-6 所示。

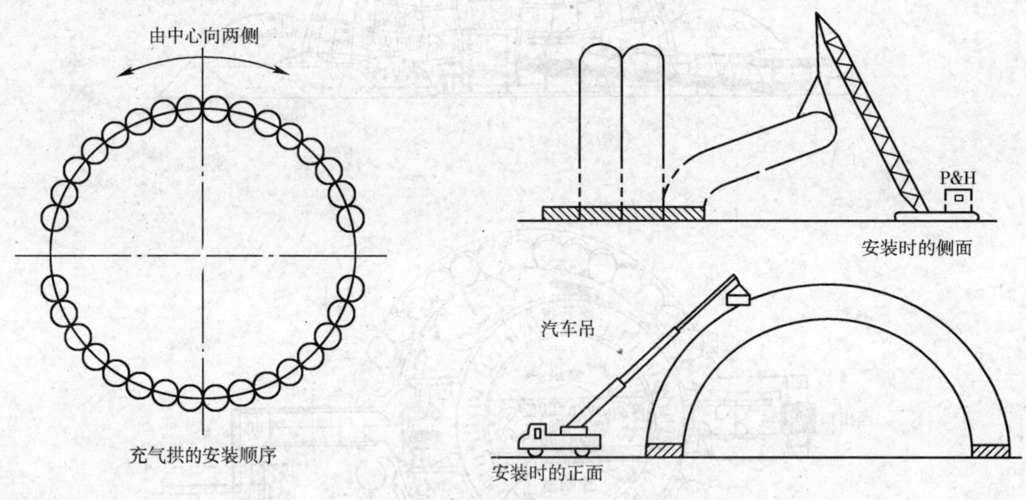

图 15-6　施工概念

15.1.4　西日本综合展示场

所　在　地　北九州市

主要用途　展示场

设计期间　1975 ~ 1976 年

施工期间　1976 ~ 1977 年

建筑设计　矶崎新设计室,矶崎新等

结构设计　川口卫建筑结构设计事务所,川卫口等

结构类别　斜张拉型悬索屋面结构

建筑占地面积　$9667m^2$

总建筑面积　$11089m^2$

高度层数　屋面高 10m,柱高 31m,层数 3 层

最大跨度　47.7m

获　　奖　北九州市建筑文化奖(1991 年)

1. 设计思想及结构特点

西日本综合展示场是长方形平面的展示场,平面尺寸约 50m × 170m。这个建筑物最大的结构特征,是在世界上第一次采用了真正的斜张拉形式的屋面结构。屋面把建筑长方向 8 等分后的每一部分作为一个单元,单元的宽度为 21.6m,所形成的结构形状是重复制作的 8 个相同单元。每一个单元间都设置了伸缩缝。屋面的标高为地上 10m,在这一标高上,每个单元沿跨度方向贯通 4 根主梁,在这 4 根主梁上搭接 6 根次梁。主梁的跨度为 42.7m,梁高为 600mm,大约为跨度的 70 分之一。主梁与次梁构成网格状的骨架单元,在间距离 47.7m 处竖立一对钢管柱,利用从钢管柱顶部伸出的斜张拉钢索来立体地支持结构骨架。支持骨架的支点设置在主次梁的交点处,1 个单元范围内有 16 个支点。钢管柱头上设置的锚固位置分上下 4 段分散设置,这样一来,避免了只在柱头的 1 个位置集中设置钢索而产生的构造处理难度,同时,对于屋面骨架结构来说,为了充分发挥钢索的有效刚度,在柱上段锚固钢索,以使从柱开始到屋面吊点之间的距离尽可能的远。钢管柱的柱脚在跨度方向是铰接节点。此铰接节点是在运用钢板弯曲变形的基础上研制开发的"板铰"。和通常的铰接节点相比,制作费非常便宜,并且具有免维护保养的优点。从柱头开始向建筑物的外侧贯穿着 4 根后张拉索,伸向水平距离 25m 外的锚具,配置成竖琴状。

斜拉形式的西日本综合展馆的屋顶结构自从其作为大跨度结构体系的一种用于建筑领域,至今已达 20 多年。不过与一般结构形式相比,仍属于新形式之列。此结构与桥梁领域的斜拉桥的发展关系密切,因此为理解、应用这种结构形式,需要了解斜拉桥的发展概要,另一方面也需要充分研究斜拉桥中所没有的建筑结构所特有的问题。

本建筑物的主要结构,上部分为钢斜拉形式的悬吊屋顶结构,在长方形平面的下部分为二层 RC 构造。屋顶大梁考虑了大跨方向的温度变形,所以采取了一端是铰接,另一端为滚轴的支座形式(图 15-7)。

在并列的小梁之间,每隔 8m,以简支梁形式铺设 V 字型的预制混凝土屋面板(厚 50mm)。包括防水、设备等屋顶总重量每单元约 2000kN($2250N/m^2$)。钢索的张力,根据荷载平衡条件计算约 140 ~ 180kN/根,钢管柱直径为 700mm。固定处的钢索张力垂直分量的合力是:每一个锚固块平时为 890kN,积雪时 1080kN。从造型上和经济上考虑,所有锚固块的重量保证在 740kN,并且加上支持锚固块的现浇混凝土桩根,直径 1m,长度 11.45m 的重量约 900kN。保证了在积雪荷重下具有 1.5 倍的安全系数,稳定索张力的水平分量,由连接两个地锚块的地梁承担,地梁同时兼作室内沟槽侧壁。

屋顶面内的水平力,在跨度方向,沿各大梁传到了铰接点侧的钢筋混凝土结构上;在建筑物纵向,沿着屋顶平面内适当设置的水平支撑,传到单元两侧的钢筋混凝土结构上。山墙端部

锚固支座
▽+31.450
▽+27.000
▽+25.200
▽+24.300
▽+23.400
▽+22.500
▽+9.600
▽+8.100
▽+5.850
▽+3.600
1FL ▽+0
sC₁
sG₁
9600
9900
300
800
26 005.6
18 450
21 600
47 700
544.4
450

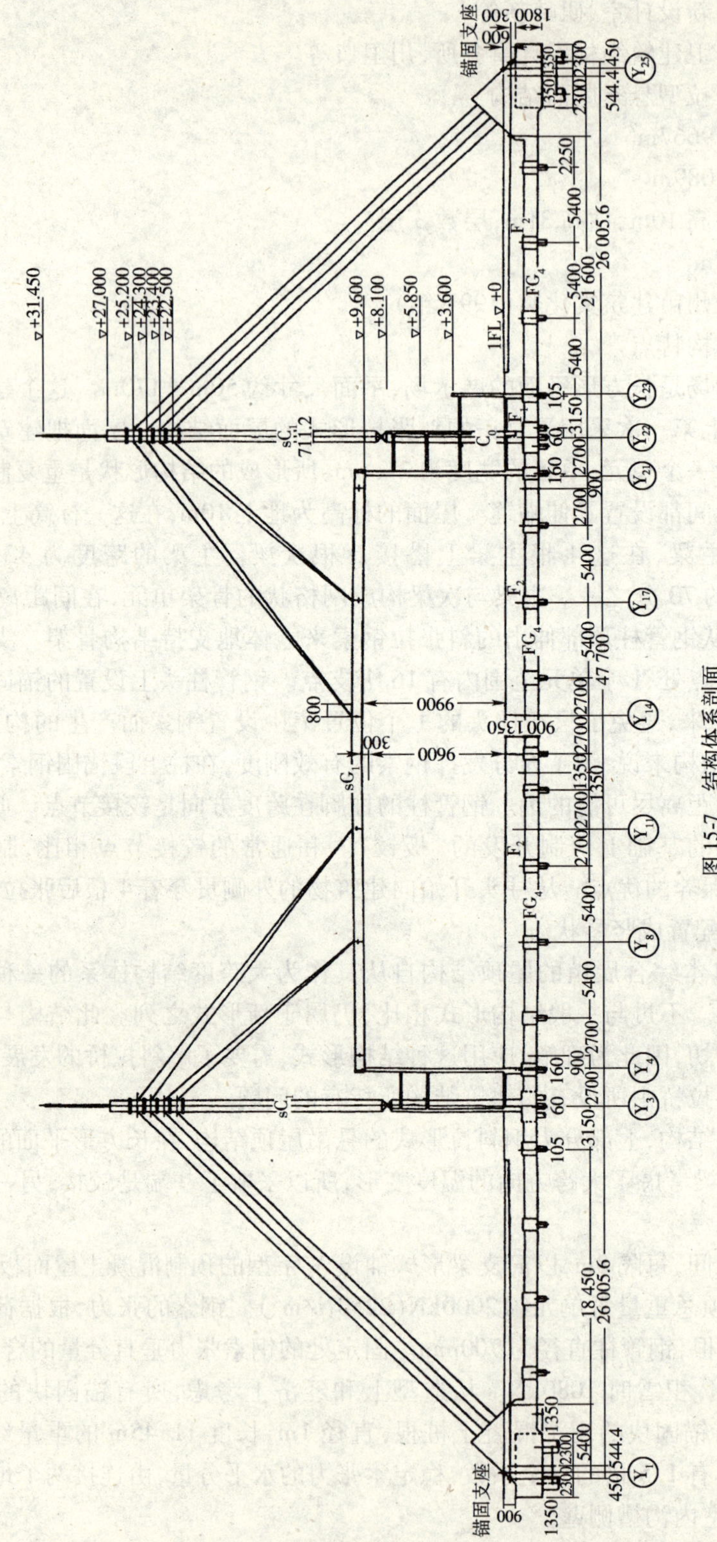

图 15-7 结构体系剖面

屋顶的水平结构单元，对于作用于建筑物山墙面的风荷载，起到了抗风梁的作用。

2. 构造

屋顶平面内的大梁，如前所述一端铰接，另一端为滚动支座滚轴的功能沿跨度方向，采用有导轨的滑动支承。支承部的预埋板顶部作成半径为1m的圆筒面，滑动面上下的平板上加聚四氟乙烯（厚为2.4mm）（图15-8）。

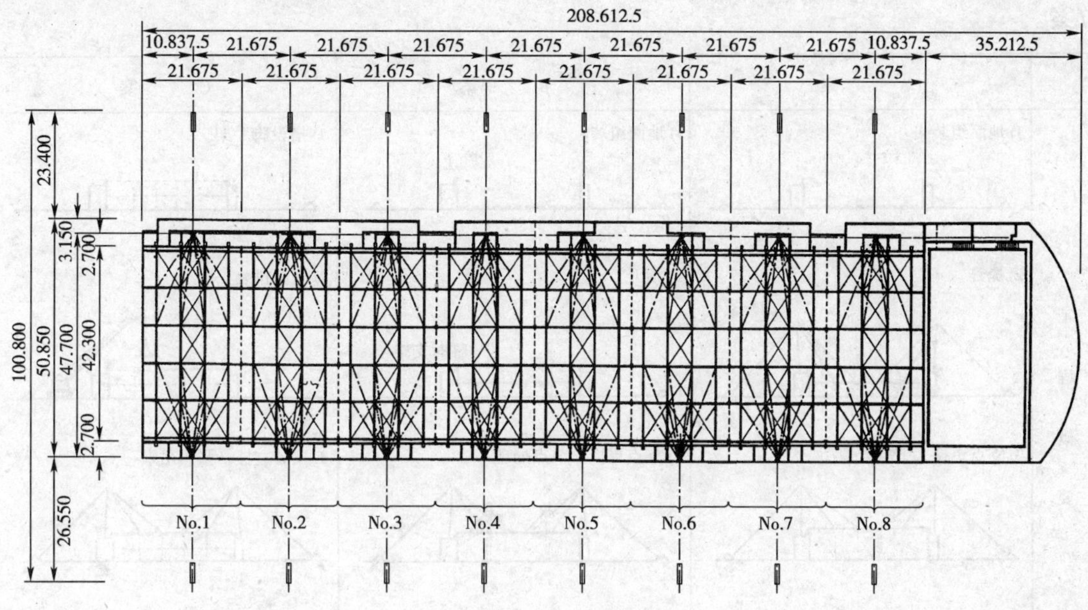

图 15-8 结构平面

索采用了电镀钢丝绳，吊索（$7\times7\times\phi38$），稳定索（$1\times127\times\phi60$），为了防锈，表面覆盖了耐候性强的尼龙丝保护层（3mm）。钢绳节点的作法，吊索用金属（S10～15C）的塑性压缩节点，而稳定索按照直径大小，在铸钢节点（SC46）基础上加配铜亚铅合金节点。

钢索的长度调整，及预应力的施加是在各索的下端进行，所以，上述节点夹具的固定方式为：柱头侧是铰，屋顶及锚块处侧是螺栓。索端固定的具体做法是临时设立杠杆加压千斤顶，屋顶处为200kN，在锚块处为500kN。

如前所述，这个斜拉结构的柱脚沿跨度方向是铰。但是铰节点一般来说非常昂贵，并且对于不同的使用对象，很多考虑方法过于传统。本结构的具体情况是，轴力大，剪力非常小，针对这一特性，设计了利用板的弹性弯曲的铰结构造。这个铰对于1800kN轴力，在弹性范围内允许柱头有100mm的位移。

PC屋面板的安装利用了板的弹性弯曲。具有V字形断面的这个PC板是长8m的预制装配式构件，因其在长向上并排放置了5个，且屋顶框架又是固定着的，所以可能产生由于温度变形的累积而发生的问题，因此最好是逐个处理各个构件的温度变形，但是构件的数量非常多（标准形640个，异形144个），所以这种复杂的机械装置并不实际。另外，用螺栓孔的作法是一种尝试，但其实际效果也有疑问。为解决这个问题，组装PC构件的L形配件尺寸设计时，使L形配件在弹性范围内可以吸收地震力并满足温度变形的要求。

3. 施工方法

从结构方案阶段起就在考虑施工方法的同时进行结构设计。承担施工的单位一开始就与设计者反复协商，努力在设计上和施工上，得到最佳效果。

这个结构在施工上的特点是:(1)完全相同的8个单元逐一连接;(2)因其建筑空间近似于单一空间,所以屋顶结构占全工程中的比重很大。基于对这些特点的考虑,研究了多个可能的施工方案,其主要方法示于图15-9中,A、B两个方案均是提升的施工方法,C方案是脚手架的施工方法。研究结果,因屋顶不高,且屋顶结构构件(钢及钢筋混凝土预制板)单体的重量比较小,综合比较,几个方案并无决定性的差异,因此,选择了在施工上常用且经验丰富的C方案。

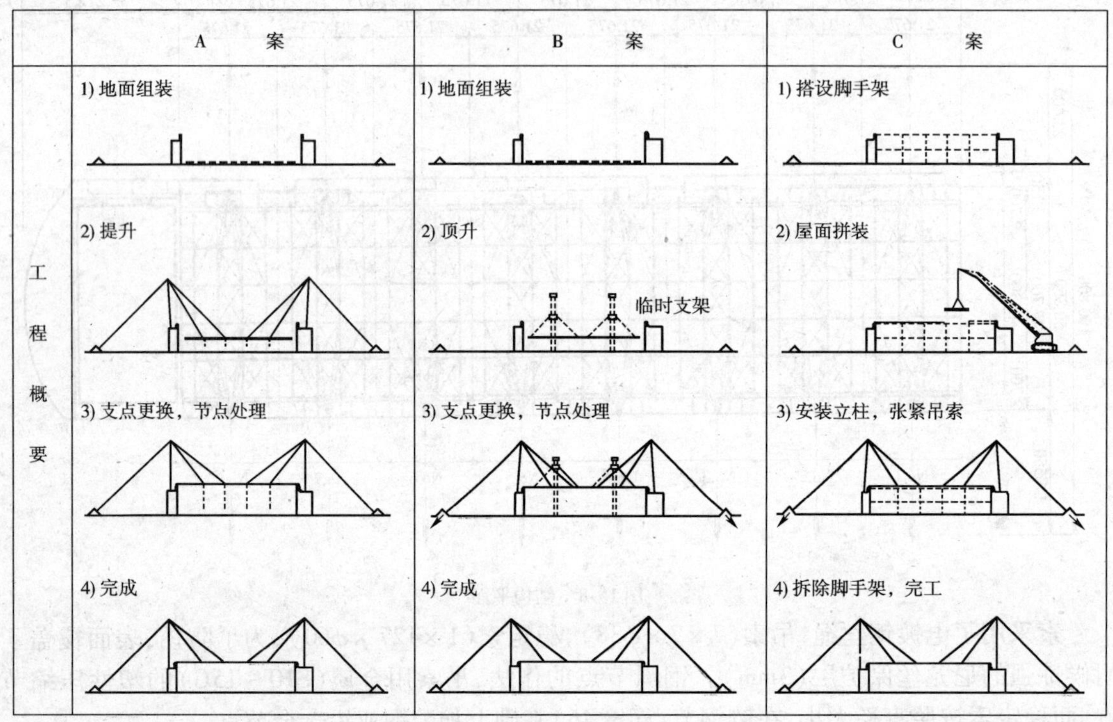

图15-9 各种施工方法的比较

从上述理由出发,作为整体计划,采取了在临时脚手架上组装好屋顶框架,并将其荷载转移到由索承担的方法。在这种情况下,如果先让脚手架承担全部荷载,再给索引入张力,直至脚手架卸去全部荷载的话,结构上是最经济合理的方案。但考虑到屋顶的施工将全部荷载都让脚手架承担,一般情况下是不合适的。因此,索在张紧时考虑索承担屋顶全部荷载的10%,随之产生的变形应力按所谓起拱来处理。

15.1.5 大分县体育公园主体育馆

所 在 地　大分县大分市松冈·横尾地区

主要用途　足球场,田径场

设计时间　1996年8月~1997年11月

施工时间　1998年4月~2001年3月

建筑设计　(株)黑川纪章建筑都市设计事务所

结构设计　(株)竹中工务店九州一级建筑士事务所

结构类别　下部看台框架:钢筋混凝土结构;屋盖;钢结构

建筑面积　92882m^2

高　　度　GL + 57.46m

获奖记录　1995 年 3 月建筑设计竞赛奖

1. 设计意图

本设施是基于《大分县体育公园基本构想》，围绕 2000 年世界杯、第二次全国运动会的召开，为了实现终身体育与田径运动的振兴而以体育公园为中心设施所计划的。本设施与高尾山公园的相连山岭、遥相对应的丰后水道的优美景观、动植物生态系统和周围地区与城市共存。一方面本设施与历史、文化协调，另一方面考虑到是面向下世纪的设施，因此提议建成作为与县民关系密切的体育、艺术、文化交流及通信设施。体育馆的主体几何为球体的一部分，根据纯粹几何学完成的造型，是由功能型的移动屋顶系统形成的简单建筑，无论屋顶开启或关闭，都形成不变的有整体感的立体造型。看台部分大约有一半埋在地下，能减少噪音。球体与地面连接的部分用绿色覆盖，地平线处没有以前体育馆的压迫感，这是考虑到其对周围环境影响而采用的形式。顶部椭圆形的大开口让草坪受到最大限度的日照，田径场的结构轻快而有韵律感，创造出令人兴奋的空间，可以给选手以速度感。单纯化与抽象化的外形与自然平稳的起伏这具有戏剧性的共存给人以日本式的美感，而作为其媒体的技术也给人们一种戏剧性的预感。

2. 结构特征

这个体育馆的一大特征是配备了开闭式屋顶，与屋顶行走路线相配的混合交叉拱形结构作为主要结构。拱形结构是能在连接节点直接传递荷载的抗震性能优越的结构。交叉拱形结构使用倒三角形的钢桁架，以确保此大跨度结构的刚度，同时，此结构能够用轴力方式传递内力。拱形结构上方的固定屋顶为三角形钢结构桁架，在支承屋顶装饰材料荷载的同时，还可以提供水平方向的面内刚度和承受水平方向的荷载。移动屋顶分为两部分，均为由 25 台移动台车铰接支承的三角形网格的网壳结构。考虑到屋顶开关时伴随的移动屋顶的变形以及为了减少地震反应，在移动屋顶与行走台车之间配置了滑动支承、水平弹簧和气闸。对于拱形结构特有的侧向压力，将一楼环状的地板作为拉力环来承受。屋顶采用横向开关方式，以便于维护管理。此外，移动屋顶采用新开发的保持 25% 透光率的单层特氟隆薄膜。

3. 屋顶结构平面图和主要构件截面

参见图 15-10、图 15-11。

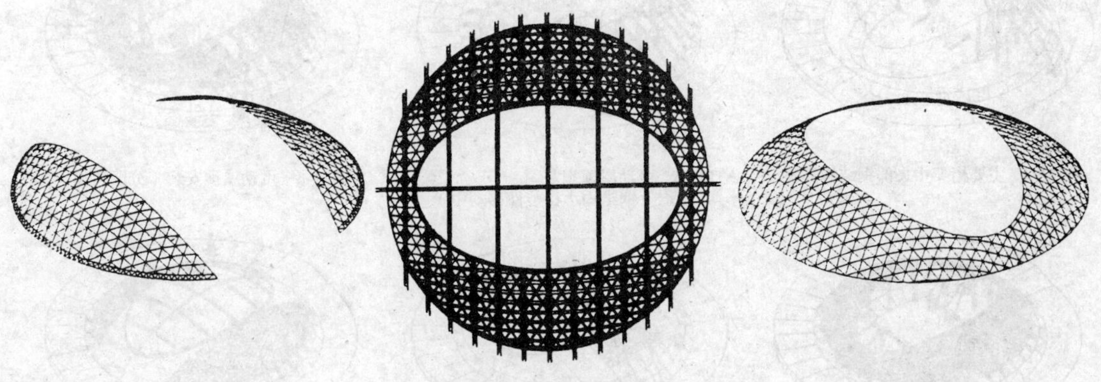

图 15-10　开启状态平面图

4. 场地状况与地基结构

该结构场地是丘陵地带，挖土部分根据持力层状况采用直接基础或地基加密桩；填土部分，有

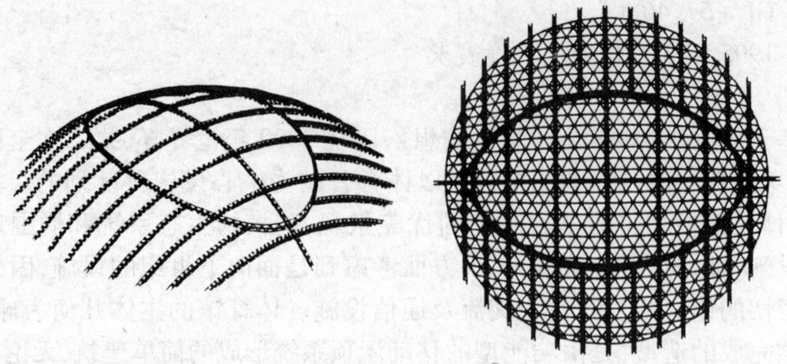

图 15-11　关闭状态平面图

的地方采用混凝土预制桩或现场灌注桩。图 15-12 为 8 轴剖面图,显示了拱形结构和基础结构。

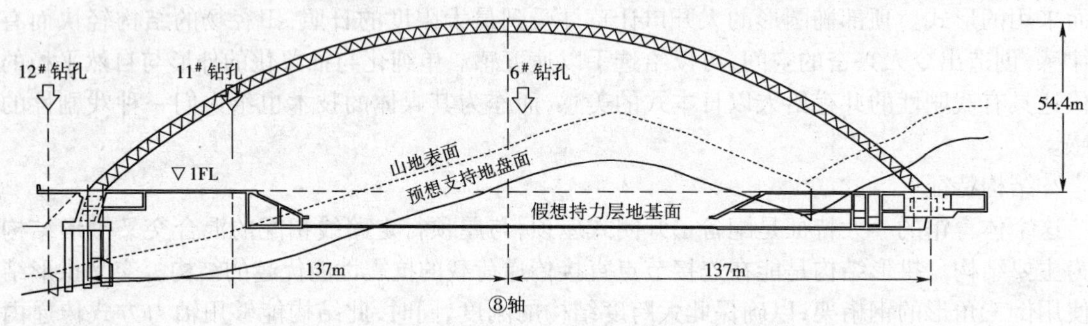

图 15-12　8 轴拱架结构剖面图

5. 施工方法

屋盖结构施工时,先安装固定屋顶,再安装开口部的拱形结构,以后,同时安装移动屋顶与行走台车。施工各阶段如图 15-13 所示。

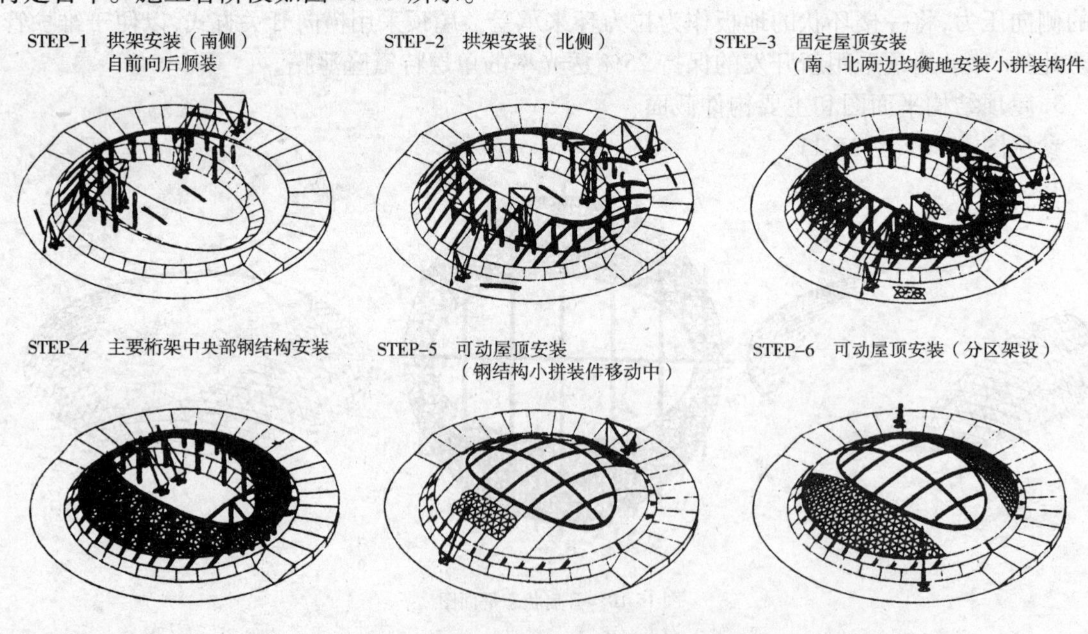

图 15-13　钢结构施工流程图

6. 分析模型

根据移动屋顶的开闭方案，建立图 15-14 所示的全开状态与全闭状态两个模型。在每种模型中采用考虑全部构件的立体模型静力分析，计算构件应力以确定截面尺寸，同时将拱架结构和压力环置换成等价杆件后进行三维地震反应分析。动力分析模型的下部结构中，一楼地板的压力环、建筑物的地下部分和地基的水平刚度用弹簧等代替。静力分析模型中，由于用弹簧模拟下部结构和将其完全固定的分析结果差别很小，将下部结构固定后进行分析。可动屋顶和拱形结构的约束条件如图 15-15 所示，在与行走台车位置相对应的拱形结构的节点上，将向心方向为刚，导轨方向为柔的弹簧与和导轨垂直相交方向安装台车的弹簧合成组成模型。地震反应分析的输入地震波采用了 EL CENTRO 1940 NS，TAFT 1952 EW 以及该场地近郊的断层模拟地震波共 3 波，将得到的最大加速度反应值转为等效静力分析时抗震设计用荷载。

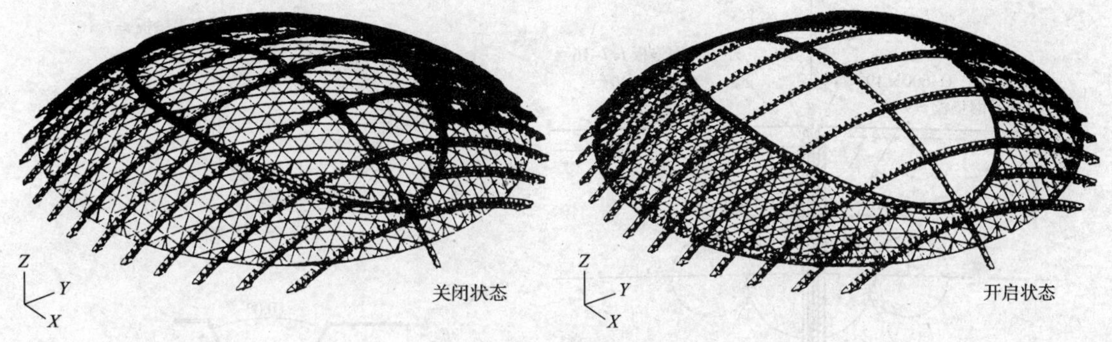

图 15-14　立体分析模型

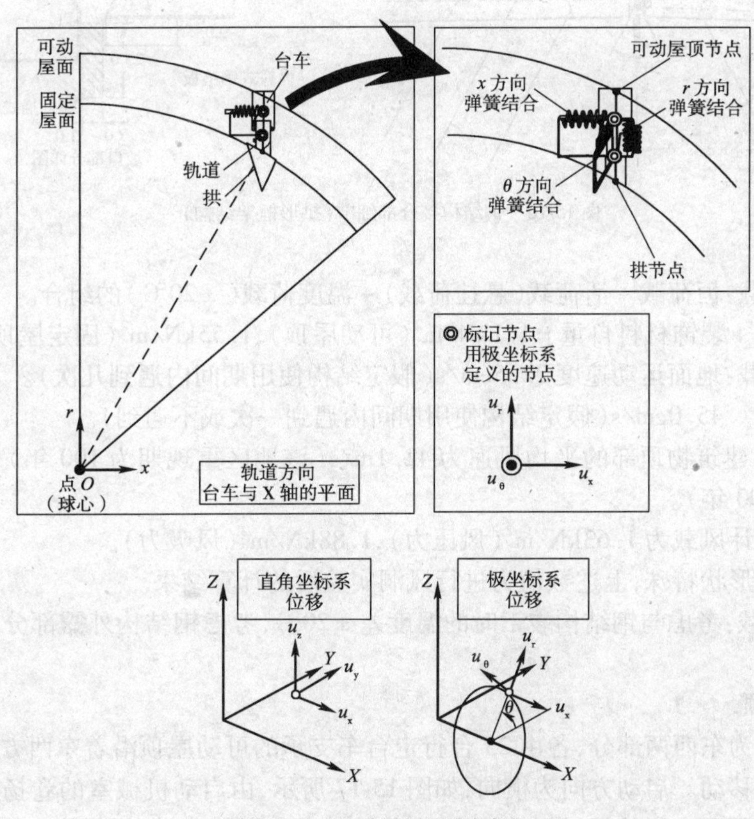

图 15-15　可动屋顶的约束条件

7. 结构钢材

钢材种类:SM490,STK490,SS400,STK400,板厚超过 40mm 的钢管是 TMCP 钢;

钢索直径 75 IWRC 6 WS(41);

与启动装置相连部位的主要钢材为 S25CN,S35CN,S45CN,SCM435,SCM445;

拱形结构的基础与看台顶部为 FR 钢(耐火钢)。

8. 钢结构接头

钢管连接接头应能消除构件制作误差与施工误差。拱形结构的上下弦杆和屋顶的三角形网格都应满足此要求。不采用预先内置钢垫板的方式,而采用割成与实际安装间隔相同的四分之一圆的金属环从外侧插入的形式进行安装。图 15-16 显示了其要点。

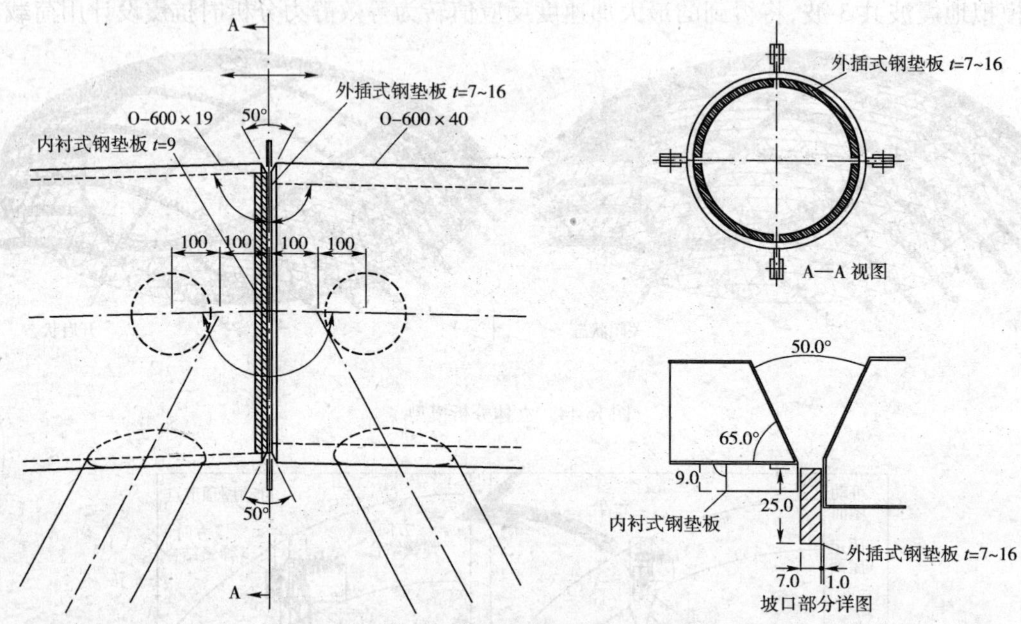

图 15-16　钢结构接合部细节(拱形框架结构)

9. 荷载条件

(1)长期荷载:恒荷载+活荷载(悬挂荷载)+温度荷载(±20℃)的组合。

钢结构自重+装饰材料自重=1.1kN/m^2(可动屋顶),1.55kN/m^2(固定屋顶)。

(2)地震荷载:地面运动速度 22.5cm/s(假定结构使用期间内遇到几次)。

45.0cm/s(假定结构使用期间内遇到一次或不遇到)。

(3)风荷载:建筑物顶部的平均风速为 42.1m/s(该地区重现期为 100 年),48.9cm/s(该地区重现期为 500 年)。

薄膜材料设计风载为 1.63kN/m^2(风压力),1.88kN/m^2(风吸力)。

因为建筑物形状特殊,上述数值为进行风洞实验后的计算结果。

(4)温度荷载:考虑与钢结构竣工时的温度差±20℃,考虑钢结构外露部分盛夏的灼热状态+60℃。

10. 开闭屋顶

可动屋顶分为东西两部分,各由 25 台行走台车支承的可动屋顶沿着东西方向 7 根拱架的行走导轨沿球体移动。启动方向为横向,如图 15-17 所示,由启动机械室的卷扬机拉动卷动缆绳,或者送出,屋顶开启与关闭时间大约为 20 分钟。在全开状态时,下部的制动器支承屋顶荷载,在全关状态下,由于东西屋顶相连,缆绳张力较低。可动屋顶是膜结构,使用透光率25%的透光性薄膜材料,提高全关闭时的照度。屋顶开启时,由于可动屋顶的变形受限制,产生较大的侧向压力,在可动屋顶与行走台车之间设置滑动支承,减低侧向压力。同时,还设置水平弹簧以控制压力。此外行走台车设置了液压减震器,以减小地震反应。

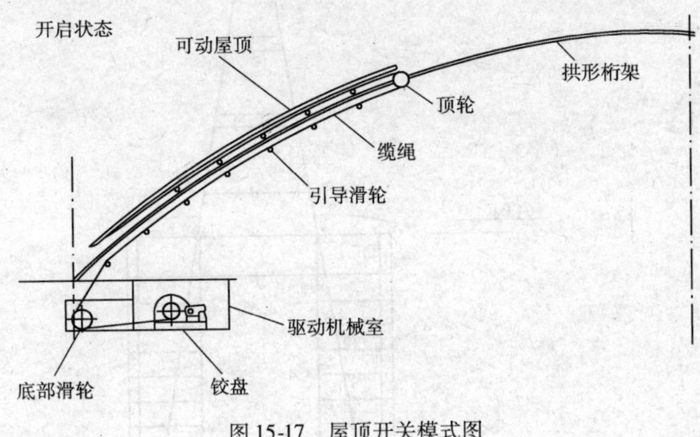

图 15-17 屋顶开关模式图

15.1.6 新金桥大厦

建设地点:上海市浦东金桥开发区

设计时间:1994~1995

设计单位:华东建筑设计研究院

1. 概述

新金桥大厦是由上海浦东金桥出口加工区开发公司投资兴建,香港何弢建筑设计有限公司设计总包,华东建筑设计研究院承担结构设计。它位于上海浦东金桥出口加工区,是一幢综合型、智能型、多功能的超高层钢框架-混凝土核芯筒建筑。总建筑面积约60000m^2,其中地下室2层,主楼41层,建筑屋面高度为164m,自25层起4根角柱向中央倾斜,形成一个锥形塔,塔尖高度为212m,塔尖距屋面48m(图15-18),标准层层高为3.8m。主楼由外圈钢框架、中心混凝土筒组成的钢框架-混凝土核芯筒的钢-混结构体系。钢框架柱距为4m,外框到内筒之间最大跨度达12m。楼盖结构体系为钢梁上铺设压型钢板及现浇钢筋混凝土。基础采用预制钢筋混凝土方桩,厚板承台结构,并在地下2层设置了8根混凝土深梁。

该工程施工由中建三局一公司承担,钢结构构件制作由4805厂和宝钢五冶承担,工程已于1997年6月竣工并投入使用。

2. 上部结构设计

(1)结构体系与结构布置

根据建筑物的平面和体型,新金桥大厦主楼采用钢框架-混凝土核芯筒组成的钢-混结构体系。采用压型钢板与混凝土共同作用的组合楼板设计,混凝土楼板与钢梁共同作用的组合梁设计。采用这种结构体系有以下优点:

①有很好的抗侧力能力。

②较纯钢结构用钢量省、造价低。

③柱断面小,增加使用面积。

④钢梁断面小,且钢梁上可开洞口,增加建筑净高。

⑤施工方便,施工速度快。

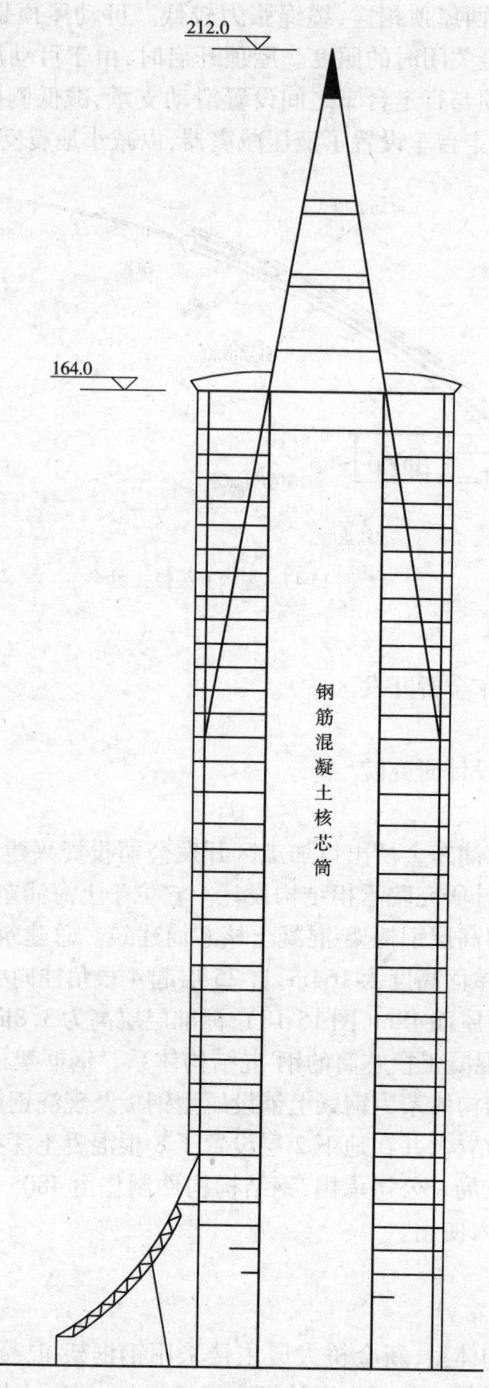

图 15-18　剖面

⑥自重较轻，节省基础造价。

本工程主楼25层以下平面形状为正方形（图15-19），外圈钢框架柱距为4m，每边9跨，四周自柱中心外挑1.2m。建筑外包尺寸为38.4m×38.4m，建筑物高宽比为4.56（宽度按36m计算）。中央内筒南北向13.35m，东西向19.2m。内筒高宽比南北向为12.3，东西向为8.5，自25层起4根角柱向中央倾斜，形成4根斜柱，至212m处相交。四个角部随高度向内收缩，平面形状为多边形（图15-20）。

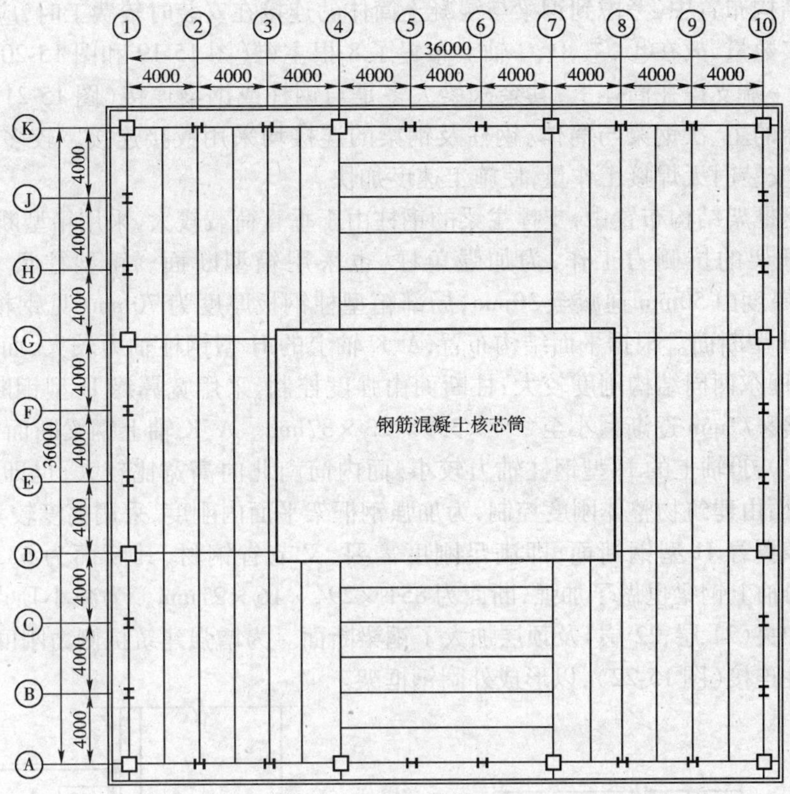

图 15-19　低区标准层结构平面

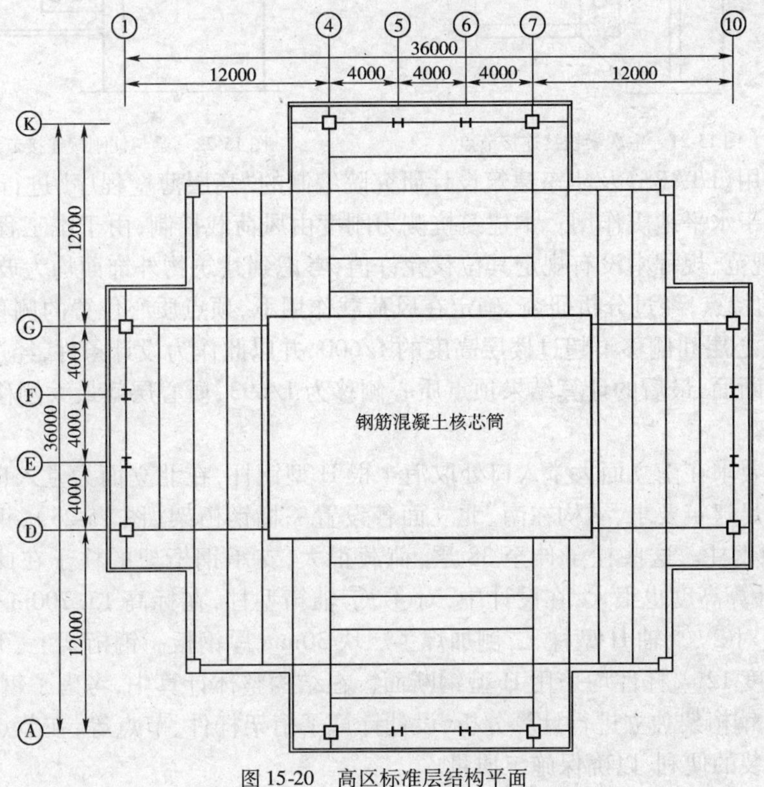

图 15-20　高区标准层结构平面

在平面结构布置中,考虑到钢梁与混凝土筒体的连接在安装时较费工时,应尽量减少钢梁与筒体的连接数量,故在④、⑦、D、G 轴上布置了 8 根主梁(图 15-19 和图 15-20),主梁一端支撑在钢柱上,一端支撑在筒体上,其余次梁大多是与钢柱或钢梁连接(图 15-21),安装十分方便。支撑楼盖的主、次钢梁与筒体、钢柱及钢梁的连接均采用铰接连接。较多的铰接连接节点,由于现场安装时无焊接工作量,使施工速度加快。

在外圈钢框架结构布置中,支撑主梁的钢柱由于垂直荷载较大,采用箱型断面。而角柱参与两个方向框架的抗侧力工作,为加强角柱,也采用箱型断面。箱型柱尺寸为 750mm × 750mm,钢板厚度由 50mm 递减至 30mm,局部箱型柱钢板厚度为 70mm(见钢桁架部分)。其他钢柱采用 H 型断面。根据平面结构布置,A、K 轴上的 H 型钢柱轴力较大,而内筒东西向高宽比较小,也即东西向结构刚度较大,柱断面由强度控制,采用宽翼缘 H 型钢断面,柱断面由 475 × 424 × 48 × 77mm 逐渐减小至 394 × 399 × 23 × 37mm。A、K 轴上钢梁断面为 602 × 228 × 11 × 15mm。①、⑩轴上的 H 型钢柱轴力较小,而内筒南北向高宽比较大,也即南北向结构刚度较小,柱断面由建筑物整体刚度控制,为加强钢框架平面内刚度,采用高度较大,一个方向惯性矩较大的窄翼缘 H 型钢断面,即满足刚度需要,又节省钢材,其断面为 633 × 312 × 18 × 31mm。①、⑩轴上钢梁也做了加强,断面为 851 × 294 × 16 × 27mm。为减小顶点质心位移,在建筑物高度中央(21 层、22 层)及顶层加大了钢梁断面。为增强建筑抗侧力刚度,外圈梁-柱连接均采用刚性连接(图 15-22),以形成外圈钢框架。

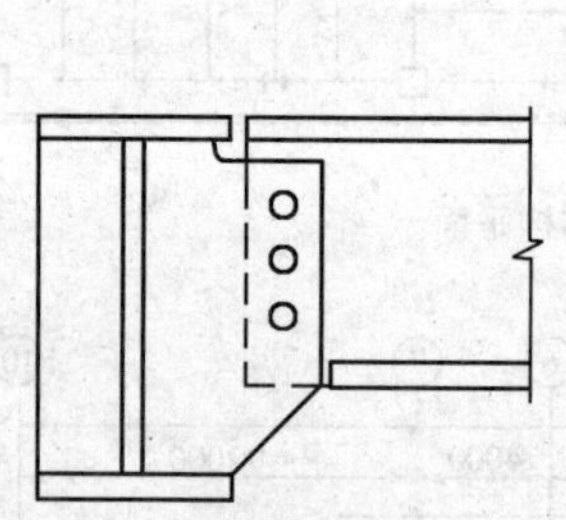

图 15-21 主次梁铰接连接节点

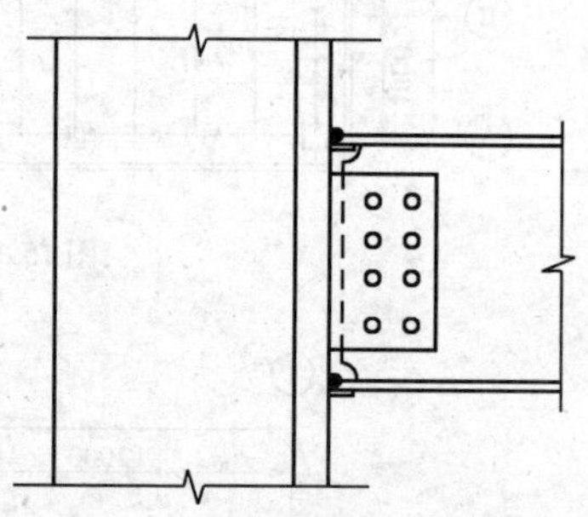

图 15-22 梁与柱刚接连接节点

本工程采用《ETABS》及华东建筑设计研究院编制的“高层薄壁程序”进行分析计算,计算结果风荷载大于水平地震作用。本建筑抗侧力刚度由风荷载控制,由于本工程为钢-混结构体系,在国内的规范、规程中没有规定其位移允许值,考虑到建筑物外饰面均为玻璃幕墙,并且兼顾钢-混结构的特点,经过分析研究,确定在风荷载作用下,顶点质心位置的侧移不超过建筑高度的 1/700;质心层间侧移不超过楼层高度的 1/600,并以此作为设计条件,经过反复试算并调整梁、柱、筒的断面,最后的计算结果顶点质心侧移为 1/693,质心层间最大侧移为 1/586。

(2)钢桁架

建筑设计要求在南立面大堂入口处取消 4 根 H 型钢柱,在北立面大堂入口处取消 2 根 H 型钢柱。为满足建筑要求,结构在南、北立面各设置一榀钢桁架(图 15-23),钢桁架支撑大堂处取消的 H 型钢柱。这些柱子伸至 38 层,荷载很大,支承钢桁架的柱子在此处轴力突然增大,且平面外计算高度也很大,在设计中,对④、⑦轴箱型柱,在标高 15.700m 以下,钢板厚度增加至 70mm,对②、⑨轴 H 型柱,二侧加焊了二块 30mm 厚钢板。钢桁架上、下弦中心线距离为 4m,最大跨度 12m,杆件均采用 H 型钢断面。在结构整体计算中,考虑了钢桁架的作用,并用 SAP 程序对钢桁架独立进行计算分析,设计计算了桁架杆件、节点等,在节点设计中充分考虑了制作与安装的便利,以确保施工质量。

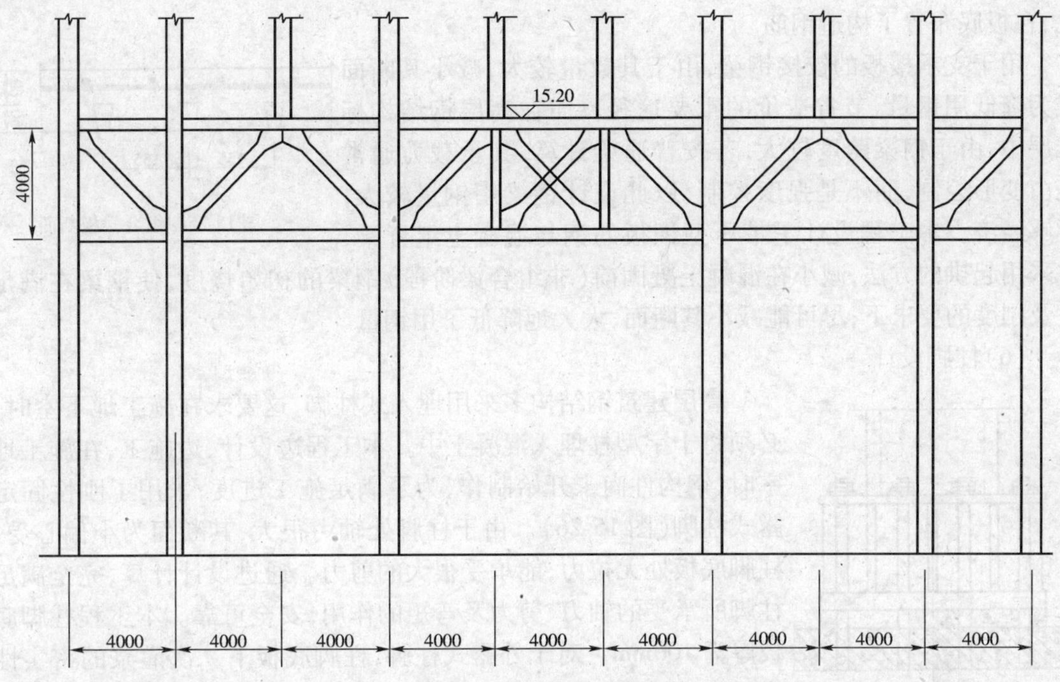

图 15-23　南立面钢桁架

(3)顶部钢框架

本建筑 40 层为金桥出口加工区总部,为大空间布置,建筑要求取消混凝土核芯筒,故在顶部设置了 2 层钢框架结构,在核芯筒处增加了 8 根钢柱,经过计算分析,该 2 层钢框架由于刚度突变,其质心层间位移较大,从而影响了顶点质心位移和层间位移的控制,考虑到这一因素,对钢框架进行了加强,采用 500×500×30mm 的箱型柱,及 950mm 高钢梁,梁-柱连接均采用刚性连接。

(4)主梁与混凝土筒体的连接

混凝土筒体的施工一般采用大模板或滑模工艺,以加快施工进度,这就要求筒体的外表面无凸出。本工程主钢梁与筒体连接按铰接设计,在筒体上预埋铁板,后焊连接板,钢梁与连接板采用高强度螺栓连接(图 15-24),由于混凝土的施工精度与钢结构的施工精度相差很大,在设计中须考虑这一因素,要求后焊的连接板在宽度上预留余量,经现场测量后,再切割连接板,以满足钢结构安装精度。由于主梁支座反力很大,预埋铁板的设计比较关键,本工程采用角铁锚固预埋铁板,实践下来比较经济、安全,且施工方便。

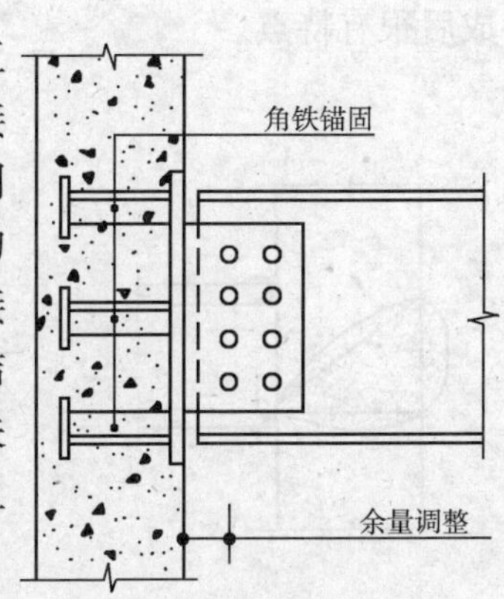

图 15-24　主梁与芯筒连接节点

(5)组合楼板与组合梁

本建筑主要功能为办公,平面荷载不大,为减轻建筑物自重,标准层混凝土楼板厚度设计为 110mm,采用了缩口型压型钢板,压型钢板肋高 50mm(图 15-25),这种压型钢板在不做防火涂料的情形下,在楼板总厚≥110mm 时,板底不配钢筋,其耐火时效可达 1.5 小时,满足防火规范要求。在本设计中,按压型钢板与混凝土共同作用的组合楼板设计,在标准层,板底不配钢筋,板面配置构造钢筋网。实际施工过程中,业主为保险起见，在板底布置了构造钢筋。

用于支承楼板的铰接钢梁，由于其数量较大，减小其断面成为降低用钢量、节省造价的重要途径。而在高层钢结构标准层中，由于钢梁跨度较大，若按普通梁计算，其承载力通常是由变形控制，而不是强度控制，以此设计钢梁用钢量较大，不够经济。本工程设计了带压型钢板的钢与混凝土组合梁，并采用起拱的方法，减小在混凝土凝固前（非组合梁阶段）钢梁的初始挠度，使钢梁在满足强度及刚度的要求下，尽可能减小其断面，大大地降低了用钢量。

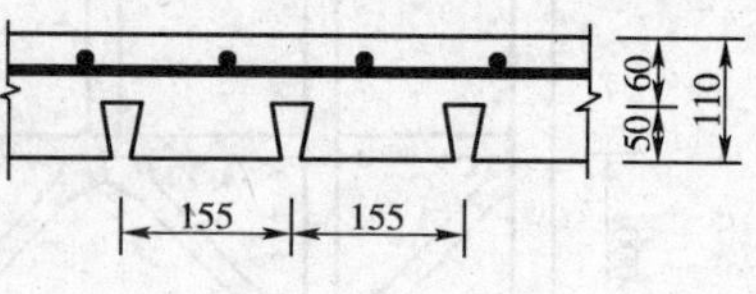

图 15-25　组合楼板断面

（6）柱脚设计

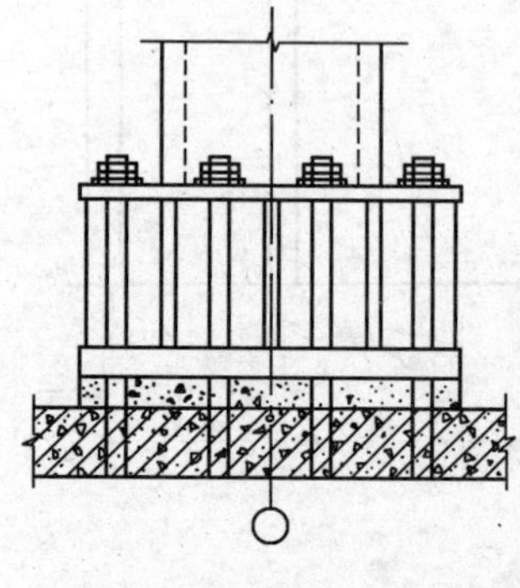
图 15-26　柱脚连接节点

高层建筑钢结构多采用埋入式柱脚，这要求在施工地下室时，就必须将十字型柱埋入混凝土中。本工程边设计、边施工，在施工地下室时，钢构件尚未开始制作，为了满足施工进度，采用了刚性固定外露式柱脚（图 15-26）。由于柱脚处轴力很大，其断面为小偏心受压，柱脚底板处无拉力，能承受很大的剪力。通过设计计算，完全满足了柱脚所承受的轴力、剪力及弯矩的作用，安全可靠。本工程柱脚底板板厚为 100mm。对于外露式柱脚，柱脚底板下二次灌浆的密实性极为重要，设计要求在柱脚底板下二次灌注 C50 微膨胀细石混凝土，并要求施工单位做 1∶1现场实验，以确保二次灌浆的密实性。

对于顶部钢框架，在核心筒处增加的 8 根钢柱柱脚，由于轴力较小，水平荷载较大，设计中采用了刚性埋入式柱脚，将混凝土剪力墙加厚，以满足构造要求。

（7）曲线形桁架大雨篷

在南立面入口处，建筑布置一个曲线形桁架大雨篷（图 15-27）。桁架的一端支撑在主体结构上，一端支撑在天然基础上，为了减小由支座沉降差异引起的内力，上、下支座均设计成可转动的铰支座（图 15-28、图 15-29）。桁架杆件采用无缝钢管。用 SAP 程序进行分析计算，建成后很有特点。

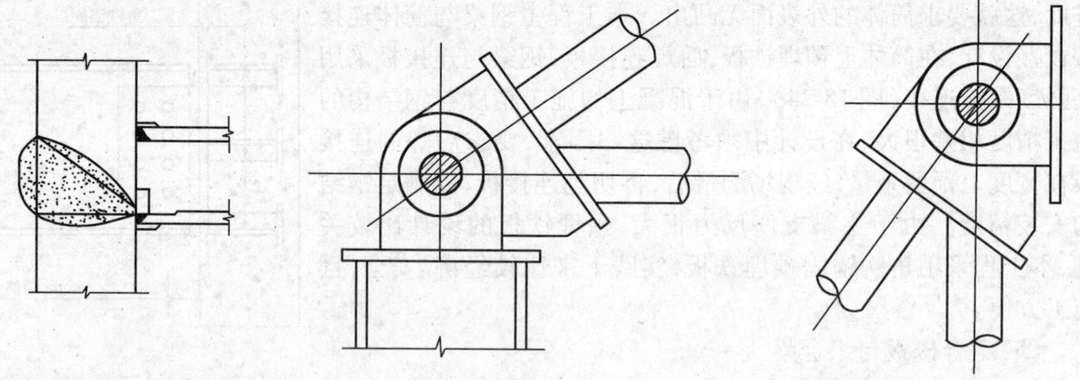
图 15-27　柱拼接连接节点　　图 15-28　雨篷桁架下支点　　图 15-29　雨篷桁架上支点

（8）梁-柱节点板域柱腹板补强

①、⑩轴上的 H 型钢柱，由于采用了窄翼缘 H 型钢断面，其腹板厚度仅为 18mm，不能满足节点板域的强度要求。根据计算，对梁-柱刚性连接的节点板域，在柱腹板上设置了补强板，补强板与柱腹板采用角焊缝围焊，并在补强板中布置了塞焊。

(9)隅撑

本工程梁－柱刚性连接节点处，在梁的下翼缘设置了隅撑，以满足构造要求。

3. 基础设计

由于建筑物上部结构采用钢-混结构，比钢筋混凝土结构自重轻，而且建筑场地地质条件较好，第⑧层土缺失。设计采用 500mm×500mm 预制钢筋混凝土方桩，桩长 35.5m，柱尖持力层选在$⑦_2$ 层——青灰色粉砂层。主楼有 2 层地下室，地下室底板为桩基承台，底板厚 2.3m。为减小基础底板内力，增加基础刚度，在地下 2 层④、⑦轴与 D、G 轴设置了 8 根混凝土深梁，梁高为地下 2 层层高，深梁与核芯筒组成了一个井字型。

施工过程中对大楼沉降作了测量，沉降比较均匀，最大沉降量 50mm 左右。

15.1.7 上海大剧院结构设计

建设地点：上海市

设计时间：1994～1996

设计单位：华东建筑设计研究院

本工程通过国际招标，法国建筑师以其“天地呼应，中西合璧”的方案一举中标。设计及施工图设计（包括各工种）由华东建筑设计研究院承担。

上海大剧院位于上海市中心人民广场西北侧，南临人民大道，隔人民广场和上海博物馆相望，西临黄陂北路，北临人民公园和上海老图书馆，东毗人民广场中轴线北端的市府大楼。上海大剧院用地面积 21644m^2，占地面积为 11528m^2，总建筑面积为 62803m^2（地上 6 层 38090m^2，地下二层 24713m^2），地下两层，地上六层，高度为 42.2m。

大剧院的顶部为一月牙形反拱钢屋盖，内有二层，局部三层，总面积约 22000m^2（包括屋顶技术层），南面是多功能厅，休息厅，北面是设备用房，屋顶是技术层，它的几何尺寸为：纵向长 100.4m，横向宽 94.5m，纵向悬挑 26m，横向悬挑 30.9m，圆弧半径 $R=93$m，拱高 11.52m。整个钢屋盖由位于③、④、⑤轴线上的六个钢筋混凝土电梯筒体作支撑柱，由于较高的隔音及抗震要求，它与下部的主舞台、观众厅等钢筋混凝土建筑完全脱开（留有隔音缝），同样拱顶下部的钢筋混凝土建筑又分成 11 个独立单元，相互间也各有缝隔开，它们是主舞台、后台、左右侧台、大排练厅、布景拆卸车间及观众厅（1800 座位），包括升降乐池、看台、包厢等。室外大踏步、左右喷水池与主体结构脱开。大剧院工程结构是由完全独立的二组结构组合在一起。一组是钢屋盖与 6 个电梯井支承柱，另一组是钢筋混凝土 6 层主结构，它们由共同的底板连接为一个整体（图 15-30～图 15-32）。

上海地区风荷载基本值 0.55kN/m^2，本工程取 0.6kN/m^2（50 年一遇），抗震设防烈度按 7 度计算，8 度抗震构造设计，场地土为Ⅳ类。工程尚根据上海地区的温度变化及钢结构的施工季节，取计算温度差为 ±30℃。

下面分三部分介绍：

1. 上部拱顶钢屋盖（图 15-33）

（1）工程技术的难点

本工程由于建筑体型不能变，结构的截面尺寸受到限制，技术难度大，具有一系列特点。首先是荷载大，竖向使用荷载达 13250t，承重主钢架自重达 4400t，各楼层钢梁及节点自重达 900t，整体提升重量达 6075t（其中包括附带提升上去的舞台钢桁架 120t 及地锚，加固支撑及提升用具等重量）。其次是悬挑长度大，钢屋盖纵向悬挑 26m，横向悬挑 30.9m，如此大的双向

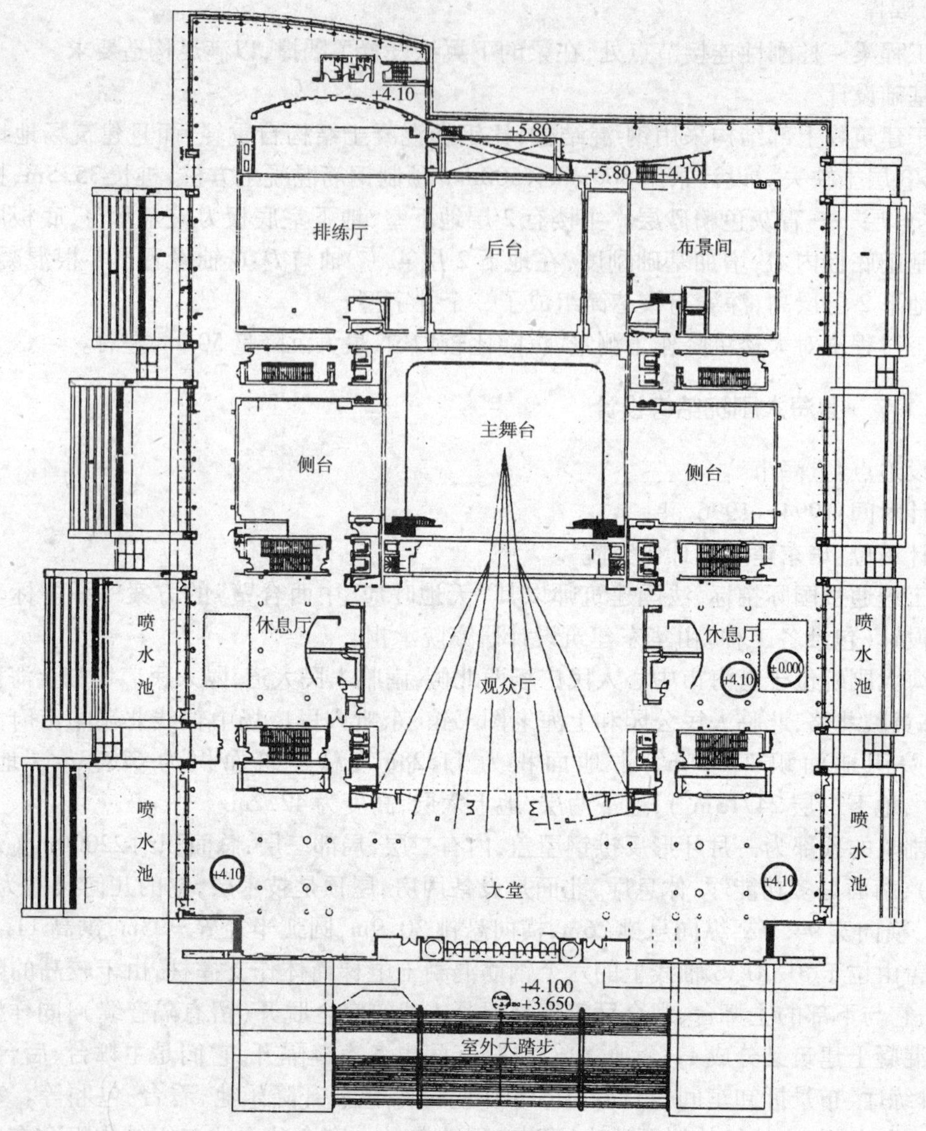

图 15-30　二层平面

悬挑是非常罕见的。再次是平面布置不规则，由于建筑功能的要求，舞台从北部穿越拱顶，拱顶上开了个 32×32m 的大洞，使三榀月牙形桁架不能横向贯通，对结构受力极为不利。

(2) 解决难题的措施

首先进行多方案比较，每个方案都做了详尽的受力分析，重点放在计算上，计算采用了先平面、后空间，多程序比较验证的方法。主要计算程序采用 SAP84(4.0)、SAP5、HB(华东院空间薄壁程序)及自编的辅助小程序等，几乎花费了近半年时间优化，使主钢架自重从 6000t(不包括节点板)降低至 4400t，单位面积用钢量为 200kg/m^2，主桁架悬臂端挠度从 230mm 降低至 100mm。具体解决方法是适当加强舞台开口处月牙形桁架自身刚度及主桁架抗扭刚度，采用变截面变厚度，加强纵向连系，使横向各榀桁架悬臂端挠度趋于均匀，从而达到控制变形的目的，并基本达到满应力设计。此外还采取了以下措施：

①建立正确的钢屋盖空间结构计算模型。

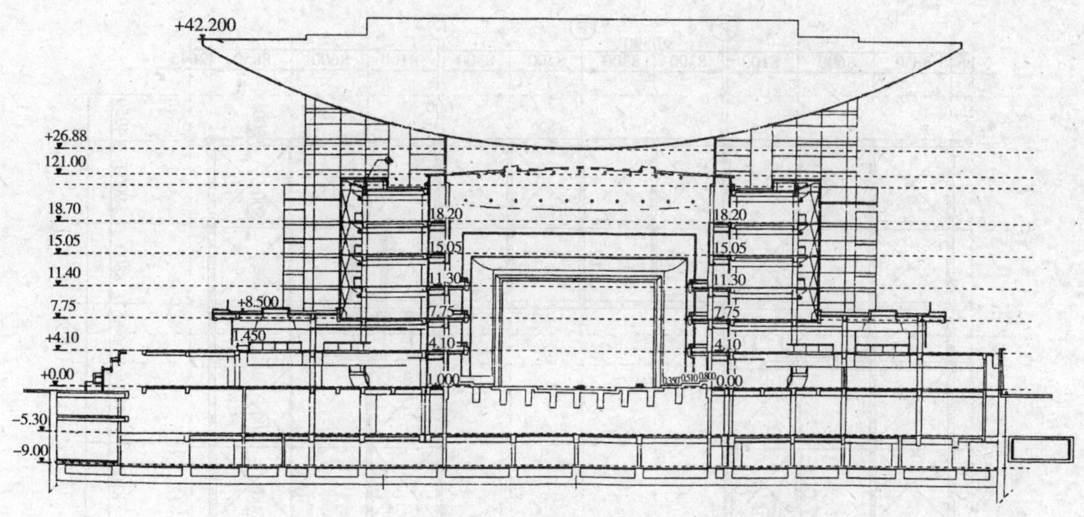

图 15-31　横剖面图

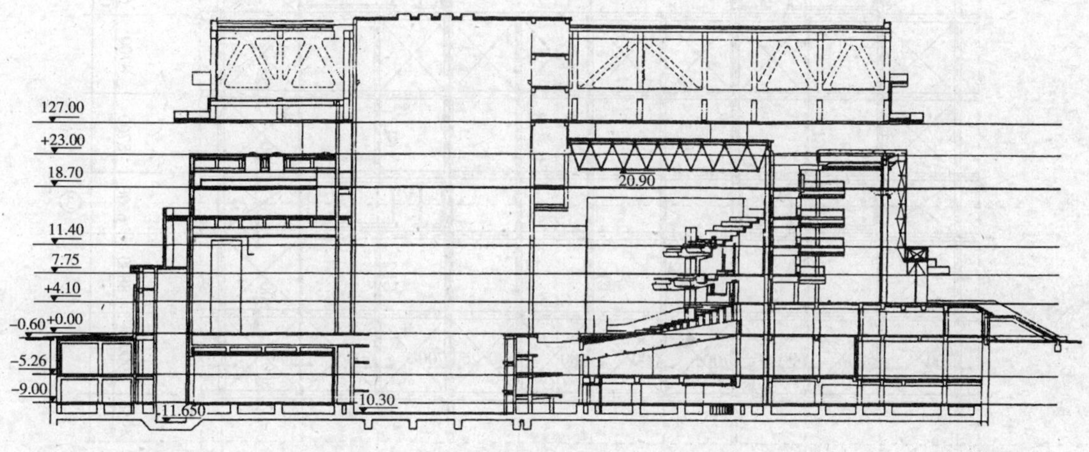

图 15-32　纵剖面图

大剧院钢屋盖是一空间结构体系,其中二榀主桁架是桁架结构,十二榀月牙形桁架是空腹刚架结构,支承钢屋架的六个钢筋混凝土电梯筒体是空间薄壁结构。因此,大剧院的主体结构是一高次超静定的刚架、桁架、薄壁筒体的混合结构,结构分析时应考虑各个平面系统的共同作用和相互影响,即"空间效应",以及联系梁、钢屋盖屋面的钢筋混凝土楼板对结构的协同作用。

②主桁架及月牙形桁架采用厚板全焊箱形截面刚性节性。

这种节点具有较好的刚度和延性,传力直接、清晰,并采用变断面设计,合理用料,稳妥过渡。根据杆件内力大小,变化箱形截面外形尺寸及钢板板厚,在应力较集中的节点部位,采用圆弧节点板过渡,使应力趋于平缓。

③所有钢材采用国产钢材,重要节点区域及部分杆件中厚度≥40mm 钢板要求采用 Z 向等级钢。

④二阶段受力支座设计(包括构造设计,按 8 度抗震设防)。第一阶段,即在钢屋架自重作用下作铰接处理,目的是减小支座弯矩。构造上采取立钢柱,柱顶用一块钢垫块与钢屋架隔离,形成板铰支座。第二阶段,在钢屋盖所有设备活荷载及各楼层静荷载加载前,采

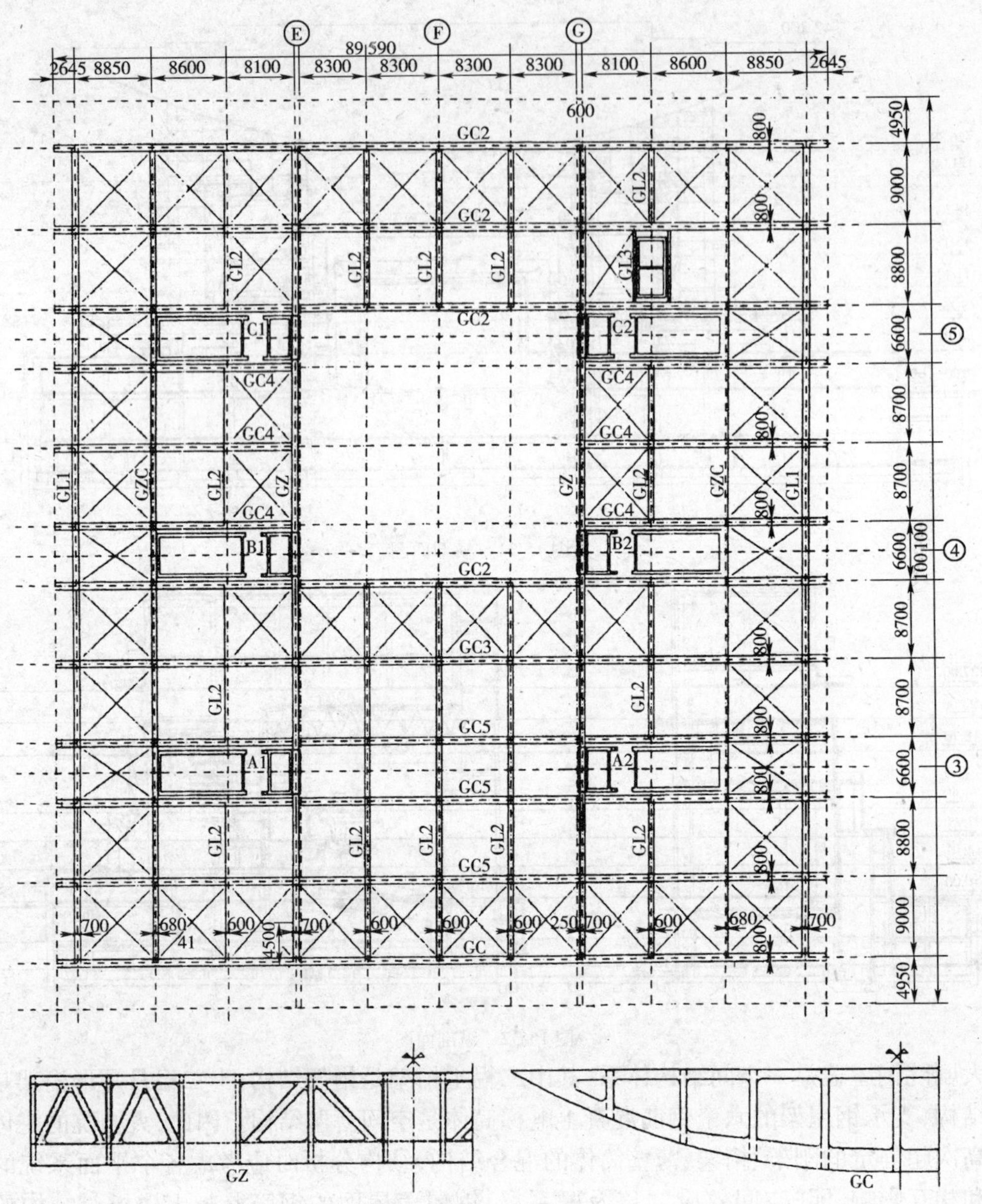

图 15-33　钢屋盖

取埋入式支座作刚接处理，目的是仅承担除自重以外的其他荷载所产生的弯矩和剪力等。设计按二阶段施工模拟的计算模型，第一阶段自重（考虑提升重量）作用下为铰接。但考虑实际板铰构造，根据本工程支座节点试验研究报告所提供数值，设计中约考虑15%的刚接弯矩，第二阶段为除钢屋盖自重外的其他荷载（包括使用活荷载及各层混凝土楼板及其装饰层重量等）作用下为刚接处理。二阶段受力支座切合实际，受力合理、施工安全，是本工程的理想选择。

（3）理论分析与试验结果的比较

本工程以严格的科学态度，对规范中没有的、创新设计的内容均做试验验证，并通过试验发现的问题来改进设计，本工程由同济大学钢结构研究室做了四项试验，即：大剧院风荷载体型系数试验、整体模型静力试验、整体模型地震振动台试验,以及钢屋盖支座节点性能研究。试验结果表明,理论计算值同试验值相差百分比在15%左右,理论计算模型是可行的,验证了结构理论分析的可靠性。

(4)钢屋盖整体提升

钢屋盖提升重量为6075t,在整体提升过程中的受力状态极为复杂,为了确保安全,比较了三种提升方案,最后选用了四个提升点的提升方案。对于局部的应力和变形,采用多层次计算分析,即先对整体结构作计算,然后计算局部,如地锚支架与钢屋架连接部位,其局部边界用整体计算的内力输入,采用板壳单元进行局部弹性空间有限元分析。在钢屋盖整体提升时,钢筋混凝土筒体作为提升钢平台的支座。由于钢屋盖整体提升的技术要求,钢筋混凝土筒体1200mm厚的墙体只能先浇筑250mm厚,剩下的950mm厚钢筋混凝土墙体在提升后再浇捣,这使得筒体的刚度大大降低。在整体提升时保证其强度和刚度,使钢屋架与筒体井壁之间的净距满足提升要求,因此,准确计算出筒体在提升荷载下的水平位移及受力状况,是保证整体提升的又一关键。我们用HB及SAP84计算程序对筒体进行整体提升工况下的受力分析,分别用杆件单元和板壳单元计算。由于钢屋盖及电梯井筒体在整体提升阶段的受力分析正确无误,提供了可靠的数据,使得整个提升过程极其顺利,6075t重量的庞然大物仅用了20小时就一次升空就位。

2. 下部钢筋混凝土主体结构

(1)结构布置

凡属较大空间的结构,如观众厅、主舞台、后舞台、中剧场等均采用钢筋混凝土剪力墙承重,墙厚350mm、400mm两种,凡属非大空间的结构,如咖啡厅、贵宾厅、商场、休息厅等均采用钢筋混凝土框架承重,柱网一般为6m×6m、6m×9m等,柱截面一般为600mm×600mm,梁截面一般为400mm×650mm。它们相互间与6个楼电梯之间用隔音缝(同时也是温度缝,抗震缝)分成11个独立单元。主舞台及6个楼电梯间穿过拱顶,顶部标高为40.5m,其余均在拱顶下并与其脱开,顶部标高为24.9m。

(2)观众厅

观众厅平面呈梨形,1800座,分池座和两层楼座,其中池座1100座,二层楼座300座,三层楼座400座,两侧尚设有三层悬挑式包厢,观众厅前部有约100m^{2}的乐池可升降自如。楼座的悬挑长度在5~7m左右,由于建筑功能及设备的因素,梁高只能在1m以下,这样按普通混凝土挠度和裂缝满足不了规范要求,因此这部分结构采用后张预应力。二层楼座挑台梁高800mm,三层楼座挑台梁高1000mm,共采用4束$D=15.2(7\phi5)$高强度低松弛钢绞线,强度等级1860MPa。观众厅屋顶为钢网架,网架下有吊顶,底层为大跨度辐射形大梁,下有通风夹层。

(3)主舞台

主舞台730m^2,高度40.5m,屋顶为跨度32m、高4m的钢桁架,下吊1t/m^{2}的葡萄架。根据使用要求,四周均有较大洞口,如台口洞即18m×15m,壁厚只有400mm,高厚比超过我国规范要求,作用在墙壁上部的集中力所产生的偏心弯矩对整体稳定不利。因此重点考虑主舞台薄壁筒体在给定静、活荷载及地震力共同作用下,下端刚接或铰接两种不同工况下的整体稳定性、失稳形态、变形及内力分析。经采用弹性非线性有限元程序分析结果显示:薄壁筒体整体稳定的屈曲临界荷载系数最低值为21.2(地震力×正向,下端铰接),最高值37.4(地震力×负向,下端刚接)。薄壁筒体下端的实际支承情况为弹性约束,应介于下端铰接与刚接之间。因此,可认为能满足要求。主舞台薄壁筒体的最大位移$x=36.01$mm,$y=37.72$mm,$z=$

4.96mm，第一自振周期 x 向：刚接 1.057s 铰接 1.063s，同时从变形失稳模式图中可看出最薄弱部位在台口柱，为此在实际工程中采取了局部加强的措施，即提高该部位配筋率，加强周围结构的构造，使结构自身刚度和承载力提高。

3. 基础设计

地质报告表明了上海地区土层的特点，一般土层分布均匀，地表下第 1～5 层为软弱土层，其含水量较大，孔隙比较高，第 6 层土有部分缺失，且厚度较薄，第 7-1 层砂质粉土夹粉砂及第 7-2 层粉细砂土性较好，层位稳定。地震作用下场地土层无液化，震陷的可能性，地下水位在自然地面以下 1.15m 左右，地下水对混凝土不具侵蚀性，场地土类别为Ⅳ类。

上部结构的 11 个独立单元，荷载大小不一，采用桩筏基础，同一块底板。在受力集中且荷载大的位置使用预制高强度预应力混凝土管桩（PHC 桩），受力较小的位置使用钢筋混凝土方桩，以协调沉降差。在电梯井及舞台、看台、侧台等部分钢筋混凝土剪力墙的位置受力比较集中且较大，采用直径 600mm 的 PHC 桩，桩尖进入 7-2 层土 1m 左右，桩长约 37.6m，其余受力较均匀且较小的框架柱部分以及承受地下水浮力较大部分的锚桩采用 450mm×450mm 预制钢筋混凝土方桩，桩尖进入 7-1 层土，受压桩桩长约 35.5m，抗拔桩单桩长约 33.5m。经计算及现场试压，PHC 桩单桩允许承载力取 2800kN，预制混凝土方桩中，受压桩单桩允许承载力取 1600kN，抗拔桩单桩允许承载力取 700kN，且抗拔桩通长配筋。基础底板为整体片筏基础，底板厚 800mm，基础梁断面 1000mm×1980mm。对有防水要求的基础底板，连续墙采用 C60 级防水混凝土，其抗渗标号要求不低于 S8。通过建成后一年多的沉降观测，沉降值最大处不超过 30mm。地下连续墙作为围护结构兼作为地下室外壁。底板设排水系统，以保证使用空间的干燥。

15.1.8 大连远洋大厦

建设地点：大连市中山区

设计时间：1995～1997

设计单位：大连市建筑设计研究院、冶金部建筑研究总院

1. 工程简介

大连远洋大厦是由大连远洋运输公司与香港益丰船务有限公司合资成立的大连远洋大厦酒店有限公司开发建设的。大厦以酒店、写字楼为主，辅以商业、餐饮娱乐等多功能为一体的现代化的高层建筑。整体建筑由一栋 48 层的五星级酒店（A 座）和一栋 27 层的智能型写字楼（B 座）组成，两栋高层建筑之间用 6 层裙房连成整体。整幢建筑设有 4 层地下室，总建筑面积为 139632.9m^2（图 15-34）。

大厦位于大连市中心地段，友好广场东南侧，紧靠城市主要干道中心路。大厦 A 座地上 48 层，顶部 3 层塔楼，结构总层数 51 层，总高度 200.8m。标准层外轮廓尺寸为 38.4m×38.4m的正方形切去四个角呈八边形平面。中间由电梯井、管井及楼梯间组成的核心筒，外轮廓尺寸为 17.6m×17.6m。大厦 B 座地上 27 层，顶部 3 层塔楼，结构总层楼 30 层，总高度 112.5m。标准层外轮廓尺寸为 23.4m×42m 的长方形切去四个角呈八边形平面，核心筒尺寸为 8.8m×19.2m。

2. 结构体系与结构布置

大厦 A 座采用钢框架——混凝土核心筒结构体系。在楼面中心部位设置了一个具有较大平面尺寸的钢筋混凝土芯筒。沿楼层平面外边线退进 2.2m 布置了 16 根钢柱，柱与柱

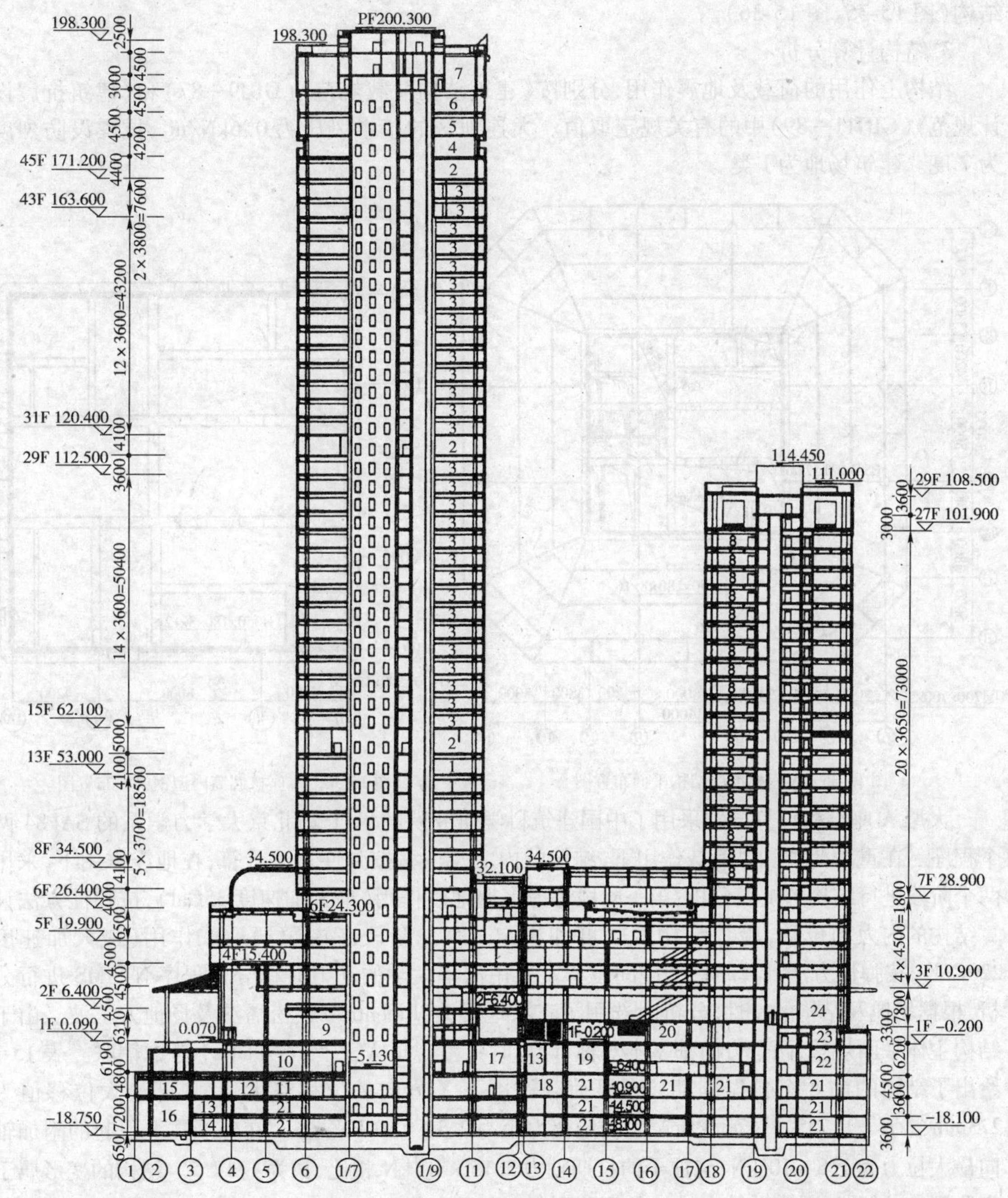

图 15-34　剖面图

1-远洋办公；2-避难层；3-客房；4-厨房；5-西餐厅；6-中餐厅；7-屋面层；8-写字间；9-酒店大堂；10-保龄球；11-更衣室；12-淋浴；13-库房；14-泵房；15-洗衣房；16-消防水池；17-变配电室；18-垃圾房；19-柴油发电机房；20-地面停车场；21-车库；22-换热站；23-员工餐厅；24-大堂

间距 8m，柱与芯筒外墙间距 8.8m，焊接工字钢梁与墙、柱连接作为楼板的承重构件，由于没有角柱，四角各布置两根斜梁与芯筒连接。楼板采用压型钢板上浇注钢筋混凝土。沿竖向，地上 6 层以下为 SRC 柱、钢筋混凝土梁；7 层至 9 层为 SRC 柱、钢梁；10 层以上全部采用钢柱、钢梁。大厦 B 座采用钢筋混凝土框架——芯筒结构体系；裙房采用钢筋混凝土框架结构(图 15-35、图 15-36)。

3. 结构计算分析

结构上作用的荷载及地震作用,分别按《建筑结构荷载规范》(GBJ9—87)和《建筑抗震设计规范》(GBJ11—89)中的有关规定取值。大连地区的基本风压为 0.6kN/m^2,抗震设防烈度为 7 度。建筑场地为 I 类。

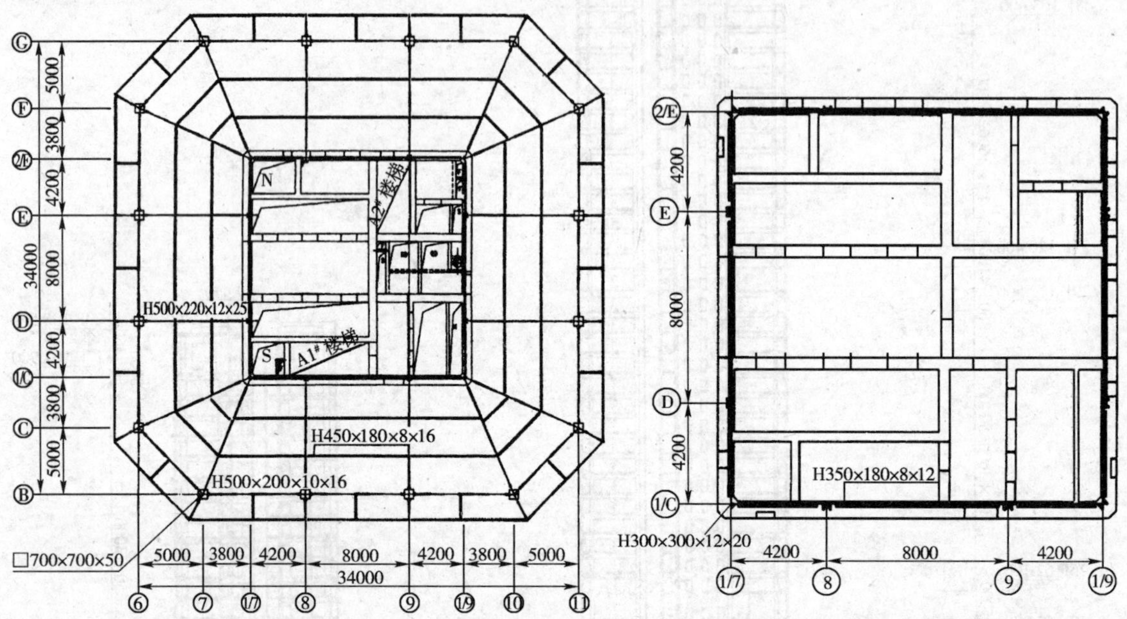

图 15-35 A 座标准层结构平面布置图　　图 15-36 A 座核芯筒内型钢梁柱布置图

大厦 A 座结构计算分别采用了中国建筑科学研究院的 TAT 和北京大学力学系的 SAP84 两个程序。在重力荷载和风荷载作用下,结构的内力及位移按弹性方法计算;在地震作用下,采用两个阶段进行结构的抗震分析:第一阶段考虑多遇地震作用(最大加速度 35Gal),按弹性方法计算结构的内力和位移,验算结构的强度和稳定。第二阶段考虑罕遇地震作用(最大加速度 220Gal),按弹性方法计算结构的层间位移。采用清华大学的动力时程分析程序 NTAMS 进行分析,根据场地及结构的特性,分析时选用了三条地震波:Elcentro 波、松潘波及场地人工波。由于结构主体平面规整,两个方向都基本对称,计算时只考虑了 X、Y 两个方向,不考虑耦联。表 15-1 给出了结构的前 6 个自振周期。在风荷载作用下 X 方向的位移略大,其顶部最大位移值为 273mm,$\mu/H=1/735$。风荷载所产生的倾覆力矩为 2.19×10^6kN·m。在外圈柱上引起的附加轴向最大拉力为 1.8×10^3kN,与柱子的长期轴力 3.15×10^4kN 相比,只为 1/17.5。结构的变形属于弯曲型,这说明混凝土芯筒在结构抗侧移刚度上起重要作用。表 15-2 及表 15-3 给出了在多遇地震作用下和风荷载作用下楼层剪力在混凝土核心筒和外框架柱之间的分配。从表中可见,裙房以上在风荷载作用下或在地震作用下,水平剪力的 80% ~90% 由混凝土芯筒承担。

A 座自振周期(单位:s)　　表 15-1

周 期 方 向	T_1	T_2	T_3	T_4	T_5	T_6
X 方向	5.3678	1.1509	0.5158	0.3160	0.2245	0.1673
Y 方向	6.3393	1.2102	0.5604	0.3542	0.2255	0.1873

A 座地震作用下柱承担剪力分配表 表 15-2

楼 层	X 向地震作用			Y 向地震作用		
	柱承担剪力 V_c	楼层剪力 V_f	V_c/V_f (%)	柱承担剪力 V_c	楼层剪力 V_f	V_c/V_f (%)
52	0	769.6	0	0	682.4	0
50	797.7	2019.6	39.5	753.2	1826.2	41.25
45	801.6	4119.9	19.46	744.8	4028.9	18.49
40	775.5	5414.3	14.32	738.9	5289.0	13.97
35	858.7	6669.7	12.87	822.7	6557.6	12.55
30	1167.8	7816.6	14.94	899.8	7447.4	11.61
25	722.8	8619.7	8.39	704.1	8549.9	8.23
20	703.7	9269.1	7.59	690.9	9210.6	7.50
15	484.1	9769.0	4.96	469.4	9725.6	4.83
10	622.9	10395.5	5.99	609.9	10312.5	5.91
5	2640.0	11505.3	22.95	1958.2	11354.6	17.25
1	2180.6	13243.7	16.47	2151.9	12761.2	16.86

注:X 方向倾覆力矩:M_{ovx} = 1444573.8kN · m;Y 方向倾覆力矩:M_{ovx} = 1448008.5kN · m。

A 座风荷载作用下柱承担剪力分配表 表 15-3

楼 层	X 向风荷载			Y 向风荷载		
	柱承担剪力 V_c	楼层剪力 V_f	V_c/V_f (%)	柱承担剪力 V_c	楼层剪力 V_f	V_c/V_f (%)
52	0	180.16	0	0	180.23	0
50	1102.56	1145.27	96.27	1037.02	1145.92	90.50
45	1109.19	3788.80	29.28	1023.47	3791.18	27.00
40	598.40	5948.36	10.06	405.99	5952.16	6.82
35	673.20	8318.68	8.09	518.65	7942.51	6.53
31	1314.48	9453.95	13.90	1026.94	9460.05	10.86
30	723.42	9846.45	7.35	585.04	9852.82	5.94
25	579.20	11554.54	5.01	451.35	11562.03	3.90
20	1026.83	13097.73	7.84	1007.87	13107.23	7.69
15	718.05	14528.79	4.94	697.14	14538.23	4.80
10	736.72	15812.36	4.66	786.2	15822.47	4.97
5	4056.39	17115.46	23.7	3096.58	17264.38	17.94
1	3127.37	18037.01	17.34	3088.49	18383.22	16.80

注:X 向倾覆力矩:M_{ovx} = 2196139.8kN · m;Y 向倾覆力矩:M_{ovx} = 2204302.2kN · m。

结构的弹塑性时程分析结果显示,在罕遇地震作用下输入 Elcentro 波和松潘波时,最大层间位移分别为 1/216 和 1/397,这说明结构刚度适当。

4. 结构设计

(1)基础设计

大厦基础座落在中风化板岩层上,岩盘稳定,无不良地质条件,地基承载力设计值 f_k = 1250kPa。

大厦 A 座下的筏板厚 2.5m,B 座下的筏板厚 1.5m,裙房筏板厚 1.0m;底板配筋率约为0.5%。

(2)钢筋混凝土芯筒设计

A 座混凝土芯筒为正方形,尺寸为 17.6m×17.6m,X、Y 两个方向的每片剪力墙上均开有洞口,形成混凝土壁式框架。芯筒四周的混凝土剪力墙厚度及混凝土强度等级的变化见表 15-4。中间混凝土剪力墙厚度从下到顶均为 400mm。

A 座混凝土芯筒四周墙体厚度、混凝土强度等级表

表 15-4

层数	-4~1	2~15	16~33	34~44	45 以上
墙体厚度(mm)	800	700	600	500	400
层数	-4~16		17~34	35~45	46 以上
强度等级	C50		C45	C40	C35

混凝土墙开洞形成壁式框架,一方面是为了满足建筑和机电设备使用功能的需要,另一方面在满足了结构总体侧移刚度的情况下,与整片混凝土墙相比,对改善混凝土芯筒的延性是有利的。设计时,允许连梁、壁柱的底部和顶部出现塑性铰,其他部位不允许出现塑性铰。这样,能够保证在罕遇地震作用下,混凝土芯筒不会倒塌。

壁柱、连梁的强度和构造设计要十分重视,截面小的壁柱,按柱计算配筋,配筋率不小于 2.5%,箍筋配置较强,除满足规范规定的配箍率外,箍筋间距一律为 100mm;截面较大的壁柱,在端部设有暗柱,暗柱配筋率不小于 1.5%,箍筋间距为 100mm。

为了提高混凝土芯筒的延性,并考虑有益于芯筒相连的钢框架梁定位安装,在混凝土芯筒内埋设了 12 根"H"型截面钢柱,并有"I"字型钢梁在楼高度处相连。对于跨高比较小的连梁,由于内部增加了钢梁,成为 SRC 梁,并设"X"形配筋,其延性可以明显提高。

通过结构的弹塑性时程分析显示,结构符合强柱弱梁等抗震设计原则,大部分屈服主要发生在芯筒连梁和外框架梁的梁端,芯筒剪力墙仅有个别小墙肢在底部出现了弯曲屈服及剪坏,设计中对以上部位进行了加强。

(3)钢骨混凝土(SRC)柱设计(图 15-37)

为了提高钢筋混凝土柱的延性,改善其抗震性能,A 座主体的 16 根柱子,从地下 4 层至地上 9 层采用了 SRC 柱。SRC 柱截面尺寸见表 15-5。地上 5 层以下的钢骨截面为"+"形,这种形状的钢骨加工方便,也有利于混凝土的浇注与振捣,保证钢骨与混凝土的共同工作。6 层为钢骨截面形式过渡层,由"+"形钢骨过渡到箱形钢骨,在"+"形截面钢骨柱上按计算设置栓钉,通过栓钉把上部传来的轴力传递到 SRC 柱上。为了避免在 7 层处柱的刚度发生突变,在 7、8、9 层箱形钢骨柱内灌注混凝土并在注外包混凝土,计算时只考虑刚度,可不考虑强度。

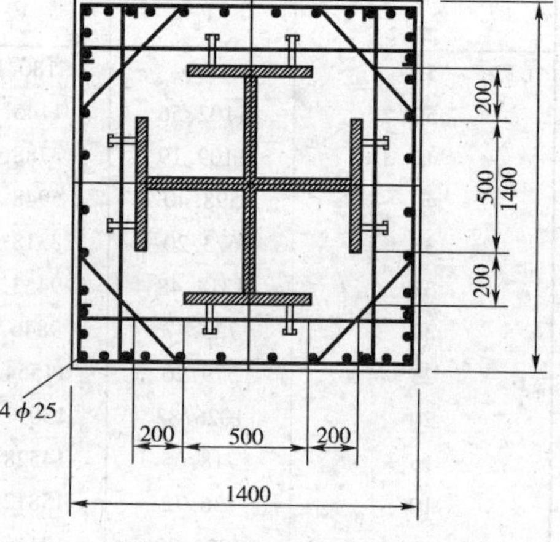

图 15-37 钢骨混凝土柱详图

A 座钢骨混凝土柱截面尺寸表(mm)

表 15-5

层数	-4~1	2~3	4~9
柱截面尺寸	1400×1400	1300×1300	1200×1200
层数	-4~2	3~4	5 层以上
钢骨外轮廓尺寸	900×900	800×800	700×700

(4)钢结构设计

钢结构在承载力设计中，考虑了风荷载、地震作用及静载、活载的组合。柱的计算中考虑P—Δ效应。次梁设计考虑了钢筋混凝土板的共同工作，按组合梁计算。主、次梁的允许挠度分别按1/400与1/300控制。跨度8m以上的梁要求起拱10mm。

全部钢梁采用焊接工字钢梁；7层以上钢柱采用焊接箱形柱，表15-6给出了钢框架柱的截面尺寸。混凝土芯筒的钢柱采用焊接"H"形截面柱。本工程钢梁与钢柱采用刚性连接。梁与混凝土芯筒的连接采用铰接形式，计算时按铰处理，构造上用高强螺栓把梁的腹板通过连接板与芯筒上的埋件相连。虽然在连接部位的混凝土墙中有钢骨柱，一般可达到较高的精度，但考虑到施工中可能出现的偏差，采用了在混凝土墙上预埋钢板，钢板与钢骨柱连接。连接板宽度留有适当余量，现场焊于预埋钢板上，根据墙的水平偏差调整连接板的宽度。

A座钢框架柱截面尺寸表(mm)　　表15-6

层数	7~17	18~23	24~29	30~35	36~41	42以上
截面	700×700×50	600×600×50	600×600×40	600×600×32	500×500×32	500×500×25

钢材的选择，经过多次论证，决定采用国内钢厂生产的钢材。为了确保钢材的可焊性及冲击韧性，对钢材的加工提出了较为严格的要求。用于主梁、柱等主要受力构件的钢材，要求按照日本的标准SM490B生产，并要求用于柱的钢材，硫、磷含量等于或小于0.01%，碳当量在0.40以下。对于40mm及50mm厚的钢板，要求按国家标准《厚度方向性能钢板》(GB 5313)中的规定，断面收缩率不得小于225的容许值，经过焊接工艺评定及现场的焊接施工表明，按以上要求的国内钢厂生产的钢材可焊性好，没有发现层状撕裂现象。现在大厦主体结构已经完工。

15.2　建筑钢结构施工

本节介绍了上海21世纪大厦工程、深圳机场候机楼改扩建工程。

15.2.1　上海21世纪大厦

工程名称：上海21世纪大厦
工程地点：上海浦东陆家嘴金融区
建设单位：上海21世纪房地产有限公司
设计单位：华东建筑设计研究院
总包单位：香港建设(控股)有限公司
钢结构施工：新日本制铁
建筑面积：89000m^2
用　　途：高层商用建筑楼

1. 工程概况

1)结构特点

上海浦东21世纪中心大厦位于上海浦东陆家嘴金融区。结构体系总体上属于框筒结构，结构内筒是钢筋混凝土结构，外筒采用钢框筒。整个结构比较复杂。从第六层到第五层，核心筒形状从方形过渡到圆形；钢框筒为巨型空间桁架结构，存在着空间斜杆且外形极不规则，建筑上表现的空中花园效果在空中若隐若现，形成上海浦东陆家嘴金融区独特的景观。

该建筑由主楼和裙房组成。主楼为超高层办公建筑，地上49层，地下3层，地面高度为183.75m，边长41.16m。结构采用钢筋混凝土核心筒，钢结构外框架结构。外框为箱形钢柱，框架梁为 H 型钢,为了实现建筑师空中花园无角柱及主楼底部切去一角的设计示意图,结构还采用了悬挑的巨大的对角斜支撑结构体系,斜支撑采用宽翼缘 H 型钢。结构体系所受的水平力主要由钢筋混凝土核心筒及斜撑承担。结构平面布置图如图 15-38 所示。

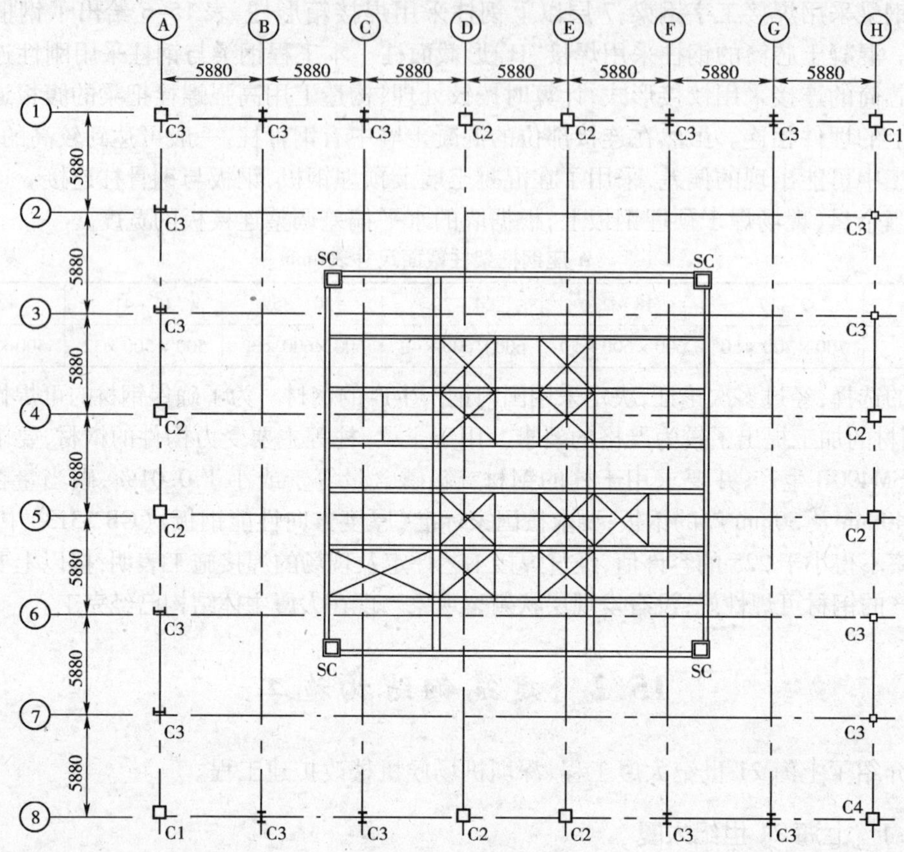

图 15-38 结构平面布置图

核心筒各层楼板均为钢筋混凝土现浇而成,核心筒与外框筒间梁为钢梁,剪力钉将焊于钢梁翼缘上,以形成组合楼板,楼层是由 51mm 深的压型钢板上浇筑 74mm 厚的混凝土而形成 125mm 厚的复合楼板。

三层裙房承重体系为钢筋混凝土框架结构,楼盖为钢筋混凝土梁板结构,屋顶为钢结构支承的玻璃顶。

2)工程施工的难点

(1)结构的大截面钢斜撑是主要受力构件,承受上部分 9 层结构的竖向力及整个建筑的水平力。斜撑跨越 9 个结构层,每根斜撑长约 58.1m,其高空吊装、定位、测量校正是本工程钢结构安装的最大难题。

(2)钢柱壁厚 130mm,130mm 厚钢板全熔透现场对接焊接在当时国内建筑钢结构施工中比较罕见,现场施焊困难,焊接质量控制难度较大。这是本工程钢结构施工的又一个难题。

(3)C4 钢柱位于建筑边角部位,且此构件重量最大,给塔吊的选型、布置,结构层分段施工及钢柱、钢斜撑的分节吊装造成困难。

2. 施工方案

1)施工现场平面布置

根据本工程的结构特点，如果仅满足钢结构构件吊装，可仅在塔楼的芯筒中央布设一台 M440D 内爬式塔吊，塔吊最大起重量 32t(20m 处)，最大臂长 55m。主体结构外侧布置一台 500HC-S 吊车，施工现场的临建、构件拼装场地、堆场、辅助建筑、工具房和机房的布设均需根据这两台塔吊的起重量布设。施工现场布置如图 15-39 所示。

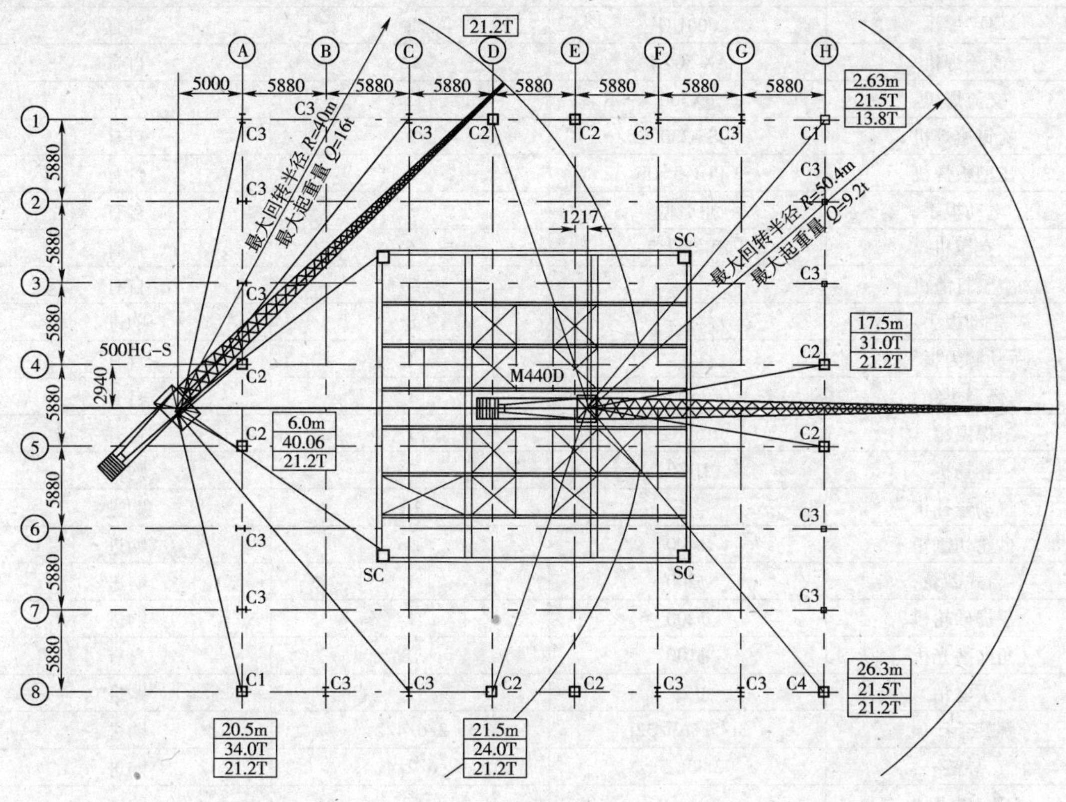

图 15-39　施工现场平面布置图

2)劳动力计划

施工现场劳动力需根据施工进度要求，实行弹性结构管理。

地下室钢结构安装(包括塔吊安装):50 人

地上部分钢结构安装:128 人

钢结构工程收尾(包括塔吊拆除):30 人

管理人员:14 人	起重工:10 人	电焊工:30 人
架子工:8 人	铆工:18 人	测量工:5 人
钳工:6 人	电工:3 人	探伤:4 人
普工:30 人		

注:此劳动力计划表是施工高峰期的劳动力分配情况。

3)施工进度计划

按照要求，主楼钢结构安装需要 4 天完成一层，以此计算钢结构安装从开始到封顶的总工期应控制在 200 天左右，本工程施工进度计划是在严格控制总工期的前提下，根据选定的施工方案，合理分配各工序的作业时间而编制的。

4)主要机械、设备及仪器(表 15-7 ~ 表 15-8)

主要机械、设备一览表 表15-7

名称	规格	数量	来源
塔吊	M440D	1	租赁
汽车吊	CY-25	1	租赁
平板车	20t	1	自有
CO_2 焊机	600UG	8	自有
直流焊机	AX-500-1	12	自有
交流焊机	BX500	2	自有
栓钉熔焊机	JSS-2300	2	自有
压型板焊机	CPUP-35DS	3	自有
电动扳手	扭剪型	5	自有
空压机	ZV-0.7/7	6	自有
空气打渣机		10	自有
手动扳手		8	购进
手动测力扳手		1	自有
高温烘箱	0～500℃	1	自有
保温箱	150℃	1	自有
卷扬机	JJK-3	2	购进
气动修孔机		10	购进
砂轮切割矩	ϕ400	2	购进
台式砂轮	ϕ200	1	购进
手提砂轮机	ϕ200	1	购进
角向磨光机	ϕ100	18	自有
手电钻	ϕ25	1	购进
螺旋千斤顶	3t/5t/10t/32t	2/6/4/2	购进
导链	2t/3t/5t	6/2/4	购进
G01-100割炬		12	购进
自动切割机		1	购进
等离子切割机		1	购进
碳弧气刨		10	购进
焊条筒		20	购进
冲钉	ϕ24	30	自制
机木		500	购进
脚手板	4000×200×60	500	购进
脚手架管		50T	租用
架管扣件		1000只	租用
钢丝绳	3 5 7	5000m	购进
卸扣	1～4t/8～10t	100只/30只	购进
榔头	2.5P/8P	10/4	购进
冲钉	ϕ16/ϕ22	30/30	自制
焊机箱房	4m×1.4m×2.2m	4	自制
安全网		8000m²	购进
安全帽		150	购进
安全带		120	购进
对讲机		8	自有

主要仪器一览表 表 15-8

名　称	规　格	数　量	来　源
全站仪	SET2	1 台	
经纬仪	J_2	3 台	
激光铅垂仪	LASE-A20	1 台	
水准仪	DZS3	1 台	
弯管目镜		2 套	
钢卷尺	50m/30m/5m	1 把/1 把/5 把	
焊缝量规		2	购进
游标卡尺		2	购进
塞尺		2	购进
水平尺		10	购进
钢直尺	1000/600/300	4/10/10	购进
钢卷尺	100m/50m/3m/2m	1/3/8/15	购进

5）主要施工工艺流程

（1）地下室钢结构安装工艺流程（图 15-40）

（2）地上部分钢结构安装流程（图 15-41）

3. 主要施工技术

1）塔吊的爬升过程

（1）塔吊布设的平面位置

M440D 内爬塔吊中心位于 E ~ F 轴方向 1217mm 及 4 ~ 5 轴中线上，500HC-S 外爬塔吊布设于 4 ~ 5 轴中线上 A 轴外侧 5000mm 处，两台塔吊间距 29.737m。

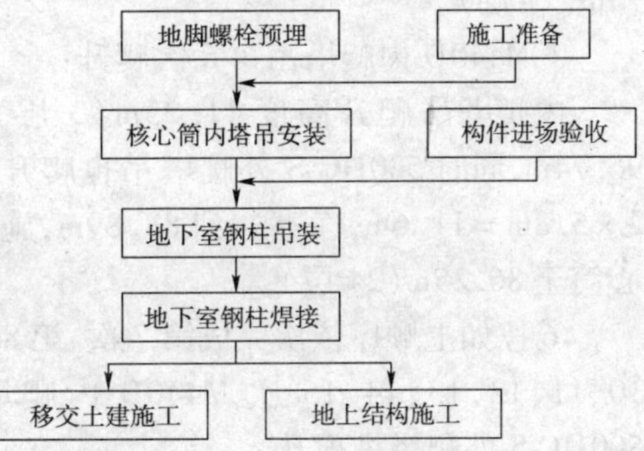

图 15-40　地下室钢结构安装工艺流程

M440D 内爬塔吊标准节截面尺寸 2708mm × 2708mm，内爬安装净高 45.1m，结合本工程实际情况，塔吊升出核心筒的最大高度为 45.1 − 6 × 3.75m（标准层高）= 22.6m。

500HC-S 外爬塔吊平衡臂长 27m，标准节高 5.8m，外附式安装自由高度 72m，其平衡臂长 + 2708（M440D 内爬塔吊外形尺寸）/2 = 28354 < 29737（两台塔吊间距），所以 500HC-S 外爬塔吊回转时平衡臂不会撞上 M440D 内爬塔吊塔身。

（2）塔吊的安装与爬升

①首次安装 500HC-S 外爬塔吊可直接安装至 72m 高度，亦可根据工程确定其首次安装高度，待施工至 5 层或 6 层（地面以上 3 或 4 层）后，利用 500HC-S 外爬塔吊安装 M440D 内爬塔吊，安装净高度 45.1m（地面以上 32.99m）。这时，应使用 500HC-S 外爬塔吊安装高度在 72m，高出地面 59.89m，混凝土核心筒施工至 30.00m 即可开始爬升 M440D 内爬塔吊。

②M440D 内爬塔吊第一次爬升高度为 3 层（11.25m），地面以上净高（11.25 + 45.1 − 12.11）= 44.24m，塔吊的最高点高度为塔身高度 44.24 + 13.3 = 57.54m，低于 500HC-S 外爬塔吊净高 59.89m，继续施工混凝土核心筒至 11 层 41.25m。

混凝土核心筒至 11 层 41.25m 后爬升 M440D 内爬塔吊，此次 M440D 内爬塔吊应连续爬升两次即爬升 5 层到 6 层,使其平衡臂高度高于 500HC-S 外爬塔吊,一次爬升 2 层(7.5m)后再连续爬升 3 层(11.25m),达到高度 66.99m,高于 500HC-S 外爬塔吊地面以上净高 59.89m,最高处达76.29m,施工混凝土核心筒至 52.50m。

③M440D 内爬塔吊第 4 次爬升:

内爬塔吊爬升高度 11.25m(3 层),高度达到 62.99 + 11.25 = 74.24m,同时 500HC-S 外爬塔吊也爬升两个标准节 2 × 5.8m = 11.6m,净高达到 59.89 + 11.6 = 71.49m,施工混凝土核心筒至 52.5 + 11.25 = 63.75m(18 层)。

④M440D 内爬塔吊第 5 次爬升:

内爬塔吊爬升高度 11.25m(3 层),高度达到 74.24 + 11.25 = 85.49m,同时 500HC-S 外爬塔吊也爬升一个标准节 1 × 5.8 = 5.8m,净高达到 71.49 + 5.8 = 77.29m,施工混凝土核心筒至63.75 + 11.25 = 75m(21 层)。

⑤M440D 内爬塔吊第 6 次爬升:

内爬塔吊爬升高度 11.25m(3 层),高度达到 96.74m,同时 500HC-S 外爬塔吊也爬升两个标准节 2 × 5.8m = 11.6m,净高达到 88.89m,施工混凝土核心筒至 86.25m(24 层)。

⑥按如上顺序依次完成第 7 次、第 8 次、第 9 次、10、11、12、13、14、15 次 M440D 内爬塔吊爬升和 500HC-S 外爬塔吊顶升。

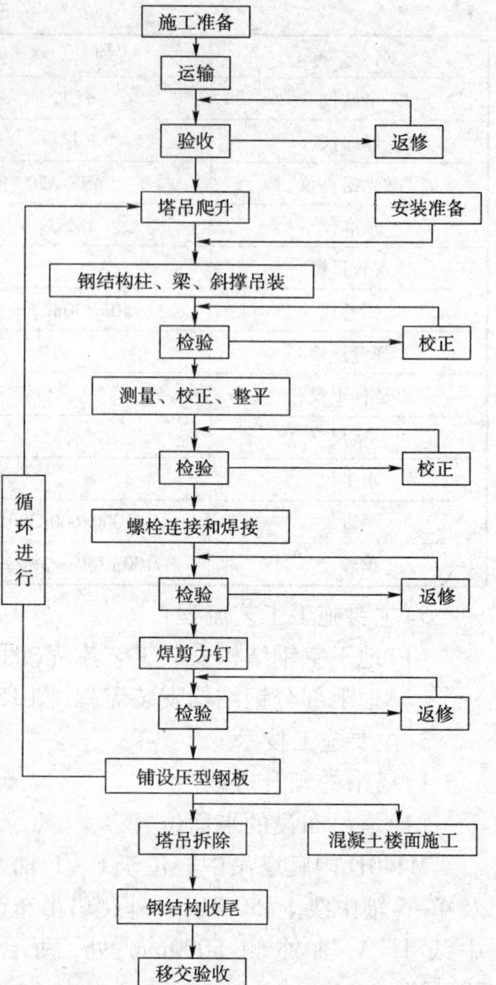

图 15-41 地上部分钢结构安装流程

M440D 内爬塔吊的爬升位置高度分别为:

107.99m,119.24m,130.49m,141.74m,152.99m,164.24m,175.49m,186.74m,194.24m。

对应的 500HC-S 外爬塔吊提升位置高度分别为:

100.49m,112.09m,123.69m,135.29m,146.89m,158.49m,170.09m,181.69m,187.49m。

对应的混凝土核心筒高度分别为:

97.5m,108.75m,120m,131.25m,142.5m,153.75m,165m,176.25m,183.75m。

从而完成钢结构安装。

(3)塔吊爬升过程的要点

①M440D 内爬塔吊高于筒体的高度不大于 22.6m。

②500HC-S 外爬塔吊平衡臂始终低于 M440D 内爬塔吊净高度,避免撞车。

③500HC-S 外爬塔吊净高度始终高于筒体 2m 以上(钢筋高度),不会妨碍混凝土施工。如图 15-42、图 15-43 所示。

2)钢结构的吊装

(1)地下室钢结构吊装

地下室钢结构主要包括核心筒劲性钢柱(4 根)、外围钢柱(23 根)及柱间钢斜撑。由于受现场施工条件的限制，开设坡道至地下室的难度较大，而且如果汽车吊开至地下室进行钢结构吊装，与土建施工相互影响较大，施工进度难以提高。因此，考虑在地下室底板施工初期就安装一台500HC-S外爬塔吊，既可以完成地下、地上所有钢结构构件的吊装，又可以进行M440D内爬塔吊的安装，有利于加快总体施工进度。

根据500HC-S塔吊的起重能力，地下室钢柱（从B3层到±0.00以上1.2m处）将分节吊装。由于C4钢柱较重，所以每层分为一节进行吊装，C1、C2分为两节吊装，C3钢柱和SC劲性钢柱不分节。地下室钢斜撑分为两节吊装。

吊装次序按照先里后外的原则进行，即先吊装核心筒的SC劲性钢柱，然后吊装外围钢柱和钢斜撑。

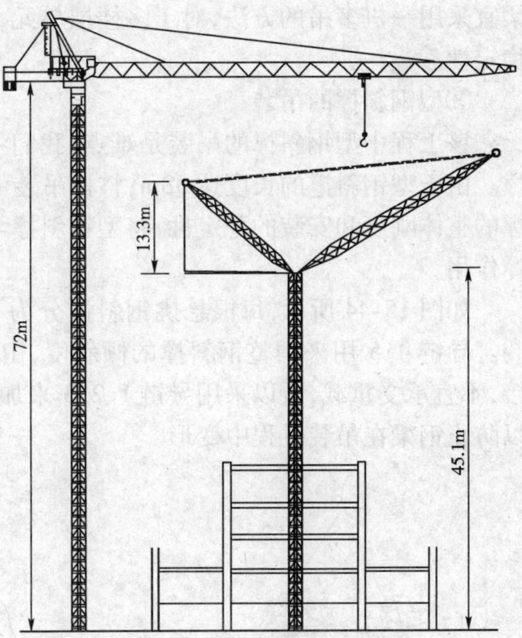

图15-42　塔吊相互位置关系图一

(2)地上部分钢结构吊装

①钢柱和钢斜撑的分节

钢柱和钢斜撑均采取分节吊装，分节时主要考虑了以下因素；

a)以满足M440D塔吊的起重能力和构件的运输能力为前提；

b)尽可能地减少节点数；

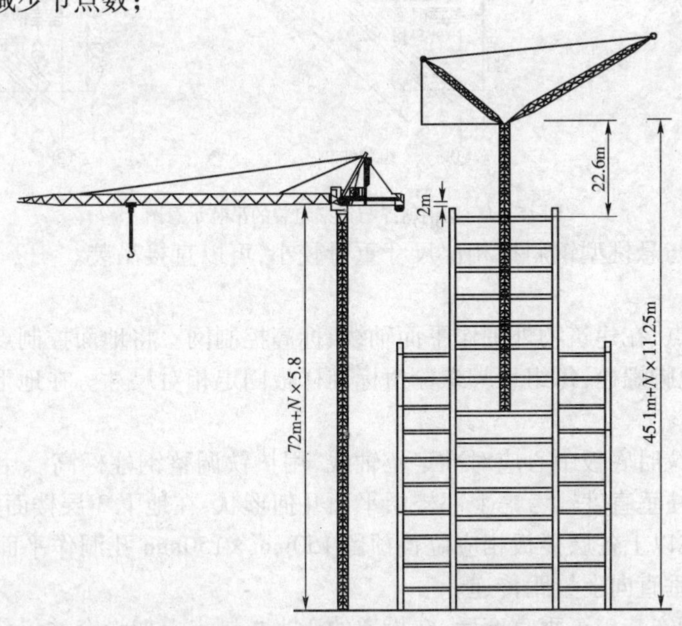

图15-43　塔吊相互位置关系图二

c)尽可能地保证钢柱节点、钢斜撑节点位于同一标高位置。

钢柱的节点设置在楼层以上1.2位置，以便于安装施工。

②钢柱和钢梁的吊装

所有钢梁均采取整跨吊装，吊装原则：先装主梁后装次梁，为加快施工进度，对于较轻的钢

梁宜采用一机多吊的方法，对于多楼层单元，先吊装顶层梁，后吊装下层梁，这样有利于框架的稳定性。

③型钢斜撑的吊装

该工程中型钢斜撑的吊装是难点，我们将型钢斜撑分为两种：悬挑型钢斜撑和柱间型钢斜撑。由于型钢斜撑的长度达38m，整根吊装的难度较大，所以采取分节吊装，为了保证型钢斜撑的整体刚度和安装的稳定性，将型钢斜撑与楼层梁在地面拼装后整体吊装，钢梁起到临时支撑作用。

如图15-44所示，每根悬挑钢斜撑分为三节吊装，每节分别与钢梁在地面组装后整体吊装。导链4、5用来调整钢斜撑的倾斜度，由于钢梁的刚度小，加上钢梁与钢斜撑只是临时连接，不宜承受重载，所以采用导链1、2、3来加强该组装件。在起吊前，导链1、2、3一定要拉紧，以防止钢梁在吊装过程中变形。

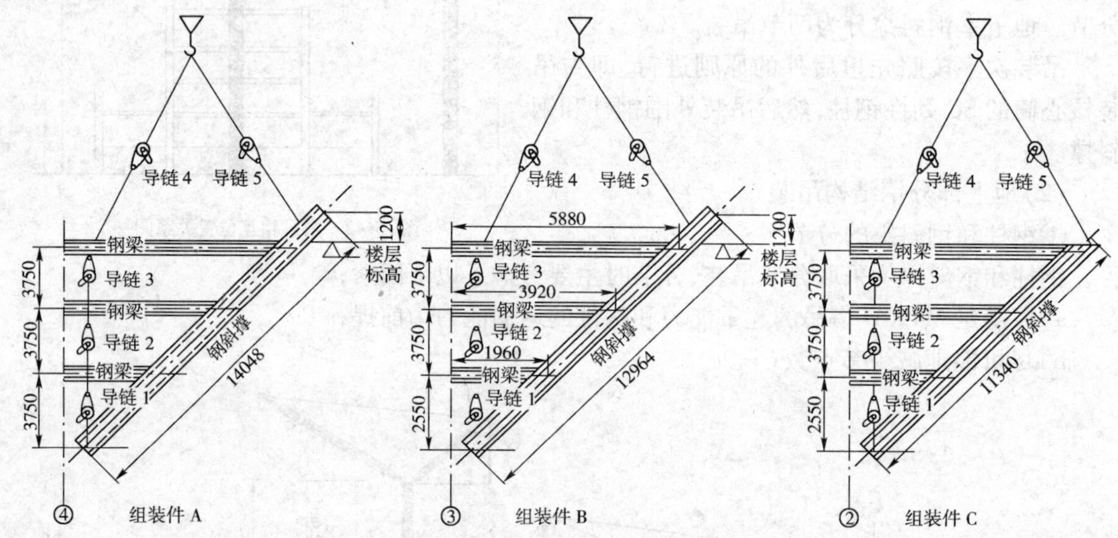

图15-44　型钢斜撑与钢梁组装的吊装示意图

柱间型钢斜撑与悬挑型钢斜撑相比尺寸重量较小，可以直接吊装。

3）测量校正

根据地面控制点，在建筑物外围作平面轴线、标高控制网。将地面控制点投测到地下3层混凝土垫层，埋设地脚螺栓，每组地脚螺栓由标准样板固定相对尺寸。在地下3层混凝土底板面投测轴线、标高。

第一节钢柱就位时底板中心应对准定位轴线，用垫铁调整钢柱标高。用两台经纬仪在两个正交方向校正钢柱垂直度。考虑上部楼层平面几何形状，在地下3层楼面定出图中1号~4号4个激光点，并在以上各层楼板相应位置预留150mm×150mm孔洞作平面轴线控制的激光投递。高程用钢尺垂直向上量距传递。

第二节钢柱、梁安装校正垂直度后，在投递的激光控制点上架设全站仪分片或整体观测柱顶轴线偏差，偏差值决定钢柱焊接顺序与方向。整个吊装结构层柱梁全部焊接完后作轴线偏差复测，检验焊接时垂直度的影响。焊接后的柱顶轴线偏差又作为上节钢柱垂直度校正的依据，依此循环直至最后一节。

对于斜立柱部分的安装校正，首先是将整个大楼设一平面独立坐标系，用全站仪观测柱顶边角坐标，与设计理论坐标比较，两者的差数即为轴线偏差值。通过校正来调整偏差值的大小。

4）特厚钢板柱焊接工艺

上海21世纪中心大厦外围结构由18根钢柱、跨9个结构层斜支撑及钢框架梁构成，钢柱均为厚板与超厚钢板，箱形截面，其中C2、C4柱钢板厚达105～130mm，使本建筑成为当时继深圳发展中心大厦以后12年来再次使用130mm特厚钢板箱形柱的超高层建筑，105～130mm厚板是本工程中须重点关注的施焊项目，现场施焊厚达105～130mm的箱形钢柱具有下述特点：

（1）基本上全部作业内容为水平横向多层多道焊。

（2）起始温度不易保持。

（3）采用手工电弧作根部填充时，运焊角度及操作手法受夹角限制，不能运焊自如，易出现偏弧、渣液、堆拥和不易排赶。上仰部易出现未熔合，接头增多，焊波不整齐，清渣异常困难，飞溅及粉尘烟雾附着物不易清除等障碍。

（4）采用 CO_2 气体保护焊时，转角部分易出现同层焊道未交叠熔合，溢流成瘤。须逐层采用刨削手段去除疑问段，导致焊材消耗量增大，操作者劳动强度较大；逐渐接近面层时，焊道排列易紊乱，易出现在直边侧熔敷量多，在坡边侧熔敷量少，以致须在坡边侧重复填充并伴以多次刨削修整的通病。

（5）焊接操作者易疲劳，易因疲劳忽视层间清理。

（6）易因轮班施工时在交接班过程中导致层温下降。

针对上述特点：本工程按将下述工艺流程施焊特厚钢板箱形柱。

（1）焊前检查

操作者在接获焊接施工指令后，须根据指令单标注的柱拼装现况行使焊前检查记录职责。

焊前检查包括：采用钢直尺、角尺、楔尺、焊缝量规核查拼对间隙、错边状况、柱身偏移具体数值、接头根部背衬与下柱顶面不均匀数值，安装因碰撞导致的缝内缺口，外侧缺口，因调校而松卸的安装螺栓是否再紧固；临时焊件拆除与否；是否会导致影响焊接施工。

根据检查结果确定焊接顺序，定位焊接起始部。

注：发现错边大于4mm时应报告焊接主管，领取处理意见，待新指令下达后再进入施焊。

（2）焊前防护

采用彩塑布将搭设完毕的焊架作业棚架顶部沿柱身成15°～20°倾斜张搭，多张彩塑布接边处至少要交叠800～1000mm，彩塑布与柱身贴合处压平扎紧，外部采用铝箔粘带与柱身密贴，彩塑布与焊接作业棚架上部采用12号扎丝紧扎牢实，避免风大吹扬，雨水存留。

采用厚帆布沿作业棚架四周围裹，除留与楼层方便往来面不需扎紧外，其余部位均采用12号扎丝与棚架钢管牢固绑实。

采用厚石棉布在焊接作业棚环行平台上密铺，彻底阻止由底部向棚内透入足以扰动焊接防护气笼的大股劲风。

采用大块层板或宽脚手板将作业棚环行平台上部遮蔽，以防止交叉作业时上部可能坠落的物体造成的伤害打击，使焊接作业者能集中精力焊施。

（3）焊前清理

箱形柱的焊前清理主要是坡口内侧。

采用窄钢丝刷或压缩空气将缝内的尘埃浮泥等去除。

（4）焊接机具，焊材、防护器材准备

本工程用于焊接的主机采用整流式多功能焊机 600VG（日产），可电弧焊可气刨，可 CO_2 气体保护焊。附属设备：角向磨光机、0.9m^3/8kPa 空气压缩机、烤炬、焊条保温筒、头盔式面罩、剔凿、榔头。

(5)定位焊

箱形柱正式施焊前采用手工电弧焊预先焊固定位。

柱身调校和定位的主要拘束件为预安在柱身接头部上、下端的临时安装连接板，紧固的方式采用栓接。由于连接板处于焊接施工的热影响区和高热辐射范围，当采用大功率加热手段时，会使连接板的拘束能力受到削弱，导致原焊前校正结果的破坏，因此箱形柱的定位焊应在正式施焊加热前进行。

定位焊采用手工电弧焊，焊材：E5018－1 相当于美国 E7018－1

焊条按使用说明书实施焊前除温除氢烘熔：焊条直径：ϕ3.2mm

电弧极性：阳

焊接电流：≈130A　　电弧电压：≈26V

定位焊在上柱、下柱贴合紧密处先行焊固：$K \geqslant 5$mm；$L = 40$mm；间隔段 = 100mm。

在上柱、下柱结合部具有缝隙处施焊时采用短弧贴紧缝隙，作往复运行，力求使电弧向缝内推送，焊缝断面积宜稍大，收弧时填满弧坑。$K \geqslant 5$mm；$L \geqslant 50$mm；间隔段 = 100mm。

(6)再清理

定位焊后，焊缝内将会具有少量飞溅和焊渣，须采用气刨、钢丝刷等作业机具去除焊渣飞溅和定位焊段始末端，注意使定位焊段始末端形成缓坡状。气刨时碳棒宜选用 ϕ8 直径，电流值 = 440A，碳弧极性：阳，气压≥6kPa/cm^2。

(7)焊前加热

该工程箱形柱的加热采用两把大功率氧炔焰烤炬，由两名操作者对向作业，环绕柱四周，往来实施。

加热温度采用表盘式温度仪监控，监控点选择在上、下坡边。

作业要点：

①严禁将焰心直接指向坡口内直边和坡边。

②严禁将焰心长时间在一处停留。

③加热时，必须确保加热沿焊缝上、下坡口边沿板厚 3 倍的区段均匀达到规程要求，并不是某一点、某一处达规定的温度。

(8)焊接

该工程特厚板箱形柱的焊接，采用自根部深熔、缝中填充、面层焊缝全断面 CO_2 气体保护半自动焊接方式：由两名工作习惯、运焊技法、焊接速度基本相同的熟练技工对称施焊首尾相合，全部作业要求除收弧段采用收弧电流作右向回焊外基本采用左向焊法。

根部施焊时，一名技工自柱偏移方向的反向先行作根部深熔，根部的深熔采用一层二道的方法，层厚约等于 6.5m，道宽约等于 6mm；施焊首道时，至少将始焊点移往面向直线段右方向柱角又一直边的 100m 处，禁止在角部始焊；收弧处，也必须绕过左方向柱角向前延长至少 100mm，禁止在角部熄弧。

全部焊段尽可能保持连接施焊，避免多次熄弧起弧。穿越安装连接板处时必须尽可能将接头送过连接板中心至少 30mm。

作业要求：

①同一层道焊缝出现一次或数次停顿需再续焊时，始焊接头须在原熄弧处后至少 15mm 处燃弧，禁止在原熄弧处直接燃弧。

②熄弧时，应待保护气体完全停止供给，焊缝完全冷凝后方能移走焊枪。禁止电弧刚停止燃烧即移走焊枪，使红热熔池暴露在大气中失去 CO_2 气体保护。

③第一层第一道，焊丝均匀保持 20°~25°的向下倾角，运焊采用划斜圆圈手法，斜圆指向衬板时稍加停顿，注意充分熔合直边母材和衬板的夹角部位。

④第一层第二道是根部焊接相当重要的焊接部分。

施焊时，焊丝与坡口直边侧仅能保持基本平行。电弧直接作用在首层首道的上部 1/3 处衬板未熔化部分和坡边角部，运焊仍采用划斜圆圈手法。

⑤二层与除面层外的各层首道：

随坡口深度的减少，焊丝与直边的夹角逐渐从约等于 20°~25°改变成约等于 40°，运焊手法仍采用划斜圆圈的方法。

⑥二层与除面层外的各层堆垒道、焊丝与焊肉层面相对方向保持约 90°±5°，与运焊方向保持约等于 65°夹角。

运焊时，电弧熔焊至少要将上道焊缝的凸点处熔融，使冷凝后的焊道下沿均匀叠压在上道焊缝的凸点部。

电弧在熔池后斜上部作向后推送动作。

⑦二层与以后各填充层的最末一道，随坡口深度的减少焊丝与前层焊缝的夹角逐渐从约等于 90°~110°加大向下倾角，呈下图状况但焊丝与运焊方向须始终保持约 90°。

电弧始终保持划斜长圆的方法使熔池形成长圆形。

电弧始终兼顾上方坡边的熔化和下方前道焊缝的拱部熔融，并保持均匀向前且不脱环链。

(9)层间与道间清理

多层多道焊应进行道间的清理，主要是渣膜和焊瘤。

对于渣膜，采用气动打渣机逐点冲击；对于焊瘤，采用碳弧气刨和剔凿的方法去除。采用碳弧气刨时，气路先要打开，刨削层厚控制在 2.5~3mm，刨后对于翻飞的渣屑严格清除，对于由于气压减低刨槽和刨点处出现的须边，采用角向磨光机磨去。

作业要点：

①禁止不去除炭屑的粗糙作业。

②严禁在刨削中出现顶碳现象时不采取磨削措施即续焊。

③禁止对前层焊后不清渣不剔除焊瘤，不消除严重低处凹即续焊。

(10)切除临时连接板

箱形柱临时安装连接板的去除，必须待环焊焊肉达板厚的 1/3 或焊肉均匀达 30mm 时方可去除。去除用氧割的方法。

作业要求：

①切割缝不伤及柱身母材。

②切割留槎不大于 10mm。

③槎口清除渣液，采用角向磨光机修磨整洁。

(11)柱角焊接

随着层道的增加，箱形柱的转角连续焊已越来越难以实施。在逐渐接近面层时，除每层的首道外，其余各道已无法连贯，或无法均匀连续转角焊。即便实施了转角焊，焊缝也不能形成直角，为此，箱形柱的转角部在自根部施焊到约30mm厚焊肉时，改用自角部始、角部终的直线分段连续焊，并由两名操作者逐层逐道分别对称焊至完毕。

工作要点：

①始焊时，自己焊缝面上引燃电弧，快速移到始焊处。

②每次始焊时均须将焊丝在导电处剪齐平。

③操作者通过视线观察当距每道终点约30mm时，立即改用收弧电流，此时电流值较低，作业者可以从容地将电弧采用反复向前进反方向推送的方法引导熔池缓慢移向终点，在终点处，将电弧正方向、反方向、正方向、反方向，反复运焊2至3次，每次运距约30～40mm，类似立向焊接般填满弧段，然后在又一次反方向施焊约30～40mm后停止燃弧，待熔池在CO_2气体保护下冷凝后移去焊枪。此时作业应要盯住熔池冷凝状况，当发现熄弧处弧坑尚未填满时，应在未冷凝状态下再次燃弧补满落地。

④在这一工作时刻，作业者应高度集中精力，保持身姿稳定，并密切注视终点处前一道的终端。在完成本道焊接前务必使本道的终了长度不少于前道，以免逐道减缩造成缺口。

(12)面层焊接

特厚板柱水平横焊缝面层焊接前，前层的焊缝需满足下述要求。

①距母材边沿均匀保持3mm，最佳状态为已焊毕各道呈倒斜状。

②边角整齐无缺口。

③道间无明显沟痕。

④无焊瘤点。

⑤渣膜去除彻底。

未达上述状态须采取补、刨、剔、磨等措施完善。

施焊首道是面层焊缝终了质量的重要一环。

作业要点：

①彻底检查作业平台，使之毫无羁绊。

②彻底检查作业机具、焊材，不使作业中出现故障。

③采用较低的电弧电压和较小的焊接电流。

以后各道均与缝内各层焊接参数、运焊技法相同。

(13)焊后检查

特厚板箱形柱焊接完毕，采用直尺焊缝量规等检查工具进行自查，并记述下检查的结果，确认焊缝无气孔、夹渣、未熔合、焊瘤，无超标准咬边等外部缺陷时，进入下道工序。

(14)后热

特厚板箱形柱的现场焊后后热，采用至少两枝大功率烤炬沿缝上、下两侧各150mm范围均匀加热到250℃。在原焊前加热温度测试点处采用表盘式测温仪检验，确认达250℃时，采用至少两层厚约3mm，宽度不少于900mm的石棉布围裹，移去作业机具，密闭防护棚。

(15)特厚板箱形柱焊接工艺参数(表15-9)

使用焊机：X-500PS　　600VG

4.工程总结

上海浦东21世纪中心大厦工程建设过程中，采用了合理的吊装方案确保了工程的建设进度。特厚钢板的焊接是该工程的突出特点，严格的焊接工序保证了工程的可靠质量。

表 15-9

焊接母材	焊材	焊材规格（mm）	电弧极性	焊接层次	电弧电压（V）	焊接电流（A）	气体流量（L/min）	焊层层厚（mm）	焊道宽幅（mm）	焊速（cm/s）	层间温度（℃）	焊丝伸出长度（mm）
A572 50G	YM-26 或 JM-58	1.2	阳	封底	25 ~ 30	190 ~ 210	45 ~ 50	≈6.5	≈6	0.59	≈200	≈35
				二层	29 ~ 33	210 ~ 240	45 ~ 50	≈6.5	≈6	0.6	100 ~ 135	≈25
				中层	32 ~ 35	250 ~ 320	45 ~ 55	≈6.5	≈6	0.63	100 ~ 135	≈25
				面层	25 ~ 30	190 ~ 210	55 ~ 60	≈6.5	≈6	0.65	100 ~ 135	≈25
					29 ~ 33	210 ~ 240				0.57		

15.2.2 深圳机场候机楼改扩建工程

工程名称：深圳机场候机楼改扩建工程

建设地点：深圳市宝安区福永镇航站三路南侧

建设单位：深圳民航集团建设开发指挥部

设计单位：中国建筑东北设计院深圳分院

施工单位：深圳建升和钢结构建筑安装公司

中建三局钢结构建筑安装工程有限公司

钢结构加工：上海江南造船集团有限公司

监理单位：深圳华西建设监理公司

建筑面积：26325m²

用　　途：大型公用建筑，航站楼

开/竣工日期：1997.08 ~ 1998.01

1. 工程概况

深圳机场二期航站楼钢结构屋盖工程由 16 榀鹏翼形桁架构成，如图 15-45 所示。屋盖投

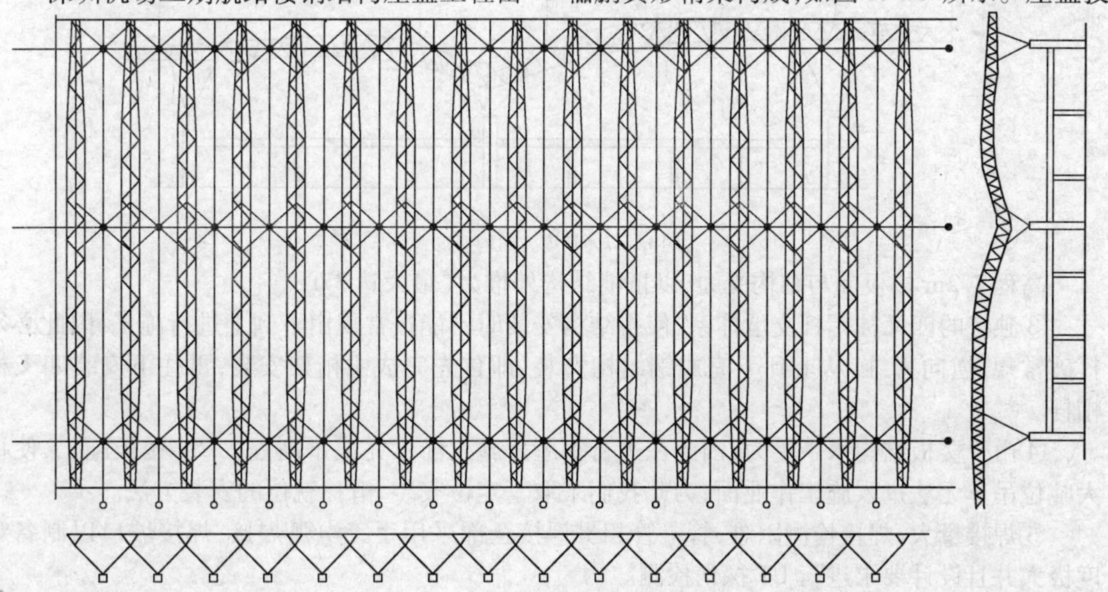

图 15-45　钢屋盖结构

影总面积 $26325m^2$，鹏翼形桁架投影长度 135m，结构基本截面为底、高均为 3m 的倒置等腰三角形，上弦最大标高 25.436m，下弦最低标高 13.800m，节点形式全部采用钢管相贯焊接连接，每榀桁架重量为 55t，材质为 Q235B 或 20 号钢的无缝钢管和高频焊管，钢结构总重约 2800t（含屋面板）。

2. 工程特点和难点

(1)结构截面变化多。其截面大小由中部的底 × 高 = 3m × 3m 变化，两端即悬挂部分为 1.5m × 1.5m，而且根据截面受力不同，上弦管（ϕ245 无缝管）有 t = 12 ~ 20mm 等 6 种不同的厚度变化，下弦杆（ϕ299 无缝管）有 t = 16 ~ 40mm 等 5 种不同的厚度变化。

(2)节点设计复杂，精度要求高。由于杆件种类多（由 ϕ7.5 × 37.5 ~ ϕ299 × 40 ~ ϕ351 × 16 等多达 21 种），而设计采用的节点形式全部为管—管相贯焊接接点，不可避免地将会造成节点处构造空间过小，给节点定位精度提出很高要求（设计允许节点偏差 2mm）。

(3)结构受力形式独特，不同于国内一般常见形式。本分析如下：

①截面构造形式如图 15-46 所示。

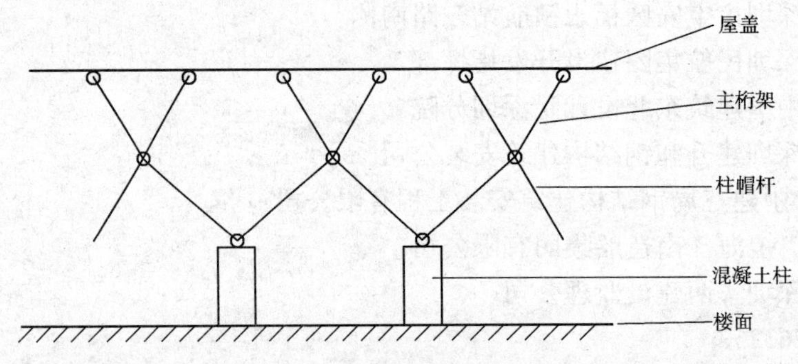

图 15-46　截面构造形式

②长度方向上构造如图 15-47 所示。

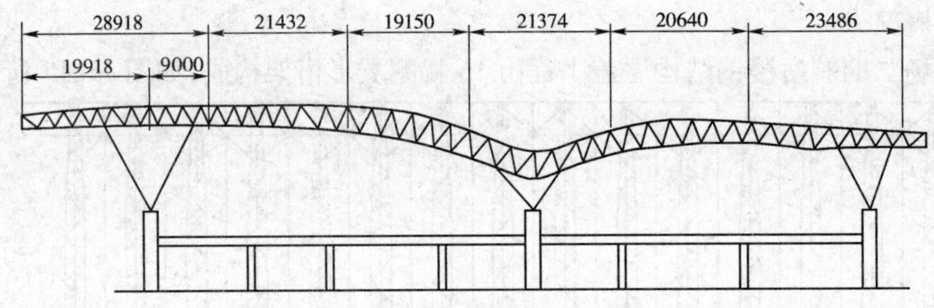

图 15-47　长度方向构造形式

高程 7.2m 楼板参与结构受力，以抵消结构外推力（最大达 37t）。

③独特的四叉柱帽杆支承体系，使得结构安装时不能按常规由下到上进行施工，因此必须打破常规，逆向思维，从上到下完成钢结构安装，即首先完成主桁架安装，再往下安装四叉柱帽杆。

④由于楼板结构水平受力，因此在进行钢屋盖施工前已完成了高程 7.2m 楼板施工，使得大吨位吊车无法进入施工作业面，为此我们采取了定位安装、滑移就位的安装方法。

⑤焊接量大，焊接检测困难，管—管相贯焊接全部采用手工电弧焊接，焊接坡口以制备难度极大并且设计要求进行 UT 探伤检测。

UT 无损检测项目内容包括：柱帽杆锥杆段与直线段的环缝；柱帽杆锥杆段与下弦和支座

半球的相贯缝；半球体与支座板的坡口焊缝；上、下弦杆件的对接焊缝；各榀腹杆的相贯焊缝；20% 的檩条对接、檩条支撑焊缝。

3. 施工方案

针对本工程的特点，工程采用高空分榀组装、单元整体滑移、累积就位的施工方法进行桁架钢屋盖的安装。

将屋盖整体钢桁架结构分解为 16 榀，每榀分为 6 段制作和吊装，桁架分段在地面制作，由设在 15 轴外侧的 H3/36B 行走式塔吊按顺序将桁架分段吊装至高空拼装胎架上，一次拼装二榀桁架，通过柱帽杆檩条的连接使其成为二榀桁架一个单元，之后落放到仅作施工用三条滑移轨道上，由三台改装 JJW-10 卷扬机牵拉进行等标高滑移，各滑移 12.8m。滑出 25.6m，即两个柱距，再组装第三榀，第四榀，第五榀，分 4 榀、5 榀、5 榀三个单元长距离滑移到位，共进行 9 次组单元滑移、2 次长距离滑移。剩余 2 榀桁架直接落放就位。完成整个屋盖的安装。

4. 主要施工技术

1）大跨度曲线连续桁架的制作和高空拼装

深圳机场二期航站钢结构屋盖采用鹏翼形变截面空间曲线桁架作为承重持力结构，该曲线桁架投影长度达 135m，两跨连续，一跨 60m，一跨 48m，首端悬挑 18m，尾端悬挑 9m，桁架最大截面为倒放等腰三角形，底高均为 3m，首端和尾端底高均为 1.5m。如图 15-48 所示。

（1）施工现场总平面布置

本工程现场总平面布置除了工艺需要以外，另一个很重要的构思就是使拼装平台及拼装后的构件处于塔吊的回转半径内，这样不仅减少了构件的重复倒运环节，加快了平台安装与现场拼装的流水作业进度，并且有利于减少构件在转运和堆放过程中产生变形。

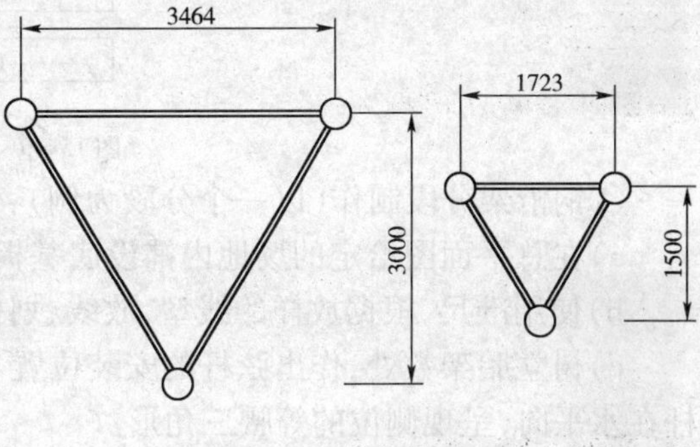

图 15-48　桁架截面图

（2）钢结构制作

所有钢结构杆件在上海江南厂制作加工，散件打包船运至深圳机场码头，然后用平板车运至工地。

①所有原材料点收后经喷砂处理，喷涂车间保养底漆（30μm 水性无机富锌漆）。

②利用大吨位液压弯管机把桁架弦管制成需要的弧度，利用（700HC-S）三维自动切割机制作出工程所需要的马鞍形相贯接口，并制出所需要的坡口，线性控制误差 ±1mm。构件编号打包发运深圳，按施工总平面图进行堆放。

③在上述工作过程中进行了大量的图纸深化和细部设计工作。

a）钢结构细部设计：

细部设计是本工程制作过程中最重要的环节，是将结构工程的初步设计细化为能直接进行制作和吊装施工图的过程。细部设计的主要内容为：

（a）主桁架分段；

（b）胎架制作；

（c）单件部件放样下料；

（d）编制下料加工、弯管、组装、焊接、涂装、运输等专项工艺；

（e）主桁架组装；

（f）吊装吊点布置；

(g)配合安装技术措施；

(h)高空拼装。

b)细部设计流程(图15-49)：

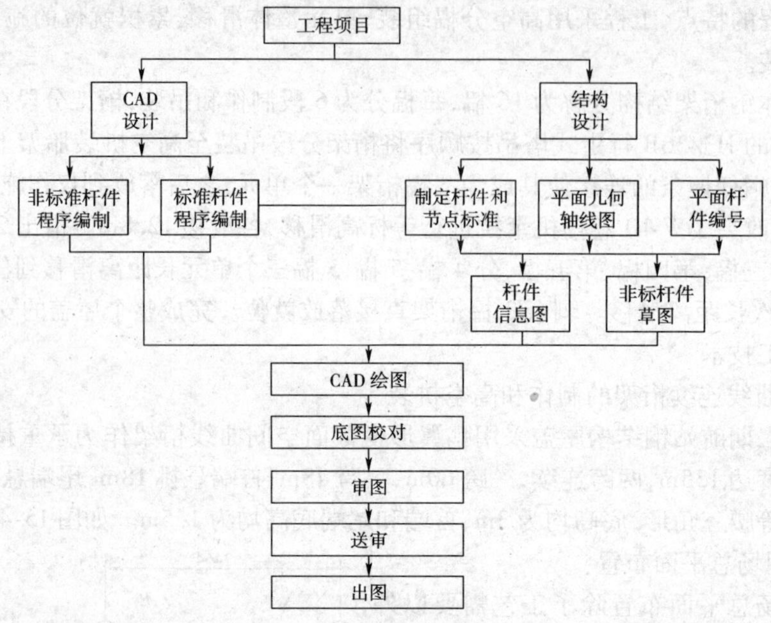

图15-49　细部设计流程图

④钢桁架分段制作(以一个分段为例)：

a)在总平面图给定的场地内铺设底基板,调整呈水平,相互搭连,并打插桩固定。

b)使用准尺,根据放样的线型,放线、划样,标出节点、接缝及分段两端位置线,提交验收。

c)树立胎架数处,作出弦杆的安装位置。以侧造为准则,即两根上弦杆在铅垂面内,下弦杆在水平向,呈现侧位的等腰三角形。

d)吊装、放置上、下弦杆。环缝焊接100%超声波检验。校正线型使用胎架切合,尽量采用可拆装的活络夹具固定弦杆。不烧"马",提高质量,加速制作进度。

e)将各节点位置自底基板引入弦杆。

f)安装撑杆及腹杆(桁架分段处不装)。

g)焊前提交验收。

h)合理焊接程序,自中间向两端,对称施焊,采用细直径,小电流的焊接操作规范。焊条符合国际E4303或E4315。焊后提交验收100%外观检查,保证焊脚高度值符合设计,无焊瘤、夹渣、气孔、裂纹、咬边小于0.5mm。

i)校正变形,割去分段余量,修正坡口放入衬管。分段长度误差±5mm,提交验收。

j)距分段端口约100mm用型材固定,保持断口形状呈等腰三角形,利于大合拢吊装。

k)吊点位置加强,上弦平面适当部分加强,防吊离胎架时扭曲失稳。

l)存放于合适堆场,搁置平稳,不重压。

(3)钢结构安装

①承重架搭设

承重架搭设材料为$\phi48\times3.5$普通建筑用脚手架管,搭设高度为桁架下弦下皮以下500~800mm,立杆间位800×1200,横杆步距1200mm。为保证胎架侧向刚度每2400mm设置45°剪刀撑一道，层层满布扫地杆，承重架底部满铺脚手板。

②工具式小钢架搭设

a）桁架定位基准点的设置

在每个胎架位置的楼板或地面定出桁架分段处两边节点位的坐标，并反测到胎架底部固定铁板上。每拼装完一榀桁架滑移后，校测该铁板上的基准点和标高。

b）搭设桁架定位工具式小钢架

桁架吊装到小钢架里定位后立即用脚手管给小钢架加设剪刀撑才可以摘除塔吊吊钩，防止小钢架变形造成拼装质量下降。如图15-50所示。

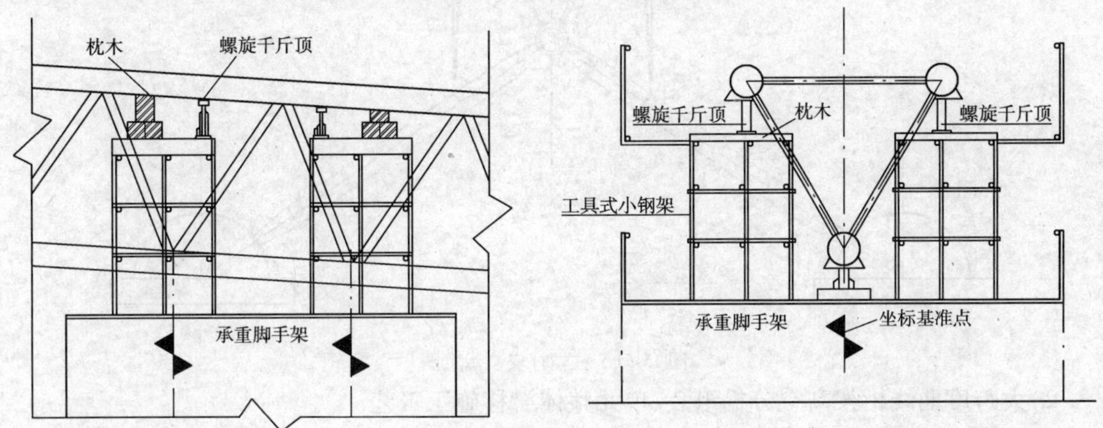

图15-50 工具式小钢架

③钢结构吊装

钢桁架吊装顺序按四、三、五、二、六、一（或四、五、六、三、二、一）的顺序进行吊装，即首先吊装定位的第4分段。这样从中间开始吊装不仅可以减小整体误差，并且可以避免由于曲线桁架分段两端不等高，水平分力导致桁架移位，影响安装精度。

a）屋盖吊装优化后施工工艺

屋盖安装以工艺流程、工艺时间进行人、机、料组织和施工，2.5～3天即可完成一榀桁架的吊装任务。

b）柱帽杆吊装

四叉柱帽杆是整个结构直接承力杆件，其安装部位的准确，不仅可以减少节点受弯，而且可以改善桁架下弦受力，避免各种水平荷载（风、地震等）对整个屋盖结构节点产生附加弯矩，为此，引入逆作法施工思路，即先安装上部桁架结构，回过头来安装柱帽杆。

柱帽杆安装实际操作上最大的难处是不能利用塔吊直接吊装，由于桁架为倒三角形，无法利用塔吊直接吊装。利用塔吊→人工导链传递的方法，利用人工导链就位安装柱帽杆把塔吊解放出来进行下一道工序的吊装，加大塔吊利用率，缩短安装周期。如图15-51所示。

柱帽杆安装的第二个难点就是柱帽杆在下弦杆上的就位，由于柱帽杆两端是锥形管，而且留有加工余量，常规的在弦杆上划线放样给出相贯的方法不适用于本工程。因此，我们采用定三个相贯圆中心的方法，在下弦杆上划出相贯圆长径和短径，在柱帽杆上找出相垂直的两条截面直径并投影到柱帽杆外表面，安装定位时，柱帽杆外表面4条线应对应桁架下弦杆上相垂直的相贯圆的长径和短径，方便、快捷地解决这一难题，而且准确性也较常规方法高1～2mm。

c）檩条和其他构件安装

檩条对于本工程的重要性是不言而喻的。在地面把设计的短檩条拼焊或制作成一整个开间长度(12.800m)的长檩条,缩短高空安装作业量,不仅提高工效,而且质量和安全性都有较大提高,利用操作胎架和工具式小刚架,较好地完成了其他构件安装。

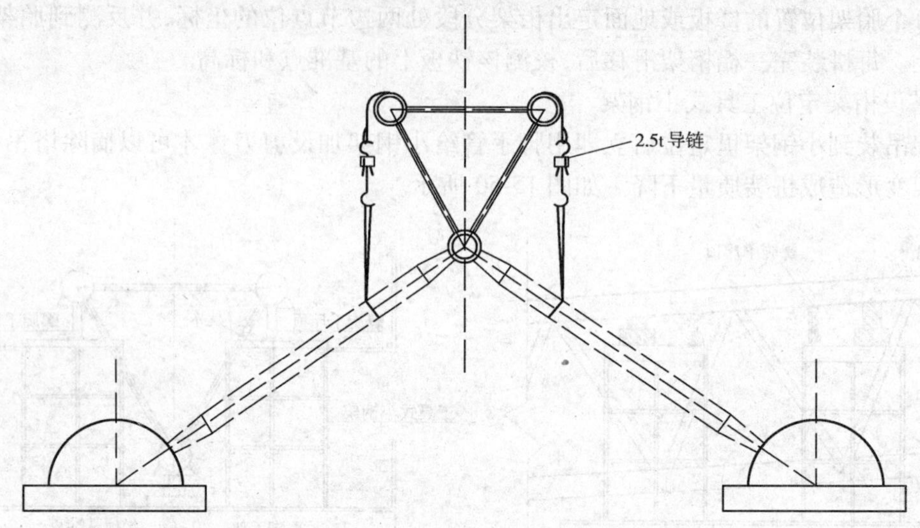

图 15-51　柱帽杆安装示意图

2)大跨度曲线桁架高空分榀组装、单元整体滑移施工工艺

(1)钢屋盖特点

深圳机场航站楼钢屋盖采用多点支承钢管直接汇交点空间桁架结构,屋盖尺寸 135m×195m,由跨度 60m+48m、悬挑长度 18m、9m 的 16 榀 135m 长曲线连续桁架组成。各榀桁架由 180 根四叉结构斜钢管支承(柱帽杆)支承在 3 排 45 根钢筋混凝土柱上,斜支承钢管与置于上弦杆的大面积钢管檩条共同将桁架连接成一个空间整体结构。每跨间檩条 44 根,共 660 根。上、下弦杆均为曲杆,分别由四段曲率半径 30.3~36.2m 的圆弧相切而成,桁架间距 12.8m,断面为倒三角形,截面高度 3m。由两根间距 1.5~3m 的上弦杆和一根下弦杆通过上弦水平撑杆和斜腹杆连成整榀桁架。单榀屋架重 55t(不含柱帽杆),屋盖总重 3000t。

(2)施工方案的选定

本方案的选择基于以下几个特殊条件:

①屋盖尺寸 135m×195m,面积 26325m^2,屋盖安装前,两层楼面及与航站楼连接的指廊、陆侧高架桥桥墩柱均已浇筑完成。吊装只能沿楼面四周进行,由于指廊和陆侧高架桥桥墩柱的阻挡,如采用逐条拼装法,需安装 50m 臂长的塔吊 6 台,即使这样,桁架中间部分的分段依然无法吊装。

②桁架外形复杂,拼装难度大,逐条拼装不仅拼装控制点质量难以保证,施工进度也达不到业主要求的总工期 200 天的要求。

③搭设满堂内钢管脚手架,不仅钢管用量大,且楼面还需加固处理,耗资巨大,拖延工期。

高空滑移施工,可仅用一台塔吊,搭设组装两榀桁架的脚手架胎架,三条滑移用钢轨道即可完成屋盖的安装工程。

具体方案如下:

①在 15 轴线两侧(第 15 榀、16 榀桁架位置)设置 2 榀作拼装胎架(钢管脚手架),单榀桁架在地面分 6 段制作(如图 15-52 所示),由设在胎架外边的 H3/36B 行走式塔吊按顺序分段

吊至胎架上进行高空组对。

②将16榀桁架分成4榀、5榀、5榀、2榀共4个单元,由第15轴开始向第1轴方向牵拉。1~4榀为第一单元,5~9榀为第二单元,10~14榀为第三单元,15~16榀为第四单元。

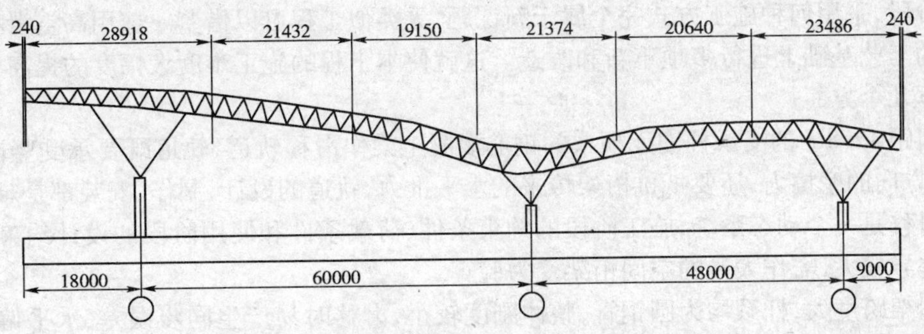

图15-52　主桁架分段图

③在拼装胎架上进行第一榀、二榀两榀桁架组对,经检验合格后,加前后支撑共同落放在仅作施工用三条组合钢桁架滑移轨道面上。由三台10t JJM-10改装卷扬机牵拉进行等标高滑移。

④滑移两个柱距(2×12.8m)让出胎架,再组装一榀桁架构成三榀一个单元,滑移一个柱距(12.8m)后,组装第四榀桁架,构成四榀一个整体单元(第二、三单元为五榀一个整体单元)进行长距离滑移,在1~4轴线就位固定。

⑤在1~4榀桁架长距离滑移过程中,滑移胎架上开始组装5~9榀滑移单元的前两榀桁架,按照第一单元的组装、滑移方式进行第二、三单元的桁架安装。

如此进行8次组单元滑移,2次长距离滑移,逐单元累积完成整个屋盖的滑移安装,如图15-53所示。

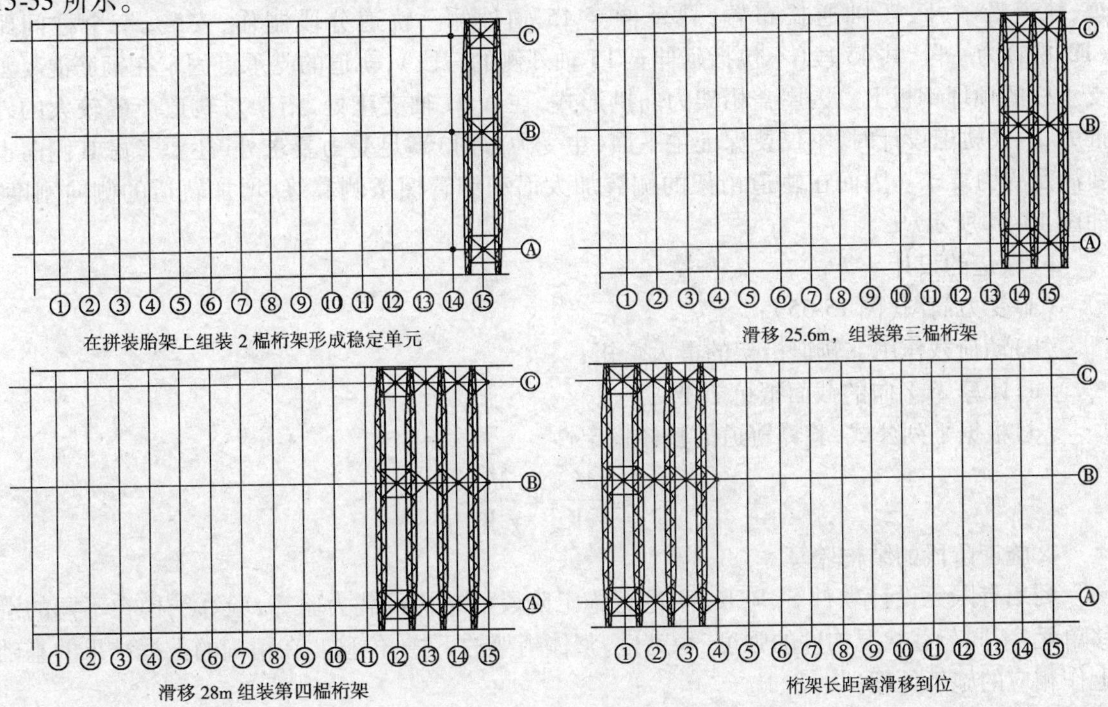

图15-53　滑移工艺流程图

(3)滑移工艺考虑因素

深圳机场航站楼钢屋盖采用了多点支承曲线钢管直接汇交点空间桁架结构，其结构形式介于网架与桁架之间，无法用其中任何原有的规范套用。此结构形式在国内首次采用，设计尚在尝试阶段，采用何种施工方式完全属于新课题，无类似工程可以借鉴。选用高空滑移法也得在以往的工艺基础上进行多项革新和改造。这就使本工程的施工难度大幅度的提高。主要表现在以下几个方面：

①间距12.8m的支承柱间无现成的钢筋混凝土梁作滑移轨道，轨道既要承受竖向移动荷载、滑移方向的摩擦力，还要抵抗桁架传来的水平推力，轨道的设计、制作、安装都是难题。

②滑移是一个动态系统，施工阶段的约束条件、荷载条件和使用阶段的设计约束条件、荷载条件差异较大，需作大量的空间桁架受力验算。

③屋架跨度大，杆系均为圆钢管，整体刚度较小，滑移时易产生同步误差、水平偏移、振动等现象，给结构自身带来损伤或严重损伤。

④屋架滑移重量大，因而采用多点牵拉方案，各牵拉点的受力不均匀，同步难以保证。

⑤单榀桁架外形复杂，三个支承点间存在高低落差，结构在支承点处有水平约束会产生水平推力，无水平约束会产生侧移，如何控制桁架的水平侧移及保证轨道的平面外稳定成为难题。

(4)技术重点

为了解决滑移施工中所涉及的难题，本工程将桁架的水平侧移控制及牵拉点的同步控制作为重点，采用了多项控制措施。

①轨道的设计、制作、安装和平面外稳定控制

a)轨道的选型

经过反复的方案优化，本工程滑移轨道采用了双工字钢上下弦、槽钢腹板组合钢桁架轨道，轨道沿A、E、H轴通长布置，并延伸至15轴外侧。轨道分段制作、安装，一个柱间距(12.8m)为一段，共45段(不包括延伸至15轴外侧的三段)，轨道的支承点固定在钢筋混凝土支承柱的预埋钢板上。因屋盖桁架为曲拱形式，在A、H轴支座处，桁架对轨道产生较大的外推力，因此轨道设计时，不仅要保证主平面(主受力方向)满足受力要求外，还要考虑其侧向也要满足受力要求。因而在轨道桁架的侧翼加大面积钢管檩条侧翼缘，增加轨道的侧向刚度。如图15-54所示。

b)轨道的设计

(a)受力简图(图15-55)：

(b)动荷载作用下轨道桁架的最大弯矩；

(c)计算X、Y向的截面抵抗矩W_x、W_y；

(d)根据下列公式，验算轨道的整体稳定性。

$$f \leqslant \frac{M_x}{\gamma_x W_x} + \frac{M_y}{\gamma_x W_y}$$

②施工阶段的结构验算

利用有限元设计软件SUPER-84进行施工阶段的结构承载力验算，验算结构在不同的滑移单元，不同荷载状况构件的强度、稳定性，整体桁架的下挠、位移。在精确的数据结果的基础上作相应的施工处理。

a)两榀桁架加前后支撑滑移单元滑移过程结构体系的强度、稳定性、下挠、位移验算。

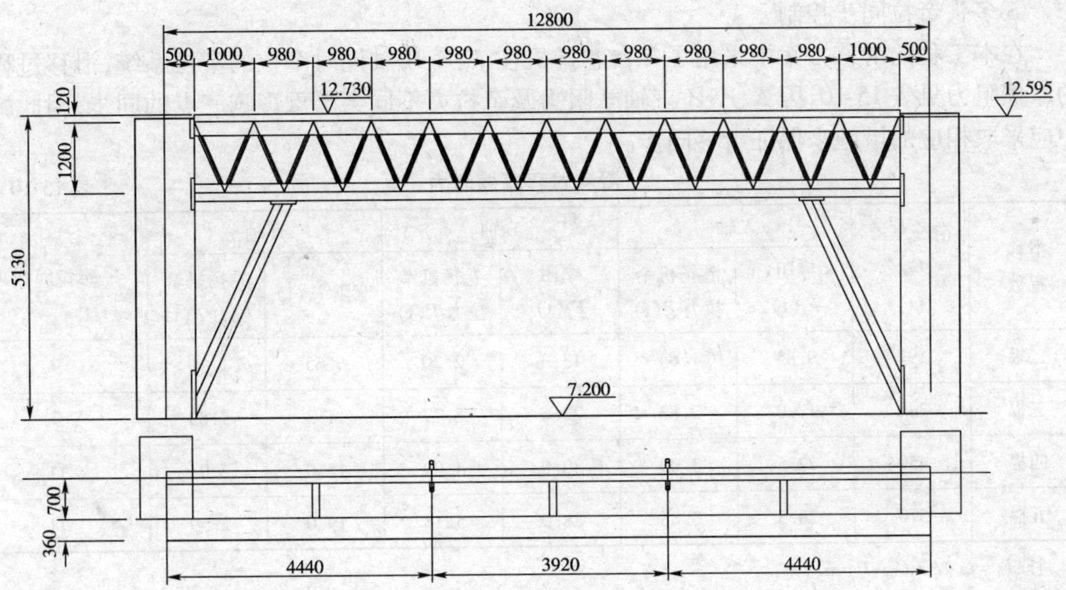

图 15-54　轨道布置图

b）三、四、五榀桁架加前后支撑滑移单元（有柱帽杆时柱帽杆代替）滑移过程结构体系的强度、稳定性、下挠、位移验算。

c）不同的桁架单元在不同的施工约束条件下强度、稳定性、下挠、位移验算。

d）桁架支座在 A、H 轴预偏对结构的影响。

③桁架的横向稳定控制

桁架的横向稳定采用多方面、多层次的控制措施。

a）桁架在胎架上进行组装时，A、H 轴的半圆球底座在水平方向向内预偏，落放时靠桁架重力作用产生的水平侧移复位。

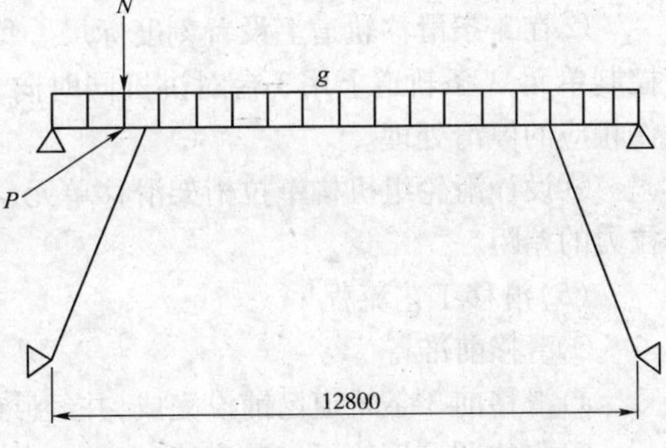

图 15-55　轨道受力简图（N、P 均为移动荷载）

b）桁架单元滑移时，在 A、E、H 轴每个支座点的柱帽杆半圆球底座板后加导向凹凸滚轮，用以限制桁架过大的水平位移（轮内边与轨道间距 20mm），并将桁架的水平推力传递到轨道上。

c）桁架单元滑移时，在每榀横加的 AE 轴，EH 轴间牵拉水平拉杆或钢丝绳，限制桁架的外涨。

④桁架的整体稳定控制

滑移桁架的整体稳定采用多个支承点连成整体共同滑移的方式进行控制。

a）在滑移桁架单元前后增设前后支撑（有柱帽杆时柱帽杆代替），通过增加支承点的方式来增加其整体稳定性。

b）同一轴线相临柱帽杆底座及对应的下弦杆位置用大刚度檩条沿水平方向焊接连接，使桁架、柱帽杆、水平拉杆形成稳定的三角形刚体。

c）各轴均设多个牵挂点同时牵拉，以减小各牵挂点的局部牵拉力及柱帽杆、水平拉杆的拉力，以增加其稳定性。

⑤多头牵拉同步控制

在本工程的滑移方案中采用了3台卷扬机在A、E、H轴同时牵拉的牵拉系统,滑移过程中的摩擦阻力见表15-10,因A、E、H三轴摩阻力及牵拉力不同会严重影响三点的同步,因此施工中应采取相应的措施来保证滑移同步。

滑移过程摩擦阻力 表15-10

滑移榀数	滑移重量 G_{0k} (t)	A轴		E轴		H轴		牵拉绳数
		摩阻 F_t(t)	卷扬机牵拉力 P(t)	摩阻 F_t(t)	卷扬机牵拉力 P(t)	摩阻 F_t(t)	卷扬机牵拉力 P(t)	
二榀	197	9.85	1.64	13.3	2.20	6.65	1.10	9
三榀	340	17.0	2.83	22.6	3.77	11.3	1.89	9
四榀	450	22.5	3.00	30.0	4.09	15.0	2.04	11
五榀	570	28.5	3.88	38.0	5.18	19.0	2.59	11

注:$F_t=\mu\cdot\xi\cdot G_{0k}$,$P=\alpha F_t/n$;

卷扬机速度4m/min,μ为摩擦系数0.15;

ξ为其他阻力系数1.5,α为动力系数1.2,n为牵拉绳数。

①采用改装的3台JJM-10卷扬机,设计专用的控制柜,3台卷扬机既可以同时启动,又可以单独工作纠偏。

②在3条滑移轨道上设置刻度标尺。每5cm一格,1m为一大区格,两柱间12.8m为一个控制单元,3条轨道上用3台对讲机同时向卷扬机控制总台报数,如不同步值超出限值,即可作相应的停滑处理。

③设计滑轮组机构牵拉桁架滑移单元,在减小单绳牵拉力的同时,也减小了3台卷扬机牵拉力的差距。

(5)滑移工艺流程

①滑移前准备

a)滑移前3条轨道已铺设完成,并经砂纸打磨、均匀涂抹黄油。

b)限位凹凸滚轮已安装完毕。

c)牵拉系统中钢丝绳、滑轮组牵拉点及牵挂点已布设完成。

d)3台卷扬机机试运转无误,3台独立驱动,集中控制开关均可正常使用。

②滑移

a)试滑移(第一次滑移)

(a)第一次滑移单元二榀桁架拼装、焊接、检测无误后,以E轴为控制基准,A、H轴底座板支点,按设计尺寸自由落放滑移轨道上,待重力作用支座回位。

(b)加装第一滑移单元的前后支撑,且用□360×200×8钢管檩条连接支座及柱帽杆底座,使滑移单元形成封闭的刚性体结构。

(c)布设滑移单元的牵拉钢丝绳、滑轮组等牵拉系统。

(d)滑移前,先启动卷扬机分闸系统,分别拉紧A、E、H轴钢丝绳,经检查确认无误后,启运总闸,正式滑移。

(e)为保证滑移同步,三条滑移轨道上派专人观测轨道的刻度标尺及水平偏差,并及时通报总台。

(f)牵拉 12.8m,停滑,在 AE、EH 轴柱帽杆间加装钢丝绳三线夹紧。

(g)继续滑移 12.8m,将柱帽杆底座板用限位卡的方式在 13 轴柱头准确定位,以确保之后桁架柱帽杆的拼装质量。

(h)完成以上工作,第一次滑移结束。

b)正常滑移(第 2 ~7 次滑移)

(a)在拼装平台上,进行第三榀桁架的组装、焊接、检测,通过柱帽杆、檩条与前二榀桁架组成整体后落放在轨道上。

(b)拆除第一滑移单元的后支撑。

(c)在柱帽杆半圆球底座间加装□360 ×200 ×8 钢管檩条压杆连接。

(d)布设牵拉系统。

(e)进行三榀桁架滑移单元 12.8m 滑移,在 12 轴线处准确定位,让出胎架。

(f)第四榀桁架的组装同第三榀,安装完毕后与前三榀桁架构成第一滑移单元,进行长距离滑移,由 12 轴分 5 次滑移到 3 轴位置,滑移 2 个开间调整一次钢丝绳、滑轮组,以保证牵拉点与牵挂点之间有 3 个开间的间距。

c)第 8 次滑移(顶推就位)

(a)拆除前支撑。

(b)将牵挂点调整后三榀桁架柱帽杆底座板处,空出第一个柱帽杆底座板。

(c)重新布设钢丝绳、滑轮组将第一滑移单元顶推到设计位置。

(d)检测桁架的就位情况,如符合质量标准,按设计要求固定支座,割除轨道,移交屋面板安装。

d)第二、三滑移单元的滑移

第二、三滑移单元的桁架安装、滑移与第一单元基本相同,仅在以下几方面进行调整。

(a)两榀桁架滑移的前支撑用相应位置的柱帽杆代替。

(b)第四榀桁架组装完成后,滑移 12.8m,让出胎架组装第五榀桁架形成五榀一个单元,长距离滑移到位,与前四榀桁架组拼成整体。

③第四单元拼装

第 15 榀、16 榀桁架在拼装平台上组装、焊接、检测后,直接落放就位,完成整个屋面板安装。

④收尾安装

a)所有屋面桁架滑移完成后,校正屋面尺寸,使安装偏差控制在控制范围内;割除轨道;底座板加米字板与柱头预埋钢板焊接、固定。

b)安装节点位置檩条及天窗架、排水沟、风窗等。

c)校正无误后交屋面板工程。

(6)滑移质量控制及滑移过程计算机监控

①质量控制

a)滑移过程的质量控制

(a)根据理论分析及精确计算,采取施工措施保证结构构件及节点焊缝不受损伤在可能出现问题的部位(见横向稳定控制)。

(b)加固滑移单元桁架及滑移轨道,进行滑移过程的稳定性控制(见整体稳定部分)。

(c)控制卷扬机转速,保持滑移速度在 25cm/min 以下,尽量减小动态对结构的影响。

(d)同步控制及水平偏差控制(表 15-11)。

同步控制及水平偏差控制　　表 15-11

A 轴偏移	>20mm 时	发出警告
	>30mm 时	停滑
E 轴偏移	>15mm 时	停滑
H 轴偏移	>20mm 时	停滑
三条轴线不同步	>50mm 时	不间断修正
	>100mm 时	停滑
AE、EH 挠度	>60mm 时	停滑

b)滑移施工精度控制

(a)组单元滑移时,滑移分段到位即作限位,限位精度控制在 10mm 以内。

(b)因为航站楼屋盖结构形式在国内是首次采用,规范中对其安装精度及验收标准没有明确的规定,滑移过程及桁架就位后的施工精度、允许偏差是针对本工程,参照桁架规范、网架规范,经设计院、质量监督站、业主、监理公司、施工单位共同商定的。

桁架滑移允许偏差、施工控制目标及实测值见表 15-12。

滑移允许偏差　　表 15-12

A 轴偏移	>20mm 时	发出警告
	>30mm 时	停滑
E 轴偏移	>15mm 时	停滑
H 轴偏移	>20mm 时	停滑
三条轴线不同步	>50mm 时	不间断修正
	>100mm 时	停滑
AE、EH 挠度	>60mm 时	停滑

c)测点布置

根据现场情况分析,在 10~12 榀桁架的 60m 跨处选有代表性的下弦杆、腹杆、柱帽杆、12~13 轴的滑移轨道的下弦以及半圆球底座水平拉杆处布设 24 个测点,在测点中心的平台上布设一个测试监控台。

d)测试仪器、设备

应力测试采用日本产 TV08 数据采集系统配彩色喷墨打印机,单向应变片若干,普通照明用电源线 400m。

e)测试步骤

(a)测点贴好应变片,封胶固定,用电源线引向测试监控台。

(b)测点编号并与数据采集系统接好,在第 12 榀桁架落放前调零。

(c)测试第 12 榀桁架落放后各测点的应力值,打印结果,对比设计计算值,符合要求开始滑移。

(d)进行滑移全过程的应力监控,计算机控制系统每 30s 自动采集一组数据,如发现应力值有超过限定值的,通报指挥台,停滑调整,选各测点应力较大、较小及突变数据组打印。

(e)采集停滑及就位的测点应力数据进行打印。

(f)整理打印结果,分析结果。

f)结果分析

从现场测试结果看,第10~12榀桁架在滑移过程中所记录的应力绝对值变化最大约占屈服强度设计值的13%左右,且滑移到位后桁架构件应力值恢复较好,说明该施工方法是可行的。

②滑移过程位移计算机连续监控

滑移过程是一个连续的运动过程,靠人工观测,对讲机报数控制精度非常粗略,且滑移过程中的水平偏移根本无法测量。为了提高施工精度,本工程采用了计算机位移监控系统进行滑移全过程的位移、牵拉点同步、支座水平偏移的测量控制。这是本工程的又一项突破。

a)在滑移单元的前方安置一个观测台,在A、E、H轴牵挂点的附后安置3个观测点。观测台上安置一台瑞士产莱卡TC2000全站仪(0.5″,3mm,2pp^{n}),每个观测点处安置一个棱镜。

b)进行滑移单元从开滑到到位停滑一个开间滑移的全过程监控,间隔30s三点同时进行一次扫描,测出三点的同步偏差、水平位移轨迹以及高程变化线,数据在仪器上连续显示并存入电脑。如发现观测参数有超出限值,即通过总台,停滑调整。

c)测试结果:通过对10~12榀桁架13~12轴滑移过程的监测,得出以下结果,如图15-56~图15-58所示。

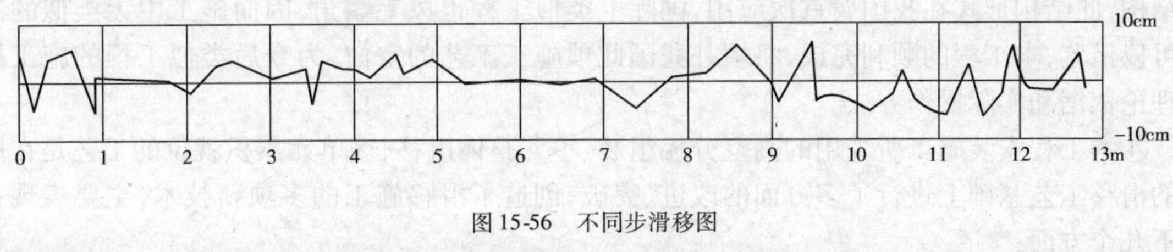

图15-56 不同步滑移图

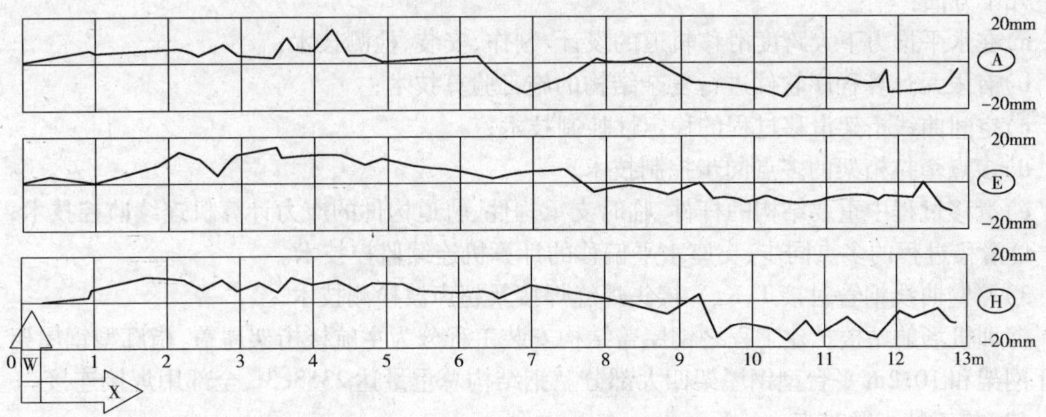

图15-57 运动轨迹图

分析结果滑移过程的偏差均小于限值,说明滑移施工方案是可行的。

(7)小结

深圳机场航站楼扩建主航楼钢屋盖大跨度曲线空间桁架安装,采用了高空分榀组装、单元整体滑移施工方案,现工程已顺利完工,由于采用了滑移方案使本工程无论在经济效益、技术效益还是在缩短工期等诸方面都取得了明显的效果。

①可将135m×195m大面积钢屋盖的安装工期缩短到100天。屋盖结构工程的总工期缩短到200天,节约了工期,为深圳机场1998年底投入运营争取了时间,奠定了基础。

②根据现场施工条件与散装、整榀吊装等方法相比,可将施工开支降低到最低限度,节约

了施工投入资金 80% 左右，取得了明显的经济效益。

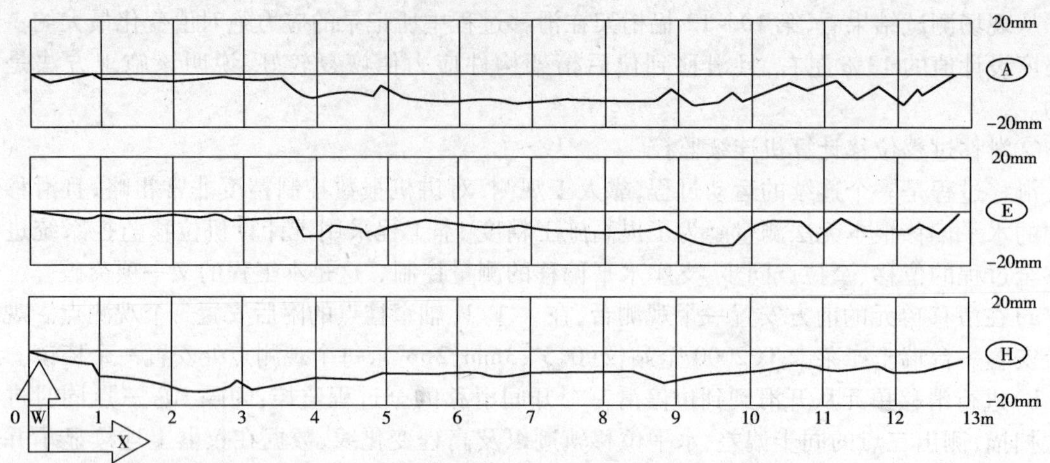

图 15-58 高程变化图

③根据现有资料表明，深圳机场航站楼钢屋盖采用多点支承曲线钢管直接汇交点空间桁架结构，此结构形式在我国属首次应用，国际上类似工程也凤毛麟角，因而施工中无类似的工程可以借鉴，本工程的顺利完成，将填补我国此项施工工艺的空白，为今后类似工程的施工提供理论依据和实际操作方法。

④本工程安装施工所采用的高空分榀组装、单元整体滑移、逐单元累积就位的工艺是在原有的滑移工艺基础上进行了多方面的改进、突破，创造了滑移施工的多项新技术，主要表现在以下几个方面：

a）在水平推力下大跨度滑移轨道的设计、制作、安装、检测技术；

b）有限元计算程序软件进行复杂结构的施工验算技术；

c）空间曲线桁架滑移过程的稳定性控制技术；

d）多点牵拉桁架的多点同步控制技术；

e）滑移过程中重要结构的杆件、临时支承构件、轨道构件的应力计算机连续监控技术；

f）滑移过程的多点同步、支座水平偏移的计算机连续监控技术。

3）厚壁曲线钢管对接 T、K、Y 接头焊缝焊接及超声波检测技术

深圳机场航站楼扩建工程之钢屋盖结构安装工程分为主航楼桁架屋盖、指廊型钢屋架、卫星厅网架和 10.2m 平台型钢屋架四大部分。钢结构总重量达 2358.3t，全部用焊接连接。

（1）施工特点及难点

①工程量大，施工难度高，工期紧

航站楼钢屋盖结构安装中焊缝达 10 万延长米，其中大量焊缝为厚壁锥管的环焊缝和相贯焊缝，焊口组对形状复杂，单个接头施焊量大，而且大多处于结构下方、斜下方及悬空部位，安全操作与施工防护都比较困难。

②质量要求高

整个钢屋盖包含双层屋面板总重达 3000t，全部重量由 45×4 根斜撑柱帽杆支承。由于本航站楼钢屋盖大量焊缝为厚壁锥管的环焊缝和相贯焊缝，而这两类焊缝分别位于柱帽杆的两端。柱帽杆下口为锥管与柱帽半圆球面的环焊缝，柱帽杆上口为锥管与圆弧曲线钢管的斜交相贯线焊缝，此两类焊缝为整个屋盖的关键受力接头，焊缝质量要求高。由于本工程桁架为空

间曲线，曲线的焊后几何尺寸准确度要求高，怎样保证焊缝质量并减少焊接输入热量对结构尺寸的影响成为本工程面临的一个重要工艺课题。

(2)焊接方法的选择

本工程焊接工期紧，工程量大，施工难度高，焊接质量要求高，因此焊接作为本工程的重要工序，一开始就面临着严峻的考验。本工程焊接以全位置焊缝为主，部分接头为仰焊，材料厚度3.75～35mm，桁架连续跨度大(135m)，因此需经常调整焊接作业方式和变更工艺参数。由于柱帽与柱帽杆是钢屋盖的主要承重构件，受力大，对整个结构起着关键作用。如单独采用传统的手工电弧焊焊接方法，不仅敲焊渣、去除焊瘤工作量大，影响工期，而且由于手工电弧焊的热输入量大，容易使柱帽半圆球面发生变形，同时也会使桁架曲线形状发生变化，影响整体结构的尺寸，难以保证工程质量。如单独采用 CO_2 气体保护焊焊接方法，由于焊口组对形状复杂，难以保证焊缝根部焊接质量，易出现气孔、夹渣等焊接缺陷。因此必须打破传统的单一的焊接方法，采用手工电弧焊与 CO_2 气体保护焊相结合的特殊焊接方法。

(3)焊接工艺的确定

焊接方法选定之后，就必须编制出一套切实可行、适合于本工程特点的手工电弧焊与 CO_2 气体保护焊相结合的混合焊接工艺方案。

厚管壁锥管与圆弧曲线钢管的斜交相贯线焊接，其焊口形式非常复杂，保持连续作业特别是当使用 CO_2 气体保护焊时在高速运焊状态下保持不同位置、不同电流值的连接焊接即成为工艺难题。针对这一难题，项目全体技术人员和优秀焊接技工组成了工艺攻关小组，攻关小组进行了多次单个焊接方法以及混合焊接方法现场模拟对比实验，并对各种焊接方法的工艺可行性进行了详细认真地分析，攻关小组为此开展一系列卓有成效的工作。

①攻关目标

a)控制焊接输入热对柱帽半球及桁架曲线形状的影响；

b)提高焊接质量，保证100%探伤合格；

c)掌握本工程中混合焊接方法要领。

②运用关联图找出影响质量的原因

通过多次现场模拟实验，并利用关联图(图15-59)分析得到，影响焊缝质量的主要原因是：

a)焊接电流与电压；

b)焊工经验；

c) CO_2 气体流量参数；

d)自然气候的影响。

③质量保证措施

针对影响焊缝质量的主要原因，总结出保证焊接质量的措施。

a)采用手工电弧焊封底，采用 CO_2 气体保护焊填充和盖面。

b)选择焊接电流时，尽可能避开飞溅率高的电流区域。电流确定后再匹配适当的电压，以保证飞溅量最少。

c)要求焊工反复练习，确保在正式施焊时，焊枪尽量垂直，以获得高质量的焊缝。

d)由于要保证较高的焊接速度以及在室外作业的实际情况，气体流量要适当加大，以使保护气体有足够的挺度，提高其抗干扰的能力。

e)搭设防风雨棚减少自然气候对焊缝质量的影响。

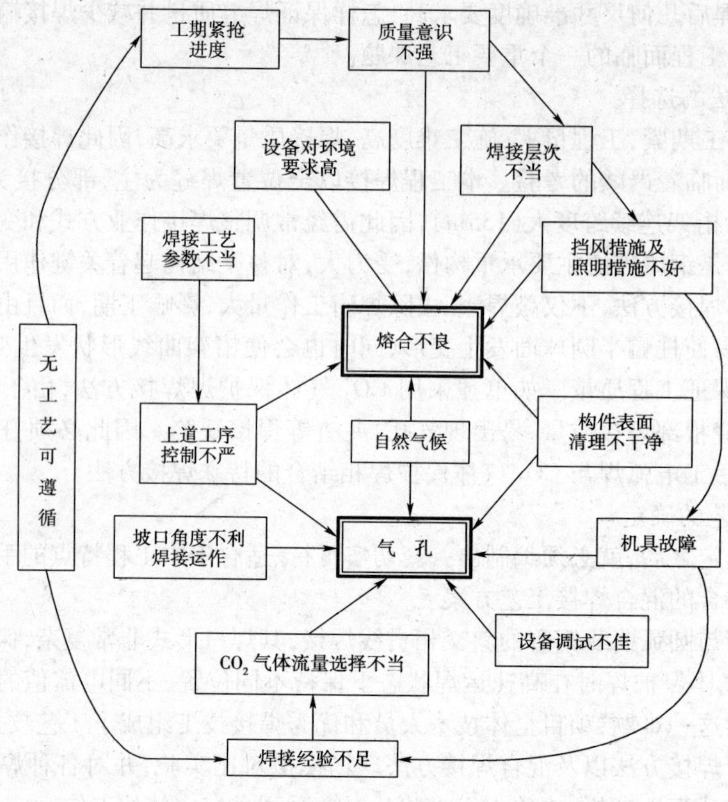

图 15-59 关联图

(4)质量保证体系

针对影响焊缝质量的主要原因,制定出保证焊接质量的完整体系。

①工艺指导书

通过分析手工电弧焊和 CO_2 气体保护电弧焊的冶金特点,并经过多次现场模拟实验,制定出适合于厚壁锥管($\delta = 35$mm)与圆弧曲线钢管的斜交相贯线焊接工艺指导书。

a)接头概况:

接头方式:厚壁锥管($\delta = 35$mm)与圆弧曲线钢管的斜交相贯线型接头;

坡口形式:单面 V 形坡口;

锥管厚度:$\delta = 35$mm;

坡口角度:$\alpha \leqslant 50°$;

坡口钝边:$P \leqslant 2$mm。

b)焊接环境:

用脚手架管搭设焊接作业平台。

c)焊前防护:

(a)用脚手架管在作业平台上方搭设风雨棚架;

(b)用彩条布四周围护,严格防风措施。

d)焊前清理:

(a)彻底清除坡口边缘的油污、灰尘;

(b)清除点固焊处焊渣。

e)焊前加热:

(a)加热热源:氧炔中性焰;

(b)加热方法:沿相贯线接头均匀加热,直至柱帽杆100mm范围内与曲线钢管下部施焊处均达110℃左右。

f)焊接:

(a)封底焊:采用手工电弧焊,以较大电流值,小直径焊条紧贴上管壁直线运条,重点防止出现未熔合与焊渣超越熔池。尽量保持单根焊条一次施焊完,收弧处应避免产生收缩孔。下一根焊条续焊前应采用剔凿除去已焊处至少20mm焊渣,并采用角向磨光机将续焊处修磨成缓坡状。确认无收缩孔后,在滞后10~15mm处起弧焊,前半部完成后应将起始处与收弧处至少10mm修磨成缓坡状,确认熔合良好,方起弧焊接后半部,起弧处应在前半部已形成焊肉上,后半部与前半部接头处接焊时应至少超越20mm填满弧坑后方允许收弧。首层焊接的重点是确保根部熔合良好,确保不出现假焊。

(b)逐层填充:采用CO_2气体保护电弧焊,正常电流,较快焊速。注意搭头部位逐层逐道错开50mm,要逐层逐道清除氧化渣皮、飞溅、刨削雾状附着物。

(c)面层焊:采用CO_2气体保护电弧焊,小电流,慢焊速,注意不得出现道间凹沟,见表15-13。

混合焊接工艺参数 表15-13

焊层	焊接方法	焊丝(条)牌号	焊丝(条)直径(mm)	焊丝(条)极性	焊接电流(A)	电弧电压(V)	焊丝伸出长度(mm)	气体流量(L/min)	焊速(cm/s)	层厚(mm)
底层	手工电弧焊	E4315	3.2	阴	115				0.30	≈5
填充层	CO_2气体保护焊	H08 Mn2 SiA	1.2	阳	230~240	26~27	15~20	40~45	0.70	≤7
面层	CO_2气体保护焊	H08 Mn2 SiA	1.2	阳	180	24	20~25	30~35	0.60	≤7

g)焊后处理:已焊接完毕,确认焊后几何尺寸,外观质量均符合规范与设计要求,采用至少不低于双层厚棉布压紧覆盖。待接头缓冷至环境温度后认真清除飞溅、焊渣、附着物。

h)焊接检验:用角向磨光机作UT检验前清理,注意不得出现深刻磨痕。经UT检验焊缝符合规范及设计要求,方允许拆除防护措施。

②严格的焊接检验体系

由于本工程中有大量的相贯线接头焊缝,且这些接头大多处于结构的主要承载部位和力传递部位,质量要求高。因此本工程焊接无损检验特邀我国在管相贯线焊缝无损检验领域具有相当成功经验的冶金部建筑研究总院无损检验高资质人员实施。

a)探伤人员:

焊缝探伤全部由冶金部建筑研究院具有Ⅲ级以上检测资格人员实施。

b)探伤设备:

标准试块为CSK-IB。

耦合剂选用粘度大、透声效果好的化学浆糊。

探伤仪为脉冲反射式数值超声波探伤仪，仪器具有良好的稳定性，适合于室外检验。

c)探伤结果：

所有经超声波探伤检测的焊缝合格率为100%。

③施工防护措施

由于本工程地处海边，且为高空作业，风速较大，影响焊接施工。因此为了最大限度地减少自然气候对焊接施工的影响，确保焊缝质量，在作业区域搭设风雨棚，并在操作平台上密铺石棉布，使焊接环境处于相对稳定状态。

(5)总结

经过全体焊接工作人员的共同努力，进行了技术攻关，改进了焊接工艺，取得了良好的施工效果，获得了良好的经济效益和社会效益。

①施工效果的提高

a)生产率显著提高

由于 CO_2 电弧焊电弧的穿透力强，熔深大而且焊丝的熔化率高，所以熔敷速度快，生产率比手工焊高2倍。由于焊接工序是制约本工程进度的关键环节，焊接生产率的提高，大大缩短了整个工程的工期，缩短工期约16%。

b)有效地提高了焊接质量

采用 CO_2 电弧焊，焊缝抗锈能力较强，焊缝含氢量低，抗裂性好。不仅如此，所有焊缝100%探伤合格。

②通过采用改进后的工艺，获得了良好的经济效益，见表15-14。

原本工艺经济效益对照表　　表15-14

	原工艺	本工艺	本工艺节省资金对照
设备占用	12台26kW AX500-7直流弧焊机	8台	节省机械台班共220台班，约1万余元
	12台日本产C-600多功能整流机	8台	
人员占用	26	20人	节省劳动力投入约300人工，计2.4万余元
焊速比	1	4	提前工期16%
焊材自然损耗率	14%	0.5%	节省优质电焊条1.04t，计2.4万余元
电力耗率(单位时间)	2.06	0.7	节省电力消耗约1.5万余元
合计			节约成本支出共7万余元

4)深圳机场航站楼屋盖钢结构测控技术

深圳机场航站楼屋盖钢结构平面尺寸135m×192m，由16榀龙形曲线桁架通过柱帽杆支承在三列45个柱顶之上，由檩条、支撑连接而成。其标高为13.800～25.436m，断面为倒三角形，主截面高3m。

屋盖钢结构采用分段组装，累积滑移的施工方案，亦即在航站楼(14)～(15)轴之间以及(15)轴外侧，根据桁架龙形曲线变化搭设两榀主桁架组装胎架，全部16榀桁架逐榀组装，逐榀累积滑移至设计位置。

(1)测量工作的基本内容

屋盖钢结构测量工作内容包括：主桁架直线度控制，标高控制，变形观测，同步滑移监控，滑移定位测量放线。

(2)主桁架组装测控技术

①测控方案的基本构思

直线度控制：考虑到桁架下弦杆中心线在水平面上投影为一直线，管壁外边投影线对称于下弦中心线，对称线间距等于弦管直径，故直线度的控制依据可考虑以下弦入手。

主桁架标高控制：随着龙形曲线变化，桁架上各点标高也相对地发生变化，因此，正确地控制其标高至关重要，根据桁架分段示意图可选定下弦节点与标高控制点。

上弦平面水平控制：与主桁架下弦空间位置确定之后，只要将上弦平面做平，则整榀桁架组拼就大功告成了。

下挠变形观测：比较胎架脱离前后主桁架若干观测节点标高变化，就可知主桁架下挠变形情况。

②测量控制平台的建立

激光控制点位的布置：根据土建 ±0.000m 层测放的建筑轴线，利用直角坐标法，选定 4 个激光控制点，并在楼地面做好永久标记。这 4 个特征点位正好是第 15 榀和第 16 榀主桁架下弦 33 号节点及 105 号节点在水平面上的投影，其平面构成为一矩形，4 个大角均为 90°特殊角，四边具对称性，便于引测时进行角度和距离闭合，提高控制精度。

铺设测量操作平台：在每个承重架上用木方、七夹板铺设平台。此平台的铺设必须满足仪器架设时的平稳要求。

下弦中心线的投测：把激光铅直仪分别架设在 4 个已经精密测放的激光控制点上，垂直向上引测激光控制点于铺设好的平台之上，并做好点位标记，然后在平台上经莱卡 TC2002 全站仪进行角度和距离闭合，精度良好，边长误差控制在 1/30000 范围内，角度误差控制在 6″范围内。4 个控制点位精度符合后，分别架设仪器于 33 号节点，后视 105 号节点，将中心线测设在每个测量平台上，并用墨线标示。

下弦控制节点的投测：由于每榀桁架分 6 段进行组装，故每段都必须做好节点控制，根据桁架分段情况，选定如下节点作为控制依据。即 3 号、33 号、36 号、51 号、54 号、66 号、69 号、84 号、87 号、102 号、105 号、129 号，这些节点分别为每分段的最两端下弦节点。参照土建 +7.200m 层建筑轴线网，选定(13)轴线作为控制基线，在此基线上通过解析法找出控制节点的投影与基线的交点，然后分别在这些点位上架设经纬仪，后视基线一端盘左盘右转直角，将这些交点投测到平台上，并与下弦杆中心线投影线相交，即得到第(15)榀和第(16)榀下弦控制节点在水平面上的投影点。这样每榀桁架直线度控制就以测量平台上所测设下弦中心线为依据，而组拼时桁架纵向偏差则以控制节点为依据，通过吊线锤的方法来完成。直线度控制目标 5mm。

主桁架标高控制：由于主桁架龙形曲线变化，其高差变化相当大，最高设计标高 25.436m，最低 13.800m，如果要一次架设仪器，那根本就是幻想。为此，选用的方法是从(14)~(15)轴线楼面胎架测量操作平台上垂挂大盘尺，通过苏-光 DSZ2 高精度水准将后视标高逐个引测至每个测量操作平台上的某一点，做好永久标记。用此作为测量操作平台上标高控制时后视点之用。根据引测上来各标高后视点，分别测出平台上相应下弦控制节点标记点位之实际标高，然后和相应控制节点设计标高相比较，即得出测量平台上控制节点标记与理论上设计之相应控制节点之高差值明确标注于测量平台相应节点标记点后，并加上括号，用此作为主桁架分段组装标高的依据，标高控制目标为 ±10.0mm。如图 15-60 所示。

上弦平面水平控制：在控制两上弦杆对称水平之前，制作了一个 3m 多长超大水平尺，该水平尺采用经纬仪高精度管水准器固着于轻质铝合金方通的一端，经调校合格后即交付使用，配合支承于上弦杆下液压千斤顶的微调作用，完全发挥了自制水平尺高精度的微妙效果。

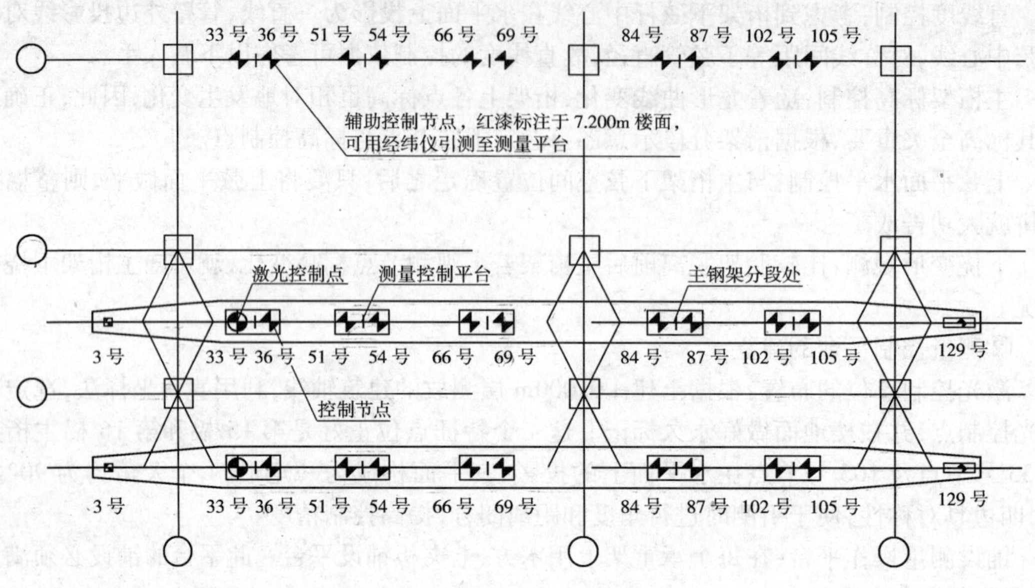

图 15-60　主桁架组装测量控制原理图

(3)变形观测

①主桁架下挠变形观测

根据监理工程师及设计师的要求，本次下挠变形观测点位正式确立为下弦杆上之9号、24号、51号、75号、96号、117号、129号共7个节点。变形观测原理：在每榀桁架组装完毕之后，对所有观测点位进行第一次标高观测，并做好详细记录，待主桁架脱离承重架之后。再进行第二次标高观测，并与第一次观测记录相比较，即可知主桁架变形情况。如图15-61所示。

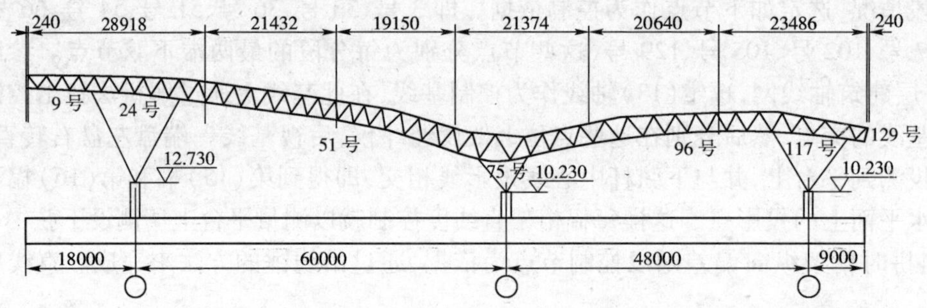

图 15-61　下挠变形观测点位置示意图

②承重胎架沉降变形观测

由于主桁架静荷载及脚手架自重影响，组装胎架出现了不同程度的沉降现象，经多次反复观测得出最初在每榀桁架拼装以后，均有3～5mm的沉降。针对这一现象，我们在主桁架标高控制时作了相应的调节对策。即根据胎架的沉降报告相应地进行标高补偿，以保证主桁架空间位置的准确性。

③组装胎架倾斜变形观测

为保证测量平台上所测放中心线，控制节点在水平位置上的准确性，每次桁架组装，滑移完毕后，我们均通过激光铅直仪将楼地面已经做好永久标记的激光控制点垂直投测到测量操作平台上。建立新的主桁架组装测控体系,经瑞士莱卡 TC2002 全站仪进行角度和距离闭合,发现与上一次使用的控制点位之较差最大 3mm,完全符合施工要求,从而也说明组装胎架的侧向稳定性良好。

(4)同步滑移的测控

桁架式滑移轨道分别搭设在(A)轴、(E)轴和(H)轴柱列之上,柱与柱之间距为 12.800m,根据测放在混凝土柱顶上的建筑轴线,我们在滑移轨道侧面按 5cm 一格将 12.800 刻度化,并将每个刻度位置编号。这样在滑移时,通过焊接在支座上的指标器所指示的即时刻度的比较,就可以了解到 3 个轴线上同步滑移情况。当 3 个轴线上刻度反映不同步时,可先停止整体滑移,对滑移滞后的部位单独进行卷扬机牵拉,直至同步为止,同步滑移控制目标为 5 ~ 8cm。

(5)滑移就位测量控制

考虑到滑移之前,桁架上弦平面檩条全部安装焊接牢固,并且在相邻下弦杆之间安装若干临时拉杆,桁架支座与支座之间也安装有临时拉杆,这些措施的实施均为防止滑移变形提供了有力的保证。所以桁架滑移到位的关键是支座滑移到位,支座到位整个钢屋盖理所当然也回复到位。根据这一构想,着重对支座中心轴线进行了精密测放,经复核,相邻支座中心线间距最大不超过 3mm。支座安装就位后偏差最大控制在 5 ~ 10mm 范围之内,完全符合规范要求。

(6)经验总结

在本工程测量过程中,积极引进先进的全站仪及激光仪器,为工程质量提供了保证。天气状况是影响施工进度的一个不容忽视的绝对因素,特别是阴雨、有风及夜间作业时,因不良天气的干扰,观测目标能见度太低,或者根本在仪器无法通视的情况下,采用跟踪测量的方法对工期将会造成滞后影响。而组装胎架测量控制平台的建立为克服恶劣天气的影响,缓解工期的紧张,提高施工进度找到了有效的途径。而且,它创造性地打破了钢结构安装需跟踪测量的俗套,避免了重复劳动。

5. 工程总结

深圳机场 1 号候机楼改扩建工程钢屋盖为曲线钢桁架体系,施工滑移采用高空分榀组装、单元整体滑移、累积就位、三点牵拉、同步横向滑移工艺,成功地解决了施工中有较大水平外推力作用的钢管桁架整体、横向稳定性控制的难题及滑移轨道的设计、制作、安装难题,属国内首次采用,该工程的综合施工技术经国内专家鉴定"达国际先进水平",获省部级科技进步一等奖,并在此基础上形成了国家级工法。

15.2.3 深圳国际会议展览中心

工程名称:深圳国际会议展览中心

工程地点:深圳市福田中心区南片区 11 号地块

建设单位:深圳市建筑工务局

设计单位:德国 GMP 设计事务所

　　　　　东北建筑设计研究院

总包单位:香港建设(控股)有限公司

钢结构施工:深圳建升和钢结构建筑安装公司

　　　　　　广东省建筑安装公司

监理单位:深圳市南山建设监理公司

建筑面积:253615m^2

用　　途:大型公用建筑

开/竣工日期:2002.12 ~ 2003.12

1. 工程概况

深圳会展中心位于深圳市城建规划中心区中轴线南端,南靠滨河快道、口岸、港口及高速公路,北接地铁枢纽站,与已建成的市民中心、文化中心遥遥相望,是深圳市政府2003年度重点工程。整个建筑物长540m,宽282m,占地约22万m^2,建筑面积约28万m^2,总投资25亿人民币,由南北展览厅、中间会议厅、地下车库及各类相关配套用房组成,系集展览、会议、商务、娱乐、餐饮等于一体的公共设施,建成后成为2004年第六届中国国际高新技术交流会的主会场。

展览厅位于地面一层,南北对称分布两侧,长540m,宽126m,平面呈长方形状;屋顶标高为+30.000,室内净高可达13 ~ 27m,126m跨无柱钢结构为会展中心创造了一个开阔、自由的空间。展厅面积共110000m^2,分为9个面积分别为7500 ~ 30000m^2的独立展厅,各个独立展厅可灵活组合,以最大限度地满足各种规模、各种类型的展览需求以及多功能使用。整个展厅容量巨大,可举办5500个国际标准展位超大形展览,或同时举办2000个标准展位的大型展览会或小型展览会多个。

会议厅位于展览厅之上,楼面标高+45.000,视野开阔,景观良好。长360m,宽60m,顶部标高+60.000,亦采用无柱钢结构屋盖,建筑总面积22000m^2,分+45.000、+50.000两层布置。多个40 ~ 800人不同规格的会议室,700及2100人餐厅,及配备3000人的多功能会议厅,先进会议设备使深圳会展中心完全具备了举行各种类型、各个层次国际会议的条件,此外,还可举行大型宴会、庆典、文艺演出以及体育竞赛等。

完善的辅助设施包括观景平台(+30.000),展示厅、行政办公、贵宾休息室(+15.000),入口大厅、服务设施、人流交流枢纽(+7.5000),疏散通道(+3.050),1000位地下车库(-5.200),及地铁通道、地下商业广场、仓储、设备用房等。

整个会展中心规模浩大、气势恢弘,是目前深圳市最大的单体公用建筑。

1)结构特点

深圳会展采用钢—框剪混合结构,其中展览厅及会议厅屋盖为钢结构,展厅采用国内鲜见的弧形箱形张弦梁结构,间混带钢柱支撑箱梁;会议厅为圆穹状箱梁横跨60m,总用钢量约3.1万吨(图15-62为钢屋盖结构图)。

展览厅屋盖主要由箱梁及连系檩条、斜撑组成,其中有22榀双箱梁下弦设有实心钢棒拉杆,与上弦刚性箱梁及撑杆组成大跨度薄壁双箱梁钢棒拉杆组合钢结构,如图15-63所示。端头箱形梁下每榀设有七根承重钢柱支撑,与玻璃幕墙抗风柱一起构成围护结构的基架。由立柱支撑的双箱梁重量381t,带钢棒的双箱梁重量553t。

带钢棒拉杆的双箱梁弧形上拱,水平投影长度为126m,单箱梁截面1000×2600mm^2,拐弯段最大截面1000×4400mm^2,箱梁翼板厚度最厚35mm,最小12mm,腹板厚度最厚18mm,最小12mm。腹板内设加密格板。箱梁上端在标高+28m位置搁在滑动支座上,下端在标高+13m位置形成倒L形拐弯,底脚在靠近Ⓐ、Ⓚ 轴处与地面支座用ϕ600销轴铰接连接。每榀双箱梁下有6根ϕ140平行钢棒拉杆为柔性下弦,三根一组,并排的两根竖向撑杆上端与双箱梁下翼缘铰接,下端与6根下弦钢拉杆铰接。设计在南北向的每条数字轴线的左右两侧1.5m处各安装一条单箱梁,两条单箱梁通过500mm×1000mm的箱形檩条连接,组成双箱梁体系,檩条位于双榀主钢梁之间,其两端长度为3m的固定端贯穿箱梁腹板,与箱梁焊接在一起,中间部分檩条长度为 24m，檩条截面尺寸为 1000mm×500mm，两端与主箱梁上的固定端在现场焊接，与箱梁焊接连为一体，形成刚性屋面单元，保证箱梁平面外稳定。每四个轴线为一稳定体单元，单元间设置 250mm 宽的伸缩缝。

图 15-62　钢屋盖结构图

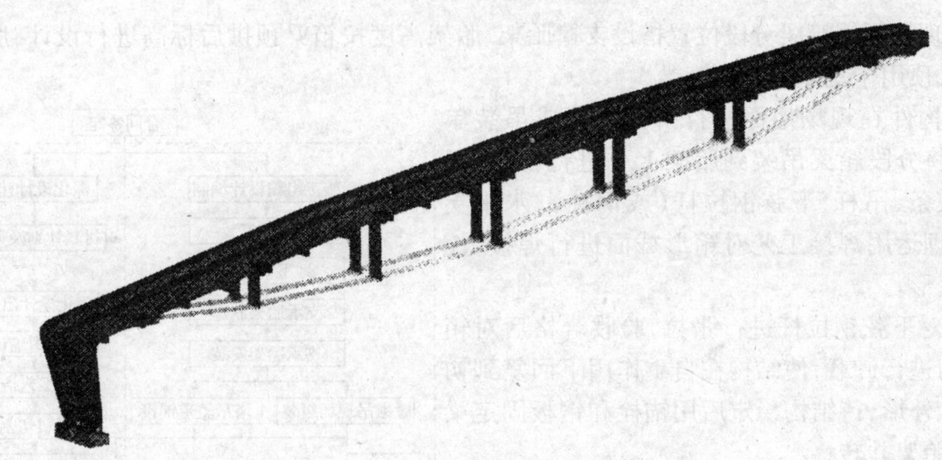

图 15-63　大跨度薄壁双箱梁钢棒拉杆组合钢结构

在展览厅东侧以及入口处、通道处，主箱梁支撑在钢柱上，钢柱上下端均为铰接连接，上端支撑在双榀箱梁之间的檩条下翼板上。截面尺寸为 600mm×450mm 及 600mm×600mm。

会议厅箱梁对称穹状，底部为钢柱支撑，两端与 +45.000 位置铰支座连接，顶部标高 +60.000，标准截面 1000mm×2000mm，翼板厚 25mm，腹板厚 12mm。梁下设置支撑钢柱，轴线间间距 6m 布置有 10m 外挑挑梁，南北对称。

2）工程施工的难点

工程中钢结构构件跨度达 126m，并且该工程涉及的大跨度薄壁双箱梁钢棒拉杆组合钢结构的结构形式，在实际工程中属首次采用，无已建工程提供参考。在大跨度钢结构的施工过程中较为突出的问题有两点：

（1）结构施工过程中的变形控制问题。结构变形问题是关系到是否符合设计要求和便于构件安装关键。

（2）构件施工过程中的稳定问题。

针对该工程特点归纳出以下 6 点需要在建设期间重点解决的技术问题。

(1) ϕ140 实心钢拉杆的锻造、安装与测控技术。

(2) 薄壁、大截面巨型箱梁制作及变形控制技术。

(3) 126m 大跨度薄壁双箱梁钢棒拉杆组合钢结构分段安装及变形控制技术。

(4) 结构预拱计算及箱梁、胎架释放稳定性验算。

(5) ϕ600 大直径销轴铰支座制作、安装精度控制技术。

(6) 高强预应力预埋锚栓的开发和运用。

2. 施工方案

工程以施工效率、施工经济成本及施工安全为出发点，并结合展览厅、会议厅屋盖钢结构的特点，淘汰了近地拼装、旋转就位法，单元滑移、就位拼装法等施工方案，最终采取了“胎架支撑、分段构件高空原位拼装”方案进行钢屋盖安装。

展览厅采用 150t 履带吊作为主吊机进行吊装，会议厅采用 K800 行走式塔吊进行吊装，连系檩条及水平支撑等采用 25t 汽车吊进行吊装。

(1) 根据箱梁的设计外形曲线，计算箱梁预拱值，以抵消胎架拆除后箱梁的下挠量。

(2) 按箱梁预拱后的尺寸进行钢构件的分段制作并进行工厂预拼装，验收合格后运至现场。

(3) 现场根据箱梁分段位置搭设支撑胎架，胎架高度按箱梁预拱后标高进行设计，胎架顶安置千斤顶用于支撑和调整箱梁。

(4) 构件在现场地面进行拼接并焊成吊装单元，吊机将分段箱梁吊装到胎架上并进行校正，跟进安装檩条、吊杆、下弦钢拉杆(或钢柱)、水平支撑等，合理运用焊接工艺对箱形截面进行焊接，控制整体变形。

(5) 对下弦钢拉杆进行张拉，验收合格后对箱梁支承力进行卸载，使结构在自重作用下回复到初始的设计外形，待结构稳定后用锚栓和钢板固定梁头，拆除胎架并转移。

总的施工流程图如图 15-64 所示。

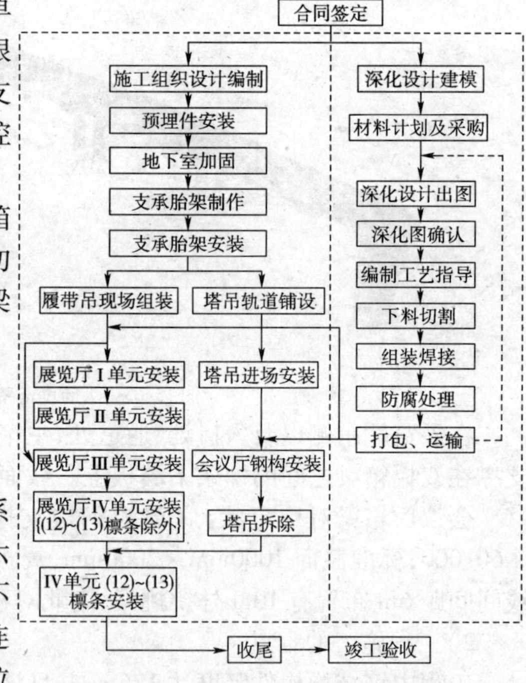

图 15-64　总的施工流程图

3. 主要施工技术

1) ϕ140 实心钢拉杆的锻造、安装与测控技术

大跨度薄壁双箱梁钢棒拉杆组合钢结构体系中的实心钢拉杆下弦，直径达 140mm，横向布置六根，三根一组，每根分成六跨，跨度为 18 ~ 25m 不等，跨内又分成 2 ~ 3 个分段，分段间套筒螺纹连接，异跨间通过腹杆下端三分叉口销栓连接成受拉整体，两端与钢梁下耳板销轴连接。

经过分析后将实心钢棒的实现问题集中在以下几方面：

①ϕ140 高强度实心钢拉杆属国内建筑行业首次使用，要求强度高、力学性能稳定、使用寿命长，制作上存在巨大困难。

②钢拉杆由分段通过套筒丝扣连接组成，存在安装间隙，整体受力具有非线性特征，初始

承载力不可靠。在结构安装完成之前钢棒呈直线。安装过程需要保证下弦三根钢拉杆受力平衡,难度极大。

③连续多跨、铰接联动、多根平行的钢拉杆,同跨间存在错动性,异跨间产生联动性,极大地增加了现场安装及施加拉力的难度。

④钢拉杆受拉过程中变形微小,应力监测技术需突破传统手段。

(1)实心钢棒拉杆组件的制作

整套钢拉杆由包括U形接头、拉杆、调节套筒、护套、销轴、销轴锁盖、垫圈、螺栓等配件,如图15-65所示。

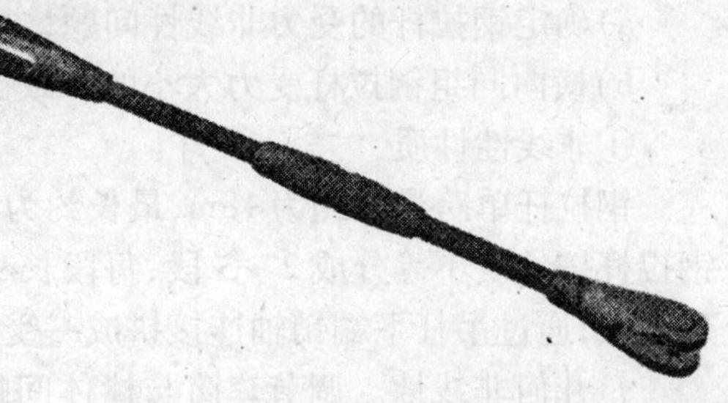

图15-65 ϕ140 实心钢棒拉杆套件

①材料的选用

实心钢棒拉杆采用钢材35CrMo。35CrMo的特性适合用在高负荷下工作的重要结构零件的原料,具有抗冲击、震动、弯曲、扭曲负荷的优异性能,35CrMo化学成分见表15-15。

35CrMo 化学成分 表15-15

主要化学成分	C	Si	Mn	Cr	Mo
%	0.32~0.40	0.17~0.37	0.40~0.70	0.80~1.10	0.15~0.25

该工程采购国内钢厂生产的35CrMo高强钢拉杆,在制作厂进行锻造、回火、调质、机加工等工序得到成品。经专业检验部门检测证明其力学性能指标达到国外同类产品水平。U形接头分锥体部分、板体部分和销轴及锁盖等其他小零件组成,原材料选用20CrMo和Q345B。

②组件的制作

a)拉杆的制作

棒体加工流程:锯床下料→端头加温→墩头→墩头部位挤压找圆→回炉调质→水槽冷却→调直→螺纹加工→螺纹样板检验→磁粉探伤→镀锌前清洗→热镀锌→成品检验→包装发运。

b)U形接头的制作

U形接头形状复杂,由一个锥体与两块销孔板体组成。锥体和销板体需分别锻压,经过锻压塑性变形,以消除金属的铸态疏松,重改金属晶体的排布,达到改善原材料的力学性能的目的。锻压时,由钢坯经10000t水压机整体斜压成锥体状,随后高速切割车床将锥体后半部分切割成两块板体,交付加工车间进行后续加工工序。锥体内车丝口,与拉杆螺纹配合连接;板体部分上镗销孔,与吊杆销栓连接。锥体与板体进行CO_2保护焊,焊缝需经无损探伤及破坏性试验。

锯床下料→绝对固定→CO_2气体保护焊接→超声波探伤检查→整体加温调质处理→水槽冷却→刨床平面加工→铣床销孔加工→车床锥体内螺纹加工→螺纹样板检验→磁粉探伤→镀锌前清洗→热镀锌→成品检验→包装发运。

c)其他零部件的加工

其他零部件包括调节套筒、护套、销轴、锁盖,这些零件制作比较简单,主要是机加工过程,用普通刨床加工平面,钻床开孔,车床加工内螺纹,按设计要求进行加温调质处理,并进行热镀锌。成品检验,合格后包装发运。

(2)安装前准备(理论分析与计算)

大跨度钢结构施工技术需要对结构的特点、荷载分布及构件与整体的关系等方面进行较深入的分析，掌握其内部机理，寻找关键环节，把握整个施工过程，达到安全、经济、合理、先进的技术要求。该工程采用大跨度薄壁双箱梁钢棒拉杆组合钢结构的形式国内外均不多见，没有实践经验可供借鉴，钢拉杆的施工又是整个钢结构施工的重点及难点，因此，施工准备前，对该拉杆的受力特点进行分析和计算是十分重要和必要的。

在安装钢拉杆之前，两个难点必须得到解决：

a）确定钢拉杆的受力非线性问题，主要考虑由钢拉杆内总间隙引起的几何非线性。

b）横向同组钢拉杆受力大小的一致性。

①非线性性质

钢拉杆单跨最短约为18m，最长约为25m，这样的长度不利于制作和运输。设计方将每跨钢拉杆按长度不等分成2～3段，每段长9m左右，以每段中部的调节套筒连接，跨段两端为U形接头，通过吊杆下端销轴连接拼成一受力下弦。钢拉杆组件的非线性有两种情况：

a）几何非线性。调节套筒与棒体间螺丝配合、销轴公差及套筒内预留调节空间，使拉杆组件整体为一非连续体，荷载-位移曲线呈非线性特征。几何非线性的直接结果是钢拉杆的初始承力不可靠，拆除支撑胎架后，箱梁下挠值不确定，无法达到设计要求。

b）二是物理非线性。拉杆应力超出屈服阶段后，钢材将表现塑性的特性，此时，应力—位移曲线也呈几何非线性特征，但实际设计可保证此类情况发生的概率趋于零。因此，分析重点是如何消除几何非线性，确保钢拉杆在进入承力阶段前达到弹性、线性的力学特征。

进一步分析，把钢拉杆安装分成两个阶段：一是钢拉杆由于自重引起拉力；二是胎架释放后，箱梁下沉，下弦钢拉杆承力阶段。一般认为，如果能在第一阶段解决了非线性问题，则第二阶段钢拉杆受力问题可以保证。消除几何非线性的最简单、直接的方法是对拉杆施以一定的轴向拉力。在轴向拉力作用下，钢拉杆各个组件间隙渐趋消失，可认为近似连续体。为解决这一难题，进行钢拉杆的破坏性试验，得到钢拉杆的荷载—位移曲线如图15-66。

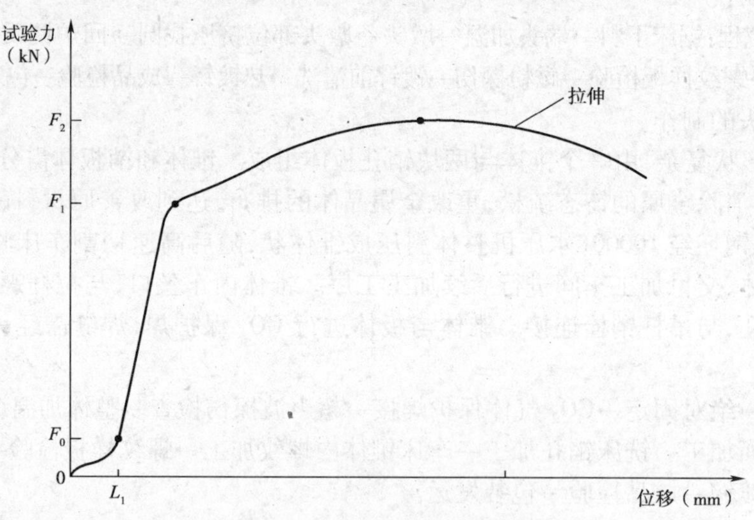

图15-66　拉杆组件荷载位移图

根据该曲线有以下结论：

（a）从以上荷载—位移曲线图，可以得到钢拉杆的受力特点：非线性。其中非线性分为：几何非线性、物理非线性两种。

（b）几何非线性问题出现在荷载 $=F_0$ 以下的曲线段；当荷载处于 F_1 以上时，则出现物理非线性问题。

(c)钢拉杆所有工作状况下的受力 F 只有处于 F_0 与 F_1 之间时,才会呈现线性状态。

(d)设计荷载不可能超过 F_1 值,所以,物理非线性问题不必在此考虑;只要得到 F_0 值,保证施加一定的预拉力 $F > F_0$,拉杆内部间隙近似小时,几何非线性问题随之解决。

(e)如何得到 F_0 值,只有通过多次非破坏性试验,测试钢拉杆的荷载—位移曲线,根据多个试验结果取平均值,试验结果为 ϕ140 实心钢拉杆的 F_0 值为 60kN。

(f)考虑到钢棒组件张拉时有应力损失和应力松弛的现象,经设计方、施工方及有关专家多次试验、分析、论证,一致认为张拉力在 200kN 比较恰当。

②横向同组钢拉杆受力一致性

受力一致性指在同跨内平行钢拉杆的拉力应该相同或相近;否则,箱梁可能将会偏离轴线,出现倾斜现象。实施施工中,受力一致性是极难控制的。原因是钢拉杆直径大,具有一定的刚度,且同铰多根平行,相互影响,调整其中一根,扯动其余各根;跨与跨间铰接联动,调整其中一跨,牵动其余各跨,现场吊装及张拉调平难度极大。同组钢拉杆的受力应当一致;否则,将使箱梁受力不平衡,出现倾斜现象。

由于钢拉杆在承力过程中变形微小,利用应力测试来控制安装及预拉工序极为不便。根据钢拉杆特点,提出了这样的一种思路:假设拉杆两端固定铰支,利用有限元分析结合试验方法,分析几何间隙与垂度、钢拉杆的内部应力与垂度的关系,这样就可以通过测量手段控制钢拉杆垂度来达到钢拉杆的受力一致性,这就是"竖直垂度控制法"。"垂度控制法"优点很多:结果直观,即为垂度值;判断方便,若垂度满足设计值,则认为安装一种较有效的控制钢拉杆受力一致性的方法,此外亦可作为控制施加钢拉杆轴向拉力,消除非线性的标准。

(3)吊装及张拉工艺

钢棒拉杆在地面组装架上进行组装,分别按顺序装上 U 形接头、护套、中间套筒及锁片等。利用全站仪精确测得每根拉杆两端吊杆下端销孔距离 L_0,并考虑张拉后的伸长量,扳动力矩扳手旋转中间套筒,在正反螺纹配合下,调节拉杆整体长度。用绷紧的钢尺测量钢棒拉杆长度与设计安装长度一致后,即可进行吊装,吊机为 25t 汽车吊。吊装次序沿箱梁方向先安装 1、2、3、5、6 分段,最后安装 4 分段,横向并列同组拉杆则由中间向两侧安装,呈对称性施工,最大程度降低施工产生的不利影响,如图 15-67 所示。

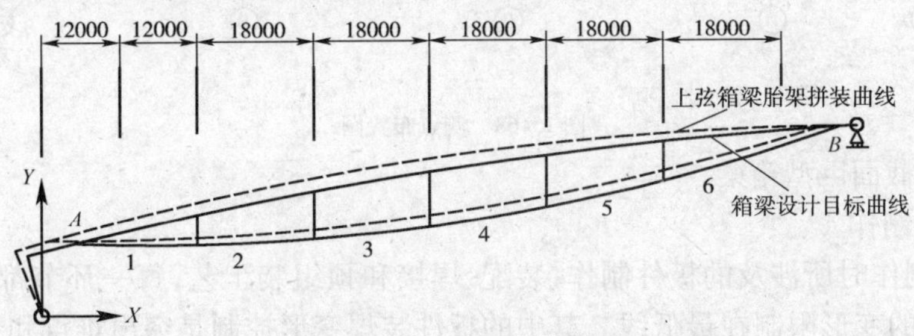

图 15-67　钢拉杆分段示意图

张拉工序是保证钢棒拉杆安装质量的重要工序,其直接影响拉杆初始承力的状态,也是整个钢结构安装工程的关键工序之一。张拉工序要解决的首要问题是拉杆结构的"联动性"。吊杆作为腹杆,下端与钢拉杆为 U 形接头销轴,上端与箱梁销栓铰接,即下端无约束,可自由摆动,张拉过程中,张紧其中一跨,跨端的两吊杆向跨内方向摆动,必然直接牵动临跨拉杆,接着扯动临跨吊杆,随之是第三跨拉杆……逐次影响至边跨,这就是张拉过程中特有的

“联动性”。

此外,“错动性”也直接影响张拉工序,使双榀梁下的六根钢棒拉杆所受拉力各不相同,无法实现同组拉杆受力的一致性。解决“联动性”、“错动性”的根本是确定每段拉杆的变形量及各根吊杆的摆动角度。利用有限元软件,可较准确的模拟该结构的受力状况,得到拉杆的伸缩量和吊杆的角位移,精确设计拉杆的安装长度,把张拉点设置于靠近跨中的第 4 段,采用张拉力—垂直度同时控制的方法,监测张拉的结果,并根据结果调整单根拉杆上张拉安装的行程。

(4)应力监测

记录钢棒拉杆安装阶段以及进入承力阶段的实际内力,检验安装的质量,需进行应力跟踪测试。本工程采用“光纤光栅传感测量法”与传统的电阻应变片法相结合的测控方法,光纤光栅传感测量法为主,电阻应变片为辅。

“光纤光栅传感测量法”利用光纤材料的特性,由光源发出的宽带光,经固定在钢棒拉杆上的光纤光栅传感器反射后,得到记录拉杆的变形及温度变化的窄带光,经光传感网络分析仪读取分析后,输入电脑转化成拉杆内的应力数据,从而监控、记录钢棒拉杆在张拉过程中的应力变化情况,是一种较为先进的测量方法。

光纤光栅传感技术与传统的电阻应变贴片技术相比,有诸多优点,如可靠性高、精度高、施工方便、全光测量、绝对测量、使用寿命长、不间断记录等。

每榀双箱梁带钢棒拉杆共设置 72 个测点,埋入式光纤光栅传感贴片固定于离端头 500mm 处,中间位置两侧布置,其中一半测点用于测应力,另一半为温度补偿片;另外于钢棒拉杆的边跨加设电阻应变片,如图 15-68 所示。在张拉期间、箱梁支撑胎架释放期间及进入承力阶段后分别记录 3 ~ 5 次钢棒拉杆的应力,以达到即时、准确、连续的记录拉杆从安装到进入工作阶段的应力变化状况的目的。根据仪器读取的结果,分析和判断拉杆是否达到设计状态。

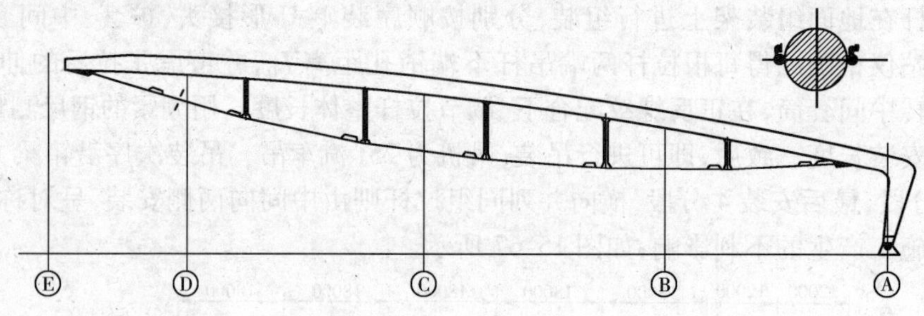

图 15-68 测点布置图

2)薄壁、大截面巨型箱梁

(1)箱梁的制作

对于箱梁制作时所涉及的板件制作、装配、焊接和预组装工艺,每一环节都应注重变形控制,力求将箱梁的变形限制在最低线。其中的板件装焊变形控制是突出难点和重点,只有做好板件的制作变形控制和装配变形控制,才能为有效的焊接变形控制提供保障。箱形结构的组焊质量与焊接变形的控制是本工程制造精度控制的基础,该工程制作焊缝主要为连续全熔透焊缝和连续等强角焊缝,对接和 T 型焊缝要求等强连接,由于板薄、节点集中、焊缝长而复杂等因素使得焊接变形控制难度极大,因此,采取了一系列合理有效的焊接方法、焊接顺序及其他辅助工艺,对焊接变形进行有效控制。如图 15-69 所示为箱梁制作的顺序和流程。

(2)箱梁的安装

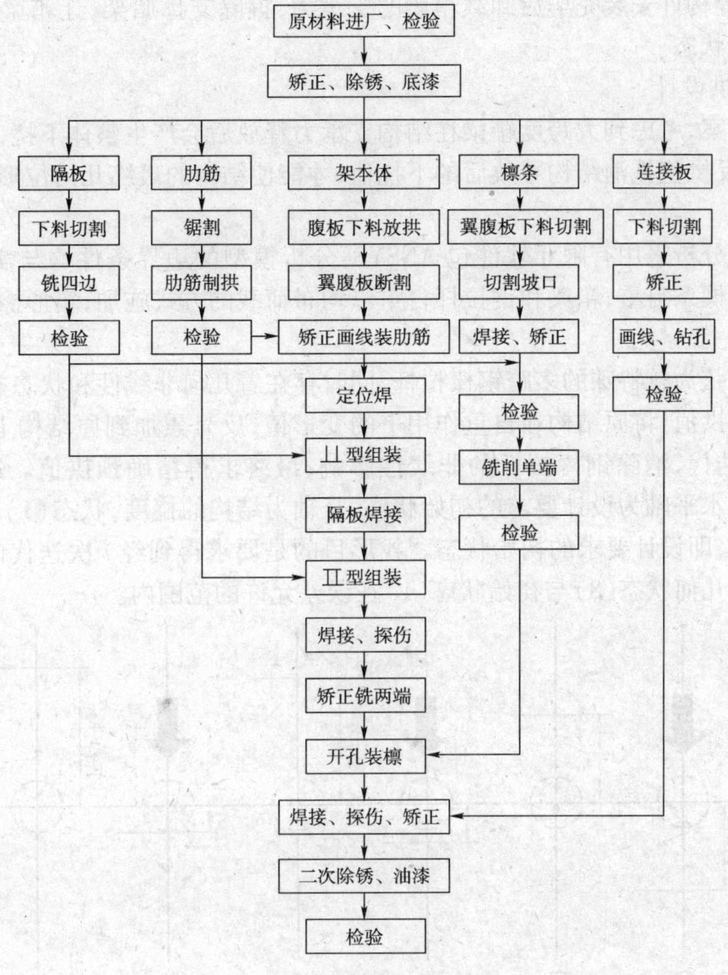

图 15-69　制作流程图

考虑施工经济性、安装可靠性等因素，本工程大跨度双箱梁安装采用“地面搭设胎架支撑、高空箱梁分段拼装、整体卸除支承成形”的施工方案，如图 15-70 所示。安装思路如下：对箱梁进行预拱设计，工厂按预拱设计值进行分段制作；现场在箱梁的分段位置搭设支撑胎架，胎架搭设高度按预拱标高确定；将分段箱梁吊装到胎架上，并进行高空调整校正、对接焊接，待

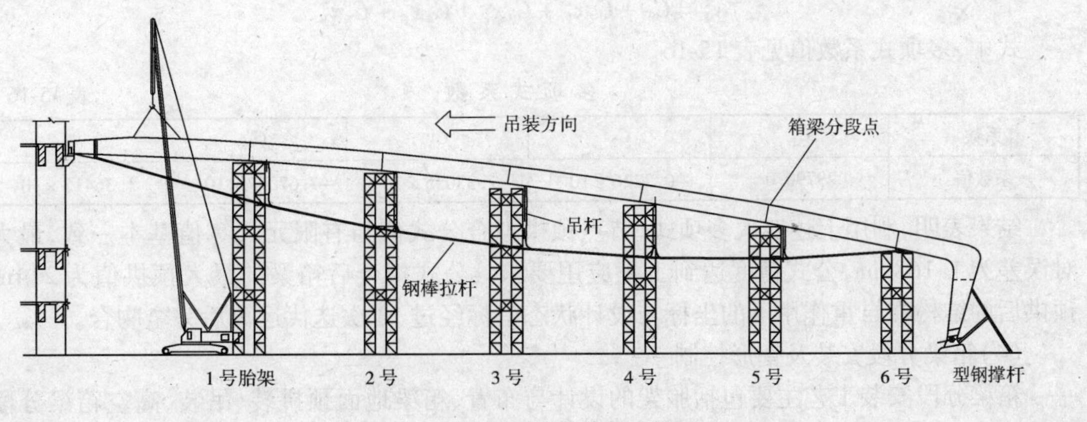

图 15-70　箱梁高空分段拼装示意图

吊杆、钢棒拉杆等构件安装完毕后卸载箱梁的支承力，拆除支撑胎架，让箱梁在结构自重的作用下恢复到设计状态。

(3)箱梁预拱设计

根据施工方案，考虑到大跨度箱梁在结构支承力释放后会产生整体下挠，故应先对箱梁进行反拱放样，让反拱值抵消结构释放后的下挠值，才能使结构的最终几何位形与设计几何位形相吻合。

箱梁的预拱分析采用有限元软件包 ANSYS，分析模型的边界条件均与实际相符，施工荷载为结构自重及檩条自重，箱梁和钢拉杆自重以均布荷载的方式施加，箱形檩条则以集中力的方式施加在节点上。

由于结构下弦为较特殊的多跨钢棒拉杆，同时存在着几何非线性和状态非线性，故通过直接迭代法确定预拱值：将原结构在自重作用下的变形值，反号累加到原结构上，得到初始预拱值，再通过多次迭代，消除钢棒拉杆的非线性影响，最终求得精确预拱值。迭代示意图如图15-71 所示，图中水平轴为设计要求的初始状态，竖轴为结构的挠度，状态(1)为结构在自重作用下的最终状态，即设计要求的初始状态。找形目的是要求得到经 i 次迭代的状态(7)，使之在自重下的结构几何状态(8)与初始状态(1)在误差允许的范围内。

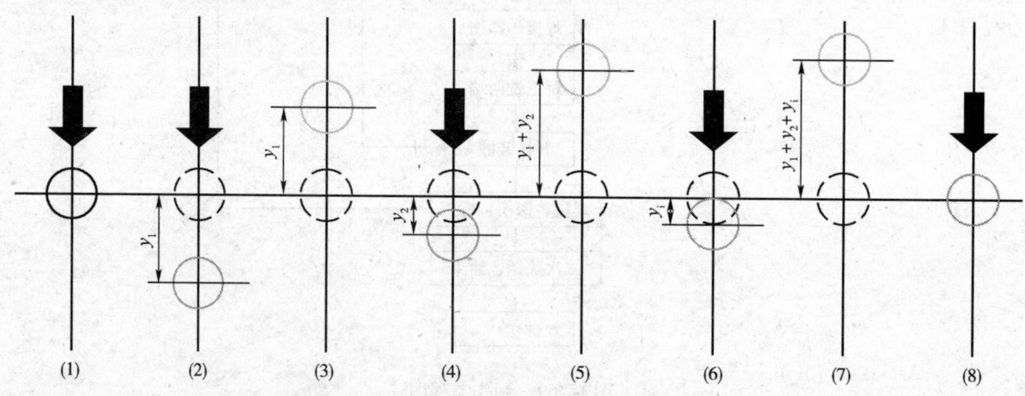

图15-71　预拱值迭代示意图

实际中对每根箱梁的重要节点进行编号，如各杆件中心线汇交点、铰接点、拐弯点、支承点等，各节点预拱坐标值均由有限元计算得出，采用最小二乘法进行拟合。为保证曲线在各节点的位移与曲率连续，将预拱后的整根曲箱梁用一条四次多项式曲线拟合，其表达式为：

$$y_F = C_1 + C_2 x_F + C_3 x_F^2 + C_4 x_F^3 + C_5 x_F^4$$

式中，多项式系数值见表15-16。

多项式系数　　表15-16

系数	C_1	C_2	C_3	C_4	C_5
系数值	29790.0	-0.2226×10^{-1}	-7.37035×10^{-7}	-7.67047×10^{-13}	1.36415×10^{-18}

结果表明，利用上述四次多项式，节点预拱拟合公式值与有限元计算值基本一致，最大绝对误差为1.168mm，公式精度达到工程应用要求。公式拟合后箱梁的最大预拱值为214mm，预拱后的结构在自重作用下的坐标与设计状态坐标经过13 次迭代运算后完全吻合。

(4)箱梁分段安装及变形控制

箱梁分段安装工艺主要包括胎架的设计与布置、箱梁地面预拼装、吊装、高空箱梁分段校正及焊接、安装测控等技术措施，每一环节均应进行严格的变形控制。

①支撑胎架的设计与布置

支撑胎架是箱梁安装的基础环节和重要保障措施，应进行精心设计与布置以确保结构安全。胎架采用由塔吊标准节为主构成的格构式柱体系，每个分段处布置一个胎架组，每个胎架组由 4 个小胎架组成，胎架的顶端设置如图 15-72 所示，通过 8 个 32t 千斤顶支撑箱梁。胎架结构的强度、稳定性计算考虑了分段箱梁及檩条自重、胎架自重、风荷载，并利用 ANSYS 有限元分析软件对主要的荷载进行多种工况分析（包括：胎架组轴心受压 N 最大、胎架组偏心受压 N 最大、胎架组偏心受压 M 最大并组合风荷载等），确保其强度和稳定性满足要求。

②箱梁的地面预拼装

箱梁在工厂分段制作完成后，在厂内进行整体立式预拼装（其中腹杆及钢棒拉杆不参与预拼装），以确保制作的精度。现场工地还要进行一次预拼装，其主要目的是对制作和运输引起的构件柔性变形进行检验并加以矫正，同时将制作运输单元焊接成吊装单元。对于分段箱梁的腹板和翼板内侧存在的大面积波浪形和凹凸不平变形，使用马板和千斤顶进行刚性连接、校正，楔子在焊缝处开工艺孔，一次性校正翼缘板和腹板成为平面。对于各分段的拼装，采用万向调节墩按箱梁曲线搭设拼装胎架，先预拼装第一分段，如图 15-73 所示，调整分段使其纵向中心线与纵向中心线定位标记对合（两纵向定位线间距比理论值大 2mm 作为焊接收缩量），使特征点标高与标杆标记对合。分段调整定位后，螺栓连接临时连接件。以第一分段作为基准，采用相同方法进行其他分段的预拼装，其间若发现偏差过大，应及时予以修正。

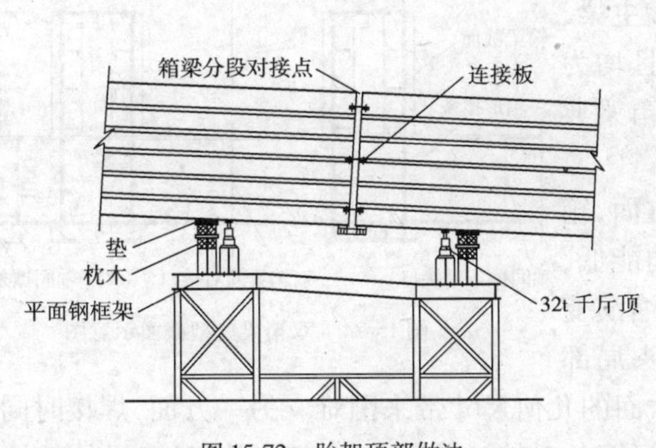

图 15-72　胎架顶部做法

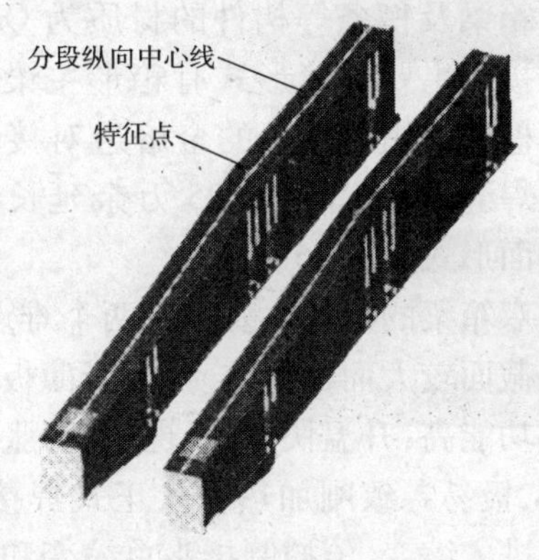

图 15-73　箱梁预拼装

③箱梁的吊装

为保证箱梁安装直线度，采用从低端向高端的安装顺序。柱脚的吊装是整榀箱梁吊装中的第一吊，安装精度应进行着重控制。待柱脚初步就位后，测量人员应立即跟进，在吊机不松钩的情况下，调整柱脚的倾角，使控制在误差范围内，同时采用缆风绳和型钢撑杆与地面进行连接。调整完毕，利用撑杆和缆风绳导链进行柱脚的角度微调，倾角调至合格后，拉紧缆风绳、固定撑杆使柱脚可靠定位。

由于整榀箱梁成曲线，每分段的安装倾角都不相同，为使高空对口方便，箱梁分段在上空前都需要进行吊前倾角调正，因此采用了主吊点为承力吊点，副吊点为调整吊点的“一点半吊装法”。实际吊装中，应注意使副吊点在已就位箱梁一侧，并使副吊端低于主吊端，让副吊端先于主吊端就位；否则，箱梁就位时副吊绳受力瞬间增大，将严重超载。另外，各分段箱梁在安装校正后，在其两侧采用固定措施将箱梁可靠固定，并及时安装分段上的两榀间檩条，以增强结构的整体稳定性，抑制箱梁在风荷载等外在作用下发生倾覆的可能性。

④箱梁的安装测控

箱梁安装的施工测量控制是保证工程质量的重要环节,其内容主要包括胎架的测量放线、箱梁吊装的临时就位控制、箱梁的直线度与平行度控制等。

a)胎架的测量放线:胎架的测量放线包括基础面和顶端面的放线。根据事先放设的箱梁分段定位点,按胎架尺寸画出基础面的十字规矩线,预留出分段定位点支设激光垂直仪的位置,用于分段定位点的竖向投测。将分段定位点用激光垂直仪投放到胎架顶端,定出十字规矩线,并按图纸定出箱梁的平面轴心线,焊接安装定位限位块,便于箱梁的安装就位。

b)箱梁吊装的临时就位控制:在某控制点上支设全站仪,以极坐标法直接测定箱梁分段定位点坐标,全站仪正倒镜观测取中数与设定坐标进行比较,当误差≤3mm 时,即可将箱梁分段定位点确定。在钢箱梁吊装前,先在钢箱梁下部标识好主轴线位置,在钢箱梁吊装时,用吊线锤的方法对准投影标志(胎架顶端十字规矩线),采用导链和千斤顶进行校正固定。

c)箱梁的直线度与平行度控制:双箱梁的水平投影是两条平行直线,安装过程中做好箱梁的直线度与平行度控制是至关重要的。在双箱梁间短檩条的中点(即轴线)适当节点处,分别向两侧每隔 2mm 画上红白相间的标记,观测其各节点目标是否在同一竖直面内,即可确定其是否在一直线内以及是否垂直。如有偏差,则应进行调整,直至符合钢结构安装的精度要求。

⑤箱梁的焊接

箱梁及檩条等构件的材质为 Q235、Q345,现场焊接的主要焊缝形式有箱形主梁—箱形主梁、箱形檩条—箱形檩条的全熔透对接焊缝,且均为一级焊缝,安装焊缝约 25 万余延长米,双箱梁典型截面形式见图 15-74。

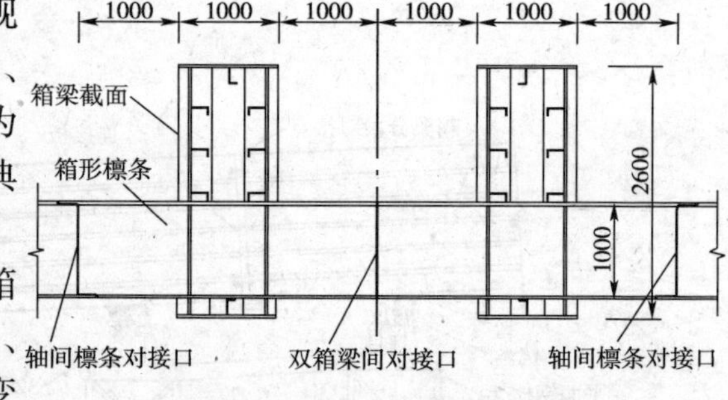

图 15-74　双箱梁典型截面示意图

双箱梁的焊接主要存在两个难点:一方面,箱梁的截面较大而板壁较薄,由于薄板储热功能低、散热功能高,升温快、降温也快,膨胀快、收缩演变也快,极易导致刚加热投入正式焊接的接头局部先行进入缩变,给控制接头总缩变和保持截面的几何尺寸带来困难。另一方面,焊接时同时存在箱梁分段间对接口的纵向缩变和双箱梁间檩条对接口的横向缩变,这给双箱梁的整体焊接变形控制增加了难度。为此,主要采取以下措施进行控制:

a)控制焊接顺序

(a)整体焊接顺序:为保证吊装与焊接进行良好的流水施工,每榀完成三至四段箱梁高空拼装校正后,焊接工段即进行箱梁的对接焊接,两榀间箱形檩条安装在两榀分段箱梁拼装校正后进行,两榀间檩条安装后即进行檩条对接焊接。如此循环运转下去,直到完成所有焊接接头。

(b)接头焊接顺序:按先焊收缩量较大节点、后焊收缩量较小节点的原则进行,箱梁间对接焊→双箱梁间箱形檩条焊接→轴间箱形檩条焊接。

(c)箱梁截面焊接顺序:下翼缘板焊接→两侧腹板焊接→箱内加劲板焊接→箱内加强角钢焊接→上翼缘盖板焊接。

(d)箱形檩条截面焊接顺序:下翼缘板焊接→两侧腹板焊接→上翼缘盖板焊接。

b)双机对称施焊、分层分道退焊的焊接方法现场主要采用热输入小、焊接效率高的半自动二氧化碳气体保护焊进行焊接，当确认定位焊达到要求后，先进行下翼缘板焊接，由两名焊工按序施焊，一名焊工先从箱内焊缝中向一方向起焊至一侧腹板工艺孔处收弧，再从另一侧腹板工艺孔处起焊至接头，另一名焊工在箱外待箱内焊工完成第一段焊接后，从腹板工艺孔处接头焊至超出焊缝 30mm 引弧板处停弧，再到箱梁另一侧焊缝引弧板超出焊缝 30mm 处起弧焊至工艺孔处接头。按此焊接顺序完成每一层焊接至整条焊缝完成为止；然后焊接两侧腹板，分三段由上至下分层、分道退焊完成；最后焊接上翼缘板，分两段退焊分层、分道完成(图 15-75)。

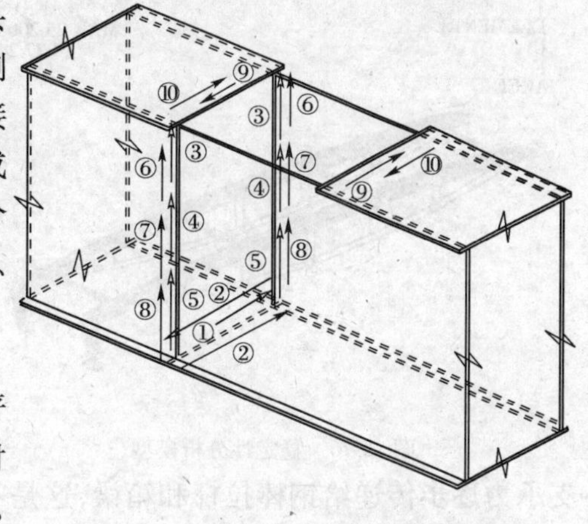

图 15-75　箱形截面焊接顺序示意图

c)双箱梁垂直度、平行度控制

双箱梁垂直度、平行度除在安装定位工序中严格控制以外，焊接过程也应进行着重控制。箱梁对接焊时，腹板易发生变形而使箱梁侧面垂直度不够，焊接时进行变形跟踪检测，若发现腹板侧向偏移，及时改变焊接电流、焊接电压、焊接速度等工艺参数，对腹板变形进行矫正。

为避免双箱梁因短檩焊接收缩变形导致箱形垂直偏差，在焊接箱梁短檩区域的适当位置设置工字钢临时支撑，避免双箱梁的轴线位置发生偏差。

箱梁腹板焊接前用拘束板在对接焊缝上进行分段加固，增加腹板焊缝区域的刚度，以控制箱梁腹板 2.6m 立焊缝的大面积波浪变形和焊缝收缩凹凸变形，提高分段箱梁间的直线度，从而保证整榀双箱梁的平行度。

(5)箱梁的支承力释放

箱梁的支承力释放过程，也就是给双箱梁—钢棒拉杆组合钢结构施加预应力的过程：随着支承力的释放，结构会绕销轴铰支座向内转动，沿滑动支座水平滑移，并产生整体下挠和侧移，组合钢结构的整体刚度逐步增大，使结构最终达到稳定状态。

①安装初期两榀双箱梁支承力释放的整体稳定性分析

组合钢结构全部完成安装后，能形成有效的整体来抵抗竖向荷载和水平荷载是由设计要求保证的。但在结构安装过程中，胎架要通过周转使用以节约施工成本，即在安装初期两榀双箱梁安装就位后，须拆除胎架以转移到其他各榀，而初期形成的部分结构其稳定性较差，在释放前应进行整体稳定性验算，以保证胎架的安全释放。

为此，考虑如下模型进行分析：两榀双箱梁、吊杆、钢棒拉杆及其间的 4 道双檩条已安装完毕，下端固定铰接，上端滑动铰接；檩条自重和风荷载以集中力施加，箱梁自重以均布荷载施加，荷载组合考虑为：1.2 × 竖向荷载 + 1.4 × 水平荷载，如图 15-76 所示。

为求得确切的稳定性结论，采用大变形分步加载来获得结构的荷载位移曲线，并考虑了轴间檩条焊接固定和螺栓固定两种工况，得出两条荷载位移曲线，如图 15-77 所示。图中相对水平荷载为 1.0 处，即为设计水平荷载。对应设计荷载时，檩条焊接固定时箱梁跨中水平位移 a 为 0.091m，檩条螺栓固定时箱梁跨中水平位移 b 为 0.115m。显然，当檩条仅用螺栓固定时，结构刚度变弱，但仍在安全范围内。故对于仅有四道双檩连接的两榀双箱梁，其稳定性是满足要求的。

②箱梁的支承力释放

组合钢结构在胎架拆除前，荷载主要由胎架承担，在胎架拆除后，主要依靠钢棒拉杆和箱梁的自身强度来承担。胎架拆除过程中，钢棒拉杆和箱梁内应力会逐渐增大，如何保证胎架的

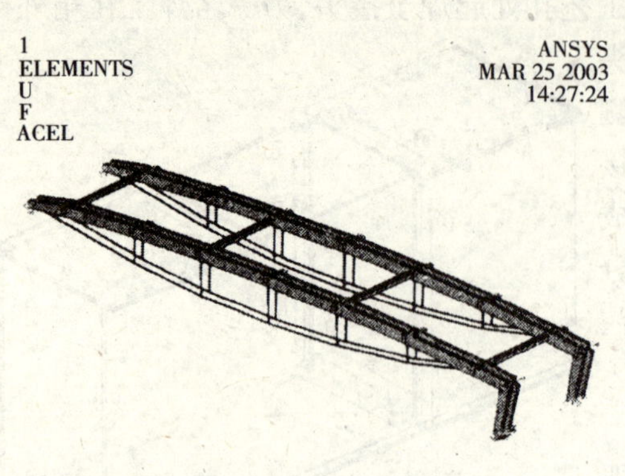

图 15-76　稳定性分析模型

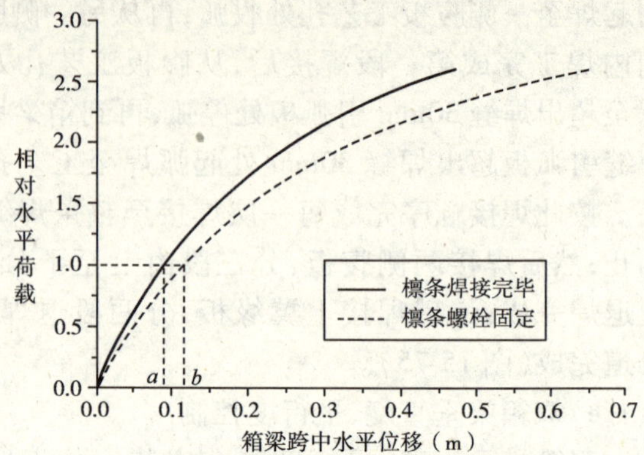

图 15-77　安装初期荷载位移曲线

支承力逐步传递给钢棒拉杆和箱梁，这是本工程施工的技术难点。若释放不合理，会造成构件局部受力过大，可能对结构造成永久破坏。为此，施工中采用胎架顶面的千斤顶对箱梁进行同步逐级的荷载释放，所谓“同步”是指两榀相同部位的胎架同时释放，统一指挥，统一行动，统一要求；所谓“逐级”是指分 5 次进行释放：第一次是整体启动，第 2～4 次是正式释放，第 5 次全部释放完。

a）释放过程控制

在胎架释放过程中，千斤顶下降的同步性与每级的释放量控制是保证安全释放的重要环节。为保证同步性，建立了完善的指挥系统，力求从指挥的发号施令到工人的释放操作过程中都能做到简要明确、规范统一。为控制好每级释放量，事先在千斤顶上标定刻度，以千斤顶的绝对缩短量控制释放量，每级释放量严格按表 15-17 数据进行控制。表中总下挠度和平面位移为设计提供的结构最大变形值，释放过程中应认真监测结构变形，通过监测结果观察结构安全。

箱梁胎架释放相关数据表　　表 15-17

胎架位号		1	2	3	4	5	6
总下挠度（mm）		98	157	206	210	165	67
各级释放量	第 1 级	10	10	10	10	10	提前释放完
	第 2、3、4 级每级	22	37	49	50	39	
	第 5 级	释放至箱梁腾空为止					
轴向位移（mm）		104	113	120	124	119	

b）释放监测

组合钢结构的释放过程是一个物理参数不断变化的动态过程，为全面把握释放中结构的微观与宏观变化，主要对以下内容进行监测：箱梁的轴线位移、下挠位移、跨中的竖向位移、侧向位移，箱梁代表截面与重要节点的应力，地面铰支座处的柱脚角位移与重要节点应力，箱梁及下弦钢拉杆的应力，吊杆的垂直度。

释放监测采用稳定、直观、可靠的传统测试方法与先进的光导纤维传感技术相结合的双重测试手段。传统测试方法主要采用拉线法、倾角仪、直观量测方法，并配以水准仪和电阻应变

花等方法。光导纤维传感技术实现了从光信号→光栅光纤传感器→光传感网络分析→电脑软件系统→结构应力的转换，具有可绝对量测量、不受光信号强弱影响、精度高、多参量分布测量、不受环境电磁干扰、可动态测试等优点。

根据结构特点，在合理位置布设监测点，以求得更为准确可靠的监测结果。例如在梁端布置水准仪，可较准确监测出箱梁轴向位移；在各分段箱梁上下翼缘内表面布置光栅和电阻应变花，可准确监测出箱梁截面应力变化，并减弱外部环境的影响；在钢棒拉杆两端侧面布置应变花，可准确监测钢棒拉杆的应力变化。各位移和应力监测点布置详见图 15-78。

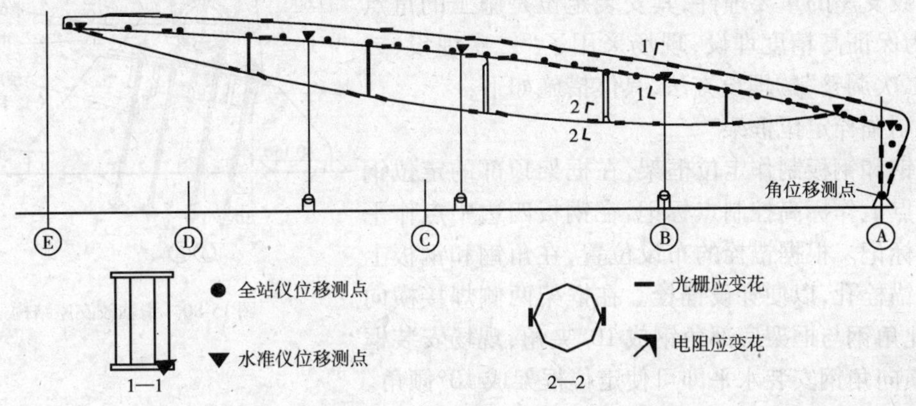

图 15-78 释放监测点布置图

根据 13 轴箱梁的监测结果，当结构达到稳定时，结构最大角位移为 0.299°，箱梁跨中最大位移为 160.5mm，箱梁最大轴线位移为 85.0mm，最大侧向位移 13.1mm，最大挠度 164.3mm，上翼缘最大压应力为 75.67MPa，下翼缘最大拉应力为 30.80MPa，下翼缘最大压应力为38.37MPa。可见，各变形及应力均在设计要求范围内。

值得注意的是，本组合钢结构中箱梁受表面温度和风荷载等环境因素影响较大，下弦多跨多根的钢棒拉杆受力较复杂，而且释放后在滑动支座处固定梁端使结构体系发生了变化（由静定梁转化为超静定梁），所以数据是动态变化的，采得的现有数据只能供作参考。为保证结构安全，应在使用阶段对各参数进行长期监测，并分析出其中规律。

3）大直径销轴铰支座的安装

双箱梁端头在 +28.5m 处与混凝土柱牛腿上的滑动支座滑动铰接，近地端柱脚在 +1.6m 处与位于销轴铰支座固定铰接，如图 15-79 所示。销轴铰支座是整个结构的重要承力点，承担结构的较大竖向轴力和横向剪力，销轴直径 600mm，重达 3t。铰支座地脚螺栓采用了 M33 ×

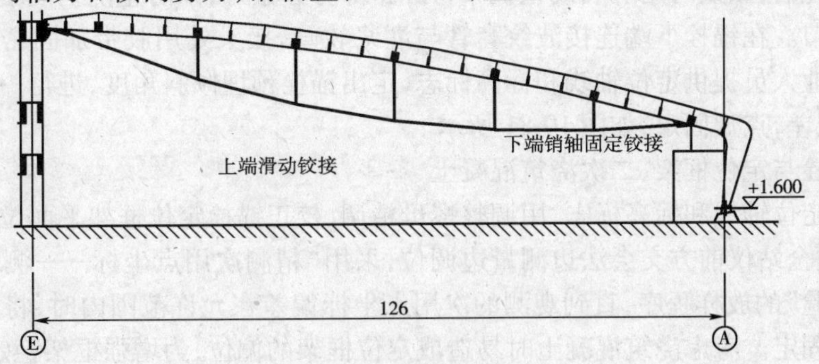

图 15-79 两端铰支的双箱梁组合结构

2900 预应力高强锚栓，如图 15-80 所示，其设计、制造与施工在国内尚属首次。此大型铰支座的安装定位主要通过预应力锚栓埋设、锚栓张拉、锚栓灌浆、铰支座本体安装和间隙控制等工序完成，安装过程中主要体现出锚栓的精确定位难、张拉灌浆工艺复杂、销轴与上下支承座的间隙控制难等特点。

(1)预应力高强锚栓的埋设工艺

每榀双箱梁底座由两个销轴铰支座组成，每个铰支座有 12 根锚栓埋件，每根锚栓成 10°倾斜角。预应力高强锚栓是铰支座的重要埋件，其安装定位是施工的重点与难点，为保证高精度埋设，现场采用了“二次埋设、二次浇筑、二次调整”的埋设方法，具体措施如下：

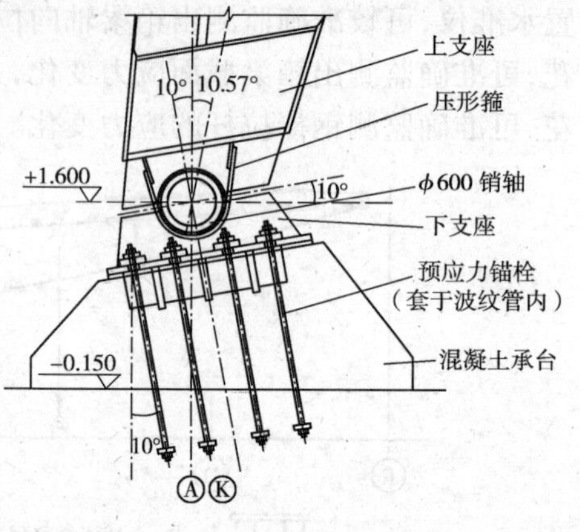

图 15-80　销轴铰支座结构

①预制锚栓定位框架

用角钢和钢板制作定位框架，在框架顶部的定位钢板四个角点上作标高控制点标记，在钢板四边中点作平面控制点标记。根据锚栓的布设位置，在角钢和钢板上精确钻出锚栓孔，以便穿设锚栓。在框架两侧焊接横向角钢，使此角钢与框架底部角钢成 10°夹角，现场安装框架时，使横向角钢安装水平即可使定位框架成 10°倾角。

②控制混凝土结构钢筋的尺寸

铰支座的钢筋混凝土基础布设密集，施工中应避免影响锚栓预埋，现场必须根据施工图纸设计要求的安装尺寸，预先做好混凝土结构钢筋的定位控制，在混凝土结构施工达到满足安装预埋锚栓标高时，调整好混凝土结构钢筋尺寸且予以固定，避免同预埋锚栓相干涉。

③预埋支承架、一次浇筑混凝土

现场预埋 4 根直立角钢（焊有锚板，能承受一定的抗拔力），直立角钢上焊接水平角钢，形成底部支承架。然后进行首次浇筑混凝土（A 轴至 −1.900m，K 轴至 −2.400m），因浇筑混凝土会使支承架发生偏移，一次浇筑完后，须根据测量提供的偏差情况，精确调整支承架，使之与混凝土支承柱定位准确，并严格控制水平角钢的水平度，再将支承架与混凝土支承柱钢筋焊接固定。

④安装锚栓并粗调框架

将锚栓框架安装在底部支承架上（即将横向角钢安装在水平角钢上），之后将带波纹套管的锚栓与框架安装成整体，锚栓上部用两颗螺栓与钢板固定，下部通过锚栓锚固板与角钢焊接。锚栓安装完后，须及时用麻袋或粗帆布将外露部分裹紧好，以防止浇筑混凝土过程中沾污螺纹或碰伤丝口。在锚栓下端连接波纹套管与灌浆软管，接头处用胶带加固密封。现场测量放线为铆焊专业人员提供定位轴线和标高标志，定出锚栓预埋倾斜角度，进行一次调整锚栓框架，消除制作误差，点焊固定，如图 10-81 所示。

⑤精调锚栓与定位框架、二次浇筑混凝土

根据测量定位轴线和标高标志，用调整螺母精调、校正锚栓定位框架平面位置及标高。在精调期间，通过全站仪前方交会法边测量边调位，采用“精测次用点坐标——测微称差改正定点——精测检验”的放样程序，直到观测的次用点坐标偏差在允许范围内时，将定位框架与底部支承架焊接固定。考虑浇筑混凝土时易造成定位框架的偏位，为增强框架稳定性，同时保证同一轴线两组锚栓之间相对位置，在两组锚栓定位框架之间，垂直面用剪刀撑、水平面用角钢相互连接。做好混凝土结构钢筋绑扎后，二次浇筑混凝土至 +0.45m。在混凝土浇筑过程中应加强测量监控，当发现锚栓有超过允许偏差范围时，应通过导链或千斤顶再次将锚栓调整到允许偏差范围内，待混凝土初凝后，再拆除导链或千斤顶，确保锚栓安装定位精度。

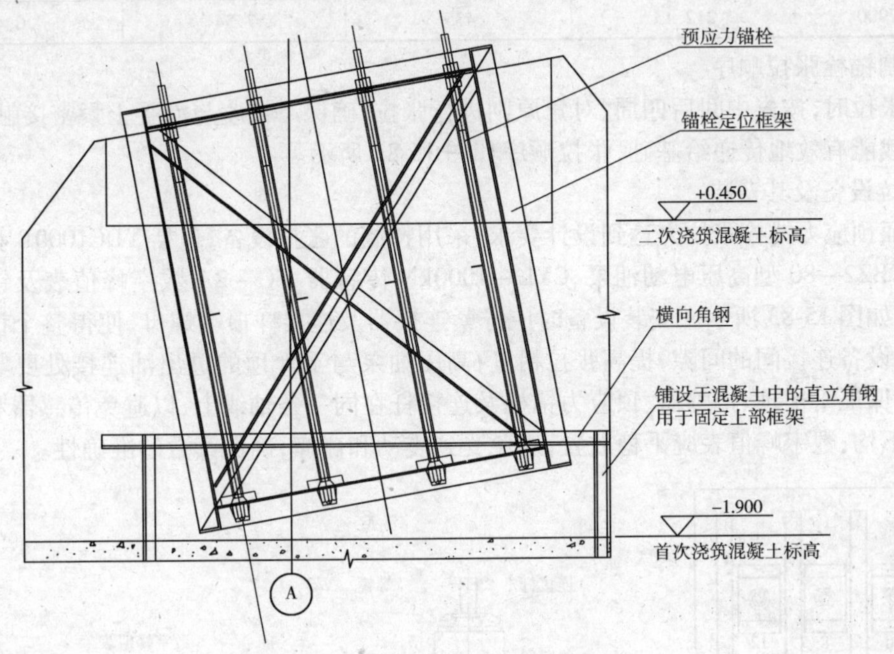

图 15-81　锚栓及框架的埋设

⑥复测锚栓平面位置和标高

混凝土浇筑完后，由于受混凝土浇筑顺序以及混凝土自身的膨胀、收缩等特性的影响，整个锚栓群的位置必然还会发生一定的偏移，因此进行浇筑后锚栓平面位置和标高复测，并预先采取相应措施，对保证铰支座的顺利安装及安装精度是十分重要的。复测具体方法如下：将锚栓预埋时设置的平面控制网和标高控制标记，引渡到基础混凝土支承柱的适当位置，并以此作为后续平面位置、标高控制的基准。然后，根据平面控制网在基础支承面测放"十字定位轴线"，以此为基准，对每个锚栓相对于定位轴线的距离进行实测。根据实测数据的偏差及其规律性，相应地采取措施，以充分保证支座安装校正精度。

(2)预应力高强锚栓张拉与灌浆工艺

为满足支座传力紧密可靠和抗拉、抗剪要求，在曲箱梁楔形柱脚吊装前，下支座安装及混凝土浇筑完毕并达到设计强度后，须按照设计张拉力对高强锚栓进行张拉，然后对锚栓与预埋波纹套管之间的间隙灌浆，通过灌浆固定锚栓。锚栓的张拉及灌浆是铰支座安装的基础环节。

①锚栓张拉

锚栓设计要求达到 10.8S 性能等级，$\sigma_b \geqslant 1030\text{N/mm}^2$，伸长率 $\delta_5 \leqslant 20\%$，按英国标准(BS4449)执行。为节约工期，降低成本，本工程尝试用国产预应力高强锚栓代替原设计的国外产品，锚栓材料采用国产 42CrMo 钢材，经开发研制，测度得 $\sigma_b = 1427\text{N/mm}^2$，$\delta_5 = 10\% \sim 11\%$，其机械性能和化学成分均达到设计要求。为确保锚栓制作和安装质量，在制作厂内按设计要求制造出 1:1的实物样品，模拟现场施工条件进行了一系列试验，包括锚栓实物张拉试验、灌浆试验、预应力损失试验、锚栓实物整体破坏性试验等，并确定出施工张拉力和灌浆压力等技术参数，数据详见表 15-18。

锚栓有关数据 表 15-18

规格(mm)	弹性模量 E (GPa)	施工张拉力 N (kN)	理论伸长量 ΔL (mm)	灌浆压力 P (GPa)
M33×2900	212.13	435	7.54	0.4

a)控制锚栓张拉顺序

锚栓张拉时,按先中间后四周、对角原则进行张拉,确保下铰座与混凝土紧密接触,从而能使结构荷载能有效地传递给基础,张拉顺序如图 15-82 所示。

b)张拉设备及其安装

为保证预应力锚栓张拉力达到设计要求,采用特制的张拉设备,包括 YDC1000B 型穿心式千斤顶、2YBZ2－80 型高压电动油泵、CYL－1000kN 传感器、SC－2A 数字峰值表及锚栓连接支撑装置,如图 15-83 所示。安装设备时应拧紧连接器及连接杆顶端螺母,使得整个设备紧密连接,消除设备连接间的间隙,提高张拉精度;高压油泵与千斤顶的进出油连接处要紧密连接防止漏油;保证千斤顶、传感器、顶应力锚栓及连接杆在同一条轴线上,以避免传感器和预应力锚栓受力不均;数字峰值表应平稳放置,避免受到震动和碰撞,确保读数的准确性。

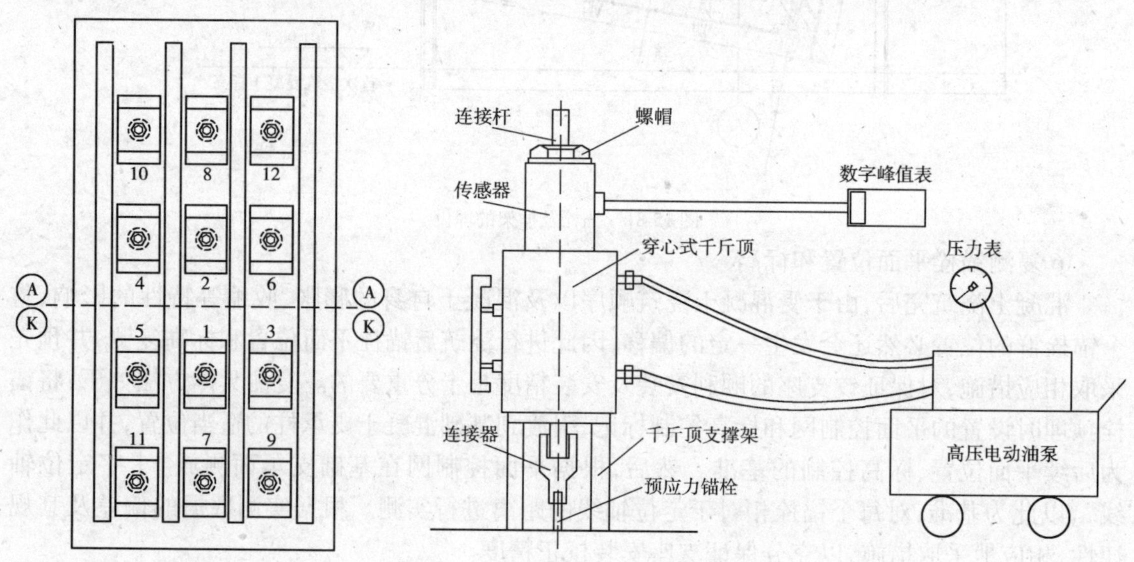

图 15-82 锚栓张拉顺序图

图 15-83 锚栓张拉设备装配图

c)设备空载运行

设备安装固定后,检查设备连接是否可靠,并根据千斤顶油管走向,确定高压油泵的进油和回油控制阀,指派专人操作张拉设备,张拉前高压油泵先空载运行 1～3min。

d)锚栓张拉的过程

锚栓分两个阶段进行张拉:第一阶段,先张拉规定拉力的 20% 即 87kN,张拉到此拉力时停止高压电动油泵,检查油管连接是否有漏油现象,若正常则记录千斤顶油缸伸出量、数字峰值表及压力表读数。第二阶段,在第一阶段测量记录完毕后,启动高压电动油泵继续加压进行张拉,张拉到规定预应力的 100% 即 435kN。张拉完毕后停止高压电动油泵工作,观察张拉设备工作是否正常,油路是否漏油,数字峰值表读数是否稳定。一切正常后,再次记录千斤顶油缸伸出量、数字峰值表及压力表读数,完毕后拧紧锚栓螺帽。为减少操作过程对锚栓张拉力的损耗量,最后采用加长扳手拧紧螺帽,拧紧度达到单个操作人员拧不动为止。随后进行高压油泵卸载,卸载速度力求均匀稳定,此时整个锚栓张拉完毕。

e)张拉监控

在张拉过程中,主要通过数字峰值表确定锚栓的张拉力,并以此表读数作为张拉力的主要依据。为了更好地监控张拉过程,保证张拉力的准确,把锚栓伸长量及高压油泵压力表读数作为张拉的辅助依据。根据计算张拉力为20%时,数字峰值表读数为174kN,高压油泵的压力表读数为3.4MPa;张拉力为100%时,峰值表读数为870kN,压力表读数为22.7MPa。

锚栓的实际伸长量由千斤顶油缸伸出量反映,采用游标卡尺测量。最终锚栓的实际伸长量ΔL=张拉力100%的油缸伸出量(L_1)-张拉力20%的油缸伸出量(L_0)-连接杆伸长量(L_2),原因在于:张拉工装与锚栓由较多构件连接而成,这些构件之间存在较多的连接间隙,只有先消除这些连接间隙锚栓才开始受力,给予的20%初拉力所测得的油缸伸出量是由此间隙产生的,不应计算在锚栓的实际伸长量内;同时在张拉过程中张拉工装中的连接杆也参与了张拉并受力伸长,故应在测量结果中减去(L_2的理论值为0.47mm)。根据实际施工测量结果并按公式换算,得ΔL=7.09~7.95mm。国内尚无此锚栓的验收规范,故参照《混凝土结构工程施工质量验收规范》GB 50204—2002中"当采用应力控制方法张拉时应校核预应力筋的伸长量。实际伸长值与设计计算理论伸长值的相对允许偏差为±6%"进行验收。根据7.54mm的理论值,伸长量为7.49~7.99mm时为合格,对于实际结构与理论结果间存在的差异性,原因是多方面的,其中包括施工质量不高、施工监测的误差、验收规范的不适合性等。

②锚栓灌浆

为便于张拉,锚栓套在波纹套管内,张拉完毕后,必须将锚栓和波纹套管之间的间隙填满。锚栓与波纹套管之间的间隙较小,灌浆软管直径也较小,须采用超细水泥灌浆料进行灌浆,该灌浆料由高强球型超细水泥、膨胀剂、流化剂等复合而成,具有流动性好、可灌性佳、无毒无味、无污染、耐久性好、强度高等特点,固结时很少析水或不析水,与周围结构胶结紧密。随水灰比的增大,浆液流动性增强,稳定性降低,凝结时间延长(初凝时间为9~14h,终凝时间为13~18h)。兼顾以上因素,施工时水灰比定在0.5~0.6之间。

灌浆前采用空压机检查锚栓的灌浆软管与波纹套管连接是否畅通,锚栓上端球形螺母的开孔是否能正常出气,同时要用空压机吹干波纹套管内的积水。灌浆施工压力约0.4MPa,每根锚栓的灌注所需时间约为5min。灌浆时,浆液应缓慢均匀地从波纹套管底部注入,不得中断,灌浆过程中,浆液将波纹套管中的空气和剩余积水从球形螺母的小孔排出,当浆液也从小孔排出时,表示灌浆完毕,及时对孔道进行重力补浆,确保灌浆密实,然后按顺序转入下一根锚栓灌浆,如图15-84所示。

(3)铰支座安装

箱梁柱脚的竖向轴力及水平剪力通过销轴与支承座传递给基础,由于柱脚受力较大,应使销轴与上下支座严格顶紧,若出现较大的间隙将导致连接构件受力不均,损坏构件或支座的转动能力,故设计要求安装间隙严格控制在1.5mm内。为保证这一点,在制作厂内应采用先进的镗孔技术及配套加工工艺,提高支座构件的加工精度,特别是销轴和上下支座的圆弧配合精度,为现场的顺利安装提供保证。现场铰支座的安装主要控制支座的标高与平面位置、销轴的水平度、因制作误差或埋件偏差尚存的销轴与上下支座间的间隙。

a)安装前的检测与间隙控制

销轴与下支座的连接面为顶紧面,销轴和上支座的连接面为转动面,采用专制圆孔检测工具,检测上下支座各立板圆槽圆弧的圆度以及圆槽同心度。间隙用0.01mm精度的塞尺进行测量,若发现较大间隙,则用不锈钢薄钢片将所有的间隙垫实,薄钢片的宽度与支座立板等厚,然后用结构胶将薄钢片与支座钢板粘结并用沉头螺钉固定,再次进行复测直到符合要求。

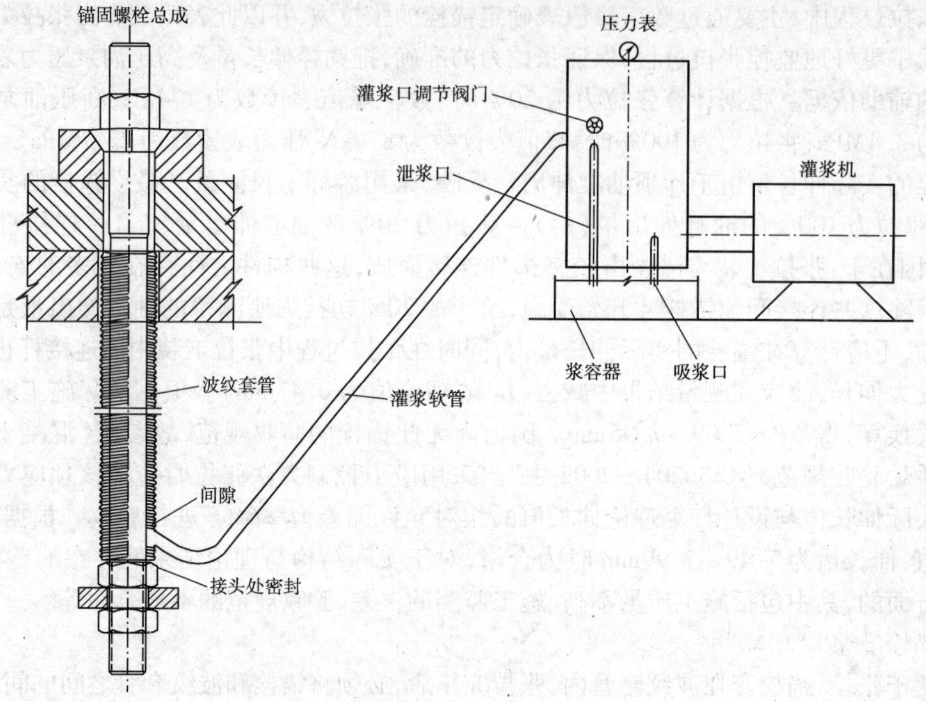

图 15-84　锚栓灌浆图

b)安装下支座

待底座二次浇筑的混凝土达到一定强度后,即可安装下支座。根据下支座"十字中心线"与基础"十字定位轴线"相吻合的原则做好平面位置控制,根据"基准标高点"做好支座的四角标高控制,微小偏差采用楔形钢垫片进行微调,直至符合要求。支座定位后进行焊接固定,然后浇筑高强微膨胀混凝土。

c)安装间隙控制

在销轴吊装前,复测下支座底板的轴线位置、标高、销轴铰心标高等,记录各偏差。将压形箍和销轴分别吊装落放到下支座上,通过测量监控使销轴中心线与下支座中心线精确吻合。如果施工过程中遇到由于底座安装不精确而引起的销轴水平度不够,应用千斤顶及时调整。经调整后的销轴与下支座间必然会出现间隙,采用0.3mm 或以上的薄钢片将所有的间隙垫实,薄钢片的宽度为支座立板厚度减去两倍薄钢片厚度,薄钢片两侧与下支座立板焊接固定,焊缝高为薄钢片厚度,焊后应磨平,使立板上表面与销轴充分贴合顶紧,如图15-85 所示。

d)安装柱脚(肢腿座)

将箱梁柱脚(肢腿座与柱脚在工厂已焊为一体)吊装到销轴上,测量校正柱脚的中心线与销轴或下支座的中心线吻合,并控制其倾角。待柱脚调整完毕后,将上支座和下支座用连接板临时焊接固定,同时采用斜支撑将柱脚撑住,直到箱梁释放须解除水平力时再拆除。调节压形箍与销轴下表面贴合,并与上支座耳板进行焊接固定,以使柱脚能通过压形箍圈住销轴并绕之自由转动。

e)铰支座的监测(图 15-86)

铰支座的监测主要包括支座沉降观测、间隙测量、胎架释放的柱脚转角测量以及应力变化测量。为准确测量铰支座间隙，用塞尺对销轴两端 28 个点进行测量，塞尺最大精度达 0.01mm。测量结果证明，经严格的工厂制作和现场施工措施，间隙均在规定的 1.5mm 范围之内。

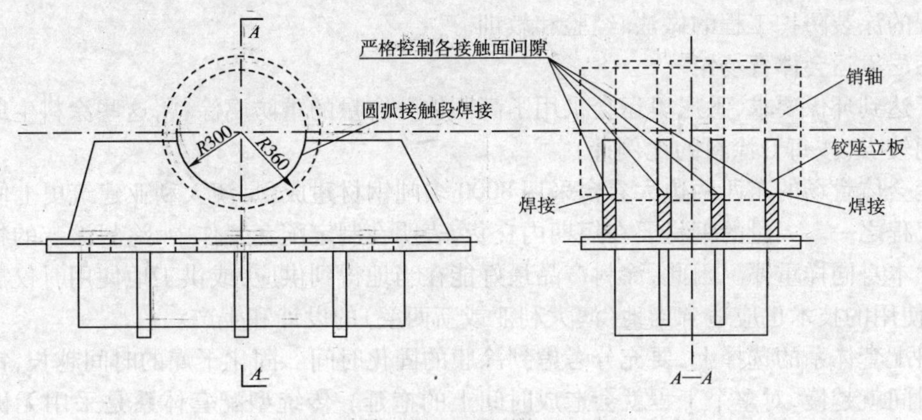

图 15-85　铰支座安装示意图

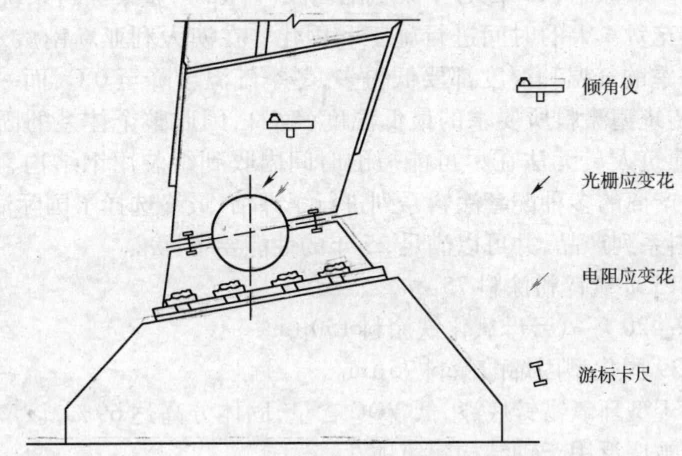

图 15-86　铰支座监测

随着箱梁支撑胎架的释放，结构荷载逐步传递给滑动支座和销轴铰支座，释放过程中，整个结构会沿滑动支座往牛腿内侧滑移（待胎架释放完毕且结构稳定后，再用钢板顶紧梁头，并用预埋锚栓固定），同时柱脚会绕铰支座轻微转动，现场在箱梁柱脚上安设倾角仪来测量转角的大小，同时在上支座和下支座之间点焊游标卡尺，测量上下边缘的间距变化，在销轴附近贴上光栅和电阻应变花以监测应力。实际监测结果表明：在箱梁释放后，上部构件会绕销轴向内旋转 10′左右，且各轴线的转角大小受箱梁表面温差、下弦钢棒拉杆的张拉松紧程度影响，一般情况下，钢棒拉杆张拉越紧或箱梁表面温度越高，释放后箱梁端头沿滑动支座的平面滑移量越小，箱梁下挠度越小，箱梁柱脚绕铰支座的转角也相应地越小。

4. 工程总结

深圳国际会议展览中心是当代大跨度钢结构的代表作品。围绕大跨度薄壁双箱梁钢棒拉杆组合钢结构的制作、安装和测量的钢结构施工技术融合了当今先进的电脑仿真分析手段和精确的光纤测量技术，为优质、高效地进行工程建设提供有力的保证。

15.3　建筑钢结构涂装防护工程

本节介绍了体育场馆建筑、会展中心建筑、机场建筑、桅塔建筑、多高建筑、剧院建筑等钢结构工程的涂装防护工程的做法、经验和教训。

1. 悉尼奥运会体育场馆

为了达到环保要求，悉尼奥运会采用了高固体分含量的重防腐涂料，这些涂料生成涂膜所需的溶剂较少（按每升涂料的比例计）。

奥运会体育场的东西两边大看台采用8000多吨钢材建成，是澳大利亚建筑史上使用钢材最多的工程之一。大量的钢材要在短期内交货，表明在制定配套工作中，涂料涂装的物流工作与防腐蚀本身同样重要。因此，涂料产品最好能在当地得到供应，或供工地使用时仅需短途的运输，所使用的技术也应适合当地（澳大利亚或新西兰）的设计和生产。

涂料配套体系的选择上，要充分考虑到涂膜的固化时间。固化干燥的时间越长，钢材运至工地的时间就越慢，对整个工程就会造成时间上的拖延。传统型配套体系是采用无机富锌涂料（75μm）+厚浆型环氧涂料（150μm）+聚氨酯面漆（75μm），整个涂料系统在65%的最佳湿度条件下，至少需要花费4天的时间进行施工和固化。在澳大利亚新南威尔士州的杨市（钢结构加工所在地）冬季的气温和湿度都要低得多，冬季气温会降至0℃，而一年中大多数日子整夜的气温都低于传统型涂料所要求的最低温度（5℃），因此整个体系的固化时间可能需要延长至6天。这样建筑人员无法在尽可能短的时间内收到组装用钢结构。为了解决这一问题，承包商对所有生产商的多种配套涂料系列进行了评估，最终选择了国际油漆公司生产的下列快速固化配套涂料系列产品，并可以满足25年的性能要求标准。

底漆 Interzinc 315 环氧锌粉涂料 75μm。

中间漆 Intercure 420 环氧云母氧化铁涂料 150μm。

面漆 Interfine 629 固化型丙烯酸涂料 75μm。

Interzinc 315 快干型环氧富锌底漆，低VOC含量，固体分高达69%，该产品还能满足有关摩擦系数的要求，而被广泛用于钢结构建筑中。

Intercure 420 是快干型环氧云铁中间漆，固体分高达70%，满足VOC规范，作为快干型环氧涂料系统中的重防腐中间漆，阻隔性能强，适用于腐蚀性强的环境下。

Interfine 629 为改性的双组分丙烯酸面漆，不含异氰酸酯。聚氨酯涂料所含的异氰酸酯是一种呼吸器官致敏剂，这在澳大利亚大多数工地禁止使用。该涂料固体分达65%，同样满足VOC的规范，在防腐蚀和装饰性能上接近于脂肪族聚氨酯涂料产品。

该配套涂料系列具有下列的优点：

（1）可在冬季或夜间低至0℃的温度下固化；

（2）钢材可在数小时内进行搬运，而不是几天；

（3）整个配套涂料系共3道涂层，可在一天内施工完毕；

（4）装运前硬度和耐磨性均佳，可减少现场修补工作；

（5）不需依赖复涂无机锌涂料所必需的最佳固化条件；

（6）钢结构产量高，大大提高了劳动生产率，并节约了费用。

澳大利亚新南威尔士州最新的轻轨车站与传统型车站完全不同，没有其他车站能够每小时从紧邻车厢二侧的站台运送45000人次。开阔的巨型建筑令人联想起悉尼歌剧院，一组

18.36m“龙虾背”式桁架构成的大三角状曲线横跨整个建筑。建筑师要求建筑物表面为低光泽,并带有金属色泽,以产生一种工业化的感觉。通常称之为港口桥梁涂料的云母氧化铁涂料可产生一种“金属闪光”,接近建筑师所要求的外观。一般来说,这类云母氧化铁面漆为环氧涂料,树脂含量高的涂料受户外暴晒会发生粉化,而树脂含量低的涂料却耐擦伤性差。由于安装过程中不可避免会发生损坏,需要进行修补,这一工作遇到难题,因为修补的环氧涂料的颜色特别醒目。环氧树脂还有泛黄的倾向,因此,新涂装的区域与已涂装稍微有一段时间的区域看上去有明显差别。优质建筑工程是不能接受这种差别的存在的。解决这一问题,是将固化型丙烯酸涂料的可复涂性和色彩稳定性,与云母氧化铁在环氧涂料中所提供的具有艺术感染力的“金属色泽”结合起来。这种技术的一个主要优点是干燥迅速。由于云母氧化铁面漆的刷涂性和辊涂性不是很好,最好采用喷涂方法进行施工。

位于摩尔公园的皇家东方展览馆曾是悉尼的社会公共机构,现在搬到了霍姆布什港湾。霍姆布什港湾受到空中浮游工业污染物以及来自帕拉玛塔河海洋环境盐雾对钢结构有着强烈的侵蚀作用。一共25000m^2 的主展览馆是一座大型敞开建筑,钢材完全处于遮盖之下,但不可能安装空调,因此,大气污染物积累在高处的横梁上,也不会被雨水冲走。这样形成的微环境具有很高的腐蚀性。为了解决这一问题,采用了以无机锌涂料、云母氧化铁涂料和固化型丙烯酸涂料组成的配套涂料系列。应该注意的是涂装工程师采用了无机锌涂料这一传统型路线,而不是具有相同防护作用,但固化较快的环氧富锌涂料。这可能是因为与8000t 钢材的奥运会体育场相比,该工程仅用了2000t 钢材。特拉斯斐尔德涂装公司的施工人员在赛文黑尔斯有一块大型场地,所以,有地方让无机锌底漆固化48~72h。

澳大利亚2000年悉尼奥运会体育场馆总涂装面积达115100m^2,涂料用量48300L(12760 gal)。各场馆及附属设施钢结构的涂装体系如表15-19。

2000年澳大利亚体育中心钢结构的涂装体系 表15-19

<table>
<tr><td rowspan="6">奥林匹克超级屋顶钢结构内部</td><td colspan="2">腐蚀环境</td><td>ISO 12944 C3</td></tr>
<tr><td colspan="2">面积</td><td>4000m^2(43000ft^2)</td></tr>
<tr><td colspan="2">防腐蚀要求</td><td>高耐久性</td></tr>
<tr><td colspan="2">表面处理</td><td>喷砂处理Sa2.5,SSPC SP6</td></tr>
<tr><td rowspan="2">涂层系统</td><td>底漆</td><td>Intercure 200,100μm</td></tr>
<tr><td>面漆</td><td>Interfine 629,75μm</td></tr>
<tr><td rowspan="7">奥林匹克超级屋顶钢结构外部</td><td colspan="2">腐蚀环境</td><td>ISO 12944 C3</td></tr>
<tr><td colspan="2">面积</td><td>20000m^2(215200ft^2)</td></tr>
<tr><td colspan="2">防腐蚀要求</td><td>高耐久性</td></tr>
<tr><td colspan="2">表面处理</td><td>喷砂处理Sa2.5,SSPC SP6</td></tr>
<tr><td rowspan="3">涂层系统</td><td>底漆</td><td>Interzinc 315,75μm</td></tr>
<tr><td>中间漆</td><td>Intercure 420,125μm</td></tr>
<tr><td>面漆</td><td>Interfine 629,75μm</td></tr>
<tr><td rowspan="7">奥林匹克火车站</td><td colspan="2">腐蚀环境</td><td>ISO 12944 C3</td></tr>
<tr><td colspan="2">面积</td><td>12000m^2(129100ft^2)</td></tr>
<tr><td colspan="2">防腐蚀要求</td><td>高耐久性</td></tr>
<tr><td colspan="2">表面处理</td><td>喷砂处理Sa2.5,SSPC SP6</td></tr>
<tr><td rowspan="3">涂层系统</td><td>底漆</td><td>Interzinc 315,50μm</td></tr>
<tr><td>中间漆</td><td>Intercure 420,125μm</td></tr>
<tr><td>面漆</td><td>Interfine 629,100μm</td></tr>
</table>

续上表

奥林匹克水上中心	腐蚀环境		ISO 12944 C3
	面积		$10000m^2$（$107600ft^2$）
	防腐蚀要求		高耐久性
	表面处理		喷砂处理 Sa2.5，SSPC SP6
	涂层系统	底漆	Interzinc 315，50μm
		中间漆	Intercure 420，125μm
		面漆	Interfine 629，100μm
奥林匹克超级屋顶:屋盖板网架	腐蚀环境		ISO 12944 C3
	面积		$4000m^2$（$43000ft^2$）
	防腐蚀要求		高耐久性
	表面处理		喷砂处理 Sa2.5，SSPC SP6
	涂层系统	底漆	Interseal 670HS 125μm
奥林匹克轻塔	腐蚀环境		ISO 12944 C3
	面积		$5000m^2$（$53800ft^2$）
	防腐蚀要求		高耐久性
	表面处理		喷砂处理 Sa2.5，SSPC SP6
	涂层系统	底漆	Interzinc 315，75μm
		中间漆	Intercure 420，125μm
		面漆	Interfine 629，75μm
奥林匹克曲棍球馆	腐蚀环境		ISO 12944 C3
	面积		$8000m^2$（$86100ft^2$）
	防腐蚀要求		高耐久性
	表面处理		喷砂处理 Sa 2.5，SSPC SP6
	涂层系统	底漆	Interzinc 315，50μm
		中间漆	Intercure 420，125μm
		面漆	Interfine 629，75μm
奥林匹克展览中心	腐蚀环境		ISO 12944 C3
	面积		$40000m^2$
	防腐蚀要求		高耐久性
	表面处理		喷砂处理 Sa 2.5，SSPC SP6
	涂层系统	底漆	Interzinc 22，50μm
		中间漆	Intercure 420，125μm
		面漆	Interfine 629，75μm
奥林匹克运动中心	腐蚀环境		ISO 12944 C3
	面积		$12000m^2$（$129100ft^2$）
	防腐蚀要求		高耐久性
	表面处理		喷砂处理 Sa 2.5，SSPC SP6
	涂层系统	底漆	Interzinc 315，50μm
		中间漆	Intercure 420，125μm
		面漆	Interfine 629，75μm

2. 雅典奥运会体育场馆

在希腊雅典举办的2004年奥林匹克运动会，主体育场馆能容纳74767人。屋盖钢结构总面积为65000m^2，屋梁上架有两个横跨为304m、高为80m巨大的弧形结构。这两个巨大的弧形结构支承起屋盖上的有机玻璃面板。这些树脂面板覆盖着95%看台上的座位。因为在雅典的夏天温度高达40℃，这一点在运动会举办过程中，是必须考虑的头等大事之一。新的钢结构采用防腐蚀系统，不仅是考虑到了防腐蚀的主要目的，而且还必须考虑到这些钢结构是在意大利制作加工的，要求在24h内运到希腊的现场现行组装，其中面漆在现场进行涂装。整体涂装采用了国际油漆公司的产品，涂料体系如下：

车间底漆　Interplate 855 无机富锌车间底漆　中间漆　Intercure 420 快干型环氧中间漆

底漆　Intercure 200 快干型环氧底漆　面漆　Interthane 990 丙烯酸聚氨酯面漆

Intercure是国际油漆公司提供的快速固化涂料，含有磷酸锌和云母氧化颜料，在低温条件下，能快速固化和重涂，Interthane 990 可复涂丙烯酸聚氨酯面漆，在世界各地有着相当多的成功应用记录。

3. 曼彻斯特曼联体育场

新建于2002年曼彻斯特联邦体育场，作为世界著名的曼联足球俱乐部的主场地，可以容纳4800名足球迷。大约有3000t钢结构桁架进行了防腐蚀保护。它的重防腐涂料系统中的特点是用金属质感面漆。根据设计建筑公司(Watson Steel Ltd)的要求，建筑物为灰色，并具有镀锌的外观效果，因此，采用了聚氨酯改性云母氧化铁醇酸面漆。工地现场面漆的涂装有时会有麻烦，因为多雨，现场一片泥泞，但是，若有完善的施工管理，这些问题都会得到解决，加上面漆为单组分包装，给涂装带来了很多的便利。精心选用的高品质装饰性面漆，用灰云铁作为颜料，起到很好反射紫外线作用和良好的屏蔽作用外，看上去呈灰色镀锌质感。在预制厂地涂装了底漆和中间漆，面漆在现场进行了涂装。整个涂料系统为高固体分环氧富锌底漆+快干型环氧云铁防锈涂料+聚氨酯改性云母氧化铁醇酸面漆。

4. 广东奥林匹克体育中心

体育场馆使用重防腐涂装体系在国内也有相当多的成功实例。在广州落成的广东奥林匹克体育中心，一共用了10300t钢结构，所有钢材从英国、日本和韩国进口(英国5630t，韩国3700t，日本1070t)。其网架钢结构上采用了国际上著名的海虹老人牌涂料(Hempel)。涂层系统如下所示，同样的配套方案还用于2002年底落成的广东惠州会展中心。

底漆　无机硅酸锌车间底漆 20μm　防火涂料(其他厂商提供)　2mm

中间漆　环氧磷酸锌防锈涂料 50μm　面漆　丙烯酸面漆 2×40μm

所有的网架钢管都进行了抛丸处理，到Sa2.5级，然后喷涂底漆。为了防止锌粉涂料在网架钢结构装配前有锌盐生成，等其固化后，除油、除灰，立即施工后续的环氧磷酸锌中间漆。在体育馆顶等网架钢结构装配好后，对接头处的球头部位和焊接部位进行打磨处理到St 3级，然后进行手工刷补。因为无机锌底漆最基本的要求是进行喷砂处理，而高空现场作业不具备这个条件，所有的打磨修补用环氧磷酸锌底漆刷补。在防火涂料施工前，涂层表面首先进行了清洁，然后涂刷防火涂料。防火涂料和底漆与后道丙烯酸面漆的配套性事先都作过了试验，证明相容性好。丙烯酸面漆具有良好的耐候性、色泽光艳、漆膜丰满，单组分施工方便，对于以后的维修没有特殊要求，重涂性能相当好。

5. 深圳会展中心

深圳会议展览中心是深圳市最大的单体建筑，也是目前国内最大的会展中心，东西长

540m,南北宽282m,建筑高度60m,建筑面积28万平方米。该工程展览厅和会议厅屋盖总用钢量约3.1万吨,在国内首次采用大跨度双箱梁-钢棒拉杆组合结构形式。展览厅钢屋盖由35榀巨型双箱梁(单梁截面1m×2.6m)组成,每榀126m,地面与直径600mm的销轴铰支座铰接。深圳地处亚热带气候,平均气温高,天气潮湿,是金属腐蚀非常严重的地区。为了保证其钢结构能保持15年以上的防腐蚀年限,佐敦油漆公司推荐了重防腐蚀方案,见表15-20。

深圳会展中心钢结构重防腐蚀方案 表15-20

产品名称			干膜厚度(μm)	
			内部钢结构	外部钢结构
底漆	Zinc Epoxy Primer	环氧富锌底漆	90	90
中间漆	Epoxy HB MIO	环氧云铁中间漆	120	150
面漆	Futura AS	可覆涂聚氨酯面漆	2×40	2×40

在这一个方案里面,并没有采用无机富锌底漆作为第一道防锈涂料。因为,在有中间漆和面漆的情况下,采用环氧富锌底漆,还是无机富锌底漆,其防腐蚀效果都是一样的。另外一个重要的原因是,采用无机富锌底漆时,施工较为麻烦,漆膜固化周期长,还要洒清水帮助漆膜固化,通常在24h才能复涂下道涂料;而采用环氧富锌底漆,佐敦的Zinc Epoxy Primer的产品在23℃时,只要1.5h就可涂覆中间漆。深圳的气候特点是常年温度较高,对环氧涂料的施工极为有利,因此,中间漆采用标准固化型的环氧云铁,而无需选用快干型环氧涂料,并使整个钢结构的涂装周期就大大缩短,给30000多吨钢结构加工制作、运输和安装等,极大地缩短了工期。

另外,值得一提的是展览中心的花廊钢结构,总长1600m,由直径近3m的圆环组成,由于不能进行喷砂除锈,佐敦油漆公司推荐了低表面处理产品改性环氧防锈涂料Primastic作为打底漆。该产品无需喷砂除锈,只需要进行手工打磨到St 2、St 3级,在一般大气环境下,仍然可以达到较好的防腐蚀效果。配套方案如下:

底漆　低表面处理改性环氧防锈涂料80μm　　面漆　聚氨酯面漆120μm

中间漆　环氧云母氧化铁中间漆160μm

6. 厦门国际会展中心

厦门市地处亚热带湿润性海洋性大气环境,所平均气温高,相对湿度大,大气中盐雾富集。厦门国际会展中心是厦门特区的标志性建筑,其遮阳棚采用钢支架结构。该结构处于典型的严酷性海洋性大气腐蚀环境中。此外,钢支架处于会展中心入口处,安装完毕后有一定的高度,防腐蚀维护和二次维修困难,不仅费用高,且影响到整个会展中心的正常使用。鉴于上述情况,在原设计方案中,主辅楼15000m^{2}遮阳棚上的钢支架拟选用不锈钢材料。根据对腐蚀与防护方面多年的技术经验,并经过科学论证,有提出用碳钢材料外加热喷涂长效复合防护涂层体系代替不锈钢的技术方案,得到了设计部门和业主的认可。经两年多的实践证明,该方案不仅显著地节约了开支,而且保护效果优异。

施工工艺如下。

(1)表面处理。采用喷砂(铜矿砂)除锈法,除锈等级至Sa 2.5级,即表面近白,无锈迹,同时敲去各种焊渣。

(2)热喷合金。为防止除锈后钢材返锈,在除锈4h之内喷锌铝合金第一道,总计喷涂合金4道,厚度达200+20μm。

(3)涂封闭层。由于合金层结构比较松散,为防止外层大气的腐蚀渗透,选用可刷涂的环氧云铁涂料作为封闭层。刷涂一道，膜厚 40 ± 5μm。

(4)涂面漆。选用可复涂聚氨酯面漆。刷涂二道，膜厚 80 ± 10μm。

7. 英国千禧穹顶

英国的千禧穹顶(Millennium Dome)，它是为2000年新年的千禧庆典而建造的，该工程位于泰晤士河三面围绕的格林尼治半岛。整个空间占地面积为 80000m^2，中心高度 48m，外墙直径 320m，高 10m。千禧穹顶共有 55000m^2 进行了防腐蚀和防火涂装，所有钢结构喷砂处理到 ISO Sa 2.5，共耗用涂料 46800L。由于所处腐蚀环境不是特别厉害，因此，没有采用金属涂层或富锌底漆涂层，而是理性化地采用了磷酸锌防锈涂料，同样能得到很好的防腐蚀作用。千禧穹顶防腐蚀和防火涂装方案如表 15-21。

英国千禧穹顶钢结构防腐蚀和防火涂料方案 表 15-21

内部钢结构 防腐蚀面积 30000m^2	防锈底漆 防火涂料 封闭面漆	环氧磷酸锌底漆 膨胀型防火涂料 丙烯酸面漆	Intergard 251 Interbond FP Intersheen 54	75μm 1000μm 50μm
内部钢结构 防火涂装面积	底漆	快干型环氧涂料	Intercure 200	100μm

8. 上海浦东国际机场

上海浦东国际机场钢结构在装配前就喷涂了水性无机硅酸锌底漆，由于事先没有进行很好结构处理，在现场施工进行中，发现有很多的飞溅和锐边没有清除，角落和焊缝处的富锌漆面还有开裂现象。为此，涂料供应方的现场技术服务有员，首先针对前期的遗留问题进行处理，包括锐边飞溅的打磨，破损开裂生锈处打磨到 St 3 级，锌盐用淡水加砂纸处理，再用环氧富锌涂料修补。以上工作说来简单，在实际现场中工作难度非常大，而且，对以后的涂装工作起着关键的作用。在所有这些工作完成后，再全面喷涂，加上环氧云铁中间漆进行封闭，最后，喷涂丙烯酸聚氨酯面漆。涂装系统如下：

底漆　水性无机硅酸锌涂料　钢结构预制场　中间漆　环氧云铁中间漆　工地现场

底漆修补　环氧富锌底漆　工地现场　面漆　丙烯酸聚氨酯面漆　工地现场

由于复杂的钢结构形状，加上其他装饰性工种的并列交叉作业，所以，涂装工作没有采用喷涂的方法，而是采用了手工刷涂。环氧云铁中间漆涂覆完毕后，表面较粗糙，因此，全部用砂纸磨平，为后续面漆的涂覆创造了良好的基底。但是，现场条件又不能进行喷涂，所以，也只能采用刷涂的方法。面漆刷涂用刷子都采用了优质短毛刷，这样，就保证了面漆表面的平整光滑和细腻度。

9. 广州新白云机场

广州新白云机场航站楼钢结构用量约 2.1 万吨(未包括玻璃幕墙桁架、屋面板和损耗)，屋面板的覆盖面积约 16.5 万平方米，屋面板用钢量约 5500t，整修航站楼钢结构平均用钢量约 127kg/m^2，屋面板用钢量约为 33kg/m^2，二者合计约 160kg/m^2。其中钢管采用欧洲标准 EN10210 的 S355J2H 热成型高频电焊管，原产国英国。热轧及焊接型钢采用美国标准 ASTM A36 钢及 A572Grade50 钢，原产国英国、卢森堡、日本。屋面板采用中国标准 Q235C 镀锌钢板，原产地上海及台湾。有部分钢管及钢板采用国产 Q345B 钢。

按照《广州白云机场迁建工程航站楼钢结构防腐蚀防火涂料及其施工文件》，防腐蚀设计的年限是 30 年，按照室内外不同环境，采用不同的防腐蚀涂装，见表 15-22 和表 15-23。室外钢结构的防腐蚀涂装配套是：喷砂除锈 Sa 3.0 级→电弧喷铝 150μm→环氧树脂封闭漆 30μm

→环氧云铁中间漆 100μm→丙烯酸聚氨酯面漆 60μm。室内钢结构防腐蚀涂装配套是：喷砂除锈Sa 2.5级→无机富锌底漆 80μm→环氧树脂封漆 30μm→环氧云铁中间漆 100μm→丙烯酸聚氨酯面漆 60μm。室内钢结构在离混凝土楼盖或地面 8m 以内作防火保护，耐火极限 2h，超薄型防火涂料的厚度为 2mm。

白云机场迁建航站楼钢结构的涂装防护方案，近年来已在大型电站、航空运输设备、桥梁、网架、重型钢结构等许多著名工程中得到了广泛的成功的运用。

广州新白云机场钢结构涂装防腐蚀方案

表 15-22

涂　层	涂料名称	干膜厚度(μm)	涂料名称	干膜厚度(μm)
	室内钢结构件		暴露室外钢结构件	
底漆	无机富锌底涂料	75	电弧喷铝	>150
封闭漆	环氧涂料	30	环氧涂料	30
中层漆	环氧云铁中间漆	100	环氧云铁中间漆	50
面漆	聚氨酯面漆	30	聚氨酯面漆	30
面漆	聚氨酯面漆	30	聚氨酯面漆	30

压型板涂装方案

表 15-23

涂　层	涂料名称牌号	干膜厚度(μm)	涂料名称牌号	干膜厚度(μm)
	压型板上表面或顶部		压型板下表面或底部	
底漆	磷化底漆	5~10	磷化底漆	5~10
中层漆	环氧云铁防锈涂料	75	环氧云铁防锈涂料	75
面漆	环氧厚浆涂料	30	丙烯酸面漆	30
面漆	环氧厚浆涂料	40	丙烯酸面漆	30

新白云机场维修机库的屋盖是个钢桁架结构，从英国进口高强度钢材后，再拼装。由于机库内不能有影响飞机进出的柱子，需要采用钢桁架结构的屋盖，在支架提升上去后，在上面铺设金属面板以遮阳挡雨。机库的钢屋盖长 250m、宽 80m、面积约 20000m^2，总重量约 4500t，屋顶覆盖面积为全国之最，总重量仅次于总重 6000t 的上海大剧院屋盖。机库钢结构采用了佐敦油漆公司的涂料产品，配套方案如下：

无机富锌底漆　Resist 78 75μm　　厚浆型环氧涂料　Jotafence HB 100μm

环氧连接漆　Penguard Tiecoat 30μm　　可复涂聚氨酯面漆　Futura AS 2μm×40μm

从该涂装方案中间可以看到，无机富锌底漆表面并没有采用传统的雾喷/统喷技术，而是采用专用的无机富锌底漆表面的封闭漆，它可以尽最大可能地减少针孔的产生，同时，能更好地提高附着力。作为一个成熟的涂装方案，以上配套体系还用于同期建设的南方航空货运中心。

10. 中国西南航空公司“886”机库

在机库钢结构中，中国西南航空公司的“886”机库是中国采用金属热喷涂技术的典型，长 100m，宽 80m，高 22.6m，在 1992 年时，是我国最大的机库。钢结构网架总重 1000 多吨，采用喷铝防腐蚀的有 800 多吨。

“886”机库网架钢结构采用气动式遥控压力喷砂机，磨料采用金刚砂，料径在 0.5～2.0mm。金刚砂的硬度好，破碎率低，灰尘少，用于专用的喷砂房内和喷砂场地。在现场的补喷砂，则采用了石英砂。网架钢结构表面喷砂要求为 Sa 3 级，粗糙度 R_a < 15μm，如果 R_a（粗糙

度）与 R_z 的关系为 $R_z = (5 \sim 6) R_a$。

喷铝层的厚度为 150 ~ 200μm，摩擦面的喷铝层厚度控制在 200μm。对于高强度螺栓表面摩擦系数要求在 0.55 以上，因此，进行抗滑移系数试验，分别在喷铝后 1 个月、3 个月和半年后进行，每次三组试件，由西南交大进行，试验结果都达到了要求。网架结构的焊接部位不能进行喷铝层防腐蚀，因为铝向焊缝内扩散会影响焊缝的质量。在喷铝过程中，对焊接部位要进行遮蔽。

喷铝层表面的封闭漆采用 F53-34 锌黄酚醛底漆，它由长油度酚醛涂料和锌黄、氧化锌等颜料，并加入催干剂和 200 号涂料溶剂配制而成，专用于喷铝层和其他轻金属表面，提高涂层的附着力。第一次涂刷进行了稀释，以便能有效地渗透入喷铝层表面，第二道锌黄酚醛底漆厚度为 30μm。钢结构在组装后，再涂刷两道 Q04-2 硝基环氧面漆，每道厚度在 30μm。硝基环氧面漆由硝化棉加入环氧树脂、颜料和增塑剂以及有机溶剂配制而成，漆膜干燥快，平整光亮。限于当时的涂料技术和设计要求，“886”机库并没有采用现在流行的环氧封闭漆和脂肪族聚氨酯面漆。

11. 上海东方明珠电视塔

上海黄浦江畔的“东方明珠”电视塔，高 450m，高度位居世界第三。涂层系统要求达到 20 年以上的保护功效。对于钢结构部分，首先进行喷砂处理达 Sa 2.5 级，无机硅酸富锌漆打底（DFT 75μm），环氧云铁中间漆两道［DFT（80 ~ 100μm）×2］。在塔的顶部喷涂丙烯酸聚氨酯面漆，在其他钢结构表面涂覆防火涂料厚度为 2mm。

电视塔上球钢结构在无机硅酸锌涂料施工时，施工单位对于这种产品的涂覆间隔没有很好地掌握住，以为是和其他涂料一样，硬干后即可进行下道涂料施工。用砖头敲击涂层没有发生脱落，但是，无机硅酸锌涂料有着特殊的固化机理，它需要吸收空气中的水分进行缩聚反应而固化。醇类溶剂的挥发很快，漆膜干燥后，并不意味着漆膜已经固化。好几个施工工地在实际施工过程中都发生了环氧云铁和聚氨酯面漆从无机硅酸锌表面脱落的现象。由于涂层在施工后并不能很快发现其问题，而在吊装过程中，漆膜受到外力作用才暴露出涂层缺陷。限于国内当时的涂装技术的理论和实践上的不足，涂料厂家和施工单位都没有无机硅酸锌与其他涂层配合使用的经验，产生施工质量是可想而知的。无机硅酸锌必须在完全固化后，才能复涂后道涂料，这样才能避免涂层不脱落。不同厂家的产品，不同的施工条件，其固化时间也不尽相同。由于东方明珠电视塔是上海市重点工程，这起质量事故是相当严重的，解决的办法是换用了环氧富锌底漆进行再施工。环氧富锌底漆是依靠固化剂固化的涂料，其固化程度容易控制和判断。

12. 黑龙江广播电视塔

黑龙江广播电视塔总高度 336m，为正八边形抛物线型钢管塔，为多功能钢结构电视塔，兼具广播与电视发射、旅游观光、电信、科普教育等多项功能。塔楼标高从 181m 到 214m，分 8 层，建筑面积 3600m^2。塔座共五层，地下一层，地上四层，为球冠形钢混凝土结构，建筑面积 13000m^2。

黑龙江电视塔是一座大型多功能钢结构电视塔，其消防设计是一个系统工程，主要包括防火分隔、消防疏散、自动报警、自动灭火、防排烟及钢结构的耐火防护等多方面功能。塔楼及井道内的钢结构按消防规范，其耐火要求分别为：柱 3h，梁 2h，板 1.5h。钢结构喷涂用防火涂料，涂料的耐火时间和防火装饰层（隔墙或吊顶）的耐火时间之和达到规范规定的耐火时间要求，因而较为经济。

13. 法国巴黎埃菲尔铁塔

在铁塔结构的防腐蚀涂装中，法国巴黎埃菲尔铁塔无疑是规模最大的。它是巴黎的象征，是法国的象征，为了让她永葆美丽的容颜，在历经112年风雨后，于2001年12月3日开始了第十八次“美容”工程。为铁塔“美容”所使用的涂料是由佐敦油漆法国公司提供的一种新型无铅环保涂料，它将使铁塔表面具有更强的抗锈蚀和防大气污染能力，从而使铁塔每7年全面涂装一次的周期延长到每10年一次，但对铁塔1层至3层最易老化的部位，今后仍将每5年涂装一次。

在此之前，所有进行投标的油漆公司的产品进行了为期三年的测试，最后选用了佐敦油漆欧洲公司的聚氨酯改性醇酸涂料Mammut系列。Mammut系统分底漆和面漆，单组分包装。可以厚膜型施工到DFT100μm，而不流挂，而一般的醇酸涂料通常都只能涂刷到DFT50μm。该涂装系统还具有低播焰性能，获得过有关专门检测机构的认证。

涂装埃菲尔铁塔是一项高难度的复杂工程。悬空作业的涂装工首先要用高压水雾喷枪喷洗20万平方米的塔身表面，彻底清除日积月累的鸟粪等污垢；接着，严格检查原有涂装的状况，并用手锤、便携砂轮敲除和打磨已经损坏腐蚀的涂料；然后，给塔身上涂两层防锈涂料；最后，再涂一层褐色的表面涂料。整个工程共需涂料60t，由25名涂装工完成。工期为5个月，即2003年2月正式竣工。为不影响夏季旅游高峰游客登塔参观，工程于2002年6月15日至9月16日暂停2个月。此外，为避免给游客登塔参观带来不便，塔上架起了一个面积约两公顷的安全网。涂装工在悬空作业时，也将身穿与铁塔颜色相同的工作服。所提供的涂料系统分三种轻微的不同颜色层次，分别涂饰于铁塔的不同层次，协调而更为绚丽。佐敦油漆公司除了提供高品质的涂料产品外，还在整个施工过程派出经验丰富的技术人员在现场指导施工。

14. 七星级酒店——阿拉伯大厦

阿拉伯大厦处于热带海洋性气候，具有恶劣的环境腐蚀，而且对于整体建筑的防腐蚀保护和装饰性要求相当高。整体建筑用钢量达10000多吨，全部采用了佐敦油漆公司的涂料进行防护。

外部钢结构骨架部分采用金属喷铝方法进行底材防护。然后，涂覆名为Penguard tiecoat的环氧封闭漆，该封闭漆是专门用于无机富锌以及金属喷涂层的封闭连接漆，可以有效地消除针孔等现象，而且能提高金属喷涂层与后道涂料的附着力。中间漆采用环氧云铁Penguard MIO，利用云母氧化铁的层层障碍，有效地封闭阻挡腐蚀因子渗透。面漆采用了丙烯酸聚氨酯面漆Hardtop AS，对能经受强烈的紫外线作用，高光泽的面漆其装饰性也很强。内部钢结构采用了环氧富锌底漆，中间漆为环氧厚浆涂料，面漆为丙烯酸聚氨酯面漆。外部主要钢结构采用了聚酯玻璃鳞片Baltoflake，这是在海洋平台上有着几十年成功应用经验的重防腐蚀涂料体系，能够提供坚硬耐磨的涂层表面。对于混凝土结构地板，首先环氧清漆对混凝土表面进行封闭增强，然后，涂覆环氧厚浆涂料和环氧防滑层。所有的房间设施采用佐敦装饰涂料和木器涂料。此外，750t的铝材结构采用佐敦公司的粉末涂料进行保护。

(1)北楼36层以下和37层、38层局部的钢结构，采用的是含石棉的矿棉类耐火保护材料，其主要成分是:20%的温石棉、60%~65%的矿棉；其他15%~20%是作为黏结剂的石膏和硅酸盐水泥。在世贸中心施工后期，这种材料因为含有危害人体健康的石棉而被禁止使用。禁止使用含石棉的耐火保护材料后，在北楼的其他部位和南楼的全部，使用了一种主要成分是矿棉和黏结剂，不含石棉的替代材料。新材料主要应用于塔楼核心筒体内的钢柱、塔楼周边承重钢柱和墙体的外表面，支撑混凝土楼板的大跨度钢桁架，各层楼板内的电缆线槽。

(2)使用的第三种钢结构耐火材料同样不含石棉,是含蛭石骨料的轻质石膏灰泥。主要喷涂在世贸中心塔楼周边承重钢柱和墙体的内表面,以及楼板大跨度钢桁架的支座。

(3)考虑到世贸中心双塔中大量使用的不含石棉的矿棉类耐火保护材料脆性较大,耐腐蚀能力较弱,在经常受到振动和腐蚀性环境影响的部位,采用以普通硅酸盐水泥为基材,含80%温石棉的耐火保护材料,主要喷涂在钢结构已有的矿棉类耐火保护材料表面,起到加强作用。石棉水泥类耐火保护材料主要应用在双塔内从中央大厅到44层等共享空间的高速电梯的电梯井,主要原因是,技术人员担心电梯轿厢高速运行时,压缩电梯井内的空气产生的"活塞效应",破坏原有的矿棉类耐火保护层。同时,在两座塔楼各4个设备层及设备层下一层的吊顶也喷涂了石棉水泥类耐火保护材料。

在"9.11"中,被劫持飞机分别撞击在世贸中心南楼的78~82层、北楼的94~98层,上述位置均采用不含石棉的耐火保护材料。研究人员认为,不含石棉的耐火保护材料的性能逊于含石棉的材料。具体表现在:材料的密实性和均匀性不高,黏结强度也不如含有石棉的材料。

在当时的历史环境下,出于对石棉危害人体健康的恐惧,造成非石棉类耐火保护材料的推广和使用比较仓促,缺乏必要的火灾试验数据作为依据。更糟糕的是,在美国材料试验协会(ASTM)于1977年,系统地提出关于钢结构耐火保护材料附着力、黏结强度、厚度和密度的试验方法之前,在施工现场没有任何可行的钢结构耐火保护施工质量试验、检查方法。如果有关的试验、检查方法能够在20世纪70年代初期,也就是世贸中心建设期间出台,就有可能及时发现,并补救双塔在耐火保护方面存在的种种问题。

世贸中心钢结构的涂层未完全闭合,露底、漏涂较普遍。世贸中心每层混凝土楼板下的大跨度钢桁架按设计要求应喷涂耐火保护材料。在"9.11"发生前对北楼38层以下进行的检查表明,桁架表面多处存在涂层不闭合、露底、漏涂的现象:桁架弦杆的顶部、底部和腹杆的不少位置,以及桁架末端与外墙交接的位置经常出现裸露,在很多部位,防锈的红丹还清晰可见。调查人员认为,除了施工质量存在问题外,世贸中心塔楼本身的结构特点也增加了钢结构耐火保护施工的难度。通常情况下,工人是站在楼板,用一个伸长的喷枪喷涂耐火保护材料,而大跨度桁架的圆形杆件和比较小的安装角度都增加了施工的难度。受到离楼板较近的构件的遮挡,施工人员很可能看不见或者够不到某些必须保护的部位,从而导致耐火材料喷涂厚度不足,或者完全漏喷、漏涂。

其他专业(如,管道工程、设备工程等)的先期施工,也阻碍了对钢承重结构进行全面的耐火保护喷涂作业。这一问题是高层钢结构建筑施工中普遍存在的现象。为了彻底避免类似问题,相关规范有必要强调:钢承重结构安装就位后,在与其相连或可能阻碍耐火保护施工的吊杆、管架、管道及其他构件安装完毕,并经验收合格后,方可进行耐火保护施工。只有这样,才可以保证钢结构的耐火保护层完全闭合,不出现露底、漏涂的现象。

"9.11"后,由美国土木工程师协会(ASCE)和联邦紧急事务管理署(FEMA)共同组建的建筑性能评估组(BPAT)在对世贸中心废墟进行的实地检查中发现,很多钢结构耐火保护层的厚度低于设计要求的20mm。多数问题很明显是由于施工质量存在缺陷造成的。支撑每层楼板的大跨度桥架上的搁栅,与外墙接触位置的耐火保护也存在缺陷。世贸中心塔楼周边承重钢柱上突出的角钢支座是支撑上述桁架的受力点,"9.11"发生前的一系列现场检查表明,在这一极其重要的结构节点,普遍存在钢结构耐火保护层厚度严重不足的问题:角钢支座、将搁栅固定到支座上的螺栓,以及拱肩镶板上螺栓的外形均清晰可见。事实上,如果这些部位的耐火极限达到设计图纸要求的4h，耐火保护材料的厚度至少应为38mm；而如果直是这样，就不可能用肉眼区分出螺栓、角钢支座的轮廓和位置。

上述大跨度桁架的弦杆也普遍存在着耐火保护层厚度不达标的现象。如果在施工过程中，ASTM有关钢结构耐火保护材料附着力、黏结强度、厚度和密度的试验方法得到应用，这些问题将很容易被发现。

在对世贸中心塔楼核心筒体钢柱进行的检查中，研究人员已经无法确认哪些钢柱属于78层以上的部位，但是，可以发现在钢柱的很多位置，存在耐火保护材料因粘结不牢固而大片脱落的现象。一张拍摄于1994年的照片显示，纽约港务局人员在检查时发现，在核心筒体的一根钢柱上，在几层楼高的范围内耐火保护材料成片脱落。造成上述问题的主要原因是：在进行耐火保护喷涂前，没有对钢材表面进行除锈和防锈处理，附着在铁锈上的耐火保护材料，当然会随着铁锈的脱落而脱落。在"9.11"发生后对现场提取的铁锈进行检查发现，铁锈上粘结着耐火保护施工时喷涂的水泥浆，从而证明了在喷涂耐火保护材料前，并未进行全面的除锈作业。因此，钢柱表面的耐火保护层没有与钢基材牢固粘结，也就很容易出现空鼓、大片脱落的现象。

上述问题在世贸中心双塔20多年的使用过程中从未进行过补救，至少在2000年6月，Roger G. Morse在实地查看时，仍是老样子。因此，可以推断，在"9.11"恐怖袭击中，飞机巨大的撞击力量，很容易造成直接受到撞击的楼层和其他楼层已经存在问题的耐火保护层大面积脱落。

在"9.11"发生前的多次检查中，拍摄的大量照片表明，在世贸中心的电梯井内，由于钢缆的摩擦、抽打，或者电梯设备安装、维修时工人的踩踏，很多钢梁上的耐火保护材料已经严重脱落。研究人员认为，世界贸易中心双塔的钢承重结构在耐火保护方面存在的诸多问题不是孤立的，同样的问题在1977年ASTM相关标准正式施行前完工的其他任何钢结构建筑中都可能存在。在世界贸易中心双塔设计施工前，设计人员首先要根据建筑规范确定不同建筑构件的耐火极限要求，再根据保险商试验室(UL)标准火灾试验确定耐火保护层的厚度要求。施工过程中，耐火保护材料是否牢固地附着在钢材表面？是否保持较好的凝聚状态？厚度和密度是否满足相关要求？是否可以真正起到隔热、耐火的作用？——所有这些问题的答案只能来自于在现场进行的相关检查和测试；反过来说，如果没有在对施工现场进行的一系列测试，也就无法判断施工质量是否满足诸如UL的合格判定标准。但是，由于在世贸中心施工时，ASTM还没有提出在施工现场评定钢结构耐火保护施工质量的相关标准，施工质量的必要控制成为空白点。前面提及的ASTM有关钢结构耐火保护材料附着力、黏结强度、厚度和密度的试验方法是在世贸中心完工数年后出现的。如果这些标准能够提前施行，将及时发现、解决世贸中心塔楼在钢结构耐火保护方面存在的一系列问题：例如，通过有关防火涂料附着力的试验，可以及时发现世贸中心塔楼核心筒体钢柱存在的耐火保护层附着力不强、易于脱落的问题；通过有关耐火保护层厚度和密度的试验，也可以发现楼板大跨度钢桁架弦杆普遍存在的涂层厚度不足的缺陷。

有关钢结构耐火保护的另一个重要问题就是，如何面对在建筑物使用过程中，由于各种原因对钢结构耐火保护层造成的损坏，这一问题同样存在于近年来完工、正在施工过程中进行了较严格的质量管理的建筑内。因为在长时间的使用过程中，原来合格的耐火保护层可能受到外力破坏，也可能随着外界环境的变化自然老化，实际耐火能力不断下降，最后很可能达不到设计的耐火极限。

事实上，建筑内其他专业（如，供水、供电、供气、供暖、通讯等）经常性的维修作业常常会破坏已有的钢结构耐火保护层，在“9.11”发生前，检查人员在世贸中心塔楼内，就经常发现耐火保护层被后继施工损坏的明显痕迹。

现行规范没有对钢结构建筑的耐火保护层提出进行定期检查的要求，也没有要求在确认耐火保护层已经不能满足设计耐火极限要求的情况下，及时做出结论性意见。

根据设计要求，世贸中心双塔的柱、桁架和梁通过喷涂耐火保护材料进行耐火保护，分别应当达到一定的耐火极限要求：柱的耐火极限应达到4h，桁架和梁的耐火极限应达到3h。然而，建筑物真实的环境，肯定区别于耐火试验时的标准试验环境，实际情况往往是承重构件达不到要求的耐火极限，而原因却是多方面的。例如，如果钢材表面的铁锈未被彻底清除，其附着力就明显下降；而且，由于铁锈的存在，耐火保护材料的导热系数等热工参数也会发生变化。另外，由于施工工艺和管理水平的不同，钢结构耐火保护的施工质量也可能发生较明显的变化；其他专业的施工和维修也可能影响和破坏钢结构耐火保护的质量。

在分析世界贸易中心双塔倒塌的原因时，必须充分考虑钢承重结构耐火保护存在的诸多缺陷——而且涉及的范围将极其广泛。在火灾发生时，保证建筑物消防安全的基本前提是，在设定的耐火极限内，建筑构件保持结构的稳定性，不受破坏，从而为人员疏散和火灾扑救创造条件。在世贸中心双塔倒塌前，人们一直认为，只要设计满足规范要求的耐火极限，就可以保证建筑物的使用者和消防队员的安全。事实说明，必须对目前的建筑防火设计体系进行全面的反思：如果双塔完全符合现行规范的要求，却发生了倒塌，就意味着现行建筑防火规范有关建筑构件耐火极限的要求和有关建筑物火灾安全性的规定存在问题；相反，如果是由于双塔本身并没有真正满足现行规范的要求而发生倒塌，则应该将精力侧重在如何强化现行规范的执行方面。

15. 钢结构住宅——北京金宸公寓

对于住宅类的钢结构建筑来说，它具有健康、环保、抗震、节能等诸多方面的优点，因而被建筑业称为“绿色建筑”。同高层建筑一样，钢结构住宅也面临着防腐蚀和防火的要求。

北京金宸公寓的3号楼、4号楼位于北京西城区金融街，是内地首座高层轻钢结构居住宅楼，总建筑面积为52218.93m^2，地下2层、地上13层，檐高41.8m。本工程中用钢梁6547根，钢柱856根，工程量为3635.887t，其中钢柱为1556.254t，钢梁为1933.857t，附件85.776t。该工程的投入使用，使北京人率先住上了钢结构住宅。

北京金宸公寓在钢结构防护方面采取了多项措施，作为3A商品住宅，其耐久性能指标体系对金属结构件的要求中，无缝钢管、热镀锌管是许多管道必选管材，并且使用了PP－R管材做的给水管，用UPVC管材做的排水管。对于钢结构部分，所有钢构件都喷上了环氧富锌涂料（而不是通常人们所常见的红丹漆）。“金宸公寓”的地震设防烈度为8度，耐火等级不低于二级。钢结构部分除了采用环氧富锌涂料进行防腐蚀处理外，还采用厚型防火涂料，柱、梁的耐火极限分别达到3h和2h。金宸公寓采用的住宅钢结构防火涂料，不但可以起到防火隔热作用，而且，该涂料配方选用无机原材料及无毒无味无害物质的原料，都是环保型产品。BT住宅钢结构防火涂料具有如下特点：一是绝热性能好，耐火极限大于3h；二是环保性能好，采用无机原材料，在施工使用中和发生火灾时，不产生有害气体；三是有较好的黏结性和抗裂性，可直接刮抹腻子，达到初装修要求；四是可降低工程造价。该防火涂料施工技术是将包敷法和直接涂抹法的两个优点结合起来，构造新颖、施工方便，形成的防火涂层具有良好的黏结强度和整体性能。

16. 国家大剧院

北京国家大剧院作为国家最高艺术表演中心，是具有世界一流水准的大型艺术殿堂。国家大剧院完全采用无支柱钢结构形式，有各种结构的弧形承重钢梁、大型构件和数不清的螺栓球节点，构成形式非常复杂。它的整体呈半椭圆形状，7 万多平方米钢结构的防腐蚀性能要求极高。

江苏某化工集团公司为大剧院工程不同部位的钢结构设计了不同的涂装方案（表15-24）。如，暴露部位钢结构采用一道底漆、二道中间漆加一道腻子和二道金属涂料，隐蔽部位钢结构采用一道底漆加二道中间漆和一道金属涂料。为了要做到 15 年不脱落、不褪色，除了使用无机富锌底漆外，还专门为国家大剧院研制了 BS52-12 可复涂丙烯酸聚氨酯金属涂料，它可以使涂装的钢结构像汽车表面那样全天候耐腐蚀，而且这种银色的新型涂料与国家大剧院椭圆形、银白色钛钢外壳完全融为一体。

国家大剧院暴露部位钢结构防涂装方案 表 15-24

表面处理	钢材焊接成形后，整体喷砂到 ISO 8501-1:1988:Sa 2.5；粗糙度达到 40～80μm，自由边要求倒角 $R=2mm$	
底漆	E06-1-1 无机富锌底漆	60μm
封闭漆	H53-6 环氧云铁防锈涂料	40μm
中间漆	H53-6 环氧云铁防锈涂料	60μm
腻子	环氧腻子	—
面漆	BS52-12 可覆涂丙烯酸聚氨酯面漆	60μm
面漆	BS52-12 可覆涂丙烯酸聚氨酯面漆	20μm

国家大剧院项目是我国第一个要求使用金属面涂料的钢结构工程。

17. 石化行业钢结构的防火保护

石化行业钢结构的防火保护，采用的多是厚型无机类防火涂料。石化行业也有采用薄型和超薄型膨胀型防火涂料的例子，比如，新疆塔里木石油化工厂 80 万吨炼油新建工程，是西北地区国家重点工程，在重油催化装置上面，采用了江苏某化工集团公司的 SF 防火涂料，耐火时间是 1.5h，重点部位是 2h。共用防火涂料 160t。

环氧膨胀型防火涂料在国内还没有得到应用，但是在国外的石化行业，特别是海上石油平台上面，是指定应用产品。Chartek 为 AKZO-NOBEL 工业涂料防护部门下专门的防火涂料，原先是美国公司的产品。有关 Chartek 环氧膨胀型防火涂料的具体介绍参见第 4 章“防火涂料”中的膨胀型环氧防火涂料一节。

英国米德尔斯布（Middlesbrough）的克拉伦斯港，有 11000t 正在建造之中。在 1992 年 11 月 18 日傍晚进行了一场火灾试验，持续燃烧了约 4h。主要的燃烧材料为建筑材料，如，脚手架和帆布等。大部分的主要构架都涂覆了 Chartek® III。设计要求为能耐 2h 的喷射火，设想了平台在操作中的最坏情形。防火涂料因受燃烧的影响而膨胀，形成了致密的黑色炭层。没有保护的结构的甲板、钢板产生了严重的变形和结构失稳。经检查，只有外部约 30% 的防火材料转换成了炭层。可以证明，在燃烧下，钢板的温度低于 100℃。这就大大简化了后期火灾补救工作量，并减少了费用。经过水力喷射除去炭化层，形成完整基材后，扫砂处理，再重涂 Chartek 防火涂料达到原来的设计厚度。

Associated Octel 是位于英国 Ellesmere 港口的大型石化厂（在利物浦和曼彻斯特的中部）。

1944 年 2 月 1 日，突发的一场大火摧毁了一台反应槽。这场大火是由氯乙烷泄漏所引发的，在火灾凶险的时候，出动了 200 多名消防员。这么多消防员的出动主要任务就是保护大型氯乙烯反应槽。反应槽的泄漏有可能会导致更大的事故发生。该反应槽采用了 Chartek III 作为防火保护涂层，设计要求应该在烃类火灾时至少 2h 内(427℃的极限)保持其完好无损。记录显示出火灾持续了 1h40min。实际上，只有 50% ~60% 的 Chartek 参与了反应。后期火灾检查根据未反应的涂层厚度显示出，该反应槽的温度没有达到 200℃。从另一个角度来看，该反应槽在达到其临界温度时还需要 60min 的时间。

事故后，除去表面炭化层，对完整的材料表面进行扫砂处理，然后重新铺网，复涂 Chartek 防火涂料一直达到原来设计厚度为止。

1998 年 10 月 18 日，星期天，生活模块北面的防火墙突然发生了火灾。该防火墙由钢板矩阵和支撑结构组成，涂覆有防火涂料 Chartek® III，达到 H-120 防火级别，能够耐受大火 2h。火灾起源于发电机组的柴油泄漏，由发电机的排气而引燃。Statoil 石油公司的调查报告详细说明了炭化层的形成还没有达到钢丝网加强层(涂层深度的 10mm/50%)。实际上，只有 5 ~ 7mm 的 Chartek 涂层参与了反应。结论是，防火墙的温度在火灾中还没有达到 100℃。使用高压水喷射除去反应的表层，然后，用热空气干燥表面，然后维持其状态 2 天。之后涂装新的 Chartek 防火涂料(Chartek VII)，漆膜厚度达到原来的设计要求。防火测试表面该系统的性能要比原来的防火涂料系统强。

从上面三个活生生的安全事故案例中，可以得出的结论和可吸取的经验如下：在所有的事故案例中，可以说涂层性能都达到了所期望的最低要求；设计者在设计时，设想了最糟糕的情况，这种思路是非常正确的；在火灾中的防火层是评判火焰热量和底材状态的有用工具，这就给底材修复到何种程度提供了依据。在修补方法中，并不需要全部除去暴露于火中的涂层系统。三个事故案例中的两个涂层是多年的旧涂层，说明了涂层耐老化性能的重要性。

18. 美国纽约世贸中心双塔

高层建筑的防火要求是相当重要的，这方面的惨重事例就是美国纽约的世贸双塔，它在“9.11”事件中成为一堆废墟，这对于一个国家来说，是一场深重的灾难，对于建筑业来说，也是永远的伤痛。RogerG. Morse 作为美国建筑师协会的成员，从 1990 年到 2000 年 6 月长达 10 年的时间跨度内，对纽约世界贸易中心双塔的钢承重结构耐火保护进行了全面的调查和研究。“9.11”后，结合事故调查，对双塔钢结构耐火保护的施工、维护进行了全面分析，并提出了应当汲取的教训。载于“FIRE ENGINEERING”2002 年第 10 期“Fire proofing” at the WTC towers 一文详细深入地分析了世贸双塔在钢结构防火方面的问题。

长达 10 年的观察和研究表明，纽约世界贸易中心双塔的钢结构耐火保护存在多方面的问题，而且其中有些问题，可能导致了世贸中心双塔在飞机撞击后的火灾中，没有在设计的耐火极限内抵御高温的威胁。

15.4 钢与混凝土组合结构

本节介绍了钢与混凝土组合楼盖在高层建筑中的应用、组合梁在桥梁工程中的应用以及钢管混凝土结构在工程中的应用实例等内容。

1. 深圳赛格广场大厦

赛格广场大厦位于深圳市深南中路与华强北路交汇处东北角的商业繁华地段，占地

9655m²,总建筑面积超过160000m²,地上72层,地下4层,总高度291.6m。该工程于1997年1月动工,1999年4月封顶。

塔楼为内筒外框体系,平面呈八角形(图15-87)。内筒呈四方形,由28根直径为0.8m和1.1m的密排钢管混凝土柱和实腹型钢梁组成,内设纵横各4道钢筋混凝土剪力墙。塔楼周边设16根直径为1.6m的钢管混凝土柱。柱网为9.6m×(9.3~6.0)m。地面以下楼盖由现浇钢筋混凝土梁板组成。地面以上楼盖为钢—压型钢板混凝土组合楼盖,由钢梁、压型钢板上现浇的混凝土板组成。施工程序是钢梁安装完成后在其上面铺设压型钢板,然后通过焊接栓钉抗剪连接件把压型钢板和钢梁的上翼缘连接在一起,最后浇筑楼盖混凝土。压型钢板在施工阶段作为模板,在使用阶段成为组合楼板的一部分,通过栓钉抗剪连接件将钢梁、压型钢板及现浇混凝土连成整体共同受力。压型钢板组合楼盖具有整体性好、无模板及无脚手架施工、施工速度快等优点。

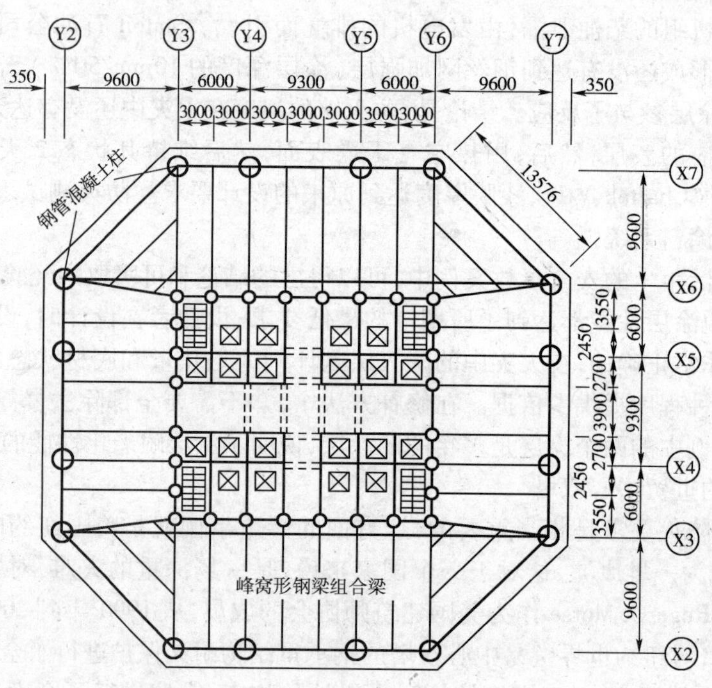

图15-87　赛格广场大厦塔楼平面布置图

2. 东莞健升大厦

东莞健升大厦占地面积3970m²,总建筑面积42550m²。地下2层,主楼19层,裙房2层,局部裙房3层,总高度76.05m,如图15-88a)所示。塔楼部分采用钢筋混凝土框剪结构,裙房部分采用框架结构,抗震设防烈度为6度。

大厦裙房柱网为10m×6.933m的框架结构体系,由于裙房顶层为游泳池,建筑要求取消顶层中间结构柱,屋面主梁跨度由10m增加至29.9m,如图15-88b)所示。如果采用普通钢筋混凝土屋面结构很难满足功能要求,在设计初期曾选用预应力钢筋混凝土屋面结构体系。但是考虑到预应力钢筋混凝土屋面结构自重大,截面尺寸大,影响建筑效果及技术经济效益,且施工不便,并且有可能存在裂缝问题,所以在设计后期决定改用钢—混凝土组合屋面结构。

钢—混凝土组合屋面结构主梁高1.51m,跨高比19.8,钢梁采用Q345钢,混凝土楼面采用C40混凝土。主梁与钢筋混凝土柱的连接采用柱顶支承式铰接节点,次梁与钢筋混凝土梁柱的连接采用预埋钢件螺栓拼接式铰接节点。主梁钢梁分段制作、现场拼接，安装主梁时在距主梁左端10.1m处及距主梁右端8.6m处各设1个临时支撑，待屋面现浇混凝土达到设计强度后拆除。主梁在加工过程中预先起拱，以改善结构外观并满足挠度限制要求。为防止支座处混凝土板开裂，支座区域混凝土板在拆除临时支撑后浇筑。

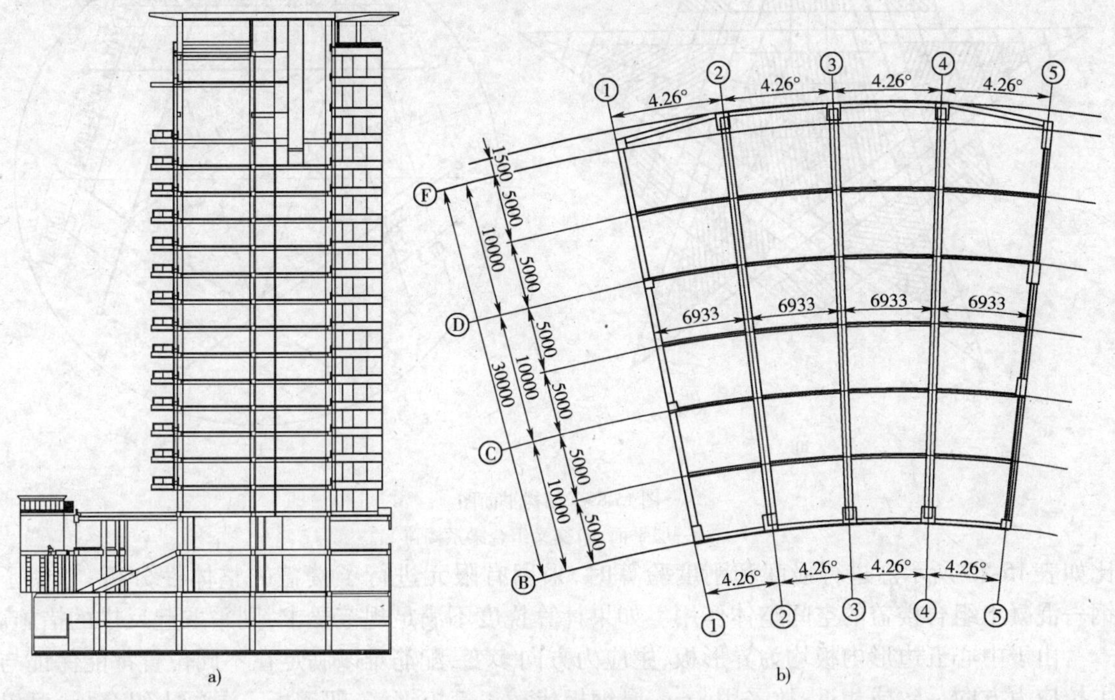

图15-88 东莞健升大厦(19层)

a)立剖面图；b)裙房屋面尺寸

设计表明，钢—混凝土组合屋面结构的自重比预应力混凝土屋面结构的自重大大减轻。这样，一方面可以降低基础造价，另一方面则可以减小地震作用，对抗震非常有利。同时钢—混凝土组合屋面结构的截面尺寸比预应力混凝土屋面结构显著减小，具有更好的建筑视觉效果，综合效益显著。钢梁在工厂制作，质量易于控制，吊装方便，可以简化施工安装工艺，减少现场湿作业工作量，大大加快施工建设速度。

3. 山东滨州会展中心

滨州会展中心地上4层，总高度为25.8m，占地面积约13000m^2，总建筑面积近45000m^2。平面形状类似五角星，一层平面如图15-89a)所示。竖向承重构件为钢管混凝土柱，大跨楼盖部分采用钢—混凝土组合楼盖。其中，第三层中间五边形楼盖内部无柱支撑，形成一个外接圆直径为57.8m的大跨度楼盖，如图15-89b)所示，楼面活荷载为5kN/m^2。对于这样一个大跨度楼盖，若采用预应力钢筋混凝土梁，梁高约3m；若采用箱形钢梁，梁高约2.5m；若采用钢桁架则估算高度为4.0m；这些传统的结构形式使楼层结构高度偏大或自重偏大。经过比较，最后采用钢—混凝土组合楼盖，梁高2.0m(含楼板厚度250mm)，主次梁布置如图15-89b)所示，5根主梁的梁端与钢管混凝土柱的连接采用铰接。

5根主梁的跨度为40.8m，跨中最大弯矩为27380kN·m。为了提供足够的抗弯能力且有利于施工阶段的整体稳定性，组合梁截面采用箱型截面，如图15-90a)所示。次梁CL1、CL2、CL3采用工字形截面，分别如图15-90b)、c)、d)所示。栓钉按照完全抗剪连接设计，其中主梁栓钉为 6 列，纵向间距为 150mm；CL1 栓钉为 3 列，纵向间距为 150mm；CL2 栓钉为 2 列，纵向间距为 150mm；CL3 栓钉为 2 列，纵向间距为 130mm。五边形大跨楼盖交叉梁的跨度及跨高

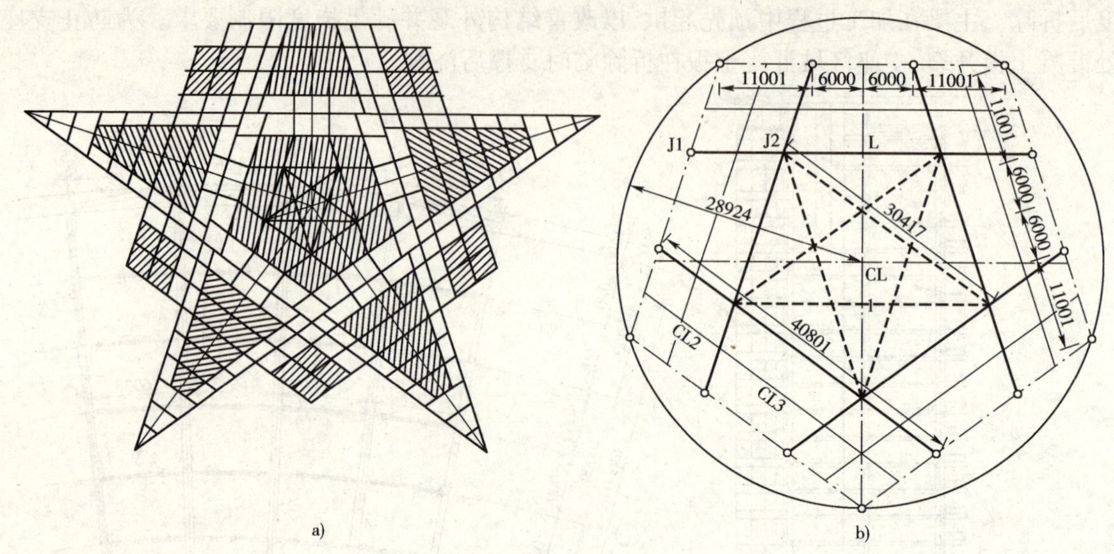

图 15-89　结构平面图

a）一层平面；b）交叉组合梁系楼盖

比如表 15-25 所示。进行强度和刚度验算时，采用有限元进行了楼盖的整体性分析，考虑了钢—混凝土组合楼盖的空间整体作用。如果计算挠度不满足规范要求，则采取起反拱的措施。

由于中心五边形内板均为异形板，主应力方向多变，配筋难以满足在不同位置都能保证与主拉应力方向一致或相近，故采用 8mm 厚钢板代替正弯矩钢筋，即钢板—混凝土组合板，可以有效地控制主拉应力方向多变引起混凝土板易于开裂的问题，钢板在施工阶段作为模板，在使用阶段作为正弯矩受力钢筋。

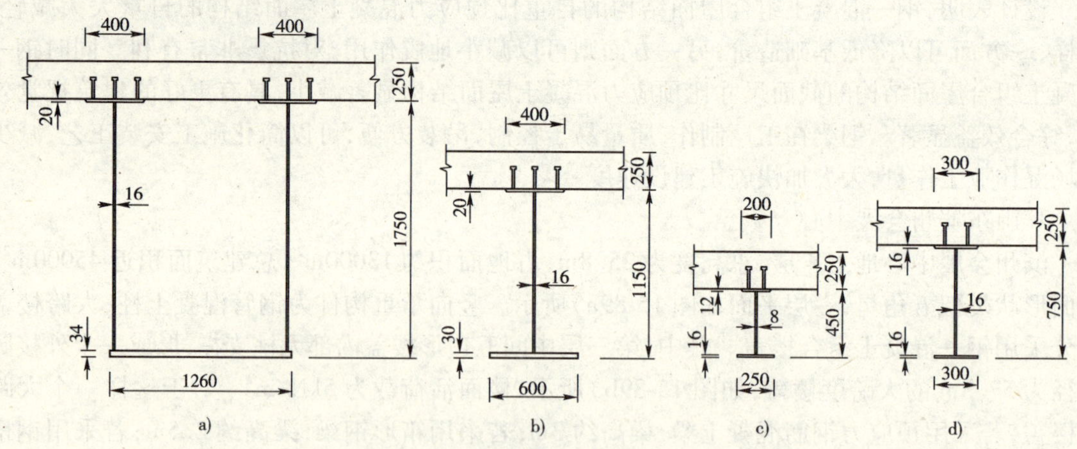

图 15-90　组合梁截面型式

a）L 截面；b）CL1 截面；c）CL2 截面；d）CL3 截面

由于主梁为箱型截面，所以增加了梁柱连接和梁梁连接的难度。梁、柱间采用加强环连接方式，加强环节点的构造如图 15-91 所示。由于梁端剪力较大，仅靠组合界面的粘结力不足以保证钢管与内部混凝土共同工作，所以采用承重销式节点并附加栓钉抗剪连接件。

在施工阶段，钢梁的刚度较小，安装钢梁时需要设置可靠的刚性临时支撑。各梁设置的临

时支撑数量如表 15-25 所示。当楼面现浇混凝土达到 70% 设计强度后拆除临时支撑。架设钢梁前临时支撑需进行预压，以保证其刚度。浇筑混凝土时在主梁梁端设置圆形后浇区域，以柱心为圆心，半径不小于 $a+0.5$m，其中 a 为柱心到钢梁制作段端头的距离。

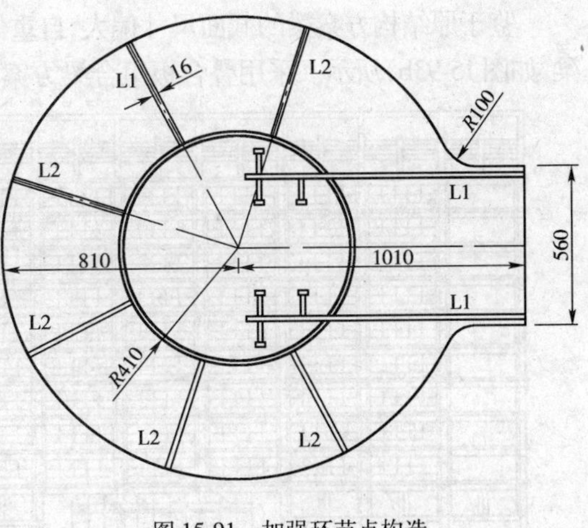

图 15-91　加强环节点构造

该大跨交叉组合梁系楼盖中，各组合梁的跨高比如表 15-25 所示。整个楼盖平均用钢量为 127.9kg/m^2。对主梁而言，采用钢—混凝土组合梁与采用预应力钢筋混凝土梁或实腹钢梁的技术经济指标比较如表 15-26 所示。可见采用钢—混凝土组合梁可降低截面高度，增加楼层净空，同时减少用钢量，减轻自重，具有很好的技术经济效益。

临时支撑的数量、位置及设计荷载　　表 15-25

梁号	跨度(mm)	高度(含楼板)(mm)	跨高比	临时支撑数量
L	40801	2000	20.4	2
CL1	30418	1400	21.7	2
CL2	11001	700	15.7	1
CL3	15400	1000	15.4	1

技术经济指标比较　　表 15-26

方案	跨高比	用钢量(kN/根)	自重(含楼板)(kN/根)
钢—混凝土组合梁	20.4	362.3	1535.3
预应力钢筋混凝土梁	13.6	29.1	4262.2
实腹钢梁	16.3	468.6	1641.6

4. 珠海清华科技园一期创业大楼

珠海清华科技园一期创业大楼位于珠海清华科技图，平面呈矩形，总长度为 141m，宽度为 30.2m。总高度为 48.2m，十一层。其中一至九层分为东西两座，西座为 70m，东座为 36m。十层以上两座边成一个整体，连体结构跨度 35m，如图 15-92 所示。主体结构采用框架抗震墙结构，连接体两侧的框架柱九层以上采用钢骨混凝土柱，以提高连接体的抗震性能。原设计连接大梁采用钢骨混凝土梁。梁截面为 600mm×2000mm，其中型钢截面为(mm)400×1550×25×15。肋部纵筋为 ϕ16@200，箍筋为 ϕ14－150，截面如图 15-93a)所示。

由于高位连接体产生的地震作用取决于其自身的质量，因此，它的质量越大，地震作用也越大。钢骨混凝土梁在跨度比较大时，承受的荷载是以自重为主，为了满足承载力和刚度要求，需要的截面尺寸比较大，使结构自重大大增加，在地震作用下产生的地震作用也大大增加，这对结构的抗震不利。另外，对于大跨钢骨混凝土梁，考虑自重荷载和使用荷载的作用以及大体积混凝土的温度效应等，往往是裂缝宽度控制设计，为了有效控制裂缝宽度能够满足规范要求，不得不在钢骨混凝土梁的四周配置钢筋，因此，与钢筋混凝土梁一样，仍然需要绑扎钢筋骨架。此外，钢骨混凝土梁施工时需要浇筑混凝土用的模板和支架，搭设 9 层高的模板支架和模板，施工费用高，同时施工周期长，高空浇筑 2m 高的大梁，混凝土质量控制难度大。

鉴于原结构方案梁的截面尺寸偏大，自重偏大，最后将钢骨混凝土梁改用钢—混凝土叠合板组合梁，如图 15-93b）所示。采用叠合板组合梁方案，有效地利用了钢材抗拉和混凝土抗压的材料特性，大

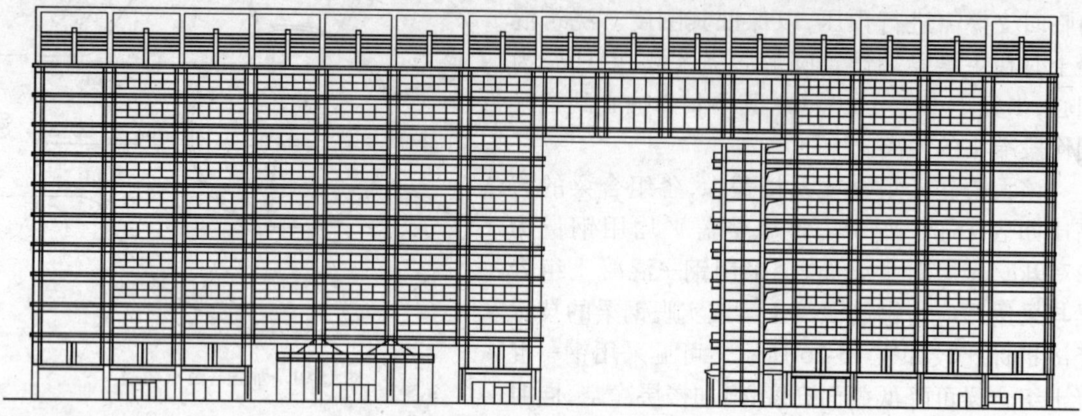

图 15-92　清华科技园立面图

大减轻了结构自重，方便施工。由于结构自重减轻，解决了地震作用下连接体地震力过大的问题。考虑钢梁和混凝土楼板的组合作用，更容易满足承载力和刚度的要求。如图 15-93b）所示的叠合板组合梁，利用钢梁作为支撑，预制板在施工阶段作为模板，当现浇层混凝土达到一定强度后，混凝土叠合板共同工作。预制混凝土板作为楼面板的一部分参与板的受力，同时又作为混凝土翼缘的一部分参与钢—混凝土组合梁的受力，叠合板组合梁的钢梁受拉，混凝土受压，做到了物尽其用，并且不存在裂缝问题。叠合板组合梁节省了模板、支架，施工费用大大降低，施工周期大大缩短。钢—混凝土叠合板组合梁方案与原方案各项指标的比较如表 15-27 所示。

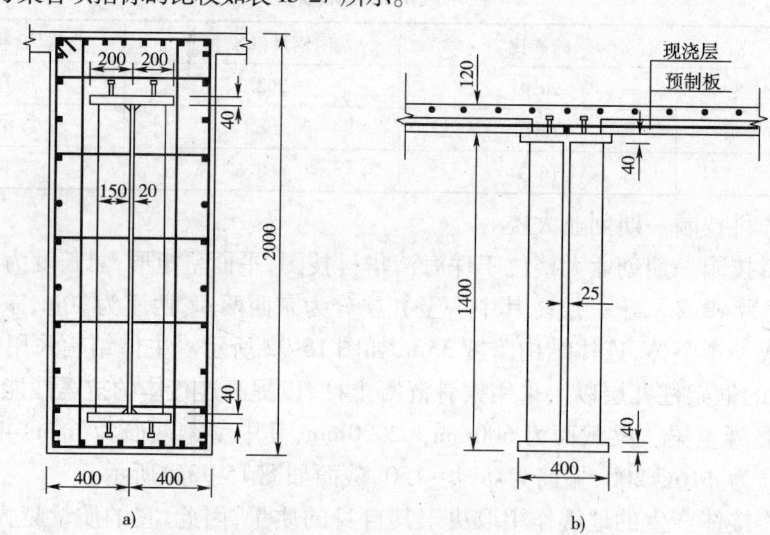

图 15-93　梁截面详图

a）原钢骨混凝土梁；b）钢—混凝土叠合板组合梁

钢—混凝土叠合板组合梁与钢骨混凝土梁方案的比较　　表 15-27

方案	用钢量（kg/m）	自重（kN/m）	活载/自重	截面高度（mm）	高跨比
原方案	654	30	0.464	2000	1/17.5
叠合板组合梁方案	632	8.12	1.714	1520	1/23
现方案/原方案	0.966	0.217	3.69	0.76	0.76

从表15-27可以看出，采用钢—混凝土叠合板组合梁方案后，楼层结构高度比原方案减少约1/4，自重减轻2/3以上，用钢量降低约4%。根据建设方提供的数据，除了钢—混凝土叠合板组合梁需要涂刷的防火涂料费用外，叠合板组合梁方案比原方案节省投资约200万元人民币。造价降低的原因主要是由于结构自重大大减轻，因此梁承受的荷载大大降低。此外，施工费用也大大降低。计算分析表面，原方案中的钢骨混凝土梁主要是以承受自重荷载为主，而且是由裂缝宽度控制设计。埋设在混凝土中的钢梁不能充分发挥其作用。由此可见，对于大跨度横向承重构件，钢—混凝土组合梁比钢骨混凝土梁具有更好的综合效益。

5. 深圳某社区水景平台

深圳某社区分为南北两部分，分别位于公路两侧，为方便两小区之间居民的来往及生活和休闲，在两小区之间建筑了一个宽为26.8m，长为75.4m的水景平台，将两小区连为整体。该平台高6.3m，占地面积约3869.6m^2，平面图如图15-94所示。该平台上栽种了树木，设置了喷泉水池等，是社区休闲娱乐场所。

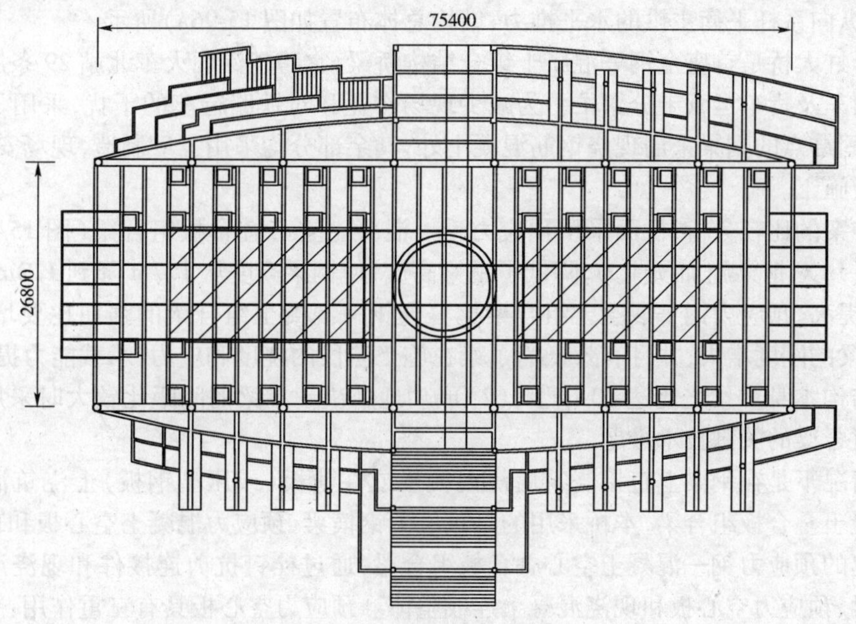

图15-94　平面布置图

由于道路标高与小区的标高关系已经确定，平台梁的高度被限制在1m以内。26.8m跨度的梁，若采用钢筋混凝土、型钢混凝土等形式都难以满足结构的刚度要求，若采用预应力混凝土则代价很高，经过分析比较，采用钢—混凝土叠合板组合梁，截面如图15-95所示，跨高比为24.4。由于平台下方通车需要自然采光，所以平台平面图中两块阴影部分所示区域内不浇筑混凝土板，形成了特殊的混凝土翼板开孔的钢—混凝土组合梁，开孔区域内钢—混凝土组合梁为变刚度组合梁。未开孔区域的组合梁 L_1 和开孔区域的组合梁 L_2 截面图分别如图15-95a)、b)所示，其中梁 L_1 为普通组合梁，可按一般方法设计计算。梁 L_2 为

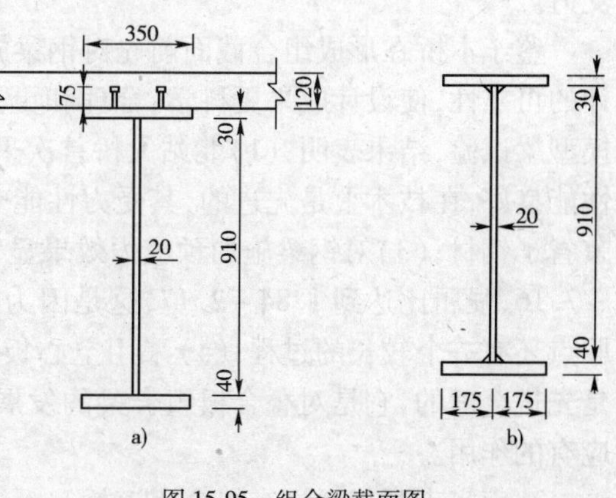

图15-95　组合梁截面图

变刚度组合梁，跨中阴影范围的截面为钢梁，其余区域为组合梁，按变刚度组合梁设计计算，梁 L_2 的构造方法既满足了平台下通行的自然采光要求，又发挥了组合梁的强度高和刚度大的优势。栓钉按照完全抗剪连接设计，两列布置，纵向间距为 300mm。

采用钢—混凝土叠合板组合梁后使得平台梁在高度满足使用要求的基础上共节省投资 186 万元。设计实践表明，叠合板组合梁轻型大跨、预制装配、构造简单、施工快速方便等，省掉了施工支架和模板，并且造价低，适合我国基本建设的国情，对类似结构设计具有实用参考价值。

6. 深圳彩虹（北站）大桥

深圳彩虹（北站）大桥位于广东省深圳市区，全长 1.2km，主桥采用门构式（下承）钢管混凝土柔性系杆拱，桥面宽 23.8m。设计荷载为汽—超 20/挂—120，地震按 7 度设防考虑。

该桥桥面采用预应力钢—混凝土空心板叠合梁，设计成纵向漂浮体系。下部结构基础为独柱独桩式，桥墩采用 ϕ2.8m ~ ϕ3.4m 变截面钢管混凝土组合柱，主拱与桥墩采用拱墩固结型式，采用纵向系杆平衡主拱的水平推力，结构总体布置如图 15-96a）所示。

深圳彩虹大桥是首座全钢—混凝土组合结构桥梁，它跨越深圳火车北站 29 条股道，广深、广九高速列车及货车运营十分繁忙。为减少现场作业和对铁路行车的干扰，采用了全组合结构，除拱墩固结点的帽梁采用现浇钢筋混凝土外，其余部分均采用工厂制造，现场安装，实现了全桥无模板施工。

通过方案的比较分析，桥面采用预应力钢—混凝土空心叠合板组合梁（图 15-95b），具有以下特点：(1) 对钢梁施加预应力，降低了钢梁高度，使钢梁高度从 1.7m 降到 1.2m，节省了钢材；强屈比提高，预应力钢—混凝土组合梁比普通钢—混凝土组合梁的强屈比要增大 15% ~ 20%；组合梁的刚度增大，并且有效抵消了梁在施工阶段的挠度和应力；承载能力提高，所承受的荷载与结构本身重量之比达 20 以上；(2) 成功地解决了在梁的间距比较大时采用钢—混凝土叠合板组合梁的关键技术难题。

通常情况下是在钢梁上直接浇筑后浇混凝土或在薄板（或压型钢板）上浇筑混凝土而形成钢—混凝土叠合板组合梁，本桥采用的是预应力钢横梁、预应力混凝土空心板和现浇混凝土叠合在一起的预应力钢—混凝土空心叠合板组合梁，通过栓钉抗剪连接件和现浇混凝土把预应力钢横梁、预应力空心板和现浇混凝土连成整体。预应力空心板具有三重作用：一是作为模板；二是作为桥面纵向受力板的一部分参与桥面板的受力，起行车道板作用，抵抗正弯矩的受力钢筋配置在预应力空心板内；三是作为横向承重组合梁的混凝土翼缘的一部分参与组合梁受力。

鉴于本桥在形成组合截面前先对钢梁施加预应力，并采用空心板叠合尚属首次，为验证设计的可靠性，使设计成果更科学、合理和更具普遍意义，清华大学按照 1:4 的比例进行了 8 根模型梁试验，结果表明：(1) 北站大桥首次采用的预应力钢—混凝土空心叠合板组合梁的整体性能良好，在技术上是先进的，其受力性能安全可靠；(2) 对钢梁施加预应力降低了钢梁高度，节省了钢材；(3) 对钢梁施加预应力效果显著，刚度提高，试验梁跨中挠度延性系数达到 4.46 ~7.16，强屈比达到 1.84 ~2.17，这是因为钢梁屈服后预应力钢筋仍处于弹性阶段而且离屈服点还有一个较长的过程；(4) 采用空心板进行叠合减轻了自重，且不影响组合的整体效果，是先进合理的，它是对叠合板组合梁的发展；(5) 抗剪栓钉在传递剪力，连接成整体方面起了应有的作用。

7. 南宁市某互通立交组合匝道桥

南宁市民族大道立交桥邻近国际会展中心和民歌广场，是南宁市东西主干道与快速环道

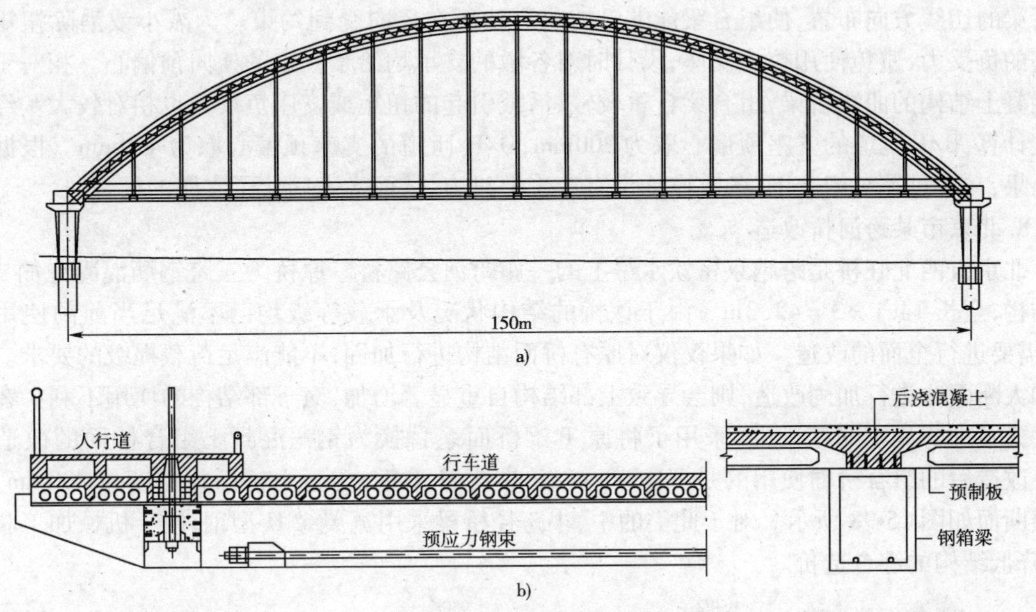

图 15-96　深圳北站桥结构简图

a）结构立面；b）组合桥面

相交的重要路口。该桥为半定向半苜蓿叶组合型三层互通立交，占地面积约 20.5 万平方米。匝道桥原计划采用钢筋混凝土结构，但无法有效控制混凝土的开裂，又因为匝道曲线半径较小，采用预应力钢筋混凝土则预应力损失过大，也无法达到理想的使用效果。综合各种因素，为减少结构高度、避免混凝土开裂等问题，4 座匝道桥采用了钢—混凝土叠合板组合梁结构方案。B/F 匝道半径 80m，D/H 匝道半径 50m。其中 B/F 匝道为四跨连续组合梁桥，全长 30 + 45 + 28 + 28 = 131m，分为 7 个制作段，各制作段长度在 14.1 ~ 21.2m，钢梁高度 0.9 ~ 1.2m，混凝土板厚 0.4m，结构全高 1.3 ~ 1.6m，主跨跨高比 28.1。钢梁的横断面为单箱双室开口箱梁，宽度为 5.45m，如图 15-97 所示。

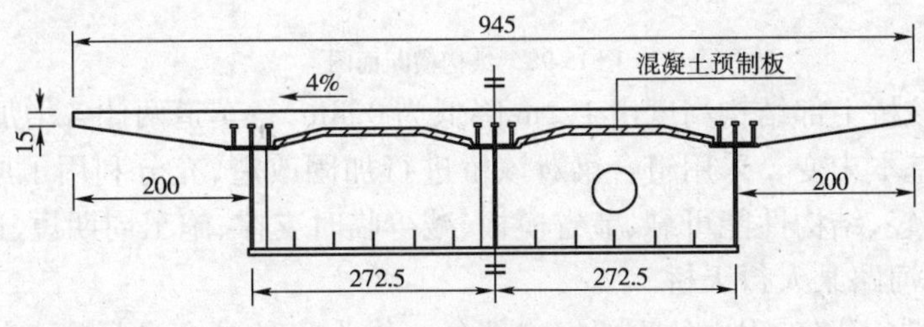

图 15-97　结构横断面图

该桥在设计过程中重点解决了以下两个问题：

（1）混凝土裂缝控制。采用组合梁方案后避免了匝道底部和腹板的开裂问题。对于顶板，则通过调整混凝土浇筑顺序和在支座区张拉预应力钢丝束的方法减小混凝土的拉应力，并通过在混凝土翼板内合理配筋来控制极端不利工况组合下混凝土的裂缝宽度。全部匝道桥均采用有临时支撑的施工方式，施工时先浇正弯矩区的混凝土，后浇支座区的混凝土。对于 B/F 匝道，由于跨度较大，为进一步控制支座负弯矩区混凝土翼板的开裂，在板内沿桥梁切线方向布置了多道预应力短束。

(2)调整支座位置减小扭矩和支座负反力。匝道均采用板式橡胶支座和盆式橡胶支座，沿桥梁的切线方向布置，使组合梁能够沿切向滑动而在径向受到约束。为减小或消除扭矩和支座的负反力，避免使用拉力支座，设计时对各墩的支承均给予一定的横向预偏心。相对于钢筋混凝土结构的曲线桥梁，组合梁自重较轻，活载引起的扭矩或支座负反力也相对较大。经过多次计算，B/F 匝道的支座预偏心取为 200mm，D/H 匝道的支座预偏心取为 400mm。根据计算结果，在各种荷载组合下，各支座均没有产生上拔力，从而大大简化了支座的处理。

8. 北京市某跨河桥改造

北京市西北旺桥是跨越京密饮水渠上的一座跨河公路桥。原桥为三跨钢筋混凝土简支 T 梁结构，全长 14.1×3 = 42.3m。由于该桥的结构状况及承载等级均已不满足当前的使用要求，需要进行全面的改造。如果仅仅对原有桥面结构进行加固，不能满足荷载提级的要求。采用加大断面法进行加固改造，则会导致上部结构自重显著增加，对下部结构的使用不利。在对多种方案进行比较的基础上，采用了将原 T 梁桥面系替换为钢—混凝土组合桥面的改造方案。改造后的组合桥面使用的是 HM600×300 热轧 H 型钢，混凝土桥面板厚度为 200mm，结构横断面如图 15-98 所示。对于此类的中、小跨径桥梁采用宽翼缘 H 型钢，便于机械加工和安装，降低结构的综合造价。

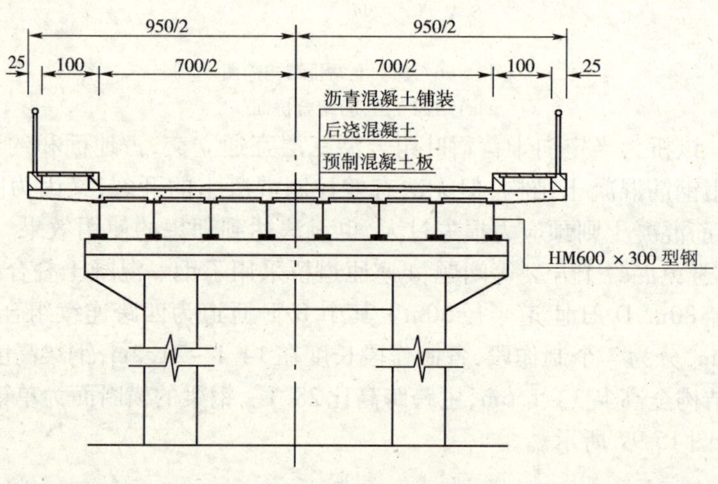

图 15-98　结构横断面图

经过改造后，该桥上部结构高度由 1.1m 降低为 0.8m，行车道两侧各增加了 1.0m 宽的人行道，而结构自重基本未变。采用组合梁对该桥进行加固改造，充分利用了原下部结构，并且替换部分具有自重轻、结构性能可靠、节省模板、减少临时支撑、施工周期短、造价低等优点。

9. 北京市万泉河路某人行天桥

人行天桥是城市道路工程中的重要组成部分。作为一种具有自身特点的结构形式，其桥型选择除考虑结构强度、刚度以外，在很大程度上还要受制于工程造价、施工方法和进度、外观造型以及舒适度等多种因素。目前，我国人行天桥建设中主要采用钢桥及钢筋混凝土桥两种结构形式，也有少量采用组合结构。为获得良好的美学造型和较大的跨高比，并兼顾使用舒适度的要求，压型钢板组合梁人行天桥是一种比较优异的结构形式。根据上述需求并经过对比分析，北京市万泉河路某天桥采用的方案为：钻孔灌注桩基础、钢管混凝土墩柱、钢—压型钢板混凝土连续组合梁主桥体以及全钢梯道，这也是我国首座采用压型钢板组合桥面的大跨人行天桥。

该桥主梁三跨连续，跨度分别为 14.375m、26.250m 和 14.875m（图 15-99）。组合梁构造如图 15-100 所示。栓钉抗剪连接件穿透压型钢板熔焊于钢梁上，将单箱双室开口钢梁、压型钢板及 120mm 厚的 C40 后浇混凝土板连接成整体协同工作。梁结构部分全高 620mm，主跨跨高比 42.3。梁高降低以后也可以有效地缩短梯道长度，减少占地。为增加结构动感并加大桥下净空，主梁按抛物线跨中起拱 800mm。钢梁分三段制作，现场对接焊缝连接，对桥下交通影响很小。采用压型钢板后，一方面可以取消浇筑桥面混凝土的支模工序，加快施工进度，同时也可以代替混凝土板的下层横向受力钢筋。与相同截面尺度的钢梁相比，组合梁刚度较大，有利于减少在荷载作用下的挠度，减少振动，提高了行人通过时的舒适度。

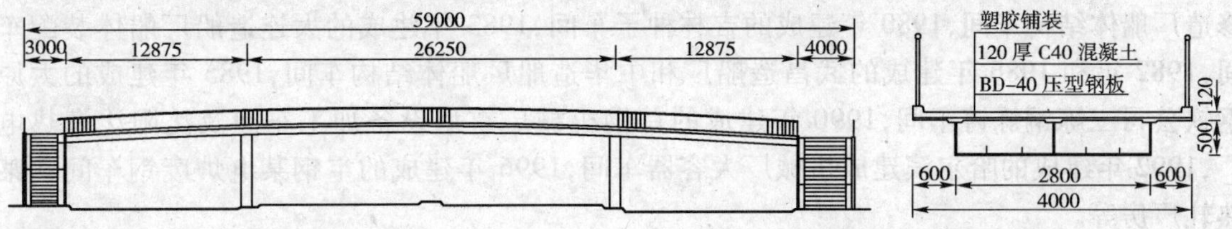

图 15-99　天桥结构简图

该人行天桥具有结构高度小、受力性能好、施工快速方便、造型美观等优点。应用实践表明，钢—混凝土组合梁是大跨天桥结构的理想结构形式之一。与钢桥相比，用钢量减少，梁高降低，人行时舒适度提高，耐久性增强；与混凝土桥相比，自重减轻，梁高降低，施工速度加快，扰民程度减轻，有利于保护环境。

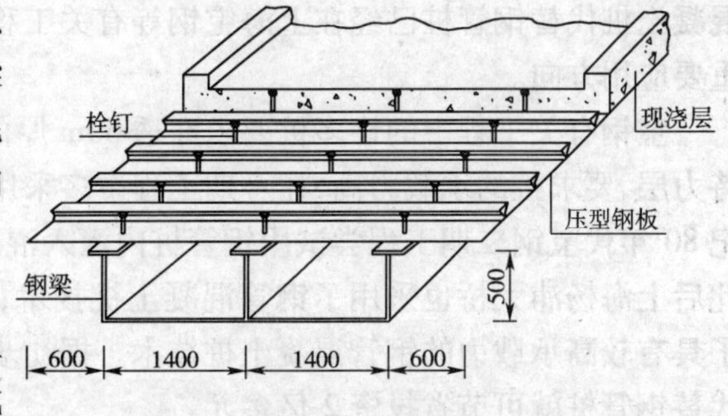

图 15-100　主梁构造图

10. 钢管混凝土结构的工程实例

我国是在 20 世纪 60 年代末北京地铁工程首先开始采用钢管混凝土结构的。70 年代和 80 年代，主要应用于单层和多层工业厂房柱、高炉和锅炉构架柱、各种设备支架柱以及送变电杆塔结构等，已建工程在百个以上，取得了很好的经济效益。自 20 世纪 90 年代以来，钢管混凝土被广泛地应用于桥梁和多、高层建筑中。本章只简要地列举了一些典型工程实例来说明钢管混凝土结构的合理应用及其基本技术经济指标。

(1)重载柱和桩

在设计地下建筑、地铁车站、单层和多层工业厂房柱、高层建筑底层的商场、地下车库以及立交桥等建筑的重载柱时，均要求这些柱子的尺寸缩减至最小，以增加使用空间，减少对人流、车流和视线的阻碍，获得最佳的建筑效果。在这些场合采用钢管混凝土柱是一种合理的方案。以下是若干典型的例子，都属轴心受压或小偏心受压构件。

①地铁站台柱

地下铁道站台柱承受的压力很大，采用钢管混凝土柱时可以获得很好的经济效益。如 1973 年建成的北京地铁环线各站的站台柱，都采用了远比普通钢筋混凝土柱柔细的钢管混凝土柱。近些年建成的北京地铁天安门东站、大北窑站及永安里站，以及南京地铁三山街站等，均采用了钢管混凝土柱。

②单层和多层工业厂房柱

在厂房和仓库等建筑中，以钢管混凝土柱代替普通钢筋混凝土柱，可大大减少施工现场的劳动量和减轻吊装重量，同时还可节约模板，减少绑扎钢筋的工作。

1972 年建成的本溪钢铁公司二炼钢轧辊钢锭模车间，跨度为 24m，柱距为 6m，设有起重量 $Q=20/100t$ 及 10/50t 的重级工作制桥式吊车，轨顶标高 11.5m，柱顶标高 15.8m。屋盖采用预应力钢筋混凝土屋架和屋面板，并采用了预应力钢筋混凝土吊车梁。钢管混凝土柱由 4 根 $\phi219\times5$ 的螺旋焊接管组成，截面尺寸为 1240mm × 400mm，腹杆用 $\phi89\times3$ 的直缝焊接空管直接和柱肢对接焊接。这是我国第一个采用钢管混凝土作为重型厂房柱的工程，虽然由于设计经验不足，安全度较大，用钢量较多，但混凝土节省了 78%，自重减少了 72%。

其后陆续建成了一系列用钢管混凝土柱作重载柱的厂房，如 1978 年建成的哈尔滨船舶修造厂船体结构车间，1980 年建成的吉林种子车间，1983 年建成的大连造船厂船体装配车间，1982 年和 1986 年建成的武昌造船厂和中华造船厂船体结构车间，1985 年建成的太原钢铁公司三炼钢炼铸车间，1990 年建成的首钢机械厂重型设备加工车间及沈阳沈海热电厂，1992 年建成的哈尔滨建成机械厂大容器车间，1996 年建成的宝钢某电炉废钢车间和某热轧厂房等。

③桩

在沿海软土地基上建造高层建筑、桥梁、码头等重要建筑物时对桩基要求很高。采用钢管混凝土桩代替钢管桩已经在上海宝钢等有关工程中得到应用，并将是今后钢管混凝土的一个重要应用方向。

宝钢有关工程中的许多桩要求穿透 60m 厚的第四纪软土层，以第三纪细粉砂层作为桩端持力层，要求桩的承载力高，在一期工程中多采用钢管桩，但造价较高限制了使用范围。20 世纪 80 年代宝钢二期工程尝试用钢管桩内灌入混凝土以解决桩偏移过大影响桩承载力的问题；此后上海杨浦大桥也采用了钢管混凝土桩技术；90 年代的宝钢三期工程中，试验成功并推广了具有较高承载力的钢管混凝土桩技术。据初步统计，仅在宝钢三期工程中用钢管混凝土桩代替钢管桩就可节省投资 2 亿多元。

表 15-28 所列为已建成的单层和多层工业厂房柱或构架柱结构的工程造价比较，可见钢管混凝土具有较好的经济效益。

钢管混凝土在厂房柱及构架柱中应用的工程造价比较 表 15-28

工程名称	结构形式	用钢量（t）	混凝土用量（m^3）	柱自重（t）	柱自重或经济性分析
哈尔滨船舶修造厂船体结构车间（1977 年）	钢筋混凝土双肢柱	2.60	10	25	1.0
	钢管混凝土三肢柱	2.60	2	7.6	0.3
武昌造船厂船体结构车间（1983 年）	钢柱	4.50	0	35	0.3
	上部钢柱下部钢筋混凝土柱	2.30	35	103	1.0
	钢管混凝土四肢柱	2.10	7.55	0.22	0.39
大连造船厂船体装配车间（1984 年）	钢柱	25.0	0	25	1.0
	钢管混凝土柱	11.0	5	22	0.88
吉林某水泥厂联合储库（1984 年）	钢筋混凝土框架柱	25.1	2.53	—	[全部柱]12.16 万元
	钢管混凝土三肢柱	54.7	1.54	—	11.48 万元
首钢四号高炉构架柱（1979 年）	钢柱	45	0	—	[每根柱]6.8 万元
	钢管混凝土柱	27	11.4	—	4.2 万元

续上表

工程名称	结构形式	用钢量(t)	混凝土用量(m^3)	柱自重(t)	柱自重或经济性分析
辽阳化纤总厂锅炉构架柱(1976年)	钢柱 钢管混凝土柱	10.6 5.2	0 21.4	— —	[四根柱]6.3万元 3.5万元
长春内电厂电炉车间(1986年)	钢筋混凝土柱 钢管混凝土三肢柱	1.13 2.4	5.5 1.3	— —	[每根柱]0.17万元 0.18万元
镇江水泥制品厂压力管车间(1986年)	钢筋混凝土柱 钢管混凝土柱	0.69 0.60	2.26 0.64	— —	[每平方米]212元 123元
通化铸铁厂连铸车间(1985年)	钢筋混凝土柱 钢管混凝土三肢柱	0.93 1.76	4.64 1.15	— —	[每根柱]0.14万元 0.14万元

(2)各种构架

火力发电厂锅炉构架以往多采用钢结构或钢筋混凝土结构。20世纪70年代开始,在一些悬吊或半悬吊式锅炉构架中开始采用钢管混凝土结构。由于悬吊式锅炉的大部分荷载是支吊在炉架顶部的大板梁上,经过梁的传递和分配,荷载作用于柱顶。因此构架柱承受较大的轴心压力,最适合采用钢管混凝土柱。1978年建成的首钢二号高炉构架是我国在高炉构架中采用钢管混凝土柱的第一个工程,它采用了钢管混凝土柱与型钢及型钢支撑共同组成的空间桁架式构架。构架柱距为14×14m,构架高为40.5m,共5层钢平台。其用钢量与钢柱相比节省钢材42%,按8度抗震考虑,全部竖向荷载为7000t。其他采用钢管混凝土柱的构架有1983年建成的太原钢铁公司1053m^3高炉的构架,高36.56m;1982年建成的湖北荆门热电厂锅炉构架高达50m;1983年建成的江西德兴铜矿矿石储仓支架柱;以及北京首钢自备电厂和山西太原某电厂的输煤栈桥柱等。

高压输电杆塔或微波塔,也可以采用钢管混凝土构件作为立柱,能够取得节约钢材的经济效果,特别是跨距较大的跨越塔架,经济效果更为显著。1979年华东电力设计院设计的500kV门式变电构架采用了钢管混凝土A形柱,构架高27.5m,加避雷针共35m,采用$\phi420\times6$的钢管,取得了良好的经济效益。1980年松蛟220kV线路中的终端塔采用了钢管混凝土柱,比全钢塔架节约钢材50%,节约投资30%;1986年在沿葛洲坝水电站输出线路上及繁昌变电所500kV变电构架中都广泛采用了钢管混凝土柱。

(3)桥梁和大跨度结构

在桥梁和大跨度拱架、桁架结构中,采用钢管混凝土代替型钢,在不增加或少许增加结构自重的条件下,可大幅度节省钢材。若以钢管混凝土代替普通钢筋混凝土,可大幅度减轻结构自重,空钢管骨架的吊装重量大为减轻,不需模板和钢筋,施工大为简化。理论研究和工程实践证明,钢管混凝土中的钢管具有套箍、支架、模板三大作用,使钢管混凝土结构表现了突出的优点:用钢量小、刚度大、安装重量轻、承载力高、施工快速方便、经济效益明显。由于钢管混凝土优异的材料性能和劲性骨架作用,深受设计和施工单位的重视,近十几年它被广泛地应用于拱桥和空间桁架梁式桥梁结构中,并取得了良好的经济效益和社会效益。

拱式结构主要承受轴向压力,当跨度很大时,拱肋将承受很大的轴向压力,采用钢管混凝土是很合理的,它不仅在施工时具有模板和钢筋的功能,还具有加工成型后空钢管骨架刚度大、承载力高、重量轻的优点。钢管混凝土在拱桥中的应用有两种形式:一种为钢管内填混凝土,即钢管表皮外露,与核心混凝土共同作为结构的主要受力组成部分,同时也作为施工时的劲性骨架,该类桥梁常称作钢管混凝土拱桥;另一种形式是钢管分别内填和外包混凝土,钢管主要作为施工时的劲性骨架,先内灌混凝土,形成钢管混凝土后再挂模板外包混凝土形成断面,该类桥梁常称作钢管混凝土劲性骨架拱桥。据不完全统计,截止 1999 年,我国共建造钢管混凝土拱桥 68 座,钢管混凝土劲性骨架拱桥 10 余座。工程中常用的钢管混凝土拱肋截面形式分为单管式、复式、集束式、哑铃型和格构式。

①单管式

1996 年建成通车的泰州引江河桥,桥址位于长江下游冲积平原,地势平坦,人工沟河密布,道路纵横。该桥的拱肋采用 $\phi800\times16$ 的单管钢管混凝土,Q345 的钢材,内灌 C50 混凝土。

②复式截面拱桥

1996 年建成通车的浙江杭州新塘路运河桥,位于杭州市东侧,跨越京杭大运河,采用下承式钢管混凝土无风撑系杆拱,计算跨径 76.5m,桥梁宽度 38.5m。拱肋断面为复式截面,高度为 1.2m,宽度为 2m,钢管壁厚 20mm,Q345 的钢材,内灌 C40 混凝土。

③哑铃型拱桥

1991 年建成通车的四川旺苍东河大桥是第一座采用钢管混凝土的公路拱桥,它净跨 115m,主拱圈为中距 1.2m 的哑铃式双管截面,$2\phi800\times10$,内灌 C30 混凝土,两管间用两块 10mm 钢板相连,间距 400mm。拱圈平面外的稳定由 $\phi800$ 空钢管的横撑来保证。该桥的主拱圈分三段用缆索吊装拼接成拱,然后由拱脚处开孔,泵送浇灌混凝土。1995 年建成通车的福建福清玉融大桥为一跨度 76m 的钢管混凝土拱桥,拱肋的弦杆采用哑铃型截面,由 $2\phi800\times10$ 的钢管组成,桥梁总宽 28.4m,行车道宽度 14m。1996 年建成通车的莲沱大桥,是三峡工程对外专用公路上的一座重要桥梁。它位于湖北宜昌莲沱镇,全长 340.87m,桥面总宽 20m,按四车道布置。该桥采用了中承式钢管混凝土拱,净矢高 38m,矢跨比 1/3,计算跨径为 116m。该桥采用竖直的哑铃型截面形式,$2\phi1200\times14$,拱肋高度 3.0m,宽度 2.1m,两肋横向中心距离为 18.7m。

④格构式拱桥

1995 年建成通车的河南安阳文峰路立交桥,位于安阳市中心,跨度 135m。由于该桥跨越京广线及编组场,铁路运输与调车作业十分繁忙,要求桥梁施工不能影响正常列车运行与调车作业,并保证其安全,为此选用钢管混凝土拱桥方案。拱肋的弦杆由四个钢管组成,$4\phi720\times12$,钢材为 Q345,内填 C40 混凝土,腹杆为 $\phi300\times10$ 的空钢管。拱肋采用转体施工方案,即在铁路站场两外侧顺线路方向预制拱肋,然后竖转拱肋至要求高度,再平转至设计位置合拢。合拢后,拱肋形成一个承重结构,横梁的施工平台可以用缆索吊挂在拱肋上,在平台上浇筑横梁。

1998 年建成通车的山东济南东站钢管混凝土拱桥,位于济南东站西咽喉,为跨度 90m 的钢管混凝土刚架系杆拱,拱肋的弦杆由四个钢管组成,$4\phi650\times10$,钢材为 Q345 内灌 C50 混凝土,腹杆为 $\phi250\times8$ 的空钢管。该桥工期仅 8 个月。1997 年建成通车的福建闽清石潭溪大桥,采用了中承式钢管混凝土桁拱,该桥净跨 136m,矢跨比 1/5,拱肋的弦杆由四个钢管组成,$4\phi550\times8$,钢材为 Q345,内灌 C40 混凝土,拱肋高度为 3m,宽度为 1.6m。

⑤劲性骨架拱桥

1993 年修建完成的江西德兴铜矿太白桥,净跨 130m,净矢高 16.25m,矢跨比 1/8,主拱圈采用了两条钢筋混凝土箱形拱肋,每条主拱圈的劲性骨架是根据其轮廓外形尺寸由两片平面拱式桁架组成的空间桁架,桁架的上弦由 $2\phi168\times5$ 的钢管组成,桁架的下弦由 $2\phi133\times4.5$

的钢管组成,这四个钢管混凝土构件设在箱肋的四角。

(4)高层和超高层建筑

钢管混凝土用于高层建筑中具有一系列的优点,如:抗压和抗剪性能好,承载力高;抗震性能优越,延性好,控制构件长细比后可以不限制轴压比;能充分发挥高强混凝土的承载力,防止其脆性破坏。因此,自 20 世纪 90 年代以来,钢管混凝土在我国高层和超高层建筑中的应用发展很快,经历了由部分柱子采用,最后发展到全部柱子采用的过程,特别是近两年被用于住宅建筑中。

①部分柱子采用钢管混凝土柱

1990 年建成的泉州市邮电局大楼是我国第一个局部柱子采用钢管混凝土的高层建筑。这是一个地下 1 层、地上 15 层、高 87.5m 框剪结构体系的高层建筑。建筑物中高层部分的地下 1 层和地上 2 层营业大厅的 8 根大柱,由于建筑方面的要求限制了柱子截面尺寸,因而采用了 8 根长 10m 的钢管混凝土柱,钢管尺寸为 $\phi800 \times 10$,Q235 钢材,内灌 C30 混凝土。包括节点共用钢材 2.34t,混凝土 4.78m^3,较之采用钢筋混凝土柱节约混凝土 68%,节约钢材 10%,减少柱子截面 2/3。南安邮电局大楼,地上 28 层,地下 2 层,高 99m。为了便于钢管混凝土柱与现浇钢筋混凝土剪力墙连接,在钢管侧向加焊钢板供剪力墙中钢筋搭焊之用。

1997 年竣工的福州环球广场,其地下 3 层半的 28 根柱子采用钢管混凝土柱,满足了使用要求,取得了显著的经济效益。广州新达城广场是一现浇钢筋混凝土框架—剪力墙结构,总建筑高度 99.8m,地下 13.4m,其中 42 根柱子采用 $\phi1000 \times 12$,钢材 Q235,内灌 C60 混凝土。南塔楼 23 根钢管混凝土柱在架空层经结构转换变成剪力墙及钢筋混凝土柱,北塔楼 19 根钢管混凝土柱则直通塔楼顶层。经与钢筋混凝土柱计算比较,每层采用 42 根钢管混凝土柱,可增加使用面积 46.2m^2,仅对地下室和裙楼而言,可增加使用面积 46.2m^2,减轻建筑物重量 4620t。此外,广州好世界广场(116.3m)、北京四川大厦、福建省政府屏山综合楼二区等也分别部分采用了钢管混凝土柱。

②全部柱子采用钢管混凝土柱

1992 年建成的厦门金源大厦是一框筒结构体系的建筑,该楼地下 2 层,地上 28 层,高 96.1m,建筑面积 32690m^2,采用了 $\phi800 \times (8 \sim 12)$、内灌 C40 混凝土的钢管混凝土柱,楼盖为普通钢筋混凝土梁板结构,梁柱采用刚性连接。

天津今晚报大厦,高 137m,是一地下 2 层,地上 38 层,建筑总面积 82000m^2 的框筒结构体系的建筑,结构设计按 7 度地震区、III 类场地考虑。该建筑的框架柱全部采用圆钢管混凝土柱,楼板采用了现浇双向多肋形钢筋混凝土楼板,楼板沿管柱四周与柱相连,使支座压力分散,简化了节点构造,减少了楼盖的高度。沈阳市电信局大楼是一地下 1 层,地上 13 层,总高度 72.30m,建筑总面积 21000m^2 的框架剪力墙结构的建筑,所有柱子采用钢管高强混凝土柱,$\phi(559 \sim 406) \times (12 \sim 10)$,内灌 C80 ~ C40 混凝土。本工程仅柱子一项节约造价 90 万元。

赛格广场大厦的楼盖采用了钢梁和压型钢板组成的组合楼盖体系,钢梁和钢管混凝土柱采用刚性节点连接,大多数采用了内加强环板的节点形式。为了减少现场连接的施工工作量,一般在钢结构加工厂预先在钢管柱上焊接一段钢梁,在现场先用高强螺栓与预制钢梁拼接,然后再将工字钢梁的上下翼缘用对接焊缝连接。

由于赛格广场大厦地处深圳市十分繁华的十字交叉路口的一角,两面紧挨高层建筑物,两面临街,无施工周转场地,采用钢管混凝土柱和钢梁组合楼盖,且基础为挖孔桩,因而该工程采用了全逆作法施工。其中上部工程提前 110 天开始施工,减少深基坑支护费用,降低工程成本预计在200万元以上。此外，钢管混凝土柱遭受火灾高温作用时，由于钢管的保护作用，核心混凝土在高温下不会发生剥落或崩裂，而钢管虽然在高温下已软化，丧失强度而失去承载力，但由于核心混凝土的存在能够继续承载，保证了钢管不发生失稳和局部屈曲。所以二者相互贡献，协同互补，共同工作，提高了钢管混凝土构件的整体性，使其具有良好的耐火性能和灾后可修复加固性。考虑到这些并经有关计算，深圳赛格广场钢管混凝土柱的防火保护层较之按照钢结构的保护层比较约节省合同造价179万元。

1996年国家启动的“小康住宅示范工程”也将钢—混凝土组合结构作为主要结构体系，钢管混凝土作为住宅结构体系的主要受压构件，在“十五”计划中的“住宅产业化现代化专项”中的“住宅建筑技术创新研究”专题中，将钢管混凝土柱在多高层中的应用作为其中的研究内容和技术关键。建设部决定在全国住宅建筑中推广应用钢结构，为此一批住宅示范工程项目相继建成。

工程实践表明，现代钢管混凝土结构既是一种使用高强、高性能材料的结构，也是一种具有高效施工技术的结构，它必将为新世纪的国家建设和土建工程的技术进步发挥积极的作用。

附　录

附录 A　轴心受压稳定系数

a 类截面轴心受压构件的稳定系数 φ　　表 A-1

$\lambda\sqrt{\frac{f_y}{235}}$	0	1.0	2.0	3.0	4.0	5.0	6.0	7.0	8.0	9.0
0	1.000	1.000	1.000	1.000	0.999	0.999	0.998	0.998	0.997	0.996
10	0.995	0.994	0.993	0.992	0.991	0.989	0.988	0.986	0.985	0.983
20	0.981	0.979	0.977	0.976	0.974	0.972	0.970	0.968	0.966	0.964
30	0.963	0.961	0.959	0.957	0.955	0.952	0.950	0.948	0.946	0.944
40	0.941	0.939	0.937	0.934	0.932	0.929	0.927	0.924	0.921	0.919
50	0.916	0.913	0.910	0.907	0.904	0.900	0.897	0.894	0.890	0.886
60	0.883	0.879	0.875	0.871	0.867	0.863	0.858	0.851	0.849	0.844
70	0.839	0.834	0.829	0.824	0.818	0.813	0.807	0.801	0.795	0.789
80	0.783	0.776	0.770	0.763	0.757	0.750	0.743	0.736	0.728	0.721
90	0.714	0.706	0.699	0.691	0.684	0.676	0.668	0.661	0.653	0.645
100	0.638	0.630	0.622	0.615	0.607	0.600	0.592	0.585	0.577	0.570
110	0.563	0.555	0.548	0.541	0.534	0.527	0.520	0.514	0.507	0.500
120	0.494	0.488	0.481	0.475	0.469	0.463	0.457	0.451	0.445	0.440
130	0.434	0.429	0.423	0.418	0.412	0.407	0.402	0.397	0.392	0.387
140	0.383	0.378	0.373	0.369	0.364	0.360	0.356	0.351	0.347	0.343
150	0.339	0.335	0.331	0.327	0.322	0.320	0.316	0.312	0.309	0.305
160	0.302	0.298	0.295	0.292	0.289	0.285	0.282	0.279	0.276	0.273
170	0.270	0.267	0.264	0.262	0.259	0.256	0.253	0.251	0.248	0.246
180	0.243	0.241	0.238	0.236	0.233	0.231	0.229	0.226	0.224	0.222
190	0.220	0.218	0.215	0.213	0.211	0.209	0.207	0.205	0.203	0.201
200	0.199	0.198	0.196	0.194	0.192	0.190	0.189	0.187	0.185	0.183
210	0.182	0.180	0.179	0.177	0.175	0.174	0.172	0.171	0.169	0.168
220	0.166	0.165	0.164	0.162	0.161	0.159	0.158	0.157	0.155	0.154
230	0.153	0.152	0.150	0.149	0.148	0.147	0.146	0.144	0.143	0.142
240	0.141	0.140	0.139	0.138	0.136	0.135	0.134	0.133	0.132	0.131
250	0.130									

b 类截面轴心受压构件的稳定系数 φ 表 A-2

$\lambda\sqrt{\frac{f_y}{235}}$	0	1.0	2.0	3.0	4.0	5.0	6.0	7.0	8.0	9.0
0	1.000	1.000	1.000	0.999	0.999	0.998	0.997	0.996	0.995	0.994
10	0.992	0.991	0.989	0.987	0.985	0.983	0.981	0.978	0.976	0.973
20	0.970	0.967	0.963	0.960	0.957	0.953	0.950	0.946	0.943	0.939
30	0.936	0.932	0.929	0.925	0.922	0.918	0.914	0.910	0.906	0.903
40	0.899	0.895	0.891	0.887	0.882	0.878	0.874	0.870	0.865	0.861
50	0.856	0.852	0.847	0.842	0.838	0.833	0.828	0.823	0.818	0.813
60	0.807	0.802	0.797	0.791	0.786	0.780	0.774	0.769	0.763	0.757
70	0.751	0.745	0.739	0.732	0.726	0.720	0.714	0.707	0.701	0.694
80	0.688	0.681	0.675	0.668	0.661	0.655	0.648	0.641	0.635	0.628
90	0.621	0.614	0.608	0.601	0.594	0.588	0.581	0.575	0.568	0.561
100	0.555	0.549	0.542	0.536	0.529	0.523	0.517	0.511	0.505	0.499
110	0.493	0.487	0.481	0.475	0.470	0.464	0.458	0.453	0.447	0.442
120	0.437	0.432	0.426	0.421	0.416	0.411	0.406	0.402	0.397	0.392
130	0.387	0.383	0.378	0.374	0.370	0.365	0.361	0.357	0.353	0.349
140	0.345	0.341	0.337	0.333	0.329	0.326	0.322	0.318	0.315	0.311
150	0.308	0.304	0.301	0.298	0.265	0.291	0.288	0.285	0.282	0.279
160	0.276	0.273	0.270	0.267	0.265	0.262	0.259	0.256	0.254	0.251
170	0.249	0.246	0.244	0.241	0.239	0.236	0.234	0.232	0.229	0.227
180	0.225	0.223	0.220	0.218	0.216	0.214	0.212	0.210	0.208	0.206
190	0.204	0.202	0.200	0.198	0.197	0.195	0.193	0.191	0.190	0.188
200	0.186	0.184	0.183	0.181	0.180	0.178	0.176	0.175	0.173	0.172
210	0.170	0.169	0.167	0.166	0.165	0.163	0.162	0.160	0.159	0.158
220	0.156	0.155	0.154	0.153	0.151	0.150	0.149	0.148	0.146	0.145
230	0.144	0.143	0.142	0.141	0.140	0.138	0.137	0.136	0.136	0.134
240	0.133	0.132	0.131	0.130	0.129	0.128	0.127	0.126	0.125	0.124
250	0.123									

c 类截面轴心受压构件的稳定系数 φ 表 A-3

$\lambda\sqrt{\frac{f_y}{235}}$	0	1.0	2.0	3.0	4.0	5.0	6.0	7.0	8.0	9.0
0	1.000	1.000	0.999	0.999	0.998	0.998	0.997	0.996	0.995	0.993
10	0.992	0.990	0.998	0.986	0.983	0.981	0.978	0.976	0.973	0.970
20	0.966	0.959	0.953	0.947	0.940	0.934	0.928	0.921	0.915	0.909
30	0.902	0.896	0.890	0.884	0.877	0.871	0.865	0.858	0.852	0.846
40	0.839	0.833	0.826	0.820	0.814	0.807	0.801	0.794	0.788	0.781
50	0.775	0.768	0.762	0.755	0.748	0.742	0.735	0.729	0.722	0.715
60	0.709	0.702	0.695	0.689	0.682	0.676	0.669	0.662	0.656	0.649
70	0.643	0.636	0.629	0.623	0.616	0.610	0.604	0.597	0.591	0.584
80	0.578	0.572	0.566	0.559	0.553	0.547	0.541	0.535	0.529	0.523
90	0.517	0.511	0.505	0.500	0.494	0.488	0.483	0.477	0.472	0.467
100	0.463	0.458	0.454	0.449	0.445	0.441	0.436	0.432	0.428	0.423
110	0.419	0.415	0.411	0.407	0.403	0.399	0.395	0.391	0.387	0.383
120	0.379	0.375	0.371	0.367	0.364	0.360	0.356	0.353	0.349	0.346
130	0.342	0.339	0.335	0.332	0.328	0.325	0.322	0.319	0.315	0.312
140	0.309	0.306	0.303	0.300	0.297	0.294	0.291	0.288	0.285	0.282
150	0.280	0.277	0.274	0.271	0.269	0.266	0.264	0.261	0.258	0.256
160	0.254	0.251	0.249	0.246	0.244	0.242	0.239	0.237	0.235	0.233
170	0.230	0.228	0.226	0.224	0.222	0.220	0.218	0.216	0.214	0.212

续上表

$\lambda\sqrt{\frac{f_y}{235}}$	0	1.0	2.0	3.0	4.0	5.0	6.0	7.0	8.0	9.0
180	0.210	0.208	0.206	0.205	0.203	0.201	0.199	0.197	0.196	0.194
190	0.192	0.190	0.189	0.187	0.186	0.184	0.182	0.181	0.179	0.178
200	0.176	0.175	0.173	0.172	0.170	0.169	0.168	0.166	0.165	0.163
210	0.162	0.161	0.159	0.158	0.157	0.156	0.154	0.153	0.152	0.151
220	0.150	0.148	0.147	0.146	0.145	0.144	0.143	0.142	0.140	0.139
230	0.138	0.137	0.136	0.135	0.134	0.133	0.132	0.131	0.130	0.129
240	0.128	0.127	0.126	0.126	0.124	0.124	0.123	0.122	0.121	0.120
250	0.119									

d 类截面轴心受压构件的稳定系数 φ 　　表 A-4

$\lambda\sqrt{\frac{f_y}{235}}$	0	1.0	2.0	3.0	4.0	5.0	6.0	7.0	8.0	9.0
0	1.000	1.000	0.999	0.999	0.998	0.996	0.994	0.992	0.990	0.987
10	0.984	0.981	0.978	0.974	0.969	0.965	0.960	0.955	0.949	0.944
20	0.937	0.927	0.918	0.909	0.900	0.891	0.883	0.874	0.865	0.857
30	0.848	0.840	0.831	0.823	0.815	0.807	0.799	0.790	0.782	0.774
40	0.766	0.759	0.751	0.743	0.735	0.728	0.720	0.712	0.705	0.697
50	0.690	0.683	0.675	0.668	0.661	0.654	0.646	0.639	0.632	0.625
60	0.618	0.612	0.605	0.598	0.591	0.585	0.578	0.572	0.565	0.559
70	0.552	0.546	0.540	0.534	0.528	0.522	0.516	0.510	0.504	0.498
80	0.493	0.487	0.481	0.476	0.470	0.465	0.460	0.454	0.449	0.444
90	0.439	0.434	0.429	0.424	0.419	0.414	0.410	0.405	0.401	0.397
100	0.394	0.390	0.387	0.383	0.380	0.376	0.373	0.370	0.366	0.363
110	0.359	0.356	0.353	0.350	0.346	0.343	0.340	0.337	0.334	0.331
120	0.328	0.325	0.322	0.319	0.316	0.313	0.310	0.307	0.304	0.301
130	0.299	0.296	0.293	0.290	0.288	0.285	0.282	0.280	0.277	0.275
140	0.272	0.270	0.267	0.265	0.262	0.260	0.258	0.255	0.253	0.251
150	0.248	0.246	0.244	0.242	0.240	0.237	0.235	0.233	0.231	0.029
160	0.227	0.225	0.223	0.221	0.219	0.217	0.215	0.213	0.212	0.210
170	0.208	0.206	0.204	0.203	0.201	0.199	0.197	0.196	0.194	0.192
180	0.191	0.189	0.188	0.186	0.184	0.183	0.181	0.180	0.178	0.177
190	0.176	0.174	0.173	0.171	0.170	0.168	0.167	0.166	0.164	0.163
200	0.162									

注:①表 A-1 ~ A-4 的 φ 值系按下列公式算得:

当 $\bar{\lambda}=\frac{\lambda}{\pi}\sqrt{\frac{f_y}{E}}\leqslant 0.215$ 时,$\varphi=1-\alpha_1\lambda^2$

当 $\bar{\lambda}>0.215$ 时,$\varphi=\frac{1}{2\bar{\lambda}^2}\left[(\alpha_2+\alpha_3\bar{\lambda}+\bar{\lambda}^2)-\sqrt{(\alpha_2+\alpha_3\bar{\lambda})^2-4\bar{\lambda}^2}\right]$

式中:α_1、α_2、α_3——系数,根据表 4-3 的截面分类,按表 4-4 采用。

②当构件 $\lambda\sqrt{\frac{f_y}{235}}$ 值超出表 A-1 ~ A-4 的范围时,则 φ 值按注 1 所列的公式计算。

附录B 柱的计算长度系数

无侧移框架柱的计算长度系数μ 表 B-1

K_2 \ K_1	0	0.05	0.1	0.2	0.3	0.4	0.5	1	2	3	4	5	≥10
0	1.000	0.990	0.981	0.964	0.949	0.935	0.922	0.875	0.820	0.791	0.773	0.760	0.732
0.05	0.990	0.981	0.971	0.955	0.940	0.926	0.914	0.867	0.814	0.784	0.766	0.754	0.726
0.1	0.981	0.971	0.962	0.946	0.931	0.918	0.906	0.860	0.807	0.778	0.760	0.748	0.721
0.2	0.964	0.955	0.946	0.930	0.916	0.903	0.891	0.846	0.795	0.767	0.749	0.737	0.711
0.3	0.949	0.940	0.931	0.916	0.902	0.889	0.878	0.834	0.784	0.756	0.739	0.728	0.701
0.4	0.935	0.926	0.981	0.903	0.889	0.877	0.860	0.823	0.774	0.747	0.730	0.719	0.693
0.5	0.922	0.914	0.906	0.891	0.878	0.866	0.855	0.813	0.765	0.738	0.821	0.710	0.685
0	0.875	0.867	0.860	0.846	0.834	0.823	0.813	0.774	0.729	0.704	0.688	0.677	0.654
2	0.820	0.814	0.807	0.795	0.784	0.774	0.765	0.729	0.686	0.663	0.648	0.638	0.615
3	0.791	0.784	0.778	0.767	0.756	0.747	0.738	0.704	0.663	0.640	0.625	0.616	0.593
4	0.773	0.766	0.760	0.749	0.739	0.730	0.721	0.688	0.648	0.625	0.611	0.601	0.580
5	0.760	0.754	0.748	0.737	0.728	0.719	0.710	0.677	0.638	0.616	0.601	0.592	0.570
≥10	0.732	0.726	0.721	0.711	0.701	0.693	0.685	0.654	0.615	0.593	0.580	0.570	0.549

注:①表中的计算长度系数μ值系按下式算

$$\left[\left(\frac{\pi}{\mu}\right)^2+2(K_1+K_2)-4K_1K_2\right]\frac{\pi}{\mu}\sin\frac{\pi}{\mu}-2\left[(K_1+K_2)\left(\frac{\pi}{\mu}\right)^2+4K_1K_2\right]\cos\frac{\pi}{\mu}+8K_1K_2=0$$

式中:K_1、K_2——分别为相交于柱上端、柱下端的横梁线刚度之和与柱线刚度之和的比值。当梁远端为铰接时,应将横梁线刚度乘以1.5;当横梁远端为嵌固时,则将横梁线刚度乘以2.0。

②当横梁与柱铰接时,取横梁线刚度为零。

③对底层框架柱:当柱与基础铰接时,取$K_2=0$;当柱与基础刚接时,取$K_2=10$。

④当与柱刚性连接的横梁所受轴心压力较大时,横梁线刚度乘以折减系数α_N;

横梁远端与柱刚接和横梁远端铰支时 $\alpha_N=1-N_bN_{Eb}$

横梁远端嵌固时 $\alpha_N=1-N_b\cdot(2N_{Eb})$

式中:$N_{Eb}=\pi^2EI_b$,EI_b为横梁截面惯性矩。

有侧移框架柱的计算长度系数μ

表 B-2

K_2 \ K_1	0	0.05	0.1	0.2	0.3	0.4	0.5	1	2	3	4	5	≥10
0	∞	6.02	4.46	3.42	3.01	2.78	2.64	2.33	2.17	2.11	2.08	2.07	2.03
0.05	6.02	4.16	3.47	2.86	2.58	2.42	2.31	2.07	1.94	1.90	1.87	1.86	1.83
0.1	4.46	3.47	3.01	2.56	2.33	2.20	2.11	1.90	1.79	1.75	1.73	1.72	1.70
0.2	3.42	2.86	2.56	2.23	2.05	1.94	1.87	1.70	1.60	1.57	1.55	1.54	1.52
0.3	3.01	2.58	2.33	2.05	1.90	1.80	1.74	1.58	1.49	1.46	1.45	1.44	1.42
0.4	2.78	2.42	2.20	1.94	1.80	1.71	1.65	1.50	1.42	1.39	1.37	1.37	1.35
0.5	2.64	2.31	2.11	1.87	1.74	1.65	1.59	1.45	1.37	1.34	1.32	1.32	1.30
1	2.33	2.07	1.90	1.70	1.58	1.50	1.45	1.32	1.24	1.21	1.20	1.19	1.17
2	2.17	1.94	1.79	1.60	1.49	1.42	1.37	1.24	1.16	1.14	1.12	1.12	1.10
3	2.11	1.90	1.75	1.57	1.46	1.39	1.34	1.21	1.14	1.11	1.10	1.09	1.07
4	2.08	1.87	1.73	1.55	1.45	1.37	1.32	1.20	1.12	1.10	1.08	1.08	1.06
5	2.07	1.86	1.72	1.54	1.44	1.37	1.32	1.19	1.12	1.09	1.08	1.07	1.05
≥10	2.03	1.83	1.70	1.52	1.42	1.35	1.30	1.17	1.10	1.07	1.06	1.05	1.03

注:①表中的计算长度系数μ值系按下式算

$$\left[36K_1K_2-\left(\frac{\pi}{\mu}\right)^2\right]\sin\frac{\pi}{\mu}+6(K_1+K_2)\frac{\pi}{\mu}\cos\frac{\pi}{\mu}=0$$

K_1、K_2 分别为相交于柱上端,柱下端的横梁线刚度之和与柱线刚度之和的比值。

当横梁远端为铰接时,应将横梁线刚度乘以 0.5;当横梁远端为嵌固时,则应乘以 2/3。

②当横梁与柱铰接时,取横梁线刚度为零。

③对底层框架柱:当柱与基础铰接时,取 $K_2=0$;当柱与基础刚接时,取 $K_2=10$。

④当与柱刚件连接的横梁所受轴心压力 N_b 较大时,横梁线刚度应乘以折减系数 α_N;

横梁远端与柱刚接时　$\alpha_N=1-N_b\cdot(4N_{Eb})$

横梁远端铰支时　$\alpha_N=1-N_bN_{Eb}$

横梁远端嵌固时　$\alpha_N=1-N_b\cdot(2N_{Eb})$

N_{Eb}的计算式见表 B-1 注④。

柱上端为自由的单阶柱下段的计算长度系数μ

表 B-3

简图	η_1 \ K_1	0.06	0.08	0.10	0.12	0.14	0.16	0.18	0.20	0.22	0.24	0.26	0.28	0.3	0.4	0.5	0.6	0.7	0.8
	0.2	2.00	2.01	2.01	2.01	2.01	2.01	2.01	2.02	2.02	2.02	2.02	2.02	2.02	2.03	2.04	2.05	2.06	2.07
	0.3	2.01	2.02	2.02	2.02	2.03	2.03	2.03	2.04	2.04	2.05	2.05	2.05	2.06	2.08	2.10	2.12	2.13	2.15
	0.4	2.02	2.03	2.04	2.04	2.05	2.06	2.07	2.07	2.08	2.09	2.09	2.10	2.11	2.14	2.18	2.21	2.25	2.28
	0.5	2.04	2.05	2.06	2.07	2.09	2.10	2.11	2.12	2.13	2.15	2.19	2.17	2.18	3.24	2.29	2.35	2.40	2.45
I_1 H_1	0.6	2.06	2.08	2.10	2.12	2.14	2.16	2.18	2.19	2.21	2.23	2.25	2.26	2.28	2.36	2.44	2.52	2.59	2.66
	0.7	2.10	2.13	2.16	2.18	2.21	2.24	2.26	2.29	2.31	2.34	2.36	2.38	2.41	2.52	2.62	2.72	2.81	2.90
	0.8	2.15	2.20	2.24	2.27	2.31	2.34	2.38	2.41	2.44	2.47	2.50	2.53	2.56	2.70	2.82	2.94	3.06	3.16
I_2 H_2	0.9	2.24	2.29	2.35	2.39	2.44	2.48	2.52	2.56	2.60	2.63	2.67	2.71	2.74	2.90	3.05	3.19	3.32	3.44
	1.0	2.36	2.43	2.48	2.54	2.59	2.64	2.69	2.73	2.77	2.82	2.86	2.90	2.94	3.12	3.29	3.45	3.59	3.74
	1.2	2.69	2.76	2.83	2.89	2.95	3.01	3.07	3.12	3.17	3.22	3.27	3.32	3.37	3.59	3.80	3.99	4.17	4.34
$K_1=\frac{I_1}{I_2}\cdot\frac{H_2}{H_1}$	1.4	3.07	3.14	3.22	3.29	3.36	3.42	3.48	3.55	3.61	3.66	3.72	3.78	3.83	4.09	4.33	4.56	4.77	4.97
	1.6	3.47	3.55	3.63	3.71	3.78	3.85	3.92	3.99	4.07	4.12	4.18	4.25	4.31	4.61	4.88	5.14	5.38	5.62
$\eta_1=\frac{H_1}{H_2}\sqrt{\frac{N_1}{N_2}\cdot\frac{I_2}{I_1}}$	1.8	3.88	3.97	4.05	4.13	4.21	4.29	4.37	4.44	4.52	4.59	4.66	4.73	4.80	5.13	5.44	5.73	6.00	6.26
N_1——上段柱的轴向力；	2.0	4.29	4.39	4.48	4.57	4.65	4.74	4.82	4.90	4.99	5.07	5.14	5.22	5.30	5.66	6.00	6.32	6.63	6.92
N_2——下段柱的轴向力	2.2	4.71	4.81	4.91	5.00	5.10	5.19	5.28	5.37	5.46	5.54	5.63	5.71	5.80	6.19	6.57	6.92	7.26	7.58
	2.4	5.13	5.24	5.34	5.44	5.54	5.64	5.74	5.84	5.93	6.03	6.12	6.21	6.30	6.73	7.14	7.52	7.89	8.24
	2.6	5.55	5.66	5.77	5.88	5.99	6.10	6.20	6.31	6.41	6.51	6.61	6.71	6.80	7.27	7.71	8.13	8.52	8.90
	2.8	5.97	6.09	6.21	6.33	6.44	6.55	6.67	6.78	6.89	6.99	7.10	7.21	7.31	7.81	8.28	8.73	9.16	9.57
	3.0	6.39	6.52	6.64	6.77	6.89	7.01	7.13	7.25	7.37	7.48	7.59	7.71	7.82	8.35	8.86	9.34	9.80	10.24

注：表中的计算长度系数μ值系按下式计算

$$\eta_1 K_1 \tan\frac{\pi}{\mu}\cdot\tan\frac{\pi\eta_1}{\mu}-1=0$$

柱上端可移动但不转动的单阶柱下段的计算长度系数 μ

表 B-4

简图	η_1 \ K_1	0.06	0.08	0.10	0.12	0.14	0.16	0.18	0.20	0.22	0.24	0.26	0.28	0.3	0.4	0.5	0.6	0.7	0.8
I_1, I_2, H_1, H_2	0.2	1.96	1.94	1.93	1.91	1.60	1.89	1.88	1.86	1.85	1.84	1.83	1.82	1.81	1.76	1.72	1.68	1.65	1.62
$K_1=\frac{I_1}{I_2}\cdot\frac{H_2}{H_1}$	0.3	1.96	1.94	1.93	1.92	1.91	1.89	1.88	1.87	1.86	1.85	1.84	1.83	1.82	1.77	1.73	1.70	1.66	1.63
$\eta_1=\frac{H_1}{H_2}\sqrt{\frac{N_1}{N_2}\cdot\frac{I_2}{I_1}}$	0.4	1.96	1.95	1.94	1.92	1.91	1.90	1.89	1.88	1.87	1.86	1.85	1.84	1.83	1.79	1.75	1.72	1.68	1.66
N_1——上段柱的轴向力；	0.5	1.96	1.95	1.94	1.93	1.92	1.91	1.90	1.89	1.88	1.87	1.86	1.85	1.85	1.81	1.77	1.74	1.71	1.69
N_2——下段柱的轴向力	0.6	1.97	1.96	1.95	1.94	1.93	1.92	1.91	1.90	1.90	1.89	1.88	1.87	1.87	1.83	1.80	1.78	1.75	1.73
	0.7	1.97	1.97	1.96	1.95	1.94	1.94	1.93	1.92	1.92	1.91	1.90	1.90	1.89	1.86	1.84	1.82	1.80	1.78
	0.8	1.98	1.98	1.97	1.96	1.96	1.95	1.95	1.64	1.94	1.93	1.93	1.93	1.92	1.90	1.88	1.87	1.86	1.84
	0.9	1.99	1.99	1.98	1.98	1.98	1.97	1.97	1.97	1.97	1.96	1.96	1.96	1.96	1.95	1.94	1.93	1.92	1.92
	1.0	2.00	2.00	2.00	2.00	2.00	2.00	2.00	2.00	2.00	2.00	2.00	2.00	2.00	2.00	2.00	2.00	2.00	2.00
	1.2	2.03	2.04	2.04	2.05	2.06	2.07	2.07	2.08	2.08	2.09	2.10	2.10	2.11	2.13	2.15	2.17	2.18	2.20
	1.4	2.07	2.09	2.11	2.12	2.14	2.16	2.17	2.18	2.20	2.21	2.22	2.23	2.24	2.29	2.33	2.37	2.40	2.42
	1.6	2.13	2.16	2.19	2.22	2.25	2.27	2.30	2.32	2.34	2.36	2.37	2.39	2.41	2.48	2.54	2.59	2.63	2.67
	1.8	2.22	2.27	2.31	2.35	2.39	2.42	2.45	2.48	2.50	2.53	2.55	2.57	2.59	2.69	2.76	2.83	2.88	2.93
	2.0	2.35	2.41	2.46	2.50	2.55	2.59	2.62	2.66	2.69	2.72	2.75	2.77	2.80	2.91	3.00	3.08	3.14	3.20
	2.2	2.51	2.57	2.63	2.68	2.73	2.77	2.81	2.85	2.89	2.92	2.95	2.98	3.01	3.14	3.25	3.33	3.41	3.47
	2.4	2.68	2.75	2.81	2.87	2.92	2.97	3.01	3.05	3.09	3.13	3.17	3.20	3.24	3.38	3.50	3.59	3.68	3.75
	2.6	2.87	2.94	3.00	3.06	3.12	3.17	3.22	3.27	3.31	3.35	3.39	3.43	3.46	3.62	3.75	3.86	3.95	4.03
	2.8	3.06	3.14	3.20	3.27	3.33	3.38	3.43	3.48	3.53	3.58	3.62	3.66	3.70	3.87	4.01	4.13	4.23	4.32
	3.0	3.26	3.34	3.41	3.47	3.54	3.60	3.65	3.70	3.75	3.80	3.85	3.89	3.93	4.12	4.27	4.40	4.51	4.61

注：表中的计算长度系数 μ 值系按下式算得：

$$\tan\frac{\pi\eta_1}{\mu}+\eta_1 K_1\tan\frac{\pi}{\mu}=0$$

柱上端为自由的双阶柱下段的计算长度系数μ_2 表 B-5

η_1	K_1 / K_2 / η_2	0.05											0.10										
		0.2	0.3	0.4	0.5	0.6	0.7	0.8	0.9	1.0	1.1	1.2	0.2	0.3	0.4	0.5	0.6	0.7	0.8	0.9	1.0	1.1	1.2
0.2	0.2	2.02	2.03	2.04	2.05	2.05	2.06	2.07	2.08	2.09	2.10	2.10	2.03	2.03	2.04	2.05	2.06	2.07	2.08	2.08	2.09	2.10	2.11
	0.4	2.08	2.11	2.15	2.19	2.22	2.25	2.29	2.32	2.35	2.39	2.42	2.09	2.12	2.16	2.19	2.23	2.26	2.29	2.33	2.36	2.39	2.42
	0.6	2.20	2.29	2.37	2.45	2.52	2.60	2.67	2.73	2.80	2.87	2.93	2.21	2.30	2.38	2.46	2.53	2.60	2.67	2.74	2.81	2.87	2.93
	0.8	2.42	2.57	2.71	2.83	2.95	3.06	3.17	3.27	3.37	3.47	3.56	2.44	2.58	2.71	2.84	2.96	3.07	3.17	3.28	3.37	3.47	3.56
	1.0	2.75	2.95	3.13	3.30	3.45	3.60	3.74	3.87	4.00	4.13	4.25	2.76	2.96	3.14	3.30	3.46	3.60	3.74	3.88	4.01	4.13	4.25
	1.2	3.13	3.38	3.60	3.80	4.00	4.18	4.35	4.51	4.67	4.82	4.97	3.15	3.39	3.61	3.81	4.00	4.18	4.35	4.52	4.68	4.83	4.98
0.4	0.2	2.04	2.05	2.05	2.06	2.07	2.08	2.09	2.09	2.10	2.11	2.12	2.07	2.07	2.08	2.08	2.09	2.10	2.11	2.12	2.12	2.13	2.14
	0.4	2.10	2.14	2.17	2.20	2.24	2.27	2.31	2.34	2.37	2.40	2.43	2.14	2.17	2.20	2.23	2.26	2.30	2.33	2.36	2.39	2.42	2.46
	0.6	2.24	2.32	2.40	2.47	2.54	2.62	2.68	2.75	2.82	2.88	2.94	2.28	2.36	2.43	2.50	2.57	2.64	2.71	2.77	2.84	2.90	2.96
	0.8	2.47	2.60	2.73	2.85	2.97	3.08	3.19	3.29	3.38	3.48	3.57	2.53	2.65	2.77	2.88	3.00	3.10	3.21	3.31	3.40	3.50	3.59
	1.0	2.79	2.98	3.15	3.32	3.47	3.62	3.75	3.89	4.02	4.14	4.26	2.85	3.02	3.19	3.34	3.49	3.64	3.77	3.91	4.03	4.16	4.28
	1.2	3.18	3.41	3.62	3.82	4.01	4.19	4.36	4.52	4.68	4.83	4.98	3.24	3.45	3.65	3.85	4.03	4.21	4.38	4.54	4.70	4.85	4.99
0.6	0.2	2.09	2.09	2.10	2.10	2.11	2.12	2.12	2.13	2.14	2.15	2.15	2.22	2.19	2.18	2.17	2.18	2.18	2.19	2.19	2.20	2.20	2.21
	0.4	2.17	2.19	2.22	2.25	2.28	2.31	2.34	2.38	2.41	2.44	2.47	2.31	2.30	2.31	2.33	2.35	2.38	2.41	2.44	2.47	2.49	2.52
	0.6	2.32	2.38	2.45	2.52	2.59	2.66	2.72	2.79	2.85	2.91	2.97	2.48	2.49	2.54	2.60	2.66	2.72	2.78	2.84	2.90	2.96	3.02
	0.8	2.56	2.67	2.79	2.90	3.01	3.11	3.22	3.32	3.41	3.50	3.60	2.72	2.78	2.87	2.97	3.07	3.17	3.27	3.36	3.46	3.55	3.64
	1.0	2.88	3.04	3.20	3.36	3.50	3.65	3.78	3.91	4.04	4.16	4.26	3.04	3.15	3.28	3.42	3.56	3.70	3.83	3.95	4.08	4.20	4.31
	1.2	3.26	3.46	3.66	3.86	4.04	4.22	4.38	4.55	4.70	4.85	5.00	3.40	3.56	3.74	3.91	4.09	4.26	4.42	4.58	4.73	4.88	5.03
0.8	0.2	2.29	2.24	2.22	2.21	2.21	2.22	2.22	2.22	2.23	2.23	2.24	2.63	2.49	2.43	2.40	2.38	2.37	2.37	2.36	2.36	2.37	2.37
	0.4	2.37	2.34	2.34	2.36	2.38	2.40	2.43	2.45	2.48	2.51	2.54	2.71	2.59	2.55	2.54	2.54	2.55	2.57	2.59	2.61	2.63	2.65
	0.6	2.52	2.52	2.56	2.61	2.67	2.73	2.79	2.85	2.91	2.96	3.02	2.86	2.76	2.76	2.78	2.82	2.86	2.91	2.96	3.01	3.07	3.12
	0.8	2.74	2.79	2.88	2.98	3.08	3.17	3.27	3.36	3.46	3.55	3.63	3.06	3.02	3.06	3.13	3.20	3.29	3.37	3.46	3.54	3.63	3.71
	1.0	3.04	3.15	3.28	3.42	3.56	3.69	3.82	3.95	4.07	4.19	4.31	3.33	3.35	3.44	3.55	3.67	3.79	3.90	4.03	4.15	4.26	4.37
	1.2	3.39	3.55	3.73	3.91	4.08	4.25	4.42	4.58	4.73	4.88	5.02	3.65	3.73	3.86	4.02	4.18	4.34	4.49	4.64	4.79	4.94	5.08

简 图

I_1 I_2 I_3 H_1 H_2 H_3

$$K_1=\frac{I_1}{I_3}\cdot\frac{H_3}{H_1}$$

$$K_2=\frac{I_2}{I_3}\cdot\frac{H_3}{H_2}$$

$$\eta_1=\frac{H_1}{H_3}\sqrt{\frac{N_1}{N_3}\cdot\frac{I_3}{I_1}}$$

$$\eta_2=\frac{H_2}{H_3}\sqrt{\frac{N_2}{N_3}\cdot\frac{I_3}{I_2}}$$

N_1——上段柱的轴向力；

N_2——中段柱的轴向力；

N_3——下段柱的轴向力。

续上表

简图	η_1	K_1 / K_2 / η_2	0.05											0.10										
			0.2	0.3	0.4	0.5	0.6	0.7	0.8	0.9	1.0	1.1	1.2	0.2	0.3	0.4	0.5	0.6	0.7	0.8	0.9	1.0	1.1	1.2
I_1, I_2, I_3; H_1, H_2, H_3	1.0	0.2	2.69	2.57	2.51	2.48	2.46	2.45	2.45	2.44	2.44	2.44	2.44	3.18	2.95	2.84	2.77	2.73	2.70	2.68	2.67	2.66	2.65	2.65
		0.4	2.75	2.64	2.60	2.59	2.59	2.59	2.60	2.62	2.63	2.65	2.67	3.24	3.03	2.93	2.88	2.85	2.84	2.84	2.84	2.85	2.86	2.87
		0.6	2.86	2.78	2.77	2.79	2.83	2.87	2.91	2.96	3.01	0.13	3.10	3.36	3.16	3.09	3.07	3.08	3.09	3.12	3.15	3.19	3.23	3.27
		0.8	3.04	3.01	3.05	3.11	3.19	3.27	3.35	3.44	3.52	3.61	3.69	3.52	3.37	3.34	3.36	3.41	3.46	3.53	3.60	3.67	3.75	3.82
		1.0	3.29	3.32	3.41	3.52	3.64	3.76	3.89	4.01	4.13	4.24	4.35	3.74	3.64	3.67	3.74	3.83	3.93	4.03	4.14	4.25	4.35	4.46
		1.2	3.60	3.69	3.83	3.99	4.15	4.31	4.47	4.62	4.77	4.92	5.06	4.00	3.97	4.05	4.17	4.31	4.45	4.59	4.73	4.87	5.01	5.14
$K_1=\frac{I_1}{I_3}\cdot\frac{H_3}{H_1}$	1.2	0.2	3.16	3.00	2.92	2.87	2.84	2.81	2.80	2.79	2.78	2.77	2.77	3.77	3.47	3.32	3.23	3.17	3.12	3.09	3.07	3.05	3.04	3.03
$K_2=\frac{I_2}{I_3}\cdot\frac{H_3}{H_2}$		0.4	3.21	3.05	2.98	2.94	2.92	2.90	2.90	2.90	2.90	2.91	2.92	3.82	3.53	3.39	3.31	3.26	3.22	3.20	3.19	3.19	3.19	3.19
$\eta_1=\frac{H_1}{H_3}\sqrt{\frac{N_1}{N_3}\cdot\frac{I_3}{I_1}}$		0.6	3.30	3.15	3.10	3.08	3.08	3.10	3.12	3.15	3.18	3.22	3.26	3.91	3.64	3.51	3.45	3.42	3.42	3.42	3.43	3.45	3.48	3.50
$\eta_2=\frac{H_2}{H_3}\sqrt{\frac{N_2}{N_3}\cdot\frac{I_3}{I_2}}$		0.8	3.43	3.32	3.30	3.33	3.37	3.43	3.49	3.56	3.63	3.71	3.78	4.04	3.80	3.71	3.68	3.69	3.72	3.76	3.81	3.86	3.92	3.98
N_1——上段柱的轴向力；		1.0	3.62	3.57	3.60	3.68	3.77	3.87	3.98	4.09	4.20	4.31	4.42	4.21	4.02	3.97	3.99	4.05	4.12	4.20	4.29	4.39	4.48	4.58
N_2——中段柱的轴向力；		1.2	3.88	3.88	3.98	4.11	4.25	4.39	4.54	4.68	4.83	4.97	5.10	4.43	4.30	4.31	4.38	4.48	4.60	4.72	4.85	4.98	5.11	5.24
N_3——下段柱的轴向力。	1.4	0.2	3.66	3.46	3.36	3.29	3.25	3.23	3.20	3.19	3.18	3.17	3.16	4.37	4.01	3.82	3.71	3.63	3.58	3.54	3.51	3.49	3.47	3.45
		0.4	3.70	3.50	3.40	3.35	3.31	3.29	3.27	3.26	3.26	3.26	3.26	4.41	4.06	3.88	3.77	3.70	3.66	3.63	3.60	3.59	3.58	3.57
		0.6	3.77	3.58	3.49	3.45	3.43	3.42	3.42	3.43	3.45	3.47	3.49	4.48	4.15	3.98	3.89	3.83	3.80	3.79	3.78	3.79	3.80	3.81
		0.8	3.87	3.70	3.64	3.63	3.64	3.67	3.70	3.75	3.81	3.86	3.92	4.59	4.28	4.13	4.07	4.04	4.04	4.06	4.08	4.12	4.16	4.21
		1.0	4.02	3.89	3.87	3.90	3.96	4.04	4.12	4.22	4.31	4.41	4.51	4.74	4.45	4.35	4.32	4.34	4.38	4.43	4.50	4.58	4.66	4.74
		1.2	4.23	4.15	4.19	4.27	4.39	4.51	4.64	4.77	4.91	5.04	5.17	4.92	4.69	4.63	4.65	4.72	4.80	4.90	5.10	5.13	5.24	5.36

续上表

η_1	K_1 / K_2 / η_2	0.20											0.30										
		0.2	0.3	0.4	0.5	0.6	0.7	0.8	0.9	1.0	1.1	1.2	0.2	0.3	0.4	0.5	0.6	0.7	0.8	0.9	1.0	1.1	1.2
0.2	0.2	2.04	2.04	2.05	2.06	2.07	2.08	2.08	2.09	2.10	2.11	2.12	2.05	2.05	2.06	2.07	2.08	2.09	2.09	2.10	2.11	2.12	2.13
	0.4	2.10	2.13	2.17	2.20	2.24	2.27	2.30	2.34	2.37	2.40	2.43	2.12	2.15	2.18	2.21	2.25	2.28	2.31	2.35	2.38	2.41	2.44
	0.6	2.23	2.31	2.39	2.47	2.54	2.61	2.68	2.75	2.82	2.88	2.94	2.25	2.33	2.41	2.48	2.56	2.63	2.69	3.76	2.83	2.89	2.95
	0.8	2.46	2.60	2.73	2.85	2.97	3.08	3.18	3.29	3.38	3.48	3.57	2.49	2.62	2.75	2.87	2.98	3.09	3.20	3.30	3.39	3.49	3.58
	1.0	2.79	2.98	3.15	3.32	3.47	3.61	3.75	3.89	4.02	4.14	4.26	3.82	3.00	3.17	3.33	3.48	3.63	3.76	3.90	4.02	4.15	4.27
	1.2	3.18	3.41	3.62	3.82	4.01	4.19	4.36	4.52	4.68	4.83	4.98	3.20	3.43	3.64	3.83	4.02	4.20	4.37	4.53	4.69	4.84	4.99
0.4	0.2	2.15	2.13	2.13	2.14	2.14	2.15	2.15	2.16	2.17	2.17	2.18	2.26	2.21	2.20	2.19	2.19	2.20	2.20	2.21	2.21	2.22	2.23
	0.4	2.24	2.24	2.26	2.29	2.32	2.35	2.38	2.41	2.44	2.47	2.50	2.36	2.33	2.33	2.35	2.38	2.40	2.43	2.46	2.49	2.51	2.54
	0.6	2.40	2.44	2.50	2.56	2.63	2.69	2.76	2.82	2.88	2.94	3.00	2.54	2.54	2.58	2.63	2.69	2.75	2.81	2.87	2.93	2.99	3.04
	0.8	2.66	2.74	2.84	2.95	3.05	3.15	3.25	3.35	3.44	3.53	3.62	2.79	2.83	2.91	3.01	3.10	3.20	3.30	3.39	3.48	3.57	3.66
	1.0	2.98	3.12	3.25	3.40	3.54	3.68	3.81	3.94	4.07	4.19	4.30	3.11	3.20	3.32	3.46	3.59	3.72	3.85	3.98	4.10	4.22	4.33
	1.2	3.35	3.53	3.71	3.90	4.08	4.25	4.41	4.57	4.73	4.87	5.02	3.47	3.60	3.77	3.95	4.12	4.28	4.45	4.60	4.75	4.90	5.04
0.6	0.2	2.57	2.42	2.37	2.34	2.33	2.32	2.32	2.32	2.32	2.32	2.33	2.93	2.68	2.57	2.52	2.49	2.47	2.46	2.45	2.45	2.45	2.45
	0.4	2.67	2.54	2.50	2.50	2.51	2.52	2.54	2.56	2.58	2.61	2.63	3.02	2.79	2.71	2.67	2.66	2.66	2.67	2.69	2.70	2.72	2.74
	0.6	2.83	2.74	2.73	2.76	2.80	2.85	2.90	2.96	3.01	3.06	3.12	3.17	2.98	2.93	2.93	2.95	2.98	3.02	3.07	3.11	3.16	3.21
	0.8	3.06	3.01	3.05	3.12	3.20	3.29	3.38	3.46	3.55	3.63	3.72	4.37	3.24	3.23	3.27	3.33	3.41	3.48	3.56	3.64	3.72	3.80
	1.0	3.34	3.35	3.44	3.56	3.68	3.80	3.92	4.04	4.15	4.27	4.38	3.63	3.56	3.60	3.69	3.79	3.90	4.01	4.12	4.23	4.34	4.45
	1.2	3.67	3.74	3.88	4.03	4.19	4.35	4.50	4.65	4.80	4.94	5.08	3.94	3.92	4.02	4.15	4.29	4.43	4.58	4.72	4.87	5.01	5.14
0.8	0.2	3.25	2.96	2.82	2.74	2.69	2.66	2.64	2.62	2.61	2.61	2.60	3.78	3.38	3.18	3.06	2.98	2.93	2.89	2.86	2.84	2.83	2.82
	0.4	3.33	3.05	2.93	2.87	2.84	2.83	2.83	2.83	2.84	2.85	2.87	3.85	3.47	3.28	3.18	3.12	3.09	3.07	3.06	3.06	3.06	3.06
	0.6	3.45	3.21	3.12	3.10	3.10	3.12	3.14	3.18	3.22	3.26	3.30	3.96	3.61	3.46	3.39	3.36	3.35	3.36	3.38	3.41	3.44	3.47
	0.8	3.63	3.44	3.39	3.41	3.45	3.51	3.57	3.64	3.71	3.79	3.86	4.12	3.82	3.70	3.67	3.68	3.72	3.76	3.82	3.88	3.94	4.01
	1.0	3.86	3.73	3.73	3.80	3.88	3.98	4.08	4.18	4.29	4.39	4.50	4.32	4.07	4.01	4.03	4.08	4.16	4.24	4.33	4.43	4.52	4.62
	1.2	4.13	4.07	4.13	4.24	4.36	4.50	4.64	4.78	4.91	5.05	5.18	4.57	4.38	4.38	4.44	4.54	4.66	4.78	4.90	5.03	5.16	5.29

简 图

$$K_1 = \frac{I_1}{I_3} \cdot \frac{H_3}{H_1}$$

$$K_2 = \frac{I_2}{I_3} \cdot \frac{H_3}{H_2}$$

$$\eta_1 = \frac{H_1}{H_3}\sqrt{\frac{N_1}{N_3} \cdot \frac{I_3}{I_1}}$$

$$\eta_2 = \frac{H_2}{H_3}\sqrt{\frac{N_2}{N_3} \cdot \frac{I_3}{I_2}}$$

N_1——上段柱的轴向力；

N_2——中段柱的轴向力；

N_3——下段柱的轴向力。

简图	K_1		0.20											0.30										
	η_1	η_2 \ K_2	0.2	0.3	0.4	0.5	0.6	0.7	0.8	0.9	1.0	1.1	1.2	0.2	0.3	0.4	0.5	0.6	0.7	0.8	0.9	1.0	1.1	1.2
	1.0	0.2	4.00	3.60	3.39	3.26	3.18	3.13	3.08	3.05	3.03	3.01	3.00	4.68	4.15	3.86	3.69	3.57	3.49	3.43	3.38	3.35	3.32	3.30
		0.4	4.06	3.67	3.48	3.37	3.30	3.26	3.23	3.21	3.21	3.20	3.20	4.73	4.21	3.94	3.78	3.68	3.61	3.57	3.54	3.51	3.50	3.49
		0.6	4.15	3.79	3.63	3.54	3.50	3.48	3.49	3.50	3.51	3.54	3.57	4.82	4.33	4.08	3.95	3.87	3.83	3.80	3.80	3.80	3.81	3.83
		0.8	4.29	3.97	3.84	3.80	3.79	3.81	3.85	3.90	3.95	4.01	4.07	4.94	4.49	4.28	4.18	4.14	4.13	4.14	4.17	4.20	4.25	4.29
		1.0	4.48	4.21	4.13	4.13	4.17	4.23	4.31	4.39	4.48	4.57	4.66	5.10	4.70	4.53	4.48	4.48	4.51	4.56	4.62	4.70	4.77	4.85
		1.2	4.70	4.49	4.47	4.52	4.60	4.71	4.82	4.94	5.07	5.19	5.31	5.30	4.95	4.84	4.83	4.88	4.96	5.05	5.15	5.26	5.37	5.48
	1.2	0.2	4.76	4.26	4.00	3.83	3.72	3.65	3.59	3.54	3.51	3.48	3.46	5.58	4.93	4.57	4.35	4.20	4.10	4.01	3.95	3.90	3.86	3.83
		0.4	4.81	4.32	4.07	3.91	3.82	3.75	3.70	3.67	3.65	3.63	3.62	5.62	4.98	4.64	4.43	4.29	4.19	4.12	4.07	4.03	4.01	3.98
		0.6	4.89	4.43	4.19	4.05	3.98	3.93	3.91	3.89	3.89	3.90	3.91	5.70	5.08	4.75	4.56	4.44	4.37	4.32	4.29	4.27	4.26	4.26
		0.8	5.00	4.57	4.36	4.26	4.21	4.20	4.21	4.23	4.26	4.30	4.34	5.80	5.21	4.91	4.75	4.66	4.61	4.59	4.59	4.60	4.62	4.65
		1.0	5.15	4.76	4.59	4.53	4.53	4.55	4.60	4.66	4.73	4.80	4.88	5.93	5.38	5.12	5.00	4.95	4.94	4.95	4.99	5.03	5.09	5.15
		1.2	5.34	5.00	4.88	4.87	4.91	4.98	5.07	5.17	5.27	5.38	5.49	6.10	5.59	5.38	5.31	5.30	5.33	5.39	5.46	5.54	5.63	5.73
	1.4	0.2	5.53	4.94	4.62	4.42	4.29	4.19	4.12	4.06	4.02	3.98	3.95	6.49	5.72	5.30	5.03	4.85	4.72	4.62	4.54	4.48	4.43	4.38
		0.4	5.57	4.99	4.68	4.49	4.36	4.27	4.21	4.16	4.13	4.10	4.08	6.53	5.77	5.35	5.10	4.93	4.80	4.71	4.64	4.59	4.55	4.51
		0.6	5.64	5.07	4.78	4.60	4.49	4.42	4.38	4.35	4.33	4.32	4.32	6.59	5.85	5.45	5.21	5.05	4.95	4.87	4.82	4.78	4.76	4.74
		0.8	5.74	5.19	4.92	4.77	4.69	4.64	4.62	4.62	4.63	4.65	4.67	6.68	5.96	5.59	5.37	5.24	5.15	5.10	5.08	5.06	5.06	5.07
		1.0	5.86	5.35	5.12	5.00	4.95	4.94	4.96	4.99	5.03	5.09	5.15	6.79	6.10	5.76	5.58	5.48	5.43	5.41	5.41	5.44	5.47	5.51
		1.2	6.02	5.55	5.36	5.29	5.28	5:31	5.37	5.44	5.52	5.61	5.71	6.93	6.28	5.98	5.84	5.78	5.76	5.79	5.83	5.89	5.95	6.03

I_1 H_1 I_2 H_2 I_3 H_3

$$K_1 = \frac{I_1}{I_3} \cdot \frac{H_3}{H_1}$$

$$K_2 = \frac{I_2}{I_3} \cdot \frac{H_3}{H_2}$$

$$\eta_1 = \frac{H_1}{H_3}\sqrt{\frac{N_1}{N_3} \cdot \frac{I_3}{I_1}}$$

$$\eta_2 = \frac{H_2}{H_3}\sqrt{\frac{N_2}{N_3} \cdot \frac{I_3}{I_2}}$$

N_1——上段柱的轴向力；

N_2——中段柱的轴向力；

N_3——下段柱的轴向力。

表 B-6

柱顶可移动但不转动的双阶柱下段的计算长度系数 μ_3

η_1	K_1	0.05											0.10										
	η_2 \ K_2	0.2	0.3	0.4	0.5	0.6	0.7	0.8	0.9	1.0	1.1	1.2	0.2	0.3	0.4	0.5	0.6	0.7	0.8	0.9	1.0	1.1	1.2
0.2	0.2	1.99	1.99	2.00	2.00	2.01	2.02	2.02	2.03	2.04	2.05	2.06	1.96	1.96	1.97	1.97	1.98	1.98	1.99	2.00	2.00	2.01	2.02
	0.4	2.03	2.06	2.09	2.12	2.16	2.19	2.22	2.25	2.29	2.32	2.35	2.00	2.02	2.05	2.08	2.11	2.14	2.17	2.20	2.23	2.26	2.29
	0.6	2.12	2.20	2.28	2.36	2.43	2.50	2.57	2.64	2.71	2.77	2.83	2.07	2.14	2.22	2.29	2.36	2.43	2.50	2.56	2.63	2.69	2.75
	0.8	2.28	2.43	2.57	2.70	2.82	2.94	3.04	3.15	3.25	3.34	3.43	2.20	2.35	2.48	2.61	2.73	2.84	2.94	3.05	3.14	3.24	3.33
	1.0	2.53	2.76	2.96	3.13	3.29	3.44	3.59	3.72	3.85	3.98	4.10	2.41	2.64	2.83	3.01	3.17	3.32	3.46	3.59	3.72	3.85	3.97
	1.2	2.86	3.15	3.39	3.61	3.80	3.99	4.16	4.33	4.49	4.64	4.79	2.70	2.99	3.23	0.16	3.65	3.84	4.01	4.18	4.34	4.49	4.64
0.4	0.2	1.99	1.99	2.00	2.01	2.01	2.02	2.03	2.04	2.04	2.05	2.06	1.96	1.97	1.97	1.98	1.98	1.99	2.00	2.00	2.01	2.02	2.03
	0.4	2.03	2.06	2.09	2.13	2.16	2.19	2.23	2.26	2.29	2.32	2.35	2.00	2.03	2.06	2.09	2.12	2.15	2.18	2.21	2.24	2.27	2.30
	0.6	2.12	2.20	2.28	2.36	2.44	2.51	2.58	2.64	2.71	2.77	2.84	2.08	2.15	2.23	2.30	2.37	2.44	2.51	2.57	2.64	2.70	2.76
	0.8	2.29	2.44	2.58	2.71	2.83	2.94	3.05	3.15	3.25	3.35	3.44	2.21	2.36	2.49	2.62	2.73	2.85	2.95	3.05	3.15	3.24	3.34
	1.0	2.54	2.77	2.96	3.14	3.30	3.45	3.59	3.73	3.85	3.98	4.10	2.43	2.65	2.84	3.02	3.18	3.33	3.47	3.60	3.73	3.85	3.97
	1.2	2.87	3.15	3.40	2.61	3.81	3.99	4.17	4.33	4.49	4.65	4.79	2.71	3.00	3.24	3.46	3.66	3.85	4.02	4.19	4.34	4.49	4.64
0.6	0.2	1.99	1.98	2.00	0.08	2.02	2.03	2.04	2.04	2.05	2.06	2.07	1.97	1.98	1.98	1.99	2.00	2.00	2.01	2.02	2.02	2.03	2.04
	0.4	2.04	2.07	2.10	2.14	2.17	2.20	2.23	2.27	2.30	2.33	2.36	2.01	2.04	2.07	2.10	2.13	2.16	2.19	2.22	2.26	2.29	2.32
	0.6	2.13	2.21	2.29	2.37	2.45	2.52	2.59	2.65	2.72	2.78	2.84	2.09	2.17	2.24	2.32	2.39	2.46	2.52	2.59	2.65	2.71	2.77
	0.8	2.30	2.45	2.59	2.72	2.84	2.95	3.06	3.16	3.26	3.35	3.44	2.23	2.38	2.51	2.64	2.75	2.86	2.97	3.07	3.16	3.26	3.35
	1.0	2.56	2.78	2.97	3.15	3.31	3.46	3.60	3.73	3.86	3.99	4.11	2.45	2.68	2.86	3.03	3.19	3.34	3.48	3.61	3.74	3.86	3.98
	1.2	2.89	3.17	3.41	3.62	3.82	4.00	4.17	4.34	4.50	4.65	4.80	2.74	3.02	3.26	3.48	3.67	3.86	4.03	4.20	4.35	4.50	4.65
0.8	0.2	2.00	2.01	2.02	2.02	2.03	2.04	2.05	2.05	2.06	2.07	2.08	1.99	1.99	2.00	2.01	2.01	2.02	2.03	2.04	2.04	2.05	2.06
	0.4	2.05	2.08	2.12	2.15	2.18	2.21	2.25	2.28	2.31	2.34	2.37	2.03	2.06	2.09	2.12	2.15	2.19	2.22	2.25	2.28	2.31	2.34
	0.6	2.15	2.23	2.31	2.39	2.46	2.53	2.60	2.67	2.73	2.79	2.85	2.12	2.19	2.27	2.34	2.41	2.48	2.55	2.61	2.67	2.73	2.79
	0.8	2.32	2.47	2.61	2.73	2.85	2.96	3.07	3.17	3.27	3.36	3.45	2.27	2.41	2.54	2.66	2.78	2.89	2.99	3.09	3.18	3.28	3.37
	1.0	2.59	2.80	2.99	3.16	3.32	3.47	3.61	3.74	3.87	3.99	4.11	2.49	2.70	2.89	3.06	3.21	3.36	3.50	3.63	3.76	3.88	4.00
	1.2	2.92	3.19	3.42	3.63	3.83	4.01	4.18	4.35	4.51	4.66	4.81	2.78	3.05	3.29	3.50	3.69	3.88	4.05	4.21	4.37	4.52	4.66

简　图

I_1　H_1　I_2　H_2　I_3　H_3

$$K_1 = \frac{I_1}{I_3} \cdot \frac{H_3}{H_1}$$

$$K_2 = \frac{I_2}{I_3} \cdot \frac{H_3}{H_2}$$

$$\eta_1 = \frac{H_1}{H_3}\sqrt{\frac{N_1}{N_3} \cdot \frac{I_3}{I_1}}$$

$$\eta_2 = \frac{H_2}{H_3}\sqrt{\frac{N_2}{N_3} \cdot \frac{I_3}{I_2}}$$

N_1——上段柱的轴向力；

N_2——中段柱的轴向力；

N_3——下段柱的轴向力。

续上表

简图	η_1	K_1 / K_2 / η_2	0.05											0.10										
			0.2	0.3	0.4	0.5	0.6	0.7	0.8	0.9	1.0	1.1	1.2	0.2	0.3	0.4	0.5	0.6	0.7	0.8	0.9	1.0	1.1	1.2
	1.0	0.2	2.02	2.02	2.03	2.04	2.05	2.05	2.06	2.07	2.08	2.09	2.09	2.01	2.02	2.03	2.04	2.04	2.05	2.06	2.07	2.07	2.08	2.09
		0.4	2.07	2.10	2.14	2.17	2.20	2.23	2.26	2.30	2.33	2.36	2.39	2.06	2.10	2.13	2.16	2.19	2.22	2.25	2.28	2.31	2.34	2.37
		0.6	2.17	2.26	2.33	2.41	2.48	2.55	2.62	2.68	2.75	2.81	2.87	2.16	2.24	2.31	2.38	2.45	2.51	2.58	2.64	2.70	2.76	2.82
		0.8	2.36	2.50	2.63	2.76	2.87	2.98	3.08	3.19	3.28	3.38	3.47	2.32	2.46	2.58	2.70	2.81	2.92	3.02	3.12	3.21	3.30	3.39
		1.0	2.62	2.83	3.01	3.18	3.34	3.48	3.62	3.75	3.88	4.01	4.12	2.55	2.75	2.93	3.09	3.25	3.39	3.53	3.66	3.78	3.90	4.02
		1.2	2.95	3.21	3.44	3.65	3.82	4.02	4.20	4.36	4.52	4.67	4.81	2.84	3.10	3.32	3.53	3.72	3.90	4.07	4.23	4.39	4.54	4.68
	1.2	0.2	2.04	2.05	2.06	2.06	2.07	2.08	2.09	2.09	2.10	2.11	2.12	2.07	2.08	2.08	2.09	2.09	2.10	2.11	2.11	2.12	2.13	2.13
		0.4	2.10	2.13	2.17	2.20	2.23	2.26	2.29	2.32	2.35	2.38	2.41	2.13	2.16	2.18	2.21	2.24	2.27	2.30	2.33	2.35	2.38	2.41
		0.6	2.22	2.29	2.37	2.44	2.51	2.58	2.64	2.71	2.77	2.83	2.89	2.24	2.30	2.37	2.43	2.50	2.56	2.63	2.68	2.74	2.80	2.86
		0.8	2.41	2.54	2.67	2.78	2.90	3.00	3.11	3.20	3.30	3.39	3.48	2.41	2.53	2.64	2.75	2.86	2.96	3.06	3.15	3.24	3.33	3.42
		1.0	2.68	2.87	3.04	3.21	3.36	3.50	3.64	3.77	3.90	4.02	4.14	2.64	2.82	2.98	3.14	3.29	3.43	3.56	3.69	3.81	3.93	4.04
		1.2	3.00	3.25	3.47	3.67	3.86	4.04	4.21	4.37	4.53	4.68	4.83	2.92	3.16	3.37	3.57	3.76	3.93	4.10	4.26	4.41	4.56	4.70
	1.4	0.2	2.10	2.10	2.10	2.11	2.11	2.12	2.13	2.13	2.14	2.15	2.15	2.20	2.18	2.17	2.17	2.17	2.18	2.18	2.19	2.19	2.20	2.20
		0.4	2.17	2.19	2.21	2.24	2.27	2.30	2.33	2.36	2.39	2.41	2.44	2.26	2.26	2.27	2.29	2.32	2.34	2.37	2.39	2.42	2.44	2.47
		0.6	2.29	2.35	2.41	2.48	2.55	2.61	2.67	2.74	2.80	2.86	2.91	2.37	2.41	2.46	2.51	2.57	2.63	2.68	2.74	2.80	2.85	2.91
		0.8	2.48	2.60	2.71	2.82	2.93	3.03	3.13	3.23	3.32	3.41	3.50	2.53	2.62	2.72	2.82	2.92	3.01	3.11	3.20	3.29	3.37	3.46
		1.0	2.74	2.92	3.08	3.24	3.39	3.53	3.66	3.79	3.92	4.04	4.15	2.75	2.90	3.05	3.20	3.34	3.47	3.60	3.72	3.84	3.96	4.07
		1.2	3.06	3.29	3.50	3.70	3.89	4.06	4.23	4.39	4.55	4.70	4.84	3.02	3.23	3.43	3.62	3.80	3.97	4.13	4.29	4.44	4.59	4.73

I_1, I_2, I_3; H_1, H_2, H_3

$$K_1 = \frac{I_1}{I_3} \cdot \frac{H_3}{H_1}$$

$$K_2 = \frac{I_2}{I_3} \cdot \frac{H_3}{H_2}$$

$$\eta_1 = \frac{H_1}{H_3}\sqrt{\frac{N_1}{N_3} \cdot \frac{I_3}{I_1}}$$

$$\eta_2 = \frac{H_2}{H_3}\sqrt{\frac{N_2}{N_3} \cdot \frac{I_3}{I_2}}$$

N_1——上段柱的轴向力；

N_2——中段柱的轴向力；

N_3——下段柱的轴向力。

续上表

η_1	K_1 / K_2 / η_2	0.20											0.30										
		0.2	0.3	0.4	0.5	0.6	0.7	0.8	0.9	1.0	1.1	1.2	0.2	0.3	0.4	0.5	0.6	0.7	0.8	0.9	1.0	1.1	1.2
0.2	0.2	1.94	1.93	1.93	1.93	1.93	1.93	1.94	1.94	1.95	1.95	1.96	1.92	1.91	1.90	1.89	1.89	1.89	1.90	1.90	1.90	1.90	1.91
	0.4	1.96	1.98	1.99	2.02	2.04	2.07	2.09	2.12	2.15	2.17	2.20	1.95	1.95	1.96	1.97	1.99	2.01	2.04	2.06	2.08	2.11	2.13
	0.6	2.02	2.07	2.13	2.19	2.26	2.32	2.38	2.44	2.50	2.56	2.62	1.99	2.03	2.08	2.13	2.18	2.24	2.29	2.35	2.41	2.46	2.52
	0.8	2.12	2.23	2.35	2.47	2.58	2.68	2.78	2.88	2.98	3.07	3.15	2.07	2.16	2.27	2.37	2.47	2.57	2.66	2.75	2.84	2.93	3.01
	1.0	2.28	2.47	2.65	2.82	2.97	3.12	3.26	3.39	3.51	3.63	3.75	2.20	2.37	2.53	0.13	2.83	2.97	3.10	3.23	3.35	3.46	3.57
	1.2	2.50	2.77	3.01	3.22	3.42	3.60	3.77	3.93	4.09	4.23	4.38	2.39	2.63	2.85	3.05	3.24	3.42	3.58	3.74	3.89	4.03	4.17
0.4	0.2	1.93	1.93	1.93	1.93	1.94	1.94	1.95	1.95	1.96	1.96	1.97	1.92	1.91	1.91	1.90	1.90	1.91	1.91	1.91	1.92	1.92	1.92
	0.4	1.97	1.98	2.00	2.03	2.05	2.08	2.11	2.13	2.16	2.19	2.22	1.95	1.96	1.97	1.99	2.01	2.03	2.05	2.08	2.10	2.12	2.15
	0.6	2.03	2.08	2.14	2.21	2.27	2.33	2.40	2.46	2.52	2.58	2.63	2.00	2.04	2.09	2.14	2.20	2.26	2.31	2.37	2.42	2.48	2.53
	0.8	2.13	2.25	2.37	2.48	2.59	2.70	2.80	2.90	2.99	3.08	3.17	2.08	2.18	2.28	2.39	2.49	2.59	2.68	2.77	2.86	2.95	3.03
	1.0	2.29	2.49	2.67	2.83	2.99	3.13	3.27	3.40	3.53	3.64	3.76	2.22	2.39	2.55	2.71	2.85	2.99	3.12	3.24	3.36	3.48	3.59
	1.2	2.52	2.79	3.02	3.23	3.43	3.61	3.78	3.94	4.10	4.24	4.39	2.41	2.65	2.87	3.07	3.26	3.43	3.60	3.75	3.90	4.04	4.18
0.6	0.2	1.95	1.95	1.95	1.95	1.96	1.96	1.97	1.97	1.98	1.98	1.99	1.93	1.93	1.92	1.92	1.93	1.93	1.93	1.94	1.94	1.95	1.95
	0.4	1.98	2.00	2.02	2.05	2.08	2.10	2.13	2.16	2.19	2.21	2.24	1.96	1.97	1.99	2.01	2.03	2.06	2.08	2.11	2.13	2.16	2.18
	0.6	2.04	2.10	2.17	2.23	2.30	2.36	2.42	2.48	2.54	2.60	2.66	2.02	2.06	2.12	2.17	2.23	2.29	2.35	2.40	2.46	2.51	2.57
	0.8	2.15	2.27	2.39	2.51	2.62	2.72	2.82	2.92	3.01	3.10	3.19	2.11	2.21	2.32	2.42	2.52	2.62	2.71	2.80	2.89	2.98	3.06
	1.0	2.32	2.52	2.70	2.86	3.01	3.16	3.29	3.42	3.55	3.66	3.78	2.25	2.42	2.59	2.74	2.88	3.02	3.15	3.27	3.39	3.50	3.61
	1.2	2.55	2.82	3.05	3.26	3.45	3.63	3.80	3.96	4.11	4.26	4.40	2.44	2.69	2.91	3.11	3.29	3.46	3.62	3.78	3.93	4.07	4.20
0.8	0.2	1.97	1.97	1.98	1.98	1.99	1.99	2.00	2.01	2.01	2.02	2.03	1.96	1.95	1.96	1.96	1.97	1.97	1.98	1.98	1.99	1.99	2.00
	0.4	2.00	2.03	2.06	2.08	2.11	2.14	2.17	2.20	2.22	2.25	2.28	1.99	2.01	2.03	2.05	2.08	2.10	2.13	2.15	2.18	2.21	2.23
	0.6	2.08	2.14	2.21	2.27	2.34	2.40	2.46	2.52	2.58	2.64	2.69	2.05	2.10	2.16	2.22	2.28	2.34	2.40	2.45	2.51	2.56	2.81
	0.8	2.19	2.32	2.44	2.55	2.66	2.76	2.86	2.96	3.05	3.13	3.22	2.15	2.26	2.37	2.47	2.57	2.67	2.76	2.85	2.94	3.02	3.10
	1.0	2.37	2.57	2.74	2.90	3.05	3.19	3.33	3.45	3.58	3.69	3.81	2.30	2.48	2.64	2.79	2.93	3.07	3.19	3.31	3.43	3.54	3.65
	1.2	2.61	2.87	3.09	3.30	3.49	3.66	3.83	3.99	4.14	4.29	4.42	2.50	2.74	2.96	3.15	3.33	3.50	3.66	3.81	3.96	4.10	4.23

简　图

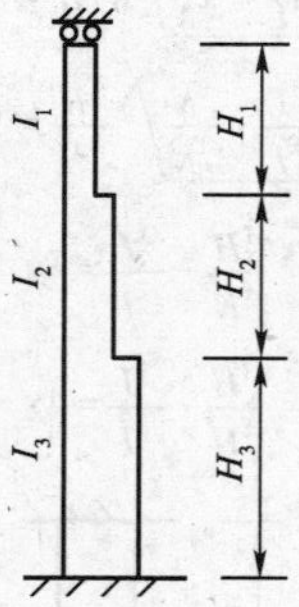

$$K_1 = \frac{I_1}{I_3} \cdot \frac{H_3}{H_1}$$

$$K_2 = \frac{I_2}{I_3} \cdot \frac{H_3}{H_2}$$

$$\eta_1 = \frac{H_1}{H_3}\sqrt{\frac{N_1}{N_3} \cdot \frac{I_3}{I_1}}$$

$$\eta_2 = \frac{H_2}{H_3}\sqrt{\frac{N_2}{N_3} \cdot \frac{I_3}{I_2}}$$

N_1——上段柱的轴向力；

N_2——中段柱的轴向力；

N_3——下段柱的轴向力。

简图	η_1	K_1 / K_2 / η_2	0.20											0.30										
			0.2	0.3	0.4	0.5	0.6	0.7	0.8	0.9	1.0	1.1	1.2	0.2	0.3	0.4	0.5	0.6	0.7	0.8	0.9	1.0	1.1	1.2
$K_1=\frac{I_1}{I_3}\cdot\frac{H_3}{H_1}$ $K_2=\frac{I_2}{I_3}\cdot\frac{H_3}{H_2}$ $\eta_1=\frac{H_1}{H_3}\sqrt{\frac{N_1}{N_3}\cdot\frac{I_3}{I_1}}$ $\eta_2=\frac{H_2}{H_3}\sqrt{\frac{N_2}{N_3}\cdot\frac{I_3}{I_2}}$ N_1——上段柱的轴向力； N_2——中段柱的轴向力； N_3——下段柱的轴向力。	1.0	0.2	2.01	2.02	2.03	2.03	2.04	2.05	2.05	2.06	2.07	2.07	2.08	2.01	0.08	2.02	2.03	2.04	2.04	2.05	2.06	2.06	2.07	2.07
		0.4	2.06	2.09	2.11	2.14	2.17	2.20	2.23	2.25	2.28	2.31	2.33	2.05	2.08	2.10	2.13	2.16	2.18	2.21	2.23	2.26	2.28	2.31
		0.6	2.14	2.21	2.27	2.34	2.40	2.46	2.52	2.58	2.63	2.69	2.74	2.13	2.19	2.25	2.30	2.36	2.42	2.47	2.53	2.58	2.63	2.68
		0.8	2.27	2.39	2.51	2.62	2.72	2.82	2.91	3.00	3.09	3.18	3.26	2.24	2.35	2.45	2.55	2.65	2.74	2.38	2.92	3.00	3.08	3.16
		1.0	2.46	2.64	2.81	2.96	3.10	3.24	3.37	3.50	3.61	3.73	3.84	2.40	2.57	2.72	2.86	3.00	3.13	3.25	3.37	3.48	3.59	3.70
		1.2	2.69	2.94	3.15	3.35	3.53	3.71	3.87	4.02	4.17	4.32	4.46	2.60	2.83	3.03	3.22	3.39	3.56	3.71	3.86	4.01	4.14	4.28
	1.2	0.2	2.13	2.12	2.12	2.13	2.13	2.14	2.14	2.15	2.15	2.16	2.16	2.17	2.16	2.16	2.16	2.16	2.16	2.17	2.17	2.18	2.18	2.19
		0.4	2.18	2.19	2.21	2.24	2.26	2.29	2.31	2.34	2.36	2.38	2.41	2.22	2.22	2.24	2.26	0.10	2.30	2.32	2.34	2.36	2.39	2.41
		0.6	2.27	2.32	2.37	2.43	2.49	2.54	2.60	2.65	2.70	2.76	2.81	2.29	2.33	2.38	2.43	2.48	2.53	2.58	2.62	2.67	2.72	2.77
		0.8	2.41	2.50	2.60	2.70	2.80	2.89	2.98	3.07	3.15	3.23	3.32	2.41	2.49	2.58	2.67	2.75	2.84	2.92	3.00	3.08	3.16	3.23
		1.0	2.59	2.74	2.89	3.04	3.17	3.30	3.43	3.55	3.66	3.78	3.89	2.56	2.69	2.83	2.96	3.09	3.21	3.33	3.44	3.55	3.66	3.76
		1.2	2.81	3.03	3.23	3.42	3.59	3.76	3.92	4.07	4.22	4.36	4.49	2.74	2.94	3.13	3.30	3.47	3.63	3.78	3.92	4.06	4.20	4.33
	1.4	0.2	2.35	2.31	2.29	2.28	2.27	2.27	2.27	2.27	2.27	2.28	2.28	2.45	2.40	2.37	2.35	2.35	2.34	2.34	2.34	2.34	2.34	2.34
		0.4	2.40	2.37	2.37	2.38	2.39	2.41	2.43	2.45	2.47	2.49	2.51	2.48	2.45	2.44	2.44	2.45	2.46	2.48	2.49	2.51	2.53	2.55
		0.6	2.48	2.49	2.52	2.56	2.61	2.65	2.70	2.75	2.80	2.85	2.89	2.55	2.54	2.56	2.60	2.63	2.67	2.71	2.75	2.80	2.84	2.88
		0.8	2.60	2.66	2.73	2.82	2.90	2.98	3.07	3.15	3.23	3.31	3.38	2.64	2.68	2.74	2.81	2.89	2.96	3.04	3.11	3.18	3.25	3.33
		1.0	2.77	2.88	3.01	3.14	3.26	3.38	3.50	3.62	3.73	3.84	3.94	2.77	2.87	2.98	3.09	3.20	3.32	3.43	3.53	3.64	3.74	3.84
		1.2	2.97	3.15	3.33	3.50	3.67	3.83	3.98	4.13	4.27	4.41	4.54	2.94	3.09	3.26	3.41	3.57	3.72	3.86	4.00	4.13	4.26	4.39

附录C　各种截面回转半径的近似值

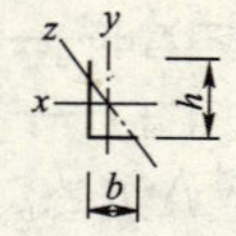 $i_x = 0.30h$ $i_y = 0.30b$ $i_z = 0.195h$	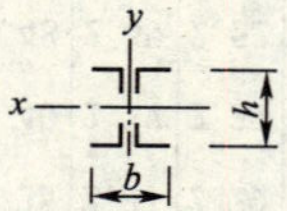 $i_x = 0.40h$ $i_y = 0.21b$	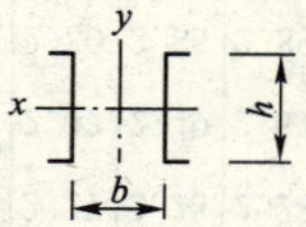 $i_x = 0.38h$ $i_y = 0.60b$	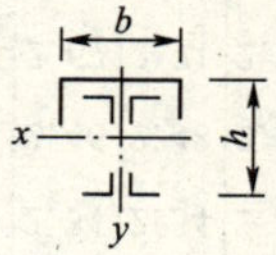 $i_x = 0.41h$ $i_y = 0.22b$
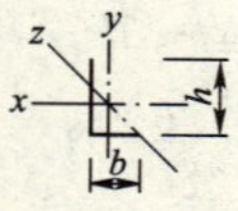 $i_x = 0.32h$ $i_y = 0.28b$ $i_z = 0.18\frac{h+b}{2}$	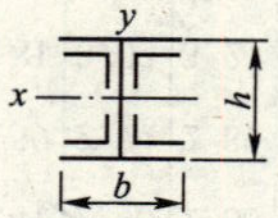 $i_x = 0.45h$ $i_y = 0.235b$	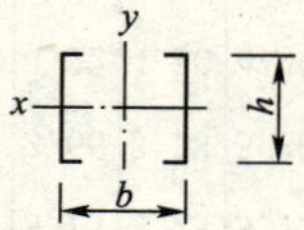 $i_x = 0.38h$ $i_y = 0.44b$	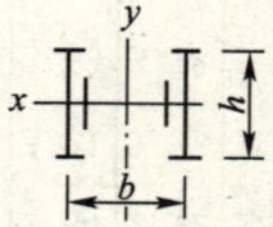 $i_x = 0.32h$ $i_y = 0.49b$
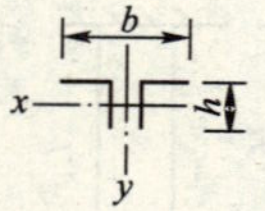 $i_x = 0.30h$ $i_y = 0.215b$	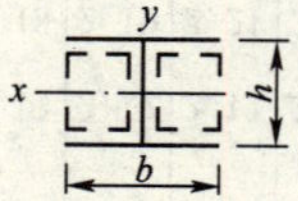 $i_x = 0.44h$ $i_y = 0.28b$	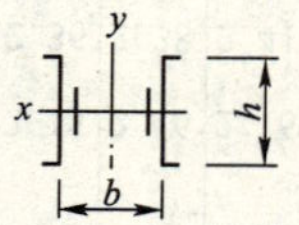 $i_x = 0.32h$ $i_y = 0.58b$	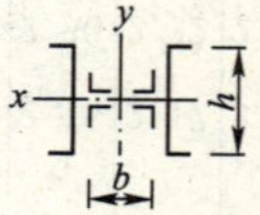 $i_x = 0.29h$ $i_y = 0.50b$
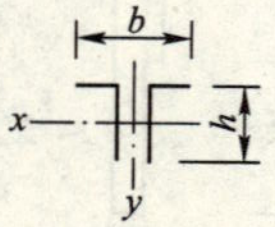 $i_x = 0.32h$ $i_y = 0.20b$	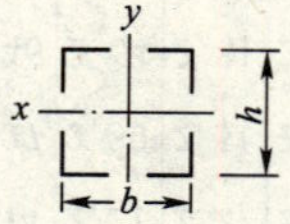 $i_x = 0.43h$ $i_y = 0.43b$	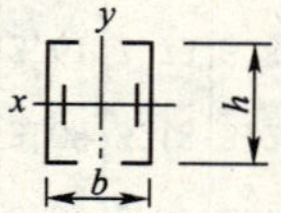 $i_x = 0.32h$ $i_y = 0.40b$	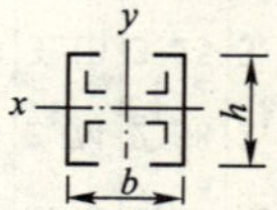 $i_x = 0.29h$ $i_y = 0.45b$
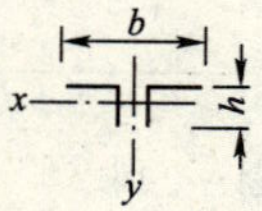 $i_x = 0.28h$ $i_y = 0.24b$	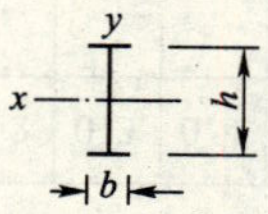 $i_x = 0.39h$ $i_y = 0.20b$	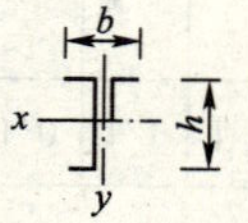 $i_x = 0.32h$ $i_y = 0.12b$	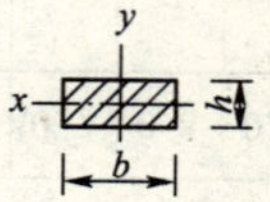 $i_x = 0.29h$ $i_y = 0.29b$

续上表

截面	回转半径	截面	回转半径	截面	回转半径	截面	回转半径
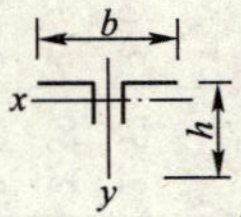	$i_x=0.30h$ $i_y=0.17b$	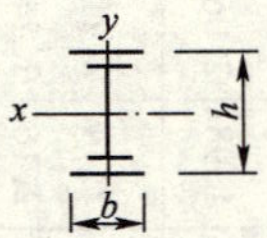	$i_x=0.42h$ $i_y=0.22b$	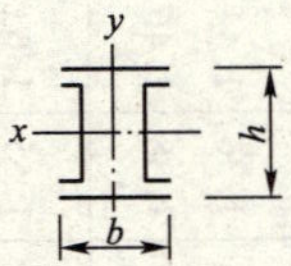	$i_x=0.44h$ $i_y=0.32b$	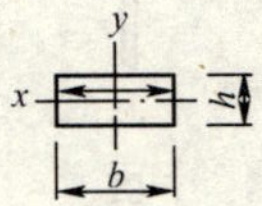	$i_x=0.24h$ $i_y=0.41b$
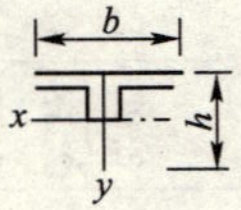	$i_x=0.28h$ $i_y=0.21b$	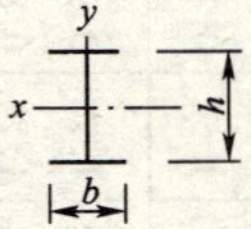	$i_x=0.43h$ $i_y=0.24b$	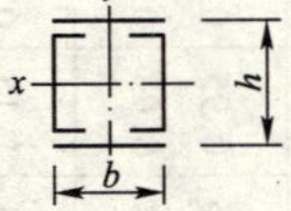	$i_x=0.44h$ $i_y=0.38b$	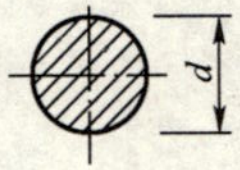	$i=0.25d$
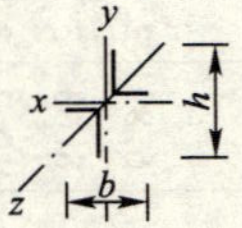	$i_x=0.21h$ $i_y=0.21b$ $i_z=0.185h$	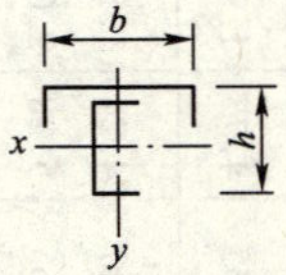	$i_x=0.365h$ $i_y=0.275b$	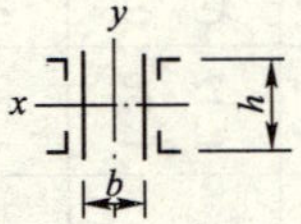	$i_x=0.37h$ $i_y=0.54b$		$i=0.35d$
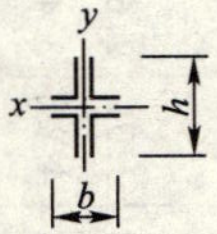	$i_x=0.21h$ $i_y=0.21b$	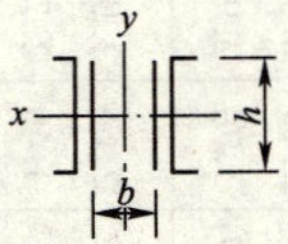	$i_x=0.35h$ $i_y=0.56b$	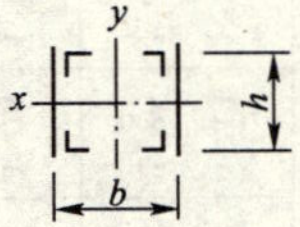	$i_x=0.37h$ $i_y=0.45b$	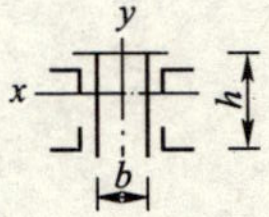	$i_x=0.39h$ $i_y=0.53b$
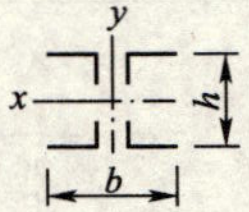	$i_x=0.45h$ $i_y=0.24b$	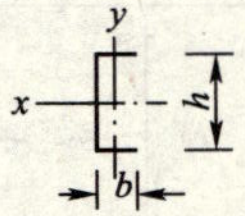	$i_x=0.39h$ $i_y=0.29b$	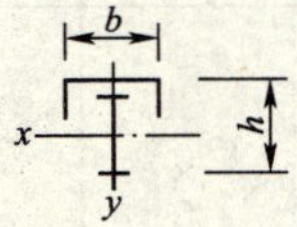	$i_x=0.40h$ $i_y=0.24b$	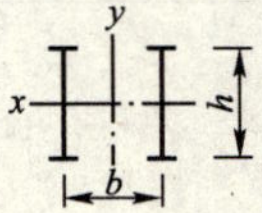	$i_x=0.40h$ $i_y=0.50b$

附录D 型 钢 表

热轧等边角钢截面特性(按 GB/T 9787—1988) 表 D-1

型号	单角钢 圆角 r	质心距离 Z_0	截面面积	线质量	惯性矩 I_x	截面抵抗矩 W_x^{max}	W_x^{min}	惯性半径 i_x	i_{x0}	i_{y0}	双角钢 i_y,当 a 为下列数值: 6mm	8mm	10mm	12mm
	mm		cm²	kg/m	cm⁴	cm³		cm			cm			
∟20×3	3.5	6.0	1.13	0.89	0.40	0.67	0.29	0.59	0.75	0.39	1.08	1.16	1.25	1.34
4		6.4	1.46	1.15	0.50	0.78	0.36	0.58	0.73	0.38	1.11	1.19	1.28	1.37
∟25×3	3.5	7.3	1.43	1.12	0.82	1.12	0.46	0.76	0.95	0.49	1.28	1.36	1.44	1.53
4		7.6	1.86	1.46	1.03	1.36	0.59	0.74	0.93	0.48	1.30	1.38	1.46	1.55
∟30×3	4.5	8.5	1.75	1.37	1.46	1.72	0.68	0.91	1.15	0.59	1.47	1.55	1.63	1.71
4		8.9	2.28	1.79	1.84	2.06	0.87	0.90	1.13	0.58	1.49	1.57	1.66	1.74
∟36×3		10.0	2.11	1.66	2.58	2.58	0.99	1.11	1.39	0.71	1.71	1.75	1.86	1.95
4		10.4	2.76	2.16	3.29	3.16	1.28	1.09	1.38	0.70	1.73	1.81	1.89	1.97
5		10.7	3.38	2.65	3.95	3.70	1.56	1.08	1.36	0.70	1.74	1.82	1.91	1.99
∟40×3	5	10.9	2.36	1.85	3.59	3.30	1.23	1.23	1.55	0.79	1.85	1.93	2.01	2.09
4		11.3	3.09	2.42	4.60	4.07	1.60	1.22	1.54	0.79	1.88	1.96	2.04	2.12
5		11.7	3.79	2.98	5.53	4.73	1.96	1.21	1.52	0.78	1.90	1.98	2.06	2.14
∟45×3		12.2	2.66	2.09	5.17	4.24	1.58	1.40	1.76	0.90	2.06	2.14	2.21	2.29
4		12.6	3.49	2.74	6.65	5.28	2.05	1.38	1.74	0.89	2.08	2.16	2.24	2.32
5		13.0	4.29	3.37	8.04	6.19	2.51	1.37	1.72	0.88	2.11	2.18	2.26	2.34
6		13.3	5.08	3.99	9.33	7.0	2.95	1.36	1.70	0.88	2.12	2.20	2.28	2.36
∟50×3	5.5	13.4	2.97	2.33	7.18	5.36	1.96	1.55	1.96	1.00	2.26	2.33	2.41	2.49
4		13.8	3.90	3.06	9.26	6.71	2.56	1.54	1.94	0.99	2.28	2.35	2.43	2.51
5		14.2	4.80	3.77	11.21	7.89	3.13	1.53	1.92	0.98	2.30	2.38	2.45	2.53
6		14.6	5.69	4.47	13.05	8.94	3.68	1.52	1.91	0.98	2.32	2.40	2.48	2.56
∟56×3	6	14.8	3.34	2.62	10.19	6.89	2.48	1.75	2.20	1.13	2.49	2.57	2.64	2.71
4		15.3	4.39	3.45	13.18	8.63	3.24	1.73	2.18	1.11	2.52	2.59	2.67	2.75
5		15.7	5.42	4.25	16.02	10.2	3.97	1.72	2.17	1.10	2.54	2.62	2.69	2.77
8		16.8	8.37	6.57	23.63	14.0	6.03	1.68	2.11	1.09	2.60	2.67	2.75	2.83

续上表

型号	单角钢										双角钢			
	圆角 r	质心距离 Z_0	截面面积	线质量	惯性矩 I_x	截面抵抗矩 W_x^{max}	W_x^{min}	惯性半径 i_x	i_{x0}	i_{y0}	i_y，当 a 为下列数值：6mm	8mm	10mm	12mm
	mm		cm²	kg/m	cm⁴	cm³		cm			cm			
4		17.0	4.98	3.91	19.03	11.2	4.13	1.96	2.46	1.26	2.80	2.87	2.94	3.02
5		17.4	6.14	4.82	23.17	13.3	5.08	1.94	2.45	1.25	2.82	2.89	2.97	3.04
∟63 × 6	7	17.8	7.29	5.72	27.12	15.2	6.0	1.93	2.43	1.24	2.84	2.91	2.99	3.06
8		18.5	9.52	7.47	34.46	18.6	7.75	1.90	2.40	1.23	2.87	2.95	3.02	3.10
10		19.3	11.66	9.15	41.09	21.3	9.39	1.88	2.36	1.22	2.91	2.99	3.07	3.15
4		18.6	5.57	4.37	26.39	14.2	5.14	2.18	2.74	1.40	3.07	3.14	3.21	3.28
5		19.1	6.88	5.40	32.21	16.8	6.32	2.16	2.73	1.39	3.09	3.17	3.24	3.31
∟70 × 6	8	19.5	8.16	6.41	37.77	19.4	7.48	2.15	2.71	1.38	3.11	3.19	3.26	3.34
7		19.9	9.42	7.40	43.09	21.6	8.59	2.14	2.69	1.38	3.13	3.21	3.28	3.36
8		20.3	10.7	8.37	48.17	23.8	9.68	2.12	2.68	1.37	3.15	3.23	3.30	3.38
5		20.4	7.41	5.82	39.97	19.6	7.32	2.33	2.92	1.50	3.30	3.37	3.45	3.52
6		20.7	8.79	6.91	46.95	22.7	8.64	2.31	2.90	1.49	3.31	3.38	3.46	3.53
∟75 × 7	9	21.1	10.16	7.98	53.57	25.4	9.93	2.30	2.89	1.48	3.33	3.40	3.48	3.55
8		21.5	11.50	9.03	59.96	27.9	11.2	2.28	2.88	1.47	3.35	3.42	3.50	3.57
10		22.2	14.13	11.09	71.98	32.4	13.6	2.26	2.84	1.46	3.38	3.46	3.53	3.61
5		21.5	7.91	6.21	48.79	22.7	8.34	2.48	3.13	1.60	3.49	3.56	3.63	3.71
6		21.9	9.40	7.38	57.35	26.1	9.87	2.47	3.11	1.59	3.51	3.58	3.65	3.72
∟80 × 7	9	22.3	10.86	8.53	65.58	29.4	11.4	2.46	3.10	1.58	3.53	3.60	3.67	3.75
8		22.7	12.30	9.66	73.49	32.4	12.8	2.44	3.08	1.57	3.55	3.62	3.69	3.77
10		23.5	15.13	11.87	88.43	37.6	15.6	2.42	3.04	1.56	3.59	3.66	3.74	3.81
6		24.4	10.64	8.35	82.77	33.9	12.6	2.79	3.51	1.80	3.91	3.98	4.05	4.13
7		24.8	12.30	9.66	94.83	38.2	14.5	2.78	3.50	1.78	3.93	4.00	4.07	4.15
∟90 × 8	10	25.2	13.94	10.95	106.47	42.1	16.4	2.76	3.48	1.78	3.95	4.02	4.09	4.17
10		25.9	17.17	13.48	128.58	49.7	20.1	2.74	3.45	1.76	3.98	4.05	4.13	4.20
12		26.7	20.31	15.94	149.22	56.0	23.6	2.71	3.41	1.75	4.02	4.10	4.17	4.25

续上表

型号	圆角 r	质心距离 Z_0	截面面积	线质量	惯性矩 I_x	截面抵抗矩 W_x^{max}	截面抵抗矩 W_x^{min}	惯性半径 i_x	惯性半径 i_{x0}	惯性半径 i_{y0}	i_y,当 a 为下列数值:6mm	8mm	10mm	12mm
	mm	mm	cm^2	kg/m	cm^4	cm^3	cm^3	cm	cm	cm	cm	cm	cm	cm
∟100×6	12	26.7	11.93	9.37	114.95	43.1	15.7	3.10	3.90	2.00	4.30	4.37	4.44	4.51
7		27.1	13.80	10.83	131.86	48.6	18.1	3.09	3.89	1.99	4.31	4.39	4.46	4.53
8		27.6	15.64	12.28	148.24	53.7	20.5	3.08	3.88	1.98	4.34	4.41	4.48	4.56
10		28.4	19.26	15.12	179.51	63.2	25.1	3.05	3.84	1.96	4.38	4.45	4.52	4.60
12		29.1	22.80	17.90	208.90	71.9	29.5	3.03	3.81	1.95	4.41	4.49	4.56	4.63
14		29.9	26.26	20.61	236.53	79.1	33.7	3.00	3.77	1.94	4.45	4.53	4.60	4.68
16		30.6	29.63	23.26	262.53	89.6	37.8	2.98	3.74	1.94	4.49	4.56	4.64	4.72
∟110×7	12	29.6	15.20	11.93	177.16	59.9	22.0	3.41	4.30	2.20	4.72	4.79	4.86	4.92
8		30.1	17.24	13.53	199.46	64.7	25.0	3.40	4.28	2.19	4.75	4.82	4.89	4.96
10		30.9	21.26	16.69	242.19	78.4	30.6	3.38	4.25	2.17	4.78	4.86	4.93	5.00
12		31.6	25.20	19.78	282.55	89.4	36.0	3.35	4.22	2.15	4.81	4.89	4.96	5.03
14		32.4	29.06	22.81	320.71	99.2	41.3	3.32	4.18	2.14	4.85	4.93	5.00	5.07
∟125×8	14	33.7	19.75	15.50	297.03	88.1	32.5	3.88	4.88	2.50	5.34	5.41	5.48	5.55
10		34.5	24.37	19.13	361.67	105	40.0	3.85	4.85	2.48	5.38	5.45	5.52	5.59
12		35.3	28.91	22.69	423.16	120	41.2	3.83	4.82	2.46	5.41	5.48	5.56	5.63
14		36.1	33.37	26.19	481.65	133	54.2	3.80	4.78	2.45	5.45	5.52	5.60	5.67
∟140×10	14	38.2	27.37	21.49	514.65	135	50.6	4.34	5.46	2.78	5.98	6.05	6.12	6.19
12		39.0	32.51	25.52	603.58	155	59.8	4.31	5.43	2.76	6.02	6.09	6.16	6.23
14		39.8	37.56	29.49	688.81	173	68.7	4.28	5.40	2.75	6.05	6.12	6.20	6.27
16		40.6	42.54	33.39	770.24	190	77.5	4.26	5.36	2.74	6.09	6.16	6.24	6.31
∟160×10	16	43.1	31.50	24.73	779.53	180	66.7	4.98	6.27	3.20	6.78	6.85	6.92	6.99
12		43.9	37.44	29.39	916.58	208	79.0	4.95	6.24	3.18	6.82	6.89	6.96	7.02
14		44.7	43.30	33.99	1048.36	234	90.9	4.92	6.20	3.16	6.85	6.92	6.99	7.07
16		45.5	49.07	38.52	1175.08	258	103	4.89	6.17	3.14	6.89	6.96	7.03	7.10
∟180×12	16	48.9	42.24	33.16	1321.35	271	101	5.59	7.05	3.58	7.63	7.70	7.77	7.84
14		49.7	48.90	38.38	1514.48	305	116	5.56	7.02	3.56	7.66	7.73	7.81	7.87
16		50.5	55.47	43.54	1700.99	338	131	5.54	6.98	3.55	7.70	7.77	7.84	7.91
18		51.3	61.96	48.63	1875.12	365	146	5.50	6.94	3.51	7.73	7.80	7.87	7.94
∟200×14	18	54.6	54.64	42.89	2103.55	387	145	6.20	7.82	3.98	8.47	8.53	8.60	8.67
16		55.4	62.01	48.68	2366.15	428	164	6.18	7.79	3.96	8.50	8.57	8.64	8.71
18		56.2	69.30	54.40	2620.64	467	182	6.15	7.75	3.94	8.54	8.61	8.67	8.75
20		56.9	76.51	60.05	2867.30	503	200	6.12	7.72	3.93	8.56	8.64	8.71	8.78
24		58.7	90.66	71.17	3338.25	570	236	6.07	7.64	3.90	8.65	8.73	8.80	8.87

热轧不等边角钢截面特性(按 GB/T 9788—1988)

表 D-2

型号	圆角	重心距		截面面积	线质量	惯性矩		惯性半径			i_{y1},当 a 为下列数值				i_{y2},当 a 为下列数值			
	r	z_x	z_y			I_x	I_y	i_x	i_y	i_{y0}	6mm	8mm	10mm	12mm	6mm	8mm	10mm	12mm
		mm		cm²	kg/m	cm⁴		cm			cm				cm			
∟25×16×3	3.5	4.2	8.6	1.16	0.91	0.22	0.70	0.44	0.78	0.34	0.84	0.93	1.02	1.11	1.40	1.48	1.57	1.65
∟25×16×4		4.6	9.0	1.50	1.18	0.27	0.88	0.43	0.77	0.34	0.87	0.96	1.05	1.14	1.42	1.51	1.60	1.68
∟32×20×3		4.9	10.8	1.49	1.17	0.46	1.53	0.55	1.01	0.43	0.97	1.05	1.14	1.22	1.71	1.79	1.88	1.96
∟32×20×4		5.3	11.2	1.94	1.52	0.57	1.93	0.54	1.00	0.42	0.99	1.08	1.16	1.25	1.74	1.82	1.90	1.99
∟40×25×3	4	5.9	13.2	1.89	1.48	0.93	3.08	0.70	1.28	0.54	1.13	1.21	1.30	1.38	2.06	2.14	2.22	2.31
∟40×25×4		6.3	13.7	2.47	1.94	1.18	3.93	0.69	1.26	0.54	1.16	1.24	1.32	1.41	2.09	2.17	2.26	2.34
∟45×28×3	5	6.4	14.7	2.15	1.69	1.34	4.45	0.79	1.44	0.61	1.23	1.31	1.39	1.47	2.28	2.36	2.44	2.52
∟45×28×4		6.8	15.1	2.81	2.20	1.70	5.69	0.78	1.42	0.60	1.25	1.33	1.41	1.50	2.30	2.38	2.46	2.55
∟50×32×3	5.5	7.3	16.0	2.43	1.91	2.02	6.24	0.91	1.60	0.70	1.38	1.45	1.53	1.61	2.49	2.56	2.64	2.72
∟50×32×4		7.7	16.5	3.18	2.49	2.58	8.02	0.90	1.59	0.69	1.40	1.48	1.56	1.64	2.52	2.59	2.67	2.75
∟56×36×3	6	8.0	17.8	2.74	2.15	2.92	8.88	1.03	1.80	0.79	1.51	1.58	1.66	1.74	2.75	2.83	2.90	2.98
∟56×36×4		8.5	18.2	3.59	2.82	3.76	11.45	1.02	1.79	0.79	1.54	1.62	1.69	1.77	2.77	2.85	2.93	3.01
∟56×36×5		8.8	18.7	4.42	3.47	4.49	13.86	1.01	1.77	0.78	1.55	1.63	1.71	1.79	2.80	2.87	2.96	3.04
∟63×40×4	7	9.2	20.4	4.06	3.18	5.23	16.49	1.14	2.02	0.88	1.67	1.74	1.82	1.90	3.09	3.16	3.24	3.32
∟63×40×5		9.5	20.8	4.99	3.92	6.31	20.02	1.12	2.00	0.87	1.68	1.76	1.83	1.91	3.11	3.19	3.27	3.35
∟63×40×6		9.9	21.2	5.91	4.64	7.29	23.36	1.11	1.98	0.86	1.70	1.78	1.86	1.94	3.13	3.21	3.29	3.37
∟63×40×7		10.3	21.5	6.80	5.34	8.24	26.53	1.10	1.96	0.86	1.73	1.80	1.88	1.97	3.15	3.23	3.30	3.39

续上表

型号	圆角	重心距		截面面积	线质量	惯性矩		惯性半径			i_{y1}，当 a 为下列数值				i_{y2}，当 a 为下列数值			
	r	z_x	z_y			I_x	I_y	i_x	i_y	i_{y0}	6mm	8mm	10mm	12mm	6mm	8mm	10mm	12mm
	mm			cm^2	kg/m	cm^4		cm			cm				cm			
∟70×45×4	7.5	10.2	22.4	4.55	3.57	7.55	23.17	1.29	2.26	0.98	1.84	1.92	1.99	2.07	3.40	3.48	3.56	3.62
5		10.6	22.8	5.61	4.40	9.13	27.95	1.28	2.23	0.98	1.86	1.94	2.01	2.09	3.41	3.49	3.57	3.64
6		10.9	23.2	6.65	5.22	10.62	32.54	1.26	2.21	0.98	1.88	1.95	2.03	2.11	3.43	3.51	3.58	3.66
7		11.3	23.6	7.66	6.01	12.01	37.22	1.25	2.20	0.97	1.90	1.98	2.06	2.14	3.45	3.53	3.61	3.69
∟75×50×5	8	11.7	24.0	6.13	4.81	12.61	34.86	1.44	2.39	1.10	2.05	2.13	2.20	2.28	3.60	3.68	3.76	3.83
6		12.1	24.4	7.26	5.70	14.70	41.12	1.42	2.38	1.08	2.07	2.15	2.22	2.30	3.63	3.71	3.78	3.86
8		12.9	25.2	9.47	7.43	18.53	52.39	1.40	2.35	1.07	2.12	2.10	2.27	2.35	3.67	3.75	3.83	3.91
10		13.6	26.0	11.6	9.10	21.96	62.71	1.38	2.33	1.06	2.16	2.23	2.31	2.40	3.72	3.80	3.88	3.96
∟80×50×5	8	11.4	26.0	6.88	5.01	12.82	41.96	1.42	2.56	1.10	2.02	2.09	2.17	2.24	3.87	3.95	4.02	4.10
6		11.8	26.5	7.56	5.94	14.95	49.49	1.41	2.55	1.08	2.04	2.12	2.19	2.27	3.90	3.98	4.06	4.14
7		12.1	26.9	8.72	6.85	16.96	56.16	1.39	2.54	1.08	2.06	2.13	2.21	2.28	3.92	4.00	4.08	4.15
8		12.5	27.3	9.87	7.75	18.85	62.83	1.38	2.52	1.07	2.08	2.15	2.23	2.31	3.94	4.02	4.10	4.18
∟90×56×5	9	12.5	29.1	7.21	5.66	18.32	60.45	1.59	2.90	1.23	2.22	2.29	2.37	2.44	4.32	4.40	4.47	4.55
6		12.9	29.5	8.56	6.72	21.42	71.03	1.58	2.88	1.23	2.24	2.32	2.39	2.46	4.34	4.42	4.49	4.57
7		13.3	30.0	9.88	7.76	24.36	81.01	1.57	2.86	1.22	2.26	2.34	2.41	2.49	4.37	4.45	4.52	4.60
8		13.6	30.4	11.18	8.78	27.15	91.03	1.56	2.85	1.21	2.28	2.35	2.43	2.50	4.39	4.47	4.55	4.62
∟100×63×6	10	14.3	32.4	9.62	7.55	30.94	99.06	1.79	3.21	1.38	2.49	2.56	2.63	2.71	4.78	4.85	4.93	5.00
7		14.7	32.8	11.11	8.72	35.26	113.45	1.78	3.20	1.38	2.51	2.58	2.66	2.73	4.80	4.87	4.95	5.03
8		15.0	33.2	12.58	9.88	39.39	127.37	1.77	3.18	1.37	2.52	2.60	2.67	2.75	4.82	4.89	4.97	5.05
10		15.8	34.0	15.46	12.14	47.12	153.81	1.74	3.15	1.35	2.57	2.64	2.72	2.79	4.86	4.94	5.02	5.09
∟100×80×6		19.7	29.5	10.64	8.35	61.24	107.04	2.40	3.17	1.72	3.30	3.37	3.44	3.52	4.54	4.61	4.69	4.76
7		20.1	30.0	12.30	9.66	70.08	123.73	2.39	3.16	1.72	3.32	3.39	3.46	3.54	4.57	4.64	4.71	4.79
8		20.5	30.4	13.94	10.95	78.58	137.92	2.37	3.14	1.71	3.34	3.41	3.48	3.56	4.59	4.66	4.74	4.81
10		21.3	31.2	17.17	13.48	94.65	166.87	2.35	3.12	1.69	3.38	3.45	3.53	3.60	4.63	4.70	4.78	4.85
∟110×70×6		15.7	35.3	10.64	8.35	42.92	133.37	2.01	3.54	1.54	2.74	2.81	2.88	2.97	5.22	5.29	5.36	5.44
7		16.1	35.7	12.30	9.66	49.01	153.00	2.00	3.53	1.53	2.76	2.83	2.90	2.98	5.24	5.31	5.39	5.46
8		16.5	36.2	13.94	10.95	54.87	172.04	1.98	3.51	1.53	2.78	2.85	2.93	3.00	5.26	5.34	5.41	5.49
10		17.2	37.0	17.17	13.47	65.88	208.39	1.96	3.48	1.51	2.81	2.89	2.96	3.04	5.30	5.38	5.46	5.53

续上表

型号		圆角 r	重心距 z_x	重心距 z_y	截面面积	线质量	惯性矩 I_x	惯性矩 I_y	惯性半径 i_x	惯性半径 i_y	惯性半径 i_{y0}	i_{y1}，当 a 为下列数值 6mm	8mm	10mm	12mm	i_{y2}，当 a 为下列数值 6mm	8mm	10mm	12mm
			mm		cm^2	kg/m	cm^4		cm			cm				cm			
∟125×80×	7	11	18.0	40.1	14.10	11.07	74.42	227.98	2.30	4.02	1.76	3.11	3.18	3.25	3.32	5.89	5.97	6.04	6.12
	8		18.4	40.6	16.99	12.55	83.49	256.67	2.28	4.01	1.75	3.13	3.20	3.27	3.34	5.92	6.00	6.07	6.15
	10		19.2	41.4	19.71	15.47	100.67	312.04	2.26	3.98	1.74	3.17	3.24	3.31	3.38	5.96	6.04	6.11	6.19
	12		20.0	42.2	23.35	18.33	116.67	364.41	2.24	3.95	1.72	3.21	3.28	3.35	3.43	6.00	6.08	6.15	6.23
∟140×90×	8	12	20.4	45.0	18.04	14.16	120.69	365.64	2.59	4.50	1.98	3.49	3.56	3.63	3.70	6.58	6.65	6.72	6.79
	10		21.2	45.8	22.26	17.46	146.03	445.50	2.56	4.47	1.96	3.52	3.59	3.66	3.74	6.62	6.69	6.77	6.84
	12		21.9	46.6	26.40	20.72	169.79	521.59	2.54	4.44	1.95	3.55	3.62	3.70	3.77	6.66	6.74	6.81	6.89
	14		22.7	47.4	30.47	23.91	192.10	594.10	2.51	4.42	1.94	3.59	3.67	3.74	3.81	6.70	6.78	6.85	6.93
∟160×100×	10	13	22.8	52.4	25.32	19.87	205.03	668.69	2.85	5.14	2.19	3.84	3.91	3.98	4.05	7.56	7.63	7.70	7.78
	12		23.6	53.2	30.05	23.59	239.06	784.91	2.82	5.11	2.17	3.88	3.95	4.02	4.09	7.60	7.57	7.75	7.82
	14		24.3	54.0	34.71	27.25	271.20	896.30	2.80	5.08	2.16	3.91	3.98	4.05	4.12	7.64	7.71	7.79	7.86
	16		25.1	54.8	39.28	30.84	301.60	1003.04	2.77	5.05	2.16	3.95	4.02	4.09	4.17	7.68	7.75	7.83	7.91
∟180×110×	10	14	24.4	58.9	28.37	22.27	278.11	956.25	3.13	5.80	2.42	4.16	4.23	4.29	4.36	8.47	8.56	8.63	8.71
	12		25.2	59.8	33.71	26.46	325.03	1124.72	3.10	5.78	2.40	4.19	4.26	4.33	4.40	8.53	8.61	8.68	8.76
	14		25.9	60.6	38.97	30.59	369.55	1286.91	3.08	5.75	2.39	4.22	4.29	4.36	4.43	8.57	8.65	8.72	8.80
	16		26.7	61.4	44.14	34.65	411.85	1443.06	3.06	5.72	2.38	4.26	4.33	4.40	4.47	8.61	8.69	8.76	8.84
∟200×125×	12		28.3	65.4	37.91	29.76	483.16	1570.90	3.57	6.44	2.74	4.75	4.81	4.88	4.95	9.39	9.47	9.54	9.61
	14		29.1	66.2	43.87	34.44	550.83	1800.97	3.54	6.41	2.73	4.78	4.85	4.92	4.99	9.43	9.50	9.58	9.65
	16		29.9	67.0	49.74	39.05	615.44	2023.35	3.52	6.38	2.71	4.82	4.89	4.96	5.03	9.47	9.54	9.62	9.69
	18		30.6	67.8	55.53	43.59	677.19	2238.30	3.49	6.35	2.70	4.85	4.92	4.99	5.07	9.51	9.58	9.66	9.74

热轧普通工字钢截面特性(按 GB/T 706—1988 计算) 表 D-3

h——高度
b——翼缘宽度
δ_w——腹板厚度
δ——翼缘平均厚度
r——内圆弧半径
r_1——翼端圆弧半径
I——截面惯性矩
W——截面系数
S——半截面面积矩
i——惯性半径

型号	尺寸(mm)						截面面积	线质量	x − x				y − y		
	h	b	δ_w	δ	r	r_1	(cm^2)	(kg/m)	I_x (cm^4)	W_x (cm^3)	S_x (cm^3)	i_x (cm)	I_y (cm^4)	W_y (cm^3)	i_y (cm)
I 10	100	68	4.5	7.6	6.5	3.3	14.33	11.25	245	49.0	28.2	4.14	32.8	9.6	1.51
I 12.6	126	74	5.0	8.4	7.0	3.5	18.10	14.21	488	77.4	44.4	5.19	46.9	12.7	1.61
I 14	140	80	5.5	9.1	7.5	3.8	21.50	16.88	712	101.7	58.4	5.75	64.3	16.1	1.73
I 16	160	88	6.0	9.9	8.0	4.0	26.11	20.50	1127	140.9	80.8	6.57	93.1	21.1	1.89
I 18	180	94	6.5	10.7	8.5	4.3	30.74	24.13	1669	185.4	106.5	7.37	122.9	26.2	2.00
I 20 a	200	100	7.0	11.4	9.0	4.5	35.55	27.91	2369	236.9	136.1	8.16	157.9	31.6	2.11
I 20 b		102	9.0				39.55	31.05	2502	250.2	146.1	7.95	169.0	33.1	2.07
I 22 a	220	110	7.5	12.3	9.5	4.8	42.10	33.05	3406	309.6	177.7	8.99	225.9	41.1	2.32
I 22 b		112	9.5				46.50	36.50	3583	325.8	189.8	8.78	240.2	42.9	2.27
I 25 a	250	116	8.0	13.0	10.0	5.0	48.51	38.08	5017	401.4	230.7	10.17	280.4	48.4	2.40
I 25 b		118	10.0				53.51	42.01	5278	422.2	246.3	9.93	297.3	50.4	2.36
I 28 a	280	122	8.5	13.7	10.5	5.3	55.37	43.47	7115	508.2	292.7	11.34	344.1	56.4	2.49
I 28 b		124	10.5				60.97	47.86	7481	534.4	312.3	11.08	363.8	58.7	2.44

续上表

型号	尺寸(mm)						截面面积	线质量	x－x				y－y		
	h	b	δ_w	δ	r	r_1	(cm^2)	(kg/m)	I_x (cm^4)	W_x (cm^3)	S_x (cm^3)	i_x (cm)	I_y (cm^4)	W_y (cm^3)	i_y (cm)
a		130	9.5				67.12	52.69	11080	692.5	400.5	12.85	459.0	70.6	2.62
I 32b	320	132	11.5	15.0	11.5	5.8	73.52	57.71	11626	726.7	426.1	12.58	483.8	73.3	2.57
c		134	13.5				79.92	62.74	12173	760.8	451.7	12.34	510.1	76.1	2.53
a		136	10.0				76.44	60.00	15796	877.6	508.8	14.38	554.9	81.6	2.69
I 36b	360	138	12.0	15.8	12.0	6.0	83.64	65.66	16574	920.8	541.2	14.08	583.6	84.6	2.64
c		140	14.0				90.84	71.31	17351	964.0	573.6	13.82	614.0	87.7	2.60
a		142	10.5				86.07	67.56	21714	1085.7	631.2	15.88	659.9	92.9	2.77
I 40b	400	144	12.5	16.5	12.5	6.3	94.07	73.84	22781	1139.0	671.2	15.56	692.8	96.2	2.71
c		146	14.5				102.07	80.12	23847	1192.4	711.2	15.29	727.5	99.7	2.67
a		150	11.5				102.40	80.38	32241	1432.9	836.4	17.74	855.0	114.0	2.89
I 45b	450	152	13.5	18.0	13.5	6.8	111.40	87.45	33759	1500.4	887.1	17.41	895.4	117.8	2.84
c		154	15.5				120.40	94.51	35278	1567.9	937.7	17.12	938.0	121.8	2.79
a		158	12.0				119.25	93.61	46472	1858.9	1048.1	19.74	1121.5	142.0	3.07
I 50b	500	160	14.0	20.0	14.0	7.0	129.25	101.46	48556	1942.2	1146.6	19.38	1171.4	146.4	3.01
c		162	16.0				139.25	109.31	50639	2005.6	1209.1	19.07	1223.9	151.1	2.96
a		166	12.5				135.38	106.27	65576	2342.0	1368.8	22.01	1365.8	164.6	3.18
I 56b	560	168	14.5	21.0	14.5	7.3	146.58	115.06	68503	2446.5	1447.2	21.62	1423.8	169.5	3.12
c		170	16.5				157.78	123.85	71430	2551.1	1525.6	21.28	1484.8	174.7	3.07
a		176	13.0				154.59	121.36	94004	2984.3	1747.4	24.66	1702.4	193.5	3.32
I 63b	630	178	15.0	22.0	15.0	7.5	167.19	131.25	98171	3116.6	1846.6	24.23	1770.7	199.0	3.25
c		180	17.0				179.79	141.14	102339	3248.9	1945.9	23.86	1842.4	204.7	3.20

表 D-4

热轧普通槽钢截面特性（按 GB/T 707—1988 计算）

h——高度
b——翼缘宽度
d——腹板厚度
δ——翼缘平均厚度
r——内圆弧半径
r_1——翼端圆弧半径

I——截面惯性矩
W——截面系数
S——半截面面积矩
i——惯性半径
z_0——质心距离

型号	尺寸(mm) h	b	d	δ	r	r_1	截面面积 (cm^2)	线质量 (kg/m)	x-x I_x (cm^4)	W_x (cm^3)	S_x (cm^3)	i_x (cm)	y-y I_y (cm^4)	W_{ymin} (cm^3)	W_{ymax} (cm^3)	i_y (cm)	y_1-y_1 I_{y1} (cm^4)	z_0 (cm)
[5	50	37	4.5	7.0	7.0	3.5	6.92	5.44	26.0	10.4	6.4	1.94	8.3	3.5	6.2	1.10	20.9	1.35
[6.3	63	40	4.8	7.5	7.5	3.75	8.45	6.63	51.2	16.3	9.8	2.46	11.9	4.6	8.5	1.19	28.3	1.39
[8	80	43	5.0	8.0	8.0	4.0	10.24	8.04	101.3	25.3	15.1	3.14	16.6	5.8	11.7	1.27	37.4	1.42
[10	100	48	5.3	8.5	8.5	4.25	12.74	10.00	198.3	39.7	23.5	3.94	25.6	7.8	16.9	1.42	54.9	1.52
[12.6	126	53	5.5	9.0	9.0	4.5	15.69	12.31	388.5	61.7	36.4	4.98	38.0	10.3	23.9	1.56	77.8	1.59
[14a	140	58	6.0	9.5	9.5	4.75	18.51	14.53	563.7	80.5	47.5	5.52	53.2	13.0	31.2	1.70	107.2	1.71
[14b		60	8.0				21.31	16.73	609.4	87.1	52.4	5.35	61.2	14.1	36.6	1.69	120.6	1.67
[16a	160	63	6.5	10.0	10.0	5.0	21.95	17.23	866.2	108.3	63.9	6.28	73.4	16.3	40.9	1.83	144.1	1.79
[16b		65	8.5				25.15	19.75	934.5	116.8	70.3	6.10	83.4	17.6	47.6	1.82	160.8	1.75
[18a	180	68	7.0	10.5	10.5	5.25	25.69	20.17	1272.7	141.4	83.5	7.04	98.6	20.0	52.3	1.96	189.7	1.88
[18b		70	9.0				29.29	22.99	1369.9	152.2	91.6	6.84	111.0	21.5	60.4	1.95	210.1	1.84
[20a	200	73	7.0	11.0	11.0	5.5	28.83	22.63	1780.4	178.0	104.7	7.86	128.0	24.2	63.8	2.11	244.0	2.01
[20b		75	9.0				32.83	25.77	1913.7	191.4	114.7	7.64	143.6	25.9	73.7	2.09	268.4	1.95
[22a	220	77	7.0	11.5	11.5	5.75	31.84	24.99	2393.9	217.6	127.6	8.67	157.8	28.2	75.1	2.23	298.2	2.10
[22b		79	9.0				36.24	28.45	2571.3	233.8	139.7	8.42	176.5	30.1	86.8	2.21	326.3	2.03

续上表

型号	尺寸(mm)						截面面积	线质量	x - x				y - y				$y_1 - y_1$	z_0
	h	b	d	δ	r	r_1	(cm^2)	(kg/m)	I_x (cm^4)	W_x (cm^3)	S_x (cm^3)	i_x (cm)	I_y (cm^4)	W_{ymin} (cm^3)	W_{max} (cm^3)	i_y (cm)	I_{y1} (cm^4)	(cm)
a		78	7.0				34.91	27.40	3359.1	268.7	157.8	9.81	175.9	30.7	85.1	2.24	324.8	2.07
[25b	250	80	9.0	12.0	12.0	6.0	39.91	31.33	3619.5	289.6	173.5	9.52	196.4	32.7	98.5	2.22	355.1	1.99
c		82	11.0				44.91	35.25	3880.0	310.4	189.1	9.30	215.9	34.6	110.1	2.19	388.6	1.96
a		82	7.5				40.02	31.42	4752.5	339.5	200.2	10.90	217.9	35.7	104.1	2.33	393.3	2.09
[28b	280	84	9.5	12.5	12.5	6.25	45.62	35.81	5118.4	365.6	219.8	10.59	241.5	37.9	119.3	2.30	428.5	2.02
c		86	11.5				51.22	40.21	5484.3	391.7	239.4	10.35	264.1	40.0	132.6	2.27	467.3	1.99
a		88	8.0				48.50	38.07	7510.3	469.4	276.9	12.44	304.7	46.4	136.2	2.51	547.5	2.24
[32b	320	90	10.0	14.0	14.0	7.0	54.90	43.10	8056.8	503.5	302.5	12.11	335.6	49.1	155.0	2.47	592.9	2.16
c		92	12.0				61.30	48.12	8602.9	537.7	328.1	11.85	365.0	51.6	171.5	2.44	642.7	2.13
a		96	9.0				60.89	47.80	11874.1	659.7	389.9	13.96	455.0	63.6	186.2	2.73	818.5	2.44
[36b	360	98	11.0	16.0	16.0	8.0	68.09	53.45	12651.7	702.9	422.3	13.63	496.7	66.9	209.2	2.70	880.5	2.37
c		100	13.0				75.29	59.10	13429.3	746.1	454.7	13.36	536.6	70.0	229.5	2.67	948.0	2.34
a		100	10.5				75.04	58.91	17577.7	878.9	524.4	15.30	592.0	78.8	237.6	2.81	1057.9	2.49
[40b	400	102	12.5	18.0	18.0	9.0	83.04	65.19	18644.4	932.2	564.4	14.98	640.6	82.6	262.4	2.78	1135.8	2.44
c		104	14.5				91.04	71.47	19711.0	985.6	604.4	14.71	687.8	86.2	284.4	2.75	1220.3	2.42

热轧 H 型钢截面规格及特性(GB/T 11263—1998) 表 D-5

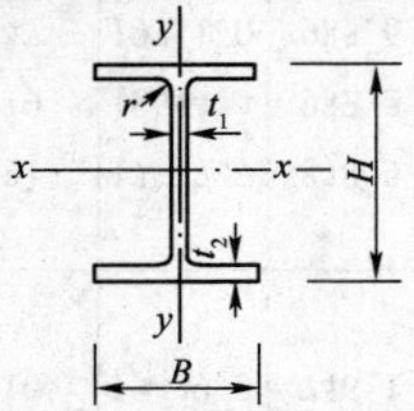

类 型	型号（高度×宽度）	截面尺寸(mm)					截面面积(cm^2)	理论重量($kg \cdot m^{-1}$)	截面特性参数					
									惯性矩(cm^4)		惯性半径(cm)		截面模量(cm^3)	
		$H \times B$	t_1	t_2	r				I_x	I_y	i_x	i_y	W_x	W_y
HW	100×100	100×100	6	8	10		21.90	17.3	383	134	4.18	2.47	76.5	26.7
	125×125	125×125	6.5	9	10		30.31	23.8	847	294	5.29	3.11	136	47.0
	150×150	150×150	7	10	13		40.55	31.9	1660	564	6.39	3.73	221	75.1
	175×175	175×175	7.5	11	13		51.43	40.3	2900	984	7.50	4.37	331	112
	200×200	200×200	8	12	16		64.28	50.5	4770	1600	8.61	4.99	477	160
		#200×204	12	12	16		72.28	56.7	5030	1700	8.35	4.85	503	167
	250×250	250×250	9	14	16		92.18	72.4	10800	3650	10.8	6.29	867	292
		#250×255	14	14	16		104.7	82.2	11500	3880	10.5	6.09	919	304
	300×300	#294×302	12	12	20		108.3	85.0	17000	5520	12.5	7.14	1160	365
		300×300	10	15	20		120.4	94.5	20500	6760	13.1	7.49	1370	450
		300×305	15	15	20		135.4	106	21600	7100	12.6	7.24	1440	466
	350×350	#344×348	10	16	20		146.0	115	33300	11200	15.1	8.78	1940	646
		350×350	12	19	20		173.9	137	40300	13600	15.2	8.84	2300	776
	400×400	#388×402	15	15	24		179.2	141	49200	16300	16.6	9.52	2540	809
		#394×398	11	18	24		187.6	147	56400	18900	17.3	10.0	2860	951
		400×400	13	21	24		219.5	172	66900	22400	17.5	10.1	3340	1120
		#400×408	21	21	24		251.5	197	71100	23800	16.8	9.73	3560	1170
		#414×405	18	28	24		296.2	233	93000	31000	17.7	10.2	4490	1530
		#428×407	20	35	24		361.4	284	119000	39400	18.2	0.4	5580	1930
		*458×417	30	50	24		529.3	415	187000	60500	18.8	10.7	8180	2900
		*498×432	45	70	24		770.8	605	298000	94400	19.7	11.1	12000	4370

续上表

类型	型号（高度×宽度）	截面尺寸(mm)				截面面积	理论重量	截面特性参数					
								惯性矩(cm^4)		惯性半径(cm)		截面模量(cm^3)	
		$H \times B$	t_1	t_2	r	(cm^2)	($kg \cdot m^{-1}$)	I_x	I_y	i_x	i_y	W_x	W_y
HM	150×100	148×100	6	9	13	27.25	21.4	1040	151	6.17	2.35	140	30.2
	200×150	194×150	6	9	16	39.76	31.2	2740	508	8.30	3.57	283	67.7
	250×175	244×175	7	11	16	56.24	44.1	6120	985	10.4	4.18	502	113
	300×200	294×200	8	12	20	73.03	57.3	11400	1600	12.5	4.69	779	160
	350×250	340×250	9	14	20	101.5	79.7	21700	3650	14.6	6.00	1280	292
	400×300	390×300	10	16	24	136.7	107	38900	7210	16.9	7.26	2000	481
	450×300	440×300	11	18	24	157.4	124	56100	8100	18.9	7.18	2550	541
	500×300	482×300	11	15	28	146.4	115	60800	6770	20.4	6.80	2520	451
		488×300	11	18	28	164.4	129	71400	8120	20.8	7.03	2930	541
	600×300	582×300	12	17	28	174.5	137	103000	7670	24.3	6.63	3530	511
		588×300	12	20	28	192.5	151	118000	9020	24.8	6.85	4020	601
HN	100×50	100×50	5	7	10	12.16	9.54	192	14.9	3.98	1.11	38.5	5.96
	125×60	125×60	6	8	10	17.01	13.3	417	29.3	4.95	1.31	66.8	9.75
	150×75	150×75	5	7	10	18.16	14.3	679	49.6	6.12	1.65	90.6	13.2
	175×90	175×90	5	8	10	23.21	18.2	1220	97.6	7.26	2.05	140	21.7
	200×100	198×99	4.5	7	13	23.59	18.5	1610	114	8.27	2.20	163	23.0
		200×100	5.5	8	13	27.57	21.7	1880	134	8.25	2.21	188	26.8
	250×125	248×124	5	8	13	32.89	25.8	3560	255	10.4	2.78	287	41.1
		250×125	6	9	13	37.87	29.7	4080	294	10.4	2.79	326	47.0
	300×150	298×149	5.5	8	16	41.55	32.6	6460	443	12.4	3.26	433	59.4
		300×150	6.5	9	16	47.53	37.3	7350	508	12.4	3.27	490	67.7

续上表

类型	型号（高度×宽度）	截面尺寸(mm)				截面面积	理论重量	截面特性参数					
								惯性矩(cm^4)		惯性半径(cm)		截面模量(cm^3)	
		$H\times B$	t_1	t_2	r	(cm^2)	($kg\cdot m^{-1}$)	I_x	I_y	i_x	i_y	W_x	W_y
HN	350×175	346×174	6	9	16	53.19	41.8	11200	792	14.5	3.86	649	91.0
		350×175	7	11	16	63.66	50.0	13700	985	14.7	3.93	782	113
	#400×150	#400×150	8	13	16	71.12	55.8	18800	734	16.3	3.21	942	97.9
	400×200	396×199	7	11	16	72.16	56.7	20000	1450	16.7	4.48	1010	145
		400×200	8	13	16	84.12	66.0	23700	1740	16.8	4.54	1190	174
	#450×150	#450×150	9	14	20	83.41	65.5	27100	793	18.0	3.08	1200	106
	450×200	446×199	8	12	20	84.95	66.7	29000	1580	18.5	4.31	1300	159
		450×200	9	14	20	97.41	76.5	33700	1870	18.6	4.38	1500	187
	#500×150	#500×150	10	16	20	98.23	77.1	38500	907	19.8	3.04	1540	127
	500×200	496×199	9	14	20	101.3	79.5	41900	1840	20.3	4.27	1690	185
		500×200	10	16	20	114.2	89.6	47800	2140	20.5	4.33	1910	214
		#506×201	11	19	20	131.3	103	56500	2580	20.8	4.43	2230	257
	600×200	596×199	10	15	24	121.2	95.1	69300	1980	23.9	4.04	2330	199
		600×200	11	17	24	135.2	106	78200	2280	24.1	4.11	2610	228
		#601×201	12	20	24	153.3	120	91000	2720	24.4	4.21	3000	271
	700×300	#692×300	13	20	28	211.5	166	172000	9020	28.6	6.53	4980	602
		700×300	13	24	28	235.5	185	201000	10800	29.3	6.78	5760	722
	*800×300	*792×300	14	22	28	243.4	191	254000	9930	32.3	6.39	6400	662
		*800×300	14	26	28	267.4	210	292000	11700	33.0	6.62	7290	782
	*900×300	*890×299	15	23	28	270.9	213	345000	10300	35.7	6.16	7760	688
		*900×300	16	28	28	309.8	243	411000	12600	36.4	6.39	9140	843
		*912×302	18	34	28	364.0	286	498000	15700	37.0	6.56	10900	1040

注：①#表示的规格为非常用规格。

②*表示的规格，目前国内尚未生产。

③型号属同一范围的产品，其内侧尺寸高度相同。

④截面面积计算公式为：$t_1(H-2t_2)+2Bi_2+0.858r^2$。

窄翼缘(HN 类)H 型钢补充规格的截面尺寸、面积和截面特性

表 D-6

截面尺寸(mm)						截面面积	理论重量	截面特性参数					
类别	型号(高度×宽度)	$H \times B$	t_1	t_2	r	(cm^2)	($kg \cdot m^{-1}$)	惯性矩(cm^4) I_x	惯性矩(cm^4) I_y	惯性半径(cm) i_x	惯性半径(cm) i_y	截面模量(cm^3) W_x	截面模量(cm^3) W_y
HN	100×75	100×75	6	8	10	17.90	14.1	298	56.7	4.08	1.78	59.6	15.1
	126×75	126×75	6	8	10	19.46	15.3	509	56.8	5.11	1.71	80.8	15.1
	140×90	140×90	5	8	10	21.46	16.8	738	97.6	5.87	2.13	105	21.7
	160×90	160×90	5	8	10	22.46	17.6	999	97.6	6.67	2.08	125	21.7
	180×90	180×90	5	8	10	23.46	18.4	1300	97.6	7.46	2.04	145	21.7
	220×125	220×125	6	9	13	36.07	294	3060	294	9.21	2.85	278	47
	280×125	280×125	6	9	13	39.67	31.3	5270	294	11.5	2.72	376	47.0
	320×150	320×150	6.5	9	16	48.83	38.3	8500	508	13.2	3.23	531	67.8
	360×150	360×150	7	11	16	58.86	46.2	12900	621	14.8	3.25	717	82.8
	560×175	560×175	11	17	24	122.3	96.0	60500	1530	22.2	3.54	2165	175
	630×200	630×200	13	20	28	163.4	128	102000	2690	25.0	4.06	3250	269

注:本表规格为 H 型钢标准(GB/T 11263—98)附录 A 所列窄翼缘 H 型钢的补充规格,均可按供需双方协议供货。

轧制薄钢板规格及尺寸表(摘自 GB 708—1965)

表 D-7

类别	厚度(mm)	宽度(mm) 500	600	710	750	800	850	900	950	1000	1100	1250	1400	1500
		长度(mm)												
热轧钢板					1500	1500	1500	1500	1500					
	0.8,0.9	1000	1200	1420	1800	1600	1700	1800	1900	1500				
		1500	1420	2000	2000	2000	2000	2000	2000	2000				
	1.0,1.2				1000			1000						
	1.2,1.5	1000	1200	1000	1500	1500	1500	1500	1500					
	1.4,1.5	1500	1420	1420	1800	1600	1700	1800	1900	1500				
	1.6,1.8	2000	2000	2000	2000	2000	2000	2000	2000	2000				
	2.0,2.2							1000						
	2.5,2.8	500	600	1000	1500	1500	1500	1500	1500	1500	2200	2500	2800	
		1000	1200	1420	1800	1600	1700	1800	1900	2000	3000	3000	3000	3000
		1500	1500	2000	2000	2000	2000	2000	2000	3000	4000	4000	4000	4000
	3.0,3.2				1000			1000					2800	
	3.5,3.8				1500	1500	1500	1500	1500	2000	2200	2500	3000	3000
	4.0	500	600	1420	1800	1600	1700	1800	1900	3000	3000	3000	3500	3500
		1000	1200	2000	2000	2000	2000	2000	2000	4000	4000	4000	4000	4000

续上表

类别	厚度(mm)	宽度(mm)												
		500	600	710	750	800	850	900	950	1000	1100	1250	1400	1500
		长度(mm)												
冷轧钢板	0.8,0.9		1200	1420	1500	1500	1500	1500						
		1000	1800	1800	1800	1800	1800	1800		1500	2000	2000		
		1500	2000	2000	2000	2000	2000	2000		2000	2000	2500		
	1.0,1.1,1.2	1000	1200	1420	1500	1500	1500						2800	2800
	1.4,1.5,1.6	1500	1800	1800	1800	1800	1800	1800			2000	2000	3000	3000
	1.8,2.0	2000	2000	2000	2000	2000	2000	2000		2200	2200	2500	3500	3500
	2.2,2.5	500	600											
	2.8,3.0	1000	1200	1420	1500	1500	1500							
	3.2,3.5	1500	1800	1800	1800	1800	1800	1800		2000				
	3.8,4.0	2000	2000	2000	2000	2000	2000							

注:经供需双方协议,可以供应比表中更长、更宽的各种厚度的钢板。

轧制厚钢板规格及尺寸表(摘自 GB 709—1965)　　表 D-8

钢板厚度(mm)	钢板宽度(m)									
	0.6~1.2	>1.2~1.5	>1.5~1.6	>1.6~1.7	>1.7~1.8	>1.8~2.0	>2.0~2.2	>2.2~2.5	>2.5~2.8	>2.8~3.0
	最大长度(m)									
4.5~5.5	12	12	12	12	12	6	—	—	—	—
6~7	12	12	12	12	12	10	—	—	—	—
8~10	12	12	12	12	12	12	9	9	—	—
11~15	12	12	12	12	12	12	9	8	8	8
16~20	12	12	12	10	10	9	8	7	7	7
21~25	12	11	11	10	9	8	7	6	6	6
26~30	12	10	9	9	9	8	7	6	6	6
32~34	12	9	8	7	7	7	7	7	6	5
36~40	10	8	7	7	6.5	6.5	5.5	5.5	5	—
42~50	9	8	7	7	6.5	6	5	4	—	—
52~60	8	6	6	6	5.5	5	4.5	4	—	—

注:①钢板厚度大于4~6mm的,其厚度间隔为0.5mm;钢板厚度大于6~30mm的,其厚度间隔为1.0mm;钢板厚度大于30~60mm的,其厚度间隔为2.0mm。

②经供需双方协议,可以供应比表中更长、更宽的各种厚度的钢板。

附录 E　钢锚栓规格与螺栓有效面积

Q235 钢、Q345 钢锚栓选用表　　表 E-1

1	2	3	4				5		6		7			8			
锚栓直径 d (mm)	有效面积 A_e (cm^2)	抗拉承载力设计值 N_t^a (kN)	连接尺寸(mm)				锚固长度及细部尺寸										
			垫板底面标高　基础顶面标高				I 型		II 型		III 型			IV 型			
			单螺母		双螺母		锚固长度 l(mm) 当基础混凝土的强度等级为									锚板尺寸	
			a	b	a	b	C15	C20	C15	C20	C20	C25	≥C30	C15	C20	c (mm)	t (mm)
16	1.57	22.0/28.3	40	70	55	85	580/740	420/560									
18	1.92	26.9/34.6	45	75	60	90	650/830	470/630									
20	2.45	34.3/44.1	45	75	60	90	720/920	520/700									
22	3.03	42.4/54.5	45	75	65	95	790/1010	570/770									

续上表

1	2	3	4				5		6		7			8			
锚栓直径 d(mm)	有效面积 A_e(cm^2)	抗拉承载力设计值 N_t^a(kN)	连接尺寸(mm)				锚固长度及细部尺寸										
			单螺母		双螺母		锚固长度 l(mm)									锚板尺寸	
							当基础混凝土的强度等级为										
			a	b	a	b	C15	C20	C15	C20	C20	C25	≥C30	C15	C20	c (mm)	t (mm)
24	3.53	49.4/63.5	50	80	70	100	860/1100	620/840	840/990	720/960	840/990	720/960	600/840				
27	4.59	64.3/82.6	50	80	75	105			950/1220	810/1080	950/1220	810/1080	680/950				
30	5.61	78.5/101.0	55	85	80	110			1050/1350	900/1200	1050/1350	900/1200	750/1050				
33	6.94	97.2/125.0	55	90	85	120			1160/1490	990/1320	1100/1490	990/1320	830/1160				
36	8.17	114.4/147.1	60	95	90	125			1260/1620	1080/1440	1260/1620	1080/1440	900/1260				
39	9.76	136.6/175.7	65	100	95	130			1370/1760	1170/1560	1370/1760	1170/1560	980/1370				
42	11.21	156.9/201.8	70	105	100	135			1470/1890	1260/1680	1470/1890	1260/1680	1050/1470	1260/1680	1050/1470	140	20
45	13.06	182.8/235.1	75	110	105	140			1580/2030	1350/1800	1580/2030	1350/1800	1130/1580	1350/1800	1130/1580	140	20
48	14.73	206.2/265.1	80	120	110	150			1680/2160	1440/1920	1680/2160	1440/1920	1200/1680	1440/1920	1200/1680	200	20
52	17.58	246.1/316.4	85	125	120	160			1820/2340	1560/2080	1820/2340	1560/2080	1300/1820	1560/2080	1300/1820	200	20
56	20.30	284.2/365.4	90	130	130	170			1960/2520	1680/2240	1960/2520	1680/2240	1400/1960	1680/2240	1400/1960	200	20

续上表

1	2	3	4				5		6		7			8			
锚栓直径 d(mm)	有效面积 A_e(cm^2)	抗拉承载力设计值 N_t^a(kN)	连接尺寸(mm)				锚固长度及细部尺寸										
			单螺母		双螺母		锚固长度 l(mm) 当基础混凝土的强度等级为									锚板尺寸	
			a	b	a	b	C15	C20	C15	C20	C20	C25	≥C30	C15	C20	c (mm)	t (mm)
60	23.62	330.7/425.2	95	135	140	180			2100/2700	1800/2400	2100/2700	1800/2400	1500/2100	1800/2400	1500/2100	240	25
64	26.76	374.6/481.7	100	145	150	195			2240/2880	1920/2560	2240/2880	1920/2560	1600/2240	1920/2560	1600/2240	240	25
68	30.55	427.7/549.9	105	150	160	205			2380/3060	2040/2720	2380/3060	2040/2720	1700/2380	2040/2720	1700/2380	280	30
72	34.60	484.4/622.8	110	155	170	215			2520/3240	2160/2880	2520/3240	2160/2880	1800/2520	2160/2880	1800/2520	280	30
76	38.89	544.5/700.0	115	160	180	225			2660/3420	2280/3040	2660/3420	2280/3040	1900/2660	2280/3040	1900/2660	320	30
80	43.44	608.2/785.5	120	165	190	235								2400/3200	2000/2800	350	40
85	49.48	692.7/890.6	130	180	200	250								2550/3400	2130/2980	350	40
90	53.91	782.7/1006.4	140	190	210	260								2700/3600	2250/3150	400	40
95	62.73	878.2/1129.1	150	200	220	270								2850/3800	2380/3330	450	45
100	69.95	979.3/1259.1	160	210	230	280								3000/4000	2500/3500	500	45

注：①锚栓抗拉承载力设计值按下式算得：$N_t^a = A_e f_t^a$。

②连接尺寸中的"a"仅包括垫圈、螺母厚度及预留偏差尺寸，"b"为锚栓螺纹部分的长度。

③表中的抗拉承载力设计值和锚固长度，分子数为 Q235 钢，分母数为 Q345 钢。

螺栓的有效面积　　表 E-2

螺栓直径 d(mm)	螺距 p(mm)	螺栓有效直径 d_e(mm)	螺栓有效面积 A_e(mm^2)	螺栓直径 d(mm)	螺距 p(mm)	螺栓有效直径 d_e(mm)	螺栓有效面积 A_e(mm^2)
16	2.0	14.1236	156.7	30	3.5	26.7163	560.6
18	2.5	15.6545	192.5	33	3.5	29.7163	693.6
20	2.5	17.6545	244.8	36	4.0	32.2472	816.7
22	2.5	19.6545	303.4	39	4.0	35.2472	975.8
24	3.0	21.1854	352.5	42	4.5	37.7781	1121
27	3.0	24.1854	459.4	45	4.5	40.7781	1306

注：表中的螺栓有效面积 A_e 值系按下式算得：

$$A_e = \frac{\pi}{A}\left(d - \frac{13}{24}\sqrt{3}p\right)^2$$

附录 F　术语和符号

（引自《钢结构设计规范 GB 50017—2003》）

F-1　术　语

1. 强度　strength

构件截面材料或连接抵抗破坏的能力。强度计算是防止结构构件或连接因材料强度被超过而破坏的计算。

2. 承载能力　load-carrying capacity

结构或构件不会因强度、稳定或疲劳等因素破坏所能承受的最大内力；或塑性分析形成破坏机构时的最大内力；或达到不适应于继续承载的变形时的内力。

3. 脆断　brittle fracture

一般指钢结构在拉应力状态下没有出现警示性的塑性变形而突然发生的脆性断裂。

4. 强度标准值　characteristic value of strength

国家标准规定的钢材屈服点（屈服强度）或抗拉强度。

5. 强度设计值　design value of strength

钢材或连接的强度标准值除以相应抗力分项系数后的数值。

6. 一阶弹性分析　first order elastic analysis

不考虑结构二阶变形对内力产生的影响，根据未变形的结构建立平衡条件，按弹性阶段分析结构内力及位移。

7. 二阶弹性分析　second order elastic analysis

考虑结构二阶变形对内力产生的影响，根据位移后的结构建立平衡条件，按弹性阶段分析结构内力及位移。

8. 屈曲　buckling

杆件或板件在轴心压力、弯矩、剪力单独或共同作用下突然发生与原受力状态不符的较大变形而失去稳定。

9. 腹板屈曲后强度　post-buckling strength of web plate

腹板屈曲后尚能继续保持承受荷载的能力。

10. 通用高厚比 normalized web slenderness

参数,其值等于钢材受弯、受剪或受压屈服强度除以相应的腹板抗弯、抗剪或局部承压弹性屈曲应力之商的平方根

11. 整体稳定 overall stability

在外荷载作用下,对整个结构或构件能否发生屈曲或失稳的评估。

12. 有效宽度 effective width

在进行截面强度和稳定性计算时,假定板件有效的那一部分宽度。

13. 有效宽度系数 effective width factor

构件有效宽度与板件实际宽度的比值。

14. 计算长度 effective length

构件在其有效约束点间的几何长度乘以考虑杆端变形情况和所受荷载情况的系数而得的等效长度,用以计算构件的长细比。计算焊缝连接强度时采用的焊缝长度。

15. 长细比 slenderness ratio

构件计算长度与构件截面回转半径的比值。

16. 换算长细比 equivalent slenderness ratio

在轴心受压构件的整体稳定计算中,按临界力相等的原则,将格构式构件换算为实腹构件进行计算时所对应的长细比或将弯扭与扭转失稳换算为弯曲失稳时采用的长细比。

17. 支撑力 nodal bracing force

为减小受压构件(或构件的受压翼缘)的自由长度所设置的侧向支承处,在被支撑构件(或构件受压翼缘)的屈曲方向,所需施加于该构件(或构件受压翼缘)截面剪心的侧向力。

18. 无支撑纯框架 unbraced frame

依靠构件及节点连接的抗弯能力,抵抗侧向荷载的框架。

19. 强支撑框架 frame braced with strong bracing system

在支撑框架中,支撑结构(支撑桁架、剪力墙、电梯井等)抗侧移刚度较大,可将该框架视为无侧移的框架。

20. 弱支撑框架 frame braced with weak bracing system

在支撑框架中,支撑结构抗侧移刚度较弱,不能将该框架视为无侧移的框架。

21. 摇摆柱 leaning column

框架内两端为铰接不能抵抗侧向荷载的柱。

22. 柱腹板节点域 panel zone of column web

框架梁柱的刚接节点处,柱腹板在梁高度范围内的区域。

23. 球形钢支座 spherical steel bearing

使结构在支座处可以沿任意方向转动的钢球面作为传力的铰接支座或可移动支座。

24. 橡胶支座 composite rubber and steel support

满足支座位移要求的橡胶和薄钢板等复合材料制品作为传递支座反力的支座。

25. 主管 chord member

钢管结构构件中,在节点处连续贯通的管件,如桁架中的弦杆。

26. 支管 bracing member

钢管结构中,在节点处断开并与主管相连的管件,如桁架中与主管相连的腹杆。

27. 间隙节点　gap joint

两支管的趾部离开一定距离的管节点。

28. 搭接节点　overlap joint

在钢管节点处，两支管相互搭接的节点。

29. 平面管节点　uniplanar joint

支管与主管在同一平面内相互连接的节点。

30. 空间管节点　multiplanar joint

在不同平面内的支管与主管相接而形成的管节点。

31. 组合构件　built-up member

由一块以上的钢板(或型钢)相互连接组成的构件，如工字形截面或箱形截面组合梁或柱。

32. 钢与混凝土组合梁　composite steel and concrete beam

由混凝土翼板与钢梁通过抗剪连接件组合而成能整体受力的梁。

F-2　符　　号

1. 作用和作用效应设计值

F——集中荷载；

H——水平力；

M——弯矩；

N——轴心力；

P——高强度螺栓的预拉力；

Q——重力荷载；

R——支座反力；

V——剪力。

2. 计算指标

E——钢材的弹性模量；

E_c——混凝土的弹性模量；

G——钢材的剪变模量；

N_t^a——一个锚栓的抗拉承载力设计值；

N_t^b、N_v^b、N_c^b——一个螺栓的抗拉、抗剪和承压承载力设计值；

N_t^r、N_v^r、N_c^r——一个铆钉的抗拉、抗剪和承压承载力设计值；

N_v^c——组合结构中一个抗剪连接件的抗剪承载力设计值；

N_t^{pj}、N_c^{pj}——受拉和受压支管在管节点处的承载力设计值；

S_b——支撑结构的侧移刚度(产生单位侧倾角的水平力)；

f——钢材的抗拉、抗压和抗弯强度设计值；

f_v——钢材的抗剪强度设计值；

f_{ce}——钢材的端面承压强度设计值；

f_{st}——钢筋的抗拉强度设计值；

f_y——钢材的屈服强度(或屈服点)；

f_t^a——锚栓的抗拉强度设计值；

f_t^b、f_v^b、f_c^b——螺栓的抗拉、抗剪和承压强度设计值；

f_t^r、f_v^r、f_c^r——铆钉的抗拉、抗剪和承压强度设计值；

f_t^w、f_v^w、f_c^w——对接焊缝的抗拉、抗剪和抗压强度设计值；

f_f^w——角焊缝的抗拉、抗剪和抗压强度设计值；

f_c——混凝土抗压强度设计值；

Δu——楼层的层间位移；

$[v_Q]$——仅考虑可变荷载标准值产生的挠度的容许值；

$[v_T]$——同时考虑永久和可变荷载标准值产生的挠度的容许值；

σ——正应力；

σ_c——局部压应力；

σ_f——垂直于角焊缝长度方向，按焊缝有效截面计算的应力；

$\Delta\sigma$——疲劳计算的应力幅或折算应力幅；

$\Delta\sigma_e$——变幅疲劳的等效应力幅；

$[\Delta\sigma]$——疲劳容许应力幅；

σ_{cr}、$\sigma_{c,cr}$、τ_{cr}——构件在弯曲应力、局部压应力和剪应力单独作用时的临界应力；

τ——剪应力；

τ_f——沿角焊缝长度方向，按焊缝有效截面计算的剪应力；

ρ——质量密度。

3. 几何参数

A——毛截面面积；

A_n——净截面面积；

H——柱的高度；

H_1、H_2、H_3——阶形柱上段、中段(或单阶柱下段)、下段的高度；

I——毛截面惯性矩；

I_t——毛截面抗扭惯性矩；

I_ω——毛截面扇形惯性矩；

I_n——净截面惯性矩；

S——毛截面面积矩；

W——毛截面模量；

W_n——净截面模量；

W_p——塑性毛截面模量；

W_{Pn}——塑性净截面模量；

a、g——间距；间隙；

b——板的宽度或板的自由外伸宽度；

b_0——箱形截面翼缘板在腹板之间的无支承宽度；混凝土板托顶部的宽度；

b_s——加劲肋的外伸宽度；

b_e——板件的有效宽度；

d——直径；

d_e——有效直径；

d_0——孔径；

e——偏心距；

h——截面全高；楼层高度；

h_{c1}——混凝土板的厚度；

h_{c2}——混凝土托板的厚度；

h_e——角焊缝的计算厚度；

h_f——角焊缝的焊脚尺寸；

h_w——腹板的高度；

h_0——腹板的计算高度；

i——截面回转半径；

l——长度或跨度；

l_1——梁受压翼缘侧向支承间距离；螺栓（或铆钉）受力方向的连接长度；

l_0——弯曲屈曲的计算长度；

l_ω——扭转屈曲的计算长度；

l_w——焊缝的计算长度；

l_z——集中荷载在腹板计算高度边缘上的假定分布长度；

s——部分焊透对接焊缝坡口根部至焊缝表面的最短距离；

t——板的厚度；主管壁厚；

t_s——加劲肋厚度；

t_w——腹板的厚度；

α——夹角；

θ——夹角；应力扩散角；

λ_b——梁腹板受弯计算时的通用高厚比；

λ_s——梁腹板受剪计算时的通用高厚比；

λ_c——梁腹板受局部压力计算时的通用高厚比；

λ——长细比；

λ_0、λ_{yz}、λ_z、λ_{uz}——换算长细比。

4. 计算系数及其他

C——用于疲劳计算的有量纲参数；

K_1、K_2——构件线刚度之比；

k_s——构件受剪屈曲系数；

O_v——管节点的支管搭接管；

n——螺栓、铆钉或连接件数目；应力循环次数；

n_1——所计算截面上的螺栓（或铆钉）数目；

n_f——高强度螺栓的传力摩擦面数目；

n_v——螺栓或铆钉的剪切面数目；

α——线膨胀系数；计算吊车摆动引起的横向力的系数；

α_E——钢材与混凝土弹性模量之比；

α_e——梁截面模量考虑腹板有效宽度的折减系数；

α_f——疲劳计算的欠载效应等效系数；

α_0——柱腹板的应力分布不均匀系数；

α_y——钢材强度影响系数；

α_1——梁腹板刨平顶紧时采用的系数；

α_{2i}——考虑二阶效应框架第 i 层杆件的侧移弯矩增大系数；

β——支管与主管外径之比；用于计算疲劳强度的参数；

β_b——梁整体稳定的等效临界弯矩系数；

β_f——正面角焊缝的强度设计值增大系数；

β_m、β_t——压弯构件稳定的等效弯矩系数；

β_1——折算应力的强度设计值增大系数；

γ——栓钉钢材强屈比；

γ_0——结构的重要性系数；

γ_x、γ_y——对主轴 x、y 的截面塑性发展系数；

η——调整系数；

η_b——梁截面不对称影响系数；

η_1、η_2——用于计算阶形柱计算长度的参数；

μ——高强度螺栓摩擦面的抗滑移系数；柱的计算长度系数；

μ_1、μ_2、μ_3——阶形柱上段、中段（或单阶柱下段）、下段的计算长度系数；

ξ——用于计算梁整体稳定的参数；

ρ——腹板受压区有效宽度系数；

φ——轴心受压构件的稳定系数；

φ_b、φ'_b——梁的整体稳定系数；

ψ——集中荷载的增大系数；

ψ_n、ψ_a、ψ_d——用于计算直接焊接钢管节点承载力的参数。

附录 G　常用压型钢板规格

压型金属板常用规格型号见表 G-1。

建筑用压型钢板规格、型号（mm）　　表 G-1

序号	型　号	截面基本尺寸	展开宽度
1	YX173-300-300	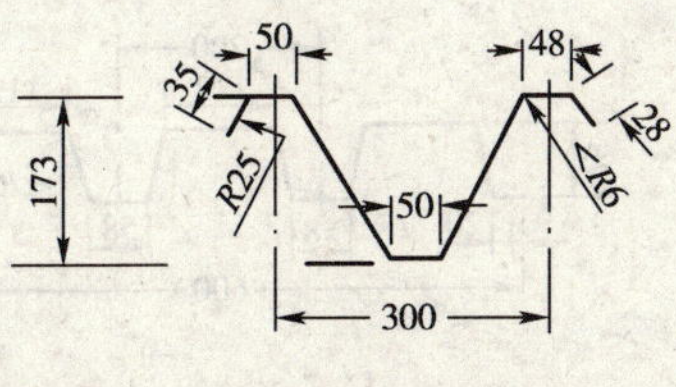 50, 35, R25, 173, 50, 300, 48, 28, R6	610
2	YX130-300-600	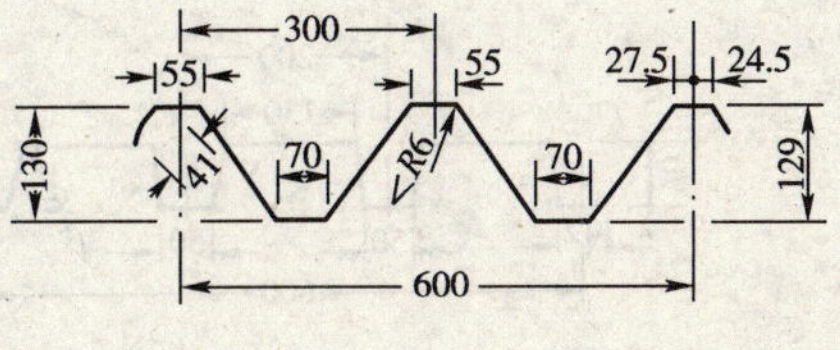 300, 55, 55, 27.5, 24.5, 130, 41, 70, R6, 70, 129, 600	1000

续上表

序号	型号	截面基本尺寸	展开宽度
3	YX130-275-550	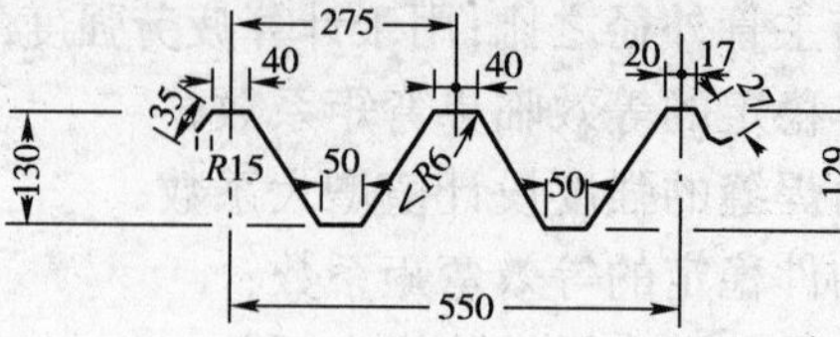	914
4	YX75-230-690(Ⅰ)	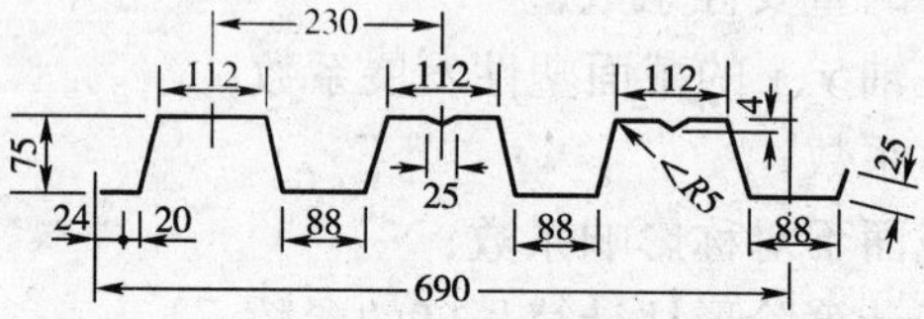	1100
5	YX75-230-690(Ⅱ)	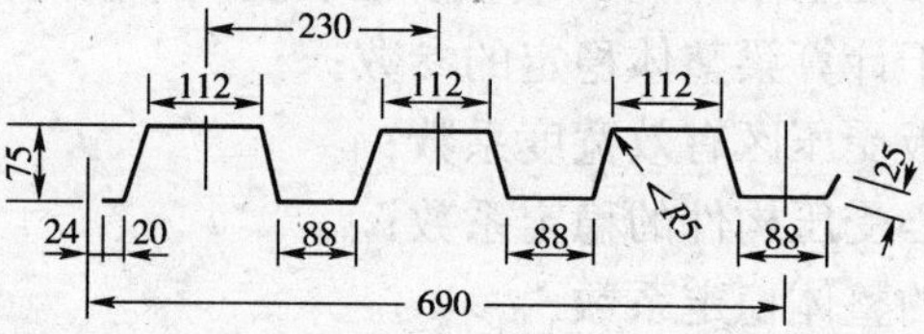	1100
6	YX75-210-840	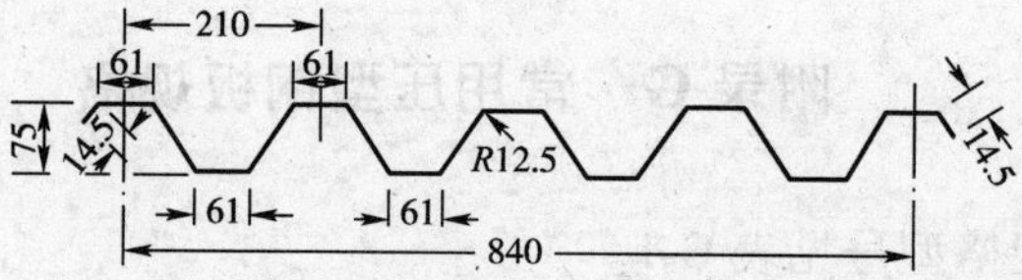	1250
7	YX75-200-600	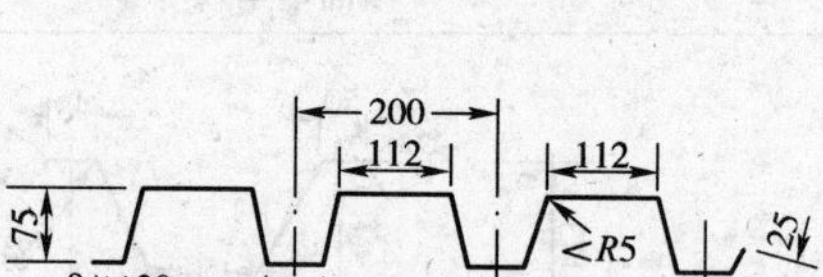	1000
8	YX70-200-600	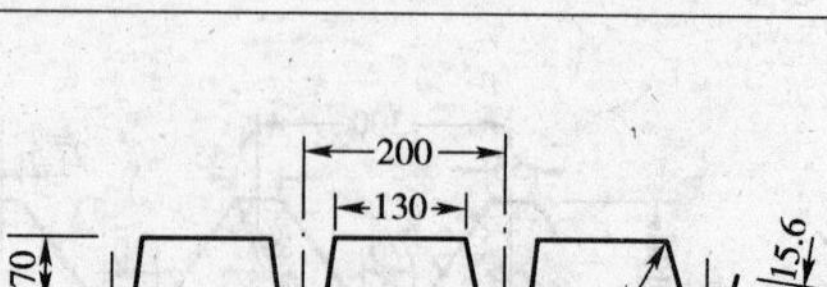	1000

续上表

序号	型　　号	截面基本尺寸	展开宽度
9	YX28-200-600(Ⅰ)	200 <R5　25　25 22　28 95　25 600	1000
10	YX28-200-600(Ⅱ)	200　95　25　18.8 28 20　25　25　25　<R5 600	1000
11	YX28-150-900(Ⅰ)	150　24　25　25　8　<R5　25 18　28 110　3 900	1200
12	YX28-150-900(Ⅱ)	150　110　3　11.8 28 20　8　25　<R5 900	1200
13	YX28-150-900(Ⅲ)	150　24　25　<R5　25 18　28 110　0.6 900	1200
14	YX28-150-900(Ⅳ)	150　110　10.6 28 20　25　<R5 900	1200

续上表

序号	型　号	截面基本尺寸	展开宽度
15	YX28-150-750(Ⅰ)	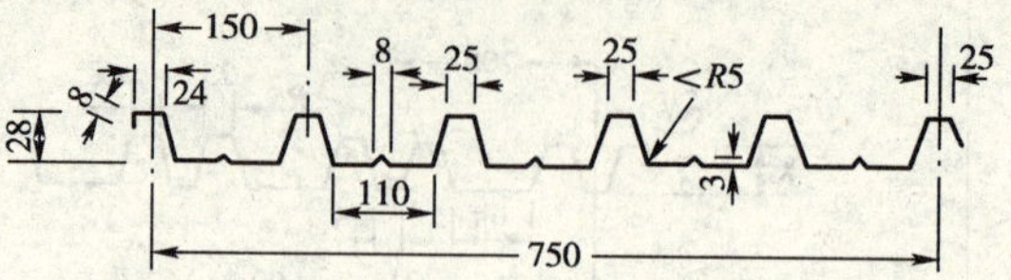 150; 8; 24; 8; 25; 25; <R5; 25; 28; 3; 110; 750	1000
16	YX28-150-750(Ⅱ)	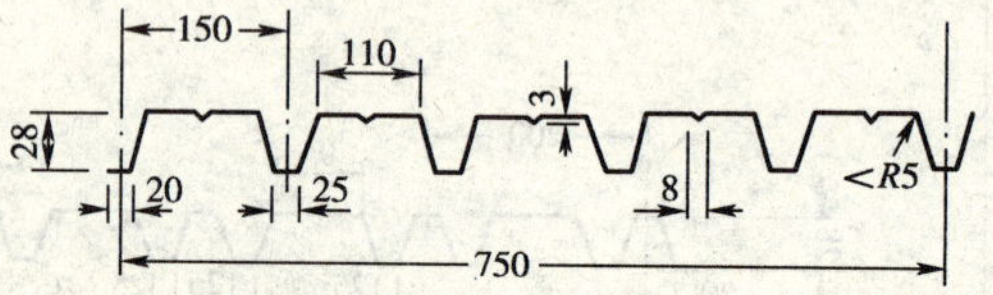 150; 110; 3; 28; <R5; 20; 25; 8; 750	1000
17	YX51-250-750	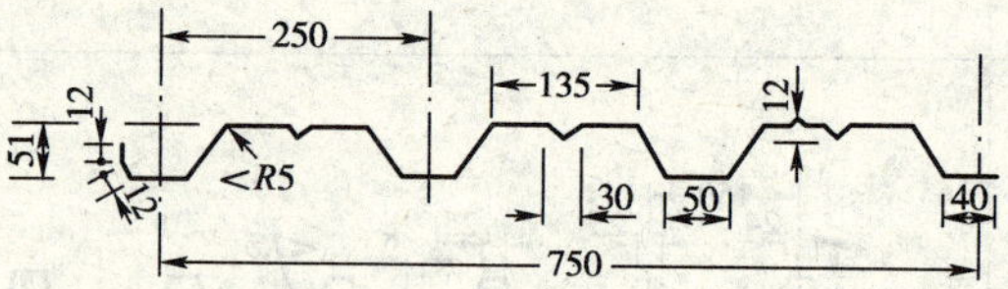 250; 135; 12; 12; 51; <R5; 12; 30; 50; 40; 750	1000
18	YX38-175-700	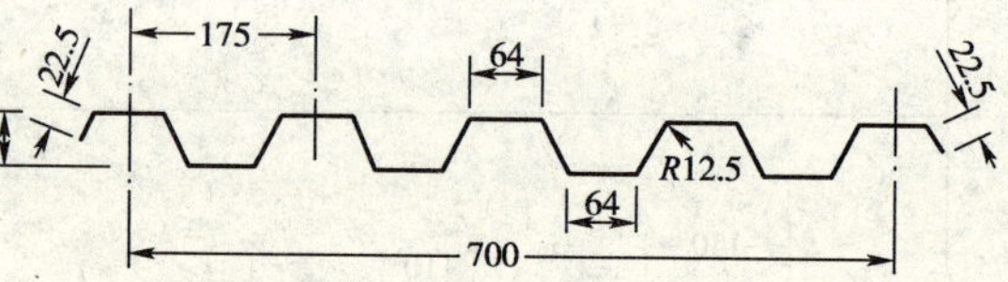 175; 64; 22.5; 22.5; 38; R12.5; 64; 700	960
19	YX35-125-750	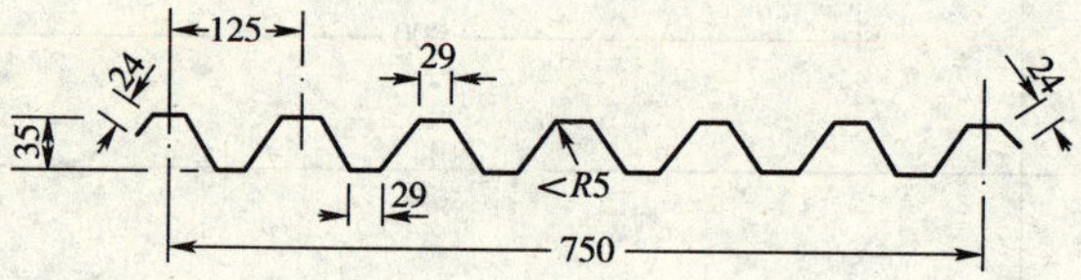 125; 29; 24; 24; 35; <R5; 29; 750	1000
20	YX35-187.5-750(Ⅰ)	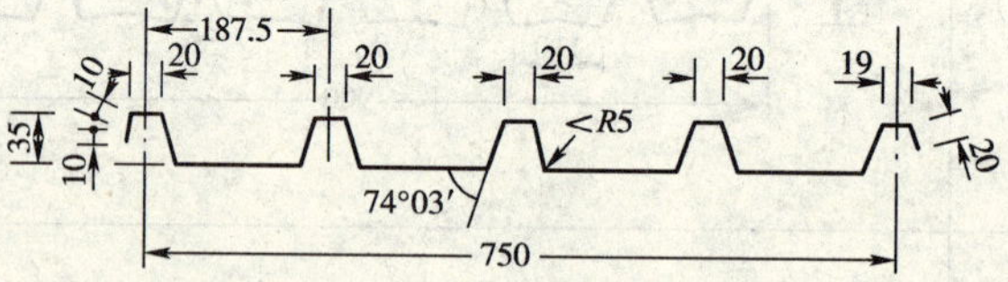 187.5; 20; 20; 20; 20; 19; 10; <R5; 35; 10; 20; 74°03′; 750	1000
21	YX35-115-690	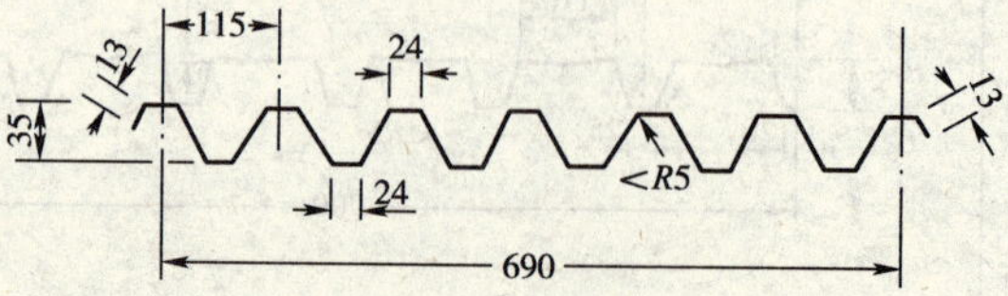 115; 24; 13; 13; 35; <R5; 24; 690	914

续上表

序号	型　号	截面基本尺寸	展开宽度
22	YX35-115-677	115, 48, 24, 54, 35, R6, 8, 3, 24, 13, 22, 677	914
23	YX28-300-900(Ⅰ)	300, 24, 25, 25, 8, 25, 25, 25, 25, 17, 28, <R5, 3, 25, 195, 900	1200
24	YX28-300-900(Ⅱ)	300, 11.8, 8, 195, 25, 28, 3, <R5, 25, 25, 25, 20, 900	1200
25	YX28-100-800(Ⅰ)	100, 24, 25, 25, 25, 28, <R5, 22, 50, 800	1200
26	YX28-100-800(Ⅱ)	100, 60, 45, 28, <R5, 20, 25, 800	1200
27	YX21-180-900	180, 22, 21, 30, 40°03′, <R5, 40, 108, 900	1100
28	YX35-187.5-750(Ⅱ) (U—188)	187.5, 30, 30, 30, R2.5, 35, 6, R3.5, 132, 15, 8, 750	1000

附录 H　圆钢管截面特性表

热轧无缝钢管（按 GB 8162—1999 计算）　　表 H-1

I—截面惯性矩；*W*—截面抵抗矩；*i*—截面回转半径。

尺寸(mm)		截面面积	每米重量	截面特性		
d	t	A(cm²)	(kg/m)	I(cm⁴)	W(cm³)	i(cm)
50	2.5	3.73	2.93	10.55	4.22	1.68
	3.0	4.43	3.48	12.28	4.91	1.67
	3.5	5.11	4.01	13.90	5.56	1.65
	4.0	5.78	4.54	15.41	6.16	1.63
	4.5	6.43	5.05	16.81	6.72	1.62
	5.0	7.07	5.55	18.11	7.25	1.60
54	3.0	4.81	3.77	15.68	5.81	1.81
	3.5	5.55	4.36	17.79	6.59	1.79
	4.0	6.28	4.93	19.76	7.32	1.77
	4.5	7.00	5.49	21.61	8.00	1.76
	5.0	7.70	6.04	23.34	8.64	1.74
	5.5	8.38	6.58	24.96	9.24	1.73
	6.0	9.05	7.10	26.46	9.80	1.71
57	3.0	5.09	4.00	18.61	6.53	1.91
	3.5	5.88	4.62	21.14	7.42	1.90
	4.0	6.66	5.23	23.52	8.25	1.88
	4.5	7.42	5.83	25.76	9.04	1.86
	5.0	8.17	6.41	27.86	9.78	1.85
	5.5	8.90	6.99	29.84	10.47	1.83
	6.0	9.61	7.55	31.69	11.12	1.82
60	3.0	5.37	4.22	21.88	7.29	2.02
	3.5	6.21	4.88	24.88	8.29	2.00
	4.0	7.04	5.52	27.73	9.24	1.98
	4.5	7.85	6.16	30.41	10.14	1.97
	5.0	8.64	6.78	32.94	10.98	1.95
	5.5	9.42	7.39	35.32	11.77	1.94
	6.0	10.18	7.99	37.56	12.52	1.92
63.5	3.0	5.70	4.48	26.15	8.24	2.14
	3.5	6.60	5.18	29.79	9.38	2.12
	4.0	7.48	5.87	33.24	10.47	2.11
	4.5	8.34	6.55	36.50	11.50	2.09
	5.0	9.19	7.21	39.60	12.47	2.08
	5.5	10.02	7.87	42.52	13.39	2.06
	6.0	10.84	8.51	45.28	14.26	2.04
68	3.0	6.13	4.81	32.42	9.54	2.30
	3.5	7.09	5.57	36.99	10.88	2.28
	4.0	8.04	6.31	41.34	12.16	2.27
	4.5	8.98	7.05	45.47	13.37	2.25
	5.0	9.90	7.77	49.41	14.53	2.23
	5.5	10.80	8.48	53.14	15.63	2.22
	6.0	11.69	9.17	56.68	16.67	2.20

尺寸(mm)		截面面积	每米重量	截面特性		
d	t	A(cm²)	(kg/m)	I(cm⁴)	W(cm³)	i(cm)
70	3.0	6.31	4.96	35.50	10.14	2.37
	3.5	7.31	5.74	40.53	11.58	2.35
	4.0	8.29	6.51	45.33	12.95	2.34
	4.5	9.26	7.27	49.89	14.26	2.32
	5.0	10.21	8.01	54.24	15.50	2.30
	5.5	11.14	8.75	58.38	16.68	2.29
	6.0	12.06	9.47	62.31	17.80	2.27
73	3.0	6.60	5.18	40.48	11.09	2.48
	3.5	7.64	6.00	46.26	12.67	2.46
	4.0	8.67	6.81	51.78	14.19	2.44
	4.5	9.68	7.60	57.04	15.63	2.43
	5.0	10.68	8.38	62.07	17.01	2.41
	5.5	11.56	9.16	66.87	18.32	2.39
	6.0	12.63	9.91	71.43	19.57	2.38
76	3.0	6.88	5.40	45.91	12.08	2.58
	3.5	7.97	6.26	52.50	13.82	2.57
	4.0	9.05	7.10	58.81	15.48	2.55
	4.5	10.11	7.93	64.85	17.07	2.53
	5.0	11.15	8.75	70.62	18.59	2.52
	5.5	12.18	9.56	76.14	20.04	2.50
	6.0	13.19	10.36	81.41	21.42	2.48
83	3.5	8.74	6.86	69.19	16.67	2.81
	4.0	9.93	7.79	77.64	18.71	2.80
	4.5	11.10	8.71	85.76	20.67	2.78
	5.0	12.25	9.62	93.56	22.54	2.76
	5.5	13.39	10.51	101.04	24.35	2.75
	6.0	14.51	11.39	108.22	26.08	2.73
	6.5	15.62	12.26	115.10	27.74	2.71
	7.0	16.71	13.12	121.69	29.32	2.70
89	3.5	9.40	7.38	86.05	19.34	3.03
	4.0	10.68	8.38	96.68	21.73	3.01
	4.5	11.95	9.38	106.92	24.03	2.99
	5.0	13.19	10.36	116.79	26.24	2.98
	5.5	14.43	11.33	126.29	28.38	2.96
	6.0	15.65	12.28	135.43	30.43	2.94
	6.5	16.85	13.22	144.22	32.41	2.93
	7.0	18.03	14.16	152.67	34.31	2.91
95	3.5	10.06	7.90	105.45	22.20	3.24
	4.0	11.44	8.98	118.60	24.97	3.22
	4.5	12.79	10.04	131.31	27.64	3.20
	5.0	14.14	11.10	143.58	30.23	3.19
	5.5	15.46	12.14	155.43	32.72	3.17
	6.0	16.78	13.17	166.86	35.13	3.15
	6.5	18.07	14.19	177.89	37.45	3.14
	7.0	19.35	15.19	188.51	39.69	3.12

续上表

尺寸(mm)		截面面积	每米重量	截面特性		
d	t	A(cm^2)	(kg/m)	I(cm^4)	W(cm^3)	i(cm)
102	3.5	10.83	8.50	131.52	25.79	3.48
	4.0	12.32	9.67	148.09	29.04	3.47
	4.5	13.78	10.82	164.14	32.18	3.45
	5.0	15.24	11.96	179.68	35.23	3.43
	5.5	16.67	13.09	194.72	38.18	3.42
	6.0	18.10	14.21	209.28	41.03	3.40
	6.5	19.50	15.31	223.35	43.79	3.38
	7.0	20.89	16.40	236.96	46.46	3.37
114	4.0	13.82	10.85	209.35	36.73	3.89
	4.5	15.48	12.15	232.41	40.77	3.87
	5.0	17.12	13.44	254.81	44.70	3.86
	5.5	18.75	14.72	276.58	48.52	3.84
	6.0	20.36	15.98	297.73	52.23	3.82
	6.5	21.95	17.23	318.26	55.84	3.81
	7.0	23.53	18.47	338.19	59.33	3.79
	7.5	25.09	19.70	357.58	62.73	3.77
	8.0	26.64	20.91	376.30	66.02	3.76
121	4.0	14.70	11.54	251.87	41.63	4.14
	4.5	16.47	12.93	279.83	46.25	4.12
	5.0	18.22	14.30	307.05	50.75	4.11
	5.5	19.96	15.67	333.54	55.13	4.09
	6.0	21.68	17.02	359.32	59.39	4.07
	6.5	23.38	18.35	384.40	63.54	4.05
	7.0	25.07	19.68	408.80	67.57	4.04
	7.5	26.74	20.99	432.51	71.49	4.02
	8.0	28.40	22.29	455.57	75.30	4.01
127	4.0	15.46	12.13	292.61	46.08	4.35
	4.5	17.32	13.59	325.29	51.23	4.33
	5.0	19.16	15.04	357.14	56.24	4.32
	5.5	20.99	16.48	388.19	61.13	4.30
	6.0	22.81	17.90	418.44	65.90	4.28
	6.5	24.61	19.32	447.92	70.54	4.27
	7.0	26.39	20.72	476.63	75.06	4.25
	7.5	28.16	22.10	504.58	79.46	4.23
	8.0	29.91	23.48	531.80	83.75	4.22
133	4.0	16.21	12.73	337.53	50.76	4.56
	4.5	18.17	14.26	375.42	56.45	4.55
	5.0	20.11	15.78	412.40	62.02	4.53
	5.5	22.03	17.29	448.50	67.44	4.51
	6.0	23.94	18.79	483.72	72.74	4.50
	6.5	25.83	20.28	518.907	77.91	4.48
	7.0	27.71	21.75	551.58	82.94	4.46
	7.5	29.57	23.21	584.25	87.86	4.45
	8.0	31.42	24.66	616.11	92.65	4.43

尺寸(mm)		截面面积	每米重量	截面特性		
d	t	A(cm^2)	(kg/m)	I(cm^4)	W(cm^3)	i(cm)
140	4.5	19.16	15.04	440.12	62.87	4.79
	5.0	21.21	16.65	483.76	69.11	4.78
	5.5	23.24	18.24	526.40	75.20	4.76
	6.0	25.26	19.83	568.06	81.15	4.74
	6.5	27.26	21.40	608.76	86.97	4.73
	7.0	29.25	22.96	648.51	92.64	4.71
	7.5	31.22	24.51	687.32	98.19	4.69
	8.0	33.18	26.04	725.21	103.60	4.68
	9.0	37.04	29.08	798.29	114.04	4.64
	10	40.84	32.06	867.86	123.98	4.61
145	4.5	20.00	15.70	501.16	68.65	5.01
	5.0	22.15	17.39	551.10	75.49	4.99
	5.5	24.28	19.06	599.95	82.19	4.97
	6.0	26.39	20.72	647.73	88.73	4.95
	6.5	28.49	22.36	694.44	95.13	4.94
	7.0	30.57	24.00	740.12	101.39	4.92
	7.5	32.63	25.62	784.77	107.50	4.90
	8.0	34.68	27.23	828.41	113.48	4.89
	9.0	38.74	30.41	912.71	125.03	4.85
	10	42.73	33.54	993.16	136.05	4.82
152	4.5	20.85	16.37	567.61	74.69	5.22
	5.0	23.09	18.31	624.43	82.16	5.20
	5.5	25.31	19.87	680.06	89.48	5.18
	6.0	27.52	21.60	734.52	96.65	5.17
	6.5	29.71	23.32	787.82	103.66	5.15
	7.0	31.89	25.03	839.99	110.52	5.13
	7.5	34.05	26.73	891.03	117.24	5.12
	8.0	36.19	28.41	940.97	123.81	5.10
	9.0	40.43	31.74	1037.59	136.53	5.07
	10	44.61	35.02	1129.99	148.68	5.03
159	4.5	21.84	17.15	625.27	82.05	5.46
	5.0	24.19	18.99	717.88	90.30	5.45
	5.5	26.52	20.82	782.18	98.39	5.43
	6.0	28.84	22.64	845.19	106.31	5.41
	6.5	31.14	24.45	906.92	114.08	5.40
	7.0	33.43	26.24	967.41	121.69	5.38
	7.5	35.70	28.02	1026.65	129.14	5.36
	8.0	37.95	29.79	1084.67	136.44	5.35
	9.0	42.41	33.29	1197.12	150.58	5.31
	10	46.81	36.75	1304.88	164.14	5.28
168	4.5	23.11	18.14	772.96	92.02	5.78
	5.0	25.60	20.10	851.14	101.33	5.77
	5.5	28.08	22.04	927.85	110.46	5.75
	6.0	30.54	23.97	1003.12	119.42	5.73
	6.5	32.98	25.89	1076.95	128.21	5.71
	7.0	35.41	27.79	1149.36	136.83	5.70
	7.5	37.82	29.69	1220.38	145.28	5.68
	8.0	40.21	31.57	1290.01	153.57	5.66
	9.0	44.96	35.29	1425.22	169.67	5.63
	10	49.64	38.97	1555.13	185.13	5.60

续上表

尺寸(mm)		截面面积	每米重量	截面特性		
d	*t*	*A*(cm²)	(kg/m)	*I*(cm⁴)	*W*(cm³)	*i*(cm)
180	5.0	27.49	21.58	1053.17	117.02	6.19
	5.5	30.15	23.67	1148.79	127.64	6.17
	6.0	32.80	25.75	1242.72	138.08	6.16
	6.5	35.43	27.81	1335.00	148.33	6.14
	7.0	38.04	29.87	1425.63	158.40	6.12
	7.5	40.64	31.91	1514.64	168.29	6.10
	8.0	43.23	33.93	1602.04	178.00	6.09
	9.0	48.25	37.95	1772.12	196.90	6.05
	10	53.41	41.92	1936.01	215.11	6.02
	12	63.33	49.72	2245.84	249.54	5.95
194	5.0	29.69	23.31	1326.54	136.76	6.68
	5.5	32.57	25.57	1447.86	149.26	6.67
	6.0	35.44	27.82	1567.21	161.57	6.65
	6.5	38.29	30.06	1684.61	173.67	6.63
	7.0	41.12	32.28	1800.08	185.57	6.62
	7.5	43.94	34.50	1913.64	197.28	6.60
	8.0	46.75	36.70	2025.31	208.79	6.58
	9.0	52.31	41.06	2243.08	231.25	6.55
	10	57.81	45.38	2453.55	252.94	6.51
	12	68.61	53.86	2853.25	294.15	6.45
203	6.0	37.13	29.15	1803.07	177.64	6.97
	6.5	40.13	31.50	1938.81	191.02	6.95
	7.0	43.10	33.84	2072.43	204.18	6.93
	7.5	46.06	36.16	2203.94	217.14	6.92
	8.0	49.01	38.47	2333.37	229.89	6.90
	9.0	54.85	43.06	2586.08	254.79	6.87
	10	60.63	47.60	2830.72	278.89	6.83
	12	72.01	56.52	3296.49	324.78	6.77
	14	83.13	65.25	3732.07	367.69	6.70
	15	94.00	73.79	4138.78	407.76	6.64
219	6.0	40.15	31.52	2278.74	208.10	7.53
	6.5	43.39	34.06	2451.64	223.89	7.52
	7.0	46.62	36.60	2622.04	239.46	7.50
	7.5	49.83	39.12	2789.96	254.79	7.48
	8.0	53.03	41.63	2955.43	269.90	7.47
	9.0	59.38	46.61	3279.12	299.46	7.43
	10	65.66	51.54	3593.29	328.15	7.40
	12	78.04	61.26	4193.81	383.00	7.33
	14	90.16	70.78	4758.50	434.57	7.26
	16	102.04	80.10	5288.81	483.00	7.20

尺寸(mm)		截面面积	每米重量	截面特性		
d	*t*	*A*(cm²)	(kg/m)	*I*(cm⁴)	*W*(cm³)	*i*(cm)
245	6.5	48.70	38.23	3465.46	282.89	8.44
	7.0	52.34	41.08	3709.06	302.78	8.42
	7.5	55.96	43.93	3949.52	322.41	8.40
	8.0	59.56	46.76	4186.87	341.79	8.38
	9.0	66.73	52.38	4652.32	379.78	8.35
	10	73.83	57.95	5105.63	416.79	8.32
	12	87.84	68.95	5976.67	487.89	8.25
	14	101.60	79.76	6801.68	555.24	8.18
	16	115.11	90.36	7582.30	618.96	8.12
273	6.5	54.42	42.72	4834.18	354.15	9.42
	7.0	58.50	45.92	5177.30	379.29	9.41
	7.5	62.56	49.11	5516.47	404.14	9.39
	8.0	66.60	52.28	5851.61	428.70	9.37
	9.0	74.64	58.60	6510.56	476.96	9.34
	10	82.62	64.86	7154.09	524.11	9.31
	12	98.39	77.24	8396.14	615.10	9.24
	14	113.91	89.42	9579.75	701.81	9.17
	16	129.18	101.41	10706.79	784.38	9.10
299	7.5	68.68	53.92	7300.02	488.30	10.31
	8.0	73.14	57.41	7747.42	518.22	10.29
	9.0	82.00	64.37	8628.09	577.13	10.26
	10	90.79	71.27	9490.15	634.79	10.22
	12	108.20	84.93	11159.52	746.46	10.16
	14	125.35	98.40	12757.61	853.35	10.09
	16	142.25	111.67	14286.48	955.62	10.02
325	7.5	74.81	58.73	9431.80	580.42	11.23
	8.0	79.67	62.54	10013.92	616.24	11.21
	9.0	89.35	70.14	11161.33	686.85	11.18
	10	98.96	77.68	12286.52	756.09	11.14
	12	118.00	92.63	14471.45	890.55	11.07
	14	136.78	107.38	16570.98	1019.75	11.01
	16	155.32	121.93	18587.38	11443.84	10.94
351	8.0	86.21	67.67	1284.36	722.76	12.13
	9.0	96.70	75.91	14147.55	806.13	12.10
	10	107.13	84.10	15584.62	888.01	12.06
	12	127.80	100.32	18381.63	1047.39	11.99
	14	148.22	116.35	21077.86	1201.02	11.93
	16	168.39	132.19	23675.75	1349.05	11.86

注:热轧无缝钢管的通常长度为3~12m。

电焊钢管(按 YB242—263 计算)　　表 H-2

I—截面惯性矩;W—截面抵抗矩;i—截面回转半径。

尺寸(mm)		截面面积	每米重量	截面特性		
d	t	A(cm^2)	(kg/m)	I(cm^4)	W(cm^3)	i(cm)
51	2.0	3.08	2.42	9.26	3.63	1.73
	2.5	3.81	2.99	11.23	4.40	1.72
	3.0	4.52	3.55	13.08	5.13	1.70
	3.5	5.22	4.10	14.81	5.81	1.68
53	2.0	3.20	2.52	10.43	3.94	1.80
	2.5	3.97	3.11	12.67	4.78	1.79
	3.0	4.71	3.70	14.78	5.58	1.77
	3.5	5.44	4.27	16.75	6.32	1.75
57	2.0	3.46	2.71	13.08	4.59	1.95
	2.5	4.28	3.36	15.93	5.59	1.93
	3.0	5.09	4.00	18.61	6.53	1.91
	3.5	5.88	4.62	21.14	7.42	1.90
60	2.0	3.64	2.86	15.34	5.11	2.05
	2.5	4.52	3.55	18.70	6.23	2.03
	3.0	5.37	4.22	21.88	7.29	2.02
	3.5	6.21	4.88	24.88	8.29	2.00
63.5	2.0	3.86	3.03	18.29	5.76	2.18
	2.5	4.79	3.76	22.32	7.03	2.16
	3.0	5.70	4.48	26.15	8.24	2.14
	3.5	6.60	5.18	29.79	9.38	2.12
70	2.0	4.27	3.35	24.72	7.06	2.41
	2.5	5.30	4.16	30.23	8.64	2.39
	3.0	6.31	4.96	35.50	10.14	2.37
	3.5	7.31	5.74	40.53	11.58	2.35
	4.5	9.26	7.27	49.89	14.26	2.32
76	2.0	4.65	3.65	31.85	8.38	2.62
	2.5	5.77	4.53	39.03	10.27	2.60
	3.0	6.88	5.40	45.91	12.08	2.58
	3.5	7.97	6.26	52.50	13.82	2.57
	4.0	9.05	7.10	58.81	15.48	2.55
	4.5	10.11	7.93	64.85	17.07	2.53
83	2.0	5.09	4.00	41.76	10.06	2.86
	2.5	6.32	4.96	51.26	12.35	2.85
	3.0	7.54	5.92	60.40	14.56	2.83
	3.5	8.74	6.86	69.19	16.67	2.81
	4.0	9.93	7.79	77.64	18.71	2.80
	4.5	11.10	8.71	85.76	20.67	2.78
89	2.0	5.47	4.29	51.75	11.63	3.08
	2.5	6.79	5.33	63.59	14.29	3.06
	3.0	8.11	6.36	75.02	16.86	3.04
	3.5	9.40	7.38	86.05	19.34	3.03
	4.0	10.68	8.38	96.68	21.73	3.01
	4.5	11.95	9.38	106.92	24.03	2.99
95	2.0	5.84	4.59	63.20	13.31	3.29
	2.5	7.26	5.70	77.76	16.37	3.27
	3.0	8.67	6.81	91.83	19.33	3.25
	3.5	10.06	7.90	105.45	22.20	3.24
102	2.0	6.28	4.93	78.57	15.41	3.54
	2.5	7.81	6.13	96.77	18.97	3.52
	3.0	9.33	7.32	114.42	22.43	3.50
	3.5	10.83	8.50	131.52	25.79	3.48
	4.0	12.32	9.67	148.09	29.04	3.47
	4.5	13.78	10.82	164.14	32.18	3.45
	5.0	15.24	11.96	179.68	35.23	3.43
108	3.0	9.90	7.77	136.49	25.28	3.71
	3.5	11.49	9.02	157.02	29.08	3.70
	4.0	13.07	10.26	176.95	32.77	3.68
144	3.0	10.46	8.21	161.24	28.29	3.93
	3.5	12.15	9.54	185.63	32.57	3.91
	4.0	13.82	10.85	209.35	36.73	3.89
	4.5	15.48	12.15	232.41	40.77	3.87
	5.0	17.12	13.44	254.81	44.70	3.86
121	3.0	11.12	8.73	193.69	32.01	4.17
	3.5	12.92	10.14	223.17	36.89	4.16
	4.0	14.70	11.54	251.87	41.63	4.14
127	3.0	11.69	9.17	224.75	35.39	4.39
	3.5	13.58	10.66	259.11	40.80	4.37
	4.0	15.46	12.13	292.61	46.08	4.35
	4.5	17.32	13.59	325.29	51.23	4.33
	5.0	19.16	15.04	357.14	56.24	4.32
133	3.5	14.24	11.18	298.71	44.92	4.58
	4.0	16.21	12.73	337.53	50.76	4.56
	4.5	18.17	14.26	375.42	56.45	4.55
	5.0	20.11	15.78	412.40	62.02	4.53
140	3.5	15.01	11.78	349.79	49.97	4.83
	4.0	17.09	13.42	395.47	56.50	4.81
	4.5	19.16	15.04	440.12	62.87	4.79
	5.0	21.21	16.65	483.76	69.11	4.78
	5.5	23.24	18.24	526.40	75.20	4.76
152	3.5	16.33	12.82	450.35	59.26	5.25
	4.0	18.60	14.60	509.59	67.05	5.23
	4.5	20.85	16.37	567.61	74.69	5.22
	5.0	23.09	18.13	624.43	82.16	5.20
	5.5	25.31	19.87	680.06	89.48	5.18

注:电焊钢管的通常长度:d = 32 ~ 70mm 时,为 3 ~ 10m,d = 76 ~ 152mm 时,为 4 ~ 10m。

附录I　钢结构详图标注方法

型钢标注方法　　　　表I-1

名称	截面	标注	说明	名称	截面	标注	说明
等边角钢	∟	∟$b \times d$	b 为肢宽 d 为肢厚	钢管	○	$\phi d \times t$	d、t 分别为圆管直径、壁厚
不等边角钢	∟	∟$B \times b \times d$	B 为长肢宽	薄壁卷边槽钢		B[$h \times b \times a \times t$	冷弯薄壁型钢加注 B 字首
H型钢		Hh $\times b \times t_1 \times t_2$	焊接H型钢	薄壁卷边Z型钢		$BZh \times b \times a \times t$	
		HW(或M、N) $h \times b \times t_1 \times t_2$	热轧H型钢按HW、HM、HN不同系列标准				
工字钢	I	工N	N为工字钢高度规格号码	薄壁方钢管	□	B□$h \times t$	
槽钢	[	[N		薄壁槽钢		B[$h \times b \times t$	
方钢		□b		薄壁等肢角钢	∟	B∟$b \times t$	
钢板	—	$-L \times B \times t$	L、B、t 分别为钢板长、宽、厚度	起重机钢轨		QU××	××为起重机轨道型号
圆钢		ϕd	d 为圆钢直径	铁路钢轨		××kg/m钢轨	××为轻轨或钢轨型号

(2)螺栓及螺栓孔的表示方法

详图中螺栓及栓孔表示方法见表 I-2。

螺栓及栓孔表示方法 表 I-2

名　　称	图　　例	说　　明
永久螺栓		1. 细"+"线表示定位线； 2. 必须标注螺栓孔、电焊铆钉的直径
高强螺栓		
安装螺栓		
圆形螺栓孔		
长圆形螺栓孔	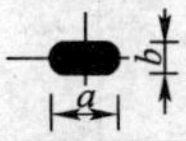	
电焊铆钉		

(3)焊缝标注方法

钢结构常用焊缝代号标注见表 I-3。

建筑钢结构常用焊接连接焊缝代号标注示例 表 I-3

序号	焊缝名称	形　　式	标准标注法	交通标注法
1	I 形焊缝 (手工焊、半自动焊)	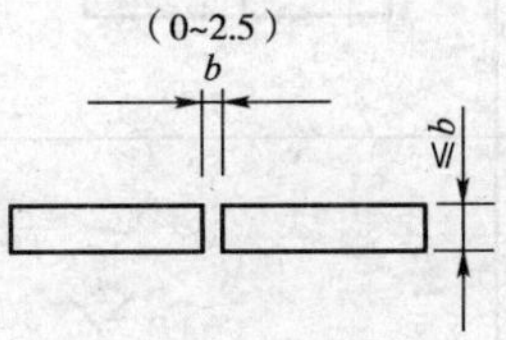 (0~2.5) b ≤b	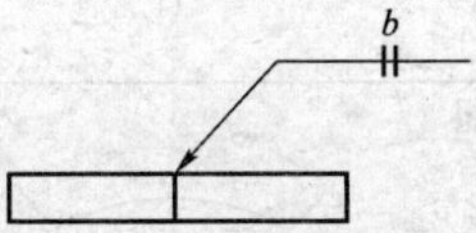 b	
2	I 形焊缝 (自动焊)	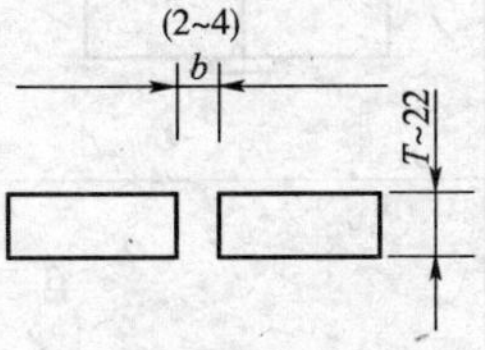 (2~4) b T~22	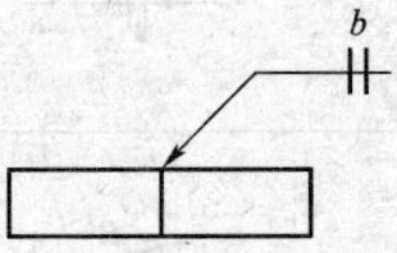 b	
3	单边 V 形焊缝	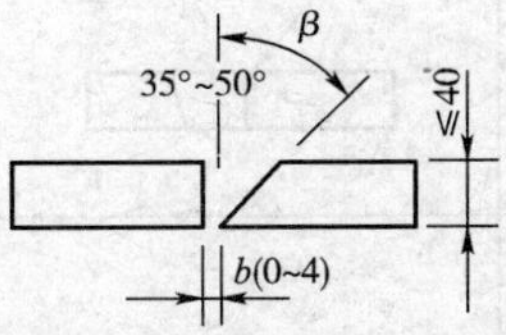 β 35°~50° ≤40 b(0~4)	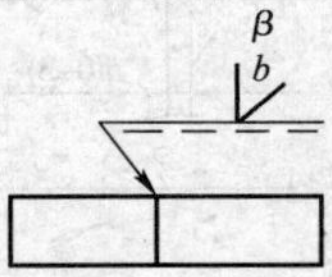 β b	
4	带钝边单边 V 形焊缝	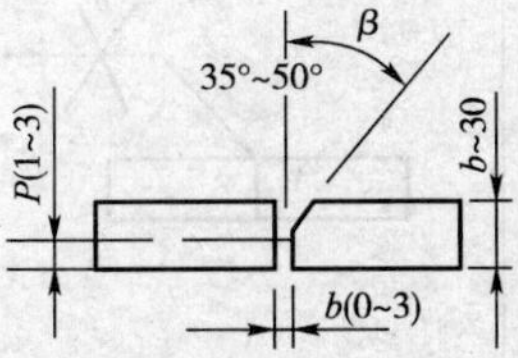 β 35°~50° P(1~3) b~30 b(0~3)	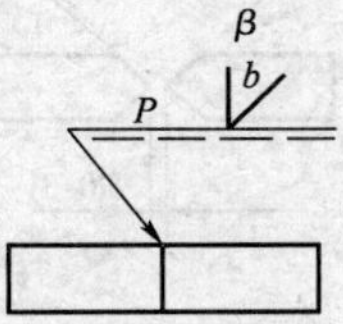 β b P	

续上表

序号	焊缝名称	形式	标准标注法	交通标注法
5	带垫板V形焊缝	a 45°~55°; 7~26; b(1~6)	a b	
6	带垫板V形焊缝	β β (5°~15°); b (6~15); >16; 10 10	2β b	
7	Y形焊缝	a (40°~60°); P (1~4); ≤26; b(0~3)	a b P	
8	带垫板Y形焊缝	a (45°~55°); P≤2; ≤26; b(3~6)	a b P	
9	双单边V形焊缝	β (35°~50°); >10; b(0~3)	β b	
10	双V形焊缝	a (40°~60°); >10; b(0~3)	a b	

续上表

序号	焊缝名称	形 式	标准标注法	交通标注法
11	T形接头双面角焊缝	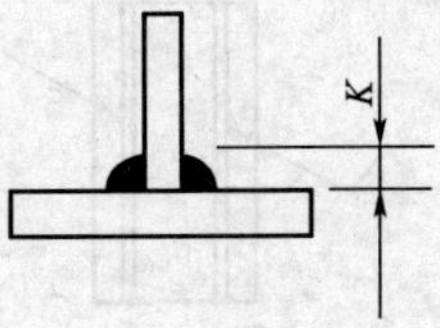 K	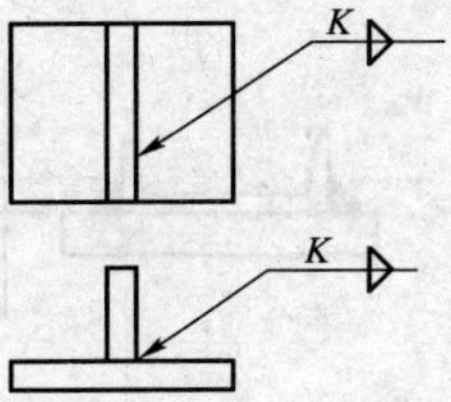 K K	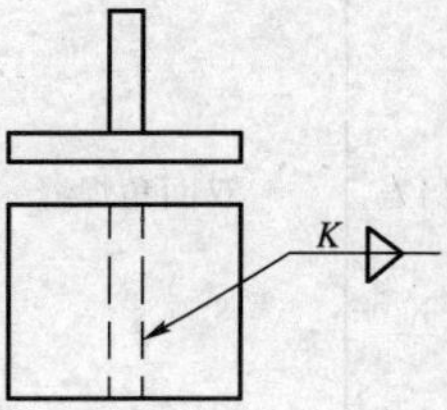 K
12	T形接头带钝边双单边V形焊缝（不焊透）	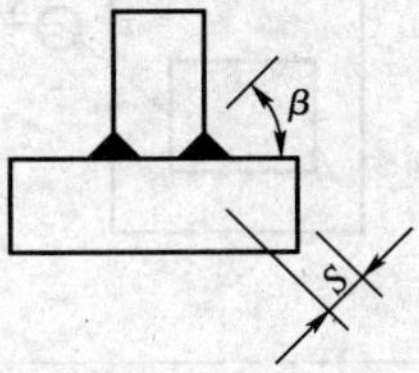 β S	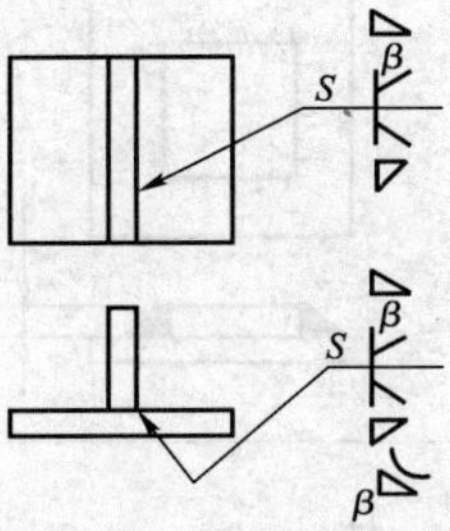 S β S β β	
13	T形接头带钝边双单边V形焊缝（焊透）	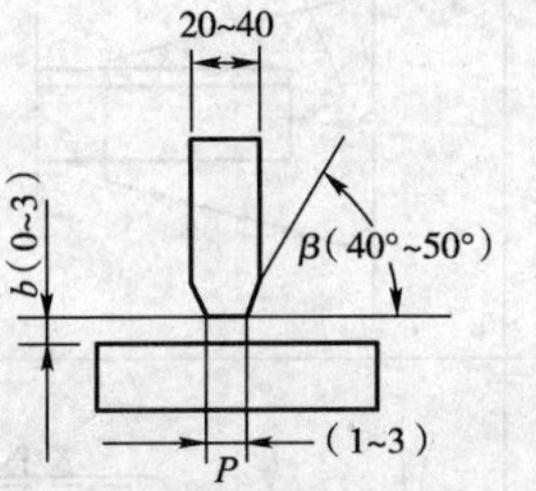 20~40 b（0~3） β（40°~50°） P（1~3）	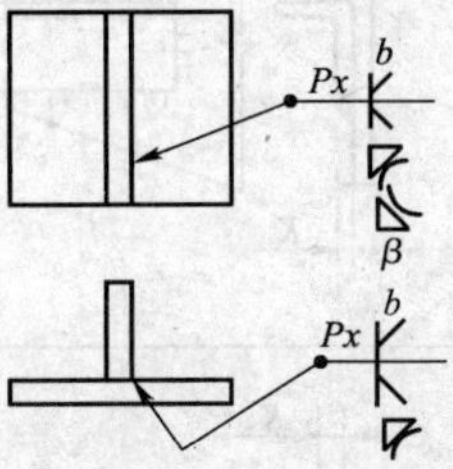 Px b β Px b	
14	双面角焊缝	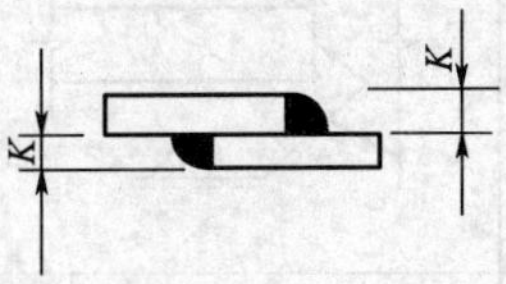 K K		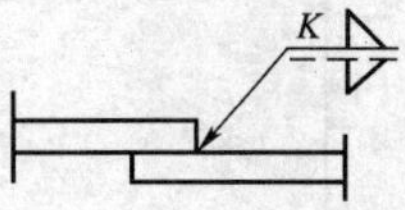 K
15	双面角焊缝	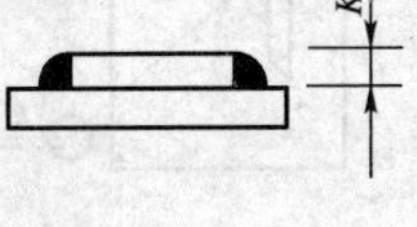 K	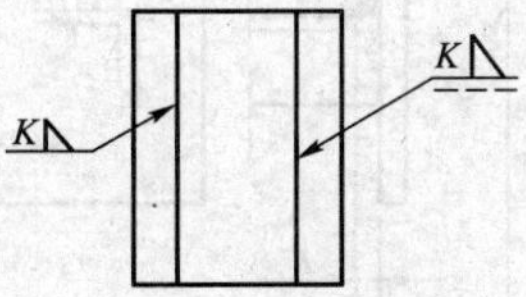 K K	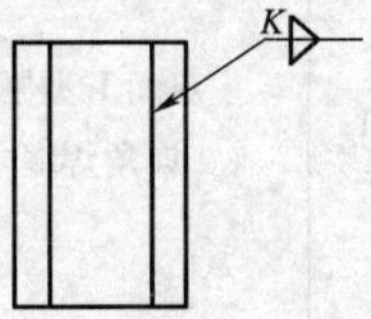 K
16	T形接头角焊缝	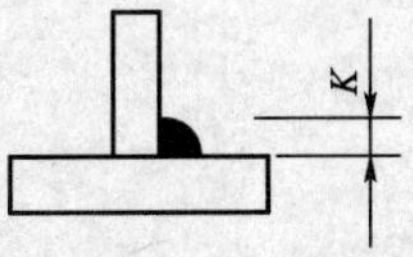 K	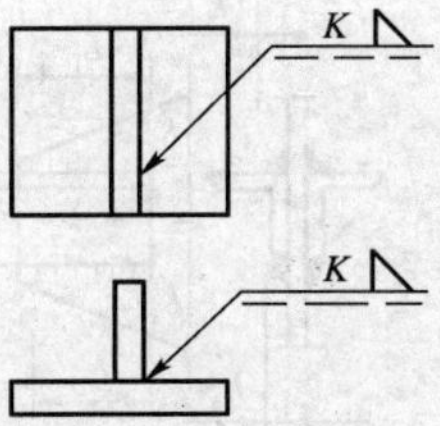 K K	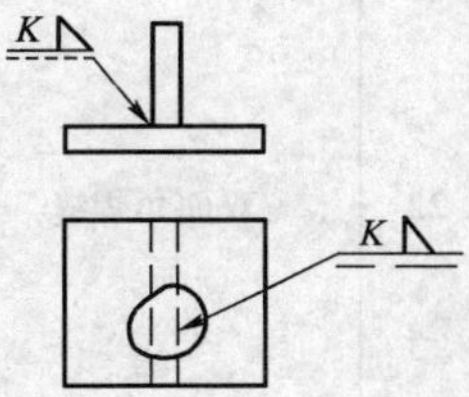 K K

续上表

序号	焊缝名称	形　式	标准标注法	交通标注法
17	双面角焊缝	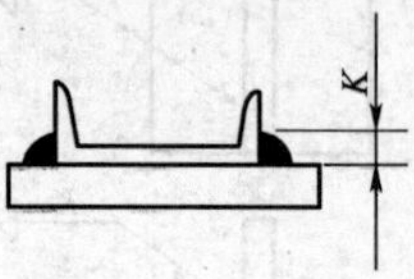	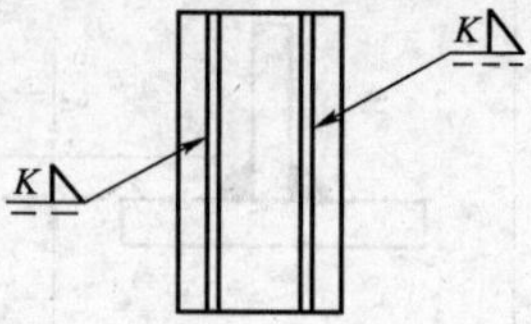	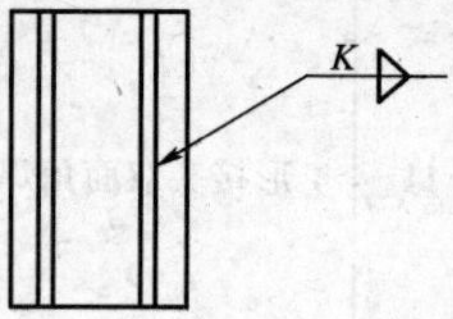
18	周围焊角焊缝	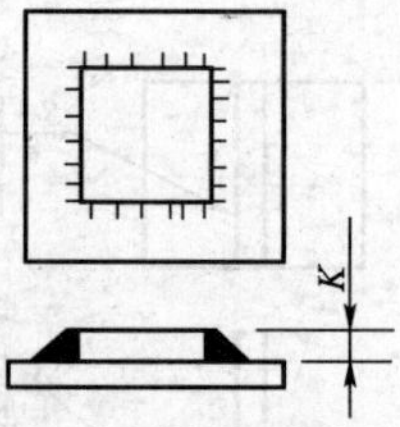	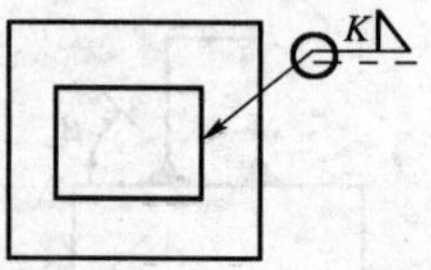	
19	三面围焊角焊缝	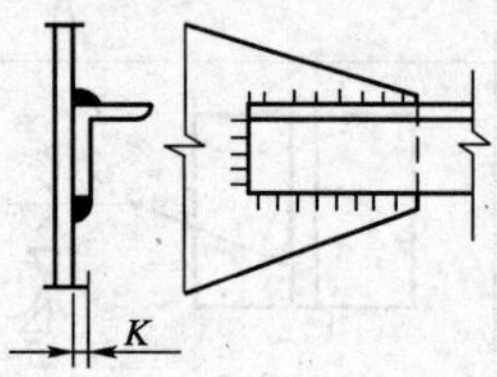	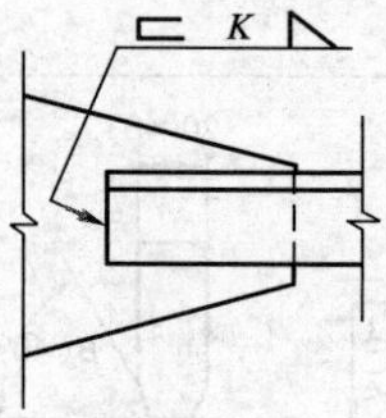	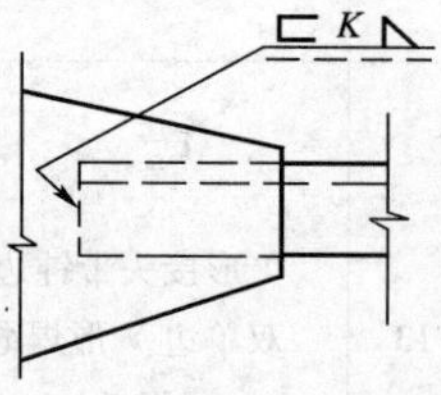
20	L 型围焊角焊缝	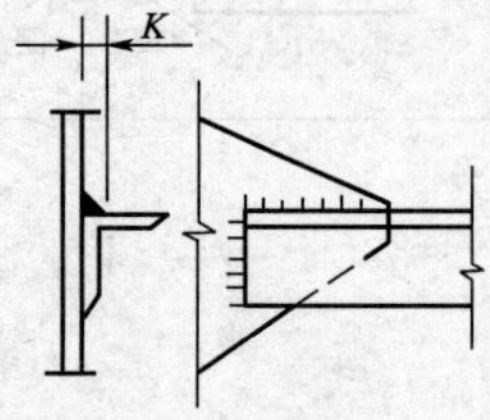	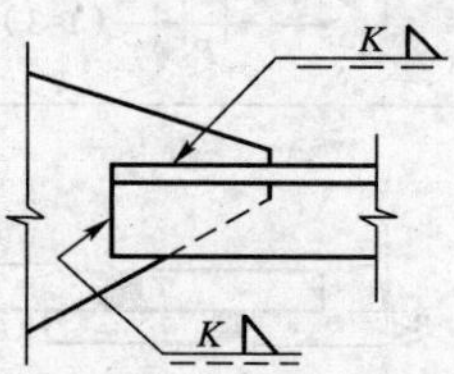	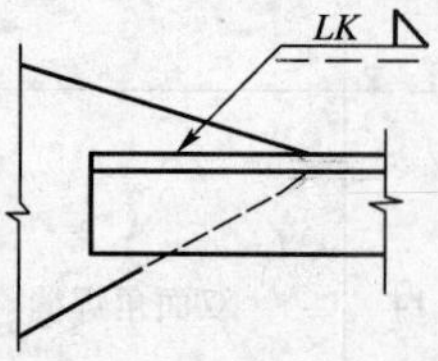
21	双面 L 型围焊角焊缝	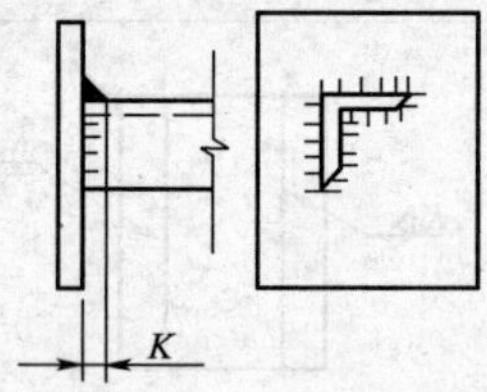	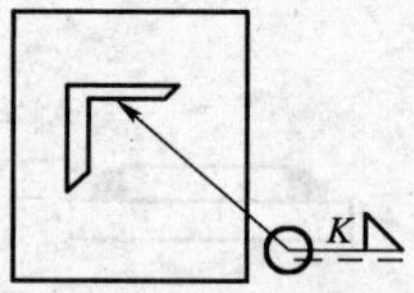	
22	双面角焊缝	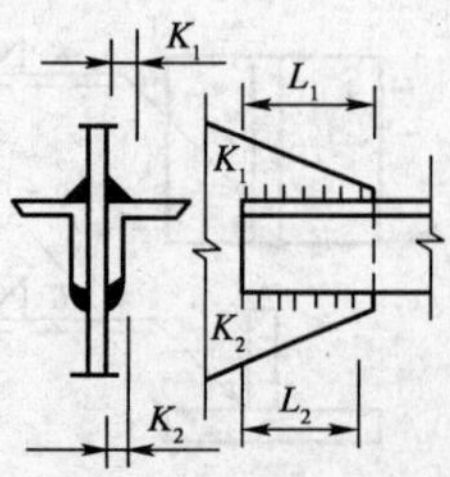		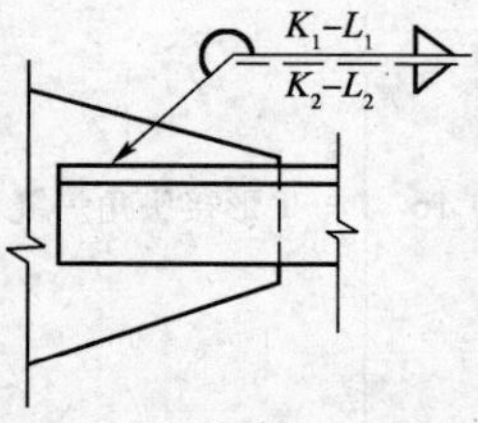

续上表

序号	焊缝名称	形式	标准标注法	交通标注法
23	双面角焊缝	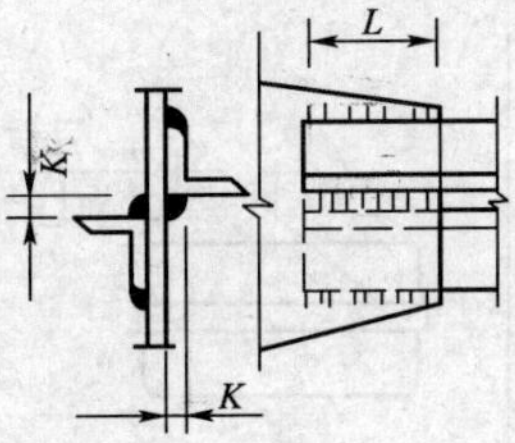 K L K		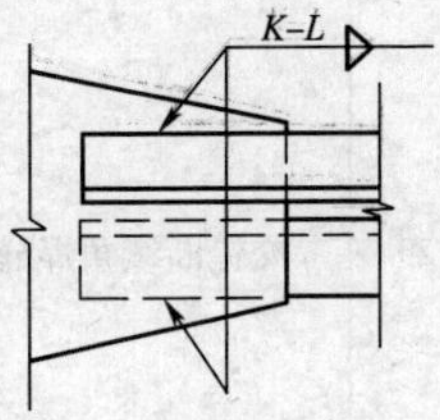 K-L
24	槽焊缝	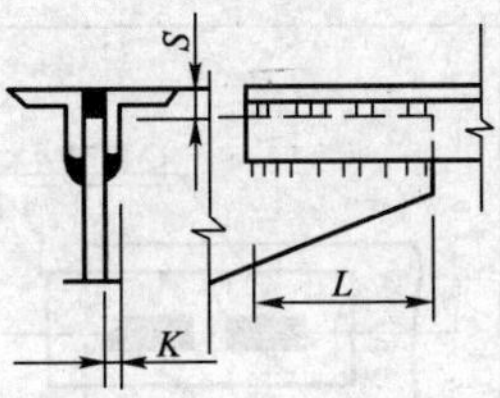 S L K	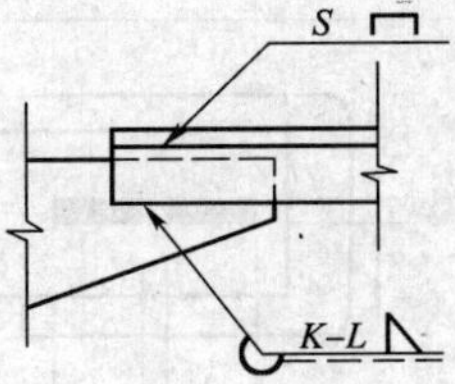 S K-L	
25	喇叭型焊缝	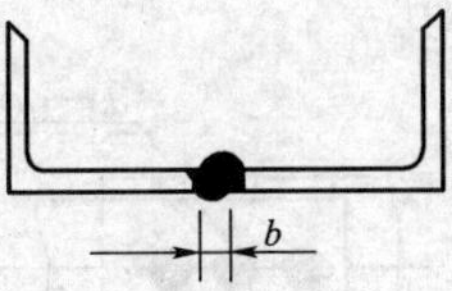 b	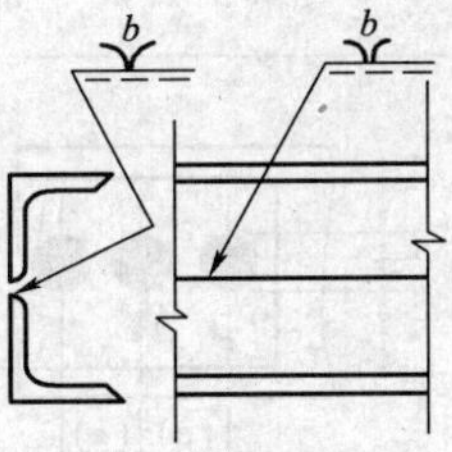 b b	
26	双面喇叭型焊缝	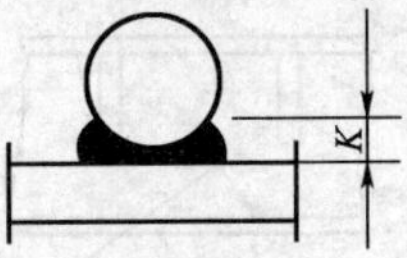 K	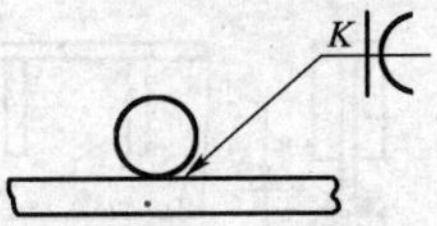 K	
27	不对称 Y 型焊缝	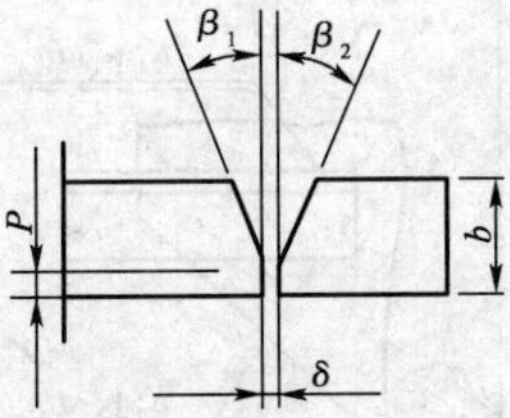 β_1 β_2 P b δ	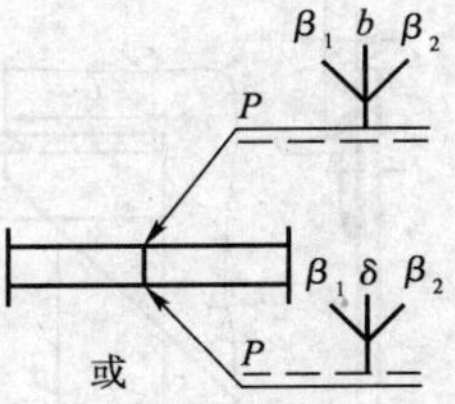 β_1 b β_2 P β_1 δ β_2 或 P	
28	断续角焊缝	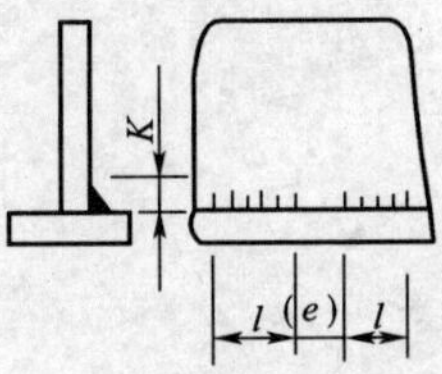 K l (e) l	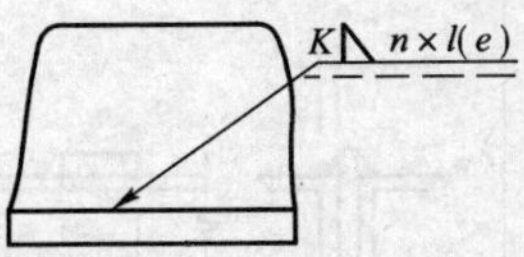 K $n\times l(e)$	

续上表

序号	焊缝名称	形式	标准标注法	交通标注法
29	交错断续角焊缝	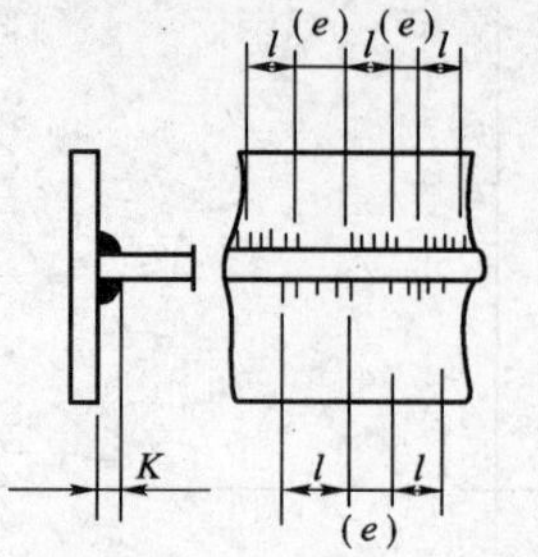	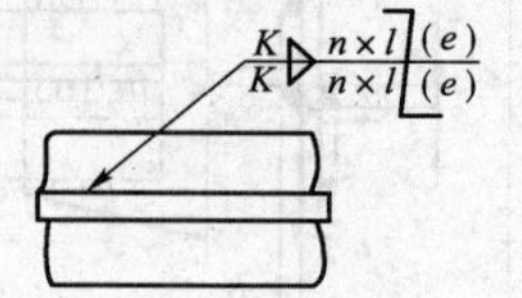	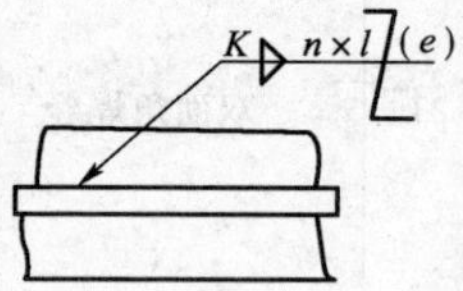
30	塞焊缝	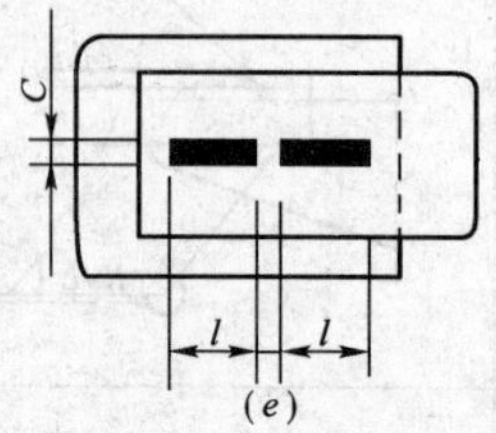	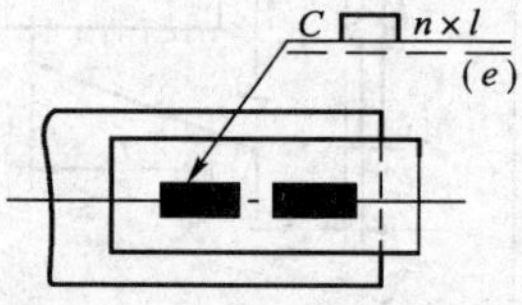	
31	塞焊缝	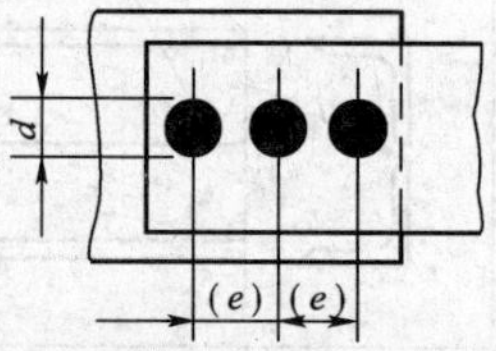	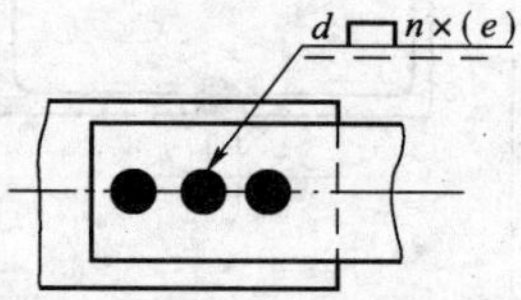	
32	较长双面角焊缝	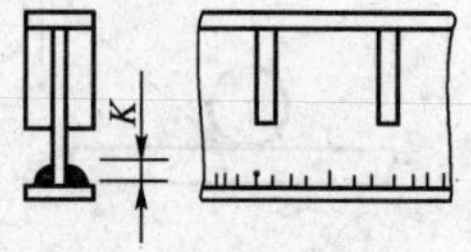	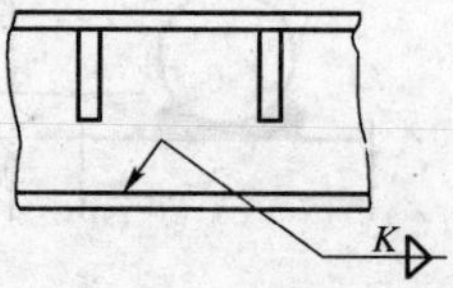	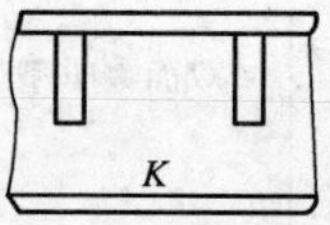
33	单面角焊缝	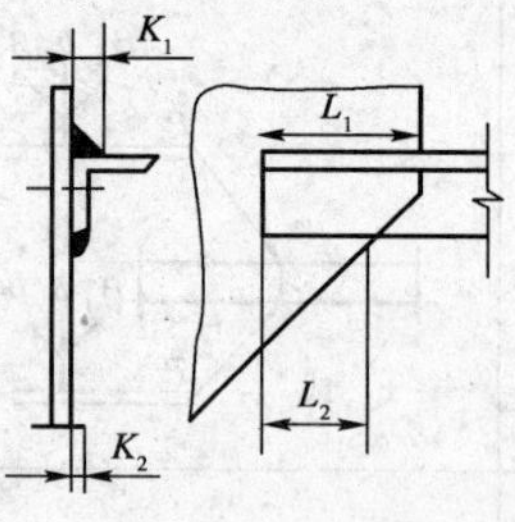	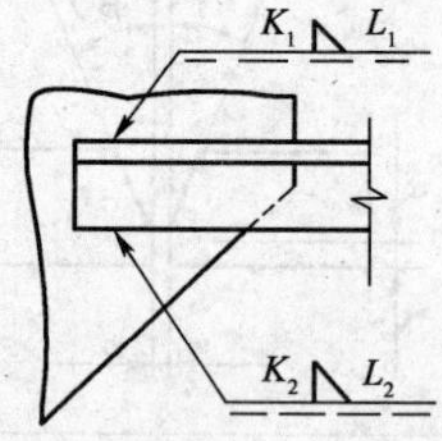	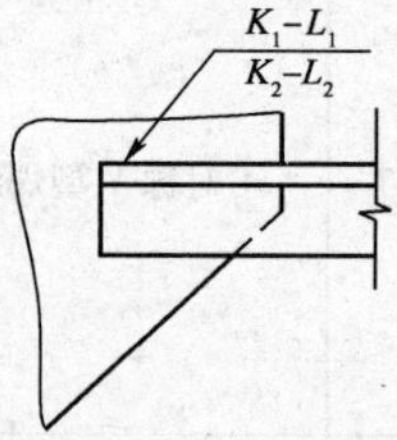
34	双面角焊缝	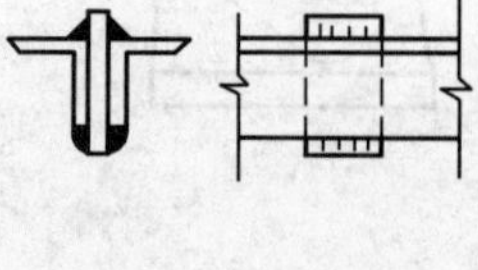		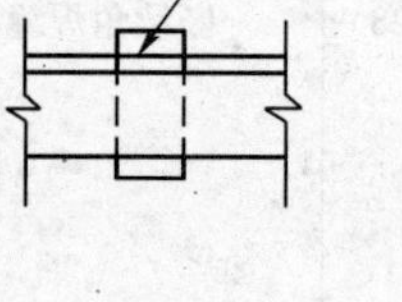

续上表

序号	焊 缝 名 称	形　　式	标准标注法	交通标注法
35	平面封底 V 型焊缝	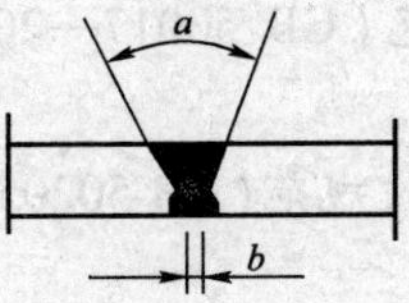	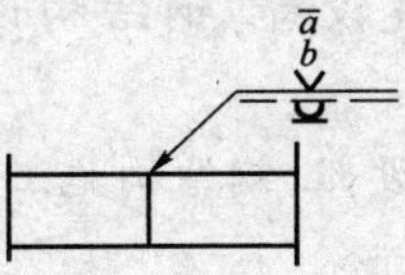	
36	现场角焊缝	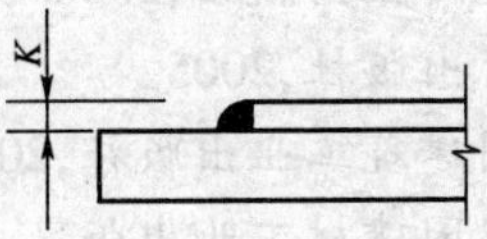	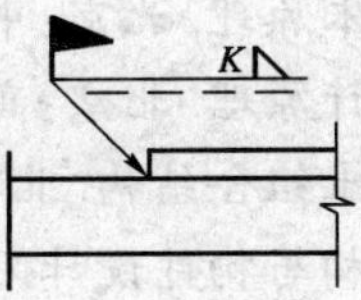	

参 考 文 献

[1] 中华人民共和国建设部. 钢结构设计规范(GB 50017—2003). 北京:中国计划出版社,2003
[2] 中华人民共和国建设部. 钢结构施工质量验收规范(GB 50205—2001). 北京:中国计划出版社,2001
[3] 中华人民共和国建设部. 建筑结构荷载规范(GB 20009—2001). 北京:中国建筑工业出版社,2002
[4] 沈祖炎等. 钢结构基本原理. 北京:中国建筑工业出版社,2000
[5] 赵鸿铁. 组合结构设计原理. 北京:高等教育出版社,2005
[6] 马怀忠等. 钢—混凝土组合结构. 北京:中国建筑工业出版社,2006
[7] 徐占发等. 建筑钢结构与构件设计. 北京:中国建材工业出版社,2004
[8] 王心田. 建筑结构概念与设计. 天津:天津大学出版社,2004
[9] 陈以一. 世界建筑结构设计精品选. 北京:中国建筑工业出版社,2001
[10] 鲍广鉴. 钢结构施工技术及实例. 北京:中国建筑工业出版社,2005
[11] 魏潮文等. 轻型房屋钢结构应用技术手册. 北京:中国建筑工业出版社,2005
[12] 刘新等. 钢结构防腐和防火涂装. 北京:化学工业出版社,2005
[13] 李顺秋. 钢结构制造与安装. 北京:中国建筑工业出版社,2005
[14] 聂建国等. 钢—混凝土组合结构. 北京:中国建筑工业出版社,2005
[15] 张文福. 空间结构. 北京:科学出版社,2005
[16] 赵根田. 钢结构. 北京:机械工业出版社,2005
[17] 中华人民共和国国家标准. 混凝土结构设计规范(GB 50010—2002). 北京:中国建筑工业出版社,2002
[18] 中华人民共和国行业标准. 高层民用建筑钢结构技术规程(JGJ 99—98). 北京:中国建筑工业出版社,1998
[19] 中华人民共和国行业标准. 型钢混凝土组合结构技术规程(JGJ 38—2001). 北京:中国建筑工业出版社,1999
[20] 中华人民共和国电力行业标准. 钢—混凝土组合结构设计规程(DL/T 5085—1999). 北京:中国电力出版社,1999
[21] 陈绍蕃等. 钢结构. 北京:中国建筑工业出版社,2003
[22] 孙震等. 土木工程施工. 北京:人民交通出版社,2006